Springer-Lehrbuch

Armin Wachter · Henning Hoeber

Repetitorium Theoretische Physik

Geleitwort von Klaus Schilling

Zweite, überarbeitete Auflage
Mit 80 Abbildungen,
67 Anwendungen und vollständigen Lösungswegen
sowie einem kommentierten Literaturverzeichnis

Springer

Dr. Armin Wachter
Internet: www.wachter-hoeber.com
E-mail: awachter@wachter-hoeber.com

Dr. Henning Hoeber
Internet: www.wachter-hoeber.com
E-mail: hhoeber@wachter-hoeber.com

ISBN 978-3-540-21457-1 Springer Berlin Heidelberg New York

ISBN 978-3-540-62989-4 Springer Berlin Heidelberg New York

Bibliografische Information der Deutschen Bibliothek
Die Deutsche Bibliothek verzeichnet diese Publikation in der Deutschen Nationalbibliografie; detaillierte bibliografische Daten sind im Internet über <http://dnb.ddb.de> abrufbar.

Springer ist ein Unternehmen von Springer Science+Business Media

springer.de

Satz: A. Wachter und Satztechnik Katharina Steingraeber, Heidelberg
unter Verwendung eines Springer LaTeX Makropakets
Einbandgestaltung: *design & production* GmbH, Heidelberg

Gedruckt auf säurefreiem Papier SPIN: 10998205 56/3141/jl - 5 4 3 2 1 0

Geleitwort

Das Physikstudium orientiert sich – auch bei der Betrachtung der Einzelphänomene – an strukturellen Zusammenhängen in Begriffsentwicklung und Theoriebildung. Wer als Physikstudent während seines Studiums die Abstraktionen innerhalb der vier kanonischen Teilgebiete der Theoretischen Physik (Klassische Mechanik, Klassische Elektrodynamik, Quantenmechanik und Thermodynamik/Statistische Physik) im Hinblick auf deren experimentelle Beobachtung sowie in ihrer operationalen Bedeutung erfaßt hat, der ist für sein Abschlußexamen in Theoretischer Physik wohl vorbereitet.

Genau dies wollen die beiden jungen Autoren dieses Repetitoriums erreichen. Dank ihrer wissenschaftlichen Jugend können sie sich noch gut in die Situation der Studierenden während der Prüfungsvorbereitung hineinversetzen, wenn diese den Stoff der theoretischen Kursvorlesungen in der Gesamtschau noch einmal Revue passieren lassen.

Aus ihrer Erfahrung als Lernende und Prüflinge, aber auch als Übungsleiter haben sie den Versuch unternommen, das Material der theoretisch-physikalischen Kursvorlesungen zur Prüfungsvorbereitung „auf des Pudels Kern“ zu konzentrieren, nicht formelhaft-verkürzt aber auch nicht als Ersatz für bewährte Lehrbücher. Während letztere aus der „Vogelperspektive“ erfahrener Professoren verfaßt sein mögen, wollen die Autoren mit dem vorliegenden Werk einen *ergänzenden Stoffzugang* aus der eigenen Studienerfahrung anbieten.

Physik ist seit jeher und in besonderem Maße eine internationale Wissenschaft. Dem entsprechend können die Autoren europäische Erfahrungshorizonte aus dem Lehrbetrieb der Universitäten Hamburg, Wuppertal und Edinburgh aus eigener Anschauung einbringen. Inwieweit ihnen dies tatsächlich gelungen ist, müssen die Leser, also wiederum die Studierenden entscheiden.

Möge also das Repetitorium vielen Examenskandidaten bei ihrer Prüfungsvorbereitung von Nutzen sein!

Wuppertal, *Prof. Dr. K. Schilling*
Juli 1998

Danksagung

Wir bedanken uns für die freundliche Unterstützung der Robert Gordon University, Aberdeen, wo ein Großteil des Kapitels Elektrodynamik entstand (und wo besser über Elektrodynamik schreiben als in Aberdeen?); bei Klaus Kämpf für die großzügige Bücherspende; bei den Kollegen und Studenten der Bergischen Universität Wuppertal und des Höchstleistungsrechenzentrums Jülich für die zahlreichen Diskussionen und Anregungen; bei der Pallas GmbH und der Compagnie Générale de Géophysique für die freundliche Unterstützung in der hektischen Schlußphase.

Schließlich bedanken wir uns bei unseren Freunden und Familien, ohne die dieses Projekt schlichtweg undenkbar gewesen wäre.

Vorwort zur 2. Auflage

Es ist sehr erfreulich, daß das *Repetitorium Theoretische Physik* in den letzten sechs Jahren immer mehr Anhänger gefunden hat. Offenbar trifft dieses Buch mit seinem axiomatisch-deduktiven Ansatz den „Nerv" vieler Studierenden, die an einer kompakten und übersichtlichen Darstellung der kanonischen Gebiete der Theoretischen Physik interessiert sind. Genau dies jedenfalls wird uns durch die zahlreichen Zuschriften unserer Leser bestätigt.

Unter anderem aufgrund der Fehlerhinweise, die uns von aufmerksamen Lesern erreicht haben und für die wir uns an dieser Stelle bedanken möchten, haben wir die 2. Auflage des *Repetitorium Theoretische Physik* zum Anlaß genommen, das Buch einer gründlichen Prüfung zu unterziehen. Dabei stellte sich heraus – und wir sind uns nicht zu schade, dies zuzugeben –, daß die 1. Auflage neben textuellen und argumentativen Schwachstellen auch Formelfehler enthält, von denen allerdings die meisten marginaler Natur sind. Gleichwohl ist uns bewußt, daß es auch kleine Zeichenfehler in mathematischen Formeln sind, die dem Leser unter Umständen viel Zeit kosten, weil er verständlicherweise dazu neigt, die Ursache von Nachvollziehbarkeitsproblemen zunächst bei sich zu suchen.

Obwohl wir natürlich auch für die vorliegende 2. Auflage keine Garantie für Fehlerfreiheit geben können, so sind wir aufgrund unserer kritischen Überarbeitung doch sehr sicher, die Lesbarkeit und Nachvollziehbarkeit von Text, Argumentation und Formeln erheblich verbessert zu haben. Möge also die 2. Auflage des *Repetitorium Theoretische Physik* einen ähnlich großen oder gar größeren Zuspruch bei Studierenden der Theoretischen Physik finden; für Anregungen, Kommentare und Hinweise sind wir selbstverständlich auch weiterhin sehr dankbar.

Köln und Newcastle,
Juli 2004

Armin Wachter
Henning Hoeber

P.S.: Zur Vermeidung von Mißverständnissen sei darauf hingewiesen, daß wir in dieser 2. Auflage dazu übergegangen sind, die Elektronladung mit $+e$ zu bezeichnen, anstelle von $-e$ wie in der 1. Auflage.

Vorwort zur 1. Auflage

Unser Buch *Repetitorium Theoretische Physik* enthält die Gebiete

- Mechanik,
- Elektrodynamik,
- Quantenmechanik sowie
- Statistische Physik und Thermodynamik,

also den „kanonischen Lehrstoff" der Theoretischen Physik der ersten sechs Semester an deutschen Universitäten. Es wendet sich hauptsächlich an Studierende der Physik höherer Semester, die an einer übersichtlichen und zusammenhängenden Darstellung des Lehrstoffes interessiert sind oder sich in Prüfungsvorbereitungen zum Diplom oder Magister befinden. Darüber hinaus ist dieses Buch auch als begleitendes und ergänzendes Lehrbuch für Physikstudenten in den ersten Semestern geeignet. Für sie gibt das Buch einen nützlichen Leitfaden zur Klassifizierung und Einordnung des in den verschiedenen theoretischen Physikvorlesungen vermittelten Wissens. Schließlich sollten auch Physiker im Beruf oder in der Forschung aus diesem Überblick der Theoretischen Physik Nutzen ziehen können.

Selbstverständlich gibt es zu jedem der o.g. Gebiete ausgesprochen gute Lehrbücher (einige Anregungen sind in unserem kommentierten Literaturverzeichnis zu finden). Dieses Buch ist deshalb keinesfalls als Ersatz zum Durcharbeiten solcher Bücher gedacht; kein Student wird auf eine ausführliche Erarbeitung des Lehrstoffes mittels anderer, didaktisch und historisch gut aufbereiteter Darstellungen der Theoretischen Physik verzichten können. Dennoch erschien uns das Schreiben eines Buches in der vorliegenden Form notwendig, um den Lernenden einen zu vielen anderen Lehrbüchern komplementären Zugang zur Theoretischen Physik zu bieten, in welchem der Aufbau, die Struktur und nicht zuletzt auch die Eleganz physikalischer Theorien – u.a. durch den Verzicht auf historisch-phänomenologische Begründungen – hervorgehoben und leichter erkennbar wird.

Wir verfolgen durchweg den axiomatisch-deduktiven Ansatz, indem wir die Grundgleichungen der verschiedenen Theorien voranstellen und aus ihnen konsequent die einzelnen physikalischen Zusammenhänge und Gesetzmäßigkeiten in logischer (und nicht chronologischer) Reihenfolge entwickeln. Unser

Ziel ist, durch den konsequenten Gebrauch einer einheitlichen Darstellung und Notation die Verbindungen zwischen den verschiedenen Theorien deutlich herauszuarbeiten. Man denke hierbei etwa an den Hamilton-Formalismus, der nicht nur in der Mechanik, sondern auch in der Quantenmechanik und der Statistischen Physik ein grundlegendes Konzept darstellt.

Im ersten Kapitel *Mechanik* stellen wir den oftmals überbetonten Newtonschen Zugang zur Mechanik mit den Lagrangeschen und Hamiltonschen Formulierungen Seite an Seite. Denn jeder dieser äquivalenten Darstellungen zeichnet sich durch spezielle Vorteile aus. Während der Newtonsche Ansatz durch das Aufstellen von Bewegungsgleichungen über die Kraft intuitiv am leichtesten zugänglich ist, wird erst mit dem Lagrange- und Hamilton-Formalismus ein tieferes Verständnis der Mechanik sowie anderer theoretischer Konzepte ermöglicht. Zum Beispiel eignet sich gerade der Lagrange-Formalismus besonders zum Verständnis der Verknüpfung von Symmetrien und Erhaltungssätzen. Dementsprechend beschäftigen sich die ersten drei Abschnitte in gleichberechtigter Weise mit diesen drei Zugängen und ihrer inneren Verbindung. Darüber hinaus führen wir in Abschnitt *Relativistische Mechanik* bereits die korrekte Lorentz-Tensorschreibweise ein und erleichtern dem Leser somit den Übergang zur relativistischen Theorie der Elektrodynamik, in der sich die disziplinierte Einhaltung dieser Notation als sehr bequem und übersichtlich erweist.

Der Vorteil der deduktiven Methode wird vielleicht besonders in unserem zweiten Kapitel *Elektrodynamik* deutlich. Im Gegensatz zu fast allen Lehrbüchern der Elektrodynamik stellen wir die Maxwell-Gleichungen in ihrer allgemeinsten Form oben an. Dies ermöglicht es, sofort die Struktur der Theorie zu erkennen und die allgemeine Lösung der Maxwell-Gleichungen mittels des überaus wichtigen Konzeptes der Eichinvarianz zu erarbeiten. Aus ihr ergeben sich dann auf recht übersichtliche Weise die verschiedenen Gesetzmäßigkeiten wie etwa die Lösungen im freien Raum oder die Spezialfälle der Elektro- und Magnetostatik. Aufbauend auf der relativistischen Mechanik wenden wir auch hier an geeigneten Stellen die kovariante Schreibweise an und diskutieren den Lagrange- und Hamilton-Formalismus in Bezug auf den feldtheoretischen Charakter der Elektrodynamik.

Abweichend von allen anderen Kapiteln beginnen wir das Kapitel *Quantenmechanik* mit einem mathematischen Einführungsteil, in dem einige Gebiete der linearen Algebra in der Diracschen Schreibweise rekapituliert werden. Insbesondere wird dort das für die Quantenmechanik unentbehrliche Konzept des Operators und das mit ihm verbundene Eigenwertproblem diskutiert. Hieran schließt sich der allgemeine Aufbau der Quantentheorie an, wo die fundamentalen quantenmechanischen Konzepte darstellungsfrei etabliert und diskutiert werden. Überhaupt versuchen wir in diesem Kapitel die Überbetonung einer bestimmten Darstellung zu vermeiden.

Ähnlich wie in der Mechanik gibt es auch in der Statistischen Physik/Thermodynamik verschiedene Zugänge zur Beschreibung von Viel-Teilchensystemen. Zum einen hat man den statistischen Ansatz, welcher quantenmechanische bzw. mechanische Gesetzmäßigkeiten mit einem statistischen Prinzip zu einer mikroskopischen Beschreibungsweise in Form von Ensemble-Theorien verknüpft. Demgegenüber steht die Thermodynamik, als eine rein phänomenologische Theorie, die lediglich von makroskopischen Erfahrungssätzen ausgeht. Ein dritter Zugang ist der informationstheoretische Ansatz, bei dem ein System vom Standpunkt der Unvollständigkeit von Information aus betrachtet wird. Um die innere Verbindung dieser drei Zugangsweisen deutlich zu machen, diskutieren wir in Kapitel *Statistische Physik und Thermodynamik* alle drei Konzepte und zeigen die Äquivalenz der Zugänge auf.

Wichtige Gleichungen und Zusammenhänge werden in Form von Definitions- und Satzkästen zusammengefaßt, um so dem Leser ein strukturiertes Lernen und schnelles Nachschlagen zu ermöglichen. Zudem geben wir uns Mühe, zusammenhängende Argumentationen auch optisch deutlich zu gliedern; im Prinzip sollte es dem Leser jederzeit möglich sein, das Ende eines Argumentationsstranges, etwa eine Herleitung oder ein Beweis, zu erkennen. Desweiteren befinden sich nach jedem Abschnitt eine Kurzzusammenfassung sowie einige Anwendungen samt Lösungen, mit deren Hilfe das Verständnis des behandelten Stoffes überprüft werden kann und die zum Teil weiterführende Themen behandeln. Im Anhang geben wir schließlich eine kurze Zusammenstellung einiger wichtiger und häufig benutzter mathematischer Formeln.

Natürlich erheben wir keinesfalls den Anspruch auf Vollständigkeit. Stattdessen wurden die Themen der vier behandelten Gebiete so ausgewählt, daß sie einerseits die jeweils grundlegenden Ideen und Konzepte enthalten, andererseits aber auch die wichtigsten prüfungsrelevanten und mehr anwendungsorientierten Gebiete abdecken. Aufbauend auf dem hier präsentierten Stoff sollte der Leser in der Lage sein, andere Gebiete der Physik selbst zu erarbeiten. Zu diesem Zweck haben wir im Anhang einige Literaturvorschläge gemacht.

Insgesamt hoffen wir, mit diesem Buch einen Vermittler zwischen Lehrbüchern, Vorlesungen und Kurzrepetitorien geschaffen zu haben, mit dem es möglich ist, die Konzepte der Theoretischen Physik besser zu verstehen.

Köln und London,
Juli 1998

Armin Wachter
Henning Hoeber

Inhaltsverzeichnis

Anwendungsverzeichnis

Mechanik

Elektrodynamik

Quantenmechanik

Statistische Physik und Thermodynamik

1. Mechanik

Die klassische Mechanik beschäftigt sich mit der Dynamik materieller Körper. Bis zu Anfang des 20. Jahrhunderts galt sie als die fundamentale Theorie der Wechselwirkung zwischen materiellen Objekten. Durch das Aufkommen der speziellen Relativitätstheorie im Jahre 1905 und der Quantentheorie in den 20er Jahren wurde der Gültigkeitsbereich der klassischen Mechanik in der Weise eingeschränkt, daß sie als Grenzfall kleiner Geschwindigkeiten im Vergleich zur Lichtgeschwindigkeit innerhalb der Relativitätstheorie und als Grenzfall großer Energien im Vergleich zu atomaren Energien innerhalb der Quantentheorie einzuordnen ist.

Das auffallendste Merkmal der klassischen Mechanik ist die Vielfalt der Zugänge, mit denen es möglich ist, ein spezielles Problem zu lösen. Äquivalente Formulierungen der Mechanik sind

- die Newtonsche Mechanik,
- das d'Alembert-Prinzip,
- die Lagrange-Gleichungen und generalisierte Koordinaten,
- das Hamilton-Prinzip und
- die Hamilton-Jacobi-Theorie.

Im Prinzip ist es möglich, ein gegebenes Problem mit jedem dieser Zugänge zu lösen. Wie sich jedoch zeigen wird, sind spezielle Arten von Problemen mit einigen dieser Ansätze sehr viel einfacher zu formulieren als mit anderen. Ein Beispiel hierfür sind Probleme mit Zwangsbedingungen (man denke etwa an die Bewegung von Perlen auf einer Schnur), die in der Lagrangeschen Mechanik auf sehr einfache Art gelöst werden können. Weiterhin zeigt sich, daß in bestimmten Formulierungen tiefere Zusammenhänge, insbesondere zwischen Symmetrien und Erhaltungssätzen, leichter erkennbar sind. Schließlich spielen gewisse formale Strukturen der Mechanik, etwa die Poisson-Klammer und die Hamilton-Jacobi-Gleichung, eine besondere Rolle im Zusammenhang mit dem Übergang zur Quantenmechanik.

Im ersten Abschnitt dieses Kapitels werden die physikalischen Grundlagen der Newtonschen Mechanik dargelegt und einige erste grundlegende Folgerungen diskutiert. Wir diskutieren ferner physikalische Konsequenzen, die sich innerhalb von beschleunigten Bezugssystemen ergeben. Dies wird uns zum überaus wichtigen Begriff des Inertialsystems und zur Galilei-Invarianz der Newtonschen Mechanik in Inertialsystemen führen.

Die nächsten beiden Abschnitte beschäftigen sich mit der Lagrangeschen und Hamiltonschen Mechanik, welche zwei alternative Formulierungen zur Newtonschen Mechanik darstellen. Sie sind von großem praktischen Nutzen, wenn man es mit Systemen zu tun hat, die gewissen Zwangsbedingungen unterworfen sind. Im Newtonschen Zugang hat man diese Restriktionen explizit durch Einführen von Zwangskräften in den Newtonschen Bewegungsgleichungen zu berücksichtigen, während sie im Lagrange- und Hamilton-Formalismus durch geschickte Wahl von generalisierten Koordinaten, Geschwindigkeiten und Impulsen eliminiert werden können. Darüber hinaus gewährleisten beide Zugänge einen tieferen Einblick in die Struktur der Mechanik und ihren inneren Zusammenhang mit anderen physikalischen Theorien.

Abschnitt. 1.4 behandelt die Dynamik von starren Körpern. In diesem Zusammenhang erweist es sich als günstig, verschiedene Koordinatensysteme einzuführen, da sich hierdurch die kinematischen Größen übersichtlich und transparent formulieren lassen.

In Abschn. 1.5 betrachten wir die wichtige Klasse von Zentralkraftproblemen. Neben der Reduktion von Zwei-Teilchensysteme auf effektive Ein-Teilchensysteme beschäftigen wir uns mit der Bewegungsgleichung in Zentralpotentialen und bestimmen die möglichen Teilchenbahnen in $1/r$-Potentialen. Desweiteren behandeln wir die Methode der Streuung von Teilchen. Obwohl diese Methode fast ausschließlich in der Hochenergiephysik Anwendung findet und somit eine quantentheoretische Beschreibung erfordert, ist es dennoch sinnvoll, sie bereits im Rahmen der klassischen Mechanik zu diskutieren, da viele der hier entwickelten Konzepte und Begriffe in anderen Streutheorien wiederkehren.

Der letzte Abschnitt beschäftigt sich mit der relativistischen Verallgemeinerung der Newtonschen Mechanik. Ausgangspunkt hierbei ist die experimentelle Tatsache, daß die Ausbreitungsgeschwindigkeit von Licht in allen Inertialsystemen dieselbe ist. Hieraus ergibt sich als notwendige Konsequenz, daß Raum und Zeit, anders als in der Newtonschen Mechanik, nicht absolut sind, sondern vom jeweiligen Bezugssystem abhängen.

1.1 Newtonsche Mechanik

Dieser Abschnitt beschäftigt sich mit den fundamentalen Begriffen und Annahmen der Newtonschen Mechanik. Nach einer kurzen Rekapitulation einiger wichtiger mathematischer Begriffe im Zusammenhang mit der Beschreibung von Teilchenpositionen stellen wir die Axiome der Newtonschen Mechanik vor und leiten hieraus einige erste physikalische Folgerungen und Erhaltungssätze her, deren Kenntnis für das Verständnis der folgenden Abschnitte von grundlegender Bedeutung ist. Im Anschluß diskutieren wir Teilchenbewegungen in beschleunigten Bezugssystemen und zeigen, wie die Newtonsche Bewegungsgleichung in solchen Systemen zu modifizieren ist. In diesem Zusammenhang werden wir auf die innere Verbindung zwischen der *Galilei-Invarianz* und dem Begriff des *Inertialsystems* stoßen. Desweiteren beschäftigen wir uns mit allgemeinen dynamischen Eigenschaften von Viel-Teilchensystemen und leiten verschiedene Erhaltungssätze für abgeschlossene Systeme her.

1.1.1 Koordinatensysteme und Vektoren

Bevor wir auf den allgemeinen Aufbau der Newtonschen Mechanik zu sprechen kommen, ist es zweckmäßig, einige Bemerkungen zu den in diesem Kapitel verwendeten mathematischen Konzepten und Notationen zu machen, die dem Leser eigentlich vertraut sein sollten und lediglich der Klarstellung dienen.

Zur Beschreibung mechanischer Systeme benutzen wir, wie allgemein üblich, das äußerst effektive Konzept des idealisierten mathematischen Massenpunktes (*Teilchen*), dessen örtliche Lage durch einen basisunabhängigen Vektor $\boldsymbol{x}$ in einem dreidimensionalen reellen Vektorraum repräsentiert wird. Um diesen Ort quantifizieren zu können, benötigt man ein Koordinatensystem, welches durch Angabe seines Ursprungs und dreier linear unabhängiger Basisvektoren spezifiziert wird. Die Wahl eines solchen Bezugssystems wird zumeist durch die Dynamik des betrachteten physikalischen Systems nahegelegt. Solange nicht explizit etwas anderes vereinbart wird, verwenden wir kartesische Koordinatensysteme mit jeweils kanonischer Orthonormalbasis. Wir schreiben für ein solches Bezugssystem

$$\mathrm{K} : \{\boldsymbol{e}_1, \boldsymbol{e}_2, \boldsymbol{e}_3\} ,$$

mit

$$\boldsymbol{e}_i\boldsymbol{e}_j = \delta_{ij} \qquad (\textit{Orthonormalitätsrelation})$$

und

$$\sum_j \boldsymbol{e}_i\boldsymbol{e}_j = 1 \qquad (\textit{Vollständigkeitsrelation}) .$$

Der Ort $\boldsymbol{x}$ eines Massenpunktes läßt sich nun durch Angabe der Projektionen x_i von $\boldsymbol{x}$ auf die Achsen von K entlang der $\boldsymbol{e}_i$ eindeutig spezifizieren:

$$\boldsymbol{x} = \sum_i \boldsymbol{e}_i x_i \; , \; x_i = \boldsymbol{x}\boldsymbol{e}_i \; . \qquad (1.1)$$

Man nennt x_i auch die Koordinaten von $\boldsymbol{x}$ bezüglich K. Oftmals faßt man diese zu einem Koordinatentripel zusammen und schreibt

$$\boldsymbol{x} = \begin{pmatrix} x_1 \\ x_2 \\ x_3 \end{pmatrix} , \qquad (1.2)$$

ohne ein neues Symbol einzuführen. Wir werden dieser Konvention folgen, wobei wir mit Nachdruck darauf hinweisen, daß der basisunabhängige physikalische Vektor $\boldsymbol{x}$ in (1.1) und der basisabhängige Tripel $\boldsymbol{x}$ in (1.2) zwei verschiedene mathematische Objekte sind. Aus dem jeweiligen Sinnzusammenhang sollte immer klar sein, ob es sich bei $\boldsymbol{x}$ um einen physikalischen Vektor oder um seine Projektion auf ein bestimmtes Koordinatensystem handelt.

Zeitliche Ableitung von Vektoren. Ein weiterer wichtiger Punkt in diesem Zusammenhang sind zeitliche Ableitungen eines Vektors $\boldsymbol{x}$. Wir werden für sie, wie allgemein üblich, ein oder mehrere Punkte über $\boldsymbol{x}$ schreiben, also $\dot{\boldsymbol{x}}$ für die erste Ableitung, $\ddot{\boldsymbol{x}}$ für die zweite usw. Beobachtet man die zeitliche Veränderung von $\boldsymbol{x}$ von einem zeitabhängigen Koordinatensystem $\mathrm{K}:\{\boldsymbol{e}_1,\boldsymbol{e}_2,\boldsymbol{e}_3\}$ bzw. $\mathrm{K}':\{\boldsymbol{e}_1',\boldsymbol{e}_2',\boldsymbol{e}_3'\}$ aus, dessen Basisvektoren sich im Laufe der Zeit ändern, dann ist man in der Regel nicht an der totalen zeitlichen Ableitung

$$\dot{\boldsymbol{x}} = \sum_i (\dot{\boldsymbol{e}}_i x_i + \boldsymbol{e}_i \dot{x}_i) = \sum_i (\dot{\boldsymbol{e}}_i' x_i' + \boldsymbol{e}_i' \dot{x}_i')$$

interessiert, sondern lediglich an der zeitlichen Veränderung, wie sie von K bzw. K′ aus gesehen wird. Um dies deutlich zu machen, werden in solchen Fällen die Symbole D und D' anstelle des Punktes verwendet, die folgende Bedeutung haben:

$$D\boldsymbol{x} = \sum_i \boldsymbol{e}_i \dot{x}_i \ , \ D'\boldsymbol{x} = \sum_i \boldsymbol{e}_i' \dot{x}_i' \ . \tag{1.3}$$

Rotierende Koordinatensysteme. Betrachtet man zwei Koordinatensysteme $\mathrm{K}:\{\boldsymbol{e}_1,\boldsymbol{e}_2,\boldsymbol{e}_3\}$ und $\mathrm{K}':\{\boldsymbol{e}_1',\boldsymbol{e}_2',\boldsymbol{e}_3'\}$ mit demselben Koordinatenursprung, die relativ zueinander rotieren (bzw. deren Basen relativ zueinander rotieren), dann wird der Übergang von K zu K′ durch eine eigentliche orthogonale Rotationsmatrix R vermittelt, für die gilt:

$$\boldsymbol{e}_i = \sum_j \boldsymbol{e}_j' R_{ji} \ , \ \boldsymbol{e}_i' = \sum_j \boldsymbol{e}_j R_{ji}^{\mathrm{T}} \ , \ R_{ij} = \boldsymbol{e}_i' \boldsymbol{e}_j \tag{1.4}$$

und

$$RR^{\mathrm{T}} = R^{\mathrm{T}}R = 1 \ , \ \det R = 1 \ . \tag{1.5}$$

Mit diesen Beziehungen lassen sich die Koordinaten x_i' eines Vektors $\boldsymbol{x}$ bezüglich K′ in folgender Weise aus den Koordinaten x_i von $\boldsymbol{x}$ in K berechnen:

$$\boldsymbol{x} = \sum_i \boldsymbol{e}_i x_i = \sum_{i,j} \boldsymbol{e}_j' R_{ji} x_i = \sum_j \boldsymbol{e}_j' x_j' \Longrightarrow x_j' = \sum_i R_{ji} x_i \ .$$

Die letzte Beziehung schreibt man oft auch in der Matrixnotation

$$\boldsymbol{x}' = R\boldsymbol{x} \ ,$$

wobei auch hier zu berücksichtigen ist, daß diese Gleichung zwischen den basisabhängigen Koordinatentripeln in K und K′ und nicht zwischen zwei verschiedenen physikalischen Vektoren vermittelt.

1.1.2 Newtonsche Axiome

Nach diesen einleitenden Bemerkungen wenden wir uns nun dem eigentlichen Aufbau der Newtonschen Mechanik zu. Bevor wir die Newtonschen Axiome vorstellen, erweist es sich als notwendig, drei mechanische Grundgrößen zu definieren sowie die Begriffe *Impuls* und *Inertialsystem* einzuführen.

Definition: Mechanische Grundgrößen im SI- (oder MKS-)System

Alle mechanischen Größen lassen sich aus den folgenden drei Grundgrößen ableiten:

- Länge mit der Einheit Meter: m.
- Zeit mit der Einheit Sekunde: s.
- Masse mit der Einheit Kilogramm: kg.

Wir arbeiten in dem für die Ingenieurswissenschaften laut *Gesetz über Einheiten im Meßwesen* vorgeschriebenen SI-System (*Système International d'Unités*).

Der mechanische Zustand eines Systems ist in der Newtonschen Formulierung der Mechanik durch die Angabe aller Teilchenpositionen und -geschwindigkeiten zu einem bestimmten Zeitpunkt eindeutig bestimmt, d.h. diese Größen erlauben die eindeutige Vorhersage der zukünftigen Bewegung des Systems aus den Newtonschen Bewegungsgleichungen. Die Bewegungsgleichungen ergeben sich aus den *Newtonschen Axiomen*, welche die Bewegung von Massenpunkten mit Hilfe des Impulses beschreiben:

Definition: Impuls $\boldsymbol{p}$

Der Impuls eines Massenpunktes ist das Produkt aus seiner trägen Masse und seinem momentanen Geschwindigkeitsvektor:

$$\boldsymbol{p}(t) = m(t)\dot{\boldsymbol{x}}(t) .$$

Somit hat $\boldsymbol{p}$ stets die Richtung von $\dot{\boldsymbol{x}}$.

Die Bewegung eines Massenpunktes heißt *geradlinig gleichförmig*, falls sein Geschwindigkeitsvektor konstant ist.

Wie bereits erwähnt wurde, wird die Bewegung von Teilchen innerhalb von Bezugssystemen bzw. relativ zu Bezugssystemen beschrieben. Es stellt sich heraus, daß die Bewegungsgleichungen in verschiedenen Bezugssystemen i.a. verschiedene Formen haben. Die Mechanik der Massenpunkte in der Newtonschen Mechanik bezieht sich grundsätzlich auf Inertialsysteme. Dies sind eben jene Bezugssysteme, in denen die Newtonschen Bewegungsgleichungen ihre einfache definierte Form haben.

Definition: Inertialsysteme

Ein Bezugssystem, bezüglich dessen

- der Raum *homogen* und *isotrop* und
- die Zeit homogen ist,

heißt Inertialsystem.

Homogenität und Isotropie des Raumes besagen, daß kein Punkt und keine Richtung im Raum ausgezeichnet sind. Homogenität der Zeit bedeutet, daß kein Zeitpunkt ausgezeichnet ist. Hieraus folgt, daß Bezugssysteme,

- die relativ zu einem Inertialsystem verschoben sind oder
- die sich relativ zu einem Inertialsystem mit konstanter Geschwindigkeit, also geradlinig gleichförmig bewegen oder
- die relativ zu einem Inertialsystem gedreht sind oder
- deren Zeitursprung relativ zu dem eines Inertialsystems verschoben ist,

ebenfalls Inertialsysteme sind. Obige Definition führt also nicht zu einem speziellen Inertialsystem, sondern zu einer ganzen Klasse von Inertialsystemen, die alle über die genannten vier Punkte in Beziehung stehen. Diese Punkte konstituieren die Gruppe der *Galilei-Transformationen*. Wir werden auf sie im nächsten Unterabschnitt genauer eingehen und sie insbesondere mit dem fundamentalen Prinzip der *Galilei-Invarianz* in Verbindung bringen.

Wir sind nun in der Lage, die vier von Isaac Newton postulierten Grundsätze zu präsentieren, auf denen die gesamte Newtonsche Mechanik basiert:

Satz 1.1: Newtonsche Axiome

Trägheitssatz (Lex prima)
In einem Inertialsystem ist der Impuls eines freien Massenpunktes, d.h. eines Massenpunktes, auf den keine Kraft wirkt, erhalten (*Impulserhaltungssatz*):

$$\boldsymbol{F} = \boldsymbol{0} \Longleftrightarrow \boldsymbol{p}(t) = \text{const} .$$

Bewegungsgleichung und Definition der Kraft (Lex secunda)
In einem Inertialsystem wird die Änderung des Impulses eines Massenpunktes durch eine Kraft $\boldsymbol{F}$ hervorgerufen, so daß gilt: ▷

$$F = \frac{\mathrm{d}\boldsymbol{p}}{\mathrm{d}t} . \tag{1.6}$$

Wechselwirkungsgesetz (Lex tertia)
Für die Kräfte $\boldsymbol{F}_{ij}$ und $\boldsymbol{F}_{ji}$, die zwei Massenpunkte i und j aufeinander ausüben, gilt

$$\boldsymbol{F}_{ij} = -\boldsymbol{F}_{ji} .$$

Somit sind die Kräfte dem Betrage nach gleich und einander entgegengerichtet (*Actio = Reactio*).

Superpositionsprinzip (Lex quarta)
Kräfte addieren sich vektoriell:

$$\boldsymbol{F} = \sum_i \boldsymbol{F}_i .$$

Diese vier Axiome implizieren, daß

- in allen Inertialsystemen eine absolute Zeit existiert und
- die Masse eines abgeschlossenen Systems zeitlich erhalten bleibt.

Vorausgreifend sei hier erwähnt, daß beide Punkte im Rahmen der speziellen Relativitätstheorie (Abschn. 1.6) fallengelassen werden.

Zur Lex prima. Das erste Newtonsche Axiom, offensichtlich ein Spezialfall des zweiten, beinhaltet die Möglichkeit der Konstruktion eines Inertialsystems. Man nehme dazu die Bahnen dreier kräftefreier Massenpunkte, die sich vom Ursprung aus wie ein kartesisches Koordinatensystem wegbewegen. Die Zeit läßt sich dann festlegen, indem man fordert, daß ein kräftefreier Massenpunkt, der sich in dem so definierten Koordinatensystem geradlinig gleichförmig bewegt, in gleichen Zeiten gleiche Strecken zurücklegt.

Zur Lex secunda. Das zweite Newtonsche Axiom definiert zum einen die Kraft und besitzt andererseits auch Gesetzescharakter. Ist die Kraft bekannt, dann stellt (1.6) die dynamische Bewegungsgleichung dar. Für den Spezialfall einer zeitlich konstanten Masse ergibt sich aus ihr die bekannte Gleichung

$$\boldsymbol{F} = \frac{\mathrm{d}}{\mathrm{d}t}\boldsymbol{p} = m\frac{\mathrm{d}}{\mathrm{d}t}\dot{\boldsymbol{x}} = m\ddot{\boldsymbol{x}} \ , \ m = \text{const} . \tag{1.7}$$

Bei den meisten, in der Praxis vorkommenden physikalischen Problemen ist die Kraft lediglich eine Funktion des Teilchenortes, der Teilchengeschwindigkeit sowie der Zeit: $\boldsymbol{F} = \boldsymbol{F}(\boldsymbol{x}, \dot{\boldsymbol{x}}, t)$.

Das Grundproblem der Mechanik besteht in der Bestimmung der Teilchenbahn $\boldsymbol{x}(t)$ bei gegebener Kraft. Dies geschieht im Newtonschen Formalismus durch das Lösen der drei (i.a. nichtlinearen) gekoppelten gewöhnlichen Differentialgleichungen 2. Ordnung (1.7). Aus der Tatsache, daß das Grundgesetz der Newtonschen Mechanik von 2. Ordnung in der Zeit ist, folgt, daß zur eindeutigen Bestimmung der Teilchenbahn genau zwei Anfangsbedingungen spezifiziert werden müssen.

Träge und schwere Masse. Nach dem 2. Newtonschen Gesetz erfährt ein Körper bei Krafteinwirkung eine Beschleunigung, die proportional zu seiner Masse ist. Neben dieser *trägen Masse* gibt es noch eine andere Masse. In Unterabschn. 1.5.3 betrachten wir z.B. die Gravitationskraft $\boldsymbol{F}_{\mathrm{G}}$, die eine *schwere Masse* m aufgrund der Anwesenheit einer schweren Masse M erfährt:

$$\boldsymbol{F}_{\mathrm{G}} = -\gamma m M \frac{\boldsymbol{x}}{x^3} .$$

Es ist nun ein experimentelles Faktum, daß träge und schwere Masse zueinander proportional sind. Man wählt deshalb praktischerweise die Maßeinheiten so, daß beide Massen übereinstimmen.[1] Diese Erkenntnis der Proportionalität von träger und schwerer Masse ist der Ausgangspunkt des Einsteinschen Äquivalenzprinzips und der Allgemeinen Relativitätstheorie.

Zur Lex tertia. Das dritte Axiom bezieht sich auf physikalische Vorgänge, in denen zwei oder mehrere Teilchen miteinander wechselwirken. Ihm ist es zu verdanken, daß ein System aus mehreren Teilchen unter gewissen Umständen als ein einziges Teilchen aufgefaßt werden kann.

1.1.3 Physikalische Folgerungen, Erhaltungssätze

Aus den Newtonschen Axiomen folgen unmittelbar einige wichtige Erhaltungssätze, die im folgenden dargestellt werden. Dabei werden wir weitere grundlegende mechanische Größen kennenlernen.

Definition: Arbeit W, Leistung P und kinetische Energie T

- Die *Arbeit* W, die von einer Kraft $\boldsymbol{F}$ gegen die Trägheit eines Massenpunktes entlang des Weges $\Gamma_{\boldsymbol{x}} = \{\boldsymbol{x}(t), t \in [t_1 : t_2]\}$ verrichtet wird, ist gegeben durch

$$\begin{aligned} W(\boldsymbol{x}_1, \boldsymbol{x}_2, \Gamma_{\boldsymbol{x}}) = W(t_1, t_2, \Gamma_{\boldsymbol{x}}) &= \int\limits_{\boldsymbol{x}_1, \Gamma_{\boldsymbol{x}}}^{\boldsymbol{x}_2} \boldsymbol{F}(\boldsymbol{x}, \dot{\boldsymbol{x}}, t)\mathrm{d}\boldsymbol{x} \\ &= \int\limits_{t_1}^{t_2} \boldsymbol{F}(\boldsymbol{x}, \dot{\boldsymbol{x}}, t)\dot{\boldsymbol{x}}\mathrm{d}t , \quad [W] = \mathrm{Nm} . \end{aligned}$$

- Die *Leistung* P ist gegeben durch

$$P(t) = \frac{\mathrm{d}W}{\mathrm{d}t} = \boldsymbol{F}(\boldsymbol{x}, \dot{\boldsymbol{x}}, t) \cdot \dot{\boldsymbol{x}}(t) , \quad [P] = \frac{\mathrm{Nm}}{\mathrm{s}} = \mathrm{W}\ (\mathrm{Watt}) .$$

▷

[1] Man findet dann für die Newtonsche *Gravitationskonstante* den experimentellen Wert $\gamma = (6.67259 \pm 0.00085) \cdot 10^{-11}\,\mathrm{m^3 kg^{-1} s^{-2}}$.

- Die *kinetische Energie* T ist definiert als

$$T(t) = \frac{\boldsymbol{p}^2(t)}{2m} = \frac{m\dot{\boldsymbol{x}}^2(t)}{2} \ , \ [T] = \mathrm{kg}\frac{\mathrm{m}^2}{\mathrm{s}^2} = \mathrm{J}\ (\mathrm{Joule}) \ .$$

Hieraus folgt sofort: Die Arbeit, die von einer Kraft gegen die Trägheit eines Massenpunktes verrichtet wird, ist gleich der Differenz der kinetischen Energien des Massenpunktes am Ende und Anfang der Bahn:

$$\begin{aligned} W(t) &= \int\limits_{t_1}^{t_2} \boldsymbol{F}(\boldsymbol{x}, \dot{\boldsymbol{x}}, t)\dot{\boldsymbol{x}}\mathrm{d}t = \frac{m}{2}\left[\dot{\boldsymbol{x}}(t_2)^2 - \dot{\boldsymbol{x}}(t_1)^2\right] \\ &= \frac{1}{2m}\left[\boldsymbol{p}^2(t_2) - \boldsymbol{p}^2(t_1)\right] = T_2 - T_1 \ . \end{aligned}$$

Konservative Kräfte und Energieerhaltung. Die differentielle Arbeit bei einer Verschiebung eines Massenpunktes um $\mathrm{d}\boldsymbol{x}$ lautet

$$\mathrm{d}W = \boldsymbol{F}(\boldsymbol{x}, \dot{\boldsymbol{x}}, t)\mathrm{d}\boldsymbol{x} \ .$$

Dabei ist zu beachten, daß $\mathrm{d}W$ i.a. kein totales Differential darstellt, d.h. es gilt i.a.

$$\oint \mathrm{d}W \neq 0 \ .$$

Kräfte, die nicht explizit von der Zeit und der Geschwindigkeit abhängen und für die $\boldsymbol{F}(\boldsymbol{x})\mathrm{d}\boldsymbol{x}$ ein totales Differential ist, bilden die wichtige Klasse der *konservativen Kräfte.*

Satz 1.2: Konservative Kräfte

Die folgenden Aussagen sind äquivalent:

- $\boldsymbol{F}(\boldsymbol{x})$ ist eine konservative Kraft.
- $\boldsymbol{F}(\boldsymbol{x})$ ist wirbelfrei: $\boldsymbol{\nabla} \times \boldsymbol{F} = \boldsymbol{0}$.
- $\boldsymbol{F}(\boldsymbol{x})$ ist als Gradient eines skalaren Feldes, dem *Potential* $V(\boldsymbol{x})$, darstellbar, und es gilt

$$\boldsymbol{F}(x) = -\boldsymbol{\nabla}V(\boldsymbol{x}) \Longrightarrow V(\boldsymbol{x}) = -\int\limits_{\boldsymbol{x}_0}^{\boldsymbol{x}} \mathrm{d}\boldsymbol{x}\boldsymbol{F}(\boldsymbol{x}) \ .$$

Dabei ist das Potential nur bis auf eine Konstante bestimmt, die wir so wählen können, daß der Ausdruck für das Potential besonders einfach wird.

▷

- Die Arbeit ist unabhängig vom Weg; sie hängt nur vom Anfangs- und Endpunkt der Kurve ab:

$$W(\boldsymbol{x}_1, \boldsymbol{x}_2, \Gamma_{\boldsymbol{x}}) = W(\boldsymbol{x}_1, \boldsymbol{x}_2) = -\int\limits_{t_1}^{t_2} \boldsymbol{\nabla} V(\boldsymbol{x})\dot{\boldsymbol{x}}\mathrm{d}t$$

$$= -\left[V(\boldsymbol{x}_2) - V(\boldsymbol{x}_1)\right] .$$

- Die differentielle Arbeit $\mathrm{d}W = \boldsymbol{F}(\boldsymbol{x})\mathrm{d}\boldsymbol{x}$ ist ein totales Differential.

Aus diesem Satz und der Definition der kinetischen Energie erhalten wir sofort den wichtigen

Satz 1.3: Erhaltung der Energie in konservativen Systemen

Bei der Bewegung eines Massenpunktes in einem konservativen Kraftfeld bleibt die Gesamtenergie E erhalten:

$$E = T + V = \text{const} .$$

Ist die Energie in einem konservativen System zu irgend einem Zeitpunkt bekannt, dann können wir dies als eine der erforderlichen Anfangswertbedingungen benutzen.

Eindimensionale Bewegung, konservative Kräfte. Die eindimensionale Bewegung in einem konservativen Kraftfeld kann grundsätzlich auf ein Integral zurückgeführt werden. Aus

$$E = \frac{1}{2}m\dot{x}^2 + V(x) \Longrightarrow \dot{x} = \pm\sqrt{\frac{2}{m}[E - V(x)]}$$

erhalten wir[2]

$$t - t_0 = \pm \int\limits_{x_0}^{x} \mathrm{d}x' \left(\frac{2}{m}[E - V(x')]\right)^{-\frac{1}{2}} , \tag{1.8}$$

wobei das Vorzeichen durch die Anfangsbedingung $\dot{x}(t_0) \gtrless 0$ determiniert ist. Der lineare harmonische Oszillator ist ein Beispiel für diesen Fall. Mit $V(x) = kx^2/2$ folgt

$$t - t_0 = \pm\sqrt{\frac{m}{k}} \arcsin\left[x\left(\frac{k}{2E}\right)^{\frac{1}{2}}\right]$$

und mit $x_0 = x(t_0) = 0$, $\dot{x}(t_0) > 0$

[2] Man beachte, daß sich das Teilchen nur in den Bereichen aufhalten kann, für die gilt: $E \geq V(x)$. Wir werden diese Gleichungen im Rahmen von Zentralkraftproblemen in Unterabschn. 1.5.2 genauer diskutieren.

$$x = \sqrt{\frac{2E}{k}} \sin\left[\omega(t - t_0)\right] \;,\; \omega = \sqrt{\frac{k}{m}} \;.$$

Drehimpuls und Drehmoment. Neben der Kraft $\boldsymbol{F}$ und dem Impuls $\boldsymbol{p}$ sind zwei weitere grundlegende Größen gegeben durch:

Definition: Drehimpuls $\boldsymbol{l}$ und Drehmoment $\boldsymbol{N}$

Der *Drehimpuls* ist definiert als der axiale Vektor

$$\boldsymbol{l}(t) = \boldsymbol{x}(t) \times \boldsymbol{p}(t) \;,\; [\boldsymbol{l}] = \mathrm{kg}\frac{\mathrm{m}^2}{\mathrm{s}} \;.$$

Seine zeitliche Änderung definiert das *Drehmoment*

$$\boldsymbol{N}(t) = \dot{\boldsymbol{l}}(t) = \boldsymbol{x}(t) \times \dot{\boldsymbol{p}}(t) \;,\; [\boldsymbol{N}] = \mathrm{kg}\frac{\mathrm{m}^2}{\mathrm{s}^2} \;.$$

Der Drehimpuls ist erhalten, falls das Drehmoment verschwindet.

Wir sehen, daß zur Erhaltung des Drehimpulses entweder $\boldsymbol{F} = \boldsymbol{0}$ oder $\boldsymbol{F}||\boldsymbol{x}$ erfüllt sein muß. Im ersten Fall kann man durch eine Verschiebung des Bezugssystems um einen konstanten Vektor stets erreichen, daß gilt: $\boldsymbol{l} = \boldsymbol{0}$. Der zweite Fall führt auf die Klasse der *Zentralkräfte*:

Satz 1.4: Zentralkräfte und Drehimpulserhaltung

Eine Zentralkraft hängt nur vom Ortsvektor $\boldsymbol{x}$ ab und wirkt in seine Richtung:

$$\boldsymbol{F} = \boldsymbol{F}(\boldsymbol{x}) = \boldsymbol{x}f(\boldsymbol{x}) \;,\; f \text{ beliebiges Skalarfeld} \;.$$

Der Drehimpuls einer Zentralkraft ist erhalten.

Konservative Zentralkräfte. Zentralkräfte sind nicht notwendigerweise konservativ. Jedoch sind es praktisch ausschließlich konservative Zentralkräfte, die in physikalischen Fragestellungen auftreten. Für sie gilt

$$\boldsymbol{x} \times \boldsymbol{F} = -\boldsymbol{x} \times \boldsymbol{\nabla} V(\boldsymbol{x}) = \boldsymbol{0} \;.$$

In Polarkoordinaten ausgedrückt liefert diese Gleichung

$$\frac{\partial V}{\partial \varphi} = 0 \;,\; \frac{\partial V}{\partial \theta} = 0 \;.$$

Hieraus folgt $V(\boldsymbol{x}) = V(|\boldsymbol{x}|)$.

Satz 1.5: Rotationssymmetrisches Potential

Für konservative Zentralkräfte ist das Potential V *rotationssymmetrisch* (*zentralsymmetrisch*):

$$V(\boldsymbol{x}) = V(|\boldsymbol{x}|) \;.$$

▷

Ist umgekehrt $V = V(|\boldsymbol{x}|)$, dann sehen wir aus

$$\boldsymbol{F} = -\boldsymbol{\nabla} V = -\frac{\mathrm{d}V}{\mathrm{d}|\boldsymbol{x}|}\frac{\boldsymbol{x}}{|\boldsymbol{x}|} ,$$

daß $\boldsymbol{F}$ eine konservative Zentralkraft ist.

Beispiele sind die Gravitationskraft und die Coulomb-Wechselwirkung. Wir betrachten die Bewegungsgleichungen dieser Art Kräfte im Detail in Abschnitt 1.5.

Homogene Potentiale. Eine weitere wichtige Klasse von Potentialen ist wie folgt definiert:

Definition: Homogenes Potential

Ein *homogenes Potential* ist ein rotationssymmetrisches Potential der Form

$$V(\boldsymbol{x}) = V(|\boldsymbol{x}|) = \alpha |\boldsymbol{x}|^d \ , \ d \in \mathbb{R} .$$

Für ein einzelnes Teilchen gilt

$$\frac{\mathrm{d}}{\mathrm{d}t}(m\boldsymbol{x}\dot{\boldsymbol{x}}) = m(\dot{\boldsymbol{x}}^2 + \boldsymbol{x}\ddot{\boldsymbol{x}}) = 2T + \boldsymbol{x}\boldsymbol{F} \ . \tag{1.9}$$

Mittelt man diese Gleichung über ein Zeitintervall τ, dann folgt

$$\frac{m}{\tau}\left[\boldsymbol{x}(\tau)\dot{\boldsymbol{x}}(\tau) - \boldsymbol{x}(0)\dot{\boldsymbol{x}}(0)\right] = 2\langle T\rangle + \langle \boldsymbol{x}\boldsymbol{F}\rangle \ , \ \langle T\rangle = \frac{1}{\tau}\int\limits_0^\tau \mathrm{d}t T \ .$$

Ist die Teilchenbewegung im Intervall $[0:\tau]$ periodisch, d.h. $\boldsymbol{x}(\tau) = \boldsymbol{x}(0)$, $\dot{\boldsymbol{x}}(\tau) = \dot{\boldsymbol{x}}(0)$, dann verschwindet die linke Seite von (1.9), und man erhält

$$\langle T\rangle = -\frac{1}{2}\langle \boldsymbol{x}\boldsymbol{F}\rangle \qquad (\textit{Virialsatz}) \ . \tag{1.10}$$

Speziell für homogene Potentiale finden wir daher

Satz 1.6: Virialtheorem für homogene Potentiale

Für homogene Potentiale, $V(\boldsymbol{x}) = \alpha|\boldsymbol{x}|^d$, $\boldsymbol{F} = -\boldsymbol{\nabla} V(\boldsymbol{x})$, gilt

$$\langle \boldsymbol{x}\boldsymbol{F}\rangle = -\frac{\alpha}{\tau}\int\limits_0^\tau \mathrm{d}t \boldsymbol{x}\boldsymbol{\nabla}|\boldsymbol{x}|^d = -\frac{\alpha}{\tau}\int\limits_0^\tau \mathrm{d}t d|\boldsymbol{x}|^d = -d\langle V\rangle \ ,$$

und es folgt

$$\langle T\rangle = \frac{d}{2}\langle V\rangle \ .$$

Selbst wenn die Bewegung des Teilchens nicht periodisch ist, gelangt man zu (1.10), vorausgesetzt die Orts- und Geschwindigkeitskoordinaten besitzen eine obere Grenze, so daß für hinreichend große τ die linke Seite von (1.9) ebenfalls verschwindet.

Satz 1.7: Skalentransformation bei homogenen Potentialen

Sei $V(\boldsymbol{x}) = \alpha|\boldsymbol{x}|^d$. Dann ist

$$m\frac{\mathrm{d}^2\boldsymbol{x}}{\mathrm{d}t^2} = -\boldsymbol{\nabla}V(\boldsymbol{x}) = -\alpha d|\boldsymbol{x}|^{d-2}\boldsymbol{x} .$$

Führt man nun eine Skalentransformation der Art

$$\boldsymbol{x} = \lambda\boldsymbol{x}' \ , \ t = \lambda^{(2-d)/2}t'$$

durch, so folgt

$$\frac{\mathrm{d}^2\boldsymbol{x}}{\mathrm{d}t^2} = \lambda^{d-1}\frac{\mathrm{d}^2\boldsymbol{x}'}{\mathrm{d}t'^2} \ , \ \boldsymbol{\nabla}V(\boldsymbol{x}) = \lambda^{d-1}\boldsymbol{\nabla}'V(\boldsymbol{x}')$$

$$\Longrightarrow m\frac{\mathrm{d}^2\boldsymbol{x}'}{\mathrm{d}t'^2} = -\boldsymbol{\nabla}'V(\boldsymbol{x}') .$$

Das heißt unter obiger Skalierung ist die Newtonsche Bewegungsgleichung forminvariant.
Seien nun T, T' spezifische Zeiten (z.B. Umlaufzeit) und R, R' spezifische Längen (z.B. Amplitude) zweier Bewegungsabläufe, die durch obige Skalentransformation ineinander überführt werden, dann gilt

$$V(\boldsymbol{x}) = \alpha|\boldsymbol{x}|^d \Longrightarrow \left(\frac{T'}{T}\right)^2 = \left(\frac{R'}{R}\right)^{2-d} .$$

Insbesondere ergibt sich hieraus für die Gravitations- und Coulomb-Wechselwirkung mit $d = -1$

$$\left(\frac{T'}{T}\right)^2 = \left(\frac{R'}{R}\right)^3 ,$$

d.h. die Quadrate der Umlaufzeiten zweier Teilchen um ein Zentrum verhalten sich wie die Kuben ihrer Abstände zum Zentrum. Dies ist das *dritte Keplersche Gesetz* (siehe Unterabschn. 1.5.3).

1.1.4 Beschleunigte Koordinatensysteme und Inertialsysteme, Galilei-Invarianz

Die Newtonschen Bewegungsgleichungen beziehen sich auf mechanische Vorgänge in Inertialsystemen, die sich relativ zueinander geradlinig gleichförmig bewegen. Die Frage, der wir uns in diesem Unterabschnitt widmen wollen, lautet: *Wie sieht die Bewegungsgleichung einer Teilchenbewegung in einem*

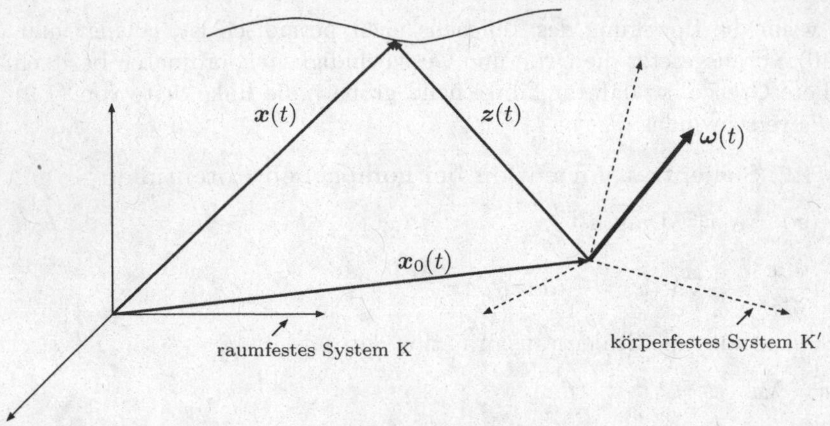

Abb. 1.1. Zur Definition von raum- und körperfestem System

nichtinertialen System K′ aus, welches sich relativ zum Inertialsystem K beschleunigt bewegt (siehe Abb. 1.1)?

Im Hinblick auf die Diskussion von starren Körpern in Abschn. 1.4 führen wir bereits hier für das Inertialsystem K die Bezeichnung *raumfestes System* ein. Das beschleunigte System K′ nennen wir *körperfestes System.* Die beschleunigte Bewegung von K′ relativ zu K umfaßt im allgemeinsten Fall eine Rotationsbewegung um den Ursprung von K und eine translatorische Bewegung, die durch den Vektor $\boldsymbol{x}_0(t)$ beschrieben wird. Wir behandeln zunächst den Fall einer reinen Rotationsbewegung und beziehen im Anschluß Translationsbewegungen mit ein.

Rotierende Koordinatensysteme. Wie bereits in Unterabschn. 1.1.1 erwähnt wurde, sind zwei Bezugssysteme K : $\{\boldsymbol{e}_1, \boldsymbol{e}_2, \boldsymbol{e}_3\}$ und K′ : $\{\boldsymbol{e}_1', \boldsymbol{e}_2', \boldsymbol{e}_3'\}$, die relativ zueinander eine reine Drehbewegung ausführen, durch eine zeitabhängige 3×3-Matrix R miteinander verbunden, die den Relationen (1.4) und (1.5) genügt. Differenziert man die Orthogonalitätsrelation in (1.5) nach der Zeit, so ergibt sich

$$\dot{R}^{\mathrm{T}} R + R^{\mathrm{T}} \dot{R} = 0 \ .$$

Daraus ist zu erkennen, daß die Matrix $\Omega = R^{\mathrm{T}} \dot{R}$ schiefsymmetrisch sein muß:

$$\Omega = R^{\mathrm{T}} \dot{R} = \begin{pmatrix} 0 & \omega_3 & -\omega_2 \\ -\omega_3 & 0 & \omega_1 \\ \omega_2 & -\omega_1 & 0 \end{pmatrix} \ , \ \Omega_{jk} = \sum_i \epsilon_{ijk} \omega_i \ , \ \omega_i \in \mathbb{R} . \qquad (1.11)$$

Diese Relation läßt sich invertieren, und man erhält

$$\omega_i = \frac{1}{2} \sum_{j,k} \epsilon_{ijk} \Omega_{jk} \ . \qquad (1.12)$$

Wie wir gleich sehen werden, sind dies die raumfesten Komponenten eines zeitabhängigen Vektors $\boldsymbol{\omega} = \sum\limits_i \boldsymbol{e}_i \omega_i$, der die Drehachse von K′ relativ zu

K beschreibt. Man nennt deshalb $\boldsymbol{\omega}$ die *momentane Drehachse* oder auch *momentane Winkelgeschwindigkeit.* Da die Basen von K und K′ relativ zum jeweils anderen System zeitabhängig sind, verwenden wir zur Vermeidung von Mißverständnissen die in Unterabschn. 1.1.1 eingeführte Schreibweise für die zeitliche Ableitung eines Vektors $\boldsymbol{x}$ bezüglich K und K′ (siehe (1.3)). Damit berechnen wir für einen beliebigen Vektor $\boldsymbol{x}$

$$
\begin{aligned}
D'\boldsymbol{x} &= \sum_i \boldsymbol{e}_i'\dot{x}_i' = \sum_{i,j} \boldsymbol{e}_i'\left(R_{ij}\dot{x}_j + \dot{R}_{ij}x_j\right) \\
&= \sum_j \boldsymbol{e}_j\dot{x}_j + \sum_{k,i,j} \boldsymbol{e}_k R_{ki}^{\mathrm{T}}\dot{R}_{ij}x_j = D\boldsymbol{x} + \sum_{k,j} \boldsymbol{e}_k \Omega_{kj}x_j \\
&= D\boldsymbol{x} - \sum_{k,i,j} \boldsymbol{e}_k\epsilon_{kij}\omega_i x_j = D\boldsymbol{x} - \boldsymbol{\omega}\times\boldsymbol{x} ,
\end{aligned}
$$

und es folgt der

Satz 1.8: Satz von Coriolis

Sei $\boldsymbol{\omega}$ die momentane Winkelgeschwindigkeit eines relativ zum System K rotierenden Systems K′ und $D\boldsymbol{x}$, $D'\boldsymbol{x}$ die zeitlichen Ableitungen eines Vektors $\boldsymbol{x}$ bezüglich K bzw. K′. Dann gilt

$$D'\boldsymbol{x} = D\boldsymbol{x} - \boldsymbol{\omega}\times\boldsymbol{x} .$$

Hieraus folgt, daß die Zeitableitung der Winkelgeschwindigkeit unabhängig vom Bezugssystem ist:

$$D'\boldsymbol{\omega} = D\boldsymbol{\omega} .$$

Betrachten wir zum besseren Verständnis dieses Satzes den einfachen Fall, daß gilt: $D'\boldsymbol{x} = \boldsymbol{0} \Longrightarrow D\boldsymbol{x} = \boldsymbol{\omega}\times\boldsymbol{x}$. Vom Referenzsystem K aus gesehen ändert sich der Vektor $\boldsymbol{x}$ in der Zeit δt um $\delta\boldsymbol{x} = \boldsymbol{\omega}\times\boldsymbol{x}\delta t$. Dieser Vektor ist zu $\boldsymbol{\omega}$ und $\boldsymbol{x}$ orthogonal. In K wird die Veränderung von $\boldsymbol{x}$ also durch eine (rechtshändige) Rotation von $\boldsymbol{x}$ um den Betrag $|\boldsymbol{\omega}|\delta t$ um eine Achse parallel zu $\boldsymbol{\omega}$ erreicht. Dies rechtfertigt für $\boldsymbol{\omega}$ den Namen „momentane Winkelgeschwindigkeit".

Bewegungsgleichung in beschleunigten Systemen. Wir kommen nun zur allgemeinen Relativbewegung zweier Referenzsysteme K und K′ (siehe Abb. 1.1), wobei wir für K ein Inertialsystem voraussetzen. $\boldsymbol{x}(t)$ und $\boldsymbol{z}(t)$ beschreiben die Ortsbahn eines Teilchens, wie sie von K bzw. K′ aus gesehen wird. Ferner sei $\boldsymbol{x}_0$ der Ursprung von K′ relativ zu K, so daß gilt:

$$\boldsymbol{z}(t) = \boldsymbol{x}(t) - \boldsymbol{x}_0(t) .$$

Nun gilt im Inertialsystem K die Newtonsche Gleichung

$$mD^2\boldsymbol{x} = \boldsymbol{F} . \tag{1.13}$$

Um den entsprechenden Zusammenhang im Nicht-Inertialsystem K′ zu bestimmen, ziehen wir den Satz von Coriolis heran und rechnen wie folgt:

$$\begin{aligned}\frac{\boldsymbol{F}}{m} &= D^2\boldsymbol{x} = D^2\boldsymbol{z} + D^2\boldsymbol{x}_0 \\ &= D\left(D'\boldsymbol{z} + \boldsymbol{\omega}\times\boldsymbol{z}\right) + D^2\boldsymbol{x}_0 \\ &= D'^2\boldsymbol{z} + (D'\boldsymbol{\omega})\times\boldsymbol{z} + 2\boldsymbol{\omega}\times D'\boldsymbol{z} + \boldsymbol{\omega}\times(\boldsymbol{\omega}\times\boldsymbol{z}) + D^2\boldsymbol{x}_0 \ .\end{aligned}$$

Hieraus läßt sich sofort die Bewegungsgleichung ablesen, die wir im beschleunigten System K′ anstelle der einfachen Newtonschen Gleichung (1.13) anzusetzen haben:

Satz 1.9: Newtonsche Bewegungsgleichung in beschleunigten Systemen

Beschreiben $\boldsymbol{x}$ und $\boldsymbol{z}$ die Teilchenbewegung im Inertialsystem K bzw. im relativ zu K beschleunigten System K′, dann lauten die Bewegungsgleichungen in beiden Bezugssystemen

$$\begin{aligned} mD^2\boldsymbol{x} &= \boldsymbol{F} \\ mD'^2\boldsymbol{z} &= \boldsymbol{F} + \boldsymbol{F}_\mathrm{T} + \boldsymbol{F}_\mathrm{z} + \boldsymbol{F}_\mathrm{L} + \boldsymbol{F}_\mathrm{C} \ ,\end{aligned}$$

mit

$$\begin{aligned} \boldsymbol{F}_\mathrm{T} &= -mD^2\boldsymbol{x}_0 && (\textit{Translationskraft}) \\ \boldsymbol{F}_\mathrm{Z} &= -m\boldsymbol{\omega}\times(\boldsymbol{\omega}\times\boldsymbol{z}) && (\textit{Zentrifugalkraft}) \\ \boldsymbol{F}_\mathrm{L} &= -m(D'\boldsymbol{\omega})\times\boldsymbol{z} && (\textit{Linearkraft}) \\ \boldsymbol{F}_\mathrm{C} &= -2m\boldsymbol{\omega}\times D'\boldsymbol{z} && (\textit{Coriolis-Kraft}) \ .\end{aligned}$$

Neben der ursprünglichen Kraft $\boldsymbol{F}$ treten in beschleunigten Systemen also vier zusätzliche *Scheinkräfte* auf, von denen $\boldsymbol{F}_\mathrm{T}$ von der translatorischen Bewegung des Koordinatenursprungs $\boldsymbol{x}_0$ und die anderen drei von der Rotationsbewegung herrühren.

Galilei-Invarianz der Bewegungsgleichung. Mit Hilfe dieses Satzes können wir nun den in Unterabschn. 1.1.2 qualitativ diskutierten Begriff des Inertialsystems mathematisch genauer fassen. Nach dem zweiten Newtonschen Axiom ist die Newtonsche Bewegungsgleichung in allen Inertialsystemen forminvariant. Dies ist offensichtlich gleichbedeutend mit der Forderung

$$D^2\boldsymbol{x}_0 = \boldsymbol{0} \ , \ \boldsymbol{\omega} = \boldsymbol{0} \ ,$$

weil dann alle Scheinkräfte verschwinden. Wir können diese Bedingung im allgemeinsten Fall erfüllen, indem wir setzen:

$$\boldsymbol{x}_0(t) = \boldsymbol{v}t + \boldsymbol{q} \ , \ R(t) = R \ , \ \boldsymbol{v}, \boldsymbol{q}, R = \mathrm{const} \ .$$

Das heißt relativ zu K darf das System K′ konstant gedreht und verschoben sein und sich mit konstanter Geschwindigkeit bewegen. Ist überdies die

Kraft $\boldsymbol{F}$ nicht explizit zeitabhängig, dann darf zusätzlich der Zeitursprung von K′ relativ zu K verschoben sein. Wie man sieht, führt die Forderung nach (bzw. die axiomatische Voraussetzung von) Forminvarianz der Newtonschen Bewegungsgleichung wieder genau auf die in Unterabschn. 1.1.2 genannten vier Punkte, durch die Inertialsysteme ausgezeichnet sind. Wir erhalten somit den fundamentalen

Satz 1.10: Inertialsysteme und Galilei-Invarianz

Der Übergang von einem Inertialsystem zu einem anderen wird durch die Koordinatentransformationen

$$x_i \longrightarrow x_i' = R_{ij}x_j + v_i t + q_i \ , \ t \longrightarrow t' = t + t_0 \ ,$$

mit

$$R, \boldsymbol{v}, \boldsymbol{q}, t_0 = \text{const} \ , \ RR^{\mathrm{T}} = 1 \ , \ \det R = 1$$

vermittelt. Diese Transformationen bilden eine eigentliche orthochrone 10-parametrige Lie-Gruppe, welche man die *Gruppe der Galilei-Transformationen* nennt.
Die Newtonschen Bewegungsgleichungen sind in allen Inertialsystemen forminvariant. Man sagt auch: Die Newtonsche Mechanik ist *galilei-invariant*. In Inertialsystemen bewegen sich kräftefreie Körper geradlinig gleichförmig.

Die Mechanik ist demnach nicht in der Lage, den Zustand der Ruhe von dem der gleichförmigen Bewegung zu unterscheiden.

Es ist ein generelles Prinzip der Physik, nicht nur der klassischen Mechanik, daß eine Symmetrie mit einer Erhaltungsgröße zusammenhängt. Da die Galilei-Gruppe durch 10 Parameter beschrieben wird, folgern wir, daß die Bewegung eines Systems von Teilchen bei Abwesenheit äußerer Kräfte durch 10 entsprechende Erhaltungsgrößen gekennzeichnet ist. Wie wir im nächsten Unterabschnitt und in Unterabschn. 1.2.2 sehen werden, sind dies der Impuls, der Drehimpuls, die Energie und die Schwerpunktsbewegung.

Absolute Zeit. Die Form der Galilei-Gruppe zeigt, daß der Zeit in der nichtrelativistischen Mechanik eine besondere Bedeutung zukommt. Unter Galilei-Transformationen bleiben Zeitabstände invariant; in diesem Sinne hat Zeit einen absoluten Charakter. Dagegen ist der Abstand zweier Punkte, in denen sich ein Teilchen aufgrund seiner Bewegung zu zwei verschiedenen Zeiten aufhält, in zwei unterschiedlichen Inertialsystemen nicht identisch, denn die Geschwindigkeiten des Teilchens sind in beiden Systemen verschieden. Der Ortsraum ist also in diesem Sinne nicht absolut.

Foucaultsches Pendel. Als Beispiel für den Umgang mit der Newtonschen Bewegungsgleichung in beschleunigten Koordinatensystemen diskutieren wir die von der Erdrotation hervorgerufene Drehung der Schwingungsebene ei-

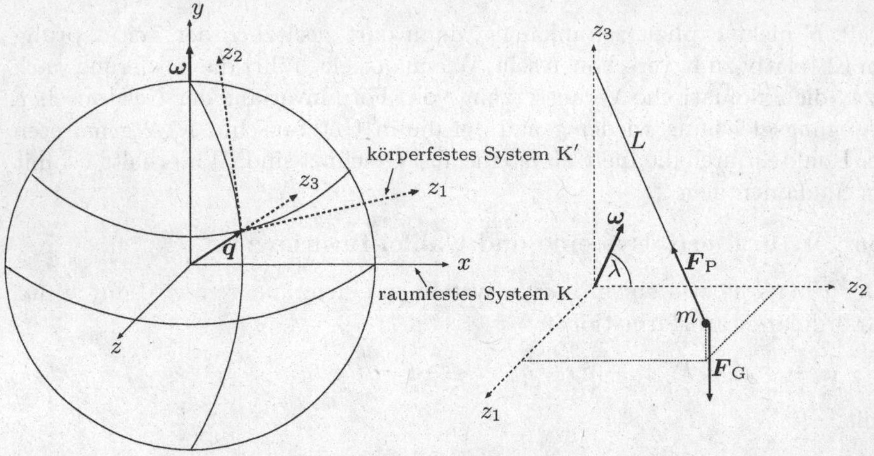

Abb. 1.2. Zur Festlegung des raum- und körperfesten Systems auf der Erdoberfläche

nes Pendels. Abbildung 1.2 legt die Achsen des Inertialsystems[3] K und des relativ zu K beschleunigten (erdfesten) Systems K′ fest. Wir betrachten ein *mathematisches Pendel*, das aus einem masselosen Seil der Länge L besteht, dessen oberes Ende frei drehbar aufgehängt ist und an dessen unterem Ende eine Punktmasse m befestigt ist. Der Koordinatentripel der Winkelgeschwindigkeit $\boldsymbol{\omega}$ in K′ lautet

$$\boldsymbol{\omega} = \omega \begin{pmatrix} 0 \\ \cos\lambda \\ \sin\lambda \end{pmatrix}, \ \omega \approx \frac{2\pi}{24\,\mathrm{h}} .$$

Nach Satz 1.9 gilt

$$\begin{aligned} m\ddot{\boldsymbol{z}} &= \boldsymbol{F}_{\mathrm{G}}(\boldsymbol{z}) + \boldsymbol{F}_{\mathrm{P}}(\boldsymbol{z}) \\ &\quad + \boldsymbol{F}_{\mathrm{T}}(\boldsymbol{q}) + \boldsymbol{F}_{\mathrm{Z}}(\boldsymbol{\omega},\boldsymbol{z}) + \boldsymbol{F}_{\mathrm{L}}(\boldsymbol{\omega},\boldsymbol{z}) + \boldsymbol{F}_{\mathrm{C}}(\boldsymbol{\omega},\boldsymbol{z}) , \end{aligned}$$

wobei die Koordinatentripel der Gravitationskraft $\boldsymbol{F}_{\mathrm{G}}$ und Zentripetalkraft $\boldsymbol{F}_{\mathrm{P}}$ des Pendels in K′ gegeben sind durch

$$\boldsymbol{F}_{\mathrm{G}} = -mg \begin{pmatrix} 0 \\ 0 \\ 1 \end{pmatrix} , \ \boldsymbol{F}_{\mathrm{P}} = \begin{pmatrix} -\frac{z_1}{L}S \\ -\frac{z_2}{L}S \\ S_3 \end{pmatrix} ,$$

mit den zunächst unbekannten Seilspannungen S und S_3. Wegen $\omega^2 \ll 1$ und $\dot{\boldsymbol{\omega}} \approx \boldsymbol{0}$ können Zentrifugal- und Linearkraft, $\boldsymbol{F}_{\mathrm{Z}}, \boldsymbol{F}_{\mathrm{L}}$, vernachlässigt werden. Die Translationskraft $\boldsymbol{F}_{\mathrm{T}}$ wirkt in Richtung der z_3-Achse und sorgt für eine Abschwächung der Gravitationskraft auf der Erdoberfläche in Abhängigkeit

[3] Streng genommen ist dieses System natürlich schon allein aufgrund seiner beschleunigten Bewegung um die Sonne kein Inertialsystem. Dies können wir jedoch für unsere Zwecke vernachlässigen.

von der geographischen Breite; sie kann deshalb in der Konstanten g absorbiert werden. Es verbleibt die zu lösende Gleichung

$$m\ddot{\boldsymbol{z}} = \boldsymbol{F}_{\mathrm{G}} + \boldsymbol{F}_{\mathrm{P}}(\boldsymbol{z}) - 2m\boldsymbol{\omega} \times \dot{\boldsymbol{z}}$$

bzw.

$$\begin{aligned} m\ddot{z}_1 &= -\frac{z_1}{L}S - 2m\omega(\dot{z}_3 \cos\lambda - \dot{z}_2 \sin\lambda) \\ m\ddot{z}_2 &= -\frac{z_2}{L}S - 2m\omega\dot{z}_1 \sin\lambda \\ m\ddot{z}_3 &= -mg + S_3 + 2m\omega\dot{z}_1 \cos\lambda \ . \end{aligned}$$

Interessiert man sich nur für kleine Auslenkungen aus der vertikalen z_3-Richtung, dann gilt $S \approx mg$, $\dot{z}_3 \ll \dot{z}_2$, und es folgt für die z_1z_2-Bewegung des Pendels

$$\begin{aligned} \ddot{z}_1 &= -\frac{g}{L}z_1 + 2\omega'\dot{z}_2 \ , \ \omega' = \omega \sin\lambda \\ \ddot{z}_2 &= -\frac{g}{L}z_2 - 2\omega'\dot{z}_1 \ . \end{aligned}$$

Die Parametrisierung

$$\begin{aligned} z_1(t) &= u_1(t)\cos\omega' t + u_2(t)\sin\omega' t \\ z_2(t) &= u_2(t)\cos\omega' t - u_1(t)\sin\omega' t \end{aligned}$$

führt auf

$$\cos\omega' t\left(\ddot{u}_1 + \frac{g}{L}u_1\right) + \sin\omega' t\left(\ddot{u}_2 + \frac{g}{L}u_2\right) = 0$$

$$\Longrightarrow \ddot{u}_i + \frac{g}{L}u_i = 0 \ , \ i = 1,2 \ .$$

Dies sind die Bewegungsgleichungen eines einfachen Pendels mit den Lösungen

$$u_i(t) = a_i \cos\Omega t + b_i \sin\Omega t \ , \ \Omega = \sqrt{\frac{g}{L}} \ , \ i = 1,2 \ ,$$

wobei die vier Integrationskonstanten a_1, b_1, a_2, b_2 über gewisse Anfangsbedingungen festgelegt werden. Das Pendel schwingt also mit der Frequenz $\Omega = \sqrt{g/L}$ um seine Ruhelage, während seine Schwingungsebene mit der Frequenz $\omega' = 2\pi/24\,\mathrm{h} \cdot \sin\lambda$ rotiert. Dies führt zu sog. *Rosettenbahnen*, deren Form wesentlich von den Anfangsbedingungen abhängt. Die linke Figur von Abb. 1.3 zeigt die Bahn für ein Pendel, das bei Maximalausschlag losgelassen wurde. Bei der rechten Figur wurde das Pendel aus seiner Ruhelage herausgestoßen. Offensichtlich ist am Äquator ($\lambda = 0$) die Rotation der Erde mit Hilfe des Foucaultschen Pendels nicht nachweisbar. Dort beschreibt das Pendel unter obigen Näherungen die gleiche Bahnkurve wie in einem Inertialsystem, nämlich eine Ellipse, gegeben durch die Parametrisierung $z_i(t) = u_i(t)$, $i = 1, 2$.

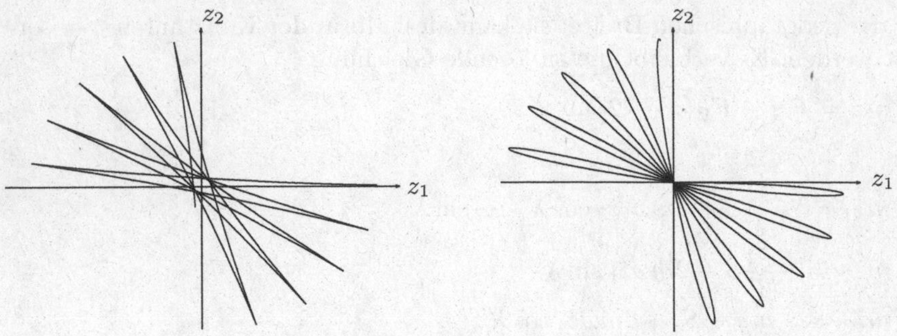

Abb. 1.3. Verschiedene Rosettenbahnen des Foucaultschen Pendels

1.1.5 N-Teilchensysteme

Wir erweitern nun unsere Betrachtungen auf Systeme, die aus vielen Massenpunkten bestehen, und diskutieren insbesondere ihre kinematischen Eigenschaften. Man unterscheidet die auf ein solches System wirkenden Kräfte wie folgt:

- *Innere Kräfte:* Diese wirken nur zwischen den einzelnen Teilchen. Um die nachfolgende Diskussion zu vereinfachen, nehmen wir an, daß die inneren Kräfte konservative und zentrale Zwei-Teilchenkräfte sind, die sich in der Weise

$$\boldsymbol{F}_{ij} = \boldsymbol{F}_{ij}(\boldsymbol{x}_i - \boldsymbol{x}_j) = -\boldsymbol{\nabla}_i V_{ij}(|\boldsymbol{x}_i - \boldsymbol{x}_j|)$$

  aus Potentialen herleiten lassen.

- *Äußere Kräfte:* Hiermit sind alle übrigen Kräfte gemeint, die von außen auf das System wirken. Sind keine äußeren Kräfte vorhanden, dann nennen wir das System *abgeschlossen.*

Unter diesen Voraussetzungen lauten die Newtonschen Bewegungsgleichungen für ein N-Teilchensystem

$$m_i \ddot{\boldsymbol{x}}_i = \sum_{j \neq i} \boldsymbol{F}_{ij} + \boldsymbol{F}_i \;,\; i = 1, \ldots, N \;. \tag{1.14}$$

Bevor wir die zugehörigen kinematischen Größen Impuls, Drehimpuls und Energie untersuchen, bietet es sich an, den Begriff des *Schwerpunktes* einzuführen. Er ist wie folgt definiert:

Definition: Schwerpunkt $\boldsymbol{x}_\mathrm{S}$ eines N-Teilchensystems

$$\boldsymbol{x}_\mathrm{S}(t) = \frac{1}{M} \sum_{i=1}^{N} m_i \boldsymbol{x}_i(t) \;,\; M = \sum_{i=1}^{N} m_i \;.$$

Im Falle einer kontinuierlichen Massendichte $\rho(\boldsymbol{x},t)$ gehen diese Gleichungen über in

$$\boldsymbol{x}_{\mathrm{S}}(t) = \frac{1}{M}\int \boldsymbol{x}\rho(\boldsymbol{x},t)\mathrm{d}^3x \ , \ M = \int \rho(\boldsymbol{x},t)\mathrm{d}^3x = \mathrm{const}\ .$$

Gesamtimpuls $\boldsymbol{p}$ und Schwerpunkt $\boldsymbol{x}_{\mathrm{S}}$. Addieren wir die einzelnen Gleichungen in (1.14), dann heben sich die Beiträge der inneren Kräfte aufgrund des Prinzips „Actio=Reactio" auf, und wir erhalten

$$\dot{\boldsymbol{p}} = \sum_i \dot{\boldsymbol{p}}_i = \sum_i m_i \ddot{\boldsymbol{x}}_i = \frac{1}{2}\sum_{i,j}(\boldsymbol{F}_{ij} + \boldsymbol{F}_{ji}) + \sum_i \boldsymbol{F}_i = \sum_i \boldsymbol{F}_i\ .$$

Das heißt der Gesamtimpuls $\boldsymbol{p}$ ergibt sich allein aus den äußeren Kräften. Falls alle äußeren Kräfte verschwinden, ist der Gesamtimpuls eine erhaltene Größe. Desweiteren gilt

$$M\dot{\boldsymbol{x}}_{\mathrm{S}} = \boldsymbol{p}\ ,$$

d.h. der Schwerpunkt bewegt sich so, als sei die gesamte Masse in ihm vereinigt und als ob alle äußeren Kräfte auf ihn einwirken. Im Falle abgeschlossener Systeme ergibt sich deshalb eine geradlinig gleichförmige Bewegung des Schwerpunktes.

Gesamtdrehimpuls $\boldsymbol{l}$ und Drehmoment $\boldsymbol{N}$. Für den Gesamtdrehimpuls und das Gesamtdrehmoment findet man

$$\boldsymbol{l} = \sum_i \boldsymbol{l}_i = \sum_i m_i \boldsymbol{x}_i \times \dot{\boldsymbol{x}}_i$$

$$\boldsymbol{N} = \dot{\boldsymbol{l}} = \sum_i m_i \boldsymbol{x}_i \times \ddot{\boldsymbol{x}}_i = \frac{1}{2}\sum_{i,j}\underbrace{(\boldsymbol{x}_i - \boldsymbol{x}_j)\times \boldsymbol{F}_{ij}}_{=0 \text{ für } \boldsymbol{F}_{ij} \text{ zentral}} + \sum_i \boldsymbol{x}_i \times \boldsymbol{F}_i\ .$$

Demnach ist auch der Gesamtdrehimpuls in einem abgeschlossenen System erhalten. Zerlegen wir den Ortsvektor $\boldsymbol{x}_i$ in den Schwerpunktsvektor $\boldsymbol{x}_{\mathrm{S}}$ und in einen zum Schwerpunkt bezogenen Vektor $\boldsymbol{x}_i^{\mathrm{S}}$, also $\boldsymbol{x}_i = \boldsymbol{x}_{\mathrm{S}} + \boldsymbol{x}_i^{\mathrm{S}}$, dann können wir wegen $\sum\limits_i m_i \boldsymbol{x}_i^{\mathrm{S}} = \boldsymbol{0}$ für den Drehimpuls schreiben:

$$\begin{aligned}
\boldsymbol{l} &= \sum_i m_i \boldsymbol{x}_i \times \dot{\boldsymbol{x}}_i = \sum_i m_i (\boldsymbol{x}_{\mathrm{S}} + \boldsymbol{x}_i^{\mathrm{S}}) \times (\dot{\boldsymbol{x}}_{\mathrm{S}} + \dot{\boldsymbol{x}}_i^{\mathrm{S}}) \\
&= \sum_i m_i \left[(\boldsymbol{x}_{\mathrm{S}} \times \dot{\boldsymbol{x}}_{\mathrm{S}}) + (\boldsymbol{x}_{\mathrm{S}} \times \dot{\boldsymbol{x}}_i^{\mathrm{S}}) + (\boldsymbol{x}_i^{\mathrm{S}} \times \dot{\boldsymbol{x}}_{\mathrm{S}}) + (\boldsymbol{x}_i^{\mathrm{S}} \times \dot{\boldsymbol{x}}_i^{\mathrm{S}})\right] \\
&= \boldsymbol{l}_{\mathrm{S}} + \sum_i \boldsymbol{x}_i^{\mathrm{S}} \times \boldsymbol{p}_i^{\mathrm{S}}\ ,\ \boldsymbol{l}_{\mathrm{S}} = \boldsymbol{x}_{\mathrm{S}} \times \boldsymbol{p}_{\mathrm{S}}\ .
\end{aligned}$$

Der Drehimpuls setzt sich also zusammen aus dem Drehimpuls des Schwerpunktes, bezogen auf den Koordinatenursprung, plus der Summe der Teilchendrehimpulse, bezogen auf den Schwerpunkt $\boldsymbol{x}_{\mathrm{S}}$.

Energie. Durch skalare Multiplikation von (1.14) mit $\dot{\boldsymbol{x}}_i$ und anschließender Summation über alle i erhält man

$$\frac{\mathrm{d}}{\mathrm{d}t}\left(\frac{1}{2}\sum_i m_i\dot{\boldsymbol{x}}_i^2\right) = \frac{1}{2}\sum_{i,j}(\dot{\boldsymbol{x}}_i - \dot{\boldsymbol{x}}_j)\boldsymbol{F}_{ij} + \sum_i \dot{\boldsymbol{x}}_i\boldsymbol{F}_i$$

$$\Longrightarrow \frac{\mathrm{d}}{\mathrm{d}t}(T + V_{\mathrm{innen}}) = \sum_i \dot{\boldsymbol{x}}_i\boldsymbol{F}_i \ ,$$

wobei

$$T = \frac{1}{2}\sum_i m_i\dot{\boldsymbol{x}}_i^2 \ , \ V_{\mathrm{innen}} = \frac{1}{2}\sum_{i,j} V_{ij}(|\boldsymbol{x}_i - \boldsymbol{x}_j|)$$

die gesamte kinetische bzw innere potentielle Energie bedeuten. Demnach ist die Änderung der gesamten inneren Energie gleich der Leistung der äußeren Kräfte. Für abgeschlossene Systeme folgt hieraus direkt die Erhaltung der Gesamtenergie. Sind andererseits die äußeren Kräfte ebenfalls durch Potentiale darstellbar, dann gilt

$$\sum_i \dot{\boldsymbol{x}}_i\boldsymbol{F}_i = -\frac{\mathrm{d}V_{\mathrm{außen}}}{\mathrm{d}t} \Longrightarrow \frac{\mathrm{d}}{\mathrm{d}t}(T + V_{\mathrm{innen}} + V_{\mathrm{außen}}) = 0 \ ,$$

d.h. die totale Energie ist auch hier eine Erhaltungsgröße. Machen wir wieder von der Aufteilung $\boldsymbol{x}_i = \boldsymbol{x}_{\mathrm{S}} + \boldsymbol{x}_i^{\mathrm{S}}$ Gebrauch, dann läßt sich für die gesamte kinetische Energie auch schreiben:

$$T = \frac{1}{2}\sum_i m_i\dot{\boldsymbol{x}}_i^2 = \frac{1}{2}\sum_i m_i(\dot{\boldsymbol{x}}_{\mathrm{S}} + \dot{\boldsymbol{x}}_i^{\mathrm{S}})^2 = \frac{M}{2}\dot{\boldsymbol{x}}_{\mathrm{S}}^2 + \frac{1}{2}\sum_i m_i\left(\dot{\boldsymbol{x}}_i^{\mathrm{S}}\right)^2 \ .$$

Ähnlich wie beim Drehimpuls setzt sich diese zusammen aus der kinetischen Energie des Schwerpunktes plus der kinetischen Energie der Bewegung des Systems um den Schwerpunkt.

Satz 1.11: Erhaltungsgrößen im abgeschlossenen N-Teilchensystem

Bei einem N-Teilchensystem, auf das keine äußeren Kräfte wirken, gelten folgende Erhaltungssätze:

$$\boldsymbol{p} = \mathrm{const} \quad (\textit{Impulssatz})$$

$$M\boldsymbol{x}_{\mathrm{S}} - t\boldsymbol{p} = \mathrm{const} \quad (\textit{Schwerpunktsatz})$$

$$\boldsymbol{l} = \mathrm{const} \quad (\textit{Drehimpulssatz})$$

$$E = T + V = \mathrm{const} \quad (\textit{Energiesatz}) \ .$$

Das System besitzt somit 10 Erhaltungsgrößen, die den 10 Parametern der Galilei-Gruppe entsprechen.

Zusammenfassung

- Alle **dynamischen Variablen** eines Teilchens sind Funktionen seines Orts- und Impulsvektors $\boldsymbol{x}$, $\boldsymbol{p}$.
- Die zeitliche Entwicklung eines Teilchens in **Inertialsystemen** ist durch die **Newtonsche Gleichung** $\boldsymbol{F} = \mathrm{d}\boldsymbol{p}/\mathrm{d}t$ determiniert, wobei $\boldsymbol{F}$ der auf das Teilchen einwirkende Kraftvektor ist.
- Je nach Form der einwirkenden Kraft ergeben sich Erhaltungssätze für gewisse dynamische Größen.
- Die Newtonschen Bewegungsgleichungen sind **galilei-invariant**, d.h. sie beziehen sich auf **Inertialsysteme**, die über **Galilei-Transformationen** miteinander verbunden sind. In beschleunigten (nichtinertialen) Bezugssystemen treten in den Bewegungsgleichungen zusätzliche **Scheinkräfte** auf, die aus der translatorischen und rotierenden Bewegung des Koordinatensystems resultieren.
- In abgeschlossenen Systemen sind der Gesamtimpuls, -drehimpuls und die Gesamtenergie erhalten.

Anwendungen

1. Raketenproblem. Man betrachte eine Rakete, die in Abwesenheit äußerer Kraftfelder geradlinig gleichförmig mit der Geschwindigkeit v relativ zu einem Inertialsystem K fliegt. Ihre Gesamtmasse setze sich zusammen aus der Leermasse M_0 der Rakete und der Treibstoffmasse m_0. Zum Zeitpunkt $t = 0$ beginne die Rakete, Gas in Flugrichtung mit der Austrittsrate $\alpha = \mathrm{d}m/\mathrm{d}t = \text{const}$ und der konstanten Geschwindigkeit ω relativ zur Rakete auszustoßen. Wann kommt die Rakete in K zum Stillstand?

Lösung. Die Masse der Rakete zur Zeit t ist

$$M(t) = M_0 + m_0 - \alpha t \ .$$

Damit ergibt sich für ihren Impuls P:

$$P(t) = M(t)\dot{x}(t) \Longrightarrow \dot{P} = \dot{M}\dot{x} + M\ddot{x} = (M_0 + m_0 - \alpha t)\ddot{x} - \alpha\dot{x} \ .$$

Für den Treibstoffimpuls p gilt

$$\mathrm{d}p(t) = \mathrm{d}m(t)[\omega + \dot{x}(t)] \Longrightarrow \dot{p} = \alpha(\omega + \dot{x}) \ .$$

Da keine äußeren Kräfte wirksam sind, gilt

$$F = \dot{P} + \dot{p} = 0$$

$$\begin{aligned}
&\Longleftrightarrow (M_0 + m_0 - \alpha t)\ddot{x} = -\alpha\omega \\
&\Longleftrightarrow \int\limits_{v}^{\dot{x}(t)} \mathrm{d}\dot{x} = -\alpha\omega \int\limits_{0}^{t} \frac{\mathrm{d}t}{M_0 + m_0 - \alpha t} \\
&\Longleftrightarrow \dot{x}(t) - v = \omega \ln\left(1 - \frac{\alpha t}{M_0 + m_0}\right) .
\end{aligned}$$

Der Zeitpunkt t_1, an dem die Rakete zum Stillstand kommt, $\dot{x}(t_1) = 0$, ergibt sich somit zu

$$t_1 = \frac{M_0 + m_0}{\alpha}\left(1 - \mathrm{e}^{-v/\omega}\right) .$$

Da nur eine begrenzte Treibstoffmasse zur Verfügung steht, muß zusätzlich gelten: $m_0 \geq \alpha t_1$.

2. Gedämpfter harmonischer Oszillator. Man betrachte eine eindimensionale Feder, deren eine Ende fixiert und an deren anderem Ende eine Masse m befestigt ist, welche auf einer Schiene entlanggleitet. Zusätzlich wirke auf das Massenstück eine Reibungskraft, die proportional zu seiner Geschwindigkeit ist. Wie lauten die Newtonsche Bewegungsgleichung und ihre Lösungen?

Lösung. Nach dem *Hookeschen Gesetz* ist die Kraft, welche die Feder auf die Masse ausübt, proportional zur Auslenkung der Masse aus ihrer Ruhelage. Legen wir den Ursprung unseres Koordinatensystems in den Ruhepunkt der Masse, dann gilt für die Federkraft F_F bzw. für das Potential V_F

$$F_\mathrm{F} = -\frac{\mathrm{d}}{\mathrm{d}x} V_\mathrm{F}(x) \; , \; V_\mathrm{F}(x) = \frac{k}{2} x^2 \; , \; k > 0 \; , \tag{1.15}$$

wobei k die *Federkonstante* ist. Für die Reibungskraft setzen wir an:

$$F_\mathrm{R} = -c\dot{x} \; , \; c > 0 \; ,$$

mit c als konstantem *Reibungskoeffizienten*. Die Bewegungsgleichung für das vorliegende nichtkonservative Problem lautet

$$m\ddot{x} = F_\mathrm{F} + F_\mathrm{R} \Longrightarrow \ddot{x} + 2\gamma\dot{x} + \omega_0^2 x = 0 \; , \; \gamma = \frac{c}{2m} \; , \; \omega_0^2 = \frac{k}{m} \; . \tag{1.16}$$

Zur Lösung dieser Differentialgleichung des *eindimensionalen gedämpften harmonischen Oszillators* bietet sich der Ansatz

$$x(t) = \mathrm{e}^{\mathrm{i}\Omega t} f(t)$$

an, der, in (1.16) eingesetzt, zu folgender Bestimmungsgleichung für Ω und die Funktion f führt:

$$\ddot{f} + \dot{f}(2\gamma + 2\mathrm{i}\Omega) + f(\omega_0^2 + 2\mathrm{i}\gamma\Omega - \Omega^2) = 0 \; . \tag{1.17}$$

Das Problem vereinfacht sich, wenn der letzte Klammerterm identisch verschwindet. Dies können wir erreichen, indem wir setzen:

$$\Omega_{1,2} = \mathrm{i}\gamma \pm \sqrt{\omega_0^2 - \gamma^2} \; .$$

Je nach dem Wert der Wurzel sind nun drei Fälle zu unterscheiden:

- **Schwache Dämpfung:** $\omega_0^2 > \gamma^2$. Wir erhalten für $f(t) = 1$ zwei linear unabhängige Lösungen von (1.16):

$$x_1(t) = \mathrm{e}^{-\gamma t}\mathrm{e}^{\mathrm{i}\omega' t} \ , \ x_2(t) = \mathrm{e}^{-\gamma t}\mathrm{e}^{-\mathrm{i}\omega' t} \ , \ \omega' = \sqrt{\omega_0^2 - \gamma^2} \ .$$

  Die allgemeine reelle Lösung lautet somit

$$x(t) = \mathrm{e}^{-\gamma t}\left(a\cos\omega' t + b\sin\omega' t\right) \ ,$$

  wobei a und b zwei Integrationskonstanten sind, die durch Anfangsbedingungen z.B. der Form $x(0) = x_0$, $\dot{x}(0) = v_0$ festgelegt werden.

- **Starke Dämpfung:** $\omega_0^2 < \gamma^2$. Für $f(t) = 1$ ergeben sich wieder zwei Lösungen,

$$x_1(t) = \mathrm{e}^{-(\gamma+\omega')t} \ , \ x_2(t) = \mathrm{e}^{-(\gamma-\omega')t} \ , \ \omega' = \sqrt{\gamma^2 - \omega_0^2} \ ,$$

  deren Linearkombination zu der allgemeinen Lösung

$$x(t) = \mathrm{e}^{-\gamma t}\left(a\mathrm{e}^{-\omega' t} + b\mathrm{e}^{\omega' t}\right)$$

  führt.

- **Kritische Dämpfung:** $\omega_0^2 = \gamma^2$. In diesem Fall erhält man für $f(t) = 1$ die Lösung

$$x_1(t) = \mathrm{e}^{-\gamma t} \ .$$

  Da nun auch der erste Klammerterm in (1.17) verschwindet, ergibt sich für $f(t) = t$ eine zweite Lösung zu

$$x_2(t) = t\mathrm{e}^{-\gamma t} \ .$$

  Insgesamt folgt

$$x(t) = \mathrm{e}^{-\gamma t}(a + bt) \ .$$

Abbildung 1.4 zeigt verschiedene Lösungen in Abhängigkeit von der Größe $\omega_0^2 - \gamma^2$, wobei überall die Anfangsbedingung $x(0) = -\dot{x}(0)$ gewählt wurde. Ist keine Reibungskraft vorhanden, $\gamma = 0$, dann reduziert sich (1.16) auf die Gleichung des *ungedämpften harmonischen Oszillators*, deren allgemeine Lösung nach dem Fall der schwachen Dämpfung gegeben ist durch

$$x(t) = a\cos\omega_0 t + b\sin\omega_0 t \ .$$

Der harmonische Oszillator findet in vielen Problemen der Physik Anwendung, da kleine Auslenkungen eines Systems aus dem Gleichgewicht grundsätzlich durch harmonische Schwingungen beschrieben und damit auf ein harmonisches Potential der Form (1.15) zurückgeführt werden können.

3. Erzwungene Schwingung des Oszillators. Man betrachte die Bewegung eines gedämpften harmonischen Oszillators, dessen Schwingung durch eine zeitabhängige äußere Kraft $f(t)$ erzwungen wird:

$$m\ddot{x} + 2\gamma m\dot{x} + m\omega_0^2 x = f(t) \ .$$

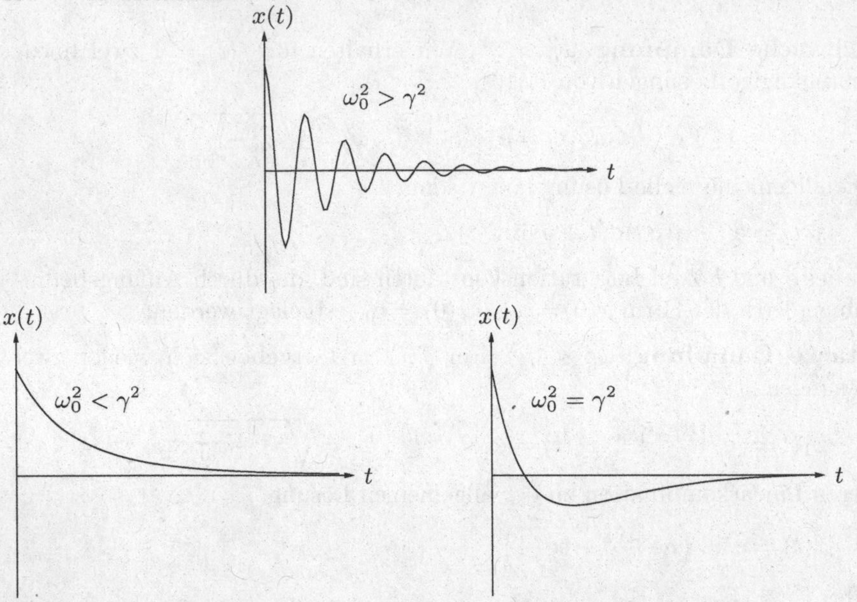

Abb. 1.4. Verschiedene Lösungstypen des gedämpften harmonischen Oszillators

Lösung. Zur Lösung dieses Problems verwenden wir die Methode der *Green-Funktionen*, die uns insbesondere in der Elektrodynamik von besonderem Nutzen sein wird. Demnach läßt sich die Lösung für lineare inhomogene Gleichungen der obigen Art ganz allgemein mit

$$x(t) = x_{\mathrm{hom}}(t) + \int G(t,t')f(t')\mathrm{d}t'$$

ansetzen. $x_{\mathrm{hom}}(t)$ ist die allgemeine Lösung des homogenen Problems und $G(t,t')$ die Green-Funktion, die offenbar folgender Gleichung zu genügen hat:

$$m\ddot{G}(t,t') + 2\gamma m\dot{G}(t,t') + m\omega_0^2 G(t,t') = \delta(t'-t) \ . \qquad (1.18)$$

Sobald die Green-Funktion gefunden ist, können wir mit ihr für jede Inhomogenität sofort die zugehörige Lösung konstruieren. Nehmen wir nun die Fourier-Zerlegung

$$G(t,t') = \frac{1}{\sqrt{2\pi}}\int \mathrm{d}\omega\tilde{G}(\omega)\mathrm{e}^{\mathrm{i}\omega(t-t')}$$

$$\delta(t-t') = \frac{1}{2\pi}\int \mathrm{d}\omega\mathrm{e}^{\mathrm{i}\omega(t-t')}$$

vor und setzen diese Ausdrücke in (1.18) ein, dann folgt

$$\begin{aligned}\tilde{G}(\omega) &= -\frac{1}{m\sqrt{2\pi}}\frac{1}{\omega^2 - 2\mathrm{i}\gamma\omega - \omega_0^2} \\ &= -\frac{1}{m\sqrt{2\pi}}\frac{1}{(\omega - \mathrm{i}\gamma + \omega')(\omega - \mathrm{i}\gamma - \omega')} \ , \ \omega' = \sqrt{\omega_0^2 - \gamma^2}\end{aligned}$$

bzw.

$$G(t,t') = -\frac{1}{2\pi m} \int d\omega \frac{e^{i\omega(t-t')}}{(\omega - i\gamma + \omega')(\omega - i\gamma - \omega')} \ . \tag{1.19}$$

Dieses Integral wertet man am besten mit Hilfe des Residuensatzes in der komplexen ω Ebene aus (siehe Abb. 1.5), wobei folgende Punkte zu beachten sind:

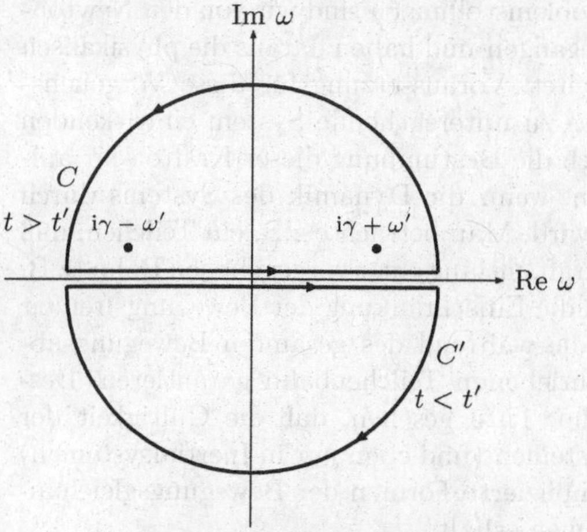

Abb. 1.5. Zur Festlegung des Integrationsweges bei der ω-Integration in (1.19)

- Der Integrand von (1.19) besitzt in der oberen Halbebene zwei Pole 1. Ordnung für $\omega_0^2 \neq \gamma^2$ bzw. einen Pol 2. Ordnung für $\omega_0^2 = \gamma^2$.
- Für $t - t' > 0$ ist der obere Weg C zu wählen, damit der Beitrag der Krümmung exponentiell gedämpft ist und somit im Limes $R \to \infty$ verschwindet. Entsprechend ist für $t - t' < 0$ der untere Weg C' zu nehmen.

Für $t-t' < 0$ liefert die Integration somit keinen Beitrag, was im Einklang mit dem *Kausalitätsprinzip* steht, nach dem der Zustand eines Systems zur Zeit t nur von der Vergangenheit ($t' < t$) beeinflußt werden kann. Für $t - t' > 0$ erhalten wir:

- **Schwache Dämpfung:** $\omega_0^2 > \gamma^2$.

$$G(t,t') = \frac{1}{m\omega'} e^{-\gamma(t-t')} \sin[\omega'(t-t')] \ , \ \omega' = \sqrt{\omega_0^2 - \gamma^2} \ .$$

- **Starke Dämpfung:** $\omega_0^2 < \gamma^2$.

$$G(t,t') = \frac{1}{m\omega'} e^{-\gamma(t-t')} \sinh[\omega'(t-t')] \ , \ \omega' = \sqrt{\gamma^2 - \omega_0^2} \ .$$

- **Kritische Dämpfung:** $\omega_0^2 = \gamma^2$.

$$G(t,t') = \frac{t-t'}{m} \mathrm{e}^{-\gamma(t-t')} .$$

1.2 Lagrange-Formalismus

In den bisherigen mechanischen Problemstellungen sind wir von den Newtonschen Bewegungsgleichungen ausgegangen und haben daraus die physikalisch relevanten Zusammenhänge abgeleitet. Voraussetzung für diese Vorgehensweise ist die Kenntnis aller auf das zu untersuchende System einwirkenden Kräfte. In vielen Fällen kann jedoch die Bestimmung dieser Kräfte sehr aufwendig werden, insbesondere dann, wenn die Dynamik des Systems durch Nebenbedingungen eingeschränkt wird. Man betrachte z.B. ein Teilchen, daß sich unter dem Einfluß der Schwerkraft entlang einer vorgegebenen Bahn (z.B. Rutsche) bewegt. Hier müßte man die Einschränkung der Bewegungsfreiheit durch *Zwangskräfte* beschreiben, die während des gesamten Bewegungsablaufes die Einhaltung der vorgeschriebenen Teilchenbahn garantieren. Desweiteren haben wir in Unterabschn. 1.1.4 gesehen, daß die Gültigkeit der Newtonschen Axiome in Inertialsystemen (und eben nur in Inertialsystemen) auch bedeutet, daß man recht komplizierte Formen der Bewegungsgleichungen in beschleunigten Bezugssystemen erhält.

In der *Lagrangeschen Formulierung* wird das Hindernis der Bestimmung aller einwirkenden Kräfte elegant umgangen, indem physikalische Problemstellungen so umformuliert werden, daß die Zwangsbedingungen in den zu lösenden *Lagrange-Gleichungen* nicht mehr vorkommen, sondern in geschickt gewählten Koordinaten absorbiert sind. Darüber hinaus sind die Lagrange-Gleichungen gerade so konstruiert, daß sie in allen Koordinatensystemen gelten und somit wesentlich flexibler anzuwenden sind als die Newtonschen Gleichungen.

Die Herleitung der Lagrange-Gleichungen kann auf verschiedene Arten erfolgen. Wir benutzen hier zunächst das *d'Alembertsche Prinzip* der virtuellen Verrückungen. Es besagt, daß die Summe der Arbeiten der an einem System angreifenden Zwangskräfte verschwindet. Im Anschluß zeigen wir, wie man den Lagrange-Formalismus auch aus dem *Hamiltonschen Prinzip* aufbauen kann, einem Extremalitätsprinzip, das auch über die klassische Mechanik hinaus von fundamentaler Bedeutung ist. Auf dem Weg dorthin wird es sich als notwendig erweisen, eine Einführung in die Konzepte der *Variationsrechnung* zu geben.

1.2.1 Zwangskräfte, d'Alembertsches Prinzip und Lagrange-Gleichungen

Wir betrachten ein N-Teilchensystem, dessen Bewegung durch Zwangsbedingungen eingeschränkt wird, so daß weniger als $3N$ Freiheitsgrade vorhanden sind. Man unterscheidet folgende Arten von Zwangsbedingungen:

- *Holonome Zwangsbedingungen:* Sie lassen sich in unabhängigen Gleichungen der Form
$$f_k(\boldsymbol{x}_1, \ldots, \boldsymbol{x}_N, t) = 0 \ , \ k = 1, \ldots, s \tag{1.20}$$
darstellen. Beim Vorliegen s holonomer Zwangsbedingungen lassen sich die $3N$ Koordinaten der $\boldsymbol{x}_i$ auf $n = 3N - s$ unabhängige *generalisierte Koordinaten* q_j reduzieren, die implizit die gegebenen Bedingungen enthalten:
$$\boldsymbol{x}_i = \boldsymbol{x}_i(q_1, \ldots, q_n, t) \ , \ i = 1, \ldots, N \ , \ n = 3N - s \ . \tag{1.21}$$

- *Nichtholonome Zwangsbedingungen:* Sie erlauben keine Darstellung der Form (1.20). Besitzt ein N-Teilchensystem außer s holonomen zusätzlich r nichtholonome Zwangsbedingungen, dann sind die generalisierten Koordinaten q_j nicht mehr unabhängig voneinander, sondern z.B. über Zwangsbedingungen in der nichtintegrablen, differentiellen Form
$$\sum_j a_{lj} \mathrm{d}q_j + a_{lt} \mathrm{d}t = 0 \ , \ l = 1, \ldots, r \tag{1.22}$$
miteinander verknüpft.

- *Rheonome Zwangsbedingungen:* Sie sind explizit zeitabhängig.

- *Skleronome Zwangsbedingungen:* Sie sind nicht explizit zeitabhängig.

Im folgenden wollen wir uns bei nichtholonomen Zwangsbedingungen immer auf den Spezialfall (1.22) beschränken. Die weiteren Herleitungen sind dann für holonome und nichtholonome Systeme in diesem Sinne gültig.

Gleichung (1.21) entsprechend lautet die Geschwindigkeit des i-ten Massenpunktes, ausgedrückt durch die generalisierten Koordinaten,
$$\dot{\boldsymbol{x}}_i = \sum_{j=1}^{n} \frac{\partial \boldsymbol{x}_i}{\partial q_j} \dot{q}_j + \frac{\partial \boldsymbol{x}_i}{\partial t} = \dot{\boldsymbol{x}}_i(q_1, \ldots, q_n, \dot{q}_1, \ldots, \dot{q}_n, t) \ , \tag{1.23}$$
wobei die $\dot{q}_j = \mathrm{d}q_j/\mathrm{d}t$ als *generalisierte Geschwindigkeiten* bezeichnet werden.

Virtuelle Verrückungen und d'Alembertsches Prinzip. Unter einer *virtuellen Verrückung* $\delta\boldsymbol{x}_i$ versteht man eine infinitesimale Verschiebung des i-ten Massenpunktes zu einer festen Zeit t ($\mathrm{d}t = 0$), die mit den vorgegebenen holonomen und nichtholonomen Zwangsbedingungen verträglich ist:
$$\delta\boldsymbol{x}_i = \sum_{j=1}^{n} \frac{\partial \boldsymbol{x}_i}{\partial q_j} \delta q_j \ , \ \sum_{j=1}^{n} a_{lj} \delta q_j = 0 \ , \ l = 1, \ldots, r \ . \tag{1.24}$$

Diese Verrückung wird „virtuell" genannt, um sie von einer reellen Verrückung zu unterscheiden, die sich während eines Zeitintervalls dt ereignet, in dem sich die Kräfte und Zwangsbedingungen ändern können. Betrachten wir zunächst ein N-Teilchensystem im Gleichgewicht ($m_i\ddot{\boldsymbol{x}}_i = \boldsymbol{0}$), dann gilt für die Summe der virtuellen Verrückungen

$$\sum_{i=1}^{N} \boldsymbol{F}_i \delta \boldsymbol{x}_i = 0 \; , \tag{1.25}$$

wobei in dieser Summe sogar jeder Term einzeln verschwindet. Teilt man die Kräfte $\boldsymbol{F}_i$ in der Weise

$$\boldsymbol{F}_i = \boldsymbol{F}_i^{\mathrm{a}} + \boldsymbol{F}_i^{\mathrm{z}}$$

auf, wobei $\boldsymbol{F}_i^{\mathrm{a}}$ die von außen angelegten Kräfte bezeichnen und $\boldsymbol{F}_i^{\mathrm{z}}$ die Zwangskräfte, welche für die Einhaltung der gegebenen Zwangsbedingungen sorgen, dann wird (1.25) zu

$$\sum_i \boldsymbol{F}_i^{\mathrm{a}} \delta \boldsymbol{x}_i + \sum_i \boldsymbol{F}_i^{\mathrm{z}} \delta \boldsymbol{x}_i = 0 \; .$$

In vielen Fällen, z.B. bei Bewegungen auf Flächen oder Kurven, ist die virtuelle Verrückung $\delta \boldsymbol{x}_i$ senkrecht zur Zwangskraft $\boldsymbol{F}_i^{\mathrm{z}}$, die auf den i-ten Massenpunkt wirkt, so daß von keiner Zwangskraft Arbeit verrichtet wird ($\delta \boldsymbol{x}_i \boldsymbol{F}_i^{\mathrm{z}} = 0$). Es gibt jedoch auch Beispiele dafür, daß die einzelnen Zwangskräfte durchaus Arbeit verrichten. Das *Prinzip der virtuellen Arbeit* sagt nun aus, daß in jedem Fall die Summe der Arbeiten aller Zwangskräfte verschwindet:[4]

Satz 1.12: Prinzip der virtuellen Arbeit (Gleichgewichtsprinzip der Statik)

Ein N-Teilchensystem ist im Gleichgewicht, wenn die Summe der virtuellen Arbeiten aller Zwangskräfte verschwindet:

$$\sum_{i=1}^{N} \boldsymbol{F}_i^{\mathrm{z}} \delta \boldsymbol{x}_i = 0 \Longrightarrow \sum_{i=1}^{N} \boldsymbol{F}_i^{\mathrm{a}} \delta \boldsymbol{x}_i = 0 \; .$$

Aus diesem Prinzip läßt sich nun durch einen Trick von d'Alembert ein ähnliches Prinzip gewinnen, welches die allgemeine Bewegung eines Systems umfaßt: D'Alembert dachte sich das System mit den Bewegungsgleichungen $\boldsymbol{F}_i = \dot{\boldsymbol{p}}_i$ als ein System im Gleichgewicht, mit den Kräften $\boldsymbol{F}_i$ und den sie kompensierenden Gegenkräften $-\dot{\boldsymbol{p}}_i$. Dadurch reduziert sich das dynamische Problem auf ein Problem der Statik, und man erhält

[4] Dies gilt nicht mehr, wenn Reibungskräfte auftreten; wir müssen deshalb solche Systeme aus unseren Betrachtungen herauslassen.

Satz 1.13: D'Alembertsches Prinzip

Wegen $(\boldsymbol{F}_i - \dot{\boldsymbol{p}}_i)\delta\boldsymbol{x}_i = (\boldsymbol{F}_i^{\mathrm{a}} + \boldsymbol{F}_i^{\mathrm{z}} - \dot{\boldsymbol{p}}_i)\delta\boldsymbol{x}_i = 0$ und $\sum_{i=1}^{N} \boldsymbol{F}_i^{\mathrm{z}}\delta\boldsymbol{x}_i = 0$ folgt

$$\sum_{i=1}^{N} (\boldsymbol{F}_i^{\mathrm{a}} - \dot{\boldsymbol{p}}_i)\,\delta\boldsymbol{x}_i = 0\ .$$

Wie man sieht, sind die Zwangskräfte mittels dieses Prinzips eliminiert. Im allgemeinen folgt das d'Alembertsche Prinzip nicht aus den Newtonschen Gesetzen, sondern kann als weiteres Axiom der klassischen Mechanik angesehen werden; auf ihm baut der Lagrangesche Formalismus auf. Unter Berücksichtigung von (1.24) folgt aus dem d'Alembertschen Prinzip die Gleichung

$$\sum_{j=1}^{n} \delta q_j \sum_{i=1}^{N} m_i \left[\frac{\mathrm{d}}{\mathrm{d}t}\left(\dot{\boldsymbol{x}}_i \frac{\partial \boldsymbol{x}_i}{\partial q_j}\right) - \dot{\boldsymbol{x}}_i \frac{\mathrm{d}}{\mathrm{d}t}\frac{\partial \boldsymbol{x}_i}{\partial q_j}\right] = \sum_{j=1}^{n} Q_j \delta q_j\ . \tag{1.26}$$

Hierbei ist Q_j die sog. *generalisierte Kraft*:

Definition: Generalisierte Kraft Q_j

$$Q_j = \sum_{i=1}^{N} \boldsymbol{F}_i^{\mathrm{a}} \frac{\partial \boldsymbol{x}_i}{\partial q_j}\ .$$

Da die q_j nicht die Dimension einer Länge haben müssen, besitzen die Q_j i.a. nicht die Dimension einer Kraft. In jedem Fall ist aber das Produkt $Q_j\delta q_j$ eine Arbeit. Unter Ausnutzung der aus (1.23) folgenden Beziehungen

$$\frac{\partial \boldsymbol{x}_i}{\partial q_j} = \frac{\partial \dot{\boldsymbol{x}}_i}{\partial \dot{q}_j}\ ,\ \frac{\mathrm{d}}{\mathrm{d}t}\left(\dot{\boldsymbol{x}}_i \frac{\partial \boldsymbol{x}_i}{\partial q_j}\right) = \frac{1}{2}\frac{\mathrm{d}}{\mathrm{d}t}\frac{\partial \dot{\boldsymbol{x}}_i^2}{\partial \dot{q}_j}\ ,\ \frac{\mathrm{d}}{\mathrm{d}t}\frac{\partial \boldsymbol{x}_i}{\partial q_j} = \frac{\partial \dot{\boldsymbol{x}}_i}{\partial q_j}$$

geht (1.26) über in

$$\sum_{j=1}^{n} \delta q_j \left(\frac{\mathrm{d}}{\mathrm{d}t}\frac{\partial T}{\partial \dot{q}_j} - \frac{\partial T}{\partial q_j} - Q_j\right) = 0\ ,\ n = 3N - s\ , \tag{1.27}$$

wobei

$$T = \sum_{i=1}^{N} \frac{m_i}{2}\dot{\boldsymbol{x}}_i^2(q_1, \ldots, q_n, \dot{q}_1, \ldots, \dot{q}_n, t)$$

die gesamte kinetische Energie des Systems ist. Gleichung (1.27) beschreibt die Zeitabhängigkeit der generalisierten Koordinaten q_j. Dank des d'Alembertschen Prinzips treten hier die Zwangskräfte nicht mehr explizit auf, sondern sind in den generalisierten Koordinaten verborgen.

Im Falle rein holonomer Zwangsbedingungen sind alle virtuellen Verrückungen der generalisierten Koordinaten unabhängig voneinander, so daß jeder Klammerterm in der Summe (1.27) identisch Null gesetzt werden kann. Wir wollen jedoch annehmen, daß unser N-Teilchensystem s holonome Zwangsbedingungen und r nichtholonome Bedingungen der Form (1.22) besitzt. Von den insgesamt n virtuellen Verrückungen δq_j sind dann r über

$$\sum_{j=1}^{n} a_{lj}\delta q_j = 0 \ , \ l = 1, \ldots, r \qquad (\mathrm{d}t = 0)$$

voneinander abhängig und die verbleibenden $n - r$ Verrückungen voneinander unabhängig. Um die Zahl der δq_j auf die der unabhängigen Verrückungen zu reduzieren, führen wir die frei wählbaren *Lagrange-Multiplikatoren* λ_l, $l = 1, \ldots, r$ ein. Im allgemeinen sind dies zeitabhängige Funktionen, die zudem von den generalisierten Koordinaten und Geschwindigkeiten abhängen. Mit ihnen schreiben wir die letzte Beziehung um zu

$$\sum_{j=1}^{n} \delta q_j \sum_{l=1}^{r} \lambda_l a_{lj} = 0 \ . \tag{1.28}$$

Die Differenz der Gleichungen (1.27) und (1.28) ergibt

$$\sum_{j=1}^{n} \delta q_j \left(\frac{\mathrm{d}}{\mathrm{d}t}\frac{\partial T}{\partial \dot{q}_j} - \frac{\partial T}{\partial q_j} - Q_j - \sum_{l=1}^{r} \lambda_l a_{lj} \right) = 0 \ .$$

Für die unabhängigen δq_j lassen sich die entsprechenden Koeffizienten (Klammerterme) gleich Null setzen. Die Lagrange-Multiplikatoren können wir so wählen, daß die Koeffizienten der abhängigen Differentiale ebenfalls verschwinden. Wir erhalten also insgesamt

$$\frac{\mathrm{d}}{\mathrm{d}t}\frac{\partial T}{\partial \dot{q}_j} - \frac{\partial T}{\partial q_j} - Q_j - \sum_{l=1}^{r} \lambda_l a_{lj} = 0 \ , \ j = 1, \ldots, n \ . \tag{1.29}$$

Dies sind die *Lagrange-Gleichungen I. Art.* Für den Fall, daß die äußeren Kräfte konservativ sind, ergibt sich

$$\boldsymbol{F}_i^{\mathrm{a}} = -\boldsymbol{\nabla}_i V(\boldsymbol{x}_1, \ldots, \boldsymbol{x}_N) \Longrightarrow Q_j = -\frac{\partial V}{\partial q_j} \ , \ \frac{\partial V}{\partial \dot{q}_j} = 0 \ ,$$

und es folgt der[5]

Satz 1.14: Lagrange-Gleichungen I. Art für konservative Kräfte mit s holonomen und r nichtholonomen Zwangsbedingungen

Die *Lagrange-Funktion* eines konservativen N-Teilchensystems ist gegeben durch

▷

[5] Man beachte, daß (1.30) keine Bestimmungsgleichung (also keine Differentialgleichung) für L darstellt. Diese Gleichung ist vielmehr ein Funktional, aus dem man die Bestimmungsgleichungen für die generalisierten Koordinaten erhält.

$$L = T - V = \sum_{i=1}^{N} \frac{m_i}{2} \dot{x}_i^2(q_1, \ldots, q_n, \dot{q}_1, \ldots, \dot{q}_n, t) - V(q_1, \ldots, q_n) .$$

Aus ihr ergeben sich die Bewegungsgleichungen (Lagrange-Gleichungen) für die generalisierten Koordinaten im Falle s holonomer und r nichtholonomer Zwangsbedingungen zu

$$\frac{\mathrm{d}}{\mathrm{d}t}\frac{\partial L}{\partial \dot{q}_j} - \frac{\partial L}{\partial q_j} - \sum_{l=1}^{r} \lambda_l a_{lj} = 0 \ , \ j = 1, \ldots, 3N - s = n \ , \tag{1.30}$$

$$\sum_{j=1}^{n} a_{lj}\dot{q}_j + a_{lt} = 0 \ , \ l = 1, \ldots, r .$$

Die Lagrange-Gleichungen sind ein System gekoppelter gewöhnlicher Differentialgleichungen 2. Ordnung für die Zeitabhängigkeit der generalisierten Koordinaten. Zusammen mit den aus (1.22) stammenden r nichtholonomen Zwangsbedingungen, die jetzt als Differentialgleichungen aufzufassen sind, ergeben sich also insgesamt $n + r$ Gleichungen für die n generalisierten Koordinaten und die r Lagrange-Multiplikatoren. Im Falle rein holonomer Zwangsbedingungen reduziert sich Satz 1.14 auf n Lagrange-Gleichungen für die n generalisierten Koordinaten:

Satz 1.15: Lagrange-Gleichungen II. Art für konservative Kräfte mit s holonomen Zwangsbedingungen

$$\frac{\mathrm{d}}{\mathrm{d}t}\frac{\partial L}{\partial \dot{q}_j} - \frac{\partial L}{\partial q_j} = 0 \ , \ j = 1, \ldots, 3N - s = n .$$

Ein wichtiger Satz, dessen Beweis wir in Anwendung 4 führen, ist der folgende:

Satz 1.16: Invarianz der Lagrange-Gleichungen unter Koordinatentransformationen

Die Lagrange-Gleichungen sind forminvariant unter den Koordinatentransformationen $\boldsymbol{q} \to \boldsymbol{Q}(\boldsymbol{q}, t)$. Das heißt aus

$$\frac{\mathrm{d}}{\mathrm{d}t}\frac{\partial L}{\partial \dot{q}_j} - \frac{\partial L}{\partial q_j} = 0 \ , \ j = 1, \ldots, 3N - s = n$$

folgt die Gültigkeit der Lagrange-Gleichungen auch für

$$\bar{L}(\boldsymbol{Q}, \dot{\boldsymbol{Q}}, t) = L[\boldsymbol{q}(\boldsymbol{Q}, t), \dot{\boldsymbol{q}}(\boldsymbol{Q}, \dot{\boldsymbol{Q}}, t), t] .$$

Äquivalenz des Lagrange- und Newton-Formalismus. Bei Abwesenheit von Zwangsbedingungen muß der Lagrange-Formalismus für ein N-Teilchensystem auf die Newtonschen Bewegungsgleichungen führen. Wählen wir die kartesischen Koordinaten als generalisierte Koordinaten, $\boldsymbol{q} = \boldsymbol{x}$, dann sehen wir dies (in Vektornotation) wie folgt:

$$L = T - V = \sum_{i=1}^{N} \frac{m_i}{2}\dot{\boldsymbol{x}}_i^2 - V(\boldsymbol{x}_1, \ldots, \boldsymbol{x}_N, t)$$

$$\Longrightarrow \boldsymbol{\nabla}_{\boldsymbol{x}_i} L = -\boldsymbol{\nabla}_{\boldsymbol{x}_i} V = \boldsymbol{F}_i \ , \ \frac{\mathrm{d}}{\mathrm{d}t}\boldsymbol{\nabla}_{\dot{\boldsymbol{x}}_i} L = m_i \ddot{\boldsymbol{x}}_i \ .$$

Die Lagrange-Gleichungen lauten demnach

$$\frac{\mathrm{d}}{\mathrm{d}t}\boldsymbol{\nabla}_{\dot{\boldsymbol{x}}_i} L = \boldsymbol{\nabla}_{\boldsymbol{x}_i} L \Longleftrightarrow m_i \ddot{\boldsymbol{x}}_i = \boldsymbol{F}_i \ , \ i = 1, \ldots, N \ .$$

Interpretation der Lagrange-Multiplikatoren. Es steht uns frei, die Zwangskräfte $\boldsymbol{F}_i^{\mathrm{z}}$ als zusätzliche äußere Kräfte $\boldsymbol{F}_i^*$ zu interpretieren, die so angelegt werden, daß sich die Bewegung des Systems nicht ändert. Die Zwangsbedingungen sind dann eliminiert, und wir erhalten die Lagrange-Gleichungen

$$\frac{\mathrm{d}}{\mathrm{d}t}\frac{\partial L}{\partial \dot{q}_j} - \frac{\partial L}{\partial q_j} = Q_j^* \ .$$

Ein Vergleich mit Satz 1.14 liefert

$$Q_j^* = \sum_{l=1}^{r} \lambda_l a_{lj} \ ,$$

d.h. die Lagrange-Multiplikatoren bestimmen die generalisierten Zwangskräfte.

Generalisiertes Potential. Wie man anhand von (1.29) erkennt, bleiben die Sätze 1.14 und 1.15 auch dann gültig, wenn sich die generalisierten Kräfte Q_j durch ein *generalisiertes Potential* $V(q_1, \ldots, q_n, \dot{q}_1, \ldots, \dot{q}_n, t)$ in folgender Weise darstellen lassen:

$$Q_j = -\frac{\partial V}{\partial q_j} + \frac{\mathrm{d}}{\mathrm{d}t}\frac{\partial V}{\partial \dot{q}_j} \ . \tag{1.31}$$

Ein Beispiel für diesen Fall ist die geschwindigkeitsabhängige *Lorentz-Kraft*

$$\boldsymbol{Q}_{\mathrm{L}}(\boldsymbol{x}, \dot{\boldsymbol{x}}, t) = \boldsymbol{F}_{\mathrm{L}}^{\mathrm{a}}(\boldsymbol{x}, \dot{\boldsymbol{x}}, t) = q\left(\boldsymbol{E}(\boldsymbol{x}, t) + \frac{\dot{\boldsymbol{x}}}{c} \times \boldsymbol{B}(\boldsymbol{x}, t)\right) \ ,$$

welche die Bewegung eines Teilchens der Ladung q in einem elektromagnetischen Feld $\boldsymbol{E}$, $\boldsymbol{B}$ beschreibt (c=Lichtgeschwindigkeit). Man erhält sie aus (1.31) für

$$V(\boldsymbol{x}, \dot{\boldsymbol{x}}, t) = q\phi(\boldsymbol{x}, t) - \frac{q}{c}\boldsymbol{A}(\boldsymbol{x}, t)\dot{\boldsymbol{x}} \ ,$$

wobei die *Skalar-* und *Vektorpotentiale* ϕ, $\boldsymbol{A}$ über

$$\boldsymbol{B} = \boldsymbol{\nabla} \times \boldsymbol{A} \; , \; \boldsymbol{E} = -\frac{1}{c}\frac{\partial \boldsymbol{A}}{\partial t} - \boldsymbol{\nabla}\phi$$

mit $\boldsymbol{E}$ und $\boldsymbol{B}$ verbunden sind (siehe Unterabschn. 2.2.1).

1.2.2 Erhaltungssätze

In diesem Unterabschnitt betrachten wir Transformationen der verallgemeinerten Koordinaten, Geschwindigkeiten und der Zeit, welche die Lagrange-Funktion invariant lassen oder auf eine äquivalente Lagrange-Funktion führen. Solche Transformationen nennt man *Symmetrietransformationen.* Nach einem Theorem von E. Noether (siehe Unterabschn. 2.8.3) ist jede Symmetrieeigenschaft eines Systems mit einem Erhaltungssatz verknüpft. Wir zeigen dies hier anhand der uns aus Satz 1.11 bekannten Erhaltungssätze für ein abgeschlossenes System von N Punktmassen mit der Lagrange-Funktion

$$L(\boldsymbol{x}_i, \dot{\boldsymbol{x}}_i, t) = \sum_{i=1}^{N} \frac{1}{2} m_i \dot{\boldsymbol{x}}_i^2 - V \; , \; V = \sum_{i,j} V(|\boldsymbol{x}_i - \boldsymbol{x}_j|) \; .$$

Erhaltung der Energie, Homogenität der Zeit. Soll die Zeitverschiebung

$$t \to t' = t + \delta t \; , \; \delta \boldsymbol{x}_i = \delta \dot{\boldsymbol{x}}_i = 0$$

eine Symmetrietransformation der Lagrange-Funktion sein, so muß gelten:

$$\delta L = L(\boldsymbol{x}, \dot{\boldsymbol{x}}, t + \delta t) - L(\boldsymbol{x}, \dot{\boldsymbol{x}}, t) = \frac{\partial L}{\partial t}\delta t = 0 \Longrightarrow \frac{\partial L}{\partial t} = 0 \; .$$

Ganz allgemein gilt aber für die Lagrange-Funktion (in Vektornotation)

$$\frac{\mathrm{d}L}{\mathrm{d}t} = \frac{\partial L}{\partial t} + \sum_i \dot{\boldsymbol{x}}_i \boldsymbol{\nabla}_{\boldsymbol{x}_i} L + \sum_i \ddot{\boldsymbol{x}}_i \boldsymbol{\nabla}_{\dot{\boldsymbol{x}}_i} L \; .$$

Unter Berücksichtigung der Lagrange-Gleichungen

$$\boldsymbol{\nabla}_{\boldsymbol{x}_i} L - \frac{\mathrm{d}}{\mathrm{d}t}\boldsymbol{\nabla}_{\dot{\boldsymbol{x}}_i} L = 0$$

folgt daher

$$\frac{\mathrm{d}}{\mathrm{d}t}\left(L - \sum_i \dot{\boldsymbol{x}}_i \boldsymbol{\nabla}_{\dot{\boldsymbol{x}}_i} L\right) = \frac{\partial L}{\partial t} \; .$$

Im vorliegenden Fall ist $\partial L/\partial t = 0$, so daß

$$\sum_i \dot{\boldsymbol{x}}_i \boldsymbol{\nabla}_{\dot{\boldsymbol{x}}_i} L - L = \mathrm{const} \; .$$

Wegen

$$\sum_i \dot{\boldsymbol{x}}_i \boldsymbol{\nabla}_{\dot{\boldsymbol{x}}_i} L = \sum_i \dot{\boldsymbol{x}}_i \boldsymbol{\nabla}_{\dot{\boldsymbol{x}}_i} T = \sum_i m_i \dot{\boldsymbol{x}}_i^2 = 2T$$

erhalten wir schließlich die Erhaltung der Gesamtenergie:

$$T + V = E = \mathrm{const} \; .$$

Erhaltung des Gesamtimpulses, Homogenität des Raumes. Betrachten wir als nächstes die Transformation

$$\boldsymbol{x}_i \longrightarrow \boldsymbol{x}_i' = \boldsymbol{x}_i + \delta\boldsymbol{x} \ , \ \delta t = 0 \ .$$

Analog zur obigen Herleitung ergibt sich

$$\delta L = L(\boldsymbol{x}_i + \delta\boldsymbol{x}_i, \dot{\boldsymbol{x}}_i, t) - L(\boldsymbol{x}_i, \dot{\boldsymbol{x}}_i, t) = \delta\boldsymbol{x} \sum_i \boldsymbol{\nabla}_{\boldsymbol{x}_i} L = 0 \ .$$

Da $\delta\boldsymbol{x}$ eine beliebige Verschiebung ist, folgt

$$\sum_i \boldsymbol{\nabla}_{\boldsymbol{x}_i} L = 0 \Longrightarrow \frac{\mathrm{d}}{\mathrm{d}t} \sum_i \boldsymbol{\nabla}_{\dot{\boldsymbol{x}}_i} L = 0 \Longrightarrow \boldsymbol{p} = \sum_i \boldsymbol{p}_i = \mathrm{const} \ .$$

Die Invarianz der Lagrange-Funktion unter Verschiebungen aller Teilchen um dieselbe Strecke $\delta\boldsymbol{x}$ ist also gleichbedeutend mit der Erhaltung des Gesamtimpulses des Systems.

Erhaltung des Gesamtdrehimpulses, Isotropie des Raumes. Damit infinitesimale Drehungen der Form

$$\delta\boldsymbol{x}_i = \delta\boldsymbol{\phi} \times \boldsymbol{x}_i \ , \ \delta\dot{\boldsymbol{x}}_i = \delta\boldsymbol{\phi} \times \dot{\boldsymbol{x}}_i \ , \ \delta t = 0$$

Symmetrietransformationen sind, muß gelten:

$$\delta L = \sum_i \delta\boldsymbol{x}_i \boldsymbol{\nabla}_{\boldsymbol{x}_i} L + \sum_i \delta\dot{\boldsymbol{x}}_i \boldsymbol{\nabla}_{\dot{\boldsymbol{x}}_i} L = 0 \ .$$

Dies führt auf die Erhaltung des Gesamtdrehimpulses:

$$\delta\boldsymbol{\phi} \sum_i (\boldsymbol{x}_i \times \dot{\boldsymbol{p}}_i + \dot{\boldsymbol{x}}_i \times \boldsymbol{p}_i) = \delta\boldsymbol{\phi} \frac{\mathrm{d}}{\mathrm{d}t} \sum_i (\boldsymbol{x}_i \times \boldsymbol{p}_i) = \boldsymbol{0}$$

$$\Longrightarrow \boldsymbol{l} = \sum_i \boldsymbol{l}_i = \mathrm{const} \ .$$

Schwerpunktsatz, Invarianz unter gleichförmiger Bewegung. Im Falle der Transformation

$$\boldsymbol{x}_i \longrightarrow \boldsymbol{x}_i' = \boldsymbol{x}_i + \boldsymbol{v}t \ , \ \boldsymbol{v} = \mathrm{const} \ , \ \delta t = 0$$

ergibt sich die transformierte Lagrange-Funktion zu

$$L' = L + \boldsymbol{v} \sum_i m_i \dot{\boldsymbol{x}}_i + \frac{\boldsymbol{v}^2}{2} \sum_i m_i$$

$$\Longrightarrow \delta L = \frac{\mathrm{d}}{\mathrm{d}t} (M \boldsymbol{x}_{\mathrm{S}} \boldsymbol{v}) + \frac{1}{2} M \boldsymbol{v}^2 \ . \tag{1.32}$$

Nun sind zwei Lagrange-Funktionen, die sich nur um eine Konstante oder um eine Zeitableitung einer reinen Zeitfunktion unterscheiden, äquivalent und führen auf dieselben Bewegungsgleichungen. Auf der anderen Seite können wir für δL auch schreiben:

$$\begin{aligned}\delta L = \sum_i (\delta \boldsymbol{x}_i \boldsymbol{\nabla}_{\boldsymbol{x}_i} L + \delta \dot{\boldsymbol{x}}_i \boldsymbol{\nabla}_{\dot{\boldsymbol{x}}_i} L) &= \sum_i (\boldsymbol{v} t \dot{\boldsymbol{p}}_i + \boldsymbol{v} \boldsymbol{p}_i) \\ &= \frac{\mathrm{d}}{\mathrm{d}t}\left(\boldsymbol{v} t \sum_i \boldsymbol{p}_i\right) . \end{aligned} \quad (1.33)$$

Durch Vergleich von (1.32) und (1.33) erhalten wir somit den Schwerpunktsatz

$$M\boldsymbol{x}_{\mathrm{S}} - t\sum_i \boldsymbol{p}_i = \mathrm{const} .$$

Insgesamt sehen wir, daß die hier betrachteten Symmetrietransformationen gerade den 10 Erhaltungsgrößen aus Satz 1.11 entsprechen.

Satz 1.17: Symmetrien und Erhaltungssätze

Die Invarianz des Lagrange-Funktion unter einer Symmetrietransformation ist stets gleichbedeutend mit einer Erhaltungsgröße:

- Invarianz unter zeitlichen Translationen: Erhaltung der Gesamtenergie.
- Invarianz unter räumlichen Translationen: Erhaltung des Gesamtimpulses.
- Invarianz unter räumlichen Drehungen: Erhaltung des Gesamtdrehimpulses.
- Invarianz unter gleichförmiger Bewegung: Schwerpunktsatz.

1.2.3 Hamilton-Prinzip und Wirkungsfunktional

Mit der Newtonschen Formulierung der Mechanik und dem auf dem d'Alembertschen Prinzip aufbauenden Lagrange-Formalismus haben wir bereits zwei Ansätze zur Behandlung der Punktmechanik gefunden. In diesem Unterabschnitt formulieren wir ein weiteres Prinzip, das *Hamilton-Prinzip*, das ebenfalls als Ausgangspunkt der klassischen Mechanik betrachtet werden kann. Desweiteren zeigen wir, daß aus diesem Prinzip die uns bereits bekannten Lagrange-Gleichungen II. Art folgen.

Wirkungsfunktional. Das Wirkungsfunktional ist definiert als Integral über alle möglichen Bahnen, die ein gegebenes System von Massenpunkten durchlaufen kann. Das Hamilton-Prinzip macht nun folgende Aussage über die tatsächliche Bahn, längs derer die Bewegung des Systems verlaufen wird:

Satz 1.18: Hamiltonsches Prinzip für konservative holonome Systeme

Gegeben sei die Lagrange-Funktion $L(q_1, \ldots, q_n, \dot{q}_1, \ldots, \dot{q}_n, t) = T - V$ eines konservativen Systems mit holonomen Zwangsbedingungen. Seine Lösungen sind dadurch charakterisiert, daß das zugehörige Wirkungsfunktional, also das Zeitintegral der Lagrange-Funktion, längs der tatsächlichen Bahn extremal wird:

$$S[\boldsymbol{q}] = \int\limits_{t_1}^{t_2} \mathrm{d}t L[\boldsymbol{q}(t), \dot{\boldsymbol{q}}(t), t] \longrightarrow \text{extremal} .$$

Äquivalent hierzu ist die Bedingung, daß die Variation der Wirkung, δS, längs der tatsächlichen Bahn verschwindet.

Offensichtlich beschreibt das Hamiltonsche Prinzip ein Optimierungsproblem, bei dem es allerdings nicht, wie in der gewöhnlichen Differentialrechnung, um die Bestimmung von Extremstellen einer Funktion geht, sondern um das Auffinden von Funktionen selbst, für die ein gegebenes Funktional Extremwerteigenschaft annimmt. Für die weitere Diskussion des Hamiltonschen Prinzips ist es daher notwendig, einige Elemente der *Variationsrechnung* zu behandeln.

Variationsproblem mit festen Endpunkten. Ein Beispiel für Variationsprobleme ist die *Brachystochrone*, bei der die Form einer Kurve zwischen zwei festen Punkten gefunden werden soll, auf der ein Massenpunkt unter dem Einfluß der Schwerkraft reibungsfrei möglichst schnell den Endpunkt erreicht (siehe Anwendung 5). Es zeigt sich, daß bei sehr vielen physikalischen Problemen dieser Art die allgemeine Struktur des zu optimierenden Funktionals gegeben ist durch

$$S[y_1, \ldots, y_n] = \int\limits_{x_1}^{x_2} \mathrm{d}x F(y_1, \ldots, y_n, y_1', \ldots, y_n', x) , \tag{1.34}$$

wobei F nur von den Funktionen $y_j(x)$, deren ersten Ableitungen $y_j'(x)$ sowie der unabhängigen Variablen x abhängt. Wir beschränken uns auf den Fall, daß die Endpunkte der aufzusuchenden Funktionen y_j fixiert sind,

$$[x_1, \boldsymbol{y}(x_1)] \ , \ [x_2, \boldsymbol{y}(x_2)] \text{ fest} \ , \ \boldsymbol{y} = (y_1, \ldots, y_n) \ ,$$

und suchen nach einer Art Taylor-Entwicklung von (1.34). Hierzu variieren wir die Funktionen y_j durch Einführen von Hilfsfunktionen h_j, die an den Endpunkten verschwinden:

$$\boldsymbol{y}(x) \longrightarrow \boldsymbol{\gamma}(x) = \boldsymbol{y}(x) + \delta\boldsymbol{y}(x) \ , \ \delta\boldsymbol{y}(x) = \epsilon\boldsymbol{h}(x) \ , \ \boldsymbol{h}(x_1) = \boldsymbol{h}(x_2) = \boldsymbol{0} \ .$$

Für beliebig kleine $|\epsilon|$ liegen alle variierten Funktionen $\boldsymbol{\gamma}$ in einer beliebig kleinen Nachbarschaft von $\boldsymbol{y}$, und wir können schreiben:

$$S[\boldsymbol{\gamma}] = S[\boldsymbol{y}] + \delta S + \ldots \ ,$$

mit

$$
\begin{aligned}
\delta S &= \left.\frac{\mathrm{d}S[\gamma]}{\mathrm{d}\epsilon}\right|_{\epsilon=0} \epsilon \\
&= \epsilon \int\limits_{x_1}^{x_2} \mathrm{d}x \left[\boldsymbol{h}\boldsymbol{\nabla}_{\gamma} F(\gamma,\gamma',x) + \boldsymbol{h}'\boldsymbol{\nabla}_{\gamma'} F(\gamma,\gamma',x)\right]_{\epsilon=0} \\
&= \epsilon \int\limits_{x_1}^{x_2} \mathrm{d}x\, \boldsymbol{h} \left[\boldsymbol{\nabla}_{\gamma} F(\gamma,\gamma',x) - \frac{\mathrm{d}}{\mathrm{d}x}\boldsymbol{\nabla}_{\gamma'} F(\gamma,\gamma',x)\right]_{\epsilon=0} \\
&\quad +\epsilon \left[\boldsymbol{h}\boldsymbol{\nabla}_{\gamma'} F(\gamma,\gamma',x)\big|_{\epsilon=0}\right]_{x_1}^{x_2} \\
&= \epsilon \int\limits_{x_1}^{x_2} \mathrm{d}x\, \boldsymbol{h} \left[\boldsymbol{\nabla}_{\boldsymbol{y}} F(\boldsymbol{y},\boldsymbol{y}',x) - \frac{\mathrm{d}}{\mathrm{d}x}\boldsymbol{\nabla}_{\boldsymbol{y}'} F(\boldsymbol{y},\boldsymbol{y}',x)\right] \\
&\quad +\epsilon \left[\boldsymbol{h}\boldsymbol{\nabla}_{\boldsymbol{y}'} F(\boldsymbol{y},\boldsymbol{y}',x)\right]_{x_1}^{x_2} .
\end{aligned}
$$

Da die Hilfsfunktionen an den Endpunkten Null sind, verschwindet der letzte Term. Sei nun $\boldsymbol{y}$ Extremale des Wirkungsfunktionals, dann ist $\delta S = 0$, so daß der vorletzte Term ebenfalls verschwindet. Wir erhalten somit den

Satz 1.19: Variationsformel und Euler-Lagrange-Gleichungen für feste Endpunkte

In der linearen Näherung variiert das Wirkungsintegral für feste Endpunkte in der Weise

$$
S[\boldsymbol{y} + \delta\boldsymbol{y}] = S[\boldsymbol{y}] + \delta S + \ldots ,
$$

mit

$$
\delta S = \int\limits_{x_1}^{x_2} \mathrm{d}x \delta\boldsymbol{y} \left[\boldsymbol{\nabla}_{\boldsymbol{y}} F(\boldsymbol{y},\boldsymbol{y}',x) - \frac{\mathrm{d}}{\mathrm{d}x}\boldsymbol{\nabla}_{\boldsymbol{y}'} F(\boldsymbol{y},\boldsymbol{y}',x)\right] .
$$

Hieraus folgen als notwendiges Kriterium für die Extremalität des Wirkungsfunktionals die *Euler-Lagrange-Gleichungen (ELG)*:

$$
\frac{\partial F(\boldsymbol{y},\boldsymbol{y}',x)}{\partial y_j} - \frac{\mathrm{d}}{\mathrm{d}x}\frac{\partial F(\boldsymbol{y},\boldsymbol{y}',x)}{\partial y_j'} = 0 \ , \ j = 1,\ldots,n .
$$

Man beachte, daß dieser Satz ein notwendiges aber nicht hinreichendes Kriterium für ein Extremum liefert (genau wie $f'(x) = 0$ in der gewöhnlichen Differentialrechnung).

Offensichtlich sind die ELG mit den Lagrange-Gleichungen in Satz 1.15 für den rein holonomen Fall identisch, wenn F durch die Lagrange-Funktion L ersetzt wird und die Funktionen $y_j(x)$ als die generalisierten Koordinaten $q_j(t)$ interpretiert werden. Wir haben also

Satz 1.20: Hamiltonsches Prinzip und Lagrange-Gleichungen II. Art

Aus dem Hamilton-Prinzip folgt, daß die tatsächliche Bahn eines konservativen Teilchensystems mit rein holonomen Zwangsbedingungen den Lagrange-Gleichungen II. Art genügt:

$$S = \int_{t_1}^{t_2} \mathrm{d}t L \longrightarrow \text{extremal} \Longrightarrow \frac{\mathrm{d}}{\mathrm{d}t}\frac{\partial L}{\partial \dot{q}_j} - \frac{\partial L}{\partial q_j} = 0 \ .$$

Es sei daran erinnert, daß die Lagrange-Gleichungen unter Koordinatentransformationen invariant sind. Demnach ist auch das Hamilton-Prinzip vom Koordinatensystem, in dem L ausgedrückt wird, unabhängig. Desweiteren beachte man, daß das Hamilton-Prinzip gegenüber dem Lagrange-Formalismus eigentlich keine neue Physik liefert. Es ist jedoch von übergeordneter Bedeutung, da es auch außerhalb der Mechanik, insbesondere bei der Formulierung moderner Feldtheorien, eine entscheidende Rolle spielt.

Äquivalenz des d'Alembert- und des Hamilton-Prinzips. Betrachten wir ein holonomes System und dessen Bewegungsablauf in einem endlichen Zeitintervall $[t_1 : t_2]$, dann können wir das d'Alembertsche Prinzip wie folgt umformen:

$$\sum_i (\boldsymbol{F}_i^{\mathrm{a}} - m_i \ddot{x}_i)\delta \boldsymbol{x}_i = 0$$

$$\Longrightarrow \frac{\mathrm{d}}{\mathrm{d}t}\sum_i m_i \dot{\boldsymbol{x}}_i \delta \boldsymbol{x}_i = \sum_i \boldsymbol{F}_i^{\mathrm{a}} \delta \boldsymbol{x}_i + \delta \sum_i \frac{m_i}{2}\dot{\boldsymbol{x}}_i^2 = \delta W + \delta T \ ,$$

wobei δT die virtuelle Änderung der kinetischen Energie bezeichnet. Integration dieser Beziehung im Intervall $[t_1 : t_2]$ liefert mit $\delta \boldsymbol{x}_i(t_2) = \delta \boldsymbol{x}_i(t_1) = \boldsymbol{0}$

$$\int_{t_1}^{t_2} (\delta W + \delta T)\mathrm{d}t = \sum_i m_i \left[\dot{\boldsymbol{x}}_i(t_2)\delta \boldsymbol{x}_i(t_2) - \boldsymbol{x}_i(t_1)\delta \boldsymbol{x}_i(t_1)\right] = 0 \ .$$

Beschränkt man sich auf den Spezialfall konservativer Kräfte, dann läßt sich für die virtuelle Arbeit der eingeprägten Kräfte schreiben:

$$\delta W = \sum_i \boldsymbol{F}_i^{\mathrm{a}} \delta \boldsymbol{x}_i = -\sum_i \delta \boldsymbol{x}_i \boldsymbol{\nabla}_i V(\boldsymbol{x}_1, \ldots, \boldsymbol{x}_N) = -\delta V \ ,$$

so daß folgt:

$$\int_{t_1}^{t_2} (\delta W + \delta T)\mathrm{d}t = \int_{t_1}^{t_2} \delta(T - V)\mathrm{d}t = \int_{t_1}^{t_2} \delta L \mathrm{d}t = 0 \ .$$

Da wir die Endpunkte nicht variieren, können wir die Variation vor das Integral ziehen:

$$\delta \int_{t_1}^{t_2} L\mathrm{d}t = \delta S = 0 \,.$$

Damit ist die Äquivalenz des d'Alembert- und Hamilton-Prinzips für konservative holonome Systeme gezeigt.

Nichtkonservative Systeme mit holonomen Zwangsbedingungen. Unter Benutzung der generalisierten Kräfte können wir das Hamiltonsche Prinzip auch für den Fall eines nichtkonservativen Systems formulieren. Die Stationaritätsforderung

$$\delta S = \int_{t_1}^{t_2} \mathrm{d}t \delta(T + W) = 0 \,,$$

mit

$$\delta W = \sum_{i=1}^{N} \boldsymbol{F}_i^{\mathrm{a}} \delta \boldsymbol{x}_i = \sum_{j=1}^{n} Q_j \delta q_j$$

und

$$\delta T = \sum_{j=1}^{n} \delta q_j \left(\frac{\partial T}{\partial q_j} - \frac{\mathrm{d}}{\mathrm{d}t} \frac{\partial T}{\partial \dot{q}_j} \right)$$

führt dann sofort auf (1.27).

Äquivalente Lagrange-Funktionen, Eichtransformation. Man macht sich leicht klar, daß mit der Lagrange-Funktion L auch die Klasse der Lagrange-Funktionen

$$L' = \alpha L + \frac{\mathrm{d}}{\mathrm{d}t} F(\boldsymbol{q}, t)$$

zu denselben stationären Bahnen führt, denn die Addition der totalen Zeitableitung einer skalaren Funktion $F(\boldsymbol{q}, t)$ bedeutet lediglich die Addition eines konstanten Terms in der neuen Wirkung S':

$$\begin{aligned} S' = \int_{t_1}^{t_2} \mathrm{d}t \left(\alpha L + \frac{\mathrm{d}}{\mathrm{d}t} F(\boldsymbol{q}, t) \right) &= \alpha S + F[\boldsymbol{q}(t_2), t_2] - F[\boldsymbol{q}(t_1), t_1] \\ &= \alpha S + \mathrm{const} \,. \end{aligned}$$

Transformationen dieser Art, welche die Lagrange-Funktion derart verändern, daß physikalische Resultate unverändert bleiben, nennt man *Eichtransformationen.* Wir werden ihnen in der Elektrodynamik und Quantenmechanik wieder begegnen, wo sie (ebenso wie in der theoretischen Hochenergiephysik, die allgemein als *Eichtheorien* formuliert werden) eine wesentliche Rolle spielen.

Zusammenfassung

- Das **d'Alembertsche Prinzip** besagt, daß die gesamte, von den Zwangskräften verrichtete Arbeit verschwindet. Auf diesem Postulat kann der **Lagrange-Formalismus** aufgebaut werden.
- Die **Lagrange-Gleichungen** sind ein System gekoppelter gewöhnlicher Differentialgleichungen 2. Ordnung. Sie beschreiben alternativ zur Newtonschen Bewegungsgleichung die Dynamik eines mechanischen Systems, wobei **Zwangsbedingungen** nicht mehr explizit auftreten, sondern in geschickt gewählten Koordinaten absorbiert sind. Hier treten die **generalisierten Koordinaten** und **Geschwindigkeiten** als Paare von Variablen auf.
- Die Lagrange-Gleichungen gelten in allen Koordinatensystemen.
- Die Erhaltungssätze der Mechanik sind eine Folge von **Symmetrien** des mechanischen Systems.
- Die Lagrange-Gleichungen folgen aus dem **Hamilton-Prinzip** der extremalen Wirkung.

Anwendungen

4. Invarianz der Lagrange-Gleichung unter beliebigen Koordinatentransformationen. Man zeige, daß die Lagrange-Gleichungen invariant sind unter den Koordinatentransformationen

$$q_i \longrightarrow Q_i = Q_i(\boldsymbol{q}, t) \ .$$

Lösung. Es gilt

$$\frac{\mathrm{d}}{\mathrm{d}t}\frac{\partial L}{\partial \dot{q}_i} - \frac{\partial L}{\partial q_i} = 0 \ , \ q_i = q_i(\boldsymbol{Q}, t) \ , \ \dot{q}_i = \dot{q}_i(\boldsymbol{Q}, \dot{\boldsymbol{Q}}, t) \ .$$

Wegen

$$\dot{q}_i = \sum_j \frac{\partial q_i(\boldsymbol{Q}, t)}{\partial Q_j}\dot{Q}_j + \frac{\partial q_i}{\partial t}$$

gilt

$$\frac{\partial q_i}{\partial Q_j} = \frac{\partial \dot{q}_i}{\partial \dot{Q}_j} \ .$$

Ausgehend von der transformierten Lagrange-Funktion $L(\boldsymbol{Q}, \dot{\boldsymbol{Q}}, t)$ berechnen wir nun die Lagrange-Gleichungen in den neuen Koordinaten. Dazu benötigen wir:

$$\frac{\partial L'}{\partial Q_i} = \sum_j \left(\frac{\partial L}{\partial q_j} \frac{\partial q_j}{\partial Q_i} + \frac{\partial L}{\partial \dot{q}_j} \frac{\partial \dot{q}_j}{\partial Q_i} \right)$$

$$\frac{\partial L'}{\partial \dot{Q}_i} = \sum_j \frac{\partial L}{\partial \dot{q}_j} \frac{\partial \dot{q}_j}{\partial \dot{Q}_i} = \sum_j \frac{\partial L}{\partial \dot{q}_j} \frac{\partial q_j}{\partial Q_i}$$

$$\frac{\mathrm{d}}{\mathrm{d}t} \frac{\partial L'}{\partial \dot{Q}_i} = \sum_j \frac{\mathrm{d}}{\mathrm{d}t} \left(\frac{\partial L}{\partial \dot{q}_j} \right) \frac{\partial q_j}{\partial Q_i} + \sum_j \frac{\partial L}{\partial \dot{q}_j} \frac{\mathrm{d}}{\mathrm{d}t} \left(\frac{\partial q_j}{\partial Q_i} \right)$$

$$\Longrightarrow \frac{\mathrm{d}}{\mathrm{d}t} \frac{\partial L'}{\partial \dot{Q}_i} - \frac{\partial L'}{\partial Q_i} = \sum_j \left(\frac{\mathrm{d}}{\mathrm{d}t} \frac{\partial L}{\partial \dot{q}_j} - \frac{\partial L}{\partial q_j} \right) \frac{\partial q_j}{\partial Q_i} + \sum_j \left(\frac{\mathrm{d}}{\mathrm{d}t} \frac{\partial q_j}{\partial Q_i} - \frac{\partial \dot{q}_j}{\partial Q_i} \right) \frac{\partial L}{\partial \dot{q}_j} .$$

Hierbei verschwindet die erste Summe, denn es gelten die Lagrange-Gleichungen in den alten Koordinaten. Die zweite Summe ist ebenso Null, weil

$$\frac{\partial \dot{q}_j}{\partial Q_i} = \sum_l \frac{\partial^2 q_j}{\partial Q_i \partial Q_l} \dot{Q}_l + \frac{\partial^2 q_j}{\partial Q_i \partial t} = \frac{\mathrm{d}}{\mathrm{d}t} \frac{\partial q_j}{\partial Q_i} .$$

5. Brachystochrone. Dies ist das Paradebeispiel der Variationsrechnung. Zu bestimmen ist die Form der Bahnkurve zwischen zwei fixierten Punkten, auf der ein Teilchen unter dem Einfluß der Schwerkraft am schnellsten reibungsfrei entlanggleitet.

Lösung. Wir legen das Koordinatensystem so, daß Anfangs- und Endpunkt durch die Koordinaten $(0, h)$ und $(a, 0)$ gegeben sind. Der Ortsvektor des Teilchens ist

$$\boldsymbol{x}(t) = \begin{pmatrix} x(t) \\ y[x(t)] \end{pmatrix} ,$$

wobei $y(x)$ die gesuchte Bahnkurve beschreibt. Zur Bestimmung des zu minimierenden Funktionals S nutzen wir die Energieerhaltung des Teilchens:

$$T = \frac{m}{2} \dot{\boldsymbol{x}}^2 = \frac{m}{2} \dot{x}^2 \left[1 + y'^2(x)\right] \ , \ V = mgy(x)$$

$$\Longrightarrow E = T + V = \frac{m}{2} \dot{x}^2 \left[1 + y'^2(x)\right] + mgy(x) = mgh = \mathrm{const}$$

$$\Longrightarrow \frac{\mathrm{d}x}{\mathrm{d}t} = \sqrt{\frac{2g(h-y)}{1+y'^2}}$$

$$\Longrightarrow \tau = \int_0^\tau \mathrm{d}t = S[y] = \int_0^a \mathrm{d}x F(y, y', x) \ , \ F(y, y', x) = \frac{1}{\sqrt{2g}} \sqrt{\frac{1+y'^2}{h-y}} .$$

Zur Bestimmung der ELG benötigen wir folgende Ableitungen:

$$\frac{\partial F}{\partial y} = \frac{1}{2\sqrt{2g}} \frac{\sqrt{1+y'^2}}{(h-y)^{3/2}}$$

$$\frac{\partial F}{\partial y'} = \frac{1}{\sqrt{2g}} \frac{y'}{\sqrt{(1+y'^2)(h-y)}}$$

$$\frac{\mathrm{d}}{\mathrm{d}x}\frac{\partial F}{\partial y'} = \frac{1}{\sqrt{2g}} \frac{y''(h-y) + \frac{y'^2}{2}(1+y'^2)}{[(1+y'^2)(h-y)]^{3/2}} .$$

Es folgt

$$y''(h-y) = \frac{1}{2}(1+y'^2) .$$

Diese Gleichung, die nicht mehr von x abhängt, ist lösbar etwa mit Hilfe der Substitution $y' = p(y)$, $y'' = (\mathrm{d}p/\mathrm{d}y)p$. Wir verfahren hier anders und nutzen die folgende Identität, die gilt, da F nicht von x abhängt:

$$\left(\frac{\partial F}{\partial y} - \frac{\mathrm{d}}{\mathrm{d}x}\frac{\partial F}{\partial y'}\right) = \frac{\mathrm{d}}{\mathrm{d}x}\left(F - y'\frac{\partial F}{\partial y'}\right) .$$

Hieraus folgt entlang von Lösungen der ELG

$$H = y'\frac{\partial F}{\partial y'} - F = \text{const} .$$

Wir werden diesen Zusammenhang im nächsten Abschnitt als *Erhaltung der Hamilton-Funktion* wiederfinden. Somit ergibt sich

$$-\frac{1}{\sqrt{2g}} \frac{1}{\sqrt{(1+y'^2)(h-y)}} = c = \text{const}$$

$$\Longrightarrow \quad \frac{\mathrm{d}y}{\mathrm{d}x} = -\sqrt{\frac{e-(h-y)}{h-y}} \,,\ e = \frac{1}{2gc^2}$$

$$\Longrightarrow \quad x = -\int\limits_h^{y(x)} \mathrm{d}y \sqrt{\frac{h-y}{e-(h-y)}} .$$

Mit der Substitution

$$y = h - e\sin^2\psi \Longrightarrow \mathrm{d}y = -2e\sin\psi\cos\psi\mathrm{d}\psi$$

folgt

$$x = 2e\int\limits_0^{\psi} \mathrm{d}\psi \sin^2\psi = e\left(\psi - \frac{1}{2}\sin 2\psi\right) .$$

Insgesamt erhalten wir als Lösung eine Parametrisierung $[x(\psi), y(\psi)]$ von *Zykloiden* mit einem freien Parameter e, der über die Bedingung $y(x=a) = 0$ zu fixieren ist. Abbildung 1.6 zeigt die drei möglichen Lösungstypen in Abhängigkeit vom Verhältnis a/h.

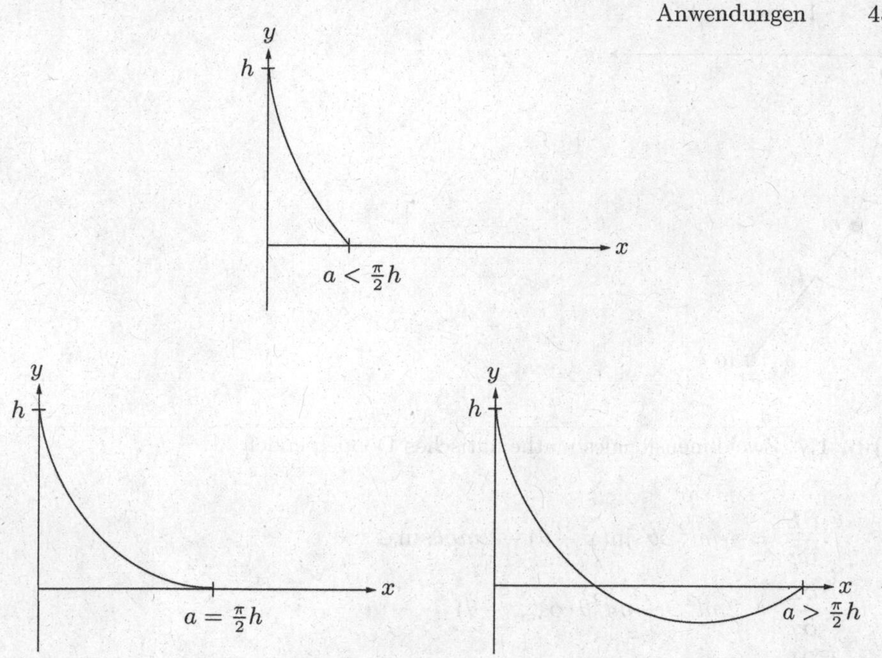

Abb. 1.6. Verschiedene Lösungstypen des Brachystochrone-Problems

6. Mathematisches Doppelpendel. Ein ebenes mathematisches Doppelpendel mit den Stangenlängen $l_1 = l_2 = l$ und den Punktmassen $m_1 = m_2 = m$ bewege sich reibungsfrei unter dem Einfluß der Schwerkraft (Abb. 1.7). Man bestimme die Schwingungsfrequenzen für kleine Auslenkungen aus der Vertikalen.

Lösung. Die Ortsvektoren der Massenpunkte, ausgedrückt durch die generalisierten Koordinaten φ und θ, sind gegeben durch

$$\boldsymbol{x}_1(t) = l\begin{pmatrix}\cos\varphi(t)\\ \sin\varphi(t)\end{pmatrix} \;,\; \boldsymbol{x}_2(t) = l\begin{pmatrix}\cos\varphi(t)+\cos\theta(t)\\ \sin\varphi(t)+\sin\theta(t)\end{pmatrix} \;.$$

Die rein holonomen Zwangsbedingungen des Systems,

$$\boldsymbol{x}_1^2 - l^2 = 0 \;,\; (\boldsymbol{x}_2 - \boldsymbol{x}_1)^2 - l^2 = 0 \;,$$

sind somit vollständig berücksichtigt. Für die kinetische und potentielle Energie ergibt sich

$$T = T_1 + T_2 = \frac{m}{2}l^2\left[2\dot\varphi^2 + \dot\theta^2 + 2\dot\varphi\dot\theta(\cos\varphi\cos\theta + \sin\varphi\sin\theta)\right]$$

$$V = V_1 + V_2 = -mgl(2\cos\varphi + \cos\theta) \;.$$

Die Lagrange-Funktion lautet demnach

$$L = T - V = \frac{m}{2}l^2\left[2\dot\varphi^2 + \dot\theta^2 + 2\dot\varphi\dot\theta\cos(\varphi - \theta)\right] + mgl(2\cos\varphi + \cos\theta) \;.$$

Die Lagrange-Gleichungen ergeben sich aus folgenden Ableitungen:

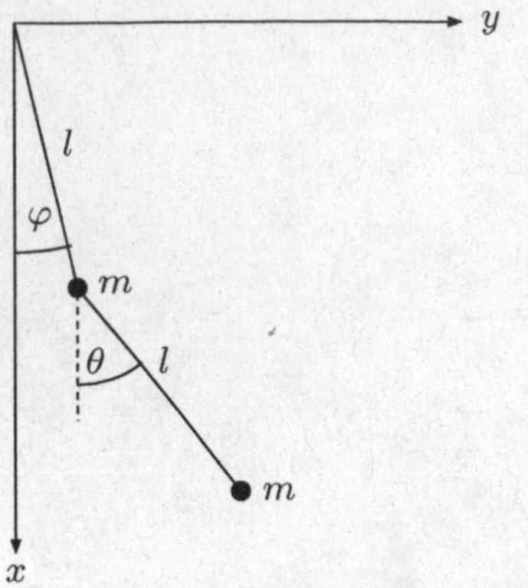

Abb. 1.7. Zweidimensionales mathematisches Doppelpendel

$$
\begin{aligned}
\frac{\partial L}{\partial \varphi} &= -ml^2\dot{\varphi}\dot{\theta}\sin(\varphi-\theta) - 2mgl\sin\varphi \\
\frac{\partial L}{\partial \dot{\varphi}} &= 2ml^2\dot{\varphi} + ml^2\dot{\theta}\cos(\varphi-\theta) \\
\frac{\mathrm{d}}{\mathrm{d}t}\frac{\partial L}{\partial \dot{\varphi}} &= 2ml^2\ddot{\varphi} + ml^2\ddot{\theta}\cos(\varphi-\theta) - ml^2\dot{\theta}(\dot{\varphi}-\dot{\theta})\sin(\varphi-\theta) \\
\frac{\partial L}{\partial \theta} &= ml^2\dot{\varphi}\dot{\theta}\sin(\varphi-\theta) - mgl\sin\theta \\
\frac{\partial L}{\partial \dot{\theta}} &= ml^2\dot{\theta} + ml^2\dot{\varphi}\cos(\varphi-\theta) \\
\frac{\mathrm{d}}{\mathrm{d}t}\frac{\partial L}{\partial \dot{\theta}} &= ml^2\ddot{\theta} + ml^2\ddot{\varphi}\cos(\varphi-\theta) - ml^2\dot{\varphi}(\dot{\varphi}-\dot{\theta})\sin(\varphi-\theta) \\
\Longrightarrow &\left\{ \begin{aligned} 2l\ddot{\varphi} + l\ddot{\theta}\cos(\varphi-\theta) + l\dot{\theta}^2\sin(\varphi-\theta) &= -2g\sin\varphi \\ l\ddot{\theta} + l\ddot{\varphi}\cos(\varphi-\theta) - l\dot{\varphi}^2\sin(\varphi-\theta) &= -g\sin\theta\ . \end{aligned} \right.
\end{aligned}
$$

Da wir nur kleine Auslenkungen betrachten wollen, gilt $\cos(\varphi-\theta)\approx 1$, $\sin\varphi \approx \varphi$, $\dot{\varphi}^2, \dot{\theta}^2 \ll 1$, und es folgt

$$
\begin{aligned}
2\ddot{\varphi} + \ddot{\theta} &= -2\frac{g}{l}\varphi \\
\ddot{\theta} + \ddot{\varphi} &= -\frac{g}{l}\theta\ .
\end{aligned}
$$

Der Lösungsansatz

$$
\varphi(t) = \alpha \mathrm{e}^{\mathrm{i}\omega t}\ ,\ \theta(t) = \beta \mathrm{e}^{\mathrm{i}\omega t}
$$

führt zu

$$
\begin{aligned}
\left(2\frac{g}{l} - 2\omega^2\right)\alpha - \omega^2\beta &= 0 \\
-\omega^2\alpha + \left(\frac{g}{l} - \omega^2\right)\beta &= 0\ .
\end{aligned}
$$

Damit dieses lineare Gleichungssystem in α und β nichttriviale Lösungen besitzt, muß die Koeffizientendeterminante verschwinden:

$$\begin{vmatrix} 2\frac{g}{l} - 2\omega^2 & -\omega^2 \\ -\omega^2 & \frac{g}{l} - \omega^2 \end{vmatrix} = 0 \Longrightarrow \omega_{1,2}^2 = \frac{g}{l}(2 \pm \sqrt{2}) \ .$$

Setzt man dieses Ergebnis in obiges Gleichungssystem ein, so ergibt sich:

1. $\omega^2 = \frac{g}{l}(2 + \sqrt{2}) \Longrightarrow \beta = -\sqrt{2}\alpha$

2. $\omega^2 = \frac{g}{l}(2 - \sqrt{2}) \Longrightarrow \beta = \sqrt{2}\alpha$.

Das heißt im ersten Fall ist $\omega = \sqrt{\frac{g}{l}(2 + \sqrt{2})}$, und die Pendel schwingen entgegengesetzt, während im zweiten Fall die Pendel mit der Frequenz $\omega = \sqrt{\frac{g}{l}(2 - \sqrt{2})}$ in gleicher Richtung schwingen.

7. Kleine Schwingungen und Normalmoden. In dieser Anwendung wird der allgemeinere mathematische Rahmen der Anwendung 6 aufgezeigt. Man entwickle einen Formalismus zur Lösung gekoppelter Schwingungen, die durch Lagrange-Funktionen der Form

$$L = L(\boldsymbol{q}, \dot{\boldsymbol{q}}) = T(\boldsymbol{q}, \dot{\boldsymbol{q}}) - V(\boldsymbol{q}) \tag{1.35}$$

beschrieben werden, in denen das Potential nur von den Koordinaten abhängt. Dazu beachte man, daß die kinetische Energie ganz allgemein als

$$T = c(\boldsymbol{q}, t) + \sum_i b_i(\boldsymbol{q}, t)\dot{q}_i + \frac{1}{2}\sum_{i,j} a_{ij}(\boldsymbol{q}, t)\dot{q}_i\dot{q}_j \ , \ a_{ij} = a_{ji}$$

geschrieben werden kann, was durch Quadrieren von (1.23) ersichtlich wird. Sind die Gleichungen zwischen q_i und $\boldsymbol{x}_j$ zeitunabhängig, dann ist die kinetische Energie eine homogene quadratische Form

$$T = \frac{1}{2}\sum_{i,j} a_{ij}(\boldsymbol{q})\dot{q}_i\dot{q}_j \ . \tag{1.36}$$

Mit diesem Ausdruck suche man nach einer Bedingung für den Gleichgewichtszustand, leite hieraus die Lagrange-Gleichungen für kleine Auslenkungen aus der Gleichgewichtslage her und bestimme die zugehörigen *Eigenmoden.*

Lösung. Aus (1.35) und (1.36) folgen die Lagrange-Gleichungen

$$\sum_{i,j} \frac{\partial a_{ki}}{\partial q_j}\dot{q}_i\dot{q}_j + \sum_i a_{ki}\ddot{q}_i - \frac{1}{2}\sum_{i,j}\frac{\partial a_{ij}}{\partial q_k}\dot{q}_i\dot{q}_j + \frac{\partial V}{\partial q_k} = 0 \ .$$

Hieraus ergeben sich für ein System im Gleichgewicht ($\dot{q}_i = \ddot{q}_i = 0$) die Gleichgewichtsbedingungen

$$\left.\frac{\partial V}{\partial q_i}\right|_{q_0} = 0 \; ,$$

d.h. die potentielle Energie muß in $\boldsymbol{q}_0$ stationär sein.[6] Der Einfachheit halber nehmen wir an, daß gilt: $\boldsymbol{q}_0 = \boldsymbol{0}$ und entwickeln das Potential sowie die kinetische Energie in der Weise

$$V(\boldsymbol{q}) \approx V(\boldsymbol{0}) + \underbrace{\sum_i \left.\frac{\partial V}{\partial q_i}\right|_{\boldsymbol{0}}}_{=0} q_i + \frac{1}{2}\sum_{i,j} \left.\frac{\partial^2 V}{\partial q_i \partial q_j}\right|_{\boldsymbol{0}} q_i q_j$$

$$T(\boldsymbol{q}, \dot{\boldsymbol{q}}) \approx \frac{1}{2}\sum_{i,j} a_{ij}(\boldsymbol{0})\dot{q}_i\dot{q}_j \; .$$

Das System wird demnach in der Nähe seiner Gleichgewichtslage durch die Lagrange-Funktion

$$L = T - V = \frac{1}{2}\sum_{i,j} A_{ij}\dot{q}_i\dot{q}_j - \frac{1}{2}\sum_{i,j} B_{ij} q_i q_j - V(\boldsymbol{0}) \; ,$$

mit

$$A_{ij} = a_{ij}(\boldsymbol{0}) \; , \; B_{ij} = \left.\frac{\partial^2 V}{\partial q_i \partial q_j}\right|_{\boldsymbol{0}}$$

beschrieben, woraus man folgende Lagrange-Gleichungen erhält:

$$\sum_i A_{ki}\ddot{q}_i + \sum_i B_{ki} q_i = 0 \; .$$

Beschränken wir uns auf *Eigenschwingungen*, bei denen alle q_j mit derselben Frequenz ω schwingen, dann lassen sich diese Gleichungen durch den Ansatz

$$q_j(t) = Q_j \mathrm{e}^{\mathrm{i}\omega t}$$

in die zeitunabhängige *Eigenwertgleichung*

$$(B - \lambda A)\boldsymbol{Q} = \boldsymbol{0} \; , \; \lambda = \omega^2 \tag{1.37}$$

überführen, welche nur dann nichttriviale Lösungen besitzt, wenn die zugehörige Koeffizientendeterminante verschwindet:

$$\det(B - \lambda A) = 0 \; .$$

Diese Gleichung bestimmt die möglichen *Eigenfrequenzen* ω des Problems und – über (1.37) – die zugehörigen *Eigenvektoren* $\boldsymbol{Q}$. Fassen wir die normierten Eigenvektoren als Spalten einer (orthogonalen) Transformationsmatrix D auf, dann kann man zeigen, daß gilt:

[6] Genauer gesagt: Das Potential muß in $\boldsymbol{q}_0$ ein lokales Minimum besitzen, damit das System dort im stabilen Gleichgewicht ist.

$$D^{\mathrm{T}}BD = \begin{pmatrix} \lambda_1 & & 0 \\ & \ddots & \\ 0 & & \lambda_n \end{pmatrix} , \quad D^{\mathrm{T}}AD = I .$$

Das heißt D erzeugt eine *Hauptachsentransformation*, die zur gleichzeitigen Diagonalisierung der Matrizen A und B und somit zur Diagonalisierung der Lagrange-Funktion

$$L = \frac{1}{2}\dot{\boldsymbol{q}}^{\mathrm{T}}A\dot{\boldsymbol{q}} - \frac{1}{2}\boldsymbol{q}^{\mathrm{T}}B\boldsymbol{q} - V(\boldsymbol{0})$$

führt.

1.3 Hamilton-Formalismus

In diesem Abschnitt beschäftigen wir uns mit der *Hamiltonschen Formulierung* der Mechanik und ergänzen somit den Newtonschen Zugang aus Abschn. 1.1 und den Lagrangeschen Zugang aus Abschn. 1.2 um ein weiteres äquivalentes Konzept zur Beschreibung mechanischer Systeme. Der Hamilton-Formalismus ist insofern gegenüber den anderen beiden Zugängen ausgezeichnet, als daß er einen engen formalen Zusammenhang zwischen der klassischen Mechanik und der Quantenmechanik erkennen läßt. In der Tat basiert die Quantenmechanik (und auch die statistische Physik) größtenteils auf dem Hamiltonschen Formalismus.

Wir beginnen mit der Herleitung der *Hamiltonschen Bewegungsgleichungen*, die im Gegensatz zu den Newtonschen und Lagrangeschen Gleichungen Differentialgleichungen 1. Ordnung sind. Im Anschluß diskutieren wir einige Erhaltungssätze und führen die Notation der *Poisson-Klammern* ein, durch die die formale Verwandtschaft von klassischer Mechanik und Quantenmechanik besonders deutlich wird. Desweiteren beschäftigen wir uns mit *kanonischen Transformationen*. Dies führt uns auf die *Hamilton-Jacobi-Gleichung*, die eine spezielle kanonische Transformation definiert, bei der alle transformierten Koordinaten und Impulse erhalten sind.

1.3.1 Hamiltonsche Gleichungen

Die Lagrange-Funktion L führt zu Bewegungsgleichungen, in denen die generalisierten Koordinaten q_j sowie deren Geschwindigkeiten $\dot{q}_j$ als Paare von Variablen auftreten. Die Hamiltonsche Theorie verwendet als gleichberechtigte Variablenpaare die generalisierten Koordinaten zusammen mit ihren *generalisierten Impulsen*, die wie folgt definiert sind:

Definition: Generalisierter Impuls p_j

$$p_j = \frac{\partial L}{\partial \dot{q}_j} . \tag{1.38}$$

Diese Definition bildet implizite Gleichungen für die $\dot{q}_j$, ausgedrückt durch die Größen q_j, p_j, t:

$$\dot{q}_j = \dot{q}_j(q_1, \ldots, q_n, p_1, \ldots, p_n, t) \ .$$

Wir beschränken uns auf den Fall, daß alle Zwangsbedingungen durch $s = 3N - n$ holonome Bedingungen gegeben sind. Um die Variablentransformation

$$L(q_i, \dot{q}_i, t) \longrightarrow H\left(q_i, \frac{\partial L}{\partial \dot{q}_i}, t\right)$$

durchzuführen, benutzen wir die Legendre-Transformation

$$H = H(q_1, \ldots, q_n, p_1, \ldots, p_n, t) = \sum_{i=1}^{n} p_i \dot{q}_i - L$$

und bilden unter Berücksichtigung von (1.38) die Ableitungen

$$\frac{\partial H}{\partial p_j} = \dot{q}_j + \sum_{i=1}^{n} p_i \frac{\partial \dot{q}_i}{\partial p_j} - \sum_{i=1}^{n} \frac{\partial L}{\partial \dot{q}_i} \frac{\partial \dot{q}_i}{\partial p_j} = \dot{q}_j$$

$$\frac{\partial H}{\partial q_j} = \sum_{i=1}^{n} p_i \frac{\partial \dot{q}_i}{\partial q_j} - \frac{\partial L}{\partial q_j} - \sum_{i=1}^{n} \frac{\partial L}{\partial \dot{q}_i} \frac{\partial \dot{q}_i}{\partial q_j} = -\frac{\partial L}{\partial q_j} = -\dot{p}_j \ .$$

Es folgt der

Satz 1.21: Hamilton-Gleichungen für s holonome Zwangsbedingungen

Die *Hamilton-Funktion* eines N-Teilchensystems mit jeweils n generalisierten Koordinaten und Impulsen ist gegeben durch

$$H = \sum_{i=1}^{n} p_i \dot{q}_i - L(q_1, \ldots, q_n, p_1, \ldots, p_n, t) \ .$$

Aus ihr ergeben sich die Bewegungsgleichungen (*Hamilton-Gleichungen*) für die generalisierten Koordinaten und Impulse im Falle s holonomer Zwangsbedingungen zu

$$\frac{\partial H}{\partial p_j} = \dot{q}_j \ , \ \frac{\partial H}{\partial q_j} = -\dot{p}_j \ , \ j = 1, \ldots, 3N - s = n \ .$$

Weiterhin gilt

$$-\frac{\partial L}{\partial t} = \frac{\partial H}{\partial t} \ .$$

Dies sind die grundlegenden Bewegungsgleichungen in der Hamiltonschen Formulierung der Mechanik. Man nennt sie auch die *kanonischen Gleichungen*. Sie bilden ein System von $2n$ gewöhnlichen Differentialgleichungen

1. Ordnung für die n generalisierten Koordinaten und deren Impulse. Für ein System aus N Teilchen mit $n = 3N - s$ Freiheitsgraden beschreiben die kanonischen Gleichungen die Bewegung des Systems in einem abstrakten $2n$-dimensionalen Raum, dem *Phasenraum*, der von den generalisierten Koordinaten und Impulsen aufgespannt wird. Die folgende Tabelle stellt die Resultate der Lagrangeschen Theorie denen des Hamilton-Formalismus gegenüber:

Formulierung	Variablen	Funktion	Gleichungen
Lagrangesche	$(q_j, \dot{q}_j)$	$L = T - V$	$\frac{\mathrm{d}}{\mathrm{d}t}\frac{\partial L}{\partial \dot{q}_j} - \frac{\partial L}{\partial q_j} = 0$
Hamiltonsche	(q_j, p_j)	$H = \sum_i p_i \dot{q}_i - L$	$\frac{\partial H}{\partial p_j} = \dot{q}_j \;,\; \frac{\partial H}{\partial q_j} = -\dot{p}_j$

1.3.2 Erhaltungssätze

Aus den Hamilton-Gleichungen ergeben sich folgende Erhaltungssätze:

Satz 1.22: Impulserhaltung

Hängt H nicht explizit von einer generalisierten Koordinate q_j ab, so ist der zugehörige Impuls p_j eine zeitlich erhaltene Größe:

$$\frac{\partial H}{\partial q_j} = 0 \Longrightarrow p_j = \text{const} .$$

Man nennt solch eine Koordinate *zyklisch*.

Differenziert man die Hamilton-Funktion nach der Zeit,

$$\frac{\mathrm{d}H}{\mathrm{d}t} = \sum_{j=1}^{n}\left(\frac{\partial H}{\partial q_j}\dot{q}_j + \frac{\partial H}{\partial p_j}\dot{p}_j\right) + \frac{\partial H}{\partial t} ,$$

dann ergibt sich unter Verwendung der Hamilton-Gleichungen

$$\frac{\mathrm{d}H}{\mathrm{d}t} = \frac{\partial H}{\partial t} .$$

Hieraus folgt der

Satz 1.23: Erhaltung der Hamilton-Funktion

Hängt H (bzw. L) nicht explizit von t ab, dann ist H entlang von Lösungen der Hamilton-Gleichungen (bzw. der zugehörigen Lagrange-Gleichungen) konstant:

▷

$$\frac{\partial H}{\partial t} = 0 \Longrightarrow H = \text{const} .$$

Energieerhaltung und Interpretation der Hamilton-Funktion. Die Erhaltung der Hamilton-Funktion läßt sich für den Fall skleronomer und holonomer Zwangsbedingungen, $\boldsymbol{x}_i = \boldsymbol{x}_i(q_1, \ldots, q_n)$, mit konservativen äußeren Kräften ($\partial V/\partial \dot{q}_j = 0$) als Energieerhaltung verstehen. In diesem Fall gilt nämlich

$$p_j = \frac{\partial L}{\partial \dot{q}_j} = \frac{\partial T}{\partial \dot{q}_j}$$

und

$$T = \sum_{i=1}^{N} \frac{m_i}{2} \dot{\boldsymbol{x}}_i^2 = \sum_{i=1}^{N} \frac{m_i}{2} \sum_{k,l=1}^{n} \frac{\partial \boldsymbol{x}_i}{\partial q_k} \frac{\partial \boldsymbol{x}_i}{\partial q_l} \dot{q}_k \dot{q}_l \Longrightarrow \sum_{j=1}^{n} \frac{\partial T}{\partial \dot{q}_j} \dot{q}_j = 2T .$$

Damit folgt

$$H = \sum_{j=1}^{n} \frac{\partial L}{\partial \dot{q}_j} \dot{q}_j - L = \sum_{j=1}^{n} \frac{\partial T}{\partial \dot{q}_j} \dot{q}_j - L = 2T - (T - V) = T + V = E .$$

Satz 1.24: Energieerhaltung

Für holonome und nicht explizit zeitabhängige Systeme ist die Hamilton-Funktion identisch mit der Gesamtenergie und eine Erhaltungsgröße:

$$H(\boldsymbol{q}, \boldsymbol{p}) = T + V = E = \text{const} .$$

Vollständige mechanische Information. In der Newtonschen Mechanik haben wir festgestellt, daß alle dynamischen Variablen eines Systems Funktionen des Orts- und Impulsvektors sind. In der Lagrangeschen Theorie gingen wir über zu dem n-dimensionalen Raum der generalisierten Koordinaten (*Konfigurationsraum*). Im Zusammenhang mit der Hamiltonschen Theorie sehen wir nun, daß die Bewegung des Systems ebenso durch die *kanonisch konjugierten* Variablen $\boldsymbol{q}$ und $\boldsymbol{p}$ beschrieben werden kann, also durch Punkte im Phasenraum bzw. in dem durch die Zeit t erweiterten Phasenraum. Der Zustand eines mechanischen Systems ist dann durch Angabe der konjugierten Variablen zu einem bestimmten Zeitpunkt und durch eine zeitliche Evolutionsvorschrift für das System eindeutig bestimmt. Da sich der Zustand des Systems zu einem späteren Zeitpunkt eindeutig aus einem früheren Zustand ergibt, muß der Evolutionsprozeß des Systems durch eine Differentialgleichung 1. Ordnung in der Zeit beschrieben werden. Die Hamiltonschen Gleichungen sind gerade von dieser Form. Dagegen sind die Lagrange-Gleichungen Differentialgleichungen 2. Ordnung in der Zeit, so daß zur eindeutigen Spezifikation eines Zustandes für jede generalisierte Koordinate jeweils zwei Anfangswerte, z.B. $q_j(t_0)$ und $\dot{q}_j(t_0)$, notwendig sind. Der Vorteil der kanonischen

Beschreibung besteht also darin, daß sich der Zustand des Systems eindeutig bestimmen läßt, sobald die kanonischen Variablen zu einem Zeitpunkt bekannt sind. Fassen wir die kanonischen Variablen zu einem Punkt π im Phasenraum zusammen, dann wird die Zustandsentwicklung eines mechanischen Systems grundsätzlich durch eine geeignete Funktion $F[\pi(t), t]$ beschrieben, für die gilt: $\dot{\pi}(t) = F[\pi(t), t]$.

1.3.3 Poisson-Klammer

Da sich jede mechanische Größe F als Funktion der konjugierten Variablen und der Zeit schreiben läßt, können wir folgende Bewegungsgleichung aufstellen:

$$F = F(\boldsymbol{q}, \boldsymbol{p}, t) \Longrightarrow \frac{\mathrm{d}F}{\mathrm{d}t} = \sum_i \left(\frac{\partial F}{\partial q_i} \dot{q}_i + \frac{\partial F}{\partial p_i} \dot{p}_i \right) + \frac{\partial F}{\partial t}$$

$$= \sum_i \left(\frac{\partial F}{\partial q_i} \frac{\partial H}{\partial p_i} - \frac{\partial F}{\partial p_i} \frac{\partial H}{\partial q_i} \right) + \frac{\partial F}{\partial t} . \tag{1.39}$$

Diese Formel läßt sich mit Hilfe der folgenden Definition etwas einfacher schreiben:

Definition: Poisson-Klammer

Für mindestens einmal differenzierbare Funktionen F und G in den Variablen $\boldsymbol{x}$ und $\boldsymbol{y}$ definieren wir die folgende Abbildung, genannt *Poisson-Klammer*:

$$\{F, G\}_{\boldsymbol{x},\boldsymbol{y}} = \sum_i \left(\frac{\partial F}{\partial x_i} \frac{\partial G}{\partial y_i} - \frac{\partial F}{\partial y_i} \frac{\partial G}{\partial x_i} \right) . \tag{1.40}$$

Sie besitzt folgende Eigenschaften:

- Antikommutativität: $\{F, G\} = -\{G, F\}$.
- Linearität und Distributivität:

$$\{\alpha F_1 + \beta F_2, G\} = \alpha \{F_1, G\} + \beta \{F_2, G\} .$$

- Identitäten:

$$\{F, G_1 G_2\} = \{F, G_1\} G_2 + G_1 \{F, G_2\}$$

$$\{F, \{G, J\}\} + \{G, \{J, F\}\} + \{J, \{F, G\}\} = 0 \quad (\textit{Jacobi-Identität}) .$$

Mit dieser Schreibweise geht (1.39) über in

$$\frac{\mathrm{d}F}{\mathrm{d}t} = \{F, H\}_{\boldsymbol{q},\boldsymbol{p}} + \frac{\partial F}{\partial t} ,$$

und es folgt der

Satz 1.25: Bewegungsgleichung, Erhaltungsgrößen und Poisson-Theorem

Die Bewegungsgleichung für eine mechanische Größe $F(\boldsymbol{q}, \boldsymbol{p}, t)$ lautet

$$\frac{\mathrm{d}F}{\mathrm{d}t} = \{F, H\}_{\boldsymbol{q},\boldsymbol{p}} + \frac{\partial F}{\partial t} .$$

Ist F eine Erhaltungsgröße, $\mathrm{d}F/\mathrm{d}t = 0$, und zudem nicht explizit zeitabhängig, so gilt

$$\{F, H\}_{\boldsymbol{q},\boldsymbol{p}} = 0 .$$

Der Umkehrschluß gilt ebenso. Sind weiterhin F und G zwei solche Erhaltungsgrößen, dann ist auch $\{F, G\}_{\boldsymbol{q},\boldsymbol{p}}$ eine Erhaltungsgröße. Dies ist das *Poisson-Theorem*. Es folgt aus der Jacobi-Identität.

Beachten wir, daß die q_i und p_i unabhängige Variablen sind,

$$\frac{\partial q_i}{\partial q_j} = \delta_{ij} , \quad \frac{\partial p_i}{\partial p_j} = \delta_{ij} , \quad \frac{\partial q_i}{\partial p_j} = \frac{\partial p_i}{\partial q_j} = 0 ,$$

dann können wir (1.40) auch auf sie anwenden, und es folgen die kanonischen Gleichungen in der neuen Schreibweise:

$$\dot{q}_i = \{q_i, H\}_{\boldsymbol{q},\boldsymbol{p}} , \quad \dot{p}_i = \{p_i, H\}_{\boldsymbol{q},\boldsymbol{p}} .$$

Ebenso findet man für die Poisson-Klammern der Impulse und Koordinaten

$$\{q_i, p_k\}_{\boldsymbol{q},\boldsymbol{p}} = \delta_{ik} , \quad \{q_i, q_k\}_{\boldsymbol{q},\boldsymbol{p}} = \{p_i, p_k\}_{\boldsymbol{q},\boldsymbol{p}} = 0 . \tag{1.41}$$

Hamilton-Theorie und Quantenmechanik. Die algebraischen Eigenschaften der Poisson-Klammer stellen die Grundlage für deren Verwendung bzw. Übertragung in die Quantenmechanik dar. Dort werden physikalische Größen durch lineare hermitesche Operatoren beschrieben, und die Poisson-Klammer wird durch den *Kommutator* ersetzt, der alle algebraischen Eigenschaften der Poisson-Klammer besitzt:

$$\{F, G\} \longrightarrow -\mathrm{i}\hbar[\boldsymbol{F}, \boldsymbol{G}] = -\mathrm{i}\hbar(\boldsymbol{FG} - \boldsymbol{GF}) .$$

Man kann in der Tat die Mechanik und Quantenmechanik als zwei verschiedene Realisierungen der algebraischen Struktur auffassen, welche die Poisson-Klammer definieren. Ein Beispiel für dieses *Korrespondenzprinzip* ist die in der Quantenmechanik geltende *Heisenbergsche Bewegungsgleichung*

$$\mathrm{i}\hbar\frac{\mathrm{d}\boldsymbol{F}}{\mathrm{d}t} = [\boldsymbol{F}, \boldsymbol{H}] + \frac{\partial \boldsymbol{F}}{\partial t} ,$$

die sich aus der in Satz 1.25 stehenden Bewegungsgleichung durch die obige Ersetzung ergibt.

1.3.4 Kanonische Transformationen

Nachdem wir den formalen Aufbau der Hamiltonschen Theorie erarbeitet haben, wollen wir uns nun der Frage widmen, ob es Transformationen gibt, welche die kanonischen Gleichungen invariant lassen, und ob es möglich ist, einen speziellen Satz von Transformationen zu finden, die die Hamiltonschen Gleichungen besonders vereinfachen. Man denke etwa an eine Transformation, welche die Hamilton-Funktion in eine Funktion transformiert, die nur noch von Impulsen abhängt (nächster Unterabschnitt). In diesem Fall wären alle Koordinaten zyklisch, d.h. sämtliche Impulse wären in dieser Darstellung Invarianten der Bewegung. Wir definieren zunächst:

Definition: Kanonische Transformation

Eine Koordinatentransformation

$$q_i \longrightarrow Q_i = Q_i(\boldsymbol{q},\boldsymbol{p},t)\ ,\ p_i \longrightarrow P_i = P_i(\boldsymbol{q},\boldsymbol{p},t)$$

heißt *kanonisch*, wenn die Form der zugehörigen kanonischen Gleichungen erhalten bleibt:

$$H = H(\boldsymbol{q},\boldsymbol{p},t):\quad \dot{q}_i = \frac{\partial H}{\partial p_i}\quad,\quad \dot{p}_i = -\frac{\partial H}{\partial q_i}$$

$$H' = H'(\boldsymbol{Q},\boldsymbol{P},t):\quad \dot{Q}_i = \frac{\partial H'}{\partial P_i}\quad,\quad \dot{P}_i = -\frac{\partial H'}{\partial Q_i}\ .$$

Notwendige Bedingung für das Vorliegen einer kanonischen Transformation ist, daß für die alte und neue Hamilton-Funktion das Hamilton-Prinzip gilt, d.h.

$$\delta\int\limits_{t_1}^{t_2}\left(\sum_i p_i\dot{q}_i - H(\boldsymbol{q},\boldsymbol{p},t)\right)\mathrm{d}t = \delta\int\limits_{t_1}^{t_2}\left(\sum_i P_i\dot{Q}_i - H'(\boldsymbol{Q},\boldsymbol{P},t)\right)\mathrm{d}t = 0$$

bzw.

$$\delta\int\limits_{t_1}^{t_2}\left[\sum_i\left(p_i\dot{q}_i - P_i\dot{Q}_i\right) + (H'-H)\right]\mathrm{d}t = 0\ .$$

Sehen wir von der trivialen Möglichkeit ab, daß die Transformation nur in der Multiplikation von H und p_i mit einer Konstanten besteht, dann kann der Unterschied zwischen den Integranden in der alten und neuen Wirkung nur eine totale Zeitableitung $\mathrm{d}F/\mathrm{d}t$ sein. Wir können daher schreiben:

$$\mathrm{d}F = \sum_i (p_i\mathrm{d}q_i - P_i\mathrm{d}Q_i) + (H'-H)\mathrm{d}t\ . \tag{1.42}$$

Man nennt die Funktion F die *Erzeugende* der kanonischen Transformation. Sie ist eine Funktion der $4n+1$ Variablen $\boldsymbol{q}$, $\boldsymbol{p}$, $\boldsymbol{Q}$, $\boldsymbol{P}$ und t, von denen allerdings $2n$ über obige Transformationsgleichungen voneinander abhängig sind und zugunsten von $2n+1$ unabhängigen Variablen eliminiert werden können. F kann deshalb eine der folgenden Abhängigkeiten annehmen:

$$F_1(\boldsymbol{q},\boldsymbol{Q},t)\ ,\ F_2(\boldsymbol{q},\boldsymbol{P},t)\ ,\ F_3(\boldsymbol{Q},\boldsymbol{p},t)\ ,\ F_4(\boldsymbol{p},\boldsymbol{P},t)\ . \tag{1.43}$$

Offensichtlich ist (1.42) gerade das totale Differential von

$$F_1 = F_1(\boldsymbol{q},\boldsymbol{Q},t) = \sum_i (p_i q_i - P_i Q_i) + H' - H\ ,$$

woraus sofort folgt:

$$H' = H + \frac{\partial F_1}{\partial t}\ ,\ p_i = \frac{\partial F_1}{\partial q_i}\ ,\ P_i = -\frac{\partial F_1}{\partial Q_i}\ .$$

Mit Hilfe der letzten beiden Beziehungen lassen sich die q_i und p_i als Funktionen der neuen Variablen ausdrücken: $q_i = q_i(\boldsymbol{Q},\boldsymbol{P},t)$, $p_i = p_i(\boldsymbol{Q},\boldsymbol{P},t)$. Diese Ausdrücke, in die rechte Seite der ersten Gleichung eingesetzt, ergeben dann die transformierte Hamilton-Funktion in den neuen Koordinaten.

Alle weiteren, in (1.43) angegebenen Abhängigkeiten ergeben sich durch Legendre-Transformationen von F_1. Man erhält für F_2 die Relationen

$$\mathrm{d}\left(F_1 + \sum_i Q_i P_i\right) = \sum_i (p_i \mathrm{d}q_i + Q_i \mathrm{d}P_i) + (H' - H)\mathrm{d}t$$

$$\Longrightarrow F_2 = F_2(\boldsymbol{q},\boldsymbol{P},t) = F_1 + \sum_i P_i Q_i$$

$$\Longrightarrow H' = H + \frac{\partial F_2}{\partial t}\ ,\ p_i = \frac{\partial F_2}{\partial q_i}\ ,\ Q_i = \frac{\partial F_2}{\partial P_i} \tag{1.44}$$

und für F_3

$$\mathrm{d}\left(F_1 - \sum_i q_i p_i\right) = -\sum_i (q_i \mathrm{d}p_i + P_i \mathrm{d}Q_i) + (H' - H)\mathrm{d}t$$

$$\Longrightarrow F_3 = F_3(\boldsymbol{Q},\boldsymbol{p},t) = F_1 - \sum_i p_i q_i$$

$$\Longrightarrow H' = H + \frac{\partial F_3}{\partial t}\ ,\ q_i = -\frac{\partial F_3}{\partial p_i}\ ,\ P_i = -\frac{\partial F_3}{\partial Q_i}$$

und schließlich für F_4

$$\mathrm{d}\left(F_1 - \sum_i q_i p_i + \sum_i P_i Q_i\right) = -\sum_i (q_i \mathrm{d}p_i - Q_i \mathrm{d}P_i) + (H' - H)\mathrm{d}t$$

$$\Longrightarrow F_4 = F_4(\boldsymbol{p},\boldsymbol{P},t) = F_1 - \sum_i p_i q_i + \sum_i P_i Q_i$$

$$\Longrightarrow H' = H + \frac{\partial F_4}{\partial t} \; , \; q_i = -\frac{\partial F_4}{\partial p_i} \; , \; Q_i = \frac{\partial F_4}{\partial P_i} \; .$$

Wir sehen also, daß es vier verschiedene Typen von kanonischen Transformationen gibt, deren Erzeugende jeweils von anderen $2n+1$ unabhängigen Variablen abhängen. In der Praxis ist es oftmals nicht so einfach, die richtige Erzeugende zu finden, die zu einer Vereinfachung des Problems führt. Dies gelingt meistens nur bei solchen Problemen, die auch auf anderem Wege bequem zu lösen sind. Der eigentliche Vorteil der Charakterisierung von kanonischen Transformationen durch erzeugende Funktionen besteht darin, daß man hierdurch ein tieferen Verständnis der Struktur der Hamiltonschen Mechanik an sich erlangt.

Infinitesimale kanonische Transformationen. Als eine spezielle kanonische Transformation betrachten wir die Erzeugende

$$F_2 = F_2(\boldsymbol{q}, \boldsymbol{P}, \epsilon) = \sum_i q_i P_i + \epsilon f(\boldsymbol{q}, \boldsymbol{P}) + \mathcal{O}(\epsilon^2) \; , \; \epsilon \text{ kontinuierlich} \; .$$

Sie setzt sich zusammen aus der identischen Abbildung und einer geeigneten Funktion $f(\boldsymbol{q}, \boldsymbol{P})$, durch welche die infinitesimale Transformation bestimmt ist. Nach (1.44) gilt

$$Q_i = \frac{\partial F_2}{\partial P_i} = q_i + \epsilon \frac{\partial f}{\partial P_i} + \mathcal{O}(\epsilon^2) \; , \; p_i = \frac{\partial F_2}{\partial q_i} = P_i + \epsilon \frac{\partial f}{\partial q_i} + \mathcal{O}(\epsilon^2) \; .$$

Da die Ausdrücke $\epsilon \partial f / \partial P_i$ und $\epsilon \partial f / \partial q_i$ von 1. Ordnung in ϵ sind, können wir dort die Variable P_i durch ihre nullte Näherung p_i ersetzen, so daß

$$\delta q_i = Q_i - q_i = \epsilon \frac{\partial f(\boldsymbol{q}, \boldsymbol{p})}{\partial p_i} \; , \; \delta p_i = P_i - p_i = -\epsilon \frac{\partial f(\boldsymbol{q}, \boldsymbol{p})}{\partial q_i} \; .$$

Dies können wir auch schreiben als

$$\delta q_i = \epsilon \left\{ q_i, f \right\}_{\boldsymbol{q},\boldsymbol{p}} \; , \; \delta p_i = \epsilon \left\{ p_i, f \right\}_{\boldsymbol{q},\boldsymbol{p}} \; .$$

Setzen wir nun speziell $\epsilon = \mathrm{d}t$ und $f = H$, so daß

$$F_2(\boldsymbol{q}, \boldsymbol{P}, \delta t) = \sum_i q_i P_i + H(\boldsymbol{q}, \boldsymbol{p}) \mathrm{d}t \; ,$$

dann erhalten wir gerade die Hamiltonschen Gleichungen:

$$\delta q_i = \mathrm{d}t \left\{ q_i, H \right\}_{\boldsymbol{q},\boldsymbol{p}} = \dot{q}_i \mathrm{d}t = \mathrm{d}q_i \; , \; \delta p_i = \mathrm{d}t \left\{ p_i, H \right\}_{\boldsymbol{q},\boldsymbol{p}} = \dot{p}_i \mathrm{d}t = \mathrm{d}p_i \; .$$

Diese Gleichungen bedeuten, daß die durch H erzeugte Transformation die Koordinaten und Impulse q_i, p_i zur Zeit t auf diejenigen neuen Werte bringt, die sie zur Zeit $t + \mathrm{d}t$ besitzen. Wir finden also, daß die Hamilton-Funktion die Erzeugende der infinitesimalen kanonischen Transformation ist, die der tatsächlichen Bewegungsbahn im Intervall $\mathrm{d}t$ entspricht.

Invarianz der Poisson-Klammer unter kanonischen Transformationen. Wir sind nun in der Lage, die fundamentale Bedeutung der Poisson-Klammer herauszuarbeiten, nämlich ihre Invarianz unter kanonischen Transformationen. Dazu zeigen wir zunächst die Invarianz der Relationen (1.41) zwischen den kanonischen Variablen. Wir führen den Beweis nur für zeitunabhängige Transformationen. Es gilt

$$
\begin{aligned}
\dot{P}_i &= \sum_j \left(\frac{\partial P_i}{\partial q_j} \dot{q}_j + \frac{\partial P_i}{\partial p_j} \dot{p}_j \right) = \sum_j \left(\frac{\partial P_i}{\partial q_j} \frac{\partial H}{\partial p_j} - \frac{\partial P_i}{\partial p_j} \frac{\partial H}{\partial q_j} \right) \\
&= \sum_{j,k} \left[\left(\frac{\partial P_i}{\partial q_j} \frac{\partial P_k}{\partial p_j} - \frac{\partial P_i}{\partial q_j} \frac{\partial P_k}{\partial q_j} \right) \frac{\partial H}{\partial P_k} + \left(\frac{\partial P_i}{\partial q_j} \frac{\partial Q_k}{\partial p_j} - \frac{\partial P_i}{\partial p_j} \frac{\partial Q_k}{\partial q_j} \right) \frac{\partial H}{\partial Q_k} \right] \\
&= \sum_k \frac{\partial H}{\partial P_k} \{P_i, P_k\}_{\boldsymbol{q},\boldsymbol{p}} + \sum_k \frac{\partial H}{\partial Q_k} \{P_i, Q_k\}_{\boldsymbol{q},\boldsymbol{p}} \, .
\end{aligned}
$$

Hieraus folgt

$$
\{P_i, P_k\}_{\boldsymbol{q},\boldsymbol{p}} = 0 \; , \; \{Q_i, P_k\}_{\boldsymbol{q},\boldsymbol{p}} = \delta_{ik} \; .
$$

Analog verläuft der Beweis für

$$
\{Q_i, Q_k\}_{\boldsymbol{q},\boldsymbol{p}} = 0 \; .
$$

Mit Hilfe der letzten beiden Beziehungen können wir nun schreiben:

$$
\begin{aligned}
\{F, G\}_{\boldsymbol{Q},\boldsymbol{P}} &= \sum_i \left(\frac{\partial F}{\partial Q_i} \frac{\partial G}{\partial P_i} - \frac{\partial F}{\partial P_i} \frac{\partial G}{\partial Q_i} \right) \\
&= \sum_{i,j,k} \left[\frac{\partial F}{\partial q_j} \frac{\partial G}{\partial q_k} \left(\frac{\partial q_j}{\partial Q_i} \frac{\partial q_k}{\partial P_i} - \frac{\partial q_j}{\partial P_i} \frac{\partial q_k}{\partial Q_i} \right) \right. \\
&\quad + \frac{\partial F}{\partial q_j} \frac{\partial G}{\partial p_k} \left(\frac{\partial q_j}{\partial Q_i} \frac{\partial p_k}{\partial P_i} - \frac{\partial q_j}{\partial P_i} \frac{\partial p_k}{\partial Q_i} \right) \\
&\quad + \frac{\partial F}{\partial p_j} \frac{\partial G}{\partial q_k} \left(\frac{\partial p_j}{\partial Q_i} \frac{\partial q_k}{\partial P_i} - \frac{\partial p_j}{\partial P_i} \frac{\partial q_k}{\partial Q_i} \right) \\
&\quad \left. + \frac{\partial F}{\partial p_j} \frac{\partial G}{\partial p_k} \left(\frac{\partial p_j}{\partial Q_i} \frac{\partial p_k}{\partial P_i} - \frac{\partial p_j}{\partial P_i} \frac{\partial p_k}{\partial Q_i} \right) \right] \\
&= \sum_j \left(\frac{\partial F}{\partial q_j} \frac{\partial G}{\partial p_j} - \frac{\partial F}{\partial p_j} \frac{\partial G}{\partial q_j} \right) = \{F, G\}_{\boldsymbol{q},\boldsymbol{p}} \, ,
\end{aligned}
$$

womit die Invarianz der Poisson-Klammer unter kanonischen Transformationen bewiesen ist. Der Beweis für zeitabhängige Transformationen läßt sich auf ähnliche Weise führen.

Satz 1.26: Kanonische Transformation und Poisson-Klammer

Eine Transformation

$$
q_i \longrightarrow Q_i = Q_i(\boldsymbol{q}, \dot{\boldsymbol{q}}, t) \; , \; p_i \longrightarrow P_i = Q_i(\boldsymbol{q}, \dot{\boldsymbol{q}}, t)
$$

▷

der kanonischen Variablen $(\boldsymbol{q}, \boldsymbol{p})$ ist genau dann kanonisch, falls gilt:

$$\{P_i, P_j\}_{\boldsymbol{q},\boldsymbol{p}} = \{Q_i, Q_j\}_{\boldsymbol{q},\boldsymbol{p}} = 0 \;,\; \{P_i, Q_j\}_{\boldsymbol{q},\boldsymbol{p}} = \delta_{ij} \;.$$

Die Poisson-Klammer ist invariant unter kanonischen Transformationen

$$\{F, G\}_{\boldsymbol{q},\boldsymbol{p}} = \{F, G\}_{\boldsymbol{Q},\boldsymbol{P}} \;.$$

Sie wird deshalb meistens ohne Bezug auf ein spezielles Paar von kanonischen Variablen geschrieben.

1.3.5 Hamilton-Jacobi-Gleichung

Wir betrachten nun eine kanonische Transformation mit einer Erzeugenden vom Typ $F_2(\boldsymbol{q}, \boldsymbol{P}, t)$, welche die Eigenschaft haben soll, daß alle transformierten Koordinaten und Impulse konstant sind. Man kann dies am einfachsten erreichen, indem man fordert, daß die transformierte Hamilton-Funktion identisch verschwindet:

$$H' = H + \frac{\partial F_2}{\partial t} = 0 \Longrightarrow \dot{Q}_i = \frac{\partial H'}{\partial P_i} = 0 \;,\; \dot{P}_i = -\frac{\partial H'}{\partial Q_i} = 0 \;. \quad (1.45)$$

Leiten wir F_2 nach der Zeit ab und berücksichtigen, daß gilt (siehe (1.44)):

$$Q_i = \frac{\partial F_2}{\partial P_i} \;,\; p_i = \frac{\partial F_2}{\partial q_i} \;,$$

dann können wir schreiben:

$$\begin{aligned}\frac{\mathrm{d}F_2}{\mathrm{d}t} &= \sum_i \left(\frac{\partial F_2}{\partial q_i}\dot{q}_i + \frac{\partial F_2}{\partial P_i}\dot{P}_i \right) + \frac{\partial F_2}{\partial t} = \sum_i \left(p_i\dot{q}_i + Q_i\dot{P}_i \right) - H \\ &= \sum_i p_i\dot{q}_i - H = L \;.\end{aligned}$$

Hieraus folgt

$$F_2 = \int L(\boldsymbol{q}, \dot{\boldsymbol{q}}, t)\mathrm{d}t + \mathrm{const} \;.$$

Das heißt die Erzeugende der kanonischen Transformation, welche die Hamilton-Funktion identisch zum Verschwinden bringt, ist längs der Bewegungsbahn bis auf eine Konstante identisch mit dem Wirkungsfunktional S. Dies kann allerdings nicht zur Ermittlung der Lösung benutzt werden, da die generalisierten Koordinaten und Geschwindigkeiten ja gerade die Unbekannten des Problems darstellen. Schreiben wir in (1.45) also statt F_2 nun S, so ergibt dies die Hamilton-Jacobi-Differentialgleichung:

Satz 1.27: Hamilton-Jacobi-Gleichung

Die Hamilton-Jacobi-Gleichung

$$\frac{\partial S}{\partial t} + H\left(q_i, \frac{\partial S}{\partial q_i}, t\right) = 0 ,$$

$$S = S(q_i, \beta_i, t) \ , \ \beta_i = P_i = \text{const} \ , \ i = 1, \ldots, n$$

ist eine partielle Differentialgleichung 1. Ordnung in den $n+1$ Variablen $\boldsymbol{q}$ und t. Sie ist äquivalent zum System der $2n$ gewöhnlichen Hamiltonschen Differentialgleichungen 1. Ordnung. S ist diejenige erzeugende Funktion, welche die Hamilton-Funktion H auf rein konstante Koordinaten $\boldsymbol{Q}$ und Impulse $\boldsymbol{P}$ transformiert.

Hat man aus dieser Gleichung S bestimmt, dann ergeben sich die ursprünglichen Koordinaten und Impulse aus den rein algebraischen Gleichungen

$$Q_i = \frac{\partial S}{\partial \beta_i} := \alpha_i \ , \ p_i = \frac{\partial S}{\partial q_i} \Longrightarrow q_i = q_i(\boldsymbol{\alpha}, \boldsymbol{\beta}, t) \ , \ p_i = p_i(\boldsymbol{\alpha}, \boldsymbol{\beta}, t) \ .$$

Die $2n$ Integrationskonstanten

$$\boldsymbol{\alpha} = \boldsymbol{Q} = \text{const} \ , \ \boldsymbol{\beta} = \boldsymbol{P} = \text{const}$$

sind hierbei aus den Anfangsbedingungen $\boldsymbol{q}(t_0)$, $\boldsymbol{p}(t_0)$ zu bestimmen.

Lösung mittels Trennung der Variablen. Besitzt die Hamilton-Funktion keine explizite Zeitabhängigkeit, dann gilt nach Satz 1.23: $H = \gamma = \text{const}$. In diesem Fall reduziert sich die Hamilton-Jacobi-Gleichung durch den Ansatz

$$S(\boldsymbol{q}, \boldsymbol{\beta}, t) = S_0(\boldsymbol{q}, \boldsymbol{\beta}) - \gamma(\boldsymbol{\beta})t$$

auf die Gleichung

$$H\left(q_i, \frac{\partial S_0}{\partial q_i}\right) = \gamma ,$$

wobei S_0 *verkürzte Wirkungsfunktion* genannt wird. Für skleronome Systeme ist γ gerade die Gesamtenergie des Systems. Nehmen wir weiter an, daß die Koordinate q_1 nur in der Kombination

$$\phi_1\left(q_1, \frac{\partial S_0}{\partial q_1}\right)$$

eingeht, also von allen anderen Koordinaten entkoppelt, dann haben wir

$$H\left[\phi_1\left(q_1, \frac{\partial S_0}{\partial q_1}\right), q_{i\neq 1}, \frac{\partial S_0}{\partial q_{i\neq 1}}\right] = \gamma ,$$

und der Separationsansatz

$$S_0(\boldsymbol{q}, \boldsymbol{\beta}, t) = S_1(q_1, \beta_1) + S'(q_{i\neq 1}, \alpha_{i\neq 1})$$

führt zu

$$H\left[\phi_1\left(q_1, \frac{\partial S_1}{\partial q_1}\right), q_{i\neq 1}, \frac{\partial S'}{\partial q_{i\neq 1}}\right] = \gamma \; .$$

Angenommen wir haben eine Lösung für S_0 gefunden. Dann muß die letzte Gleichung nach Einsetzen von S_0 für alle Werte von q_1 gelten. Da diese Koordinate aber nur in die Funktion ϕ_1 eingeht, muß ϕ_1 eine Konstante sein. Wir erhalten also aus der ursprünglichen partiellen Differentialgleichung mit n unabhängigen Variablen eine gewöhnliche Differentialgleichung in q_1,

$$\phi_1\left(q_1, \frac{\partial S_1}{\partial q_1}\right) = \beta_1 \; ,$$

und eine partielle Differentialgleichung mit $n-1$ unabhängigen Variablen:

$$H\left(\phi_1 = \beta_1, q_{i\neq 1}, \frac{\partial S'}{\partial q_{q\neq 1}}\right) = \gamma \; .$$

Läßt sich dieses Verfahren sukzessive auf alle Koordinaten anwenden, dann ist die Hamilton-Jacobi-Gleichung auf n gewöhnliche Differentialgleichungen reduziert,

$$\phi_i\left(q_i, \frac{\partial S_i}{\partial q_i}\right) = \alpha_i \; , \; H(\phi_i = \beta_i) = \gamma \; ,$$

und die allgemeine Lösung ist die Summe der S_i. Schließlich betrachten wir obige Methode noch für den Fall, daß die Koordinate q_1 zyklisch ist. Dann ist die Funktion ϕ_1 durch $\partial S_1/\partial q_1$ gegeben, und es folgt $S_1(q_1, \beta_1) = \beta_1 q_1$. Die Konstante ist hierbei gleich dem Impuls: $p_1 = \beta_1$.

Hamilton-Jacobi-Gleichung und Quantenmechanik. Betrachtet man die eindimensionale Hamilton-Funktion

$$H(q,p) = \frac{p^2}{2m} + V(q) = E \; ,$$

dann folgt die Hamilton-Jacobi-Gleichung

$$\frac{1}{2m}\left(\frac{\partial S_0}{\partial q}\right)^2 + V(q) = E \; .$$

Nun werden wir in Kapitel 3 sehen, daß für den zugehörigen quantenmechanischen *Hamilton-Operator* die *Schrödinger-Gleichung*

$$-\frac{\hbar^2}{2m}\frac{\partial^2\psi}{\partial q^2} + V(q)\psi = E\psi$$

gilt, mit der Wellenfunktion ψ. Setzen wir hier die zeitunabhängige Wellenfunktion

$$\psi = \mathrm{e}^{\mathrm{i}S_0/\hbar}$$

ein, dann folgt

$$\frac{1}{2m}\left(\frac{\partial S_0}{\partial q}\right)^2 - \frac{\mathrm{i}\hbar}{2m}\frac{\partial S_0^2}{\partial q^2} + V(q) = E \; .$$

Offensichtlich resultiert hieraus im Limes $\hbar \to 0$ wieder obige Hamilton-Jacobi-Gleichung. Für eine ausführlichere und sehr lesbare Darstellung des Zusammenhangs zwischen der Hamilton-Jacobi-Theorie und der Quantenmechanik verweisen wir auf [3].

Zusammenfassung

- Aus den Lagrange-Gleichungen ergeben sich durch eine Legendre-Transformation die **Hamilton-Gleichungen**. Sie bilden ein System von gekoppelten gewöhnlichen Differentialgleichungen 1. Ordnung in den **generalisierten Koordinaten** und den **generalisierten Impulsen**.
- Die zeitliche Entwicklung eines mechanischen Systems ist im Hamilton-Formalismus durch Angabe der generalisierten Koordinaten und Impulse zu einem Zeitpunkt sowie der **Hamilton-Funktion** eindeutig bestimmt.
- Die **Poisson-Klammer** erlaubt ein tieferes algebraisches Verständnis der Hamiltonschen Mechanik. Sie ist invariant unter **kanonischen Transformationen**.
- Die Wirkungsfunktion ist die Erzeugende der Bewegung.
- Die Forderung nach einer Hamilton-Funktion mit rein zyklischen Koordinaten führt auf die **Hamilton-Jacobi-Gleichung**, eine partielle Differentialgleichung 1. Ordnung.

Anwendungen

8. Unabhängigkeit der Erzeugenden von Randbedingungen. Man zeige, daß die Variation der Wirkung

$$S = \int_{t_1}^{t_2} \mathrm{d}t \left(\sum_i P_i \dot{Q}_i - H'(\boldsymbol{Q}, \boldsymbol{P}, t) + \frac{\mathrm{d}F_1}{\mathrm{d}t} \right)$$

$$= \int_{t_1}^{t_2} \mathrm{d}t \left(\sum_i P_i \dot{Q}_i - H'(\boldsymbol{Q}, \boldsymbol{P}, t) \right) + F_1(\boldsymbol{q}, \boldsymbol{Q}, t)\Big|_{t_1}^{t_2}$$

die neue Hamilton-Funktion eindeutig festlegt, unabhängig von den Randbedingungen, und daß die so erzeugte Transformation kanonisch ist.

Lösung. Beachten wir, daß die Anfangs- und Endpunkte $[t_1, \boldsymbol{q}(t_1)]$, $[t_2, \boldsymbol{q}(t_2)]$ fest sind, dann erhält man für die Variation der Wirkung den Ausdruck

$$\delta S = \int_{t_1}^{t_2} \mathrm{d}t \sum_i \left(\dot{Q}_i \delta P_i + P_i \delta \dot{Q}_i - \frac{\partial H'}{\partial Q_i} \delta Q_i - \frac{\partial H'}{\partial P_i} \delta P_i \right) + \sum_i \frac{\partial F_1}{\partial Q_i} \delta Q_i \Big|_{t_1}^{t_2} .$$

Partielle Integration der $\delta\dot{Q}_i$-Terme liefert

$$\delta S = \int_{t_1}^{t_2} \mathrm{d}t \left[\sum_i \left(\dot{Q}_i - \frac{\partial H'}{\partial P_i} \right) \delta P_i - \sum_i \left(\dot{P}_i + \frac{\partial H'}{\partial Q_i} \right) \delta Q_i \right]$$

$$+ \sum_i \left(P_i + \frac{\partial F_1}{\partial Q_i} \right) \delta Q_i \Big|_{t_1}^{t_2} .$$

Offenbar verschwindet der letzte Term, und zwar unabhängig von δQ_i an den Endpunkten $t_{1,2}$, weil die Klammer bereits Null ist. Es folgen deshalb die Hamiltonschen Bewegungsgleichungen in den neuen Variablen Q_j und P_j, da diese (und somit natürlich auch ihre Variationen) unabhängig voneinander sind.

9. Poisson-Klammern des Drehimpulses. Man bestimme die Poisson-Klammern des Impulses und Drehimpulses eines einzelnen Massenpunktes in kartesischen Koordinaten sowie die Poisson-Klammern der Komponenten des Drehimpulses untereinander.

Lösung. Nach (1.40) gilt für eine beliebige Funktion $G(\boldsymbol{q}, \boldsymbol{p}, t)$ kanonisch konjugierter Variablen q_j und p_j: $\{G, p_j\} = \partial G / \partial q_j$. Diese Relation benutzen wir hier wie folgt:

$$\begin{aligned}
\{l_x, p_x\} &= \frac{\partial}{\partial x}(y p_z - z p_y) = 0 \\
\{l_x, p_y\} &= \frac{\partial}{\partial y}(y p_z - z p_y) = p_z \\
\{l_x, p_z\} &= \frac{\partial}{\partial z}(y p_z - z p_y) = -p_y .
\end{aligned}$$

Insgesamt erhält man

$$\{l_i, p_j\} = \epsilon_{ijk} p_k .$$

Für die Komponenten des Drehimpulses ergibt sich

$$\begin{aligned}
\{l_x, l_x\} &= \{l_y, l_y\} = \{l_z, l_z\} = 0 \\
\{l_x, l_y\} &= \{y p_z - z p_y, z p_x - x p_z\} \\
&= \{y p_z, z p_x\} - \{z p_y, z p_x\} - \{y p_z, x p_z\} + \{z p_y, x p_z\} \\
&= \{y p_z, z p_x\} + \{z p_y, x p_z\} = y \{p_z, z\} p_x + x \{z, p_z\} p_y \\
&= -y p_x + x p_y = l_z .
\end{aligned}$$

Die Berechnung der verbleibenden Poisson-Klammern führt auf

$$\{l_i, l_j\} = \epsilon_{ijk} l_k .$$

Hieraus folgt, daß niemals zwei Drehimpulskomponenten gleichzeitig als kanonische Impulse auftreten können, da sonst nach Satz 1.26 ihre Poisson-Klammer verschwinden müßte. Es läßt sich jedoch leicht zeigen, daß gilt:

$$\{l^2, l_i\} = 0 \ ,$$

so daß der Betrag des Drehimpulses und eine Drehimpulskomponente gleichzeitig kanonische Impulse sein können. Dieses Resultat werden wir in der Quantenmechanik wiederfinden.

10. Hamilton-Jacobi-Gleichung. Man löse mit Hilfe der Hamilton-Jacobi-Gleichung folgende Systeme:

a) Freies Teilchen,

b) harmonischer Oszillator.

Lösung.

Zu a) In diesem einfachen Fall folgt aus der Hamilton-Funktion

$$H = \frac{1}{2m}\left(p_1^2 + p_2^2 + p_3^2\right)$$

und der Separation

$$S(q, \beta, t) = S_0(q, \beta) - Et$$

die Hamilton-Jacobi-Gleichung

$$\frac{1}{2m}\left[\left(\frac{\partial S_0}{\partial q_1}\right)^2 + \left(\frac{\partial S_0}{\partial q_2}\right)^2 + \left(\frac{\partial S_0}{\partial q_3}\right)^2\right] = E \ .$$

Alle drei Koordinaten sind zyklisch, so daß sich diese Gleichung vollständig separieren läßt. Man erhält als Lösung

$$S_0(q, \beta) = \sum_i \beta_i q_i \ , \ \beta_i = p_i \ , \ \frac{1}{2m}\sum_i \beta_i^2 = E \ .$$

Zu b) Betrachten wir zunächst die allgemeine eindimensionale Hamilton-Funktion

$$H(q, p) = \frac{p^2}{2m} + V(q) \ ,$$

dann erhalten wir mit der Separation

$$S(q, \beta, t) = S_0(q, \beta) - \beta t \ , \ \beta = E$$

die Hamilton-Jacobi-Gleichung

$$\left(\frac{\partial S_0}{\partial q}\right)^2 + 2mV(q) = 2m\beta \ ,$$

mit der Lösung

$$S_0(q, \beta) = \int\limits_{q_0}^{q} \mathrm{d}q' \sqrt{2m[\beta - V(q')]} \ .$$

Weiterhin haben wir

$$\alpha = \frac{\partial S}{\partial \beta} = \int_{q_0}^{q} \mathrm{d}q' \frac{m}{\sqrt{2m[\beta - V(q')]}} - t$$

$$p = \frac{\partial S}{\partial q} = \sqrt{2m[\beta - V(q)]} \ .$$

Für den speziellen Fall des harmonischen Oszillators, $V(q) = kq^2/2$, findet man aus der ersten Beziehung ohne Mühe als Lösung des Problems

$$q(t) = \sqrt{\frac{2\beta}{k}} \sin\left[\sqrt{\frac{k}{m}}(t - \alpha')\right] \ ,$$

mit den über Anfangsbedingungen zu bestimmenden Integrationskonstanten α' und β. Die Erweiterung auf drei Dimensionen,

$$H(\boldsymbol{q}, \boldsymbol{p}) = \frac{1}{2m} \sum_i p_i^2 + \frac{1}{2} \sum_i k_i q_i^2 \ ,$$

führt mit

$$S(\boldsymbol{q}, \boldsymbol{\beta}, t) = S(\boldsymbol{q}, \boldsymbol{\beta}) - E(\boldsymbol{\beta})t$$

auf die Hamilton-Jacobi-Gleichung

$$\sum_i \left(\frac{\partial S_0}{\partial q_i}\right)^2 + \sum_i m k_i q_i^2 = 2mE(\boldsymbol{\beta}) \ .$$

Sie läßt sich durch den Ansatz

$$S_0(\boldsymbol{q}, \boldsymbol{\beta}) = \sum_i S_{0,i}(q_i, \beta_i)$$

vollständig in die drei eindimensionalen Gleichungen

$$\left(\frac{\partial S_{0,i}}{\partial q_i}\right)^2 + m k_i q_i^2 = 2m\beta_i \ , \ \sum_i \beta_i = E$$

separieren, welche soeben gelöst wurden.

1.4 Bewegung starrer Körper

Die bisherigen Betrachtungen bezogen sich ausschließlich auf einzelne Massenpunkte bzw. auf Körper, deren räumliche Ausdehnung im Hinblick auf die zu untersuchende Physik vernachlässigt werden konnte. In diesem Abschnitt wenden wir uns den physikalischen Auswirkungen zu, die ein Körper aufgrund seiner räumlichen Struktur erfährt.

Die allgemeine Bewegung eines N-Teilchensystems (Körper) kann beschrieben werden durch die Bewegung eines beliebigen Punktes $\boldsymbol{q}$ (*Drehpunkt*) und einer Bewegung aller Teilchen um diesen Punkt. Je nach Art dieser Bewegung unterscheidet man zwei Klassen von Körpern, nämlich

- *laminare Körper*, die ihre räumliche Geometrie mit der Zeit ändern (z.B. Flüssigkeiten, Gase, Galaxien), und
- *starre Körper*, deren Teilchenpositionen $\boldsymbol{x}_i$ die Bedingung
$$|\boldsymbol{x}_i(t) - \boldsymbol{x}_j(t)| = \mathrm{const} \ \ \forall\, i, j, t$$
erfüllen (z.B. Stein, Haus). Hierbei bleibt die räumliche Gestalt für alle Zeiten erhalten.

Wir beschränken uns in diesem Abschnitt auf starre Körper. Nach einer allgemeinen Diskussion der Dynamik starrer Körper richten wir unsere Aufmerksamkeit auf die reine Rotationsbewegung um einen festen Punkt und zeigen, wie sich die zugehörigen dynamischen Größen in eleganter Weise durch den *Trägheitstensor* des Körpers ausdrücken lassen. Desweiteren leiten wir mit Hilfe der *Eulerschen Winkel* die Lagrange-Gleichungen für die allgemeine Dynamik starrer Körper her.

1.4.1 Allgemeine Bewegung starrer Körper

Für die folgende Diskussion benötigen wir zwei Koordinatensysteme (siehe Abb. 1.8), die wir bereits in Unterabschn. 1.1.4 benutzt haben.

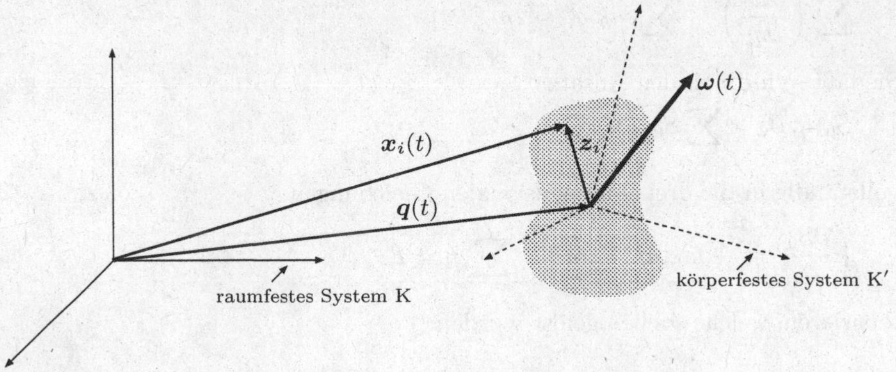

Abb. 1.8. Zur Definition von raum- und körperfestem System

- *Raumfestes System:* K : $\{\boldsymbol{e}_1, \boldsymbol{e}_2, \boldsymbol{e}_3\}$. Dieses System setzen wir als Inertialsystem voraus, bezüglich dessen ein starrer Körper eine beschleunigte Bewegung ausführt. Von ihm aus betrachtet lauten die Teilchenpositionen $\boldsymbol{x}_i$.
- *Körperfestes System:* K′ : $\{\boldsymbol{e}'_1, \boldsymbol{e}'_2, \boldsymbol{e}'_3\}$. Dieses beschleunigte System mit Ursprung im Drehpunkt $\boldsymbol{q}$ ist fest mit dem betrachteten Körper verbunden; in ihm befindet sich der Körper in Ruhe. Die zugehörigen zeitunabhängigen Teilchenvektoren bezeichnen wir mit $\boldsymbol{z}_i$. Sie sind mit den $\boldsymbol{x}_i$ über

$$\boldsymbol{x}_i(t) = \boldsymbol{q}(t) + \boldsymbol{z}_i$$

verbunden.

So wie in Unterabschn. 1.1.4 wollen wir auch hier zur Vermeidung von Mißverständnissen die Schreibweise

$$D\boldsymbol{x} = \sum_i \boldsymbol{e}_i \dot{x}_i \ , \ D'\boldsymbol{x} = \sum_i \boldsymbol{e}'_i \dot{x}'_i$$

verwenden. Unter Beachtung von $D'\boldsymbol{z}_i = \boldsymbol{0}$ und des Satzes 1.8 berechnen wir nun die kinematischen Größen Gesamtimpuls, Gesamtdrehimpuls, Gesamtdrehmoment und gesamte kinetische Energie des Körpers, wobei

$$\boldsymbol{z}_{\mathrm{S}} = \frac{1}{M} \sum_i m_i \boldsymbol{z}_i \ , \ M = \sum_i m_i$$

den Körperschwerpunkt im körperfesten System bezeichnet.

Gesamtimpuls $\boldsymbol{p}$:

$$\boldsymbol{p} = \sum_i m_i \dot{\boldsymbol{x}}_i = M\dot{\boldsymbol{q}} + M\dot{\boldsymbol{z}}_{\mathrm{S}} \ .$$

Gesamtdrehimpuls $\boldsymbol{l}$:

$$\begin{aligned} \boldsymbol{l} &= \sum_i m_i \boldsymbol{x}_i \times D\boldsymbol{x}_i \\ &= \sum_i m_i (\boldsymbol{q} + \boldsymbol{z}_i) \times (D\boldsymbol{q} + D\boldsymbol{z}_i) \\ &= M\boldsymbol{q} \times D\boldsymbol{q} + M\boldsymbol{z}_{\mathrm{S}} \times D\boldsymbol{q} + M\boldsymbol{q} \times (\boldsymbol{\omega} \times \boldsymbol{z}_{\mathrm{S}}) + \underbrace{\sum_i m_i \boldsymbol{z}_i \times (\boldsymbol{\omega} \times \boldsymbol{z}_i)}_{\boldsymbol{l}_{\mathrm{rot}}} \ . \end{aligned}$$

Gesamtdrehmoment $\boldsymbol{N}$:

$$\begin{aligned} \boldsymbol{N} &= \sum_i m_i \boldsymbol{x}_i \times D^2 \boldsymbol{x}_i \\ &= \sum_i m_i (\boldsymbol{q} + \boldsymbol{z}_i) \times \left(D^2 \boldsymbol{q} + D^2 \boldsymbol{z}_i\right) \\ &= M\boldsymbol{q} \times D^2 \boldsymbol{q} + M\boldsymbol{z}_{\mathrm{S}} \times D^2 \boldsymbol{q} + M\boldsymbol{q} \times D^2 \boldsymbol{z}_{\mathrm{S}} \\ &\quad \underbrace{+ \sum_i m_i \boldsymbol{z}_i \times \left[(D'\boldsymbol{\omega}) \times \boldsymbol{z}_i + \boldsymbol{\omega} \times (\boldsymbol{\omega} \times \boldsymbol{z}_i)\right]}_{\boldsymbol{N}_{\mathrm{rot}}} \ . \end{aligned}$$

Gesamte kinetische Energie T:

$$\begin{aligned} T &= \frac{1}{2}\sum_i m_i(D\boldsymbol{x}_i)^2 \\ &= \frac{1}{2}\sum_i m_i\left[(D\boldsymbol{q})^2 + 2(D\boldsymbol{q})(D\boldsymbol{z}_i) + (D\boldsymbol{z}_i)^2\right] \\ &= \frac{M}{2}(D\boldsymbol{q})^2 + M(D\boldsymbol{q})(\boldsymbol{\omega}\times\boldsymbol{z}_{\rm S}) + \underbrace{\frac{1}{2}\sum_i m_i(\boldsymbol{\omega}\times\boldsymbol{z}_i)^2}_{T_{\rm rot}} \ . \end{aligned} \tag{1.46}$$

In den meisten praxisrelevanten Problemstellungen fällt entweder der Drehpunkt mit dem Schwerpunkt des Körpers zusammen ($\boldsymbol{z}_{\rm S} = \boldsymbol{0}$) oder der Drehpunkt ist fixiert (z.B. Pendel, Kreisel), so daß der Ursprung des raumfesten Systems K in den Drehpunkt verlegt werden kann ($\boldsymbol{q} = \boldsymbol{0}$). Im ersten Fall lassen sich für starre Körper $\boldsymbol{p}$, $\boldsymbol{l}$, $\boldsymbol{N}$ und T jeweils aufspalten in einen reinen Drehpunktsanteil und einen reinen Rotationsanteil um den Drehpunkt (ohne Mischterme), während im zweiten Fall $\boldsymbol{p}$, $\boldsymbol{l}$, $\boldsymbol{N}$ und T mit ihren Rotationsanteilen identisch sind.

1.4.2 Rotation des starren Körpers um einen Punkt

Im folgenden konzentrieren wir uns auf die reine Rotationsbewegung des starren Körpers um einen beliebigen fixierten Drehpunkt und verlegen unser raumfestes System in diesen Punkt ($\boldsymbol{q} = \boldsymbol{0}$). Unser Ziel ist, die o.a. Ausdrücke $\boldsymbol{l}_{\rm rot}$, $\boldsymbol{N}_{\rm rot}$, und $\boldsymbol{T}_{\rm rot}$ in eine bequemere Form zu bringen. Hierzu bietet es sich an, den sog. *Trägheitstensor* Θ im körperfesten System einzuführen, dessen Namensgebung und Bedeutung gleich verständlich wird:

Definition: Trägheitstensor, Trägheitsmomente

Der körperfeste Trägheitstensor eines starren Körpers ist definiert durch die symmetrische 3×3-Matrix

$$\Theta_{ab} = \sum_i m_i\left(\boldsymbol{z}_i^2\delta_{ab} - z_{ia}z_{ib}\right) \ , \ \Theta_{ab} = \int \mathrm{d}^3z\rho(\boldsymbol{z})\left(\boldsymbol{z}^2\delta_{ab} - z_a z_b\right) \ ,$$

wobei die zweite Gleichung im Falle einer kontinuierlichen Massenverteilung $\rho(\boldsymbol{z})$ anzuwenden ist. Die Diagonalelemente heißen *Trägheitsmomente*, die Nicht-Diagonalelemente *Deviationsmomente*.

Offensichtlich ist Θ eine bewegungsunabhängige Größe, die nur von der Geometrie des betrachteten Körpers abhängt. Für den Rotationsanteil $\boldsymbol{l}_{\rm rot}$ (Rotationsdrehimpuls) des Gesamtdrehimpulses können wir nun schreiben:

$$\begin{aligned}
\boldsymbol{l}_{\mathrm{rot}} &= \sum_i m_i \boldsymbol{z}_i \times (\boldsymbol{\omega} \times \boldsymbol{z}_i) \\
&= \sum_i m_i \left[\boldsymbol{z}_i^2 \boldsymbol{\omega} - (\boldsymbol{z}_i \boldsymbol{\omega}) \boldsymbol{z}_i\right] \quad \text{(Vektorgleichung)} \\
\Longrightarrow \boldsymbol{l}_{\mathrm{rot}} &= \Theta \boldsymbol{\omega} \quad \text{(Koordinatengleichung bzgl. K')}\,.
\end{aligned}$$

Hieraus folgt sofort für den Rotationsanteil $\boldsymbol{N}_{\mathrm{rot}}$ (Rotationsdrehmoment) des Gesamtdrehmomentes

$$\begin{aligned}
\boldsymbol{N}_{\mathrm{rot}} &= D\boldsymbol{l}_{\mathrm{rot}} = D'\boldsymbol{l}_{\mathrm{rot}} + \boldsymbol{\omega} \times \boldsymbol{l}_{\mathrm{rot}} \quad \text{(Vektorgleichung)} \\
\Longrightarrow \boldsymbol{N}_{\mathrm{rot}} &= \Theta \dot{\boldsymbol{\omega}} + \boldsymbol{\omega} \times \boldsymbol{l}_{\mathrm{rot}} \quad \text{(Koordinatengleichung bzgl. K')}.
\end{aligned}$$

Für den Rotationsanteil T_{rot} (Rotationsenergie) der gesamten kinetischen Energie ergibt sich

$$\begin{aligned}
T_{\mathrm{rot}} &= \frac{1}{2} \sum_i m_i (\boldsymbol{\omega} \times \boldsymbol{z}_i)^2 \\
&= \frac{1}{2} \sum_i m_i \left[\boldsymbol{z}_i^2 \boldsymbol{\omega}^2 - (\boldsymbol{z}_i \boldsymbol{\omega})^2\right] \quad \text{(Vektorgleichung)} \\
\Longrightarrow T_{\mathrm{rot}} &= \frac{1}{2} \boldsymbol{\omega}^{\mathrm{T}} \Theta \boldsymbol{\omega} \quad \text{(Koordinatengleichung bzgl. K')}.
\end{aligned}$$

Satz 1.28: Rotationsdrehimpuls, -drehmoment und -energie

Bezeichnet $\boldsymbol{\omega}$ die momentane Winkelgeschwindigkeit eines relativ zu einem Inertialsystem K rotierenden Körpers und Θ seinen Trägheitstensor im körperfesten System K′, dann sind sein Rotationsdrehimpuls, sein Rotationsdrehmoment und seine Rotationsenergie in Koordinatendarstellung bezüglich K′ gegeben durch

$$\boldsymbol{l}_{\mathrm{rot}} = \Theta \boldsymbol{\omega}\,,\ \boldsymbol{N}_{\mathrm{rot}} = \Theta \dot{\boldsymbol{\omega}} + \boldsymbol{\omega} \times \boldsymbol{l}_{\mathrm{rot}}\,,\ T_{\mathrm{rot}} = \frac{1}{2} \boldsymbol{\omega}^{\mathrm{T}} \Theta \boldsymbol{\omega}\,.$$

Steinerscher Satz. Wir wollen nun den Zusammenhang aufzeigen, der zwischen dem Trägheitstensor Θ, bezogen auf das körperfeste System K′ mit Ursprung im Drehpunkt, und dem Trägheitstensor Θ^{S}, bezogen auf das zu K′ parallele körperfeste Schwerpunktsystem KS mit Ursprung in $\boldsymbol{\Delta} = \frac{1}{M} \sum_i \boldsymbol{z}_i m_i$, besteht. Hierzu nehmen wir eine kontinuierliche Massenverteilung an, um uns vom Teilchenindex zu befreien. Der Trägheitstensor Θ, ausgedrückt durch die KS-Vektoren $\boldsymbol{Z}_i = \boldsymbol{z}_i - \boldsymbol{\Delta}$, mit

$$\int \mathrm{d}^3 Z \rho(\boldsymbol{Z}) = M\,,\ \int \mathrm{d}^3 Z \boldsymbol{Z} \rho(\boldsymbol{Z}) = \boldsymbol{0}\,,$$

lautet

$$\begin{aligned}
\Theta_{ab} &= \int \mathrm{d}^3 z \rho(\boldsymbol{z}) \left[\boldsymbol{z}^2 \delta_{ab} - z_a z_b\right] \\
&= \int \mathrm{d}^3 Z \rho(\boldsymbol{Z}) \left[(\boldsymbol{Z}+\boldsymbol{\Delta})(\boldsymbol{Z}+\boldsymbol{\Delta})\delta_{ab} - (Z_a+\Delta_a)(Z_b+\Delta_b)\right] \\
&= \int \mathrm{d}^3 Z \rho(\boldsymbol{Z}) \left[\left(\boldsymbol{Z}^2+\boldsymbol{\Delta}^2\right)\delta_{ab} - (Z_a Z_b + \Delta_a \Delta_b)\right] .
\end{aligned}$$

Es folgt der

Satz 1.29: Satz von Steiner

Zwischen den Trägheitstensoren eines Körpers im körperfesten Systems K′ und dem dazu im Abstand $\boldsymbol{\Delta}$ befindlichen parallelen körperfesten Schwerpunktsystem KS gilt

$$\Theta_{ab} = \Theta^{\mathrm{S}}_{ab} + M\left(\boldsymbol{\Delta}^2 \delta_{ab} - \Delta_a \Delta_b\right) .$$

Der Unterschied zwischen Θ und Θ^{S} besteht gerade im Trägheitstensor eines Massenpunktes der Gesamtmasse M, der um $\boldsymbol{\Delta}$ vom Schwerpunkt entfernt ist. Ist also der Trägheitstensor eines Körpers bezüglich seines Schwerpunktes bekannt, so läßt sich über den Steinerschen Satz leicht der entsprechende Trägheitstensor für jeden beliebigen Punkt berechnen.

Hauptträgheitsmomente und Hauptträgheitsachsen. Es ist klar, daß die Form des Trägheitstensors Θ von der Wahl des körperfesten Koordinatensystems K′ : $\{\boldsymbol{e}'_1, \boldsymbol{e}'_2, \boldsymbol{e}'_3\}$ abhängt. Da der Trägheitstensor in jedem System reell und symmetrisch ist, existiert immer ein körperfestes System K″ : $\{\boldsymbol{e}''_1, \boldsymbol{e}''_2, \boldsymbol{e}''_3\}$, indem der zugehörige Trägheitstensor Ξ diagonal ist. Der Übergang von K′ zu einem solchen *Hauptachsensystem* K″ (mit demselben Ursprung) wird durch eine orthogonale Drehmatrix D und der folgenden Ähnlichkeitstransformation vermittelt:

$$\Xi = D\Theta D^{\mathrm{T}} = \begin{pmatrix} \Xi_1 & 0 & 0 \\ 0 & \Xi_2 & 0 \\ 0 & 0 & \Xi_3 \end{pmatrix} .$$

D bestimmt sich hierbei aus der charakteristischen Gleichung von Θ:

$$\Theta \boldsymbol{e}''_i = \Xi_i \boldsymbol{e}''_i \ , \ 0 \le \Xi_i \in \mathbb{R} \, , \ i = 1,2,3 \Longrightarrow D_{ij} = \boldsymbol{e}''_i \boldsymbol{e}'_j \ .$$

Die orthonormierten Eigenvektoren von Θ (bzw. die Basisvektoren von K″), also $\boldsymbol{e}''_i$, heißen *Hauptträgheitsachsen*, die Eigenwerte von Θ, also Ξ_i, werden *Hauptträgheitsmomente* genannt.

1.4.3 Eulersche Winkel und Lagrange-Gleichungen

Kommen wir nun zu den Lagrange-Gleichungen für die allgemeine Bewegung eines starren Körpers. Nach unserer bisherigen Diskussion ist klar, daß diese Bewegung im allgemeinsten Fall durch 6 Freiheitsgrade festgelegt wird, entsprechend den drei Koordinaten des Drehpunktsvektors $\boldsymbol{q}$ sowie den drei Koordinaten der Winkelgeschwindigkeit $\boldsymbol{\omega}$.[7]

Das Problem beim Aufstellen der Lagrange-Funktion besteht darin, 6 unabhängige generalisierte Koordinaten zu finden, welche die Bewegung des Körpers eindeutig festlegen. Drei von ihnen können wir sofort angeben, nämlich die Koordinaten q_1, q_2 und q_3 des Drehpunktsvektors $\boldsymbol{q}$. Wählen wir für unser körperfestes System K′ ein Hauptachsensystem mit Ursprung im Körperschwerpunkt ($\boldsymbol{z}_{\rm S} = \boldsymbol{0}$), dann gilt nach (1.46) und Satz 1.28

$$T = \frac{M}{2}\left(\dot{q}_1^2 + \dot{q}_2^2 + \dot{q}_3^2\right) + \frac{A}{2}\omega_1'^2 + \frac{B}{2}\omega_2'^2 + \frac{C}{2}\omega_3'^2 \,, \qquad (1.47)$$

wobei A, B, C die Hauptträgheitsmomente und ω_i' die Koordinaten von $\boldsymbol{\omega}$ bzgl. K′ bezeichnen. Desweiteren hat man die *Euler-Gleichungen*

$$\left.\begin{aligned} N'_{\rm rot,1} &= A\dot{\omega}_1' + (C-B)\omega_2'\omega_3' \\ N'_{\rm rot,2} &= B\dot{\omega}_1' + (A-C)\omega_1'\omega_3' \\ N'_{\rm rot,3} &= C\dot{\omega}_1' + (B-A)\omega_1'\omega_2' \,. \end{aligned}\right\} \qquad (1.48)$$

Unsere Aufgabe besteht darin, die körperfesten Komponenten ω_i' in (1.47) durch drei generalisierte Koordinaten zu ersetzen, welche die reine Rotationsbewegung des Körpers beschreiben. Hierzu gibt es verschiedene Möglichkeiten. Wir verwenden das *Eulersche Verfahren* und drücken die allgemeine Rotationsbewegung durch drei hintereinander folgende Drehungen aus. Nimmt man an, daß die Achsen des raumfesten Systems K und des körperfesten Systems K′ zu einem Anfangszeitpunkt parallel sind, dann kann man sich die Drehung von K′ bezüglich K folgendermaßen vorstellen: Zuerst dreht man K um den Winkel ϕ um seine dritte Achse. Dann dreht man dieses so entstandene Zwischensystem um den Winkel θ um seine zweite Achse. Schließlich dreht man das neu entstandene System um seine dritte Achse um ψ. Auf diesem Wege läßt sich jede Drehung durch drei unabhängige Größen parametrisieren.

Definition: Eulersche Winkel

Seien K und K′ zwei Orthonormalsysteme. Die (zeitabhängige) Drehmatrix R, welche K in K′ überführt, kann mit Hilfe der Euler-Winkel ϕ, θ und ψ geschrieben werden als

$$R = \begin{pmatrix} \cos\psi & \sin\psi & 0 \\ -\sin\psi & \cos\psi & 0 \\ 0 & 0 & 1 \end{pmatrix} \begin{pmatrix} \cos\theta & 0 & -\sin\theta \\ 0 & 1 & 0 \\ \sin\theta & 0 & \cos\theta \end{pmatrix} \begin{pmatrix} \cos\phi & \sin\phi & 0 \\ -\sin\phi & \cos\phi & 0 \\ 0 & 0 & 1 \end{pmatrix} \,,$$

▷

[7] Natürlich kann der starre Körper außer seiner Starrheit noch zusätzlichen Zwangsbedingungen unterliegen, so daß die Zahl seiner Freiheitsgrade weiter reduziert ist.

mit

$$0 \le \psi \le 2\pi \;,\; 0 \le \theta \le \pi \;,\; 0 \le \phi \le 2\pi \;.$$

Die Winkel sind durch diese Drehung eindeutig definiert, falls $|R_{33}| \neq 1$.

Man beachte, daß die Reihenfolge der einzelnen Drehungen durchaus eine Rolle spielt. Mit Hilfe der Beziehungen (1.11) und (1.12) lassen sich nun die Komponenten von $\boldsymbol{\omega}$ im raumfesten System K berechnen. Man erhält für sie nach einiger Rechnung

$$\begin{aligned}
\omega_1 &= -\dot\theta \sin\phi + \dot\psi \sin\theta \cos\phi \\
\omega_2 &= \dot\theta \cos\phi + \dot\psi \sin\theta \sin\phi \\
\omega_3 &= \dot\phi + \dot\psi \cos\theta \;.
\end{aligned}$$

Die zugehörigen Komponenten im körperfesten System K′ ergeben sich aus $\omega_i' = \sum\limits_j R_{ij}\omega_j$ zu

$$\begin{aligned}
\omega_1' &= \dot\theta \sin\psi - \dot\phi \sin\theta \cos\psi \\
\omega_2' &= \dot\theta \cos\psi + \dot\phi \sin\theta \sin\psi \\
\omega_3' &= \dot\psi + \dot\phi \cos\theta \;.
\end{aligned}$$

Unser Satz von 6 unabhängigen generalisierten Koordinaten lautet also $\{q_1, q_2, q_3, \phi, \theta, \psi\}$, und wir sind nun in der Lage, die Lagrange-Funktion für die allgemeine Bewegung eines starres Körpers hinzuschreiben:

$$\begin{aligned}
L(q_1, q_2, q_3, \phi, \theta, \psi) = & \frac{M}{2}\left(\dot q_1^2 + \dot q_2^2 + \dot q_3^2\right) \\
& + \frac{A}{2}\left(\dot\theta \sin\psi - \dot\phi \sin\theta \cos\psi\right)^2 \\
& + \frac{B}{2}\left(\dot\theta \cos\psi + \dot\phi \sin\theta \sin\psi\right)^2 \\
& + \frac{C}{2}\left(\dot\psi + \dot\phi \cos\theta\right)^2 - V \;.
\end{aligned}$$

Im Falle $V = 0$ erhält man hieraus für die Winkel die Lagrange-Gleichungen

$$A\dot\omega_1' = (B - C)\omega_2'\omega_3' \;,\; B\dot\omega_2' = (C - A)\omega_1'\omega_3' \;,\; C\dot\omega_3' = (A - B)\omega_1'\omega_2' \;,$$

welche für $\boldsymbol{N}_{\mathrm{rot}} = \boldsymbol{0}$ identisch sind mit den Euler-Gleichungen (1.48).

Zusammenfassung

- Die Bewegung eines **starren Körpers** läßt sich in eine translatorische Bewegung eines beliebigen Punktes und eine Rotationsbewegung des Körpers um diesen Punkt zerlegen.

▷

- Die dynamischen Größen der Rotationsbewegung lassen sich bequem mit Hilfe des **Trägheitstensors** ausdrücken. Er ist eine bewegungsunabhängige Größe und hängt nur von der Geometrie des betrachteten Körpers ab.
- Der **Satz von Steiner** erlaubt bei Kenntnis des Trägheitstensors im Schwerpunktsystem eine einfache Berechnung des Trägheitstensors für jeden beliebigen Punkt.
- Die reine Rotationsbewegung eines starren Körpers läßt sich mit Hilfe der drei unabhängigen **Eulerschen Winkel** in bequemer Weise parametrisieren.

Anwendungen

11. Physikalisches Pendel. Ein massiver Würfel der Kantenlänge a und der Masse M rotiere unter dem Einfluß der Schwerkraft reibungsfrei um eine seiner Kanten (Abb. 1.9). Man berechne die Schwingungsfrequenz des Würfels für kleine Auslenkungen aus seiner Ruhelage.

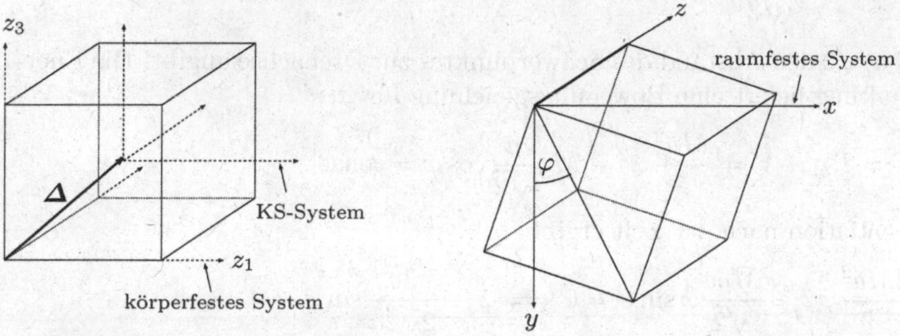

Abb. 1.9. Zur Festlegung des raum- und körperfesten Systems sowie des körperfesten Schwerpunktsystems eines rotierenden Würfels

Lösung. Da die Drehachse fixiert ist (und damit auch der Drehpunkt $\boldsymbol{q}$ irgendwo entlang der Drehachse), verlegen wir unser raum- und körperfestes System in eine an die Drehachse grenzende Würfelecke, so daß $\boldsymbol{q} = \boldsymbol{0}$ und $T = T_{\mathrm{rot}}$. Für die körperfesten Komponenten von $\boldsymbol{\omega}$ und $\boldsymbol{\Delta}$ gilt

$$\boldsymbol{\omega} = \dot{\varphi} \begin{pmatrix} 0 \\ 0 \\ 1 \end{pmatrix} , \ \boldsymbol{\Delta} = \frac{a}{2} \begin{pmatrix} 1 \\ 1 \\ 1 \end{pmatrix} .$$

Wir benötigen den Trägheitstensor Θ bezüglich des körperfesten Systems, den wir uns unter Anwendung des Steinerschen Satzes über den Trägheitstensor Θ^{S} des körperfesten Schwerpunktsystems beschaffen:

$$\begin{aligned}
\Theta_{11}^{\mathrm{S}} &= \rho \int\limits_{-\frac{a}{2}}^{\frac{a}{2}} \mathrm{d}Z_1 \int\limits_{-\frac{a}{2}}^{\frac{a}{2}} \mathrm{d}Z_2 \int\limits_{-\frac{a}{2}}^{\frac{a}{2}} \mathrm{d}Z_3 (Z_2^3 + Z_3^2) = \frac{Ma^2}{6} \;,\; \rho = \frac{M}{a^3} \\
&= \Theta_{22}^{\mathrm{S}} = \Theta_{33}^{\mathrm{S}} \\
\Theta_{ij\neq i}^{\mathrm{S}} &= 0 \;.
\end{aligned}$$

Offensichtlich ist das KS-System ein Hauptachsensystem. Für Θ folgt aus Satz 1.29

$$\Theta = \frac{Ma^2}{12} \begin{pmatrix} 8 & -3 & -3 \\ -3 & 8 & -3 \\ -3 & -3 & 8 \end{pmatrix} .$$

Die kinetische Energie des Systems ist gegeben durch

$$T = T_{\mathrm{rot}} = \frac{Ma^2}{3} \dot{\varphi}^2 .$$

Die potentielle Energie ist gleich derjenigen des Schwerpunktes,

$$V = -Mg \frac{a}{\sqrt{2}} \cos\varphi \;,$$

wobei $a/\sqrt{2}$ den Abstand des Schwerpunktes zur Drehachse angibt. Die Energieerhaltung liefert eine Bewegungsgleichung für φ:

$$E = T_{\mathrm{rot}} + V = \frac{Ma^2}{3} \dot{\varphi}^2 - Mg \frac{a}{\sqrt{2}} \cos\varphi = \mathrm{const} \;.$$

Differentiation nach der Zeit ergibt

$$\frac{2Ma^2}{3} \dot{\varphi}\ddot{\varphi} + \frac{Mga}{\sqrt{2}} \dot{\varphi} \sin\varphi = 0 \Longleftrightarrow \ddot{\varphi} + \frac{3g}{2\sqrt{2}a} \sin\varphi = 0 \;.$$

Da wir uns nur für kleine Auslenkungen interessieren, gilt $\sin\varphi \approx \varphi$ und somit

$$\ddot{\varphi} + \frac{g}{L'} \varphi = 0 \;,\; L' = \frac{2\sqrt{2}a}{3} < a \;.$$

Diese Bewegungsgleichung ist äquivalent zu der eines *ebenen mathematischen Pendels*, bestehend aus einer Punktmasse, die an einer masselosen Stange der reduzierten Länge L' befestigt ist. Ihre allgemeine Lösung lautet

$$\varphi(t) = a \cos\omega t + b \sin\omega t \;,\; \omega = \sqrt{\frac{g}{L'}} \;,$$

wobei die Integrationskonstanten a und b durch Anfangsbedingungen z.B. der Form $\varphi(0) = \varphi_0$, $\dot{\varphi}(0) = \omega_0$ fixiert werden.

12. Rollender Hohlzylinder auf schiefer Ebene. Ein massiver Hohlzylinder mit innerem Radius a, äußerem Radius b, der Länge h und der Masse M rolle unter dem Einfluß der Schwerkraft eine schiefe Ebene hinunter (Abb. 1.10). Man bestimme die Bewegungsgleichung und löse sie.

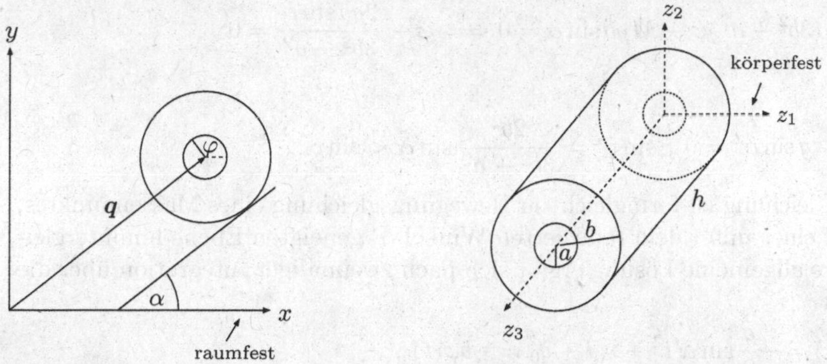

Abb. 1.10. Zur Festlegung des raum- und körperfesten Systems eines abrollenden Hohlzylinders

Lösung. Für die körperfesten Komponenten von $\boldsymbol{\omega}$ gilt

$$\boldsymbol{\omega} = \dot{\varphi} \begin{pmatrix} 0 \\ 0 \\ 1 \end{pmatrix} .$$

Da $\boldsymbol{\omega}$ nur eine z_3-Komponente besitzt, benötigen wir im Hinblick auf die Berechnung von T_{rot} nur die Komponente Θ_{33} des körperfesten Trägheitstensors. Nach Einführung von Zylinderkoordinaten,

$$z_1 = r\cos\phi \ , \ z_2 = r\sin\phi, \ z_3 = z \ , \ \mathrm{d}^3 z = r\mathrm{d}r\mathrm{d}\phi\mathrm{d}z \ ,$$

folgt

$$\begin{aligned}\Theta_{33} &= \rho \int\limits_a^b r\mathrm{d}r \int\limits_0^{2\pi} \mathrm{d}\phi \int\limits_0^h \mathrm{d}z r^2 = \frac{\rho}{2}\pi h(b^4 - a^4) \ , \ \rho = \frac{M}{\pi h(b^2 - a^2)} \\ &= \frac{M}{2}(b^2 + a^2)\end{aligned}$$

$$\Longrightarrow T_{\mathrm{rot}} = \frac{M}{4}(b^2 + a^2)\dot{\varphi}^2 \ .$$

Unter Beachtung der Rollbedingung

$$\dot{q} = -b\dot{\varphi}$$

folgt für die kinetische und potentielle Energie des Systems

$$T = \frac{M}{2}\dot{q}^2 + T_{\mathrm{rot}} = \frac{M}{4}(3b^2 + a^2)\dot{\varphi}^2 \ , \ V = Mgq\sin\alpha = -Mgb\varphi\sin\alpha \ .$$

Energieerhaltung liefert

$$E = T + V = \frac{M}{4}(3b^2 + a^2)\dot{\varphi}^2 - Mgb\varphi \sin\alpha = \text{const} .$$

Differentiation nach der Zeit ergibt

$$\frac{M}{2}(3b^2 + a^2)\ddot{\varphi} - Mgb\sin\alpha = 0 \Longleftrightarrow \ddot{\varphi} - \frac{2gb\sin\alpha}{3b^2 + a^2} = 0$$

bzw.

$$\ddot{q} + g\sin\alpha' = 0 \ , \ \sin\alpha' = \frac{2b^2}{3b^2 + a^2}\sin\alpha < \sin\alpha .$$

Diese Gleichung ist formgleich zur Bewegungsgleichung eines Massenpunktes, der auf einer unter dem reduzierten Winkel α' geneigten Ebene hinuntergleitet. Ihre allgemeine Lösung ergibt sich nach zweimaliger Integration über die Zeit zu

$$q(t) = -\frac{g}{2}\sin\alpha' t^2 + v_0 t + q_0 = -b\varphi(t) ,$$

mit den über Anfangsbedingungen zu fixierenden Integrationskonstanten v_0 und q_0.

1.5 Zentralkraftprobleme

In diesem Abschnitt diskutieren wir die Klasse der Zentralkraftprobleme, welche auch über die klassische Mechanik hinaus von großer Bedeutung sind. Als Vorüberlegungen unserer Betrachtungen behandeln wir zuerst Zwei-Teilchensysteme und zeigen, daß sich ihre Dynamik unter gewissen Umständen in eine gleichförmige Schwerpunktsbewegung und eine effektive Ein-Teilchenbewegung separieren läßt. Im Anschluß leiten wir die *radiale Bewegungsgleichung* für die Teilchenbewegung in konservativen Zentralkraftfeldern her und bestimmen mit ihrer Hilfe die möglichen Teilchenbahnen in $1/r$-Potentialen. Ein Beispiel solcher Potentiale ist das Gravitationspotential, dessen Form wir aus den *Keplerschen Gesetzen* ableiten. Die letzten zwei Unterabschnitte behandeln das Problem der Streuung von Teilchen in Zentralpotentialen.

1.5.1 Zwei-Teilchensysteme

Im Hinblick auf nachfolgende Erörterungen untersuchen wir zunächst die Dynamik eines Zwei-Teilchensystems, auf das keine äußeren Kräfte wirken. Wir nehmen an, daß zwischen beiden Teilchen eine innere konservative Kraft herrscht, die nur von deren Abstandsvektor abhängt. Die Newtonschen Bewegungsgleichungen für beide Teilchen lauten dann

$$\left.\begin{aligned} m_1\ddot{\boldsymbol{x}}_1 &= -\boldsymbol{\nabla}_1 V(\boldsymbol{x}_1 - \boldsymbol{x}_2) \\ m_2\ddot{\boldsymbol{x}}_2 &= -\boldsymbol{\nabla}_2 V(\boldsymbol{x}_1 - \boldsymbol{x}_2) = \boldsymbol{\nabla}_1 V(\boldsymbol{x}_1 - \boldsymbol{x}_2) \;. \end{aligned}\right\} \tag{1.49}$$

Unter Einführung von *Relativ-* und *Schwerpunktskoordinaten*

$$\boldsymbol{x}_{\mathrm{R}} = \boldsymbol{x}_1 - \boldsymbol{x}_2 \;,\; \boldsymbol{x}_{\mathrm{S}} = \frac{m_1\boldsymbol{x}_1 + m_2\boldsymbol{x}_2}{M}$$

sowie der *reduzierten Masse* und der Gesamtmasse

$$\mu = \frac{m_1 m_2}{m_1 + m_2} \;,\; M = m_1 + m_2$$

folgt durch Subtraktion der Gleichungen (1.49) für die Relativbewegung der beiden Teilchen

$$\mu\ddot{\boldsymbol{x}}_{\mathrm{R}} = \dot{\boldsymbol{p}}_{\mathrm{R}} = -\boldsymbol{\nabla}_{\mathrm{R}} V(\boldsymbol{x}_{\mathrm{R}}) \;,\; \boldsymbol{p}_{\mathrm{R}} = \mu\dot{\boldsymbol{x}}_{\mathrm{R}} \;.$$

Bis auf die Ersetzungen $m \leftrightarrow \mu$, $\boldsymbol{x} \leftrightarrow \boldsymbol{x}_{\mathrm{R}}$ und $\boldsymbol{p} \leftrightarrow \boldsymbol{p}_{\mathrm{R}}$ besteht offenbar formal kein Unterschied zwischen der Relativbewegung eines Zwei-Teilchensystems und der absoluten Bewegung eines einzelnen Teilchens. Wir können daher die Relativbewegung als eine *effektive Bewegung* eines einzelnen Teilchens der reduzierten Masse μ interpretieren. Addiert man die Gleichungen (1.49), dann ergibt sich für die Schwerpunktsbewegung

$$M\ddot{\boldsymbol{x}}_{\mathrm{S}} = \dot{\boldsymbol{p}}_{\mathrm{S}} = \boldsymbol{0} \Longrightarrow \dot{\boldsymbol{x}}_{\mathrm{S}} = \mathrm{const} \;,\; \boldsymbol{p}_{\mathrm{S}} = M\dot{\boldsymbol{x}}_{\mathrm{S}} \;.$$

Das heißt der Schwerpunkt des betrachteten Zwei-Teilchensystems führt eine gleichförmige (unbeschleunigte) Bewegung aus.

Da die Newtonsche Mechanik galilei-invariant ist, können wir die Zwei-Teilchenbewegung genauso gut von einem Inertialsystem aus betrachten, das sich mit dem Schwerpunkt mitbewegt, d.h. in dem der Schwerpunkt ruht. In diesem (gesternten) Schwerpunktsystem lauten die Gleichungen der Relativ- und Schwerpunktsbewegung

$$\mu\ddot{\boldsymbol{x}}_{\mathrm{R}}^* = -\boldsymbol{\nabla}_{\mathrm{R}} V(\boldsymbol{x}_{\mathrm{R}}^*) \;,\; \boldsymbol{x} = \boldsymbol{x}_{\mathrm{S}} + \boldsymbol{x}^* \;,\; \boldsymbol{x}_{\mathrm{S}}^* = \boldsymbol{0} \;.$$

Ist die Masse des zweiten Teilchens sehr viel größer als die des ersten – dies ist z.B. bei Planetenbewegungen um die Sonne der Fall (siehe die nächsten beiden Unterabschnitte) –, dann gilt

$$m_2 \gg m_1 \Longrightarrow \left\{\begin{array}{l} M \to m_2 \\ \mu \to m_1 \\ \boldsymbol{x}_{\mathrm{S}}^* \to \boldsymbol{x}_2^* = \boldsymbol{0} \\ \boldsymbol{x}_{\mathrm{R}}^* \to \boldsymbol{x}_1^* \end{array}\right\} \Longrightarrow m_1\ddot{\boldsymbol{x}}_1^* = -\boldsymbol{\nabla}_1 V(\boldsymbol{x}_1^*) \;,\; \boldsymbol{x}_2^* = \boldsymbol{0} \;.$$

In diesem Fall dürfen wir die Zwei-Teilchenbewegung vom Ruhesystem des schweren Teilchens aus betrachten und die Newtonsche Bewegungsgleichung auf das leichte Teilchen anwenden.

1.5.2 Konservative Zentralkräfte, $1/r$-Potentiale

Dieser Unterabschnitt beschäftigt sich mit der allgemeinen Bewegung von Teilchen in $1/r$-Potentialen. Nach Satz 1.4 ist der Drehimpuls eines Teilchens in einem Zentralkraftfeld eine erhaltene Größe. Hieraus lassen sich zwei Schlußfolgerungen ziehen.

1. Aus der Richtungserhaltung des Drehimpulses folgt, daß die Teilchenbahn eben ist. Wir können deshalb unser Koordinatensystem mit Ursprung im Kraftzentrum so wählen, daß die Teilchenbewegung für alle Zeiten in der xy-Ebene verläuft. Dies bedeutet in Polarkoordinaten

$$\left.\begin{aligned}
\boldsymbol{x}(t) &= r(t)\begin{pmatrix}\cos\varphi(t)\\ \sin\varphi(t)\\ 0\end{pmatrix}\\
\dot{\boldsymbol{x}}(t) &= \dot{r}\begin{pmatrix}\cos\varphi\\ \sin\varphi\\ 0\end{pmatrix}+r\dot{\varphi}\begin{pmatrix}-\sin\varphi\\ \cos\varphi\\ 0\end{pmatrix}\\
\ddot{\boldsymbol{x}}(t) &= (\ddot{r}-r\dot{\varphi}^2)\begin{pmatrix}\cos\varphi\\ \sin\varphi\\ 0\end{pmatrix}+(2\dot{r}\dot{\varphi}+r\ddot{\varphi})\begin{pmatrix}-\sin\varphi\\ \cos\varphi\\ 0\end{pmatrix}\\
\boldsymbol{l}(t) &= m\boldsymbol{x}\times\dot{\boldsymbol{x}} = m\begin{pmatrix}0\\ 0\\ r^2\dot{\varphi}\end{pmatrix}\ .
\end{aligned}\right\} \qquad (1.50)$$

2. Die Betragserhaltung des Drehimpulses impliziert

$$|\boldsymbol{l}| = mr^2\dot{\varphi} = \text{const} \Longrightarrow r^2 \mathrm{d}\varphi = \text{const}\ .$$

Das heißt die gedachte Verbindungslinie zwischen Kraftzentrum und Teilchen überstreicht in gleichen Zeiten gleiche Flächen. Dies ist das *zweite Keplersche Gesetz*, auf das wir im nächsten Unterabschnitt noch zu sprechen kommen werden.

Neben der Drehimpulserhaltung gilt in konservativen Kraftfeldern auch Energieerhaltung, und wir können schreiben:

$$E = \frac{m}{2}(\dot{r}^2 + r^2\dot{\varphi}^2) + V(r) = \frac{m}{2}\dot{r}^2 + \frac{l^2}{2mr^2} + V(r) = \text{const}\ .$$

Diese Beziehung entspricht der Energieerhaltung eines eindimensionalen Massenpunktes in dem *effektiven Potential*

$$V_{\text{eff}}(r) = V(r) + \frac{l^2}{2mr^2}\ .$$

Der letzte Term ist äquivalent zu einer (fiktiven) Zentrifugalkraft, die das Teilchen vom Bewegungszentrum wegstößt. Man nennt diesen Term daher auch *Zentrifugalbarriere*. Da ein eindimensionales Problem vorliegt, können wir die zugehörige Bewegungsgleichung analog zu (1.8) sofort angeben:

Satz 1.30: Radiale Bewegungsgleichung in konservativen Zentralkraftfeldern

Die Bewegungsgleichung eines Teilchens in einem konservativen Zentralkraftfeld lautet

$$\dot{r} = \pm\sqrt{\frac{2}{m}[E - V_{\rm eff}(r)]}$$

$$\Longleftrightarrow \mathrm{d}t = \frac{\pm\mathrm{d}r}{\sqrt{\frac{2}{m}[E - V_{\rm eff}(r)]}}\;,\quad V_{\rm eff}(r) = V(r) + \frac{l^2}{2mr^2}\;. \tag{1.51}$$

Die unterschiedlichen Vorzeichen bedeuten eine Umkehr der Geschwindigkeitsrichtung.

Offensichtlich kann sich das Teilchen nur in den r-Bereichen aufhalten, für die gilt: $E - V_{\rm eff}(r) \geq 0$. Betrachten wir z.B. das in Abb. 1.11 skizzierte effektive Potential. Das Teilchen wird entweder für alle Zeiten zwischen den Umkehrpunkten r_1 und r_2 oszillieren oder aber sich im Bereich $r \geq r_3$ aufhalten und letztlich dem Kraftfeld entfliehen: $r \to \infty$. Das Vorzeichen in der radialen Bewegungsgleichung wird durch Anfangsbedingungen z.B. der Form

$$r_1 \leq r \leq r_2\;,\;\dot{r}(0) = v_0 \gtrless 0$$

fixiert und ändert sich so lange nicht, bis das Teilchen den nächsten Umkehrpunkt erreicht. Ist man mehr an der geometrischen Form der Teilchenbahn interessiert, so ist es günstiger, (1.51) umzuschreiben in

$$\mathrm{d}\varphi = \frac{l}{mr^2}\mathrm{d}t = \pm\frac{l\mathrm{d}r}{r^2\sqrt{2m[E - V_{\rm eff}(r)]}}\;.$$

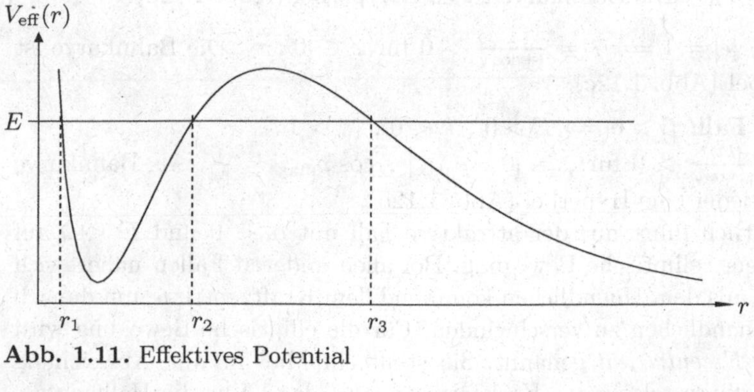

Abb. 1.11. Effektives Potential

Bahnkurven in $1/r$-Potentialen. Ausgehend von der letzten Beziehung wollen wir nun die möglichen Bahnformen von Teilchen in Coulomb-artigen Potentialen $V(r) = \alpha/r$ bestimmen. Das heißt

$$\varphi - \varphi_0 = \pm \int_{r_0}^{r} \frac{l\mathrm{d}r'}{r'^2\sqrt{2m\left(E - \frac{\alpha}{r'}\right) - \frac{l^2}{r'^2}}} . \tag{1.52}$$

Setzen wir $\varphi_0 = 0$, dann liefert die Auswertung dieses Standardintegrals

$$\varphi(r) = -\arcsin \left.\frac{l^2/r' + m\alpha}{m\alpha\epsilon}\right|_{r_0}^{r} ,$$

mit

$$\epsilon = \pm\sqrt{1 + \frac{2El^2}{m\alpha^2}} . \tag{1.53}$$

Durch die Festlegung von r_0 auf $\arcsin \frac{l^2/r_0+m\alpha}{m\alpha\epsilon} = -\frac{\pi}{2}$ folgen hieraus schließlich *Kegelschnitte* in Polarkoordinaten,

$$r(\varphi) = \frac{k}{1 + \epsilon\cos\varphi} , \; k = -\frac{l^2}{m\alpha}, \tag{1.54}$$

wobei das Vorzeichen in (1.53) je nach Vorzeichen von E und α so zu wählen ist, daß die Bedingung $r > 0$ in (1.54) erfüllt ist. Es lassen sich nun folgende Fälle unterscheiden:

Attraktiver Fall: $\alpha < 0 \Longrightarrow k > 0$.

- $E < 0 \Longrightarrow |\epsilon| < 1 \Longrightarrow r = \frac{k}{1+|\epsilon|\cos\varphi} > 0$ für $\varphi \in [0 : \pi]$. In der oberen Halbebene durchläuft φ den Bereich $[0 : \pi]$. Die geometrische Bahnform ist eine Ellipse (Abb. 1.12a) mit großer und kleiner Halbachse $a = \frac{k}{1-\epsilon^2}$, $b = \frac{k}{\sqrt{1-\epsilon^2}}$ (siehe Abb. 1.13 und (1.55) im nächsten Unterabschnitt). r oszilliert dabei zwischen den Umkehrpunkten $r_1 = \frac{k}{1-\epsilon}$ und $r_2 = \frac{k}{1+\epsilon}$. Für $\epsilon = 0$ ergibt sich als Spezialfall ein Kreis mit Radius $R = r_1 = r_2 = k$.
- $E > 0 \Longrightarrow |\epsilon| > 1 \Longrightarrow r = \frac{k}{1+|\epsilon|\cos\varphi} > 0$ für $\varphi \in [0 : \varphi_{\max}[$, $\cos\varphi_{\max} = -\frac{1}{|\epsilon|}$. Die Bahnkurve ist eine Hyperbel (Abb. 1.12b).
- $E = 0 \Longrightarrow |\epsilon| = 1 \Longrightarrow r = \frac{k}{1+\cos\varphi} > 0$ für $\varphi \in [0 : \pi[$. Die Bahnkurve ist eine Parabel (Abb. 1.12c).

Repulsiver Fall: $\alpha > 0 \Longrightarrow E > 0$, $k < 0$, $|\epsilon| > 1$
$\Longrightarrow r = \frac{-|k|}{1-|\epsilon|\cos\varphi} > 0$ für $\varphi \in [0 : \varphi_{\max}[$, $\cos\varphi_{\max} = \frac{1}{|\epsilon|}$. Als Bahnkurve ergibt sich wieder eine Hyperbel (Abb. 1.12d).

Offensichtlich führt nur der attraktive Fall mit $\alpha < 0$ und $E < 0$ auf eine gebundene, elliptische Bewegung. Bei allen anderen Fällen nähert sich das Teilchen aus dem Unendlichen kommend dem Kraftzentrum, um danach wieder im Unendlichen zu verschwinden. Für die elliptische Bewegung wird die Größe ϵ *Exzentrizität* genannt. Sie stellt ein Maß für die Abweichung der Teilchenellipse relativ zur Kreisform ($\epsilon = 0$) dar.[8] Für die Halbachsen, ausgedrückt durch die physikalischen Größen der Bewegung, finden wir

---

[8] Die Exzentrizität des Mondes um die Erde und der Erde um die Sonne ist $\epsilon = 0.055$ bzw. $\epsilon = 0.017$, d.h. die Bahnen sind fast kreisförmig.

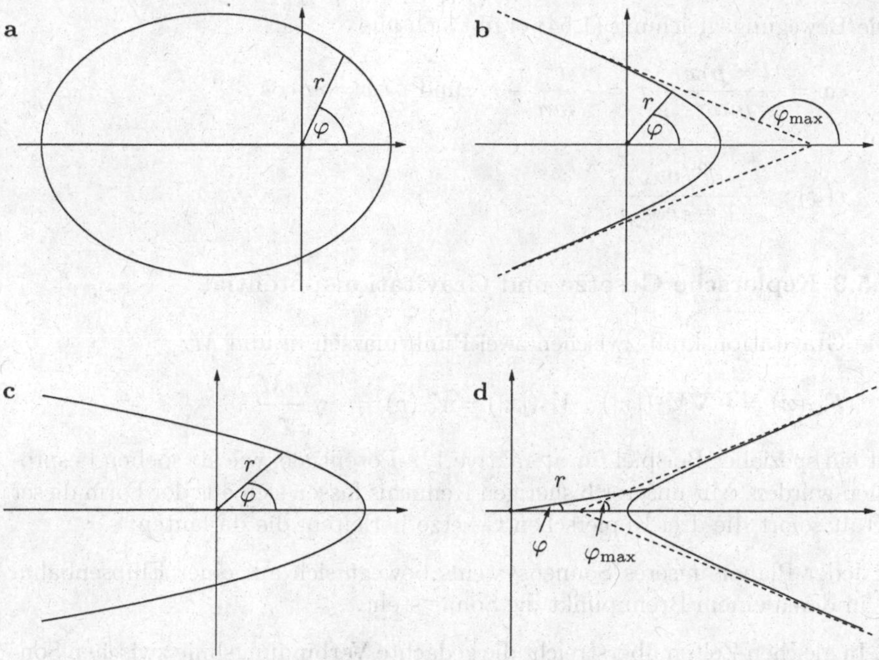

Abb. 1.12. Mögliche Bahnformen in einem Coulomb-Potential. **a**, **b** und **c** entsprechen dem attraktiven und **d** dem repulsiven Fall

$$a = \frac{\alpha}{2E}\ ,\ b = \frac{l}{\sqrt{2m|E|}}\ .$$

Die Energie ist demnach unabhängig vom Drehimpulsbetrag und allein durch die große Halbachse a bestimmt.

Exzentrizität und Runge-Lenz-Vektor. Wir zeigen nun noch kurz einen alternativen Weg zur Herleitung von (1.54). Dazu betrachte man den Vektor $\boldsymbol{l} \times \boldsymbol{p}$ und berechne unter Berücksichtigung von $\dot{\boldsymbol{p}} = \alpha \boldsymbol{x}/r^3$ und $r = |\boldsymbol{x}|$ seine zeitliche Ableitung:

$$\frac{\mathrm{d}}{\mathrm{d}t}(\boldsymbol{l} \times \boldsymbol{p}) = \boldsymbol{l} \times \dot{\boldsymbol{p}} = \frac{\alpha}{r^3}\boldsymbol{l} \times \boldsymbol{x} = -\frac{m\alpha}{r^3}\left[\boldsymbol{x}(\boldsymbol{x}\dot{\boldsymbol{x}}) - \dot{\boldsymbol{x}}r^2\right] = m\alpha\frac{\mathrm{d}}{\mathrm{d}t}\left(\frac{\boldsymbol{x}}{r}\right)\ .$$

Hieraus folgt für den Vektor der Exzentrizität

$$\boldsymbol{\epsilon} = \frac{\boldsymbol{l} \times \boldsymbol{p}}{m\alpha} - \frac{\boldsymbol{x}}{r} = \mathrm{const}\ .$$

Dieses zusätzliche Integral der Bewegung wird auch *Runge-Lenz-Vektor* genannt. Er steht senkrecht zum Drehimpuls und liegt somit stets in der Bewegungsebene. Durch Quadrieren findet man nach wenigen Schritten

$$\epsilon^2 = \frac{2l^2}{m\alpha^2}\left(\frac{p^2}{2m} + \frac{\alpha}{r}\right) + 1 \Longrightarrow \epsilon = \pm\sqrt{1 + \frac{2El^2}{m\alpha^2}}\ .$$

Die Bewegungsgleichung (1.54) ergibt sich aus

$$\boldsymbol{\epsilon x} = \frac{(\boldsymbol{l} \times \boldsymbol{p})\boldsymbol{x}}{m\alpha} - r = -\frac{l^2}{m\alpha} - r \quad \text{und} \quad \boldsymbol{\epsilon x} = \epsilon r \cos\varphi$$

zu

$$r(\varphi) = -\frac{l^2/m\alpha}{1 + \epsilon\cos\varphi} \ .$$

1.5.3 Keplersche Gesetze und Gravitationspotential

Die Gravitationskraft zwischen zwei Punktmassen m und M,

$$\boldsymbol{F}_{\mathrm{G}}(\boldsymbol{x}) = -\boldsymbol{\nabla} V_{\mathrm{G}}(|\boldsymbol{x}|) \ , \ V_{\mathrm{G}}(|\boldsymbol{x}|) = V_{\mathrm{G}}(r) = -\gamma\frac{mM}{r} \ ,$$

ist ein spezielles Beispiel für attraktive $1/r$-Potentiale, wie sie soeben besprochen wurden. Mit unserer bisherigen Kenntnis lassen sich aus der Form dieser Kraft sofort die drei Keplerschen Gesetze herleiten, die da lauten:[9]

1. Jeder Planet unseres Sonnensystems bewegt sich auf einer Ellipsenbahn, in deren einem Brennpunkt die Sonne steht.
2. In gleichen Zeiten überstreicht die gedachte Verbindungslinie zwischen Sonne und Planet gleiche Flächen.
3. Die Quadrate der Umlaufzeiten verhalten sich wie die Kuben der großen Halbachsen der Bahnen zweier Planeten.

Wir wollen hier jedoch den umgekehrten Weg einschlagen und zeigen, daß sich die Gravitationskraft allein aus den Keplerschen Gesetzen ergibt.

Obwohl Sonne und Planet natürlich eine räumliche Struktur besitzen, ist es hier dennoch gerechtfertigt, sie als Punktteilchen zu betrachten, da ihre Ausdehnungen im Vergleich zu den betrachteten Längen (Abstand Sonne–Planet) sehr klein sind. Wie sich später herausstellen wird, ist diese Betrachtungsweise sogar exakt, sofern Sonne und Planeten kugelförmig sind.

Legen wir den Ursprung unseres Inertialsystems in die Sonne (dies ist aufgrund der sehr viel größeren Sonnenmasse gegenüber den Planetenmassen erlaubt), dann folgt aus dem ersten Keplerschen Gesetz, daß die Bahn eines Planeten eben und somit die Richtung seines Drehimpulses bezüglich der Sonne erhalten ist. Wir können unser Inertialsystem wieder so wählen, daß die Beziehungen (1.50) gelten. Das zweite Gesetz bedeutet die Betragserhaltung des Drehimpulses, also

$$l = mr^2\dot{\varphi} = \text{const} \ .$$

Die Kraft zwischen Sonne und Planet ist also zentral,

[9] Diese Gesetze sind so zu verstehen, daß die Wechselwirkung der Planeten untereinander sowie die Bewegung der Sonne vollständig vernachlässigt werden.

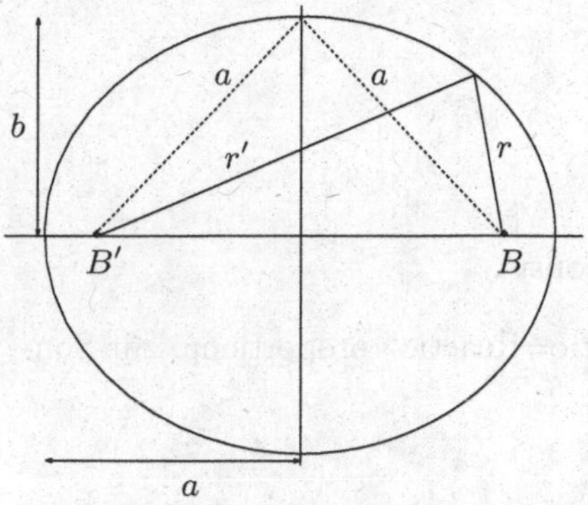

Abb. 1.13. Zur Definition einer Ellipse

$$\frac{\mathrm{d}(r^2\dot{\varphi})}{\mathrm{d}t} = r(2\dot{r}\dot{\varphi} + r\ddot{\varphi}) = 0 \; ,$$

und wir können schreiben:

$$\boldsymbol{F}_\mathrm{G} = m(\ddot{r} - r\dot{\varphi}^2)\begin{pmatrix} \cos\varphi \\ \sin\varphi \\ 0 \end{pmatrix} .$$

Aus der geometrischen Form einer Ellipse (siehe Abb. 1.13) erhalten wir den gewünschten Zusammenhang zwischen r und φ. Sie ist definiert als die Menge aller Punkte, die von zwei Brennpunkten B, B' den gleichen Abstand haben. Bezeichnet man mit a die große und mit b die kleine Halbachse, so lautet die Ellipsenbedingung: $r + r' = 2a$. Sie führt nach ein wenig Algebra zu

$$\begin{aligned} r &= \frac{k}{1+\epsilon\cos\varphi} \; , \; k = \frac{b^2}{a} \; , \; \epsilon = \frac{\sqrt{a^2-b^2}}{a} < 1 \qquad (1.55) \\ \Longrightarrow \dot{r} &= \frac{\epsilon}{k} r^2\dot{\varphi}\sin\varphi = \frac{\epsilon}{k} h\sin\varphi \; , \; h = r^2\dot{\varphi} \\ \Longrightarrow \ddot{r} &= \frac{\epsilon}{k} h\dot{\varphi}\cos\varphi = \frac{\epsilon}{k}\frac{h^2}{r^2}\cos\varphi = \frac{h^2}{kr^2}\left(\frac{k}{r} - 1\right) . \end{aligned}$$

Somit folgt für $\boldsymbol{F}_\mathrm{G}$

$$\boldsymbol{F}_\mathrm{G}(\boldsymbol{x}) = m\left[\frac{h^2}{kr^3}\left(\frac{k}{r} - 1\right) - \frac{h^2}{r^4}\right]\boldsymbol{x} = -m\frac{h^2}{k}\frac{\boldsymbol{x}}{|\boldsymbol{x}|^3}$$

bzw.

$$\boldsymbol{F}_\mathrm{G}(\boldsymbol{x}) = -\boldsymbol{\nabla} V_\mathrm{G}(\boldsymbol{x}) \; , \; V_\mathrm{G}(\boldsymbol{x}) = -m\frac{h^2}{k}\frac{1}{|\boldsymbol{x}|} \; .$$

Mit Hilfe des dritten Keplerschen Gesetzes läßt sich nun zeigen, daß h^2/k eine planetenunabhängige Größe ist. Denn die Fläche F der Ellipse berechnet sich zu (T=Umlaufzeit)

$$F = \pi ab = \int_0^T \mathrm{d}t \frac{\dot{\varphi}r^2}{2} = \frac{Th}{2} \, ,$$

so daß folgt:

$$\frac{T^2}{a^3} = \frac{4\pi^2 a^2 b^2}{a^3 h^2} = \frac{4\pi^2 b^2}{ah^2} = 4\pi^2 \frac{k}{h^2} = \mathrm{const} \, .$$

Ferner muß h^2/k wegen des Prinzips „Actio=Reactio" proportional zur Sonnenmasse M sein. Insgesamt erhalten wir

Satz 1.31: Gravitationspotential V_G

Aus den Keplerschen Gesetzen ergibt sich das Gravitationspotential zwischen zwei Punktteilchen der Massen m und M zu

$$V_\mathrm{G}(|\boldsymbol{x}|) = V_\mathrm{G}(r) = -\gamma \frac{mM}{r} \, , \; \gamma = 6.67 \cdot 10^{-11} \frac{\mathrm{Nm}^2}{\mathrm{kg}^2} \, .$$

γ ist eine experimentell zu ermittelnde universelle Naturkonstante, die sog. *Gravitationskonstante.*

Gravitationspotential einer Hohlkugel. Im folgenden berechnen wir das Gravitationspotential einer Hohlkugel mit innerem Radius a, äußerem Radius b und homogener Massenverteilung $\rho(\boldsymbol{x}, t) = \rho = \frac{3M}{4\pi(b^3 - a^3)}$ (Abb. 1.14). Wir denken uns hierzu ein Probeteilchen der Masse m, das sich im Abstand r zum Kugelmittelpunkt befindet. Für die potentielle Energie $\mathrm{d}V$, die von dem Massenelement $\mathrm{d}M$ herrührt, gilt in Polarkoordinaten

$$\mathrm{d}V(r) = -\gamma \frac{m\mathrm{d}M(x, \theta, \varphi)}{R(r, x, \theta)} \, ,$$

mit

$$\begin{aligned} \mathrm{d}M(x, \theta, \varphi) &= \rho x^2 \mathrm{d}x \sin\theta \mathrm{d}\theta \mathrm{d}\varphi \\ R(r, x, \theta) &= \sqrt{r^2 + x^2 - 2rx\cos\theta} \Longrightarrow \sin\theta \mathrm{d}\theta = \frac{R\mathrm{d}R}{rx} \, . \end{aligned}$$

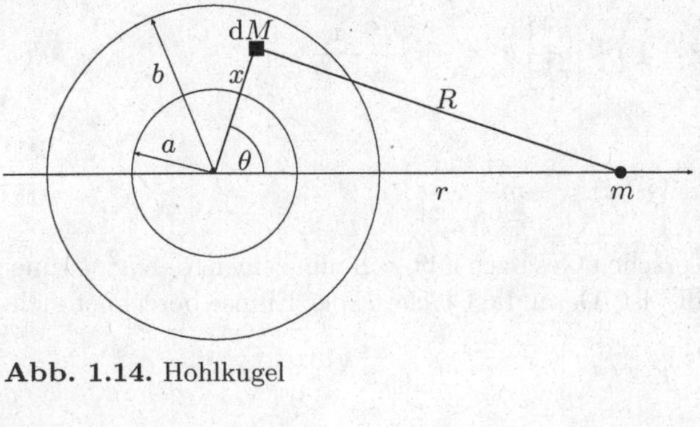

Abb. 1.14. Hohlkugel

Um das gesamte Potential zu erhalten, muß über x, θ und φ integriert werden:

$$V(r) = -\gamma m\rho \int\limits_a^b \mathrm{d}x \int\limits_0^{2\pi} \mathrm{d}\varphi \int\limits_0^{\pi} \mathrm{d}\theta \frac{x^2 \sin\theta}{R(r,x,\theta)}$$

$$= -\frac{A}{r} \int\limits_a^b \mathrm{d}x x \int\limits_{R_{\min}(r,x)}^{R_{\max}(r,x)} \mathrm{d}R \;,\; A = 2\pi\gamma m\rho \;.$$

Es sind nun drei Fälle zu unterscheiden:

1. $r \geq b$: Dann ist $R_{\min} = r - x$ und $R_{\max} = r + x$, so daß

$$V_1(r) = -2\frac{A}{r} \int\limits_a^b \mathrm{d}x x^2 = -\frac{2}{3}\frac{A}{r}\left(b^3 - a^3\right) = -\gamma\frac{mM}{r} \;.$$

2. $r \leq a$: $R_{\min} = x - r$, $R_{\max} = x + r$. Es folgt

$$V_2(r) = -2A \int\limits_a^b \mathrm{d}x x = -A\left(b^2 - a^2\right) \;.$$

3. $a \leq r \leq b$: In diesem Fall kann man sich das Potential zusammengesetzt denken aus demjenigen einer Hohlkugel mit den Radien a und r (1. Fall) und dem einer Kugelschale mit den Radien r und b (2. Fall):

$$V_3(r) = -A\left(b^2 - \frac{2}{3}\frac{a^3}{r} - \frac{1}{3}r^2\right) \;.$$

Aus dem ersten Fall wird ersichtlich, daß sich eine ausgedehnte (Hohl-)Kugel mit homogener Massenverteilung für $r > b$ gravisch genauso verhält, wie ein Punktteilchen der gleichen Masse.

Gravitationspotential auf der Erdoberfläche. Für physikalische Prozesse, die sich in der Nähe der Erdoberfläche abspielen, gilt

$$r = R + r' \;,\; r' \ll R \;,$$

wobei $R = 6.35 \cdot 10^6$ m der Erdradius und r' der radiale Abstand des betrachteten Teilchens zur Erdoberfläche ist. Wir können deshalb das Gravitationspotential der Erde um R entwickeln und erhalten mit der Erdmasse $M = 5.98 \cdot 10^{24}$ kg

$$V_{\mathrm{G}}(r) = -\frac{\gamma m M}{r} = -mgR + mgr' + \ldots \;,\; g \approx 9.8\,\frac{\mathrm{N}}{\mathrm{kg}} = 9.8\,\frac{\mathrm{m}}{\mathrm{s}^2} \;.$$

Hierbei bezeichnet g die *Erdbeschleunigung.* Da der Term mgR eine physikalisch irrelevante Konstante ist, kann er ignoriert werden, und wir erhalten für das Gravitationspotential in Bezug auf die Erdoberfläche

$$V_{\mathrm{GO}}(r') \approx mgr' \;.$$

1.5.4 Ein-Teilchenstreuung an ein festes Target

Das Problem beim Auffinden von Wechselwirkungskräften mikroskopischer Objekte wie Moleküle, Atome, Atomkerne und Elementarteilchen besteht darin, daß diese den menschlichen Sinnen nicht direkt zugänglich sind, so daß Methoden benötigt werden, die Wechselwirkungseffekte in geeigneter Weise verstärken und so wahrnehmbar machen. Eine solche Methode ist die Streuung von Teilchen aneinander. Hiermit lassen sich aus Kenntnis der Teilchenpositionen und -geschwindigkeiten weit vor und weit hinter dem Ort der Streuwechselwirkung Rückschlüsse auf die an der Streuung beteiligten Kräfte ziehen. Dies sieht in der Praxis so aus, daß man Streuprozesse für verschiedene, physikalisch motivierte „Test-Wechselwirkungen" durchrechnet und dann die Ergebnisse mit dem Experiment vergleicht. Obwohl solche Streuprozesse von o.g. Objekten meistens eine quantenmechanische Beschreibung erfordern (siehe Abschn. 3.10), stellt in vielen Fällen die rein klassische Beschreibung eine sehr gute Näherung dar.

In diesem Unterabschnitt behandeln wir die Streuung von Teilchen an ein fest installiertes Teilchen (*Targetteilchen*) und verallgemeinern im nächsten Unterabschnitt die Resultate auf den experimentell relevanteren Fall der *Zwei-Teilchenstreuung*, bei dem aus entgegengesetzten Richtungen Teilchen aufeinander geschossen bzw. aneinander gestreut werden. Wir nehmen dabei immer an, daß sich die Wechselwirkungskräfte durch rotationssymmetrische Potentiale darstellen lassen, die für große Abstände, im Vergleich zur Ausdehnung der Streuobjekte, genügend stark abfallen, so daß die Teilchen lange vor und lange nach der Streuung als quasi frei betrachtet werden können.

Bei der Ein-Teilchenstreuung an ein festes Potential hat man es mit der in Abb. 1.15 skizzierten Situation zu tun. Ein Teilchen fliegt in z-Richtung mit konstantem Anfangsimpuls $\boldsymbol{p}^{\mathrm{A}} = m\boldsymbol{v}_0$ und vertikalem Abstand b auf das Streuzentrum geradlinig zu, wird in einem relativ lokalisierten Bereich um das Streuzentrum abgelenkt und fliegt danach geradlinig mit Endimpuls $\boldsymbol{p}^{\mathrm{E}}$

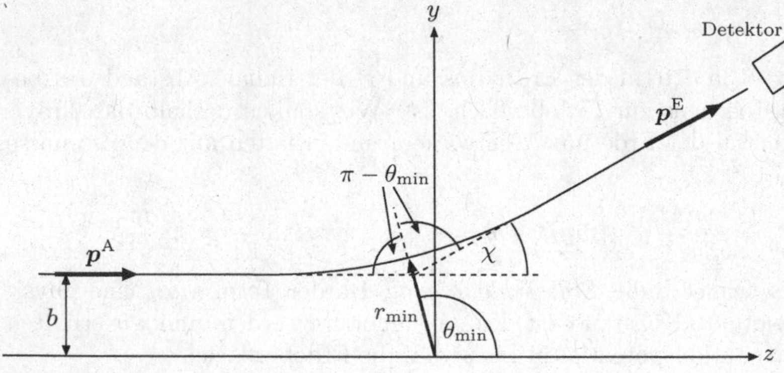

Abb. 1.15. Ein-Teilchenstreuung an ein festes Streuzentrum

weiter, bis es in großer Entfernung zum Streuzentrum von einem Detektor registriert wird. Für den Streuwinkel χ gilt

$$\cos\chi = \frac{\boldsymbol{p}^{\mathrm{A}}\boldsymbol{p}^{\mathrm{E}}}{|\boldsymbol{p}^{\mathrm{A}}||\boldsymbol{p}^{\mathrm{E}}|} . \tag{1.56}$$

Der gesamte Streuprozeß ist makroskopisch durch Angabe der Anfangsgeschwindigkeit v_0, des *Impaktparameters* b und des Wechselwirkungspotentials $V(r)$ determiniert.

Wir legen nun den Ursprung des Koordinatensystems in das Streuzentrum und betrachten die Kinematik des Streuprozesses in Polarkoordinaten $\begin{pmatrix} y \\ z \end{pmatrix} = r\begin{pmatrix} \sin\theta \\ \cos\theta \end{pmatrix}$:

- **Anfangsbedingungen:**
$$r(0) = \infty \; , \; \theta(0) = \pi \; , \; \dot{r}(0) = -v_0 \; , \; \dot{\theta}(0) = 0 \; .$$
- **Erhaltung der Gesamtenergie:**
$$E = \frac{\boldsymbol{p}^2}{2m} + V(r) = \frac{m}{2}\left(\dot{r}^2 + r^2\dot{\theta}^2\right) + V(r) = \frac{m}{2}v_0^2 = \text{const} \; .$$
Insbesondere sind die Impulsbeträge des Teilchens lange vor und lange nach der Streuung ($V(r = \infty) = 0$) gleich: $|\boldsymbol{p}^{\mathrm{A}}| = |\boldsymbol{p}^{\mathrm{E}}|$.
- **Erhaltung des Drehimpulses:**
$$|\boldsymbol{l}| = l = mr^2\dot{\theta} = mbv_0 = \text{const} \Longrightarrow \mathrm{d}t = \frac{mr^2}{l}\mathrm{d}\theta \; .$$
- **Bahnkurve des Teilchens:** Sie ist symmetrisch zur $r_{\min}$-Achse. Hieraus folgt für den Streuwinkel χ
$$\chi = 2\theta_{\min} - \pi$$
und für $r_{\min}$
$$\dot{r}(r_{\min}) = \frac{\mathrm{d}r}{\mathrm{d}t}(r_{\min}) = 0 \Longrightarrow \frac{\mathrm{d}r}{\mathrm{d}\theta}(r_{\min}) = 0 \; . \tag{1.57}$$

Unter Beachtung dieser Punkte läßt sich nun $\theta_{\min}$ und damit χ berechnen:

$$\frac{m}{2}v_0^2 = \frac{l^2}{2mr^4}\left(\frac{\mathrm{d}r}{\mathrm{d}\theta}\right)^2 + \frac{l^2}{2mr^2} + V(r)$$

$$\Longrightarrow \left(\frac{\mathrm{d}\theta}{\mathrm{d}r}\right)^2 = -\frac{1}{r^2}\left[1 - \frac{r^2}{b^2}\left(1 - \frac{2V(r)}{mv_0^2}\right)\right]^{-1}$$

$$\Longrightarrow \theta - \theta_0 = \pm\int\limits_{r_0}^{r} \frac{\mathrm{d}r'}{r'}\left|1 - \frac{r'^2}{b^2}\left(1 - \frac{2V(r')}{mv_0^2}\right)\right|^{-1/2} .$$

Offensichtlich ist das Vorzeichen der Wurzel des Integranden gleich dem Vorzeichen von $\mathrm{d}\theta/\mathrm{d}r$ bzw. $\mathrm{d}r/\mathrm{d}\theta$, welches im Bereich $\theta_{\mathrm{min}} \leq \theta \leq \pi$ positiv ist. Setzen wir also $\theta_0 = \pi$, $\theta = \theta_{\mathrm{min}}$, $r_0 = \infty$, $r = r_{\mathrm{min}}$, so folgt der

Satz 1.32: Bestimmung des Streuwinkels χ

$$\chi = 2\theta_{\mathrm{min}} - \pi$$

$$\theta_{\mathrm{min}} = \theta_{\mathrm{min}}(b, v_0) = \pi - \int\limits_{r_{\mathrm{min}}}^{\infty} \frac{\mathrm{d}r}{r} \left|1 - \frac{r^2}{b^2}\left(1 - \frac{2V(r)}{mv_0^2}\right)\right|^{-1/2} .$$

Der minimale Abstand $r_{\mathrm{min}} = r_{\mathrm{min}}(b, v_0)$ ist nach (1.57) durch die Nullstelle des Integranden gegeben.

In der Regel hat man es bei Streuexperimenten nicht mit der Streuung eines einzelnen Teilchens an ein Target zu tun, sondern mit einem Strahl von gleichartigen Teilchen, die mit gleicher Geschwindigkeit v_0 auf das Streuzentrum treffen. Da dieser Strahl einen gewissen Querschnitt aufweist, haben verschiedene Teilchen i.a. auch verschiedene Impaktparameter und werden dementsprechend unter verschiedenen Winkeln gestreut. Dieser Sachverhalt ist in Abb. 1.16 verdeutlicht. Alle Teilchen, die durch das Segmentstück $b|\mathrm{d}b|\mathrm{d}\varphi$ treten, treffen auf das Kugelflächenelement $R^2\mathrm{d}\Omega = R^2 \sin\chi \mathrm{d}\chi \mathrm{d}\varphi$ und werden dort vom Detektor registriert. Der Detektor mißt also effektiv den *Wirkungsquerschnitt*, der wie folgt definiert ist:

Definition: Wirkungsquerschnitt $\mathrm{d}\sigma$

$$\mathrm{d}\sigma = \frac{(\text{Zahl der nach } \mathrm{d}\Omega \text{ gestreuten Teilchen})/\mathrm{s}}{(\text{Zahl der einfallenden Teilchen})/\mathrm{s}/\mathrm{m}^2} = \frac{Ib|\mathrm{d}b|\mathrm{d}\varphi}{I} ,$$

mit I = Teilchenstrom

$$\Longrightarrow \mathrm{d}\sigma = b|\mathrm{d}b|\mathrm{d}\varphi = b(\chi)\left|\frac{\mathrm{d}b}{\mathrm{d}\chi}\right| \mathrm{d}\varphi \mathrm{d}\chi . \tag{1.58}$$

Der *differentielle Wirkungsquerschnitt* ergibt sich durch Normierung von $\mathrm{d}\sigma$ auf das Einheitskugelflächenelement $\mathrm{d}\Omega$:

Definition: Differentieller Wirkungsquerschnitt $\mathrm{d}\sigma/\mathrm{d}\Omega$ der Ein-Teilchenstreuung

$$\frac{\mathrm{d}\sigma}{\mathrm{d}\Omega} = \frac{1}{\sin\chi} b(\chi) \left|\frac{\mathrm{d}b}{\mathrm{d}\chi}\right| . \tag{1.59}$$

Im Experiment erhält man also den differentiellen Wirkungsquerschnitt, indem man den gemessenen Wirkungsquerschnitt durch die Detektorfläche teilt. Er ist somit eine von der Geometrie des Detektors unabhängige Größe.

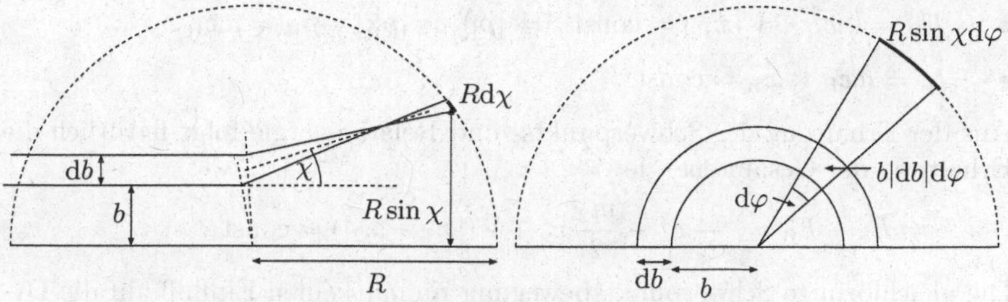

Abb. 1.16. Verlauf eines Teilchenstrahls bei der Ein-Teilchenstreuung. *Links:* senkrecht zur Strahlrichtung. *Rechts:* in Strahlrichtung

Man beachte, daß die Gleichungen (1.58) und (1.59) auch für nichtrotationssymmetrische Potentiale gelten. In diesem Fall ist dann allerdings zu berücksichtigen, daß b auch vom Azimutwinkel φ abhängt. Integriert man $\mathrm{d}\sigma/\mathrm{d}\Omega$ über $\mathrm{d}\Omega$, so erhält man den *totalen Wirkungsquerschnitt* σ_{tot}:

Definition: Totaler Wirkungsquerschnitt σ_{tot}

$$\sigma_{\mathrm{tot}} = \int \mathrm{d}\Omega \frac{\mathrm{d}\sigma}{\mathrm{d}\Omega} = \frac{\text{(Zahl der gestreuten Teilchen)/s}}{\text{(Zahl der einfallenden Teilchen)/s/m}^2} . \quad (1.60)$$

Wie auch $\mathrm{d}\sigma$ hat die Größe σ_{tot} die Dimension einer Fläche. Sie ist gleich derjenigen (fiktiven) Fläche eines Streuzentrums, die Projektile senkrecht durchsetzen müssen, um überhaupt abgelenkt zu werden.

1.5.5 Zwei-Teilchenstreuung

Wir gehen nun zum realistischeren Fall über, bei dem kein fest installiertes Streuzentrum mehr existiert, sondern Teilchen aufeinander geschossen werden. Wie bereits in Unterabschn. 1.5.1 diskutiert wurde, können wir die Dynamik dieser Zwei-Teilchenstreuung in eine Relativbewegung

$$\mu \ddot{\boldsymbol{x}}_{\mathrm{R}} = -\boldsymbol{\nabla} V(|\boldsymbol{x}_{\mathrm{R}}|) \ , \ \boldsymbol{x}_{\mathrm{R}} = \boldsymbol{x}_1 - \boldsymbol{x}_2 \ , \ \mu = \frac{m_1 m_2}{M} \ , \ M = m_1 + m_2$$

und eine Schwerpunktsbewegung

$$M \dot{\boldsymbol{x}}_{\mathrm{S}} = \mathrm{const} \Longrightarrow E_{\mathrm{S}} = \frac{M}{2} \dot{\boldsymbol{x}}_{\mathrm{S}}^2 = \mathrm{const} \ , \ \boldsymbol{x}_{\mathrm{S}} = \frac{m_1 \boldsymbol{x}_1 + m_2 \boldsymbol{x}_2}{M}$$

aufteilen. Die Relativbewegung entspricht einem effektiven Ein-Teilchenproblem und kann als Streuung eines Teilchens der reduzierten Masse μ an ein festes Streuzentrum bei $\boldsymbol{x}_{\mathrm{R}} = \boldsymbol{0}$ interpretiert werden. Hierfür gelten die entsprechenden, im letzten Unterabschnitt angeführten Erhaltungssätze:

- $E_{\mathrm{R}} = \frac{\mu}{2}\dot{\boldsymbol{x}}_{\mathrm{R}}^2 + V(\boldsymbol{x}_{\mathrm{R}}) = \mathrm{const} \Longrightarrow |\boldsymbol{p}_{\mathrm{R}}^{\mathrm{A}}| = |\boldsymbol{p}_{\mathrm{R}}^{\mathrm{E}}|\ ,\ \boldsymbol{p}_{\mathrm{R}} = \mu\dot{\boldsymbol{x}}_{\mathrm{R}}$
- $\boldsymbol{l}_{\mathrm{R}} = \mu\boldsymbol{x}_{\mathrm{R}} \times \dot{\boldsymbol{x}}_{\mathrm{R}} = \mathrm{const}\ .$

Aus der Erhaltung der Schwerpunkts- und Relativenergie folgt natürlich die Erhaltung der Gesamtenergie:

$$E = E_{\mathrm{S}} + E_{\mathrm{R}} = \frac{m_1}{2}\dot{\boldsymbol{x}}_1^2 + \frac{m_2}{2}\dot{\boldsymbol{x}}_2^2 + V(|\boldsymbol{x}_1 - \boldsymbol{x}_2|) = \mathrm{const}\ .$$

Die gleichförmige Schwerpunktsbewegung nimmt keinen Einfluß auf die Dynamik des Streuprozesses und ist lediglich eine Folge der Wahl unseres raumfesten Inertialsystems, von dem aus die Streuung betrachtet wird (Galilei-Invarianz). Wir können deshalb zum (gesternten) Schwerpunktsystem übergehen, indem der Schwerpunkt für alle Zeiten ruht:

$$\boldsymbol{x}_i = \boldsymbol{x}_{\mathrm{S}} + \boldsymbol{x}_i^*\ ,\ \boldsymbol{x}_{\mathrm{S}}^* = \boldsymbol{0}\ .$$

Das Schwerpunktsystem bietet den Vorteil, daß sich in ihm der Zusammenhang zwischen Streuwinkel χ und Impaktparameter b oftmals einfacher herstellen läßt als im Laborsystem, in dem das zweite Teilchen lange vor der Streuung ruht. Für die Schwerpunktsimpulse $\boldsymbol{p}_i^* = m_i\dot{\boldsymbol{x}}_i^*$ gilt wegen $m_1\dot{\boldsymbol{x}}_1^* + m_2\dot{\boldsymbol{x}}_2^* = \boldsymbol{0}$

$$\boldsymbol{p}_1^* = -\boldsymbol{p}_2^* = \frac{m_1 m_2}{m_1 + m_2}\left(\dot{\boldsymbol{x}}_1^* + \frac{m_1}{m_2}\dot{\boldsymbol{x}}_1^*\right) = \frac{m_1 m_2}{m_1 + m_2}\left(\dot{\boldsymbol{x}}_1^* - \dot{\boldsymbol{x}}_2^*\right) = \boldsymbol{p}_{\mathrm{R}}\ .$$

Abbildung 1.17 zeigt den Verlauf der Zwei-Teilchenstreuung im Schwerpunktsystem. Die Teilchen laufen aus dem Unendlichen mit den Anfangsimpulsen $\boldsymbol{p}_1^{\mathrm{A}*} = -\boldsymbol{p}_2^{\mathrm{A}*} = \boldsymbol{p}_{\mathrm{R}}^{\mathrm{A}}$ aufeinander zu. Nach der Streuung sind die Impulse $\boldsymbol{p}_1^{\mathrm{E}*} = -\boldsymbol{p}_2^{\mathrm{E}*} = \boldsymbol{p}_{\mathrm{R}}^{\mathrm{E}}$ gegenüber den Anfangsimpulsen um den Streuwinkel χ gedreht (vgl. (1.56)):

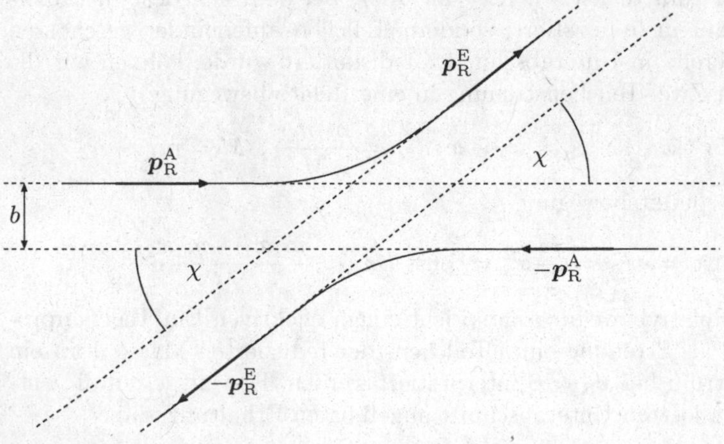

Abb. 1.17. Verlauf der Zwei-Teilchenstreuung im Schwerpunktsystem

$$\cos\chi = \frac{\boldsymbol{p}_\mathrm{R}^\mathrm{A}\boldsymbol{p}_\mathrm{R}^\mathrm{E}}{|\boldsymbol{p}_\mathrm{R}^\mathrm{A}|^2} .$$

Den Zusammenhang zwischen Impaktparameter b und Streuwinkel χ im Schwerpunktsystem kann man sich also einfach über (1.59) mit der Ersetzung $m \to \mu$ verschaffen, und es folgt der

Satz 1.33: Differentieller Wirkungsquerschnitt der Zwei-Teilchenstreuung im Schwerpunktsystem

$$\frac{\mathrm{d}\sigma}{\mathrm{d}\Omega^*} = \frac{1}{\sin\chi} b(\chi) \left|\frac{\mathrm{d}b}{\mathrm{d}\chi}\right| , \quad \text{mit } b(\chi) \text{ aus Satz 1.32 und } m \to \mu .$$

Der Geschwindigkeitsparameter v_0 ist hierbei als Relativgeschwindigkeit der beiden Teilchen lange vor der Streuung aufzufassen.

Zwei-Teilchenstreuung im Laborsystem. Mit Hilfe der Gleichungen der Zwei-Teilchenstreuung im Schwerpunktsystem lassen sich nun leicht die entsprechenden Zusammenhänge im Laborsystem (Abb. 1.18) herleiten, wo das zweite Teilchen lange vor der Streuung ruht:

$$\boldsymbol{p}_2^\mathrm{A} = 0 \Longrightarrow \dot{\boldsymbol{x}}_\mathrm{S} = \frac{m_1\dot{\boldsymbol{x}}_1(0)}{m_1+m_2} = \frac{1}{m_2}\boldsymbol{p}_\mathrm{R}^\mathrm{A} .$$

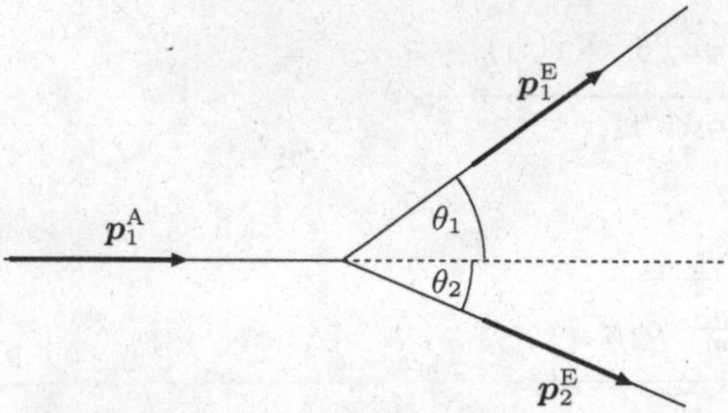

Abb. 1.18. Verlauf der Zwei-Teilchenstreuung im Laborsystem

Zwischen Anfangs- und Endimpulsen im Schwerpunkt- und Laborsystem gelten folgende Beziehungen:

$$\begin{aligned}
\boldsymbol{p}_1^\mathrm{A} &= m_1[\dot{\boldsymbol{x}}_\mathrm{S} + \dot{\boldsymbol{x}}_1^*(0)] = \frac{m_1}{m_2}\boldsymbol{p}_\mathrm{R}^\mathrm{A} + \boldsymbol{p}_1^{*\mathrm{A}} = \left(\frac{m_1}{m_2}+1\right)\boldsymbol{p}_\mathrm{R}^\mathrm{A} \\
\boldsymbol{p}_2^\mathrm{A} &= m_2[\dot{\boldsymbol{x}}_\mathrm{S} + \dot{\boldsymbol{x}}_2^*(0)] = \boldsymbol{p}_\mathrm{R}^\mathrm{A} + \boldsymbol{p}_2^{*\mathrm{A}} = \boldsymbol{0} \\
\boldsymbol{p}_1^\mathrm{E} &= m_1[\dot{\boldsymbol{x}}_\mathrm{S} + \dot{\boldsymbol{x}}_1^*(\infty)] = \frac{m_1}{m_2}\boldsymbol{p}_\mathrm{R}^\mathrm{A} + \boldsymbol{p}_1^{*\mathrm{E}} = \frac{m_1}{m_2}\boldsymbol{p}_\mathrm{R}^\mathrm{A} + \boldsymbol{p}_\mathrm{R}^\mathrm{E} \\
\boldsymbol{p}_2^\mathrm{E} &= m_2[\dot{\boldsymbol{x}}_\mathrm{S} + \dot{\boldsymbol{x}}_2^*(\infty)] = \boldsymbol{p}_\mathrm{R}^\mathrm{A} + \boldsymbol{p}_2^{*\mathrm{E}} = \boldsymbol{p}_\mathrm{R}^\mathrm{A} - \boldsymbol{p}_\mathrm{R}^\mathrm{E} .
\end{aligned}$$

Damit lassen sich die Streuwinkel θ_1 und θ_2 im Laborsystem durch den Streuwinkel χ im Schwerpunktsystem ausdrücken:

$$\cos\theta_1 = \frac{\boldsymbol{p}_1^{\mathrm{A}}\boldsymbol{p}_1^{\mathrm{E}}}{|\boldsymbol{p}_1^{\mathrm{A}}||\boldsymbol{p}_1^{\mathrm{E}}|} = \frac{\left(\frac{m_1}{m_2}+1\right)\boldsymbol{p}_{\mathrm{R}}^{\mathrm{A}}\left(\frac{m_1}{m_2}\boldsymbol{p}_{\mathrm{R}}^{\mathrm{A}}+\boldsymbol{p}_{\mathrm{R}}^{\mathrm{E}}\right)}{\left(\frac{m_1}{m_2}+1\right)|\boldsymbol{p}_{\mathrm{R}}^{\mathrm{A}}|\sqrt{\left(\frac{m_1}{m_2}\right)^2(\boldsymbol{p}_{\mathrm{R}}^{\mathrm{A}})^2+(\boldsymbol{p}_{\mathrm{R}}^{\mathrm{E}})^2+2\frac{m_1}{m_2}\boldsymbol{p}_{\mathrm{R}}^{\mathrm{A}}\boldsymbol{p}_{\mathrm{R}}^{\mathrm{E}}}}$$

$$= \frac{\frac{m_1}{m_2}+\cos\chi}{\sqrt{\left(\frac{m_1}{m_2}\right)^2+1+2\frac{m_1}{m_2}\cos\chi}}$$

$$\cos\theta_2 = \frac{\boldsymbol{p}_1^{\mathrm{A}}\boldsymbol{p}_2^{\mathrm{E}}}{|\boldsymbol{p}_1^{\mathrm{A}}||\boldsymbol{p}_2^{\mathrm{E}}|} = \frac{\left(\frac{m_1}{m_2}+1\right)\boldsymbol{p}_{\mathrm{R}}^{\mathrm{A}}(\boldsymbol{p}_{\mathrm{R}}^{\mathrm{A}}-\boldsymbol{p}_{\mathrm{R}}^{\mathrm{E}})}{\left(\frac{m_1}{m_2}+1\right)|\boldsymbol{p}_{\mathrm{R}}^{\mathrm{A}}||\boldsymbol{p}_{\mathrm{R}}^{\mathrm{A}}-\boldsymbol{p}_{\mathrm{R}}^{\mathrm{E}}|} = \frac{1-\cos\chi}{\sqrt{2-2\cos\chi}} = \sin\frac{\chi}{2}$$

$$\Longrightarrow \quad \theta_2 = \frac{\pi-\chi}{2}\,.$$

Satz 1.34: Zusammenhang differentieller Wirkungsquerschnitt im Labor- und Schwerpunktsystem

$$\frac{\mathrm{d}\sigma}{\mathrm{d}\Omega_{\mathrm{L}}} = \frac{\mathrm{d}\sigma}{\mathrm{d}\Omega^*}\frac{\mathrm{d}\Omega^*}{\mathrm{d}\Omega_{\mathrm{L}}} = \frac{\mathrm{d}\sigma}{\mathrm{d}\Omega^*}\left(\frac{\mathrm{d}\cos\theta_1}{\mathrm{d}\cos\chi}\right)^{-1}$$

$$= \frac{\mathrm{d}\sigma}{\mathrm{d}\Omega^*}\frac{\left[\left(\frac{m_1}{m_2}\right)^2+1+2\frac{m_1}{m_2}\cos\chi(\theta_1)\right]^{3/2}}{\frac{m_1}{m_2}\cos\chi(\theta_1)+1}\,,$$

mit

$$\cos\theta_1 = \frac{\frac{m_1}{m_2}+\cos\chi}{\sqrt{\left(\frac{m_1}{m_2}\right)^2+1+2\frac{m_1}{m_2}\cos\chi}}$$

und

$$\mathrm{d}\Omega^* = \sin\chi\mathrm{d}\chi\mathrm{d}\varphi = \text{Raumwinkelelement im Schwerpunktsystem,}$$

$$\mathrm{d}\Omega_{\mathrm{L}} = \sin\theta_1\mathrm{d}\theta_1\mathrm{d}\varphi = \begin{array}{l}\text{Raumwinkelelement im Laborsystem, in das}\\ \text{die Projektilteilchen gestreut werden.}\end{array}$$

(Die azimutalen Winkelabhängigkeiten im Labor- und Schwerpunktsystem sind gleich: $\varphi_{\mathrm{L}} = \varphi$.)

Man beachte: Für $m_2 \gg m_1$ sind die differentiellen Wirkungsquerschnitte $\mathrm{d}\sigma/\mathrm{d}\Omega_{\mathrm{L}}$ und $\mathrm{d}\sigma/\mathrm{d}\Omega^*$ gleich und entsprechen dem differentiellen Wirkungsquerschnitt $\mathrm{d}\sigma/\mathrm{d}\Omega$ der Ein-Teilchenstreuung. Der Übergang vom Schwerpunktsystem zum Laborsystem läßt sich folgendermaßen graphisch darstellen:

- $m_1/m_2 < 1$: θ_1 überstreicht im Laborsystem den Bereich $[0:\pi]$, während χ im Schwerpunktsystem ebenfalls diesen Bereich durchläuft (Abb. 1.19). Die Zuordnung $\chi(\theta_1)$ ist in diesem Bereich bijektiv.

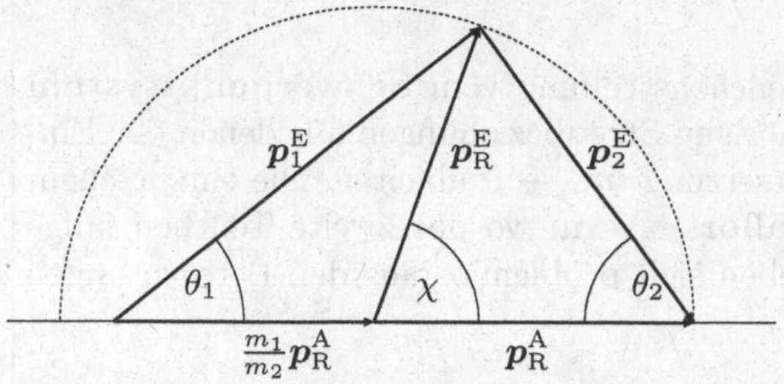

Abb. 1.19. Zusammenhang zwischen der Zwei-Teilchenstreuung im Schwerpunkt- und Laborsystem für $m_1 < m_2$

- $m_1/m_2 > 1$: θ_1 überstreicht hier nur noch den Bereich $[0:\theta_{\max}]$ für $\chi \in [0:\pi]$, mit $\sin\theta_{\max} = m_2/m_1$. Außerdem gibt es nun zu jedem θ_1 zwei mögliche Werte für χ (Abb. 1.20). Zur endgültigen Festlegung von χ benötigt man deshalb außer θ_1 noch den Endimpuls $|p_1^E|$ des ersten Teilchens.

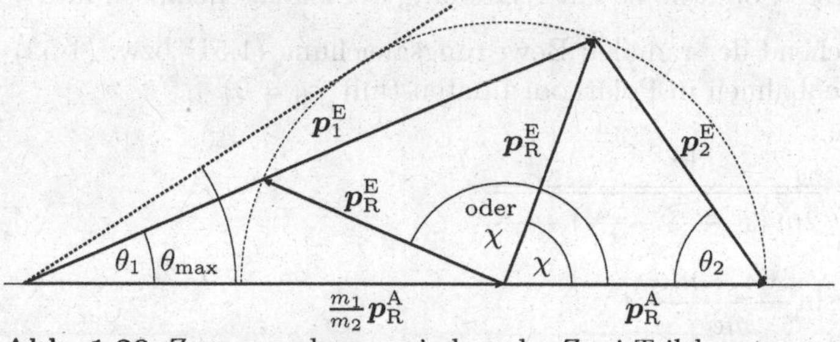

Abb. 1.20. Zusammenhang zwischen der Zwei-Teilchenstreuung im Schwerpunkt- und Laborsystem für $m_1 > m_2$

Zusammenfassung

- Die relevanten Kenngrößen von **Ein-Teilchenstreuungen** sind der **differentielle** und der **totale Wirkungsquerschnitt**, da sie dem Experiment leicht zugänglich sind. Der differentielle Wirkungsquerschnitt gibt die Winkelverteilung der gestreuten Teilchen an und der totale Wirkungsquerschnitt die fiktive Fläche des Streuzentrums, die die Projektile durchsetzen müssen, um abgelenkt zu werden.

▷

- Die gegenseitige Streuung von Teilchen (**Zwei-Teilchenstreuung**) läßt sich in eine Relativbewegung und eine gleichförmige Schwerpunktsbewegung aufteilen. Da die Schwerpunktsbewegung die Dynamik des Streuvorgangs nicht beeinflußt, entspricht die relative Bewegung einem effektiven Ein-Teilchenproblem.
- Betrachtet man die Zwei-Teilchenstreuung vom **Schwerpunktsystem** aus, so lassen sich die zugehörigen Streubeziehungen aus denen der Ein-Teilchenstreuung mit der Ersetzung $m \longrightarrow \mu$ ableiten. Die entsprechenden Zusammenhänge im **Laborsystem**, wo das zweite Teilchen lange vor der Streuung ruht, ergeben sich problemlos aus den Betrachtungen im Schwerpunktsystem.

Anwendungen

13. Periheldrehung. Das Gravitationspotential der Sonne wird durch allgemein-relativistische Korrekturen folgendermaßen modifiziert:

$$V(r) = \frac{\alpha}{r} + \frac{a}{r^2} \ , \ \alpha < 0 \ , \ a > 0 \ .$$

Man zeige, daß dieses Potential zu einer Drehung der Planetenellipsen führt.

Lösung. Entsprechend der radialen Bewegungsgleichung (1.51) bzw. (1.52) gilt für die Planetenbahnen in Polarkoordinaten (mit $\varphi_0 = 0$)

$$\begin{aligned} \varphi &= \pm \int\limits_{r_0}^{r} \frac{l\mathrm{d}r'}{r'^2\sqrt{2m\left(E - \frac{\alpha}{r'} - \frac{a}{r'^2}\right) - \frac{l}{r'^2}}} \\ &= -\frac{1}{\sqrt{d}} \arcsin \frac{\lambda/r + m\alpha}{m\alpha\gamma} + c \ , \end{aligned}$$

wobei m die Masse des Planeten ist und

$$d = \frac{2ma}{l^2} + 1 \ , \ \gamma = \pm\sqrt{1 + \frac{2E}{m\alpha^2}(2ma + l^2)} \ .$$

Bei geeigneter Wahl der Integrationskonstanten c ergibt sich hieraus

$$r = \frac{k}{1 + \gamma \cos(\sqrt{d}\varphi)} \ , \ k = -\frac{\lambda^2}{m\alpha} \ . \tag{1.61}$$

Bis auf den Vorfaktor $\sqrt{d}$ ist (1.61) formgleich mit der Ellipsengleichung (1.54). Wegen $\sqrt{d} > 1$ wird jedoch z.B. der minimale Abstand $r_{\min} = k/(1 + |\gamma|)$ zur Sonne nicht nach $\Delta\varphi = 2\pi$ erreicht, wie im reinen Coulomb-Fall, sondern eher, nämlich bei $\Delta\varphi = 2\pi/\sqrt{d}$. Dies führt zur Drehung der Ellipsenbahnen, der sog. *Periheldrehung* (Abb. 1.21).

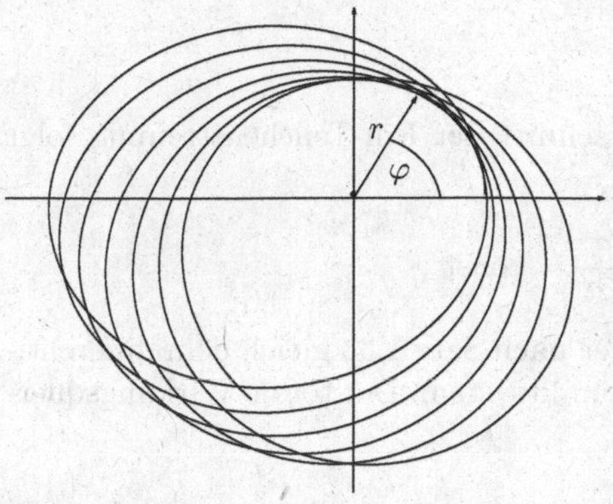

Abb. 1.21. Drehung der Planetenellipsen aufgrund eines zusätzlichen $\frac{1}{r^2}$-Terms zum Gravitationspotential

14. Elastische Streuung von Kugeln. Zwei harte Kugeln mit den Massen $m_1 = m_2 = m$ und den Radien $R_1 = R_2 = R$ werden aneinander elastisch gestreut (gestoßen). Man berechne den differentiellen Wirkungsquerschnitt im Schwerpunkt- und Laborsystem. Wie groß ist der totale Wirkungsquerschnitt?

Lösung. Wir betrachten zuerst den Stoß der ersten Kugel an die fest verankerte zweite Kugel (Abb. 1.22). Da es sich hierbei um eine elastische Streuung handelt, erhält man den Zusammenhang zwischen Streuwinkel χ und Impaktparameter b aus rein geometrischen Überlegungen. Es gilt

$$\theta_{\min} = \pi - \arcsin \frac{b}{2R}$$

$$\Longrightarrow \chi = 2\theta_{\min} - \pi = 2 \arccos \frac{b}{2R}$$

$$\Longrightarrow b = 2R \cos \frac{\chi}{2}$$

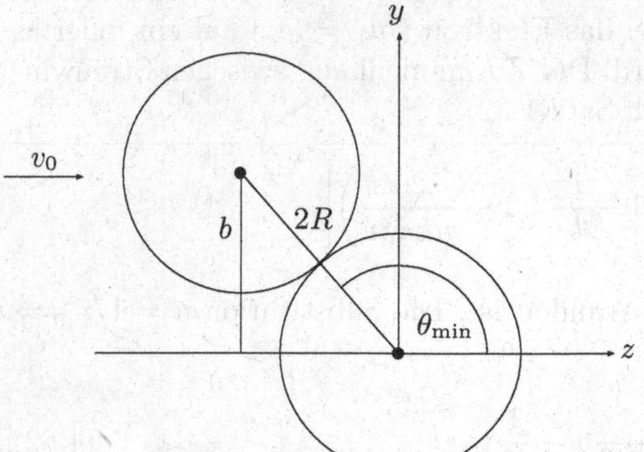

Abb. 1.22. Elastische Streuung einer Kugel an einer fixierten Kugel

$$\Longrightarrow \left|\frac{db}{d\chi}\right| = R\sin\frac{\chi}{2} \ .$$

Für den differentiellen Wirkungsquerschnitt der Ein-Teilchenstreuung folgt somit nach (1.59)

$$\frac{d\sigma}{d\Omega} = \frac{2R^2\sin\frac{\chi}{2}\cos\frac{\chi}{2}}{\sin\chi} = R^2 = \frac{d\sigma}{d\Omega^*} = \text{const} \ .$$

Da $d\sigma/d\Omega$ massenunabhängig ist, ist er nach Satz 1.33 gleich dem differentiellen Wirkungsquerschnitt im Schwerpunktsystem. Der totale Wirkungsquerschnitt berechnet sich nach (1.60) zu

$$\sigma_{\text{tot}} = R^2\int\limits_0^{2\pi} d\varphi \int\limits_0^{\pi} d\chi \sin\chi = 4\pi R^2 \ .$$

Den differentiellen Wirkungsquerschnitt im Laborsystem erhält man über Satz 1.34 zu

$$\frac{d\sigma}{d\Omega_{\text{L}}} = R^2\frac{[2+2\cos\chi]^{3/2}}{1+\cos\chi} = 2R^2\sqrt{2+2\cos\chi} = 4R^2\cos\theta_1 \ .$$

Zur Berechnung des totalen Wirkungsquerschnitts $\sigma_{\text{tot,L}}$, der natürlich gleich dem der Ein-Teilchenstreuung sein muß, ist zu beachten, daß sich die Integration über θ_1 nur bis zur ersten Nullstelle von $d\sigma/d\Omega_{\text{L}}$ erstreckt:

$$\sigma_{\text{tot,L}} = 8\pi R^2 \int\limits_0^{\frac{\pi}{2}} d\theta_1 \sin\theta_1\cos\theta_1 = 4\pi R^2 \ .$$

15. Rutherford-Streuung. Man berechne für die Elektron-Proton-Streuung den differentiellen Wirkungsquerschnitt im Labor- und Schwerpunktsystem, wobei die Wechselwirkung durch ein Coulomb-Potential $V(r) = \alpha/r$ gegeben sei.

Lösung. Wir beginnen wieder mit der Betrachtung der Ein-Teilchenstreuung an ein festes Streuzentrum, wobei das Elektron ($m_1 = m_{\text{e}}$) auf ein fixiertes Proton ($m_2 = m_{\text{p}}$) geschossen wird. Der Zusammenhang zwischen Streuwinkel und Impaktparameter ist nach Satz 1.32

$$\theta_{\min} = \frac{\chi+\pi}{2} = \pi - \int\limits_{r_{\min}}^{\infty}\frac{dr}{r}\left|1-\frac{r^2}{b^2}\left(1-\frac{2\alpha}{m_{\text{e}}v_0^2 r}\right)\right|^{-1/2} ,$$

wobei $r_{\min}$ die Nullstelle des Integranden ist. Die Substitution $u = 1/r \Longrightarrow dr = -r^2 du$ liefert

$$\theta_{\min} = \pi - \int\limits_0^{u_{\min}} du \left|u^2 + \frac{2\alpha}{m_{\text{e}}b^2v_0^2}u - \frac{1}{b^2}\right|^{-1/2} . \tag{1.62}$$

Eine weitere Substitution

$$u^2 + \frac{2\alpha}{m_e b^2 v_0^2} u - \frac{1}{b^2} = -\left[\frac{1}{b^2} + \left(\frac{\alpha}{m_e b^2 v_0^2}\right)^2\right](1-\omega^2)$$

$$\Longrightarrow \omega = \left(u + \frac{\alpha}{m_e b^2 v_0^2}\right)\left[\frac{1}{b^2} + \left(\frac{\alpha}{m_e b^2 v_0^2}\right)^2\right]^{-1/2}$$

führt zu

$$\theta_{\min} = \pi + \int\limits_{\omega(0)}^{\omega(u_{\min})} \mathrm{d}\Omega (1-\omega^2)^{-1/2} = \pi + \arccos\omega(0) - \arccos\omega(u_{\min}) \ .$$

Da $u_{\min}$ Nullstelle des Integranden aus (1.62) ist, gilt $\omega(u_{\min}) = 1$ und somit $\arccos\omega(u_{\min}) = 0$. Wir erhalten schließlich

$$\cos\frac{\chi - \pi}{2} = \sin\frac{\chi}{2} = \omega(0) = \frac{\alpha}{m_e b^2 v_0^2}\left[\frac{1}{b^2} + \left(\frac{\alpha}{m_e b^2 v_0^2}\right)^2\right]^{-1/2}$$

$$\Longrightarrow \sin^2\frac{\chi}{2} = \left(1 + \frac{b^2 m_e^2 v_0^4}{\alpha^2}\right)^{-1}$$

$$\Longrightarrow b(\chi) = \frac{|\alpha|}{m_e v_0^2}\cot\frac{\chi}{2}$$

$$\Longrightarrow \left|\frac{\mathrm{d}b}{\mathrm{d}\chi}\right| = \frac{|\alpha|}{2m_e v_0^2}\frac{1}{\sin^2\frac{\chi}{2}} \ .$$

Damit ergibt sich für den differentiellen Wirkungsquerschnitt der Ein-Teilchenstreuung

$$\frac{\mathrm{d}\sigma}{\mathrm{d}\Omega} = \frac{\alpha^2}{4m_e^2 v_0^4}\frac{1}{\sin^4\frac{\chi}{2}} \ . \tag{1.63}$$

Er ist monoton fallend mit der Energie $m_e v_0^2/2$ der Elektronen sowie mit dem Streuwinkel χ und divergiert für $\chi = 0$. Dies ist eine Folge der langen Reichweite des Coulomb-Potentials. Bemerkenswerterweise gibt es keinen Unterschied zwischen dem attraktiven ($\alpha < 0$) und repulsiven Fall ($\alpha > 0$). Der totale Wirkungsquerschnitt ist

$$\sigma_{\text{tot}} = \frac{\pi\alpha^2}{2m_e^2 v_0^4}\int\limits_0^\pi \frac{\mathrm{d}\chi\sin\chi}{\sin^4\frac{\chi}{2}} = -\frac{\pi\alpha^2}{m_e^2 v_0^4}\frac{1}{\sin^2\frac{\chi}{2}}\bigg|_0^\pi \longrightarrow \infty \ .$$

Der Grund für diese Divergenz liegt wiederum am langreichweitigen $1/r$-Verhalten des Wechselwirkungspotentials. Der differentielle Wirkungsquerschnitt im Schwerpunktsystem ergibt sich durch die Ersetzung $m_e \rightarrow \mu = m_e m_p/(m_e + m_p)$ zu

$$\frac{d\sigma}{d\Omega^*} = \frac{\alpha^2}{4\mu^2 v_0^4} \frac{1}{\sin^4 \frac{\chi}{2}} ,$$

mit v_0 als anfänglicher Relativgeschwindigkeit von Elektron und Proton. Das Massenverhältnis von Elektron und Proton ist

$$\frac{m_e}{m_p} \approx 5.4 \cdot 10^{-4} \ll 1 .$$

In nullter Näherung gilt daher $m_e/m_p \approx 0$, $\mu \approx m_e$, und wir können schreiben:

$$\frac{d\sigma}{d\Omega} \approx \frac{d\sigma}{d\Omega^*} \approx \frac{d\sigma}{d\Omega_L} .$$

1.6 Relativistische Mechanik

Zu Anfang des 20. Jahrhunderts glaubte man, daß das gesamte Weltall von einem Medium, dem sog. *Äther*, erfüllt sei, das die Propagation des Lichts durch den Raum ermöglicht. Diese Ätherhypothese hätte zur Folge, daß die Lichtgeschwindigkeit in Inertialsystemen, die sich mit verschiedenen Geschwindigkeiten relativ zum Äther bewegen, unterschiedlich groß sein müßte. Überraschenderweise konnte durch keines der damals mit hoher Präzision durchgeführten Experimente (z.B. Michelson-Moreley-Experiment) dieser Effekt beobachtet werden. Alle experimentellen Ergebnisse deuten im Gegenteil darauf hin, daß Licht in allen Inertialsystemen die gleiche Ausbreitungsgeschwindigkeit besitzt.

1905 veröffentlichte Albert Einstein seine *spezielle Relativitätstheorie*, welche die Konstanz der Lichtgeschwindigkeit zum Axiom erhebt und die Ätherhypothese vollständig verwirft. Die spezielle Relativitätstheorie – ursprünglich im Rahmen der Elektrodynamik formuliert – bildet eine selbstkonsistente Theorie, die die Newtonsche Mechanik als Grenzfall kleiner Geschwindigkeiten im Vergleich zur Lichtgeschwindigkeit enthält.

Nach einer Besprechung der grundlegenden Voraussetzungen der speziellen Relativitätstheorie, in der sich der Begriff der *Lorentz-Transformation* als entscheidend erweisen wird, diskutieren wir daraus folgende relativistische Effekte im Kontext der Mechanik und zeigen, daß das Kausalitätsprinzip, d.h. die chronologische Abfolge von Ereignissen in der Vergangenheit, Gegenwart und Zukunft auch hier seine Gültigkeit behält. Desweiteren beschäftigen wir uns mit der adäquaten Definition relativistischer kinematischer *Vierergrößen*, die eine forminvariante Formulierung der relativistischen Mechanik gewährleisten. Der letzte Unterabschnitt beschäftigt sich mit der Lagrangeschen Formulierung der relativistischen Mechanik.

1.6.1 Grundvoraussetzungen, Minkowski-Raum, Lorentz-Transformation

Die spezielle Relativitätstheorie beruht auf folgenden Axiomen:

- **Konstanz der Lichtgeschwindigkeit:** Die Lichtgeschwindigkeit im Vakuum ist für alle gleichförmig bewegten Bezugssysteme gleich groß, nämlich $c \approx 3 \cdot 10^8$ m/s.
- **Relativitätsprinzip:** Physikalische Gesetze sind in allen Inertialsystemen gleichermaßen gültig, d.h. es existiert kein ausgezeichnetes Bezugssystem.

Im Relativitätsprinzip sind enthalten die *Homogenität von Raum und Zeit*, nach der kein ausgezeichneter Ort und Zeitpunkt existiert, und die *Isotropie des Raumes*, nach der es keine bevorzugte Raumrichtung gibt. Im Kontext der Mechanik kann als weiteres Axiom das *Korrespondenzprinzip* angesehen werden. Es besagt, daß alle physikalischen Gesetzmäßigkeiten der speziellen Relativitätstheorie im Grenzfall $v/c \to 0$ in die entsprechenden Gesetze der Newtonschen Mechanik übergehen.

Das erste Axiom hat zur Folge, daß die Voraussetzung der Newtonschen Mechanik einer absoluten Zeit in allen Bezugssystemen aufgegeben werden muß. Insofern erweist es sich als günstig, physikalische Ereignisse mathematisch in einem vierdimensionalen Raum zu beschreiben, in dem die Zeit t (bzw. das Produkt aus Zeit und Lichtgeschwindigkeit, ct) als eigene Dimension gleichberechtigt zu den drei Raumdimensionen erscheint. Dies ist der sog. *Minkowski-Raum*. Bevor wir uns ihm zuwenden, wollen wir einige Vereinbarungen treffen, die es gestatten, die Relativitätstheorie in sehr übersichtlicher Weise zu formulieren:

- Über gleiche Indizes, von denen der eine unten und der andere oben zu stehen hat, wird summiert, so daß Summenzeichen fortgelassen werden können. Summationen, in denen zwei gleiche Indizes oben oder unten stehen, sind nicht definiert (*Einsteinsche Summenkonvention*).
- Vektoren, deren Index oben steht, heißen *kontravariant*, solche mit unten stehendem Index *kovariant*. Obwohl diese Unterscheidung im Rahmen der relativistischen Mechanik keine große Rolle spielt, wollen wir sie dennoch schon jetzt einführen; ihr voller Nutzen wird sich spätestens im Kontext der forminvarianten Formulierung der Elektrodynamik (Abschn. 2.3) erweisen.
- Bei Matrizen steht der Zeilenindex vor dem Spaltenindex.

Definition: Minkowski-Raum

Der Minkowski-Raum ist ein vierdimensionaler linearer Vektorraum über dem Körper der reellen Zahlen. Seine Elemente x werden durch vierkomponentige Koordinatenvektoren bzw. *Vierervektoren* (im folgenden oftmals auch einfach nur: Vektoren) ▷

$$(x^\mu(t)) = \begin{pmatrix} ct \\ \boldsymbol{x}(t) \end{pmatrix} = \begin{pmatrix} ct \\ x(t) \\ y(t) \\ z(t) \end{pmatrix}$$

repräsentiert. Man beachte die Notation: x^μ , $\mu = 0, 1, 2, 3$ bezeichnet die μ-te kontravariante Koordinate von x.

Metrik des Minkowski-Raumes

Das Skalarprodukt zweier Vierervektoren ist in folgender Weise definiert:

$$\begin{aligned}(x^\mu) \cdot (y^\nu) &= x^\mu g_{\mu\nu} y^\nu = x^\mu y_\mu \\ (x_\mu) \cdot (y_\nu) &= x_\mu g^{\mu\nu} x_\nu = x_\mu y^\mu\end{aligned}$$

$$(g_{\mu\nu}) = (g^{\mu\nu}) = \begin{pmatrix} 1 & 0 & 0 & 0 \\ 0 & -1 & 0 & 0 \\ 0 & 0 & -1 & 0 \\ 0 & 0 & 0 & -1 \end{pmatrix} , \; g^\mu{}_\nu = g_\nu{}^\mu = \delta^\mu_\nu \; . \tag{1.64}$$

Hieraus folgt unmittelbar:

- $g^{\mu\alpha} g_{\alpha\nu} = \delta^\mu_\nu$,
- $x_\mu = g_{\mu\nu} x^\nu$, $x^\mu = g^{\mu\nu} x_\nu$, d.h. ko- und kontravariante Vektoren unterscheiden sich allein im Vorzeichen der räumlichen Komponenten,
- $x_\mu y^\mu = x^\mu y_\mu$.

$g_{\mu\nu}$ ist der (nichteuklidische) *metrische Tensor* des Minkowski-Raumes.

Im Gegensatz zum dreidimensionalen euklidischen Fall ist hier die Norm eines Vektors offenbar nicht mehr positiv definit, und es können die Fälle

$$x^\mu x_\mu = c^2 t^2 - \boldsymbol{x}^2 \begin{cases} > 0 \\ = 0 \\ < 0 \end{cases}$$

auftreten. Betrachten wir nun zwei Inertialsysteme K und K′, die sich mit konstanter Geschwindigkeit relativ zueinander bewegen, und nehmen an, daß zu irgend einem Zeitpunkt ein Lichtsignal in alle Richtungen ausgesandt wird. Aufgrund des Relativitätsprinzips sollte dann die Propagation dieses Signals in beiden Systemen als eine sich gleichmäßig ausbreitende Kugelwelle wahrgenommen werden. Bezeichnen x_0^μ und $x_0'^\mu$ den raumzeitlichen Ursprung des Lichtsignals im System K bzw. K′ und dementsprechend x^μ bzw. x'^μ einen Punkt der Wellenfront zu einem späteren Zeitpunkt, dann kann das Postulat der Konstanz der Lichtgeschwindigkeit ausgedrückt werden durch

$$\begin{aligned}(x - x_0)^\mu (x - x_0)_\mu &= c^2 (t - t_0)^2 - (\boldsymbol{x} - \boldsymbol{x}_0)^2 \\ &= c^2 (t' - t_0')^2 - (\boldsymbol{x}' - \boldsymbol{x}_0')^2 \\ &= (x' - x_0')^\mu (x' - x_0')_\mu = 0 \; .\end{aligned}$$

Das heißt der vierdimensionale Abstand zweier Lichtvektoren ist in jedem Inertialsystem Null. Diesen Sachverhalt verallgemeinernd drückt sich die geometrische Struktur der vierdimensionalen Raum-Zeit durch die Invarianzeigenschaft des Abstandes zweier beliebiger Vierervektoren aus, was letztlich aus dem Relativitätsprinzip bzw. der Homogenität der Raum-Zeit und der Isotropie des Raumes gefolgert werden kann:

$$(x-y)^\mu(x-y)_\mu = (x'-y')^\mu(x'-y')_\mu \;.$$

Unter den Transformationen, die K in K′ überführen, sind also nur solche physikalisch sinnvoll, die diese Gleichung beachten. Dies sind die sog. *Lorentz-Transformationen*, lineare Abbildungen, die Translationen und Drehungen im vierdimensionalen Minkowski-Raum entsprechen. Für sie gilt der

Satz 1.35: Lorentz-Transformationen

Lorentz-Transformationen beschreiben den relativistischen Übergang von einem Inertialsystem K zu einem anderen K′. Sie sind über die Transformationsgleichung

$$x^\mu \to x'^\mu = \Lambda^\mu{}_\nu x^\nu + a^\mu \;,\; a^\mu = \text{Raum-Zeit-Translation}$$

kontravarianter Vektoren definiert. Zusammen mit der Erhaltung des Abstandes,

$$(x-y)^\mu(x-y)_\mu = (x'-y')^\mu(x'-y')_\mu \;,$$

folgt hieraus einerseits die Bedingungsgleichung

$$\Lambda^\mu{}_\alpha g_{\mu\nu} \Lambda^\nu{}_\beta = g_{\alpha\beta} \tag{1.65}$$

und andererseits das entsprechende Transformationsverhalten kovarianter Vektoren,

$$x'_\mu = g_{\mu\nu} x'^\nu = g_{\mu\nu}\left(\Lambda^\nu{}_\alpha x^\alpha + a^\nu\right) = x_\beta [\Lambda^{-1}]^\beta{}_\mu + a_\mu \;,$$

mit der zu $\Lambda^\mu{}_\nu$ inversen Transformation

$$[\Lambda^{-1}]^\beta{}_\mu = g_{\mu\nu}\Lambda^\nu{}_\alpha g^{\alpha\beta} = \Lambda_\mu{}^\beta \;,\; [\Lambda^{-1}]^\beta{}_\mu \Lambda^\mu{}_\gamma = g_{\mu\nu}\Lambda^\nu{}_\alpha g^{\alpha\beta}\Lambda^\mu{}_\gamma = \delta^\beta_\gamma .$$

In Matrixschreibweise lautet die Bedingung (1.65) $\Lambda^{\mathrm{T}} g \Lambda = g$ und entspricht der Forderung $R^{\mathrm{T}}R = 1$ an Drehmatrizen im dreidimensionalen euklidischen Fall. Lorentz-Transformationen mit $a^\mu = 0$ konstituieren die *homogene Lorentz-Gruppe*. Hierbei bleibt neben dem Abstand auch das Skalarprodukt zweier Vektoren unverändert:

$$x^\mu y_\mu = x'^\mu y'_\mu \;.$$

Im allgemeinen Fall $(a^\mu) \neq 0$ erhält man die *inhomogene Lorentz-Gruppe* oder *Poincaré-Gruppe*. Die homogene Lorentz-Gruppe läßt sich weiter unterteilen in

Homogene Transformationen: $\det(\Lambda) = \pm 1$, $\Lambda^0{}_0 = \pm 1$

$\hookrightarrow$ *Orthochrone Transformationen:* $\det(\Lambda) = \pm 1$, $\Lambda^0{}_0 = +1$

$\hookrightarrow$ *Eigentliche Transformationen:* $\det(\Lambda) = +1$, $\Lambda^0{}_0 = +1$.

Eigentliche Transformationen besitzen drei konstante (Raum-)Drehwinkel und drei konstante Boostwinkel. Sie lassen die Zeitrichtung und den Richtungssinn der drei Raumachsen unverändert. Zusammen mit den Raum-Zeit-Translationen a^μ bilden sie die 10-parametrige *eigentliche orthochrone Poincaré-Gruppe* (vgl. Satz 1.10).

Beispiele für eigentliche Lorentz-Transformationen.

- Drehungen im Raum:

$$\Lambda^{(R)} = (\Lambda^{(R)\mu}{}_\nu) = \begin{pmatrix} 1 & 0 & 0 & 0 \\ 0 & & & \\ 0 & & R & \\ 0 & & & \end{pmatrix}$$

- Spezielle Boosts:

$$\Lambda^{(1)} = (\Lambda^{(1)\mu}{}_\nu) = \begin{pmatrix} \cosh\alpha & \sinh\alpha & 0 & 0 \\ \sinh\alpha & \cosh\alpha & 0 & 0 \\ 0 & 0 & 1 & 0 \\ 0 & 0 & 0 & 1 \end{pmatrix}$$

$$\Lambda^{(2)} = (\Lambda^{(2)\mu}{}_\nu) = \begin{pmatrix} \cosh\alpha & 0 & \sinh\alpha & 0 \\ 0 & 1 & 0 & 0 \\ \sinh\alpha & 0 & \cosh\alpha & 0 \\ 0 & 0 & 0 & 1 \end{pmatrix}$$

$$\Lambda^{(3)} = (\Lambda^{(3)\mu}{}_\nu) = \begin{pmatrix} \cosh\alpha & 0 & 0 & \sinh\alpha \\ 0 & 1 & 0 & 0 \\ 0 & 0 & 1 & 0 \\ \sinh\alpha & 0 & 0 & \cosh\alpha \end{pmatrix} .$$

Die $\Lambda^{(i)}$ beschreiben den Übergang von einem Inertialsystem K zu einem anderen K′, das sich relativ zu K mit konstanter Geschwindigkeit entlang der i-ten Raumachse bewegt.

Zur Interpretation des Boostwinkels α betrachten wir den Fall, daß sich K′ relativ zu K mit konstanter Geschwindigkeit v (gemessen in K) entlang der x-Achse bewegt. Es finde nun im räumlichen Ursprung von K′ zur Zeit t' ein Ereignis statt, das in K und K′ durch die Vektoren

$$(x^\mu) = \begin{pmatrix} ct \\ vt \\ 0 \\ 0 \end{pmatrix} , \; (x'^\mu) = \begin{pmatrix} ct' \\ 0 \\ 0 \\ 0 \end{pmatrix}$$

beschrieben wird. Unter Anwendung von $\Lambda^{(1)}$ ergibt sich

$$ct' = ct\cosh\alpha + vt\sinh\alpha \ , \ 0 = ct\sinh\alpha + vt\cosh\alpha \ , \tag{1.66}$$

und es folgt

$$\tanh\alpha = -\beta \Longrightarrow \cosh\alpha = \frac{\pm 1}{\sqrt{1-\beta^2}} \ , \ \sinh\alpha = \frac{\mp\beta}{\sqrt{1-\beta^2}} \ , \ \beta = \frac{v}{c} \ .$$

Zur Festlegung der jeweiligen Vorzeichen betrachten wir den nichtrelativistischen Grenzfall $\beta \to 0$, entwickeln $\cosh\alpha$ und $\sinh\alpha$ bis zur jeweils führenden Ordnung in β,

$$\cosh\alpha \approx \pm 1 \ , \ \sinh\alpha \approx \mp\beta \ ,$$

und setzen diese Ausdrücke in (1.66) ein:

$$ct' \approx \pm ct \mp \beta vt \ , \ 0 \approx \mp\beta ct \pm vt = \mp vt \pm vt \ .$$

Unter Beachtung des Korrespondenzprinzips $ct' \stackrel{\beta\to 0}{\longrightarrow} ct$ folgt hieraus

$$\cosh\alpha = \frac{+1}{\sqrt{1-\beta^2}} \ , \ \sinh\alpha = \frac{-\beta}{\sqrt{1-\beta^2}} \ .$$

1.6.2 Relativistische Effekte

Im folgenden diskutieren wir einige physikalische Konsequenzen, die sich aus der Struktur von Lorentz-Transformationen ergeben. Wir nehmen dabei wieder an, daß sich K′ relativ zu K mit konstanter Geschwindigkeit v in x-Richtung bewegt.[10]

Zeitdilatation. Ein in K ruhender Beobachter läßt an der Stelle x_1 zwei Lichtblitze zu den Zeitpunkten t_1 und t_2 los. Diese entsprechen im System K′ den Zeitpunkten

$$t_1' = t_1\cosh\alpha + \frac{x_1}{c}\sinh\alpha \ , \ t_2' = t_2\cosh\alpha + \frac{x_1}{c}\sinh\alpha \ .$$

Es folgt

$$\Delta t' = t_2' - t_1' = \frac{\Delta t}{\sqrt{1-\beta^2}} \geq \Delta t = t_2 - t_1 \ .$$

Das heißt einem Beobachter werden Zeitintervalle in zu ihm bewegten Systemen immer als gedehnt erscheinen.

---

[10] Man beachte, daß unten stehende Indizes hier keine kovariante μ-Indizierung bedeuten, sondern lediglich verschiedene kontravariante Komponenten markieren.

Längenkontraktion. Im System K befinde sich ein Stab der Länge $\Delta x = x_2 - x_1$ längs der x-Achse ausgerichtet. Ein vorbeifliegender Beobachter des Systems K′ messe die Länge dieses Stabes, indem er Anfang und Ende zur gleichen Zeit bestimmt. Es gilt

$$x'_2 - x'_1 = \Delta x' = c\Delta t \sinh\alpha + \Delta x \cosh\alpha \ .$$

Gleichzeitigkeit des Meßvorgangs im System K′ bedeutet

$$c\Delta t' = 0 = c\Delta t \cosh\alpha + \Delta x \sinh\alpha \Longrightarrow c\Delta t = -\Delta x \tanh\alpha \ .$$

Daraus folgt

$$\Delta x' = \Delta x(-\sinh\alpha \tanh\alpha + \cosh\alpha) = \Delta x\sqrt{1-\beta^2} \le \Delta x \ .$$

Ein Beobachter sieht also die Länge von relativ zu ihm bewegten Gegenständen verkürzt. Da es unerheblich ist, welches der Systeme K und K′ als bewegtes System aufgefaßt wird, werden Zeitdilatation und Längenkontraktion in beiden Systemen gleichermaßen wahrgenommen.

Addition relativistischer Geschwindigkeiten. Wir betrachten ein Teilchen, das sich mit der Geschwindigkeit $\boldsymbol{\omega}$ in K bewegt und fragen danach, wie groß $\boldsymbol{\omega}'$ in K′ ist. Es gilt

$$\omega'_x = c\frac{\mathrm{d}x'^1}{\mathrm{d}x'^0} = c\frac{\mathrm{d}x^0 \sinh\alpha + \mathrm{d}x^1 \cosh\alpha}{\mathrm{d}x^0 \cosh\alpha + \mathrm{d}x^1 \sinh\alpha} = c\frac{\tanh\alpha + \frac{\mathrm{d}x^1}{\mathrm{d}x^0}}{1 + \frac{\mathrm{d}x^1}{\mathrm{d}x^0}\tanh\alpha} = c\frac{-\frac{v}{c} + \frac{1}{c}\omega_x}{1 - \frac{v}{c^2}\omega_x}$$

$$\Longrightarrow \omega'_x = \frac{\omega_x - v}{1 - \frac{v}{c^2}\omega_x} \ ,$$

$$\omega'_{y,z} = c\frac{\mathrm{d}x'^{2,3}}{\mathrm{d}x'^0} = c\frac{\mathrm{d}x^{2,3}}{\mathrm{d}x^0 \cosh\alpha + \mathrm{d}x^1 \sinh\alpha} = \frac{c}{\cosh\alpha}\frac{\frac{\mathrm{d}x^{2,3}}{\mathrm{d}x^0}}{1 + \frac{\mathrm{d}x^1}{\mathrm{d}x^0}\tanh\alpha}$$

$$= \frac{c}{\cosh\alpha}\frac{\frac{1}{c}\omega_{y,z}}{1 + \frac{\omega_x}{c}\tanh\alpha}$$

$$\Longrightarrow \omega'_{y,z} = \frac{\omega_{y,z}(1-\beta^2)}{1 - \frac{v}{c^2}\omega_x} \ .$$

Insgesamt erhält man

$$\boldsymbol{\omega}' = \frac{1}{1 - \frac{v}{c^2}\omega_x}\begin{pmatrix} \omega_x - v \\ \omega_y\sqrt{1-\beta^2} \\ \omega_z\sqrt{1-\beta^2} \end{pmatrix} \ .$$

Offensichtlich ist diese Gleichung nur für Relativgeschwindigkeiten $|v| \le c$ und damit auch $|\boldsymbol{\omega}| \le c$ physikalisch sinnvoll. Weiterhin überzeugt man sich leicht davon, daß für alle möglichen Kombinationen von $v, |\boldsymbol{\omega}| \le c$ auch in K′ keine größere Geschwindigkeit als die des Lichts gefunden wird. Insbesondere gilt

$$\boldsymbol{\omega} = \begin{pmatrix} c \\ 0 \\ 0 \end{pmatrix} \Longrightarrow \boldsymbol{\omega}' = \begin{pmatrix} c \\ 0 \\ 0 \end{pmatrix} \quad \text{und} \quad v = c \Longrightarrow \boldsymbol{\omega}' = -\begin{pmatrix} c \\ 0 \\ 0 \end{pmatrix} .$$

Die Lichtgeschwindigkeit ist also die obere Grenzgeschwindigkeit für jegliche Art von Teilchenbewegung.

1.6.3 Kausalitätsprinzip, raum-, zeit- und lichtartige Vektoren

Das Kausalitätsprinzip in der Newtonschen Mechanik besagt, daß ein Wirkungsereignis E_2 seinem Ursachenereignis E_1 immer zeitlich folgen muß, d.h. $t_2 - t_1 \geq 0$. Soll dieses Prinzip auch in der relativistischen Mechanik erhalten bleiben, so darf sich in keinem Inertialsystem dieser Kausalzusammenhang umdrehen. Wir betrachten dazu zwei Ereignisse

$$(x_1^\mu) = \begin{pmatrix} ct_1 \\ x_1 \\ 0 \\ 0 \end{pmatrix} , \ (x_2^\mu) = \begin{pmatrix} ct_2 \\ x_2 \\ 0 \\ 0 \end{pmatrix}$$

in K, von denen x_2^μ die Wirkung von x_1^μ ist, d.h.

$$t_2 > t_1 \ , \ c(t_2 - t_1) \geq |x_2 - x_1| \geq x_2 - x_1 \ .$$

In dem zu K mit der Geschwindigkeit v bewegten System K′ ergibt sich ($\cosh\alpha \geq 1$, $|\tanh\alpha| \leq 1$)

$$\begin{aligned} c(t_2' - t_1') &= c(t_2 - t_1)\cosh\alpha + (x_2 - x_1)\sinh\alpha \\ &= [c(t_2 - t_1) + (x_2 - x_1)\tanh\alpha]\cosh\alpha \\ &\geq c(t_2 - t_1)(1 + \tanh\alpha) \geq 0 \ . \end{aligned}$$

Das Kausalitätsprinzip behält also auch in der relativistischen Mechanik seine Gültigkeit. Insbesondere bleibt in jedem Inertialsystem die chronologische Abfolge Vergangenheit-Gegenwart-Zukunft erhalten. In Abb. 1.23 sind diese drei Zeitbereiche im Minkowski-Raum graphisch dargestellt, wobei eine Raumrichtung unterdrückt ist. Vergangenheit, Gegenwart und Zukunft eines gegenwärtigen Ereignisses E sind jeweils getrennt durch *Lichtkegel*, deren Mantelflächen durch Vektoren erzeugt werden, für die gilt:

$$\mathrm{d}x^\mu \mathrm{d}x_\mu = 0 \Longleftrightarrow |\dot{\boldsymbol{x}}| = c \ .$$

Vektoren mit dieser Eigenschaft heißen *lichtartig*, da sie eine sich mit Lichtgeschwindigkeit ausbreitende Bewegung beschreiben. Die Ereignisse, die E beeinflußen können (Vergangenheit) oder durch E beeinflußt werden können (Zukunft), liegen auf dem unteren bzw. oberen Lichtkegel oder in deren Innern. Der innere Bereich wird durch *zeitartige* Vektoren mit der Eigenschaft

$$\mathrm{d}x^\mu \mathrm{d}x_\mu > 0 \Longleftrightarrow |\dot{\boldsymbol{x}}| < c$$

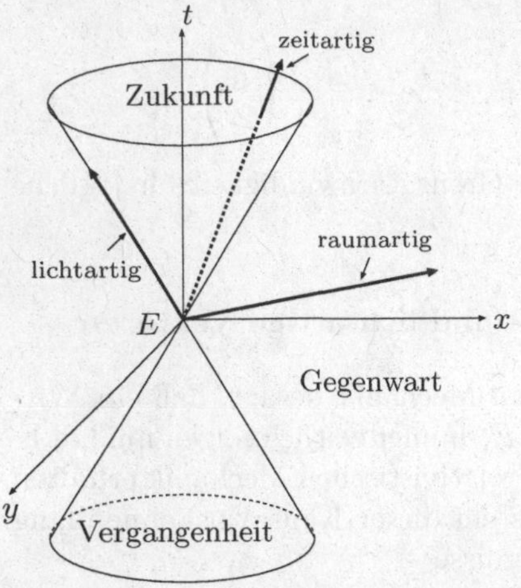

Abb. 1.23. Zur Einteilung der drei Zeitbereiche Vergangenheit, Gegenwart und Zukunft

beschrieben. Die Komplementärmenge zur Vergangenheit und Zukunft von E ist die Gegenwart von E. Sie ist das Äußere des Lichtkegels und wird durch *raumartige* Vektoren beschrieben, mit

$$\mathrm{d}x^\mu \mathrm{d}x_\mu < 0 \Longleftrightarrow |\dot{\boldsymbol{x}}| > c\ .$$

Dies ist der Bereich von Ereignissen, für die E weder Ursache noch Wirkung sein kann.

1.6.4 Lorentzkovariante[11] Formulierung der relativistischen Mechanik

Nach dem Relativitätsprinzip muß es eine lorentzkovariante (forminvariante) Formulierung der relativistischen Mechanik geben, so daß die physikalischen Gesetze wie in der Newtonschen Mechanik in allen Inertialsystemen das gleiche Aussehen haben. Dies ist aber nur dann gewährleistet, wenn sich die entsprechenden Größen (Geschwindigkeit, Impuls, Kraft, etc.) wie Vierervektoren transformieren. Offenbar trifft diese Forderung auf die Ableitung eines Vierervektors x^μ nach seiner 0-ten Komponente nicht zu, weil das Zeitdifferential $\mathrm{d}x^0 = c\mathrm{d}t$ kein Lorentz-Skalar, d.h. unter beliebigen Lorentz-Transformationen nicht invariant ist:

[11] Wie in vielen anderen Lehrbüchern wird auch in diesem Buch das definierte Transformationsverhalten relativistischer Vierergrößen unter Lorentz-Transformationen mit „lorentzkovariant" umschrieben, ungeachtet das feinen Unterschiedes zwischen „kovariant" und „kontravariant". Dasselbe gilt für relativistische Gleichungen, die ihre Form unter Lorentz-Transformationen nicht ändern. „Lorentzinvariant" sind Größen bzw. Gleichungen, deren Wert unter Lorentz-Transformationen unverändert bleibt (*Lorentz-Skalar*).

$$\frac{\mathrm{d}x'^\mu}{\mathrm{d}x'^0} \neq \Lambda^\mu{}_\nu \frac{\mathrm{d}x^\nu}{\mathrm{d}x^0} \; .$$

Da nun aber c die obere Grenzgeschwindigkeit jeglicher physikalischer Bewegung darstellt, ist x^μ ein zeitartiger Vektor, so daß es zu jedem Zeitpunkt t ein Inertialsystem gibt, in dem das Teilchen ruht (*momentanes Ruhesystem*). Das heißt

$$\mathrm{d}x^\mu \mathrm{d}x_\mu = c^2\mathrm{d}t^2 - \mathrm{d}\boldsymbol{x}^2 = c^2\mathrm{d}t'^2 - \mathrm{d}\boldsymbol{x}'^2 = \mathrm{d}x'^\mu \mathrm{d}x'_\mu = c^2\mathrm{d}\tau^2 > 0 \; , \quad (1.67)$$

wobei $\mathrm{d}\tau$ das Zeitdifferential des Ruhesystems (*Eigenzeitdifferential*) ist. Division der letzten Beziehung durch $\mathrm{d}\tau^2$ ergibt

$$\begin{aligned} \frac{\mathrm{d}x^\mu}{\mathrm{d}\tau}\frac{\mathrm{d}x_\mu}{\mathrm{d}\tau} &= c^2\left(\frac{\mathrm{d}t}{\mathrm{d}\tau}\right)^2 - \left(\frac{\mathrm{d}\boldsymbol{x}}{\mathrm{d}\tau}\right)^2 = \frac{\mathrm{d}x'^\mu}{\mathrm{d}\tau}\frac{\mathrm{d}x'_\mu}{\mathrm{d}\tau} \\ &= c^2\left(\frac{\mathrm{d}t'}{\mathrm{d}\tau}\right)^2 - \left(\frac{\mathrm{d}\boldsymbol{x}'}{\mathrm{d}\tau}\right)^2 = c^2 \; . \end{aligned}$$

Demnach ist $\mathrm{d}x^\mu/\mathrm{d}\tau$ ein zeitartiger Vierervektor mit der Länge c, transformiert sich also unter beliebiger Lorentz-Transformation Λ wie

$$\frac{\mathrm{d}x'^\mu}{\mathrm{d}\tau} = \Lambda^\mu{}_\nu \frac{\mathrm{d}x^\nu}{\mathrm{d}\tau} \; , \quad (1.68)$$

und wir erhalten mit (1.67) den

Satz 1.36: Eigenzeitdifferential $\mathrm{d}\tau$

Das Eigenzeitdifferential

$$\mathrm{d}\tau = \mathrm{d}t\sqrt{1 - \frac{1}{c^2}\left(\frac{\mathrm{d}\boldsymbol{x}}{\mathrm{d}t}\right)^2} = \mathrm{d}t'\sqrt{1 - \frac{1}{c^2}\left(\frac{\mathrm{d}\boldsymbol{x}'}{\mathrm{d}t'}\right)^2} = \ldots$$

ist ein Lorentz-Skalar und gibt die Zeitskala im Ruhesystem eines relativ zu Inertialsystemen K, K′, ... bewegten Objektes an.

Diese Gleichung drückt noch einmal die Zeitdilatation in differentieller Form, verallgemeinert auf beschleunigte Bewegungen, aus. Aufgrund seines Transformationsverhaltens (1.68) heißt $\mathrm{d}x^\mu/\mathrm{d}\tau$ *Vierergeschwindigkeit*. Sie ist mit der physikalischen Geschwindigkeit $\dot{\boldsymbol{x}}$ in folgender Weise verbunden:

Definition: Vierergeschwindigkeit u^μ**, physikalische Geschwindigkeit** $\dot{\boldsymbol{x}}$

$$(u^\mu) = \left(\frac{\mathrm{d}x^\mu}{\mathrm{d}\tau}\right) = \frac{\mathrm{d}t}{\mathrm{d}\tau}\left(\frac{\mathrm{d}x^\mu}{\mathrm{d}t}\right) = \frac{1}{\sqrt{1 - \frac{\dot{\boldsymbol{x}}^2}{c^2}}}\begin{pmatrix} c \\ \dot{\boldsymbol{x}} \end{pmatrix} .$$

Die Ableitung eines Vierervektors nach der Eigenzeit τ führt immer wieder auf Vierervektoren, so daß sich nun die übrigen Größen der lorentzkovarianten relativistischen Mechanik leicht konstruieren lassen. Der Impuls wird analog zur Newtonschen Mechanik definiert durch:

Definition: Viererimpuls p^μ, physikalischer Impuls $\boldsymbol{p}$

$$
\begin{aligned}
(p^\mu) &= m_0(u^\mu) \\
&= \frac{m_0}{\sqrt{1-\frac{\dot{\boldsymbol{x}}^2}{c^2}}}\left(\frac{\mathrm{d}x^\mu}{\mathrm{d}t}\right) = \begin{pmatrix} cm \\ \boldsymbol{p} \end{pmatrix}, \; \boldsymbol{p} = m\dot{\boldsymbol{x}}, \qquad (1.69)
\end{aligned}
$$

wobei m_0 ein Lorentz-Skalar, also die Masse des Teilchens, gemessen in seinem Ruhesystem, (*Ruhemasse*) sein muß. Aus dieser Definition folgt, daß die Masse m keine Konstante mehr ist, sondern explizit geschwindigkeitsabhängig und sich gemäß der Gleichung

$$
m = m(t) = \frac{m_0}{\sqrt{1-\frac{\dot{\boldsymbol{x}}^2}{c^2}}}
$$

verhält. Die Kraft definieren wir entsprechend durch:

Definition: Viererkraft F^μ, physikalische Kraft $\boldsymbol{F}$

$$
\begin{aligned}
(F^\mu) &= \left(\frac{\mathrm{d}p^\mu}{\mathrm{d}\tau}\right) = \frac{1}{\sqrt{1-\frac{\dot{\boldsymbol{x}}^2}{c^2}}}\left(\frac{\mathrm{d}p^\mu}{\mathrm{d}t}\right) \\
&= \frac{1}{\sqrt{1-\frac{\dot{\boldsymbol{x}}^2}{c^2}}}\begin{pmatrix} c\frac{\mathrm{d}m}{\mathrm{d}t} \\ \boldsymbol{F} \end{pmatrix}, \; \boldsymbol{F} = \frac{\mathrm{d}\boldsymbol{p}}{\mathrm{d}t}. \qquad (1.70)
\end{aligned}
$$

Gleichung (1.70) stellt gleichzeitig die lorentzkovariante Bewegungsgleichung der relativistischen Mechanik dar. Man überprüft leicht, daß die Gleichungen (1.69) und (1.70) neben dem Relativitätsprinzip auch das Korrespondenzprinzip erfüllen und für kleine Geschwindigkeiten $|\dot{\boldsymbol{x}}| \ll c$ in die entsprechenden Ausdrücke der Newtonschen Mechanik übergehen.

Es ist nicht immer möglich, eine vollständig kovariante Formulierung eines gegebenen mechanischen Problems durch (1.70) anzugeben, da nicht alle Typen von Kräften als Vierergrößen zur Verfügung stehen. Hierzu gehört z.B. die Gravitationskraft. Sie setzt als „statische Fernwirkungskraft" eine unendlich große Ausbreitungsgeschwindigkeit voraus und steht somit im Widerspruch zum ersten Axiom der Relativitätstheorie. Ein anderes Beispiel sind die Zwangsbedingungen eines starren Körpers, da sie nur die Raumanteile von Vierervektoren beinhalten. Das gesamte Gebiet der Dynamik starrer Körper besitzt deshalb kein relativistisches Analogon.

Physikalische Folgerungen. Bewegt sich ein Teilchen in einem konservativen Kraftfeld, dann gilt

$$\boldsymbol{F} = \frac{\mathrm{d}\boldsymbol{p}}{\mathrm{d}t} = \frac{\mathrm{d}}{\mathrm{d}t}\left(\frac{m_0\dot{\boldsymbol{x}}}{\sqrt{1-\frac{\dot{\boldsymbol{x}}^2}{c^2}}}\right) = -\boldsymbol{\nabla}V(\boldsymbol{x}) .$$

Multiplikation dieser Gleichung mit $\dot{\boldsymbol{x}}$ liefert

$$\frac{\mathrm{d}}{\mathrm{d}t}\left(\frac{m_0\dot{\boldsymbol{x}}}{\sqrt{1-\frac{\dot{\boldsymbol{x}}^2}{c^2}}}\right)\dot{\boldsymbol{x}} = \frac{\mathrm{d}}{\mathrm{d}t}\left(\frac{m_0c^2}{\sqrt{1-\frac{\dot{\boldsymbol{x}}^2}{c^2}}}\right) = -\boldsymbol{\nabla}V(\boldsymbol{x})\dot{\boldsymbol{x}} = -\frac{\mathrm{d}}{\mathrm{d}t}V(\boldsymbol{x}) .$$

Hieraus folgt der

Satz 1.37: Relativistische Energieerhaltung in konservativen Kraftfeldern

$$mc^2 + V(\boldsymbol{x}) = E = \mathrm{const} .$$

Im Falle kleiner Geschwindigkeiten $\dot{\boldsymbol{x}}^2/c^2 \ll 1$ geht diese Beziehung über in

$$m_0c^2 + \frac{m_0}{2}\dot{\boldsymbol{x}}^2 + \ldots + V(\boldsymbol{x}) = E ,$$

was bis auf die physikalisch irrelevante Konstante m_0c^2 der klassischen Energieerhaltung entspricht. Wir definieren deshalb:

Definition: Kinetische Energie T

$$T = mc^2 - m_0c^2 = \frac{m_0c^2}{\sqrt{1-\frac{\dot{\boldsymbol{x}}^2}{c^2}}} - m_0c^2 .$$

Der Ausdruck m_0c^2 wird als *Ruheenergie* des Teilchens bezeichnet. Man beachte, daß die in der klassischen Mechanik geltende Beziehung

$$\frac{\mathrm{d}T}{\mathrm{d}t} = m\dot{\boldsymbol{x}}\ddot{\boldsymbol{x}} = \boldsymbol{F}\dot{\boldsymbol{x}}$$

auch in der relativistischen Mechanik gilt, denn wir haben

$$\boldsymbol{F}\dot{\boldsymbol{x}} = m_0\dot{\boldsymbol{x}}\frac{\mathrm{d}}{\mathrm{d}t}\left(\frac{\dot{\boldsymbol{x}}}{\sqrt{1-\frac{\dot{\boldsymbol{x}}^2}{c^2}}}\right) = \frac{m_0\dot{\boldsymbol{x}}\ddot{\boldsymbol{x}}}{c^2\left(1-\frac{\dot{\boldsymbol{x}}^2}{c^2}\right)^{3/2}} = \frac{\mathrm{d}}{\mathrm{d}t}(mc^2) = \frac{\mathrm{d}T}{\mathrm{d}t} .$$

Bei Abwesenheit äußerer Kräfte reduziert sich Satz 1.37 auf die berühmte Einsteinsche Gleichung

$$E = mc^2 = p^0c .$$

Sie besagt, daß Energie und Masse äquivalent, also auch ineinander transformierbar sind. Weiterhin folgt hieraus zusammen mit (1.69) der

Satz 1.38: Relativistische Energie-Impuls-Beziehung für freie Teilchen

$$p^\mu p_\mu = p^{0^2} - \boldsymbol{p}^2 = m_0^2 c^2 \Longleftrightarrow E^2 = m_0^2 c^4 + \boldsymbol{p}^2 c^2 \ .$$

Es sei hier vermerkt, daß die Definitionen des Viererimpulses und der Viererkraft eindeutig sind, wenn man größtmögliche Analogie zur Newtonschen Mechanik unter Beachtung des Relativitäts- und Korrespondenzprinzips fordert. Die Definitionen der physikalischen Dreiergrößen $\boldsymbol{p}$ und $\boldsymbol{F}$ folgen jedoch a priori nicht eindeutig aus denen der zugehörigen Vierervektoren. Sie sind vielmehr eine Konsequenz aus experimentellen Erfahrungen. Man beobachtet z.B., daß bei Teilchenbeschleunigern immer mehr Energie aufgewendet werden muß, um Teilchen auf nahezu Lichtgeschwindigkeit zu bringen. Dies deutet auf eine mit der Geschwindigkeit zunehmende Masse hin, so daß die Definitionsgleichung (1.69) physikalisch sinnvoller ist als $\boldsymbol{p} = m_0 \mathrm{d}\boldsymbol{x}/\mathrm{d}t$. Eine andere Beobachtung ist der sog. *Massendefekt*, der besagt, daß z.B. die Masse eines Atomkerns kleiner ist als die Summe der Konstituentenmassen. Daraus folgt offensichtlich, daß ein Teil der Konstituentenmassen im Atomkern als Bindungsenergie auftritt bzw. absorbiert wird. Durch die hier gewählte Definition der physikalischen Kraft (1.70) wird diese Masse-Energie-Äquivalenz automatisch vorhergesagt. Die Tatsache also, daß bis auf die Ersetzung $m_0 \to m$ die relativistischen kinematischen Dreiergrößen mit den entsprechenden Größen der Newtonschen Mechanik formal identisch sind (Einfachheit der Theorie), hat uns zusammen mit experimenteller Konsistenz zu obigen Definitionen geführt.

Betrachten wir zum Schluß die gegenseitige Wechselwirkung relativistischer Teilchen ohne äußere Krafteinwirkung. Dann lassen sich Energie- und Impulserhaltung in eine einzige Gleichung für die Viererimpulse der Teilchen ausdrücken:

$$\sum_i p_i^\mu = \sum_j p_j'^\mu \ , \tag{1.71}$$

wobei p_i^μ die Anfangsviererimpulse und $p_j'^\mu$ die Viererimpulse im Endzustand sind. Aufgrund der Energie-Masse-Äquivalenz gilt diese Gleichung in einem sehr allgemeinen Sinne: Es können in dem betrachteten Wechselwirkungsprozeß Teilchen erzeugt und vernichtet werden. Für alle beteiligten Teilchen gelten dabei nach Satz 1.38 die *Massenschalenbedingungen*

$$p_i^\mu p_{\mu,i} = m_i^2 c^2 \ , \ p_j'^\mu p'_{\mu,j} = m_j'^2 c^2 \ , \tag{1.72}$$

wobei m_i und m_j' die Ruhemassen der Teilchen im Anfangs- bzw. Endzustand bezeichnen. Viele physikalische Effekte wie z.B. der Massendefekt (Anwendung 18) oder *Compton-Effekt* (Anwendung 19) lassen sich auf die Erhaltung des Viererimpulses zurückführen.

1.6.5 Lagrange-Formulierung der relativistischen Mechanik

Nachdem eine mit der speziellen Relativitätstheorie im Einklang stehende Verallgemeinerung der Newtonschen Bewegungsgleichung gefunden wurde, soll nun die Lagrange-Formulierung der relativistischen Mechanik untersucht werden. Der einfachste Weg zum Aufstellen einer relativistischen Lagrange-Funktion ist, das Hamiltonsche Prinzip, Satz 1.18, zu verwenden und eine Lagrange-Funktion L zu suchen, für die die Lagrange-Gleichungen die richtigen relativistischen Bewegungsgleichungen liefern. Betrachten wir von vornherein den Fall, daß sich die Kraft aus einem generalisierten Potential nach (1.31) in der Weise

$$\boldsymbol{F}(\boldsymbol{x},\dot{\boldsymbol{x}},t) = -\boldsymbol{\nabla} V_{\boldsymbol{x}}(\boldsymbol{x},\dot{\boldsymbol{x}},t) + \frac{\mathrm{d}}{\mathrm{d}t}\boldsymbol{\nabla}_{\dot{\boldsymbol{x}}} V(\boldsymbol{x},\dot{\boldsymbol{x}},t)$$

darstellen läßt, dann führt der folgende Ansatz für die Lagrange-Funktion eines einzelnen Teilchens in diesem Kraftfeld zum richtigen Ergebnis:

$$L = -m_0c^2\sqrt{1-\frac{\dot{\boldsymbol{x}}^2}{c^2}} - V\ . \tag{1.73}$$

Denn es gilt

$$\boldsymbol{\nabla}_{\boldsymbol{x}} L = -\boldsymbol{\nabla}_{\boldsymbol{x}} V\ ,\ \boldsymbol{\nabla}_{\dot{\boldsymbol{x}}} L = \frac{m_0\dot{\boldsymbol{x}}}{\sqrt{1-\frac{\dot{\boldsymbol{x}}^2}{c^2}}} - \boldsymbol{\nabla}_{\dot{\boldsymbol{x}}} V$$

$$\Longrightarrow \frac{\mathrm{d}}{\mathrm{d}t}\left(\frac{m_0\dot{\boldsymbol{x}}}{\sqrt{1-\frac{\dot{\boldsymbol{x}}^2}{c^2}}}\right) = -\boldsymbol{\nabla}_{\boldsymbol{x}} V + \frac{\mathrm{d}}{\mathrm{d}t}\boldsymbol{\nabla}_{\dot{\boldsymbol{x}}} V = \boldsymbol{F}\ .$$

Hierbei ist zu beachten, daß (1.73) nicht mehr durch $L = T - V$ gegeben ist. Man kann bisher Gesagtes leicht auf Systeme mit vielen Teilchen verallgemeinern und von kartesischen Koordinaten $\boldsymbol{x}_j$ auf irgend einen Satz generalisierter Koordinaten q_i übergehen. Auch hierbei sind die Hamilton-Funktion H und der generalisierte Impuls p_i definiert durch

$$H = \sum_{i=1}^{n} p_i\dot{q}_i - L\ ,\ p_i = \frac{\partial L}{\partial \dot{q}_i}\ ,$$

so daß die Sätze 1.22 und 1.23 ihre Gültigkeit behalten. Beschränkt man sich überdies auf konservative Kräfte ($\partial V/\partial\dot{q}_i = 0$), dann liefert auch hier die Hamilton-Funktion die Gesamtenergie des Systems. Beispielsweise folgt unter Berücksichtigung von Satz 1.37 im Fall eines einzelnen Teilchens

$$H = \dot{\boldsymbol{x}}\boldsymbol{\nabla}_{\dot{\boldsymbol{x}}} L - L = \frac{m_0c^2}{\sqrt{1-\frac{\dot{\boldsymbol{x}}^2}{c^2}}} + V = E = \mathrm{const}\ .$$

Lorentzkovariante Lagrange-Formulierung. Das soeben angegebene dreidimensionale Lagrange-Verfahren liefert die korrekten relativistischen Bewegungsgleichungen innerhalb eines Inertialsystems. Es handelt sich hierbei jedoch nicht um eine (vierdimensionale) lorentzkovariante Formulierung, die in jedem Inertialsystem das gleiche Aussehen hat. Um zu ihr zu gelangen, hat man vom lorentzinvarianten Hamiltonschen Prinzip

$$S = \int \mathrm{d}\tau \tilde{L} \longrightarrow \text{extremal}$$

auszugehen, aus dem sich z.B. für ein einzelnes Teilchen die Lagrange-Gleichungen

$$\frac{\mathrm{d}}{\mathrm{d}\tau}\frac{\partial \tilde{L}}{\partial u^\mu} - \frac{\partial \tilde{L}}{\partial x^\mu} = 0 \tag{1.74}$$

herleiten lassen. Hierbei ist $\tilde{L}$ die lorentzinvariante Lagrange-Funktion, $\mathrm{d}\tau$ das Eigenzeitdifferential, x^μ der Vierervektor und u^μ die Vierergeschwindigkeit des Teilchens. Im Falle eines freien Teilchens ist $\tilde{L}$ in der Weise zu wählen, daß (1.74) auf die kovariante Bewegungsgleichung

$$\frac{\mathrm{d}p^\mu}{\mathrm{d}\tau} = m_0 \frac{\mathrm{d}u^\mu}{\mathrm{d}\tau} = 0$$

führt. Dies ist offensichtlich der Fall für

$$\tilde{L} = \frac{m_0}{2} u^\alpha u_\alpha = \frac{m_0}{2} u^\alpha g_{\alpha\beta} u^\beta ,$$

denn es gilt

$$\frac{\partial \tilde{L}}{\partial x^\mu} = 0 \; , \; \frac{\partial \tilde{L}}{\partial u^\mu} = \frac{m_0}{2}(g_{\mu\beta}u^\beta + u^\alpha g_{\alpha\mu}) = m_0 g_{\mu\alpha} u^\alpha = m_0 u_\mu$$

$$\Longrightarrow m_0 \frac{\mathrm{d}u_\mu}{\mathrm{d}\tau} = 0 \Longleftrightarrow m_0 \frac{\mathrm{d}u^\mu}{\mathrm{d}\tau} = 0 \, .$$

Es wurde bereits im letzten Unterabschnitt auf die Unmöglichkeit einer kovarianten Formulierung beim Vorliegen der Gravitationskraft oder anderer „Fernwirkungskräfte" hingewiesen. Eine besonders erwähnenswerte Kraft, die indes eine kovariante Formulierung ermöglicht, ist die Lorentz-Kraft, welche die Bewegung eines geladenen Teilchens in einem elektromagnetischen Feld beschreibt. Wir werden dies im Rahmen der Elektrodynamik in den Abschnitten 2.3 und 2.8 diskutieren.

Zusammenfassung

- Die **spezielle Relativitätstheorie** beruht auf zwei Axiomen, nämlich der **Konstanz der Lichtgeschwindigkeit** und dem **Relativitätsprinzip**. In dieser Theorie stellt die Zeit eine zu den drei Raumrichtungen gleichberechtigte Dimension im **Minkowski-Raum** dar und nicht, wie in der Newtonschen Mechanik, einen äußeren Parameter.

▷

- Der Übergang von einem Inertialsystem zu einem anderen wird durch **Lorentz-Transformationen** beschrieben. Durch sie ergeben sich typisch-relativistische Effekte wie z.B. die **Zeitdilatation** und die **Längenkontraktion.**
- Anhand der Additionsformeln relativistischer Geschwindigkeiten erkennt man explizit, daß die Lichtgeschwindigkeit die obere Grenze für jede Art von Teilchenbewegung ist.
- Mit Hilfe des Konzepts von **Viererverktoren** läßt sich die relativistische Mechanik – wie im Relativitätsprinzip gefordert – in **lorentzkovarianter** Weise formulieren. Hierbei spielt das **momentane Ruhesystem** bzw. das **Eigenzeitdifferential** eine entscheidende Rolle.
- Für kleine Geschwindigkeiten $|\dot{\boldsymbol{x}}| \ll c$ gehen die Gesetzmäßigkeiten der relativistischen Mechanik dem **Korrespondenzprinzip** entsprechend in die der Newtonschen Mechanik über.
- Zur Beschreibung der relativistischen Mechanik mittels des Lagrange-Formalismus bedient man sich des Hamiltonschen Prinzips und sucht eine Lagrange-Funktion, für die die zugehörigen Lagrange-Gleichungen die richtigen Bewegungsgleichungen liefern.

Anwendungen

16. Zwillingsparadoxon. Eine Rakete starte zur Zeit $t = 0$ von der Erde aus und beschleunige mit 20-facher Erdbeschleunigung gleichmäßig auf $0.9c$. Danach fliege sie mit konstanter Geschwindigkeit ein Jahr und bremse dann wieder gleichmäßig mit 20-facher Erdbeschleunigung auf 0 herunter. Der Rückflug zur Erde geschehe auf die gleiche Weise. Man vergleiche die Gesamtflugzeiten, die im Erd- und Raketensystem gemessen werden, wobei sich alle gemachten Angaben auf das Erdsystem beziehen.

Lösung. Der Raketenflug enthält zwei Beschleunigungs- und zwei Bremsphasen, für die gilt ($c = 3 \cdot 10^8$ m/s, $g = 10$ m/s^2):

$$\dot{x}(t) = \pm g't \;,\; g' = 20g = 200\,\frac{\mathrm{m}}{\mathrm{s}^2} \;,\; \Delta\dot{x} = \pm 0.9c$$

$$\Longrightarrow \Delta t_1 = 1.35 \cdot 10^6\,\mathrm{s} = 15.6\,\mathrm{Tage}\;,$$

und zwei konstante Flugphasen mit

$$\dot{x}(t) = \pm 0.9c \;,\; \Delta t_2 = 365\,\mathrm{Tage}\;.$$

Damit ergibt sich als Gesamtflugzeit im Erdsystem

$$T = 4\Delta t_1 + 2\Delta t_2 = 792.4\,\mathrm{Tage}\;.$$

Die entsprechenden Etappenzeiten im Raketensystem berechnen sich nach Satz 1.36 zu

$$\Delta\tau_1 = \int\limits_0^{\Delta t_1} \mathrm{d}t\sqrt{1-\frac{g'^2}{c^2}t^2} = \frac{1}{2}\left[t\sqrt{1-\frac{g'^2}{c^2}t^2}+\frac{c}{g'}\arcsin\left(\frac{g'}{c}t\right)\right]_0^{\Delta t_1}$$

$$= 1.13\cdot 10^6\,\mathrm{s} = 13.1\,\mathrm{Tage}$$

$$\Delta\tau_2 = \int\limits_0^{\Delta t_2} \mathrm{d}t\sqrt{1-0.81} = 159.1\,\mathrm{Tage}\ .$$

Die Gesamtflugzeit im Raketensystem ist somit

$$\tau = 4\Delta\tau_1 + 2\Delta\tau_2 = 370.6\,\mathrm{Tage}\ .$$

Nach Rückkehr auf die Erde ist also der Astronaut um weniger als die Hälfte gegenüber einem Erdbewohner gealtert. Dieser Sachverhalt beinhaltet eine paradoxe Aussage. Denn man kann sich aufgrund des Relativitätsprinzips natürlich auch auf den Standpunkt stellen, daß sich die Erde von der Rakete entfernt und wieder zu ihr zurückkommt. Demnach müßte der Astronaut gegenüber einem Erdbewohner schneller gealtert sein. Die Auflösung dieser vermeintlich paritätischen Situation ist, daß faktisch nur der Astronaut eine (absolute) Beschleunigung erfahren hat und somit nicht immer in einem Inertialsystem war.

17. Übergang zum momentanen Ruhesystem. Eine Rakete habe eine konstante Beschleunigung a, gemessen in ihrem momentanen Ruhesystem K′. Man zeige, daß ihre Geschwindigkeit in dem Bezugssystem K, von dem aus die Rakete bei $t = 0$ in x-Richtung startet, gegeben ist durch

$$\dot{x} = \frac{c}{\sqrt{1+\frac{c^2}{a^2t^2}}}\ .$$

Lösung. Wir benötigen die momentane Lorentz-Transformation

$$(\Lambda^\mu{}_\nu) = \begin{pmatrix} \cosh\alpha & \sinh\alpha & 0 & 0\\ \sinh\alpha & \cosh\alpha & 0 & 0\\ 0 & 0 & 1 & 0\\ 0 & 0 & 0 & 1\end{pmatrix}\ ,$$

die K in K′ überführt. Für sie gilt

$$u'^\mu = \Lambda^\mu{}_\nu u^\nu\ ,\ (u^\mu) = \frac{\mathrm{d}t}{\mathrm{d}\tau}\begin{pmatrix} c\\ \dot{x}\\ 0\\ 0\end{pmatrix}\ ,\ (u'^\mu) = \begin{pmatrix} c\\ 0\\ 0\\ 0\end{pmatrix}$$

$$\Longrightarrow \cosh\alpha = \frac{\mathrm{d}t}{\mathrm{d}\tau}\ ,\ \sinh\alpha = -\frac{\dot{x}}{c}\frac{\mathrm{d}t}{\mathrm{d}\tau}\ .$$

Die Viererbeschleunigung b^μ in K ist

$$(b^\mu) = \frac{\mathrm{d}}{\mathrm{d}\tau}(u^\mu) = \frac{\mathrm{d}^2 t}{\mathrm{d}\tau^2}\begin{pmatrix} c \\ \dot{x} \\ 0 \\ 0 \end{pmatrix} + \frac{\mathrm{d}t}{\mathrm{d}\tau}\begin{pmatrix} 0 \\ \frac{\mathrm{d}\dot{x}}{\mathrm{d}\tau} \\ 0 \\ 0 \end{pmatrix}$$

$$= \frac{\mathrm{d}^2 t}{\mathrm{d}\tau^2}\begin{pmatrix} c \\ \dot{x} \\ 0 \\ 0 \end{pmatrix} + \left(\frac{\mathrm{d}t}{\mathrm{d}\tau}\right)^2\begin{pmatrix} 0 \\ \ddot{x} \\ 0 \\ 0 \end{pmatrix} .$$

Damit ergibt sich für die x-Komponente der Viererbeschleunigung der Rakete in ihrem Ruhesystem

$$b'^1 = \Lambda^1{}_\nu b^\nu = \ddot{x}\left(\frac{\mathrm{d}t}{\mathrm{d}\tau}\right)^3 = \frac{\ddot{x}}{\left(1 - \frac{\dot{x}^2}{c^2}\right)^{3/2}} ,$$

und es folgt für $\dot{x} = c/\sqrt{1 + \frac{c^2}{a^2 t^2}}$

$$b'^1 = a .$$

18. Massendefekt. Man betrachte einen ruhenden Kern der Ruhemasse M, der in zwei leichtere Kerne mit den Ruhemassen m_1 und m_2 zerfällt. Wie groß sind die Energien der Zerfallsprodukte.

Lösung. Der Viererimpuls p^μ des Kerns vor dem Zerfall und die Viererimpulse $p_1'^\mu, p_2'^\mu$ der beiden Zerfallsprodukte sind

$$(p^\mu) = \begin{pmatrix} Mc \\ \mathbf{0} \end{pmatrix} , \; (p_1'^\mu) = \begin{pmatrix} p'_{10} \\ \boldsymbol{p}'_1 \end{pmatrix} , \; (p_2'^\mu) = \begin{pmatrix} p'_{20} \\ \boldsymbol{p}'_2 \end{pmatrix} ,$$

wobei die Massenschalenbedingung (1.72) für den ruhenden Kern bereits berücksichtigt ist. Die Viererimpulserhaltung (1.71) und Massenschalenbedingungen für die Zerfallskerne liefern zusammen 4 Gleichungen für die Größen $p'_{10}, p'_{20}, \boldsymbol{p}'_1, \boldsymbol{p}'_2$:

$$\begin{aligned} p'_{10} + p'_{20} &= Mc \\ \boldsymbol{p}'_1 + \boldsymbol{p}'_2 &= \mathbf{0} \\ p'^2_{10} - \boldsymbol{p}'^2_1 &= m_1^2 c^2 \\ p'^2_{20} - \boldsymbol{p}'^2_2 &= m_2^2 c^2 . \end{aligned}$$

Es folgt für die Energie der Zerfallsprodukte

$$\begin{aligned} & p'^2_{10} - p'^2_{20} = (m_1^2 - m_2^2)c^2 \\ \Longleftrightarrow \; & (p'_{10} + p'_{20})(p'_{10} - p'_{20}) = Mc(p'_{10} - p'_{20}) = (m_1^2 - m_2^2)c^2 \end{aligned}$$

$$\Longrightarrow \begin{cases} p'_{10} = \dfrac{E_1}{c} = (M^2 + m_1^2 - m_2^2)\dfrac{c}{2M} \\ p'_{20} = \dfrac{E_2}{c} = (M^2 - m_1^2 + m_2^2)\dfrac{c}{2M} . \end{cases}$$

Schreibt man die ersten beiden Bedingungen der obigen vier Gleichungen in der Form

$$\sqrt{m_1^2c^2 + \boldsymbol{p}_1'^2} + \sqrt{m_2^2c^2 + \boldsymbol{p}_1'^2} = Mc \ ,$$

so ergibt sich offensichtlich für $|\boldsymbol{p}_1'| > 0$

$$M > m_1 + m_2 \ ,$$

d.h. die Ruhemasse des zerfallenden Kerns muß größer sein als die Summe der Ruhemassen der Zerfallskerne. Die Differenz $M - (m_1 + m_2)$ ist der *Massendefekt*; er wird beim Zerfallsprozeß in kinetische Energie der Zerfallskerne umgesetzt.

19. Compton-Effekt. Ein Photon (der Ruhemasse 0) trifft auf ein ruhendes Elektron. Man berechne den Impuls des Photons nach der Streuung am Elektron in Abhängigkeit von seinem anfänglichen Impuls und seines Streuwinkels (Abb. 1.24).

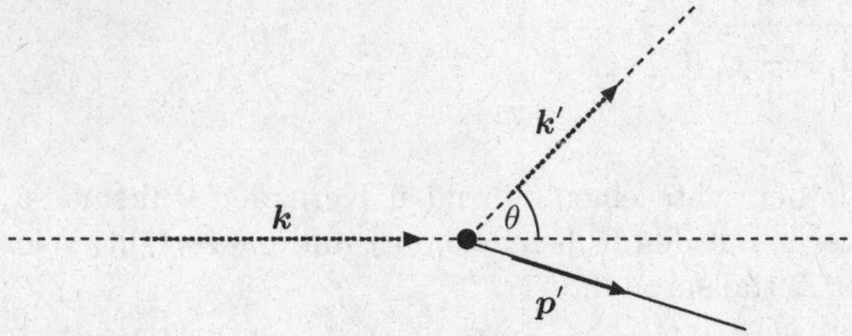

Abb. 1.24. Zur Streuung eines Photons an ein ruhendes Elektron

Lösung. Die Viererimpulse k^μ, k'^μ des Photons und p^μ, p'^μ des Elektrons vor und nach der Streuung sind

$$(k^\mu) = \begin{pmatrix} |\boldsymbol{k}| \\ \boldsymbol{k} \end{pmatrix} \ , \ (p^\mu) = \begin{pmatrix} m_{\rm e}c \\ \boldsymbol{0} \end{pmatrix} \ , \ (k'^\mu) = \begin{pmatrix} |\boldsymbol{k}'| \\ \boldsymbol{k}' \end{pmatrix} \ , \ (p'^\mu) = \begin{pmatrix} p_0' \\ \boldsymbol{p}' \end{pmatrix} \ ,$$

wobei die Massenschalenbedingungen für k^μ, p^μ und k'^μ bereits berücksichtigt sind. Die Viererimpulserhaltung und Massenschalenbedingung für das gestreute Elektron ergeben zusammen das Gleichungssystem

$$\begin{aligned} |\boldsymbol{k}| + m_{\rm e}c &= |\boldsymbol{k}'| + p_0' \\ \boldsymbol{k} &= \boldsymbol{k}' + \boldsymbol{p}' \\ p_0'^2 - \boldsymbol{p}'^2 &= m_{\rm e}^2c^2 \ , \end{aligned}$$

woraus folgt:

$$\begin{aligned} & p_0'^2 = m_{\rm e}^2c^2 + \boldsymbol{p}'^2 = m_{\rm e}^2c^2 + (\boldsymbol{k} - \boldsymbol{k}')^2 \\ \Longleftrightarrow \quad & (|\boldsymbol{k}| + m_{\rm e}c - |\boldsymbol{k}'|)^2 = m_{\rm e}^2c^2 + (\boldsymbol{k} - \boldsymbol{k}')^2 \ . \end{aligned}$$

Dies führt mit $\boldsymbol{k}\boldsymbol{k}' = |\boldsymbol{k}||\boldsymbol{k}'|\cos\theta$ zu

$$\frac{1}{|\boldsymbol{k}'|} = \frac{1}{|\boldsymbol{k}|} + \frac{1}{m_{\rm e}c}(1 - \cos\theta) \ .$$

2. Elektrodynamik

Die Elektrodynamik ist eine klassische Feldtheorie, die sich mit elektromagnetischen Phänomenen beschäftigt. Sie beruht u.a. auf Beobachtungen, die bis zur zweiten Hälfte des 18. Jahrhunderts zurückreichen, als Coulomb die Kräfte zwischen elektrisch geladenen Körpern untersuchte. Etwa 50 Jahre später studierte Faraday die Auswirkungen von Strömen und magnetischen Feldern. Die heutige moderne Form der Elektrodynamik basiert auf den vier von James Clerk Maxwell im Jahre 1864 formulierten Maxwell-Gleichungen, aus denen sich alle elektromagnetischen Effekte herleiten lassen. Die Verbindung zwischen der Bewegung geladener Teilchen und den elektromagnetischen Feldern wird durch die Lorentz-Kraftgleichung hergestellt.

Vom mathematischen Standpunkt aus gesehen ist die Elektrodynamik überaus elegant und ökonomisch. Im Gegensatz zur Newtonschen Mechanik ist sie überdies eine relativistische Theorie, in der die endliche Ausbreitungsgeschwindigkeit von Information berücksichtigt ist. Demzufolge können Teilchen, deren Abstandsvektor raumartig ist, nicht miteinander wechselwirken. Ähnlich wie in der Mechanik hat sich auch in der Elektrodynamik das Konzept der Punktteilchen äußert erfolgreich bewährt. Allerdings ist die klassische Elektrodynamik nicht bis hinunter zu kleinsten Abständen gültig, sondern als klassischer Grenzfall einer modernen Quantenfeldtheorie, der sog. Quantenelektrodynamik, zu betrachten.

Am Anfang dieses Kapitels steht die Einführung in den formalen Aufbau der Elektrodynamik. Es werden die Grundgleichungen der Theorie, die Maxwell-Gleichungen und die Lorentz-Kraftgleichung, dargelegt, interpretiert und phänomenologisch begründet.

Abschnitt 2.2 beschäftigt sich mit der allgemeinen Lösung der Maxwell-Gleichungen. Hierzu führen wir ein Skalar- und ein Vektorpotential ein, so daß die homogenen Maxwell-Gleichungen automatisch erfüllt sind und die inhomogenen Maxwell-Gleichungen in zwei inhomogene Potentialgleichungen überführt werden können. Durch Ausnutzen gewisser, mit den Potentialen verbundener Eichfreiheiten lassen sich diese Gleichungen entkoppeln und somit relativ leicht lösen. Man erhält als inhomogene Lösung die sog. retardierten Potentiale, in denen die endliche Ausbreitungsgeschwindigkeit von Signalen explizit zum Ausdruck kommt.

Da die Elektrodynamik eine relativistische Theorie ist, können wir sie so umformulieren, daß ihre relativistische Forminvarianz offensichtlich zu Tage tritt. Dies ist Gegenstand des Abschn. 2.3. Wir zeigen, daß sich alle elektrodynamischen Grundgrößen zu relativistischen Vierergrößen zusammenfassen lassen, die ein definiertes Transformationsverhalten unter Lorentz-Transformationen besitzen.

Abschnitt 2.4 knüpft an Abschn. 2.2 an und beschäftigt sich mit der Berechnung der retardierten Potentiale für beliebig bewegte Punktladungen bzw. räumlich begrenzte Ladungs- und Stromdichten. Hierbei wird sich als ein wesentliches Resultat herausstellen, daß nur beschleunigte Ladungen elektromagnetische Strahlung emittieren.

Im Falle ausschließlich statischer (zeitunabhängiger) Ladungs- und Stromdichten entkoppeln die Maxwell-Gleichungen in zwei Gleichungssysteme, welche die Grundgleichungen der Elektrostatik und der Magnetostatik bilden. Mit diesen beiden Spezialfällen der Elektrodynamik wollen wir uns in Abschn. 2.5 beschäftigen.

Abschnitt 2.6 ist der Elektrodynamik in Materie gewidmet. Obwohl die Maxwell-Gleichungen sowohl im Vakuum als auch in materiellen Medien gelten, ist es im letzteren Fall aufgrund der großen Zahl geladener Teilchen im betrachteten Medium (und deren Variation auf atomarer Längenskala) günstiger, die Gleichungen in Termen makroskopischer Felder umzuformulieren. Hierzu werden zwei weitere materialabhängige Felder eingeführt, die mit den makroskopischen Feldern über phänomenologische Material-Gleichungen verbunden sind.

Abschnitt 2.7 beschäftigt sich mit der Ausbreitung elektromagnetischer Wellen in leitenden und nichtleitenden Medien. Wir untersuchen u.a. die Reflexion und Brechung elektromagnetischer Wellen an der Grenzschicht zweier verschiedener Medien. Ein interessanter Effekt ist das Zerfließen von Wellenpaketen in dispersiven Medien, das durch die unterschiedliche Ausbreitungsgeschwindigkeit der Fourier-Komponenten des Wellenpaketes zustande kommt.

Der letzte Abschnitt dieses Kapitels behandelt die Lagrangesche Formulierung der Elektrodynamik. Ihre Bedeutung liegt nicht so sehr, wie etwa in der Mechanik, in ihrem praktischen Nutzen, sondern eher darin, daß man durch sie ein fundamentaleres Verständnis von Symmetrieprinzipien, insbesondere von Eichsymmetrien und den damit verbundenen Implikationen, erlangt. Man findet die hier vorgeführten Argumentationen in allen (Quanten-) Feldtheorien der modernen Physik wieder.

2.1 Formalismus der Elektrodynamik

In diesem Abschnitt wird der allgemeine Formalismus der Elektrodynamik vorgestellt. Wir beginnen unsere Diskussion mit den *Maxwell-Gleichungen* und der *Lorentz-Kraft*, welche eine Verbindung zwischen der Elektrodynamik und der Mechanik herstellt, sowie der *Kontinuitätsgleichung*, die die Erhaltung der Ladung in einem abgeschlossenen System widerspiegelt. Anschließend werden die Maxwell-Gleichungen im Hinblick auf deren zugrunde liegenden phänomenologischen Erkenntnisse sowie auf allgemein mathematische Eigenschaften interpretiert. Zum Schluß leiten wir den *Energie-* und *Impulssatz der Elektrodynamik* her.

2.1.1 Maxwell-Gleichungen und Lorentz-Kraft

Elektromagnetische Phänomene werden durch zwei fundamentale Vektorfelder beschrieben,

- dem *elektrischen Feldvektor* $\boldsymbol{E}(\boldsymbol{x},t)$ und
- dem *magnetischen Induktionsfeldvektor* $\boldsymbol{B}(\boldsymbol{x},t)$.[1]

Ursache dieser Felder sind

- die *elektrische Ladungsdichte* $\rho(\boldsymbol{x},t)$ und
- der *elektrische Stromdichtevektor* $\boldsymbol{j}(\boldsymbol{x},t)$.

Die Felder $\boldsymbol{E}$ und $\boldsymbol{B}$ sind mit den Größen ρ und $\boldsymbol{j}$ über ein gekoppeltes System von partiellen Differentialgleichungen 1. Ordnung verbunden, die wir als Ausgangspunkt der Theorie axiomatisch voranstellen:

Satz 2.1: Maxwell-Gleichungen

$$\boldsymbol{\nabla}\boldsymbol{E}(\boldsymbol{x},t) = 4\pi\rho(\boldsymbol{x},t) \qquad \text{(I)}$$

$$\boldsymbol{\nabla}\times\boldsymbol{E}(\boldsymbol{x},t) + \frac{1}{c}\frac{\partial \boldsymbol{B}(\boldsymbol{x},t)}{\partial t} = \boldsymbol{0} \qquad \text{(II)}$$

$$\boldsymbol{\nabla}\boldsymbol{B}(\boldsymbol{x},t) = 0 \qquad \text{(III)}$$

$$\boldsymbol{\nabla}\times\boldsymbol{B}(\boldsymbol{x},t) - \frac{1}{c}\frac{\partial \boldsymbol{E}(\boldsymbol{x},t)}{\partial t} = \frac{4\pi}{c}\boldsymbol{j}(\boldsymbol{x},t)\ . \qquad \text{(IV)}$$

Wir verwenden in diesem Kapitel durchweg das *Gaußsche Einheitensystem*, auf das am Ende dieses Abschnittes genauer eingegangen wird.

Die Theorie des Elektromagnetismus wird durch jene Gleichung vervollständigt, die die Kraft auf ein geladenes Teilchen angibt, das sich in einem elektromagnetischen Feld befindet:

[1] Wir werden im weiteren Verlauf die Begriffe „magnetisches Induktionsfeld" und „Magnetfeld" synonym verwenden, obwohl letzterer eigentlich dem (makroskopischen) Feld $\boldsymbol{H}$ vorbehalten ist. Siehe Fußnote 15 auf Seite 197.

Satz 2.2: Lorentz-Kraft

Die gesamte elektromagnetische Kraft auf ein Teilchen der Ladung q, welches sich mit der Geschwindigkeit $\dot{\boldsymbol{x}}$ innerhalb der Felder $\boldsymbol{E}$ und $\boldsymbol{B}$ bewegt, ist gegeben durch

$$\boldsymbol{F}_{\mathrm{L}}(\boldsymbol{x},t) = q\left(\boldsymbol{E}(\boldsymbol{x},t) + \frac{\dot{\boldsymbol{x}}(t)}{c} \times \boldsymbol{B}(\boldsymbol{x},t)\right) . \tag{2.1}$$

Der erste Term dieser Gleichung beschreibt die Kraft des elektrischen Feldes auf die Ladung und ist parallel zu $\boldsymbol{E}$ gerichtet. Der zweite Term liefert die durch das magnetische Feld hervorgerufene Kraft. Sie steht senkrecht zu $\boldsymbol{B}$ und der Geschwindigkeit $\dot{\boldsymbol{x}}$ der Ladung. Hieraus folgt unmittelbar, daß das magnetische Feld keine Arbeit an dem Teilchen verrichtet.

Interpretation der Lorentz-Kraft. Die meisten Probleme der Elektrodynamik lassen sich in zwei Klassen unterteilen. Zum einen stellt sich die Frage nach den elektromagnetischen Feldern bei vorgegebener Strom- und Ladungsdichte. Zum anderen ist man bei gegebenen Feldern an deren Wirkung auf eine Testladung interessiert. Es scheint so, als seien diese zwei Problemstellungen völlig entkoppelt. Jedoch ist zu beachten, daß sich die Felder in (2.1) im Prinzip aus der Superposition aller Felder ergeben. Das heißt, daß die Felder, welche die Testladung selbst erzeugt, einzubeziehen sind. Im Prinzip müßten derlei Rückwirkungseffekte in einem selbstkonsistenten Formalismus berücksichtigt werden. Nun ist es jedoch möglich, zu zeigen, daß solche Effekte zumeist vernachlässigbar klein sind. Bezeichnet λ einen charakteristischen Abstand des Problems, dann können wir Rückwirkungseffekte vernachlässigen, falls gilt:

$$\lambda \gtrsim \frac{e^2}{m_{\mathrm{e}}c^2} = 2.8 \cdot 10^{-15}\ \mathrm{m} ,$$

wobei e die Ladung und m_{e} die Masse des Elektrons bezeichnen. Nur auf sehr kleiner Längenskala spielen diese Effekte also eine signifikante Rolle.[2] Im folgenden wollen wir sie stets vernachlässigen.

Kontinuitätsgleichung. Eine weitere wichtige Gleichung der Elektrodynamik mit grundlegendem Charakter ist die *Kontinuitätsgleichung.* Sie trägt der experimentellen Tatsache Rechnung, daß die Änderung der Ladung eines abgeschlossenen Systems innerhalb eines Volumens V notwendigerweise von einem entsprechenden Ladungsfluß durch die Oberfläche F des Volumens begleitet ist (*Ladungserhaltung*):

$$\frac{\mathrm{d}}{\mathrm{d}t}\int\limits_V \mathrm{d}V \rho(\boldsymbol{x},t) = -\oint\limits_F \mathrm{d}\boldsymbol{F}\boldsymbol{j}(\boldsymbol{x},t) .$$

[2] Siehe die Diskussion der Selbstenergie in Unterabschn. 2.5.1.

Kombiniert man die Divergenz von (IV) mit (I), so sieht man, daß die Kontinuitätsgleichung (in differentieller Form) in der Tat durch die Maxwell-Gleichungen berücksichtigt wird.

Satz 2.3: Kontinuitätsgleichung

Die Maxwell-Gleichungen stehen mit dem fundamentalen Gesetz der Ladungserhaltung,

$$\frac{\partial \rho(\boldsymbol{x},t)}{\partial t} + \boldsymbol{\nabla} \boldsymbol{j}(\boldsymbol{x},t) = 0 \ ,$$

im Einklang.

2.1.2 Interpretation der Maxwell-Gleichungen

Die vier Maxwell-Gleichungen spiegeln Erfahrungstatsachen wider, die üblicherweise in Form folgender Gesetze zusammengefaßt werden:

(I) Gaußsches Gesetz.

$$\boldsymbol{\nabla} \boldsymbol{E}(\boldsymbol{x},t) = 4\pi\rho(\boldsymbol{x},t) \Longleftrightarrow \oint\limits_F \boldsymbol{E}(\boldsymbol{x},t)\mathrm{d}\boldsymbol{F} = 4\pi Q(t) \ ,$$

mit

$$Q(t) = \int\limits_V \rho(\boldsymbol{x},t)\mathrm{d}V \ .$$

Der gesamte elektrische Fluß durch eine, ein Volumen V einschließende Fläche F ist proportional zu der in V enthaltenen Gesamtladung Q.

(II) Faradaysches Induktionsgesetz.

$$\boldsymbol{\nabla} \times \boldsymbol{E}(\boldsymbol{x},t) + \frac{1}{c}\frac{\partial \boldsymbol{B}(\boldsymbol{x},t)}{\partial t} = \boldsymbol{0}$$

$$\Longleftrightarrow V(t) = \oint\limits_C \boldsymbol{E}(\boldsymbol{x},t)\mathrm{d}\boldsymbol{l} = -\frac{1}{c}\int\limits_F \mathrm{d}\boldsymbol{F}\frac{\partial \boldsymbol{B}(\boldsymbol{x},t)}{\partial t} \ . \qquad (2.2)$$

Ein zeitlich variierendes magnetisches Feld produziert ein elektrisches Feld, das um die Richtung der magnetischen Änderung zirkuliert. Diese *Induktionsströme* sind so gerichtet, daß sie ihrer Ursache entgegenwirken (*Lenzsche Regel*). Anders ausgedrückt: Die zeitliche Änderung des Magnetfeldes durch eine konstante Fläche F bewirkt eine *elektromotorische Kraft* (*Spannung*) V, die sich aus dem Wegintegral des induzierten elektrischen Feldes entlang der F begrenzenden Linie C ergibt. Man stelle sich hierzu eine Leiterschleife vor, welche die Fläche F umschließt (Abb. 2.1). Ändert sich das Magnetfeld durch F, dann führt das hierdurch induzierte, längs des Leiters wirkende elektrische Feld zu einer Bewegung der freien Ladungsträger innerhalb des Leiters

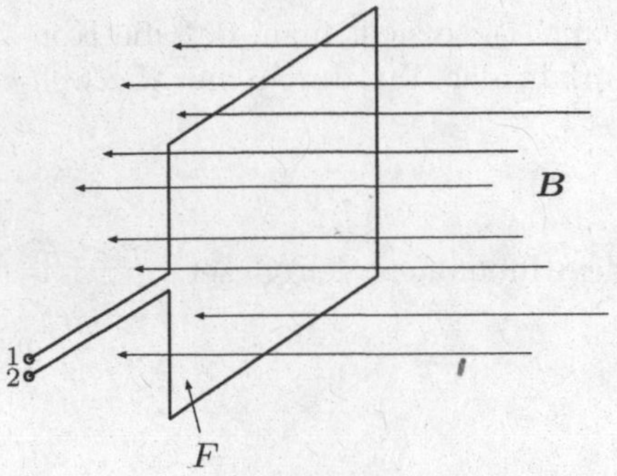

Abb. 2.1. Leiterschleife im Magnetfeld

und somit zu einem elektrischen Strom. Man erhält die hieraus resultierende Spannung, indem man den Leiter aufschneidet und die Größe $V = \int_1^2 \mathrm{d}\boldsymbol{l}\boldsymbol{E}$ zwischen den Schnittstellen 1 und 2 mißt. Es sei hier darauf hingewiesen, daß das Faradaysche Gesetz auch den allgemeineren Fall

$$V(t) = \oint_{C'} \boldsymbol{E}'(\boldsymbol{x}', t)\mathrm{d}\boldsymbol{l}' = -\frac{1}{c}\frac{\mathrm{d}\Phi_{\mathrm{m}}(t)}{\mathrm{d}t}$$

einschließt, wobei

$$\Phi_{\mathrm{m}}(t) = \int_{F(t)} \mathrm{d}\boldsymbol{F}(t)\boldsymbol{B}(\boldsymbol{x}, t)$$

den *magnetischen Fluß* durch die nicht notwendigerweise konstante Fläche $F(t)$ bezeichnet.[3] Hierbei beziehen sich die gestrichenen Größen auf das Ruhesystem der Leiterschleife. Dies wird im Rahmen der lorentzkovarianten Formulierung der Elektrodynamik in Anwendung 25 explizit gezeigt.

(III) Abwesenheit von magnetischen Monopolen.

$$\boldsymbol{\nabla}\boldsymbol{B}(\boldsymbol{x}, t) = 0 \Longleftrightarrow \oint_F \boldsymbol{B}(\boldsymbol{x}, t)\mathrm{d}\boldsymbol{F} = 0 \ .$$

Der magnetische Fluß durch eine, ein Volumen umgrenzende Fläche F ist Null. Anders ausgedrückt: Es gibt keine *magnetischen Monopole*, also keine Quellen und Senken für magnetische Felder; im Gegensatz zu elektrischen Feldlinien sind magnetische Feldlinien geschlossene Kurven.[4]

[3] Man stelle sich hierzu beispielsweise vor, daß die Leiterschleife sich aus dem Magnetfeld hinaus bewegt oder um eine Achse senkrecht zum Magnetfeld rotiert.

[4] Zu beachten ist in diesem Zusammenhang, daß die Maxwell-Gleichungen nicht alle unabhängig sind. Nimmt man z.B. die Divergenz von (II), so folgt $\boldsymbol{\nabla}\boldsymbol{B}(\boldsymbol{x}, t) = f(\boldsymbol{x})$, mit einer skalaren Funktion f, die sich experimentell zu 0 ergibt.

(IV) Maxwellscher Verschiebestrom und Ampèresches Gesetz.

$$\boldsymbol{\nabla} \times \boldsymbol{B}(\boldsymbol{x}, t) - \frac{1}{c} \frac{\partial \boldsymbol{E}(\boldsymbol{x}, t)}{\partial t} = \frac{4\pi}{c} \boldsymbol{j}(\boldsymbol{x}, t) .$$

Diese Gleichung enthält zwei Anteile. Der erste Teil ist der *Maxwellsche Verschiebestrom*

$$-\frac{1}{c} \frac{\partial \boldsymbol{E}(\boldsymbol{x}, t)}{\partial t} , \tag{2.3}$$

den Maxwell damals als zusätzlichen Term in (IV) einführte, da er erkannte, daß die Maxwell-Gleichungen ohne diesen Term im Widerspruch zur Kontinuitätsgleichung stehen. Darüber hinaus ist der Verschiebestrom notwendig, um elektromagnetische Strahlungsphänomene im Vakuum beschreiben zu können. Hat man nämlich weder Quellen noch Ströme ($\rho = 0,\ \boldsymbol{j} = \boldsymbol{0}$), dann folgt aus den Maxwell-Gleichungen ohne Verschiebestrom in (IV), daß sowohl $\boldsymbol{E}$ als auch $\boldsymbol{B}$ quellen- und wirbelfrei und somit identisch Null sind. Erst durch Hinzufügen von (2.3) in (IV) werden zeitabhängige elektromagnetische Felder zu nichtverschwindenden Wirbelfeldern, wodurch ihre Propagation im Vakuum ermöglicht wird. Der zweite Teil, das *Ampèresche* oder auch *Oerstedsche Gesetz*, lautet

$$\boldsymbol{\nabla} \times \boldsymbol{B}(\boldsymbol{x}, t) = \frac{4\pi}{c} \boldsymbol{j}(\boldsymbol{x}, t) \Longleftrightarrow \oint_C \boldsymbol{B}(\boldsymbol{x}, t) \mathrm{d}\boldsymbol{l} = \frac{4\pi}{c} I(t) , \tag{2.4}$$

mit

$$I(t) = \int_F \boldsymbol{j}(\boldsymbol{x}, t) \mathrm{d}\boldsymbol{F} \quad (\textit{elektrischer Strom}).$$

Dieses Gesetz stellt die Verallgemeinerung des eigentlichen Ampèreschen Gesetzes der Magnetostatik dar und ergibt sich aus der *quasistatischen Näherung*, wo der Verschiebestrom vernachlässigt wird. Es besagt, daß ein Strom ein magnetisches Feld induziert, dessen geschlossene Feldlinien um den Strom zirkulieren (Abb. 2.2).

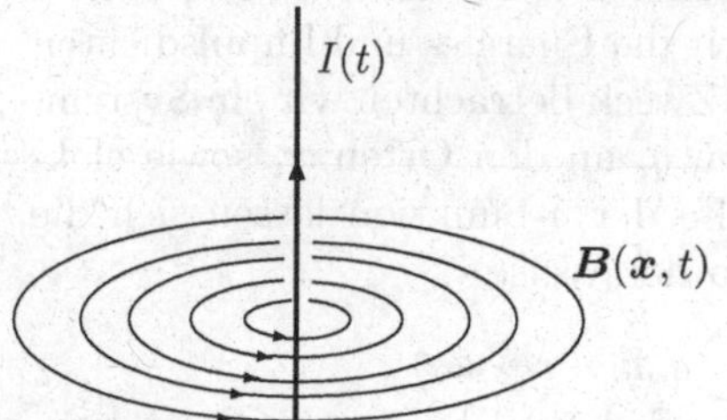

Abb. 2.2. Magnetfeld eines stromdurchflossenen Leiters

Eindeutigkeit der Lösungen. Nach dem Helmholtzschen Integralsatz läßt sich jedes Vektorfeld $\boldsymbol{V}$, das auf einem einfach zusammenhängenden Gebiet mit stückweise glatter Randfläche definiert ist, additiv zerlegen in einen wirbelfreien und einen quellenfreien Anteil. Diese Zerlegung ist bei Festlegung von Randwerten für die einzelnen Summanden eindeutig. Insbesondere im Unendlichen ist sie bis auf eine additive Konstante eindeutig, sofern $\boldsymbol{V}$ asymptotisch mindestens wie $1/r$ abfällt. In diesem Fall lautet die Zerlegung explizit:

$$\boldsymbol{V}(\boldsymbol{x}) = \frac{1}{4\pi}\left[\underbrace{\boldsymbol{\nabla}\times\int \mathrm{d}^3x' \frac{\boldsymbol{\nabla}'\times\boldsymbol{V}(\boldsymbol{x}')}{|\boldsymbol{x}-\boldsymbol{x}'|}}_{\text{divergenzfrei}} \underbrace{-\boldsymbol{\nabla}\int \mathrm{d}^3x' \frac{\boldsymbol{\nabla}'\boldsymbol{V}(\boldsymbol{x}')}{|\boldsymbol{x}-\boldsymbol{x}'|}}_{\text{rotationsfrei}}\right] . \quad (2.5)$$

Mit anderen Worten: Sind sowohl die Randbedingungen (bzw. ein hinreichender asymptotischer Abfall) als auch die Quellen und Wirbel eines Vektorfeldes gegeben, dann ist dieses Feld eindeutig definiert. Da wir keine Felder erwarten, die durch lokalisierte Ladungen und Ströme in unendlicher Entfernung produziert werden, ist es vernünftig, anzunehmen, daß $\boldsymbol{E}$ und $\boldsymbol{B}$ wie $1/r^2$ im Unendlichen abfallen und somit durch die Maxwell-Gleichungen eindeutig definiert sind.

Superpositionsprinzip. Eine wichtige Eigenschaft der Maxwell-Gleichungen ist ihre Linearität. Sie beinhaltet wie im Falle gewöhnlicher Differentialgleichungen das Superpositionsprinzip, nach dem sich Lösungen der Maxwell-Gleichungen zu neuen Lösungen linear überlagern lassen. Insbesondere setzt sich die allgemeine Lösung aus der Gesamtheit der homogenen Lösungen plus einer speziellen inhomogenen Lösung zusammen. Wir werden auf diesen Punkt in Abschn. 2.2 zurückkommen.

2.1.3 Energie- und Impulserhaltungssatz

Es ist intuitiv klar, daß in elektromagnetischen Feldern Energie gespeichert ist. In diesem Unterabschnitt bestimmen wir die Energie- und Impulsdichten des elektromagnetischen Feldes. Zu diesem Zweck betrachten wir ein System, in dem es Punktteilchen mit den Ladungen q_i an den Orten $\boldsymbol{x}_i$ sowie elektromagnetische Felder $\boldsymbol{E}$, $\boldsymbol{B}$ gibt. Mit Hilfe der δ-Funktion lassen sich die Ladungs- und Stromdichten des Systems in der Weise

$$\rho(\boldsymbol{x},t) = \sum_i q_i\delta(\boldsymbol{x}-\boldsymbol{x}_i) \ , \ \boldsymbol{j}(\boldsymbol{x},t) = \sum_i q_i\dot{\boldsymbol{x}}_i\delta(\boldsymbol{x}-\boldsymbol{x}_i) \ ,$$

ausdrücken.[5]

[5] Mit dem elektrodynamischen Konzept von „Punktladungen“ bzw. ihrer Beschreibung durch δ-Funktionen sind prinzipielle Schwierigkeiten verbunden, die in Unterabschn. 2.5.1 näher erläutert werden.

Energieerhaltung. Nach (2.1) wirkt auf das i-te Teilchen die Kraft

$$\boldsymbol{F}_{\mathrm{L}}(\boldsymbol{x}_i,t) = q_i\left(\boldsymbol{E}(\boldsymbol{x}_i,t) + \frac{\dot{\boldsymbol{x}}_i}{c}\times\boldsymbol{B}(\boldsymbol{x}_i,t)\right) .$$

Durch den elektrischen Anteil von $\boldsymbol{F}_{\mathrm{L}}$ wird Arbeit an den Teilchen verrichtet, also die mechanische Energie E_{mech} der Teilchen geändert:

$$\frac{\mathrm{d}E_{\mathrm{mech}}}{\mathrm{d}t} = \sum_i \boldsymbol{F}_{\mathrm{L}}(\boldsymbol{x}_i,t)\dot{\boldsymbol{x}}_i = \sum_i q_i\dot{\boldsymbol{x}}_i\boldsymbol{E}(\boldsymbol{x}_i,t) = \int \mathrm{d}^3x\boldsymbol{j}(\boldsymbol{x},t)\boldsymbol{E}(\boldsymbol{x},t) .$$

Unter Verwendung von (IV) geht diese Gleichung über in

$$\frac{\mathrm{d}E_{\mathrm{mech}}}{\mathrm{d}t} = \frac{c}{4\pi}\int \mathrm{d}^3x\boldsymbol{E}\boldsymbol{\nabla}\times\boldsymbol{B} - \frac{1}{4\pi}\int \mathrm{d}^3x\boldsymbol{E}\frac{\partial\boldsymbol{E}}{\partial t} . \tag{2.6}$$

In dieser Energiebilanzgleichung ist nun die Energie des elektromagnetischen Feldes E_{em} implizit enthalten. Um dies zu sehen, subtrahieren wir von (2.6) die Null in Form von (II), multipliziert mit $c\boldsymbol{B}/4\pi$. Dies ergibt

$$\begin{aligned}\frac{\mathrm{d}E_{\mathrm{mech}}}{\mathrm{d}t} &= \frac{c}{4\pi}\int \mathrm{d}^3x(\boldsymbol{E}\boldsymbol{\nabla}\times\boldsymbol{B} - \boldsymbol{B}\boldsymbol{\nabla}\times\boldsymbol{E}) - \int \mathrm{d}^3x\frac{\partial}{\partial t}\left(\frac{\boldsymbol{E}^2+\boldsymbol{B}^2}{8\pi}\right)\\ &= -\frac{c}{4\pi}\oint_F(\boldsymbol{E}\times\boldsymbol{B})\mathrm{d}\boldsymbol{F} - \frac{\partial}{\partial t}\int \mathrm{d}^3x\left(\frac{\boldsymbol{E}^2+\boldsymbol{B}^2}{8\pi}\right) ,\end{aligned} \tag{2.7}$$

wobei die Identität

$$\boldsymbol{\nabla}(\boldsymbol{p}\times\boldsymbol{q}) = \boldsymbol{q}\boldsymbol{\nabla}\times\boldsymbol{p} - \boldsymbol{p}\boldsymbol{\nabla}\times\boldsymbol{q}$$

und der Stokessche Satz verwendet wurden. Zur Interpretation der in (2.7) stehenden Terme betrachten wir zuerst den Fall eines unendlich ausgedehnten Volumens, wobei angenommen wird, daß die Felder im Unendlichen stärker als $1/r$ abfallen. Gleichung (2.7) reduziert sich dann auf

$$\frac{\mathrm{d}E_{\mathrm{mech}}}{\mathrm{d}t} = -\frac{\partial}{\partial t}\int \mathrm{d}^3x\left(\frac{\boldsymbol{E}^2+\boldsymbol{B}^2}{8\pi}\right) .$$

Dies legt es nahe, den Ausdruck

$$\frac{\boldsymbol{E}^2+\boldsymbol{B}^2}{8\pi}$$

als die Energiedichte ϵ_{em} des elektromagnetischen Feldes anzusehen. Unter Verwendung des Gaußschen Satzes folgt weiterhin aus (2.7) für endliche Volumina

$$\frac{\mathrm{d}E_{\mathrm{mech}}}{\mathrm{d}t} = -\int \mathrm{d}^3x\left(\boldsymbol{\nabla}\boldsymbol{S} + \frac{\partial\epsilon_{\mathrm{em}}}{\partial t}\right) , \tag{2.8}$$

wobei

$$\boldsymbol{S} = \frac{c}{4\pi}(\boldsymbol{E}\times\boldsymbol{B})$$

der *Poynting-Vektor* ist und mit der Energiestromdichte des elektromagnetischen Feldes identifiziert werden kann. Da (2.8) für beliebige Volumina gilt, folgt der

Satz 2.4: Energiesatz der Elektrodynamik (Poyntingsches Theorem)

In einem aus geladenen Teilchen und elektromagnetischen Feldern bestehenden System gilt die Energiebilanzgleichung

$$\frac{\partial \epsilon_{\mathrm{mech}}}{\partial t} + \frac{\partial \epsilon_{\mathrm{em}}}{\partial t} = -\boldsymbol{\nabla}\boldsymbol{S} \ ,$$

mit

$\frac{\partial \epsilon_{\mathrm{mech}}(\boldsymbol{x},t)}{\partial t} = \boldsymbol{j}(\boldsymbol{x},t)\boldsymbol{E}(\boldsymbol{x},t)$	Zeitl. Ableitung der mechanischen Energiedichte
$\epsilon_{\mathrm{em}} = \frac{\boldsymbol{E}^2(\boldsymbol{x},t) + \boldsymbol{B}^2(\boldsymbol{x},t)}{8\pi}$	Elektromagnetische Energiedichte
$\boldsymbol{S}(\boldsymbol{x},t) = \frac{c}{4\pi}\boldsymbol{E}(\boldsymbol{x},t) \times \boldsymbol{B}(\boldsymbol{x},t)$	Poynting-Vektor, Energiestromdichte.

Das Poyntingsche Theorem stellt eine Art Kontinuitätsgleichung für die Energie eines Systems dar, nach der die zeitliche Änderung der totalen Energie (mechanische plus elektromagnetische) in einem Volumen V gleich dem Energiefluß durch die V umschließende Fläche F ist:

$$\frac{\mathrm{d}}{\mathrm{d}t}(E_{\mathrm{mech}} + E_{\mathrm{em}}) = -\oint\limits_F \boldsymbol{S}\mathrm{d}\boldsymbol{F} \ .$$

Wählt man das Volumen V hinreichend groß, so daß sich alle betrachteten Ladungen und Felder im Innern der V umgrenzenden Fläche F befinden, dann verschwindet die rechte Seite dieser Gleichung, und man erhält den Energiesatz für abgeschlossene Systeme:

$$E_{\mathrm{mech}} + E_{\mathrm{em}} = \mathrm{const} \ . \tag{2.9}$$

Impulserhaltung. Die Ableitung der Impulsbilanz erfolgt analog zur Energiebilanz. Ausgangspunkt hierbei ist die zeitliche Änderung des mechanischen Impulses:

$$\begin{aligned}\frac{\mathrm{d}\boldsymbol{P}_{\mathrm{mech}}}{\mathrm{d}t} &= \sum_i \frac{\mathrm{d}\boldsymbol{P}_{\mathrm{mech},i}}{\mathrm{d}t} = \sum_i \boldsymbol{F}_{\mathrm{L},i}(\boldsymbol{x}_i,t) \\ &= \int \mathrm{d}^3x \left(\rho(\boldsymbol{x},t)\boldsymbol{E}(\boldsymbol{x},t) + \frac{\boldsymbol{j}(\boldsymbol{x},t)}{c} \times \boldsymbol{B}(\boldsymbol{x},t)\right) .\end{aligned}$$

Drückt man in dieser Gleichung ρ und $\boldsymbol{j}$ durch die Felder $\boldsymbol{E}$ und $\boldsymbol{B}$ aus und symmetrisiert dann durch Addition des Ausdrucks (vgl. (II) und (III))

$$\frac{1}{4\pi}\left(\boldsymbol{\nabla}\times\boldsymbol{E}+\frac{1}{c}\frac{\partial \boldsymbol{B}}{\partial t}\right)\times\boldsymbol{E}+\frac{1}{4\pi}\boldsymbol{B}(\boldsymbol{\nabla}\boldsymbol{B})=\boldsymbol{0}\,,$$

so erhält man

$$\begin{aligned}\frac{\mathrm{d}\boldsymbol{P}_{\mathrm{mech}}}{\mathrm{d}t}=-\frac{1}{4\pi c}\frac{\partial}{\partial t}\int \mathrm{d}^3x(\boldsymbol{E}\times\boldsymbol{B})+\frac{1}{4\pi}\int \mathrm{d}^3x[&\boldsymbol{E}(\boldsymbol{\nabla}\boldsymbol{E})+\boldsymbol{B}(\boldsymbol{\nabla}\boldsymbol{B})\\ &-\boldsymbol{E}\times(\boldsymbol{\nabla}\times\boldsymbol{E})-\boldsymbol{B}\times(\boldsymbol{\nabla}\times\boldsymbol{B})]\,.\end{aligned}$$

Der Integrand des ersten Terms,

$$\frac{1}{4\pi c}(\boldsymbol{E}\times\boldsymbol{B})=\frac{\boldsymbol{S}}{c^2}\,,$$

wird mit der Impulsdichte g_{em} des elektromagnetischen Feldes identifiziert. Die Komponenten des Integranden des zweiten Terms lassen sich jeweils als Divergenz eines Vektorfeldes schreiben, und es ergibt sich schließlich der

Satz 2.5: Impulssatz der Elektrodynamik

In einem aus geladenen Teilchen und elektromagnetischen Feldern bestehenden System gilt die Impulsbilanzgleichung

$$\left[\frac{\partial \boldsymbol{g}_{\mathrm{mech}}}{\partial t}\right]_i+\left[\frac{\partial \boldsymbol{g}_{\mathrm{em}}}{\partial t}\right]_i=\boldsymbol{\nabla}\boldsymbol{T}_i\,, \tag{2.10}$$

mit

$$\frac{\partial \boldsymbol{g}_{\mathrm{mech}}(\boldsymbol{x},t)}{\partial t}=\rho(\boldsymbol{x},t)\boldsymbol{E}(\boldsymbol{x},t)+\frac{\boldsymbol{j}(\boldsymbol{x},t)}{c}\times\boldsymbol{B}(\boldsymbol{x},t)$$ Zeitl. Abl. der mechanischen Impulsdichte

$$\boldsymbol{g}_{\mathrm{em}}(\boldsymbol{x},t)=\frac{\boldsymbol{S}(\boldsymbol{x},t)}{c^2}$$ Elektromagnetische Impulsdichte

$$\boldsymbol{T}_i=(T_{i1},T_{i2},T_{i3})$$

$$T_{ik}=\frac{1}{4\pi}\left[E_iE_k+B_iB_k-\frac{\delta_{ik}}{2}\left(\boldsymbol{E}^2+\boldsymbol{B}^2\right)\right]$$ Maxwellscher Spannungstensor.

Analog zum Energiesatz (2.9) für abgeschlossene Systeme erhält man durch Integration von (2.10) über ein genügend großes, alle betrachteten Teilchen und Felder einschließendes Volumen den Impulssatz für abgeschlossene Systeme:

$$\boldsymbol{P}_{\mathrm{mech}}+\boldsymbol{P}_{\mathrm{em}}=\mathrm{const}\,.$$

Im weiteren Verlauf werden wir es desöfteren mit zeitlich oszillierenden $\boldsymbol{E}$- und $\boldsymbol{B}$-Feldern zu tun haben. In diesem Fall ist es sinnvoll, an Stelle von ϵ_{em} und $\boldsymbol{S}$ deren Mittelung über eine Schwingungsperiode zu betrachten, da hierbei die oszillierenden Terme wegfallen.

Definition: Zeitgemittelte elektromagnetische Energiedichte $\overline{\epsilon_{\rm em}}$ und Energiestromdichte $\overline{\boldsymbol{S}}$

Bei oszillierenden Feldern der Art

$$\boldsymbol{E}(\boldsymbol{x},t) = \mathrm{Re}\left[\boldsymbol{E}(\boldsymbol{x})\mathrm{e}^{-\mathrm{i}\omega t}\right] \;,\; \boldsymbol{B}(\boldsymbol{x},t) = \mathrm{Re}\left[\boldsymbol{B}(\boldsymbol{x})\mathrm{e}^{-\mathrm{i}\omega t}\right]$$

betrachtet man üblicherweise die zeitgemittelten Größen $\overline{\epsilon_{\rm em}}$ und $\overline{\boldsymbol{S}}$, welche definiert sind durch

$$\overline{\epsilon_{\rm em}} = \frac{1}{T}\int\limits_t^{t+T} \mathrm{d}t\epsilon_{\rm em} = \frac{|\boldsymbol{E}(\boldsymbol{x})|^2 + |\boldsymbol{B}(\boldsymbol{x})|^2}{16\pi} \;,\; T = \frac{2\pi}{\omega} \tag{2.11}$$

$$\overline{\boldsymbol{S}} = \frac{1}{T}\int\limits_t^{t+T} \mathrm{d}t\boldsymbol{S} = \frac{c}{8\pi}\mathrm{Re}[\boldsymbol{E}(\boldsymbol{x}) \times \boldsymbol{B}^*(\boldsymbol{x})] \;. \tag{2.12}$$

2.1.4 Physikalische Einheiten

Die Maxwell-Gleichungen (I) bis (IV) beschreiben die funktionalen Abhängigkeiten zwischen den Ladungs- und Stromdichten ρ und $\boldsymbol{j}$ sowie den elektromagnetischen Feldern $\boldsymbol{E}$ und $\boldsymbol{B}$. Die auftretenden Proportionalitätskonstanten sind jedoch mit einer gewissen Willkür behaftet und hängen vom verwendeten Einheitensystem ab. Vor Festlegung eines Maßsystems könnte man die Maxwell-Gleichungen unter Einführung von vier Proportionalitätskonstanten $k_1, \ldots, k_4$ auch in folgender Form hinschreiben:

$$\left.\begin{aligned}
&\boldsymbol{\nabla}\boldsymbol{E}(\boldsymbol{x},t) = 4\pi k_1\rho(\boldsymbol{x},t)\\
&\boldsymbol{\nabla}\times\boldsymbol{E}(\boldsymbol{x},t) + k_2\frac{\partial \boldsymbol{B}(\boldsymbol{x},t)}{\partial t} = \boldsymbol{0}\\
&\boldsymbol{\nabla}\boldsymbol{B}(\boldsymbol{x},t) = 0\\
&\boldsymbol{\nabla}\times\boldsymbol{B}(\boldsymbol{x},t) - k_3\frac{\partial \boldsymbol{E}(\boldsymbol{x},t)}{\partial t} = 4\pi k_4\boldsymbol{j}(\boldsymbol{x},t)\;.
\end{aligned}\right\} \tag{2.13}$$

Geht man davon aus, daß die Kontinuitätsgleichung in jedem Einheitensystem die Form

$$\frac{\partial\rho}{\partial t} + \boldsymbol{\nabla}\boldsymbol{j} = 0 \tag{2.14}$$

hat, dann liefert die Kombination der ersten und letzten Gleichung von (2.13) im Vergleich mit (2.14) die Bedingungsgleichung

$$k_1k_3 = k_4 \;.$$

Eine weitere Einschränkung folgt aus der Erfahrungstatsache, daß sich elektromagnetische Wellen im Vakuum mit Lichtgeschwindigkeit ausbreiten. Die zugehörigen *Wellengleichungen* erhält man durch Kombination der Rotationsgleichungen von (2.13) zu

$$\boldsymbol{\nabla}^2 \begin{pmatrix} \boldsymbol{E} \\ \boldsymbol{B} \end{pmatrix} - k_2 k_3 \frac{\partial^2}{\partial t^2} \begin{pmatrix} \boldsymbol{E} \\ \boldsymbol{B} \end{pmatrix} = \boldsymbol{0}$$

und liefern folglich die Bedingung

$$k_2 k_3 = \frac{1}{c^2} \; .$$

Von den vier Proportionalitätskonstanten sind also nur zwei unabhängig; ihre Wahl definiert jeweils ein Einheitensystem. Die zwei gebräuchlichsten Systeme sind das MKSA-System und das Gauß-System. Für sie gilt:

System	k_1	k_2	k_3	k_4
MKSA	$\frac{1}{4\pi\epsilon_0}$	1	$\epsilon_0\mu_0$	$\frac{\mu_0}{4\pi}$
Gauß	1	$\frac{1}{c}$	$\frac{1}{c}$	$\frac{1}{c}$

Die Größe $\epsilon_0 = 8.854 \cdot 10^{-12}\,\mathrm{A^2 s^4 m^{-3} kg^{-1}}$ heißt *Dielektrizitätskonstante des Vakuums* und $\mu_0 = 1/\epsilon_0 c^2$ *Permeabilitätskonstante des Vakuums.*

Das MKSA-(Meter, Kilogramm, Sekunde, Ampère)-System ist das um die Grundgröße „Strom“ erweiterte MKS-System der Mechanik. Die Einheit „A (Ampère)“ des Stromes ist dabei über die Kraft definiert, die zwei in einem gewissen Abstand befindliche stromdurchflossene Leiter aufeinander ausüben. Da der elektrische Strom in Leitern gleich der Ladungsmenge $\mathrm{d}q$ ist, die pro Zeiteinheit $\mathrm{d}t$ durch die Querschnittsfläche des Leiters tritt,

$$I(t) = \frac{\mathrm{d}q}{\mathrm{d}t} \; ,$$

folgt für die zusammengesetzte Einheit „C (Coulomb)“ der Ladung

$$1\,\mathrm{C} = 1\,\mathrm{As} \; .$$

Im Gauß-System wird als weitere Grundgröße (zu den drei Grundgrößen Zentimeter, Gramm, Sekunde) die Ladungseinheit „ESE (Elektrostatische Einheit)“ über die Kraft definiert, die zwei statische Ladungen dieser Größe in einem bestimmten Abstand aufeinander ausüben. Hier folgt die Stromstärke als eine aus Sekunde und ESE zusammengesetzte Einheit.[6] Im Bereich der makroskopischen Experimentalphysik wird aus praktischen Gründen überwiegend das MKSA-System verwendet, während in der Atomphysik, der Kernphysik und insbesondere in vielen Lehrbüchern der theoretischen Physik das Gauß-System zur Anwendung kommt. Der große Vorteil des Gauß-Systems

[6] Die Konversion verschiedener Einheitensysteme wird ausführlich in [12] diskutiert.

gegenüber dem MKSA-System (oder anderer Systeme) besteht darin, daß in ihm die relativistische Struktur der Elektrodynamik aufgrund von v/c-Faktoren besser zum Ausdruck kommt. Wie später gezeigt wird, transformieren sich $\boldsymbol{E}$- und $\boldsymbol{B}$-Felder ineinander, wenn man von einem Inertialsystem zu einem anderen übergeht. Das Gauß-System trägt dieser Tatsache unmittelbar Rechnung, da in ihm $\boldsymbol{E}$ und $\boldsymbol{B}$ dieselbe physikalische Einheit besitzen. Aufgrund dieser Überlegungen wird in diesem Kapitel durchweg das Gauß-System verwendet.

Zusammenfassung

- Elektromagnetische Phänomene werden ursächlich durch die **Ladungsdichte** ρ und den **Stromdichtevektor** $\boldsymbol{j}$ einerseits sowie durch die **elektromagnetischen Felder** $\boldsymbol{E}$, $\boldsymbol{B}$ als deren Wirkung andererseits beschrieben. Diese Größen sind durch ein System partieller Differentialgleichungen 1. Ordnung, den **Maxwell-Gleichungen**, miteinander verknüpft.
- Die Maxwell-Gleichungen definieren zusammen mit der **Lorentz-Kraft** die Theorie der klassischen Elektrodynamik.
- Die Maxwell-Gleichungen sind mit der Erhaltung der Ladung in einem abgeschlossenen System, ausgedrückt durch die **Kontinuitätsgleichung**, im Einklang.
- Zwischen den **mechanischen** und **elektromagnetischen Energie-** bzw. **Impulsdichten** existieren **Bilanzbeziehungen**, die sich in Form von Kontinuitätsgleichungen formulieren lassen. Sowohl die Summe aus mechanischer und elektromagnetischer Energie als auch die Summe aus mechanischem und elektromagnetischem Impuls sind in einem abgeschlossenen System von Ladungen und Feldern erhalten.
- In diesem Kapitel wird ausschließlich das **Gauß-System** verwendet, da es die relativistische Struktur der Elektrodynamik am besten zum Ausdruck bringt.

Anwendungen

20. Magnetische Monopole. Man nehme an, daß es neben den elektrischen Ladungs- und Stromdichten $\rho = \rho_{\rm e}$, $\boldsymbol{j} = \boldsymbol{j}_{\rm e}$ auch magnetische Entsprechungen $\rho_{\rm m}$, $\boldsymbol{j}_{\rm m}$ gibt, so daß die Maxwell-Gleichungen die in $\boldsymbol{E}$ und $\boldsymbol{B}$ symmetrische Form

$$\begin{aligned}
&\boldsymbol{\nabla}\boldsymbol{E} = 4\pi\rho_{\rm e}\\
&\boldsymbol{\nabla}\times\boldsymbol{E} + \frac{1}{c}\frac{\partial \boldsymbol{B}}{\partial t} = -\frac{4\pi}{c}\boldsymbol{j}_{\rm m}
\end{aligned}$$

$$\nabla \boldsymbol{B} = 4\pi\rho_{\mathrm{m}}$$
$$\nabla \times \boldsymbol{B} - \frac{1}{c}\frac{\partial \boldsymbol{E}}{\partial t} = \frac{4\pi}{c}\boldsymbol{j}_{\mathrm{e}}$$

annehmen. Zu zeigen ist: Selbst wenn es magnetische Monopole gäbe, das Verhältnis zwischen elektrischer und magnetischer Ladung aller Teilchen aber gleich wäre, behielten die Maxwell-Gleichungen (I) bis (IV) ihre Gültigkeit. *Hinweis:* Man betrachte obige Maxwell-Gleichungen unter der Dualitätstransformation

$$\begin{pmatrix} \boldsymbol{E}' \\ \boldsymbol{B}' \\ \rho'_{\mathrm{e}} \\ \rho'_{\mathrm{m}} \\ \boldsymbol{j}'_{\mathrm{e}} \\ \boldsymbol{j}'_{\mathrm{m}} \end{pmatrix} = \begin{pmatrix} \cos\alpha & -\sin\alpha & 0 & 0 & 0 & 0 \\ \sin\alpha & \cos\alpha & 0 & 0 & 0 & 0 \\ 0 & 0 & \cos\alpha & -\sin\alpha & 0 & 0 \\ 0 & 0 & \sin\alpha & \cos\alpha & 0 & 0 \\ 0 & 0 & 0 & 0 & \cos\alpha & -\sin\alpha \\ 0 & 0 & 0 & 0 & \sin\alpha & \cos\alpha \end{pmatrix} \begin{pmatrix} \boldsymbol{E} \\ \boldsymbol{B} \\ \rho_{\mathrm{e}} \\ \rho_{\mathrm{m}} \\ \boldsymbol{j}_{\mathrm{e}} \\ \boldsymbol{j}_{\mathrm{m}} \end{pmatrix} .$$

Lösung. Man verifiziert leicht, daß die symmetrisierten Maxwell-Gleichungen unter der angegebenen Dualitätstransformation invariant sind. Da das elektromagnetische Ladungsverhältnis aller Teilchen nach Voraussetzung konstant ist, können wir α für alle Teilchen so wählen, daß gilt:

$$\rho'_{\mathrm{m}} = \rho_{\mathrm{e}}\left(\sin\alpha + \frac{\rho_{\mathrm{m}}}{\rho_{\mathrm{e}}}\cos\alpha\right) = 0$$

und

$$|\boldsymbol{j}'_{\mathrm{m}}| = |\boldsymbol{j}_{\mathrm{e}}|\left(\sin\alpha + \frac{|\boldsymbol{j}_{\mathrm{m}}|}{|\boldsymbol{j}_{\mathrm{e}}|}\cos\alpha\right) = |\boldsymbol{j}_{\mathrm{e}}|\left(\sin\alpha + \frac{\rho_{\mathrm{m}}}{\rho_{\mathrm{e}}}\cos\alpha\right) = 0 .$$

Für diesen speziellen Winkel gehen dann obige Maxwell-Gleichungen in die alten Gleichungen (I) bis (IV) über. Mit anderen Worten: Gäbe es magnetische Monopole bei gleichem elektromagnetischen Ladungsverhältnis aller Teilchen, dann könnte man die magnetische Ladung auf Null festsetzen. Die eigentlich interessante Frage im Zusammenhang mit magnetischen Monopolen ist also, ob es Teilchen mit verschiedenen elektromagnetischen Ladungsverhältnissen gibt. Wäre dem so, dann müßte man generell die magnetische Ladung zulassen und die Maxwell-Gleichungen in obiger symmetrischer Form diskutieren. Darüber hinaus ließe sich nach einer quantenmechanischen Überlegung von Dirac die Quantisierung der elektrischen Ladung erklären.[7]

21. Leiterschleife mit Plattenkondensator. Man betrachte eine mit einem Plattenkondensator verbundene Leiterschleife in einem homogenen Magnetfeld (Abb. 2.3). Das Magnetfeld zeige in die Zeichenebene hinein und wachse dem Betrag nach zeitlich an. Welche der beiden Kondensatorplatten wird positiv aufgeladen?

[7] Praktisch alle geladene Körper besitzen ganzzahlige Vielfache der Elementarladung e des Elektrons.

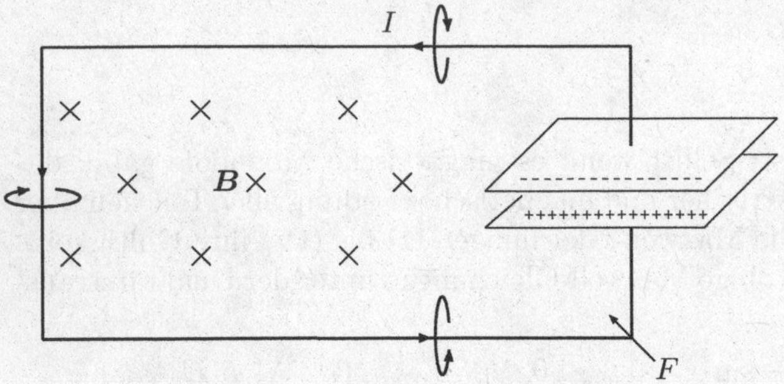

Abb. 2.3. Leiterschleife mit Plattenkondensator im äußeren Magnetfeld. Die Pfeile geben die Richtung des induzierten Stromes bzw. des induzierten Magnetfeldes an für den Fall, daß das äußere Magnetfeld in die Zeichenebene zeigt und mit der Zeit anwächst

Lösung. Aufgrund des Faradayschen Induktionsgesetzes wird im Leiter ein Strom induziert. Um diesen Strom zirkuliert nach dem Ampèreschen Gesetz ein Magnetfeld, dessen Umlaufsinn der Lenzschen Regel entsprechend der eigentlichen Ursache, also dem Ansteigen des ursprünglichen Magnetfeldes entgegenwirkt. Der Strom fließt deshalb im mathematisch positiven Sinne, und die obere Kondensatorplatte wird negativ aufgeladen.[8] Die mathematische Begründung lautet: Betrachtet man die Umlaufspannung im mathematisch positiven Sinne, dann zeigt der Normalenvektor der Fläche F aus der Zeichenebene heraus, und es gilt

$$\boldsymbol{B}\boldsymbol{F} = -|\boldsymbol{B}||\boldsymbol{F}| \Longrightarrow V = -\frac{1}{c}\frac{\partial \boldsymbol{B}}{\partial t}\boldsymbol{F} = +\frac{1}{c}\frac{\partial |\boldsymbol{B}|}{\partial t}|\boldsymbol{F}| > 0 \;.$$

Es wird also eine positive Umlaufspannung induziert; der Strom fließt im mathematisch positiven Sinne.

2.2 Lösungen der Maxwell-Gleichungen in Form von Potentialen

Die Maxwell-Gleichungen stellen ein System von vier gekoppelten Differentialgleichungen 1. Ordnung für die Felder $\boldsymbol{E}$ und $\boldsymbol{B}$ dar. Nun ist es durch Einführen eines *Vektorpotentials* $\boldsymbol{A}$ und eines *Skalarpotentials* ϕ möglich, die Maxwell-Gleichungen in zwei Differentialgleichungen 2. Ordnung zu überführen. Oftmals erweist es sich als günstiger, diese Potentiale zu berechnen und daraus dann die Felder $\boldsymbol{E}$ und $\boldsymbol{B}$ abzuleiten. Dabei stellt sich heraus, daß die Potentiale nicht eindeutig definiert sind; ganze Klassen von Potentialen

[8] Man beachte: Die Richtung des Stromes ist der Bewegungsrichtung der freien Leitungselektronen mit negativer Ladung entgegengesetzt (*technische Stromrichtung*).

führen zu denselben elektromagnetischen Feldern und sind über *Eichtransformationen* miteinander verbunden, welche gerade auch in modernen Quantenfeldtheorien eine überaus wichtige Rolle spielen.

Dieser Abschnitt beschäftigt sich mit der allgemeinen Lösung der Maxwell-Gleichungen in Form von Potentialen. Nach deren Einführung werden Eichtransformationen und damit verbundene *Eichbedingungen* ausführlich diskutiert. Es schließen sich Herleitungen der allgemeinen homogenen und einer speziellen inhomogenen Lösung (*retardierte Potentiale*) der Maxwell-Gleichungen an.

2.2.1 Skalarpotential und Vektorpotential

Die Potentiale $\boldsymbol{A}$ und ϕ sind in folgender Weise definiert:

Definition: Vektorpotential $\boldsymbol{A}$, Skalarpotential ϕ

$$\left.\begin{aligned} \boldsymbol{B}(\boldsymbol{x},t) &= \boldsymbol{\nabla} \times \boldsymbol{A}(\boldsymbol{x},t) \\ \boldsymbol{E}(\boldsymbol{x},t) + \frac{1}{c}\frac{\partial \boldsymbol{A}(\boldsymbol{x},t)}{\partial t} &= -\boldsymbol{\nabla}\phi(\boldsymbol{x},t) \ . \end{aligned}\right\} \quad (2.15)$$

Man überzeugt sich leicht davon, daß durch diese Definitionen die homogenen Maxwell-Gleichungen (II) und (III) automatisch erfüllt sind. Für die verbleibenden inhomogenen Maxwell-Gleichungen (I) und (IV) folgen die *Potentialgleichungen*

$$\boldsymbol{\nabla}^2\phi(\boldsymbol{x},t) + \frac{1}{c}\frac{\partial}{\partial t}\boldsymbol{\nabla}\boldsymbol{A}(\boldsymbol{x},t) = -4\pi\rho(\boldsymbol{x},t) \quad (2.16)$$

$$\boldsymbol{\nabla}^2\boldsymbol{A}(\boldsymbol{x},t) - \frac{1}{c^2}\frac{\partial^2 \boldsymbol{A}(\boldsymbol{x},t)}{\partial t^2} - \boldsymbol{\nabla}\left(\boldsymbol{\nabla}\boldsymbol{A}(\boldsymbol{x},t) + \frac{1}{c}\frac{\partial\phi(\boldsymbol{x},t)}{\partial t}\right) = -\frac{4\pi}{c}\boldsymbol{j}(\boldsymbol{x},t) \ . \quad (2.17)$$

Durch Einführen von Potentialen reduziert sich also das Problem des Auffindens von insgesamt sechs Komponenten der Felder $\boldsymbol{E}$ und $\boldsymbol{B}$ auf die Bestimmung von insgesamt vier Komponenten von $\boldsymbol{A}$ und ϕ. Dennoch ist in (2.16) und (2.17) noch keine Vereinfachung des Problems zu erkennen, da diese Beziehungen nach wie vor in den Feldern $\boldsymbol{A}$ und ϕ gekoppelt sind. Nun enthalten die Potentiale jedoch gewisse *Eichfreiheiten*, die man benutzen kann, um das Vektorpotential derart zu adjustieren, daß (2.16) und (2.17) entkoppeln. Dies ist Gegenstand des folgenden Unterabschnittes.

2.2.2 Eichtransformationen

In der Elektrodynamik sind *Eichtransformationen* in folgender Weise definiert:

Definition: Eichtransformationen

Transformationen der Art

$$A(x,t) \longrightarrow A'(x,t) = A(x,t) + \nabla\chi(x,t)$$
$$\phi(x,t) \longrightarrow \phi'(x,t) = \phi(x,t) - \frac{1}{c}\frac{\partial\chi(x,t)}{\partial t} ,$$

mit einer beliebigen skalaren Funktion $\chi(x,t)$ heißen Eichtransformationen. Sie lassen die elektromagnetischen Felder E und B invariant.

Man beachte, daß alle Feldgleichungen und somit auch alle physikalischen Vorhersagen unter diesen Eichtransformationen eichinvariant sind. Da die Potentiale in der Elektrodynamik nicht direkt beobachtbar sind, werden sie häufig als unphysikalisch angesehen. Diese Aussage ist jedoch nur auf klassischem Level korrekt. Im Rahmen der Quantenmechanik werden wir sehen, daß es Situationen gibt, in denen das Vektorpotential selbst durchaus eine Rolle spielt (Quantisierung des magnetischen Flusses, Bohm-Aharanov-Effekt, Unterabschn. 3.6.2).

Die Wahl der Eichtransformation, also der *Eichfunktion* χ, hängt im wesentlichen vom betrachteten physikalischen Problem ab. Im folgenden stellen wir die zwei am häufigsten benutzten Eichungen vor, die zu einer großen Vereinfachung der inhomogenen Potentialgleichungen (2.16) und (2.17) führen.

Coulomb-Eichung. Die Coulomb-Eichung ist durch folgende Bedingung definiert:

Definition: Coulomb-Eichung (transversale Eichung)

$$\nabla A(x,t) = 0 .$$

In dieser Eichung folgt für die Potentialgleichungen (2.16) und (2.17)

$$\nabla^2\phi(x,t) = -4\pi\rho(x,t) \qquad (\textit{Poisson-Gleichung}) \tag{2.18}$$

$$\nabla^2 A(x,t) - \frac{1}{c^2}\frac{\partial^2 A(x,t)}{\partial t^2} = -\frac{4\pi}{c}j(x,t) + \frac{1}{c}\nabla\frac{\partial\phi(x,t)}{\partial t} . \tag{2.19}$$

Die Lösung der Poisson-Gleichung (2.18) ist durch das *instantane Coulomb-Potential*

$$\phi(x,t) = \int \frac{\rho(x',t)}{|x-x'|}\mathrm{d}^3x' \tag{2.20}$$

gegeben. Man sieht dieser Gleichung unmittelbar an, daß sie mit der Relativitätstheorie unvereinbar ist. Auf beiden Seiten steht nämlich dasselbe Zeitargument, so daß sich Ladungen am Ort x' instantan (ohne Zeitverzögerung) auf das Potential ϕ am Beobachtungspunkt x auswirken. Mit anderen Worten: Die Coulomb-Eichung ist nicht relativistisch invariant.

Augenscheinlich ist nicht klar, daß die Coulomb-Eichung wirklich zur Entkopplung von (2.16) und (2.17) führt. Um dies zu sehen, benutzen wir den

Helmholtzschen Integralsatz (2.5) und schreiben den Stromdichtevektor $\boldsymbol{j}$ in der Form

$$\boldsymbol{j}(\boldsymbol{x},t) = \boldsymbol{j}_\mathrm{T} + \boldsymbol{j}_\mathrm{L} ,$$

wobei

$$\boldsymbol{j}_\mathrm{T}(\boldsymbol{x},t) = \frac{1}{4\pi}\boldsymbol{\nabla}\times\int \mathrm{d}^3x' \frac{\boldsymbol{\nabla}'\times\boldsymbol{j}(\boldsymbol{x}',t)}{|\boldsymbol{x}-\boldsymbol{x}'|} \tag{2.21}$$

$$\boldsymbol{j}_\mathrm{L}(\boldsymbol{x},t) = -\frac{1}{4\pi}\boldsymbol{\nabla}\int \mathrm{d}^3x' \frac{\boldsymbol{\nabla}'\boldsymbol{j}(\boldsymbol{x}',t)}{|\boldsymbol{x}-\boldsymbol{x}'|} \tag{2.22}$$

den transversalen bzw. longitudinalen Anteil von $\boldsymbol{j}$ bezeichnen. Kombinieren wir nun (2.20) mit der Kontinuitätsgleichung zu

$$\boldsymbol{\nabla}\frac{\partial\phi(\boldsymbol{x},t)}{\partial t} = -\boldsymbol{\nabla}\int \frac{\boldsymbol{\nabla}'\boldsymbol{j}(\boldsymbol{x}',t)}{|\boldsymbol{x}-\boldsymbol{x}'|}\mathrm{d}^3x' ,$$

so folgt durch Vergleich dieser Gleichung mit (2.22)

$$\boldsymbol{\nabla}\frac{\partial\phi}{\partial t} = 4\pi\boldsymbol{j}_\mathrm{L} .$$

Das heißt die rechte Seite von (2.19) ist proportional zur transversalen Stromdichte (2.21), und es folgt aus (2.19) die inhomogene Wellengleichung

$$\boldsymbol{\nabla}^2\boldsymbol{A} - \frac{1}{c^2}\frac{\partial^2\boldsymbol{A}}{\partial t^2} = -\frac{4\pi}{c}\boldsymbol{j}_\mathrm{T} .$$

Dies erklärt, weshalb die Coulomb-Eichung auch „transversale Eichung" genannt wird.

Lorentz-Eichung. Die zweite Klasse von Eichtransformationen, die wir betrachten wollen, ist definiert durch:

Definition: Lorentz-Eichung

$$\boldsymbol{\nabla}\boldsymbol{A}(\boldsymbol{x},t) = -\frac{1}{c}\frac{\partial\phi(\boldsymbol{x},t)}{\partial t} .$$

Diese Transformationen führen zu den in $\boldsymbol{A}$ und ϕ symmetrischen und entkoppelten inhomogenen Wellengleichungen

$$\left(\boldsymbol{\nabla}^2 - \frac{1}{c^2}\frac{\partial^2}{\partial t^2}\right)\phi(\boldsymbol{x},t) = -4\pi\rho(\boldsymbol{x},t)$$

$$\left(\boldsymbol{\nabla}^2 - \frac{1}{c^2}\frac{\partial^2}{\partial t^2}\right)\boldsymbol{A}(\boldsymbol{x},t) = -\frac{4\pi}{c}\boldsymbol{j}(\boldsymbol{x},t) .$$

Der große Vorteil der Lorentz-Eichung gegenüber der Coulomb-Eichung liegt in ihrer relativistischen Invarianz. Dies werden wir in Unterabschn. 2.3.2 explizit zeigen.

Existenz der Eichungen. Um zu zeigen, daß die beiden soeben diskutierten Eichungen existieren, bestimmen wir nun die explizite Form der zugehörigen Eichfunktionen χ.

- **Coulomb-Eichung:** Man hat eine Funktion χ zu finden, so daß
$$\boldsymbol{\nabla}\boldsymbol{A}' = \boldsymbol{\nabla}\boldsymbol{A} + \boldsymbol{\nabla}^2\chi = 0 \Longrightarrow \boldsymbol{\nabla}^2\chi = -\boldsymbol{\nabla}\boldsymbol{A} \; .$$
Dies ist wieder die Poisson-Gleichung, welche gelöst wird durch
$$\chi(\boldsymbol{x}, t) = \frac{1}{4\pi}\int \frac{\boldsymbol{\nabla}'\boldsymbol{A}(\boldsymbol{x}', t)}{|\boldsymbol{x} - \boldsymbol{x}'|}\mathrm{d}^3x' \; .$$

- **Lorentz-Eichung:** Hier ist χ derart zu wählen, daß gilt:
$$\boldsymbol{\nabla}\boldsymbol{A}' + \frac{1}{c}\frac{\partial\phi'}{\partial t} = \boldsymbol{\nabla}\boldsymbol{A} + \boldsymbol{\nabla}^2\chi + \frac{1}{c}\frac{\partial\phi}{\partial t} - \frac{1}{c^2}\frac{\partial^2\chi}{\partial t^2} = 0$$
$$\Longrightarrow \left(\boldsymbol{\nabla}^2 - \frac{1}{c^2}\frac{\partial^2}{\partial t^2}\right)\chi = -\left(\boldsymbol{\nabla}\boldsymbol{A} + \frac{1}{c}\frac{\partial\phi}{\partial t}\right) .$$
Die Lösungsfunktion χ dieser inhomogenen Wellengleichung ist nicht eindeutig, da man eine beliebige Lösung Λ der zugehörigen homogenen Gleichung
$$\left(\boldsymbol{\nabla}^2 - \frac{1}{c^2}\frac{\partial^2}{\partial t^2}\right)\Lambda = 0$$
zu χ addieren kann. Der durch diese Gleichung definierte Typ von *beschränkten Eichtransformationen* kann immer dazu benutzt werden, um zu erreichen, daß gilt: $\phi(\boldsymbol{x}, t) = 0$.

Satz 2.6: Maxwell-Gleichungen in Form von Potentialen

Die Maxwell-Gleichungen lassen sich durch Einführen eines Vektorpotentials $\boldsymbol{A}$ und eines Skalarpotentials ϕ als zwei gekoppelte Differentialgleichungen 2. Ordnung (Potentialgleichungen) schreiben. Mit diesen Potentialen sind Eichfreiheiten verbunden, die man zur Entkopplung dieser Gleichungen benutzen kann. In der Coulomb-Eichung
$$\boldsymbol{\nabla}\boldsymbol{A}(\boldsymbol{x}, t) = 0$$
lauten die Potentialgleichungen
$$\boldsymbol{\nabla}^2\phi(\boldsymbol{x}, t) = -4\pi\rho(\boldsymbol{x}, t)$$
$$\boldsymbol{\nabla}^2\boldsymbol{A}(\boldsymbol{x}, t) - \frac{1}{c^2}\frac{\partial^2\boldsymbol{A}(\boldsymbol{x}, t)}{\partial t^2} = -\frac{4\pi}{c}\boldsymbol{j}_{\mathrm{T}}(\boldsymbol{x}, t) \; ,$$
mit
$$\boldsymbol{j}_{\mathrm{T}}(\boldsymbol{x}, t) = \frac{1}{4\pi}\boldsymbol{\nabla} \times \int \mathrm{d}^3x' \frac{\boldsymbol{\nabla}' \times \boldsymbol{j}(\boldsymbol{x}', t)}{|\boldsymbol{x} - \boldsymbol{x}'|} \; .$$

▷

Die entsprechenden Zusammenhänge in der Lorentz-Eichung

$$\boldsymbol{\nabla}\boldsymbol{A}(\boldsymbol{x},t) = -\frac{1}{c}\frac{\partial\phi(\boldsymbol{x},t)}{\partial t} \tag{2.23}$$

sind gegeben durch

$$\left.\begin{aligned}\left(\boldsymbol{\nabla}^2 - \frac{1}{c^2}\frac{\partial^2}{\partial t^2}\right)\phi(\boldsymbol{x},t) &= -4\pi\rho(\boldsymbol{x},t)\\ \left(\boldsymbol{\nabla}^2 - \frac{1}{c^2}\frac{\partial^2}{\partial t^2}\right)\boldsymbol{A}(\boldsymbol{x},t) &= -\frac{4\pi}{c}\boldsymbol{j}(\boldsymbol{x},t)\ .\end{aligned}\right\} \tag{2.24}$$

Allgemeine Lösung der Maxwell-Gleichungen. Mit Hilfe der Eichtransformationen konnten wir das Problem der Lösung der Maxwell-Gleichungen signifikant vereinfachen. Die Wellengleichungen (2.24) des Skalarpotentials sowie für die Komponenten des Vektorpotentials sind alle von der gleichen Struktur,

$$\left(\boldsymbol{\nabla}^2 - \frac{1}{c^2}\frac{\partial^2}{\partial t^2}\right)g(\boldsymbol{x},t) = -4\pi f(\boldsymbol{x},t)\ , \tag{2.25}$$

wobei f eine bekannte Quell- bzw. Stromfunktion ist. Dies ist eine lineare Gleichung, so daß sich ihre Lösung als Superposition der allgemeinen homogenen Lösung und einer speziellen inhomogenen Lösung ergibt. Dabei ist zu beachten, daß die Lösung insgesamt die Lorentz-Eichung zu erfüllen hat.

In den folgenden beiden Unterabschnitten werden wir die allgemeine Lösung der homogenen sowie eine speziellen Lösung der inhomogenen Wellengleichungen (2.24) in der Lorentz-Eichung (2.23) anhand von (2.25) herleiten.

2.2.3 Allgemeine Lösung der homogenen Wellengleichungen

Im homogenen Fall reduziert sich (2.25) auf

$$\left(\boldsymbol{\nabla}^2 - \frac{1}{c^2}\frac{\partial^2}{\partial t^2}\right)g_{\rm hom}(\boldsymbol{x},t) = 0\ . \tag{2.26}$$

Zur Lösung dieser Gleichung zerlegen wir die gesuchte Funktion $g_{\rm hom}$ in ihre komplexen Fourier-Komponenten,

$$g_{\rm hom}(\boldsymbol{x},t) = \frac{1}{\sqrt{2\pi}^4}\int {\rm d}^3k \int {\rm d}\omega {\rm e}^{{\rm i}(\boldsymbol{kx}-\omega t)}\tilde{g}(\boldsymbol{k},\omega)\ , \tag{2.27}$$

und setzen diesen Ausdruck in (2.26) ein:

$$\left(\boldsymbol{k}^2 - \frac{\omega^2}{c^2}\right)\tilde{g}(\boldsymbol{k},\omega) = 0\ .$$

Demnach ist $\tilde{g}$ notwendigerweise überall Null bis auf $\omega = \pm c|\boldsymbol{k}|$, so daß wir schreiben können:

$$\tilde{g}(\boldsymbol{k},\omega) = \tilde{g}_1(\boldsymbol{k})\delta(\omega - c|\boldsymbol{k}|) + \tilde{g}_2(\boldsymbol{k})\delta(\omega + c|\boldsymbol{k}|) \ ,$$

wobei $\tilde{g}_1, \tilde{g}_2$ frei wählbare komplexe Koeffizientenfunktionen sind. Somit geht (2.27) über in

$$g_{\mathrm{hom}}(\boldsymbol{x},t) = \frac{1}{(2\pi)^2}\int \mathrm{d}^3k \left(\tilde{g}_1(\boldsymbol{k})\mathrm{e}^{\mathrm{i}[\boldsymbol{kx}-\omega(\boldsymbol{k})t]} + \tilde{g}_2(\boldsymbol{k})\mathrm{e}^{\mathrm{i}[\boldsymbol{kx}+\omega(\boldsymbol{k})t]}\right) \ , \quad (2.28)$$

mit

$$\omega(\boldsymbol{k}) = c|\boldsymbol{k}| \ .$$

Dies ist die allgemeine homogene Lösung von (2.26). Da die Potentiale $\boldsymbol{A}$ und ϕ reell sind, ist der Realteil von (2.28) zu betrachten. Es folgt der[9]

Satz 2.7: Lösungen der homogenen Wellengleichungen

Die Lösungen der homogenen Wellengleichungen (2.24) lauten in ihrer allgemeinsten Form

$$\begin{aligned}
\phi_{\mathrm{hom}}(\boldsymbol{x},t) &= \mathrm{Re}\int \mathrm{d}^3k\tilde{\phi}(\boldsymbol{k})\mathrm{e}^{\mathrm{i}[\boldsymbol{kx}-\omega(\boldsymbol{k})t]} \ , \ \omega(\boldsymbol{k}) = c|\boldsymbol{k}| \\
A_{\mathrm{hom},i}(\boldsymbol{x},t) &= \mathrm{Re}\int \mathrm{d}^3k\tilde{A}_i(\boldsymbol{k})\mathrm{e}^{\mathrm{i}[\boldsymbol{kx}-\omega(\boldsymbol{k})t]} \ , \ i = 1,2,3 \ ,
\end{aligned}$$

wobei die komplexwertigen Fourier-Koeffizienten $\tilde{\phi}, \tilde{A}_i$ durch Anfangsbedingungen z.B. der Art $\phi(\boldsymbol{x},0) = \phi_0(\boldsymbol{x})$, $\dot{\phi}(\boldsymbol{x},0) = \psi_0(\boldsymbol{x})$, $\boldsymbol{A}(\boldsymbol{x},0) = \boldsymbol{A}_0(\boldsymbol{x})$, $\dot{\boldsymbol{A}}(\boldsymbol{x},0) = \boldsymbol{B}_0(\boldsymbol{x})$ sowie durch die Lorentz-Bedingung (2.23) fixiert werden.

Die Lösungen ϕ_{hom} und $\boldsymbol{A}_{\mathrm{hom}}$ stellen Wellen dar, die in Abschn. 2.7 näher untersucht werden.

2.2.4 Spezielle Lösung der inhomogenen Wellengleichungen, retardierte Potentiale

Die Lösung der inhomogenen Gleichung (2.25) läßt sich ganz allgemein in der Weise

$$g(\boldsymbol{x},t) = \int \mathrm{d}^3x' \int \mathrm{d}t' G(\boldsymbol{x},t,\boldsymbol{x}',t')f(\boldsymbol{x}',t') \quad (2.29)$$

schreiben, wenn G, die Green-Funktion unseres Problems, der Gleichung

$$\left(\boldsymbol{\nabla}^2 - \frac{1}{c^2}\frac{\partial^2}{\partial t^2}\right) G(\boldsymbol{x},t,\boldsymbol{x}',t') = -4\pi\delta(\boldsymbol{x}-\boldsymbol{x}')\delta(t-t') \quad (2.30)$$

genügt. Um dieses G zu finden, gehen wir zur fourier-transformierten Gleichung von (2.30) über. Mit

[9] Wegen $\mathrm{Re}(a_1 + \mathrm{i}a_2)\mathrm{e}^{\pm\mathrm{i}\omega t} = a_1\cos\omega t \mp a_2 \sin\omega t$ genügt es, sich auf die Lösung mit $\mathrm{e}^{-\mathrm{i}\omega t}$ zu beschränken.

$$G(\boldsymbol{x},t,\boldsymbol{x}',t') = \int \mathrm{d}^3k \int \mathrm{d}\omega \tilde{G}(\boldsymbol{k},\omega)\mathrm{e}^{\mathrm{i}\boldsymbol{k}(\boldsymbol{x}-\boldsymbol{x}')}\mathrm{e}^{\mathrm{i}\omega(t-t')} \qquad (2.31)$$

und

$$\delta(\boldsymbol{x}-\boldsymbol{x}')\delta(t-t') = \frac{1}{(2\pi)^4}\int \mathrm{d}^3k \int \mathrm{d}\omega \mathrm{e}^{\mathrm{i}\boldsymbol{k}(\boldsymbol{x}-\boldsymbol{x}')}\mathrm{e}^{\mathrm{i}\omega(t-t')}$$

ergibt sich

$$\left(-\boldsymbol{k}^2 + \frac{\omega^2}{c^2}\right)\tilde{G}(\boldsymbol{k},\omega) = -\frac{1}{4\pi^3}$$

$$\Longrightarrow \tilde{G}(\boldsymbol{k},\omega) = \frac{1}{4\pi^3}\frac{1}{\boldsymbol{k}^2 - \frac{\omega^2}{c^2}} = \frac{1}{8\pi^3}\frac{c}{k}\left(\frac{1}{\omega+ck} - \frac{1}{\omega-ck}\right),\ k = |\boldsymbol{k}|\ .$$

Hieraus folgt für (2.31)

$$\begin{aligned} G(\boldsymbol{x},t,\boldsymbol{x}',t') &= \frac{c}{(2\pi)^3}\int \mathrm{d}^3k \frac{\mathrm{e}^{\mathrm{i}\boldsymbol{k}\Delta\boldsymbol{x}}}{k} \\ &\quad\times \int \mathrm{d}\omega \mathrm{e}^{\mathrm{i}\omega\Delta t}\left(\frac{1}{\omega+ck} - \frac{1}{\omega-ck}\right), \end{aligned} \qquad (2.32)$$

mit

$$\Delta\boldsymbol{x} = \boldsymbol{x} - \boldsymbol{x}'\ ,\ \Delta t = t - t'\ .$$

Offensichtlich besitzt der Integrand in (2.32) zwei Pole 1. Ordnung an den Stellen $\omega = \mp ck$. Zur Berechnung des ω-Integrals benutzen wir das Cauchy-Theorem und gehen in gleicher Weise vor, wie für die erzwungene Schwingung des harmonischen Oszillators in Anwendung 3 vorgeführt wurde. Das heißt wir wählen wieder einen geschlossenen Halbkreis mit Radius R in der komplexen ω-Ebene (siehe Abb. 1.5). Wie in Anwendung 3 ist auch hier zu beachten, daß für $\Delta t > 0$ ($\Delta t < 0$) der obere Weg C (untere Weg C') zu wählen ist. Aufgrund des Kausalitätsprinzips müssen wir weiterhin fordern, daß in (2.29) die Integration Für $\Delta t < 0$ nichts beiträgt, d.h.

$$G(\boldsymbol{x},t,\boldsymbol{x}',t') = 0\ \forall\ t < t'\ .$$

Diese Bedingung können wir mathematisch realisieren, indem wir die Pole in die obere Halbebene verschieben, also in (2.32) die Ersetzung $ck \longrightarrow ck \mp \mathrm{i}\epsilon$ mit $0 < \epsilon \ll 1$ vornehmen, da dann die Integration für $\Delta t < 0$ in der unteren Halbebene keinen Beitrag liefert. Für $\Delta t > 0$ folgt somit im Limes $\epsilon \to 0$

$$\begin{aligned} G(\boldsymbol{x},t,\boldsymbol{x}',t') &= \frac{c}{2\pi^2}\int \mathrm{d}^3k \frac{\mathrm{e}^{\mathrm{i}\boldsymbol{k}\Delta\boldsymbol{x}}}{k}\sin(ck\Delta t) \\ &= \frac{c}{\pi}\int_0^\infty \mathrm{d}k k\sin(ck\Delta t)\int_{-1}^{1}\mathrm{d}\cos\theta \mathrm{e}^{\mathrm{i}k|\Delta\boldsymbol{x}|\cos\theta} \\ &= \frac{2c}{\pi|\Delta\boldsymbol{x}|}\int_0^\infty \mathrm{d}k\sin(ck\Delta t)\sin(k|\Delta\boldsymbol{x}|)\ . \end{aligned} \qquad (2.33)$$

Da der Integrand in (2.33) gerade ist, kann der Integrationsbereich auf das Intervall $[-\infty : \infty]$ erweitert werden. Mit Hilfe der Variablensubstitution $\kappa = ck$ können wir dann schreiben:

$$\begin{aligned}
G(\boldsymbol{x}, t, \boldsymbol{x}', t') &= \frac{1}{2\pi|\Delta\boldsymbol{x}|}\int\limits_{-\infty}^{\infty} \mathrm{d}\kappa \left[\mathrm{e}^{\mathrm{i}\kappa\left(\Delta t - \frac{|\Delta\boldsymbol{x}|}{c}\right)} - \mathrm{e}^{\mathrm{i}\kappa\left(\Delta t + \frac{|\Delta\boldsymbol{x}|}{c}\right)}\right] \\
&= \frac{1}{|\Delta\boldsymbol{x}|}\left[\delta\left(\Delta t - \frac{|\Delta\boldsymbol{x}|}{c}\right) - \delta\left(\Delta t + \frac{|\Delta\boldsymbol{x}|}{c}\right)\right] ,
\end{aligned}$$

wobei nur der erste Term einen Beitrag liefert, da das Argument der zweiten δ-Funktion für $\Delta t > 0$ niemals verschwindet. Die explizite Form der gesuchten Green-Funktion lautet somit

$$G(\boldsymbol{x}, t, \boldsymbol{x}', t') = \frac{\delta\left(t' - t + \frac{|\boldsymbol{x}-\boldsymbol{x}'|}{c}\right)}{|\boldsymbol{x} - \boldsymbol{x}'|} . \tag{2.34}$$

Diese Funktion wird auch *retardierte Green-Funktion* genannt, weil sie dem kausalen Verhalten Rechnung trägt, daß ein am Ort $\boldsymbol{x}$ zur Zeit t beobachteter Effekt durch eine Störung am Ort $\boldsymbol{x}'$ zur früheren Zeit $t' = t - |\boldsymbol{x} - \boldsymbol{x}'|/c$ verursacht wird. Durch Einsetzen von (2.34) in (2.29) erhält man schließlich als retardierte Lösung von (2.25) bei Abwesenheit von Randbedingungen

$$g(\boldsymbol{x}, t) = \int \mathrm{d}^3x' \int \mathrm{d}t' \frac{f(\boldsymbol{x}', t')}{|\boldsymbol{x} - \boldsymbol{x}'|}\delta\left(t' - t + \frac{|\boldsymbol{x} - \boldsymbol{x}'|}{c}\right) .$$

Hieraus folgt unmittelbar der

Satz 2.8: Lösung der inhomogenen Wellengleichungen in Form retardierter Potentiale

Spezielle Lösungen der inhomogenen Potentialgleichungen (2.24) sind durch die retardierten Potentiale

$$\begin{aligned}
\phi_{\mathrm{ret}}(\boldsymbol{x}, t) &= \int \mathrm{d}^3x' \int \mathrm{d}t' \frac{\rho(\boldsymbol{x}', t')}{|\boldsymbol{x} - \boldsymbol{x}'|}\delta(t' - t_{\mathrm{ret}}) \\
&= \int \mathrm{d}^3x' \frac{\rho(\boldsymbol{x}', t_{\mathrm{ret}})}{|\boldsymbol{x} - \boldsymbol{x}'|} \qquad (2.35) \\
\boldsymbol{A}_{\mathrm{ret}}(\boldsymbol{x}, t) &= \frac{1}{c}\int \mathrm{d}^3x' \int \mathrm{d}t' \frac{\boldsymbol{j}(\boldsymbol{x}', t')}{|\boldsymbol{x} - \boldsymbol{x}'|}\delta(t' - t_{\mathrm{ret}}) \\
&= \frac{1}{c}\int \mathrm{d}^3x' \frac{\boldsymbol{j}(\boldsymbol{x}', t_{\mathrm{ret}})}{|\boldsymbol{x} - \boldsymbol{x}'|} , \qquad (2.36)
\end{aligned}$$

mit

$$t_{\mathrm{ret}} = t - \frac{|\boldsymbol{x} - \boldsymbol{x}'|}{c} \qquad (\textit{retardierte Zeit})$$

▷

gegeben. Sie berücksichtigen die aus der Relativitätstheorie folgende Tatsache, daß Änderungen der Ladungs- bzw. Stromdichte die Zeit $|\boldsymbol{x} - \boldsymbol{x}'|/c$ benötigen, um vom Quellpunkt $\boldsymbol{x}'$ zum Meßpunkt $\boldsymbol{x}$ zu propagieren.

Wie in Anwendung 22 explizit gezeigt wird, erfüllen $\phi_{\rm ret}$ und $\boldsymbol{A}_{\rm ret}$ automatisch die Lorentz-Bedingung (2.23). Die Berücksichtigung etwaiger Randbedingungen wird durch das Hinzufügen geeignet gewählter homogener Lösungen $\phi_{\rm hom}$ und $\boldsymbol{A}_{\rm hom}$ realisiert, die ebenfalls der Lorentz-Bedingung zu genügen haben.

Ersetzt man in (2.35) und (2.36) $t_{\rm ret}$ durch $t_{\rm av} = t + |\boldsymbol{x} - \boldsymbol{x}'|/c$, dann erhält man die *avancierten Potentiale* $\phi_{\rm av}$ und $\boldsymbol{A}_{\rm av}$, welche ebenfalls eine spezielle Lösung der inhomogenen Wellengleichungen (2.24) sind. Diese Lösung alleine genommen widerspricht jedoch der o.g. Kausalitätsforderung. Der Unterschied zwischen retardierter und avancierter Lösung, also $(\phi_{\rm ret}, \boldsymbol{A}_{\rm ret}) - (\phi_{\rm av}, \boldsymbol{A}_{\rm av})$, ist Lösung der homogenen Wellengleichungen und daher in $(\phi_{\rm hom}, \boldsymbol{A}_{\rm hom})$ enthalten.

Zusammenfassung

- Durch Einführen eines **Vektorpotentials** und eines **Skalarpotentials** können die vier Maxwell-Gleichungen in zwei gekoppelte partielle Differentialgleichungen 2. Ordnung (**Potentialgleichungen**) umgeschrieben werden.

- Diese Potentiale sind nicht eindeutig, sondern besitzen gewisse **Eichfreiheiten**, die man zur Entkopplung der Potentialgleichungen benutzen kann. Die am häufigsten benutzten Eichungen sind die nicht-lorentzinvariante **Coulomb-Eichung** und die lorentzinvariante **Lorentz-Eichung**.

- Wählt man die Lorentz-Eichung, so erhält man zwei **inhomogene Wellengleichungen**. Ihre allgemeinste Lösung setzt sich zusammen aus der homogenen Lösung, die als Superposition ebener monochromatischer Wellen geschrieben werden kann, und einer speziellen inhomogenen Lösung in Termen **retardierter Potentiale**, welche im Einklang mit dem Kausalitätsprinzip stehen.

- Die Maxwell- und Potentialgleichungen sind **eichinvariant**.

Anwendungen

22. Retardierte Potentiale und Lorentz-Bedingung. Man zeige, daß die retardierten Potentiale (2.35) und (2.36) die Lorentz-Bedingung (2.23) erfüllen.

Lösung. Zu zeigen ist die Beziehung

$$\boldsymbol{\nabla}\boldsymbol{A}_{\rm ret}(\boldsymbol{x},t) = -\frac{1}{c}\frac{\partial}{\partial t}\phi_{\rm ret}(\boldsymbol{x},t)$$

$$\Longleftrightarrow \int \mathrm{d}^3x'\hat{\boldsymbol{\nabla}}\left(\frac{\boldsymbol{j}(\boldsymbol{x}',t_{\rm ret})}{|\boldsymbol{x}-\boldsymbol{x}'|}\right) = -\int \mathrm{d}^3x'\frac{\partial}{\partial t_{\rm ret}}\left(\frac{\rho(\boldsymbol{x}',t_{\rm ret})}{|\boldsymbol{x}-\boldsymbol{x}'|}\right), \tag{2.37}$$

mit

$$t_{\rm ret} = t - \frac{|\boldsymbol{x}-\boldsymbol{x}'|}{c}.$$

Hierbei bedeutet $\hat{\boldsymbol{\nabla}}$ die totale vektorielle Ableitung nach $\boldsymbol{x}$. Zur Herleitung dieser Beziehung benötigen wir die Kontinuitätsgleichung

$$\boldsymbol{\nabla}'\boldsymbol{j}(\boldsymbol{x}',t_{\rm ret}) = -\frac{\partial\rho(\boldsymbol{x}',t_{\rm ret})}{\partial t_{\rm ret}}$$

sowie die Identitäten

$$\boldsymbol{\nabla}t_{\rm ret} = \frac{1}{c}\boldsymbol{\nabla}|\boldsymbol{x}-\boldsymbol{x}'| = -\frac{1}{c}\boldsymbol{\nabla}'|\boldsymbol{x}-\boldsymbol{x}'| = -\boldsymbol{\nabla}'t_{\rm ret}$$

und

$$\begin{aligned}\hat{\boldsymbol{\nabla}}\boldsymbol{j}(\boldsymbol{x}',t_{\rm ret}) = \frac{\partial\boldsymbol{j}(\boldsymbol{x}',t_{\rm ret})}{\partial t_{\rm ret}}\boldsymbol{\nabla}t_{\rm ret} &= -\frac{\partial\boldsymbol{j}(\boldsymbol{x}',t_{\rm ret})}{\partial t_{\rm ret}}\boldsymbol{\nabla}'t_{\rm ret}\\ &= -\hat{\boldsymbol{\nabla}}'\boldsymbol{j}(\boldsymbol{x}',t_{\rm ret}) + \boldsymbol{\nabla}'\boldsymbol{j}(\boldsymbol{x}',t_{\rm ret})\\ &= -\hat{\boldsymbol{\nabla}}'\boldsymbol{j}(\boldsymbol{x}',t_{\rm ret}) - \frac{\partial\rho(\boldsymbol{x}',t_{\rm ret})}{\partial t_{\rm ret}}.\end{aligned}$$

Hiermit läßt sich der linke Integrand in (2.37) folgendermaßen umformen:

$$\begin{aligned}\hat{\boldsymbol{\nabla}}\left(\frac{\boldsymbol{j}(\boldsymbol{x}',t_{\rm ret})}{|\boldsymbol{x}-\boldsymbol{x}'|}\right) &= \frac{|\boldsymbol{x}-\boldsymbol{x}'|\hat{\boldsymbol{\nabla}}\boldsymbol{j}(\boldsymbol{x}',t_{\rm ret}) - \boldsymbol{j}(\boldsymbol{x}',t_{\rm ret})\boldsymbol{\nabla}|\boldsymbol{x}-\boldsymbol{x}'|}{|\boldsymbol{x}-\boldsymbol{x}'|^2}\\ &= \frac{-|\boldsymbol{x}-\boldsymbol{x}'|\hat{\boldsymbol{\nabla}}'\boldsymbol{j}(\boldsymbol{x}',t_{\rm ret}) + \boldsymbol{j}(\boldsymbol{x}',t_{\rm ret})\boldsymbol{\nabla}'|\boldsymbol{x}-\boldsymbol{x}'|}{|\boldsymbol{x}-\boldsymbol{x}'|^2}\\ &\quad -\frac{1}{|\boldsymbol{x}-\boldsymbol{x}'|}\frac{\partial\rho(\boldsymbol{x}',t)}{\partial t_{\rm ret}}\\ &= -\hat{\boldsymbol{\nabla}}'\left(\frac{\boldsymbol{j}(\boldsymbol{x}',t_{\rm ret})}{|\boldsymbol{x}-\boldsymbol{x}'|}\right) - \frac{\partial}{\partial t_{\rm ret}}\left(\frac{\rho(\boldsymbol{x}',t_{\rm ret})}{|\boldsymbol{x}-\boldsymbol{x}'|}\right).\end{aligned} \tag{2.38}$$

Setzt man (2.38) in (2.37) ein, dann verschwindet aufgrund des Gaußschen Satzes der Divergenzterm, und es folgt die Behauptung.

23. Vektorpotential einer stromdurchflossenen Leiterschleife. Man betrachte einen dünnen Leiter, der zu zwei Halbkreisen mit den Radien a und b zusammengebogen ist (Abb. 2.4). Durch diesen Leiter fließe ein zeitlich variabler Strom $I(t)$. Man berechne das retardierte Vektorpotential im Ursprung $\boldsymbol{x} = \boldsymbol{0}$.

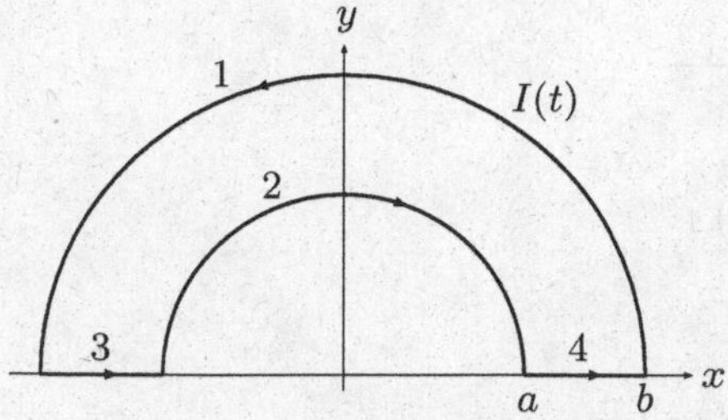

Abb. 2.4. Stromdurchflossene, zu zwei Halbkreisen zusammengebogene Leiterschleife

Lösung. Im Falle von stromdurchflossenen Leitern gilt

$$\boldsymbol{j}\mathrm{d}^3x = \boldsymbol{j}|\mathrm{d}\boldsymbol{l}|\mathrm{d}F = I\mathrm{d}\boldsymbol{l} = I\boldsymbol{t}(s)\mathrm{d}s \ , \ \boldsymbol{t}(s) = \frac{\mathrm{d}\boldsymbol{l}}{\mathrm{d}s} \ ,$$

wobei $\mathrm{d}\boldsymbol{l}$ ein Linienelement, $\mathrm{d}F$ die Querschnittsfläche und $\boldsymbol{t}(s)$ den (durch s parametrisierten) Tangentialvektor des Leiters bezeichnet. Die retardierten Vektorpotentiale der einzelnen Leitersegmente im Ursprung lassen sich hiermit in der Form

$$\boldsymbol{A}_{\mathrm{ret},i}(\boldsymbol{0},t) = \frac{1}{c}\int\limits_{s_1}^{s_2}\mathrm{d}s\frac{I(t_{\mathrm{ret}})\boldsymbol{t}_i(s)}{|\boldsymbol{0}-\boldsymbol{l}_i(s)|} \ , \ \boldsymbol{t}_i(s) = \frac{\mathrm{d}\boldsymbol{l}_i(s)}{\mathrm{d}s} \ , \ t_{\mathrm{ret}} = t - \frac{|\boldsymbol{l}_i(s)|}{c}$$

schreiben, mit

$$\boldsymbol{l}_1(s) = b\begin{pmatrix}\cos s\\ \sin s\\ 0\end{pmatrix} \ , \ s_1 = 0, s_2 = \pi$$

$$\boldsymbol{l}_2(s) = a\begin{pmatrix}\cos s\\ \sin s\\ 0\end{pmatrix} \ , \ s_1 = \pi, s_2 = 0$$

$$\boldsymbol{l}_3(s) = \begin{pmatrix}s\\ 0\\ 0\end{pmatrix} \ , \ s_1 = -b, s_2 = -a$$

$$\boldsymbol{l}_4(s) = \begin{pmatrix}s\\ 0\\ 0\end{pmatrix} \ , \ s_1 = a, s_2 = b \ .$$

Dies führt zu

$$\boldsymbol{A}_{\mathrm{ret},1}(\boldsymbol{0},t) = \frac{2I\left(t-\frac{b}{c}\right)}{c}\begin{pmatrix}1\\ 0\\ 0\end{pmatrix}$$

$$\boldsymbol{A}_{\mathrm{ret},2}(\boldsymbol{0},t) = -\frac{2I\left(t-\frac{a}{c}\right)}{c}\begin{pmatrix}1\\ 0\\ 0\end{pmatrix}$$

$$\boldsymbol{A}_{\mathrm{ret},3}(\mathbf{0},t) = -\frac{1}{c}\begin{pmatrix}1\\0\\0\end{pmatrix}\int\limits_{-b}^{-a}\mathrm{d}s\frac{I\left(t+\frac{s}{c}\right)}{s}$$

$$\boldsymbol{A}_{\mathrm{ret},4}(\mathbf{0},t) = \frac{1}{c}\begin{pmatrix}1\\0\\0\end{pmatrix}\int\limits_{a}^{b}\mathrm{d}s\frac{I\left(t-\frac{s}{c}\right)}{s}\ .$$

Insgesamt hat man also

$$\begin{aligned}\boldsymbol{A}_{\mathrm{ret}}(\mathbf{0},t) &= \sum_{i=1}^{4}\boldsymbol{A}_{\mathrm{ret},i}(\mathbf{0},t)\\ &= \frac{2}{c}\begin{pmatrix}1\\0\\0\end{pmatrix}\left[I\left(t-\frac{b}{c}\right)-I\left(t-\frac{a}{c}\right)+\int\limits_{a}^{b}\mathrm{d}s\frac{I\left(t-\frac{s}{c}\right)}{s}\right]\ .\end{aligned}$$

2.3 Lorentzkovariante[10] Formulierung der Elektrodynamik

Es ist eine experimentelle Tatsache, daß die Elektrodynamik, anders als die Newtonsche Mechanik, im Einklang mit der speziellen Relativitätstheorie steht, was sich z.B. darin zeigt, daß die elektrische Ladung eines Teilchens, im Gegensatz etwa zu seiner Masse, unabhängig von der Teilchengeschwindigkeit ist. Dies bedeutet, daß sich die Form der Maxwell-Gleichungen (und der Lorentz-Kraft) unter Lorentz-Transformationen nicht ändert. Man kann dies explizit zeigen, indem man die Maxwell-Gleichungen in manifest lorentzkovarianter Weise schreibt. Hiermit wollen wir uns in diesem Abschnitt beschäftigen.

Nach einer kurzen mathematischen Zwischenbetrachtung über die Transformationseigenschaften von Lorentz-Tensoren bringen wir die Maxwell-Gleichungen unter Verwendung des *elektromagnetischen Feldstärketensors* in lorentzkovariante Form und besprechen das hieraus folgende Transformationsverhalten elektromagnetischer Felder. Wir zeigen ferner, daß die Lorentz-Kraft die korrekte relativistische Beschreibung von Teilchenbewegungen liefert. Zum Schluß diskutieren wir die in Unterabschn. 2.1.3 hergeleitete Energie- und Impulserhaltung mit Hilfe des kovariant verallgemeinerten Maxwellschen Spannungstensors.

2.3.1 Lorentz-Tensoren

Im Zusammenhang mit der relativistischen Mechanik wurden bereits einige grundlegende Begriffe der speziellen Relativitätstheorie eingeführt (Unter-

[10] Siehe Fußnote 11 auf Seite 106

abschn. 1.6.1). Im Hinblick auf eine kovariante Formulierung der Elektrodynamik erweist es sich als günstig, diesen Begriffsapparat zu erweitern und insbesondere Lorentz-Transformationen in einem allgemeineren mathematischen Rahmen zu betrachten.

Definition: Kontravarianter Tensor n-ter Stufe

Unter einem kontravarianten Tensor n-ter Stufe versteht man die Gesamtheit $T^{\alpha_1\ldots\alpha_n}$ n-fach indizierter Größen (alle Indizes oben), die sich unter Lorentz-Transformationen $\Lambda^\alpha{}_\beta$ in der Weise

$$T'^{\alpha_1\ldots\alpha_n} = \Lambda^{\alpha_1}{}_{\beta_1}\ldots\Lambda^{\alpha_n}{}_{\beta_n}T^{\beta_1\ldots\beta_n}$$

transformieren. Man beachte, daß die Matrix $\Lambda^\alpha{}_\beta$ kein Tensor ist, da sie in keinem Inertialsystem definiert ist, sondern den Übergang zwischen zwei Inertialsystemen beschreibt.

Mit Hilfe des metrischen Tensors $g_{\alpha\alpha'}$ (siehe (1.64)) lassen sich aus kontravarianten Tensoren die entsprechenden kovarianten Größen (alle Indizes unten) konstruieren:

$$T_{\alpha_1\ldots\alpha_n} = g_{\alpha_1\beta_1}\cdots g_{\alpha_n\beta_n}T^{\beta_1\ldots\beta_n} \ .$$

Für das Transformationsverhalten kovarianter Tensoren folgt unter Berücksichtigung von Satz 1.35

$$\begin{aligned}
T'_{\alpha_1\ldots\alpha_n} &= g_{\alpha_1\beta_1}\cdots g_{\alpha_n\beta_n}T'^{\beta_1\ldots\beta_n} \\
&= g_{\alpha_1\beta_1}\cdots g_{\alpha_n\beta_n}\Lambda^{\beta_1}{}_{\gamma_1}\ldots\Lambda^{\beta_n}{}_{\gamma_n}T^{\gamma_1\ldots\gamma_n} \\
&= g_{\alpha_1\beta_1}\cdots g_{\alpha_n\beta_n}\Lambda^{\beta_1}{}_{\gamma_1}\ldots\Lambda^{\beta_n}{}_{\gamma_n}g^{\gamma_1\epsilon_1}\ldots g^{\gamma_n\epsilon_n}T_{\epsilon_1\ldots\epsilon_n} \\
&= T_{\epsilon_1\ldots\epsilon_n}[\Lambda^{-1}]^{\epsilon_1}{}_{\alpha_1}[\Lambda^{-1}]^{\epsilon_n}{}_{\alpha_n} \ ,
\end{aligned}$$

mit

$$[\Lambda^{-1}]^\epsilon{}_\alpha = g_{\alpha\beta}\Lambda^\beta{}_\gamma g^{\gamma\epsilon} \ .$$

Neben ko- und kontravarianten Tensoren gibt es auch gemischte Tensoren, deren Indizes oben und unten stehen. Ihr Transformationsverhalten läßt sich aus dem der ko- bzw. kontravarianten Tensoren herleiten. Man hat z.B. für einen gemischten Tensor 2-ter Stufe (einmal ko- und einmal kontravariant):

$$\begin{aligned}
T'^\alpha{}_\beta = T'^{\alpha\gamma}g_{\gamma\beta} = \Lambda^\alpha{}_\mu\Lambda^\gamma{}_\nu T^{\mu\nu}g_{\gamma\beta} &= \Lambda^\alpha{}_\mu\Lambda^\gamma{}_\nu T^\mu{}_\epsilon g^{\epsilon\nu}g_{\gamma\beta} \\
&= \Lambda^\alpha{}_\mu T^\mu{}_\epsilon[\Lambda^{-1}]^\epsilon{}_\beta \ .
\end{aligned}$$

Für zwei Tensoren A und B sind folgende algebraischen Operationen definiert:

- Addition: $aA^{\alpha_1\ldots\alpha_n} + bB^{\beta_1\ldots\beta_n}$ ist ein (kontravarianter) Tensor n-ter Stufe, sofern a und b Lorentz-Skalare sind.
- Multiplikation: $A^{\alpha_1\ldots\alpha_n}B^{\beta_1\ldots\beta_m}$ ist ein (kontravarianter) Tensor $n+m$-ter Stufe.

- Kontraktion: $A^{\alpha_1\ldots\alpha_n}_{\beta_1\ldots\beta_m}B^{\beta_1\ldots\beta_m\gamma_1\ldots\gamma_r}$ ist ein (kontravarianter) Tensor $n+r$-ter Stufe. Die Gesamtstufe ist also gegenüber der Multiplikation um die Zahl der Indizes reduziert, über die summiert wird.

Tensorfelder und Differentialoperatoren. Das bisher Gesagte läßt sich auf Tensorfelder, also auf Funktionen des Raum-Zeit-Vierervektors x^μ, erweitern.

Definition: Kontravariantes Tensorfeld n-ter Stufe

Unter einem kontravarianten Tensorfeld n-ter Stufe versteht man die Gesamtheit $T^{\alpha_1\ldots\alpha_n}(x^\mu)$ n-fach indizierter Funktionen von x^μ (alle Indizes oben), die sich unter Lorentz-Transformationen $\Lambda^\alpha{}_\beta$ in der Weise

$$T'^{\alpha_1\ldots\alpha_n}(x'^\mu) = \Lambda^{\alpha_1}{}_{\beta_1}\ldots\Lambda^{\alpha_n}{}_{\beta_n}T^{\beta_1\ldots\beta_n}([\Lambda^{-1}]^\mu{}_\nu x'^\nu)$$

transformieren. Hierbei ist zu beachten, daß das Argument entsprechend mitzutransformieren ist.

Tensorfelder[11] können nach ihren Argumenten abgeleitet werden. Für die partielle Ableitung $\partial/\partial x^\alpha$ gilt wegen $x^\nu = [\Lambda^{-1}]^\nu{}_\mu x'^\mu$

$$\frac{\partial x^\nu}{\partial x'^\mu} = [\Lambda^{-1}]^\nu{}_\mu \Longrightarrow \frac{\partial}{\partial x'^\mu} = \frac{\partial}{\partial x^\nu}\frac{\partial x^\nu}{\partial x'^\mu} = \frac{\partial}{\partial x^\nu}[\Lambda^{-1}]^\nu{}_\mu\ .$$

Also transformiert sich

$$\frac{\partial}{\partial x^\mu} = \partial_\mu$$

wie ein kovarianter Vierervektor und dementsprechend

$$\frac{\partial}{\partial x_\mu} = \partial^\mu$$

wie ein kontravarianter Vierervektor. Weiterhin folgt, daß der *d'Alembert-Operator*

$$\Box = \partial^\mu\partial_\mu = \frac{1}{c^2}\frac{\partial^2}{\partial t^2} - \boldsymbol{\nabla}^2$$

ein Lorentz-Skalar ist.

2.3.2 Lorentzkovariante Maxwell-Gleichungen

Da die Kontinuitätsgleichung

$$\frac{\partial\rho(\boldsymbol{x},t)}{\partial t} + \boldsymbol{\nabla}\boldsymbol{j}(\boldsymbol{x},t) = 0$$

[11] Im weiteren Verlauf wird zwischen „Tensor“ und „Tensorfeld“ sprachlich nicht weiter unterschieden.

aus den Maxwell-Gleichungen folgt, von denen wir wissen, daß sie lorentzkovariant sind, muß diese lorentzinvariant sein. Hieraus folgt, daß die Ladungsdichte $\rho(\boldsymbol{x},t)$ und der Stromdichtevektor $\boldsymbol{j}(\boldsymbol{x},t)$ die Viererstromdichte

$$(j^\mu(x)) = \begin{pmatrix} c\rho(\boldsymbol{x},t) \\ \boldsymbol{j}(\boldsymbol{x},t) \end{pmatrix} \ , \ x = (x^\mu)$$

bilden, so daß die Kontinuitätsgleichung in der manifest invarianten Weise

$$\partial_\mu j^\mu(x) = 0$$

geschrieben werden kann. Aufgrund der Tatsache, daß die Ladungsdichte die zeitliche Komponente eines Vierervektors darstellt, folgt unmittelbar, daß $\mathrm{d}q = \mathrm{d}^3x\rho = \mathrm{d}^3xj^0/c$ und somit die Ladung q eines Systems (im Gegensatz zu seiner Masse) ein Lorentz-Skalar ist.

Betrachten wir nun die inhomogenen Maxwell-Gleichungen (I) und (IV). Ihre rechten Seiten bilden zusammen den Vierervektor j^μ, während die linken Seiten partielle Ableitungen enthalten. Der einfachste manifest kovariante Ansatz für diese Gleichungen lautet deshalb

$$\partial_\mu F^{\mu\nu} = 4\pi j^\mu \ , \ (F^{\mu\nu}) = \begin{pmatrix} 0 & -E_x & -E_y & -E_z \\ E_x & 0 & -B_z & B_y \\ E_y & B_z & 0 & -B_x \\ E_z & -B_y & B_x & 0 \end{pmatrix} \ , \tag{2.39}$$

aus dem für $\nu = 0$ die erste und für $\nu = i$ die letzte Maxwell-Gleichung folgt. Da (I) und (IV) insgesamt 6 Gleichungen ergeben, muß $F^{\mu\nu}$ ein antisymmetrischer kontravarianter Tensor 2-ter Stufe sein. Um dies zu sehen, betrachten wir noch einmal die Potentialgleichungen (2.24),

$$\Box\phi(\boldsymbol{x},t) = 4\pi\rho(\boldsymbol{x},t) \ , \ \Box\boldsymbol{A}(\boldsymbol{x},t) = \frac{4\pi}{c}\boldsymbol{j}(\boldsymbol{x},t) \ , \tag{2.40}$$

in der Lorentz-Eichung (2.23),

$$\boldsymbol{\nabla}\boldsymbol{A}(\boldsymbol{x},t) = -\frac{1}{c}\frac{\partial\phi(\boldsymbol{x},t)}{\partial t} \ . \tag{2.41}$$

Da die rechten Seiten von (2.40) wieder den Vierervektor j^μ bilden und der d'Alembert-Operator $\Box$ ein Lorentz-Skalar ist, müssen notwendigerweise auch die Potentiale ϕ und $\boldsymbol{A}$ zu dem Vierervektorpotential

$$(A^\mu(x)) = \begin{pmatrix} \phi(\boldsymbol{x},t) \\ \boldsymbol{A}(\boldsymbol{x},t) \end{pmatrix}$$

kombinieren, damit (2.40) und (2.41) in die manifest kovariante Form

$$\Box A^\mu(x) = \frac{4\pi}{c} j^\mu(x) \ , \ \partial_\mu A^\mu(x) = 0$$

gebracht werden können. Drückt man jetzt die Definitionsgleichungen (2.15) der Potentiale durch die kontravarianten Größen ∂^μ und A^ν aus, dann folgt durch Vergleich mit (2.39)

$$F^{\mu\nu} = \partial^\mu A^\nu - \partial^\nu A^\mu .$$

Das heißt $F^{\mu\nu}$ ist in der Tat ein kontravarianter Tensor 2-ter Stufe. Die verbleibenden homogenen Maxwell-Gleichungen (II) und (III) lassen sich ebenfalls durch Einführen des zu $F^{\mu\nu}$ dualen *Pseudotensors* 2-ter Stufe,

$$G^{\mu\nu} = \frac{1}{2}\epsilon^{\mu\nu\alpha\beta}F_{\alpha\beta} ,$$

in der kovarianten Weise

$$\partial_\mu G^{\mu\nu} = 0$$

ausdrücken, wobei

$$\epsilon^{\mu\nu\alpha\beta} = \begin{cases} +1 \text{ falls } (\mu\nu\alpha\beta) & \text{gerade Permutation von (0123)} \\ -1 \text{ falls } (\mu\nu\alpha\beta) & \text{ungerade Permutation von (0123)} \\ 0 & \text{sonst} \end{cases}$$

das *Levi-Civita-Symbol* bezeichnet. Insgesamt folgt der

Satz 2.9: Maxwell-Gleichungen in lorentzkovarianter Form

Da die Elektrodynamik mit der speziellen Relativitätstheorie im Einklang steht, lassen sich ρ und $\boldsymbol{j}$ sowie ϕ und $\boldsymbol{A}$ jeweils zu Vierervektoren

$$(j^\mu) = \begin{pmatrix} c\rho \\ \boldsymbol{j} \end{pmatrix} , \ (A^\mu) = \begin{pmatrix} \phi \\ \boldsymbol{A} \end{pmatrix} .$$

zusammenfassen. Hiermit lauten die Maxwell-Gleichungen in lorentzkovarianter Form

$$\partial_\mu F^{\mu\nu}(x) = \frac{4\pi}{c}j^\nu \quad \begin{cases} \nu = 0 : \ \boldsymbol{\nabla E} = 4\pi\rho \\ \nu = i : \ \boldsymbol{\nabla} \times \boldsymbol{B} - \frac{1}{c}\frac{\partial \boldsymbol{E}}{\partial t} = \frac{4\pi}{c}\boldsymbol{j} \end{cases}$$

$$\partial_\mu G^{\mu\nu}(x) = 0 \quad \begin{cases} \nu = 0 : \ \boldsymbol{\nabla B} = 0 \\ \nu = i : \ \boldsymbol{\nabla} \times \boldsymbol{E} + \frac{1}{c}\frac{\partial \boldsymbol{B}}{\partial t} = 0 , \end{cases}$$

mit

$$(F^{\mu\nu}) = \begin{pmatrix} 0 & -E_x & -E_y & -E_z \\ E_x & 0 & -B_z & B_y \\ E_y & B_z & 0 & -B_x \\ E_z & -B_y & B_x & 0 \end{pmatrix} , \ F^{\mu\nu} = \partial^\mu A^\nu - \partial^\nu A^\mu$$

und

$$G^{\mu\nu} = \frac{1}{2}\epsilon^{\mu\nu\alpha\beta}F_{\alpha\beta} .$$

Der total antisymmetrische Tensor $F^{\mu\nu}$ heißt *Feldstärketensor*, der total antisymmetrische Pseudotensor $G^{\mu\nu}$ *dualer Feldstärketensor*.

Die homogenen Maxwell-Gleichungen lassen sich auch in der Form

$$\partial_\alpha F^{\beta\gamma} + \partial_\gamma F^{\alpha\beta} + \partial_\beta F^{\gamma\alpha} = 0$$

schreiben. Diese Gleichung ist ebenfalls forminvariant, da sich jeder der Terme in gleicher Weise wie ein gemischter Tensor 3-ter Stufe (einmal ko- und zweimal kontravariant) transformiert.

2.3.3 Transformationsverhalten elektromagnetischer Felder

Die Transformationseigenschaften der $\boldsymbol{E}$- und $\boldsymbol{B}$-Felder sind durch das Transformationsverhalten $F'^{\mu\nu} = \Lambda^\mu{}_\alpha \Lambda^\nu{}_\beta F^{\alpha\beta}$ des zweistufigen Feldstärketensors $F^{\mu\nu}$ determiniert. Für eine allgemeine Lorentz-Transformation von einem Inertialsystem K zu einem relativ zu K mit der Geschwindigkeit $\boldsymbol{v}$ bewegten System K′ ergibt sich für die transformierten $\boldsymbol{E}$- und $\boldsymbol{B}$-Felder

$$\boldsymbol{E}' = \gamma\left(\boldsymbol{E} + \frac{\boldsymbol{v}}{c} \times \boldsymbol{B}\right) - \frac{\gamma^2}{\gamma+1}\frac{\boldsymbol{v}(\boldsymbol{v}\boldsymbol{E})}{c^2}\;,\; \gamma = \frac{1}{\sqrt{1-\frac{v^2}{c^2}}}$$

$$\boldsymbol{B}' = \gamma\left(\boldsymbol{B} - \frac{\boldsymbol{v}}{c} \times \boldsymbol{E}\right) - \frac{\gamma^2}{\gamma+1}\frac{\boldsymbol{v}(\boldsymbol{v}\boldsymbol{B})}{c^2}$$

oder

$$\left.\begin{array}{ll} \boldsymbol{E}'_\parallel = \boldsymbol{E}_\parallel & ,\; \boldsymbol{B}'_\parallel = \boldsymbol{B}_\parallel \\ \boldsymbol{E}'_\perp = \gamma\left(\boldsymbol{E}_\perp + \frac{\boldsymbol{v}}{c} \times \boldsymbol{B}\right) & ,\; \boldsymbol{B}'_\perp = \gamma\left(\boldsymbol{B}_\perp - \frac{\boldsymbol{v}}{c} \times \boldsymbol{E}\right)\;, \end{array}\right\} \quad (2.42)$$

wobei $\parallel$ und $\perp$ die zu $\boldsymbol{v}$ parallelen bzw. senkrechten Komponenten der Felder bezeichnen. Wir erkennen hieraus, daß $\boldsymbol{E}$ und $\boldsymbol{B}$ nicht unabhängig voneinander sind. Ein reines $\boldsymbol{E}$- oder $\boldsymbol{B}$-Feld in einem System K erscheint in einem anderen System K′ als Kombination elektrischer und magnetischer Felder. Da also die Unterscheidung zwischen $\boldsymbol{E}$- und $\boldsymbol{B}$-Feldern vom betrachteten Inertialsystem abhängt, sollte man besser vom elektromagnetischen Feld $F^{\mu\nu}$ als von $\boldsymbol{E}$ und $\boldsymbol{B}$ getrennt sprechen.

Lorentzinvariante. Aufgrund der Überlegungen in Unterabschn. 2.3.1 kann man aus jedem zweistufigen Tensor durch Kontraktion des Tensors mit sich selbst u.a. folgende Lorentz-Skalare konstruieren:

$$T_{\mu\nu}T^{\nu\mu}\;,\; T_{\mu\nu}T^\nu{}_\gamma T^{\gamma\mu}\;,\; T_{\mu\nu}T^{\nu\gamma}T_{\gamma\epsilon}T^{\epsilon\mu}\;,\;\ldots\;.$$

Im Falle des elektromagnetischen Feldstärketensors $F^{\mu\nu}$ ist die kubische Invariante Null. Die anderen beiden ergeben

$$\begin{aligned} F_{\mu\nu}F^{\nu\mu} &= 2\left(\boldsymbol{E}^2 - \boldsymbol{B}^2\right) = I_1 = \text{invariant} \\ F_{\mu\nu}F^{\nu\gamma}F_{\gamma\epsilon}F^{\epsilon\mu} &= 2\left(\boldsymbol{E}^2 - \boldsymbol{B}^2\right)^2 + 4(\boldsymbol{E}\boldsymbol{B})^2 = \text{invariant} \\ &\Longrightarrow (\boldsymbol{E}\boldsymbol{B}) = \text{invariant}\;. \end{aligned}$$

Hieraus lassen sich einige Folgerungen für die $\boldsymbol{E}$- und $\boldsymbol{B}$-Felder ziehen:

- Gilt in einem Inertialsystem $\boldsymbol{E} \perp \boldsymbol{B}$, dann gilt dies auch in jedem anderen. Im Falle $I_1 > 0$ gibt es ein Inertialsystem, in dem gilt: $\boldsymbol{B} = \boldsymbol{0}$. Im Falle $I_1 < 0$ gibt es ein Inertialsystem, in dem gilt: $\boldsymbol{E} = \boldsymbol{0}$.
- Der erste Punkt gilt auch in umgekehrter Richtung: Falls in einem Inertialsystem $\boldsymbol{E} = \boldsymbol{0}$ oder $\boldsymbol{B} = \boldsymbol{0}$, dann gilt $\boldsymbol{E} \perp \boldsymbol{B}$ in jedem anderen.
- Gilt in einem Inertialsystem $|\boldsymbol{E}| = |\boldsymbol{B}|$, dann gilt dies auch in jedem anderen.

2.3.4 Lorentz-Kraft und Kovarianz

Nachdem wir die Kompatibilität der Maxwell-Gleichungen mit der speziellen Relativitätstheorie durch eine lorentzkovariante Formulierung zum Ausdruck gebracht haben, müssen wir nun noch die durch die Lorentz-Kraft $\boldsymbol{F}_\mathrm{L}$ beschriebene Bewegungsgleichung für ein Teilchen in einem elektromagnetischen Feld kovariant schreiben. Von ihr können wir zunächst nur annehmen, daß sie im nichtrelativistischen Grenzfall $|\dot{\boldsymbol{x}}|/c \to 0$ gilt, also

$$\frac{\mathrm{d}}{\mathrm{d}t} m_0 \dot{\boldsymbol{x}} = \boldsymbol{F}_\mathrm{L} = q\left(\boldsymbol{E} + \frac{\dot{\boldsymbol{x}}}{c} \times \boldsymbol{B}\right) . \tag{2.43}$$

Hier bezeichnet q die Ladung, $\dot{\boldsymbol{x}}$ die Geschwindigkeit und m_0 die Ruhemasse des Teilchens. Aus Unterabschn. 1.6.4 wissen wir, daß die kovariante Bewegungsgleichung der relativistischen Mechanik gegeben ist durch

$$\frac{\mathrm{d}p^\mu}{\mathrm{d}\tau} = \frac{1}{\sqrt{1 - \frac{\dot{\boldsymbol{x}}^2}{c^2}}} \frac{\mathrm{d}p^\mu}{\mathrm{d}t} = F^\mu ,$$

mit

$$(p^\mu) = \begin{pmatrix} cm \\ m\dot{\boldsymbol{x}} \end{pmatrix} , \ (F^\mu) = \frac{1}{\sqrt{1 - \frac{\dot{\boldsymbol{x}}^2}{c^2}}} \begin{pmatrix} c\frac{\mathrm{d}m}{\mathrm{d}t} \\ \boldsymbol{F} \end{pmatrix} ,$$

wobei

$$\mathrm{d}\tau = \mathrm{d}t\sqrt{1 - \frac{\dot{\boldsymbol{x}}^2}{c^2}} , \ m = \frac{m_0}{\sqrt{1 - \frac{\dot{\boldsymbol{x}}^2}{c^2}}}$$

das Eigenzeitdifferential bzw. die relativistische Masse des Teilchens sind. Da der Ausdruck (2.43) linear in den Feldern $\boldsymbol{E}$ und $\boldsymbol{B}$ sowie der Teilchengeschwindigkeit $\dot{\boldsymbol{x}}$ ist, lautet sein einfachst möglicher kovarianter Ansatz

$$\frac{\mathrm{d}p^\mu}{\mathrm{d}\tau} = \frac{q}{c} F^{\mu\nu} \frac{\mathrm{d}x_\nu}{\mathrm{d}\tau} , \ \frac{\mathrm{d}x^\mu}{\mathrm{d}\tau} = \text{Vierergeschwindigkeit} . \tag{2.44}$$

Man beachte: Weil q (wie auch c) ein Lorentz-Skalar ist, stehen auf beiden Seiten kontravariante Vierervektoren. Drücken wir jetzt diese Gleichung durch die Dreiervektoren $\boldsymbol{E}$, $\boldsymbol{B}$ und $\dot{\boldsymbol{x}}$ aus, dann ergibt sich

$$\mu = 0: \quad \frac{\mathrm{d}}{\mathrm{d}t}\frac{m_0 c^2}{\sqrt{1-\frac{\dot{\boldsymbol{x}}^2}{c^2}}} = q\boldsymbol{E}\dot{\boldsymbol{x}}$$

$$\mu = i: \quad \frac{\mathrm{d}}{\mathrm{d}t}\frac{m_0 \dot{\boldsymbol{x}}}{\sqrt{1-\frac{\dot{\boldsymbol{x}}^2}{c^2}}} = q\left(\boldsymbol{E} + \frac{\dot{\boldsymbol{x}}}{c} \times \boldsymbol{B}\right) .$$

Offenbar liefern die räumlichen μ-Komponenten für $|\dot{\boldsymbol{x}}|/c \to 0$ den richtigen nichtrelativistischen Zusammenhang (2.43). Wir folgern hieraus einerseits, daß der Ansatz (2.44) die richtige relativistische Verallgemeinerung von (2.43) ist, und andererseits, daß die Lorentz-Kraft $\boldsymbol{F}_\mathrm{L}$ auch für relativistische Geschwindigkeiten die Teilchenbewegung korrekt beschreibt, wenn in der Bewegungsgleichung die Ersetzung $m_0 \to m$ vorgenommen wird. Die Gleichung für die μ=0-Komponente bringt den folgenden Erhaltungssatz zum Ausdruck: Die zeitliche Änderung der Teilchenenergie ist gleich der Leistung, die das elektromagnetische Feld auf das Teilchen überträgt.

Satz 2.10: Kovariante Bewegungsgleichung, Lorentz-Kraft

Die relativistische Verallgemeinerung der Newtonschen Bewegungsgleichung für ein Teilchen in einem elektromagnetischen Feld lautet in kovarianter Notation

$$\frac{\mathrm{d}p^\mu}{\mathrm{d}\tau} = \frac{q}{c} F^{\mu\nu} \frac{\mathrm{d}x_\nu}{\mathrm{d}\tau} .$$

Die räumlichen Komponenten dieser Gleichung führen auf

$$\frac{\mathrm{d}}{\mathrm{d}t}\frac{m_0 \dot{\boldsymbol{x}}}{\sqrt{1-\frac{\dot{\boldsymbol{x}}^2}{c^2}}} = \boldsymbol{F}_\mathrm{L} = q\left(\boldsymbol{E} + \frac{\dot{\boldsymbol{x}}}{c} \times \boldsymbol{B}\right) ,$$

d.h. $\boldsymbol{F}_\mathrm{L}$ liefert in allen Ordnungen von $|\dot{\boldsymbol{x}}|/c$ die korrekte Beschreibung der Teilchenbewegung.

2.3.5 Energie- und Impulserhaltung

In der Herleitung des Impulssatzes der Elektrodynamik, Satz 2.5, haben wir den Maxwellschen Spannungstensor

$$T_{ik} = \frac{1}{4\pi}\left[E_i E_k + B_i B_k - \frac{\delta_{ik}}{2}\left(\boldsymbol{E}^2 + \boldsymbol{B}^2\right)\right] \tag{2.45}$$

eingeführt. Seine Viererversion ist der symmetrische Tensor 2. Stufe

$$T^{\mu\nu} = \frac{1}{4\pi}\left(g^{\mu\alpha} F_{\alpha\beta} F^{\beta\nu} + \frac{1}{4} g^{\mu\nu} F_{\alpha\beta} F^{\alpha\beta}\right) , \tag{2.46}$$

dessen räumliche Komponenten gerade das Negative des Dreierspannungstensors sind. Er läßt sich mit Hilfe der elektromagnetischen Energie- und Impulsdichte ϵ_em und $\boldsymbol{g}_\mathrm{em}$ durch folgende Matrix darstellen:

$$(T^{\mu\nu}) = \begin{pmatrix} \frac{\boldsymbol{E}^2+\boldsymbol{B}^2}{8\pi} & \left[\frac{\boldsymbol{E}\times\boldsymbol{B}}{4\pi}\right]^{\mathrm{T}} \\ \frac{\boldsymbol{E}\times\boldsymbol{B}}{4\pi} & -(T_{ik}) \end{pmatrix} = \begin{pmatrix} \epsilon_{\mathrm{em}} & [c\boldsymbol{g}_{\mathrm{em}}]^{\mathrm{T}} \\ c\boldsymbol{g}_{\mathrm{em}} & -(T_{ik}) \end{pmatrix} ,$$

mit T_{ik} aus (2.45). Man kann nun mit ein wenig Tensoralgebra zeigen, daß sich die in den Sätzen 2.4 und 2.5 stehenden differentiellen Erhaltungssätze für Energie und Impuls durch folgende lorentzkovariante Gleichung ausdrücken lassen:

$$\partial_\mu T^{\mu\nu} = -\frac{1}{c}F^{\nu\rho}j_\rho \begin{cases} \nu = 0 : \text{Energieerhaltung, Satz 2.4} \\ \nu = i : \text{Impulserhaltung, Satz 2.5.} \end{cases}$$

Betrachten wir jetzt ein System, in dem es keine Ladungen gibt, dann folgt hieraus

$$0 = \partial_\mu T^{\mu\nu} = \frac{1}{c}\partial_t T^{0\nu} + \partial_i T^{i\nu} .$$

Integration dieser Gleichung über ein hinreichend großes Volumen bringt den zweiten Term auf der rechten Seite zum verschwinden, und es ergibt sich

$$p^\nu_{\mathrm{em}} = \frac{1}{c}\int \mathrm{d}^3x T^{0\nu} = \mathrm{const} .$$

Das heißt der Viererimpuls $(p^\mu_{\mathrm{em}}) = \begin{pmatrix} E_{\mathrm{em}}/c \\ \boldsymbol{P}_{\mathrm{em}} \end{pmatrix}$ enthält die Energie sowie den Impuls des elektromagnetischen Feldes und ist in einem abgeschlossenen System ohne Ladungen eine Erhaltungsgröße.

Zusammenfassung

- Die Theorie der Elektrodynamik ist eine **relativistische Feldtheorie**. Mit Hilfe des **elektromagnetischen Feldstärketensors** und des **dualen Feldstärketensors** lassen sich die Maxwell-Gleichungen in manifest lorentzkovarianter Form schreiben.
- Hierbei geht ein, daß Ladungs- und Stromdichte sowie Skalar- und Vektorpotential jeweils zu Vierervektorfeldern kombinieren.
- Aus der Lorentz-Kovarianz der Theorie folgt, daß $\boldsymbol{E}$- und $\boldsymbol{B}$-Felder beim Wechsel des Bezugssystems ineinander übergehen, also die Unterscheidung zwischen $\boldsymbol{E}$ und $\boldsymbol{B}$ vom betrachteten Inertialsystem abhängt.
- Die Lorentz-Kraft liefert nicht nur im nichtrelativistischen Grenzfall, sondern in allen Ordnungen von $|\dot{\boldsymbol{x}}|/c$ die korrekte Beschreibung der Bewegung von Teilchen in elektromagnetischen Feldern.
- Die Erhaltungssätze für Energie und Impuls lassen sich durch Verwendung des **Maxwellschen Spannungstensors** in einer lorentzkovarianten Gleichung zusammenfassen.

Anwendungen

24. Gleichförmig bewegte Ladung. Man berechne das elektromagnetische Feld einer Ladung q, die sich in einem Inertialsystem K mit konstanter Geschwindigkeit v in positiver x-Richtung bewegt.

Lösung. Der einfachste und eleganteste Lösungsweg besteht darin, zum Ruhesystem K′ der Ladung überzugehen, da sich in ihm die $\boldsymbol{E}'$- und $\boldsymbol{B}'$-Felder bzw. die zugehörigen Potentiale ϕ', $\boldsymbol{A}'$ sofort angeben lassen:

$$\left.\begin{array}{ll}\text{(I):} & \boldsymbol{\nabla}'\boldsymbol{E}'(\boldsymbol{x}',t') = 4\pi q\delta(\boldsymbol{x}') \\ \text{(IV):} & \boldsymbol{\nabla}'\times\boldsymbol{B}'(\boldsymbol{x}',t') - \dfrac{1}{c}\dfrac{\partial \boldsymbol{E}(\boldsymbol{x}',t')}{\partial t'} = \boldsymbol{0}\end{array}\right\} \Longrightarrow \left\{\begin{array}{l}\boldsymbol{E}'(\boldsymbol{x}',t') = q\dfrac{\boldsymbol{x}'}{|\boldsymbol{x}'|^3} \\ \boldsymbol{B}'(\boldsymbol{x}',t') = \boldsymbol{0}\end{array}\right.$$

$$\Longrightarrow (A'^{\mu}(x')) = \begin{pmatrix}\phi'(\boldsymbol{x}',t') \\ A'_x(\boldsymbol{x}',t') \\ A'_y(\boldsymbol{x}',t') \\ A'_z(\boldsymbol{x}',t')\end{pmatrix} = \begin{pmatrix}\frac{q}{|\boldsymbol{x}'|} \\ 0 \\ 0 \\ 0\end{pmatrix} .$$

Der Übergang zum ursprünglichen System K wird durch die Lorentz-Transformation

$$(\Lambda^{(1)\mu}{}_{\nu})^{-1} = \begin{pmatrix}\gamma & \frac{\gamma v}{c} & 0 & 0 \\ \frac{\gamma v}{c} & \gamma & 0 & 0 \\ 0 & 0 & 1 & 0 \\ 0 & 0 & 0 & 1\end{pmatrix} ,\ \gamma = \frac{1}{\sqrt{1-\frac{v^2}{c^2}}}$$

vermittelt (siehe Unterabschn. 1.6.1). Damit folgt für die Potentiale in K

$$(A^{\mu}(x')) = \begin{pmatrix}\phi(\boldsymbol{x}',t') \\ A_x(\boldsymbol{x}',t') \\ A_y(\boldsymbol{x}',t') \\ A_z(\boldsymbol{x}',t')\end{pmatrix} = \gamma\begin{pmatrix}\frac{q}{|\boldsymbol{x}'|} \\ \frac{vq}{c|\boldsymbol{x}'|} \\ 0 \\ 0\end{pmatrix} ,$$

mit

$$\begin{pmatrix}ct' \\ x' \\ y' \\ z'\end{pmatrix} = \begin{pmatrix}\gamma & -\frac{\gamma v}{c} & 0 & 0 \\ -\frac{\gamma v}{c} & \gamma & 0 & 0 \\ 0 & 0 & 1 & 0 \\ 0 & 0 & 0 & 1\end{pmatrix}\begin{pmatrix}ct \\ x \\ y \\ z\end{pmatrix} = \begin{pmatrix}\gamma(ct - \frac{vx}{c}) \\ \gamma(x - vt) \\ y \\ z\end{pmatrix}$$

$$\Longrightarrow \phi(x,t) = \frac{\gamma q}{\sqrt{\gamma^2(x-vt)^2 + y^2 + z^2}} ,\ \boldsymbol{A}(\boldsymbol{x},t) = \frac{v}{c}\phi(\boldsymbol{x},t)\begin{pmatrix}1 \\ 0 \\ 0\end{pmatrix} .$$

Für die $\boldsymbol{E}$- und $\boldsymbol{B}$-Felder in K erhält man schließlich

$$\boldsymbol{B}(\boldsymbol{x},t) = \boldsymbol{\nabla} \times \boldsymbol{A}(\boldsymbol{x},t) = \frac{v\gamma q}{c[\gamma^2(x-vt)^2+y^2+z^2]^{3/2}}\begin{pmatrix} 0 \\ z \\ -y \end{pmatrix}$$

$$\boldsymbol{E}(\boldsymbol{x},t) = -\boldsymbol{\nabla}\phi(\boldsymbol{x},t) - \frac{1}{c}\frac{\partial \boldsymbol{A}(\boldsymbol{x},t)}{\partial t}$$

$$= \frac{\gamma q}{[\gamma^2(x-vt)^2+y^2+z^2]^{3/2}}\begin{pmatrix} x-vt \\ y \\ z \end{pmatrix} .$$

25. Verallgemeinertes Faradaysches Induktionsgesetz. Wie bereits in Unterabschn. 2.1.2 festgestellt wurde, gilt das Faradaysche Induktionsgesetz

$$\oint_C \boldsymbol{E}(\boldsymbol{x},t)\mathrm{d}\boldsymbol{l} = -\frac{1}{c}\int_F \mathrm{d}\boldsymbol{F}\frac{\partial \boldsymbol{B}(\boldsymbol{x},t)}{\partial t} ,$$

wobei C die geschlossene Kontour z.B. einer Leiterschleife und F deren konstante Fläche bezeichnet. Man zeige hiermit und mit Hilfe von (2.42), daß die Lorentz-Kovarianz der Elektrodynamik das *verallgemeinerte Faradaysche Induktionsgesetz*

$$V(t) = \oint_{C'} \boldsymbol{E}'(\boldsymbol{x}',t)\mathrm{d}\boldsymbol{l}' = -\frac{1}{c}\frac{\mathrm{d}}{\mathrm{d}t}\int_{F(t)} \mathrm{d}\boldsymbol{F}\boldsymbol{B}(\boldsymbol{x},t) = -\frac{1}{c}\frac{\mathrm{d}\Phi_{\mathrm{m}}(t)}{\mathrm{d}t}$$

impliziert, wobei sich die gestrichenen Größen auf das Ruhesystem der Leiterschleife beziehen.

Lösung. Im ungestrichenen Beobachtungssystem gilt

$$\frac{\mathrm{d}\Phi_{\mathrm{m}}}{\mathrm{d}t} = \int_{F(t)} \mathrm{d}\boldsymbol{F}\frac{\partial \boldsymbol{B}}{\partial t} + \int \frac{\mathrm{d}\boldsymbol{F}}{\mathrm{d}t}\boldsymbol{B} = -c\oint_{C(t)} \boldsymbol{E}\mathrm{d}\boldsymbol{l} + \int \frac{\mathrm{d}\boldsymbol{F}}{\mathrm{d}t}\boldsymbol{B} .$$

Nehmen wir an, daß sich die Leiterschleife mit der konstanten Geschwindigkeit $\boldsymbol{v}$ bewegt (Abb. 2.5), dann ist $\mathrm{d}\boldsymbol{F} = \boldsymbol{v} \times \mathrm{d}\boldsymbol{l}\mathrm{d}t$. Somit folgt

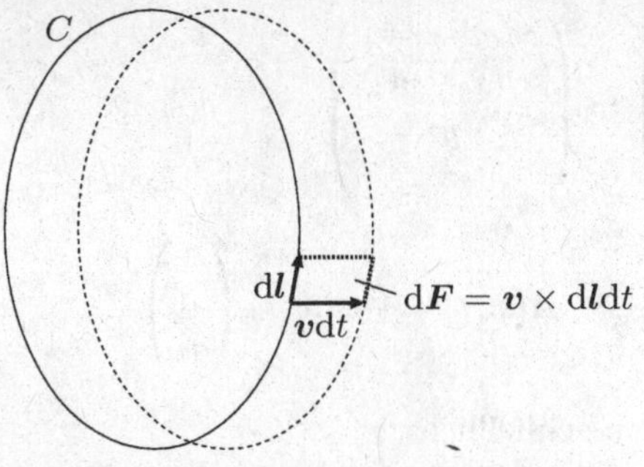

Abb. 2.5. Mit konstanter Geschwindigkeit $\boldsymbol{v}$ bewegte Leiterschleife

$$
\begin{aligned}
\frac{\mathrm{d}\Phi_{\mathrm{m}}}{\mathrm{d}t} &= -c \oint\limits_{C(t)} \mathrm{d}\boldsymbol{l}\left(\boldsymbol{E}+\frac{\boldsymbol{v}}{c}\times\boldsymbol{B}\right) \\
&= -c \oint\limits_{C(t)} (\mathrm{d}\boldsymbol{l}_{\parallel}+\mathrm{d}\boldsymbol{l}_{\perp})\left(\boldsymbol{E}_{\parallel}+\boldsymbol{E}_{\perp}+\frac{\boldsymbol{v}}{c}\times\boldsymbol{B}\right) . \qquad (2.47)
\end{aligned}
$$

$\parallel$ und $\perp$ indizieren hierbei die zu $\boldsymbol{v}$ parallel bzw. senkrechte Komponenten. Unter Beachtung von (2.42) und

$$
\mathrm{d}\boldsymbol{l}_{\parallel} = \frac{1}{\gamma}\mathrm{d}\boldsymbol{l}'_{\parallel} , \ \mathrm{d}\boldsymbol{l}_{\perp} = \mathrm{d}\boldsymbol{l}'_{\perp} , \ \gamma = \frac{1}{\sqrt{1-\frac{v^2}{c^2}}}
$$

läßt sich die rechte Seite von (2.47) in folgender Weise durch die gestrichenen Größen ausdrücken:

$$
\begin{aligned}
\frac{\mathrm{d}\Phi_{\mathrm{m}}}{\mathrm{d}t} &= -c \oint\limits_{C'} \left(\frac{1}{\gamma}\mathrm{d}\boldsymbol{l}'_{\parallel}+\mathrm{d}\boldsymbol{l}'_{\perp}\right)\left(\boldsymbol{E}_{\parallel}+\boldsymbol{E}_{\perp}+\frac{\boldsymbol{v}}{c}\times\boldsymbol{B}\right) \\
&= -c \oint\limits_{C'} (\mathrm{d}\boldsymbol{l}'_{\parallel}+\mathrm{d}\boldsymbol{l}'_{\perp})\left[\frac{1}{\gamma}\boldsymbol{E}_{\parallel}+\frac{1}{\gamma}\gamma\left(\boldsymbol{E}_{\perp}+\frac{\boldsymbol{v}}{c}\times\boldsymbol{B}\right)\right] \\
&= -\frac{c}{\gamma} \oint\limits_{C'} \mathrm{d}\boldsymbol{l}'(\boldsymbol{E}'_{\parallel}+\boldsymbol{E}'_{\perp}) .
\end{aligned}
$$

Es folgt schließlich

$$
\begin{aligned}
&\frac{\mathrm{d}\Phi_{\mathrm{m}}}{\mathrm{d}t} = \frac{1}{\gamma}\frac{\mathrm{d}\Phi_{\mathrm{m}}}{\mathrm{d}t'} = -\frac{c}{\gamma}\oint\limits_{C'} \mathrm{d}\boldsymbol{l}'\boldsymbol{E}'(\boldsymbol{x}',t') \\
\Longleftrightarrow\ &\frac{\mathrm{d}\Phi_{\mathrm{m}}(t)}{\mathrm{d}t} = -c\oint\limits_{C'} \mathrm{d}\boldsymbol{l}'\boldsymbol{E}'(\boldsymbol{x}',t) .
\end{aligned}
$$

2.4 Strahlungstheorie

Dieser Abschnitt beschäftigt sich mit elektromagnetischen Strahlungsphänomenen, die durch zeitlich veränderliche Ladungs- und Stromdichteverteilungen hervorgerufen werden. Im allgemeinen ist für beliebige Verteilungen die Berechnung der zugehörigen elektromagnetischen Felder mit Hilfe der retardierten Potentiale nur numerisch durchführbar, da zu jedem Aufpunkt $\boldsymbol{x}'$ eine retardierte Zeit t_{ret} gehört, die auch noch explizit von $\boldsymbol{x}'$ abhängt. Wir beschränken uns deshalb auf beschleunigte Punktladungen bzw. Verteilungen geringer Ausdehnung, für die eine analytische Bestimmung der retardierten Potentiale möglich ist.

Wir beginnen unsere Diskussion mit der Berechnung der retardierten Potentiale für beliebig bewegte Punktladungen (*Liénard-Wiechert-Potentiale*) und leiten hieraus die zugehörigen $\boldsymbol{E}$- und $\boldsymbol{B}$-Felder ab. Wie sich herausstellen wird, können diese jeweils als Summe zweier Terme geschrieben werden, von denen die einen die Felder einer gleichförmig bewegten und die anderen die Felder einer beschleunigten Ladung beschreiben. Desweiteren berechnen wir die Energie bzw. Leistung, welche durch die Beschleunigungsanteile der Felder nach außen abgestrahlt wird, und beschäftigen uns zum Schluß mit dem Strahlungsfeld örtlich begrenzter Ladungs- und Stromdichteverteilungen in der *Dipolnäherung*.

2.4.1 Liénard-Wiechert-Potentiale

Eine Punktladung q mit der Ortsbahn $\boldsymbol{x}_0(t)$ und der Geschwindigkeit $\dot{\boldsymbol{x}}_0(t)$ besitzt die Ladungsdichte- und Stromdichteverteilung

$$\rho(\boldsymbol{x},t) = q\delta[\boldsymbol{x}-\boldsymbol{x}_0(t)] \ , \ \boldsymbol{j}(\boldsymbol{x},t) = q\dot{\boldsymbol{x}}_0\delta[\boldsymbol{x}-\boldsymbol{x}_0(t)] \ .$$

Setzt man diese Größen in die retardierten Potentiale (2.35) und (2.36) ein, so läßt sich die räumliche Integration direkt ausführen, und man erhält

$$\begin{aligned}
\phi(\boldsymbol{x},t) &= q\int \mathrm{d}t' \frac{1}{|\boldsymbol{x}-\boldsymbol{x}_0(t')|}\delta\left(t'-t+\frac{|\boldsymbol{x}-\boldsymbol{x}_0(t')|}{c}\right)\\
\boldsymbol{A}(\boldsymbol{x},t) &= \frac{q}{c}\int \mathrm{d}t' \frac{\dot{\boldsymbol{x}}_0(t')}{|\boldsymbol{x}-\boldsymbol{x}_0(t')|}\delta\left(t'-t+\frac{|\boldsymbol{x}-\boldsymbol{x}_0(t')|}{c}\right) \ .
\end{aligned}$$

Bei der zeitlichen Integration ist zu beachten, daß das Argument der δ-Funktion eine Funktion der Integrationsvariablen t' ist. In diesem Fall gilt ganz allgemein

$$\int \mathrm{d}t' g(t')\delta[f(t')] = \sum_k \frac{g(t_k)}{\left|\frac{\mathrm{d}f}{\mathrm{d}t'}\right|_{t_k}} \ , \ t_k\text{=Nullstellen von } f.$$

Unter Berücksichtigung dieses Punktes folgt der

Satz 2.11: Liénard-Wiechert-Potentiale einer beliebig bewegten Punktladung

Die retardierten Potentiale einer Punktladung q, die sich auf einer beliebigen Bahnkurve $\boldsymbol{x}_0(t)$ mit der Geschwindigkeit $\dot{\boldsymbol{x}}_0(t)$ bewegt, sind durch die *Liénard-Wiechert-Potentiale*

$$\begin{aligned}
\phi(\boldsymbol{x},t) &= \frac{q}{R(t_{\mathrm{ret}})-\frac{1}{c}\boldsymbol{R}(t_{\mathrm{ret}})\dot{\boldsymbol{x}}_0(t_{\mathrm{ret}})}\\
\boldsymbol{A}(\boldsymbol{x},t) &= \frac{q}{c}\frac{\dot{\boldsymbol{x}}_0(t_{\mathrm{ret}})}{R(t_{\mathrm{ret}})-\frac{1}{c}\boldsymbol{R}(t_{\mathrm{ret}})\dot{\boldsymbol{x}}_0(t_{\mathrm{ret}})} \ ,
\end{aligned}$$

$$\boldsymbol{R}(t_{\mathrm{ret}}) = \boldsymbol{x}-\boldsymbol{x}_0(t_{\mathrm{ret}}) \ , \ R(t_{\mathrm{ret}}) = |\boldsymbol{R}(t_{\mathrm{ret}})| \qquad (2.48)$$

▷

gegeben. Hierbei bezeichnet $\boldsymbol{R}(t_{\rm ret})$ den Abstandsvektor zwischen Beobachtungspunkt $\boldsymbol{x}$ und Teilchenort $\boldsymbol{x}_0$ zur retardierten Zeit

$$t_{\rm ret} = t - \frac{|\boldsymbol{x} - \boldsymbol{x}_0(t_{\rm ret})|}{c} = t - \frac{R(t_{\rm ret})}{c} . \qquad (2.49)$$

Bevor wir uns der Berechnung der $\boldsymbol{E}$- und $\boldsymbol{B}$-Felder zuwenden, zeigen wir, wie man zu diesem Ergebnis auf etwas elegantere Weise mit Hilfe des lorentzkovarianten Formalismus gelangt. Zunächst stellen wir fest, daß

$$(R^\mu) = \begin{pmatrix} R \\ \boldsymbol{R} \end{pmatrix} = \begin{pmatrix} c(t - t_{\rm ret}) \\ |\boldsymbol{x} - \boldsymbol{x}_0(t_{\rm ret})| \end{pmatrix}$$

ein Vierervektor ist, da nach (2.48) und (2.49) in jedem Inertialsystem gilt:

$$R^\mu R_\mu = c^2(t_{\rm ret} - t)^2 - \boldsymbol{R}^2(t_{\rm ret}) = 0 .$$

Nun lassen sich die retardierten Potentiale im (gestrichenen) momentanen Ruhesystem des Teilchens leicht angeben. Sie lauten dort

$$\phi'(\boldsymbol{x}', t') = \frac{q}{|\boldsymbol{x}' - \boldsymbol{x}_0'(t_{\rm ret}')|} = \frac{q}{R'(t_{\rm ret}')} , \ \boldsymbol{A}'(\boldsymbol{x}', t') = \boldsymbol{0}$$

bzw.

$$A'^\mu = q\frac{u'^\mu}{R_\nu' u'^\nu} , \ (u'^\mu) = \begin{pmatrix} c \\ 0 \\ 0 \\ 0 \end{pmatrix} , \qquad (2.50)$$

wobei u'^μ die Vierergeschwindigkeit im Ruhesystem bezeichnet. Offensichtlich transformieren sich beide Seiten von (2.50) wie ein kontravarianter Vierervektor, so daß diese Gleichung forminvariant und somit in jedem Inertialsystem gültig ist. Gehen wir jetzt zum ursprünglichen (ungestrichenen) Inertialsystem über, dann ist

$$A^\mu = q\frac{u^\mu}{R_\nu u^\nu} , \ (u^\mu) = \frac{1}{\sqrt{1 - \frac{\dot{\boldsymbol{x}}_0^2}{c^2}}} \begin{pmatrix} c \\ \dot{\boldsymbol{x}}_0 \end{pmatrix} ,$$

woraus sofort die in Satz 2.11 stehenden Potentiale folgen.

Bestimmung der elektromagnetischen Felder. Die Berechnung von

$$\boldsymbol{E} = -\boldsymbol{\nabla}\phi - \frac{1}{c}\frac{\partial \boldsymbol{A}}{\partial t} , \ \boldsymbol{B} = \boldsymbol{\nabla} \times \boldsymbol{A} \qquad (2.51)$$

aufgrund von Satz 2.11 erfordert die Kenntnis von $\partial t_{\rm ret}/\partial t$ und $\boldsymbol{\nabla} t_{\rm ret}$, da die Liénard-Wiechert-Potentiale in Termen der retardierten Zeit $t_{\rm ret}$ gegeben sind, wobei $t_{\rm ret}$ überdies auch noch von $\boldsymbol{x}$ abhängt. Zur Bestimmung von $\partial t_{\rm ret}/\partial t$ und $\boldsymbol{\nabla} t_{\rm ret}$ rechnen wir:

$$\frac{\partial \boldsymbol{R}^2}{\partial t_{\rm ret}} = 2\boldsymbol{R}\frac{\partial \boldsymbol{R}}{\partial t_{\rm ret}} = 2R\frac{\partial R}{\partial t_{\rm ret}} = -2\boldsymbol{R}\dot{\boldsymbol{x}}_0$$

$$\Longrightarrow \frac{\partial R}{\partial t} = \frac{\partial R}{\partial t_{\rm ret}}\frac{\partial t_{\rm ret}}{\partial t} = -\frac{\boldsymbol{R}\dot{\boldsymbol{x}}_0}{R}\frac{\partial t_{\rm ret}}{\partial t} \tag{2.52}$$

$$R(t_{\rm ret}) = c(t - t_{\rm ret}) \Longrightarrow \frac{\partial R}{\partial t} = c\left(1 - \frac{\partial t_{\rm ret}}{\partial t}\right) . \tag{2.53}$$

Kombiniert man (2.52) und (2.53), dann folgt

$$\frac{\partial t_{\rm ret}}{\partial t} = \frac{1}{1-\boldsymbol{n}\boldsymbol{\beta}} , \quad \text{mit} \quad \boldsymbol{n} = \frac{\boldsymbol{R}}{R} , \ \boldsymbol{\beta} = \frac{\dot{\boldsymbol{x}}_0}{c} . \tag{2.54}$$

Die Ableitung von R nach seinen Komponenten liefert einerseits

$$\boldsymbol{\nabla} R = \boldsymbol{\nabla} c(t - t_{\rm ret}) = -c\boldsymbol{\nabla} t_{\rm ret}$$

und andererseits

$$\boldsymbol{\nabla} R = \boldsymbol{\nabla}|\boldsymbol{x} - \boldsymbol{x}_0(t_{\rm ret})| = \frac{\boldsymbol{R}}{R} + \frac{\partial R}{\partial t_{\rm ret}}\boldsymbol{\nabla} t_{\rm ret} = \boldsymbol{n} - \boldsymbol{n}\dot{\boldsymbol{x}}_0\boldsymbol{\nabla} t_{\rm ret} ,$$

so daß

$$\boldsymbol{\nabla} t_{\rm ret} = \frac{1}{c}\frac{\boldsymbol{n}}{\boldsymbol{n}\boldsymbol{\beta} - 1} . \tag{2.55}$$

Mit Hilfe von (2.54) und (2.55) – alles an der Stelle $t_{\rm ret}$ genommen – lassen sich nun die Rechnungen in (2.51) ausführen. Nach einigen Zwischenschritten gelangt man zum

Satz 2.12: *E*- und *B*-Felder einer beliebig bewegten Punktladung

Die elektromagnetischen Felder einer beliebig, mit der Geschwindigkeit $\dot{\boldsymbol{x}}_0$ bewegten Punktladung q werden beschrieben durch

$$\begin{aligned}
\boldsymbol{E}(\boldsymbol{x},t) &= q\left[\frac{(\boldsymbol{n}-\boldsymbol{\beta})(1-\beta^2)}{R^2(1-\boldsymbol{n}\boldsymbol{\beta})^3}\right]_{t_{\rm ret}} + \frac{q}{c}\left[\frac{\boldsymbol{n}\times[(\boldsymbol{n}-\boldsymbol{\beta})\times\dot{\boldsymbol{\beta}}]}{R(1-\boldsymbol{n}\boldsymbol{\beta})^3}\right]_{t_{\rm ret}} \\
&= \boldsymbol{E}_0(\boldsymbol{x},t) + \boldsymbol{E}_{\rm a}(\boldsymbol{x},t) \\
\boldsymbol{B}(\boldsymbol{x},t) &= \boldsymbol{n}\times\boldsymbol{E}_0(\boldsymbol{x},t) + \boldsymbol{n}\times\boldsymbol{E}_{\rm a}(\boldsymbol{x},t) \\
&= \boldsymbol{B}_0(\boldsymbol{x},t) + \boldsymbol{B}_{\rm a}(\boldsymbol{x},t) ,
\end{aligned}$$

mit

$$\boldsymbol{n} = \frac{\boldsymbol{R}}{R} , \ \boldsymbol{\beta} = \frac{\dot{\boldsymbol{x}}_0}{c} .$$

Das magnetische Feld steht sowohl zum elektrischen Feld als auch zum Verbindungsvektor zwischen Beobachtungspunkt und retardierter Teilchenposition senkrecht.

In diesem Satz sind die ***E***- und ***B***-Felder jeweils als Summe zweier Terme angegeben. Die ersten Terme sind unabhängig von der Teilchenbeschleunigung

$\dot{\boldsymbol{\beta}}$ und verhalten sich für große Abstände wie $1/R^2$, während die zweiten wie $1/R$ abfallen und für $\dot{\boldsymbol{\beta}} = \mathbf{0}$ verschwinden. $\boldsymbol{E}_0$ und $\boldsymbol{B}_0$ liefern deshalb die Felder einer gleichförmig bewegten Ladung. Wir können uns hiervon explizit überzeugen, indem wir zum Beispiel eine Punktladung q betrachten, die sich entlang der x-Achse mit konstanter Geschwindigkeit v bewegt. Wählen wir als Beobachtungspunkt den Ursprung, dann ist

$$\boldsymbol{x}_0(t) = \begin{pmatrix} vt \\ 0 \\ 0 \end{pmatrix}, \ \boldsymbol{x} = \mathbf{0}, \ R(t_{\mathrm{ret}}) = vt_{\mathrm{ret}}, \ \boldsymbol{n} = \begin{pmatrix} -1 \\ 0 \\ 0 \end{pmatrix}, \ \boldsymbol{\beta} = \begin{pmatrix} \frac{v}{c} \\ 0 \\ 0 \end{pmatrix}$$

$$\Longrightarrow \boldsymbol{E}_0(\mathbf{0}, t) = -\frac{q}{\gamma^2 v^2 t_{\mathrm{ret}}^2 \left(1 + \frac{v}{c}\right)^2} \begin{pmatrix} 1 \\ 0 \\ 0 \end{pmatrix}, \ \gamma = \frac{1}{\sqrt{1 - \boldsymbol{\beta}^2}}.$$

Die retardierte Zeit berechnet sich zu

$$t_{\mathrm{ret}} = t - \frac{|\boldsymbol{x} - \boldsymbol{x}_0(t_{\mathrm{ret}})|}{c} = t - \frac{vt_{\mathrm{ret}}}{c} \Longrightarrow t_{\mathrm{ret}} = \frac{t}{1 + \frac{v}{c}},$$

so daß schließlich folgt:

$$\boldsymbol{E}_0(\mathbf{0}, t) = -\frac{q}{\gamma^2 v^2 t^2} \begin{pmatrix} 1 \\ 0 \\ 0 \end{pmatrix}, \ \boldsymbol{B}_0(\mathbf{0}, t) = \boldsymbol{n} \times \boldsymbol{E}(\mathbf{0}, t) = \mathbf{0}.$$

Diese Felder entsprechen genau denjenigen aus Anwendung 24 für $\boldsymbol{x} = \mathbf{0}$. Dort hatten wir die $\boldsymbol{E}$- und $\boldsymbol{B}$-Felder einer gleichförmig in x-Richtung bewegten Ladung mit Hilfe des lorentzkovarianten Formalismus berechnet.

2.4.2 Strahlungsenergie

In diesem Unterabschnitt berechnen wir die von einer bewegten Punktladung abgestrahlte Leistung P. Es wird hierbei vorausgesetzt, daß alle Größen zur retardierten Zeit t_{ret} zu nehmen sind. Durch das Flächenelement $R^2 \mathrm{d}\Omega$ geht der Energiestrom bzw. die Leistung $\mathrm{d}P = \boldsymbol{S}\boldsymbol{n}R^2 \mathrm{d}\Omega$, also

$$\frac{\mathrm{d}P}{\mathrm{d}\Omega} = \frac{\mathrm{d}E}{\mathrm{d}t \mathrm{d}\Omega} = R^2 \boldsymbol{S}\boldsymbol{n} = \frac{cR^2}{4\pi} \boldsymbol{n}(\boldsymbol{E} \times \boldsymbol{B}).$$

Setzt man in diese Gleichung die Felder aus Satz 2.12 ein, so erkennt man anhand des asymptotischen R-Verhaltens der einzelnen Terme, daß nur die Kombination $\boldsymbol{E}_{\mathrm{a}} \times \boldsymbol{B}_{\mathrm{a}}$ einen Beitrag liefert. Mit anderen Worten: Nur beschleunigte Ladungen emittieren Strahlung. Wir haben deshalb

$$\frac{\mathrm{d}P}{\mathrm{d}\Omega} = \frac{cR^2}{4\pi} \boldsymbol{n}(\boldsymbol{E}_{\mathrm{a}} \times \boldsymbol{B}_{\mathrm{a}}) = \frac{q^2}{4\pi c} \frac{\left(\boldsymbol{n} \times [(\boldsymbol{n} - \boldsymbol{\beta}) \times \dot{\boldsymbol{\beta}}]\right)^2}{(1 - \boldsymbol{n}\boldsymbol{\beta})^6}.$$

Vom Standpunkt der Ladung ist es naheliegend, die pro retardiertem Zeitintervall $\mathrm{d}t_{\mathrm{ret}}$ abgestrahlte Energie zu betrachten. Unter Berücksichtigung von (2.54) ergibt sich diese zu

$$\frac{\mathrm{d}P'}{\mathrm{d}\Omega} = \frac{\mathrm{d}P}{\mathrm{d}\Omega}\frac{\partial t}{\partial t_{\mathrm{ret}}} = \frac{q^2}{4\pi c}\frac{\left(\boldsymbol{n} \times [(\boldsymbol{n}-\boldsymbol{\beta}) \times \dot{\boldsymbol{\beta}}]\right)^2}{(1-\boldsymbol{n}\boldsymbol{\beta})^5} . \tag{2.56}$$

Um diese Gleichung weiter auszuwerten, betrachten wir zunächst die Grenzfälle $\beta \ll 1$ und $\boldsymbol{\beta} \parallel \dot{\boldsymbol{\beta}}$ und setzen dabei

$$\cos\theta = \frac{\boldsymbol{n}\boldsymbol{\beta}}{\beta} , \ \cos\theta' = \frac{\boldsymbol{n}\dot{\boldsymbol{\beta}}}{\dot{\beta}} .$$

1. Grenzfall: $\beta \ll 1$. In diesem Fall reduziert sich (2.56) auf den Ausdruck

$$\frac{\mathrm{d}P'}{\mathrm{d}\Omega} = \frac{\mathrm{d}P}{\mathrm{d}\Omega} = \frac{q^2}{4\pi c}\dot{\boldsymbol{\beta}}^2 \sin^2\theta' . \tag{2.57}$$

Offensichtlich ist er von der Richtung der Teilchengeschwindigkeit unabhängig. Die Winkelabhängigkeit dieser Strahlungsleistung ist in Abb. 2.6 dargestellt. Führt man die Winkelintegration in (2.57) aus, dann ergibt sich die *Larmorsche Formel*

$$P = \frac{2q^2}{3c}\dot{\boldsymbol{\beta}}^2 . \tag{2.58}$$

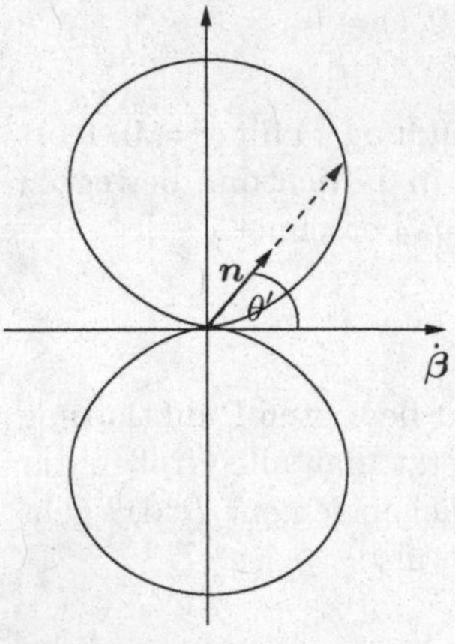

Abb. 2.6. Abgestrahlte Leistung $\mathrm{d}P/\mathrm{d}\Omega$ einer beschleunigten Punktladung im Grenzfall $\beta \ll 1$. θ' bezeichnet den Winkel zwischen der Teilchenbeschleunigung $\dot{\boldsymbol{\beta}}$ und der Ausstrahlungsrichtung $\boldsymbol{n}$

2. Grenzfall: $\boldsymbol{\beta} \parallel \dot{\boldsymbol{\beta}}$. Hier ist $\theta = \theta'$, und (2.56) geht über in

$$\frac{\mathrm{d}P}{\mathrm{d}\Omega} = \frac{q^2}{4\pi c}\dot{\boldsymbol{\beta}}^2 \frac{\sin^2\theta}{(1-\beta\cos\theta)^5} .$$

Für die Richtung maximaler Strahlungsemission erhält man hieraus

$$\frac{\mathrm{d}}{\mathrm{d}\cos\theta}\frac{\mathrm{d}P}{\mathrm{d}\Omega} = 0 \Longrightarrow \cos\theta_{\max} = \frac{1}{3\beta}\left(\sqrt{15\beta^2+1}-1\right) .$$

Das heißt der Strahlungskegel neigt sich bei wachsender Teilchengeschwindigkeit immer mehr nach vorne, wie in Abb. 2.7 zu erkennen ist.

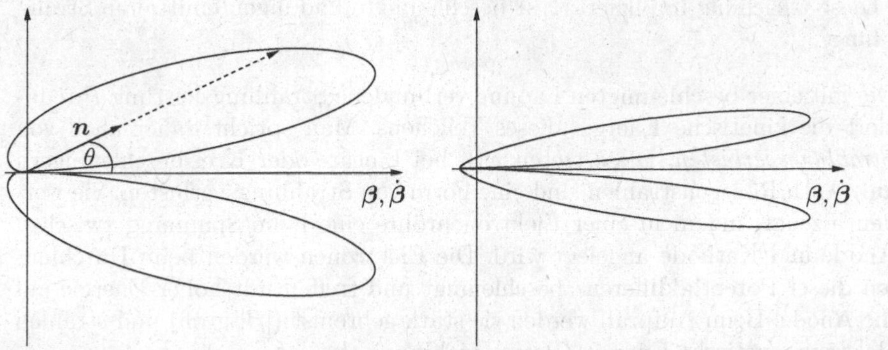

Abb. 2.7. Abgestrahlte Leistung $\mathrm{d}P/\mathrm{d}\Omega$ einer beschleunigten Punktladung im Grenzfall $\boldsymbol{\beta} \parallel \dot{\boldsymbol{\beta}}$ für $\beta = 0.5$ (*links*) und $\beta = 0.81$ (*rechts*). Zum maßstabsgerechten Vergleich ist die rechte Figur um den Faktor 100 zu vergrößern

Lorentzinvariante Verallgemeinerung. Aus dem ersten Spezialfall läßt sich nun leicht mit Hilfe des lorentzkovarianten Formalismus die abgestrahlte Leistung einer Punktladung für beliebige Geschwindigkeiten bestimmen. Da sowohl die Energie E als auch die Zeit t (bis auf die Konstante c) 0-Komponenten von Vierervektoren sind, ist $P = \mathrm{d}E/\mathrm{d}t$ ein Lorentz-Skalar. Um den ersten Spezialfall auf beliebige $\boldsymbol{\beta}$ zu erweitern, reicht es deshalb aus, einen Lorentz-Skalar zu finden, der für $\beta \ll 1$ in (2.58) übergeht. Zu diesem Zweck drücken wir (2.58) durch den nichtrelativistischen Impuls $\boldsymbol{p}_{\mathrm{nr}}$ aus und verallgemeinern das Resultat in invarianter Weise, indem wir $\boldsymbol{p}_{\mathrm{nr}}$ und $\mathrm{d}t$ durch den Viererimpuls $(p^\mu) = \frac{cm_0}{\sqrt{1-\beta^2}}\begin{pmatrix} 1 \\ \boldsymbol{\beta} \end{pmatrix}$ bzw. die Eigenzeit $\mathrm{d}\tau = \mathrm{d}t\sqrt{1-\beta^2}$ ersetzen:

$$P = \frac{2q^2}{3m_0^2c^3}\frac{\mathrm{d}\boldsymbol{p}_{\mathrm{nr}}}{\mathrm{d}t}\frac{\mathrm{d}\boldsymbol{p}_{\mathrm{nr}}}{\mathrm{d}t} \longrightarrow -\frac{2q^2}{3m_0^2c^3}\frac{\mathrm{d}p^\mu}{\mathrm{d}\tau}\frac{\mathrm{d}p_\mu}{\mathrm{d}\tau} \ .$$

Die rechte Seite dieser Gleichung ist ganz offensichtlich ein Lorentz-Skalar, und man überzeugt sich leicht davon, daß sie im Grenzfall $\beta \ll 1$ mit (2.58) identisch ist. Für beliebige Teilchengeschwindigkeiten folgt daher der

Satz 2.13: Strahlungsleistung einer beliebig bewegten Punktladung

Die Strahlungsleistung einer beliebig, mit der Geschwindigkeit $\dot{\boldsymbol{x}}_0$ bewegten Punktladung q ist gegeben durch ▷

$$P = \frac{2q^2}{3c}\gamma^6\left[\dot{\boldsymbol{\beta}}^2 - (\boldsymbol{\beta}\times\dot{\boldsymbol{\beta}})^2\right] \ , \ \boldsymbol{\beta} = \frac{\dot{\boldsymbol{x}}_0}{c} \ , \ \gamma = \frac{1}{\sqrt{1-\boldsymbol{\beta}^2}} \ .$$

Diese Gleichung impliziert: Nur beschleunigte Ladungen emittieren Strahlung.

Die mit einer beschleunigten Ladung verbundene Strahlungsleistung P reduziert die kinetische Energie dieses Teilchens. Man spricht daher auch von *Strahlungsverlusten*. Diese treten z.B. bei Linear- oder Kreisbeschleunigern auf. Auch Röntgenstrahlen sind eine Form von Strahlungsverlusten. Sie werden erzeugt, indem in einer Elektronenröhre eine hohe Spannung zwischen Anode und Kathode angelegt wird. Die Elektronen werden beim Durchlaufen dieser Potentialdifferenz beschleunigt und treffen mit hoher Energie auf die Anode. Beim Aufprall werden sie stark gebremst ($|\dot{\boldsymbol{\beta}}|$ groß) und strahlen elektromagnetische Energie (Bremsstrahlung) ab.

2.4.3 Dipolstrahlung

Wir wollen nun das Strahlungsfeld eines Systems von zeitlich veränderlichen Ladungs- und Stromdichteverteilungen berechnen, die in der Weise

$$\rho(\boldsymbol{x},t), \boldsymbol{j}(\boldsymbol{x},t) = \begin{cases} \text{beliebig für } |\boldsymbol{x}| \le R_0 \\ 0 \quad \text{für } |\boldsymbol{x}| > R_0 \end{cases}$$

auf ein Gebiet mit dem Radius R_0 beschränkt sind. Aufgrund der Linearität der Maxwell-Gleichungen reicht es aus, sich auf jeweils eine zeitliche Fourier-Komponente dieser Verteilungen zu beschränken, die sinusförmig mit der Zeit variiert,

$$\rho(\boldsymbol{x},t) = \rho(\boldsymbol{x})\mathrm{e}^{-\mathrm{i}\omega t} \ , \ \boldsymbol{j}(\boldsymbol{x},t) = \boldsymbol{j}(\boldsymbol{x})\mathrm{e}^{-\mathrm{i}\omega t} \ ,$$

wobei zu beachten ist, daß sich die physikalischen Größen durch Realteilbildung ergeben. Das zugehörige retardierte Vektorpotential ist gegeben durch

$$\boldsymbol{A}_{\mathrm{ret}}(\boldsymbol{x},t) = \frac{1}{c}\int \mathrm{d}^3x \frac{\boldsymbol{j}(\boldsymbol{x}',t_{\mathrm{ret}})}{|\boldsymbol{x}-\boldsymbol{x}'|} = \boldsymbol{A}_{\mathrm{ret}}(\boldsymbol{x})\mathrm{e}^{-\mathrm{i}\omega t} \ ,$$

mit

$$\boldsymbol{A}_{\mathrm{ret}}(\boldsymbol{x}) = \frac{1}{c}\int \mathrm{d}^3x' \frac{\boldsymbol{j}(\boldsymbol{x}')\mathrm{e}^{\mathrm{i}k|\boldsymbol{x}-\boldsymbol{x}'|}}{|\boldsymbol{x}-\boldsymbol{x}'|} \ , \ k = \frac{\omega}{c} \ . \tag{2.59}$$

Aufgrund von (IV) und (2.15) folgt hieraus für die $\boldsymbol{E}$- und $\boldsymbol{B}$-Felder im äußeren Bereich $|\boldsymbol{x}| > R_0$

$$\left.\begin{aligned} \boldsymbol{B}(\boldsymbol{x},t) &= \boldsymbol{B}(\boldsymbol{x})\mathrm{e}^{-\mathrm{i}\omega t} \ , \ \boldsymbol{B}(\boldsymbol{x}) = \boldsymbol{\nabla}\times\boldsymbol{A}_{\mathrm{ret}}(\boldsymbol{x}) \\ \boldsymbol{E}(\boldsymbol{x},t) &= \boldsymbol{E}(\boldsymbol{x})\mathrm{e}^{-\mathrm{i}\omega t} \ , \ \boldsymbol{E}(\boldsymbol{x}) = \frac{\mathrm{i}}{k}\boldsymbol{\nabla}\times\boldsymbol{B}(\boldsymbol{x}) \ . \end{aligned}\right\} \tag{2.60}$$

Zur weiteren Auswertung von (2.59) nehmen wir an, daß gilt: $R_0 \ll |\boldsymbol{x}|, \lambda$, wobei $\lambda = 2\pi/k$ die Wellenlänge des durch (2.60) beschriebenen Strahlungsfeldes bezeichnet. Unter dieser Voraussetzung ist es erlaubt, den in (2.59) stehenden Ausdruck $\frac{\mathrm{e}^{\mathrm{i}k|\boldsymbol{x}-\boldsymbol{x}'|}}{|\boldsymbol{x}-\boldsymbol{x}'|}$ in folgender Weise zu entwickeln:

$$
\begin{aligned}
|\boldsymbol{x}-\boldsymbol{x}'| = |\boldsymbol{x}|\left(1+\frac{\boldsymbol{x}'^2}{\boldsymbol{x}^2}-2\frac{\boldsymbol{x}\boldsymbol{x}'}{\boldsymbol{x}^2}\right)^{1/2} &\approx |\boldsymbol{x}|\left(1-2\frac{\boldsymbol{x}\boldsymbol{x}'}{\boldsymbol{x}^2}\right)^{1/2} \\
&\approx |\boldsymbol{x}|\left(1-\frac{\boldsymbol{x}\boldsymbol{x}'}{\boldsymbol{x}^2}\right) \\
&\approx |\boldsymbol{x}|\left(1+\frac{\boldsymbol{x}\boldsymbol{x}'}{\boldsymbol{x}^2}\right)^{-1} \qquad (2.61)
\end{aligned}
$$

$$
\Longrightarrow \frac{\mathrm{e}^{\mathrm{i}k|\boldsymbol{x}-\boldsymbol{x}'|}}{|\boldsymbol{x}-\boldsymbol{x}'|} \approx \frac{\mathrm{e}^{\mathrm{i}k|\boldsymbol{x}|}\mathrm{e}^{-\mathrm{i}k\boldsymbol{x}\boldsymbol{x}'/|\boldsymbol{x}|}}{|\boldsymbol{x}|}\left(1+\frac{\boldsymbol{x}\boldsymbol{x}'}{\boldsymbol{x}^2}\right) \approx \frac{\mathrm{e}^{\mathrm{i}kr}}{r}\mathrm{e}^{-\mathrm{i}k\boldsymbol{n}\boldsymbol{x}'} , \qquad (2.62)
$$

mit

$$
r = |\boldsymbol{x}| , \ \boldsymbol{n} = \frac{\boldsymbol{x}}{|\boldsymbol{x}|} .
$$

Wegen $2\pi/k \gg R_0 \Longleftrightarrow k \ll 2\pi/R_0$ können wir desweiteren die *Langwellen-* bzw. *Dipolnäherung* vornehmen:

$$
\mathrm{e}^{-\mathrm{i}k\boldsymbol{n}\boldsymbol{x}'} \approx 1 - \mathrm{i}k\boldsymbol{n}\boldsymbol{x}' + \ldots \approx 1 . \qquad (2.63)
$$

Unter Berücksichtigung dieser Approximationen geht (2.59) über in

$$
\boldsymbol{A}_{\mathrm{ret}}(\boldsymbol{x}) = \frac{1}{c}\frac{\mathrm{e}^{\mathrm{i}kr}}{r}\int \mathrm{d}^3x'\boldsymbol{j}(\boldsymbol{x}') .
$$

Der Integrand dieser Gleichung läßt sich unter Zuhilfenahme der Kontinuitätsgleichung

$$
\boldsymbol{\nabla}\boldsymbol{j}(\boldsymbol{x},t) = -\frac{\partial\rho(\boldsymbol{x},t)}{\partial t} \Longrightarrow \boldsymbol{\nabla}\boldsymbol{j}(\boldsymbol{x}) = \mathrm{i}\omega\rho(\boldsymbol{x}) \qquad (2.64)
$$

und der Identität $(\boldsymbol{j}\boldsymbol{\nabla}')\boldsymbol{x}' = \boldsymbol{j}$ umformen zu

$$
\begin{aligned}
\int \mathrm{d}^3x'\boldsymbol{j}(\boldsymbol{x}') = \int \mathrm{d}^3x'[\boldsymbol{j}(\boldsymbol{x}')\boldsymbol{\nabla}']\boldsymbol{x}' &= -\int \mathrm{d}^3x'\boldsymbol{x}'[\boldsymbol{\nabla}'\boldsymbol{j}(\boldsymbol{x}')] \\
&= -\mathrm{i}\omega\int \mathrm{d}^3x'\boldsymbol{x}'\rho(\boldsymbol{x}') ,
\end{aligned}
$$

so daß folgt:

$$
\boldsymbol{A}_{\mathrm{ret}}(\boldsymbol{x}) = -\mathrm{i}k\boldsymbol{p}\frac{\mathrm{e}^{\mathrm{i}kr}}{r} , \qquad (2.65)
$$

wobei

$$
\boldsymbol{p} = \int \mathrm{d}^3x'\boldsymbol{x}'\rho(\boldsymbol{x}') , \ \boldsymbol{p}(t) = \int \mathrm{d}^3x'\boldsymbol{x}'\rho(\boldsymbol{x}')\mathrm{e}^{-\mathrm{i}\omega t}
$$

das *elektrische Dipolmoment* der Ladungsverteilung bezeichnet. Offensichtlich beschreibt (2.65) eine auslaufende Kugelwelle, deren Wellenzahl $k = \omega/c$ durch die Frequenz der Ladungsverteilung bestimmt ist. Setzen wir nun (2.65) in (2.60) ein, dann erhält man schließlich den

Satz 2.14: E- und B-Felder einer zeitlich oszillierenden Ladungs- und Stromdichteverteilung

Gegeben sei eine auf den Bereich $r = |\boldsymbol{x}| < R_0$ beschränkte Ladungs- und Stromdichteverteilung

$$\rho(\boldsymbol{x}, t) = \mathrm{Re}\left[\rho(\boldsymbol{x})\mathrm{e}^{-\mathrm{i}\omega t}\right] \;,\; \boldsymbol{j}(\boldsymbol{x}, t) = \mathrm{Re}\left[\boldsymbol{j}(\boldsymbol{x})\mathrm{e}^{-\mathrm{i}\omega t}\right] \;.$$

Die zugehörigen elektromagnetischen Felder sind dann für $R_0 \ll r, 2\pi c/\omega$ in der Dipolnäherung gegeben durch

$$\boldsymbol{B}(\boldsymbol{x}, t) = \mathrm{Re}\left[\boldsymbol{B}(\boldsymbol{x})\mathrm{e}^{-\mathrm{i}\omega t}\right] \;,\; \boldsymbol{E}(\boldsymbol{x}, t) = \mathrm{Re}\left[\boldsymbol{E}(\boldsymbol{x})\mathrm{e}^{-\mathrm{i}\omega t}\right] \;,$$

mit

$$\left.\begin{aligned} \boldsymbol{B}(\boldsymbol{x}) &= \frac{\mathrm{e}^{\mathrm{i}kr}}{r} k^2 \left(1 - \frac{1}{\mathrm{i}kr}\right)(\boldsymbol{n} \times \boldsymbol{p}) \\ \boldsymbol{E}(\boldsymbol{x}) &= \frac{\mathrm{e}^{\mathrm{i}kr}}{r} \left\{k^2[(\boldsymbol{n} \times \boldsymbol{p}) \times \boldsymbol{n}] + \frac{1}{r}\left(\frac{1}{r} - \mathrm{i}k\right)[3\boldsymbol{n}(\boldsymbol{n}\boldsymbol{p}) - \boldsymbol{p}]\right\} \;. \end{aligned}\right\} \quad (2.66)$$

Hierbei ist $\boldsymbol{n} = \boldsymbol{x}/|\boldsymbol{x}|$ und

$$\boldsymbol{p} = \int \mathrm{d}^3x' \boldsymbol{x}' \rho(\boldsymbol{x}') \;,\; \boldsymbol{p}(t) = \boldsymbol{p}\mathrm{e}^{-\mathrm{i}\omega t} \quad (2.67)$$

das elektrische Dipolmoment der Ladungsverteilung.

Das $\boldsymbol{E}$-Feld besitzt offenbar sowohl eine longitudinale als auch eine transversale Komponente relativ zur Ausbreitungsrichtung $\boldsymbol{n}$, während das $\boldsymbol{B}$-Feld transversal zu $\boldsymbol{n}$ polarisiert ist. Es ist instruktiv, dieses Ergebnis für zwei Spezialfälle zu untersuchen:

- **Fern- oder Strahlungszone:** $R_0 \ll \lambda \ll r$. Hierfür vereinfacht sich (2.66) zu

$$\boldsymbol{B}(\boldsymbol{x}) = \frac{\mathrm{e}^{\mathrm{i}kr}}{r} k^2 (\boldsymbol{n} \times \boldsymbol{p}) \;,\; \boldsymbol{E}(\boldsymbol{x}) = \frac{\mathrm{e}^{\mathrm{i}kr}}{r} k^2 (\boldsymbol{n} \times \boldsymbol{p}) \times \boldsymbol{n} = \boldsymbol{B}(\boldsymbol{x}, t) \times \boldsymbol{n} \;.$$

  $\boldsymbol{E}$ und $\boldsymbol{B}$ bilden mit $\boldsymbol{n}$ in dieser Reihenfolge ein orthogonales Dreibein. Die zeitgemittelte Energiestromdichte berechnet sich zu

$$\overline{\boldsymbol{S}} = \frac{c}{8\pi} \mathrm{Re}(\boldsymbol{E} \times \boldsymbol{B}^*) = \frac{ck^4}{8\pi r^2} [(\boldsymbol{n} \times \boldsymbol{p})(\boldsymbol{n} \times \boldsymbol{p}^*)]\boldsymbol{n}$$

  und zeigt in Richtung von $\boldsymbol{n}$, also von der oszillierenden Ladungsverteilung radial nach außen. Für die zeitgemittelte Strahlungsleistung folgt somit

$$\overline{\frac{\mathrm{d}P}{\mathrm{d}\Omega}} = r^2 \boldsymbol{n}\overline{\boldsymbol{S}} = \frac{ck^4}{8\pi} (\boldsymbol{n} \times \boldsymbol{p})(\boldsymbol{n} \times \boldsymbol{p}^*) \;. \quad (2.68)$$

Das Verhalten $\boldsymbol{E}, \boldsymbol{B} \sim 1/r$ ist charakteristisch für Strahlungsfelder. Es impliziert, daß die Strahlungsleistung im Limes $r \to \infty$ unabhängig von r ist, d.h., daß Strahlung nach außen abgegeben wird.

- **Nahzone:** $R_0 \ll r \ll \lambda$. In diesem Fall gilt

$$kr \ll 1 \Longrightarrow \frac{1}{krr^m} \gg \frac{1}{r^m} \; , \; \mathrm{e}^{ikr} \approx 1 \; ,$$

und (2.66) reduziert sich auf

$$\boldsymbol{B}(\boldsymbol{x}) = \frac{\mathrm{i}k}{r^2}(\boldsymbol{n} \times \boldsymbol{p}) \; , \; \boldsymbol{E}(\boldsymbol{x}) = \frac{3\boldsymbol{n}(\boldsymbol{np}) - \boldsymbol{p}}{r^3} \; .$$

Ignorieren wir den Term $\mathrm{e}^{-\mathrm{i}\omega t}$, so ist das elektrische Feld gleich dem eines elektrostatischen Dipols (siehe Unterabschn. 2.5.2). Das magnetische Feld ist um den Faktor $kr \ll 1$ kleiner als das elektrische, d.h. die Felder in der Nahzone sind dominant elektrischer Natur.

Berücksichtigt man in (2.63) den nächstführenden Term $-ik\boldsymbol{nx}'$, dann werden die Felder (2.66) um magnetische Dipol- und elektrische Quadrupolfelder erweitert. Im allgemeinen werden die verschiedenen Strahlungsfelder mit E1 (elektrisches Dipolfeld), E2 (elektrisches Quadrupolfeld), M1 (magnetisches Dipolfeld) usw. bezeichnet.

Zusammenfassung

- Die **Liénard-Wiechert-Potentiale** beschreiben die retardierten Potentiale einer beliebig bewegten Punktladung. Die hierzu gehörenden $\boldsymbol{E}$- und $\boldsymbol{B}$-Felder lassen sich jeweils als Summe zweier Terme schreiben, von denen die ersten die Felder einer gleichförmig bewegten Ladung beschreiben, während die zweiten proportional zur Teilchenbeschleunigung sind.
- In die **Strahlungsleistung** einer beliebig bewegten Punktladung gehen nur die Beschleunigungsterme ein, woraus folgt, daß ausschließlich beschleunigte Ladungen Strahlung emittieren.
- Einen interessanten Spezialfall stellen räumlich begrenzte und zeitlich oszillierende Ladungs- und Stromdichteverteilungen dar, für die sich die zugehörigen elektromagnetischen Felder in der **Dipolnäherung** leicht berechnen lassen.

Anwendungen

26. Lineare Dipolantenne. Man betrachte eine stromdurchflossene lineare Dipolantenne der Länge L, die entlang der z-Achse von $z = -L/2$ bis $z = L/2$ ausgerichtet ist (Abb. 2.8). Der Strom habe in der Mitte den Wert I_0 und falle zu beiden Enden linear auf Null ab:

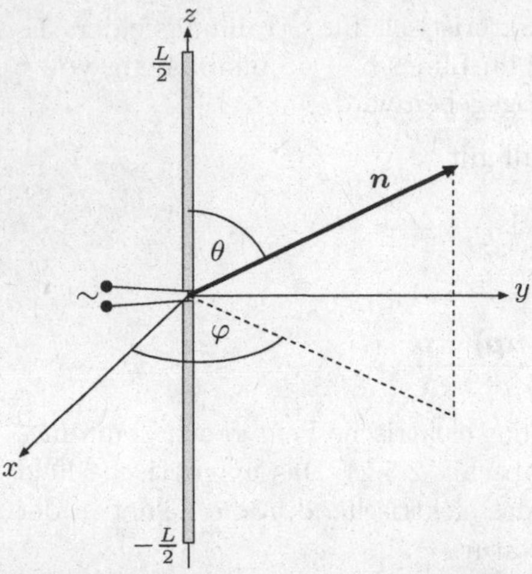

Abb. 2.8. Dipolantenne. Durch einen Wechselstrom werden die beiden Drähte abwechselnd positiv und negativ aufgeladen

$$I(z)\mathrm{e}^{-\mathrm{i}\omega t} = I_0\left(1 - \frac{2|z|}{L}\right)\mathrm{e}^{-\mathrm{i}\omega t}\ ,\ L \ll \lambda = \frac{2\pi c}{\omega}\ .$$

Wie groß ist die zeitgemittelte Strahlungsleistung der Antenne in der Fernzone?

Lösung. Aus der Kontinuitätsgleichung (2.64) folgt für die lineare Ladungsdichte $\rho'(z)$ (Ladung pro Einheitslänge)

$$\rho'(z) = -\frac{\mathrm{i}}{\omega}\frac{\mathrm{d}I(z)}{\mathrm{d}z} = \pm\frac{2\mathrm{i}I_0}{\omega L}\ ,$$

wobei das obere (untere) Vorzeichen für positive (negative) z gilt. Das Dipolmoment (2.67) ist parallel zur z-Achse und hat den Wert

$$p = \int\limits_{-L/2}^{L/2} \mathrm{d}z z\rho'(z) = \frac{\mathrm{i}I_0L}{2\omega}\ .$$

Für die zeitgemittelte Winkelverteilung (2.68) der Strahlungsleistung in der Fernzone erhält man mit $\boldsymbol{n} = \begin{pmatrix}\cos\varphi\sin\theta\\ \sin\varphi\sin\theta\\ \cos\theta\end{pmatrix}$

$$\overline{\frac{\mathrm{d}P}{\mathrm{d}\Omega}} = \frac{I_0^2(\omega L)^2}{32\pi c^3}\sin^2\theta\ .$$

Integration dieser Gleichung über die Winkel ergibt die totale Strahlungsleistung

$$\overline{P} = \frac{I_0^2(\omega L)^2}{12c^3}\ .$$

27. Kreisförmig bewegte Punktladung. Wie groß ist die Strahlungsleistung einer Punktladung q in der Fernzone, die sich mit konstanter Winkelgeschwindigkeit ω auf einem Kreis mit Radius r_0 ($r_0 \ll \lambda = 2\pi c/\omega$) in der xy-Ebene bewegt?

Lösung. Die Ladungsdichte für dieses Problem lautet

$$\rho(\boldsymbol{x},t) = q\delta[\boldsymbol{x} - \boldsymbol{x}_0(t)] \ , \ \boldsymbol{x}_0(t) = r_0 \begin{pmatrix} \cos\omega t \\ \sin\omega t \\ 0 \end{pmatrix} .$$

Hieraus ergibt sich das Dipolmoment

$$\boldsymbol{p}(t) = q \int \mathrm{d}^3x' \boldsymbol{x}' \delta[\boldsymbol{x}' - \boldsymbol{x}_0(t)] = q\boldsymbol{x}_0(t) = \mathrm{Re}\left[\boldsymbol{p}\mathrm{e}^{-\mathrm{i}\omega t}\right] \ , \ \boldsymbol{p} = qr_0 \begin{pmatrix} 1 \\ \mathrm{i} \\ 0 \end{pmatrix} ,$$

welches in dieser Form die richtige, in (2.67) vorausgesetzte Zeitabhängigkeit besitzt. Setzen wir nun $\boldsymbol{p}$ in (2.68) ein, dann folgt mit $\boldsymbol{n} = \begin{pmatrix} \cos\varphi\sin\theta \\ \sin\varphi\sin\theta \\ \cos\theta \end{pmatrix}$

$$\overline{\frac{\mathrm{d}P}{\mathrm{d}\Omega}} = \frac{\omega^4 q^2 r_0^2}{8\pi c^3}\left(1 + \cos^2\theta\right) \Longrightarrow \overline{P} = \frac{\omega^4 q^2 r_0^2}{3c^3} .$$

2.5 Zeitunabhängige Elektrodynamik

Hat man es mit statischen Ladungs- und Stromdichten zu tun, dann zerfallen die vier Maxwell-Gleichungen in zwei entkoppelte Gleichungssysteme, welche die Grundgleichungen der *Elektrostatik* und *Magnetostatik* bilden. In vielen Lehrbüchern der Elektrodynamik werden diese statischen Gleichungen (aus historischen Gründen) vor den allgemeinen Maxwell-Gleichungen diskutiert und phänomenologisch begründet. Entsprechend unserem axiomatisch-deduktiv orientierten Ansatz gehen wir den umgekehrten Weg und betrachten den statischen Fall von vornherein als ein Spezialfall der Gleichungen (I) bis (IV). Aus den Ergebnissen der vorherigen Abschnitte lassen sich dann durch Elimination jeglicher Zeitabhängigkeiten viele der statischen physikalischen Gesetzmäßigkeiten leicht ableiten.

Nach der Herleitung der aus vorigen Abschnitten folgenden Beziehungen für den elektro- und magnetostatischen Fall diskutieren wir die *Multipolentwicklung* statischer Potentiale für große Entfernungen. Desweiteren betrachten wir mit elektrischen Leitern verbundene Randwertprobleme der Elektrostatik, sowohl im Rahmen des formalen Green-Funktionen-Kalküls als auch mit Hilfe praktischer Berechnungsmethoden. Zum Schluß wenden wir uns einem Standardbeispiel für magnetostatische Feldverteilungsprobleme zu.

2.5.1 Elektrostatik und Magnetostatik

Sind Ladungs- und Stromdichte zeitlich konstant, dann fallen aus den Maxwell-Gleichungen alle Zeitabhängigkeiten heraus, und es liegt der statische Fall der Elektrodynamik vor:

Definition: Statischer Fall der Elektrodynamik (Elektrostatik, Magnetostatik)

Im statischen Fall der Elektrodynamik entkoppeln die Maxwell-Gleichungen (I) bis (IV) in zwei Differentialgleichungssysteme:

$$\left.\begin{aligned} \boldsymbol{\nabla}\boldsymbol{E}(\boldsymbol{x}) &= 4\pi\rho(\boldsymbol{x}) \\ \boldsymbol{\nabla}\times\boldsymbol{E}(\boldsymbol{x}) &= 0 \end{aligned}\right\} \text{Elektrostatik} \tag{2.69}$$

$$\left.\begin{aligned} \boldsymbol{\nabla}\boldsymbol{B}(\boldsymbol{x}) &= 0 \\ \boldsymbol{\nabla}\times\boldsymbol{B}(\boldsymbol{x}) &= \frac{4\pi}{c}\boldsymbol{j}(\boldsymbol{x}) \end{aligned}\right\} \text{Magnetostatik}\ . \tag{2.70}$$

Das erste System bildet die Grundgleichungen der Elektrostatik, das zweite die der Magnetostatik. Aufgrund der Zeitunabhängigkeit der Ladungsdichte reduziert sich die Kontinuitätsgleichung auf

$$\boldsymbol{\nabla}\boldsymbol{j}(\boldsymbol{x}) = 0\ .$$

Das heißt es existiert kein Nettoladungsfluß.

Da es sich beim statischen Fall um einen Spezialfall der Elektrodynamik handelt, können wir viele der aus (2.69) und (2.70) folgenden statischen Gesetzmäßigkeiten aus den allgemein gültigen Beziehungen vorheriger Abschnitte ableiten. Wir wollen dies tun, indem wir die in Frage kommenden Abschnitte nacheinander durchgehen. Aus Abschn. 2.2 können alle Definitionen und Sätze übernommen werden, wenn überall die Zeitabhängigkeit entfernt wird.

Definition: Statisches Skalarpotential ϕ und statisches Vektorpotential $\boldsymbol{A}$

Skalarpotential ϕ und Vektorpotential $\boldsymbol{A}$ sind im statischen Fall implizit definiert durch

$$\boldsymbol{E}(\boldsymbol{x}) = -\boldsymbol{\nabla}\phi(\boldsymbol{x})\ ,\ \boldsymbol{B}(\boldsymbol{x}) = \boldsymbol{\nabla}\times\boldsymbol{A}(\boldsymbol{x})\ .$$

$\boldsymbol{E}$ und $\boldsymbol{B}$ sind invariant unter den Eichtransformationen

$$\begin{aligned} \boldsymbol{A}(\boldsymbol{x}) &\longrightarrow \boldsymbol{A}'(\boldsymbol{x}) = \boldsymbol{A}(\boldsymbol{x}) + \boldsymbol{\nabla}\chi(\boldsymbol{x}) \\ \phi(\boldsymbol{x}) &\longrightarrow \phi'(\boldsymbol{x}) = \phi(\boldsymbol{x}) + \text{const}\ . \end{aligned}$$

Offenbar sind im statischen Fall die Coulomb- und die Lorentz-Eichung identisch und führen deshalb auf dieselben Potentialgleichungen, deren Lösungen aus den Sätzen 2.7 und 2.8 ersichtlich sind:

Satz 2.15: Statische Maxwell-Gleichungen in Form von Potentialen

Im statischen Fall führt die Coulomb- und Lorentz-Eichung $\boldsymbol{\nabla}\boldsymbol{A}(\boldsymbol{x}) = 0$ auf die Potentialgleichungen

$$\boldsymbol{\nabla}^2\phi(\boldsymbol{x}) = -4\pi\rho(\boldsymbol{x}) \qquad (\textit{Statische Poisson-Gleichung})$$

$$\boldsymbol{\nabla}^2\boldsymbol{A}(\boldsymbol{x}) = -\frac{4\pi}{c}\boldsymbol{j}(\boldsymbol{x}) .$$

Ihre allgemeine homogene Lösung lautet

$$\phi_{\text{hom}}(\boldsymbol{x}) = \text{Re}\int \mathrm{d}^3k\tilde{\phi}(\boldsymbol{k})\mathrm{e}^{\mathrm{i}\boldsymbol{k}\boldsymbol{x}} \ , \ A_{\text{hom},i}(\boldsymbol{x}) = \text{Re}\int \mathrm{d}^3k\tilde{A}_i(\boldsymbol{k})\mathrm{e}^{\mathrm{i}\boldsymbol{k}\boldsymbol{x}} .$$

Eine inhomogene Lösung der Potentialgleichungen ist

$$\phi(\boldsymbol{x}) = \int \mathrm{d}^3x' \frac{\rho(\boldsymbol{x}')}{|\boldsymbol{x}-\boldsymbol{x}'|} \ , \ \boldsymbol{A}(\boldsymbol{x}) = \frac{1}{c}\int \mathrm{d}^3x' \frac{\boldsymbol{j}(\boldsymbol{x}')}{|\boldsymbol{x}-\boldsymbol{x}'|} . \tag{2.71}$$

Da keine Zeitabhängigkeit vorhanden ist, macht es hier natürlich keinen Sinn, bei der inhomogenen Lösung von „retardierten Potentialen" zu sprechen. Zusammen mit $\boldsymbol{B} = \boldsymbol{\nabla}\times\boldsymbol{A}$ folgt aus der letzten Gleichung dieses Satzes der

Satz 2.16: Biot-Savartsches Gesetz

Bei gegebener Stromdichte berechnet sich das magnetische Induktionsfeld wie folgt:

$$\boldsymbol{B}(\boldsymbol{x}) = \frac{1}{c}\int \mathrm{d}^3x'\boldsymbol{j}(\boldsymbol{x}')\times\frac{\boldsymbol{x}-\boldsymbol{x}'}{|\boldsymbol{x}-\boldsymbol{x}'|^3} .$$

Die lorentzkovariante Formulierung der Elektrodynamik (Abschn. 2.3) läßt sich natürlich nicht auf den statischen Fall übertragen, denn in der Relativitätstheorie stellt die Zeit eine zu den drei Raumrichtungen gleichwertige Dimension dar. Da der statische Fall jedoch keine Zeitabhängigkeiten beinhaltet, kann er sich nur auf ein Inertialsystem beziehen. In Abschn. 2.4 besitzen nur die ersten beiden Sätze 2.11 und 2.12 statische Analoga, die wir wie folgt zusammenfassen:

Satz 2.17: Potentiale und Felder einer statischen, in $\boldsymbol{x}_0$ ruhenden Punktladung q (Coulomb-Gesetz)

$$\phi(\boldsymbol{x}) = \frac{q}{|\boldsymbol{x}-\boldsymbol{x}_0|} \ , \ \boldsymbol{E}(\boldsymbol{x}) = q\frac{\boldsymbol{x}-\boldsymbol{x}_0}{|\boldsymbol{x}-\boldsymbol{x}_0|^3} \ , \ \boldsymbol{A}(\boldsymbol{x}) = \boldsymbol{0} \ , \ \boldsymbol{B}(\boldsymbol{x}) = \boldsymbol{0} .$$

Wie vernünftigerweise zu erwarten ist, stellen die Potentiale dieses Satzes einen Spezialfall von (2.71) für $\rho(\boldsymbol{x}) = q\delta(\boldsymbol{x} - \boldsymbol{x}_0)$ und $\boldsymbol{j}(\boldsymbol{x}) = \boldsymbol{0}$ dar. Die weiteren Sätze 2.13 und 2.14 in Abschn. 2.4 setzen ausschließlich bewegte Ladungen voraus und liefern deshalb für den statischen Fall keinen Beitrag.

Elektrostatische Feldenergie und Selbstenergieproblem. Betrachten wir als nächstes eine ruhende Ladungsverteilung $\rho(\boldsymbol{x})$. Mit ihr ist nach Satz 2.4 die elektromagnetische (in diesem Fall: elektrostatische) Feldenergie

$$\begin{aligned} E_{\mathrm{em}} &= \frac{1}{8\pi}\int \mathrm{d}^3x \boldsymbol{E}^2(\boldsymbol{x}) \\ &= \frac{1}{8\pi}\int \mathrm{d}^3x [\boldsymbol{\nabla}\phi(\boldsymbol{x})]\boldsymbol{\nabla}\phi(\boldsymbol{x}) = \frac{1}{2}\int \mathrm{d}^3x \rho(\boldsymbol{x})\phi(\boldsymbol{x}) \end{aligned}$$

verbunden, wobei ϕ das von der Ladungsdichte selbst erzeugte elektrostatische Potential bezeichnet. Setzen wir nun in diese Gleichung das ϕ aus Satz 2.15 ein, dann folgt

$$E_{\mathrm{em}} = \frac{1}{2}\int \mathrm{d}^3x \int \mathrm{d}^3x' \frac{\rho(\boldsymbol{x})\rho(\boldsymbol{x}')}{|\boldsymbol{x} - \boldsymbol{x}'|} . \tag{2.72}$$

Hierbei ist zu beachten, daß diese Formel nur für eine kontinuierliche Ladungsverteilung Sinn macht. Hat man es nämlich mit einem System von diskreten Punktladungen q_i an den Orten $\boldsymbol{x}_i$ zu tun, also

$$\rho(\boldsymbol{x}) = \sum_i q_i \delta(\boldsymbol{x} - \boldsymbol{x}_i) ,$$

dann geht (2.72) über in

$$\begin{aligned} E_{\mathrm{em}} &= \frac{1}{2}\sum_{i,j}\int \mathrm{d}^3x \int \mathrm{d}^3x' \frac{q_i q_j \delta(\boldsymbol{x} - \boldsymbol{x}_i)\delta(\boldsymbol{x}' - \boldsymbol{x}_j)}{|\boldsymbol{x} - \boldsymbol{x}'|} \\ &= \frac{1}{2}\sum_{i,j} \frac{q_i q_j}{|\boldsymbol{x}_i - \boldsymbol{x}_j|} . \end{aligned} \tag{2.73}$$

Offenbar liefern in dieser Summe die Terme mit $i = j$ divergente Beiträge. Sie entsprechen der *Selbstenergie* der Ladungen q_i aufgrund ihrer eigenen Felder an ihren Aufenthaltsorten $\boldsymbol{x}_i$. Die Ursache dieses unphysikalischen Sachverhaltes liegt im Konzept der Punktladung, das durch Verwendung der δ-Funktion zum Ausdruck kommt. Die Elektrodynamik – als eine klassische Feldtheorie – ist nicht bis hinunter zu kleinsten Abständen gültig! Im Hinblick auf eine grobe Abschätzung des Gültigkeitsbereiches der Elektrodynamik ist es vernünftig, anzunehmen, daß die Selbstenergie eines Teilchens in der Größenordnung seiner Ruheenergie liegt. Nehmen wir weiterhin an, daß das Teilchen, z.B. ein Elektron, eine endliche Ausdehnung R_0 hat, dann ist seine Selbstenergie von der Größenordnung e^2/R_0, und wir können R_0 abschätzen durch

$$\frac{e^2}{R_0} \approx m_{\mathrm{e}}c^2 \Longrightarrow R_0 \approx \frac{e^2}{m_{\mathrm{e}}c^2} = 2.8 \cdot 10^{-15} \text{ m} ,$$

wobei e die Ladung und m_e die Ruhemasse des Elektrons bezeichnet. Dies ist der sog. *klassische Elektronradius.* Aus der Quantenmechanik wissen wir allerdings, daß Quanteneffekte noch auf einer sehr viel größeren Längenskala eine Rolle spielen, die von der Größenordnung $\hbar^2/(m_e e^2) = 0.5 \cdot 10^{-10}$ m (*Bohrscher Radius*) ist. Wir müssen uns offensichtlich damit abfinden, daß das Selbstenergieproblem innerhalb der Elektrodynamik nicht gelöst werden kann. Den hierfür adäquaten Rahmen liefert die *Quantenelektrodynamik*, eine Quantenfeldtheorie, welche die klassische Elektrodynamik und die relativistische Quantenmechanik in sich vereinigt.

Subtrahiert man von (2.73) die unphysikalischen Selbstenergiebeiträge, so erhält man die potentielle Energie einer diskreten Ladungsverteilung, die sich aus den Wechselwirkungsenergien zwischen den verschiedenen Ladungen zusammensetzt:

$$E_{\mathrm{em}} = \frac{1}{2} \sum_{i \neq j} \frac{q_i q_j}{|\boldsymbol{x}_i - \boldsymbol{x}_j|} .$$

2.5.2 Multipolentwicklung statischer Potentiale und Felder

Im folgenden betrachten wir statische Ladungs- und Stromdichteverteilungen, die auf einen Bereich $|\boldsymbol{x}| \leq R_0$ örtlich begrenzt sind. Unter dieser Voraussetzung ist es möglich, die zugehörigen Potentiale und Felder in großen Entfernungen $|\boldsymbol{x}| \gg R_0$ approximativ zu berechnen. Das hierzu verwendete Verfahren heißt *Multipolentwicklung*. Sowohl das Skalar- als auch das Vektorpotential besitzen nach Satz 2.15 dieselbe $1/|\boldsymbol{x} - \boldsymbol{x}'|$-Abhängigkeit, die wir in folgender Weise um $\boldsymbol{x}' = \boldsymbol{0}$ entwickeln:

$$\begin{aligned}\frac{1}{|\boldsymbol{x} - \boldsymbol{x}'|} &= \frac{1}{|\boldsymbol{x}|} + \sum_i x_i' \frac{\partial}{\partial x_i'} \frac{1}{|\boldsymbol{x} - \boldsymbol{x}'|}\bigg|_{\boldsymbol{x}'=\boldsymbol{0}} \\ &\quad + \frac{1}{2} \sum_{i,j} x_i' x_j' \frac{\partial}{\partial x_i'} \frac{\partial}{\partial x_j'} \frac{1}{|\boldsymbol{x} - \boldsymbol{x}'|}\bigg|_{\boldsymbol{x}'=\boldsymbol{0}} + \ldots\end{aligned}$$

Unter Berücksichtigung von

$$\frac{\partial}{\partial x_i'} \frac{1}{|\boldsymbol{x} - \boldsymbol{x}'|}\bigg|_{\boldsymbol{x}'=\boldsymbol{0}} = -\frac{\partial}{\partial x_i} \frac{1}{|\boldsymbol{x} - \boldsymbol{x}'|}\bigg|_{\boldsymbol{x}'=\boldsymbol{0}} = -\frac{\partial}{\partial x_i} \frac{1}{|\boldsymbol{x}|}$$

folgt

$$\frac{1}{|\boldsymbol{x} - \boldsymbol{x}'|} = \frac{1}{|\boldsymbol{x}|} + \sum_i \frac{x_i' x_i}{|\boldsymbol{x}|^3} + \frac{1}{2} \sum_{i,j} x_i' x_j' \left(\frac{3 x_i x_j}{|\boldsymbol{x}|^5} - \frac{\delta_{ij}}{|\boldsymbol{x}|^3} \right) + \ldots . \quad (2.74)$$

Elektrostatische Multipolentwicklung. Setzen wir diese Entwicklung in (2.71) ein, so ergibt sich in den ersten drei führenden Ordnungen für ϕ:

- *Elektrisches Monopolmoment* (Ladung):

$$\phi_0(\boldsymbol{x}) = \frac{1}{|\boldsymbol{x}|}\int \mathrm{d}^3x'\rho(\boldsymbol{x}') = \frac{Q}{|\boldsymbol{x}|}\ ,\ Q = \int \mathrm{d}^3x'\rho(\boldsymbol{x}')\ .$$

Das heißt: Von weiter Entfernung betrachtet verhält sich eine statische Ladungsverteilung wie eine Punktladung.

- *Elektrisches Dipolmoment:*

$$\phi_1(\boldsymbol{x}) = \frac{\boldsymbol{x}}{|\boldsymbol{x}|^3}\int \mathrm{d}^3x'\boldsymbol{x}'\rho(\boldsymbol{x}') = \frac{\boldsymbol{x}\boldsymbol{p}}{|\boldsymbol{x}|^3}\ ,\ \boldsymbol{p} = \int \mathrm{d}^3x'\boldsymbol{x}'\rho(\boldsymbol{x}')\ .$$

Hierbei bezeichnet $\boldsymbol{p}$ das elektrische Dipolmoment der Ladungsverteilung.

- *Elektrisches Quadrupolmoment:*

$$\phi_2(\boldsymbol{x}) = \sum_{i,j}\frac{3x_ix_j - |\boldsymbol{x}|^2\delta_{ij}}{2|\boldsymbol{x}|^5}\int \mathrm{d}^3x'x_i'x_j'\rho(\boldsymbol{x}')\ .$$

Dieser Ausdruck läßt sich vereinfachen, indem man die Null in Form von

$$\sum_{i,j}\frac{3x_ix_j - |\boldsymbol{x}|^2\delta_{ij}}{6|\boldsymbol{x}|^5}\int \mathrm{d}^3x'|\boldsymbol{x}'|^2\delta_{ij}\rho(\boldsymbol{x}')$$

subtrahiert, so daß

$$\begin{aligned}\phi_2(\boldsymbol{x}) &= \sum_{i,j}\frac{3x_ix_j - |\boldsymbol{x}|^2\delta_{ij}}{6|\boldsymbol{x}|^5}\int \mathrm{d}^3x'(3x_i'x_j' - |\boldsymbol{x}'|^2\delta_{ij})\rho(\boldsymbol{x}')\\ &= \sum_{i,j}\frac{3x_ix_j - |\boldsymbol{x}|^2\delta_{ij}}{6|\boldsymbol{x}|^5}Q_{ij}\ .\end{aligned} \quad (2.75)$$

Dabei definiert

$$Q_{ij} = \int \mathrm{d}^3x'(3x_i'x_j' - |\boldsymbol{x}'|^2\delta_{ij})\rho(\boldsymbol{x}')$$

das elektrische Quadrupolmoment. Da Q_{ij} spurlos ist, verschwindet der zweite Term in (2.75), und wir erhalten schließlich

$$\phi_2(\boldsymbol{x}) = \sum_{i,j}\frac{x_ix_j}{2|\boldsymbol{x}|^5}Q_{ij}\ .$$

Satz 2.18: Multipolentwicklung des Skalarpotentials

Das Skalarpotential einer auf den Bereich $|\boldsymbol{x}| \leq R_0$ begrenzten statischen Ladungsverteilung $\rho(\boldsymbol{x})$ läßt sich für große Abstände $|\boldsymbol{x}| \gg R_0$ in der Weise

$$\phi(\boldsymbol{x}) = \frac{Q}{|\boldsymbol{x}|} + \frac{\boldsymbol{x}\boldsymbol{p}}{|\boldsymbol{x}|^3} + \frac{1}{2}\sum_{i,j}\frac{x_ix_j}{|\boldsymbol{x}|^5}Q_{ij} + \ldots \quad (2.76)$$

entwickeln, mit

▷

$$Q = \int d^3x' \rho(\boldsymbol{x}') \quad \text{(el. Monopolmoment, Ladung)}$$

$$\boldsymbol{p} = \int d^3x' \boldsymbol{x}' \rho(\boldsymbol{x}') \quad \text{(el. Dipolmoment)}$$

$$Q_{ij} = \int d^3x' (3x'_i x'_j - |\boldsymbol{x}'|^2 \delta_{ij}) \rho(\boldsymbol{x}') \quad \text{(el. Quadrupolmoment)} .$$

Die zum Mono- und Dipolmoment gehörenden elektrischen Felder lauten

$$\boldsymbol{E}_{\mathrm{Mo}}(\boldsymbol{x}) = Q \frac{\boldsymbol{x}}{|\boldsymbol{x}|^3} , \; \boldsymbol{E}_{\mathrm{Di}}(\boldsymbol{x}) = \frac{3\boldsymbol{x}(\boldsymbol{x}\boldsymbol{p}) - \boldsymbol{p}|\boldsymbol{x}|^2}{|\boldsymbol{x}|^5} .$$

Die Matrix Q_{ij} verhält sich unter orthogonalen Transformationen wie ein Tensor 2. Stufe und besitzt 9 Komponenten. Aufgrund ihrer Symmetrieeigenschaften ($Q_{ij} = Q_{ji}$, $Q_{11} + Q_{22} + Q_{33} = 0$) sind nur fünf von ihnen unabhängig. Geht man zum Hauptachsensystem von Q_{ij} über, dann reduziert sich die Zahl unabhängiger Komponenten sogar auf zwei.

Der nächstführende Term in der Entwicklung (2.76) enthält das *Oktupolmoment.* Es besteht aus einem Tensor 3. Stufe mit 27 Komponenten, von denen ebenfalls nur einige unabhängig voneinander sind. Sollte es notwendig sein, höhere Dipolmomente zu berechnen, dann liefert die Multipolentwicklung in sphärischen Koordinaten den wesentlich leichteren Ansatz. Wir diskutieren dies in Anwendung 28.

Magnetostatische Multipolentwicklung. Unter Mitnahme der ersten beiden Terme in (2.74) ergibt sich aus (2.71) für $\boldsymbol{A}$:

- *Magnetisches Monopolmoment:*

$$\boldsymbol{A}_0(\boldsymbol{x}) = \frac{1}{c|\boldsymbol{x}|} \int d^3x' \boldsymbol{j}(\boldsymbol{x}') .$$

Wegen $\boldsymbol{\nabla}\boldsymbol{j} = 0$ gilt für jede skalar- oder vektorwertige Funktion $f(\boldsymbol{x}')$

$$0 = \int d^3x' f(\boldsymbol{x}') \boldsymbol{\nabla}' \boldsymbol{j}(\boldsymbol{x}') = - \int d^3x' [\boldsymbol{\nabla}' f(\boldsymbol{x}')] \boldsymbol{j}(\boldsymbol{x}') . \tag{2.77}$$

Setzen wir $f(\boldsymbol{x}') = \boldsymbol{x}'$, dann folgt: $\int d^3x' \boldsymbol{j} = \boldsymbol{0} \Longrightarrow \boldsymbol{A}_0(\boldsymbol{x}) = \boldsymbol{0}$. Das heißt die Stromdichteverteilung $\boldsymbol{j}$ besitzt keinen Monopolanteil.

- *Magnetisches Dipolmoment:*

$$\boldsymbol{A}_1(\boldsymbol{x}) = \frac{1}{c|\boldsymbol{x}|^3} \int d^3x' (\boldsymbol{x}\boldsymbol{x}') \boldsymbol{j}(\boldsymbol{x}') .$$

Dieser Ausdruck läßt sich mit Hilfe der Integralbeziehung (2.77) in folgender Weise umformen:

$$f(\boldsymbol{x}') = x'_k x'_l \Longrightarrow \int d^3x' (x'_l j_k + x'_k j_l) = 0$$
$$\Longrightarrow \int d^3x' x'_l j_k = \frac{1}{2} \int d^3x' (x'_l j_k - x'_k j_l)$$

$$\Longrightarrow \sum_l \int \mathrm{d}^3x' x_l x_l' j_k = \frac{1}{2}\sum_l \int \mathrm{d}^3x' (x_l x_l' j_k - x_l x_k' j_l)$$

$$\Longrightarrow \int \mathrm{d}^3x' (\boldsymbol{x}\boldsymbol{x}')\boldsymbol{j} = \frac{1}{2}\int \mathrm{d}^3x' \left[(\boldsymbol{x}\boldsymbol{x}')\boldsymbol{j} - \boldsymbol{x}'(\boldsymbol{x}\boldsymbol{j})\right]$$

$$= -\frac{1}{2}\boldsymbol{x} \times \int \mathrm{d}^3x' \boldsymbol{x}' \times \boldsymbol{j} \qquad (2.78)$$

$$\Longrightarrow \boldsymbol{A}_1(\boldsymbol{x}) = \frac{\boldsymbol{\mu} \times \boldsymbol{x}}{|\boldsymbol{x}|^3}\ ,\ \boldsymbol{\mu} = \frac{1}{2c}\int \mathrm{d}^3x' \boldsymbol{x}' \times \boldsymbol{j}\ .$$

Hierbei bezeichnet $\boldsymbol{\mu}$ das magnetische Dipolmoment.

Satz 2.19: Multipolentwicklung des Vektorpotentials

Das Vektorpotential einer auf den Bereich $|\boldsymbol{x}| \leq R_0$ begrenzten statischen Stromdichteverteilung $\boldsymbol{j}(\boldsymbol{x})$ läßt sich für große Abstände $|\boldsymbol{x}| \gg R_0$ in der Weise

$$\boldsymbol{A}(\boldsymbol{x}) = \frac{\boldsymbol{\mu} \times \boldsymbol{x}}{|\boldsymbol{x}|^3} + \ldots$$

entwickeln, mit

$$\boldsymbol{\mu} = \frac{1}{2c}\int \mathrm{d}^3x' \boldsymbol{x}' \times \boldsymbol{j}(\boldsymbol{x}') \qquad \text{(magn. Dipolmoment)}\ .$$

Im Gegensatz zum Skalarpotential besitzt das statische Vektorpotential keinen Monopolanteil. Das zugehörige magnetische Dipolfeld ist

$$\boldsymbol{B}_{\mathrm{Di}}(\boldsymbol{x}) = \frac{3\boldsymbol{x}(\boldsymbol{x}\boldsymbol{\mu}) - \boldsymbol{\mu}|\boldsymbol{x}|^2}{|\boldsymbol{x}|^5}$$

und besitzt dieselbe Struktur wie das elektrische Dipolfeld.

Offenbar verschwinden manche Momente in der Multipolentwicklung von ϕ und $\boldsymbol{A}$, falls die Ladungs- bzw. Stromdichteverteilung eine räumliche Symmetrie besitzt. Zum Beispiel verschwindet das elektrische Monopolmoment, wenn eine gleiche Zahl negativer und positiver Ladungen vorhanden ist. Das elektrische Dipolmoment verschwindet, wenn zu jedem Dipol ein gleich großer entgegengesetzter Dipol existiert, usw.

Magnetischer Dipol im äußeren Magnetfeld. Wir berechnen nun die Kraft und das Drehmoment auf einen magnetischen Dipol in einem äußeren Magnetfeld $\boldsymbol{B}$. Dabei setzen wir wieder voraus, daß die Stromdichteverteilung $\boldsymbol{j}$ um $\boldsymbol{x} = \boldsymbol{0}$ örtlich begrenzt ist und ferner, daß das Magnetfeld örtlich nur schwach variiert. Entwickelt man das Magnetfeld um den Ursprung,

$$\boldsymbol{B}(\boldsymbol{x}') = \boldsymbol{B}(\boldsymbol{0}) + (\boldsymbol{x}'\boldsymbol{\nabla})\boldsymbol{B}(\boldsymbol{x})|_{\boldsymbol{x}=\boldsymbol{0}} + \cdots\ ,$$

dann kann man für die Kraft $\boldsymbol{F}$ auf die Stromdichteverteilung schreiben:

$$\begin{aligned}
\boldsymbol{F} &= \frac{1}{c}\int \mathrm{d}^3x'\boldsymbol{j}(\boldsymbol{x}')\times\boldsymbol{B}(\boldsymbol{x}') \\
&= \underbrace{\frac{1}{c}\int \mathrm{d}^3x'\boldsymbol{j}(\boldsymbol{x}')}_{=0}\times\boldsymbol{B}(\boldsymbol{0}) + \frac{1}{c}\int \mathrm{d}^3x'\boldsymbol{j}(\boldsymbol{x}')\times(\boldsymbol{x}'\boldsymbol{\nabla})\boldsymbol{B}(\boldsymbol{x})|_{\boldsymbol{x}=\boldsymbol{0}} \\
&= \frac{1}{c}\int \mathrm{d}^3x'\boldsymbol{j}(\boldsymbol{x}')\times(\boldsymbol{x}'\boldsymbol{\nabla})\boldsymbol{B}(\boldsymbol{x})|_{\boldsymbol{x}=\boldsymbol{0}} \\
&= \frac{1}{c}\left[\int \mathrm{d}^3x'(\boldsymbol{\nabla}\boldsymbol{x}')\boldsymbol{j}(\boldsymbol{x}')\right]\times\boldsymbol{B}(\boldsymbol{x})|_{\boldsymbol{x}=\boldsymbol{0}}\,.
\end{aligned}$$

Diese Gleichung läßt sich mit Hilfe von (2.78) weiter auswerten, wenn dort $\boldsymbol{x}$ durch den $\boldsymbol{\nabla}$-Operator ersetzt wird, der bezüglich der x'-Integration ebenfalls einen konstanten Vektor darstellt. Es folgt dann

$$\begin{aligned}
\boldsymbol{F} &= -\frac{1}{2c}\left[\boldsymbol{\nabla}\times\int \mathrm{d}^3x'\boldsymbol{x}'\times\boldsymbol{j}(\boldsymbol{x}')\right]\times\boldsymbol{B}(\boldsymbol{x})|_{\boldsymbol{x}=\boldsymbol{0}} \\
&= -(\boldsymbol{\nabla}\times\boldsymbol{\mu})\times\boldsymbol{B}(\boldsymbol{x})|_{\boldsymbol{x}=\boldsymbol{0}} = \boldsymbol{\nabla}[\boldsymbol{\mu}\boldsymbol{B}(\boldsymbol{x})]|_{\boldsymbol{x}=\boldsymbol{0}} - \boldsymbol{\mu}\underbrace{[\boldsymbol{\nabla}\boldsymbol{B}(\boldsymbol{x})]|_{\boldsymbol{x}=\boldsymbol{0}}}_{=0} \\
&= \boldsymbol{\nabla}[\boldsymbol{\mu}\boldsymbol{B}(\boldsymbol{x})]|_{\boldsymbol{x}=\boldsymbol{0}}\,.
\end{aligned}$$

Für das Drehmoment $\boldsymbol{N}$ von $\boldsymbol{\mu}$ ergibt sich in niedrigster Ordnung

$$\begin{aligned}
\boldsymbol{N} &= \frac{1}{c}\int \mathrm{d}^3x'\boldsymbol{x}'\times[\boldsymbol{j}(\boldsymbol{x}')\times\boldsymbol{B}(\boldsymbol{0})] \\
&= \frac{1}{c}\int \mathrm{d}^3x'\left\{[\boldsymbol{x}'\boldsymbol{B}(\boldsymbol{0})]\boldsymbol{j}(\boldsymbol{x}') - [\boldsymbol{x}'\boldsymbol{j}(\boldsymbol{x}')]\boldsymbol{B}(\boldsymbol{0})\right\} \\
&= \frac{1}{c}\int \mathrm{d}^3x'[\boldsymbol{x}'\boldsymbol{B}(\boldsymbol{0})]\boldsymbol{j}(\boldsymbol{x}') - \frac{\boldsymbol{B}(\boldsymbol{0})}{c}\int \mathrm{d}^3x'\boldsymbol{x}'\boldsymbol{j}(\boldsymbol{x}')\,. \qquad (2.79)
\end{aligned}$$

Unter Zuhilfenahme von

$$\boldsymbol{\nabla}(\boldsymbol{x}'^2\boldsymbol{j}) = 2\boldsymbol{x}'\boldsymbol{j} + \boldsymbol{x}'^2\boldsymbol{\nabla}\boldsymbol{j} = 2\boldsymbol{x}'\boldsymbol{j}$$

und dem Gaußschen Satz erkennt man, daß der zweite Term in (2.79) verschwindet. Bei nochmaliger Verwendung von (2.78) folgt schließlich

$$\boldsymbol{N} = \frac{1}{c}\int \mathrm{d}^3x'[\boldsymbol{x}'\boldsymbol{B}(\boldsymbol{0})]\boldsymbol{j}(\boldsymbol{x}') = -\boldsymbol{B}(\boldsymbol{0})\times\int \mathrm{d}^3x'\frac{\boldsymbol{x}'\times\boldsymbol{j}(\boldsymbol{x}')}{2c} = \boldsymbol{\mu}\times\boldsymbol{B}(\boldsymbol{0}).$$

Satz 2.20: Magnetischer Dipol im äußeren Magnetfeld

Gegeben sei ein magnetischer Dipol $\boldsymbol{\mu}$ einer um $\boldsymbol{x} = \boldsymbol{0}$ begrenzten statischen Stromdichteverteilung sowie ein örtlich schwach variierendes Magnetfeld $\boldsymbol{B}$. Kraft und Drehmoment auf $\boldsymbol{\mu}$ sind dann gegeben durch

$$\boldsymbol{F} = \boldsymbol{\nabla}[\boldsymbol{\mu}\boldsymbol{B}(\boldsymbol{x})]|_{\boldsymbol{x}=\boldsymbol{0}}\,,\ \boldsymbol{N} = \boldsymbol{\mu}\times\boldsymbol{B}(\boldsymbol{0})\,.$$

▷

Für die Energie des magnetischen Dipols folgt

$$W = -\int \mathrm{d}\boldsymbol{x}\boldsymbol{F} = -\boldsymbol{\mu}\boldsymbol{B}(\boldsymbol{0}) .$$

2.5.3 Randwertprobleme der Elektrostatik I

In der Elektrostatik wird man oftmals mit folgender Problemstellung konfrontiert: Gegeben sei ein Volumen V, das von einer Fläche F begrenzt wird. Innerhalb von V sei eine statische Ladungsverteilung ρ gegeben. Gesucht ist das Skalarpotential ϕ und das zugehörige elektrische Feld $\boldsymbol{E}$ innerhalb von V. Ist keine begrenzende Fläche vorhanden (bzw. das Volumen unendlich groß), dann können wir die Lösung des Problems sofort aus der statischen Poisson-Gleichung angeben:

$$\phi(\boldsymbol{x}) = \int \mathrm{d}^3x' \frac{\rho(\boldsymbol{x}')}{|\boldsymbol{x} - \boldsymbol{x}'|} . \tag{2.80}$$

Die Anwesenheit einer begrenzenden Fläche impliziert dagegen gewisse Randbedingungen, die bei der Lösung zu berücksichtigen sind. In diesem Fall ist die inhomogene Lösung (2.80) um eine homogene Lösung zu erweitern, welche die Einhaltung der Randbedingungen garantiert.

Im folgenden beschäftigen wir uns mit der Lösung solcher Randwertprobleme, wobei wir voraussetzen, daß es sich bei der begrenzenden Fläche um einen elektrischen Leiter handelt. Hierunter versteht man Materialien (in der Regel Metalle), in denen es frei bewegliche Ladungen gibt. Solche Ladungen führen i.a. zu zeitabhängigen Feldern. In einem abgeschlossenen System stellt sich aber nach einer gewissen Zeit ein zeitunabhängiger Zustand ein, für den wir uns ausschließlich interessieren. Für ihn gilt innerhalb von Leitern $\boldsymbol{E} = \boldsymbol{0}$. Andernfalls gäbe es nämlich Kräfte auf die Ladungen, und es käme zu Ladungsverschiebungen innerhalb der Leiter, die im Widerspruch zum statischen Fall stehen.[12]

Wir beginnen unsere Diskussion mit der Klärung der Frage, welche Stetigkeitsbedingungen das elektrische Feld $\boldsymbol{E}$ an leitenden Flächen zu erfüllen hat. Hierzu denken wir uns einen leitenden Körper, in dessen Grenzfläche wir ein Volumenelement ΔV bzw. Flächenelement ΔF mit der Höhe h hineinlegen (Abb. 2.9). Wendet man den Gaußschen Satz auf die Divergenzgleichung und den Stokesschen Satz auf die Rotationsgleichung in (2.69) an, dann tragen im Limes $h \to 0$ jeweils nur die zur Grenzfläche parallelen Flächenelemente δF bzw. Linienelemente δl bei, und man erhält

$$(\boldsymbol{E}_2 - \boldsymbol{E}_1)\boldsymbol{n}\delta F = 4\pi\delta q \ , \ (\boldsymbol{E}_2 - \boldsymbol{E}_1)\boldsymbol{t}\delta l = 0 .$$

[12] Aufgrund der im Kristallgitter gebundenen Ladungsträger gilt diese Aussage streng genommen nur für das über viele atomare Längeneinheiten gemittelte elektrische Feld. Für unsere Zwecke brauchen wir jedoch diesen Punkt hier nicht weiter zu berücksichtigen. Er wird im nächsten Abschnitt eingehend diskutiert.

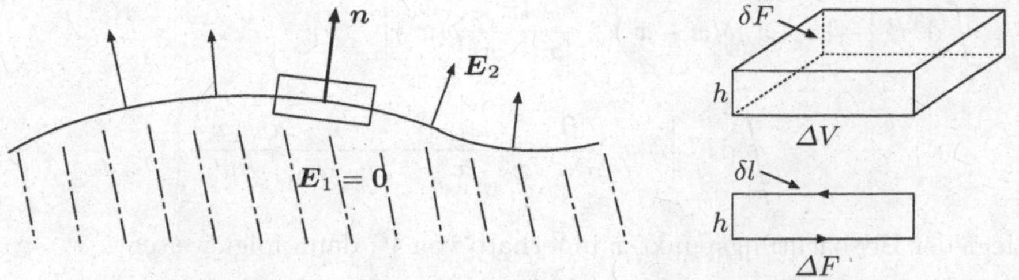

Abb. 2.9. Zur Festlegung der Integrationsgebiete an der Grenzfläche eines elektrischen Leiters

Wegen $\boldsymbol{E}_1 = \boldsymbol{0}$ folgt der

Satz 2.21: Stetigkeitsbedingungen bei Leitern

An der Grenzfläche F eines Leiters gelten folgende Stetigkeitsbedingungen für das elektrostatische Feld $\boldsymbol{E}$ bzw. für das zugehörige Skalarpotential ϕ:

- Die Tangentialkomponenten von $\boldsymbol{E}$ verschwinden:

$$\boldsymbol{E}(\boldsymbol{x})\boldsymbol{t} = 0 \Longleftrightarrow \phi(\boldsymbol{x}) = \text{const} \;,\; \boldsymbol{x} \in F \;.$$

- Die Normalkomponente von $\boldsymbol{E}$ ist proportional zur Oberflächenladungsdichte σ (Ladung/Einheitsfläche) des Leiters:

$$\boldsymbol{E}(\boldsymbol{x})\boldsymbol{n} = 4\pi\sigma(\boldsymbol{x}) \Longleftrightarrow \frac{\partial\phi}{\partial n}(\boldsymbol{x}) = -4\pi\sigma(\boldsymbol{x}) \;,\; \boldsymbol{x} \in F \;.$$

Hierbei ist $\boldsymbol{n}$ der in den Vakuumbereich zeigende Normalenvektor und $\boldsymbol{t}$ ein Tangentialvektor der Grenzfläche. $\partial/\partial n$ steht für $\boldsymbol{n}\boldsymbol{\nabla}$.

Falls die Oberflächenladungsdichte der begrenzenden Leiterfläche gegeben ist, ist die Ladungsverteilung im gesamten Raum bekannt; denn ρ in V wird als gegeben vorausgesetzt, und im Leiter gilt wegen $\boldsymbol{E} = \boldsymbol{0}$: $\rho = \boldsymbol{\nabla}\boldsymbol{E}/4\pi = 0$. In diesem Fall läßt sich die gesuchte Lösung wieder mit Hilfe von (2.80) bestimmen.

Dirichletsche und Neumannsche Randbedingungen. Oftmals ist an Stelle der Oberflächenladungsdichte lediglich das Oberflächenpotential gegeben. Es erweist sich dann als günstig, die statische Poisson-Gleichung in eine Integraldarstellung zu bringen, in der das Oberflächenpotential und dessen Normalableitung explizit auftreten. Ausgangspunkt hierzu ist die zweite Greensche Identität (A.2). Setzt man in ihr $\psi(\boldsymbol{x}') = 1/|\boldsymbol{x} - \boldsymbol{x}'|$ ein und interpretiert ϕ als das elektrostatische Potential, dann ergibt sich unter Berücksichtigung von $\boldsymbol{\nabla}'^2|\boldsymbol{x} - \boldsymbol{x}'|^{-1} = -4\pi\delta(\boldsymbol{x} - \boldsymbol{x}')$ und $\boldsymbol{\nabla}'^2\phi(\boldsymbol{x}') = -4\pi\rho(\boldsymbol{x}')$

$$\int\limits_V \mathrm{d}^3x' \left[-4\pi\phi(\boldsymbol{x}')\delta(\boldsymbol{x}-\boldsymbol{x}') + \frac{4\pi}{|\boldsymbol{x}-\boldsymbol{x}'|}\rho(\boldsymbol{x}')\right]$$

$$= \oint\limits_F \mathrm{d}F' \left[\phi(\boldsymbol{x}')\frac{\partial}{\partial n'}\frac{1}{|\boldsymbol{x}-\boldsymbol{x}'|} - \frac{1}{|\boldsymbol{x}-\boldsymbol{x}'|}\frac{\partial\phi(\boldsymbol{x}')}{\partial n'}\right] .$$

Liegt der Beobachtungspunkt $\boldsymbol{x}$ innerhalb von V, dann folgt weiter

$$\phi(\boldsymbol{x}) = \int\limits_V \mathrm{d}^3x' \frac{\rho(\boldsymbol{x}')}{|\boldsymbol{x}-\boldsymbol{x}'|} + \frac{1}{4\pi}\oint\limits_F \mathrm{d}F' \left[\frac{1}{|\boldsymbol{x}-\boldsymbol{x}'|}\frac{\partial\phi(\boldsymbol{x}')}{\partial n'} - \phi(\boldsymbol{x}')\frac{\partial}{\partial n'}\frac{1}{|\boldsymbol{x}-\boldsymbol{x}'|}\right] , \quad (2.81)$$

andernfalls ist $\phi(\boldsymbol{x}) = 0$. Offenbar geht diese Gleichung, wie eingangs erwähnt, im Limes $V \to \infty$ in den bekannten Ausdruck (2.80) über. Gilt andererseits im gesamten Volumen V: $\rho(\boldsymbol{x}) = 0$, dann ist $\phi(\boldsymbol{x})$ allein durch seine Werte und Ableitungen auf der Oberfläche F determiniert. Man unterscheidet nun aufgrund von (2.81) zwei Arten von Randbedingungen:

- *Dirichletsche Randbedingung:*[13] $\phi(\boldsymbol{x})|_{\boldsymbol{x}\in F} = \phi_0(\boldsymbol{x})$.
- *Neumannsche Randbedingung:* $\left.\frac{\partial\phi(\boldsymbol{x})}{\partial n}\right|_{\boldsymbol{x}\in F} = -4\pi\sigma(\boldsymbol{x})$.

Jede dieser Bedingungen führt zu eindeutigen Lösungen. Dies läßt sich folgendermaßen zeigen: Nehmen wir an, es existieren zur Poisson-Gleichung $\boldsymbol{\nabla}^2\phi = -4\pi\rho$ zwei Lösungen ϕ_1 und ϕ_2, die beide einer Dirichletschen oder Neumannschen Randbedingung genügen. Dann gilt für $u = \phi_1 - \phi_2$

$$\boldsymbol{\nabla}^2 u(x)|_{\boldsymbol{x}\in V} = 0 , \ u(\boldsymbol{x})|_{\boldsymbol{x}\in F} = 0 , \ \left.\frac{\partial u(\boldsymbol{x})}{\partial n}\right|_{\boldsymbol{x}\in F} = 0 . \quad (2.82)$$

Aufgrund der ersten Greenschen Identität (A.1) gilt weiterhin mit $\psi = \phi = u$

$$\int\limits_V \mathrm{d}^3x \left[u\boldsymbol{\nabla}^2u + (\boldsymbol{\nabla}u)^2\right] = \oint\limits_F \mathrm{d}Fu\frac{\partial u}{\partial n} \Longrightarrow \int\limits_V \mathrm{d}^3x(\boldsymbol{\nabla}u)^2 = 0$$

$$\Longrightarrow \boldsymbol{\nabla}u = \boldsymbol{0} ,$$

d.h. u ist innerhalb von V konstant. Hieraus folgt zusammen mit (2.82) für die Dirichletsche Randbedingung: $\phi_1 = \phi_2$ und für die Neumannsche Randbedingung: $\phi_1 = \phi_2 + \mathrm{const}$. Ein Beispiel für die Eindeutigkeit der Lösungen ist das Problem des *Faradayschen Käfigs*. Er besteht aus einer beliebig geformten geschlossenen Metallfläche, in dessen Innern es keine Ladungen gibt, d.h.

[13] Man beachte, daß diese Randbedingung eine Verallgemeinerung der ersten, in Satz 2.21 stehenden Bedingung ist, da hier ϕ nicht (wie beim Metall) auf dem Rand einen konstanten Wert haben muß.

$$\nabla^2\phi(\boldsymbol{x})\big|_{\boldsymbol{x}\in V} = 0\ ,\quad \phi(\boldsymbol{x})\big|_{\boldsymbol{x}\in F} = \text{const}\ .$$

Offensichtlich ist $\phi(\boldsymbol{x})|_{\boldsymbol{x}\in V} = \text{const}$ eine Lösung und – wegen der Eindeutigkeit – bereits die gesuchte.

Formale Lösung elektrostatischer Randwertprobleme durch Green-Funktionen. Im allgemeinen existiert keine Lösung für das gleichzeitige Vorhandensein einer Dirichletschen und Neumannschen Randbedingung, da es für beide Probleme getrennt eine eindeutige Lösung gibt, die i.a. verschieden sind. Insofern ist die Integraldarstellung (2.81) ungünstig, da dort beide Randbedingungen auftreten. Es bietet sich daher an, diese Gleichung so umzuschreiben, daß eine der beiden Randbedingungen in ihr nicht mehr vorkommt. Zur Herleitung von (2.81) haben wir in der zweiten Greenschen Identität $\psi(\boldsymbol{x}') = 1/|\boldsymbol{x}-\boldsymbol{x}'|$ gesetzt, da sie eine Lösung von $\nabla'^2\psi(\boldsymbol{x}') = -4\pi\delta(\boldsymbol{x}-\boldsymbol{x}')$ ist. Dieses ψ ist jedoch nur eine spezielle Green-Funktion G, welche die Gleichung

$$\nabla'^2 G(\boldsymbol{x},\boldsymbol{x}') = -4\pi\delta(\boldsymbol{x}-\boldsymbol{x}')$$

löst. Die allgemeine Lösung lautet vielmehr

$$G(\boldsymbol{x},\boldsymbol{x}') = \frac{1}{|\boldsymbol{x}-\boldsymbol{x}'|} + g(\boldsymbol{x},\boldsymbol{x}')\ ,$$

wobei g innerhalb von V die *Laplace-Gleichung*

$$\nabla'^2 g(\boldsymbol{x},\boldsymbol{x}') = 0$$

erfüllt. Wiederholen wir jetzt, ausgehend von der zweiten Greenschen Identität, unsere Argumentation mit $\psi = G$, dann erhalten wir

$$\begin{aligned}\phi(\boldsymbol{x}) = &\int\limits_V \mathrm{d}^3x'\rho(\boldsymbol{x}')G(\boldsymbol{x},\boldsymbol{x}')\\ &+\frac{1}{4\pi}\oint\limits_F \mathrm{d}F'\left[G(\boldsymbol{x},\boldsymbol{x}')\frac{\partial\phi(\boldsymbol{x}')}{\partial n'} - \phi(\boldsymbol{x}')\frac{\partial G(\boldsymbol{x},\boldsymbol{x}')}{\partial n'}\right].\end{aligned}$$

Mittels der Funktion g haben wir nun die Freiheit, G auf dem Rand so zu wählen, daß eine der beiden Randbedingungen verschwindet:

- **Dirichletsche Randbedingung:** Hier setzen wir

  $$G(\boldsymbol{x},\boldsymbol{x}')\big|_{\boldsymbol{x}'\in F} = 0\ .$$

  Dann ist

  $$\phi(\boldsymbol{x}) = \int\limits_V \mathrm{d}^3x'\rho(\boldsymbol{x}')G(\boldsymbol{x},\boldsymbol{x}') - \frac{1}{4\pi}\oint\limits_F \mathrm{d}F'\phi(\boldsymbol{x}')\frac{\partial G(\boldsymbol{x},\boldsymbol{x}')}{\partial n'}$$

  eine Lösung des Problems, sofern wir eine Lösung der Laplace-Gleichung mit der Randbedingung

$$g(\boldsymbol{x},\boldsymbol{x}')\big|_{\boldsymbol{x}'\in F} = -\frac{1}{|\boldsymbol{x}-\boldsymbol{x}'|}$$

besitzen.

- **Neumannsche Randbedingung:** In Analogie zum Dirichlet-Problem ist man versucht, $\partial G/\partial n'|_{\boldsymbol{x}'\in F} = 0$ zu setzen. Dieser Ansatz ist jedoch unvereinbar mit

$$\boldsymbol{\nabla}'^2 G(\boldsymbol{x},\boldsymbol{x}') = -4\pi\delta(\boldsymbol{x}-\boldsymbol{x}') \Longrightarrow \oint\limits_F \mathrm{d}F' \frac{\partial G}{\partial n'} = -4\pi \;.$$

Man hat deshalb richtigerweise

$$\left.\frac{\partial G}{\partial n'}\right|_{\boldsymbol{x}'\in F} = -\frac{4\pi}{F}$$

zu wählen. Sofern wir nun in der Lage sind, eine Lösung der Laplace-Gleichung mit der Randbedingung

$$\left.\frac{\partial g(\boldsymbol{x},\boldsymbol{x}')}{\partial n'}\right|_{\boldsymbol{x}'\in F} = -\frac{4\pi}{F} - \frac{\partial}{\partial n'}\frac{1}{|\boldsymbol{x}-\boldsymbol{x}'|}$$

zu finden, ist

$$\phi(\boldsymbol{x}) = \int\limits_V \mathrm{d}^3x' \rho(\boldsymbol{x}')G(\boldsymbol{x},\boldsymbol{x}') + \frac{1}{4\pi}\oint\limits_F \mathrm{d}F' G(\boldsymbol{x},\boldsymbol{x}')\frac{\partial \phi(\boldsymbol{x}')}{\partial n'} + \langle\phi\rangle_F$$

eine Lösung des Neumann-Problems, wobei $\langle\phi\rangle_F = \frac{1}{F}\oint\limits_F \mathrm{d}F'\phi(\boldsymbol{x}')$ den Mittelwert von ϕ auf der Oberfläche F bedeutet.

Satz 2.22: Randwertprobleme in der Elektrostatik

Ein Volumen V werde durch eine Fläche F begrenzt. Innerhalb von V sei die Ladungsdichte ρ bekannt. Weiterhin gelte

$$G(\boldsymbol{x},\boldsymbol{x}') = \frac{1}{|\boldsymbol{x}-\boldsymbol{x}'|} + g(\boldsymbol{x},\boldsymbol{x}') \;.$$

Man betrachtet dann üblicherweise zwei Arten von Randwertproblemen:

- **Dirichlet-Problem:** Das elektrostatische Potential ϕ ist auf F gegeben: $\phi(\boldsymbol{x})|_{\boldsymbol{x}\in F} = \phi_0(\boldsymbol{x})$. Hier lautet die Lösung innerhalb von V

$$\phi(\boldsymbol{x})|_{\boldsymbol{x}\in V} = \int\limits_V \mathrm{d}^3x'\rho(\boldsymbol{x}')G(\boldsymbol{x},\boldsymbol{x}') - \frac{1}{4\pi}\oint\limits_F \mathrm{d}F'\phi(\boldsymbol{x}')\frac{\partial G(\boldsymbol{x},\boldsymbol{x}')}{\partial n'} \;,$$

mit

$$\boldsymbol{\nabla}'^2 g(\boldsymbol{x},\boldsymbol{x}')\big|_{\boldsymbol{x}'\in V} = 0 \;,\; g(\boldsymbol{x},\boldsymbol{x}')|_{\boldsymbol{x}'\in F} = -\frac{1}{|\boldsymbol{x}-\boldsymbol{x}'|} \;. \quad (2.83)$$

▷

- **Neumann-Problem:** Die Normalableitung von ϕ ist auf F gegeben: $\left.\frac{\partial\phi(\boldsymbol{x})}{\partial n}\right|_{\boldsymbol{x}\in F} = -4\pi\sigma(\boldsymbol{x})$. Innerhalb von V ist die zugehörige Lösung

$$\phi(\boldsymbol{x}) = \int\limits_V \mathrm{d}^3x'\rho(\boldsymbol{x}')G(\boldsymbol{x},\boldsymbol{x}') + \frac{1}{4\pi}\oint\limits_F \mathrm{d}F'G(\boldsymbol{x},\boldsymbol{x}')\frac{\partial\phi(\boldsymbol{x}')}{\partial n'} + \langle\phi\rangle_F \ ,$$

mit

$$\left.\boldsymbol{\nabla}'^2 g(\boldsymbol{x},\boldsymbol{x}')\right|_{\boldsymbol{x}'\in V} = 0 \ , \quad \left.\frac{\partial g(\boldsymbol{x},\boldsymbol{x}')}{\partial n'}\right|_{\boldsymbol{x}'\in F} = -\frac{4\pi}{F} - \frac{\partial}{\partial n'}\frac{1}{|\boldsymbol{x}-\boldsymbol{x}'|} . \quad (2.84)$$

Offensichtlich bringt die Verwendung des Green-Funktionen-Kalküls auf der einen Seite eine Vereinfachung mit sich, da die Randbedingungen nicht mehr von den speziellen Dirichlet- bzw. Neumann-Randwerten abhängen. Auf der anderen Seite erweist es sich oft als schwierig, die Funktion g (und damit G) mit dem richtigen Randwertverhalten (2.83) bzw. (2.84) zu finden.

Die Funktion $g(\boldsymbol{x},\boldsymbol{x}')$ löst die Laplace-Gleichung innerhalb des Volumens V. Sie stellt daher das Potential einer außerhalb von V liegenden Ladungsverteilung dar. Diese externe Ladungsverteilung ist gerade so beschaffen, daß die Greensche Funktion auf dem Rand F die Werte $G = 0$ bzw. $\partial G/\partial n' = -4\pi/F$ annehmen kann. Bei vielen Randwertproblemen mit relativ einfacher Geometrie kann man deshalb so vorgehen, daß man eine Ladungsverteilung außerhalb von V so bestimmt, daß sie zusammen mit den Ladungen in V ein Potential ergeben, das die vorgegebenen Bedingungen auf F erfüllt. Man nennt dieses Verfahren die *Methode der Bildladungen*, welche u.a. Gegenstand des nächsten Unterabschnitts ist.

2.5.4 Randwertprobleme der Elektrostatik II

In diesem Unterabschnitt greifen wir zwei Standardbeispiele aus der großen Vielzahl der in Lehrbüchern der Elektrodynamik diskutierten elektrostatischen Randwertprobleme heraus. Das erste Beispiel illustriert die Verwendung der Methode der Bildladungen, das zweite beinhaltet die Lösung der Laplace-Gleichung in Kugelkoordinaten.

Punktladung vor geerdeter Metallkugel. Wir betrachten eine geerdete Metallkugel mit dem Radius R im Feld einer Punktladung q, die sich im Abstand $a > R$ zum Kugelmittelpunkt befindet (Abb. 2.10). Gesucht ist das elektrostatische Potential außerhalb der Kugel (d.h. innerhalb von V) sowie die influenzierte Ladungsdichte σ auf der Kugeloberfläche. Aufgrund der Erdung ist das Kugelpotential gleich dem Erdpotential ($\phi_0 = 0$). Innerhalb von V ist die Poisson-Gleichung

$$\boldsymbol{\nabla}^2\phi(\boldsymbol{x}) = -4\pi\delta(\boldsymbol{x} - a\boldsymbol{e}_x)$$

mit der Dirichletschen Randbedingung

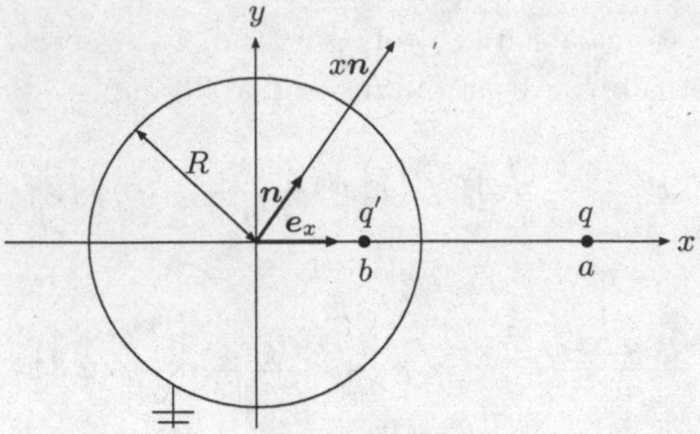

Abb. 2.10. Geerdete Metallkugel vor einer Punktladung

$$\phi(\boldsymbol{x})\big|_{|\boldsymbol{x}|=R} = 0 \tag{2.85}$$

zu lösen. Wir verwenden hierzu die Methode der Bildladungen und versuchen eine geeignete Ladungsverteilung außerhalb von V (d.h. innerhalb der Kugel) so zu plazieren, daß die Randbedingung (2.85) erfüllt ist. Aus Symmetriegründen ist es naheliegend, einen Ansatz zu machen, bei dem die Bildladung eine Punktladung q' ist, die sich im Abstand $b < R$ auf der x-Achse befindet, also

$$\phi(\boldsymbol{x}) = \frac{q}{|x\boldsymbol{n} - a\boldsymbol{e}_x|} + \frac{q'}{|x\boldsymbol{n} - b\boldsymbol{e}_x|} \;,\; x\boldsymbol{n} = \boldsymbol{x} \;.$$

Somit folgt auf dem Rand der Kugel

$$\phi(\boldsymbol{x})\big|_{|\boldsymbol{x}|=R} = \frac{q}{R\left|\boldsymbol{n} - \frac{a}{R}\boldsymbol{e}_x\right|} + \frac{q'}{b\left|\frac{R}{b}\boldsymbol{n} - \boldsymbol{e}_x\right|} \;.$$

Obige Randbedingung ist offenbar erfüllt, wenn wir

$$b = \frac{R^2}{a} \;,\; q' = -\frac{Rq}{a}$$

setzen. Das elektrostatische Potential innerhalb und außerhalb der Kugel lautet deshalb

$$\phi(\boldsymbol{x}) = \begin{cases} \dfrac{q}{|x\boldsymbol{n} - a\boldsymbol{e}_x|} - \dfrac{Rq}{a\left|x\boldsymbol{n} - \frac{R^2}{a}\boldsymbol{e}_x\right|} & \text{für } x \in V \\ 0 & \text{für } x \notin V \;. \end{cases} \tag{2.86}$$

Bei Verwendung von

$$\left.\frac{\partial\phi}{\partial x}\right|_{x=R} = -4\pi\sigma(\boldsymbol{x})$$

erhält man die auf der Kugeloberfläche influenzierte Ladungsdichte (d.h. die aus der Erde auf die Kugeloberfläche geflossene Ladung) zu

$$\sigma(\gamma) = -\frac{q}{4\pi a R} \frac{\left(1 - \frac{R^2}{a^2}\right)}{\left[1 - \frac{2R}{a}\cos\gamma + \frac{R^2}{a^2}\right]^{3/2}} ,$$

wobei γ den Winkel zwischen $\boldsymbol{n}$ und $\boldsymbol{e}_x$ bezeichnet. Wie man es vernünftigerweise erwartet, besitzt diese Verteilung ein Maximum bei $\gamma = 0$, also in Richtung der Punktladung q. Die Integration von σ über die gesamte Kugeloberfläche ergibt in Übereinstimmung mit dem Gaußschen Gesetz die Bildladung q'.

Ausgehend von diesen Ergebnissen können wir unsere Aufgabenstellung ein wenig erweitern und danach fragen, wie das elektrostatische Potential bei einer isolierten Kugel mit dem Radius R und der Ladung Q im Feld einer im Abstand $a > R$ zum Kugelmittelpunkt befindlichen Punktladung q aussieht. Hierzu betrachten wir zunächst wieder den geerdeten Fall, für den wir die Verteilung der influenzierten Ladung q' gerade berechnet haben. Nehmen wir jetzt die Erdung weg und bringen auf die nun isolierte Kugel die Restladung $Q - q'$ an, dann wird sich diese gleichmäßig auf der Kugeloberfläche verteilen, da zwischen q' und q bereits ein Kräftegleichgewicht herrscht. Die Ladung $Q-q'$ wird daher in V so wirken, als sei sie im Kugelmittelpunkt konzentriert.[14] Das in (2.86) berechnete Potential in V wird somit um den entsprechenden Term erweitert, so daß

$$\phi(\boldsymbol{x})|_{\boldsymbol{x}\in V} = \frac{q}{|x\boldsymbol{n} - a\boldsymbol{e}_x|} - \frac{Rq}{a\left|x\boldsymbol{n} - \frac{R^2}{a}\boldsymbol{e}_x\right|} + \frac{Q + \frac{Rq}{a}}{|\boldsymbol{x}|} .$$

Metallkugel im homogenen elektrischen Feld, Laplace-Gleichung in Kugelkoordinaten. Bevor wir uns der konkreten Problemstellung zuwenden, gehen wir kurz auf die Lösung der Laplace-Gleichung in Kugelkoordinaten ein. Sie wird immer dann gebraucht, wenn es sich um kugelsymmetrische Probleme handelt, bei denen im betrachteten Volumen V keine Ladungen vorhanden sind. Die Laplace-Gleichung lautet in Kugelkoordinaten

$$\frac{1}{r}\frac{\partial^2}{\partial r^2}(r\phi) + \frac{1}{r^2\sin\theta}\frac{\partial}{\partial\theta}\left(\sin\theta\frac{\partial\phi}{\partial\theta}\right) + \frac{1}{r^2\sin^2\theta}\frac{\partial^2\phi}{\partial\varphi^2} = 0 .$$

Sie geht mit dem Ansatz

$$\phi(\boldsymbol{x}) = \frac{U(r)}{r}P(\theta)Q(\varphi)$$

über in

$$PQ\frac{\mathrm{d}^2U}{\mathrm{d}r^2} + \frac{UQ}{r^2\sin\theta}\frac{\mathrm{d}}{\mathrm{d}\theta}\left(\sin\theta\frac{\mathrm{d}P}{\mathrm{d}\theta}\right) + \frac{UP}{r^2\sin^2\theta}\frac{\mathrm{d}^2Q}{\mathrm{d}\varphi^2} = 0 .$$

Multiplikation dieser Gleichung mit $r^2\sin^2\theta/(UPQ)$ liefert

[14] Man zeigt dies in vollständiger Analogie zur Berechnung des Gravitationspotentials einer Hohlkugel in Unterabschn. 1.5.3, wobei die Massen durch Ladungen und die Gravitationskraft durch die Coulomb-Kraft zu ersetzen sind.

$$r^2 \sin^2\theta \left[\frac{1}{U}\frac{\mathrm{d}^2 U}{\mathrm{d}r^2} + \frac{1}{r^2 \sin\theta P}\frac{\mathrm{d}}{\mathrm{d}\theta}\left(\sin\theta \frac{\mathrm{d}P}{\mathrm{d}\theta}\right)\right] + \frac{1}{Q}\frac{\mathrm{d}^2 Q}{\mathrm{d}\varphi^2} = 0 \ . \tag{2.87}$$

Der letzte Term besitzt nur eine φ-Abhängigkeit und ist deshalb konstant:

$$\frac{1}{Q}\frac{\mathrm{d}^2 Q}{\mathrm{d}\varphi^2} = -m^2 = \mathrm{const} \ .$$

Ähnliche Überlegungen führen zu zwei separaten Gleichungen in U und P:

$$\left.\begin{array}{l} \dfrac{\mathrm{d}^2 U}{\mathrm{d}r^2} - \dfrac{l(l+1)}{r^2} U = 0 \ , \ l = \mathrm{const} \\ \dfrac{1}{\sin\theta}\dfrac{\mathrm{d}}{\mathrm{d}\theta}\left(\sin\theta \dfrac{\mathrm{d}P}{\mathrm{d}\theta}\right) + \left[l(l+1) - \dfrac{m^2}{\sin^2\theta}\right] P = 0 \ . \end{array}\right\} \tag{2.88}$$

Ohne Beweis stellen wir fest, daß für physikalisch sinnvolle Lösungen die Konstanten l und m nur die ganzzahligen Werte

$$l = 0, 1, 2, \ldots \ , \ m = -l, -l+1, \ldots, l-1, l$$

annehmen können. Die Lösungen von (2.88) sind gegeben durch

$$U(r) = Ar^{l+1} + Br^{-l} \ , \ Q(\varphi) = \mathrm{e}^{\pm \mathrm{i} m \varphi} \ .$$

Die Substitution $x = \cos\theta$ in (2.87) führt auf die *Legendresche Differentialgleichung* (siehe Abschn. A.6)

$$\frac{\mathrm{d}}{\mathrm{d}x}\left((1-x^2)\frac{\mathrm{d}P}{\mathrm{d}x}\right) + \left(l(l+1) - \frac{m^2}{1-x^2}\right) P = 0 \ ,$$

deren Lösung die *Legendre-Funktionen* $P_{l,m}(x)$ sind. Wir erhalten somit insgesamt den

Satz 2.23: Lösung der Laplace-Gleichung in Kugelkoordinaten

Die Lösung der Laplace-Gleichung $\boldsymbol{\nabla}^2 \phi(\boldsymbol{x}) = 0$ in Kugelkoordinaten lautet

$$\phi(\boldsymbol{x}) = \sum_{l=0}^{\infty} \sum_{m=-l}^{l} \left[A_{lm} r^l + B_{lm} r^{-l-1}\right] \mathrm{e}^{\mathrm{i} m \varphi} P_{l,m}(\cos\theta) \ .$$

Besitzt das betrachtete Problem eine azimutale Symmetrie (keine φ-Abhängigkeit), dann ist $m = 0$, und es folgt

$$\phi(\boldsymbol{x}) = \sum_{l=0}^{\infty} \left[A_l r^l + B_l r^{-l-1}\right] P_l(\cos\theta) \ , \tag{2.89}$$

wobei $P_l = P_{l,0}$ die *Legendre-Polynome* bezeichnen.

Nach diesen vorbereitenden Betrachtungen wenden wir uns nun folgender konkreter Aufgabenstellung zu: Gesucht ist das Potential außerhalb einer geerdeten Metallkugel, die in ein anfänglich homogenes elektrisches Feld

$\boldsymbol{E}_0 = E_0\boldsymbol{e}_z$ gebracht wird. Legen wir den Ursprung unseres Koordinatensystems in den Kugelmittelpunkt, dann ist das Problem azimutalsymmetrisch, so daß (2.89) zur Anwendung kommt. Die Koeffizienten A_l und B_l werden durch folgende Randbedingungen determiniert:

- Bei $z \to \infty$ ist das elektrische Feld gleich dem ursprünglichen Feld:

$$\phi(z \to \infty) = -E_0 r \cos\theta \Longrightarrow A_1 = -E_0 \ , \ A_{l\neq 1} = 0 \ .$$

- Auf dem Rand der Kugel verschwindet das Potential:

$$\phi(R, \theta) = 0 \Longrightarrow B_1 = E_0 R^3 \ , \ B_{l\neq 1} = 0 \ .$$

Es folgt schließlich

$$\phi(r, \theta) = \begin{cases} E_0 \cos\theta \left(-r + \dfrac{R^3}{r^2}\right) & \text{für } r > R \\ 0 & \text{für } r < R \ . \end{cases}$$

Das zugehörige elektrische Feld für $x = 0$ ist in Abb. 2.11 dargestellt. Für die influenzierte Oberflächenladungsdichte ergibt sich

$$\sigma(\theta) = -\frac{1}{4\pi} \left.\frac{\partial\phi}{\partial r}\right|_{r=R} = \frac{3}{4\pi} E_0 \cos\theta \ .$$

Offenbar verschwindet das Integral von σ über die gesamte Kugeloberfläche, woraus folgt, daß insgesamt keine Ladung influenziert wird. Es ist deshalb bei dieser Aufgabe nicht notwendig, zwischen einer geerdeten und einer isolierten Kugel zu unterscheiden.

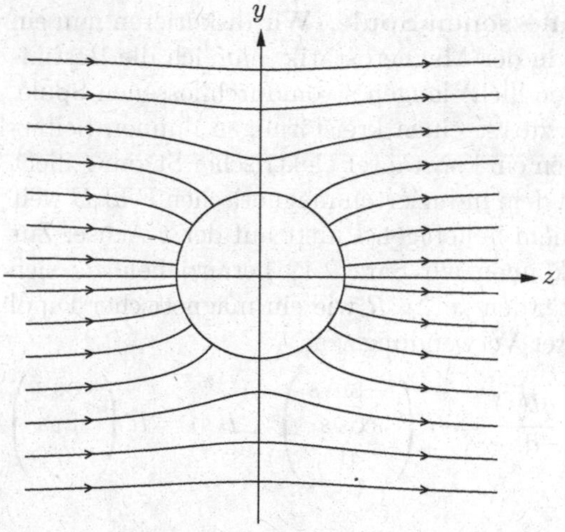

Abb. 2.11. Elektrisches Feld in Anwesenheit einer Metallkugel, die in ein anfänglich in z-Richtung verlaufendes homogenes Feld gebracht wird

2.5.5 Feldverteilungen in der Magnetostatik

Innerhalb der Magnetostatik betrachten wir als erstes den zur Elektrostatik analogen Fall bei der Lösung von Randwertproblemen. Wir nehmen an, daß im betrachteten Volumen V keine Ströme vorhanden sind. Dann ist $\boldsymbol{\nabla} \times \boldsymbol{B} = \boldsymbol{0}$, so daß sich $\boldsymbol{B}$ als Gradient eines Skalarfeldes schreiben läßt:

$$\boldsymbol{B}(\boldsymbol{x}) = \boldsymbol{\nabla}\psi(\boldsymbol{x}) \ , \ \boldsymbol{j}(\boldsymbol{x}) = \boldsymbol{0} \ , \ \boldsymbol{x} \in V \ .$$

Zusammen mit $\boldsymbol{\nabla B} = 0$ folgt hieraus in V wieder die Laplace-Gleichung

$$\boldsymbol{\nabla}^2\psi(\boldsymbol{x}) = 0 \ ,$$

deren Lösung sich unter Beachtung etwaiger Dirichletscher oder Neumannscher Randbedingungen im Prinzip in gleicher Weise konstruieren läßt, wie in den letzten beiden Unterabschnitten besprochen wurde.

Im elektrostatischen Fall wurde davon ausgegangen, daß es sich bei der V begrenzenden Fläche um einen Leiter handelt, so daß das elektrostatische Feld innerhalb des Leiters verschwindet, wenn man von den elektrischen Feldern absieht, die durch die im Leiterkristall gebundenen Ladungsträger hervorgerufen werden und sich in guter Näherung auf makroskopischem Level wegmitteln. Die analoge Situation in der Magnetostatik bestünde in einer Begrenzung, in der das magnetostatische Feld verschwindet. Dieses Szenario ist jedoch i.a. unrealistisch, da die aufgrund der gebundenen Ladungen hervorgerufenen elektrischen und magnetischen Dipolmomente einen sich auf makroskopischer Skala nicht wegmittelnden Strom und somit ein $\boldsymbol{B}$-Feld im begrenzenden Material erzeugen. Die Bestimmung von Randbedingungen in der Magnetostatik erfordert deshalb eine Diskussion der *Polarisation* und *Magnetisierung* von Materie, die wir im nächsten Abschnitt behandeln werden.

Magnetfeld einer stromdurchflossenen Spule. Wir diskutieren nun ein typisches Feldverteilungsproblem in der Magnetostatik, nämlich die Bestimmung des Magnetfeldes einer (unendlich) langen stromdurchflossenen Spule. Zur Vorbereitung betrachten wir zuerst einen kreisförmigen dünnen Leiterdraht mit dem Radius R, durch den ein konstanter elektrischer Strom I fließt (Abb. 2.12 links), und fragen nach dem induzierten magnetischen Feld $\boldsymbol{B}$ weit außerhalb des Leiters sowie in einem beliebigen Punkt auf der z-Achse. Zur Beantwortung der ersten Frage können wir Satz 2.19 heranziehen, da sich die Leiterschleife bei großen Abständen $|\boldsymbol{x}| \gg R$ wie ein magnetischer Dipol verhält. Dieser berechnet sich unter Verwendung von

$$\mathrm{d}^3x'\boldsymbol{j}(\boldsymbol{x}') = I\boldsymbol{t}(s)\mathrm{d}s \ , \ \boldsymbol{t}(s) = \frac{\mathrm{d}\boldsymbol{l}(s)}{\mathrm{d}s} = R\begin{pmatrix} -\sin s \\ \cos s \\ 0 \end{pmatrix} \ , \ \boldsymbol{l}(s) = R\begin{pmatrix} \cos s \\ \sin s \\ 0 \end{pmatrix}$$

zu

$$\boldsymbol{\mu} = \frac{I}{2c}\int\limits_0^{2\pi} \mathrm{d}s\boldsymbol{l}(s) \times \boldsymbol{t}(s) = \frac{\pi I R^2}{c}\begin{pmatrix} 0 \\ 0 \\ 1 \end{pmatrix} \ .$$

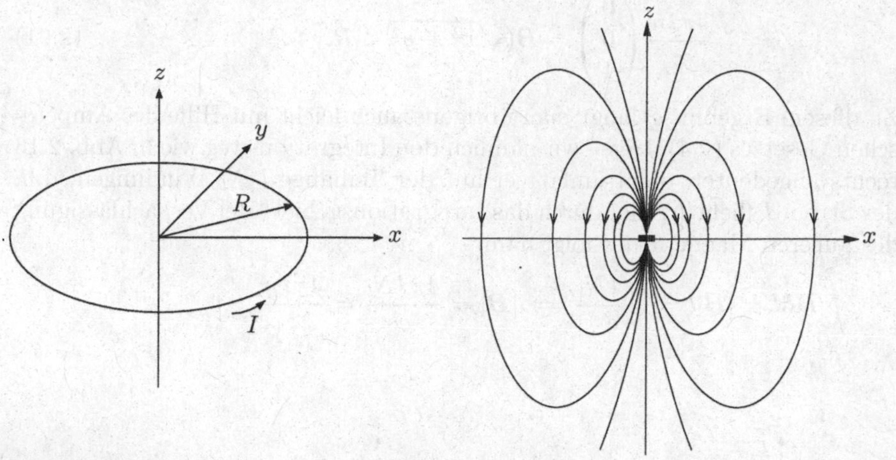

Abb. 2.12. Kreisförmiger stromdurchflossener Leiterdraht (*links*) und sein magnetisches Dipolfeld (*rechts*)

Für das magnetische Dipolfeld ergibt sich hieraus

$$\boldsymbol{B}(\boldsymbol{x}) = \frac{I\pi R^2}{c}\frac{3z\boldsymbol{x} - \boldsymbol{e}_z|\boldsymbol{x}|^2}{|\boldsymbol{x}|^5}\;,\; |\boldsymbol{x}| \gg R\;.$$

Sein Verlauf ist in Abb. 2.12 rechts dargestellt. Die zweite Frage läßt sich bequem mit Hilfe des Biot-Savartschen Gesetzes, Satz 2.16, lösen:

$$\boldsymbol{B}(0,0,z) = \frac{I}{c}\int\limits_0^{2\pi} \mathrm{d}s\boldsymbol{t}(s) \times \frac{z\boldsymbol{e}_z - \boldsymbol{l}(s)}{|z\boldsymbol{e}_z - \boldsymbol{l}(s)|^3} = \frac{2\pi I R^2}{c\sqrt{R^2+z^2}^3}\begin{pmatrix}0\\0\\1\end{pmatrix}\;. \qquad (2.90)$$

Betrachten wir nun eine längs der z-Achse gewundene stromdurchflossene Spule der Länge L, die wir uns vereinfachend aus N übereinander gelegten Kreisleitern zusammengesetzt denken (Abb. 2.13 links). Aufgrund von Abb. 2.12 rechts ist intuitiv klar, daß sich im Limes $L \to \infty$ innerhalb der Spule ein Magnetfeld in z-Richtung ausbildet, während das Feld außerhalb der Spule verschwindet. Ohne Beweis stellen wir fest, daß das innere Feld überdies homogen ist. Man erhält seinen Wert im Ursprung, indem man in (2.90) für z jeweils die z-Koordinaten der einzelnen Leiterschleifen einsetzt und diese Beiträge aufsummiert. Liegen die Leiterschleifen sehr dicht beieinander, dann kann die Summe in der Weise

$$\sum \longrightarrow n\int \mathrm{d}z\;,\; n = \frac{N}{L}\;,\; N = \text{Zahl der Spulenwindungen}$$

durch ein Integral ersetzt werden, und wir erhalten

$$\boldsymbol{B}(\boldsymbol{0}) \;=\; \frac{2\pi I R^2 n}{c}\begin{pmatrix}0\\0\\1\end{pmatrix}\int\limits_{-L/2}^{L/2}\frac{\mathrm{d}z}{\sqrt{R^2+z^2}^3} = \frac{2\pi I L n}{c\sqrt{R^2+\frac{L^2}{4}}}\begin{pmatrix}0\\0\\1\end{pmatrix}$$

$$\stackrel{L\to\infty}{=} \frac{4\pi In}{c}\begin{pmatrix}0\\0\\1\end{pmatrix} = \boldsymbol{B}(\sqrt{x^2+y^2} < R, z) . \quad (2.91)$$

Zu diesem Ergebnis gelangt man übrigens auch leicht mit Hilfe des Ampèreschen Gesetzes (2.4). Legen wir nämlich den Integrationsweg wie in Abb. 2.13 rechts angedeutet, dann umfaßt er auf der Teillänge l N_l Windungen, d.h. der Strom I fließt N_l mal durch das Integrationsgebiet. Bei Vernachlässigung des äußeren Magnetfeldes folgt dann

$$\oint \boldsymbol{B}\mathrm{d}\boldsymbol{l} = |\boldsymbol{B}|l = \frac{4\pi IN_l}{c} \Longrightarrow |\boldsymbol{B}| = \frac{4\pi IN_l}{cl} = \frac{4\pi In}{c} .$$

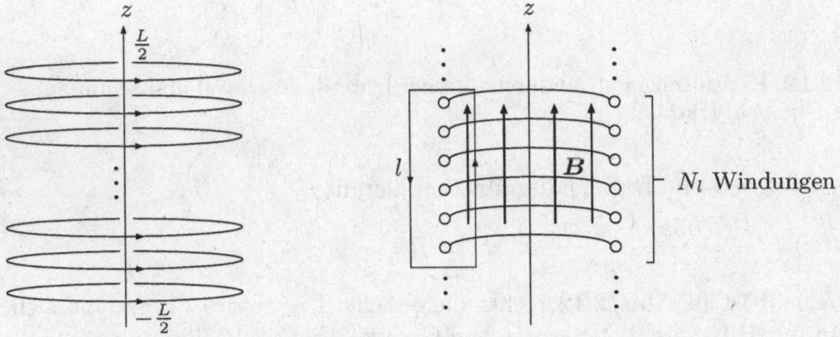

Abb. 2.13. *Links:* idealisierte Spule, die aus übereinander liegenden Kreisleitersegmenten zusammengesetzt ist. *Rechts:* zur Festlegung des Integrationsweges bei der Bestimmung der Magnetfeldstärke innerhalb der Spule

Zusammenfassung

- Im Falle zeitunabhängiger Ladungs- und Stromdichteverteilungen zerfallen die Maxwell-Gleichungen in zwei entkoppelte Differentialgleichungssysteme. Sie definieren jeweils die Grundgleichungen der **Elektrostatik** und der **Magnetostatik**.
- Die aus den vorigen Abschnitten hergeleiteten Beziehungen lassen sich auf den statischen Fall durch Elimination jeglicher Zeitabhängigkeiten übertragen. Insbesondere sind hierbei die Coulomb- und Lorentz-Eichung identisch und führen auf **statische Poisson-Gleichungen** in den Skalar- und Vektorpotentialen.

▷

- Sind die statischen Ladungs- und Stromdichteverteilungen auf einen kleinen Bereich örtlich begrenzt, dann lassen sich die zugehörigen Skalar- und Vektorpotentiale für große Abstände in Potenzen von $1/|\boldsymbol{x}|$ entwickeln (**Multipolentwicklung**). Im Gegensatz zum Skalarpotential enthält das Vektorpotential in Übereinstimmung mit (III) keinen Monopolanteil.

- In der Elektrostatik unterscheidet man innerhalb von Randwertproblemen üblicherweise zwischen **Dirichletschen** und **Neumannschen Randbedingungen**, die jeweils verschiedenen Stetigkeitsbedingungen des $\boldsymbol{E}$-Feldes an (leitenden) Grenzflächen entsprechen. Beide Randbedingungen getrennt führen jeweils zu eindeutigen Lösungen, die sich mit Hilfe des Green-Funktionen-Kalküls formal angeben lassen. Aus diesem Kalkül gewinnt man eine in vielen Fällen praktisch anwendbare Methode zur Lösung von Randwertproblemen, nämlich die **Methode der Bildladungen**.

- Aufgrund der i.a. permanenten Polarisierung und Magnetisierung von Materie, lassen sich Randwertprobleme in der Magnetostatik nur bei genauerer Kenntnis der Eigenschaften des begrenzenden Materials diskutieren.

- Innerhalb einer langgestreckten, stromdurchflossenen Spule ist das induzierte Magnetfeld homogen und proportional zur Stromstärke sowie zur Windungsdichte der Spule.

Anwendungen

28. Multipolentwicklung in sphärischer Darstellung. Wie lautet die Multipolentwicklung des elektrostatischen Potentials ϕ in der sphärischen Darstellung und welcher Zusammenhang besteht zwischen den einzelnen kartesischen und sphärischen Momenten?

Lösung. Unter Verwendung der Kugelkoordinaten

$$\boldsymbol{x} = r \begin{pmatrix} \cos\varphi \sin\theta \\ \sin\varphi \sin\theta \\ \cos\theta \end{pmatrix} , \ \boldsymbol{x}' = r' \begin{pmatrix} \cos\varphi' \sin\theta' \\ \sin\varphi' \sin\theta' \\ \cos\theta' \end{pmatrix}$$

gilt nach (A.15)

$$\frac{1}{|\boldsymbol{x} - \boldsymbol{x}'|} = \sum_{l=0}^{\infty} \sum_{m=-l}^{l} \frac{4\pi}{2l+1} \frac{r'^l}{r^{l+1}} Y_{l,m}^*(\theta', \varphi') Y_{l,m}(\theta, \varphi) ,$$

woraus sich aufgrund von (2.71) folgende Darstellung für das Skalarpotential ergibt:

$$\phi(\boldsymbol{x}) = \sum_{l=0}^{\infty}\sum_{-l}^{l} \frac{4\pi}{2l+1}\frac{q_{l,m}}{r^{l+1}}Y_{l,m}(\theta,\varphi) .$$

Die Entwicklungskoeffizienten

$$q_{l,m} = \int \mathrm{d}^3x' r'^l \rho(\boldsymbol{x}')Y^*_{l,m}(\theta',\varphi')$$

sind die elektrischen Multipolmomente in der sphärischen Darstellung. Ist die Ladungsdichte reell, dann sind die Momente mit $m < 0$ aufgrund von (A.13) über $q_{l,-m} = (-1)^m q^*_{l,m}$ mit den entsprechenden Momenten mit $m > 0$ verbunden. Drücken wir die ersten paar Momente durch kartesische Koordinaten aus,

$$q_{0,0} = \frac{1}{4\pi}\int \mathrm{d}^3x'\rho(\boldsymbol{x}') = \frac{1}{4\pi}Q$$

$$q_{1,1} = -\sqrt{\frac{3}{8\pi}}\int \mathrm{d}^3x'(x'-\mathrm{i}y')\rho(\boldsymbol{x}') = -\sqrt{\frac{3}{8\pi}}(p_x - \mathrm{i}p_y)$$

$$q_{1,0} = \sqrt{\frac{3}{4\pi}}\int \mathrm{d}^3x'z'\rho(\boldsymbol{x}') = \sqrt{\frac{3}{4\pi}}p_z ,$$

dann erkennt man den Zusammenhang zwischen sphärischen und kartesischen Momenten: Das sphärische l=0-Moment entspricht dem kartesischen Monopolmoment, die sphärischen l=1-Momente beinhalten die kartesischen Dipolmomentkomponenten usw.

29. Kapazität eines Plattenkondensators. Man betrachte einen Kondensator, bestehend aus zwei leitenden Platten der Fläche F, die im Abstand d parallel zueinander angeordnet sind (Abb. 2.14). Auf der einen Platte sei die Ladung Q, auf der anderen die Ladung $-Q$ aufgebracht. Man bestimme die Potentialdifferenz (Spannung) zwischen den beiden Platten, wobei der elektrische Feldverlauf außerhalb des Kondensators zu vernachlässigen ist.

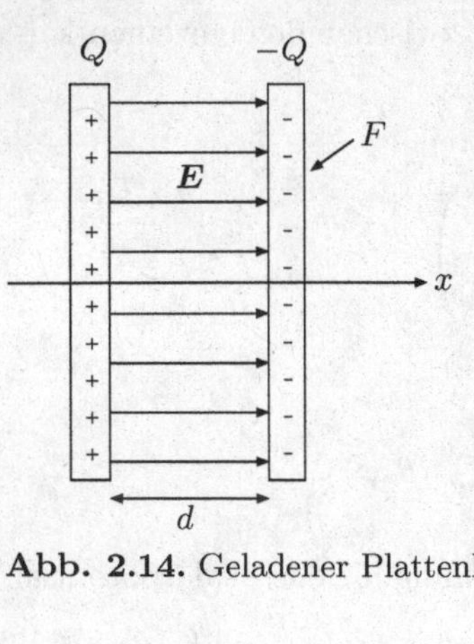

Abb. 2.14. Geladener Plattenkondensator

Lösung. An beiden Kondensatorplatten gelten die Randbedingungen

$$\boldsymbol{e}_x\boldsymbol{E}(x=0)=\boldsymbol{e}_x\boldsymbol{E}(x=d)=\frac{4\pi Q}{F}\Longrightarrow \left.\frac{\partial\phi}{\partial x}\right|_{x=0}=\left.\frac{\partial\phi}{\partial x}\right|_{x=d}=-\frac{4\pi Q}{F}\;.$$

Offensichtlich werden diese Bedingungen (und $\boldsymbol{\nabla}^2\phi=0$ innerhalb des Kondensators) durch den Ansatz

$$\phi(\boldsymbol{x})=-\frac{4\pi Q}{F}x\Longrightarrow \boldsymbol{E}(\boldsymbol{x})=\frac{4\pi Q}{F}\begin{pmatrix}1\\0\\0\end{pmatrix}$$

erfüllt. Für die Spannung an den Kondensatorplatten folgt somit

$$V=\frac{4\pi Q}{F}\int\limits_0^d \mathrm{d}x=-[\phi(x=d)-\phi(x=0)]=\frac{Q}{C}\;,\;C=\frac{F}{4\pi d}\;. \qquad (2.92)$$

Hierbei bedeutet C die *Kapazität* des Kondensators. Sie ist eine nur von der Kondensatorgeometrie abhängige Größe und beschreibt die Aufnahmefähigkeit des Kondensators von Ladung bei vorgegebener Spannung. Bei einer zeitlichen Änderung der Ladungen auf dem Kondensator bleibt (2.92) unter gewissen Umständen gültig, nämlich dann, wenn in (II) der Induktionsterm $\frac{1}{c}\frac{\partial \boldsymbol{B}}{\partial t}$ vernachlässigen werden kann (quasistatische Näherung). In diesem Fall sind (I) und (II) formgleich zu den elektrostatischen Gleichungen (2.69).

30. Selbstinduktivität einer Spule. Gegeben sei eine zylindrisch gewundene Spule mit der Windungszahl N und der Länge L, durch die ein zeitlich variierender Strom $I(t)$ fließt. Man berechne mit Hilfe des Faradayschen Induktionsgesetzes die an den Spulenenden induzierte Spannung in der quasistatischen Näherung.

Lösung. Wenn in (IV) der Verschiebestrom $\frac{1}{c}\frac{\partial \boldsymbol{E}}{\partial t}$ vernachlässigt werden kann (quasistatische Näherung), dann sind (III) und (IV) formgleich zu den magnetostatischen Gleichungen (2.70). In dieser Näherung gilt dann wegen (2.91) für das magnetische Feld innerhalb der Spule im Falle eines zeitlich variierenden Stromes

$$\boldsymbol{B}(t)=\frac{4\pi I(t)N}{cL}\begin{pmatrix}0\\0\\1\end{pmatrix}.$$

Die Spannung an den Spulenenden ist gleich der N-fachen Spannung, die durch das Magnetfeld in einer der Leiterschleifen erzeugt wird. Zusammen mit (2.2) folgt

$$V(t)=-\frac{N}{c}\int\limits_F \mathrm{d}\boldsymbol{F}\frac{\partial \boldsymbol{B}(t)}{\partial t}=-S\frac{\mathrm{d}I}{\mathrm{d}t}\;,\;S=\frac{4\pi^2R^2N^2}{c^2L}\;.$$

Offenbar ist S eine nur von der Spulengeometrie abhängige Größe. Sie wird *Selbstinduktivität* der Spule genannt.

2.6 Elektrodynamik in Materie

Die Maxwell-Gleichungen und das Lorentz-Kraftgesetz sind grundlegende Naturgesetze mit einem weiten Gültigkeitsbereich. Sie gelten insbesondere auch in Materie. Dort werden die fundamentalen mikroskopischen Felder $\boldsymbol{E}$ und $\boldsymbol{B}$ sowohl durch frei bewegliche Ladungen, als auch durch die intrinsischen Dipolmomente gebundener Teilchen (Elektronen, Protonen und Neutronen) hervorgerufen. Allerdings sind hierbei die Maxwell-Gleichungen (I) bis (IV) aufgrund der großen Teilchenzahl ($\approx 10^{23}$) praktisch nicht anwendbar. Ist man mehr an elektromagnetischen Phänomenen in Materie auf makroskopischer Längenskala interessiert, dann ist es vernünftig, anzunehmen, daß die detaillierte Kenntnis der Ladungs- und Stromdichteverteilungen sowie der Felder $\boldsymbol{E}$ und $\boldsymbol{B}$ nicht notwendig ist. Von Interesse sind vielmehr die über viele atomare Längeneinheiten gemittelten makroskopischen Größen.

Dieser Abschnitt beschäftigt sich mit der Formulierung der makroskopischen Elektrodynamik in Materie. Es wird gezeigt, wie man makroskopische Erscheinungen mit Hilfe der *makroskopischen Maxwell-Gleichungen* beschreiben kann, in denen an Stelle der mikroskopischen Verteilungen und Felder geeignete räumlich gemittelte Ausdrücke treten. In diese Gleichungen gehen die Eigenschaften des betrachteten Materials in Form der *Polarisation* und der *Magnetisierung* ein, und wir werden sehen, daß sich in vielen Fällen empirisch ein linearer Zusammenhang zwischen diesen Größen und den makroskopischen Feldern herstellen läßt. Zum Schluß diskutieren wir die Stetigkeitsbedingungen makroskopischer Felder an Grenzflächen.

2.6.1 Makroskopische Maxwell-Gleichungen

Um zu einer makroskopischen Formulierung der Elektrodynamik zu gelangen, benötigen wir als erstes ein geeignetes räumliches Mittelungsverfahren für die mikroskopischen Größen ρ, $\boldsymbol{j}$, $\boldsymbol{E}$ und $\boldsymbol{B}$. Einen sinnvollen Ansatz hierfür bietet die

Definition: Makroskopischer Mittelwert $\langle\cdots\rangle$

Der makroskopische Mittelwert $\langle G(\boldsymbol{x},t)\rangle$ eines Feldes $G(\boldsymbol{x},t)$ ist durch seine Faltung mit einer geeigneten Funktion $f(\boldsymbol{x})$ definiert,

$$\langle G(\boldsymbol{x},t)\rangle = \int \mathrm{d}^3x' G(\boldsymbol{x}',t) f(\boldsymbol{x}-\boldsymbol{x}') ,$$

wobei f folgende Eigenschaften besitzt:

- $f(\boldsymbol{x})$ ist bei $\boldsymbol{x}=\boldsymbol{0}$ lokalisiert.
- Bezeichnet a die mikroskopische Längenskala (z.B. atomarer Abstand) und b die makroskopische Längenskala (z.B. 1 cm), dann gilt für die Breite Δ von f: $a \ll \Delta \ll b$.

Durch diese Definition ist gewährleistet, daß sich einerseits die i.a. uninteressanten atomaren Fluktuationen herausmitteln und andererseits die interessierenden räumlichen Abhängigkeiten auf makroskopischer Skala nicht verloren gehen. Desweiteren vertauschen Mittelung und partielle Ableitungen. Für die Zeitableitung ist dies trivial und für Ortsableitungen folgt es aus

$$\begin{aligned}\frac{\partial \langle G(\boldsymbol{x},t)\rangle}{\partial x} &= \int \mathrm{d}^3x' G(\boldsymbol{x}',t)\frac{\partial f(\boldsymbol{x}-\boldsymbol{x}')}{\partial x}\\ &= -\int \mathrm{d}^3x' G(\boldsymbol{x}',t)\frac{\partial f(\boldsymbol{x}-\boldsymbol{x}')}{\partial x'}\\ &= \int \mathrm{d}^3x' \frac{\partial G(\boldsymbol{x}',t)}{\partial x'} f(\boldsymbol{x}-\boldsymbol{x}')\\ &= \left\langle \frac{\partial G(\boldsymbol{x},t)}{\partial x}\right\rangle .\end{aligned}$$

Wenden wir nun das Mittelungsverfahren auf die homogenen Maxwell-Gleichungen (II) und (III) an, dann folgen die makroskopischen Gleichungen

$$\boldsymbol{\nabla}\times\langle \boldsymbol{E}(\boldsymbol{x},t)\rangle + \frac{1}{c}\frac{\partial\langle \boldsymbol{B}(\boldsymbol{x},t)\rangle}{\partial t} = \boldsymbol{0}\ ,\ \boldsymbol{\nabla}\langle \boldsymbol{B}(\boldsymbol{x},t)\rangle = 0\ .$$

Eine entsprechende Mittelung der inhomogenen Maxwell-Gleichungen (I) und (IV) erfordert einige Vorüberlegungen: Wie eingangs bereits erwähnt wurde, setzen sich die in Materie befindlichen Ladungen aus zwei Anteilen zusammen. Der eine Teil resultiert aus den in Atomen und Molekülen gebundenen Teilchen, wobei die Atome und Moleküle selbst nach außen elektrisch neutral sind. Der andere Teil ist durch Ladungen gegeben, die sich annähernd frei im Kristallgitter bewegen können. Wir können deshalb Ladungs- und Stromdichte in jeweils einen gebundenen neutralen (nt) und einen freien (fr) Anteil aufspalten:

$$\rho(\boldsymbol{x},t) = \rho_{\rm nt}(\boldsymbol{x},t) + \rho_{\rm fr}(\boldsymbol{x},t)\ ,\ \rho_{\rm nt}(\boldsymbol{x},t) = \sum_i \rho_i[\boldsymbol{x}-\boldsymbol{x}_i(t),t] \tag{2.93}$$

$$\boldsymbol{j}(\boldsymbol{x},t) = \boldsymbol{j}_{\rm nt}(\boldsymbol{x},t) + \boldsymbol{j}_{\rm fr}(\boldsymbol{x},t)\ ,\ \boldsymbol{j}_{\rm nt}(\boldsymbol{x},t) = \sum_i \boldsymbol{j}_i[\boldsymbol{x}-\boldsymbol{x}_i(t),t]\ . \tag{2.94}$$

Hierbei bezeichnet die in $\rho_{\rm nt}$ stehende Komponente ρ_i die Ladungsverteilung einer am Ort $\boldsymbol{x}_i$ befindlichen neutralen Einheit, also etwa die Ladungsverteilung von Kern und Hülle eines insgesamt ungeladenen Atoms. Für sie gilt

$$\int \mathrm{d}^3x' \rho_i(\boldsymbol{x}',t) = 0\ .$$

Da sowohl die freien als auch die gebundenen Ladungen Erhaltungsgrößen sind, gelten für sie die Kontinuitätsgleichungen

$$\frac{\partial\rho_{\rm fr}(\boldsymbol{x},t)}{\partial t} + \boldsymbol{\nabla}\boldsymbol{j}_{\rm fr}(\boldsymbol{x},t) = 0\ ,\ \frac{\partial\rho_{\rm nt}(\boldsymbol{x},t)}{\partial t} + \boldsymbol{\nabla}\boldsymbol{j}_{\rm nt}(\boldsymbol{x},t) = 0\ . \tag{2.95}$$

Betrachten wir die Faltungsfunktion f nur bis zur linearen Ordnung,

$$f(\boldsymbol{x}-\boldsymbol{x}') \approx f(\boldsymbol{x}) + \boldsymbol{x}'\boldsymbol{\nabla}' f(\boldsymbol{x}-\boldsymbol{x}')|_{\boldsymbol{x}'=\boldsymbol{0}} = f(\boldsymbol{x}) - \boldsymbol{x}'\boldsymbol{\nabla} f(\boldsymbol{x}) ,$$

dann ergibt die Mittelung über ρ_{nt}

$$\begin{aligned}
\langle \rho_{\mathrm{nt}}(\boldsymbol{x},t)\rangle &= \sum_i \int \mathrm{d}^3x' \rho_i(\boldsymbol{x}'-\boldsymbol{x}_i) f(\boldsymbol{x}-\boldsymbol{x}') \\
&= \sum_i \int \mathrm{d}^3x'' \rho_i(\boldsymbol{x}'') f(\boldsymbol{x}-\boldsymbol{x}_i-\boldsymbol{x}'') \\
&= \sum_i f(\boldsymbol{x}-\boldsymbol{x}_i) \underbrace{\int \mathrm{d}^3x'' \rho_i(\boldsymbol{x}'')}_{0} \\
&\quad - \sum_i \boldsymbol{\nabla} f(\boldsymbol{x}-\boldsymbol{x}_i) \int \mathrm{d}^3x'' \boldsymbol{x}'' \rho_i(\boldsymbol{x}'') \\
&= -\sum_i \boldsymbol{p}_i \boldsymbol{\nabla} f(\boldsymbol{x}-\boldsymbol{x}_i) \ , \ \boldsymbol{p}_i = \int \mathrm{d}^3x'' \boldsymbol{x}'' \rho_i(\boldsymbol{x}'') \ ,
\end{aligned}$$

wobei $\boldsymbol{p}_i$ das elektrische Dipolmoment der neutralen Ladungsverteilung ρ_i ist. Eine weitere Umformung liefert

$$\begin{aligned}
\langle \rho_{\mathrm{nt}}(\boldsymbol{x},t)\rangle &= -\sum_i \boldsymbol{p}_i \boldsymbol{\nabla} f(\boldsymbol{x}-\boldsymbol{x}_i) \\
&= -\boldsymbol{\nabla} \int \mathrm{d}^3x'' \sum_i \boldsymbol{p}_i \delta(\boldsymbol{x}''-\boldsymbol{x}_i) f(\boldsymbol{x}-\boldsymbol{x}'') \\
&= -\boldsymbol{\nabla} \langle \boldsymbol{P}(\boldsymbol{x},t)\rangle \ . \qquad (2.96)
\end{aligned}$$

Hierbei ist

$$\langle \boldsymbol{P}(\boldsymbol{x},t)\rangle = \left\langle \sum_i \boldsymbol{p}_i \delta(\boldsymbol{x}-\boldsymbol{x}_i) \right\rangle = \frac{\text{mittleres elektr. Dipolmoment}}{\text{Volumen}}$$

die *mittlere Polarisation*, d.h. die mittlere Dichte der elektrischen Dipolmomente der neutralen Ladungsverteilungen. Wir sind nun in der Lage, die Mittelungsprozedur für die Maxwell-Gleichung (I) auszuführen. Unter Berücksichtigung von (2.93) und (2.96) erhält man

$$\boldsymbol{\nabla} \langle \boldsymbol{E}(\boldsymbol{x},t)\rangle = 4\pi \langle \rho_{\mathrm{fr}}(\boldsymbol{x},t)\rangle - 4\pi \boldsymbol{\nabla} \langle \boldsymbol{P}(\boldsymbol{x},t)\rangle \ .$$

Zur Mittelung der verbleibenden Maxwell-Gleichung (IV) ist eine zu $\langle\rho_{\mathrm{nt}}\rangle$ korrespondierende Rechnung für $\langle \boldsymbol{j}_{\mathrm{nt}}\rangle$ nötig. Betrachten wir auch hier nur die Faltungsfunktion f in linearer Ordnung, dann ist

$$\begin{aligned}
\langle \boldsymbol{j}_{\mathrm{nt}}(\boldsymbol{x},t)\rangle &= \sum_i \int \mathrm{d}^3x' \boldsymbol{j}_i(\boldsymbol{x}'-\boldsymbol{x}_i) f(\boldsymbol{x}-\boldsymbol{x}') \\
&= \sum_i \int \mathrm{d}^3x'' \boldsymbol{j}_i(\boldsymbol{x}'') f(\boldsymbol{x}-\boldsymbol{x}_i-\boldsymbol{x}'')
\end{aligned}$$

$$= \sum_i f(\boldsymbol{x} - \boldsymbol{x}_i) \int \mathrm{d}^3x'' \boldsymbol{j}_i(\boldsymbol{x}'')$$
$$- \sum_i \int \mathrm{d}^3x'' \boldsymbol{j}_i(\boldsymbol{x}'')(\boldsymbol{x}''\boldsymbol{\nabla}) f(\boldsymbol{x} - \boldsymbol{x}_i) . \quad (2.97)$$

Der erste Term läßt sich unter Verwendung von $\boldsymbol{j}_i = (\boldsymbol{j}_i\boldsymbol{\nabla}'')\boldsymbol{x}''$ und (2.95) umformen zu

$$\begin{aligned}
\sum_i f(\boldsymbol{x} - \boldsymbol{x}_i) \int \mathrm{d}^3x'' \boldsymbol{j}_i(\boldsymbol{x}'') &= \sum_i f(\boldsymbol{x} - \boldsymbol{x}_i) \int \mathrm{d}^3x'' (\boldsymbol{j}_i\boldsymbol{\nabla}'')\boldsymbol{x}'' \\
&= -\sum f(\boldsymbol{x} - \boldsymbol{x}_i) \int \mathrm{d}^3x'' (\boldsymbol{\nabla}''\boldsymbol{j}_i)\boldsymbol{x}'' \\
&= \sum_i f(\boldsymbol{x} - \boldsymbol{x}_i) \int \mathrm{d}^3x'' \frac{\partial \rho_i}{\partial t}\boldsymbol{x}'' \\
&= \frac{\partial \langle \boldsymbol{P}(\boldsymbol{x}, t)\rangle}{\partial t} .
\end{aligned}$$

Zur Auswertung des zweiten Terms in (2.97) betrachten wir zunächst nur einen Summanden und eine Komponente $(\boldsymbol{j}_i)_k = j_k$ und vernachlässigen etwaige Quadrupolmomente:

$$\begin{aligned}
\int \mathrm{d}^3x'' j_k(\boldsymbol{x}''\boldsymbol{\nabla}) &= \int \mathrm{d}^3x'' j_k \sum_l x''_l \partial_l \\
&= \sum_{l,n} \int \mathrm{d}^3x'' x''_l \partial''_n (x''_k j_n)\partial_l - \sum_l \underbrace{\int \mathrm{d}^3x'' x''_l x''_k (\boldsymbol{\nabla}''\boldsymbol{j})\,\partial_l}_{\text{Quadrupol} \approx 0} \\
&= -\sum_l \int \mathrm{d}^3x'' x''_k j_l \partial_l .
\end{aligned}$$

Bei Verwendung der Integralbeziehung

$$\int \mathrm{d}^3x'' g(\boldsymbol{x}'')\boldsymbol{\nabla}''\boldsymbol{j}(\boldsymbol{x}'') = -\int \mathrm{d}^3x'' [\boldsymbol{\nabla}'' g(\boldsymbol{x}'')]\boldsymbol{j}(\boldsymbol{x}'')$$

folgt weiterhin

$$g(\boldsymbol{x}'') = x''_k x''_l \Longrightarrow \int \mathrm{d}^3x'' (x''_l j_k + x''_k j_l) = -\underbrace{\int \mathrm{d}^3x'' x''_k x''_l \boldsymbol{\nabla}''\boldsymbol{j}}_{\text{Quadrupol} \approx 0}$$

$$\begin{aligned}
\Longrightarrow \int \mathrm{d}^3x'' j_k(\boldsymbol{x}''\boldsymbol{\nabla}) &= \frac{1}{2}\sum_l \int \mathrm{d}^3x'' (x''_l j_k \partial_l - x''_k j_l \partial_l) \\
&= \frac{1}{2}\left(\int \mathrm{d}^3x'' [\boldsymbol{x}'' \times \boldsymbol{j}(\boldsymbol{x}'')] \times \boldsymbol{\nabla}\right)_k .
\end{aligned}$$

Damit geht schließlich der zweite Term in (2.97) über in

$$-\sum_i \int \mathrm{d}^3x'' \boldsymbol{j}_i(\boldsymbol{x}'')(\boldsymbol{x}''\boldsymbol{\nabla})f(\boldsymbol{x}-\boldsymbol{x}_i) = -c\sum_i \boldsymbol{\mu}_i \times \boldsymbol{\nabla} f(\boldsymbol{x}-\boldsymbol{x}_i)\ ,$$

wobei

$$\boldsymbol{\mu}_i = \frac{1}{2c}\int \mathrm{d}^3x'' \boldsymbol{x}'' \times \boldsymbol{j}_i(\boldsymbol{x}'')$$

das magnetische Dipolmoment des neutralen Stromes $\boldsymbol{j}_i$ bezeichnet. Insgesamt können wir für $\langle \boldsymbol{j}_{\mathrm{nt}}\rangle$ schreiben:

$$\langle \boldsymbol{j}_{\mathrm{nt}}(\boldsymbol{x},t)\rangle = \frac{\partial \langle \boldsymbol{P}(\boldsymbol{x},t)\rangle}{\partial t} + c\boldsymbol{\nabla} \times \langle \boldsymbol{M}(\boldsymbol{x},t)\rangle\ . \tag{2.98}$$

Hierbei ist

$$\langle \boldsymbol{M}(\boldsymbol{x},t)\rangle = \left\langle \sum_i \boldsymbol{\mu}_i \delta(\boldsymbol{x}-\boldsymbol{x}_i)\right\rangle = \frac{\text{mittleres magn. Dipolmoment}}{\text{Volumen}}$$

die *mittlere Magnetisierung*, d.h. die mittlere Dichte der magnetischen Dipolmomente der neutralen Ströme. Unter Berücksichtigung von (2.94) und (2.98) führt nun die Mittelung der Maxwell-Gleichung (IV) zu

$$\begin{aligned}\boldsymbol{\nabla} \langle \boldsymbol{B}(\boldsymbol{x},t)\rangle - \frac{1}{c}\frac{\partial \langle \boldsymbol{E}(\boldsymbol{x},t)\rangle}{\partial t} = \frac{4\pi}{c}\langle \boldsymbol{j}_{\mathrm{fr}}(\boldsymbol{x},t)\rangle &+ \frac{4\pi}{c}\frac{\partial \langle \boldsymbol{P}(\boldsymbol{x},t)\rangle}{\partial t}\\ &+ 4\pi\boldsymbol{\nabla} \times \langle \boldsymbol{M}(\boldsymbol{x},t)\rangle\ .\end{aligned}$$

Wir fassen die bisherigen Überlegungen wie folgt zusammen:

Satz 2.24: Makroskopische Maxwell-Gleichungen

Die makroskopischen Maxwell-Gleichungen in Materie lauten

$$\boldsymbol{\nabla} \langle \boldsymbol{D}(\boldsymbol{x},t)\rangle = 4\pi \langle \rho_{\mathrm{fr}}(\boldsymbol{x},t)\rangle \tag{I'}$$

$$\boldsymbol{\nabla} \times \langle \boldsymbol{E}(\boldsymbol{x},t)\rangle + \frac{1}{c}\frac{\partial \langle \boldsymbol{B}(\boldsymbol{x},t)\rangle}{\partial t} = \boldsymbol{0} \tag{II'}$$

$$\boldsymbol{\nabla} \langle \boldsymbol{B}(\boldsymbol{x},t)\rangle = 0 \tag{III'}$$

$$\boldsymbol{\nabla} \times \langle \boldsymbol{H}(\boldsymbol{x},t)\rangle - \frac{1}{c}\frac{\partial \langle \boldsymbol{D}(\boldsymbol{x},t)\rangle}{\partial t} = \frac{4\pi}{c}\langle \boldsymbol{j}_{\mathrm{fr}}(\boldsymbol{x},t)\rangle\ . \tag{IV'}$$

Hierbei sind

$$\langle \boldsymbol{D}\rangle = \langle \boldsymbol{E}\rangle + 4\pi\langle \boldsymbol{P}\rangle\ ,\ \langle \boldsymbol{P}\rangle \begin{cases} = \dfrac{\text{mittleres elektr. Dipolmoment}}{\text{Volumen}}\\ = \text{mittlere Polarisierung}\end{cases}$$

die *elektrische Verschiebung* oder *elektrische Induktion* und

$$\langle \boldsymbol{H}\rangle = \langle \boldsymbol{B}\rangle - 4\pi\langle \boldsymbol{M}\rangle\ ,\ \langle \boldsymbol{M}\rangle \begin{cases} = \dfrac{\text{mittleres magn. Dipolmoment}}{\text{Volumen}}\\ = \text{mittlere Magnetisierung}\end{cases}$$

▷

die *magnetische Feldstärke.* $\langle \boldsymbol{P} \rangle$ und $\langle \boldsymbol{M} \rangle$ sind mit den neutralen Ladungs- und Stromdichteverteilungen $\langle \rho_{\mathrm{nt}} \rangle$ und $\langle \boldsymbol{j}_{\mathrm{nt}} \rangle$ verbunden über

$$\begin{aligned}\langle \rho_{\mathrm{nt}}(\boldsymbol{x},t) \rangle &= -\boldsymbol{\nabla} \langle \boldsymbol{P}(\boldsymbol{x},t) \rangle \\ \langle \boldsymbol{j}_{\mathrm{nt}}(\boldsymbol{x},t) \rangle &= \frac{\partial \langle \boldsymbol{P}(\boldsymbol{x},t) \rangle}{\partial t} + c\boldsymbol{\nabla} \times \langle \boldsymbol{M}(\boldsymbol{x},t) \rangle \ .\end{aligned}$$

Die makroskopischen Gleichungen (I') bis (IV') implizieren die makroskopische Kontinuitätsgleichung

$$\frac{\partial \langle \rho_{\mathrm{fr}}(\boldsymbol{x},t) \rangle}{\partial t} + \boldsymbol{\nabla} \langle \boldsymbol{j}_{\mathrm{fr}}(\boldsymbol{x},t) \rangle = 0 \ .$$

Zum genaueren Verständnis dieses Satzes beachte man die folgenden Punkte:

- Die makroskopischen Maxwell-Gleichungen enthalten ausschließlich makroskopische, gemittelte Größen.
- Die elektrische Verschiebung $\langle \boldsymbol{D} \rangle$ setzt sich zusammen aus dem (von außen angelegten und durch die freien Ladungen induzierten) mittleren elektrischen Feld $\langle \boldsymbol{E} \rangle$ plus der mittleren Polarisierung $\langle \boldsymbol{P} \rangle$ des betrachteten Materials, die i.a. auch vom äußeren Feld $\langle \boldsymbol{E} \rangle$ abhängt.
- Die magnetische Feldstärke $\langle \boldsymbol{H} \rangle$ beschreibt das (von außen angelegte und durch die freien Ströme induzierte) mittlere Magnetfeld $\langle \boldsymbol{B} \rangle$, abzüglich der mittleren Magnetisierung $\langle \boldsymbol{M} \rangle$ des betrachteten Materials, die i.a. auch vom äußeren Feld $\langle \boldsymbol{B} \rangle$ abhängt.[15]
- Die makroskopischen Maxwell-Gleichungen besitzen eine ähnliche Struktur wie die mikroskopischen Gleichungen (I) bis (IV). Sie sind jedoch im Gegensatz zu (I) bis (IV) nicht fundamental, sondern stark phänomenologisch inspiriert. Insbesondere sind sie nicht lorentzkovariant formulierbar. Sie gelten vielmehr nur in einem Inertialsystem, in dem nämlich die Materie im Mittel ruht.

Makroskopische Lorentz-Kraft. Wir können natürlich unser Mittelungsverfahren auch auf die Lorentz-Kraft anwenden und erhalten so die gemittelte Kraft $\langle \boldsymbol{F}_{\mathrm{L}} \rangle$, die die gemittelten Felder $\langle \boldsymbol{E} \rangle$ und $\langle \boldsymbol{B} \rangle$ auf eine Ladung q ausüben:

$$\langle \boldsymbol{F}_{\mathrm{L}}(\boldsymbol{x},t) \rangle = q \left(\langle \boldsymbol{E}(\boldsymbol{x},t) \rangle + \frac{\dot{\boldsymbol{x}}}{c} \times \langle \boldsymbol{B}(\boldsymbol{x},t) \rangle \right) \ .$$

[15] Es sei hier auf eine semantische Inkonsistenz hingewiesen: Das grundlegende magnetische Feld $\boldsymbol{B}$ besitzt die unglückliche Bezeichnung „magnetische Induktion", während das Materialfeld $\boldsymbol{H}$ „magnetische Feldstärke" genannt wird. Somit verhalten sich $\boldsymbol{B}$ und $\boldsymbol{H}$ sprachlich umgekehrt zu den Feldern $\boldsymbol{E}$ und $\boldsymbol{D}$; für $\boldsymbol{B}$ und $\boldsymbol{H}$ wäre die umgekehrte Bezeichnung sprachlich angemessener.

Makroskopische Energiebilanz. Da die makroskopische Lorentz-Kraft $\langle \boldsymbol{F}_\mathrm{L}\rangle$ strukturgleich zur mikroskopischen Kraft $\boldsymbol{F}_\mathrm{L}$ ist, können wir die in Unterabschn. 2.1.3 vorgeführten Herleitungen mit den entsprechenden Ersetzungen übernehmen. Das Ergebnis läßt sich in folgender Form ausdrücken:

$$\frac{\partial \langle \epsilon_\mathrm{mech}\rangle}{\partial t} + \frac{\partial \langle \epsilon_\mathrm{em}\rangle}{\partial t} = -\boldsymbol{\nabla} \langle \boldsymbol{S}\rangle \ ,$$

mit

$$\frac{\partial \langle \epsilon_\mathrm{mech}\rangle}{\partial t} = \langle \boldsymbol{j}_\mathrm{fr}\rangle \langle \boldsymbol{E}\rangle$$

$$\left.\begin{aligned} \frac{\partial \langle \epsilon_\mathrm{em}\rangle}{\partial t} &= \frac{\langle \boldsymbol{E}\rangle \langle \dot{\boldsymbol{D}}\rangle + \langle \boldsymbol{H}\rangle \langle \dot{\boldsymbol{B}}\rangle}{4\pi} \\ \langle \boldsymbol{S}\rangle &= \frac{c}{4\pi} \langle \boldsymbol{E}\rangle \times \langle \boldsymbol{H}\rangle \ . \end{aligned}\right\} \tag{2.99}$$

Nomenklatur. Es ist allgemein üblich, in den makroskopischen Beziehungen die Mittelungsklammern und den Index fr fortzulassen. Wir werden im folgenden diese Konvention übernehmen, wobei wir noch einmal mit Nachdruck auf die verschiedenen Interpretationen der in den mikroskopischen und makroskopischen Gleichungen stehenden Ausdrücke hinweisen.

2.6.2 Materialgleichungen

Um die Maxwell-Gleichungen in Materie anwenden zu können, benötigen wir explizite Ausdrücke für die Polarisation und die Magnetisierung in Termen der makroskopischen elektromagnetischen Felder. Es ist klar, daß diese Beziehungen in erster Linie von der mikroskopischen Struktur des betrachteten Materials abhängen und somit im Rahmen der Quantenmechanik und der Quantenstatistik auszuarbeiten sind. Man kann jedoch auch innerhalb der Elektrodynamik phänomenologische Modellansätze machen, deren Gültigkeit sich im Experiment zu beweisen hat. Beschränkt man sich auf isotrope (keine bevorzugte Raumrichtung) und homogene (kein ausgezeichneter Raumpunkt) Materialien, dann ist ein vernünftiger Ansatz der folgende:[16]

$$\begin{aligned} \boldsymbol{P}(\boldsymbol{x},t) &= \boldsymbol{P}_0 + \int \mathrm{d}^3x'\mathrm{d}t'\alpha(|\boldsymbol{x}-\boldsymbol{x}'|, t-t')\boldsymbol{E}(\boldsymbol{x}',t') \\ \boldsymbol{M}(\boldsymbol{x},t) &= \boldsymbol{M}_0 + \int \mathrm{d}^3x'\mathrm{d}t'\beta(|\boldsymbol{x}-\boldsymbol{x}'|, t-t')\boldsymbol{B}(\boldsymbol{x}',t') \ , \end{aligned}$$

wobei α und β skalare orts- und zeitabhängige Funktionen sind. In den meisten Fällen kann die Ortsabhängigkeit von α und β vollständig vernachlässigt werden, da sie höchstens auf mikroskopischer Skala (einige atomare Längeneinheiten) signifikant ist und somit weit unterhalb der hier interessierenden makroskopischen Skala liegt. Wir haben dann

[16] Ein zu $\boldsymbol{B}$ ($\boldsymbol{E}$) proportionaler Term in $\boldsymbol{P}$ ($\boldsymbol{M}$) ist wegen des falschen Spiegelungsverhaltens auszuschließen.

$$\left.\begin{aligned} \boldsymbol{P}(\boldsymbol{x},t) &= \boldsymbol{P}_0 + \int \mathrm{d}t'\alpha(t-t')\boldsymbol{E}(\boldsymbol{x},t') \\ \boldsymbol{M}(\boldsymbol{x},t) &= \boldsymbol{M}_0 + \int \mathrm{d}t'\beta(t-t')\boldsymbol{B}(\boldsymbol{x},t') \ . \end{aligned}\right\} \quad (2.100)$$

Dieser Ansatz trägt insbesondere den empirisch festzustellenden *Hysteresis-Effekten* bei ferroelektrischen und ferromagnetischen Materialien Rechnung, bei denen die Polarisation und Magnetisierung von der „Vorgeschichte" des angelegten $\boldsymbol{E}$- bzw. $\boldsymbol{B}$-Feldes abhängt. Lassen wir solche Stoffe außer Acht, dann zeigt sich, daß in einem weiten Feldstärkebereich und sogar für Wechselfelder mit nicht zu hoher Frequenz der Ansatz (2.100) oftmals durch folgende lineare Zusammenhänge zwischen $\boldsymbol{P}$ und $\boldsymbol{E}$ sowie $\boldsymbol{M}$ und $\boldsymbol{B}$ ersetzt werden kann:

$$\boldsymbol{P} = \chi_{\mathrm{e}}\boldsymbol{E} \ , \ \boldsymbol{M} = \chi_{\mathrm{m}}\boldsymbol{B} \ . \quad (2.101)$$

χ_{e} und χ_{m} bezeichnen hierbei die *elektrische Suszeptibilität* bzw. *magnetische Suszeptibilität* des betrachteten Materials. Hieraus ergeben sich zwischen den Feldern $\boldsymbol{E}$ und $\boldsymbol{D}$ sowie $\boldsymbol{B}$ und $\boldsymbol{H}$ die Beziehungen

$$\left.\begin{aligned} \boldsymbol{D} &= \epsilon\boldsymbol{E} \ , \ \epsilon = 1 + 4\pi\chi_{\mathrm{e}} \\ \boldsymbol{B} &= \mu\boldsymbol{H} \ , \ \mu = 1 + 4\pi\chi_{\mathrm{m}} \ , \end{aligned}\right\} \quad (2.102)$$

wobei die Materialkonstanten ϵ und μ *Dielektrizitätskonstante* bzw. *Permeabilitätskonstante* heißen. Im weiteren Verlauf werden wir auf kompliziertere funktionale Abhängigkeiten nicht weiter eingehen, sondern uns ausschließlich auf die linearen Zusammenhänge (2.101) und (2.102) beschränken. Im allgemeinen unterscheidet man folgende elektrische Materialien:

- *Dielektrika:* In diesen Stoffen werden elektrische Dipole durch Anlegen eines elektrischen Feldes induziert. Sie resultieren aus Verschiebungen der Elektronhüllen gegenüber den Atomkernen sowie der positiven Ionen gegenüber den negativen.

- *Paraelektrika:* Paraelektrische Materialien besitzen permanente elektrische Dipole, die sich in Anwesenheit eines elektrischen Feldes ausrichten. Ohne elektrisches Feld sind die Richtungen der Dipole aufgrund der Wärmebewegung statistisch verteilt. Im Gegensatz zu dielektrischen Substanzen ist χ_{e} temperaturabhängig.

- *Ferroelektrika:* Ferroelektrische Stoffe besitzen permanente elektrische Dipole, die sich in Anwesenheit eines elektrischen Feldes ausrichten. Mit wachsender Feldstärke steigt die Polarisation sehr stark an, erreicht einen Sättigungswert, verschwindet beim Abschalten des Feldes nicht völlig und wird erst durch ein Gegenfeld beseitigt (elektrische Hysteresis). Oberhalb einer kritischen Temperatur geht diese Eigenschaft verloren, und das Material wird paraelektrisch.

Für dielektrische und paramagnetische Substanzen gilt stets $\chi_{\mathrm{e}} > 0$, $\epsilon > 0$. Analog zu den elektrischen Materialien klassifiziert man magnetische Substanzen wie folgt:

- *Diamagneten:* Diamagneten sind charakterisiert durch $\chi_{\mathrm{m}} < 0$. Es werden magnetische Dipole durch Anlegen eines Magnetfelds induziert. Nach der Lenzschen Regel sind diese Dipole so orientiert, daß sie dem äußeren Magnetfeld entgegenwirken (daher $\chi_{\mathrm{m}} < 0$).
- *Paramagneten:* Paramagneten haben permanente magnetische Dipole, die sich in Anwesenheit eines äußeren Magnetfeldes ausrichten. Ohne Magnetfeld sind die Richtungen der Dipole statistisch verteilt. Im Gegensatz zu Diamagneten ist χ_{m} positiv und temperaturabhängig.
- *Ferromagneten:* Ferromagnetische Substanzen besitzen permanente magnetische Dipole, die sich bei Anlegen eines äußeren Magnetfeldes ausrichten. Der Zusammenhang zwischen Magnetisierung und Magnetfeld ist nicht linear, und es kommt ähnlich wie bei Ferroelektrika zu magnetischen Hysteresis-Effekten. Bei Überschreiten einer kritischen Temperatur gehen die ferromagnetischen Eigenschaften verloren, und das Material wird paramagnetisch.

2.6.3 Stetigkeitsbedingungen an Grenzflächen

Wir untersuchen nun das Verhalten der makroskopischen Felder $\boldsymbol{E}$, $\boldsymbol{B}$, $\boldsymbol{D}$ und $\boldsymbol{H}$ an einer Grenzfläche, die zwei unterschiedliche Medien 1 und 2 voneinander trennt. Hierzu können wir der Argumentation aus Unterabschn. 2.5.3 folgen, indem wir wieder ein Volumenelement ΔV bzw. Flächenelement ΔF der Höhe h in die Grenzebene hineinlegen (Abb. 2.15). Die Anwendung des Gaußschen Satzes auf (I') und (III') liefert dann im Limes $h \to 0$

$$
\begin{aligned}
(\boldsymbol{D}_2 - \boldsymbol{D}_1)\boldsymbol{n} &= 4\pi\sigma \ , \ \sigma = \frac{\delta q}{\delta F} \\
(\boldsymbol{B}_2 - \boldsymbol{B}_1)\boldsymbol{n} &= 0 \ ,
\end{aligned}
$$

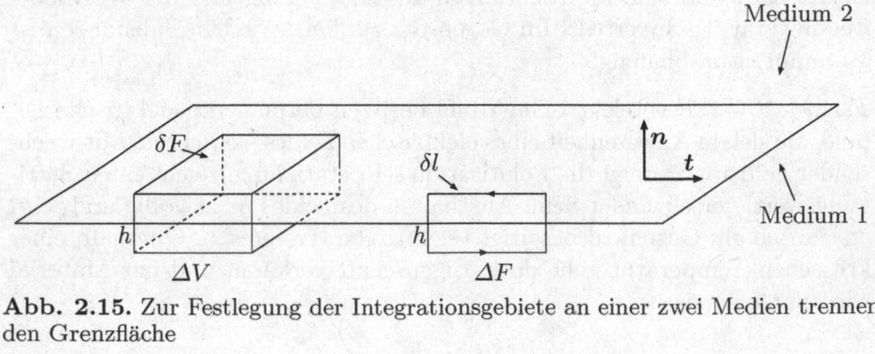

Abb. 2.15. Zur Festlegung der Integrationsgebiete an einer zwei Medien trennenden Grenzfläche

wobei $\boldsymbol{n}$ den in das Medium 2 zeigenden Normalenvektor und σ die Flächenladungsdichte der Grenzfläche bezeichnet. Die Anwendung des Stokesschen Satzes auf (IV') ergibt

$$\int_{\Delta F} \mathrm{d}\boldsymbol{F}\boldsymbol{\nabla}\times\boldsymbol{H} = \oint_C \mathrm{d}\boldsymbol{s}\boldsymbol{H} = \frac{1}{c}\int_{\Delta F}\mathrm{d}\boldsymbol{F}\frac{\partial\boldsymbol{D}}{\partial t} + \frac{4\pi}{c}\int_{\Delta F}\mathrm{d}\boldsymbol{F}\boldsymbol{j}\ .$$

Nehmen wir an, daß die Größe $\partial\boldsymbol{D}/\partial t$ an der Grenzfläche endlich ist, dann geht dieser Beitrag mit h gegen Null, und wir erhalten

$$\boldsymbol{t}(\boldsymbol{H}_2-\boldsymbol{H}_1) = \frac{4\pi}{c}J\ ,\ J=\frac{i}{\delta l}\ ,$$

wobei $\boldsymbol{t}$ einen Tangentialvektor der Grenzfläche, i den senkrecht zu $\boldsymbol{t}$ durch ΔF fließenden Strom und J die zugehörige Oberflächenstromdichte (Strom/Länge=(Ladung/Fläche)×Geschwindigkeit) bezeichnet. Eine entsprechende Rechnung ergibt für (II')

$$\boldsymbol{t}(\boldsymbol{E}_2-\boldsymbol{E}_1) = 0\ .$$

Satz 2.25: Stetigkeitsbedingungen an Grenzflächen

An einer zwei Medien 1 und 2 trennenden Grenzfläche gelten folgende Stetigkeitsbedingungen für die makroskopischen elektromagnetischen Felder:

$$\begin{aligned}
\boldsymbol{n}(\boldsymbol{D}_2-\boldsymbol{D}_1) &= 4\pi\sigma\ ,\ \sigma = \text{Oberflächenladungsdichte}\\
\boldsymbol{n}(\boldsymbol{B}_2-\boldsymbol{B}_1) &= 0\\
\boldsymbol{t}(\boldsymbol{H}_2-\boldsymbol{H}_1) &= \frac{4\pi}{c}J\ ,\ J = \text{Oberflächenstrom (senkrecht zu } \boldsymbol{n} \text{ und } \boldsymbol{t})\\
\boldsymbol{t}(\boldsymbol{E}_2-\boldsymbol{E}_1) &= 0\ ,
\end{aligned}$$

wobei $\boldsymbol{n}$ den in das Medium 2 zeigenden Normalenvektor und $\boldsymbol{t}$ einen Tangentialvektor der Grenzfläche bezeichnet.

Zusammenfassung

- Makroskopische elektrodynamische Phänomene in Materie werden durch die **makroskopischen Maxwell-Gleichungen** beschrieben, in denen die über viele atomare Längeneinheiten räumlich gemittelten Felder $\boldsymbol{E}=\langle\boldsymbol{E}\rangle$, $\boldsymbol{B}=\langle\boldsymbol{B}\rangle$, $\boldsymbol{D}=\langle\boldsymbol{D}\rangle$ und $\boldsymbol{H}=\langle\boldsymbol{H}\rangle$ sowie die freien Ladungs- und Stromdichteverteilungen $\rho=\langle\rho_{\mathrm{fr}}\rangle$ und $\boldsymbol{j}=\langle\boldsymbol{j}_{\mathrm{fr}}\rangle$ vorkommen.

- Diese Gleichungen sind im Gegensatz zu den mikroskopischen Beziehungen (I) bis (IV) nicht fundamental sondern phänomenologischer Natur.

▷

- Die im Material gebundenen neutralen Ladungs- und Stromdichteverteilungen lassen sich durch die **Polarisierung** $\boldsymbol{P} = \langle \boldsymbol{P} \rangle$ und die **Magnetisierung** $\boldsymbol{M} = \langle \boldsymbol{M} \rangle$ beschreiben und sind in den Feldern $\boldsymbol{D}$ und $\boldsymbol{H}$ enthalten.
- Für eine große Klasse von Materialien gilt näherungsweise ein linearer Zusammenhang zwischen $\boldsymbol{P}$ und $\boldsymbol{E}$ sowie zwischen $\boldsymbol{M}$ und $\boldsymbol{B}$, so daß sich mit Hilfe der **Dielektrizitätskonstanten** ϵ und der **Permeabilitätskonstanten** μ schreiben läßt: $\boldsymbol{D} = \epsilon \boldsymbol{E}$, $\boldsymbol{B} = \mu \boldsymbol{H}$.
- Die Anwendung des Gaußschen und Stokesschen Satzes auf die makroskopischen Maxwell-Gleichungen liefert Stetigkeitsbedingungen für die makroskopischen elektromagnetischen Felder an Grenzflächen.

Anwendungen

31. Dielektrische Kugel im homogenen elektrischen Feld. Gegeben sei eine ladungsfreie Kugel mit dem Radius R und der Dielektrizitätskonstanten ϵ, die in ein anfänglich homogenes elektrisches Feld $\boldsymbol{E}_0 = E_0 \boldsymbol{e}_z$ gebracht wird. Man berechne das elektrostatische Potential in- und außerhalb der Kugel sowie das zugehörige $\boldsymbol{E}$-Feld.

Lösung. Nach Voraussetzung sind innerhalb (Bereich I) und außerhalb (Bereich II) der Kugel keine freien Ladungen vorhanden. Das Problem besteht deshalb im Lösen der Laplace-Gleichung in beiden Bereichen unter Beachtung von entsprechenden Randbedingungen. Legen wir den Koordinatenursprung in den Mittelpunkt der Kugel, dann liegt eine azimutale Symmetrie vor, und wir können aufgrund von Satz 2.23 ansetzen:

$$
\begin{aligned}
\phi_{\mathrm{I}}(\boldsymbol{x}) &= \sum_{l=0}^{\infty} A_l r^l P_l(\cos\theta) \\
\phi_{\mathrm{II}}(\boldsymbol{x}) &= \sum_{l=0}^{\infty} \left[B_l r^l + C_l r^{-l-1}\right] P_l(\cos\theta) .
\end{aligned}
$$

(Aufgrund der Ladungsfreiheit der Kugel kann das innere Potential im Ursprung nicht singulär werden.) Die Koeffizienten A_l, B_l und C_l bestimmen sich aus folgenden Randbedingungen:

- Im Limes $|\boldsymbol{x}| \to \infty$ ist das $\boldsymbol{E}$-Feld gleich dem Ursprünglichen Feld:

$$
\boldsymbol{\nabla}\phi_{\mathrm{II}}\big|_{|\boldsymbol{x}|\to\infty} = -\boldsymbol{E}_0 \Longrightarrow B_1 = -E_0 \ , \ B_{l\neq 1} = 0 \ .
$$

- Die Tangentialkomponenten von $\boldsymbol{E}$ sind auf der Kugeloberfläche stetig:

$$\left.\frac{\partial \phi_{\mathrm{I}}}{\partial \theta}\right|_{r=R} = \left.\frac{\partial \phi_{\mathrm{II}}}{\partial \theta}\right|_{r=R} \Longrightarrow A_1 = -E_0 + \frac{C_1}{R^3}\ ,\ A_l = \frac{C_l}{R^{2l+1}}\ ,\ l \neq 1\ .$$

- Die Normalkomponenten von $\boldsymbol{D}$ sind auf der Kugeloberfläche stetig:

$$\epsilon \left.\frac{\partial \phi_{\mathrm{I}}}{\partial r}\right|_{r=R} = \left.\frac{\partial \phi_{\mathrm{II}}}{\partial r}\right|_{r=R} \Longrightarrow \left\{ \begin{array}{l} \epsilon A_1 = -E_0 - \dfrac{2C_1}{R^3} \\ \epsilon l A_l = -(l+1)\dfrac{C_l}{R^{2l+1}}\ ,\ l \neq 1\ . \end{array} \right.$$

Hieraus folgt

$$A_1 = -E_0 \frac{3}{\epsilon + 2}\ ,\ C_1 = E_0 R^3 \frac{\epsilon - 1}{\epsilon + 2}\ ,\ A_{l\neq 1} = C_{l\neq 1} = 0\ .$$

Wir haben somit insgesamt

$$\begin{aligned} \phi_{\mathrm{I}}(\boldsymbol{x}) &= -E_0 \frac{3}{\epsilon + 2} r \cos\theta \\ \phi_{\mathrm{II}}(\boldsymbol{x}) &= -E_0 r \cos\theta + E_0 \frac{\epsilon - 1}{\epsilon + 2} \frac{R^3}{r^2} \cos\theta\ . \end{aligned}$$

Das zugehörige $\boldsymbol{E}$-Feld ist in Abb. 2.16 dargestellt. Innerhalb der Kugel ergibt sich ein konstantes elektrisches Feld der Größe $E_{\mathrm{I}} = \frac{3}{\epsilon+2} E_0 < E_0$ in z-Richtung. Außerhalb der Kugel hat man das ursprüngliche Feld plus dem Feld eines in z-Richtung orientierten elektrischen Dipols $p = E_0 R^3 (\epsilon - 1)/(\epsilon + 2)$.

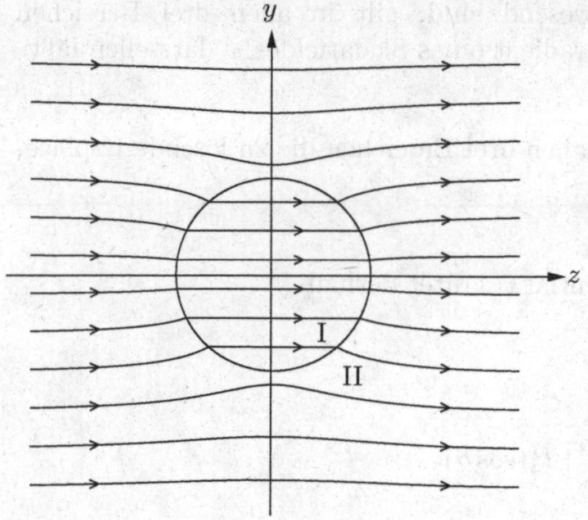

Abb. 2.16. Elektrisches Feld in Anwesenheit einer dielektrischen Kugel, die in ein anfänglich in z-Richtung verlaufendes homogenes Feld gebracht wird

32. Permeable Kugelschale im homogenen Magnetfeld. Gegeben sei eine Kugelschale mit innerem Radius a, äußerem Radius b und der Permeabilitätskonstanten μ, die in ein anfänglich homogenes Magnetfeld $\boldsymbol{B}_0 = B_0\boldsymbol{e}_z$ gebracht wird (Abb. 2.17 links). Man berechne das Magnetfeld $\boldsymbol{B}$ in den Bereichen I, II und III.

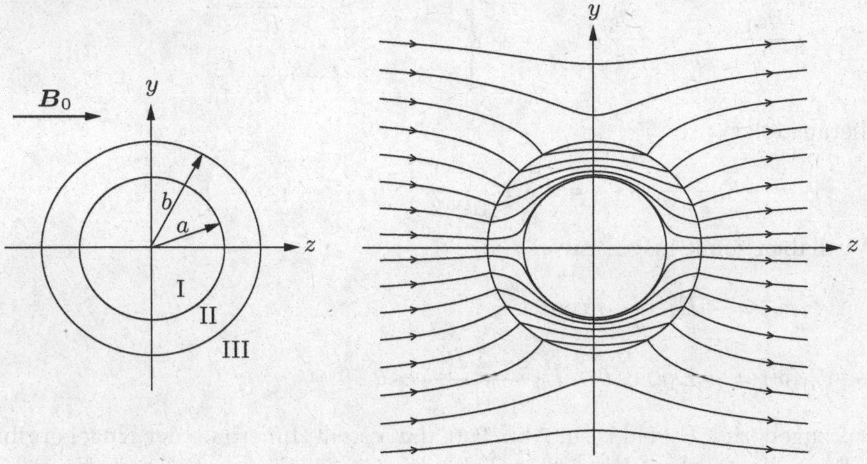

Abb. 2.17. Magnetfeld in Anwesenheit einer hochpermeablen Kugelschale, die in ein anfänglich in z-Richtung verlaufendes homogenes Feld gebracht wird

Lösung. Da keine Ströme anwesend sind, gilt in allen drei Bereichen $\boldsymbol{\nabla} \times \boldsymbol{B} = \boldsymbol{0}$, so daß sich $\boldsymbol{B}$ als Gradient eines Skalarfeldes ψ darstellen läßt:

$$\boldsymbol{B}(\boldsymbol{x}) = -\boldsymbol{\nabla}\psi(\boldsymbol{x}) .$$

Wegen $\boldsymbol{\nabla B} = 0$ folgt hieraus in allen drei Bereichen die zu lösende Laplace-Gleichung

$$\boldsymbol{\nabla}^2\psi(\boldsymbol{x}) = 0 .$$

Unser Ansatz für das Skalarpotential ψ lautet deshalb

$$\begin{aligned}
\psi_{\mathrm{I}}(\boldsymbol{x}) &= \sum_{l=0}^{\infty} \alpha_l r^l P_l(\cos\theta) \\
\psi_{\mathrm{II}}(\boldsymbol{x}) &= \sum_{l=0}^{\infty} \left[\beta_l r^l + \gamma_l r^{-l-1}\right] P_l(\cos\theta) \\
\psi_{\mathrm{III}}(\boldsymbol{x}) &= -B_0 r\cos\theta + \sum_{l=0}^{\infty} \delta_l r^{-l-1} P_l(\cos\theta) ,
\end{aligned}$$

wobei bereits die Bedingung $\boldsymbol{B}(|\boldsymbol{x}| \to \infty) = \boldsymbol{B}_0$ berücksichtigt ist. Man erhält die Konstanten α_l, β_l, γ_l und δ_l aus folgenden Randbedingungen:

- Die Tangentialkomponenten von $\boldsymbol{H}$ sind bei $r = a$ und $r = b$ stetig:

$$\left.\frac{\partial \psi_{\mathrm{I}}}{\partial \theta}\right|_{r=a} = \frac{1}{\mu} \left.\frac{\partial \psi_{\mathrm{II}}}{\partial \theta}\right|_{r=a} \;,\; \frac{1}{\mu} \left.\frac{\partial \psi_{\mathrm{II}}}{\partial \theta}\right|_{r=b} = \left.\frac{\partial \psi_{\mathrm{III}}}{\partial \theta}\right|_{r=b} .$$

- Die Normalkomponenten von $\boldsymbol{B}$ sind bei $r = a$ und $r = b$ stetig:

$$\left.\frac{\partial \psi_{\mathrm{I}}}{\partial r}\right|_{r=a} = \left.\frac{\partial \psi_{\mathrm{II}}}{\partial r}\right|_{r=a} \;,\; \left.\frac{\partial \psi_{\mathrm{II}}}{\partial r}\right|_{r=b} = \left.\frac{\partial \psi_{\mathrm{III}}}{\partial r}\right|_{r=b} .$$

Nach einiger Rechnung ergibt sich hieraus

$$\begin{aligned}
\alpha_1 &= -\frac{9\mu B_0}{(2\mu+1)(\mu+2) - 2\frac{a^3}{b^3}(\mu-1)^2} \;,\; \alpha_{l\neq 1} = 0 \\
\beta_1 &= -\frac{3(2\mu+1)B_0}{(2\mu+1)(\mu+2) - 2\frac{a^3}{b^3}(\mu-1)^2} \;,\; \beta_{l\neq 1} = 0 \\
\gamma_1 &= -\frac{3a^3(\mu-1)B_0}{(2\mu+1)(\mu+2) - 2\frac{a^3}{b^3}(\mu-1)^2} \;,\; \gamma_{l\neq 1} = 0 \\
\delta_1 &= \frac{(2\mu+1)(\mu-1)(b^3-a^3)B_0}{(2\mu+1)(\mu+2) - 2\frac{a^3}{b^3}(\mu-1)^2} \;,\; \delta_{l\neq 1} = 0 .
\end{aligned}$$

Außerhalb der Kugel ist das Potential äquivalent zum ursprünglichen Feld $\boldsymbol{B}_0$ plus dem Feld eines in z-Richtung orientierten magnetischen Dipols der Größe δ_1. Im inneren Bereich hat man ein konstantes Magnetfeld der Größe $-\alpha_1$ in z-Richtung. Insbesondere ist für $\mu \gg 1$

$$\alpha_1 = -\frac{9B_0}{2\mu\left(1 - \frac{a^3}{b^3}\right)} .$$

Das innere Magnetfeld wird demnach durch eine hochpermeable Kugelschale (mit $\mu \approx 10^3$ bis 10^6) selbst bei relativ kleiner Schalendicke stark reduziert. Dieser magnetische Abschirmungseffekt ist das magnetische Analogon zur elektrischen Abschirmung innerhalb eines Faradayschen Käfigs und ist in Abb. 2.17 rechts dargestellt.

2.7 Elektromagnetische Wellen

Dieser Abschnitt beschäftigt sich mit der Ausbreitung elektromagnetischer Wellen. Ausgehend von den makroskopischen Maxwell-Gleichungen werden die Eigenschaften von ebenen monochromatischen Wellen in nichtleitenden Medien diskutiert. Unter Beachtung der Stetigkeitsbedingungen an Grenzflächen folgern wir hieraus das *Reflexions-* und *Brechungsgesetz*. Desweiteren betrachten wir aus ebenen Wellen zusammengesetzte *Wellenpakete* sowie deren „Zerfließen“ in *dispersiven Medien*. Wir erweitern unsere Betrachtungen auf die Wellenausbreitung in leitenden Medien. Hierbei treten komplexe Wellenvektoren auf, die zu Dämpfungseffekten führen. Am Ende besprechen wir als konkretes Anwendungsbeispiel die Wellenpropagation in einem zylindrisch geformten *Hohlleiter*.

2.7.1 Ebene Wellen in nichtleitenden Medien

Man betrachte ein nichtleitendes homogenes isotropes Medium, das durch die Dielektrizitätskonstante ϵ und die Permeabilitätskonstante μ charakterisiert ist. Für die folgenden Betrachtungen nehmen wir an, daß beide Größen reell und positiv sind, wobei sie durchaus von der Wellenfrequenz ω abhängig sein dürfen. Mit

$$\boldsymbol{D} = \epsilon \boldsymbol{E} \;,\; \boldsymbol{B} = \mu \boldsymbol{H}$$

lauten die quellfreien ($\rho = 0$, $\boldsymbol{j} = \boldsymbol{0}$) makroskopischen Maxwell-Gleichungen

$$\left.\begin{array}{l} \epsilon \boldsymbol{\nabla} \boldsymbol{E} = 0 \;,\; \boldsymbol{\nabla} \times \boldsymbol{E} + \dfrac{1}{c}\dfrac{\partial \boldsymbol{B}}{\partial t} = \boldsymbol{0} \\ \boldsymbol{\nabla} \boldsymbol{B} = 0 \;,\; \boldsymbol{\nabla} \times \dfrac{\boldsymbol{B}}{\mu} - \dfrac{\epsilon}{c}\dfrac{\partial \boldsymbol{E}}{\partial t} = \boldsymbol{0} \,. \end{array}\right\} \tag{2.103}$$

Für $\epsilon = \mu = 1$ wird hiermit rein formal auch der Vakuumfall berücksichtigt. Es sei jedoch auch hier noch einmal daran erinnert, daß im Vakuum die mikroskopischen $\boldsymbol{E}$- und $\boldsymbol{B}$-Felder eine andere Interpretation besitzen, als die gemittelten makroskopischen Felder. Kombiniert man unter Berücksichtigung der Divergenzgleichungen die Rotationsgleichungen miteinander, so erhält man die in $\boldsymbol{E}$ und $\boldsymbol{B}$ symmetrischen Wellengleichungen

$$\boldsymbol{\nabla}^2 \boldsymbol{E} - \frac{1}{v^2}\frac{\partial^2 \boldsymbol{E}}{\partial t^2} = \boldsymbol{0} \;,\; \boldsymbol{\nabla}^2 \boldsymbol{B} - \frac{1}{v^2}\frac{\partial^2 \boldsymbol{B}}{\partial t^2} = \boldsymbol{0} \;,\; v = \frac{c}{\sqrt{\epsilon\mu}} \;, \tag{2.104}$$

wobei die ebenfalls frequenzabhängige Größe v die Dimension einer Geschwindigkeit hat. Zur Lösung der Wellengleichungen zu einer bestimmten Frequenz ω machen wir den Ansatz

$$\boldsymbol{E}(\boldsymbol{x}, t) = \boldsymbol{E}_0 \mathrm{e}^{\mathrm{i}(\boldsymbol{k}\boldsymbol{x} - \omega t)} \;,\; \boldsymbol{B}(\boldsymbol{x}, t) = \boldsymbol{B}_0 \mathrm{e}^{\mathrm{i}(\boldsymbol{k}\boldsymbol{x} - \omega t)} \,. \tag{2.105}$$

Diese Felder beschreiben ebene monochromatische, d.h. unifrequente Wellen, die sich in Richtung des Wellenvektors $\boldsymbol{k}$ ausbreiten, wobei die physikalischen Felder jeweils durch den Realteil gegeben sind. Durch Einsetzen dieser Gleichungen in (2.104) erhält man folgenden Zusammenhang zwischen ω und k (*Dispersionsrelation*):

$$\omega^2 = \frac{c^2 \boldsymbol{k}^2}{\epsilon\mu} = \frac{c^2 \boldsymbol{k}^2}{n^2} \;,\; n = \sqrt{\epsilon\mu} \;, \tag{2.106}$$

mit dem frequenzabhängigen *Brechungsindex* n des betrachteten Mediums. Aufgrund obiger Voraussetzung ist n und damit auch ω sowie $\boldsymbol{k}$ reell,[17]

[17] Ein komplexes n und damit $\boldsymbol{k}$ führt zu exponentiell gedämpften Wellen (*dissipative Effekte*).

während die Amplitudenvektoren $\boldsymbol{E}_0, \boldsymbol{B}_0$ i.a. komplexwertig sind. Gleichung (2.106) bestimmt die Lösungen (2.105) noch nicht vollständig. Setzen wir nämlich (2.105) in die Maxwell-Gleichungen (2.103) ein, so ergeben sich die zusätzlichen Beziehungen

$$\boldsymbol{k}\boldsymbol{E}_0 = 0 \ , \ \boldsymbol{k} \times \boldsymbol{E}_0 = \frac{\omega}{c}\boldsymbol{B}_0$$

$$\boldsymbol{k}\boldsymbol{B}_0 = 0 \ , \ \boldsymbol{k} \times \boldsymbol{B}_0 = -\epsilon\mu\frac{\omega}{c}\boldsymbol{E}_0 \ ,$$

woraus folgt:

$$\boldsymbol{k} \perp \boldsymbol{E}_0, \boldsymbol{B}_0 \ , \ \boldsymbol{B}_0 = \frac{c}{\omega}\boldsymbol{k} \times \boldsymbol{E}_0 \ . \tag{2.107}$$

Das heißt $\boldsymbol{k}, \boldsymbol{E}_0, \boldsymbol{B}_0$ bilden in dieser Reihenfolge ein orthogonales Dreibein. Demnach handelt es sich also in (2.105) um *transversale Wellen*, bei denen die Schwingungsrichtungen $\boldsymbol{E}_0, \boldsymbol{B}_0$ senkrecht zur Ausbreitungsrichtung $\boldsymbol{k}$ stehen.

Energie und Impuls. Unter Berücksichtigung von (2.99) lauten die zu (2.11) und (2.12) analogen Gleichungen für die zeitgemittelten Größen $\overline{\boldsymbol{S}}$ und $\overline{\epsilon_{\mathrm{em}}}$

$$\overline{\boldsymbol{S}} = \frac{c}{8\pi\mu}\mathrm{Re}\left[\boldsymbol{E}_0 \times \boldsymbol{B}_0^*\right] = \frac{c}{8\pi}\sqrt{\frac{\epsilon}{\mu}}|\boldsymbol{E}_0|^2\hat{\boldsymbol{k}} \ , \ \hat{\boldsymbol{k}} = \frac{\boldsymbol{k}}{|\boldsymbol{k}|}$$

$$\overline{\epsilon_{\mathrm{em}}} = \frac{1}{16\pi}\left[\epsilon|\boldsymbol{E}_0|^2 + \frac{1}{\mu}|\boldsymbol{B}_0|^2\right] = \frac{\epsilon}{8\pi}|\boldsymbol{E}_0|^2 \ .$$

Teilt man beide Größen durch einander, so ergibt sich die Geschwindigkeit des Energieflusses in Ausbreitungsrichtung:

$$\frac{\overline{\boldsymbol{S}}}{\overline{\epsilon_{\mathrm{em}}}} = \frac{c}{\sqrt{\epsilon\mu}}\hat{\boldsymbol{k}} = v\hat{\boldsymbol{k}} \ .$$

Wir können also v mit der *Phasengeschwindigkeit* v_φ identifizieren, welche diejenige Geschwindigkeit angibt, mit der sich Wellenzüge konstanter Phase in Richtung $\boldsymbol{k}$ ausbreiten:

$$\boldsymbol{k}\boldsymbol{x} - \omega t = \mathrm{const} \Longrightarrow |\boldsymbol{k}|(|\boldsymbol{x}| - v_\varphi t) = \mathrm{const} \ , \ v_\varphi = \frac{\omega}{|\boldsymbol{k}|} \ .$$

Neben der Frequenz ω und der Phasengeschwindigkeit v_φ ist ein weiteres Charakteristikum ebener monochromatischer Wellen die *Wellenlänge* λ. Sie gibt die Länge zwischen Punkten gleicher Phase (in Ausbreitungsrichtung) zu einem festen Zeitpunkt an:

$$|\boldsymbol{k}|(|\boldsymbol{x}| + \lambda) = |\boldsymbol{k}||\boldsymbol{x}| + 2\pi \Longrightarrow \lambda = \frac{2\pi}{|\boldsymbol{k}|} \ .$$

Polarisation. Aufgrund der Linearität der Wellengleichungen ergibt die lineare Überlagerung (Superposition) von Lösungen wieder eine Lösung. Wir wollen nun zwei spezielle Lösungen zur selben Frequenz ω der Form

$$\boldsymbol{E}_1(\boldsymbol{x},t) = E_1\boldsymbol{e}_1 \mathrm{e}^{\mathrm{i}(\boldsymbol{kx}-\omega t)} \quad , \quad \boldsymbol{B}_1(\boldsymbol{x},t) = \frac{c}{\omega}\boldsymbol{k} \times \boldsymbol{E}_1(\boldsymbol{x},t)$$

$$\boldsymbol{E}_2(\boldsymbol{x},t) = E_2\boldsymbol{e}_2 \mathrm{e}^{\mathrm{i}(\boldsymbol{kx}-\omega t)} \quad , \quad \boldsymbol{B}_2(\boldsymbol{x},t) = \frac{c}{\omega}\boldsymbol{k} \times \boldsymbol{E}_2(\boldsymbol{x},t)$$

betrachten, wobei $\boldsymbol{e}_1$ und $\boldsymbol{e}_2$ reelle orthogonale Einheitsvektoren bezeichnen. Diese Felder beschreiben *linear polarisierte* Wellen, da ihre Schwingungsrichtungen für alle Zeiten entlang der *Polarisationsvektoren* $\boldsymbol{e}_i$ bzw. $\hat{\boldsymbol{k}} \times \boldsymbol{e}_i$ verlaufen. Die Superposition der beiden $\boldsymbol{E}$-Felder führt zu der neuen Lösung

$$\boldsymbol{E}(\boldsymbol{x},t) = (\boldsymbol{e}_1 E_1 + \boldsymbol{e}_2 E_2)\mathrm{e}^{\mathrm{i}(\boldsymbol{kx}-\omega t)} = (\boldsymbol{e}_1|E_1|\mathrm{e}^{\mathrm{i}\delta_1} + \boldsymbol{e}_2|E_2|\mathrm{e}^{\mathrm{i}\delta_2})\mathrm{e}^{\mathrm{i}(\boldsymbol{kx}-\omega t)} ,$$

deren physikalischer Anteil gegeben ist durch

$$\mathrm{Re}\boldsymbol{E}(\boldsymbol{x},t) = \boldsymbol{e}_1|E_1|\cos(\boldsymbol{kx}-\omega t+\delta_1) + \boldsymbol{e}_2|E_2|\cos(\boldsymbol{kx}-\omega t+\delta_2) . \quad (2.108)$$

Für die $\boldsymbol{B}$-Felder gilt Entsprechendes. Der letzte Ausdruck läßt sich je nach Größe der Phasen δ_1, δ_2 und der Amplituden $|E_1|, |E_2|$ nach drei Polarisationszuständen klassifizieren:

- *Elliptische Polarisation:* $\delta_1 \neq \delta_2$. Dies ist der allgemeinste Fall. Betrachtet man einen festen Ort, dann rotiert der elektrische Feldvektor $\mathrm{Re}\boldsymbol{E}(\boldsymbol{x} = \mathrm{const}, t)$ auf einer Ellipse in der durch $\boldsymbol{e}_1$ und $\boldsymbol{e}_2$ aufgespannten Ebene mit der Periode $T = 2\pi/\omega$.
- *Zirkulare Polarisation:* $\delta_2 = \delta_1 \pm \pi/2$, $|E_1| = |E_2|$. Für diesen Spezialfall lautet (2.108)

$$\mathrm{Re}\boldsymbol{E}(\boldsymbol{x},t) = |E_1|\left[\boldsymbol{e}_1\cos(\boldsymbol{kx}-\omega t+\delta_1) \mp \boldsymbol{e}_2\sin(\boldsymbol{kx}-\omega t+\delta_1)\right] .$$

  Das heißt $\mathrm{Re}\boldsymbol{E}(\boldsymbol{x} = \mathrm{const}, t)$ beschreibt einen Kreis mit dem Radius $|E_1|$. Der Umlaufsinn ist dabei je nach Vorzeichen von $\delta_2 - \delta_1 = \pm 2\pi$
  (+): positiv (*links zirkular polarisiert, positive Helizität*),
  (−): negativ (*rechts zirkular polarisiert, negative Helizität*).
- *Lineare Polarisation:* $\delta_1 = \delta_2$. Hier wird (2.108) zu

$$\mathrm{Re}\boldsymbol{E}(\boldsymbol{x},t) = (\boldsymbol{e}_1|E_1| + \boldsymbol{e}_2|E_2|)\cos(\boldsymbol{kx}-\omega t+\delta_1) .$$

  $\mathrm{Re}\boldsymbol{E}(\boldsymbol{x} = \mathrm{const}, t)$ bewegt sich also entlang einer Geraden in der $\boldsymbol{e}_1\boldsymbol{e}_2$-Ebene.

Satz 2.26: Ebene Wellen in nichtleitenden Medien

Ebene monochromatische elektromagnetische Wellen in nichtleitenden Medien (ϵ, μ reell) werden durch die Realteile der transversalen Felder

$$\boldsymbol{E}(\boldsymbol{x},t) = \boldsymbol{E}_0\mathrm{e}^{\mathrm{i}(\boldsymbol{kx}-\omega t)} \ , \ \boldsymbol{B}(\boldsymbol{x},t) = \boldsymbol{B}_0\mathrm{e}^{\mathrm{i}(\boldsymbol{kx}-\omega t)}$$

beschrieben, mit

▷

$$\omega^2 = \frac{c^2 \boldsymbol{k}^2}{n^2}\ ,\ n = \sqrt{\epsilon\mu}\ ,\ \boldsymbol{k} \perp \boldsymbol{E}_0 \boldsymbol{B}_0\ ,\ \boldsymbol{B}_0 = \frac{c}{\omega}\boldsymbol{k} \times \boldsymbol{E}_0\ ,$$

$\omega, \boldsymbol{k}, n$ reell , $\boldsymbol{E}_0, \boldsymbol{B}_0$ komplex .

Kenngrößen dieser Wellen sind die Frequenz ω, welche über die für das betrachtete Medium charakteristische Dispersionsrelation mit dem Wellenvektor $\boldsymbol{k}$ verbunden ist, die Phasengeschwindigkeit $v_\varphi = \omega/|k|$ sowie die Wellenlänge $\lambda = 2\pi/|k|$. Durch Superposition zweier linear polarisierter Wellen erhält man i.a. elliptisch polarisierte Felder. Spezialfälle der elliptischen Polarisation sind die lineare und die zirkulare Polarisation.

2.7.2 Reflexion und Brechung

In diesem Unterabschnitt wird untersucht, wie sich ebene monochromatische Wellen an einer in der xy-Ebene verlaufenden Grenzfläche verhalten, die zwei Medien mit unterschiedlichen Brechungsindizes $n = \sqrt{\epsilon\mu}$ und $n' = \sqrt{\epsilon'\mu'}$ voneinander trennt (siehe Abb. 2.18). Hierzu ist es sinnvoll, folgenden Ansatz für die $\boldsymbol{E}$- und $\boldsymbol{B}$-Felder der einfallenden, der durch die Grenzfläche hindurchtretenden (gebrochenen) und der an der Grenzfläche reflektierten Wellen zu machen:

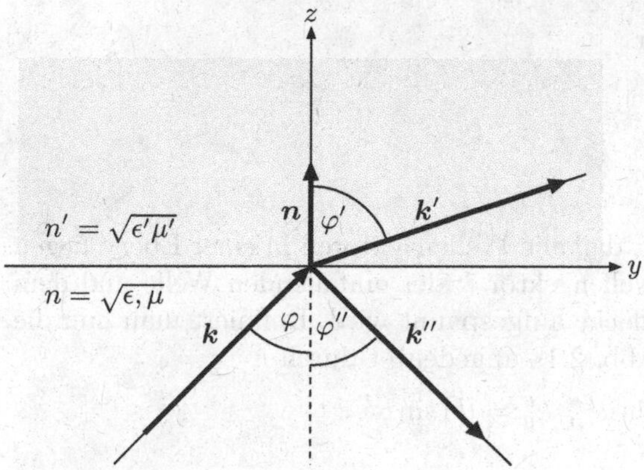

Abb. 2.18. Reflexion und Brechung elektromagnetischer Wellen an einer zwei Medien trennenden Grenzfläche

- **Einfallende Wellen:**

$$\boldsymbol{E}(\boldsymbol{x}, t) = \boldsymbol{E}_0 \mathrm{e}^{\mathrm{i}(\boldsymbol{k}\boldsymbol{x} - \omega t)}\ ,\ \boldsymbol{B}(\boldsymbol{x}, t) = \frac{c}{\omega}\boldsymbol{k} \times \boldsymbol{E}(\boldsymbol{x}, t)$$

$$\boldsymbol{k} \perp \boldsymbol{E}_0\ ,\ \omega^2 = \frac{c^2 \boldsymbol{k}^2}{n^2}\ .$$

- **Gebrochene Wellen:**

$$\boldsymbol{E}'(\boldsymbol{x},t) = \boldsymbol{E}_0 \mathrm{e}^{\mathrm{i}(\boldsymbol{k}'\boldsymbol{x}-\omega' t)} \;,\; \boldsymbol{B}'(\boldsymbol{x},t) = \frac{c}{\omega'}\boldsymbol{k}' \times \boldsymbol{E}'(\boldsymbol{x},t)$$

$$\boldsymbol{k}' \perp \boldsymbol{E}_0' \;,\; \omega'^2 = \frac{c^2\boldsymbol{k}'^2}{n'^2} \;.$$

- **Reflektierte Wellen:**

$$\boldsymbol{E}''(\boldsymbol{x},t) = \boldsymbol{E}_0'' \mathrm{e}^{\mathrm{i}(\boldsymbol{k}''\boldsymbol{x}-\omega'' t)} \;,\; \boldsymbol{B}''(\boldsymbol{x},t) = \frac{c}{\omega''}\boldsymbol{k}'' \times \boldsymbol{E}''(\boldsymbol{x},t)$$

$$\boldsymbol{k}'' \perp \boldsymbol{E}_0'' \;,\; \omega''^2 = \frac{c^2\boldsymbol{k}''^2}{n^2} \;.$$

Dieser Ansatz erfüllt die in den betrachteten Medien geltenden Wellengleichungen (2.104) inklusive der aus den Maxwell-Gleichungen folgenden Orthogonalitätsbeziehungen (2.107). Nach Satz 2.25 müssen darüber hinaus gewisse Stetigkeitsbedingungen an der Grenzfläche ($z = 0$) für die Tangential(t)- und Normal(n)-Komponenten der Felder erfüllt sein. Sie lauten in Abwesenheit von Oberflächenladungen und -strömen

$$[\boldsymbol{E}_\mathrm{t},\ \boldsymbol{H}_\mathrm{t},\ \boldsymbol{B}_\mathrm{n},\ \boldsymbol{D}_\mathrm{n}]_{z=0} \text{ stetig} \;. \tag{2.109}$$

Man erkennt leicht, daß diese Bedingungen nur dann für alle Zeiten zu erfüllen sind, wenn (bis auf ganzzahlige Vielfache von 2π, die wir ohne Beschränkung der Allgemeinheit nicht zu berücksichtigen brauchen) gilt:

$$[\boldsymbol{k}\boldsymbol{x} - \omega t = \boldsymbol{k}'\boldsymbol{x} - \omega' t = \boldsymbol{k}''\boldsymbol{x} - \omega'' t]_{z=0} \;.$$

Für $\boldsymbol{x} = \boldsymbol{0}$ folgt hieraus weiter

$$\omega = \omega' = \omega'' \Longrightarrow |\boldsymbol{k}| = |\boldsymbol{k}''|$$

und für $t = 0$

$$[\boldsymbol{k}\boldsymbol{x} = \boldsymbol{k}'\boldsymbol{x} = \boldsymbol{k}''\boldsymbol{x}]_{z=0} \;.$$

Die letzte Beziehung bedeutet, daß alle Wellenvektoren in einer Ebene liegen müssen, die z.B. durch den Wellenvektor $\boldsymbol{k}$ der einfallenden Welle und dem Normalenvektor $\boldsymbol{n}$ der Grenzfläche aufgespannt wird. Definiert man nun die Winkel φ, φ' und φ'' wie in Abb. 2.18 angedeutet durch

$$k_y = |k| \sin\varphi \;,\; k_y' = |k'| \sin\varphi' \;,\; k_y'' = |k| \sin\varphi'' \;,$$

dann erhält man den

Satz 2.27: Reflexions- und Brechungsgesetz

Treffen ebene unifrequente Wellen auf eine, zwei unterschiedliche Medien (n, n') trennende Grenzfläche, dann gilt:

- Einfallende, reflektierte und gebrochene Wellen haben dieselbe Frequenz.
- Die Beträge der Wellenvektoren der einfallenden und reflektierten Wellen sind gleich.

▷

- Der Einfallswinkel ist gleich dem Ausfallwinkel:

$$\varphi = \varphi'' \quad (\textit{Reflexionsgesetz}) \ .$$

- Zwischen Einfalls- und Brechungswinkel sowie den Brechungsindizes der beiden Medien gilt

$$\frac{\sin\varphi'}{\sin\varphi} = \frac{n}{n'} \quad (\textit{Brechungsgesetz}) \ .$$

Totalreflexion. Treten die elektromagnetischen Wellen vom optisch dichteren ins optisch dünnere Medium über ($n > n'$), dann gilt nach dem Brechungsgesetz

$$\sin\varphi = \frac{n'}{n}\sin\varphi' < 1 \ .$$

Das heißt es gibt einen Einfallswinkel

$$\varphi_{\mathrm{TR}} = \arcsin\frac{n'}{n} \ ,$$

bei dem der Brechungswinkel den Wert $\pi/2$ annimmt und sich die „gebrochenen" Wellen entlang der Grenzschicht ausbreiten. Für größere Winkel $\varphi > \varphi_{\mathrm{TR}}$ werden die einfallenden Wellen vollständig reflektiert (siehe Anwendung 33). Durch die Bestimmung dieses Grenzwinkels φ_{TR}, ab dem Totalreflexion eintritt, läßt sich z.B. die optische Dichte eines unbekannten Mediums experimentell messen.

Intensitätsbeziehungen. Im Gegensatz zum Reflexions- und Brechungsgesetz hängen die Intensität und Polarisation der reflektierten und gebrochenen Wellen wesentlich vom Vektorcharakter der Wellen ab. Um dies zu sehen, schreiben wir die Stetigkeitsbedingungen (2.109) noch einmal explizit an:

$$\left.\begin{array}{r} (\boldsymbol{E}_0 + \boldsymbol{E}_0'' - \boldsymbol{E}_0')\boldsymbol{t} = 0 \\ \left[\frac{1}{\mu}(\boldsymbol{k}\times\boldsymbol{E}_0 + \boldsymbol{k}''\times\boldsymbol{E}_0'') - \frac{1}{\mu'}\boldsymbol{k}'\times\boldsymbol{E}_0'\right]\boldsymbol{t} = 0 \\ (\boldsymbol{k}\times\boldsymbol{E}_0 + \boldsymbol{k}''\times\boldsymbol{E}_0'' - \boldsymbol{k}'\times\boldsymbol{E}_0')\boldsymbol{n} = 0 \\ [\epsilon(\boldsymbol{E}_0 + \boldsymbol{E}_0'') - \epsilon'\boldsymbol{E}_0']\boldsymbol{n} = 0 \ , \end{array}\right\} \quad (2.110)$$

wobei $\boldsymbol{n} = \begin{pmatrix} 0 \\ 0 \\ 1 \end{pmatrix}$ den Normalenvektor und $\boldsymbol{t} = \begin{pmatrix} t_1 \\ t_2 \\ 0 \end{pmatrix}$ einen Tangentialvektor der Grenzfläche bezeichnen. Zur weiteren Auswertung dieser Gleichungen ist es instruktiv, zwei Spezialfälle zu betrachten, bei denen die einfallenden Wellen jeweils in verschiedenen Richtungen linear polarisiert sind:

a) **Senkrechte Polarisation:** Der Polarisationsvektor des einfallenden elektrischen Feldes stehe senkrecht zu der von $\boldsymbol{n}$ und $\boldsymbol{k}$ aufgespannten Einfallsebene (Abb. 2.19). In diesem Fall können wir für die vektoriellen Größen

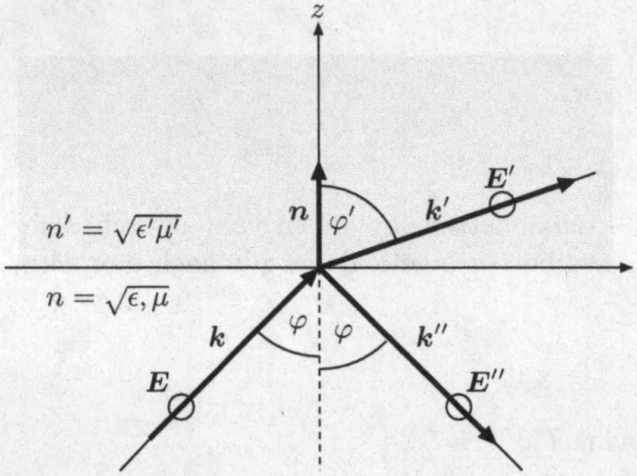

Abb. 2.19. Reflexion und Brechung elektromagnetischer Wellen, deren $\boldsymbol{E}$-Feld senkrecht zur Einfallsebene polarisiert ist

der $\boldsymbol{E}$-Felder ansetzen:

$$\boldsymbol{k} = \begin{pmatrix} 0 \\ k_2 \\ k_3 \end{pmatrix}, \ \boldsymbol{k}' = \begin{pmatrix} 0 \\ k_2 \\ k_3' \end{pmatrix}, \ \boldsymbol{k}'' = \begin{pmatrix} 0 \\ k_2 \\ -k_3 \end{pmatrix}$$

$$\boldsymbol{E}_0 = \begin{pmatrix} E_1 \\ 0 \\ 0 \end{pmatrix}, \ \boldsymbol{E}_0' = \begin{pmatrix} E_1' \\ E_2' \\ E_3' \end{pmatrix} \boldsymbol{E}_0'' = \begin{pmatrix} E_1'' \\ E_2'' \\ E_3'' \end{pmatrix},$$

mit

$$\left.\begin{aligned} 0 &= k_2E_2' + k_3'E_3' \qquad (\boldsymbol{k}'\boldsymbol{E}_0' = 0) \\ 0 &= k_2E_2'' - k_3E_3'' \qquad (\boldsymbol{k}''\boldsymbol{E}_0'' = 0)\,. \end{aligned}\right\} \qquad (2.111)$$

Die erste und letzte Beziehung in (2.110) beinhalten die Gleichungen

$$0 = E_2'' - E_2'$$
$$0 = \epsilon E_3'' - \epsilon' E_3'$$

und bilden mit (2.111) ein homogenes Gleichungssystem für die vier Unbekannten E_2', E_3', E_2'', E_3'', dessen einzige Lösung die Triviallösung

$$E_2' = E_3' = E_2'' = E_3'' = 0$$

ist. Das heißt auch die reflektierten und gebrochenen $\boldsymbol{E}$-Felder sind in gleicher Richtung polarisiert, wie das einfallende Feld. Die verbleibenden Gleichungen in (2.110) bilden ein inhomogenes Gleichungssystem für E_1', E_1''

und k_3', woraus sich die *Fresnelschen Formeln* für elektromagnetische Wellen ergeben, die senkrecht zur Einfallsebene polarisiert sind:

$$\frac{E_1'}{E_1} = \frac{2n\cos\varphi}{n\cos\varphi + \frac{\mu}{\mu'}\sqrt{n'^2 - n^2\sin^2\varphi}}$$

$$\frac{E_1''}{E_1} = \frac{n\cos\varphi - \frac{\mu}{\mu'}\sqrt{n'^2 - n^2\sin^2\varphi}}{n\cos\varphi + \frac{\mu}{\mu'}\sqrt{n'^2 - n^2\sin^2\varphi}} . \tag{2.112}$$

b) Parallele Polarisation: Der Polarisationsvektor des einfallenden elektrischen Feldes sei parallel zu der von $\boldsymbol{n}$ und $\boldsymbol{k}$ aufgespannten Einfallsebene polarisiert (Abb. 2.20). Hierfür setzen wir an:

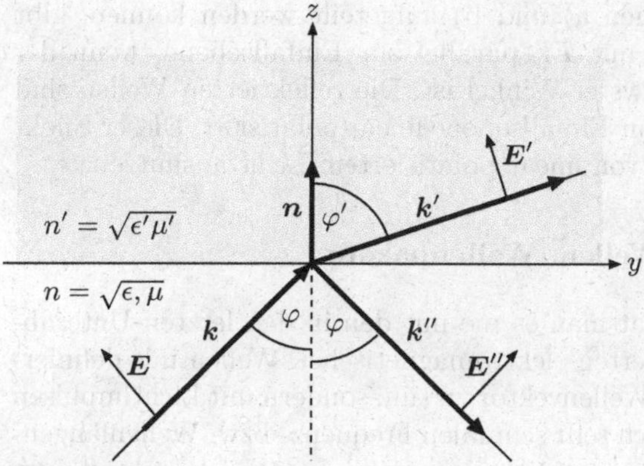

Abb. 2.20. Reflexion und Brechung elektromagnetischer Wellen, deren $\boldsymbol{E}$-Feld parallel zur Einfallsebene polarisiert ist

$$\boldsymbol{k} = k\begin{pmatrix}0\\ \sin\varphi\\ \cos\varphi\end{pmatrix},\ \boldsymbol{k}' = k'\begin{pmatrix}0\\ \sin\varphi'\\ \cos\varphi'\end{pmatrix},\ \boldsymbol{k}'' = k\begin{pmatrix}0\\ \sin\varphi\\ -\cos\varphi\end{pmatrix},$$

$$\boldsymbol{E}_0 = E_0\begin{pmatrix}0\\ -\cos\varphi\\ \sin\varphi\end{pmatrix},\ \boldsymbol{E}_0' = E_0'\begin{pmatrix}0\\ -\cos\varphi'\\ \sin\varphi'\end{pmatrix},\ \boldsymbol{E}_0'' = E_0''\begin{pmatrix}0\\ \cos\varphi\\ \sin\varphi\end{pmatrix}.$$

Die Tangentialgleichungen in (2.110) liefern dann ein inhomogenes Gleichungssystem für E_0' und E_0'',

$$\begin{aligned}\cos\varphi' E_0' + \cos\varphi E_0'' &= \cos\varphi E_0\\ \frac{k'}{\mu'}E_0' - \frac{k}{\mu}E_0'' &= \frac{k}{\mu}E_0 ,\end{aligned}$$

dessen Lösung gegeben ist durch

$$\frac{E_0'}{E_0} = \frac{2nn'\cos\varphi}{\frac{\mu}{\mu'}n'^2\cos\varphi + n\sqrt{n'^2 - n^2\sin^2\varphi}}$$

$$\frac{E_0''}{E_0} = \frac{\frac{\mu}{\mu'}n'^2\cos\varphi - n\sqrt{n'^2 - n^2\sin^2\varphi}}{\frac{\mu}{\mu'}n'^2\cos\varphi + n\sqrt{n'^2 - n^2\sin^2\varphi}} . \quad (2.113)$$

Dies sind die Fresnelschen Formeln für den parallelen Polarisationsfall.

Brewster-Winkel. Es gibt offenbar einen Winkel, den sog. *Brewster-Winkel*, für den die Amplitude der reflektierten Welle in (2.113) im Fall b) verschwindet. Dieser ist für $\mu = \mu'$ gegeben durch

$$\varphi_{\rm B} = \arctan\frac{n'}{n} .$$

(Im Fall a) ist (2.112) immer ungleich Null.) Da nichtpolarisierte Wellen in beide Polarisationsrichtungen a) und b) aufgeteilt werden können, gibt es keine reflektierten Wellen mit $\boldsymbol{E}_0''$ parallel zur Einfallsebene, wenn der Einfallswinkel gleich dem Brewster-Winkel ist. Die reflektierten Wellen sind also in diesem Fall senkrecht zur Einfallsebene linear polarisiert. Dieser Effekt läßt sich z.B. zur Herstellung von linear polarisiertem Licht ausnutzen.

2.7.3 Überlagerung von Wellen, Wellenpakete

In realistischen Situationen hat man es nie mit den in den letzten Unterabschnitten diskutierten idealisierten elektromagnetischen Wellen mit definierter Frequenz und definiertem Wellenvektor zu tun, sondern mit Lichtimpulsen mit einem endlichen, wenn auch sehr schmalen Frequenz- bzw. Wellenlängenbereich. Da die Wellengleichungen (2.104) linear sind, lassen sich Lichtimpulse (*Wellenpakete*) mit vorgegebenem Frequenzbereich durch Superposition von ebenen monochromatischen Wellen konstruieren. Hierdurch ergeben sich u.a. folgende, bisher unberücksichtigte Effekte:

- Ist das betrachtete Medium *dispersiv* – d.h. der (reelle) Brechungsindex besitzt eine Frequenzabhängigkeit –, dann ist die Phasengeschwindigkeit für jede der superponierten Wellen verschieden. Hieraus folgt, daß sich die einzelnen Wellenkomponenten im Medium unterschiedlich schnell ausbreiten, wodurch sich ihre relative Phasenlage ändert. Dies führt zu einer mit der Zeit wachsenden Verzerrung des Wellenpaketes. Desweiteren werden die Wellenanteile an einer Grenzfläche zwischen zwei Medien unterschiedlich stark gebrochen und laufen deshalb auseinander.[18]
- In einem dispersiven Medium ist die Geschwindigkeit, mit der sich das Wellenpaket ausbreitet, die sog. *Gruppengeschwindigkeit* $v_{\rm g}$, i.a. verschieden

[18] Dieser Effekt ist z.B. für die spektrale Aufteilung eines Lichtstrahls in einem Prisma verantwortlich.

von den Phasengeschwindigkeiten v_φ der einzelnen Wellen. Die Gruppengeschwindigkeit bestimmt den Energietransport und die Signalgeschwindigkeit des Wellenpaketes.

- In einem *dissipativen Medium* – d.h. der Brechungsindex ist komplex – treten Dämpfungseffekte auf. Hierbei kann es vorkommen, daß die Gruppengeschwindigkeit größer ist als die Lichtgeschwindigkeit c. Da aber die Ausbreitung des Wellenpaketes durch Absorption begrenzt ist, steht $v_\mathrm{g} > c$ nicht im Widerspruch zur Relativitätstheorie, nach der c die maximale Signalgeschwindigkeit darstellt.

Um zu verstehen, was der Begriff „Gruppengeschwindigkeit" bedeutet, betrachten wir die Propagation eines Wellenpaketes in einem Medium. Der Einfachheit halber nehmen wir an, daß es sich in z-Richtung ausbreitet, und beschränken uns auf eine Komponente des $\boldsymbol{E}$-Feldes, die wir mit ψ bezeichnen. Die allgemeinste Form lautet dann

$$\psi(z,t) = \frac{1}{\sqrt{2\pi}} \int\limits_{-\infty}^{\infty} \mathrm{d}k A(k) \mathrm{e}^{\mathrm{i}[kz-\omega(k)t]} \;. \tag{2.114}$$

Desweiteren setzen wir folgende, ganz allgemein gehaltene Dispersionsrelation zwischen ω und k voraus:

$$\omega = \frac{ck}{n(\omega)} \Longleftrightarrow \omega = \omega(k) \;.$$

Für $t = 0$ ist (2.114) gerade die Fourier-Darstellung der Funktion $\psi(z, 0)$, mit den Fourier-Komponenten

$$A(k) = \frac{1}{\sqrt{2\pi}} \int\limits_{-\infty}^{\infty} \mathrm{d}z \psi(z,0) \mathrm{e}^{-\mathrm{i}kz} \;. \tag{2.115}$$

Falls die Verteilung $A(k)$ ein scharfes Maximum um k_0 besitzt, ist es gerechtfertigt, $\omega(k)$ in einer Taylor-Reihe um k_0 zu entwickeln:

$$\begin{aligned} \omega(k) &= \omega(k_0) + \left.\frac{\mathrm{d}\omega}{\mathrm{d}k}\right|_{k_0} (k-k_0) + \frac{1}{2} \left.\frac{\mathrm{d}^2\omega}{\mathrm{d}k^2}\right|_{k_0} (k-k_0)^2 + \ldots \\ &= \omega_0 + v_\mathrm{g}(k-k_0) + \gamma(k-k_0)^2 + \ldots \;, \end{aligned} \tag{2.116}$$

mit

$$\begin{aligned} \omega_0 &= \omega(k_0) \\ v_\mathrm{g} &= \left.\frac{\mathrm{d}\omega}{\mathrm{d}k}\right|_{k_0} \qquad \text{(Gruppengeschwindigkeit)} \\ \gamma &= \frac{1}{2} \left.\frac{\mathrm{d}^2\omega}{\mathrm{d}k^2}\right|_{k_0} \qquad (\textit{Dispersionsparameter}) \;. \end{aligned}$$

Setzen wir in der linearen Näherung (2.116) in (2.114) ein, dann ergibt sich

$$\begin{aligned}\psi(z,t) &\approx \frac{1}{\sqrt{2\pi}} \mathrm{e}^{\mathrm{i}(v_\mathrm{g}k_0-\omega_0)t} \int\limits_{-\infty}^{\infty} \mathrm{d}k A(k) \mathrm{e}^{\mathrm{i}(kz-v_\mathrm{g}kt)} \\ &\approx \mathrm{e}^{\mathrm{i}(v_\mathrm{g}k_0-\omega_0)t} \psi(z-v_\mathrm{g}t,0) \ .\end{aligned}$$

Die Intensität dieser Welle ist

$$|\psi(z,t)|^2 = |\psi(z-v_\mathrm{g}t,0)|^2 \ .$$

In der linearen Näherung wird also das Wellenpaket ohne Änderung seiner Form, d.h. ohne Dispersion mit der Gruppengeschwindigkeit v_g in z-Richtung verschoben. Für lineare Dispersionsrelationen $\omega \sim |k|$ (nichtdispersive Medien) wie z.B. im Vakuumfall ist diese Näherung sogar exakt. Geht man im dispersiven Fall über die lineare Näherung hinaus, dann ändert das Wellenpaket im Laufe der Zeit seine Form; es fließt auseinander. Dieser Effekt wird in führender Ordnung durch den Dispersionsparameter γ beschrieben. Die Gruppengeschwindigkeit gibt hierbei die Geschwindigkeit des Schwerpunktes des Wellenpaketes an.

Wellenpaket in einem dispersiven Medium. Zur Illustration von Dispersionseffekten wollen wir nun die in z-Richtung verlaufende Propagation eines eindimensionalen Lichtimpulses in einem Medium ohne Näherungen berechnen, dem folgende Dispersionsrelation zu Grunde liegen soll:

$$\omega(k) = \nu\left(1 + \frac{a^2k^2}{2}\right) \ .$$

ν ist hierbei eine konstante Frequenz und a eine konstante Länge. Wie weiter unten deutlich wird, kann letztere als charakteristische Wellenlänge für das Auftreten von Dispersionseffekten interpretiert werden. Für die Form des anfänglichen Lichtimpulses zur Zeit $t = 0$ nehmen wir eine Gauß-Verteilung an:

$$\psi(z,0) = \mathrm{e}^{-\frac{z^2}{2\Delta^2}} \mathrm{e}^{\mathrm{i}k_0z} \ .$$

Hieraus ergibt sich nach (2.115) folgende Verteilung der zugehörigen Fourier-Amplituden:

$$A(k) = \frac{1}{\sqrt{2\pi}} \int\limits_{-\infty}^{\infty} \mathrm{d}z \mathrm{e}^{-\frac{z^2}{2\Delta^2}} \mathrm{e}^{-\mathrm{i}(k-k_0)z} = \Delta \mathrm{e}^{-\frac{\Delta^2(k-k_0)^2}{2}} \ .$$

Nach (2.114) berechnet sich die Form des Lichtimpulses zu einem späteren Zeitpunkt t zu

$$\begin{aligned}\psi(z,t) &= \frac{1}{\sqrt{2\pi}} \int\limits_{-\infty}^{\infty} \mathrm{d}k A(k) \mathrm{e}^{\mathrm{i}[kz-\omega(k)t]} \\ &= \frac{\Delta}{\sqrt{2\pi}} \int\limits_{-\infty}^{\infty} \mathrm{d}k \mathrm{e}^{-\frac{\Delta^2(k-k_0)^2}{2}} \mathrm{e}^{\mathrm{i}\left[kz-\nu\left(1+\frac{a^2k^2}{2}\right)t\right]}\end{aligned}$$

$$= \frac{\Delta}{\sqrt{2\pi}} \mathrm{e}^{-\left(\frac{\Delta^2 k_0^2}{2} + \mathrm{i}\nu t\right)} \int\limits_{-\infty}^{\infty} \mathrm{d}k \mathrm{e}^{-\frac{\alpha(t)}{2}k^2 + k(\Delta^2 k_0 + \mathrm{i}z)} , \qquad (2.117)$$

mit

$$\alpha(t) = \Delta^2 + \mathrm{i}\nu a^2 t .$$

Die Integration in (2.117) läßt sich mit Hilfe einer quadratischen Ergänzung ausführen, und man erhält schließlich

$$\psi(z,t) = \frac{\Delta}{\sqrt{\alpha(t)}} \exp\left(-\frac{(z-\nu a^2 t k_0)^2}{2\alpha(t)}\right) \exp\left[\mathrm{i}k_0 z - \mathrm{i}\nu\left(1 + \frac{a^2 k_0^2}{2}\right)t\right] .$$

Die Intensität dieses Wellenpaketes ist

$$|\psi(z,t)|^2 = \psi^*(z,t)\psi(z,t) = \frac{\Delta}{\sqrt{\beta(t)}} \exp\left(-\frac{(z-\nu a^2 t k_0)^2}{\beta(t)}\right) ,$$

mit

$$\beta(t) = \Delta^2 + \frac{\nu^2 a^4 t^2}{\Delta^2} .$$

Die Breite des Wellenpaketes wird durch die zeitabhängige Größe β beschrieben und wächst mit der Zeit an (Abb. 2.21). Die Änderungsrate der Breite pro Zeiteinheit erhält man durch Differentiation von β nach t:

$$\beta'(t) = \frac{2\nu^2 a^4 t}{\Delta^2} .$$

Man sieht hieraus, daß $\Delta \gg a$ das Kriterium für eine kleine Verzerrung und damit für eine (fast) dispersionsfreie Ausbreitung des Wellenpaketes im Medium darstellt.

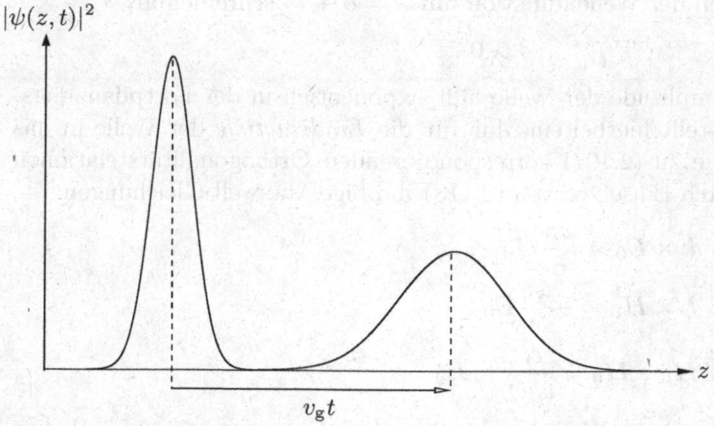

Abb. 2.21. Zerfließen eines Wellenpaketes in einem dispersiven Medium

2.7.4 Ebene Wellen in leitenden Medien

Ist das Medium, in dem sich elektromagnetische Wellen ausbreiten, ein Leiter, dann ergeben sich einige Unterschiede zum nichtleitenden Fall. In einem Leiter gilt neben den makroskopischen Maxwell-Gleichungen zusätzlich das *Ohmsche Gesetz*

$$\boldsymbol{j} = \sigma \boldsymbol{E} \ ,$$

wobei σ die Leitfähigkeit des Leiters bezeichnet. Wir haben somit

$$\begin{aligned} \epsilon \boldsymbol{\nabla} \boldsymbol{E} = 0 \ , \quad & \boldsymbol{\nabla} \times \boldsymbol{E} + \frac{\mu}{c}\frac{\partial \boldsymbol{H}}{\partial t} = \boldsymbol{0} \\ \mu \boldsymbol{\nabla} \boldsymbol{H} = 0 \ , \quad & \boldsymbol{\nabla} \times \boldsymbol{H} - \frac{\epsilon}{c}\frac{\partial \boldsymbol{E}}{\partial t} = \frac{4\pi\sigma}{c}\boldsymbol{E} \ . \end{aligned}$$

Man erhält hieraus durch Kombination der beiden Rotationsgleichungen die in $\boldsymbol{E}$ und $\boldsymbol{H}$ symmetrischen *Telegraphengleichungen:*

$$\boldsymbol{\nabla}^2 \boldsymbol{E} - \frac{\epsilon\mu}{c}\frac{\partial^2 \boldsymbol{E}}{\partial t^2} - \frac{4\pi\mu\sigma}{c^2}\frac{\partial \boldsymbol{E}}{\partial t} = \boldsymbol{0} \ , \ \boldsymbol{\nabla}^2 \boldsymbol{H} - \frac{\epsilon\mu}{c}\frac{\partial^2 \boldsymbol{H}}{\partial t^2} - \frac{4\pi\mu\sigma}{c^2}\frac{\partial \boldsymbol{H}}{\partial t} = \boldsymbol{0} \ .$$

Zu ihrer Lösung machen wir analog zu Unterabschn. 2.7.1 den Ansatz

$$\boldsymbol{E}(\boldsymbol{x},t) = \boldsymbol{E}_0 \mathrm{e}^{\mathrm{i}(\boldsymbol{k}\boldsymbol{x}-\omega t)} \ , \ \boldsymbol{H}(\boldsymbol{x},t) = \boldsymbol{H}_0 \mathrm{e}^{\mathrm{i}(\boldsymbol{k}\boldsymbol{x}-\omega t)} \tag{2.118}$$

und erhalten folgende Dispersionsrelation:

$$\boldsymbol{k}^2 = \frac{\omega^2}{c^2}\mu\eta = \frac{\omega^2}{c^2}p^2 \ , \ \eta = \epsilon + \frac{4\pi\mathrm{i}\sigma}{\omega} \ , \ p = \sqrt{\mu\eta} \ ,$$

wobei η *verallgemeinerte Dielektrizitätskonstante* und p *verallgemeinerter Brechungsindex* genannt wird. Der Wellenvektor ist also in leitenden Medien komplex, so daß wir eine gedämpfte Ausbreitung erwarten. Betrachten wir z.B. eine Welle, die sich in x-Richtung fortpflanzt, dann läßt sich der exponentielle Teil der Wellenfunktion mit $k = \alpha + \mathrm{i}\beta$ schreiben als

$$\mathrm{e}^{\mathrm{i}(kx-\omega t)} = \mathrm{e}^{-\beta x}\mathrm{e}^{\mathrm{i}(\alpha x-\omega t)} \ , \ \beta > 0 \ .$$

Das heißt die Amplitude der Welle fällt exponentiell in der Fortpflanzungsrichtung ab. β stellt hierbei ein Maß für die *Eindringtiefe* der Welle in das Medium dar. Die zu (2.107) korrespondierenden Orthogonalitätsrelationen ergeben sich durch Einsetzen von (2.118) in obige Maxwell-Gleichungen:

$$\begin{aligned} &\boldsymbol{k}\boldsymbol{E}_0 = 0 \ , \ \boldsymbol{k} \times \boldsymbol{E}_0 = \frac{\omega\mu}{c}\boldsymbol{H}_0 \\ &\boldsymbol{k}\boldsymbol{H}_0 = 0 \ , \ \boldsymbol{k} \times \boldsymbol{H}_0 = -\frac{\omega\eta}{c}\boldsymbol{E}_0 \\ &\Longrightarrow \boldsymbol{k} \perp \boldsymbol{E}_0, \boldsymbol{H}_0 \ , \ \boldsymbol{H}_0 = \frac{c}{\omega\mu}\boldsymbol{k} \times \boldsymbol{E}_0 \ . \end{aligned}$$

Demnach sind auch in leitenden Medien die elektromagnetischen Wellen transversale Wellen, und es bilden auch hier $\boldsymbol{k}$, $\boldsymbol{E}_0$, $\boldsymbol{H}_0$ in dieser Reihenfolge ein orthogonales Dreibein.

2.7.5 Zylindrischer Hohlleiter

Unter *Hohlleitern* versteht man hohle langgestreckte Metallkörper, die an ihren Enden nicht abgeschlossen sind, während solche Körper mit Abschluß *Hohlraumresonatoren* genannt werden. Im folgenden wird die Ausbreitung elektromagnetischer Wellen in zylindrischen Hohlleitern mit konstantem Querschnitt entlang der z-Achse diskutiert (Abb. 2.22). Die Oberfläche S des Hohlleiters wird als idealer Leiter angenommen. Der Innenraum sei mit einem dispersiven Medium der Dielektrizitätskonstante ϵ und der Permeabilität μ gefüllt. Aufgrund der Zylindergeometrie des Problems erwarten wir Wellen, die sich längs der positiven bzw. negativen z-Achse ausbreiten, und machen daher den Ansatz

$$\boldsymbol{E}(\boldsymbol{x},t)=\boldsymbol{E}(x,y)\mathrm{e}^{\pm\mathrm{i}kz-\mathrm{i}\omega t}\;,\;\;\boldsymbol{B}(\boldsymbol{x},t)=\boldsymbol{B}(x,y)\mathrm{e}^{\pm\mathrm{i}kz-\mathrm{i}\omega t}\;. \tag{2.119}$$

Bevor wir diese Felder in die Wellengleichungen (2.104) einsetzen, ist es günstig, sie in Komponenten parallel und senkrecht zur z-Achse aufzuspalten:

$$\boldsymbol{E}(\boldsymbol{x},t)=[\boldsymbol{E}_z(\boldsymbol{x})+\boldsymbol{E}_\mathrm{t}(\boldsymbol{x})]\,\mathrm{e}^{-\mathrm{i}\omega t}\;,$$

mit

$$\boldsymbol{E}_z=(\boldsymbol{e}_z\boldsymbol{E})\boldsymbol{e}_z=\begin{pmatrix}0\\0\\E_z\end{pmatrix}\;,\;\;\boldsymbol{E}_\mathrm{t}=(\boldsymbol{e}_z\times\boldsymbol{E})\times\boldsymbol{e}_z=\begin{pmatrix}E_x\\E_y\\0\end{pmatrix}\;.$$

Entsprechendes gilt für $\boldsymbol{B}$. Aus den Rotationsgleichungen in (2.103) ergeben sich dann nach einigen Zwischenrechnungen und unter Berücksichtigung der expliziten z-Abhängigkeit (2.119) folgende Ausdrücke für die transversalen Felder:

$$\left.\begin{aligned}\boldsymbol{E}_\mathrm{t}&=\frac{1}{\gamma^2}\left[\boldsymbol{\nabla}_\mathrm{t}\left(\frac{\partial E_z}{\partial z}\right)-\mathrm{i}\frac{\omega}{c}(\boldsymbol{e}_z\times\boldsymbol{\nabla}_\mathrm{t})\boldsymbol{B}_z\right]\\ \boldsymbol{B}_\mathrm{t}&=\frac{1}{\gamma^2}\left[\boldsymbol{\nabla}_\mathrm{t}\left(\frac{\partial B_z}{\partial z}\right)+\mathrm{i}\frac{\omega}{c}\epsilon\mu(\boldsymbol{e}_z\times\boldsymbol{\nabla}_\mathrm{t})\boldsymbol{E}_z\right]\;,\end{aligned}\right\} \tag{2.120}$$

mit

$$\gamma^2=\frac{\omega^2}{c^2}\epsilon\mu-k^2\;,\;\;\boldsymbol{\nabla}_\mathrm{t}=\boldsymbol{\nabla}-\frac{\partial}{\partial z}\;.$$

Das heißt die transversalen Felder sind allein durch die longitudinalen Felder determiniert, so daß es genügt, die Wellengleichungen (2.104) für die Longitudinalfelder $\boldsymbol{E}_z$ und $\boldsymbol{B}_z$ zu lösen:

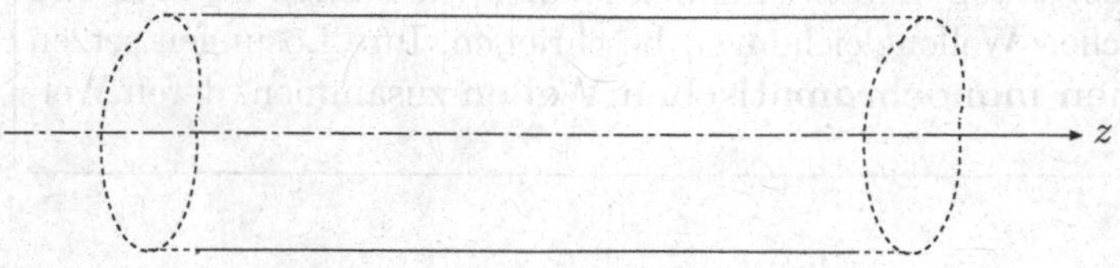

Abb. 2.22. Hohlleiter mit zylindrischer Symmetrie

$$\left(\frac{\partial^2}{\partial x^2}+\frac{\partial^2}{\partial y^2}+\gamma^2\right)\begin{pmatrix}E_z\\ B_z\end{pmatrix}=0\,. \tag{2.121}$$

Da gemäß Voraussetzung die Zylinderoberfläche S als idealer Leiter angenommen wird, gelten dort die Randbedingungen

$$\boldsymbol{n}\boldsymbol{B}=0\,,\;\boldsymbol{n}\times\boldsymbol{E}=\boldsymbol{0}\,,$$

wobei $\boldsymbol{n}$ den Normalenvektor von S bezeichnet. Diese Bedingungen sind äquivalent zu den Forderungen

$$E_z|_{\boldsymbol{x}\in S}=0\,,\;\boldsymbol{n}\boldsymbol{\nabla}B_z|_{\boldsymbol{x}\in S}=0\,. \tag{2.122}$$

E_z und B_z haben also derselben Wellengleichung (2.121) zu genügen, allerdings mit unterschiedlichen Randbedingungen (2.122), die i.a. für beide Felder nicht gleichzeitig erfüllt werden können. Man unterscheidet deshalb drei Klassen von Lösungen:

- *Transversale magnetische Moden (TM):* Hierbei löst man die Eigenwertgleichung (2.121) für E_z mit der Randbedingung $E_z|_{\boldsymbol{x}\in S}=0$, was zu einem bestimmten Eigenwertspektrum γ^2_{TM} führt. Als Lösung der Eigenwertgleichung für B_z wählt man die triviale Lösung $B_z=0\;\forall\,\boldsymbol{x}$.
- *Transversale elektrische Moden (TE):* Es wird (2.121) für B_z mit der Randbedingung $\boldsymbol{n}\boldsymbol{\nabla}B_z|_{\boldsymbol{x}\in S}=0$ gelöst, was zu einem bestimmten Eigenwertspektrum γ^2_{TE} führt. Als Lösung der Eigenwertgleichung für E_z wählt man die triviale Lösung $E_z=0\;\forall\,\boldsymbol{x}$.
- *Transversale elektrische und magnetische Moden (TEM):* Diese Moden sind durch verschwindende longitudinale Komponenten des elektrischen und magnetischen Feldes charakterisiert: $E_z=B_z=0\;\forall\,\boldsymbol{x}$. Anhand von (2.120) erkennt man, daß hierbei für nichtverschwindende transversale Felder die Bedingung

  $$\gamma^2_{\mathrm{TEM}}=\frac{\omega^2}{c^2}\epsilon\mu-k^2=0$$

  erfüllt sein muß. Dies ist aber gerade die Dispersionsrelation für ein dispersives Medium. TEM-Wellen breiten sich also aus, als befänden sie sich in einem unbegrenzten Medium.

Zusammenfassung

- Die Wellenausbreitung in nichtleitenden Medien wird durch die in $\boldsymbol{E}$ und $\boldsymbol{B}$ symmetrischen Wellengleichungen beschrieben. Ihre Lösungen setzen sich aus **ebenen monochromatischen Wellen** zusammen, deren Wel- ▷

lenvektoren und Frequenzen über eine medienabhängige **Dispersionsrelation** miteinander verknüpft sind.

- Durch Superposition zweier verschieden linear polarisierter Wellen erhält man i.a. **elliptisch polarisiertes** Licht. Spezialfälle der elliptischen Polarisation sind **zirkulare** und **lineare Polarisation.**

- Trifft eine monochromatische Welle auf eine, zwei verschiedene optische Medien trennende Grenzfläche, dann gilt für die einfallenden, reflektierten und transmittierten Anteile das **Reflexions-** und das **Brechungsgesetz.**

- In **dispersiven Medien** besitzen die verschiedenen monochromatischen Anteile eines Wellenpaketes unterschiedliche **Phasengeschwindigkeiten**, so daß das Wellenpaket mit der Zeit immer mehr verzerrt. Die für die Bewegung des Wellenpaketes maßgebliche Geschwindigkeit ist die **Gruppengeschwindigkeit**. Sie ist gleich der Schwerpunktsgeschwindigkeit des Wellenpaketes.

- Die in $\boldsymbol{E}$ und $\boldsymbol{H}$ symmetrischen **Telegraphengleichungen** beschreiben die Ausbreitung elektromagnetischer Wellen in leitenden Medien. Da hierbei die Wellenvektoren komplex sind, ist die Ausbreitung gedämpft (**Dissipation**).

- Die Ausbreitung elektromagnetischer Wellen in **zylindrischen Hohlleitern** ist durch die Wellengleichung für die longitudinalen $\boldsymbol{E}$- und $\boldsymbol{B}$-Komponenten mit den zugehörigen Stetigkeitsbedingungen eindeutig bestimmt. Man unterscheidet drei Klassen von Lösungen, nämlich **transversale magnetische Moden** (TM), **transversale elektrische Moden** (TE) sowie **transversale elektrische und magnetische Moden** (TEM).

Anwendungen

33. Totalreflexion. Man zeige, daß im Falle der Totalreflexion $\varphi > \varphi_{\mathrm{TR}}$ der zeitgemittelte Energiefluß $\overline{\boldsymbol{nS}}$ durch die Grenzfläche verschwindet.

Lösung. Unter Bezugnahme auf Abb. 2.18 gilt

$$\boldsymbol{k}' = k' \begin{pmatrix} 0 \\ \sin\varphi' \\ \cos\varphi' \end{pmatrix} , \ \boldsymbol{n} = \begin{pmatrix} 0 \\ 0 \\ 1 \end{pmatrix} .$$

Im Falle der Totalreflexion ist

$$\sin\varphi' = \alpha > 1 ,$$

d.h. φ' ist komplex. Hieraus folgt, daß $\cos\varphi'$ rein imaginär ist:

$$\cos\varphi' = \sqrt{1-\sin^2\varphi'} = \mathrm{i}\sqrt{\sin^2\varphi' - 1} .$$

Nun gilt für die zeitgemittelte Normalkomponente des Energieflusses

$$\overline{\boldsymbol{nS}} = \frac{c}{8\pi\mu}\mathrm{Re}[\boldsymbol{n}(\boldsymbol{E}'\times\boldsymbol{B}'^*)] = \frac{c^2}{8\pi\omega\mu}\mathrm{Re}[\boldsymbol{nk}'|\boldsymbol{E}_0'|^2] .$$

Da $\boldsymbol{nk}' = k'\cos\varphi'$ rein imaginär ist, folgt: $\overline{\boldsymbol{nS}} = 0$.

34. Hohlraumresonator mit kreisförmigem Querschnitt. Man bestimme die Schwingungsmoden eines ideal leitenden, hohlen Metallvolumens mit kreisförmigem Querschnitt. Der Querschnittsradius betrage R und die Länge L. Der Innenraum dieses Hohlraumresonators sei mit einem dispersiven Medium (ϵ,μ) gefüllt.

Lösung. Aufgrund der abschließenden Endflächen bei $z = 0$ und $z = L$ werden elektromagnetische Wellen an diesen reflektiert, und es kommt zur Ausbildung von *stehenden Wellen* entlang der z-Achse. Für TM-Wellen machen wir deshalb folgenden Ansatz für die longitudinalen Anteile:

$$B_z(\boldsymbol{x}) = 0 \ , \ E_z(\boldsymbol{x}) = \psi(x,y)\cos\left(\frac{p\pi z}{L}\right) \ , \ p = 1,2,\ldots .$$

Die transversalen Anteile ergeben sich hieraus zu

$$\boldsymbol{E}_{\mathrm{t}}(\boldsymbol{x}) = -\frac{p\pi}{L\gamma^2}\sin\left(\frac{p\pi z}{L}\right)\boldsymbol{\nabla}_{\mathrm{t}}\psi \ , \ \boldsymbol{B}_{\mathrm{t}}(\boldsymbol{x}) = \frac{\mathrm{i}\epsilon\mu\omega}{c\gamma^2}\cos\left(\frac{p\pi z}{L}\right)\boldsymbol{e}_z\times\boldsymbol{\nabla}_{\mathrm{t}}\psi \ ,$$

mit

$$\gamma^2 = \frac{\omega^2}{c^2}\epsilon\mu - \left(\frac{p\pi}{L}\right)^2 .$$

Offensichtlich sind durch diesen Ansatz die Randbedingungen $\boldsymbol{E}_{\mathrm{t}}(z=0) = \boldsymbol{E}_{\mathrm{t}}(z=L)$ an den Abschlüssen automatisch berücksichtigt. Für TE-Moden bietet sich für die longitudinalen Komponenten der Ansatz

$$E_z(\boldsymbol{x}) = 0 \ , \ B_z(\boldsymbol{x}) = \psi(x,y)\sin\left(\frac{p\pi z}{L}\right) \ , \ p = 1,2,\ldots$$

an, aus dem die transversalen Komponenten

$$\boldsymbol{E}_{\mathrm{t}}(\boldsymbol{x}) = -\frac{\mathrm{i}\omega}{c\gamma^2}\sin\left(\frac{p\pi z}{L}\right)\boldsymbol{e}_z\times\boldsymbol{\nabla}_{\mathrm{t}}\psi \ , \ \boldsymbol{B}_{\mathrm{t}}(\boldsymbol{x}) = \frac{p\pi}{L\gamma^2}\cos\left(\frac{p\pi z}{L}\right)\boldsymbol{\nabla}_{\mathrm{t}}\psi$$

folgen. Auch hierbei sind die entsprechenden Randbedingungen an den Endflächen, $B_z(z=0) = B_z(z=L)$, bereits berücksichtigt. Zur Lösung der Wellengleichung

$$\left(\frac{\partial^2}{\partial x^2} + \frac{\partial^2}{\partial y^2} + \gamma^2\right)\psi(x,y) = 0 \qquad (2.123)$$

benutzen wir aufgrund der Geometrie des Problems Zylinderkoordinaten:

$$x = r\cos\varphi\ ,\ y = r\sin\varphi\ .$$

Damit geht (2.123) über in

$$\left(\frac{\partial^2}{\partial r^2} + \frac{1}{r}\frac{\partial}{\partial r} + \frac{1}{r^2}\frac{\partial^2}{\partial\varphi^2} + \gamma^2\right)\psi(r,\varphi) = 0\ .$$

Der Ansatz

$$\psi(r,\varphi) = J(r)\mathrm{e}^{\mathrm{i}m\varphi}\ ,\ m = 0, \pm 1, \pm 2, \ldots$$

führt zu

$$\frac{\mathrm{d}^2 J}{\mathrm{d}r^2} + \frac{1}{r}\frac{\mathrm{d}J}{\mathrm{d}r} + \left(\gamma^2 - \frac{m^2}{r^2}\right)J = 0\ .$$

Diese Gleichung läßt sich mit Hilfe der Substitution $x = \gamma r$ in die *Besselsche Differentialgleichung* überführen (siehe Abschn. A.5):

$$\frac{\mathrm{d}^2 J}{\mathrm{d}x^2} + \frac{1}{x}\frac{\mathrm{d}J}{\mathrm{d}x} + \left(1 - \frac{m^2}{x^2}\right)J = 0\ .$$

Lösungen dieser Gleichung sind die *Bessel-Funktionen*

$$J_m(x) = \left(\frac{x}{2}\right)^m \sum_{i=0}^{\infty} \frac{(-1)^i}{i!(i+m)!}\left(\frac{x}{2}\right)^{2i}\ .$$

Für TM-Moden ergeben sich somit die Longitudinalkomponenten

$$E_z(\boldsymbol{x}) = J_m(\gamma r)\mathrm{e}^{\mathrm{i}m\varphi}\cos\left(\frac{p\pi z}{L}\right)\ ,\ B_z = 0\ .$$

Die zugehörige Randbedingung an der Mantelfläche liefert die Einschränkung

$$E_z(\boldsymbol{x})|_{\sqrt{x^2+y^2}=R} = 0 \Longrightarrow J_m(\gamma R) = 0\ .$$

Das heißt die zulässigen Eigenwerte γ der Wellengleichung bestimmen sich aus den verschiedenen (mit n indizierten) Nullstellen der Bessel-Funktionen. Diese liegen z.B. für rotationssymmetrische Eigenschwingungen ($m = 0$) bei

$$\gamma_{m=0,n=0}R = 2.405\ ,\ \gamma_{m=0,n=1}R = 5.520\ ,\ \gamma_{m=0,n=2}R = 8.654\ , \ldots\ .$$

Zu jedem γ_{mn} gehören die Eigenfrequenzen

$$\omega^2_{mnp} = \frac{c}{\sqrt{\epsilon\mu}}\sqrt{\gamma^2_{mn} + \left(\frac{p\pi}{L}\right)^2}\ .$$

Für TE-Moden hat man für die longitudinalen Felder

$$E_z(\boldsymbol{x}) = 0\ ,\ B_z(\boldsymbol{x}) = J_m(\gamma r)\mathrm{e}^{\mathrm{i}m\varphi}\sin\left(\frac{p\pi z}{L}\right)\ ,$$

wobei die Randbedingung

$$\boldsymbol{n\nabla} B_z(x,y)|_{\sqrt{x^2+y^2}=R} = 0 \Longrightarrow \frac{\mathrm{d}J_m(x)}{\mathrm{d}x} = 0\bigg|_{x=\gamma R} = 0$$

zu berücksichtigen ist, welche die zulässigen γ mit den Nullstellen der ersten Ableitung der Bessel-Funktionen in Beziehung setzt. Die ersten Nullstellen für $m = 0$ lauten

$$x_{0,n} = \gamma_{0,n} R = 3.832\ ,\ 7.016\ ,\ 10.173\ ,\ \ldots\ .$$

Im allgemeinen führen die x_{mn} zu TE-Eigenfrequenzen ω_{mnp}, die von den TM-Eigenfrequenzen verschieden sind.

2.8 Lagrange-Formalismus in der Elektrodynamik

Der Lagrange- und Hamilton-Formalismus spielt in der Elektrodynamik nicht solch eine dominierende Rolle wie beispielsweise in der klassischen Mechanik. Dort liefert die Lagrange-Funktion einen direkten Weg zu den Bewegungsgleichungen. Diese sind nun aber in der Elektrodynamik in Form der Maxwell-Gleichungen bereits gegeben. Trotzdem bietet der Lagrange-Formalismus einen alternativen Zugang zur Elektrodynamik, der insbesondere auch für den Aufbau anderer Feldtheorien von Interesse ist. Wir stellen deshalb in diesem Abschnitt kurz die wichtigsten Zusammenhänge vor. Dabei betrachten wir zunächst die Lagrange-Formulierung der Bewegungsgleichungen eines Teilchens in einem gegebenen elektromagnetischen Feld und diskutieren anschließend die Erweiterung des Lagrange-Formalismus auf die Felder selbst. Desweiteren besprechen wir die sich in diesem Formalismus ergebenden Erhaltungssätze und gehen zum Abschluß auf den Zusammenhang zwischen Symmetrien und dem Prinzip der *Eichinvarianz* ein.

2.8.1 Lagrange- und Hamilton-Funktion eines geladenen Teilchens

Nach Satz 2.10 gilt folgende relativistische Bewegungsgleichung für ein Teilchen der Ruhemasse m_0 und der Ladung q in den elektromagnetischen Feldern $\boldsymbol{E}$ und $\boldsymbol{B}$:

$$\frac{\mathrm{d}}{\mathrm{d}t}\frac{m_0\dot{\boldsymbol{x}}}{\sqrt{1-\frac{\dot{\boldsymbol{x}}^2}{c^2}}} = \dot{\boldsymbol{p}} = \boldsymbol{F}_\mathrm{L} = q\left(\boldsymbol{E} + \frac{\dot{\boldsymbol{x}}}{c}\times\boldsymbol{B}\right)\ .$$

Drücken wir die elektromagnetischen Felder durch Skalar- und Vektorpotentiale aus, so ergibt sich

$$\begin{aligned}\frac{\mathrm{d}}{\mathrm{d}t}\frac{m_0\dot{\boldsymbol{x}}}{\sqrt{1-\frac{\dot{\boldsymbol{x}}^2}{c^2}}} &= q\left[-\boldsymbol{\nabla}\phi - \frac{1}{c}\frac{\partial\boldsymbol{A}}{\partial t} + \frac{\dot{\boldsymbol{x}}}{c}\times(\boldsymbol{\nabla}\times\boldsymbol{A})\right] \\ &= q\left[-\boldsymbol{\nabla}\phi - \frac{1}{c}\frac{\partial\boldsymbol{A}}{\partial t} + \frac{1}{c}\boldsymbol{\nabla}(\boldsymbol{A}\dot{\boldsymbol{x}}) - \frac{1}{c}(\dot{\boldsymbol{x}}\boldsymbol{\nabla})\boldsymbol{A}\right] \\ &= q\boldsymbol{\nabla}\left(\frac{\boldsymbol{A}\dot{\boldsymbol{x}}}{c} - \phi\right) - \frac{q}{c}\frac{\mathrm{d}\boldsymbol{A}}{\mathrm{d}t}\ .\end{aligned} \tag{2.124}$$

Durch Vergleich dieses Ausdrucks mit der Lagrange-Gleichung (in vektorieller Form),

$$\boldsymbol{\nabla}_{\boldsymbol{x}} L - \frac{\mathrm{d}}{\mathrm{d}t}\boldsymbol{\nabla}_{\dot{\boldsymbol{x}}} L = \boldsymbol{0} ,$$

erkennen wir, daß sich (2.124) aus der Lagrange-Funktion

$$L = -m_0 c^2 \sqrt{1 - \frac{\dot{\boldsymbol{x}}^2}{c^2}} - q\phi + \frac{q}{c}\boldsymbol{A}\dot{\boldsymbol{x}} \tag{2.125}$$

ergibt. Hieraus berechnet sich der generalisierte Impuls $\boldsymbol{P}$ des Teilchens zu

$$\boldsymbol{P} = \boldsymbol{\nabla}_{\dot{\boldsymbol{x}}} L = \boldsymbol{p} + \frac{q}{c}\boldsymbol{A} = \frac{m_0 \dot{\boldsymbol{x}}}{\sqrt{1 - \frac{\dot{\boldsymbol{x}}^2}{c^2}}} + \frac{q}{c}\boldsymbol{A} . \tag{2.126}$$

Die zugehörige Hamilton-Funktion ist daher gegeben durch

$$H = \boldsymbol{P}\dot{\boldsymbol{x}} - L = \frac{m_0 c^2}{\sqrt{1 - \frac{\dot{\boldsymbol{x}}^2}{c^2}}} + q\phi .$$

Hierin eliminieren wir mit Hilfe von (2.126) $\dot{\boldsymbol{x}}$ zugunsten von $\boldsymbol{P}$ und erhalten schließlich

$$H = \sqrt{m_0^2 c^4 + c^2 \left(\boldsymbol{P} - \frac{q}{c}\boldsymbol{A}\right)^2} + q\phi .$$

Satz 2.28: Lagrange- und Hamilton-Funktion einer Ladung q im elektromagnetischen Feld

$$L = -m_0 c^2 \sqrt{1 - \frac{\dot{\boldsymbol{x}}^2}{c^2}} - q\phi + \frac{q}{c}\boldsymbol{A}\dot{\boldsymbol{x}}$$

$$H = \sqrt{m_0^2 c^4 + c^2 \left(\boldsymbol{P} - \frac{q}{c}\boldsymbol{A}\right)^2} + q\phi .$$

Aus Unterabschn. 1.6.5 ist bekannt, daß die relativistische Lagrange-Funktion eines freien Teilchens gegeben ist durch

$$L_{\mathrm{frei}} = -m_0 c^2 \sqrt{1 - \frac{\dot{\boldsymbol{x}}^2}{c^2}} .$$

Wir schließen hieraus, daß die Lagrange-Funktion

$$L' = L - L_{\mathrm{frei}} = -q\phi + \frac{q}{c}\boldsymbol{A}\dot{\boldsymbol{x}} = -\frac{q}{\gamma c} u_\mu A^\mu , \ \gamma = \frac{1}{\sqrt{1 - \frac{\dot{\boldsymbol{x}}^2}{c^2}}}$$

die Wechselwirkung des Teilchens mit dem elektromagnetischen Feld beschreibt.

2.8.2 Lagrange-Dichte des elektromagnetischen Feldes

Wir erweitern jetzt unsere Diskussion und zeigen, wie sich der relativistische Lagrange-Formalismus von Punktteilchen auf kontinuierliche Felder erweitern läßt. Hierzu betrachten wir zunächst ganz allgemein ein System von Feldern $\phi_i(x)$, die von den Vierervektoren x^μ abhängen. Ausgangspunkt ist die Lagrange-Funktion L, welche zu einer *Lagrange-Dichte* $\mathcal{L}(\phi_i, \partial_\mu\phi_i, x)$ der Felder ϕ_i verallgemeinert wird, aus der sich die Wirkung S durch Integration über die vierdimensionale Raum-Zeit ergibt:

$$S = \int \mathrm{d}^4x \mathcal{L}(\phi_i, \partial_\mu\phi_i, x) \ .$$

Nun ist es sinnvoll, eine Reihe von Bedingungen an die Form der Lagrange-Dichte zu stellen. Zuerst fordern wir natürlich, daß der Formalismus die uns bekannten Bewegungsgleichungen, also im Falle der Elektrodynamik die Maxwell-Gleichungen, liefert. Hieraus folgt, daß die Lagrange-Dichte Ableitungen in den Feldern von höchstens 1. Ordnung enthalten darf. Da wir ferner nur lokale Feldtheorien betrachten wollen, kann die Lagrange-Dichte nur von den Feldern an einem Ort x abhängen. Schließlich sollte $\mathcal{L}$ unter Eichtransformationen höchstens um eine totale Divergenz geändert werden, damit die Wirkung invariant bleibt.

Lagrange-Gleichungen. Betrachten wir zunächst die Variation der Wirkung S unter der Variation $\delta\phi$ einer beliebigen Feldkomponente $\phi(x)$,

$$\begin{aligned} \delta S &= \int \mathrm{d}^4x \left[\frac{\partial\mathcal{L}}{\partial\phi}\delta\phi + \frac{\partial\mathcal{L}}{\partial(\partial_\mu\phi)}\delta(\partial_\mu\phi)\right] \\ &= \int \mathrm{d}^4x \left[\frac{\partial\mathcal{L}}{\partial\phi} - \partial_\mu\frac{\partial\mathcal{L}}{\partial(\partial_\mu\phi)}\right]\delta\phi + \int \mathrm{d}^4x\partial_\mu\left[\frac{\partial\mathcal{L}}{\partial(\partial_\mu\phi)}\delta\phi\right] \ , \end{aligned} \tag{2.127}$$

wobei wir analog zu Unterabschn. 1.2.3 davon ausgehen, daß $\phi(x)$ auf der im Unendlichen liegenden Raum-Zeit-Hyperfläche fixiert ist („feste Endpunkte") bzw. dort verschwindet:

$$\delta\phi(x)|_{|x^\mu|\to\infty} = [\phi'(x) - \phi(x)]_{|x^\mu|\to\infty} = 0 \ .$$

Weil der letzte Term von (2.127) eine totale Divergenz ist, kann er mit Hilfe des vierdimensionalen Gaußschen Satzes in das Oberflächenintegral

$$\int \mathrm{d}^4x\partial_\mu\left[\frac{\partial\mathcal{L}}{\partial(\partial_\mu\phi)}\delta\phi\right] = \oint \mathrm{d}\sigma_\mu\left[\frac{\partial\mathcal{L}}{\partial(\partial_\mu\phi)}\delta\phi\right]$$

umgeschrieben werden, das nach unserer Voraussetzung verschwindet. Folglich führt die Stationaritätsforderung der Wirkung auf die *Lagrange-Gleichung* des Feldes ϕ:

$$\delta S = 0 \Longrightarrow \frac{\partial\mathcal{L}}{\partial\phi} - \partial_\mu\frac{\partial\mathcal{L}}{\partial(\partial_\mu\phi)} = 0 \ . \tag{2.128}$$

Lagrange-Dichte des elektromagnetischen Feldes. Aufgrund der o.g. Forderungen an die Lagrange-Dichte kann man zeigen, daß $\mathcal{L}$ prinzipiell nur folgende Lorentz-Skalare enthalten darf:

$$\partial_\mu A^\nu \partial^\mu A_\nu \ , \ \partial_\mu A^\nu \partial_\nu A^\mu \ , \ (\partial_\mu A^\mu)^2 \ , \ A_\mu A^\mu \ , \ j_\mu A^\mu \ .$$

Diese Terme müssen in der Lagrange-Funktion derart auftreten, daß (2.128) gerade die inhomogenen Maxwell-Gleichungen

$$\partial^\mu F_{\mu\nu} = \frac{4\pi}{c} j_\nu$$

liefert (siehe Satz 2.9).[19] Man verifiziert leicht (Anwendung 35), daß die folgende Lagrange-Dichte diese Bedingung erfüllt:

Satz 2.29: Lagrange-Dichte des elektromagnetischen Feldes

$$\mathcal{L} = -\frac{1}{16\pi} F_{\mu\nu} F^{\mu\nu} - \frac{1}{c} j_\mu A^\mu + \text{totale Divergenz} \ .$$

Eichinvarianz. Führt man jetzt eine Eichtransformation

$$A^\mu \longrightarrow A'^\mu = A^\mu - \partial^\mu \chi$$

aus, dann enthält $\mathcal{L}'$ im Vergleich zu $\mathcal{L}$ den zusätzlichen Term $j_\mu \partial^\mu \chi / c$, den wir als eine totale Divergenz schreiben können, falls der Strom erhalten ist:

$$j_\mu \partial^\mu \chi = \partial^\mu (j_\mu \chi) \ .$$

Mit anderen Worten: Die Erhaltung des Viererstromes j^μ ist notwendig und hinreichend für die Eichinvarianz der Theorie.

Hamilton-Formalismus. Nachdem wir eine formale Analogie zwischen dem Lagrange-Formalismus eines Teilchens und dem des Feldes gefunden haben, fragen wir nun nach der Verallgemeinerung der Hamilton-Funktion

$$H = \sum_i p_i \dot{q}_i - L$$

für Felder. Dazu betrachten wir die *Hamilton-Dichte*

$$\mathcal{H} = \frac{\partial \mathcal{L}}{\partial \left(\frac{\partial \phi}{\partial t}\right)} \frac{\partial \phi}{\partial t} - \mathcal{L}$$

und verallgemeinern sie zu einem kontravarianten Tensor zweiter Stufe, dem sog. *Energie-Impuls-Tensor*:

$$\Theta^{\mu\nu} = \frac{\partial \mathcal{L}}{\partial (\partial_\mu \phi)} \partial^\nu \phi - g^{\mu\nu} \mathcal{L} \ . \tag{2.129}$$

Dieser Tensor ist in Verbindung mit Satz 2.29 allerdings nicht identisch mit dem Maxwellschen Spannungstensor $T^{\mu\nu}$ aus (2.46) in Unterabschn. 2.3.5.

[19] Die homogenen Maxwell-Gleichungen $\partial_\mu G^{\mu\nu} = 0$ sind aufgrund der Definition von $F^{\mu\nu}$ automatisch erfüllt.

Insbesondere ist $\Theta^{\mu\nu}$ nicht unbedingt symmetrisch, wie es die Drehimpulserhaltung fordert. Jedoch können wir zu $\Theta^{\mu\nu}$ immer einen Term

$$\bar{\Theta}^{\mu\nu} = \partial_\kappa \varphi^{\kappa\mu\nu} ,$$

mit

$$\varphi^{\kappa\mu\nu} = -\varphi^{\mu\kappa\nu} , \ \partial_\mu \partial_\kappa \varphi^{\kappa\mu\nu} = 0$$

hinzuaddieren. Wählt man im Fall der Elektrodynamik

$$\bar{\Theta}^{\mu\nu} = \frac{1}{4\pi}\partial_\kappa (F^{\kappa\mu} A^\nu) ,$$

so folgt der symmetrisierte Energie-Impuls-Tensor des elektromagnetischen Feldes,

$$\Theta^{\mu\nu} + \bar{\Theta}^{\mu\nu} = T^{\mu\nu} = \frac{1}{4\pi}\left(g^{\mu\kappa} F_{\kappa\lambda} F^{\lambda\nu} + \frac{1}{4} g^{\mu\nu} F_{\kappa\lambda} F^{\kappa\lambda} \right) ,$$

der nun in der Tat mit dem Spannungstensor (2.46) übereinstimmt.

2.8.3 Erhaltungssätze, Noether-Theorem

Wir wollen nun analog zu Unterabschn. 1.2.2 den Zusammenhang zwischen Symmetrien und Erhaltungssätzen aufzeigen. Dazu betrachten wir zunächst ein einzelnes skalares Feld $\phi(x)$ und berechnen die Variation der Wirkung unter einer sehr allgemein gehaltenen gleichzeitigen Variation von x und ϕ:

$$x^\mu \longrightarrow x'^\mu = x^\mu + \delta x^\mu , \ \phi(x) \longrightarrow \phi'(x') = \phi(x) + \Delta\phi(x) .$$

Dabei ist zu beachten, daß $\Delta\phi$ die totale Variation von ϕ an zwei verschiedenen Raumzeitpunkten bedeutet und über

$$\left.\begin{array}{l} \Delta\phi(x) = \phi'(x') - \phi(x') + \phi(x') - \phi(x) = \delta\phi + (\partial_\nu \phi)\delta x^\nu \\ \delta\phi(x)\big|_{|x^\mu| \to \infty} = 0 \end{array}\right\} \quad (2.130)$$

mit der Variation $\delta\phi$ von ϕ am selben Raumzeitpunkt zusammenhängt. Die letzte Beziehung reflektiert wieder die Fixierung von ϕ auf dem Rand der Raum-Zeit. Für die Berechnung der Variation

$$\delta S = \int \delta(\mathrm{d}^4 x)\mathcal{L} + \int \mathrm{d}^4 x \delta\mathcal{L}$$

benötigen wir noch die Funktionaldeterminante

$$\mathrm{d}^4 x' = \left| \det \left[\frac{\partial x'^\mu}{\partial x^\nu} \right] \right| \mathrm{d}^4 x = |\det[\delta^\mu_\nu + \partial_\nu(\delta x^\mu)]| \, \mathrm{d}^4 x = [1 + \partial_\mu(\delta x^\mu)]\mathrm{d}^4 x$$

$$\Longrightarrow \delta(\mathrm{d}^4 x) = \partial_\mu(\delta x^\mu)\mathrm{d}^4 x .$$

Insgesamt folgt

$$\begin{aligned}
\delta S &= \int \mathrm{d}^4x \mathcal{L}\partial_\mu(\delta x^\mu) + \int \mathrm{d}^4x \left[(\partial_\mu \mathcal{L})\delta x^\mu + \frac{\partial \mathcal{L}}{\partial \phi}\delta\phi + \frac{\partial \mathcal{L}}{\partial(\partial_\mu \phi)}\partial_\mu(\delta\phi)\right] \\
&= \int \mathrm{d}^4x \left[\frac{\partial \mathcal{L}}{\partial \phi} - \partial_\mu \frac{\partial \mathcal{L}}{\partial(\partial_\mu \phi)}\right]\delta\phi + \delta S_\sigma \ ,
\end{aligned}$$

mit

$$\begin{aligned}
\delta S_\sigma &= \int \mathrm{d}^4x \partial_\mu(\mathcal{L}\delta x^\mu) + \int \mathrm{d}^4x \partial_\mu \left[\frac{\partial \mathcal{L}}{\partial(\partial_\mu \phi)}\delta\phi\right] \\
&= \int \mathrm{d}^4x \partial_\mu(\mathcal{L}\delta x^\mu) + \int \mathrm{d}^4x \partial_\mu \left[\frac{\partial \mathcal{L}}{\partial(\partial_\mu \phi)}(\Delta\phi - (\partial_\nu\phi)\delta x^\nu)\right] \\
&= \int \mathrm{d}^4x \partial_\mu \left\{\frac{\partial \mathcal{L}}{\partial(\partial_\mu \phi)}\Delta\phi + \left[\mathcal{L}g^{\mu\nu} - \frac{\partial \mathcal{L}}{\partial(\partial_\mu \phi)}(\partial^\nu\phi)\right]\delta x_\nu\right\} \\
&= \int \mathrm{d}^4x \partial_\mu \left\{\frac{\partial \mathcal{L}}{\partial(\partial_\mu \phi)}\Delta\phi - \Theta^{\mu\nu}\delta x_\nu\right\} ,
\end{aligned}$$

wobei partielle Integration, die Beziehung (2.130) und der Energie-Impuls-Tensor (2.129) benutzt wurden. Betrachten wir nun infinitesimale Transformationen der Art[20]

$$\delta x_\nu = X_{\nu a}(x)\delta\epsilon^a \ , \ \Delta\phi = \Psi_a(x)\delta\epsilon^a \ ,$$

mit einer Matrix X und einem Vektor Ψ sowie den infinitesimalen Parametern $\delta\epsilon^a$. Dann folgt aus der Invarianzforderung der Wirkung und der Annahme, daß das transformierte Feld der Lagrange-Gleichung (2.128) genügt, der Stromerhaltungssatz

$$\partial_\mu j_a^\mu = 0 \Longleftrightarrow \partial_0 j_a^0 = -\boldsymbol{\nabla} \boldsymbol{j}_a \ , \ j_a^\mu = \frac{\partial \mathcal{L}}{\partial(\partial_\mu \phi)}\Psi_a - \Theta^{\mu\nu}X_{\nu a} \ ,$$

wobei j_a^μ für jeden Index a einen sog. *Noether-Strom* darstellt. Desweiteren liefert die Integration dieser Beziehung über ein hinreichend großes räumliches Volumen zu jedem Noether-Strom einen entsprechenden Ladungserhaltungssatz:

$$\begin{aligned}
&\frac{1}{c}\frac{\mathrm{d}}{\mathrm{d}t}\int \mathrm{d}^3x j_a^0 = -\int \mathrm{d}^3x \boldsymbol{\nabla}\boldsymbol{j}_a = -\oint \mathrm{d}\boldsymbol{F}\boldsymbol{j}_a = 0 \\
&\Longrightarrow Q_a = \int \mathrm{d}^3x j_a^0 = \mathrm{const} \ .
\end{aligned}$$

Satz 2.30: Noether-Theorem

Aus der Invarianz der Wirkung $S = \int \mathrm{d}^4x \mathcal{L}(\phi, \partial_\mu\phi, x)$ unter den Transformationen ▷

[20] In Anwesenheit mehrerer Felder ist die zweite Beziehung auf $\Delta\phi_i = \Psi_{ia}\delta\epsilon^a$ zu erweitern.

$$x^\mu \longrightarrow x'^\mu = x^\mu + \delta x^\mu \qquad , \quad \delta x_\nu = X_{\nu a}(x)\delta\epsilon^a$$

$$\phi(x) \longrightarrow \phi'(x') = \phi(x) + \Delta\phi(x) \ , \ \Delta\phi(x) = \Psi_a(x)\delta\epsilon^a$$

folgt die Erhaltung der Noether-Ströme

$$j_a^\mu = \frac{\partial\mathcal{L}}{\partial(\partial_\mu\phi)}\Psi_a - \Theta^{\mu\nu}X_{\nu a} \ , \ \partial_\mu j_a^\mu = 0$$

sowie der Ladungen

$$Q_a = \int \mathrm{d}^3x j_a^0 \ , \ \frac{\mathrm{d}}{\mathrm{d}t}Q_a = 0 \ .$$

Als Beispiel dieses Satzes betrachte man eine Transformation, die den Ursprung der Zeit und des Ortes verschiebt:

$$X_{\nu a} = \delta_{\nu a} \ , \ \Psi_a = 0 \Longrightarrow \delta x_\nu = \epsilon_\nu \ , \ \Delta\phi = 0 \ .$$

Hieraus ergibt sich sofort

$$j_a^\mu = -\Theta_a^\mu \ , \ \int \Theta_a^0 \mathrm{d}^3x = \mathrm{const} \ .$$

Nun wissen wir aus unser vorherigen Diskussion, daß $\int \Theta_\nu^0 \mathrm{d}^3x$ der Viererimpuls des Feldes ist. Dies bedeutet: Die Invarianz des Wirkungsintegrals unter Raum- und Zeittranslationen führt zur Erhaltung des Impulses und der Energie des elektromagnetischen Feldes. Dieses Resultat ist uns bereits aus der klassischen Mechanik wohlvertraut. Auf ähnliche Weise folgen die Erhaltung des Drehimpulses und der Schwerpunktsatz aus der Invarianz der Wirkung unter Rotationen von x^μ bzw. unter Verschiebung von x^μ mit konstanter Geschwindigkeit.

2.8.4 Interne Symmetrien und Eichprinzip

Die 10 klassischen Erhaltungssätze ergeben sich aus der Invarianz der Wirkung unter Transformationen, die Raum und Zeit betreffen. Hat man es mit mehr als einer Feldkomponente zu tun, dann sind neben den Raum-Zeit-Symmetrien zusätzliche Symmetrien unter internen Transformationen mit $\delta x^\mu = 0$ möglich (*interne Symmetrien*). In diesem Fall ist die Invarianz der Wirkung gleichbedeutend mit der Invarianz der Lagrange-Dichte, bis auf eine etwaige totale Divergenz.

Als einfaches Beispiel betrachten wir im folgenden ein zweikomponentiges Feld und diskutieren die Invarianz der Lagrange-Dichte unter Rotationen der zwei Komponenten. Dabei beginnen wir mit einer *globalen Eichtransformation*, bei der beide Feldkomponenten an allen Orten der gleichen Transformation unterliegen. Im Anschluß diskutieren wir die Implikationen, die sich ergeben, falls wir die Invarianz der Theorie unter *lokalen Eichtransformationen* fordern. Dies führt auf das für die Hochenergiephysik so wichtige Prinzip der lokalen Eichinvarianz.

Globale Eichinvarianz. Als Ausgangspunkt unserer Diskussion wählen wir die Lagrange-Dichte

$$\mathcal{L} = (\partial_\mu \phi)(\partial^\mu \phi^*) - m^2 \phi \phi^* , \tag{2.131}$$

die von den zweikomponentigen Skalarfeldern

$$\phi = \frac{1}{\sqrt{2}}(\phi_1 + \mathrm{i}\phi_2) , \ \phi^* = \frac{1}{\sqrt{2}}(\phi_1 - \mathrm{i}\phi_2)$$

abhängt. Sie beschreibt z.B. die relativistische Bewegung eines freien Elektrons mit zwei inneren Zuständen (Spin up und Spin down). Die Lagrange-Gleichungen führen auf die *Klein-Gordon-Gleichungen*

$$(\partial_\mu \partial^\mu + m^2)\phi = 0 , \ (\partial_\mu \partial^\mu + m^2)\phi^* = 0 ,$$

welche relativistische Verallgemeinerungen der nichtrelativistischen Schrödinger-Gleichung sind. Neben der o.g. Raum-Zeit-Symmetrie besitzt die Lagrange-Dichte (2.131) eine zusätzliche Symmetrie: Sie ist invariant unter der internen globalen Transformation

$$\left.\begin{array}{l} \phi(x) \longrightarrow \phi'(x) = \mathrm{e}^{-\mathrm{i}q\Lambda}\phi(x) \approx \phi(x)(1 - \mathrm{i}q\Lambda) \\ \phi^*(x) \longrightarrow \phi'^*(x) = \mathrm{e}^{\mathrm{i}q\Lambda}\phi^*(x) \approx \phi^*(x)(1 + \mathrm{i}q\Lambda) \end{array}\right\} , \ \delta x^\mu = 0 ,$$

wobei q und Λ reelle Konstanten bezeichnen. In obiger Notation haben wir

$$X_{\nu a} = 0 , \ \Psi = -\mathrm{i}q\phi , \ \Psi^* = \mathrm{i}q\phi^* , \ \delta\epsilon = \Lambda ,$$

woraus der zugehörige erhaltene Noether-Strom

$$j^\mu = \frac{\partial \mathcal{L}}{\partial(\partial_\mu \phi)}\Psi + \frac{\partial \mathcal{L}}{\partial(\partial_\mu \phi^*)}\Psi^* = \mathrm{i}q(\phi^* \partial^\mu \phi - \phi \partial^\mu \phi^*)$$

folgt.

Lokale Eichinvarianz. Als nächstes wollen wir untersuchen, was passiert, wenn wir fordern, daß unsere Theorie auch dann invariant ist, wenn wir statt der globalen Eichtransformation eine lokale Eichtransformation ausführen. Zu diesem Zweck ersetzen wir die Konstante Λ durch eine Funktion $\Lambda(x)$. Mit

$$\phi'(x) = [1 - \mathrm{i}q\Lambda(x)]\phi(x) , \ \phi'^*(x) = [1 + \mathrm{i}q\Lambda(x)]\phi^*(x)$$

und

$$\partial_\mu \phi' = (1 - \mathrm{i}q\Lambda)\partial_\mu \phi - \mathrm{i}q\phi \partial_\mu \Lambda , \ \partial^\mu \phi'^* = (1 + \mathrm{i}q\Lambda)\partial^\mu \phi^* + \mathrm{i}q\phi^* \partial^\mu \Lambda$$

sehen wir, daß sich jetzt die Terme $\partial_\mu \phi$ und $\partial^\mu \phi^*$ anders transformieren als ϕ und ϕ^* selbst. Als Konsequenz kann die Lagrange-Dichte (2.131) nicht mehr unter dieser Transformation invariant sein. Einsetzen und Ausnutzen der Lagrange-Gleichungen für ϕ und ϕ^* ergibt für die Änderung der Lagrange-Dichte

$$\delta\mathcal{L} = -\mathrm{i}q\Lambda\partial_\mu\left[\frac{\partial\mathcal{L}}{\partial(\partial_\mu\phi)}\phi\right] - \mathrm{i}q\frac{\partial\mathcal{L}}{\partial(\partial_\mu\phi)}\phi\partial_\mu\Lambda - (\phi \to \phi^*) .$$

Der erste Term ist eine totale Divergenz, die zu keiner Änderung der Wirkung führt. Somit verbleibt

$$\delta\mathcal{L} = -\mathrm{i}q\left[\phi(\partial^\mu\phi^*)\partial_\mu\Lambda - \phi^*(\partial^\mu\phi)\partial_\mu\Lambda\right] = j^\mu\partial_\mu\Lambda .$$

Es gibt nun aber einen Weg, die lokale Eichinvarianz der Theorie zu retten, indem man nämlich zwei weitere Terme

$$\begin{aligned}\mathcal{L}_1 &= -j^\mu A_\mu = -\mathrm{i}q(\phi^*\partial^\mu\phi - \phi\partial^\mu\phi^*)A_\mu \\ \mathcal{L}_2 &= q^2 A_\mu A^\mu\phi^*\phi\end{aligned}$$

zu $\mathcal{L}$ hinzufügt und eine Vorschrift definiert, wie sich der Vierervektor A_μ unter der lokalen Eichtransformation verhält:

$$A_\mu(x) \longrightarrow A'_\mu(x) = A_\mu(x) + \partial_\mu\Lambda(x) .$$

Mit diesen Vereinbarungen findet man wie gewünscht

$$\delta\mathcal{L} + \delta\mathcal{L}_1 + \delta\mathcal{L}_2 = 0 .$$

Wir sehen also, daß die Eichinvarianz der Theorie nur dann gewährleistet wird, falls wir den Strom j^μ an ein neues Feld A^μ koppeln. Die Stärke der Kopplung ist durch die *Kopplungskonstante* q gegeben, die man mit der Ladung des Feldes ϕ identifiziert. Unsere Theorie wird schließlich vervollständigt, indem wir auch für das Feld A^μ einen kinetischen, quadratischen Term zulassen. Von diesem müssen wir dann allerdings wieder lokale Eichinvarianz fordern. Aus unseren bisherigen Betrachtungen wissen wir, daß

$$\mathcal{L}_3 = -\frac{1}{16\pi}F_{\mu\nu}F^{\mu\nu} , \ F_{\mu\nu} = \partial_\mu A_\nu - \partial_\nu A_\mu$$

diese Forderung erfüllt. Wir erhalten somit insgesamt die lokal eichinvariante Lagrange-Dichte

$$\mathcal{L} = (\partial_\mu + \mathrm{i}qA_\mu)\phi(\partial^\mu - \mathrm{i}qA^\mu)\phi^* - m^2\phi^*\phi - \frac{1}{16\pi}F_{\mu\nu}F^{\mu\nu} . \qquad (2.132)$$

Zusammenfassend ergibt sich folgendes bemerkenswertes Resultat: Um die globale Eichinvarianz unserer Theorie auf lokale Eichinvarianz zu erweitern, hat man ein elektromagnetisches Feld A^μ, das sog. *Eichpotential*, mit einem bestimmten Transformationsverhalten einzuführen, welches an den Noether-Strom j^μ koppelt. Dies ist der Inhalt des *Eichprinzips*. Durch Hinzufügen eines in A^μ quadratischen Terms werden die A^μ selbst zu dynamischen Objekten der Theorie.

Unter Einführung der *eichkovarianten Ableitungen*

$$D_\mu = \partial_\mu + \mathrm{i}qA_\mu , \ D^{*\mu} = \partial^\mu - \mathrm{i}qA^\mu ,$$

mit

$$D'_\mu\phi' = (1 - \mathrm{i}q\Lambda)D_\mu\phi\ ,\ D'^{*\mu}\phi'^{*} = (1 + \mathrm{i}q\Lambda)D^\mu\phi^*\ ,$$

läßt sich (2.132) in der Weise

$$\mathcal{L} = (D_\mu\phi)(D^{*\mu}\phi^*) - m^2\phi^*\phi - \frac{1}{16\pi}F_{\mu\nu}F^{\mu\nu}$$

schreiben. Die Lagrange-Gleichungen für die Felder A^μ führen auf

$$\partial_\nu F^{\mu\nu} = -4\pi j^\mu\ ,$$

wobei

$$j^\mu = \mathrm{i}q(\phi^* D^\mu\phi - \phi D^{*\mu}\phi^*)$$

der erhaltene Noether-Strom der lokal eichinvarianten Theorie ist. Man beachte schließlich, daß das Hinzufügen eines Terms der Art

$$m^2 A_\mu A^\mu$$

die Eichinvarianz der Theorie verletzt. Hieraus schließen wir, daß das elektromagnetische Eichfeld masselos ist.

Satz 2.31: Eichprinzip

Die Lagrange-Dichte eines komplexen skalaren Feldes

$$\mathcal{L} = (\partial_\mu\phi)(\partial^\mu\phi^*) - m^2\phi^*\phi$$

ist nur dann invariant unter den lokalen Eichtransformationen

$$\phi'(x) = \mathrm{e}^{-\mathrm{i}q\Lambda(x)}\phi(x)\ ,\ \phi'^*(x) = \mathrm{e}^{\mathrm{i}q\Lambda(x)}\phi^*(x)\ ,$$

falls

- ein Vektorfeld $A^\mu(x)$ eingeführt wird, das sich gemäß

  $$A_\mu \longrightarrow A'_\mu = A_\mu + \partial_\mu\Lambda$$

  transformiert, und
- die Ableitung ∂_μ durch die eichkovariante Ableitung

  $$D_\mu = \partial_\mu + \mathrm{i}qA_\mu \quad \text{bzw.} \quad D^*_\mu = \partial_\mu - \mathrm{i}qA_\mu$$

  ersetzt wird.

Die lokal eichinvariante Lagrange-Dichte lautet dann

$$\mathcal{L} = D_\mu\phi D^{*\mu}\phi^* - m^2\phi^*\phi - \frac{1}{16\pi}F_{\mu\nu}F^{\mu\nu}\ .$$

Aus der Forderung der lokalen Eichinvarianz folgt die Existenz des elektromagnetischen Feldes.

Zusammenfassung

- Die Dynamik eines geladenen Teilchens im elektromagnetischen Feld läßt sich mit Hilfe einer Lagrange- bzw. einer Hamilton-Funktion beschreiben.
- Man kann den Lagrange-Formalismus (mit einigen wenigen Freiheitsgraden) auf kontinuierliche Systeme (mit unendlich vielen Freiheitsgraden) verallgemeinern, indem die Lagrange-Funktion durch eine **Lagrange-Dichte** ersetzt wird. Mit ihrer Hilfe gelangt man zu Lagrange-Gleichungen, die analog zur Punktmechanik die Dynamik kontinuierlicher Systeme beschreiben. Im Falle der Elektrodynamik erhält man aus ihnen wieder die Maxwellschen Gleichungen.
- Die Invarianz der Wirkung unter Transformationen des Raum-Zeit-Vierervektors und der Felder führt auf Erhaltungssätze. Dies ist das **Noether-Theorem**. Es gilt auch für interne Symmetrien.
- Die Forderung nach Invarianz einer Lagrange-Theorie unter lokalen Eichtransformationen führt auf die Existenz von **Eichfeldern**.

Anwendungen

35. Lagrange-Gleichungen. Man berechne die Lagrangeschen Bewegungsgleichungen, die sich aus der Lagrange-Dichte des elektromagnetischen Feldes sowie aus der Lagrange-Dichte eines reellen skalaren Teilchens ergeben.

Lösung. Die Lagrange-Dichte des elektromagnetischen Feldes ist

$$\begin{aligned}\mathcal{L} &= -\frac{1}{16\pi}F_{\alpha\beta}F^{\alpha\beta} - \frac{1}{c}A^\alpha j_\alpha \\ &= -\frac{1}{16\pi}g_{\alpha\gamma}g_{\beta\rho}(\partial^\gamma A^\rho - \partial^\rho A^\gamma)(\partial^\alpha A^\beta - \partial^\beta A^\alpha) - \frac{1}{c}A^\alpha j_\alpha\ .\end{aligned}$$

Daraus berechnen wir

$$\frac{\partial\mathcal{L}}{\partial A^\nu} = -\frac{1}{c}j_\nu$$

und

$$\begin{aligned}\frac{\partial\mathcal{L}}{\partial(\partial^\mu A^\nu)} &= -\frac{1}{16\pi}g_{\alpha\gamma}g_{\beta\rho}\left[(\delta^\gamma_\mu\delta^\rho_\nu - \delta^\rho_\mu\delta^\gamma_\nu)F^{\alpha\beta} + (\delta^\alpha_\mu\delta^\beta_\nu - \delta^\beta_\mu\delta^\alpha_\nu)F^{\gamma\rho}\right] \\ &= -\frac{1}{16\pi}(F_{\mu\nu} - F_{\nu\mu} + F_{\mu\nu} - F_{\nu\mu}) = -\frac{1}{4\pi}F_{\mu\nu}\ .\end{aligned}$$

Somit folgt

$$\partial^\mu F_{\mu\nu} = \frac{4\pi}{c}j_\nu\ .$$

Die Lagrange-Dichte des reellen skalaren Feldes ist

$$\mathcal{L} = (\partial_\alpha \phi)(\partial^\alpha \phi) - m^2\phi^2 = g^{\alpha\beta}(\partial_\alpha \phi)(\partial_\beta \phi) - m^2\phi^2 \ .$$

Damit berechnen wir

$$\frac{\partial \mathcal{L}}{\partial \phi} = -2m^2\phi$$

und

$$\frac{\partial \mathcal{L}}{\partial(\partial_\mu \phi)} = g^{\alpha\beta}(\delta^\mu_\alpha \partial_\beta \phi + \delta^\mu_\beta \partial_\alpha \phi) = 2\partial^\mu \phi \ .$$

Es folgt

$$(\partial_\mu \partial^\mu + m^2)\phi = 0 \ .$$

3. Quantenmechanik

Die Quantenmechanik handelt von der Beschreibung mikroskopischer Phänomene auf atomarer Längenskala ($\sim 10^{-10}$ m). Sie wurde durch Max Planck, Niels Bohr, Erwin Schrödinger, Werner Heisenberg und andere Physiker in den zwanziger Jahren des 20. Jahrhunderts entwickelt, als man erkannte, daß sich die Naturprinzipien des Mikrokosmos fundamental von denen der makroskopischen Welt unterscheiden. Zwei wesentliche Merkmale im Bereich mikroskopischer Naturerscheinungen sind zum einen, daß es dort keine strikte Zweiteilung zwischen wellenartigen und korpuskularen Phänomenen gibt. Je nach experimenteller Anordnung lassen sich Teilchen wie etwa das Elektron als Korpuskel oder als Welle interpretieren. Zum anderen können gewisse dynamische Größen, z.B. die Energie oder der Drehimpuls eines gebundenen Systems, nicht jeden beliebigen Wert annehmen sondern sind gequantelt, d.h. auf bestimmte diskrete Vielfache einer Konstanten festgelegt. Durch Abkehr von klassischen physikalischen Vorstellungen des ausgehenden 19. Jahrhunderts und Einführen eines neuen mathematischen Konzeptes ist die Quantentheorie in der Lage, diesen Aspekten der Mikrowelt Rechnung zu tragen und quantitative Vorhersagen zu machen, die im Experiment bestätigt werden. Da sie eine nichtrelativistische Theorie ist – sie wurde erst in den dreißiger Jahren durch Paul Dirac zur relativistischen Quantentheorie erweitert – beschränkt sich ihr Gültigkeitsbereich auf kleine Geschwindigkeiten im Vergleich zur Lichtgeschwindigkeit bzw. auf kleine Bindungsenergien im Vergleich zu den Konstituentenmassen gebundener Systeme. Trotzdem bildet sie auch heute noch die physikalisch-mathematische Grundlage für die Entwicklung der Atom- und Elementarteilchenphysik bis hin zu modernen Quantenfeldtheorien, welche die Wechselwirkung elementarer Teilchen durch virtuelle Austauschprozesse von Feldquanten beschreiben.

Im Gegensatz zu allen klassischen korpuskularen Theorien ist die Quantenmechanik eine probabilistische Theorie, die lediglich Wahrscheinlichkeitsaussagen über physikalische Systeme macht. Jeder Zustand wird durch einen abstrakten Vektor im Hilbert-Raum repräsentiert, der die Wahrscheinlichkeitsamplituden für alle möglichen Zustandskonfigurationen enthält. Die zeitliche Entwicklung dieses Vektors ist allerdings streng deterministisch und folgt einer partiellen Differentialgleichung, der sog. Schrödinger-Gleichung. Sie stellt die Grundgleichung der Quantenmechanik dar. Die Quantisierung der Theorie kommt im wesentlichen dadurch zustande, daß den klassischen dynamischen Größen wie Energie, Impuls etc. Operatoren zugeordnet werden. Eine zentrale Folge des probabilistischen Konzeptes ist, daß sich die quantenmechanische Beschreibung von Messungen grundlegend von der klassischen unterscheidet und mit dem Eigenwertproblem hermitescher Operatoren eng verknüpft ist.

Im ersten Abschnitt dieses Kapitels führen wir den von Paul Dirac entwickelten mathematischen Formalismus ein, der im wesentlichen aus Gebieten der linearen Algebra mit einer neuartigen Notation besteht. Wir besprechen insbesondere die Darstellung quantenmechanischer Zustände durch Bra- und Ketvektoren sowie das Eigenwertproblem linearer Operatoren.

Abschnitt 3.2 beschäftigt sich mit den physikalischen Grundlagen der Quantentheorie. Es werden die quantenmechanischen Postulate vorgestellt und in einem allgemeinen Rahmen diskutiert. Dabei werden wir sehen, daß sich die Quantentheorie in unendlich vielen äquivalenten Bildern abstrakt beschreiben läßt, die über unitäre Transformationen miteinander verbunden sind. Wählt man innerhalb eines Bildes eine spezielle Basis, dann liefert dies eine konkrete Darstellung der Theorie. Innerhalb eines Bildes gelangt man von einer Darstellung zur anderen ebenfalls mittels unitärer Transformationen.

Als erste konkrete Anwendungsbeispiele betrachten wir in Abschn. 3.3 eindimensionale Systeme, für die man die Schrödinger-Gleichung exakt lösen kann und anhand derer sich einige typische Quanteneffekte studieren lassen. Wir begegnen auch hier dem aus der Elektrodynamik bekannten Effekt des Zerfließen eines Wellenpaketes, der hier allerdings anders zu interpretieren ist.

In Abschn. 3.4 diskutieren wir den Drehimpulsoperator, der in der dreidimensionalen Quantenmechanik eine überaus wichtige Rolle spielt. Er ist ganz allgemein über bestimmte Kommutatorrelationen definiert; insofern stellt das quantenmechanische Pendant zum klassischen Drehimpuls lediglich einen Spezialfall dar. Ein weiterer Drehimpuls ist der Spin, den man sich als eine Art Eigenrotation von Teilchen vorstellen kann. Ein wichtiger Punkt für nachfolgende Erörterungen ist die Addition bzw. Kopplung quantenmechanischer Drehimpulse.

Der Abschn. 3.5 ist dreidimensionalen Quantensystemen mit zentraler Symmetrie gewidmet. Bei solchen Systemen läßt sich der Winkelanteil der Schrödinger-Gleichung vollständig separieren und führt auf Eigenlösungen des Drehimpulsoperators. Es verbleibt eine radiale Schrödinger-Gleichung, welche für einige Systeme, u.a. für das naive Wasserstoffatom, gelöst wird.

Abschnitt 3.6 beschäftigt sich mit quantenmechanischen Implikationen elektromagnetischer Wechselwirkungen. Wir zeigen, wie man aus den Gesetzen der Elektrodynamik die quantenmechanische Beschreibung der Elektronbewegung in einem äußeren elektromagnetischen Feld erhält. Weitet man das elektrodynamische Eichprinzip auf die Quantenmechanik aus, dann ergeben sich interessante physikalische Konsequenzen, die sich in der Tat experimentell beobachten lassen. Wir besprechen desweiteren das Stern-Gerlach-Experiment und liefern somit die physikalische Begründung des o.g. Spinfreiheitsgrades.

Da sich die meisten Quantensysteme analytisch nicht exakt lösen lassen, muß man auf bestimmte Näherungsverfahren zurückgreifen. Im Falle statischer gebundener Systeme bietet sich die zeitunabhängige Störungstheorie an, die wir in Abschn. 3.7 besprechen. Sie liefert insbesondere den adäquaten Rahmen zu einer realistischeren Beschreibung des Wasserstoffatoms, in der die Kopplung zwischen Bahndrehimpuls und Spin des Elektrons (Feinstrukturaufspaltung) sowie die Kopplung zwischen Elektron- und Kernspin (Hyperfeinstrukturaufspaltung) berücksichtigt ist.

Abschnitt 3.8 handelt von atomaren Übergängen. Sie sind eine Folge der Wechselwirkung zwischen Atomen und elektromagnetischer Strahlung (Strahlungsemission bzw. -absorption), bei der die Hüllenelektronen ihren Quantenzustand wechseln. Da auch diese Probleme i.a. nicht exakt lösbar und überdies zeitabhängig sind, verwendet man hierbei die zeitabhängige Störungstheorie. Mit Hilfe dieser Methode berechnen wir die Matrixelemente (Übergangsraten) für verschiedene atomare Übergänge in der Dipolnäherung.

Im Gegensatz zur klassischen Mechanik, in der selbst identische Teilchen anhand ihrer verschiedenen Trajektorien im Prinzip immer unterschieden werden können, gibt es in der Quantenmechanik neben unterscheidbaren Teilchen auch identische Teilchen. Die hieraus folgenden Implikationen für quantenmechanische Viel-Teilchensysteme sind Gegenstand des Abschn. 3.9.

Der letzte Abschnitt beschäftigt sich mit der Streuung von Teilchen. Die Idee hierbei ist, den Streuvorgang durch eine asymptotische Wellenfunktion zu beschreiben, die in einen einfallenden und einen gestreuten Anteil aufgeteilt wird. Aus der Amplitude des gestreuten Teils läßt sich dann der differentielle Wirkungsquerschnitt des Streuprozesses leicht berechnen.

3.1 Mathematische Grundlagen der Quantenmechanik

In diesem Abschnitt werden einige mathematische Grundkonzepte der Quantenmechanik vorgestellt. Es sind dies im wesentlichen Elemente aus der Linearen Algebra, die dem Leser bereits vertraut sein sollten. Dieser Abschnitt wiederholt daher nur das Wesentliche und führt dabei zugleich die von Dirac eingeführte Schreibweise der *Bras* und *Kets* ein. Neben dem zentralen Begriff des *Hilbert-Raumes* diskutieren wir insbesondere *lineare Operatoren* und ihre *Eigenwertprobleme*. Es schließen sich Betrachtungen über die Beschreibung von Vektoren und Operatoren in bestimmten Darstellungen (Basissystemen) an.

3.1.1 Hilbert-Raum

Im allgemeinen wird jedem quantenmechanischen Zustand eine bestimmte Art von Vektor zugeordnet, der nach der Diracschen Notation *Ketvektor* oder *Ket* genannt und durch das Symbol $|\cdot\rangle$ gekennzeichnet wird. Um verschiedene Kets voneinander zu unterscheiden, setzt man in dieses Symbol ein oder mehrere Indizes ein, die diskrete oder kontinuierliche Werte annehmen können. Die Gesamtheit der Kets bilden einen Vektorraum, den sog. *Hilbert-Raum*. Er erlaubt es, die Quantenmechanik auf allgemeine, von bestimmten Darstellungen unabhängige Weise zu formulieren.

Definition: Hilbert-Raum $\mathcal{H}$

Der Hilbert-Raum $\mathcal{H}$ ist ein linearer Vektorraum über dem Körper der komplexen Zahlen mit einem hermiteschen Skalarprodukt. Auf dem Hilbert-Raum sind zwei Verknüpfungen definiert:

- Mit $|v\rangle \in \mathcal{H}$ und $\lambda \in \mathbb{C}$ ist auch $\lambda|v\rangle$ ein Element des Hilbert-Raumes.
- Aus $|v\rangle, |u\rangle \in \mathcal{H}$ folgt $|v\rangle + |u\rangle \in \mathcal{H}$. (Superpositionsprinzip).

Metrik des Hilbert-Raumes
Das Skalarprodukt des Kets $|u\rangle$ mit dem Ket $|v\rangle$ ist die i.a. komplexe Zahl $\langle v||u\rangle = \langle v|u\rangle$. Es besitzt folgende Eigenschaften:

- Das Skalarprodukt von $|v\rangle$ mit $|u\rangle$ ist komplex konjugiert zum Skalarprodukt von $|u\rangle$ mit $|v\rangle$:
$$\langle v|u\rangle = \langle u|v\rangle^* \; . \tag{3.1}$$
- Jeder Vektor hat ein reelles, positives Normquadrat:
$$\langle u|u\rangle \geq 0 \quad (= 0 \text{ genau dann, wenn } |u\rangle = 0) \; .$$
- Das Skalarprodukt $\langle v|u\rangle$ ist linear in $|u\rangle$ und antilinear in $|v\rangle$:
$$\begin{aligned} \langle v|\left(\lambda_1|u_1\rangle + \lambda_2|u_2\rangle\right) &= \lambda_1\langle v|u_1\rangle + \lambda_2\langle v|u_2\rangle \\ \left(\langle v_1|\lambda_1 + \langle v_2|\lambda_2\right)|u\rangle &= \lambda_1^*\langle v_1|u\rangle + \lambda_2^*\langle v_2|u\rangle \; , \; \lambda_{1,2} \in \mathbb{C} \, . \end{aligned}$$

Hieraus folgt die Schwarzsche Ungleichung
$$|\langle v|u\rangle|^2 \leq \langle v|v\rangle\langle u|u\rangle \; .$$
Das Gleichheitszeichen gilt genau dann, wenn $|v\rangle$ und $|u\rangle$ proportional zueinander sind, d.h. $|v\rangle = \lambda|u\rangle$.

In der Quantenmechanik hat man es je nach physikalischer Fragestellung mit endlich- oder unendlichdimensionalen Hilbert-Räumen zu tun. Wir setzen im weiteren Verlauf stets voraus, daß die betrachten Räume bezüglich der durch das Skalarprodukt gegebenen Norm $|\langle u|u\rangle|$ vollständig sind, ohne dies jedesmal explizit zu zeigen.

Dualer Raum. Aus der linearen Algebra ist bekannt, daß man jedem Vektorraum einen dualen Vektorraum zuordnen kann. Seine Elemente sind alle linearen Funktionen $\chi(|u\rangle)$ der Kets $|u\rangle$ und besitzen die für Vektoren charakteristische Superpositionseigenschaft. Sie werden *Bravektoren* oder einfach *Bras* genannt und durch das Symbol $\langle\cdot|$ dargestellt. Das Skalarprodukt zweier Ketvektoren $|v\rangle$ und $|u\rangle$ läßt sich demnach interpretieren als der Wert der linearen Funktion v, angewandt auf den Ket $|u\rangle$:

$$\langle v|u\rangle = v(|u\rangle) .$$

Zwischen den Elementen des Ket- und des Bra-Raums existiert eine eindeutige antilineare Zuordnung, die sog. *Konjugation*:

$$|u\rangle = \sum_i \lambda_i |i\rangle \longleftrightarrow \langle u| = \sum_i \langle i| \lambda_i^* . \tag{3.2}$$

Für das physikalische Verständnis der folgenden Abschnitte ist es ausreichend, das Skalarprodukt als Abbildung zweier Vektoren des Hilbert-Raumes zu betrachten: $\langle\cdot|\cdot\rangle : \mathcal{H}\times\mathcal{H} \to \mathbb{C}$.

Definition: Orthonormalbasis, Projektionsoperator

- Zwei Vektoren $|n\rangle, |m\rangle$ heißen *orthonormal*, falls $\langle n|m\rangle = \delta_{nm}$.
- Eine minimale Menge von orthonormalen Vektoren $\{|n\rangle, n = 1,2,\ldots\}$ heißt *Orthonormalbasis* von einem Teilraum von $\mathcal{H}$, wenn sich jeder Vektor $|u\rangle$ dieses Raumes als Linearkombination in der Weise

$$\begin{aligned}|u\rangle &= \sum_n |n\rangle c_n \ , \ c_n = \langle n|u\rangle \\ &= \sum_n |n\rangle\langle n|u\rangle \\ &= \mathcal{P}_{\{n\}}|u\rangle \ , \ \mathcal{P}_{\{n\}} = \sum_n |n\rangle\langle n| = \mathbf{1}\end{aligned}$$

darstellen läßt. Entsprechendes gilt für Bravektoren:

$$\langle v| = \sum_n \langle v|n\rangle\langle n| = \langle v|\mathcal{P}_{\{n\}} .$$

$\mathcal{P}_{\{n\}}$ definiert den *Einsoperator*. Er besteht aus der Summe der *Projektionsoperatoren* $\mathcal{P}_n = |n\rangle\langle n|$, die jeweils auf den Basisvektor $|n\rangle$ projizieren.

Für das Skalarprodukt zweier Vektoren $|v\rangle, |u\rangle$ läßt sich mit Hilfe des Einsoperators schreiben:

$$\begin{aligned}\langle v|u\rangle &= \langle v|\mathcal{P}_{\{n\}}\mathcal{P}_{\{n\}}|u\rangle = \sum_{n,m}\langle v|n\rangle\langle n|m\rangle\langle m|u\rangle \\ &= \sum_n \langle v|n\rangle\langle n|u\rangle .\end{aligned}$$

Hieraus folgt die *Vollständigkeitsrelation*

$$\langle u|u\rangle = \sum_n |\langle n|u\rangle|^2 .$$

Mit Hilfe dieser Beziehung kann man explizit prüfen, ob eine Menge von orthonormalen Vektoren eine Basis darstellt.

Uneigentliche Hilbert-Vektoren. Wie wir später sehen werden, ist es notwendig, auch Vektoren einzubeziehen, die keine endliche Norm besitzen und von mindestens einem kontinuierlichen Index abhängen. Solche *uneigentlichen Hilbert-Vektoren* gehören in voller Strenge nicht zu $\mathcal{H}$. Aber Linearkombinationen der Art

$$|\omega\rangle = \int\limits_{\nu_1}^{\nu_2} \lambda(\nu)\,|\nu\rangle\,\mathrm{d}\nu$$

gehören dazu und erfüllen alle Eigenschaften von Hilbert-Vektoren. Für uneigentliche Hilbert-Vektoren sind obige Begriffe und Beziehungen in folgender Weise zu ergänzen:

Definition: Orthonormalbasis, Projektionsoperator (im kontinuierlichen Fall)

- Zwei uneigentliche Hilbert-Vektoren $|\mu\rangle\,,|\nu\rangle$ heißen orthonormal, falls $\langle\mu|\nu\rangle = \delta(\mu-\nu)$.
- Eine minimale Menge von orthonormalen uneigentlichen Hilbert-Vektoren $\{|\nu\rangle\,,\nu\in\mathbb{R}\}$ heißt Orthonormalbasis von einem Teilraum von $\mathcal{H}$, wenn sich jeder eigentliche Vektor $|u\rangle$ dieses Teilraums als Integral über ν in der Weise

$$\begin{aligned}|u\rangle &= \int \mathrm{d}\nu\,|\nu\rangle\,\lambda(\nu)\;,\;\lambda(\nu)=\langle\nu|u\rangle\\ &= \int \mathrm{d}\nu\,|\nu\rangle\,\langle\nu|u\rangle\\ &= \mathcal{P}_{\{\nu\}}\,|u\rangle\;,\;\mathcal{P}_{\{\nu\}} = \int \mathrm{d}\nu\,|\nu\rangle\,\langle\nu| = \mathbf{1}\end{aligned}$$

darstellen läßt.

Mit diesen Definitionen ergibt sich in völliger Analogie zum endlichen, diskreten Fall für das Skalarprodukt $\langle v|u\rangle$

$$\begin{aligned}\langle v|u\rangle &= \langle v|\,\mathcal{P}_{\{\nu\}}\mathcal{P}_{\{\nu\}}\,|u\rangle\\ &= \int \mathrm{d}\nu \int \mathrm{d}\nu'\,\langle v|\nu\rangle\,\langle\nu|\nu'\rangle\,\langle\nu'|u\rangle\\ &= \int \mathrm{d}\nu \int \mathrm{d}\nu'\,\langle v|\nu\rangle\,\delta(\nu-\nu')\,\langle\nu|\nu'\rangle\,\langle\nu'|u\rangle\end{aligned}$$

$$= \int d\nu \langle v|\nu\rangle \langle\nu|u\rangle \ .$$

Die Vollständigkeitsrelation lautet hier

$$\langle u|u\rangle = \int d\nu |\langle\nu|u\rangle|^2 \ .$$

Kombinierte Systeme. Im Zusammenhang mit N-Teilchensystemen werden wir die Kombination von Teilchen aus verschiedenen Vektorräumen benötigen. Dazu definieren wir:

Definition: Tensorprodukt zweier Vektorräume:

Seien ϵ_1 und ϵ_2 zwei Vektorräume und $|u^{(1)}\rangle \in \epsilon_1$, $|u^{(2)}\rangle \in \epsilon_2$. Dann spannen die Kets $|u^{(1)}\rangle \otimes |u^{(2)}\rangle = |u^{(1)};u^{(2)}\rangle$ den *Tensorraum* $\epsilon_1 \otimes \epsilon_2$ auf, der per definitionem folgende Eigenschaften besitzt:

- $\dim(\epsilon_1 \otimes \epsilon_2) = \dim(\epsilon_1) \cdot \dim(\epsilon_2)$ (sofern ϵ_1 und ϵ_2 endlichdimensional).
- Kommutativität: $|u^{(1)};u^{(2)}\rangle = |u^{(2)};u^{(1)}\rangle$.
- Distributivität bzgl. der Addition:

$$\left|u^{(1)}\right\rangle = \lambda \left|v^{(1)}\right\rangle + \mu \left|w^{(1)}\right\rangle$$

$$\Longrightarrow \left|u^{(1)};u^{(2)}\right\rangle = \lambda \left|v^{(1)};u^{(2)}\right\rangle + \mu \left|w^{(1)};u^{(2)}\right\rangle$$

und

$$\left|u^{(2)}\right\rangle = \lambda \left|v^{(2)}\right\rangle + \mu \left|w^{(2)}\right\rangle$$

$$\Longrightarrow \left|u^{(1)};u^{(2)}\right\rangle = \lambda \left|u^{(1)};v^{(2)}\right\rangle + \mu \left|u^{(1)};w^{(2)}\right\rangle \ .$$

Seien $\boldsymbol{A}^{(1)}$ und $\boldsymbol{A}^{(2)}$ *Operatoren* (siehe nächster Unterabschnitt) auf den Vektorräumen ϵ_1 bzw. ϵ_2. Dann gilt

$$\boldsymbol{A}^{(1)} |u^{(1)}\rangle = |v^{(1)}\rangle \Longrightarrow \boldsymbol{A}^{(1)} |u^{(1)};u^{(2)}\rangle = |v^{(1)};u^{(2)}\rangle$$

$$\boldsymbol{A}^{(2)} |u^{(2)}\rangle = |v^{(2)}\rangle \Longrightarrow \boldsymbol{A}^{(2)} |u^{(1)};u^{(2)}\rangle = |u^{(1)};v^{(2)}\rangle \ .$$

Hieraus folgt für den *Kommutator* (siehe Seite 245)

$$[\boldsymbol{A}^{(1)}, \boldsymbol{A}^{(2)}] = \boldsymbol{A}^{(1)}\boldsymbol{A}^{(2)} - \boldsymbol{A}^{(2)}\boldsymbol{A}^{(1)} = \boldsymbol{0} \ ,$$

d.h. die Operatoren auf ϵ_1 kommutieren mit denen auf ϵ_2. Entsprechendes gilt für den dualen Tensorraum.

3.1.2 Lineare Operatoren[1]

Lineare Operatoren spielen in der Quantenmechanik eine zentrale Rolle, da sie im engen Zusammenhang mit physikalischen Größen stehen. Zudem werden Veränderungen an Zuständen, insbesondere solche, die durch Messungen hervorgerufen werden, durch lineare Operationen dargestellt.

Definition: Linearer Operator $\boldsymbol{A}$

Ein linearer Operator $\boldsymbol{A}$ ordnet jedem Ket (Bra) eines Teilraums des Hilbert-Raumes $\mathcal{H}$, dem Definitionsbereich, einen Ket (Bra) aus einem Teilraum von $\mathcal{H}$, dem Wertebereich, zu:

$$\boldsymbol{A}\,|u\rangle = |v\rangle \ , \quad \langle u'|\,\boldsymbol{A} = \langle v'| \ .$$

Er besitzt die Eigenschaften

$$\boldsymbol{A}(\lambda_1\,|u_1\rangle + \lambda_2\,|u_2\rangle\,) = \lambda_1\boldsymbol{A}\,|u_1\rangle + \lambda_2\boldsymbol{A}\,|u_2\rangle$$
$$(\langle u_1|\,\lambda_1 + \langle u_2'|\,\lambda_2)\boldsymbol{A} = (\langle u_1'|\,\boldsymbol{A})\lambda_1 + (\langle u_2'|\,\boldsymbol{A})\lambda_2 \ .$$

Zwei Operatoren sind identisch, wenn sie denselben Definitionsbereich besitzen und für jeden Zustand auf denselben Zustand des Wertebereiches abbilden.

Demnach ist $u(\boldsymbol{A}\,|v\rangle\,)$ eine lineare Funktion von $|v\rangle$, da u und $\boldsymbol{A}$ linear sind. Daraus folgt

$$u(\boldsymbol{A}\,|v\rangle\,) = (\langle u|\,\boldsymbol{A})\,|v\rangle = \langle u|\,\boldsymbol{A}\,|v\rangle \ .$$

Die Reihenfolge der Wirkung von u und $\boldsymbol{A}$ auf $|v\rangle$ spielt somit keine Rolle, und man kann etwaige Klammern weglassen. Die wichtigsten algebraischen Operationen mit linearen Operatoren sind:

- Multiplikation mit einer Konstante c:

$$(c\boldsymbol{A})\,|u\rangle = c(\boldsymbol{A}\,|u\rangle\,) \ , \ \langle u'|\,(c\boldsymbol{A}) = (\langle u'|\,\boldsymbol{A})c \ .$$

- Operatorsumme $\boldsymbol{S} = \boldsymbol{A} + \boldsymbol{B}$:

$$\boldsymbol{S}\,|u\rangle = \boldsymbol{A}\,|u\rangle + \boldsymbol{B}\,|u\rangle \ , \ \langle u'|\,\boldsymbol{S} = \langle u'|\,\boldsymbol{A} + \langle u'|\,\boldsymbol{B} \ .$$

- Operatorprodukt $\boldsymbol{P} = \boldsymbol{AB}$:

$$\boldsymbol{P}\,|u\rangle = \boldsymbol{A}(\boldsymbol{B}\,|u\rangle\,) \ , \ \langle u'|\,\boldsymbol{P} = (\langle u'|\,\boldsymbol{A})\boldsymbol{B} \ .$$

  Hierbei muß der Definitionsbereich von $\boldsymbol{A}$ natürlich den Wertebereich von $\boldsymbol{B}$ umfassen.

[1] Zur Verdeutlichung und um Verwechslungen mit klassischen Größen zu vermeiden, werden quantenmechanische Operatoren durchweg fett und mit Großbuchstaben dargestellt. Dies gilt sowohl für Vektoroperatoren (etwa den Drehimpuls $\boldsymbol{L}$) als auch für skalare Operatoren (z.B. die einzelnen Komponenten des Drehimpulses, $\boldsymbol{L_x}$, $\boldsymbol{L_y}$, $\boldsymbol{L_z}$).

Kommutator. Im Gegensatz zur Summe ist das Produkt zweier linearer Operatoren $\boldsymbol{A}$ und $\boldsymbol{B}$ i.a. nicht kommutativ, d.h. der *Kommutator*

$$[\boldsymbol{A},\boldsymbol{B}] = \boldsymbol{AB} - \boldsymbol{BA}$$

ist i.a. von Null verschieden. Einige nützliche Rechenregeln, die sich aus der Definition des Kommutators ergeben, sind

$$\begin{aligned}
[\boldsymbol{A},\boldsymbol{B}] &= -[\boldsymbol{B},\boldsymbol{A}] \\
[\boldsymbol{A},\boldsymbol{B}+\boldsymbol{C}] &= [\boldsymbol{A},\boldsymbol{B}] + [\boldsymbol{A},\boldsymbol{C}] \\
[\boldsymbol{A},\boldsymbol{BC}] &= [\boldsymbol{A},\boldsymbol{B}]\boldsymbol{C} + \boldsymbol{B}[\boldsymbol{A},\boldsymbol{C}] \\
0 &= [\boldsymbol{A},[\boldsymbol{B},\boldsymbol{C}]] + [\boldsymbol{B},[\boldsymbol{C},\boldsymbol{A}]] + [\boldsymbol{C},[\boldsymbol{A},\boldsymbol{B}]] \\
[\boldsymbol{A},\boldsymbol{B}^n] &= \sum_{s=0}^{n-1} \boldsymbol{B}^s[\boldsymbol{A},\boldsymbol{B}]\boldsymbol{B}^{n-s-1} \;.
\end{aligned}$$

Hermitesche und unitäre Operatoren. Aus der eindeutigen Zuordnung (3.2) zwischen Bra- und Ketvektoren läßt sich eine analoge Beziehung zwischen linearen Operatoren des Hilbert-Raumes und des zu ihm dualen Raumes finden, die sog. *Adjunktion*:

$$|v\rangle = \boldsymbol{A}\,|u\rangle \;\longleftrightarrow\; \langle v| = \langle u|\,\boldsymbol{A}^\dagger \;.$$

Diese Zuordnung definiert den zu $\boldsymbol{A}$ *hermitesch konjugierten* oder *adjungierten* Operator $\boldsymbol{A}^\dagger$. Aus der Definition des Skalarproduktes (3.1) ergibt sich die Konjugationsbeziehung

$$\langle u|\,\boldsymbol{A}\,|v\rangle = \langle v|\,\boldsymbol{A}^\dagger\,|u\rangle^* \;,$$

woraus sofort folgt:

$$\begin{aligned}
(\boldsymbol{A}^\dagger)^\dagger &= \boldsymbol{A} \quad &, \quad (c\boldsymbol{A})^\dagger &= c^*\boldsymbol{A}^\dagger \;,\; c \in \mathbb{C} \;, \\
(\boldsymbol{A}+\boldsymbol{B})^\dagger &= \boldsymbol{A}^\dagger + \boldsymbol{B}^\dagger \quad &, \quad (\boldsymbol{AB})^\dagger &= \boldsymbol{B}^\dagger\boldsymbol{A}^\dagger \;.
\end{aligned}$$

Die Bildung des Adjungierten bei Operatoren entspricht der Konjugation zwischen Bra- und Ketvektoren und der Bildung des komplex Konjugierten bei Zahlen.

Definition: Hermitescher, antihermitescher Operator

- Der lineare Operator $\boldsymbol{H}$ heißt *hermitesch*, wenn er gleich seinem Adjungierten ist: $\boldsymbol{H} = \boldsymbol{H}^\dagger$.
- Der lineare Operator $\boldsymbol{I}$ ist *antihermitesch*, wenn er gleich dem Negativen seines Adjungierten ist. $\boldsymbol{I} = -\boldsymbol{I}^\dagger$.

Hieraus ergeben sich folgende Eigenschaften:

- Jeder lineare Operator $\boldsymbol{A}$ kann eindeutig als Summe eines hermiteschen und eines antihermiteschen Operators geschrieben werden:

$$A = H_A + I_A \;,\; H_A = \frac{A + A^\dagger}{2} \;,\; I_A = \frac{A - A^\dagger}{2} \;.$$

- Jede Linearkombination hermitescher Operatoren mit reellen Koeffizienten ist hermitesch.

Eine weitere wichtige Klasse von Operatoren liefert die

Definition: Unitärer Operator

Ein Operator U ist *unitär*, wenn er zu seinem Adjungierten invers ist:

$$UU^\dagger = U^\dagger U = 1 \;.$$

Es folgt unmittelbar:

- Das Produkt zweier unitärer Operatoren ist ein unitärer Operator.
- Unitäre Operatoren lassen das Skalarprodukt zweier Vektoren, auf die sie wirken, invariant.
- Beschreibt U die infinitesimale unitäre Transformation

  $$U = 1 + \mathrm{i}\epsilon F \;,\; |\epsilon| \ll 1 \;,$$

  dann gilt

  $$UU^\dagger = 1 = (1 + \mathrm{i}\epsilon F)(1 - \mathrm{i}\epsilon F^\dagger) \Longrightarrow F = F^\dagger \;,$$

  d.h. der Operator F ist hermitesch.
- Ebenso folgt: Ist F hermitesch, dann ist $\mathrm{e}^{\mathrm{i}F}$ unitär.

3.1.3 Eigenwertproblem

Viele Probleme der Quantenmechanik lassen sich als *Eigenwertprobleme* formulieren.

Definition: Eigenvektoren, Eigenwerte

Sei A ein linearer Operator. Die i.a. komplexe Zahl a heißt *Eigenwert* von A und der Ket $|u\rangle$ *Eigenket* oder *Eigenzustand* zu a, wenn

$$A|u\rangle = a|u\rangle \;.$$

Entsprechend ist $\langle u'|$ Eigenbra zum Eigenwert a', falls

$$\langle u'|A = \langle u'|a' \;.$$

Hieraus ergibt sich:

- Ist $|u\rangle$ Eigenket von A, dann ist jedes Vielfache $c|u\rangle$ dieses Vektors Eigenket von A zum selben Eigenwert.

- Existieren mehrere linear unabhängige Eigenkets zum selben Eigenwert a, so ist jede Linearkombination dieser Kets Eigenwert von $\boldsymbol{A}$ zu diesem Eigenwert. Das heißt die Menge der Eigenkets von $\boldsymbol{A}$ zu einem bestimmten Eigenwert a bildet einen Vektorraum, nämlich den *Unterraum zum Eigenwert a*. Der Entartungsgrad des Eigenwertes a ist durch die Dimension des Unterraumes von a gegeben.
- Jeder Eigenvektor von $\boldsymbol{A}$ zum Eigenwert a ist auch Eigenvektor von $f(\boldsymbol{A})$ zum Eigenwert $f(a)$: $\boldsymbol{A}\,|u\rangle = a\,|u\rangle \Longrightarrow f(\boldsymbol{A})\,|u\rangle = f(a)\,|u\rangle$.

Dieselben Aussagen gelten auch für die Eigenbras von $\boldsymbol{A}$. Die Gesamtheit der Eigenwerte eines Operators heißt *Eigenwertspektrum*.

Dem Eigenwertproblem hermitescher Operatoren kommt besondere Bedeutung zu, da wir physikalische Meßgrößen in der Quantenmechanik grundsätzlich mit hermiteschen Operatoren identifizieren können.

Satz 3.1: Eigenwertproblem hermitescher Operatoren

Ist $\boldsymbol{A}$ hermitesch auf dem Hilbert-Raum $\mathcal{H}$, so gilt:

1. Das Ket- und Bra-Eigenwertspektrum ist identisch.
2. Alle Eigenwerte sind reell.
3. Jeder, zum Eigenket von $\boldsymbol{A}$ konjugierte Bravektor ist Eigenbra zum selben Eigenwert und umgekehrt. Mit anderen Worten, der Unterraum der Eigenbras zu einem bestimmten Eigenwert ist der Dualraum zum Unterraum der Eigenkets zum selben Eigenwert.
4. Eigenvektoren zu verschiedenen Eigenwerten sind orthogonal zueinander.

Beweis.

Zu 2. Ist

$$\boldsymbol{A} = \boldsymbol{A}^\dagger \quad \text{und} \quad \boldsymbol{A}\,|u\rangle = a\,|u\rangle\,,$$

dann folgt

$$\langle u|\,\boldsymbol{A}\,|u\rangle = \langle u|\,\boldsymbol{A}\,|u\rangle^* = a\,\langle u|\,u\rangle\ .$$

Da $\langle u|\,u\rangle$ reell ist, ist es auch a. Analog wird der Beweis für die Eigenwerte der Bravektoren geführt.

Zu 1., 3. Da jeder Eigenwert reell ist, folgt aus $\boldsymbol{A}\,|u\rangle = a\,|u\rangle$ notwendigerweise $\langle u|\,\boldsymbol{A} = \langle u|\,a$. Damit ergeben sich die Behauptungen.

Zu 4. Sei

$$\boldsymbol{A}\,|u\rangle = a\,|u\rangle\ ,\ \boldsymbol{A}\,|v\rangle = b\,|v\rangle\ ,\ a \neq b\ ,$$

dann ergibt skalare Multiplikation der ersten Gleichung mit $\langle v|$ und der zweiten Gleichung mit $|u\rangle$ sowie anschließender Subtraktion beider Gleichungen

$$(a-b)\,\langle v|\,u\rangle = 0 \Longrightarrow \langle v|\,u\rangle = 0\ .$$

Kontinuierliches Spektrum. Bisher wurde vorausgesetzt, daß die Eigenvektoren zum Hilbert-Raum gehören, bzw. daß das Eigenwertspektrum diskret ist. Im allgemeinen Fall besitzt das Spektrum jedoch neben einem diskreten auch einen kontinuierlichen Teil, dessen Eigenvektoren keine endliche Norm besitzen und folglich nicht zum Hilbert-Raum gehören. Durch die Normierung solcher uneigentlichen Hilbert-Vektoren auf die δ-Funktion können sie jedoch ohne Probleme in das Eigenwertproblem einbezogen werden. Alle Aussagen des letzten Satzes bleiben auch hierfür gültig.

Observable und Vollständigkeit. Betrachten wir als Beispiel das folgende, sehr allgemein gehaltene Eigenwertspektrum eines hermiteschen Operators $\boldsymbol{A}$:

$$\boldsymbol{A}\,|nr\rangle = a_n\,|nr\rangle \quad , \quad \boldsymbol{A}\,|\nu,\rho,r\rangle = a(\nu,\rho)\,|\nu,\rho,r\rangle \quad , \quad \begin{array}{l} n,r \in \mathbb{Z} \\ \nu,\rho \in \mathbb{R} \\ a_n, a(\nu,\rho) \in \mathbb{R}\,. \end{array}$$

Es besteht aus einem diskreten Anteil $\{a_n\}$ und einem kontinuierlichen Anteil $\{a(\nu,\rho)\}$. Die Eigenkets zum Eigenwert a_n sind $|nr\rangle$, während die Eigenkets zum Eigenwert $a(\nu,\rho)$ durch $|\nu,\rho,r\rangle$ gegeben sind. Die jeweilige Entartung ist durch den Laufindex r gegeben. Die Eigenvektoren lassen sich so normieren, daß folgende Orthonormalitätsrelationen erfüllt sind:

$$\begin{aligned} \langle n,r|\,n',r'\rangle &= \delta_{nn'}\delta_{rr'} \\ \langle n,r|\,\nu',\rho',r'\rangle &= 0 \\ \langle \nu,\rho,r|\,\nu',\rho',r'\rangle &= \delta(\nu-\nu')\delta(\rho-\rho')\delta_{rr'}\,. \end{aligned}$$

Spannen diese Vektoren den gesamten Raum auf, d.h. kann jeder Vektor mit endlicher Norm nach diesen Vektoren entwickelt werden (als Reihe oder Integral), so sagt man, daß sie ein *vollständiges System* bilden und daß der hermitesche Operator eine *Observable* ist. Daß dies der Fall ist, läßt sich oftmals nur für hermitesche Operatoren mit diskretem Spektrum relativ leicht zeigen. Der Beweis für Operatoren mit gemischtem oder rein kontinuierlichem Spektrum ist dagegen i.a. recht aufwendig und kompliziert. Wir setzen im weiteren Verlauf die Vollständigkeit des Eigenketsystems eines hermiteschen Operators im diskreten und kontinuierlichen Fall stets voraus. Der zu obigem Basissystem gehörende Einsoperator ist

$$\begin{aligned} \mathcal{P} &= \mathcal{P}_{\{n,r\}} + \mathcal{P}_{\{\nu,\rho,r\}} \\ &= \sum_{n,r} |nr\rangle\,\langle nr| + \sum_r \int \mathrm{d}\nu \int \mathrm{d}\rho\,|\nu,\rho,r\rangle\,\langle\nu,\rho,r| \ , \end{aligned}$$

und die Entwicklung eines Kets $|u\rangle$ lautet

$$\begin{aligned} |u\rangle &= \mathcal{P}\,|u\rangle \\ &= \sum_{n,r} |nr\rangle\,\langle nr|u\rangle + \sum_r \int \mathrm{d}\nu \int \mathrm{d}\rho\,|\nu,\rho,r\rangle\,\langle\nu,\rho,r|u\rangle \ . \end{aligned}$$

Für das vorliegende Basissystem lautet die Vollständigkeitsrelation

$$\langle u|u\rangle = \sum_{n,r} |\langle nr|u\rangle|^2 + \sum_r \int \mathrm{d}\nu \int \mathrm{d}\rho |\langle \nu,\rho,r|u\rangle|^2 .$$

Im folgenden Abschnitt werden wir Observable mit physikalischen Messungen identifizieren. Der folgende Satz ist deshalb besonders wichtig:

Satz 3.2: Kommutierende Observable

Zwei Observable $\boldsymbol{A}$ und $\boldsymbol{B}$ sind genau dann miteinander vertauschbar, wenn sie mindestens ein gemeinsames Orthonormalsystem besitzen.

Beweis. Es sei $\{|n\rangle\}$ ein vollständiges Orthonormalsystem von $\boldsymbol{A}$ mit $\boldsymbol{A}|n\rangle = a_n|n\rangle$. Dann gilt

$$\boldsymbol{A} = \mathcal{P}_{\{n\}}\boldsymbol{A}\mathcal{P}_{\{n\}} = \sum_{n,n'} |n\rangle\langle n|\boldsymbol{A}|n'\rangle\langle n'| = \sum_n |n\rangle a_n \langle n|$$

$$\boldsymbol{B} = \mathcal{P}_{\{n\}}\boldsymbol{B}\mathcal{P}_{\{n\}} = \sum_{n,n'} |n\rangle\langle n|\boldsymbol{B}|n'\rangle\langle n'| .$$

Es folgt

$$\begin{aligned} \boldsymbol{AB} &= \sum_{n,n',n''} |n\rangle a_n \langle n|n'\rangle\langle n'|\boldsymbol{B}|n''\rangle\langle n''| \\ &= \sum_{n,n'} |n\rangle a_n \langle n|\boldsymbol{B}|n'\rangle\langle n'| \\ \boldsymbol{BA} &= \sum_{n,n',n''} |n\rangle\langle n|\boldsymbol{B}|n'\rangle\langle n'|n''\rangle a_{n''}\langle n''| \\ &= \sum_{n,n'} |n\rangle\langle n|\boldsymbol{B}|n'\rangle a_{n'}\langle n'| . \end{aligned}$$

Aus $[\boldsymbol{A},\boldsymbol{B}]=\boldsymbol{0}$ ergibt sich

$$\langle n|\boldsymbol{B}|n'\rangle(a_n - a_{n'}) = 0 .$$

Liegt keine Entartung vor ($a_n \neq a_{n'}$ für $n \neq n'$) dann gilt

$$\langle n|\boldsymbol{B}|n'\rangle = 0 \quad \text{für} \quad n \neq n' , \tag{3.3}$$

d.h. jeder Eigenvektor von $\boldsymbol{A}$ ist auch Eigenvektor von $\boldsymbol{B}$. Falls aber Eigenwerte a_n entartet sind, kann man die Freiheit in der Wahl der Basisvektoren so ausnutzen, daß (3.3) erfüllt ist. Damit ist die Vorwärtsrichtung bewiesen. Sind andererseits die $|n\rangle$ auch Eigenvektoren von $\boldsymbol{B}$, so gilt

$$\boldsymbol{B}|n\rangle = b_n|n\rangle \Longrightarrow \langle n|\boldsymbol{B}|n'\rangle = b_n\delta_{nn'} \Longrightarrow [\boldsymbol{A},\boldsymbol{B}] = \boldsymbol{0} .$$

3.1.4 Darstellung von Vektoren und linearen Operatoren

Betrachten wir ein beliebiges vollständiges, diskretes und nichtentartetes Eigenwertspektrum $\{|n\rangle\}$ eines hermiteschen Operators $\boldsymbol{Q}$:

$$\boldsymbol{Q}\,|n\rangle = q_n\,|n\rangle \;,\; \langle m|\,n\rangle = \delta_{mn} \;,\; \boldsymbol{\mathcal{P}}_Q = \sum_n |n\rangle\,\langle n| = \mathbf{1}\;.$$

Dann folgt für die Entwicklung beliebiger Kets, Bras und Operatoren des Hilbert-Raumes nach den Eigenkets $\{|n\rangle\}$

$$\begin{aligned}
|u\rangle &= \boldsymbol{\mathcal{P}}_Q\,|u\rangle = \sum_n |n\rangle\,\langle n|\,u\rangle \\
\langle v| &= \langle v|\,\boldsymbol{\mathcal{P}}_Q = \sum_n \langle v|\,n\rangle\,\langle n| = \sum_n \langle n|\,v\rangle^*\,\langle n| \\
\boldsymbol{A} &= \boldsymbol{\mathcal{P}}_Q\boldsymbol{A}\boldsymbol{\mathcal{P}}_Q = \sum_{n,m} |n\rangle\,\langle n|\,\boldsymbol{A}\,|m\rangle\,\langle m|\;.
\end{aligned}$$

Die Projektionen $\langle n|\,u\rangle$, $\langle v|\,n\rangle$ auf die Basisvektoren sowie die $\langle n|\,\boldsymbol{A}\,|m\rangle$ lassen sich interpretieren als die Elemente von Koordinatenvektoren $(|\,u\rangle\,)^Q$, $(\langle v|\,)^Q$ bzw. Matrizen $(\boldsymbol{A})^Q$, welche die abstrakten Größen $|\,u\rangle$, $\langle v|$ und $\boldsymbol{A}$ in der Q-Darstellung beschreiben:

$$\begin{aligned}
(|\,u\rangle\,)^Q &= \begin{pmatrix} \langle 1|\,u\rangle \\ \langle 2|\,u\rangle \\ \vdots \end{pmatrix} \;,\; (\langle v|\,)^Q = (\langle v|\,1\rangle\,, \langle v|\,2\rangle\,, \ldots) \\
(\boldsymbol{A})^Q &= \begin{pmatrix} \langle 1|\,\boldsymbol{A}\,|1\rangle & \langle 1|\,\boldsymbol{A}\,|2\rangle & \ldots \\ \langle 2|\,\boldsymbol{A}\,|1\rangle & \langle 2|\,\boldsymbol{A}\,|2\rangle & \ldots \\ \vdots & \vdots & \vdots \end{pmatrix}\;.
\end{aligned}$$

Offensichtlich gilt:

- Die zur Ket-Spaltenmatrix $(|\,u\rangle\,)^Q$ konjugierte Bra-Zeilenmatrix $(\langle\,u|\,)^Q$ ist die komplex konjugierte und transponierte Matrix der Ket-Matrix: $\langle u|\,n\rangle = \langle n|\,u\rangle^*$.
- Die zur quadratischen Operatormatrix $(\boldsymbol{A})^Q$ adjungierte Matrix $(\boldsymbol{A}^\dagger)^Q$ ergibt sich ebenfalls durch komplexe Konjugation und Transposition der Ausgangsmatrix:

$$(\boldsymbol{A}^\dagger)^Q_{mn} = \langle\,m|\,\boldsymbol{A}^\dagger\,|n\,\rangle = \langle n|\,\boldsymbol{A}\,|m\rangle^* = \left[(\boldsymbol{A})^Q_{nm}\right]^*\;.$$

Man überzeugt sich leicht davon, daß die algebraischen Operationen von Vektoren und Operatoren dieselben Operationen für die sie darstellenden Matrizen sind. Die Erweiterung für den kontinuierlichen Fall ist unproblematisch; die Matrixelemente erhalten in diesem Fall kontinuierliche Indizes, und die bei den Matrixoperationen auftretenden Summen sind durch Integrale zu ersetzen.

Man beachte, daß die Observable $\boldsymbol{Q}$ in der Q-Darstellung durch eine besonders einfache Matrix, nämlich eine Diagonalmatrix dargestellt wird, bei der alle Nicht-Diagonalelemente verschwinden. Das gleiche gilt für jede Funktion $f(\boldsymbol{Q})$ und nach Satz 3.2 auch für jede andere Observable, die mit $\boldsymbol{Q}$ vertauscht (wobei u.U. bei Entartung von Eigenwerten die Freiheit der Wahl eines geeigneten Basissystems auszunutzen ist).

Darstellungswechsel. Wir betrachten zwei Basissysteme, bestehend aus den Eigenvektoren $\{|n\rangle\,, n=1,2,\ldots\}$ der Observablen $\boldsymbol{Q}$ und $\{|\chi\rangle\,, \chi\in\mathbb{R}\}$ der Observablen $\boldsymbol{\Theta}$:

$$\boldsymbol{Q}\,|n\rangle = q_n\,|n\rangle \;\;,\;\; \langle n|\, m\rangle = \delta_{nm} \;,\; \boldsymbol{\mathcal{P}}_Q = \sum_n |n\rangle\,\langle n| = \mathbf{1}$$

$$\boldsymbol{\Theta}\,|\chi\rangle = \theta(\chi)\,|\chi\rangle \;\;,\;\; \langle\chi|\,\chi'\rangle = \delta(\chi-\chi') \;,\; \boldsymbol{\mathcal{P}}_\Theta = \int \mathrm{d}\chi\,|\chi\rangle\,\langle\chi| = \mathbf{1}\;.$$

Die Basisvektoren der einen Darstellung können nach der Basis der anderen Darstellung entwickelt werden:

$$|n\rangle = \boldsymbol{\mathcal{P}}_\Theta\,|n\rangle = \int \mathrm{d}\chi\,|\chi\rangle\,\langle\chi|\,n\rangle \;\;,\;\; |\chi\rangle = \boldsymbol{\mathcal{P}}_Q\,|\chi\rangle = \sum_n |n\rangle\,\langle n|\,\chi\rangle\;.$$

Die Entwicklungskoeffizienten $\langle\chi|\,n\rangle$ und $\langle n|\,\chi\rangle$ lassen sich als Elemente einer Matrix $\boldsymbol{S}(\chi,n)$ bzw. $\boldsymbol{T}(n,\chi)$ interpretieren, die in unserem konkreten Fall einen kontinuierlichen und einen diskreten Index besitzen. Wegen $\langle\chi|\,n\rangle = \langle n|\,\chi\rangle^*$ folgt: $\boldsymbol{T}=\boldsymbol{S}^\dagger$. Weiter ist

$$\begin{aligned}
\langle\chi|\,\chi'\rangle &= \sum_n \langle\chi|\,n\rangle\,\langle n|\,\chi'\rangle = \delta(\chi-\chi')\\
\langle n|\,n'\rangle &= \int \mathrm{d}\chi\,\langle n|\,\chi\rangle\,\langle\chi|\,n'\rangle = \delta_{nn'}\\
\Longrightarrow &\;\boldsymbol{S}\boldsymbol{S}^\dagger = \mathbf{1}\,,\; \boldsymbol{T}\boldsymbol{T}^\dagger = \boldsymbol{S}^\dagger\boldsymbol{S} = \mathbf{1}\;.
\end{aligned}$$

Das heißt $\boldsymbol{S}$ ist unitär. Sei nun ein Ket $|u\rangle$ und ein Operator $\boldsymbol{A}$ in der Q-Darstellung gegeben:

$$|u\rangle = \sum_n |n\rangle\,\langle n|\,u\rangle \;\;,\;\; \boldsymbol{A} = \sum_{n,n'} |n\rangle\,\langle n|\,\boldsymbol{A}\,|n'\rangle\,\langle n'|\;.$$

Dann folgt für die Θ-Darstellung

$$\begin{aligned}
|u\rangle &= \sum_n \int \mathrm{d}\chi\,|\chi\rangle\,\langle\chi|\,n\rangle\,\langle n|\,u\rangle\\
\Longleftrightarrow &\;(|\,u\rangle)^\Theta = \boldsymbol{S}(|\,u\rangle)^Q \quad \text{und entsprechend}\quad (\langle v|)^\Theta = (\langle v|)^Q\boldsymbol{S}^\dagger
\end{aligned}$$

sowie

$$\boldsymbol{A} = \sum_{n,n'} \int \mathrm{d}\chi \int \mathrm{d}\chi'\,|\chi\rangle\,\langle\chi|\,n\rangle\,\langle n|\,\boldsymbol{A}\,|n'\rangle\,\langle n'|\,\chi'\rangle\,\langle\chi'|$$

$$\Longleftrightarrow (\boldsymbol{A})^{\Theta} = \boldsymbol{S}(\boldsymbol{A})^{Q}\boldsymbol{S}^{\dagger} \ .$$

Man gelangt also von den Matrizen der Q-Darstellung zu denen der Θ-Darstellung durch eine unitäre Transformation $\boldsymbol{S}$. Die Elemente dieser Matrix haben folgende bemerkenswerte Eigenschaften:

- Als Funktion des Spaltenindex n betrachtet, sind die Elemente $\langle\chi|n\rangle$ der χ-ten Zeile die Komponenten des Zeilenvektors $(\langle\chi|)^{Q}$, also des Eigenbras $\langle\chi|$ von $\boldsymbol{\Theta}$ in der Q-Darstellung.
- Als Funktion des Zeilenindex χ betrachtet, sind die Elemente der n-ten Spalte die Komponenten des Spaltenvektors $(|n\rangle)^{\Theta}$, also des Eigenkets $|n\rangle$ von $\boldsymbol{Q}$ in der Θ-Darstellung.

Die Lösung des Eigenwertproblems des Operators $\boldsymbol{\Theta}$ in der Q-Darstellung ist also mathematisch äquivalent zur Bestimmung der Transformation $\boldsymbol{S}$, die zur Diagonalisierung der Matrix $(\boldsymbol{\Theta})^{Q}$ führt.

Zusammenfassung

- **Eigentliche Ketvektoren** sind Elemente des **Hilbert-Raumes**, eines linearen Vektorraumes von höchstens abzählbar unendlicher Dimension. Sie besitzen im Sinne der Hilbert-Metrik eine endliche Norm. Ihnen konjugiert sind die **eigentlichen Bravektoren**, die zum **dualen Hilbert-Raum** gehören.
- **Uneigentliche Hilbert-Vektoren**, die keine endliche Norm besitzen, lassen sich auf die δ-Funktion normieren. Für sie gelten nach entsprechender Ersetzung die gleichen Beziehungen wie für die eigentlichen Hilbert-Vektoren.
- Der Begriff des **Operators** spielt in der Quantenmechanik eine fundamentale Rolle. Das größte Interesse gilt dabei **hermiteschen Operatoren**. Sie besitzen reelle Eigenwerte, wobei Eigenvektoren zu verschiedenen Eigenwerten orthogonal zueinander sind. Ist die Eigenbasis eines hermiteschen Operators vollständig – dies setzen wir stets voraus – dann nennt man ihn **Observable**.
- Zwei Observable sind genau dann miteinander vertauschbar, wenn sie mindestens ein gemeinsames Orthonormalsystem besitzen.
- Entwickelt man Kets und Operatoren nach einer gegebenen Basis des Hilbert-Raumes, dann beschreiben die Entwicklungskoeffizienten diese Größen in der durch die Basis definierten **Darstellung**.

Anwendungen

36. Eigenschaften von Projektionsoperatoren. Ein endlichdimensionaler Teilraum des Hilbert-Raumes werde durch das Orthonormalsystem $|a_1\rangle, \ldots, |a_n\rangle$ aufgespannt. Es ist zu zeigen, daß der Operator

$$\mathcal{P}_{\{a\}} = \sum_{i=1}^{n} |a_i\rangle\langle a_i|$$

die typischen Eigenschaften eines Projektionsoperators besitzt:

a) $\mathcal{P}_{\{a\}}$ ist linear,

b) $\mathcal{P}_{\{a\}}^2 = \mathcal{P}_{\{a\}}$,

c) $\mathcal{P}_{\{a\}}$ ist hermitesch: $\mathcal{P}_{\{a\}}^{\dagger} = \mathcal{P}_{\{a\}}$.

Wie lauten die Eigenwerte und -vektoren von $\mathcal{P}_{\{a\}}$?

Lösung.

Zu a) Es gilt

$$\begin{aligned}
\mathcal{P}_{\{a\}}(\lambda_1|\psi_1\rangle + \lambda_2|\psi_2\rangle) &= \sum_{i=1}^{n} |a_i\rangle\langle a_i|\lambda_1\psi_1 + \lambda_2\psi_2\rangle \\
&= \sum_{i=1}^{n} |a_i\rangle\langle a_i|\lambda_1\psi_1\rangle + \sum_{i=1}^{n} |a_i\rangle\langle a_i|\lambda_2\psi_2\rangle \\
&= \lambda_1\sum_{i=1}^{n} |a_i\rangle\langle a_i|\psi_1\rangle + \lambda_2\sum_{i=1}^{n} |a_i\rangle\langle a_i|\psi_2\rangle \\
&= \lambda_1\mathcal{P}_{\{a\}}|\psi_1\rangle + \lambda_2\mathcal{P}_{\{a\}}|\psi_2\rangle .
\end{aligned}$$

Das heißt $\mathcal{P}_{\{a\}}$ ist linear.

Zu b)

$$\mathcal{P}_{\{a\}}^2 = \sum_{i,j=1}^{n} |a_i\rangle\langle a_i|a_j\rangle\langle a_j| = \sum_{i,j=1}^{n} |a_i\rangle\,\delta_{ij}\,\langle a_j| = \sum_{i=1}^{n} |a_i\rangle\langle a_i| = \mathcal{P}_{\{a\}}.$$

Zu c)

$$\begin{aligned}
\left\langle \psi_1 \left| \sum_{i=1}^{n} |a_i\rangle\langle a_i| \right| \psi_2 \right\rangle &= \sum_{i=1}^{n} \langle\psi_1|a_i\rangle\langle a_i|\psi_2\rangle = \sum_{i=1}^{n} \langle\psi_2|a_i\rangle^*\langle a_i|\psi_1\rangle^* \\
&= \left\langle \psi_2 \left| \sum_{i=1}^{n} |a_i\rangle\langle a_i| \right| \psi_1 \right\rangle^*
\end{aligned}$$

$$\Longrightarrow \mathcal{P}_{\{a\}} = \mathcal{P}_{\{a\}}^{\dagger} .$$

Offensichtlich gilt

$$\mathcal{P}_{\{a\}}\,|a_j\rangle = \sum_{i=1}^{n} |a_i\rangle\,\langle a_i|\,a_j\rangle = \sum_{i=1}^{n} \delta_{ij}\,|a_i\rangle = |a_j\rangle \ .$$

Das heißt $\mathcal{P}_{\{a\}}$ besitzt die Eigenvektoren $|a_i\rangle$ mit den Eigenwerten Eins.

37. Kommutierende Operatoren. Man verifiziere, daß die folgenden hermiteschen Operatoren vertauschen, und bestimme ein gemeinsames Eigenbasissystem:

$$\boldsymbol{\Omega} = \begin{pmatrix} 1 & 0 & 1 \\ 0 & 0 & 0 \\ 1 & 0 & 1 \end{pmatrix} , \ \boldsymbol{\Lambda} = \begin{pmatrix} 2 & 1 & 1 \\ 1 & 0 & -1 \\ 1 & -1 & 2 \end{pmatrix} .$$

Darüber hinaus zeige man explizit, daß beide Matrizen in dieser Basisdarstellung diagonal sind.

Lösung. Es gilt

$$\boldsymbol{\Omega}\boldsymbol{\Lambda} = \boldsymbol{\Lambda}\boldsymbol{\Omega} = \begin{pmatrix} 3 & 0 & 3 \\ 0 & 0 & 0 \\ 3 & 0 & 3 \end{pmatrix} \Longrightarrow [\boldsymbol{\Omega}, \boldsymbol{\Lambda}] = \mathbf{0} \ .$$

Zur Bestimmung der Eigenbasen sind die Eigenwertprobleme

$$\boldsymbol{\Omega}\boldsymbol{x} = \omega\boldsymbol{x} \ , \ \boldsymbol{\Lambda}\boldsymbol{x} = \lambda\boldsymbol{x} \tag{3.4}$$

zu lösen. Für $\boldsymbol{\Omega}$ ergibt sich

$$\begin{vmatrix} 1-\omega & 0 & 1 \\ 0 & -\omega & 0 \\ 1 & 0 & 1-\omega \end{vmatrix} = -\omega^2(\omega-2) = 0$$

$$\Longrightarrow \begin{cases} \omega_1 = 0: \ \boldsymbol{e}_1 = \dfrac{1}{\sqrt{3}}\begin{pmatrix} 1 \\ 1 \\ -1 \end{pmatrix} , \ \omega_2 = 0: \ \boldsymbol{e}_2 = \dfrac{1}{\sqrt{3}}\begin{pmatrix} 1 \\ -1 \\ -1 \end{pmatrix} \\ \omega_3 = 2: \ \boldsymbol{e}_3 = \dfrac{1}{\sqrt{2}}\begin{pmatrix} 1 \\ 0 \\ 1 \end{pmatrix} \end{cases} .$$

und für $\boldsymbol{\Lambda}$

$$\begin{vmatrix} 2-\lambda & 1 & 1 \\ 1 & -\lambda & -1 \\ 1 & -1 & 2-\lambda \end{vmatrix} = -(\lambda-2)(\lambda+1)(\lambda-3) = 0$$

$$\Longrightarrow \begin{cases} \lambda_1 = 2: \ \boldsymbol{f}_1 = \dfrac{1}{\sqrt{3}}\begin{pmatrix} 1 \\ 1 \\ -1 \end{pmatrix} , \ \lambda_2 = -1: \ \boldsymbol{f}_2 = \dfrac{1}{\sqrt{6}}\begin{pmatrix} 1 \\ -2 \\ -1 \end{pmatrix} \\ \lambda_3 = 3: \ \boldsymbol{f}_3 = \dfrac{1}{\sqrt{2}}\begin{pmatrix} 1 \\ 0 \\ 1 \end{pmatrix} . \end{cases}$$

Als gemeinsames Basissystem $\{g_i\}$ von $\boldsymbol{\Omega}$ und $\boldsymbol{\Lambda}$ bietet sich nun an:

$$g_1 = e_1 = f_1 = \frac{1}{\sqrt{3}}\begin{pmatrix} 1 \\ 1 \\ -1 \end{pmatrix}$$

$$g_2 = f_2 = \frac{1}{2\sqrt{2}}(-e_1 + 3e_2) = \frac{1}{\sqrt{6}}\begin{pmatrix} 1 \\ -2 \\ -1 \end{pmatrix}$$

$$g_3 = e_3 = f_3 = \frac{1}{\sqrt{2}}\begin{pmatrix} 1 \\ 0 \\ 1 \end{pmatrix},$$

wobei zu beachten ist, daß g_2 eine Linearkombination von den zum selben Eigenwert von $\boldsymbol{\Omega}$ gehörenden Vektoren e_1 und e_2 ist. Geht man von den Eigenwertgleichungen (3.4) in kanonischer Basis zu den entsprechenden Formulierungen in der g-Basis über, dann ist

$$\boldsymbol{\Omega}'x' = \omega x' \;,\; \boldsymbol{\Lambda}'x' = \Lambda x' \;,\; \text{mit } \boldsymbol{A}' = \boldsymbol{R}\boldsymbol{A}\boldsymbol{R}^{-1} \;,\; x' = \boldsymbol{R}x \;,$$

wobei die Transformationsmatrix $\boldsymbol{R}$ gegeben ist durch

$$\boldsymbol{R}^{-1} = \frac{1}{\sqrt{6}}\begin{pmatrix} \sqrt{2} & 1 & \sqrt{3} \\ \sqrt{2} & -2 & 0 \\ -\sqrt{2} & -1 & \sqrt{3} \end{pmatrix} \;,\; \boldsymbol{R} = \frac{1}{\sqrt{6}}\begin{pmatrix} \sqrt{2} & \sqrt{2} & -\sqrt{2} \\ 1 & -2 & -1 \\ \sqrt{3} & 0 & \sqrt{3} \end{pmatrix} .$$

Damit folgt schließlich für $\boldsymbol{\Omega}'$ und $\boldsymbol{\Lambda}'$

$$\boldsymbol{\Omega}' = \begin{pmatrix} 0 & 0 & 0 \\ 0 & 0 & 0 \\ 0 & 0 & 2 \end{pmatrix} \;,\; \boldsymbol{\Lambda}' = \begin{pmatrix} 2 & 0 & 0 \\ 0 & -1 & 0 \\ 0 & 0 & 3 \end{pmatrix} .$$

3.2 Allgemeiner Aufbau der Quantentheorie

In diesem Abschnitt wird auf der Grundlage des im letzten Abschnitt erarbeiteten mathematischen Formalismus der physikalische Rahmen der Quantentheorie abgesteckt. Nach einer kurzen Motivation stellen wir die Postulate der Quantentheorie axiomatisch vor, ohne die historische Entwicklung weiter zu verfolgen. Hierbei spielt der Begriff der *Messung* eine zentrale Rolle. Es schließen sich allgemeine Betrachtungen zur zeitlichen Entwicklung von Quantensystemen (*Schrödinger-Gleichung*) sowie zu verschiedenen Bildern und Darstellungen der Quantentheorie an.

3.2.1 Grenzen der klassischen Physik

Für die Entstehung der Quantenmechanik sind im wesentlichen zwei Eigenschaften der mikroskopischen Welt verantwortlich, die im krassen Widerspruch zur klassischen Sichtweise der Natur gegen Ende des 19. Jahrhunderts stehen:

- Die Quantelung physikalischer Größen wie z.B. Energie oder Impuls,
- der Welle-Teilchen-Dualismus.

Stellvertretend für die zahlreichen experimentellen Belege dieser zwei Phänomene (Schwarzkörperstrahlung, Franck-Hertz-Versuch, Stern-Gerlach-Versuch, Zeeman-Effekt, Atomspektroskopie, Compton-Effekt etc.) werden im folgenden zur Verdeutlichung zwei Experimente kurz beschrieben:

Photoelektrischer Effekt. Wird ein Alkali-Metall im Vakuum mit ultraviolettem Licht bestrahlt, so emittiert es Elektronen, falls die Frequenz des Lichts oberhalb einer (materialabhängigen) Schwellenfrequenz liegt. Die Stärke des so erzeugten elektrischen Stroms ist proportional zur Intensität der vom Metall aufgenommenen Strahlung. Dagegen hängt die Energie der Elektronen nicht von der Intensität der Strahlung ab, sondern, entgegen der klassischen Theorie, nur von der Frequenz. Einstein fand für diesen Effekt eine Erklärung, indem er die Strahlung als eine Ansammlung von Lichtquanten (*Photonen*) der Energie

$$E = h\nu \quad \text{bzw.} \quad E = \hbar\omega \; , \; \omega = 2\pi\nu$$

betrachtete, wobei ν die Frequenz des Lichts und

$$h = 6.62 \cdot 10^{-27} \, \text{erg} \cdot \text{s} \; , \; \hbar = \frac{h}{2\pi}$$

das *Plancksche Wirkungsquantum* ist. Durch die Absorption eines Lichtquants durch ein Elektron erhält letzteres die Energie $h\nu$, die teilweise verbraucht wird, um das Elektron vom Metall abzulösen: *Ablösearbeit* W. Die verbleibende Energie wird in kinetische Energie des Elektrons umgesetzt:

$$E_\text{e} = \frac{1}{2} m_\text{e} v^2 = h\nu - W \; .$$

Beugung von Materieteilchen. Beim Durchgang eines homogenen Elektronenstrahls durch ein Kristall beobachtet man auf einem dahinter liegenden Schirm ein Bild aufeinander folgender Intensitätsmaxima und -minima, völlig analog zu dem Bild bei der Beugung elektromagnetischer Wellen. Das gleiche gilt für Kristallbeugungsexperimente mit monoenergetischen Strahlen von Heliumatomen, Wasserstoffmolekülen, Neutronen etc. Entgegen klassischer Vorstellungen weisen offensichtlich materielle Teilchen Züge auf, die für Wellenvorgänge charakteristisch sind. Andererseits tritt der Korpuskularcharakter der Teilchen zum Vorschein, wenn man sie hinter dem Kristall z.B. mit einem Detektor nachweist, denn sie werden immer ganzheitlich, nie in Bruchstücken registriert. Dementsprechend ist das Interferenzmuster auf dem Schirm bei genügend kleiner Bestrahlungsdauer diskontinuierlich und resultiert in der Tat aus dem Auftreffen einzelner Teilchen auf den Schirm.

Man gelangt zu einer widerspruchsfreien Interpretation dieser und vieler anderer Phänomene, indem man die strikte klassische Trennung zwischen korpuskularen und wellenartigen Phänomenen aufgibt und postuliert, daß jedes Teilchen durch eine Wellenfunktion $\psi(\boldsymbol{x}, t)$ beschrieben werden kann, deren Intensitätsdichte $|\psi(\boldsymbol{x}, t)|^2$ ein Maß für die Wahrscheinlichkeit darstellt, das Teilchen zur Zeit t am Ort $\boldsymbol{x}$ vorzufinden (statistische Deutung des Welle-Teilchen-Dualismus). Eine Konsequenz dieser „wellenmechanischen“ Betrachtungsweise ist das Superpositionsprinzip, nach dem sich verschiedene Zustände analog zur Wellenoptik linear überlagern lassen. Wie in den folgenden Abschnitten gezeigt wird, ist es im wesentlichen diese Eigenschaft, die es ermöglicht, die Quantentheorie in einem abstrakten Vektorraum (Hilbert-Raum) zu formulieren, dessen Vektoren ja ebenfalls superponierbar sind. Insofern wird sich die Wellenmechanik als eine spezielle Darstellung (*Ortsdarstellung*) der Quantentheorie herausstellen.

Es sei an dieser Stelle noch auf ein weiteres Prinzip, das *Korrespondenzprinzip*, hingewiesen, welches die Quantentheorie zu berücksichtigen hat. Es besagt, daß im Falle hinreichend kleiner Ausdehnungen der Materiewellen die Quantenmechanik in die klassische Theorie übergeht. Man kann dann nämlich die Materiewellen als punktförmig betrachten und so dem Teilchen eine genaue Bewegung zuordnen. Abstrakt formuliert entspricht dies dem Grenzfall $\hbar \to 0$ (analog zum Grenzübergang Wellenoptik $\stackrel{\lambda \to 0}{\longrightarrow}$ geometrische Optik).

3.2.2 Postulate der Quantenmechanik

Im folgenden werden die Postulate der nichtrelativistischen Quantenmechanik vorgestellt und diskutiert. Um die Unterschiede zwischen der Quantenmechanik und der klassischen Mechanik zu verdeutlichen, sind den Postulaten ihre klassischen Pendants in der Hamilton-Formulierung gegenübergestellt.

Satz 3.3: Postulate der Quantenmechanik

Klassische Mechanik	Quantenmechanik
Der klassische Zustand eines Systems zur Zeit t ist durch die verallgemeinerten Koordinaten $q_1(t),\ldots, q_N(t)$ und Impulse $p_1(t),\ldots,p_N(t)$ auf einem reellen Zustandsraum bestimmt.	**I)** Der quantenmechanische Zustand eines Systems wird durch einen von Null verschiedenen Vektor, den *Zustandsvektor* $\|\psi(t)\rangle$, auf einem komplexen unitären Hilbert-Raum beschrieben. Vektoren, die sich nur um einen konstanten Faktor unterscheiden, beschreiben denselben Zustand.

▷

Klassische Mechanik	Quantenmechanik
Jede klassische dynamische Variable ω ist eine Funktion der q_i und p_i auf dem Zustandsraum: $\omega = \omega(q_1, \ldots, q_N, p_1, \ldots, p_N)$.	**II)** Physikalische Observable sind Größen, die experimentell gemessen werden können. Sie werden i.d.R. durch lineare hermitesche Operatoren beschrieben, d.h. insbesondere, daß ihre Eigenwerte reell sind.
Die generalisierten Koordinaten und Impulse genügen den Poisson-Klammern $\{q_i, q_k\} = \{p_i, p_k\} = 0$, $\{q_i, p_k\} = \delta_{ik}$.	**III)** Den unabhängigen klassischen Größen x_i und p_i entsprechen hermitesche Operatoren[2] $\boldsymbol{X}_i$ und $\boldsymbol{P}_i$, für die folgende Vertauschungs- bzw. Kommutatorrelationen gelten: $[\boldsymbol{X}_i, \boldsymbol{X}_j] = [\boldsymbol{P}_i, \boldsymbol{P}_j] = \boldsymbol{0}$, $[\boldsymbol{X}_i, \boldsymbol{P}_j] = \mathrm{i}\hbar\delta_{ij}$, $i, j = 1, 2, 3$. Die zu den klassischen dynamischen Variablen $\omega(x_i, p_i)$ korrespondierenden hermiteschen Operatoren sind $\Omega(\boldsymbol{X}_i, \boldsymbol{P}_i) = \omega(x_i \to \boldsymbol{X}_i, p_i \to \boldsymbol{P}_i)$. Es gibt jedoch auch Observable ohne klassisches Analogon.
Eine Messung der dynamischen Variablen ω ergibt: $\omega(q_1, \ldots, q_N, p_i, \ldots, p_N)$. Der Meßvorgang beeinflußt den Zustand des Teilchens nicht notwendigerweise.	**IV)** Befindet sich das System im Zustand $\lvert\psi\rangle$, so ergibt eine Messung der zu $\boldsymbol{\Omega}$ korrespondierenden dynamischen Variable einen der Eigenwerte ω von $\boldsymbol{\Omega}$ mit der Wahrscheinlichkeit $W(\omega) = \frac{\langle\psi\rvert \boldsymbol{\mathcal{P}}_\omega \lvert\psi\rangle}{\langle\psi\vert\psi\rangle}$, wobei $\boldsymbol{\mathcal{P}}_\omega$ auf den zum Eigenwert ω gehörenden Eigenraum projiziert. Als eine notwendige Konsequenz dieses (idealen) Meßvorgangs wechselt der Zustand des Systems von $\lvert\psi\rangle$ nach $\boldsymbol{\mathcal{P}}_\omega \lvert\psi\rangle$.

▷

[2] Siehe Fußnote 1 auf Seite 244.

Die Zustandsvariablen q_i und p_i genügen den Hamiltonschen Gleichungen

$$\dot{q}_i = \frac{\partial H}{\partial p_i}\ ,\ \dot{p}_i = -\frac{\partial H}{\partial q_i}\ .$$

V) Der Zustandsvektor $|\psi(t)\rangle$ genügt der *Schrödinger-Gleichung*

$$\mathrm{i}\hbar\frac{\mathrm{d}}{\mathrm{d}t}|\psi(t)\rangle = \boldsymbol{H}|\psi(t)\rangle\ .$$

Hierbei ist $\boldsymbol{H}$ der Operator der Gesamtenergie, der sog. *Hamilton-Operator.* Im einfachsten Fall ergibt er sich durch das Korrespondenzprinzip

$$\boldsymbol{H} = H(x \to \boldsymbol{X}_i, p_i \to \boldsymbol{P}_i)$$

aus der Hamilton-Funktion des entsprechenden klassischen Systems.

Zu I. Dieses Postulat hebt die besondere Bedeutung von Hilbert-Räumen für die Quantenmechanik hervor. Da der Hilbert-Raum bezüglich der Addition abgeschlossen ist, ergibt die Addition zweier Vektoren wieder einen möglichen Zustand. Dies ist das Superpositionsprinzip, welches eng mit den quantenmechanischen Interferenzeffekten zusammenhängt. Weiterhin bedeutet die Äquivalenz aller Vielfachen eines Vektors, daß jedem Zustand $|\psi\rangle$ ein eindimensionaler Teilraum des Hilbert-Raumes zugeordnet wird. Diesen Teilraum bezeichnet man als *Strahl.* Er wird durch den Projektionsoperator $\mathcal{P}_\psi = |\psi\rangle\langle\psi|$ generiert. Hierbei ist $|\psi\rangle$ ein *reiner Zustand,* im Gegensatz zu *gemischten Zuständen,* die wir im Rahmen der statistischen Physik betrachten werden. Der einen quantenphysikalischen Zustand beschreibende Vektor $|\psi(t)\rangle$ besteht i.a. aus einer Linearkombination von eigentlichen und uneigentlichen Hilbert-Vektoren, wobei die eigentlichen Vektoren auf Eins und die uneigentlichen nur auf die δ-Funktion normierbar sind. $|\psi(t)\rangle$ läßt sich jedoch immer auf Eins normieren und ist somit ein eigentlicher Hilbert-Vektor.

Zu II. Mit diesem Axiom wird die Bedeutung der Theorie der linearen Operatoren (Unterabschn. 3.1.2) klar, weil sie es sind, die auf quantenmechanische Zustandsvektoren wirken. Dabei ist zu beachten, daß die Zustandsvektoren selbst nicht direkt beobachtbar sind. Vielmehr werden die reellen Eigenwerte der Observablen im Experiment gemessen (siehe Unterabschn. 3.2.3).

Zu III. Diese Vertauschungsrelationen haben wir bereits in der Mechanik motiviert. Die Poisson-Klammer erfüllt die gleiche Algebra wie der Kommutator. Wir können somit die Hamiltonsche Mechanik und die Quantenmechanik als zwei verschiedene Realisierungen derselben algebraischen Struktur ansehen. Die Ersetzung $x_i \to \boldsymbol{X}_i$, $p_i \to \boldsymbol{P}_i$ birgt Ambiguitäten in sich, die zum einen daher rühren, daß der Ortsoperator nicht mit dem Impulsoperator vertauscht. Betrachtet man z.B. die klassische Größe $\omega = x_i p_i = p_i x_i$, so ergeben sich hieraus zwei verschiedene Operatoren: $\boldsymbol{\Omega} = \boldsymbol{X}_i\boldsymbol{P}_i$ oder $\boldsymbol{\Omega} = \boldsymbol{P}_i\boldsymbol{X}_i \neq \boldsymbol{X}_i\boldsymbol{P}_i$. In den meisten Fällen lassen sich jedoch Mischterme in

$\boldsymbol{X}_i$ und $\boldsymbol{P}_i$ symmetrisieren, was in diesem Fall zu $\boldsymbol{\Omega} = (\boldsymbol{X}_i\boldsymbol{P}_i + \boldsymbol{P}_i\boldsymbol{X}_i)/2$ führt. Die Symmetrisierung ist darüber hinaus auch für die Hermitezität von $\boldsymbol{\Omega}$ notwendig. Eine weitere Mehrdeutigkeit liegt darin, daß obige Ersetzung nicht invariant gegenüber Koordinatenwechsel der klassischen Größen ist. Es wird deshalb vereinbart, daß bei der Ersetzung von kartesischen klassischen Größen auszugehen ist.

Zu IV. In der Quantenmechanik ist es nicht mehr gerechtfertigt, von der „Trajektorie" eines Teilchens zu sprechen. Jegliche Aussagen über ein Quantensystem sind rein statistischer Natur und beziehen sich auf das Ergebnis vieler gleichartiger Messungen identischer Systeme. Darüber hinaus bewirkt jede Messung eine nichtkausale Änderung des zu messenden Objektes dergestalt, daß es unmittelbar nach der Messung einen (mehr oder weniger) definierten Zustand einnimmt. Man nennt dies *Zustandsreduktion des Quantensystems.* Dieses Axiom wird in Unterabschn. 3.2.3 detaillierter behandelt.

Zu V. Die Schrödinger-Gleichung ist die dynamische Grundgleichung der Quantenmechanik im *Schrödinger-Bild*, in dem die Operatoren meistens zeitunabhängig und die Zustandsvektoren zeitabhängig sind. Wir diskutieren diese Gleichung ausführlich in Unterabschn. 3.2.4. Sie beschreibt bei gegebenem Anfangszustand $|\psi(t_0)\rangle$ die zeitliche Entwicklung $|\psi(t)\rangle$ des Systems vollständig, sofern das System im interessierenden Zeitintervall keiner Messung unterworfen wird. In der hier dargelegten Form ist sie allgemeiner, als z.B. die Schrödinger-Gleichung der Wellenmechanik, weil sie sich nicht auf eine spezielle Darstellung bzw. auf ein spezielles Basissystem bezieht.

Erweiterung der Postulate. Die hier vorgestellten Postulate der nichtrelativistischen Quantenmechanik sind noch nicht vollständig. In Abschn. 3.4 erweitern wir sie zunächst durch die Einführung des rein quantenmechanischen Freiheitsgrades *Spin.* Ferner nehmen wir in Abschn. 3.9 die Erweiterung auf N-Teilchensysteme vor.

3.2.3 Quantenmechanische Messung

Um das Ergebnis der Messung einer zum Operator $\boldsymbol{\Omega}$ korrespondierenden Größe statistisch vorherzusagen, sind nach dem Postulat IV seine orthonormierten Eigenvektoren $|\omega_i\rangle$ und Eigenwerte ω_i sowie die zugehörigen Projektionsoperatoren $\mathcal{P}_{\omega_i}$ zu bestimmen. Die Wahrscheinlichkeit, bei einer Messung den Eigenwert ω_i zu messen, ist dann im nichtentarteten Fall gegeben durch

$$W(\omega_i) = \frac{\langle\psi|\,\mathcal{P}_{\omega_i}\,|\psi\rangle}{\langle\psi|\,\psi\rangle} = \frac{|\,\langle\omega_i|\,\psi\rangle\,|^2}{\langle\psi|\,\psi\rangle}\ ,\ \mathcal{P}_{\omega_i} = |\omega_i\rangle\,\langle\omega_i|\ . \tag{3.5}$$

Ist der Zustandsvektor $|\psi\rangle$ eine Linearkombination der Eigenvektoren von $\boldsymbol{\Omega}$, also $|\psi\rangle = \sum_j \alpha_j\,|\omega_j\rangle$, dann folgt

$$W(\omega_i) = \frac{|\sum\limits_j \alpha_j \langle \omega_i | \omega_j \rangle|^2}{\sum\limits_j |\alpha_j|^2} = \frac{|\alpha_i|^2}{\sum\limits_j |\alpha_j|^2} .$$

Für $|\psi\rangle = |\omega_j\rangle$ bedeutet dies: $W(\omega_i) = \delta_{ij}$, d.h. die Messung ergibt faktisch (mit Wahrscheinlichkeit Eins) den Wert ω_j. Im Falle einer Entartung gilt analog zu (3.5)

$$W(\omega_i) = \frac{\langle \psi | \boldsymbol{\mathcal{P}}_{\omega_i} | \psi \rangle}{\langle \psi | \psi \rangle} = \frac{\sum\limits_r |\langle \omega_i, r | \psi \rangle|^2}{\langle \psi | \psi \rangle} , \; \boldsymbol{\mathcal{P}}_{\omega_i} = \sum_r |\omega_i, r\rangle \langle \omega_i, r| . \quad (3.6)$$

Ist das Spektrum von $\boldsymbol{\Omega}$ überdies kontinuierlich, so ist die Größe $W(\omega)$ als eine *Wahrscheinlichkeitsdichte* aufzufassen. Die Wahrscheinlichkeit $W[\omega_1, \omega_2]$, einen Wert im Intervall $[\omega_1 : \omega_2]$ zu messen, ist dann gegeben durch

$$W[\omega_1, \omega_2] = \int\limits_{\omega_1}^{\omega_2} \mathrm{d}\omega W(\omega) = \frac{\int\limits_{\omega_1}^{\omega_2} \mathrm{d}\omega \langle \psi | \boldsymbol{\mathcal{P}}_\omega | \psi \rangle}{\langle \psi | \psi \rangle} = \frac{\sum\limits_r \int\limits_{\omega_1}^{\omega_2} \mathrm{d}\omega |\langle \omega, r | \psi \rangle|^2}{\langle \psi | \psi \rangle} ,$$

mit $\boldsymbol{\mathcal{P}}_\omega$ und $W(\omega)$ aus (3.6).

Idealmessung und Zustandsreduktion. Die in Postulat IV erwähnte Reduktion des Zustandsvektors von $|\psi\rangle$ nach $\boldsymbol{\mathcal{P}}_\omega |\psi\rangle$ gilt nur im Falle *idealer Messungen* und kann geradezu als ihre Definition angesehen werden:

Definition: Ideale Messung und Reduktion des Zustandsvektors

Ist das Resultat einer idealen Messung an einem System mit dem Zustandsvektor $|\psi\rangle$ durch den Eigenwert ω gegeben, dann befindet sich das System unmittelbar nach dem Experiment im Zustand $\boldsymbol{\mathcal{P}}_\omega |\psi\rangle$. Diese Aussage wird auch als *Projektionspostulat* bezeichnet.

Die ideale Messung funktioniert also wie ein „vollkommener Filter“, der nur den Anteil von $|\psi\rangle$ passieren läßt, der zum Eigenraum des Eigenwertes ω gehört. Ist die Messung nicht ideal, so ist der Durchgang dieses Anteils von einer bestimmten Verzerrung begleitet. Mit Hilfe einer idealen Messung läßt sich ein Zustand immer so präparieren, daß er bei einer zweiten Messung derselben Observablen einen scharfen Meßwert (mit Wahrscheinlichkeit Eins) annimmt.

Normierung. Im folgenden wird i.a. davon ausgegangen, daß physikalische Zustandsvektoren auf Eins normiert sind: $\langle \psi | \psi \rangle = 1$.

Statistische Eigenschaften von Observablen. Häufig ist man nicht so sehr an der Wahrscheinlichkeitsverteilung $W(\omega)$ eines Operators $\boldsymbol{\Omega}$ interessiert, sondern an seinem statistischen Mittelwert $\langle \boldsymbol{\Omega} \rangle$, der sich aus einer großen Anzahl von gleichartigen Messungen identischer Systeme ergibt. Dieser berechnet sich zu

$$\langle \boldsymbol{\Omega} \rangle = \sum_i W(\omega_i)\omega_i = \sum_i \langle \psi | \omega_i \rangle \langle \omega_i | \psi \rangle \omega_i = \sum_i \langle \psi | \boldsymbol{\Omega} | \omega_i \rangle \langle \omega_i | \psi \rangle ,$$

wobei $\boldsymbol{\Omega} | \omega_i \rangle = \omega_i | \omega_i \rangle$ benutzt wurde. Unter Berücksichtigung von $\sum_i | \omega_i \rangle \langle \omega_i | = \mathbf{1}$ folgt der

Satz 3.4: Erwartungswert $\langle \boldsymbol{\Omega} \rangle$ eines Operators $\boldsymbol{\Omega}$

Der *Erwartungswert* einer Observablen $\boldsymbol{\Omega}$ im Zustand $| \psi \rangle$ ist gegeben durch

$$\langle \boldsymbol{\Omega} \rangle = \langle \psi | \boldsymbol{\Omega} | \psi \rangle .$$

Um $\langle \boldsymbol{\Omega} \rangle$ zu berechnen, benötigt man also nur den Zustandsvektor $| \psi \rangle$ und den Operator $\boldsymbol{\Omega}$ in einer bestimmten Basis (z.B. als Spaltenvektor und Matrix) und nicht mehr seine Eigenvektoren und -werte. Im allgemeinen ist der Erwartungswert $\langle \boldsymbol{\Omega} \rangle$ eines Operators $\boldsymbol{\Omega}$ mit einer Unsicherheit behaftet, die man üblicherweise durch die mittlere quadratische Abweichung definiert:

$$\Delta \Omega = \left[\langle \boldsymbol{\Omega}^2 \rangle - \langle \boldsymbol{\Omega} \rangle^2 \right]^{1/2} .$$

Für Eigenzustände von $\boldsymbol{\Omega}$ ergibt sich natürlich $\Delta \Omega = 0$.

Kompatibilität von Observablen. Es erhebt sich hier die Frage, unter welchen Umständen man einen Zustand dergestalt präparieren kann, daß er für zwei verschiedene Observable $\boldsymbol{\Omega}$ und $\boldsymbol{\Lambda}$ scharfe Meßwerte liefert.[3] Dies ist nur dann der Fall, wenn beide Operatoren ein gemeinsames System von Eigenvektoren besitzen, was nach Satz 3.2 gleichbedeutend ist mit der Forderung $[\boldsymbol{\Omega}, \boldsymbol{\Lambda}] = \mathbf{0}$. Um den Zustand eines Quantensystems so genau wie möglich zu charakterisieren bzw. zu präparieren, führt man an dem System Messungen möglichst vieler paarweise kommutierender Observablen (*kompatibler Observablen*) aus. Ist das gemeinsame Orthonormalsystem dieser Observablen nicht das einzige, so kann man eine weitere Observable hinzunehmen, die mit den anderen vertauscht usw.

Definition: Vollständiger Satz von Observablen

Eine Folge von Observablen $\boldsymbol{A}, \boldsymbol{B}, \boldsymbol{C}, \ldots$ bilden einen *vollständigen Satz kommutierender Observablen*, wenn sie paarweise kommutieren und ihr Basissystem eindeutig bestimmt ist. Zu jedem Satz von Eigenwerten $a, b, c, \ldots$ gehört genau ein (bis auf eine Konstante) bestimmter gemeinsamer Eigenvektor $| a, b, c, \ldots \rangle$.

[3] Im folgenden Sinne: Es werden drei Messungen durchgeführt; zunächst eine der Observablen $\boldsymbol{\Omega}$ und dann eine der Observablen $\boldsymbol{\Lambda}$. Eine erneute Messung von $\boldsymbol{\Omega}$ soll nun denselben Meßwert wie beim ersten Mal liefern.

Heisenbergsche Unschärferelation. Im folgenden wird gezeigt, daß das Produkt der Unsicherheiten zweier Observablen nach unten begrenzt ist, wobei wir nochmals daran erinnern, daß der Zustandsvektor $|\psi\rangle$ auf Eins normiert sein soll. Seien $\boldsymbol{A}$ und $\boldsymbol{B}$ zwei hermitesche Operatoren, mit

$$\Delta A = \left[\left\langle \boldsymbol{A}^2\right\rangle - \langle \boldsymbol{A}\rangle^2\right]^{1/2} , \ \Delta B = \left[\left\langle \boldsymbol{B}^2\right\rangle - \langle \boldsymbol{B}\rangle^2\right]^{1/2} .$$

Für die neuen Variablen

$$\hat{\boldsymbol{A}} = \boldsymbol{A} - \langle \boldsymbol{A}\rangle \ , \ \hat{\boldsymbol{B}} = \boldsymbol{B} - \langle \boldsymbol{B}\rangle$$

gilt dann

$$\Delta A = \Delta\hat{A} = \left\langle \hat{\boldsymbol{A}}^2\right\rangle^{1/2} , \ \Delta B = \Delta\hat{B} = \left\langle \hat{\boldsymbol{B}}^2\right\rangle^{1/2} .$$

Es folgt unter Ausnutzung der Schwarzschen Ungleichung

$$(\Delta A)^2(\Delta B)^2 = \left\langle \psi|\,\hat{\boldsymbol{A}}^2\,|\psi\right\rangle\left\langle \psi|\,\hat{\boldsymbol{B}}^2\,|\psi\right\rangle \geq \left|\left\langle \psi|\,\hat{\boldsymbol{A}}\hat{\boldsymbol{B}}\,|\psi\right\rangle\right|^2 .$$

Zerlegung des Operators $\hat{\boldsymbol{A}}\hat{\boldsymbol{B}}$ in seinen hermiteschen und antihermiteschen Anteil liefert

$$(\Delta A)^2(\Delta B)^2 \geq \frac{1}{4}\left|\left\langle \psi|\,\{\hat{\boldsymbol{A}},\hat{\boldsymbol{B}}\}\,|\psi\right\rangle + \left\langle \psi|\,[\hat{\boldsymbol{A}},\hat{\boldsymbol{B}}]\,|\psi\right\rangle\right|^2 ,$$

wobei $\{\hat{\boldsymbol{A}},\hat{\boldsymbol{B}}\} = \hat{\boldsymbol{A}}\hat{\boldsymbol{B}} + \hat{\boldsymbol{B}}\hat{\boldsymbol{A}}$ den *Antikommutator* definiert. Da $\{\hat{\boldsymbol{A}},\hat{\boldsymbol{B}}\}$ hermitesch ist, ist sein Erwartungswert reell, während $[\hat{\boldsymbol{A}},\hat{\boldsymbol{B}}] = [\boldsymbol{A},\boldsymbol{B}]$ antihermitesch ist und somit einen rein imaginären Erwartungswert besitzt. Damit ergibt sich

$$(\Delta A)^2(\Delta B)^2 \geq \frac{1}{4}\left\langle \psi|\,\{\hat{\boldsymbol{A}},\hat{\boldsymbol{B}}\}\,|\psi\right\rangle^2 + \frac{1}{4}\left|\left\langle \psi|\,[\boldsymbol{A},\boldsymbol{B}]\,|\psi\right\rangle\right|^2 ,$$

und es folgt der

Satz 3.5: Heisenbergsche Unschärferelation

Seien $\boldsymbol{A}$ und $\boldsymbol{B}$ zwei hermitesche Operatoren. Dann gilt

$$\Delta A \cdot \Delta B \geq \frac{1}{2}\left|\left\langle [\boldsymbol{A},\boldsymbol{B}]\right\rangle\right| .$$

Man beachte, daß das Gleichheitszeichen nur dann gilt, wenn $\left\langle \psi|\,\{\hat{\boldsymbol{A}},\hat{\boldsymbol{B}}\}\,|\psi\right\rangle = 0$ und $\hat{\boldsymbol{A}}\,|\psi\rangle = c\hat{\boldsymbol{B}}\,|\psi\rangle$. Ein interessanter Spezialfall der Heisenbergschen Unschärferelation ergibt sich für *kanonisch konjugierte* Operatoren, wie z.B. den Ort und Impuls, für die gilt: $[\boldsymbol{X}_i,\boldsymbol{P}_i] = \mathrm{i}\hbar$. Denn für solche Größen ist Satz 3.5 zustandsunabhängig:

$$\Delta X_i \cdot \Delta P_i \geq \frac{\hbar}{2} .$$

3.2.4 Schrödinger-Bild und Schrödinger-Gleichung

Die in Postulat V beschriebene zeitliche Entwicklung von Quantensystemen bezieht sich auf ein spezielles *Bild* der Quantentheorie, nämlich das *Schrödinger-Bild.* Da alle physikalischen, d.h. beobachtbaren Größen wie z.B. Erwartungswerte invariant sind unter unitären Transformationen, gibt es im Prinzip eine unendliche Zahl von äquivalenten Bildern, die alle über unitäre Transformationen miteinander verbunden sind.

In diesem Unterabschnitt diskutieren wir das Schrödinger-Bild, welches sich dadurch auszeichnet, daß in ihm quantenmechanische Zustände i.a. zeitabhängig sind, während die Operatoren höchstens explizit von der Zeit abhängen. Neben dem Schrödinger-Bild sind zwei weitere, häufig benutzte Bilder das *Heisenberg-Bild* und das *Dirac-Bild*, auf die wir im nächsten Unterabschnitt eingehen werden.

Schrödinger-Gleichung und Zeitentwicklungsoperator. Ist der Zustand $|\psi\rangle$ eines Quantensystems zu einem bestimmten Zeitpunkt bekannt (präpariert in obigem Sinne), so ergibt sich seine eindeutige zeitliche Entwicklung im Schrödinger-Bild durch Lösen der Schrödinger-Gleichung

$$\mathrm{i}\hbar\frac{\mathrm{d}}{\mathrm{d}t}|\psi(t)\rangle = \boldsymbol{H}(t)|\psi(t)\rangle \ , \tag{3.7}$$

sofern das System im interessierenden Zeitintervall nicht gestört wird (z.B. durch eine Messung). Dabei darf der Hamilton-Operator noch explizit von der Zeit abhängen, d.h. $\mathrm{d}\boldsymbol{H}/\mathrm{d}t = \partial\boldsymbol{H}/\partial t$, etwa aufgrund des Vorhandenseins zeitabhängiger Felder. Die allgemeine Lösung dieser Gleichung läßt sich in der Form

$$|\psi(t)\rangle = \boldsymbol{U}(t,t_0)|\psi(t_0)\rangle \ , \ \boldsymbol{U}(t_0,t_0) = \mathbf{1}$$

schreiben, wobei $\boldsymbol{U}(t,t_0)$ den *Zeitentwicklungsoperator* bezeichnet. Setzt man diesen Ausdruck in (3.7) ein, so ergibt sich die zur Schrödinger-Gleichung äquivalente Operatorgleichung

$$\mathrm{i}\hbar\frac{\mathrm{d}}{\mathrm{d}t}\boldsymbol{U}(t,t_0) = \boldsymbol{H}(t)\boldsymbol{U}(t,t_0) \ , \tag{3.8}$$

aus der wiederum

$$\boldsymbol{U}(t+\Delta t,t) = \mathbf{1} - \frac{\mathrm{i}}{\hbar}\Delta t\boldsymbol{H}(t) \ , \ \Delta t \ll 1$$

folgt. Da wir einen hermiteschen Hamilton-Operator $\boldsymbol{H}$ voraussetzen, ist $\boldsymbol{U}(t+\Delta t,t)$ ein infinitesimaler unitärer Operator. Der volle Operator $\boldsymbol{U}(t,t_0)$ ergibt sich nun als Produkt der infinitesimalen unitären Transformationen,

$$\boldsymbol{U}(t,t_0) = \lim_{\Delta t\to 0}\boldsymbol{U}(t,t-\Delta t)\boldsymbol{U}(t-\Delta t,t-2\Delta t)\cdots\boldsymbol{U}(t_0+\Delta t,t_0) \ ,$$

und ist somit ebenfalls unitär. Die Unitaritätseigenschaft des Entwicklungsoperators $\boldsymbol{U}$ bzw. die Hermitezität des Hamilton-Operators $\boldsymbol{H}$ ergibt sich notwendigerweise aus der Forderung, daß die Norm des Zustandsvektors $|\psi\rangle$

zeitlich konstant ist, denn nur dann können wir Wahrscheinlichkeitsaussagen formulieren.

Satz 3.6: Erhaltung der Norm

Aufgrund der Hermitezität des Hamilton-Operators $\boldsymbol{H}$ und der daraus folgenden Unitarität des Zeitentwicklungsoperators $\boldsymbol{U}$ ist die Norm eines Zustandsvektors $|\psi(t)\rangle$ zeitlich erhalten:

$$\langle\psi(t)|\psi(t)\rangle = \left\langle\psi(t_0)\right|\boldsymbol{U}^\dagger(t,t_0)\boldsymbol{U}(t,t_0)\left|\psi(t_0)\right\rangle = \langle\psi(t_0)|\psi(t_0)\rangle\ .$$

Formal handelt es sich bei (3.8) um eine gewöhnliche Differentialgleichung 1. Ordnung. Man beachte jedoch, daß der naive Lösungsansatz

$$\boldsymbol{U}(t,t_0) = \exp\left(-\frac{\mathrm{i}}{\hbar}\int\limits_{t_0}^{t}\boldsymbol{H}(t')\mathrm{d}t'\right)$$

i.a. nicht korrekt ist, da in der Exponentialfunktion beliebige Potenzen von $\int \boldsymbol{H}(t')\mathrm{d}t'$ auftreten, die in der Regel nicht miteinander kommutieren: $[\boldsymbol{H}(t),\boldsymbol{H}(t')] \neq 0$.[4] Im folgenden betrachten wir jedoch eine wichtige Ausnahme.

Konservativer Hamilton-Operator, zeitunabhängige Schrödinger-Gleichung. Für den Spezialfall eines abgeschlossenen konservativen Systems, d.h. $\partial\boldsymbol{H}/\partial t = \boldsymbol{0}$, können wir den Entwicklungsoperator $\boldsymbol{U}$ nach (3.8) in der Form

$$\boldsymbol{U}(t,t_0) = \mathrm{e}^{-\mathrm{i}\boldsymbol{H}(t-t_0)/\hbar}\ ,$$

schreiben. Wir suchen nun einen expliziten Ausdruck für $\boldsymbol{U}$ bzw. $|\psi\rangle$ in Termen von Energieeigenzuständen $|E_n\rangle$, also den normierten Eigenkets zu $\boldsymbol{H}$, die der *zeitunabhängigen Schrödinger-Gleichung*

$$\boldsymbol{H}|E_n\rangle = E_n|E_n\rangle$$

genügen. Entwickelt man $|\psi(t)\rangle$ nach diesen Eigenvektoren,

$$|\psi(t)\rangle = \sum_n |E_n\rangle\langle E_n|\psi(t)\rangle = \sum_n a_n(t)|E_n\rangle\ ,\ a_n(t) = \langle E_n|\psi(t)\rangle\ ,$$

und setzt diesen Ausdruck in (3.7) ein, so ergibt sich die Gleichung

$$\mathrm{i}\hbar\dot{a}_n(t) = E_n a_n(t)\ ,$$

---

[4] Allerdings ist es mit Hilfe des *Zeitordnungsoperators* $\boldsymbol{T}$ in der Tat möglich, eine formale Lösung dieser Art anzugeben, nämlich:

$$\boldsymbol{U}(t,t_0) = \boldsymbol{T}\left\{\exp\left(-\frac{\mathrm{i}}{\hbar}\int\limits_{t_0}^{t}\boldsymbol{H}(t')\mathrm{d}t'\right)\right\}.$$

Hierbei werden die einzelnen Ausdrücke in chronologischer Reihenfolge geordnet.

die durch

$$a_n(t) = a_n(t_0)\mathrm{e}^{-\mathrm{i}E_n(t-t_0)/\hbar}$$

gelöst wird. Hieraus folgt

$$\begin{aligned} \langle E_n | \psi(t)\rangle &= \langle E_n | \psi(t_0)\rangle \, \mathrm{e}^{-\mathrm{i}E_n(t-t_0)/\hbar} \\ \Longrightarrow |\psi(t)\rangle &= \sum_n |E_n\rangle \langle E_n | \psi(t_0)\rangle \, \mathrm{e}^{-\mathrm{i}E_n(t-t_0)/\hbar} . \end{aligned}$$

Satz 3.7: Allgemeine Lösung der Schrödinger-Gleichung für konservative Systeme

$$\mathrm{i}\hbar \frac{\mathrm{d}}{\mathrm{d}t} |\psi(t)\rangle = \boldsymbol{H} |\psi(t)\rangle \Longrightarrow |\psi(t)\rangle = \boldsymbol{U}(t,t_0) |\psi(t_0)\rangle ,$$

mit

$$\boldsymbol{U}(t,t_0) = \sum_n |E_n\rangle \langle E_n| \, \mathrm{e}^{-\mathrm{i}E_n(t-t_0)/\hbar} , \ \boldsymbol{H} |E_n\rangle = E_n |E_n\rangle .$$

Im Falle einer Entartung gilt entsprechend

$$\boldsymbol{U}(t,t_0) = \sum_{n,r} |E_n, r\rangle \langle E_n, r| \, \mathrm{e}^{-\mathrm{i}E_n(t-t_0)/\hbar} ,$$

und im kontinuierlichen Fall sind die Summen durch Integrale zu ersetzen. Die Zustände $|E_n\rangle \, \mathrm{e}^{-\mathrm{i}E_n(t-t_0)/\hbar}$ sind *stationäre Lösungen* der zeitabhängigen Schrödinger-Gleichung, die sich periodisch in der Zeit verändern, wobei ihre Frequenz ω im Einklang mit der Einsteinschen Beziehung $E = \hbar\omega$ steht. Für solche Zustände ist die Wahrscheinlichkeitsverteilung $W(\lambda)$ einer Variablen $\boldsymbol{\Lambda}$ zeitunabhängig, denn es gilt

$$W(\lambda,t) = |\langle \lambda | E(t)\rangle|^2 = \left|\langle \lambda | E\rangle \, \mathrm{e}^{-\mathrm{i}E(t-t_0)/\hbar}\right|^2 = |\langle \lambda | E\rangle|^2 = W(\lambda,t_0) .$$

3.2.5 Andere Bilder der Quantentheorie

Die Ausführungen des letzten Unterabschnittes bezogen sich auf ein bestimmtes Bild der Quantenmechanik, dem Schrödinger-Bild. In ihm wird die Dynamik eines Systems durch Drehungen des Zustandsvektors im Hilbert-Raum bei festem Basissystem beschrieben. Aufgrund der Invarianz von Skalarprodukten unter unitären Transformationen können wir auch zu anderen Beschreibungsarten übergehen, in denen etwa der Zustandsvektor fest ist und sich das Basissystem dreht. Dies ist das *Heisenberg-Bild*, in dem Observable durch zeitabhängige Operatoren beschrieben werden, während Zustände zeitunabhängig sind. Von Interesse ist desweiteren das *Dirac-Bild*, in welchem die Zeitabhängigkeit des Systems auf Zustandsvektor und Basissystem in einer Weise aufgeteilt wird, die besonders für störungstheoretische Rechnungen von großem praktischen Nutzen ist. Mit den beiden zuletzt genannten Bildern wollen wir uns nun beschäftigen.

Heisenberg-Bild. Das Heisenberg-Bild ist in folgender Weise definiert:

Definition: Heisenberg-Bild

Bezeichnet $|\psi_{\mathrm{S}}(t)\rangle = \boldsymbol{U}(t,t_0)|\psi_{\mathrm{S}}(t_0)\rangle$ einen Zustandsvektor und $\boldsymbol{A}_{\mathrm{S}}$ einen Operator im Schrödinger-Bild, dann sind die entsprechenden Größen $|\psi_{\mathrm{H}}\rangle$ und $\boldsymbol{A}_{\mathrm{H}}$ im Heisenberg-Bild definiert durch

$$\begin{aligned} |\psi_{\mathrm{H}}\rangle &= \boldsymbol{U}^\dagger(t,t_0)|\psi_{\mathrm{S}}(t)\rangle = |\psi_{\mathrm{S}}(t_0)\rangle \\ \boldsymbol{A}_{\mathrm{H}}(t) &= \boldsymbol{U}^\dagger(t,t_0)\boldsymbol{A}_{\mathrm{S}}\boldsymbol{U}(t,t_0)\ . \end{aligned}$$

Im Heisenberg-Bild sind also die Zustände zeitunabhängig, wogegen die Operatoren auf jeden Fall eine Zeitabhängigkeit besitzen, selbst wenn $\boldsymbol{A}_{\mathrm{S}}$ nicht explizit von der Zeit abhängt. Für die zeitliche Entwicklung von $\boldsymbol{A}_{\mathrm{H}}$ ergibt sich

$$\begin{aligned} \mathrm{i}\hbar\frac{\mathrm{d}}{\mathrm{d}t}\boldsymbol{A}_{\mathrm{H}}(t) &= \mathrm{i}\hbar\frac{\mathrm{d}\boldsymbol{U}^\dagger}{\mathrm{d}t}\boldsymbol{A}_{\mathrm{S}}\boldsymbol{U} + \mathrm{i}\hbar\boldsymbol{U}^\dagger\frac{\partial\boldsymbol{A}_{\mathrm{S}}}{\partial t}\boldsymbol{U} + \mathrm{i}\hbar\boldsymbol{U}^\dagger\boldsymbol{A}_{\mathrm{S}}\frac{\mathrm{d}\boldsymbol{U}}{\mathrm{d}t} \\ &= -\boldsymbol{U}^\dagger\boldsymbol{H}_{\mathrm{S}}\boldsymbol{A}_{\mathrm{S}}\boldsymbol{U} + \mathrm{i}\hbar\boldsymbol{U}^\dagger\frac{\partial\boldsymbol{A}_{\mathrm{S}}}{\partial t}\boldsymbol{U} + \boldsymbol{U}^\dagger\boldsymbol{A}_{\mathrm{S}}\boldsymbol{H}_{\mathrm{S}}\boldsymbol{U} \\ &= \boldsymbol{U}^\dagger[\boldsymbol{A}_{\mathrm{S}},\boldsymbol{H}_{\mathrm{S}}]\boldsymbol{U} + \mathrm{i}\hbar\boldsymbol{U}^\dagger\frac{\partial\boldsymbol{A}_{\mathrm{S}}}{\partial t}\boldsymbol{U}\ . \end{aligned}$$

Hierbei wurde (3.8) und ihre adjungierte Gleichung ausgenutzt. Wegen $\frac{\partial\boldsymbol{A}_{\mathrm{H}}}{\partial t} = \boldsymbol{U}^\dagger\frac{\partial\boldsymbol{A}_{\mathrm{S}}}{\partial t}\boldsymbol{U}$ und[5] $\boldsymbol{U}^\dagger\boldsymbol{A}_{\mathrm{S}}\boldsymbol{H}_{\mathrm{S}}\boldsymbol{U} = \boldsymbol{U}^\dagger\boldsymbol{A}_{\mathrm{S}}\boldsymbol{U}\boldsymbol{U}^\dagger\boldsymbol{H}_{\mathrm{S}}\boldsymbol{U} = \boldsymbol{A}_{\mathrm{H}}\boldsymbol{H}_{\mathrm{H}}$ folgt:

Satz 3.8: Heisenberg-Gleichung und Erhaltungsgrößen

Die zur Schrödinger-Gleichung korrespondierende Beziehung im Heisenberg-Bild lautet

$$\mathrm{i}\hbar\frac{\mathrm{d}\boldsymbol{A}_{\mathrm{H}}}{\mathrm{d}t} = [\boldsymbol{A}_{\mathrm{H}},\boldsymbol{H}_{\mathrm{H}}] + \mathrm{i}\hbar\frac{\partial\boldsymbol{A}_{\mathrm{H}}}{\partial t} \qquad (\textit{Heisenberg-Gleichung})\ .$$

Hieraus ergibt sich unter Berücksichtigung von

$$\frac{\mathrm{d}\langle\boldsymbol{A}_{\mathrm{H}}\rangle}{\mathrm{d}t} = \left\langle\psi_{\mathrm{H}}\left|\frac{\mathrm{d}\boldsymbol{A}_{\mathrm{H}}}{\mathrm{d}t}\right|\psi_{\mathrm{H}}\right\rangle\ ,\quad \frac{\mathrm{d}|\psi_{\mathrm{H}}\rangle}{\mathrm{d}t} = 0$$

die *Heisenberg-Gleichung der Mittelwerte*

$$\frac{\mathrm{d}\langle\boldsymbol{A}\rangle}{\mathrm{d}t} = \frac{1}{\mathrm{i}\hbar}\langle[\boldsymbol{A},\boldsymbol{H}]\rangle + \left\langle\frac{\partial\boldsymbol{A}}{\partial t}\right\rangle\ . \qquad (3.9)$$

▷

[5] Diese Beziehung wird klar, wenn man sich vor Augen hält, daß $\frac{\partial\boldsymbol{A}_{\mathrm{S}}}{\partial t}$ eine bestimmte Observablenfunktion ist und als solche wie jeder andere Operator transformiert.

Aufgrund der Invarianz von Skalarprodukten ist diese Gleichung bildunabhängig, weshalb der Index H weggelassen wurde.
Desweiteren folgt der Erhaltungssatz: Eine Observable $\boldsymbol{A}$, die nicht explizit zeitabhängig ist und mit dem Hamilton-Operator $\boldsymbol{H}$ vertauscht, ist eine Erhaltungsgröße.

Ist der Operator $\boldsymbol{A}$ nicht explizit zeitabhängig, dann reduziert sich (3.9) auf das *Ehrenfestsche Theorem*

$$\frac{\mathrm{d}\langle \boldsymbol{A}\rangle}{\mathrm{d}t} = \frac{1}{\mathrm{i}\hbar}\langle[\boldsymbol{A},\boldsymbol{H}]\rangle \ . \tag{3.10}$$

Als eine Anwendung dieser Gleichung leiten wir die *Energie-Zeit-Unschärferelation* her. Dazu betrachten wir einen zeitunabhängigen Hamilton-Operator $\boldsymbol{H}$ eines Systems sowie eine ebenfalls zeitunabhängige Observable $\boldsymbol{A}$. Bezeichnen ΔA und ΔE die mittleren quadratischen Abweichungen ihrer Erwartungswerte, dann gilt nach Satz 3.5

$$\Delta A \cdot \Delta E \geq \frac{1}{2}|\langle[\boldsymbol{A},\boldsymbol{H}]\rangle| \ ,$$

und somit

$$\Delta A \cdot \Delta E \geq \frac{\hbar}{2}\frac{\mathrm{d}\langle \boldsymbol{A}\rangle}{\mathrm{d}t} \ .$$

Umstellen dieser Gleichung liefert den

Satz 3.9: Energie-Zeit-Unschärferelation

$$\Delta\tau \cdot \Delta E \geq \frac{\hbar}{2} \ , \ \Delta\tau = \frac{\Delta A}{\frac{\mathrm{d}\langle \boldsymbol{A}\rangle}{\mathrm{d}t}} \ .$$

$\Delta\tau$ ist hierbei das Zeitintervall, indem sich der Erwartungswert von $\boldsymbol{A}$ um ΔA ändert. Es stellt also die minimale Zeitspanne dar, die für eine nennenswerte Änderung von $\langle\boldsymbol{A}\rangle$ notwendig ist, und kann somit als ein charakteristisches Zeitmaß für die Entwicklung des Systems aufgefaßt werden. Obige Beziehung ist in dem Sinne zu verstehen, daß die Energie eines Systems, das sich in einem Zeitintervall $\Delta\tau$ in einem festen Zustand befindet, mit einer Unsicherheit $\Delta E \geq \hbar/(2\Delta\tau)$ behaftet ist. Eine andere Interpretation ist, daß Verletzungen der klassischen Energieerhaltung um ΔE in einem Zeitintervall $\Delta\tau \sim \hbar/\Delta E$ möglich sind. Man beachte, daß sich die Zeit-Energie-Unschärferelation qualitativ von der Unschärfebeziehung des Satzes 3.5 unterscheidet, da $\Delta\tau$ keine dynamische Variable, sondern einen äußeren Entwicklungsparameter darstellt.

Dirac-Bild. Ein weiteres Bild, das besonders dann Verwendung findet, wenn der Hamilton-Operator eine Zeitabhängigkeit besitzt, ist das Dirac- oder *Wechselwirkungsbild*. Hierbei wird der Hamilton-Operator $\boldsymbol{H}_\mathrm{S}$ im Schrödinger-Bild zunächst in zwei hermitesche Terme aufgespalten,

$$\boldsymbol{H}_{\mathrm{S}}(t) = \boldsymbol{H}_{\mathrm{S}}^{(0)} + \boldsymbol{H}'_{\mathrm{S}}(t) \ ,$$

wobei der *ungestörte* Anteil $\boldsymbol{H}_{\mathrm{S}}^{(0)}$ zeitunabhängig und die *Störung* $\boldsymbol{H}'_{\mathrm{S}}(t)$ zeitabhängig ist. Zur Lösung der Schrödinger-Gleichung

$$\mathrm{i}\hbar\frac{\mathrm{d}}{\mathrm{d}t}\boldsymbol{U}(t,t_0) = \boldsymbol{H}_{\mathrm{S}}(t)\boldsymbol{U}(t,t_0)$$

wird der unitäre Operator $\boldsymbol{U}$ als Produkt zweier unitärer Operatoren geschrieben,

$$\boldsymbol{U}(t,t_0) = \boldsymbol{U}^{(0)}(t,t_0)\boldsymbol{U}'(t,t_0) \ , \ \boldsymbol{U}^{(0)}(t_0,t_0) = \boldsymbol{U}'(t_0,t_0) = \mathbf{1} \ ,$$

wobei $\boldsymbol{U}^{(0)}$ Lösung der ungestörten Schrödinger-Gleichung

$$\mathrm{i}\hbar\dot{\boldsymbol{U}}^{(0)} = \boldsymbol{H}_{\mathrm{S}}^{(0)}\boldsymbol{U}^{(0)}$$

ist. Das Dirac-Bild ist nun in folgender Weise definiert:

Definition: Dirac-Bild

Hamilton-Operator, Zustandsvektor und Operator seien im Schrödinger-Bild gegeben durch $\boldsymbol{H}_{\mathrm{S}}(t) = \boldsymbol{H}_{\mathrm{S}}^{(0)} + \boldsymbol{H}'_{\mathrm{S}}(t)$, $|\psi_{\mathrm{S}}(t)\rangle$ und $\boldsymbol{A}_{\mathrm{S}}$. Bezeichnet $\boldsymbol{U}^{(0)}(t,t_0)$ den unitären Operator, für den gilt: $\mathrm{i}\hbar\dot{\boldsymbol{U}}^{(0)} = \boldsymbol{H}_{\mathrm{S}}^{(0)}\boldsymbol{U}^{(0)}$, dann sind die entsprechenden Größen im Dirac-Bild gegeben durch

$$\begin{aligned} |\psi_{\mathrm{I}}(t)\rangle &= \boldsymbol{U}^{(0)\dagger}(t,t_0)\,|\psi_{\mathrm{S}}(t)\rangle \\ \boldsymbol{A}_{\mathrm{I}}(t) &= \boldsymbol{U}^{(0)\dagger}(t,t_0)\boldsymbol{A}_{\mathrm{S}}\boldsymbol{U}^{(0)}(t,t_0) \ . \end{aligned}$$

Dieses Bild liegt in gewisser Weise zwischen dem Schrödinger- und Heisenberg-Bild, da hier sowohl Zustandsvektoren als auch Operatoren zeitabhängig sind. Es folgt

$$\begin{aligned} \mathrm{i}\hbar\frac{\mathrm{d}}{\mathrm{d}t}\,|\psi_{\mathrm{I}}(t)\rangle &= \mathrm{i}\hbar\left(\dot{\boldsymbol{U}}^{(0)\dagger}\,|\psi_{\mathrm{S}}(t)\rangle + \boldsymbol{U}^{(0)\dagger}\frac{\mathrm{d}}{\mathrm{d}t}\,|\psi_{\mathrm{S}}(t)\rangle\right) \\ &= -\boldsymbol{U}^{(0)\dagger}\boldsymbol{H}_{\mathrm{S}}^{(0)}\,|\psi_{\mathrm{S}}(t)\rangle + \boldsymbol{U}^{(0)\dagger}\boldsymbol{H}_{\mathrm{S}}\,|\psi_{\mathrm{S}}(t)\rangle \\ &= \boldsymbol{U}^{(0)\dagger}\boldsymbol{H}'_{\mathrm{S}}\,|\psi_{\mathrm{S}}(t)\rangle = \boldsymbol{U}^{(0)\dagger}\boldsymbol{H}'_{\mathrm{S}}\boldsymbol{U}^{(0)}\,|\psi_{\mathrm{I}}\rangle = \boldsymbol{H}'_{\mathrm{I}}\,|\psi_{\mathrm{I}}\rangle \end{aligned}$$

und somit

Satz 3.10: Zustands- und Operatorgleichung im Dirac-Bild

Die zur Schrödinger-Gleichung korrespondierenden Beziehungen im Dirac-Bild lauten

$$\mathrm{i}\hbar\frac{\mathrm{d}}{\mathrm{d}t}\,|\psi_{\mathrm{I}}(t)\rangle = \boldsymbol{H}'_{\mathrm{I}}\,|\psi_{\mathrm{I}}(t)\rangle \qquad (\textit{Zustandsgleichung})$$

bzw. mit $|\psi_{\mathrm{I}}(t)\rangle = \boldsymbol{U}'(t,t_0)\,|\psi_{\mathrm{I}}(t_0)\rangle$

$$\mathrm{i}\hbar\frac{\mathrm{d}}{\mathrm{d}t}\boldsymbol{U}' = \boldsymbol{H}'_{\mathrm{I}}\boldsymbol{U}'$$

▷

und

$$\mathrm{i}\hbar\frac{\mathrm{d}\boldsymbol{A}_\mathrm{I}}{\mathrm{d}t} = [\boldsymbol{A}_\mathrm{I}, \boldsymbol{H}_\mathrm{I}^{(0)}] + \mathrm{i}\hbar\frac{\partial \boldsymbol{A}_\mathrm{I}}{\partial t} \quad \text{(\textit{Operatorgleichung})} .$$

Letztere folgt analog zur Herleitung der Heisenberg-Gleichung.

Während also die zeitabhängigen Zustände $|\psi_\mathrm{I}\rangle$ einer Schrödinger-Gleichung genügen, in der die Störung $\boldsymbol{H}'_\mathrm{I}$ auftritt, gehorchen die ebenfalls zeitabhängigen Observablen der Heisenberg-Gleichung mit dem ungestörten Hamilton-Operator $\boldsymbol{H}_\mathrm{I}^{(0)}$.

3.2.6 Darstellungen

Mittels des abstrakten Hilbert-Raumes haben wir die Theorie der Quantenmechanik bislang auf darstellungsunabhängige Weise entwickeln können. Jedoch ist klar, daß sich die Angabe der Komponenten eines Vektors immer auf ein Basissystem beziehen muß, das den gesamten Vektorraum aufspannt. Eine solche *Darstellung* ist durch die Eigenvektoren eines vollständigen Satzes kommutierender Observablen definiert. Die Projektionen des Zustandsvektors $|\psi\rangle$ auf ein System $\{|q\rangle\}$ von Basisvektoren bilden einen Koordinatenvektor, der den Zustand in der q-Darstellung repräsentiert, während Operatoren durch die Elemente der hermiteschen Matrix $\langle q|\, A\,|q'\rangle$ dargestellt werden. Erst durch Projektion des Vektors $|\psi\rangle$ auf eine spezielle Basis gelangen wir von der abstrakten Schrödinger-Gleichung (oder der Bewegungsgleichung der Operatoren) zu Differentialgleichungen und algebraischen Beziehungen, die wir lösen können und die zu quantitativen Aussagen für Meßwerte führen.

Nun gibt es in jedem Bild der Quantenmechanik unendlich viele Darstellungen der Theorie, die durch unitäre Transformationen miteinander verbunden sind.[6] Besonders ausgezeichnet sind dabei jene Darstellungen, in denen die Matrixdarstellungen der für das Problem relevanten Operatoren diagonal sind, denn in diesen Darstellungen vereinfacht sich die Auswertung der Schrödinger-Gleichung beträchtlich. Ist z.B. der Hamilton-Operator eine reine Funktion der Koordinaten und Impulse, $\boldsymbol{H} = \boldsymbol{H}(\boldsymbol{X}, \boldsymbol{P})$, dann empfehlen sich sowohl die *Ortsdarstellung* als auch die *Impulsdarstellung*. Welche Darstellung geeigneter ist, ergibt sich aus der konkreten Form des Wechselwirkungspotentials V. Beide Darstellungen sind erlaubt, da sowohl die Ortsoperatoren $\boldsymbol{X}_i$ als auch die Impulsoperatoren $\boldsymbol{P}_i$, $i = 1, 2, 3$ jeweils ein vollständiges System kommutierender Observablen (für spinlose Teilchen) bilden (Postulat III).

Ortsdarstellung (Wellenmechanik). Die *Ortsdarstellung* ist definiert als diejenige Darstellung, in der der Ortsoperator diagonal ist. Da dieser ein

[6] Diese Transformationen sollte man nicht mit denjenigen verwechseln, mit denen man das Bild der Quantentheorie selbst wechselt.

kontinuierliches Spektrum besitzt, lautet die Bedingung im eindimensionalen Fall:

Definition: Ortsdarstellung

$$\langle x|\, \boldsymbol{X}\, |x'\rangle = x\delta(x-x')\;,\; \mathcal{P}_X = \int \mathrm{d}x\, |x\rangle\, \langle x|\;,\; \psi(x,t) = \langle x|\, \psi(t)\rangle\;.$$

$\mathcal{P}_X$ bezeichnet den Einsoperator für diese Darstellung. Zusammen mit der Vertauschungsrelation $[\boldsymbol{X},\boldsymbol{P}] = \mathrm{i}\hbar$ läßt sich hieraus die entsprechende Beziehung für den Impuls ableiten:

$$\mathrm{i}\hbar\delta(x-x') = \langle x|\, \boldsymbol{XP}-\boldsymbol{PX}\, |x'\rangle = (x-x')\, \langle x|\, \boldsymbol{P}\, |x'\rangle$$

$$\Longrightarrow \langle x|\, \boldsymbol{P}\, |x'\rangle = \mathrm{i}\hbar\frac{\mathrm{d}}{\mathrm{d}x'}\delta(x-x') = -\mathrm{i}\hbar\frac{\mathrm{d}}{\mathrm{d}x}\delta(x-x')\;.$$

Nun gilt

$$|\,\psi(t)\rangle = \mathcal{P}_X\, |\,\psi(t)\rangle = \int \mathrm{d}x\, |x\rangle\, \langle x|\, \psi(t)\rangle = \int \mathrm{d}x\, |x\rangle\, \psi(x,t)\;,$$

wobei $\psi(x,t) = \langle x|\, \psi(t)\rangle$ die Komponenten des Zustandsvektors $|\,\psi(t)\rangle$ in der Ortsbasis beschreibt. Dieser Ausdruck ist die *Ortswellenfunktion* der Wellenmechanik. Weiterhin gilt

$$\begin{aligned}
\boldsymbol{X}\, |\,\psi(t)\rangle &= \mathcal{P}_X \boldsymbol{X} \mathcal{P}_X\, |\,\psi(t)\rangle \\
&= \int \mathrm{d}x \int \mathrm{d}x'\, |x\rangle\, \langle x|\, \boldsymbol{X}\, |x'\rangle\, \langle x'|\, \psi(t)\rangle \\
&= \int \mathrm{d}x\, |x\rangle\, x\psi(x,t)
\end{aligned}$$

$$\begin{aligned}
\boldsymbol{P}\, |\,\psi(t)\rangle &= \mathcal{P}_X \boldsymbol{P} \mathcal{P}_X\, |\,\psi(t)\rangle \\
&= \int \mathrm{d}x \int \mathrm{d}x'\, |x\rangle\, \langle x|\, \boldsymbol{P}\, |x'\rangle\, \langle x'|\, \psi(t)\rangle \\
&= \mathrm{i}\hbar \int \mathrm{d}x\, |x\rangle \int \mathrm{d}x' \left(\frac{\mathrm{d}}{\mathrm{d}x'}\delta(x-x')\right) \psi(x',t) \\
&= -\mathrm{i}\hbar \int \mathrm{d}x\, |x\rangle \int \mathrm{d}x'\delta(x-x')\frac{\mathrm{d}}{\mathrm{d}x'}\psi(x',t) \\
&= -\mathrm{i}\hbar \int \mathrm{d}x\, |x\rangle\, \frac{\mathrm{d}}{\mathrm{d}x}\psi(x,t)\;,
\end{aligned}$$

woraus sich folgende Zuordnungen zwischen Operatoren und den sie beschreibenden Größen ergeben:

Satz 3.11: Operatoren in der Ortsdarstellung

$$\boldsymbol{X} \longrightarrow \boldsymbol{X}_X = x \;,\; \boldsymbol{P} \longrightarrow \boldsymbol{P}_X = -\mathrm{i}\hbar\frac{\mathrm{d}}{\mathrm{d}x} \;,$$

$$\boldsymbol{\Omega}(\boldsymbol{X},\boldsymbol{P}) \longrightarrow \boldsymbol{\Omega}_X = \boldsymbol{\Omega}\left(\boldsymbol{X} \to x, \boldsymbol{P} \to -\mathrm{i}\hbar\frac{\mathrm{d}}{\mathrm{d}x}\right) \;.$$

Für die Schrödinger-Gleichung und die Berechnung von Erwartungswerten in der Ortsdarstellung gilt entsprechend

$$\mathrm{i}\hbar\frac{\mathrm{d}}{\mathrm{d}t}\psi(x,t) = \boldsymbol{H}_X\psi(x,t) \tag{3.11}$$

$$\langle\boldsymbol{\Omega}\rangle = \int \mathrm{d}x\psi^*(x,t)\boldsymbol{\Omega}_X\psi(x,t) = \langle\psi|\,\boldsymbol{\Omega}_X\,|\psi\rangle = \langle\boldsymbol{\Omega}_X\rangle \;. \tag{3.12}$$

Den eigentlichen Hilbert-Vektoren mit endlicher Norm entsprechen Ortswellenfunktionen, für die gilt:

$$\langle\psi|\,\psi\rangle = \int \mathrm{d}x|\psi(x,t)|^2 = \int \mathrm{d}x|\psi(x,0)|^2 < \infty \;.$$

Sie bilden den *Hilbert-Raum der quadratintegrablen Funktionen.*

***N*-Teilchensysteme.** Die Erweiterung des bisher Gesagten auf ein System mit N Freiheitsgraden ist unproblematisch.[7] Hier gilt entsprechend

$$\langle x_1,\ldots,x_N|\,\boldsymbol{X}_i\,|x_1',\ldots,x_N'\rangle = x_i\delta(x_1-x_1')\cdots\delta(x_N-x_N')$$

$$\begin{aligned}\langle x_1,\ldots,x_N|\,\boldsymbol{P}_i\,|x_1',\ldots,x_N'\rangle &= \mathrm{i}\hbar\delta(x_1-x_1')\cdots\frac{\mathrm{d}}{\mathrm{d}x_i'}\delta(x_i-x_i')\\ &\quad\times\cdots\delta(x_N-x_N')\end{aligned}$$

$$\boldsymbol{\mathcal{P}}_X = \int \mathrm{d}x_1\cdots\mathrm{d}x_N\,|x_1,\ldots,x_N\rangle\,\langle x_1,\ldots,x_N|$$

und

$$|\psi(t)\rangle = \boldsymbol{\mathcal{P}}_X\,|\psi(t)\rangle = \int \mathrm{d}x_1\cdots\mathrm{d}x_N\,|x_1,\ldots,x_N\rangle\,\psi(x_1,\ldots,x_N,t) \;,$$

mit

$$\psi(x_1,\ldots,x_N,t) = \langle x_1,\ldots,x_N|\,\psi(t)\rangle \;.$$

Insbesondere folgt hieraus für Erwartungswerte

$$\langle\boldsymbol{\Omega}\rangle = \int \mathrm{d}x_1\cdots\mathrm{d}x_N\psi^*(x_1,\ldots,x_N,t)\boldsymbol{\Omega}_X\psi(x_1,\ldots,x_N) \;.$$

---

[7] Man beachte, daß die Beschreibung eines eindimensionalen N-Teilchensystems mathematisch äquivalent zur Beschreibung eines N-dimensionalen Ein-Teilchensystems ist.

Impulsdarstellung. In der *Impulsdarstellung* besitzt die den Impuls beschreibende Matrix diagonale Gestalt (wir betrachten wieder den eindimensionalen Fall):

Definition: Impulsdarstellung

$$\langle p|\boldsymbol{P}|p'\rangle = p\delta(p-p')\ ,\ \boldsymbol{\mathcal{P}}_P = \int \mathrm{d}p\,|p\rangle\,\langle p|\ ,\ \varphi(p,t) = \langle p|\,\psi(t)\rangle\ .$$

In dieser Darstellung folgt für die Matrixelemente des Ortsoperators

$$\begin{aligned}&\mathrm{i}\hbar\delta(p-p') = \langle p|\boldsymbol{XP}-\boldsymbol{PX}|p'\rangle = (p'-p)\,\langle p|\boldsymbol{X}|p'\rangle\\ &\Longrightarrow \langle p|\boldsymbol{X}|p'\rangle = -\mathrm{i}\hbar\frac{\mathrm{d}}{\mathrm{d}p'}\delta(p-p') = \mathrm{i}\hbar\frac{\mathrm{d}}{\mathrm{d}p}\delta(p-p')\ .\end{aligned}$$

Analog zur Ortsdarstellung ist

$$|\,\psi(t)\rangle = \boldsymbol{\mathcal{P}}_P\,|\,\psi(t)\rangle = \int \mathrm{d}p\,|p\rangle\,\langle p|\,\psi(t)\rangle = \int \mathrm{d}p\,|p\rangle\,\varphi(p,t)\ .$$

Der Ausdruck $\varphi(p,t) = \langle p|\,\psi(t)\rangle$ beschreibt die Komponenten von $|\,\psi(t)\rangle$ in der Impulsbasis und wird deshalb *Impulswellenfunktion* genannt. Die zur Ortsdarstellung korrespondierenden Zuordnungen ergeben sich aus

$$\begin{aligned}\boldsymbol{X}\,|\,\psi(t)\rangle &= \boldsymbol{\mathcal{P}}_P\boldsymbol{X}\boldsymbol{\mathcal{P}}_P\,|\,\psi(t)\rangle\\ &= \int \mathrm{d}p\int \mathrm{d}p'\,|p\rangle\,\langle p|\boldsymbol{X}|p'\rangle\,\langle p'|\,\psi(t)\rangle\\ &= \mathrm{i}\hbar\int \mathrm{d}p\,|p\rangle\,\frac{\mathrm{d}}{\mathrm{d}p}\varphi(p,t)\\ \boldsymbol{P}\,|\,\psi(t)\rangle &= \boldsymbol{\mathcal{P}}_P\boldsymbol{P}\boldsymbol{\mathcal{P}}_P\,|\,\psi(t)\rangle\\ &= \int \mathrm{d}p\int \mathrm{d}p'\,|p\rangle\,\langle p|\boldsymbol{P}|p'\rangle\,\langle p'|\,\psi(t)\rangle\\ &= \int \mathrm{d}p\,|p\rangle\,p\varphi(p,t)\end{aligned}$$

zu

Satz 3.12: Operatoren in der Impulsdarstellung

$$\boldsymbol{X} \longrightarrow \boldsymbol{X}_P = \mathrm{i}\hbar\frac{\mathrm{d}}{\mathrm{d}p}\ ,\ \boldsymbol{P} \longrightarrow \boldsymbol{P}_P = p\ ,$$

$$\boldsymbol{\Omega}(\boldsymbol{X},\boldsymbol{P}) \longrightarrow \boldsymbol{\Omega}_P = \boldsymbol{\Omega}\left(\boldsymbol{X}\to \mathrm{i}\hbar\frac{\mathrm{d}}{\mathrm{d}p}, \boldsymbol{P}\to p\right)\ .$$

Weiterhin lauten die zu (3.11) und (3.12) gehörenden Beziehungen in der Impulsdarstellung

$$\mathrm{i}\hbar\frac{\mathrm{d}}{\mathrm{d}t}\varphi(p,t) = \boldsymbol{H}_P\varphi(p,t)$$

$$\langle \boldsymbol{\Omega} \rangle = \int \mathrm{d}p \varphi^*(p,t) \boldsymbol{\Omega}_P \varphi(p,t) = \langle \varphi | \boldsymbol{\Omega}_P | \varphi \rangle = \langle \boldsymbol{\Omega}_P \rangle \ .$$

Die Verallgemeinerung der Impulsdarstellung auf den N-dimensionalen Fall geschieht in analoger Weise zur Ortsdarstellung und läuft im wesentlichen wieder auf die Ersetzung

$$\begin{aligned} \int \mathrm{d}p &\longrightarrow \int \mathrm{d}p_1 \cdots \mathrm{d}p_N \\ |p\rangle &\longrightarrow |p_1, \ldots, p_N\rangle \\ \varphi(p,t) &\longrightarrow \varphi(p_1, \ldots, p_N, t) \end{aligned}$$

hinaus.

Transformation von Orts- auf Impulsdarstellung. Zwischen der Orts- und der Impulsdarstellung besteht ein besonderer Zusammenhang, denn die Wellenfunktionen der einen Darstellung sind gerade die fourier-transformierten Wellenfunktionen der anderen Darstellung. Um dies zu sehen, schreiben wir

$$\psi(x,t) = \langle x | \psi(t) \rangle = \int \mathrm{d}p \, \langle x | p \rangle \, \langle p | \psi(t) \rangle = \int \mathrm{d}p \, \langle x | p \rangle \, \varphi(p,t) \ ,$$

wobei für die Entwicklungskoeffizienten $\langle x | p \rangle$ gilt:

$$\begin{aligned} p \, \langle x | p \rangle &= \langle x | \boldsymbol{P} | p \rangle \\ &= \int \mathrm{d}x' \, \langle x | \boldsymbol{P} | x' \rangle \, \langle x' | p \rangle \\ &= \mathrm{i}\hbar \int \mathrm{d}x' \left(\frac{\mathrm{d}}{\mathrm{d}x'} \delta'(x - x') \right) \langle x' | p \rangle = -\mathrm{i}\hbar \frac{\mathrm{d}}{\mathrm{d}x} \langle x | p \rangle \ . \end{aligned}$$

Dies ist eine Differentialgleichung für $\langle x | p \rangle$, deren Lösung $\langle x | p \rangle \sim \mathrm{e}^{\mathrm{i}px/\hbar}$ ist. Es folgt somit der

Satz 3.13: Zusammenhang zwischen Orts- und Impulsdarstellung, De-Broglie-Beziehung

Die Wellenfunktionen der Orts- und Impulsdarstellung sind Fourier-Transformierte voneinander:

$$\begin{aligned} \psi(x,t) &= \sqrt{\frac{\hbar}{2\pi}} \int \mathrm{d}k \mathrm{e}^{\mathrm{i}kx} \varphi(k,t) = \frac{1}{\sqrt{2\pi\hbar}} \int \mathrm{d}p \mathrm{e}^{\mathrm{i}px/\hbar} \varphi(p,t) \\ \varphi(k,t) &= \frac{1}{\sqrt{2\pi\hbar}} \int \mathrm{d}x \mathrm{e}^{-\mathrm{i}kx} \psi(x,t) \ . \end{aligned}$$

Die *Wellenzahl* k und der Impuls p sind über die *De-Broglie-Beziehung*

$$p = \hbar k$$

miteinander verknüpft.

Zusammenfassung

- Jeder quantenmechanische Zustand wird durch einen eigentlichen Hilbert-Vektor beschrieben, dessen zeitliche Entwicklung durch die **Schrödinger-Gleichung** determiniert ist.
- Eine **ideale quantenmechanische Messung** einer Observablen $\boldsymbol{\Omega}$ liefert einen ihrer Eigenwerte ω. Der Meßprozeß überführt dabei das Quantensystem in einen zu ω gehörenden Eigenzustand von $\boldsymbol{\Omega}$ (**Zustandsreduktion**). Die gleichzeitige Messung zweier nichtvertauschender Observablen führt zu Unsicherheiten dieser Größen, die sich aus der **Heisenbergschen Unschärferelation** ergeben.
- Neben dem am häufigsten verwendeten **Schrödinger-Bild** gibt es unendlich viele äquivalente Bilder, die durch unitäre Transformationen auseinander hervorgehen. Hierbei sind vor allem das **Heisenberg-Bild** und das **Dirac-** oder **Wechselwirkungsbild** zu nennen.
- Die Wahl eines vollständigen Basissystems innerhalb eines Bildes definiert eine spezielle **Darstellung**, in der quantenphysikalische Größen (Zustandsvektoren und Observable) durch Spaltenvektoren bzw. quadratische Matrizen beschrieben werden. Alle Darstellungen sind gleichwertig und lassen sich ebenfalls durch unitäre Transformationen ineinander überführen. Zwei der am meisten benutzten Darstellungen innerhalb des Schrödinger-Bildes sind die **Orts-** und **Impulsdarstellung**. Da Orts- und Impulsoperator zueinander kanonisch konjugiert sind, besteht ein besonderer Zusammenhang zwischen den **Orts-** und **Impulswellenfunktionen**: Sie sind gerade Fourier-Transformierte voneinander.

Anwendungen

38. Ehrenfest-Gleichungen. Man zeige mit Hilfe des Ehrenfestschen Theorems, daß für ein quantenmechanisches Teilchen in einem skalaren, ortsabhängigen Potential die *Ehrenfest-Gleichungen*

$$\frac{\mathrm{d}\langle \boldsymbol{X}\rangle}{\mathrm{d}t} = \left\langle \frac{\partial \boldsymbol{H}}{\partial \boldsymbol{P}} \right\rangle \;,\; \frac{\mathrm{d}\langle \boldsymbol{P}\rangle}{\mathrm{d}t} = -\left\langle \frac{\partial \boldsymbol{H}}{\partial \boldsymbol{X}} \right\rangle$$

gelten.

Lösung. Nach (3.10) gelten mit

$$\boldsymbol{H} = \frac{\boldsymbol{P}^2}{2m} + V(\boldsymbol{X})$$

die darstellungsfreien Beziehungen

$$\frac{\mathrm{d}\langle \boldsymbol{X}\rangle}{\mathrm{d}t} = \frac{1}{2mi\hbar}\left\langle [\boldsymbol{X}, \boldsymbol{P}^2]\right\rangle \qquad (3.13)$$

$$\frac{\mathrm{d}\langle \boldsymbol{P}\rangle}{\mathrm{d}t} = \frac{1}{\mathrm{i}\hbar}\left\langle [\boldsymbol{P}, V(\boldsymbol{X})]\right\rangle . \qquad (3.14)$$

Unter Berücksichtigung von

$$[\boldsymbol{X}, \boldsymbol{P}^2] = \boldsymbol{P}[\boldsymbol{X}, \boldsymbol{P}] + [\boldsymbol{X}, \boldsymbol{P}]\boldsymbol{P} = 2\mathrm{i}\hbar\boldsymbol{P}$$

geht (3.13) über in

$$\frac{\mathrm{d}\langle \boldsymbol{X}\rangle}{\mathrm{d}t} = \frac{\langle \boldsymbol{P}\rangle}{m} = \left\langle \frac{\partial \boldsymbol{H}}{\partial \boldsymbol{P}}\right\rangle .$$

Zur Auswertung von (3.14) ist es günstig, die Ortsdarstellung zu verwenden:

$$\boldsymbol{P} \longrightarrow -\mathrm{i}\hbar\boldsymbol{\nabla} \;,\; V(\boldsymbol{X}) \longrightarrow V(\boldsymbol{x}) .$$

Man sieht nun nämlich, daß gilt:

$$[\boldsymbol{\nabla}, V(\boldsymbol{x})]\psi(\boldsymbol{x},t) = \boldsymbol{\nabla}(V(\boldsymbol{x})\psi(\boldsymbol{x},t)) - V(\boldsymbol{x})\boldsymbol{\nabla}\psi(\boldsymbol{x},t) = (\boldsymbol{\nabla}V(\boldsymbol{x}))\psi(\boldsymbol{x},t) ,$$

so daß wir ganz allgemein schließen können:

$$[\boldsymbol{\nabla}, V(\boldsymbol{X})] = \boldsymbol{\nabla}V(\boldsymbol{X})$$

$$\Longrightarrow \frac{\mathrm{d}\langle \boldsymbol{P}\rangle}{\mathrm{d}t} = -\left\langle \boldsymbol{\nabla}V(\boldsymbol{X})\right\rangle = -\left\langle \frac{\partial \boldsymbol{H}}{\partial \boldsymbol{X}}\right\rangle .$$

Man beachte die formale Ähnlichkeit der Ehrenfestschen Gleichungen mit den Hamiltonschen Gleichungen der klassischen Mechanik.

39. Meßwahrscheinlichkeiten. Gegeben seien die folgenden hermiteschen Operatoren:

$$\boldsymbol{L}_x = \frac{1}{\sqrt{2}}\begin{pmatrix} 0 & 1 & 0\\ 1 & 0 & 1\\ 0 & 1 & 0\end{pmatrix} ,\; \boldsymbol{L}_y = \frac{1}{\sqrt{2}}\begin{pmatrix} 0 & -\mathrm{i} & 0\\ \mathrm{i} & 0 & -\mathrm{i}\\ 0 & \mathrm{i} & 0\end{pmatrix} ,\; \boldsymbol{L}_z = \begin{pmatrix} 1 & 0 & 0\\ 0 & 0 & 0\\ 0 & 0 & -1\end{pmatrix} .$$

a) Was sind die möglichen Eigenwerte l_z und Eigenvektoren von $\boldsymbol{L}_z$?

b) Man überprüfe die Heisenbergsche Unschärferelation der Operatoren $\boldsymbol{L}_x$ und $\boldsymbol{L}_y$ für den Eigenzustand von $\boldsymbol{L}_z$ mit $l_z = 1$.

c) Wie lauten die möglichen Meßergebnisse mit den zugehörigen Wahrscheinlichkeiten, die bei einer Messung von $\boldsymbol{L}_x$ zu erwarten sind, wenn sich ein Quantensystem im Eigenzustand von $\boldsymbol{L}_z$ mit $l_z = -1$ befindet?

Lösung.

Zu a) Aus der Form von $\boldsymbol{L}_z$ erkennt man unmittelbar, daß die zugehörigen Eigenwerte und -vektoren gegeben sind durch

$$l_z = +1 : \; \boldsymbol{e}_+ = \begin{pmatrix} 1\\ 0\\ 0\end{pmatrix} ,\; l_z = 0 : \; \boldsymbol{e}_0 = \begin{pmatrix} 0\\ 1\\ 0\end{pmatrix} ,\; l_z = -1 : \; \boldsymbol{e}_- = \begin{pmatrix} 0\\ 0\\ 1\end{pmatrix} .$$

Zu b) Es sind folgende Größen für den Zustand $\boldsymbol{e}_+$ zu berechnen:

$$\langle \boldsymbol{L}_x \rangle = \boldsymbol{e}_+^\dagger \boldsymbol{L}_x \boldsymbol{e}_+ = 0 \ , \ \langle \boldsymbol{L}_x^2 \rangle = \boldsymbol{e}_+^\dagger \boldsymbol{L}_x^2 \boldsymbol{e}_+ = \frac{1}{2}$$

$$\Longrightarrow \Delta L_x = \sqrt{\langle \boldsymbol{L}_x^2 \rangle - \langle \boldsymbol{L}_x \rangle^2} = \frac{1}{\sqrt{2}}$$

$$\langle \boldsymbol{L}_y \rangle = \boldsymbol{e}_+^\dagger \boldsymbol{L}_y \boldsymbol{e}_+ = 0 \ , \ \langle \boldsymbol{L}_y^2 \rangle = \boldsymbol{e}_+^\dagger \boldsymbol{L}_y^2 \boldsymbol{e}_+ = \frac{1}{2}$$

$$\Longrightarrow \Delta L_y = \sqrt{\langle \boldsymbol{L}_y^2 \rangle - \langle \boldsymbol{L}_y \rangle^2} = \frac{1}{\sqrt{2}}$$

$$|\langle [\boldsymbol{L}_x, \boldsymbol{L}_y] \rangle| = |\boldsymbol{e}_+^\dagger [\boldsymbol{L}_x, \boldsymbol{L}_y] \boldsymbol{e}_+| = \boldsymbol{e}_+^\dagger \boldsymbol{L}_z \boldsymbol{e}_+ = 1 \ .$$

Damit folgt

$$\Delta L_x \cdot \Delta L_y = \frac{1}{2} = \frac{1}{2} |\langle [\boldsymbol{L}_x, \boldsymbol{L}_y] \rangle| \ .$$

Zu c) Zur Bestimmung der möglichen Meßergebnisse von $\boldsymbol{L}_x$ sind die Eigenwerte und -vektoren von $\boldsymbol{L}_x$ zu bestimmen:

$$\boldsymbol{L}_x \boldsymbol{x} = l_x \boldsymbol{x} \Longleftrightarrow (\boldsymbol{L}_x - l_x \boldsymbol{I}) \boldsymbol{x} = 0$$

$$\Longrightarrow \begin{vmatrix} -l_x & \frac{1}{\sqrt{2}} & 0 \\ \frac{1}{\sqrt{2}} & -l_x & \frac{1}{\sqrt{2}} \\ 0 & \frac{1}{\sqrt{2}} & -l_x \end{vmatrix} = -l_x(l_x + 1)(l_x - 1) = 0 \ .$$

Man erhält

$$l_x = 1: \ \boldsymbol{f}_+ = \frac{1}{2} \begin{pmatrix} 1 \\ \sqrt{2} \\ 1 \end{pmatrix} \ , \ l_x = 0: \ \boldsymbol{f}_0 = \frac{1}{\sqrt{2}} \begin{pmatrix} 1 \\ 0 \\ -1 \end{pmatrix} \ ,$$

$$l_x = -1: \ \boldsymbol{f}_- = \frac{1}{2} \begin{pmatrix} 1 \\ -\sqrt{2} \\ 1 \end{pmatrix} \ .$$

Als nächstes hat man den Zustand $\boldsymbol{e}_-$ nach den Eigenbasiszuständen $\boldsymbol{f}_+$, $\boldsymbol{f}_0$, $\boldsymbol{f}_-$ von $\boldsymbol{L}_x$ zu entwickeln:

$$\boldsymbol{e}_- = \boldsymbol{f}_+ \langle \boldsymbol{f}_+ | \boldsymbol{e}_- \rangle + \boldsymbol{f}_0 \langle \boldsymbol{f}_0 | \boldsymbol{e}_- \rangle + \boldsymbol{f}_- \langle \boldsymbol{f}_- | \boldsymbol{e}_- \rangle \ .$$

Die Beträge der Entwicklungskoeffizienten geben dann die entsprechenden Meßwahrscheinlichkeiten an:

$$W(l_x = 1) = |\langle \boldsymbol{f}_+ | \boldsymbol{e}_- \rangle|^2 = \frac{1}{4}$$

$$W l_x = 0) = |\langle \boldsymbol{f}_0 | \boldsymbol{e}_- \rangle|^2 = \frac{1}{2}$$

$$W(l_x = -1) = |\langle \boldsymbol{f}_- | \boldsymbol{e}_- \rangle|^2 = \frac{1}{4} \ .$$

Dabei gilt erwartungsgemäß

$$W(l_x = 1) + W(l_x = 0) + W(l_x = -1) = 1 .$$

3.3 Eindimensionale Systeme

Nachdem bisher vom allgemeinen Aufbau der Quantentheorie die Rede war, beschäftigt sich dieser Abschnitt mit der einfachsten Klasse quantenmechanischer Probleme, nämlich die eines einzigen Teilchen in einer Dimension. Obwohl solche Systeme etwas künstlich konstruiert erscheinen, so beinhalten sie doch die meisten Phänomene der dreidimensionalen Quantentheorie und lassen sich aufgrund des reduzierten Komplexitätsgrades relativ leicht lösen.

Nun haben wir bereits gesehen, daß es zur Lösung der Schrödinger-Gleichung zumeist vorteilhaft ist, eine spezielle Darstellung zu wählen, in der die Form des Problems eine einfache Struktur annimmt. In einzelnen Fällen ist es auch möglich, rein algebraisch vorzugehen. Beispiele, die wir im folgenden näher betrachten wollen, sind:

- Freies Teilchen und Wellenpakete: Lösung im Impulsraum.
- Potentialstufe und Potentialkasten: Lösung im Ortsraum.
- Harmonischer Oszillator: Algebraische Lösung.

Die verbreitetste Methode zur Lösung der Schrödinger-Gleichung besteht im Aufstellen der Differentialgleichung im Ortsraum, also der Verwendung der Wellenmechanik. Wir stellen daher einige allgemeine Betrachtungen zu diesem Lösungsverfahren an den Anfang dieses Abschnitts.

3.3.1 Betrachtungen zur Schrödinger-Gleichung im Ortsraum

In Unterabschn. 3.2.6 fanden wir, daß die Dynamik eines eindimensionalen nichtrelativistischen quantenmechanischen Systems ohne Spin in der Ortsdarstellung durch die Differentialgleichung

$$\mathrm{i}\hbar \frac{\mathrm{d}}{\mathrm{d}t}\psi(x,t) = \boldsymbol{H}_X \psi(x,t) \qquad (3.15)$$

gegeben ist, wobei $\boldsymbol{H}_X$ in vielen Fällen die Form

$$\boldsymbol{H}_X = \frac{\boldsymbol{P}_X^2}{2m} + V(\boldsymbol{X}_X, t) = -\frac{\hbar^2}{2m}\frac{\mathrm{d}^2}{\mathrm{d}x^2} + V(x,t) \; , \; V \in \mathbb{R} \qquad (3.16)$$

besitzt, mit einem Wechselwirkungspotential V. In dieser Darstellung interpretieren wir $|\psi(x,t)|^2$ als die Wahrscheinlichkeitsdichte, bei einer Messung das Teilchen zur Zeit t am Ort x zu finden. Oder anders ausgedrückt: Bei einer Ortsmessung von N identisch präparierten, nichtwechselwirkenden Teilchen, die jeweils durch ψ beschrieben werden, ist $N|\psi(x,t)|^2\mathrm{d}x$ gleich der Zahl der

Teilchen im Ortsintervall $[x : x + \mathrm{d}x]$ zum Zeitpunkt t. Dies ist die *Bornsche Interpretation* der Quantenmechanik.

Ein wichtiger Satz, den wir später noch benötigen werden, ist

Satz 3.14: Kontinuitätsgleichung in der Ortsdarstellung

Aus der Schrödinger-Gleichung (3.15), (3.16) und ihrer Adjungierten folgt die *Kontinuitätsgleichung*

$$\frac{\mathrm{d}}{\mathrm{d}t}|\psi(x,t)|^2 + \frac{\mathrm{d}}{\mathrm{d}x}j(x,t) = 0 \ ,$$

wobei

$$j(x,t) = \frac{\hbar}{2\mathrm{i}m}\left(\psi^*\frac{\mathrm{d}\psi}{\mathrm{d}x} - \psi\frac{\mathrm{d}\psi^*}{\mathrm{d}x}\right) \tag{3.17}$$

die *Wahrscheinlichkeitsstromdichte* oder auch *Teilchenstromdichte* bezeichnet.

Eine Änderung der Wahrscheinlichkeitsdichte in einem x-Bereich hat demnach einen Nettoteilchenstrom zur Folge:

$$\frac{\mathrm{d}}{\mathrm{d}t}\int\limits_a^b \mathrm{d}x|\psi(x,t)|^2 = j(a,t) - j(b,t) \ .$$

Zeitunabhängige Schrödinger-Gleichung. Nach Unterabschn. 3.2.4 können wir im Falle eines konservativen Hamilton-Operators die Zeitabhängigkeit der Schrödinger-Gleichung durch den Ansatz $\psi(x,t) = \Psi(x)\mathrm{e}^{-\mathrm{i}\omega t}$, $\omega = E/\hbar$ im Ortsraum separieren. Dies führt von (3.15), (3.16) auf die zeitunabhängige Eigenwertgleichung

$$\left(-\frac{\hbar^2}{2m}\frac{\mathrm{d}^2}{\mathrm{d}x^2} + V(x)\right)\Psi(x) = E\Psi(x)$$

bzw.

$$\frac{\mathrm{d}^2\Psi(x)}{\mathrm{d}x^2} = [U(x) - \epsilon]\,\Psi(x) \ , \ U(x) = \frac{2mV(x)}{\hbar^2} \ , \ \epsilon = \frac{2mE}{\hbar^2} \ . \tag{3.18}$$

Stetigkeitsbedingungen. Im allgemeinen wollen wir auch Potentiale betrachten, die endliche Sprungstellen aufweisen. Sei $x = a$ eine solche Unstetigkeit des Potentials $U(x)$. Dann ist die Lösung $\Psi(x)$ in a immer noch stetig differenzierbar, denn nach (3.18) gilt in der Umgebung $[a - \delta : a + \delta], \delta \ll 1$

$$\Psi'(a+\delta) - \Psi'(a-\delta) = \int\limits_{a-\delta}^{a+\delta} \mathrm{d}x\frac{\mathrm{d}}{\mathrm{d}x}\Psi'(x) = \int\limits_{a-\delta}^{a+\delta} \mathrm{d}x\,[U(x) - \epsilon]\,\Psi(x) = 0 \ ,$$

wobei die Stetigkeit von Ψ an der Stelle $x = a$ ausgenutzt wurde. Demnach sind sowohl Ψ als auch Ψ' in a stetig.[8]

Symmetriebetrachtungen. Eine Besonderheit ergibt sich, falls das Potential $V(x)$ bzw. $U(x)$ reflexionssymmetrisch ist. Um dies zu sehen, definieren wir den *Paritätsoperator* $\boldsymbol{P}$ durch

$$\boldsymbol{P}q(x) = q(-x) .$$

Seine Eigenwerte sind $+1$ für gerade und -1 für ungerade Funktionen q. Sei nun $\boldsymbol{P}V(x) = V(x)$. Da der kinetische Teil des Hamilton-Operators nur die zweite Ableitung nach dem Ort enthält, kommutieren $\boldsymbol{H}$ und $\boldsymbol{P}$ in diesem Fall. Wenden wir jetzt den Paritätsoperator auf

$$\boldsymbol{H}\Psi(x) = E\Psi(x) \tag{3.19}$$

an, so folgt

$$\boldsymbol{H}\Psi(-x) = E\Psi(-x) .$$

Demnach ist mit $\Psi(x)$ auch $\Psi(-x)$ Lösung von (3.19) zum selben Eigenwert E. Aus diesen beiden Lösungen lassen sich zwei neue Lösungen

$$\Psi_\pm(x) = \Psi(x) \pm \Psi(-x) \; , \; \boldsymbol{P}\Psi_\pm = \pm\Psi_\pm$$

konstruieren, die gleichzeitig Eigenzustände von $\boldsymbol{H}$ und $\boldsymbol{P}$ sind. Für symmetrische Potentiale können wir die Basiszustände also immer in gerade und ungerade Funktionen unterteilen.

Qualitative Diskussion des Spektrums. Bei unseren Untersuchungen in diesem Abschnitt werden wir einige Eigenschaften der Lösungen zur zeitunabhängigen Schrödinger-Gleichung finden, die ganz allgemein gelten. Für ein gegebenes Potential ist stets zu untersuchen, ob es sowohl *gebundene Zustände* als auch *Streuzustände* zuläßt. Genau wie in der klassischen Mechanik sind je nach Art der Wechselwirkung und Energie des Teilchens prinzipiell beide Bewegungstypen möglich (man denke etwa an das Kepler-Problem mit seinen gebundenen elliptischen Zuständen und seinen hyperbolischen Streuzuständen). Jedoch ergibt sich bei gebundenen Zuständen ein wesentlicher Unterschied zur klassischen Physik: Gebundene Zustände in der Quantenmechanik sind stets diskret. Wir wollen diese Aussage hier nicht allgemein beweisen. Anschaulich ist dieses Verhalten aber wie folgt zu verstehen: Für ein kastenförmiges Potential V mit $V(x \in [-a : a]) = -V_0 < 0$, $V(x \notin [-a : a]) = 0$ gibt es zwei Umkehrpunkte, nämlich die Potentialwände bei $x = \pm a$, zwischen denen ein klassisches Teilchen mit beliebiger Energie oszillieren kann. Quantenmechanisch kann sich das Teilchen jedoch auch im klassisch verbotenen Gebiet (hinter den Wänden) aufhalten, also über die Umkehrpunkte hinausschießen. Allerdings muß in diesem Bereich die Wellenfunktion der zeitunabhängigen Schrödinger-Gleichung exponentiell abfallen.

---

[8] Für unendliche Sprungstellen (z.B. δ-Potential) gilt diese Argumentation nicht (siehe Anwendung 41).

Die Stetigkeitsbedingungen der Wellenfunktion an der Grenze zwischen klassisch erlaubtem (oszillatorischem) und verbotenem (exponentiellem) Bereich führt dazu, daß nur Lösungen zu ganz bestimmten, diskreten Energien existieren.

In den nun zu besprechenden Beispielen werden wir folgende Punkte explizit verifizieren:

- Das gebundene Spektrum ist diskret, und es existiert stets ein gebundener Zustand, der sog. *Grundzustand.* Seine Wellenfunktion hat keinen Nulldurchgang.
- Im eindimensionalen Fall sind die gebundenen Zustände nichtentartet.
- Liegen bei einem symmetrischen Potential mehrere gebundene Zustände vor, so wechseln sich gerade und ungerade Wellenfunktionen ab, wobei die Zahl ihrer Nulldurchgänge jeweils um Eins zunimmt.

3.3.2 Zerfließen eines freien Wellenpaketes

Das einfachste eindimensionale Problem ist das eines freien Teilchens. Die zugehörige klassische Hamilton-Funktion lautet

$$H(x,p) = \frac{p^2}{2m} ,$$

wobei m die Masse des Teilchens bezeichnet. Da in dieser Gleichung nur der Impuls als dynamische Variable auftritt, bietet sich zur Lösung des entsprechenden quantenmechanischen Problems die Impulsdarstellung an, in der die Schrödinger-Gleichung die Gestalt

$$\mathrm{i}\hbar\frac{\mathrm{d}}{\mathrm{d}t}\varphi(p,t) = \frac{p^2}{2m}\varphi(p,t)$$

bzw.

$$\mathrm{i}\hbar\frac{\mathrm{d}}{\mathrm{d}t}\varphi(k,t) = \frac{\hbar^2k^2}{2m}\varphi(k,t)$$

annimmt. Die allgemeine Lösung dieser Gleichung ist

$$\varphi(k,t) = \phi(k)\mathrm{e}^{-\mathrm{i}\omega t} , \ \omega = \frac{\hbar k^2}{2m} ,$$

wobei $\phi(k)$ eine beliebige Funktion von k ist, die für ein physikalisches Teilchen mit endlicher Impulsbreite die Normierungsbedingung

$$\langle \phi(k)|\,\phi(k)\rangle = \langle \varphi(k,t)|\,\varphi(k,t)\rangle = \frac{1}{\hbar}$$

zu erfüllen hat. Die entsprechende Lösung im Ortsraum ergibt sich nach Satz 3.13 zu

$$\psi(x,t) = \sqrt{\frac{\hbar}{2\pi}}\int \mathrm{d}k\varphi(k,t)\mathrm{e}^{\mathrm{i}kx} = \sqrt{\frac{\hbar}{2\pi}}\int \mathrm{d}k\phi(k)\mathrm{e}^{\mathrm{i}(kx-\omega t)} .$$

Es soll nun die zeitliche Entwicklung einer Ortswellenfunktion ψ untersucht werden, wobei wir annehmen, daß sie zum Zeitpunkt $t = 0$ durch folgende normierte Gauß-Funktion gegeben sei:

$$\psi(x,0) = \frac{1}{\sqrt{\Delta}\pi^{1/4}} \mathrm{e}^{-\frac{x^2}{2\Delta^2}} \mathrm{e}^{\mathrm{i}k_0 x} \;,\; k_0 > 0 \;. \tag{3.20}$$

Sie beschreibt ein Teilchen, das sich mit dem mittleren Impuls $\langle \boldsymbol{P} \rangle = \hbar k_0$ bewegt. Damit folgt nach Satz 3.13

$$\phi(k) = \frac{1}{\sqrt{2\hbar\Delta}\pi^{3/4}} \int \mathrm{d}x \mathrm{e}^{-\frac{x^2}{2\Delta^2}} \mathrm{e}^{-\mathrm{i}(k-k_0)x} = \frac{\sqrt{\Delta}}{\sqrt{\hbar}\pi^{1/4}} \mathrm{e}^{-\frac{\Delta^2(k-k_0)^2}{2}} \;.$$

Für die Ortswellenfunktion ergibt sich

$$\begin{aligned}
\psi(x,t) &= \frac{\sqrt{\Delta}}{\sqrt{2}\pi^{3/4}} \int \mathrm{d}k \mathrm{e}^{-\frac{\Delta^2}{2}(k-k_0)^2} \mathrm{e}^{\mathrm{i}kx} \mathrm{e}^{-\frac{\mathrm{i}\hbar k^2 t}{2m}} \\
&= \frac{\sqrt{\Delta}}{\sqrt{\alpha(t)}\pi^{1/4}} \exp\left(-\frac{\left(x - \frac{\hbar k_0 t}{m}\right)^2}{2\alpha(t)}\right) \exp\left[\mathrm{i}k_0 \left(x - \frac{\hbar k_0 t}{2m}\right)\right] , \quad (3.21)
\end{aligned}$$

mit

$$\alpha(t) = \Delta^2 + \mathrm{i}\frac{\hbar t}{m} \;.$$

Man erhält schließlich für die Wahrscheinlichkeitsdichte $|\psi(x,t)|^2$

$$|\psi(x,t)|^2 = \psi^*(x,t)\psi(x,t) = \frac{1}{\sqrt{\pi\beta(t)}} \exp\left(-\frac{\left(x - \frac{\hbar k_0 t}{m}\right)^2}{\beta(t)}\right) ,$$

mit

$$\beta(t) = \Delta^2 + \frac{\hbar^2 t^2}{\Delta^2 m^2} \;.$$

Offenbar folgt $|\psi(x,t)|^2$ einer Gauß-Verteilung, deren Breite $\beta(t)$ mit der Zeit zunimmt. Der Schwerpunkt des Wellenpaketes bewegt sich dabei mit der Geschwindigkeit $\hbar k_0/m = p_0/m$. Anhand dieses Beispiels können wir die Heisenbergsche Unschärferelation für Ort und Impuls explizit nachprüfen:

$$\begin{aligned}
\langle \boldsymbol{X} \rangle &= \frac{1}{\sqrt{\pi\beta}} \int \mathrm{d}x x \exp\left(-\frac{\left(x - \frac{\hbar k_0 t}{m}\right)^2}{\beta}\right) = \frac{\hbar k_0 t}{m} \\
\langle \boldsymbol{X}^2 \rangle &= \frac{1}{\sqrt{\pi\beta}} \int \mathrm{d}x x^2 \exp\left(-\frac{\left(x - \frac{\hbar k_0 t}{m}\right)^2}{\beta}\right) = \frac{\beta}{2} + \frac{\hbar^2 k_0^2 t^2}{m^2} \\
\langle \boldsymbol{P} \rangle &= \frac{\Delta}{\sqrt{\pi}} \int \mathrm{d}k k \mathrm{e}^{-\Delta^2(k-k_0)^2} = \hbar k_0 \\
\langle \boldsymbol{P}^2 \rangle &= \frac{\Delta\hbar}{\sqrt{\pi}} \int \mathrm{d}k k^2 \mathrm{e}^{-\Delta^2(k-k_0)^2} = \frac{\hbar^2}{2\Delta^2} + \hbar^2 k_0^2 \;. \\
&\Longrightarrow \Delta X \cdot \Delta P = \frac{\hbar\sqrt{\beta(t)}}{2\Delta} \geq \frac{\hbar}{2} \;.
\end{aligned}$$

3.3.3 Potentialstufe

Man betrachte ein Teilchen, das sich in einem stufenförmigen Potential der Form

$$V(x) = V_0\Theta(x) \ , \ \Theta(x) = \left\{ \begin{array}{l} 0 \text{ für } x < 0 \\ 1 \text{ für } x \geq 0 \end{array} \right\} , \ V_0 > 0$$

bewegt (siehe Abb. 3.1). Zur Lösung dieses Problems bestimmen wir zunächst die Eigenfunktionen und Energieeigenwerte für ein Teilchen mit festem Impuls. Sie ergibt sich in der Ortsdarstellung als Lösung der stationären Schrödinger-Gleichung (3.18). Anschließend betrachten wir den quantenmechanisch realistischeren Fall der Streuung eines Wellenpaketes an diesem Potential.

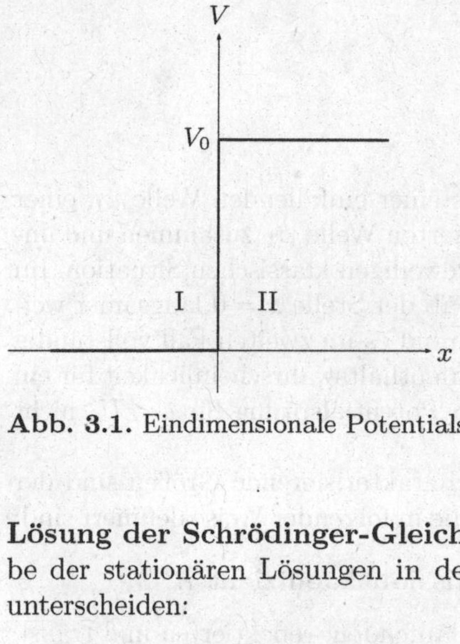

Abb. 3.1. Eindimensionale Potentialstufe

Lösung der Schrödinger-Gleichung für festen Impuls. Bei der Angabe der stationären Lösungen in den Bereichen I und II sind zwei Fälle zu unterscheiden:

1. Fall: $\epsilon > U_0$. Hier setzt sich die allgemeine Lösung in beiden Bereichen aus Sinus- und Cosinus-Schwingungen zusammen, und wir können ansetzen:

$$\Psi_{\rm I}(x) = A{\rm e}^{{\rm i}k_1x} + B{\rm e}^{-{\rm i}k_1x} \ , \ k_1 = \sqrt{\epsilon}$$

$$\Psi_{\rm II}(x) = C{\rm e}^{{\rm i}k_2x} \ , \ k_2 = \sqrt{\epsilon - U_0} = \sqrt{k_1^2 - U_0} \ .$$

Prinzipiell könnte $\Psi_{\rm II}$ noch einen Term proportional zu ${\rm e}^{-{\rm i}k_2x}$ enthalten, der einer von $+\infty$ in negativer x-Richtung einlaufenden Welle entspricht. Wir wollen uns hier aber auf den Fall beschränken, daß nur von links eine Welle auf die Potentialstufe zuläuft, so daß im Bereich II nur ein nach rechts laufender transmittierter Anteil erscheint. Die Konstanten A, B und C ergeben sich aus den Stetigkeitsbedingungen

$$\left.\begin{array}{l}\Psi_{\rm I}(0)=\Psi_{\rm II}(0)\\ \Psi_{\rm I}'(0)=\Psi_{\rm II}'(0)\end{array}\right\}\Longrightarrow\left\{\begin{array}{l}B=A\dfrac{k_1-\sqrt{k_1^2-U_0}}{k_1+\sqrt{k_1^2-U_0}}\\ C=A\dfrac{2k_1}{k_1+\sqrt{k_1^2-U_0}}\,.\end{array}\right.$$

2. Fall: $0\leq\epsilon\leq U_0$. Im Bereich II zeigt die Lösung ein exponentielles Verhalten, was uns zu folgendem Ansatz führt:

$$\begin{aligned}\Psi_{\rm I}(x)&=A{\rm e}^{{\rm i}k_1x}+B{\rm e}^{-{\rm i}k_1x}\quad,\ k_1=\sqrt{\epsilon}\\ \Psi_{\rm II}(x)&=C{\rm e}^{-k_2x}\quad,\ k_2=\sqrt{U_0-\epsilon}=\sqrt{U_0-k_1^2}\,.\end{aligned}$$

Ein exponentiell anwachsender Term e^{k_2x} im Bereich II ist unphysikalisch, da seine Norm dort divergiert; er scheidet deshalb aus. Für die Konstanten folgt

$$\begin{aligned}B&=A\frac{{\rm i}k_1+k_2}{{\rm i}k_1-k_2}=A\frac{{\rm i}k_1+\sqrt{U_0-k_1^2}}{{\rm i}k_1-\sqrt{U_0-k_1^2}}\\ C&=A\frac{2{\rm i}k_1}{{\rm i}k_1-k_2}=A\frac{2{\rm i}k_1}{{\rm i}k_1-\sqrt{U_0-k_1^2}}\,.\end{aligned}$$

In beiden Fällen setzt sich die Lösung aus einer einfallenden Welle $\psi_{\rm I}$, einer reflektierten Welle $\psi_{\rm R}$ und einer transmittierten Welle $\psi_{\rm T}$ zusammen und unterscheidet sich damit wesentlich von der jeweiligen klassischen Situation. Im ersten Fall würde ein klassisches Teilchen ab der Stelle $x=0$ langsamer weiterfliegen, ohne reflektiert zu werden, während es im zweiten Fall vollständig reflektiert würde. Die Tatsache, daß die Aufenthaltswahrscheinlichkeit für ein quantenmechanisches Teilchen hinter dem Potentialsprung für $\epsilon<U_0$ nicht Null ist, nennt man *Tunneleffekt.*

Zwei interessante, einen Streuprozeß charakterisierende Größen sind der Reflexions- und Transmissionskoeffizient, die in folgender Weise definiert sind:

Definition: Reflexions- und Transmissionskoeffizient R, T

Seien $j_{\rm I}$, $j_{\rm R}$, $j_{\rm T}$ die Stromdichten der einlaufenden, reflektierten und transmittierten Wellenfunktionen, dann ist

$$R=\left|\frac{j_{\rm R}}{j_{\rm I}}\right|\ ,\ T=\left|\frac{j_{\rm T}}{j_{\rm I}}\right|\ ,\ T=1-R\,.$$

Die letzte Beziehung spiegelt die globale *Stromerhaltung* wider und folgt aus Satz 3.14. Reflexions- und Transmissionskoeffizient beschreiben also den Anteil des reflektierten bzw. transmittierten Teilchenstroms relativ zum einfallenden Strom. Sie lauten für dieses Problem:

1. Fall:

$$\left.\begin{aligned} R &= \left|\frac{B}{A}\right|^2 = \frac{2k_1^2 - U_0 - 2k_1\sqrt{k_1^2 - U_0}}{2k_1^2 - U_0 + 2k_1\sqrt{k_1^2 - U_0}} \\ T &= \left|\frac{C}{A}\right|^2 \frac{\sqrt{k_1^2 - U_0}}{k_1} = \frac{4k_1\sqrt{k_1^2 - U_0}}{2k_1^2 - U_0 + 2k_1\sqrt{k_1^2 - U_0}} \,. \end{aligned}\right\} \quad (3.22)$$

2. Fall: $R = 1$, $T = 0$.

Ist beim 1. Fall ϵ sehr viel größer als U_0, dann findet praktisch keine Reflexion statt, d.h. die von links einfallende Welle tritt ungehindert durch. Man beachte: Obwohl beim 2. Fall die Aufenthaltswahrscheinlichkeit im Bereich II ungleich Null ist, findet keine Nettobewegung in positiver x-Richtung statt.

Streuung eines Wellenpaketes. Um nun die Bewegung eines physikalischen Teilchens zu beschreiben, hat man aus obigen Lösungsfunktionen ein Wellenpaket zu bilden und seine Propagation in der Zeit zu verfolgen. In realen experimentellen Situationen besitzt dieses Wellenpaket einen relativ scharfen Impuls, was zu einer großen Ortsunschärfe führt. Der bisher betrachtete Fall (mit seinen im ganzen Raum ausgedehnten Lösungsfunktionen) ist somit als Grenzfall einer verschwindenden Impulsunschärfe anzusehen und stellt eine gute Näherung für sehr kleine Impulsbreiten dar. Diese Überlegung überträgt sich auch auf andere Potentialformen, und wir können ganz allgemein festhalten:

Satz 3.15: Reflexions- und Transmissionskoeffizient eines Wellenpaketes

Der reflektierte und transmittierte Anteil eines Wellenpaketes mit kleiner Impulsunschärfe hängt nur vom Mittelwert der Impulsverteilung ab.

Im folgenden überprüfen wir die Gültigkeit dieses Satzes, indem wir zeigen, daß Reflexions- und Transmissionskoeffizient bei scharfem Impuls identisch sind mit den Aufenthaltswahrscheinlichkeiten

$$R' = \int\limits_{-\infty}^{0} \mathrm{d}x |\psi(x, t \to \infty)|^2 \,,\; T' = \int\limits_{0}^{\infty} \mathrm{d}x |\psi(x, t \to \infty)|^2$$

für ein Teilchen, dessen einlaufendes Wellenpaket einen mittleren und scharfen Impuls $\hbar k_0$ hat und durch folgende Gauß-Verteilung (vgl. (3.20)) gegeben ist:

$$\psi(x, 0) = \Psi_{\mathrm{I}}(x) = \frac{1}{\sqrt{\Delta}\pi^{1/4}} \mathrm{e}^{-\frac{(x+a)^2}{2\Delta^2}} \mathrm{e}^{\mathrm{i}k_0(x+a)} \,,\; a \gg \Delta \gg 1 \,.$$

Hierbei wählen wir $a \gg \Delta$, so daß sich das gesamte Wellenpaket anfangs weit links vor der Potentialstufe befindet. Unter der Annahme, daß $k_0^2 > U_0$

(1. Fall), läßt sich die allgemeine Lösung von (3.18) zu festem Impuls in der Form

$$\begin{aligned}\Psi_{k_1}(x) = A\Bigg\{&\left[\mathrm{e}^{\mathrm{i}k_1x} + \left(\frac{B(k_1)}{A}\right)\mathrm{e}^{-\mathrm{i}k_1x}\right]\Theta(-x)\\&+\left(\frac{C(k_1)}{A}\right)\mathrm{e}^{\mathrm{i}k_2(k_1)x}\Theta(x)\Bigg\}\end{aligned}$$

schreiben. Für die Projektion $\langle\Psi_{k_1}|\Psi_\mathrm{I}\rangle$ gilt dann bis auf eine Konstante

$$\begin{aligned}\phi(k_1) &= \langle\Psi_{k_1}|\Psi_\mathrm{I}\rangle\\&= A^*\Bigg\{\int \mathrm{d}x\left[\mathrm{e}^{-\mathrm{i}k_1x}+\left(\frac{B}{A}\right)^*\mathrm{e}^{\mathrm{i}k_1x}\right]\Theta(-x)\Psi_\mathrm{I}(x)\\&\quad+\int\mathrm{d}x\left(\frac{C}{A}\right)^*\mathrm{e}^{-\mathrm{i}k_2x}\Theta(x)\Psi_\mathrm{I}(x)\Bigg\}\ .\end{aligned}$$

Das dritte Integral liefert in sehr guter Näherung keinen Beitrag, weil $\Psi_\mathrm{I}(x)$ nach unseren Voraussetzungen keine Ausdehnung im Bereich $x \geq 0$ hat. Ebenso verschwindet das zweite Integral, da Ψ_I im Impulsraum ein ausgeprägtes Maximum um $k_0 > 0$ hat und somit orthogonal zu negativen Impulszuständen ist. ϕ ist also gerade die Fourier-Transformierte von Ψ_I:

$$\begin{aligned}\phi(k_1) &\approx A^*\int\mathrm{d}x\mathrm{e}^{-\mathrm{i}k_1x}\Psi_\mathrm{I}(x)\\&= \frac{A^*}{\sqrt{\Delta}\pi^{1/4}}\int\mathrm{d}x\mathrm{e}^{-\mathrm{i}k_1x}\mathrm{e}^{\mathrm{i}k_0(x+a)}\mathrm{e}^{-\frac{(x+a)^2}{2\Delta^2}}\\&= \frac{A^*\sqrt{2\pi\Delta}}{\pi^{1/4}}\mathrm{e}^{\mathrm{i}k_1a}\mathrm{e}^{-\frac{\Delta^2}{2}(k_1-k_0)^2}\ .\end{aligned}$$

Wie wir gleich sehen werden, liefert

$$A = A^* = \frac{1}{\sqrt{2\pi}}$$

die korrekte Normierung. Für $\psi(x,t)$ folgt nun

$$\begin{aligned}\psi(x,t) &\approx \int\mathrm{d}k_1\phi(k_1)\Psi_{k_1}(x)\mathrm{e}^{-\mathrm{i}\frac{E(k_1)t}{\hbar}}\\&= \frac{\sqrt{\Delta}}{\sqrt{2}\pi^{3/4}}\int\mathrm{d}k_1\mathrm{e}^{\mathrm{i}k_1a}\mathrm{e}^{-\frac{\Delta^2}{2}(k_1-k_0)^2}\mathrm{e}^{-\frac{\mathrm{i}\hbar k_1^2t}{2m}}\\&\quad\times\left[\left(\mathrm{e}^{\mathrm{i}k_1x}+\frac{B}{A}\mathrm{e}^{-\mathrm{i}k_1x}\right)\Theta(-x)+\frac{C}{A}\mathrm{e}^{\mathrm{i}k_2x}\Theta(x)\right]\ .\end{aligned} \tag{3.23}$$

Der erste Term berechnet sich unter Verwendung von (3.21) zu

$$\Theta(-x)G(-a,k_0,t) = \psi_\mathrm{I}(x,t)\ ,$$

mit

$$G(-a,k_0,t) = \frac{\sqrt{\Delta}}{\sqrt{\alpha(t)}\pi^{1/4}} \exp\left(-\frac{\left(x+a-\frac{\hbar k_0 t}{m}\right)^2}{2\alpha(t)}\right)$$
$$\times \exp\left[\mathrm{i}k_0\left(x+a-\frac{\hbar k_0 t}{2m}\right)\right] ,$$

und stellt das von $x = -a$ kommende, in positive Richtung auf das Potential zulaufende Wellenpaket dar. Sein Schwerpunkt ist für große Zeiten gegeben durch $\langle \boldsymbol{X} \rangle = -a + \hbar k_0 t/m \approx \hbar k_0 t/m > 0$ so daß das Produkt $\Theta(-x)G(-a,k_0,t)$ im Limes $t \to \infty$ verschwindet. Für $t = 0$ haben wir $\psi_{\mathrm{I}}(x,0) = \Psi_{\mathrm{I}}(x)$, was obige Wahl der Normierungskonstante A rechtfertigt. Der zweite Term liefert

$$\Theta(-x)\frac{B(k_0)}{A}G(a,-k_0,t) = \psi_{\mathrm{R}}(x,t) , \tag{3.24}$$

wobei der Quotient B/A aufgrund der scharfen Impulsverteilung von $\phi(k_1)$ um k_0 vor das Integral gezogen wurde. $\psi_{\mathrm{R}}(x,t)$ beschreibt das reflektierte Wellenpaket, welches, ursprünglich von $x = +a$ kommend, in negativer Richtung läuft. Für große t befindet sich sein Schwerpunkt bei $\langle \boldsymbol{X} \rangle = a - \hbar k_0 t/m \approx -\hbar k_0 t/m < 0$ so daß der Faktor $\Theta(-x)$ in (3.24) fortgelassen werden kann. Es ergibt sich somit

$$R' \approx \int\limits_{-\infty}^{0} \mathrm{d}x |\psi(x,t\to\infty)|^2 \approx \int\limits_{-\infty}^{\infty} \mathrm{d}x |\psi_{\mathrm{R}}(x,t\to\infty)|^2$$
$$\approx \left|\frac{B(k_0)}{A}\right|^2 \int\limits_{-\infty}^{\infty} \mathrm{d}x |G(a,-k_0,t\to\infty)|^2 = \left|\frac{B(k_0)}{A}\right|^2 .$$

Der dritte Term in (3.23) beschreibt den transmittierten Anteil ψ_{T} von ψ, dessen Berechnung zur Bestimmung von T' nicht erforderlich ist, da aufgrund der Erhaltung der Norm und der Orthonormalität von ψ_{R} und ψ_{T} gilt:

$$\langle \psi_{\mathrm{I}} | \psi_{\mathrm{I}} \rangle = \langle \psi_{\mathrm{R}} + \psi_{\mathrm{T}} | \psi_{\mathrm{R}} + \psi_{\mathrm{T}} \rangle = R' + T' = 1$$
$$\Longrightarrow T' \approx \left|\frac{C(k_0)}{A}\right|^2 \frac{\sqrt{k_0^2 - U_0}}{k_0} .$$

R' und T' stimmen also in der Tat mit den Reflexions- und Transmissionskoeffizienten R und T aus (3.22) für ein Teilchen mit festem Impuls überein.

3.3.4 Potentialkasten

Gegeben sei der kastenförmige Potentialverlauf

$$V(x) = \left\{ \begin{array}{ll} 0 & \text{für } -a \le x \le a \\ V_0 & \text{sonst} \end{array} \right\} ,\ V_0 > 0 ,$$

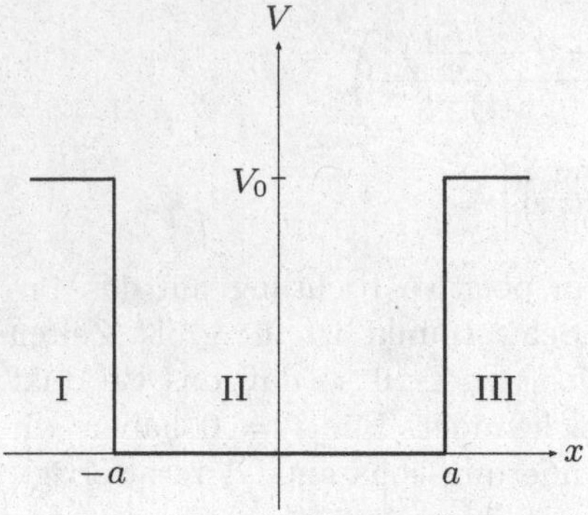

Abb. 3.2. Eindimensionaler Potentialkasten

in dem sich ein Teilchen bewegt (siehe Abb. 3.2). Ausgangspunkt zur Lösung dieses Problems ist wieder die zeitunabhängige Schrödinger-Gleichung (3.18) in der Ortsdarstellung. In ihr ergeben sich je nach Größe von ϵ folgende zwei Fallunterscheidungen:

Gebundene Zustände: $\epsilon < U_0$.

$$\begin{aligned}
\Psi_{\rm I}(x) &= A\mathrm{e}^{k_1 x} \qquad\qquad\qquad\quad , \; k_1 = \sqrt{U_0-\epsilon} = \sqrt{U_0 - k_2^2} \\
\Psi_{\rm II}(x) &= B\cos(k_2 x) + C\sin(k_2 x) \;\; , \; k_2 = \sqrt{\epsilon} \\
\Psi_{\rm III}(x) &= D\mathrm{e}^{-k_1 x} \; .
\end{aligned}$$

Hierbei wurde $\Psi_{\rm II}$ aus Bequemlichkeitsgründen in trigonometrischer Form angesetzt. Die Konstanten ergeben sich wieder aus den Stetigkeitsbedingungen der Funktionen und ihrer Ableitungen an den Bereichsgrenzen:

$$\begin{aligned}
A\mathrm{e}^{-k_1 a} &= B\cos(k_2 a) - C\sin(k_2 a) \\
k_1 A\mathrm{e}^{-\mathrm{i}k_1 a} &= k_2\left[B\sin(k_2 a) + C\cos(k_2 a)\right] \\
D\mathrm{e}^{-k_1 a} &= B\cos(k_2 a) + C\sin(k_2 a) \\
-k_1 D\mathrm{e}^{-k_1 a} &= k_2\left[-B\sin(k_2 a) + C\cos(k_2 a)\right] \; .
\end{aligned}$$

Die Kombination der ersten und der letzten beiden Gleichungen führt zu

$$k_1 = k_2 \frac{B\sin(k_2 a) + C\cos(k_2 a)}{B\cos(k_2 a) - C\sin(k_2 a)} = k_2 \frac{B\sin(k_2 a) - C\cos(k_2 a)}{B\cos(k_2 a) + C\sin(k_2 a)} \; ,$$

woraus sich die Bedingung $BC = 0$ ergibt. Das heißt entweder ist $C = 0$, und die Lösungen sind in x gerade (positive Parität), oder es gilt $B = 0$, und die Lösungen sind in x ungerade (negative Parität). Dieser Zusammenhang ergibt sich natürlich aus der symmetrischen Form des Potentials. Für die geraden Lösungen folgt die Bedingung

$$\tan k_2 a = \frac{k_1}{k_2} = \frac{\sqrt{U_0 - k_2^2}}{k_2}$$

bzw.

$$\tan y = \frac{\sqrt{U_0' - y^2}}{y} \;,\; y = k_2 a \;,\; U_0' = a^2 U_0 \;.$$

In Abb. 3.3 sind die Funktionen $\tan y$ und $\sqrt{U_0' - y^2}/y$ gegen y aufgetragen. Die zulässigen y-Werte sind gerade die Schnittpunkte der beiden Kurven. Man erkennt, daß es um so mehr gebundene Zustände gibt, je höher der Potentialkasten ist. In jedem Fall liegt jedoch mindestens ein gebundener Zustand vor, der Grundzustand. Die entsprechende Bedingung für die ungeraden Lösungen lautet

$$-\cot y = \tan\left(y + \frac{\pi}{2}\right) = \frac{\sqrt{U_0' - y^2}}{y}$$

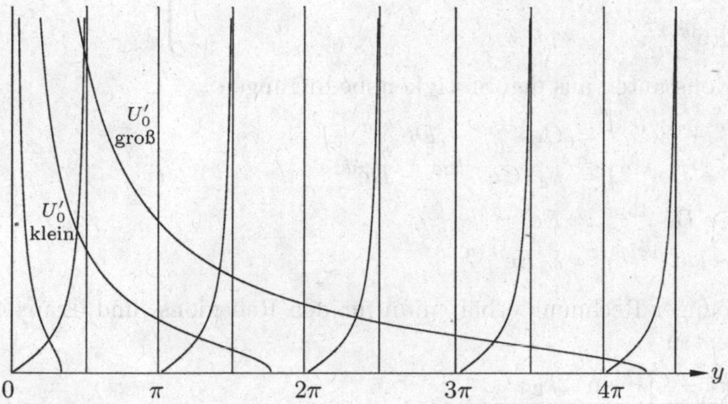

Abb. 3.3. Graphische Schnittpunktsbestimmung der Funktionen $\tan y$ und $\sqrt{U_0' - y^2}/y$ für die geraden Lösungen des gebundenen Falls

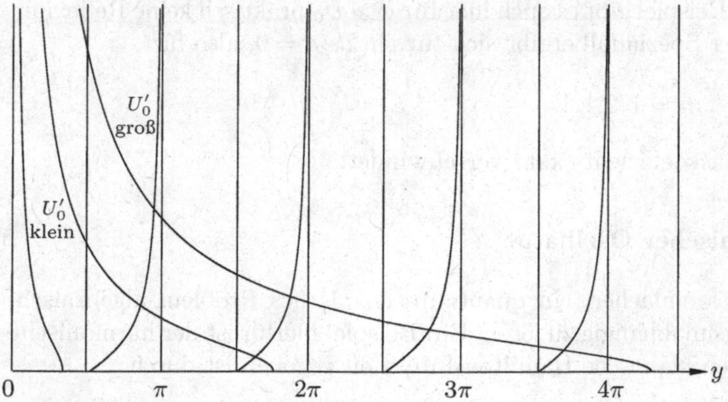

Abb. 3.4. Graphische Schnittpunktsbestimmung der Funktionen $\tan(y + \pi/2)$ und $\sqrt{U_0' - y^2}/y$ für die ungeraden Lösungen des gebundenen Falls

und ist in Abb. 3.4 graphisch veranschaulicht. Hier kann es offensichtlich vorkommen, daß es keinen gebundenen Zustand gibt, wenn der Potentialtopf zu flach ist. Betrachtet man die gefundenen Lösungen im Zusammenhang mit Abb. 3.3 und 3.4, so läßt sich folgendes feststellen: Die Wellenfunktion des Grundzustandes ist eine gerade Funktion und besitzt keinen Nulldurchgang. Beim Übergang zu höheren Anregungen wechselt die Symmetrie der Wellenfunktion zwischen gerade und ungerade, wobei die Zahl der Nulldurchgänge jeweils um Eins zunimmt.

Ungebundene Zustände: $\epsilon \geq U_0$. Hier wollen wir uns wieder auf eine nur von links einlaufende Welle beschränken. Die allgemeine Lösung lautet dann

$$\left.\begin{aligned}
\Psi_{\mathrm{I}}(x) &= A\mathrm{e}^{\mathrm{i}k_1x} + B\mathrm{e}^{-\mathrm{i}k_1x} \ , \ k_1 = \sqrt{\epsilon - U_0} = \sqrt{k_2^2 - U_0} \\
\Psi_{\mathrm{II}}(x) &= C\mathrm{e}^{\mathrm{i}k_2x} + D\mathrm{e}^{-\mathrm{i}k_2x} \ , \ k_2 = \sqrt{\epsilon} \\
\Psi_{\mathrm{III}}(x) &= E\mathrm{e}^{\mathrm{i}k_1x} \ ,
\end{aligned}\right\} \quad (3.25)$$

wobei sich die Konstanten aus den Stetigkeitsbedingungen

$$\begin{aligned}
A\mathrm{e}^{-\mathrm{i}k_1a} + B\mathrm{e}^{\mathrm{i}k_1a} &= C\mathrm{e}^{-\mathrm{i}k_2a} + D\mathrm{e}^{\mathrm{i}k_2a} \\
k_1\left(A\mathrm{e}^{-\mathrm{i}k_1a} - B\mathrm{e}^{\mathrm{i}k_1a}\right) &= k_2\left(C\mathrm{e}^{-\mathrm{i}k_2a} - D\mathrm{e}^{\mathrm{i}k_2a}\right) \\
C\mathrm{e}^{\mathrm{i}k_2a} + D\mathrm{e}^{-\mathrm{i}k_2a} &= E\mathrm{e}^{\mathrm{i}k_1a} \\
k_2\left(C\mathrm{e}^{\mathrm{i}k_2a} - D\mathrm{e}^{-\mathrm{i}k_2a}\right) &= k_1E\mathrm{e}^{\mathrm{i}k_1a}
\end{aligned}$$

ergeben. Nach einiger Rechnung erhält man für den Reflexions- und Transmissionskoeffizienten

$$\begin{aligned}
R &= \frac{(k_1^2 - k_2^2)^2 \sin^2 2k_2a}{4k_1^2k_2^2 + (k_1^2 - k_2^2)^2 \sin^2 2k_2a} \\
T &= \frac{4k_1^2k_2^2}{4k_1^2k_2^2 + (k_1^2 - k_2^2)^2 \sin^2 2k_2a} \ .
\end{aligned}$$

Wie im vorigen Beispiel gibt es auch hier für $\epsilon \gg U_0$ praktisch keine Reflexion. Ein interessanter Spezialfall ergibt sich für $\sin 2k_2a = 0$, also für

$$\epsilon = \left(\frac{n\pi}{2a}\right)^2 \ , \ n = 1, 2, \ldots \ ,$$

wo der Reflexionskoeffizient exakt verschwindet.

3.3.5 Harmonischer Oszillator

Manchmal ist es einfacher, ein quantenmechanisches Problem algebraisch, d.h. darstellungsunabhängig zu lösen. Ein Beispiel hierfür ist der harmonische Oszillator, dessen klassische Hamilton-Funktion gegeben ist durch

$$H(x,p) = \frac{p^2}{2m} + V(x) \ , \ V(x) = \frac{m\omega^2}{2}x^2 \ .$$

Die zugehörige darstellungsfreie Schrödinger-Gleichung lautet

$$\mathrm{i}\hbar\frac{\mathrm{d}}{\mathrm{d}t}\,|\,\psi(t)\rangle = H(\boldsymbol{X},\boldsymbol{P})\,|\,\psi(t)\rangle$$

$$H(\boldsymbol{X},\boldsymbol{P}) = \boldsymbol{H} = \frac{\boldsymbol{P}^2}{2m} + \frac{m\omega^2}{2}\boldsymbol{X}^2 .$$

Führt man nun die Operatoren

$$\boldsymbol{A} = \frac{1}{\sqrt{2\hbar}}\left(\sqrt{m\omega}\boldsymbol{X} + \frac{\mathrm{i}}{\sqrt{m\omega}}\boldsymbol{P}\right) \quad (\textit{Absteigeoperator})$$

$$\boldsymbol{A}^\dagger = \frac{1}{\sqrt{2\hbar}}\left(\sqrt{m\omega}\boldsymbol{X} - \frac{\mathrm{i}}{\sqrt{m\omega}}\boldsymbol{P}\right) \quad (\textit{Aufsteigeoperator})$$

ein, so gilt

$$\boldsymbol{H} = \hbar\omega\left(\boldsymbol{A}^\dagger\boldsymbol{A} + \frac{1}{2}\right)$$

und

$$[\boldsymbol{A},\boldsymbol{A}^\dagger] = \boldsymbol{1}\ ,\ [\boldsymbol{H},\boldsymbol{A}] = -\hbar\omega\boldsymbol{A}\ ,\ [\boldsymbol{H},\boldsymbol{A}^\dagger] = \hbar\omega\boldsymbol{A}^\dagger .$$

Die Berechnung des Spektrums des hermiteschen Hamilton-Operators $\boldsymbol{H}$ aus der Eigenwertgleichung

$$\boldsymbol{H}\,|\,n\rangle = E_n\,|\,n\rangle\ ,\ E_n = \hbar\omega\left(n + \frac{1}{2}\right)$$

ist offenbar äquivalent zur Bestimmung des Spektrums des ebenfalls hermiteschen Operators $\boldsymbol{N} = \boldsymbol{A}^\dagger\boldsymbol{A}$ aus der Gleichung

$$\boldsymbol{N}\,|\,n\rangle = n\,|\,n\rangle\ ,$$

wobei $\boldsymbol{N}$ den *Besetzungszahloperator* bezeichnet. Die Eigenvektoren und Eigenwerte des Operators $\boldsymbol{N}$ ergeben sich aus folgenden Betrachtungen:

- Aus obigen Kommutatorrelationen ergibt sich

$$\begin{aligned}\boldsymbol{N}\boldsymbol{A}\,|\,n\rangle &= \boldsymbol{A}(\boldsymbol{N}-1)\,|\,n\rangle = (n-1)\boldsymbol{A}\,|\,n\rangle\\ \boldsymbol{N}\boldsymbol{A}^\dagger\,|\,n\rangle &= \boldsymbol{A}^\dagger(\boldsymbol{N}+1)\,|\,n\rangle = (n+1)\boldsymbol{A}^\dagger\,|\,n\rangle\ .\end{aligned}$$

  Ist also $|\,n\rangle$ ein Eigenzustand von $\boldsymbol{N}$ zum Eigenwert n, dann sind $\boldsymbol{A}\,|\,n\rangle$ und $\boldsymbol{A}^\dagger\,|\,n\rangle$ Eigenzustände zu den Eigenwerten $n-1$ bzw. $n+1$. Mit Hilfe der Auf- und Absteigeoperatoren lassen sich somit die zu $|\,n\rangle$ benachbarten Zustände und Energien in auf- bzw. absteigender Richtung konstruieren, und man erhält auf diese Weise einen vollständigen diskreten Satz von Eigenzuständen mit den zugehörigen Energien.

- Sämtliche Energieeigenwerte sind positiv:

$$\begin{aligned} E_n &= \langle n|\,\boldsymbol{H}\,|n\rangle = \hbar\omega\left(\frac{1}{2}+\langle n|\,\boldsymbol{A}^\dagger\boldsymbol{A}\,|n\rangle\right) \\ &= \hbar\omega\left(\frac{1}{2}+\sum_m \langle n|\,\boldsymbol{A}^\dagger\,|m\rangle\,\langle m|\,\boldsymbol{A}\,|n\rangle\right) \\ &= \hbar\omega\left(\frac{1}{2}+\sum_m |\,\langle m|\,\boldsymbol{A}\,|n\rangle\,|^2\right) > 0\;. \end{aligned}$$

- Sei $|0\rangle$ der Zustand mit dem kleinsten Energieeigenwert $E_0 = \hbar\omega/2$ (*Nullpunktsenergie*), dann muß offensichtlich gelten:

$$\boldsymbol{A}\,|0\rangle = 0\;.$$

In der Ortsdarstellung ergibt sich hieraus die Differentialgleichung

$$\frac{1}{\sqrt{2\hbar}}\left(\sqrt{m\omega}x+\frac{\hbar}{\sqrt{m\omega}}\frac{\mathrm{d}}{\mathrm{d}x}\right)\Psi_0(x) = 0\;,$$

deren normierte Lösung durch

$$\Psi_0(x) = \frac{\sqrt{b}}{\pi^{1/4}}\mathrm{e}^{-\frac{b^2}{2}x^2}\;,\; b^2 = \frac{m\omega}{\hbar}$$

gegeben ist.

- Mit

$$\boldsymbol{A}^\dagger\,|n\rangle = \alpha_{n+1}\,|n+1\rangle\;,\;\boldsymbol{A}\,|n\rangle = \beta_{n-1}\,|n-1\rangle$$

finden wir für die Koeffizienten

$$\begin{aligned} |\alpha_{n+1}|^2 &= \langle n|\,\boldsymbol{A}\boldsymbol{A}^\dagger\,|n\rangle = \langle n|\,\boldsymbol{N}+1\,|n\rangle = n+1 \\ |\beta_{n-1}|^2 &= \langle n|\,\boldsymbol{A}^\dagger\boldsymbol{A}\,|n\rangle = \langle n|\,\boldsymbol{N}\,|n\rangle = n\;. \end{aligned}$$

Hierbei können etwaige Phasen vernachlässigt werden, so daß folgt:

$$|n+1\rangle = \frac{1}{\sqrt{n+1}}\boldsymbol{A}^\dagger\,|n\rangle\;,\;|n-1\rangle = \frac{1}{\sqrt{n}}\boldsymbol{A}\,|n\rangle\;.$$

Die Iteration der ersten Beziehung führt zu der Gleichung

$$|n\rangle = \frac{1}{\sqrt{n!}}(\boldsymbol{A}^\dagger)^n\,|0\rangle\;,\; n\in\mathbb{N}\,.$$

Diese geht im Ortsraum über in

$$\Psi_n(\hat{x}) = \frac{1}{\sqrt{2^n n!}}\left(\hat{x}-\frac{\mathrm{d}}{\mathrm{d}\hat{x}}\right)^n\Psi_0(\hat{x})\;,\;\hat{x} = \sqrt{\frac{m\omega}{\hbar}}x\;.$$

Zusammenfassung

- Eindimensionale Systeme sind aufgrund ihrer Einfachheit besonders geeignet, die wesentlichen Eigenschaften der Quantentheorie zu studieren. Es zeigt sich z.B., daß die Breite eines Teilchenwellenpaketes mit der Zeit zunimmt; das Wellenpaket „zerfließt".

- Läuft ein Teilchenwellenpaket auf eine Potentialstufe zu, dann hängt sein Verhalten in folgender Weise von seiner Energie ab: Ist seine Energie größer als das Potential, dann wird ein Teil des Wellenpaketes reflektiert (**Reflexionskoeffizient** R), während der andere transmittiert wird (**Transmissionskoeffizient** T). Ist dagegen die Energie des einlaufenden Wellenpaketes kleiner, dann findet keine Transmission statt ($T = 0$). Trotzdem dringt auch hier das Wellenpaket in den klassisch verbotenen Bereich ein. Im allgemeinen reicht es zur Berechnung von R und T aus, sich auf die **statischen Lösungen** mit ihren im ganzen Raum ausgedehnten Ortswellenfunktionen zu beschränken, da sie reale experimentelle Situationen (kleine Impulsunschärfe) gut approximieren.

- Beim Studium des Potentialkastens ergeben sich je nach Teilchenenergie zwei Klassen von Lösungen. Ist die Teilchenenergie größer als das Potential, dann erhält man ungebundene Zustände (**kontinuierliches Spektrum**), die wieder reflektierte und transmittierte Anteile enthalten. Ist die Teilchenenergie kleiner, dann ergeben sich nur für bestimmte Werte der Teilchenenergie gebundene Zustände (**diskretes Spektrum**).

- Der harmonische Oszillator ist ein Beispiel dafür, daß sich manche Probleme auch darstellungsfrei und somit sehr elegant lösen lassen.

Anwendungen

40. Potentialwall. Ein eindimensionales Teilchen der Masse m und der Energie E werde von $x = -\infty$ kommend auf den Potentialwall

$$V(x) = \left\{ \begin{array}{ll} V_0 \text{ für } -a \le x \le a \\ 0 \qquad \text{sonst} \end{array} \right\} \;,\; V_0 > 0$$

geschossen (Abb. 3.5). Man berechne den Transmissionskoeffizienten T für die beiden Fälle $0 \le E \le V_0$ und $E > V_0$.

Lösung. Die stationäre Schrödinger-Gleichung für das vorliegende Problem lautet

$$\frac{\mathrm{d}^2\Psi}{\mathrm{d}x^2} = [U(x) - \epsilon]\Psi(x) \;,\; U(x) = \frac{2mV(x)}{\hbar^2} \;,\; \epsilon = \frac{2mE}{\hbar^2}$$

und wird gelöst durch den Ansatz

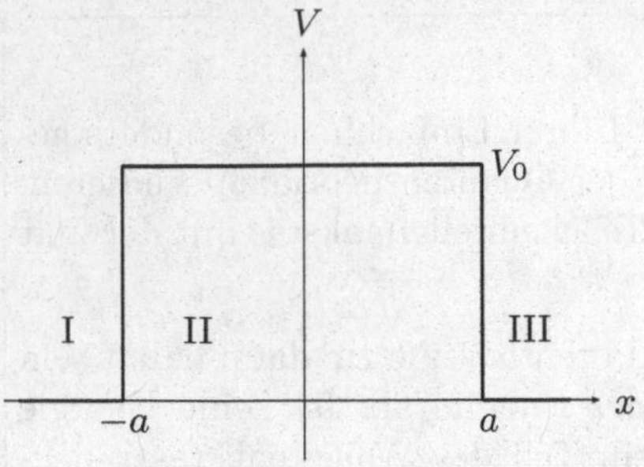

Abb. 3.5. Eindimensionaler Potentialwall

$$\begin{aligned}\Psi_{\mathrm{I}}(x) &= A\mathrm{e}^{\mathrm{i}\kappa_1 x} + B\mathrm{e}^{-\mathrm{i}\kappa_1 x} \ , \ \kappa_1 = \sqrt{\epsilon} \\ \Psi_{\mathrm{II}}(x) &= C\mathrm{e}^{\mathrm{i}\kappa_2 x} + D\mathrm{e}^{-\mathrm{i}\kappa_2 x} \ , \ \kappa_2 = \sqrt{\epsilon - U_0} \\ \Psi_{\mathrm{III}}(x) &= E\mathrm{e}^{\mathrm{i}\kappa_1 x} \ .\end{aligned}$$

Dieser ist formgleich zum Ansatz (3.25) für den ungebundenen Fall des Potentialkastens, wenn man dort die Ersetzung

$$k_1 \longrightarrow \kappa_1 \ , \ k_2 \longrightarrow \kappa_2$$

vornimmt. Wir können den dortigen Transmissionskoeffizienten unmittelbar übernehmen und erhalten:

1. Fall: $\epsilon \geq U_0$.

$$T = \frac{4\epsilon(\epsilon - U_0)}{4\epsilon(\epsilon - U_0) + U_0^2 \sin^2(2a\sqrt{\epsilon - U_0})} \ .$$

2. Fall: $0 \leq \epsilon < U_0$.

$$T = \frac{4\epsilon(U_0 - \epsilon)}{4\epsilon(U_0 - \epsilon) + U_0^2 \sinh^2(2a\sqrt{U_0 - \epsilon})} \ .$$

Beim ersten Fall nähert sich der Transmissionskoeffizient für $\epsilon \gg U_0$ der Eins. Für die speziellen Energiewerte

$$\epsilon = U_0 + \left(\frac{n\pi}{2a}\right)^2 \ , \ n = 1, 2, \ldots$$

ist T exakt gleich Eins, d.h. es findet keine Reflexion statt. Im zweiten Fall sinkt T bei vorgegebener Energie ϵ erwartungsgemäß mit wachsender Potentialhöhe U_0 und Potentialbreite a.

41. δ-Potential. Man betrachte ein eindimensionales Teilchen der Masse m und der Energie E, das von $x = -\infty$ kommend auf das δ-Potential

$$V(x) = V_0 \delta(x - x_0)$$

zuläuft. Wie lauten die Lösungen der zugehörigen Schrödinger-Gleichung? Man zeige, daß für $V_0 < 0$ genau ein gebundener Zustand existiert.

Lösung. Die Schrödinger-Gleichung lautet

$$\frac{\mathrm{d}^2\Psi}{\mathrm{d}x^2} = [U(x) - \epsilon]\Psi(x) \; , \; U(x) = U_0\delta(x - x_0) \; , \tag{3.26}$$

mit

$$U_0 = \frac{2mV_0}{\hbar^2} \; , \; \epsilon = \frac{2mE}{\hbar^2} \; .$$

Da wir es hier mit einer unendlichen Unstetigkeit an der Stelle x_0 zu tun haben, müssen die ersten Ableitungen der Wellenfunktionen der Bereiche I ($x < x_0$) und II ($x \geq x_0$) folgender Bedingung genügen, die sich aus (3.26) ergibt:

$$\begin{aligned}
\Psi'(x_0 + \delta) - \Psi'(x_0 - \delta) &= \int\limits_{x_0-\delta}^{x_0+\delta} \mathrm{d}x \frac{\mathrm{d}}{\mathrm{d}x}\Psi'(x) \\
&= U_0 \int\limits_{x_0-\delta}^{x_0+\delta} \mathrm{d}x\delta(x - x_0)\Psi(x) - \epsilon \int\limits_{x_0-\delta}^{x_0+\delta} \mathrm{d}x\Psi(x) \\
\Longrightarrow \Psi'(x_0 + \delta) - \Psi'(x_0 - \delta) &= U_0\Psi(x_0) \; .
\end{aligned}$$

Für $\epsilon \geq 0$ lautet der Lösungsansatz

$$\begin{aligned}
\Psi_{\mathrm{I}}(x) &= A\mathrm{e}^{\mathrm{i}kx} + B\mathrm{e}^{-\mathrm{i}kx} \; , \; k = \sqrt{\epsilon} \\
\Psi_{\mathrm{II}}(x) &= C\mathrm{e}^{\mathrm{i}kx} \; .
\end{aligned}$$

Die Konstanten ergeben sich aus den Stetigkeitsbedingungen

$$\begin{aligned}
A\mathrm{e}^{\mathrm{i}kx_0} + B\mathrm{e}^{-\mathrm{i}kx_0} &= C\mathrm{e}^{\mathrm{i}kx_0} \\
\mathrm{i}k(C\mathrm{e}^{\mathrm{i}kx_0} - A\mathrm{e}^{\mathrm{i}kx_0} + B\mathrm{e}^{-\mathrm{i}kx_0}) &= U_0C\mathrm{e}^{\mathrm{i}kx_0}
\end{aligned}$$

zu

$$B = A\frac{U_0\mathrm{e}^{2\mathrm{i}kx_0}}{2\mathrm{i}k - U_0} \; , \; C = A\frac{2\mathrm{i}k}{2\mathrm{i}k - U_0} \; ,$$

woraus für den Transmissions- und Reflexionskoeffizienten folgt:

$$T = \left|\frac{C}{A}\right|^2 = \frac{4k^2}{4k^2 + U_0^2} \; , \; R = 1 - T = \frac{U_0^2}{4k^2 + U_0^2} \; .$$

Ist $U_0 < 0$, dann sind auch gebundene Zustände ($\epsilon < 0$) denkbar. Hierfür lautet der physikalisch sinnvolle Ansatz

$$\begin{aligned}
\Psi_{\mathrm{I}}(x) &= A\mathrm{e}^{kx} \; , \; k = \sqrt{-\epsilon} \\
\Psi_{\mathrm{II}}(x) &= B\mathrm{e}^{-kx} \; .
\end{aligned}$$

Die zugehörigen Stetigkeitsbedingungen führen hier zu den Gleichungen

$$B = A\mathrm{e}^{2kx_0} \; , \; B = -A\frac{k\mathrm{e}^{2kx_0}}{U_0 + k} \; ,$$

die offensichtlich nur für $k = -U_0/2$ gleichzeitig lösbar sind. Das heißt es gibt nur einen einzigen gebundenen Zustand.

3.4 Quantenmechanische Drehimpulse

Viele dreidimensionale quantenmechanische Probleme sind zentralsymmetrisch und lassen sich daher am einfachsten in der polaren Ortsdarstellung lösen, in der die kartesischen Koordinaten durch Kugelkoordinaten ausgedrückt werden. Dabei spielt der Begriff des quantenmechanischen *Drehimpulses* eine überaus wichtige Rolle. Zur Vorbereitung auf folgende Abschnitte, die sich mit der dreidimensionalen Schrödinger-Gleichung beschäftigen, wollen wir nun den Drehimpuls etwas näher betrachten. Uns interessiert hierbei vor allem die Lösung des Eigenwertproblems sowie die Addition bzw. Kopplung von Drehimpulsoperatoren.

3.4.1 Allgemeine Eigenschaften

Der quantenmechanische Drehimpulsoperator ist seiner klassischen Definition entsprechend gegeben durch

$$\boldsymbol{L} = \boldsymbol{X} \times \boldsymbol{P}$$

und besitzt in der kartesischen Ortsdarstellung die Komponenten

$$\left.\begin{aligned} \boldsymbol{L}_x &= -\mathrm{i}\hbar\left(y\frac{\partial}{\partial z} - z\frac{\partial}{\partial y}\right) \\ \boldsymbol{L}_y &= -\mathrm{i}\hbar\left(z\frac{\partial}{\partial x} - x\frac{\partial}{\partial z}\right) \\ \boldsymbol{L}_z &= -\mathrm{i}\hbar\left(x\frac{\partial}{\partial y} - y\frac{\partial}{\partial x}\right) . \end{aligned}\right\} \tag{3.27}$$

Man erhält hieraus z.B. die Vertauschungsrelationen

$$[\boldsymbol{L}_x, \boldsymbol{L}_y] = \mathrm{i}\hbar\boldsymbol{L}_z\,,\ ,\ [\boldsymbol{L}_z, \boldsymbol{L}_x] = \mathrm{i}\hbar\boldsymbol{L}_y\,,\ ,\ [\boldsymbol{L}_y, \boldsymbol{L}_z] = \mathrm{i}\hbar\boldsymbol{L}_x$$

und allgemein

$$[\boldsymbol{L}_i, \boldsymbol{L}_j] = \mathrm{i}\hbar\epsilon_{ijk}\boldsymbol{L}_k\ .$$

Wie später gezeigt wird, gibt es neben $\boldsymbol{L}$ noch andere Operatoren, die ebenfalls diesen Vertauschungsrelationen genügen. Wir wollen deshalb den Drehimpuls-Begriff allgemeiner fassen und definieren:

Definition: Drehimpuls $\boldsymbol{J}$

Ein hermitescher Vektoroperator $\boldsymbol{J}$ heißt *Drehimpuls*, falls seine Komponenten der Kommutatoralgebra

$$[\boldsymbol{J}_i, \boldsymbol{J}_j] = \mathrm{i}\hbar\epsilon_{ijk}\boldsymbol{J}_k\ ,\ [\boldsymbol{J}_i, \boldsymbol{J}^2] = \boldsymbol{0} \tag{3.28}$$

genügen. Letztere Beziehung folgt dabei automatisch aus der ersten.

Dementsprechend ist der soeben eingeführte Drehimpuls $\boldsymbol{L}$ als ein Spezialfall anzusehen. Wir werden ihn im weiteren Verlauf mit *Bahndrehimpuls* bezeichnen.

Aufgrund der Hermitezität von $\boldsymbol{J}$ (und damit seiner Komponenten) gilt für das Normquadrat der Zustandsvektors $\boldsymbol{J}_i\,|\psi\rangle$

$$0 \leq \langle \psi \boldsymbol{J}_i |\, \boldsymbol{J}_i \psi\rangle = \left\langle \psi \right| \boldsymbol{J}_i^2 \left|\psi\right\rangle \ .$$

Das heißt die Operatoren $\boldsymbol{J}_i^2$ besitzen nur nichtnegative Eigenwerte und somit auch $\boldsymbol{J}^2$. Da die Drehimpulskomponenten $\boldsymbol{J}_i$ mit $\boldsymbol{J}^2$ vertauschen, existiert ein System von gemeinsamen Eigenvektoren von $\boldsymbol{J}^2$ und einem der Komponenten, z.B. $\boldsymbol{J}_z$. Ohne Beweis setzen wir voraus, daß dieses Basissystem vollständig ist (sonst wäre $\boldsymbol{J}$ keine Observable). Wir fassen nun die Lösung des Eigenwertproblems von $\boldsymbol{J}^2$ und $\boldsymbol{J}_z$ im folgenden Satz zusammen, der direkt im Anschluß bewiesen wird:

Satz 3.16: Eigenwertproblem des Drehimpulsoperators $\boldsymbol{J}$

Bezeichnen $|j,m\rangle$ die Vektoren der gemeinsamen Eigenbasis von $\boldsymbol{J}^2$ und $\boldsymbol{J}_z$, so können die zugehörigen Eigenwertgleichungen in der Form

$$\boldsymbol{J}^2\,|j,m\rangle = \hbar^2 j(j+1)\,|j,m\rangle \quad , \quad \boldsymbol{J}_z\,|j,m\rangle = \hbar m\,|j,m\rangle$$

geschrieben werden. Es gilt dann:

1. Die möglichen Werte für die Quantenzahl j von $\boldsymbol{J}^2$ sind

$$j = 0, \frac{1}{2}, 1, \frac{3}{2}, 2, \ldots \ .$$

2. Die möglichen Werte für die Quantenzahl m von $\boldsymbol{J}_z$ sind

$$m = -j, -j+1, \ldots, j-1, j \ .$$

Das heißt j ist $(2j+1)$-fach entartet.

3. Geht man davon aus, daß die Zustände $|j,j\rangle$ und $|j,-j\rangle$ auf Eins normiert sind (sie beschreiben die Zustände, deren Drehimpulse in bzw. gegen die z-Richtung orientiert sind), dann ergeben sich die normierten Zustände mit den Quantenzahlen (j,m) zu

$$\begin{aligned}|j,m\rangle &= \hbar^{m-j}\sqrt{\frac{(j+m)!}{(2j)!(j-m)!}}\boldsymbol{J}_-^{j-m}\,|j,j\rangle \\ &= \hbar^{-m-j}\sqrt{\frac{(j-m)!}{(2j)!(j+m)!}}\boldsymbol{J}_+^{j+m}\,|j,-j\rangle \ ,\end{aligned}$$

mit

$$\boldsymbol{J}_+ = \boldsymbol{J}_x + \mathrm{i}\boldsymbol{J}_y \ , \ \boldsymbol{J}_- = \boldsymbol{J}_+^\dagger = \boldsymbol{J}_x - \mathrm{i}\boldsymbol{J}_y \ .$$

Beweis.

Zu 2. Für die Operatoren $\boldsymbol{J}_+$ und $\boldsymbol{J}_-$ gelten die Relationen

$$[\boldsymbol{J}_z, \boldsymbol{J}_\pm] = \pm\hbar\boldsymbol{J}_\pm \ , \ [\boldsymbol{J}_+, \boldsymbol{J}_-] = 2\hbar\boldsymbol{J}_z \ , \ [\boldsymbol{J}^2, \boldsymbol{J}_\pm] = \boldsymbol{0}$$

und

$$\begin{aligned} \boldsymbol{J}^2 &= \frac{1}{2}(\boldsymbol{J}_+\boldsymbol{J}_- + \boldsymbol{J}_-\boldsymbol{J}_+) + \boldsymbol{J}_z^2 \\ \boldsymbol{J}_+\boldsymbol{J}_- &= \boldsymbol{J}^2 - \boldsymbol{J}_z^2 + \hbar\boldsymbol{J}_z \\ \boldsymbol{J}_-\boldsymbol{J}_+ &= \boldsymbol{J}^2 - \boldsymbol{J}_z^2 - \hbar\boldsymbol{J}_z \ . \end{aligned}$$

Somit folgt

$$\left.\begin{aligned} \langle j,m|\,\boldsymbol{J}_-\boldsymbol{J}_+\,|j,m\rangle &= \hbar^2(j-m)(j+m+1)\,\langle j,m|\,j,m\rangle \\ \langle j,m|\,\boldsymbol{J}_+\boldsymbol{J}_-\,|j,m\rangle &= \hbar^2(j+m)(j-m+1)\,\langle j,m|\,j,m\rangle \ . \end{aligned}\right\} \quad (3.29)$$

Diese Ausdrücke sind gerade das Normquadrat der Zustände $\boldsymbol{J}_+\,|j,m\rangle$ bzw. $\boldsymbol{J}_-\,|j,m\rangle$ und somit nichtnegativ. Hieraus ergibt sich für m die Beschränkung

$$-j \le m \le j \ . \quad (3.30)$$

Die Anwendung von $\boldsymbol{J}^2$ und $\boldsymbol{J}_z$ auf die Zustände $\boldsymbol{J}_+\,|j,m\rangle$ und $\boldsymbol{J}_-\,|j,m\rangle$ liefert

$$\begin{aligned} \boldsymbol{J}^2\boldsymbol{J}_+\,|j,m\rangle &= \boldsymbol{J}_+\boldsymbol{J}^2\,|j,m\rangle = \hbar^2 j(j+1)\boldsymbol{J}_+\,|j,m\rangle \\ \boldsymbol{J}_z\boldsymbol{J}_+\,|j,m\rangle &= (\boldsymbol{J}_+\boldsymbol{J}_z + \hbar\boldsymbol{J}_+)\,|j,m\rangle = \hbar(m+1)\boldsymbol{J}_+\,|j,m\rangle \end{aligned}$$

und

$$\begin{aligned} \boldsymbol{J}^2\boldsymbol{J}_-\,|j,m\rangle &= \hbar^2 j(j+1)\boldsymbol{J}_-\,|j,m\rangle \\ \boldsymbol{J}_z\boldsymbol{J}_-\,|j,m\rangle &= \hbar(m-1)\boldsymbol{J}_-\,|j,m\rangle \ . \end{aligned}$$

Ist also $|j,m\rangle$ Eigenzustand von $\boldsymbol{J}^2$ und $\boldsymbol{J}_z$ mit den Eigenwerten $\hbar^2 j(j+1)$ und $\hbar m$, dann sind $\boldsymbol{J}_\pm\,|j,m\rangle$ Eigenzustände mit den Eigenwerten $\hbar^2 j(j+1)$ und $\hbar(m \pm 1)$. $\boldsymbol{J}_+$ und $\boldsymbol{J}_-$ können also wie im Fall des harmonischen Oszillators (Unterabschn. 3.3.5) als Auf- und Absteigeoperatoren interpretiert werden, die durch Anwendung auf einen bekannten Zustand $|j,m\rangle$ alle weiteren, zur Quantenzahl j gehörenden Zustände $|j,-j\rangle\,, |j,-j+1\rangle\,,\ldots,$ $|j,j-1\rangle\,, |j,j\rangle$ liefern, wobei die Beschränkung (3.30) zu den Bedingungen

$$\boldsymbol{J}_+\,|j,j\rangle = 0 \ , \ \boldsymbol{J}_-\,|j,-j\rangle = 0$$

führt.

Zu 1. Die möglichen Werte von j ergeben sich durch folgende Überlegung: Die p-fache Anwendung von $\boldsymbol{J}_+$ auf $|j,m\rangle$ liefert den Zustand $|j,j\rangle$, d.h. $m+p=j$, während die q-fache Anwendung von $\boldsymbol{J}_-$ auf $|j,m\rangle$ zum Zustand $|j,-j\rangle$ führt, also $m-q=-j$. Hieraus folgt, daß die Summe der nichtnegativen ganzen Zahlen p und q, also

$$p + q = j - m + j + m = 2j$$

ebenfalls nichtnegativ und ganz ist, woraus sich die in 1. genannte Beschränkung ergibt.

Zu 3. Aus (3.29) ergibt sich

$$\left.\begin{aligned} \boldsymbol{J}_+ \left|j,m\right\rangle &= \hbar\sqrt{(j-m)(j+m+1)}\left|j,m+1\right\rangle \\ \boldsymbol{J}_- \left|j,m\right\rangle &= \hbar\sqrt{(j+m)(j-m+1)}\left|j,m-1\right\rangle \ . \end{aligned}\right\} \quad (3.31)$$

Durch Iteration dieser Beziehungen folgt die 3. Behauptung.

3.4.2 Bahndrehimpuls

Ausgehend von den vorherigen Betrachtungen wird nun das Eigenwertproblem des eingangs eingeführten Bahndrehimpulsoperators $\boldsymbol{L}$ in der polaren Ortsdarstellung behandelt. Unter Einführung von Kugelkoordinaten r, φ, θ,

$$x = r\cos\varphi\sin\theta \ , \ y = r\sin\varphi\sin\theta \ , \ z = r\cos\theta \ ,$$

erhält man aus den Gleichungen (3.27) nach einiger Rechnung für die Komponenten von $\boldsymbol{L}$

$$\begin{aligned} \boldsymbol{L}_x &= \mathrm{i}\hbar\left(\sin\varphi\frac{\partial}{\partial\theta} + \cos\varphi\cot\theta\frac{\partial}{\partial\varphi}\right) \\ \boldsymbol{L}_y &= \mathrm{i}\hbar\left(-\cos\varphi\frac{\partial}{\partial\theta} + \sin\varphi\cot\theta\frac{\partial}{\partial\varphi}\right) \\ \boldsymbol{L}_z &= -\mathrm{i}\hbar\frac{\partial}{\partial\varphi} \ . \end{aligned}$$

Hieraus ergibt sich

$$\begin{aligned} \boldsymbol{L}^2 &= -\hbar^2\left(\frac{1}{\sin\theta}\frac{\partial}{\partial\theta}\sin\theta\frac{\partial}{\partial\theta} + \frac{1}{\sin^2\theta}\frac{\partial^2}{\partial\varphi^2}\right) \\ \boldsymbol{L}_\pm &= \boldsymbol{L}_x \pm \mathrm{i}\boldsymbol{L}_y = \hbar\mathrm{e}^{\pm\mathrm{i}\varphi}\left(\pm\frac{\partial}{\partial\theta} + \mathrm{i}\cot\theta\frac{\partial}{\partial\varphi}\right) \ . \end{aligned} \quad (3.32)$$

Aufgrund der Bedeutung des Bahndrehimpulses wollen wir auch hier die Ergebnisse des Eigenwertproblems von $\boldsymbol{L}^2$ und $\boldsymbol{L}_z$ in übersichtlicher Form voranstellen und anschließend begründen:

Satz 3.17: Eigenwertproblem des Bahndrehimpulses $\boldsymbol{L}$ in der polaren Ortsdarstellung

Die Lösungen des Eigenwertproblems

$$\begin{aligned} \boldsymbol{L}^2 Y_{l,m}(\theta,\varphi) &= \hbar^2 l(l+1) Y_{l,m}(\theta,\varphi) \\ \boldsymbol{L}_z Y_{l,m}(\theta,\varphi) &= \hbar m Y_{l,m}(\theta,\varphi) \end{aligned}$$

▷

sind die *Kugelflächenfunktionen*

$$Y_{l,m}(\theta,\varphi) = \frac{(-1)^l}{2^l l!}\sqrt{\frac{(2l+1)!}{4\pi}}\sqrt{\frac{(l+m)!}{(2l)!(l-m)!}}$$
$$\times e^{im\varphi}\sin^{-m}\theta \frac{d^{l-m}}{d(\cos\theta)^{l-m}}\sin^{2l}\theta \ .$$

Sie bilden ein vollständiges Orthonormalsystem von quadratintegrablen Funktionen auf der Einheitskugel,

$$\int Y^*_{l,m}(\theta,\varphi)Y_{l',m'}(\theta,\varphi)d\Omega = \delta_{ll'}\delta_{mm'} \ ,$$

wobei das im Skalarprodukt auftretende Integrationsmaß das Kugelflächenelement

$$d\Omega = d\varphi \sin\theta d\theta$$

bezeichnet. Die Quantenzahlen l (*Orbitalquantenzahl*) und m (*magnetische Quantenzahl*) sind auf die ganzzahligen Werte

$$l = 0, 1, 2, \ldots \ , \ m = -l, \ldots, l$$

beschränkt.

Beweis. Wegen der Gestalt von $\boldsymbol{L}_z$ ist $Y_{l,m}$ notwendigerweise von der Form

$$Y_{l,m}(\theta,\varphi) = f_{l,m}(\theta)e^{im\varphi} \ ,$$

wobei m und damit auch l ganzzahlig sein müssen, um Eindeutigkeit von $Y_{l,m}(\theta,\varphi)$ gegenüber der Ersetzung $\varphi \to \varphi + 2\pi$ zu gewährleisten. Für die Eigenfunktion mit der größten m-Quantenzahl $m = l$ muß offensichtlich gelten:

$$\boldsymbol{L}_+ Y_{l,l}(\theta,\varphi) = 0 \ ,$$

woraus sich unter Verwendung von (3.32) die Differentialgleichung

$$\left(\frac{\partial}{\partial\theta} - l\cot\theta\right) f_{l,l}(\theta) = 0$$

ergibt. Ihre Lösung ist gegeben durch

$$f_{l,l}(\theta) = c_l \sin^l\theta \ .$$

Der Betrag der Konstante c_l folgt aus der Normierungsbedingung

$$1 = \int\limits_0^{2\pi} d\varphi \int\limits_0^{\pi} d\theta \sin\theta Y^*_{l,l}(\theta,\varphi)Y_{l,l}(\theta,\varphi) = 2\pi|c_l|^2 \int\limits_0^{\pi} d\theta \sin^{2l+1}\theta$$

$$\Longrightarrow |c_l| = \frac{1}{\sqrt{4\pi}}\frac{\sqrt{(2l+1)!}}{2^l l!} \ .$$

Alle weiteren, zur Orbitalquantenzahl l gehörenden Eigenfunktionen ergeben sich nach Satz 3.16 zu

$$Y_{l,m}(\theta,\varphi) = \hbar^{m-l}\sqrt{\frac{(l+m)!}{(2l)!(l-m)!}}\boldsymbol{L}_-^{l-m}Y_{l,l}(\theta,\varphi) ,$$

und man erhält nach Ausführen der Rechnungen die in Satz 3.17 angegebenen Kugelflächenfunktionen, wenn die Phase von c_l konventionsgemäß so gewählt wird, daß

$$\frac{c_l}{|c_l|} = (-1)^l .$$

Einige Eigenschaften der Kugelflächenfunktionen, sind in Abschn. A.6 angegeben.

3.4.3 Spin

Wie in Unterabschn. 3.6.3 dargelegt wird, ist es notwendig, den meisten quantenmechanischen Teilchen einen neuen Freiheitsgrad zuzuordnen, den sog. *Spin*. Da er kein klassisches Gegenstück besitzt, ist es nicht möglich, seine Form aus dem dritten quantenmechanischen Postulat abzuleiten. Vielmehr geschieht seine Einführung rein intuitiv und durch experimentelle Erfahrung. Es zeigt sich, daß der Spin als ein intrinsischer Drehimpuls (Eigendrehung) eines Teilchens aufgefaßt werden kann und als solcher ebenfalls der Drehimpulsalgebra (3.28) genügt. Darüber hinaus ist er von allen anderen Freiheitsgraden eines Teilchens entkoppelt; der Spin kommutiert mit allen anderen dynamischen Größen.

Wir beschränken uns im folgenden auf die Diskussion des Eigenwertproblems eines Elektronspinoperators $\boldsymbol{S}$, dessen Quantenzahlen s und m_s auf die Werte $s = 1/2$, $m_s = \pm 1/2$ festgelegt sind. Die entsprechenden Folgerungen für Spins anderer Teilchen mit größeren Quantenzahlen lassen sich problemlos hieraus ableiten (siehe Anwendung 42). Der Elektronspinoperator besitzt genau zwei Basiszustände, die zu den Quantenzahlen $(s = 1/2, m_s = 1/2)$ und $(s = 1/2, m_s = -1/2)$ gehören. Der Einfachheit halber bezeichnen wir sie mit $|+\rangle$ (Spin oben) und $|-\rangle$ (Spin unten):

$$\left|\frac{1}{2},\frac{1}{2}\right\rangle = |+\rangle \ , \ \left|\frac{1}{2},-\frac{1}{2}\right\rangle = |-\rangle \ .$$

Sie erfüllen per definitionem die Eigenwertgleichungen

$$\boldsymbol{S}^2\,|\pm\rangle = \frac{3\hbar^2}{4}\,|\pm\rangle \ , \ \boldsymbol{S}_z\,|\pm\rangle = \pm\frac{\hbar}{2}\,|\pm\rangle \ .$$

Geht man zur Matrixdarstellung über, in der die Spinzustände $|+\rangle$ und $|-\rangle$ durch die Spaltenvektoren (*Spinoren*)

$$\chi(+) = \begin{pmatrix}1\\0\end{pmatrix} , \ \chi(-) = \begin{pmatrix}0\\1\end{pmatrix}$$

repräsentiert werden, so sind die beschreibenden Matrizen von $\boldsymbol{S}^2$ und $\boldsymbol{S}_z$ gegeben durch

$$\boldsymbol{S}^2 = \frac{3\hbar^2}{4}\boldsymbol{I} \; , \; \boldsymbol{S}_z = \frac{\hbar}{2}\begin{pmatrix} 1 & 0 \\ 0 & -1 \end{pmatrix} \; ,$$

wobei $\boldsymbol{I}$ die 2×2-Einheitsmatrix bezeichnet. Die Komponenten $\boldsymbol{S}_x$ und $\boldsymbol{S}_y$ ergeben sich aus den Auf- und Absteigeoperatoren $\boldsymbol{S}_\pm$, die nach (3.31) in folgender Weise auf die Basiszustände wirken:

$$\boldsymbol{S}_+\chi(+) = 0 \; , \; \boldsymbol{S}_+\chi(-) = \hbar\chi(+) \Longrightarrow \boldsymbol{S}_+ = \hbar\begin{pmatrix} 0 & 1 \\ 0 & 0 \end{pmatrix}$$

$$\boldsymbol{S}_-\chi(+) = \hbar\chi(-) \; , \; \boldsymbol{S}_-\chi(-) = 0 \Longrightarrow \boldsymbol{S}_- = \hbar\begin{pmatrix} 0 & 0 \\ 1 & 0 \end{pmatrix} \; .$$

Hieraus folgt

$$\boldsymbol{S}_x = \frac{1}{2}(\boldsymbol{S}_+ + \boldsymbol{S}_-) = \frac{\hbar}{2}\begin{pmatrix} 0 & 1 \\ 1 & 0 \end{pmatrix} \; , \; \boldsymbol{S}_y = \frac{1}{2\mathrm{i}}(\boldsymbol{S}_+ - \boldsymbol{S}_-) = \frac{\hbar}{2}\begin{pmatrix} 0 & -\mathrm{i} \\ \mathrm{i} & 0 \end{pmatrix} \; .$$

In der Matrixdarstellung ist es üblich, den Elektronspinoperator in der Weise

$$\boldsymbol{S} = \frac{\hbar}{2}\boldsymbol{\sigma}$$

zu schreiben, wobei sich $\boldsymbol{\sigma}$ aus den *Pauli-Matrizen* zusammensetzt:

$$\boldsymbol{\sigma}_x = \begin{pmatrix} 0 & 1 \\ 1 & 0 \end{pmatrix} \; , \; \boldsymbol{\sigma}_y = \begin{pmatrix} 0 & -\mathrm{i} \\ \mathrm{i} & 0 \end{pmatrix} \; , \; \boldsymbol{\sigma}_z = \begin{pmatrix} 1 & 0 \\ 0 & -1 \end{pmatrix} \; .$$

Einige ihrer Eigenschaften sind

$$[\boldsymbol{\sigma}_i, \boldsymbol{\sigma}_j] = 2\mathrm{i}\epsilon_{ijk}\boldsymbol{\sigma}_k \; , \; \{\boldsymbol{\sigma}_i, \boldsymbol{\sigma}_j\} = 2\boldsymbol{I}\delta_{ij} \; , \; \boldsymbol{\sigma}_i^2 = \boldsymbol{I} \; .$$

3.4.4 Addition von Drehimpulsen

Als nächstes betrachten wir das Eigenwertproblem einer Summe von zwei Drehimpulsoperatoren

$$\boldsymbol{J} = \boldsymbol{J}_1 + \boldsymbol{J}_2 \; , \; \boldsymbol{J}_z = \boldsymbol{J}_{1z} + \boldsymbol{J}_{2z} \; ,$$

wobei $\boldsymbol{J}_1$ bzw. $\boldsymbol{J}_2$ den Drehimpuls des Systems 1 bzw. 2 bedeuten, aus denen das gesamte zu untersuchende System bestehe. Die gemeinsame Eigenbasis der simultan kommutierenden Operatoren $\boldsymbol{J}_1^2, \boldsymbol{J}_{1z}, \boldsymbol{J}_2^2, \boldsymbol{J}_{2z}$ setzt sich aus den tensoriellen Produkten der Eigenzustände von $\boldsymbol{J}_1^2, \boldsymbol{J}_{1z}$ und $\boldsymbol{J}_2^2, \boldsymbol{J}_{2z}$ zusammen:

$$|j_1 m_1\rangle \otimes |j_2, m_2\rangle = |j_1, m_1; j_2, m_2\rangle \; .$$

Andererseits bilden die Operatoren $\boldsymbol{J}_1^2, \boldsymbol{J}_2^2, \boldsymbol{J}^2, \boldsymbol{J}_z$ ebenfalls einen vollständigen Satz kommutierender Observablen, so daß man eine Eigenbasis dieser Operatoren konstruieren kann, deren Elemente wir mit $|j_1, j_2, J, M\rangle$ bezeichnen.[9] Sie erfüllen die Eigenwertgleichungen

[9] Man beachte das Semikolon in den Produktbasiszuständen. Dies erleichtert die Unterscheidung zwischen der Produktbasis und der Gesamtdrehimpulsbasis.

$$\begin{aligned}
\boldsymbol{J}_1^2 \,|\, j_1, j_2, J, M\rangle &= \hbar^2 j_1(j_1+1) \,|\, j_1, j_2, J, M\rangle \\
\boldsymbol{J}_2^2 \,|\, j_1, j_2, J, M\rangle &= \hbar^2 j_2(j_2+1) \,|\, j_1, j_2, J, M\rangle \\
\boldsymbol{J}^2 \,|\, j_1, j_2, J, M\rangle &= \hbar^2 J(J+1) \,|\, j_1, j_2, J, M\rangle \\
\boldsymbol{J}_z \,|\, j_1, j_2, J, M\rangle &= \hbar M \,|\, j_1, j_2, J, M\rangle \ , \ M = m_1 + m_2 \ .
\end{aligned}$$

Aus den Überlegungen des letzten Unterabschnittes schließen wir, daß bei gegebenem j_1 und j_2 die Quantenzahl J nur die Werte

$$J = |j_1 - j_2|, \ldots, j_1 + j_2 - 1, j_1 + j_2$$

annehmen kann, während M auf die Werte

$$M = m_1 + m_2 = -J, \ldots, J-1, J$$

beschränkt ist. Dies wird durch folgende Dimensionsbetrachtung unterstützt: Die Anzahl der Eigenproduktzustände beträgt $(2j_1+1)(2j_2+1)$, und sie ist gleich der Zahl der Eigenzustände zum Gesamtdrehimpuls:[10]

$$\sum_{J=j_1-j_2}^{j_1+j_2} (2J+1) = \sum_{n=0}^{2j_2} [2(j_1 - j_2 + n) + 1] = (2j_1+1)(2j_2+1) \ .$$

Die Vollständigkeit der Produktbasis erlaubt eine Entwicklung der Gesamtdrehimpulseigenzustände nach diesen:

$$|\, j_1, j_2, J, M\rangle = \sum_{m_1, m_2} |\, j_1, m_1; j_2, m_2\rangle \, \langle j_1, m_1; j_2, m_2 |\, j_1, j_2, J, M\rangle \ . \quad (3.33)$$

Die Entwicklungskoeffizienten

$$\langle j_1, m_1; j_2, m_2 |\, j_1, j_2, J, M\rangle = \langle j_1, m_1; j_2, m_2 |\, J, M\rangle$$

sind die *Clebsch-Gordan-(CG-)Koeffizienten* oder *Vektoradditionskoeffizienten.*[11] Einige ihrer Eigenschaften sind:

1. $\langle j_1, m_1; j_2, m_2 |\, J, M\rangle \neq 0 \Longrightarrow |j_1 - j_2| \leq J \leq j_1 + j_2$.
2. $\langle j_1, m_1; j_2, m_2 |\, J, M\rangle \neq 0 \Longrightarrow M = m_1 + m_2$.
3. Die CG-Koeffizienten sind konventionsgemäß reell.
4. $\langle j_1, m_1; j_2, m_2 |\, J, J\rangle$ ist konventionsgemäß positiv.
5. $\langle j_1, m_1; j_2, m_2 |\, J, M\rangle = (-1)^{j_1+j_2-J} \langle j_1, -m_1; j_2, -m_2 |\, J, -M\rangle$.
6. Als die Koeffizienten einer unitären Transformation genügen die CG-Koeffizienten den Orthogonalitätsrelationen

$$\sum_{m_1, m_2} \langle j_1, m_1; j_2, m_2 |\, J, M\rangle \, \langle j_1, m_1; j_2, m_2 |\, J', M'\rangle = \delta_{JJ'} \delta_{MM'}$$

[10] Ohne Beschränkung der Allgemeinheit nehmen wir hier an, daß $j_1 \geq j_2$.

[11] Da die Indizes j_1 und j_2 im Bravektor auftreten, können sie im Ketvektor unterdrückt werden.

$$\sum_{J,M} \langle j_1, m_1; j_2, m_2 | J, M \rangle \langle j_1, m_1', j_2, m_2' | J, M \rangle = \delta_{m_1 m_1'} \delta_{m_2 m_2'} \ .$$

Die explizite Berechnung der CG-Koeffizienten ist i.a. sehr aufwendig. In einigen einfachen Fällen läßt sich jedoch die Linearkombination (3.33) direkt bestimmen (siehe nächster Unterabschnitt). Hierzu beachte man, daß der Zustand mit den Quantenzahlen $J = j_1 + j_2$, $M = J$ gegeben ist durch

$$|j_1, j_2, j_1 + j_2, j_1 + j_2\rangle = |j_1, j_1; j_2, j_2\rangle \ ,$$

denn unter Verwendung von

$$\boldsymbol{J}^2 = \boldsymbol{J}_1^2 + \boldsymbol{J}_2^2 + 2\boldsymbol{J}_{1z}\boldsymbol{J}_{2z} + \boldsymbol{J}_{1+}\boldsymbol{J}_{2-} + \boldsymbol{J}_{1-}\boldsymbol{J}_{2+}$$

gilt

$$\begin{aligned}
\boldsymbol{J}^2 |j_1, j_2, J, J\rangle &= \hbar^2(j_1(j_1+1) + j_2(j_2+1) + 2j_1 j_2) |j_1, j_1; j_2, j_2\rangle \\
&= \hbar^2 J(J+1) |j_1, j_2, J, J\rangle
\end{aligned}$$

und

$$\boldsymbol{J}_z |j_1, j_2, J, J\rangle = \hbar(j_1 + j_2) |j_1, j_1; j_2, j_2\rangle = \hbar J |j_1, j_2, J, J\rangle \ .$$

Durch Anwendung des Absteigeoperators $\boldsymbol{J}_- = \boldsymbol{J}_{1-} + \boldsymbol{J}_{2-}$ erhält man die übrigen Zustände $|j_1, j_2, J, J-1\rangle, \ldots, |j_1, j_2, J, -J\rangle$. Der Zustand $|j_1, j_2, j_1 + j_2 - 1, j_1 + j_2 - 1\rangle$ ergibt sich nun eindeutig aus seiner Orthogonalität zu $|j_1, j_2, j_1 + j_2, j_1 + j_2 - 1\rangle$ zusammen mit obiger CG-Phasenbedingung unter Punkt 4. Hieraus lassen sich mit Hilfe von $\boldsymbol{J}_-$ wieder alle übrigen Zustände mit $J = j_1 + j_2 - 1$ konstruieren usw.

Satz 3.18: Addition von Drehimpulsen

Seien $\boldsymbol{J}_1$ und $\boldsymbol{J}_2$ zwei Drehimpulsoperatoren eines Teilchens, $\boldsymbol{J} = \boldsymbol{J}_1 + \boldsymbol{J}_2$ und $\boldsymbol{J}_z = \boldsymbol{J}_{1z} + \boldsymbol{J}_{2z}$ der Gesamtdrehimpuls bzw. dessen z-Komponente. Dann besitzen die Operatoren $\boldsymbol{J}_1^2, \boldsymbol{J}_2^2, \boldsymbol{J}^2, \boldsymbol{J}_z$ ein gemeinsames vollständiges Basissystem. Seine Elemente $|j_1, j_2, J, M\rangle$ lassen sich nach den vollständigen Produktbasiszuständen $|j_1, m_1; j_2, m_2\rangle$ von $\boldsymbol{J}_1^2, \boldsymbol{J}_{1z}$ und $\boldsymbol{J}_2^2, \boldsymbol{J}_{2z}$ in der Weise

$$|j_1, j_2, J, M\rangle = \sum_{m_1, m_2} |j_1, m_1; j_2, m_2\rangle \underbrace{\langle j_1, m_1; j_2, m_2 | J, M\rangle}_{\text{CG-Koeffizienten}}$$

entwickeln. Bei gegebenem j_1 und j_2 sind die Gesamtdrehimpulsquantenzahlen auf die Werte

$$J = |j_1 - j_2|, \ldots, j_1 + j_2 \ , \ M = m_1 + m_2 = -J, \ldots, J$$

beschränkt.

3.4.5 Spin-Bahn- und Spin-Spin-Kopplung

Zwei nützliche Anwendungsbeispiele zur Addition von Drehimpulsen, die wir im folgenden besprechen, sind die Kopplung des Bahndrehimpulses mit dem Elektronspin sowie die Kopplung zweier Elektronspins. Wir werden auf sie u.a. bei der Diskussion des realen Wasserstoffatoms in den Unterabschnitten 3.7.3 bis 3.7.5 zurückgreifen.

Spin-Bahn-Kopplung. Man betrachte das Eigenwertproblem des Gesamtdrehimpulses

$$\boldsymbol{J} = \boldsymbol{L} + \boldsymbol{S} \ , \ \boldsymbol{J}_z = \boldsymbol{L}_z + \boldsymbol{S}_z \ ,$$

der sich aus dem Bahndrehimpuls $\boldsymbol{L}$ und dem Elektronspin $\boldsymbol{S}$ eines Teilchens zusammensetzt. Die Quantenzahlen von $\boldsymbol{L}$, $\boldsymbol{S}$ und $\boldsymbol{J}$ seien durch (l, m), $(s = 1/2, m_s = \pm 1/2)$ und (J, M) gegeben. Offensichtlich gibt es zu jedem $l > 0$ nur zwei mögliche Werte für J, nämlich $J = l \pm 1/2$. Da m_s nur die Werte $\pm 1/2$ annehmen kann, setzt sich jeder Vektor der Gesamtdrehimpulsbasis aus genau zwei Produktbasisvektoren zusammen. Sie lauten unter Verwendung der Spinbasis-Notation $\left|\frac{1}{2}, \pm\frac{1}{2}\right\rangle = |\pm\rangle$

$$\begin{aligned}
\left| l, \frac{1}{2}, l + \frac{1}{2}, M \right\rangle &= \alpha \left| l, M - \frac{1}{2}; + \right\rangle + \beta \left| l, M + \frac{1}{2}; - \right\rangle \\
\left| l, \frac{1}{2}, l - \frac{1}{2}, M \right\rangle &= \alpha' \left| l, M - \frac{1}{2}; + \right\rangle + \beta' \left| l, M + \frac{1}{2}; - \right\rangle ,
\end{aligned}$$

wobei M halbzahlig ist. Die Orthonormalitätsbedingungen dieser Zustände liefern drei Bestimmungsgleichungen für die Entwicklungskoeffizienten:

$$\begin{aligned}
\alpha^2 + \beta^2 &= 1 \\
\alpha'^2 + \beta'^2 &= 1 \\
\alpha\alpha' + \beta\beta' &= 0 \ .
\end{aligned}$$

Eine 4. Bedingung ergibt sich z.B. aus

$$\boldsymbol{J}^2 \left| l, \frac{1}{2}, l + \frac{1}{2}, M \right\rangle = \hbar^2 \left(l + \frac{1}{2} \right) \left(l + \frac{3}{2} \right) \left| l, \frac{1}{2}, l + \frac{1}{2}, M \right\rangle$$

zu

$$\frac{\beta}{\alpha} = \sqrt{\frac{l + \frac{1}{2} - M}{l + \frac{1}{2} + M}} ,$$

wobei

$$\boldsymbol{J}^2 = \boldsymbol{L}^2 + \boldsymbol{S}^2 + 2\boldsymbol{L}_z\boldsymbol{S}_z + \boldsymbol{L}_+\boldsymbol{S}_- + \boldsymbol{L}_-\boldsymbol{S}_+ \ .$$

Unter Berücksichtigung der CG-Phasenkonventionen folgt schließlich

$$
\begin{aligned}
\left|l,\frac{1}{2},l\pm\frac{1}{2},M\right\rangle = \frac{1}{\sqrt{2l+1}}\Bigg(&\pm\sqrt{l+\frac{1}{2}\pm M}\left|l,M-\frac{1}{2};+\right\rangle \\
&+\sqrt{l+\frac{1}{2}\mp M}\left|l,M+\frac{1}{2};-\right\rangle\Bigg) . \qquad (3.34)
\end{aligned}
$$

Diese Gleichung ist auch für $l = 0 \Longrightarrow J = 1/2$ richtig. Man hat dann

$$
\left|0,\frac{1}{2},\frac{1}{2},\frac{1}{2}\right\rangle = |0,0;+\rangle \ , \ \left|0,\frac{1}{2},\frac{1}{2},-\frac{1}{2}\right\rangle = |0,0;-\rangle \ .
$$

Spin-Spin-Kopplung. Die Situation wird noch einfacher, wenn man sich auf den Gesamtspin

$$
\boldsymbol{S} = \boldsymbol{S}_1 + \boldsymbol{S}_2 \ , \ \boldsymbol{S}_z = \boldsymbol{S}_{1z} + \boldsymbol{S}_{2z}
$$

zweier Elektronspins $\boldsymbol{S}_1$ und $\boldsymbol{S}_2$ ($s_{1,2} = 1/2, m_{1,2} = \pm 1/2$) beschränkt. Für die Gesamtdrehimpulsquantenzahlen S und M gibt es offensichtlich nur die Möglichkeiten

$$
S = 0 \Longrightarrow M = 0 \quad \text{oder} \quad S = 1 \Longrightarrow M = -1, 0, 1 \ ,
$$

und man erhält folgende Entwicklung der Gesamtspinbasis nach den Produktspinzuständen:

$$
\begin{aligned}
\left|\frac{1}{2},\frac{1}{2},1,1\right\rangle &= |+;+\rangle \\
\left|\frac{1}{2},\frac{1}{2},1,0\right\rangle &= \frac{1}{\sqrt{2}}\left(|+;-\rangle + |-;+\rangle\right) \\
\left|\frac{1}{2},\frac{1}{2},1,-1\right\rangle &= |-;-\rangle \\
\left|\frac{1}{2},\frac{1}{2},0,0\right\rangle &= \frac{1}{\sqrt{2}}\left(|+;-\rangle - |-;+\rangle\right) .
\end{aligned}
$$

Zusammenfassung

- Hermitesche Operatoren $\boldsymbol{J}$, die einer bestimmten Kommutatoralgebra genügen, nennt man **Drehimpulse**. Zu $\boldsymbol{J}^2$ und $\boldsymbol{J}_z$ existiert ein gemeinsames Eigenbasissystem $|j,m\rangle$, mit $j = 0,\ 1/2,\ 1,\ 3/2,\ \ldots$ und $m = -j, -j+1, \ldots, j-1, j$.

- Ein spezieller Drehimpuls ist der **Bahndrehimpuls** $\boldsymbol{L}$. In der Ortsdarstellung sind die Eigenzustände $|l,m\rangle$ von $\boldsymbol{L}^2$ und $\boldsymbol{L}_z$ durch die **Kugelflächenfunktionen** $Y_{l,m}$, l ganzzahlig, gegeben. Der **Elektronspin** $\boldsymbol{S}$ ist ein weiterer Drehimpuls mit nur zwei Einstellungen: $s = 1/2$, $m_s = \pm 1/2$. In der Matrixdarstellung werden die Eigenzustände von $\boldsymbol{S}^2$ und $\boldsymbol{S}_z$ durch **Spinoren** beschrieben.

▷

- Bei der Addition zweier Drehimpulse, $\boldsymbol{J} = \boldsymbol{J}_1 + \boldsymbol{J}_2$, setzt sich eine Basis aus den tensoriellen Produkten der Eigenzustände von $\boldsymbol{J}_1^2, \boldsymbol{J}_{1z}$ und $\boldsymbol{J}_2^2, \boldsymbol{J}_{2z}$ zusammen. Eine andere Basis (**Gesamtdrehimpulsbasis**) bilden die Eigenzustände von $\boldsymbol{J}_1^2, \boldsymbol{J}_2^2, \boldsymbol{J}^2, \boldsymbol{J}_z^2$. Beide Basen sind über eine unitäre Transformation (**Clebsch-Gordan-Koeffizienten**) miteinander verbunden. Die Quantenzahlen J, M von $\boldsymbol{J}^2$ und $\boldsymbol{J}_z$ sind auf die Werte $J = |j_1 - j_2|, \ldots, j_1 + j_2$, $M = m_1 + m_2 = -J, \ldots, J$ festgelegt.

Anwendungen

42. Spin-1-Algebra. Wie lauten die Komponenten eines s=1-Spinoperators $\boldsymbol{S}$ in der Matrixdarstellung, wenn seine Eigenzustande $|1,1\rangle$, $|1,0\rangle$ und $|1,-1\rangle$ durch die Vektoren

$$\chi(+) = \begin{pmatrix} 1 \\ 0 \\ 0 \end{pmatrix} , \ \chi(0) = \begin{pmatrix} 0 \\ 1 \\ 0 \end{pmatrix} \quad \text{bzw.} \quad \chi(-) = \begin{pmatrix} 0 \\ 0 \\ 1 \end{pmatrix}$$

dargestellt werden?

Lösung. Die verschiedenen Komponenten von $\boldsymbol{S}$ werden in der Matrixdarstellung durch hermitesche 3×3-Matrizen beschrieben, wobei die Wirkung von $\boldsymbol{S}^2$ und $\boldsymbol{S}_z$ auf die Basiszustände per definitionem gegeben ist durch

$$\boldsymbol{S}^2\chi(+) = 2\hbar^2\chi(+) \ , \ \boldsymbol{S}^2\chi(0) = 2\hbar^2\chi(0) \ , \ \boldsymbol{S}^2\chi(-) = 2\hbar^2\chi(-)$$

$$\boldsymbol{S}_z\chi(+) = \hbar\chi(+) \ , \ \boldsymbol{S}_z\chi(0) = 0 \ , \ \boldsymbol{S}_z\chi(-) = -\hbar\chi(-) \ .$$

Man erhält hieraus

$$\boldsymbol{S}^2 = 2\hbar^2\boldsymbol{I} \ , \ \boldsymbol{S}_z = \hbar \begin{pmatrix} 1 & 0 & 0 \\ 0 & 0 & 0 \\ 0 & 0 & -1 \end{pmatrix} ,$$

wobei $\boldsymbol{I}$ die 3×3-Einheitsmatrix bezeichnet. Die entsprechenden Matrizen für $\boldsymbol{S}_x$ und $\boldsymbol{S}_y$ erhält man aus den Auf- und Absteigeoperatoren $\boldsymbol{S}_+$ und $\boldsymbol{S}_-$, die nach (3.31) in folgender Weise auf die Basiszustände operieren:

$$\boldsymbol{S}_+\chi(+) = 0 \ , \ \boldsymbol{S}_+\chi(0) = \sqrt{2}\hbar\chi(+) \ , \ \boldsymbol{S}_+\chi(-) = \sqrt{2}\hbar\chi(0)$$

$$\Longrightarrow \boldsymbol{S}_+ = \sqrt{2}\hbar \begin{pmatrix} 0 & 1 & 0 \\ 0 & 0 & 1 \\ 0 & 0 & 0 \end{pmatrix}$$

und

$$\boldsymbol{S}_-\chi(+) = \sqrt{2}\hbar\chi(0) \ , \ \boldsymbol{S}_-\chi(0) = \sqrt{2}\hbar\chi(-) \ , \ \boldsymbol{S}_-\chi(-) = 0$$

$$\Longrightarrow \boldsymbol{S}_- = \sqrt{2}\hbar \begin{pmatrix} 0 & 0 & 0 \\ 1 & 0 & 0 \\ 0 & 1 & 0 \end{pmatrix} .$$

Somit folgt

$$\boldsymbol{S}_x = \frac{1}{2}(\boldsymbol{S}_+ + \boldsymbol{S}_-) = \frac{\hbar}{\sqrt{2}} \begin{pmatrix} 0 & 1 & 0 \\ 1 & 0 & 1 \\ 0 & 1 & 0 \end{pmatrix}$$

$$\boldsymbol{S}_y = \frac{1}{2\mathrm{i}}(\boldsymbol{S}_+ - \boldsymbol{S}_-) = \frac{\hbar}{\sqrt{2}} \begin{pmatrix} 0 & -\mathrm{i} & 0 \\ \mathrm{i} & 0 & -\mathrm{i} \\ 0 & \mathrm{i} & 0 \end{pmatrix} .$$

43. Zeitliche Entwicklung eines Spin-1/2-Systems. Wie in Unterabschn. 3.6.3 gezeigt wird, lautet der Hamilton-Operator für die Wechselwirkung des Spins $\boldsymbol{S}$ eines Elektrons der Ladung e und der Masse m_e mit einem äußeren Magnetfeld $\boldsymbol{B}$

$$\boldsymbol{H} = -\frac{e}{m_\mathrm{e}c}\boldsymbol{S}\boldsymbol{B} .$$

Man betrachte ein lokalisiertes Elektron, dessen einziger Freiheitsgrad sein Spin ist. Dieses Teilchen befinde sich zur Zeit $t = 0$ in einem Eigenzustand von $\boldsymbol{S}_x$ mit dem Eigenwert $\hbar/2$. Zu diesem Zeitpunkt wird ein Magnetfeld $\boldsymbol{B} = B\boldsymbol{e}_z$ eingeschaltet, in dem das Teilchen während der Zeitspanne T präzedieren kann. Danach wird das Magnetfeld instantan in die y-Richtung gedreht: $\boldsymbol{B} = B\boldsymbol{e}_y$. Nach wiederum einer Zeitspanne T wird eine Messung von $\boldsymbol{S}_x$ ausgeführt. Mit welcher Wahrscheinlichkeit wird der Wert $\hbar/2$ gefunden?

Lösung. In der Matrixdarstellung läßt sich die zeitliche Entwicklung des Elektrons durch den Spinor

$$\psi(t) = \psi_+(t)\chi(+) + \psi_-(t)\chi(-) = \begin{pmatrix} \psi_+(t) \\ \psi_-(t) \end{pmatrix}$$

beschreiben, mit

$$\chi(+) = \begin{pmatrix} 1 \\ 0 \end{pmatrix} ,\ \chi(-) = \begin{pmatrix} 0 \\ 1 \end{pmatrix} .$$

Im Zeitintervall $0 \le t \le T$ lautet somit die Schrödinger-Gleichung

$$\mathrm{i}\hbar\frac{\mathrm{d}}{\mathrm{d}t}\begin{pmatrix} \psi_+ \\ \psi_- \end{pmatrix} = \hbar\omega \begin{pmatrix} 1 & 0 \\ 0 & -1 \end{pmatrix}\begin{pmatrix} \psi_+ \\ \psi_- \end{pmatrix} ,\ \omega = -\frac{eB}{2m_\mathrm{e}c}$$

und wird gelöst durch

$$\begin{pmatrix} \psi_+(t) \\ \psi_-(t) \end{pmatrix}_1 = \begin{pmatrix} a_0\mathrm{e}^{-\mathrm{i}\omega t} \\ b_0\mathrm{e}^{\mathrm{i}\omega t} \end{pmatrix} .$$

Die Konstanten a_0 und b_0 ergeben sich aus der Normierungsbedingung

$$a_0^2 + b_0^2 = 1$$

und der Voraussetzung

$$\boldsymbol{S}_x\psi(0) = \frac{\hbar}{2}\psi(0)$$

zu

$$a_0 = b_0 = \frac{1}{\sqrt{2}}\ .$$

Die Schrödinger-Gleichung für das Zeitintervall $T \leq t \leq 2T$ lautet

$$\mathrm{i}\hbar\frac{\mathrm{d}}{\mathrm{d}t}\begin{pmatrix}\psi_+\\ \psi_-\end{pmatrix} = \hbar\omega\begin{pmatrix}0 & -\mathrm{i}\\ \mathrm{i} & 0\end{pmatrix}\begin{pmatrix}\psi_+\\ \psi_-\end{pmatrix}\ .$$

Ihre Lösung berechnet sich zu

$$\begin{pmatrix}\psi_+(t)\\ \psi_-(t)\end{pmatrix}_2 = \begin{pmatrix}a\mathrm{e}^{\mathrm{i}\omega t} + b\mathrm{e}^{-\mathrm{i}\omega t}\\ -\mathrm{i}a\mathrm{e}^{\mathrm{i}\omega t} + \mathrm{i}b\mathrm{e}^{-\mathrm{i}\omega t}\end{pmatrix}\ ,$$

wobei die Stetigkeitsbedingung

$$\begin{pmatrix}\psi_+(T)\\ \psi_-(T)\end{pmatrix}_1 = \begin{pmatrix}\psi_+(T)\\ \psi_-(T)\end{pmatrix}_2$$

die Konstanten a und b auf die Werte

$$a = \frac{1}{2\sqrt{2}}\left(\mathrm{e}^{-2\mathrm{i}\omega T} + \mathrm{i}\right)\ ,\ b = \frac{1}{2\sqrt{2}}\left(1 - \mathrm{i}\mathrm{e}^{2\mathrm{i}\omega T}\right)$$

festlegt. Zur Zeit $2T$ ist also der Elektronzustand gegeben durch

$$\begin{pmatrix}\psi_+(2T)\\ \psi_-(2T)\end{pmatrix}_2 = \frac{1}{2\sqrt{2}}\begin{pmatrix}1 - \mathrm{i} + \mathrm{e}^{-2\mathrm{i}\omega T} + \mathrm{i}\mathrm{e}^{2\mathrm{i}\omega T}\\ 1 - \mathrm{i} + \mathrm{e}^{2\mathrm{i}\omega T} + \mathrm{i}\mathrm{e}^{-2\mathrm{i}\omega T}\end{pmatrix}\ . \qquad (3.35)$$

Die gesuchte Wahrscheinlichkeit, jetzt bei einer Messung von $\boldsymbol{S}_x$ den Eigenwert $\hbar/2$ zu finden, ergibt sich aus der Projektion von (3.35) auf den zu $\hbar/2$ gehörenden Eigenzustand von $\boldsymbol{S}_x$:

$$\begin{aligned} W\left(s_x = \frac{1}{2}\right) &= \left|\frac{1}{\sqrt{2}}(1,1)\frac{1}{2\sqrt{2}}\begin{pmatrix}1 - \mathrm{i} + \mathrm{e}^{-2\mathrm{i}\omega T} + \mathrm{i}\mathrm{e}^{2\mathrm{i}\omega T}\\ 1 - \mathrm{i} + \mathrm{e}^{2\mathrm{i}\omega T} + \mathrm{i}\mathrm{e}^{-2\mathrm{i}\omega T}\end{pmatrix}\right|^2 \\ &= \frac{1}{2}(1 + \cos^2 2\omega T)\ . \end{aligned}$$

Entsprechend ist

$$\begin{aligned} W\left(s_x = -\frac{1}{2}\right) &= \left|\frac{1}{\sqrt{2}}(1,-1)\frac{1}{2\sqrt{2}}\begin{pmatrix}1 - \mathrm{i} + \mathrm{e}^{-2\mathrm{i}\omega T} + \mathrm{i}\mathrm{e}^{2\mathrm{i}\omega T}\\ 1 - \mathrm{i} + \mathrm{e}^{2\mathrm{i}\omega T} + \mathrm{i}\mathrm{e}^{-2\mathrm{i}\omega T}\end{pmatrix}\right|^2 \\ &= \frac{1}{2}\sin^2 2\omega T \\ &= 1 - W\left(s_x = \frac{1}{2}\right) \end{aligned}$$

die Wahrscheinlichkeit dafür, den Wert $-\hbar/2$ zu messen.

3.5 Schrödinger-Gleichung in drei Dimensionen

Die dreidimensionale Schrödinger-Gleichung für ein Teilchen, das sich in einem skalaren zeitunabhängigen Potential befindet, lautet in der kartesischen Ortsdarstellung

$$\mathrm{i}\hbar\frac{\mathrm{d}}{\mathrm{d}t}\psi(\boldsymbol{x},t) = \boldsymbol{H}\psi(\boldsymbol{x},t)\;,\;\boldsymbol{H} = -\frac{\hbar^2}{2m}\boldsymbol{\nabla}^2 + V(\boldsymbol{x})\;.$$

Mit Hilfe des Ansatzes

$$\psi(\boldsymbol{x},t) = \Psi(\boldsymbol{x})\mathrm{e}^{-\mathrm{i}\omega t}$$

geht sie analog zum eindimensionalen Fall in die zeitunabhängige Schrödinger-Gleichung

$$\boldsymbol{H}\Psi(\boldsymbol{x}) = E\Psi(\boldsymbol{x})\;,\;E = \hbar\omega$$

über. Die Lösung dieser Gleichung wird besonders einfach, wenn sich das Potential in der Weise

$$V(\boldsymbol{x}) = V_1(x) + V_2(y) + V_3(z)$$

schreiben läßt. Dann lassen sich nämlich die Koordinaten x, y, z separieren, und man kann als allgemeine Lösung ansetzen:

$$\Psi(\boldsymbol{x}) = u_1(x)u_2(y)u_3(z)\;,$$

wobei die Funktionen u_i jeweils der eindimensionalen Schrödinger-Gleichung

$$\left(-\frac{\hbar^2}{2m}\frac{\mathrm{d}^2}{\mathrm{d}\xi^2} + V_i(\xi)\right)u_i(\xi) = E_i u_i(\xi)\;,\;i = 1,2,3$$

genügen, mit

$$E = E_1 + E_2 + E_3\;.$$

Sind mindestens zwei der Potentiale V_i gleich, so tritt Entartung auf, da die zugehörigen Gleichungen auf dieselben Eigenwerte führen.

Im weiteren Verlauf wollen wir uns auf Systeme konzentrieren, die eine Zentralsymmetrie aufweisen. Sie besitzen die Eigenschaft, daß ihre Behandlung in der polaren Ortsdarstellung eine vollständige Separation des Winkel- und Radialteils erlaubt, wodurch sich ebenfalls eine enorme Vereinfachung ergibt. Zuvor wollen wir jedoch zeigen, wie sich Zwei-Teilchenprobleme auf effektive Ein-Teilchenprobleme zurückführen lassen.

3.5.1 Zwei-Teilchensysteme und Separation der Schwerpunktsbewegung

Der Hamilton-Operator eines Zwei-Teilchensystems sei in der kartesischen Ortsdarstellung gegeben durch

$$\boldsymbol{H} = \frac{\boldsymbol{P}_1^2}{2m_1} + \frac{\boldsymbol{P}_2^2}{2m_2} + V(\boldsymbol{x}_1, \boldsymbol{x}_2) ,$$

wobei

$$\boldsymbol{P}_1 = -\mathrm{i}\hbar\boldsymbol{\nabla}_1 , \ \boldsymbol{P}_2 = -\mathrm{i}\hbar\boldsymbol{\nabla}_2 , \ [\boldsymbol{P}_1, \boldsymbol{P}_2] = \boldsymbol{0}$$

die Impulse der beiden Teilchen sind. Hängt das Potential allein vom gegenseitigen Abstand der beiden Teilchen ab,

$$V(\boldsymbol{x}_1, \boldsymbol{x}_2) = V(\boldsymbol{x}_1 - \boldsymbol{x}_2) ,$$

so läßt sich das vorliegende sechsdimensionale Problem in zwei dreidimensionale Probleme aufspalten, von denen das eine die konstante Bewegung des Schwerpunktes und das andere die Relativbewegung, d.h. die Bewegung eines effektiven Ein-Teilchensystems beschreibt. Erinnern wir uns, wie hierzu in der klassischen Mechanik vorgegangen wird (vgl. Unterabschn. 1.5.1). Dort führt man Schwerpunkts- und Relativkoordinaten

$$\boldsymbol{x}_{\mathrm{S}} = \frac{m_1\boldsymbol{x}_1 + m_2\boldsymbol{x}_2}{M} , \ \boldsymbol{x}_{\mathrm{R}} = \boldsymbol{x}_1 - \boldsymbol{x}_2$$

sowie Schwerpunkts- und Relativimpulse

$$\boldsymbol{p}_{\mathrm{S}} = \boldsymbol{p}_1 + \boldsymbol{p}_2 = M\dot{\boldsymbol{x}}_{\mathrm{S}} , \ \boldsymbol{p}_{\mathrm{R}} = \frac{m_2\boldsymbol{p}_1 - m_1\boldsymbol{p}_2}{M} = \mu\dot{\boldsymbol{x}}_{\mathrm{R}}$$

ein, mit

$$M = m_1 + m_2 \ (\text{Gesamtmasse}) , \ \mu = \frac{m_1 m_2}{m_1 + m_2} \ (\text{reduzierte Masse}) ,$$

so daß die Newtonschen Bewegungsgleichungen in zwei Gleichungen für die Schwerpunkts- und Relativbewegung entkoppeln. In der Quantenmechanik werden diese Größen als Operatoren übernommen:

$$\boldsymbol{P}_{\mathrm{S}} = \boldsymbol{P}_1 + \boldsymbol{P}_2 = -\mathrm{i}\hbar\boldsymbol{\nabla}_{\mathrm{S}} , \ \boldsymbol{P}_{\mathrm{R}} = \frac{m_2\boldsymbol{P}_1 - m_1\boldsymbol{P}_2}{M} = -\mathrm{i}\hbar\boldsymbol{\nabla}_{\mathrm{R}} .$$

Für sie gelten die Vertauschungsrelationen

$$[\boldsymbol{P}_{\mathrm{S}}, \boldsymbol{P}_{\mathrm{R}}] = \boldsymbol{0} , \ [x_{\mathrm{S}_i}, \boldsymbol{P}_{\mathrm{S}_j}] = [x_{\mathrm{R}_i}, \boldsymbol{P}_{\mathrm{R}_j}] = \mathrm{i}\hbar\delta_{ij}$$

sowie

$$\frac{\boldsymbol{P}_1^2}{2m_1} + \frac{\boldsymbol{P}_2^2}{2m_2} = \frac{\boldsymbol{P}_{\mathrm{S}}^2}{2M} + \frac{\boldsymbol{P}_{\mathrm{R}}^2}{2\mu} .$$

Die zeitunabhängige Schrödinger-Gleichung nimmt somit die Gestalt

$$\left(\frac{\boldsymbol{P}_{\mathrm{S}}^2}{2M} + \frac{\boldsymbol{P}_{\mathrm{R}}^2}{2\mu} + V(\boldsymbol{x}_{\mathrm{R}})\right) \Psi(\boldsymbol{x}_{\mathrm{S}}, \boldsymbol{x}_{\mathrm{R}}) = E\Psi(\boldsymbol{x}_{\mathrm{S}}, \boldsymbol{x}_{\mathrm{R}})$$

an. Mit Hilfe des Ansatzes

$$\Psi(\boldsymbol{x}_{\mathrm{S}}, \boldsymbol{x}_{\mathrm{R}}) = \Psi_{\mathrm{S}}(\boldsymbol{x}_{\mathrm{S}})\Psi_{\mathrm{R}}(\boldsymbol{x}_{\mathrm{R}})$$

zerfällt diese Gleichung in zwei separate Schrödinger-Gleichungen für die Schwerpunkts- und Relativbewegung:

$$\boldsymbol{H}_\mathrm{S}\Psi_\mathrm{S}(\boldsymbol{x}_\mathrm{S}) = E_\mathrm{S}\Psi_\mathrm{S}(\boldsymbol{x}_\mathrm{S}) \ , \ \boldsymbol{H}_\mathrm{S} = \frac{\boldsymbol{P}_\mathrm{S}^2}{2M}$$

$$\boldsymbol{H}_\mathrm{R}\Psi_\mathrm{R}(\boldsymbol{x}_\mathrm{R}) = E_\mathrm{R}\Psi_\mathrm{R}(\boldsymbol{x}_\mathrm{R}) \ , \ \boldsymbol{H}_\mathrm{R} = \frac{\boldsymbol{P}_\mathrm{R}^2}{2\mu} + V(\boldsymbol{x}_\mathrm{R}) \ , \ [\boldsymbol{H}_\mathrm{S}, \boldsymbol{H}_\mathrm{R}] = \boldsymbol{0} \ .$$

Die erste Gleichung beschreibt die freie Bewegung eines Teilchens der Gesamtmasse M während die zweite die Dynamik eines im Potential V befindlichen Teilchens der reduzierten Masse μ bestimmt. Bis auf die Ersetzungen $m \leftrightarrow \mu$ und $\boldsymbol{x} \leftrightarrow \boldsymbol{x}_\mathrm{R}$ besteht also auch in der Quantenmechanik formal kein Unterschied zwischen der Beschreibung der Relativbewegung eines Zwei-Teilchensystems und der Bewegung eines Ein-Teilchensystems.

3.5.2 Radiale Schrödinger-Gleichung

Ist das Potential V zentralsymmetrisch, $V(\boldsymbol{x}) = V(|\boldsymbol{x}|)$, dann weist der Hamilton-Operator eine Kugelsymmetrie auf (d.h. er ist invariant unter räumlichen Drehungen), so daß es sich als günstig erweist, Kugelkoordinaten zu verwenden:

$$x = r\cos\varphi\sin\theta \ , \ y = r\sin\varphi\sin\theta \ , \ z = r\cos\theta \ .$$

Man zeigt nun leicht, daß sich das Quadrat des Impulsoperators $\boldsymbol{P}$ in folgender Weise durch die Kugelkoordinaten ausdrücken läßt:

$$\boldsymbol{P}^2 = -\hbar^2\boldsymbol{\nabla}^2 = \boldsymbol{P}_r^2 + \frac{\boldsymbol{L}^2}{r^2} \ ,$$

wobei

$$\boldsymbol{P}_r = -\mathrm{i}\hbar\frac{1}{r}\frac{\partial}{\partial r}r = -\mathrm{i}\hbar\left(\frac{\partial}{\partial r} + \frac{1}{r}\right)$$

der *Radialimpuls* (nicht zu verwechseln mit dem Relativimpuls $\boldsymbol{P}_\mathrm{R}$) und $\boldsymbol{L}$ der in Unterabschn. 3.4.2 besprochene Bahndrehimpuls des Teilchens ist. Hiermit geht die zeitunabhängige Schrödinger-Gleichung eines Ein-Teilchensystems über in

$$\boldsymbol{H}\Psi(r,\theta,\varphi) = E\Psi(r,\theta,\varphi) \ , \ \boldsymbol{H} = \left(\frac{\boldsymbol{P}_r^2}{2m} + \frac{\boldsymbol{L}^2}{2mr^2} + V(r)\right) \ . \quad (3.36)$$

Bevor man sich der Lösung dieser Gleichung zuwendet, ist zu prüfen, unter welchen Voraussetzungen $\boldsymbol{P}_r$ (und somit $\boldsymbol{H}$) hermitesch ist. Hierzu muß gelten:

$$
\begin{aligned}
0 &= \langle\Psi|\,\boldsymbol{P}_r\,|\Psi\rangle - \langle\Psi|\,\boldsymbol{P}_r\,|\Psi\rangle^* \\
&= -\mathrm{i}\hbar\int_0^{2\pi}\mathrm{d}\varphi\int_0^{\pi}\mathrm{d}\theta\sin\theta\int_0^{\infty}\mathrm{d}r r\left(\Psi^*\frac{\partial}{\partial r}(r\Psi)+\Psi\frac{\partial}{\partial r}(r\Psi^*)\right) \\
&= -\mathrm{i}\hbar\int_0^{2\pi}\mathrm{d}\varphi\int_0^{\pi}\mathrm{d}\theta\sin\theta\int_0^{\infty}\mathrm{d}r\frac{\partial}{\partial r}|r\Psi|^2\,.
\end{aligned}
$$

Da für quadratintegrable Funktionen $r\Psi \stackrel{r\to\infty}{\longrightarrow} 0$ gilt, ist das Integral über r gleich seinem Wert im Ursprung. $\boldsymbol{P}_r$ ist also nur dann hermitesch, wenn man sich auf quadratintegrable Funktionen Ψ beschränkt, die

$$
\lim_{r\to 0} r\Psi = 0 \tag{3.37}
$$

erfüllen. Desweiteren wäre noch zu untersuchen, ob (3.36) der Schrödinger-Gleichung im gesamten r-Bereich, einschließlich des Ursprungs, äquivalent ist. Man kann zeigen, daß auch dies tatsächlich der Fall ist, wenn Ψ obiger Hermitezitätsbedingung genügt. Nun gilt

$$
[\boldsymbol{H},\boldsymbol{L}^2] = [\boldsymbol{H},\boldsymbol{L}_z] = [\boldsymbol{L}^2,\boldsymbol{L}_z] = \boldsymbol{0}\,.
$$

Da es keine weiteren Größen gibt, die untereinander vertauschen, bilden die Operatoren $\boldsymbol{H}, \boldsymbol{L}^2$ und $\boldsymbol{L}_z$ einen vollständigen Satz kommutierender Observablen und besitzen folglich ein eindeutiges gemeinsames Basissystem. Dieses setzt sich zusammen aus den Kugelflächenfunktionen $Y_{l,m}$, also den Basiszuständen von $\boldsymbol{L}^2$ und $\boldsymbol{L}_z$, sowie nur vom Radius r abhängigen Funktionen $g_l(r)$:

$$
\Psi(r,\theta,\varphi) = g_l(r)Y_{l,m}(\theta,\varphi)\,.
$$

Setzt man diesen Ausdruck in (3.36) ein, so ergibt sich zusammen mit der Hermitezitätsbedingung (3.37) der

Satz 3.19: Radialgleichung für zentralsymmetrische Potentiale

$$
\left[-\frac{\hbar^2}{2m}\left(\frac{\mathrm{d}^2}{\mathrm{d}r^2}+\frac{2}{r}\frac{\mathrm{d}}{\mathrm{d}r}\right)+\frac{\hbar^2 l(l+1)}{2mr^2}+V(r)\right]g_l(r) = Eg_l(r)\,, \tag{3.38}
$$

mit

$$
\lim_{r\to 0} rg_l(r) = 0\,.
$$

Durch die Substitution $u_l(r) = rg_l(r)$ folgt

$$
\left(-\frac{\hbar^2}{2m}\frac{\mathrm{d}^2}{\mathrm{d}r^2}+\frac{\hbar^2 l(l+1)}{2mr^2}+V(r)\right)u_l(r) = Eu_l(r)\,,\ u_l(r=0)=0. \tag{3.39}
$$

Einige erste Folgerungen hieraus sind:

- Unter den Lösungen u_l sind nur diejenigen physikalisch sinnvoll, die auf Eins oder die δ-Funktion normierbar sind.
- Divergiert das Potential im Ursprung langsamer als $1/r^2$: $\lim\limits_{r\to 0} r^2 V(r) = 0$ (dies ist meistens der Fall), dann gilt in der Nähe des Ursprungs die Gleichung

  $$\frac{\mathrm{d}^2 u_l}{\mathrm{d}r^2} - \frac{l(l+1)}{r^2} u_l = 0 \ ,$$

  deren Lösungen $u_l(r) \sim r^{l+1}$ (reguläre Lösung) und $u_l(r) \sim r^{-l}$ sind.
- Geht das Potential für $r \to \infty$ schneller gegen Null als $1/r$: $\lim\limits_{r\to\infty} rV(r) = 0$, dann gilt für große r

  $$\frac{\mathrm{d}^2 u}{\mathrm{d}r^2} + \frac{2mE}{\hbar^2} u = 0 \ .$$

  Die Lösungsfunktionen dieser Gleichung verhalten sich asymptotisch wie

  $$E < 0: \quad u(r) \sim \mathrm{e}^{-kr}, \mathrm{e}^{kr}$$

  $$E > 0: \quad u(r) \sim \mathrm{e}^{\mathrm{i}kr}, \mathrm{e}^{-\mathrm{i}kr} \ , \ k^2 = \left|\frac{2mE}{\hbar^2}\right| \ .$$

3.5.3 Freies Teilchen

Als erstes Anwendungsbeispiel betrachten wir wieder das einfachste System, nämlich ein freies Teilchen. Die zugehörige radiale Schrödinger-Gleichung lautet

$$\left[-\frac{\hbar^2}{2m}\left(\frac{\mathrm{d}^2}{\mathrm{d}r^2} + \frac{2}{r}\frac{\mathrm{d}}{\mathrm{d}r}\right) + \frac{\hbar^2 l(l+1)}{2mr^2} - E\right] g_l(r) = 0 \ .$$

Unter Einführung der dimensionslosen Größen

$$k^2 = \frac{2mE}{\hbar^2} \ , \ \rho = kr$$

geht diese Gleichung über in die *sphärische Besselsche Differentialgleichung* (siehe Abschn. A.5)

$$\left(\frac{\mathrm{d}^2}{\mathrm{d}\rho^2} + \frac{2}{\rho}\frac{\mathrm{d}}{\mathrm{d}\rho} + 1 - \frac{l(l+1)}{\rho^2}\right) g_l(\rho) = 0 \ . \tag{3.40}$$

Ihre Lösungen sind die *sphärischen Bessel-Funktionen*, deren Form und asymptotisches Verhalten in folgender Weise gegeben sind:

$$j_l(\rho) = (-\rho)^l \left(\frac{1}{\rho}\frac{\mathrm{d}}{\mathrm{d}\rho}\right)^l \frac{\sin\rho}{\rho} \sim \begin{cases} \dfrac{\rho^l}{(2l+1)!!} & \text{für } \rho \to 0 \\ \dfrac{\sin(\rho - l\pi/2)}{\rho} & \text{für } \rho \to \infty \end{cases}$$

$$n_l(\rho) = (-\rho)^l \left(\frac{1}{\rho}\frac{\mathrm{d}}{\mathrm{d}\rho}\right)^l \frac{\cos\rho}{\rho} \sim \begin{cases} \dfrac{(2l-1)!!}{\rho^{l+1}} & \text{für } \rho \to 0 \\ \dfrac{\cos(\rho - l\pi/2)}{\rho} & \text{für } \rho \to \infty \,. \end{cases}$$

Von besonderem Interesse sind gewisse Kombinationen dieser Funktionen, die *Hankel-Funktionen*

$$h_l^{(+)}(\rho) = n_l(\rho) + \mathrm{i}j_l(\rho) \stackrel{\rho\to\infty}{\longrightarrow} \frac{\mathrm{e}^{\mathrm{i}\left(\rho - \frac{l\pi}{2}\right)}}{\rho}$$

$$h_l^{(-)}(\rho) = n_l(\rho) - \mathrm{i}j_l(\rho) \stackrel{\rho\to\infty}{\longrightarrow} \frac{\mathrm{e}^{-\mathrm{i}\left(\rho - \frac{l\pi}{2}\right)}}{\rho} \,.$$

Ihr asymptotisches Verhalten für $k^2 > 0$ entspricht aus- bzw. einlaufenden Kugelwellen. Je nach Vorzeichen von E sind nun zwei Fälle zu unterscheiden:

- $E < 0$: Hier ist $h_l^{(+)}$ die einzige beschränkte Lösung von (3.40). Sie weist allerdings im Ursprung einen Pol der Ordnung $l+1$ auf. Das Eigenwertproblem besitzt deshalb keine Lösung; es gibt erwartungsgemäß keine Eigenzustände eines freien Teilchens mit negativer Energie.
- $E \geq 0$: Die Gleichung besitzt genau eine überall beschränkte Lösung, nämlich $j_l(\rho)$. Damit ergibt sich die Gesamtlösung der zeitunabhängigen Schrödinger-Gleichung zu

$$\Psi_{l,m}(r,\theta,\varphi) = j_l(kr)Y_{l,m}(\theta,\varphi) \,. \tag{3.41}$$

Man beachte, daß bisher Gesagtes leicht auf den Fall übertragbar ist, bei dem ein Potential $V(r)$ vorliegt, das in Bereiche konstanter Potentialwerte V_i aufgeteilt werden kann. In diesem Fall ist für jeden Bereich E durch $E - V_i$ zu ersetzen.

Entwicklung ebener Wellen nach Kugelfunktionen. Neben den Kugelwellen (3.41) kann ein freies Teilchen mit der (unendlichfach entarteten) Energie $E = \hbar^2\boldsymbol{k}^2/2m$ auch durch ebene Wellen $\mathrm{e}^{\mathrm{i}\boldsymbol{k}\boldsymbol{r}}$ beschrieben werden. Sie stellen das Teilchen mit dem Impuls $\hbar\boldsymbol{k}$ dar, während (3.41) das Teilchen mit einem bestimmten Drehimpuls beschreibt. Da die Kugelwellen ein vollständiges System bilden, spannt die abzählbare Gesamtheit der Kugelwellen zu einem bestimmten Wert der Wellenzahl k den Raum der Eigenfunktionen zur Energie $E = \hbar^2\boldsymbol{k}^2/2m$ auf. Folglich kann die ebene Welle $\mathrm{e}^{\mathrm{i}\boldsymbol{k}\boldsymbol{r}}$ nach diesen Funktionen entwickelt werden:

$$\mathrm{e}^{\mathrm{i}\boldsymbol{k}\boldsymbol{r}} = \sum_{l=0}^{\infty}\sum_{m=-l}^{l} a_{l,m}(\boldsymbol{k}) j_l(kr) Y_{l,m}(\theta,\varphi) \,.$$

Legt man die z-Achse in Richtung von $\boldsymbol{k}$, dann ist

$$\mathrm{e}^{\mathrm{i}\boldsymbol{k}\boldsymbol{r}} = \mathrm{e}^{\mathrm{i}kr\cos\theta} \,,\ \boldsymbol{L}_z\mathrm{e}^{\mathrm{i}kr\cos\theta} = 0 \,.$$

Das heißt die Entwicklung ist unabhängig von φ und beschränkt sich auf Terme mit $m = 0$. Unter Verwendung von (A.14) und $a_l = a_{l,0}$ folgt dann

$$\mathrm{e}^{\mathrm{i}u\rho} = \sum_{l=0}^{\infty} a_l j_l(\rho) P_l(u) \; , \; u = \cos\theta \; , \tag{3.42}$$

wobei $P_l = P_{l,0}$ die *Legendre-Polynome* (siehe Abschn. A.6) bezeichnen. Zur Bestimmung der Entwicklungskoeffizienten a_l kann man wie folgt vorgehen: Differentiation von (3.42) liefert

$$\mathrm{i}u\mathrm{e}^{\mathrm{i}u\rho} = \sum_{l=0}^{\infty} a_l \frac{\mathrm{d}j_l}{\mathrm{d}\rho} P_l(u) \; .$$

Andererseits gilt nach (A.11)

$$\mathrm{i}u\mathrm{e}^{\mathrm{i}u\rho} = \mathrm{i}\sum_{l=0}^{\infty} a_l j_l u P_l = \mathrm{i}\sum_{l=0}^{\infty}\left(\frac{l+1}{2l+3}a_{l+1}j_{l+1} + \frac{l}{2l-1}a_{l-1}j_{l-1}\right)P_l \; .$$

Setzt man nun die Koeffizienten von P_l in den letzten beiden Entwicklungen gleich, dann erhält man unter Verwendung von (A.9) und (A.10)

$$l\left(\frac{1}{2l+1}a_l - \frac{\mathrm{i}}{2l-1}a_{l-1}\right)j_{l-1} = (l+1)\left(\frac{1}{2l+1}a_l + \frac{\mathrm{i}}{2l+3}a_{l+1}\right)j_{l+1}$$

und somit

$$\frac{1}{2l+3}a_{l+1} = \frac{\mathrm{i}}{2l+1}a_l \Longrightarrow a_l = (2l+1)\mathrm{i}^l a_0 \; .$$

Aus der Entwicklung von $\mathrm{e}^{\mathrm{i}u\rho}$ für $\rho = 0$ folgt wegen $j_l(0) = \delta_{l0}$ und $P_0(u) = 1$: $a_0 = 1$. Dies führt schließlich zum

Satz 3.20: Entwicklung ebener Wellen nach Kugelfunktionen

Definiert der Wellenvektor $\boldsymbol{k}$ die z-Richtung, dann gilt

$$\begin{aligned}\mathrm{e}^{\mathrm{i}\boldsymbol{k}\boldsymbol{r}} = \mathrm{e}^{\mathrm{i}kr\cos\theta} &= \sum_{l=0}^{\infty}(2l+1)\mathrm{i}^l j_l(kr) P_l(\cos\theta) \\ &= \sum_{l=0}^{\infty}\sqrt{4\pi(2l+1)}\,\mathrm{i}^l j_l(kr) Y_{l,0}(\theta,\varphi) \; .\end{aligned}$$

3.5.4 Kugelsymmetrischer Potentialtopf

Man betrachte folgenden kugelsymmetrischen Potentialverlauf (Abb. 3.6):

$$V(r) = \left\{\begin{array}{cl} -V_0 & \text{für } r < a \\ 0 & \text{für } r \geq a \end{array}\right\} \; , \; V_0 > 0 \; .$$

Im inneren Bereich I ist die einzige, im Ursprung reguläre Lösung der radialen Schrödinger-Gleichung (3.38)

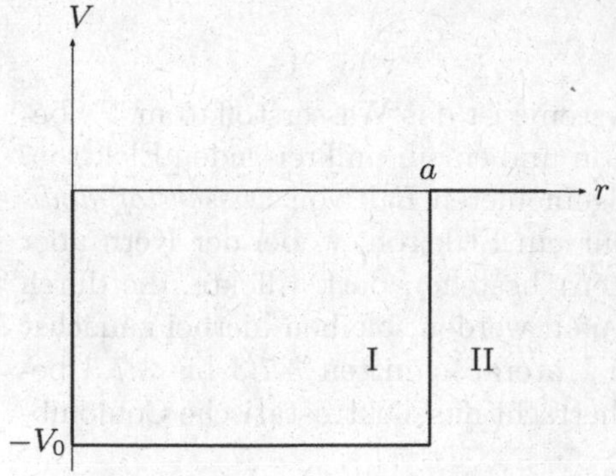

Abb. 3.6. Kugelsymmetrischer Potentialtopf

$$g_l^{(\mathrm{I})}(k_1 r) = A_l j_l(k_1 r) \ , \ k_1 = \sqrt{\frac{2m(E+V_0)}{\hbar^2}} \ .$$

Im Bereich II sind zwei Fälle zu unterscheiden:

Gebundene Zustände: $E < 0$. Hier ist

$$g_l^{(\mathrm{II})}(\mathrm{i}k_2 r) = B_l h_l^{(+)}(\mathrm{i}k_2 r) \ , \ k_2 = \sqrt{\frac{-2mE}{\hbar^2}}$$

die einzige, im Unendlichen beschränkte Lösung. Die Stetigkeitsbedingungen am Punkt $r = a$,

$$g_l^{(\mathrm{I})}(k_1 a) = g_l^{(\mathrm{II})}(\mathrm{i}k_2 a) \ , \ \left.\frac{\mathrm{d}}{\mathrm{d}r} g_l^{(\mathrm{I})}(k_1 r)\right|_{r=a} = \left.\frac{\mathrm{d}}{\mathrm{d}r} g_l^{(\mathrm{II})}(\mathrm{i}k_2 r)\right|_{r=a} \ ,$$

legen das Verhältnis der Integrationskonstanten A_l und B_l fest. Beide Bedingungen können nur für diskrete Werte von E gleichzeitig erfüllt werden; sie bestimmen die Energieniveaus der gebundenen Zustände des Teilchens. Handelt es sich um l=0-Zustände, so folgt hieraus die Bedingung

$$\tan k_1 a = -\frac{k_1}{k_2} \ .$$

Ungebundene Zustände: $E > 0$. Die allgemeine Lösung ist eine Linearkombination der sphärischen Bessel-Funktionen, die wir so ansetzen können:

$$g_l^{(\mathrm{II})}(k_2 r) = B_l \left[j_l(k_2 r) \cos \delta_l + n_l(k_2 r) \sin \delta_l \right] \ , \ k_2 = \sqrt{\frac{2mE}{\hbar^2}} \ .$$

Im Falle $l = 0$ ergibt sich aus den entsprechenden Stetigkeitsbedingungen für die Phase δ_0

$$\tan(k_2 a + \delta_0) = \frac{k_2}{k_1} \tan k_1 a \ . \tag{3.43}$$

3.5.5 Naives Wasserstoffatom

Das Paradebeispiel für Zwei-Teilchensysteme ist das Wasserstoffatom. Es besteht aus einem positiv geladenen Proton und einem umkreisenden Elektron. Wir behandeln von vornherein den allgemeineren Fall von *wasserstoffähnlichen Atomen.* Sie besitzen ebenfalls nur ein Elektron, wobei der Kern aber aus mehreren Protonen (und Neutronen) bestehen darf. Effekte, die durch den Kern- und Elektronspin hervorgerufen werden, bleiben hierbei zunächst unberücksichtigt; diese werden in den Unterabschnitten 3.7.3 bis 3.7.5 behandelt. Zwischen Elektron und Kern herrscht das elektrostatische Coulomb-Potential

$$V(r) = -\frac{Ze^2}{r} ,$$

wobei e die Elementarladung des Elektrons und Z die Kernladungszahl ist. Die radiale Schrödinger-Gleichung für die Relativbewegung von Elektron und Kern lautet nach (3.39)

$$\left(-\frac{\hbar^2}{2\mu}\frac{\mathrm{d}^2}{\mathrm{d}r^2} + \frac{\hbar^2 l(l+1)}{2\mu r^2} - \frac{Ze^2}{r}\right) u_l(r) = E u_l(r) \ , \ \mu = \frac{m_\mathrm{e} m_\mathrm{k}}{m_\mathrm{e} + m_\mathrm{k}} .$$

m_e bezeichnet hierbei die Masse des Elektrons und m_k die Masse des Kerns.[12] Beschränkt man sich auf den Fall gebundener Zustände mit $E < 0$, so ist es zweckmäßig, die dimensionslosen Größen

$$\rho = \left(-\frac{8\mu E}{\hbar^2}\right)^{1/2} r \ , \ \lambda = \frac{Ze^2}{\hbar}\left(-\frac{\mu}{2E}\right)^{1/2} = Z\alpha_\mathrm{e}\left(-\frac{\mu c^2}{2E}\right)^{1/2}$$

einzuführen, mit der *Feinstrukturkonstanten*

$$\alpha_\mathrm{e} = \frac{e^2}{\hbar c} \approx \frac{1}{137} .$$

Obige radiale Schrödinger-Gleichung erhält dann nämlich die einfache Form

$$\left(\frac{\mathrm{d}^2}{\mathrm{d}\rho^2} - \frac{l(l+1)}{\rho^2} + \frac{\lambda}{\rho} - \frac{1}{4}\right) u_l(\rho) = 0 . \tag{3.44}$$

Für $\rho \to 0$ reduziert sich diese auf

$$\left(\frac{\mathrm{d}^2}{\mathrm{d}\rho^2} - \frac{l(l+1)}{\rho^2}\right) u_l(\rho) = 0 ,$$

deren reguläre Lösung proportional zu ρ^{l+1} ist. Auf der anderen Seite gilt für $\rho \to \infty$ die Gleichung

$$\left(\frac{\mathrm{d}^2}{\mathrm{d}\rho^2} - \frac{1}{4}\right) u(\rho) = 0 .$$

[12] Man beachte: Die Masse des Protons ist etwa 1840 mal größer als die des Elektrons, so daß für alle wasserstoffähnlichen Atome in sehr guter Näherung gilt: $\mu \approx m_\mathrm{e}$.

Ihre im Unendlichen abfallende (normierbare) Lösung verhält sich wie $\mathrm{e}^{-\rho/2}$. Insgesamt bietet sich daher zur Lösung von (3.44) der Ansatz

$$u_l(\rho) = \mathrm{e}^{-\rho/2}\rho^{l+1}H(\rho)$$

an, woraus die Differentialgleichung

$$\rho H'' + (2l + 2 - \rho)H' + (\lambda - l - 1)H = 0 \tag{3.45}$$

folgt. Der Potenzreihenansatz

$$H(\rho) = \sum_{i=0}^{\infty} a_i \rho^i$$

führt schließlich zu

$$\sum_{i=0}^{\infty} \left[(i+1)(i+2l+2)a_{i+1} + (\lambda - l - 1 - i)a_i\right]\rho^i = 0 ,$$

und man erhält folgende Rekursionsformel für die Entwicklungskoeffizienten a_i:

$$a_{i+1} = \frac{i + l + 1 - \lambda}{(i+1)(i+2l+2)} a_i .$$

Damit u_l im Unendlichen das geforderte asymptotische Verhalten hat, muß die Potenzreihe ab irgend einem $i = n'$ abbrechen, d.h.

$$\lambda = n' + l + 1 . \tag{3.46}$$

Dies ist gerade die Quantisierungsbedingung für λ und damit für die Energieniveaus der gebundenen Zustände zum Drehimpuls (l, m). Üblicherweise führt man die Größe

$$n = n' + l + 1$$

ein und bezeichnet sie als *Hauptquantenzahl*. Somit gehört zu jedem $n > 0$ der radiale Zustand

$$\begin{aligned} u_{n,l}(\rho) &= \mathrm{e}^{-\rho/2}\rho^{l+1} \sum_{i=0}^{n-l-1} (-1)^i \frac{(n-l-1)!(2l+1)!}{(n-l-1-i)!(2l+1+i)!i!}\rho^i \\ &= \mathrm{e}^{-\rho/2}\rho^{l+1} \frac{(n-l-1)!(2l+1)!}{[(n+l)!]^2} L_{n-l-1}^{2l+1}(\rho) , \end{aligned} \tag{3.47}$$

wobei

$$L_p^k(\rho) = \sum_{i=0}^{p} (-1)^i \frac{[(p+k)!]^2}{(p-i)!(k+i)!i!}\rho^i$$

die *Laguerreschen Polynome* sind. Die zu (3.47) gehörenden Energieeigenwerte lauten

$$E_n = -\frac{Z^2 e^4 \mu}{2\hbar^2 n^2} = \frac{E_1}{n^2} , \; E_1 = -\frac{Z^2 e^4 \mu}{2\hbar^2} = -\frac{1}{2}\mu c^2 Z^2 \alpha_{\mathrm{e}}^2 . \tag{3.48}$$

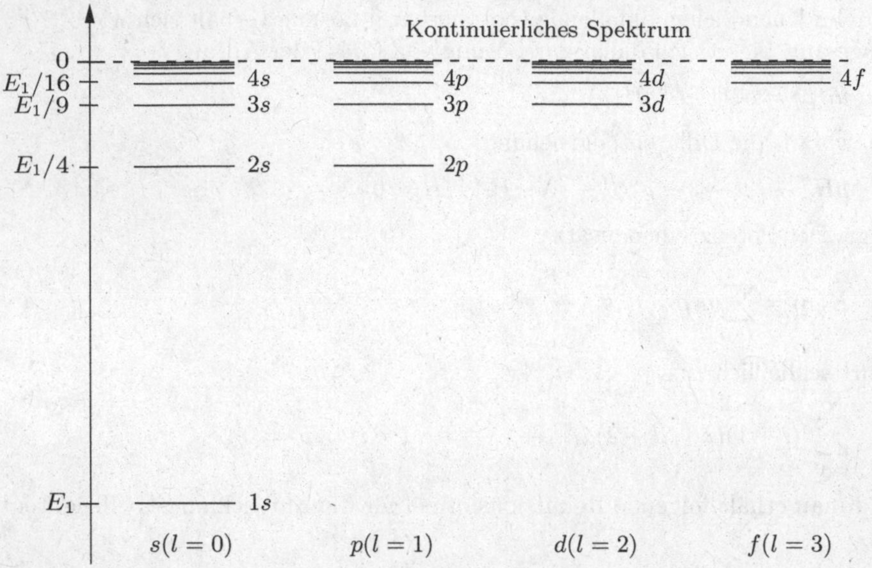

Abb. 3.7. Termschema des „naiven Wasserstoffatoms“

Offensichtlich hängt E_n nicht von l ab, d.h. bei gegebenem n haben alle durch $l < n$ und $-l \le m \le l$ charakterisierten Zustände die gleiche Energie und sind somit entartet. Der Entartungsgrad beträgt[13]

$$\sum_{l=0}^{n-1}(2l+1) = n^2 \ .$$

In der Atomspektroskopie ist es üblich, die durch l definierten Zustände in aufsteigender Reihenfolge mit den Buchstaben $s, p, d, f, g, \ldots$ zu bezeichnen, denen die jeweilige Hauptquantenzahl n vorangestellt wird. Die mit der Orientierung des Systems verbundene magnetische Quantenzahl m wird dabei stillschweigend unterdrückt. Abbildung 3.7 zeigt eine graphische Darstellung der Energieniveaus des Wasserstoffatoms (*Termschema*). 1s ist der nichtentartete Grundzustand. Das erste angeregte Niveau ist vierfach entartet und enthält einen 2s- und drei 2p-Zustände. Das zweite angeregte Niveau enthält einen 3s-, drei 3p- und fünf 3d-Zustände und ist neunfach entartet usw. In den Unterabschnitten 3.7.3 bis 3.7.5 wird gezeigt, daß die Energieniveaus dieses „naiven Spektrums“ durch Berücksichtigung der Spinfreiheitsgrade von Elektron und Proton sowie relativistischer Korrekturen in weitere Linien aufspalten und damit die Entartung aufgehoben wird.

[13] Streng genommen sind hierbei noch die zwei Spineinstellungen des Elektrons zu berücksichtigen; der Entartungsgrad ist also eigentlich $2n^2$.

Nach Rückkehr zur alten Relativkoordinate r ergeben sich aus (3.47) die ersten normierten radialen Wellenfunktionen des Wasserstoffatoms zu

$$g_{1,0}(r) = 2\left(\frac{Z}{r_0}\right)^{3/2} \mathrm{e}^{-Zr/r_0}$$

$$g_{2,0}(r) = 2\left(\frac{Z}{2r_0}\right)^{3/2}\left(1-\frac{Zr}{2r_0}\right)\mathrm{e}^{-Zr/2r_0}$$

$$g_{2,1}(r) = \frac{1}{\sqrt{3}}\left(\frac{Z}{2r_0}\right)^{3/2}\frac{Zr}{r_0}\mathrm{e}^{-Zr/2r_0}$$

$$g_{3,0}(r) = 2\left(\frac{Z}{3r_0}\right)^{3/2}\left(1-\frac{2Zr}{3r_0}+\frac{2Z^2r^2}{27r_0^2}\right)\mathrm{e}^{-Zr/3r_0}$$

$$g_{3,1}(r) = \frac{4\sqrt{2}}{3}\left(\frac{Z}{3r_0}\right)^{3/2}\frac{Zr}{3r_0}\left(1-\frac{Zr}{6r_0}\right)\mathrm{e}^{-Zr/3r_0}$$

$$g_{3,2}(r) = \frac{2\sqrt{2}}{27\sqrt{5}}\left(\frac{Z}{3r_0}\right)^{3/2}\left(\frac{Zr}{r_0}\right)^2\mathrm{e}^{-Zr/3r_0},$$

wobei

$$r_0 = \frac{\hbar}{\mu c \alpha_\mathrm{e}}$$

den *Bohrschen Radius* bezeichnet. Wir geben nun einige hieraus folgende Erwartungswerte an, deren Herleitung in Anwendung 45 vorgeführt wird:

$$\langle nlm|\, r\, |nlm\rangle = \langle r\rangle_{nl} = \frac{r_0}{2Z}\left[3n^2 - l(l+1)\right] \tag{3.49}$$

$$\langle nlm|\, r^2\, |nlm\rangle = \left\langle r^2\right\rangle_{nl} = \frac{r_0^2 n^2}{2Z^2}\left[5n^2+1-3l(l+1)\right]$$

$$\left.\begin{aligned}
\left\langle nlm\left|\frac{1}{r}\right|nlm\right\rangle &= \left\langle\frac{1}{r}\right\rangle_{nl} = \frac{Z}{r_0 n^2}\\
\left\langle nlm\left|\frac{1}{r^2}\right|nlm\right\rangle &= \left\langle\frac{1}{r^2}\right\rangle_{nl} = \frac{Z^2}{r_0^2 n^3\left(l+\frac{1}{2}\right)}\\
\left\langle nlm\left|\frac{1}{r^3}\right|nlm\right\rangle &= \left\langle\frac{1}{r^3}\right\rangle_{nl} = \frac{Z^3}{r_0^3 n^3 l\left(l+\frac{1}{2}\right)(l+1)}\,.
\end{aligned}\right\} \tag{3.50}$$

Nimmt l seinen maximalen Wert $l = n-1$ an, dann folgt für die mittlere quadratische Radialabweichung des Elektrons vom Kern

$$\Delta r = \sqrt{\langle r^2\rangle - \langle r\rangle^2} = \frac{\langle r\rangle}{\sqrt{2n+1}}\,.$$

Im Falle großer n wird die Größe $\Delta r/\langle r\rangle$ sehr klein, und das Elektron ist praktisch in der Umgebung einer Kugeloberfläche vom Radius $R = n^2 r_0/Z$ lokalisiert, während die zugehörige Energie $E = -Z^2e^2/(2r_0n^2) = -Ze^2/2R$ der kinetischen Energie eines klassischen Elektrons entspricht, das den Kern auf einer Kreisbahn mit Radius R umkreist. Dies ist ein Beispiel für das

Korrespondenzprinzip, auf das in Unterabschn. 3.2.1 hingewiesen wurde und nach dem die Gesetze der Quantenmechanik im Grenzfall großer Quantenzahlen bzw. im Grenzfall $\hbar \to 0$ in die entsprechenden Gesetze der klassischen Theorie münden.

Zusammenfassung

- Hängt bei dreidimensionalen Zwei-Teilchenproblemen das Potential nur von der relativen Lage der beiden Teilchen ab, dann läßt sich die Schrödinger-Gleichung wie im Falle der klassischen Mechanik in zwei Gleichungen aufspalten, von denen die eine die **Schwerpunktsbewegung** und die andere die **Relativbewegung** der Teilchen beschreibt. Letztere kann als Gleichung für ein **effektives Ein-Teilchenproblem** in Anwesenheit des Potentials aufgefaßt werden.
- Bei **zentralsymmetrischen Potentialen** läßt sich in der polaren Ortsdarstellung der radiale Anteil vom Winkelanteil separieren, wobei letzterer durch die Kugelflächenfunktionen, also den Eigenfunktionen des Bahndrehimpulses gelöst wird. Die Lösungen des Radialteils ergeben sich aus der **Radialgleichung für zentralsymmetrische Potentiale**.
- Für den freien Fall (und für den Fall konstanter Potentialabschnitte) geht diese über in die **sphärische Besselsche Differentialgleichung**, deren Lösungen die **sphärischen Bessel-Funktionen** sind.
- Die Bindungszustände wasserstoffähnlicher Atome werden naiv durch drei Quantenzahlen charakterisiert, der **Hauptquantenzahl** n, der **Orbitalquantenzahl** $l < n$ und der **magnetischen Quantenzahl** $m = -l, \ldots, l$. Die entsprechenden Bindungsenergien hängen nur von der Hauptquantenzahl n ab und sind somit ohne Berücksichtigung der zwei Spineinstellungen des Hüllenelektrons n^2-fach entartet.

Anwendungen

44. Dreidimensionaler anisotroper Oszillator. Man bestimme die Energieeigenwerte eines dreidimensionalen anisotropen Oszillators, dessen stationäre Schrödinger-Gleichung in der Ortsdarstellung gegeben ist durch

$$\boldsymbol{H}\Psi(\boldsymbol{x}) = E\Psi(\boldsymbol{x}) \ , \ \boldsymbol{H} = -\frac{\hbar^2}{2m}\boldsymbol{\nabla}^2 + \frac{m}{2}\left(\omega_1^2 x^2 + \omega_2^2 y^2 + \omega_3^2 z^2\right) \ . \quad (3.51)$$

Lösung. Der Produktansatz

$$\Psi(x, y, z) = u_1(x)u_2(y)u_3(z)$$

überführt (3.51) in die Gleichung

$$\left(-\frac{\hbar^2}{2m}u_1''(x)+\frac{m}{2}\omega_1^2x^2u_1(x)-E_1u_1(x)\right)u_2(y)u_3(z)$$
$$+\left(-\frac{\hbar^2}{2m}u_2''(y)+\frac{m}{2}\omega_2^2y^2u_2(y)-E_2u_2(y)\right)u_1(x)u_3(z)$$
$$+\left(-\frac{\hbar^2}{2m}u_3''(z)+\frac{m}{2}\omega_3^2z^2u_3(z)-E_3u_3(z)\right)u_1(x)u_2(y)=0\ , \qquad (3.52)$$

mit

$$E=E_1+E_2+E_3\ .$$

Offensichtlich ist (3.52) erfüllt, wenn die Klammerterme verschwinden, d.h.

$$\left(-\frac{\hbar^2}{2m}u_i''(\xi)+\frac{m}{2}\omega_i^2\xi^2u_i(\xi)\right)=E_iu_i(\xi)\ ,\ i=1,2,3\ .$$

Das vorliegende Problem reduziert sich also auf drei Gleichungen für jeweils einen eindimensionalen Oszillator, der in Unterabschn. 3.3.5 diskutiert wurde. Wir können daher die dort erarbeiteten Ergebnisse übernehmen und erhalten für die Gesamtenergie des Systems

$$E=\hbar\omega_1\left(n_1+\frac{1}{2}\right)+\hbar\omega_2\left(n_2+\frac{1}{2}\right)+\hbar\omega_3\left(n_3+\frac{1}{2}\right)\ .$$

Für die Grundzustandswellenfunktion ($n_1=n_2=n_3=0$) ergibt sich

$$\Psi_{0,0,0}(\boldsymbol{x})=\frac{\sqrt{b_1b_2b_3}}{\pi^{3/4}}\mathrm{e}^{-\frac{1}{2}\left(b_1^2x^2+b_2^2y^2+b_3^2z^2\right)}\ ,\ b_i^2=\frac{m\omega_i}{\hbar}\ .$$

45. Erwartungswerte im Wasserstoffatom. Man zeige mit Hilfe der radialen Schrödinger-Gleichung, daß für wasserstoffähnliche Atome gilt:

$$(s+1)\frac{Z^2}{r_0^2n^2}\left\langle r^s\right\rangle_{nl}-(2s+1)\frac{Z}{r_0}\left\langle r^{s-1}\right\rangle_{nl}$$
$$+\frac{s}{4}\left[(2l+1)^2-s^2\right]\left\langle r^{s-2}\right\rangle_{nl}=0\ . \qquad (3.53)$$

Lösung. Nach (3.39) gilt für wasserstoffähnliche Atome

$$u''(r)-\frac{l(l+1)}{r^2}u(r)+\frac{2Z}{r_0r}u(r)-\frac{Z^2}{r_0^2n^2}u(r)=0\ ,\ u(r)=u_{n,l}(r)\ . \quad (3.54)$$

Es folgt somit

$$\int\limits_0^\infty \mathrm{d}r r^s u(r)u''(r)=l(l+1)\int\limits_0^\infty \mathrm{d}r r^{s-2}u^2(r)-\frac{2Z}{r_0}\int\limits_0^\infty \mathrm{d}r r^{s-1}u^2(r)$$
$$+\frac{Z^2}{r_0^2n^2}\int\limits_0^\infty \mathrm{d}r r^s u^2(r)$$
$$=l(l+1)\left\langle r^{s-2}\right\rangle_{nl}-\frac{2Z}{r_0}\left\langle r^{s-1}\right\rangle_{nl}+\frac{Z^2}{r_0^2n^2}\left\langle r^s\right\rangle_{nl}\ . \quad (3.55)$$

Andererseits erhält man durch partielle Integration

$$\begin{aligned}\int\limits_0^\infty \mathrm{d}r r^s u(r)u''(r) &= -s\int\limits_0^\infty \mathrm{d}r r^{s-1}u(r)u'(r) - \int\limits_0^\infty \mathrm{d}r r^s u'^2(r)\\ &= -s\int\limits_0^\infty \mathrm{d}r r^{s-1}u(r)u'(r)\\ &\quad +\frac{2}{s+1}\int\limits_0^\infty \mathrm{d}r r^{s+1}u'(r)u''(r)\;, \end{aligned} \tag{3.56}$$

wobei sich der letzte Term mit Hilfe von (3.54) umschreiben läßt zu

$$\begin{aligned}\int\limits_0^\infty \mathrm{d}r r^{s+1}u'(r)u''(r) &= l(l+1)\int\limits_0^\infty \mathrm{d}r r^{s-1}u(r)u'(r) - \frac{2Z}{r_0}\int\limits_0^\infty \mathrm{d}r r^s u(r)u'(r)\\ &\quad +\frac{Z^2}{r_0^2 n^2}\int\limits_0^\infty \mathrm{d}r r^{s+1}u(r)u'(r)\,. \end{aligned} \tag{3.57}$$

Berücksichtigt man nun, daß gilt:

$$\int\limits_0^\infty \mathrm{d}r r^k u(r)u'(r) = -\frac{k}{2}\int\limits_0^\infty \mathrm{d}r r^{k-1}u^2(r) = -\frac{k}{2}\left\langle r^{k-1}\right\rangle\;,$$

dann führt die Kombination von (3.55), (3.56) und (3.57) auf die Beziehung (3.53).

3.6 Elektromagnetische Wechselwirkung

In Unterabschn. 3.5.5 wurde die Wechselwirkung eines Elektrons mit einem elektrostatischen Coulomb-Feld anhand des Wasserstoffatoms diskutiert. In diesem Abschnitt wollen wir uns nun allgemeiner mit der Dynamik eines Elektrons befassen, das sich in einem elektromagnetischen Feld befindet. Hierbei spielt der Begriff der *Eichinvarianz* eine wichtige Rolle, aus dem sich einige interessante Quanteneffekte ableiten lassen. Am Ende liefern wir nachträglich die physikalische Begründung des Elektronspins, dem wir bisher schon einige Male begegnet sind.

3.6.1 Elektron im elektromagnetischen Feld

Für die folgende Diskussion wird empfohlen, sich insbesondere die Abschnitte 2.1 und 2.2 ins Gedächtnis zu rufen. Ausgangspunkt für die quantenmechanische Beschreibung der Elektronbewegung in einem äußeren elektromagnetischen Feld ist die klassische Bewegungsgleichung eines Elektrons der Masse m_e und der Ladung e:

$$m_e\ddot{\boldsymbol{x}} = e\left(\boldsymbol{E}(\boldsymbol{x},t) + \frac{\dot{\boldsymbol{x}}}{c} \times \boldsymbol{B}(\boldsymbol{x},t)\right) . \tag{3.58}$$

Das elektrische Feld $\boldsymbol{E}$ und das Magnetfeld $\boldsymbol{B}$ sind über

$$\boldsymbol{B} = \boldsymbol{\nabla} \times \boldsymbol{A} \,,\; \boldsymbol{E} = -\frac{1}{c}\frac{\partial \boldsymbol{A}}{\partial t} - \boldsymbol{\nabla}\phi$$

mit dem Skalarpotential ϕ und dem Vektorpotential $\boldsymbol{A}$ verbunden. Gleichung (3.58) läßt sich aus den Gesetzen der Hamiltonschen Mechanik herleiten, wenn man für die Hamilton-Funktion folgende Form ansetzt:

$$H = \frac{1}{2m_e}\left(\boldsymbol{p} - \frac{e}{c}\boldsymbol{A}\right)^2 + e\phi = \frac{1}{2m_e}\left(\boldsymbol{p}^2 - \frac{2e}{c}\boldsymbol{pA} + \frac{e^2}{c^2}\boldsymbol{A}^2\right) + e\phi .$$

Denn es gilt

$$\begin{aligned}
\boldsymbol{\nabla}_{\boldsymbol{x}} H &= -\frac{e}{m_e c}\boldsymbol{\nabla}_{\boldsymbol{x}}(\boldsymbol{pA}) + \frac{e^2}{2m_e c^2}\boldsymbol{\nabla}_{\boldsymbol{x}}(\boldsymbol{A}^2) + e\boldsymbol{\nabla}_{\boldsymbol{x}}\phi = -\dot{\boldsymbol{p}}\\
\boldsymbol{\nabla}_{\boldsymbol{p}} H &= \frac{1}{m_e}\boldsymbol{p} - \frac{e}{m_e c}\boldsymbol{A} = \dot{\boldsymbol{x}}
\end{aligned}$$

und somit

$$\begin{aligned}
m_e\ddot{\boldsymbol{x}} &= \dot{\boldsymbol{p}} - \frac{e}{c}\left((\dot{\boldsymbol{x}}\boldsymbol{\nabla})\boldsymbol{A} + \frac{\partial \boldsymbol{A}}{\partial t}\right) \,,\; \boldsymbol{\nabla} = \boldsymbol{\nabla}_{\boldsymbol{x}}\\
&= \frac{e}{m_e c}\left[(\boldsymbol{p}\boldsymbol{\nabla})\boldsymbol{A} + \boldsymbol{p} \times (\boldsymbol{\nabla} \times \boldsymbol{A})\right]\\
&\quad - \frac{e^2}{2m_e c^2}\left[2(\boldsymbol{A}\boldsymbol{\nabla})\boldsymbol{A} + 2\boldsymbol{A} \times (\boldsymbol{\nabla} \times \boldsymbol{A})\right]\\
&\quad - e\boldsymbol{\nabla}\phi - \frac{e}{c}\left[(\dot{\boldsymbol{x}}\boldsymbol{\nabla})\boldsymbol{A} + \frac{\partial \boldsymbol{A}}{\partial t}\right]\\
&= \frac{e}{c}\left\{\left[\left(\frac{1}{m_e}\boldsymbol{p} - \frac{e}{m_e c}\boldsymbol{A}\right)\boldsymbol{\nabla}\right]\boldsymbol{A} + \left(\frac{1}{m_e}\boldsymbol{p} + \frac{e}{m_e c}\boldsymbol{A}\right) \times (\boldsymbol{\nabla} \times \boldsymbol{A})\right\}\\
&\quad - e\boldsymbol{\nabla}\phi - \frac{e}{c}\left((\dot{\boldsymbol{x}}\boldsymbol{\nabla})\boldsymbol{A} + \frac{\partial \boldsymbol{A}}{\partial t}\right)\\
&= \frac{e}{c}\dot{\boldsymbol{x}} \times \boldsymbol{B} + e\boldsymbol{E} .
\end{aligned}$$

Der Übergang zur Quantenmechanik geschieht durch die übliche Ersetzung, und wir erhalten den

Satz 3.21: Elektron in einem äußeren elektromagnetischen Feld

Bezeichnen $\boldsymbol{A}$ und ϕ das Vektor- bzw. Skalarpotential der elektromagnetischen Felder $\boldsymbol{E}$ und $\boldsymbol{B}$, so ist der Hamilton-Operator in der Ortsdarstellung für ein mit $\boldsymbol{E}$ und $\boldsymbol{B}$ wechselwirkendes Elektron gegeben durch

$$\boldsymbol{H} = \frac{1}{2m_e}\left(\frac{\hbar}{\mathrm{i}}\boldsymbol{\nabla} - \frac{e}{c}\boldsymbol{A}(\boldsymbol{x},t)\right)^2 + e\phi(\boldsymbol{x},t) .$$

▷

In der Coulomb-Eichung $\boldsymbol{\nabla A} = 0$ geht dieser über in

$$\boldsymbol{H} = -\frac{\hbar^2}{2m_\mathrm{e}}\boldsymbol{\nabla}^2 + \frac{\mathrm{i}e\hbar}{m_\mathrm{e}c}\boldsymbol{A\nabla} + \frac{e^2}{2m_\mathrm{e}c^2}\boldsymbol{A}^2 + e\phi \ . \tag{3.59}$$

Nimmt man an, daß das magnetische Feld nur eine Komponente in z-Richtung besitzt,

$$\boldsymbol{B} = \boldsymbol{\nabla} \times \boldsymbol{A} = B\begin{pmatrix}0\\0\\1\end{pmatrix} \ , \quad \text{mit} \quad \boldsymbol{A} = \frac{B}{2}\begin{pmatrix}-y\\x\\0\end{pmatrix} = -\frac{1}{2}\boldsymbol{x} \times \boldsymbol{B} \ ,$$

dann folgt für den zweiten und dritten Term von (3.59)

$$\frac{\mathrm{i}e\hbar}{m_\mathrm{e}c}\boldsymbol{A\nabla}\Psi = \frac{\mathrm{i}e\hbar}{2m_\mathrm{e}c}\boldsymbol{B}(\boldsymbol{x} \times \boldsymbol{\nabla})\Psi = -\boldsymbol{MB}\Psi \ , \ \boldsymbol{M} = \frac{e}{2m_\mathrm{e}c}\boldsymbol{L}$$

$$\frac{e^2}{2m_\mathrm{e}c^2}\boldsymbol{A}^2\Psi = \frac{e^2}{8m_\mathrm{e}c^2}\left[\boldsymbol{x}^2\boldsymbol{B}^2 - (\boldsymbol{xB})^2\right]\Psi = \frac{e^2B^2}{8m_\mathrm{e}c^2}(x^2+y^2)\Psi \ ,$$

wobei die Größe $\boldsymbol{M}$ als magnetisches Dipolmoment des Elektrons mit dem Bahndrehimpuls $\boldsymbol{L}$ interpretiert werden kann.

Für die meisten atomaren Systeme ist bei der Größe der im Labor erreichbaren $\boldsymbol{B}$-Felder ($\approx 10^{-4}$ Gauß) der in $\boldsymbol{A}$ quadratische Term um etliche Größenordnungen kleiner als der lineare und kann daher vernachlässigt werden.

Normaler Zeeman-Effekt. Betrachten wir als Anwendungsbeispiel das in Unterabschn. 3.5.5 naiv besprochene Wasserstoffatom in einem äußeren konstanten Magnetfeld in z-Richtung, $\boldsymbol{B} = B\boldsymbol{e}_z$. Die zugehörige Schrödinger-Gleichung lautet unter Vernachlässigung des $\boldsymbol{A}^2$-Terms

$$(\boldsymbol{H}^{(0)} + \boldsymbol{H}^{(1)})\Psi = (E^{(0)} + E^{(1)})\Psi \ ,$$

mit

$$\boldsymbol{H}^{(0)} = -\frac{\hbar^2}{2\mu}\boldsymbol{\nabla}^2 + e\phi \ , \ \phi(\boldsymbol{x}) = -\frac{Ze}{|\boldsymbol{x}|} \ , \ \boldsymbol{H}^{(1)} = -\frac{eB}{2\mu c}\boldsymbol{L}_z \ .$$

Da die Lösungen $\Psi_{n,l,m}$ der Wasserstoffgleichung

$$\boldsymbol{H}^{(0)}\Psi_{n,l,m} = E^{(0)}\Psi_{n,l,m} \ , \ E^{(0)} = E_n^{(0)} = -\frac{\mu c^2 Z^2 \alpha_\mathrm{e}^2}{2n^2}$$

auch Eigenzustände von $\boldsymbol{L}_z$ sind, ergibt sich $E^{(1)}$ unmittelbar aus

$$\boldsymbol{H}^{(1)}\Psi_{n,l,m} = E^{(1)}\Psi_{n,l,m}$$

zu

$$E^{(1)} = E_{lm}^{(1)} = -\frac{eB}{2\mu c}\hbar m \ .$$

Die zu festem l gehörenden $(2l+1)$-fach entarteten Niveaus werden also bei Anwesenheit eines konstanten Magnetfeldes in $2l+1$ äquidistante Niveaus aufgespalten (Abb. 3.8).

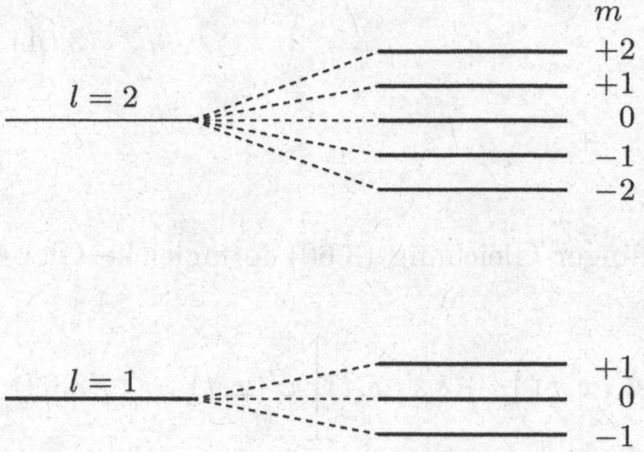

Abb. 3.8. Linienaufspaltung der naiven l=1- und l=2-Wasserstoffniveaus in Anwesenheit eines äußeren Magnetfeldes (normaler Zeeman-Effekt)

3.6.2 Eichinvarianz der Schrödinger-Gleichung

Im Gegensatz zu den Maxwellschen Gleichungen ist die Schrödinger-Gleichung

$$\mathrm{i}\hbar\frac{\partial\psi(\boldsymbol{x},t)}{\partial t} = \left[\frac{1}{2m}\left(\frac{\hbar}{\mathrm{i}}\boldsymbol{\nabla} - \frac{e}{c}\boldsymbol{A}(\boldsymbol{x},t)\right)^2 + e\phi(\boldsymbol{x},t)\right]\psi(\boldsymbol{x},t) \tag{3.60}$$

nicht invariant unter den Eichtransformationen

$$\boldsymbol{A} \longrightarrow \boldsymbol{A}' = \boldsymbol{A} + \boldsymbol{\nabla}\chi\ ,\ \phi \longrightarrow \phi' = \phi - \frac{1}{c}\frac{\partial\chi}{\partial t} .$$

Man kann nun aber ihre Eichinvarianz gewährleisten, indem man die Wellenfunktion ψ mit einer Phase multipliziert, die geeignet zu wählen ist:

$$\psi(\boldsymbol{x},t) \longrightarrow \psi'(\boldsymbol{x},t) = \mathrm{e}^{\mathrm{i}\Lambda(\boldsymbol{x},t)}\psi(\boldsymbol{x},t) .$$

Drückt man in (3.60) $\boldsymbol{A}$, ϕ und ψ durch die transformierten Größen $\boldsymbol{A}'$, ϕ' und ψ' aus, so ergibt sich

$$\begin{aligned}
&\mathrm{i}\hbar\mathrm{e}^{-\mathrm{i}\Lambda}\left(-\mathrm{i}\frac{\partial\Lambda}{\partial t}\psi' + \frac{\partial\psi'}{\partial t}\right)\\
&\quad= \frac{1}{2m}\left(\frac{\hbar}{\mathrm{i}}\boldsymbol{\nabla} - \frac{e}{c}\boldsymbol{A}' + \frac{e}{c}\boldsymbol{\nabla}\chi\right)\left(\frac{\hbar}{\mathrm{i}}\boldsymbol{\nabla} - \frac{e}{c}\boldsymbol{A}' + \frac{e}{c}\boldsymbol{\nabla}\chi\right)\mathrm{e}^{-\mathrm{i}\Lambda}\psi'\\
&\qquad+e\left(\phi' + \frac{1}{c}\frac{\partial\chi}{\partial t}\right)\mathrm{e}^{-\mathrm{i}\Lambda}\psi'\\
&\quad= \frac{1}{2m}\left(\frac{\hbar}{\mathrm{i}}\boldsymbol{\nabla} - \frac{e}{c}\boldsymbol{A}' + \frac{e}{c}\boldsymbol{\nabla}\chi\right)\mathrm{e}^{-\mathrm{i}\Lambda}\left(\frac{\hbar}{\mathrm{i}}\boldsymbol{\nabla} - \frac{e}{c}\boldsymbol{A}' + \frac{e}{c}\boldsymbol{\nabla}\chi - \hbar\boldsymbol{\nabla}\Lambda\right)\psi'\\
&\qquad+e\left(\phi' + \frac{1}{c}\frac{\partial\chi}{\partial t}\right)\mathrm{e}^{-\mathrm{i}\Lambda}\psi'\\
&\quad= \frac{1}{2m}\mathrm{e}^{-\mathrm{i}\Lambda}\left(\frac{\hbar}{\mathrm{i}}\boldsymbol{\nabla} - \frac{e}{c}\boldsymbol{A}' + \frac{e}{c}\boldsymbol{\nabla}\chi - \hbar\boldsymbol{\nabla}\Lambda\right)^2\psi'
\end{aligned}$$

$$+e\left(\phi' + \frac{1}{c}\frac{\partial\chi}{\partial t}\right)\mathrm{e}^{-\mathrm{i}\Lambda}\psi' . \tag{3.61}$$

Mit der Wahl

$$\Lambda(\boldsymbol{x},t) = \frac{e}{\hbar c}\chi(\boldsymbol{x},t)$$

geht (3.61) über in die zur Schrödinger-Gleichung (3.60) formgleiche Gleichung

$$\mathrm{i}\hbar\frac{\partial\psi'(\boldsymbol{x},t)}{\partial t} = \left[\frac{1}{2m}\left(\frac{\hbar}{\mathrm{i}}\boldsymbol{\nabla} - \frac{e}{c}\boldsymbol{A}'(\boldsymbol{x},t)\right)^2 + e\phi'(\boldsymbol{x},t)\right]\psi'(\boldsymbol{x},t) . \tag{3.62}$$

Das heißt (3.60) ist nun, wie gewünscht, invariant unter obigen Eichtransformationen.

Hat man es mit einem Raum ohne Magnetfeld zu tun ($\boldsymbol{B} = \boldsymbol{0}$), dann gibt es zwei Möglichkeiten zur Beschreibung der Bewegung eines Elektrons in einem elektrischen Potential ϕ. Entweder man löst die Schrödinger-Gleichung

$$\mathrm{i}\hbar\frac{\partial\psi}{\partial t} = \left(-\frac{\hbar^2}{2m_\mathrm{e}}\boldsymbol{\nabla}^2 + e\phi\right)\psi , \tag{3.63}$$

in der das Vektorpotential überhaupt nicht vorkommt, oder man beachtet die Eichfreiheit und verwendet die allgemeinere Gleichung (3.62), wobei jetzt

$$\boldsymbol{A}' = \boldsymbol{\nabla}\chi \tag{3.64}$$

zu wählen ist. Die Wellenfunktion ψ' ist dann mit ψ aus (3.63) über

$$\psi'(\boldsymbol{x},t) = \mathrm{e}^{\mathrm{i}e/(\hbar c)\chi(\boldsymbol{x},t)}\psi(\boldsymbol{x},t)$$

verknüpft. Man könnte meinen, daß der Phasenfaktor in der Wellenfunktion keine physikalischen Konsequenzen hat, da ja nur ihr Betragsquadrat experimentell zugänglich ist. Es gibt jedoch Situationen, in denen die Wellenfunktion selbst, das heißt ihre Phase durchaus eine Rolle spielt. Zwei Effekte dieser Art werden im folgenden vorgestellt.

Quantisierung des magnetischen Flusses. Man betrachte einen torusförmigen Supraleiter in einem konstanten Magnetfeld unterhalb seiner kritischen Temperatur T_c (Abb. 3.9). Aufgrund des *Meißner-Effektes* wird das Magnetfeld aus dem Torus verdrängt, so daß er feldfrei ist. Der Phasenfaktor χ der Wellenfunktion eines im Torus befindlichen Elektrons kann gemäß (3.64) ausgedrückt werden durch

$$\chi(\boldsymbol{x},t) = \int\limits_{\boldsymbol{x}_0}^{\boldsymbol{x}} \mathrm{d}\boldsymbol{x}'\boldsymbol{A}(\boldsymbol{x}',t) ,$$

wobei $\boldsymbol{x}_0$ einen beliebigen Fixpunkt innerhalb des Torus und $\boldsymbol{A}(= \boldsymbol{A}')$ das Vektorpotential des Magnetfeldes außerhalb des Torus bezeichnet. Dieses Wegintegral ist jedoch aufgrund des durch das Loch des Torus hindurchtretende Magnetfeld nicht eindeutig und hängt vom gewählten Integrationsweg

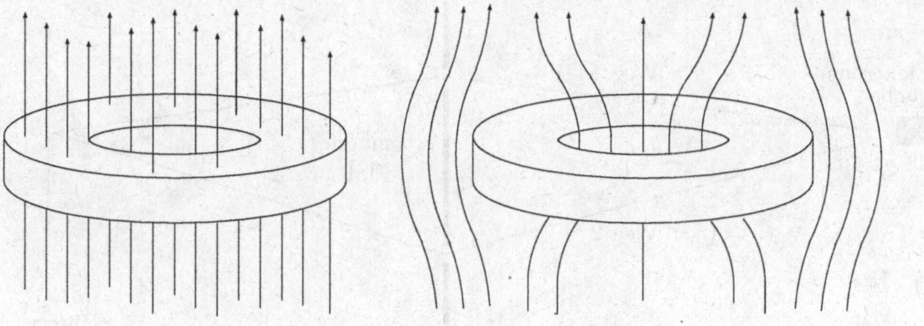

Abb. 3.9. Feldlinienverteilung eines äußeren Magnetfeldes in Anwesenheit eines supraleitenden Mediums oberhalb der kritischen Temperatur T_c (*links*) und unterhalb von T_c (*rechts*)

ab. Betrachtet man z.B. zwei Wege 1 und 2, die sich um eine Windung längs des Torus unterscheiden, so ist die Differenz gegeben durch

$$\int_1 \mathrm{d}\boldsymbol{x}'\boldsymbol{A}(\boldsymbol{x}',t) - \int_2 \mathrm{d}\boldsymbol{x}'\boldsymbol{A}(\boldsymbol{x}',t) = \oint \mathrm{d}\boldsymbol{x}'\boldsymbol{A}(\boldsymbol{x}',t) = \int_F \mathrm{d}\boldsymbol{F}\boldsymbol{\nabla}' \times \boldsymbol{A}(\boldsymbol{x}',t)$$

$$= \int_F \mathrm{d}\boldsymbol{F}\boldsymbol{B}(\boldsymbol{x}',t) = \Phi_{\mathrm{m}} .$$

Φ_{m} ist gerade der magnetische Fluß, der durch die von den Wegen 1 und 2 aufgespannte Fläche (Loch des Torus) hindurchtritt. Aus physikalischen Gründen müssen wir fordern, daß die Wellenfunktion selbst eindeutig ist, also den Unterschied in den Wegen 1 und 2 nicht spürt. Dies bedeutet, daß der magnetische Fluß gequantelt sein muß:

$$\Phi_{\mathrm{m}} = \frac{2\pi\hbar c}{e}n\ ,\ n = 0, \pm 1, \pm 2, \ldots\ .$$

Im Experiment läßt sich tatsächlich eine Quantisierung beobachten, allerdings mit einer Modifikation:

$$\Phi_{\mathrm{m}} = \frac{2\pi\hbar c}{2e}n\ .$$

Eine Erklärung des Faktors 2 im Nenner liefert die *Coopersche Theorie*, nach der jeweils zwei Elektronen in supraleitenden Metallen korrelierte Zustände (*Cooper-Paare*) bilden.

Bohm-Aharanov-Effekt. Ein weiteres Experiment, das die Abhängigkeit der Phase vom magnetischen Fluß zeigt, ist in Abb. 3.10 zu sehen. Es besteht aus einem Doppelspaltexperiment, bei dem hinter die beiden Spalte eine elektrische Spule angebracht wird, die ihrerseits einen magnetischen Fluß Φ_{m} erzeugt. Das auf dem Beobachtungsschirm entstehende Interferenzmuster kommt von der Superposition der beiden, auf den Wegen 1 und 2 entlanglaufenden Wellenfunktionen zustande:

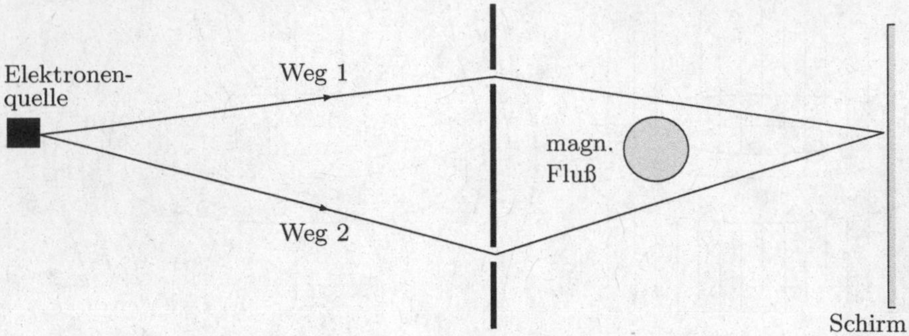

Abb. 3.10. Experimentelle Anordnung zur Messung der relativen Phasenlage von auf verschiedenen Wegen entlanglaufenden Elektronwellen, die einen magnetischen Fluß umschließen

$$\begin{aligned}\psi' = \psi_1' + \psi_2' &= \psi_1 \exp\left(\frac{\mathrm{ie}}{\hbar c}\int\limits_1 \mathrm{d}\boldsymbol{x}'\boldsymbol{A}\right) + \psi_2 \exp\left(\frac{\mathrm{ie}}{\hbar c}\int\limits_2 \mathrm{d}\boldsymbol{x}'\boldsymbol{A}\right)\\ &= \left[\psi_1 \exp\left(\frac{\mathrm{ie}}{\hbar c}\Phi_{\mathrm{m}}\right) + \psi_2\right] \exp\left(\frac{\mathrm{ie}}{\hbar c}\int\limits_2 \mathrm{d}\boldsymbol{x}'\boldsymbol{A}\right) .\end{aligned}$$

Die relative Phase der beiden Wellenfunktionen unterscheidet sich also bei eingeschaltetem Spulenstrom gegenüber dem abgeschalteten Zustand durch den Faktor $\exp\left(\frac{\mathrm{ie}}{\hbar c}\Phi_{\mathrm{m}}\right)$. Dieser Effekt, auf den zuerst Bohm und Aharanov hingewiesen haben, wurde in der Tat experimentell beobachtet.

3.6.3 Stern-Gerlach-Experiment

Wir holen nun zum Schluß dieses Abschnittes die Begründung des bereits in Unterabschn. 3.4.3 eingeführten Elektronspinoperators anhand eines von Stern und Gerlach durchgeführten Experimentes nach. Hierzu betrachten wir einen homogenen Strahl von Wasserstoffatomen, die ein in z-Richtung verlaufendes und in dieser Richtung stark inhomogenes Magnetfeld $\boldsymbol{B} = B(z)\boldsymbol{e}_z$ durchfliegen (Abb. 3.11).[14] Besitzt ein Atom des Strahls ein magnetisches Moment $\boldsymbol{M}$, so ist seine potentielle Energie im Magnetfeld gegeben durch

$$V(z) = -\boldsymbol{M}\boldsymbol{B} = -M_z B(z) .$$

Klassisch gesehen wirkt dann auf das Atom eine Kraft in z-Richtung,

$$F_z = -\frac{\partial V}{\partial z} = M_z \frac{\partial B}{\partial z} ,$$

die es ablenkt. Da hierbei M_z alle reellen Werte in einem bestimmten Intervall um Null annehmen kann, erwarten wir eine verschmierte Auffächerung des Strahls. Aus quantenmechanischer Sicht besitzt dagegen der Operator $\boldsymbol{M}_z$ nach Satz 3.21 die diskreten Eigenwerte

[14] Das Experiment wurde eigentlich mit Silberatomen durchgeführt. Die folgenden Betrachtungen gelten jedoch auch für die einfacher gebauten Wasserstoffatome.

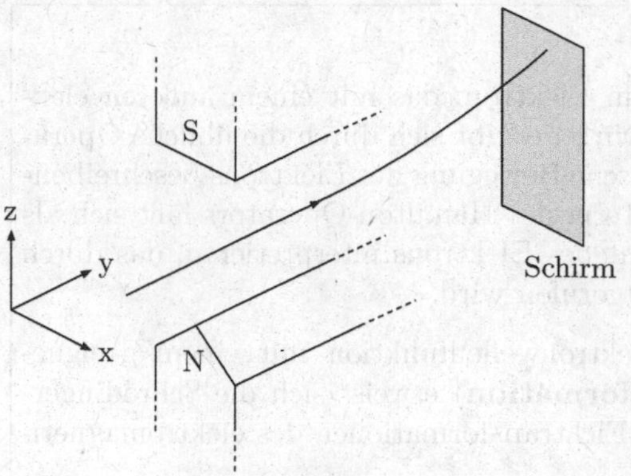

Abb. 3.11. Experimentelle Anordnung zum Nachweis des intrinsischen Drehimpulses (Spin) von Elektronen

$$\frac{\hbar e}{2m_e c} m \; , \; m = -l, \ldots, l \; .$$

Befinden sich die Atome alle im gleichen Zustand, dann sollte der Strahl also in $2l+1$ äquidistante Teilstrahlen aufspalten. Insbesondere erwartet man keine Aufspaltung für den Fall, daß alle Atome im Grundzustand ($n = 1, l = 0$) sind. Was man jedoch tatsächlich beobachtet, ist eine Aufspaltung in zwei Strahlen. Neben dem magnetischen Moment, das von der Bahnbewegung des Elektrons um den Kern herrührt, muß es offensichtlich ein weiteres Dipolmoment geben, das auch bei verschwindendem Bahndrehimpuls vorhanden ist. Der hierzu gehörende Drehimpulsoperator ist gerade der in Unterabschn. 3.4.3 besprochene Elektronspin $\boldsymbol{S}$, dessen Quantenzahlen $s = 1/2$ und $m_s = \pm 1/2$ aus der zweifachen Aufspaltung des Strahls folgen. Die Größe des magnetischen Moments des Elektronspins kann durch dieses Experiment ebenfalls bestimmt werden und ist

$$\boldsymbol{M}^{(\mathrm{e})} = \frac{e g_{\mathrm{e}}}{2m_{\mathrm{e}}c}\boldsymbol{S} \; , \; g_{\mathrm{e}} \approx 2 \; , \qquad (3.65)$$

wobei g_{e} das *gyromagnetische Verhältnis* des Elektrons bezeichnet. Aus ähnlichen Experimenten geht hervor, daß auch das Proton einen elektronartigen Spin $\boldsymbol{S}$ mit $s = 1/2$ besitzt, der mit einem sehr viel kleineren magnetischen Dipolmoment (e=Elektronladung)

$$\boldsymbol{M}^{(\mathrm{p})} = \frac{e g_{\mathrm{p}}}{2m_{\mathrm{p}}c}\boldsymbol{S} \; , \; g_{\mathrm{p}} \approx 5.56$$

verbunden ist. Die Wechselwirkung zwischen $\boldsymbol{M}^{(\mathrm{e})}$ und $\boldsymbol{M}^{(\mathrm{p})}$ ist gerade für die *Hyperfeinstrukturaufspaltung* des Wasserstoffatoms verantwortlich, auf die wir in Unterabschn. 3.7.5 zu sprechen kommen werden.

Zusammenfassung

- Der Hamilton-Operator für ein Elektron, das mit einem äußeren elektromagnetischen Feld wechselwirkt, ergibt sich durch die übliche Operatorersetzung aus der die klassische Bewegung des Elektrons beschreibenden Hamilton-Funktion. Ein Term des Hamilton-Operators läßt sich als **magnetisches Dipolmoment** des Elektrons interpretieren, das durch seinen Bahndrehimpuls hervorgerufen wird.
- Durch Multiplikation der Elektronwellenfunktion mit einem geeigneten Phasenfaktor (**Eichtransformation**) erweist sich die Schrödinger-Gleichung als invariant unter Eichtransformationen des elektromagnetischen Feldes.
- Dieser Phasenfaktor zeigt in bestimmten Situationen tatsächlich physikalische Auswirkungen (**Quantisierung des magnetischen Flusses**, **Bohm-Aharanov-Effekt**).
- Aus dem **Stern-Gerlach-Experiment** und ähnlichen Versuchen folgt, daß Elektron und Proton einen intrinsischen Drehimpuls (**Spin**) besitzen, der auf zwei Einstellungen beschränkt ist. Mit ihm ist jeweils ein magnetisches Dipolmoment verbunden, wobei das Dipolmoment des Protons etwa um den Faktor $m_\mathrm{p}/m_\mathrm{e} \approx 2000$ kleiner ist als das des Elektrons.

Anwendungen

46. Kontinuitätsgleichung. Man zeige, daß für ein System, welches durch die Schrödinger-Gleichung

$$\mathrm{i}\hbar\frac{\mathrm{d}}{\mathrm{d}t}\psi(\boldsymbol{x},t) = \boldsymbol{H}\psi(\boldsymbol{x},t)\ ,\ \boldsymbol{H} = \frac{1}{2m}\left(\boldsymbol{P} - \frac{e}{c}\boldsymbol{A}(\boldsymbol{x},t)\right)^2 + e\phi(\boldsymbol{x},t) \qquad (3.66)$$

beschrieben wird, die Kontinuitätsgleichung

$$\frac{\mathrm{d}}{\mathrm{d}t}(\psi^*\psi) + \boldsymbol{\nabla}\boldsymbol{j} = 0$$

gilt, wobei die Teilchenstromdichte $\boldsymbol{j}$ gegeben ist durch

$$\boldsymbol{j} = \frac{\hbar}{2\mathrm{i}m}\left(\psi^*\boldsymbol{\nabla}\psi - \psi\boldsymbol{\nabla}\psi^* - \frac{2\mathrm{i}e}{\hbar c}\boldsymbol{A}\psi^*\psi\right)\ .$$

Lösung. Multipliziert man (3.66) mit ψ^*, ihre adjungierte Gleichung mit ψ und zieht anschließend beide Gleichungen voneinander ab, dann folgt

$$\begin{aligned}\mathrm{i}\hbar\frac{\mathrm{d}}{\mathrm{d}t}(\psi^*\psi) + \frac{\hbar^2}{2m}[\psi^*\boldsymbol{\nabla}^2\psi - \psi\boldsymbol{\nabla}^2\psi^* \\ -\frac{2\mathrm{i}e}{\hbar c}(\psi^*\boldsymbol{A}\boldsymbol{\nabla}\psi + \psi\boldsymbol{A}\boldsymbol{\nabla}\psi^* + \psi^*\psi\boldsymbol{\nabla}\boldsymbol{A})] = 0\end{aligned}$$

$$\Longrightarrow \mathrm{i}\hbar\frac{\mathrm{d}}{\mathrm{d}t}(\psi^*\psi) + \frac{\hbar^2}{2m}\boldsymbol{\nabla}\left(\psi^*\boldsymbol{\nabla}\psi - \psi\boldsymbol{\nabla}\psi^* - \frac{2\mathrm{i}e}{\hbar c}\boldsymbol{A}\psi^*\psi\right) = 0$$

$$\Longrightarrow \frac{\mathrm{d}}{\mathrm{d}t}(\psi^*\psi) + \boldsymbol{\nabla}\boldsymbol{j} = 0 \ , \ \boldsymbol{j} = \frac{\hbar}{2\mathrm{i}m}\left(\psi^*\boldsymbol{\nabla}\psi - \psi\boldsymbol{\nabla}\psi^* - \frac{2\mathrm{i}e}{\hbar c}\boldsymbol{A}\psi^*\psi\right) .$$

Man beachte, daß bei dieser Herleitung keine Eichbedingung benutzt wurde.

47. Elektron im konstanten Magnetfeld. Ein Elektron der Masse m_{e} und der Ladung e bewege sich in einem konstanten Magnetfeld $\boldsymbol{B} = B\boldsymbol{e}_z$. Wie lauten die stationären Lösungen der zugehörigen Schrödinger-Gleichung?

Lösung. Wählt man für $\boldsymbol{A}$ die Form

$$\boldsymbol{A} = \frac{B}{2}\begin{pmatrix} -y \\ x \\ 0 \end{pmatrix} \ , \ \boldsymbol{\nabla}\boldsymbol{A} = 0 \ ,$$

dann ist der Hamilton-Operator für das vorliegende Problem nach Satz 3.21 gegeben durch

$$\boldsymbol{H} = -\frac{\hbar^2}{2m_{\mathrm{e}}}\boldsymbol{\nabla}^2 - \frac{eB}{2m_{\mathrm{e}}c}\boldsymbol{L}_z + \frac{e^2B^2}{8m_{\mathrm{e}}c^2}\left(x^2+y^2\right) .$$

Die Gegenwart des „Potentials“ $\frac{e^2B^2}{8m_{\mathrm{e}}c^2}(x^2+y^2)$ legt zur Separation der Variablen die Verwendung von Zylinderkoordinaten nahe:

$$x = r\cos\varphi \ , \ y = r\sin\varphi \ .$$

Damit folgt für die Differentialoperatoren $\boldsymbol{L}_z$ und $\boldsymbol{\nabla}^2$

$$\boldsymbol{L}_z = -\mathrm{i}\hbar\frac{\partial}{\partial\varphi} \ , \ \boldsymbol{\nabla}^2 = \frac{\partial^2}{\partial z^2} + \frac{\partial^2}{\partial r^2} + \frac{1}{r}\frac{\partial}{\partial r} + \frac{1}{r^2}\frac{\partial^2}{\partial\varphi^2}$$

und für den Hamilton-Operator

$$\boldsymbol{H} = -\frac{\hbar^2}{2m_{\mathrm{e}}}\left(\frac{\partial^2}{\partial z^2} + \frac{\partial^2}{\partial r^2} + \frac{1}{r}\frac{\partial}{\partial r} + \frac{1}{r^2}\frac{\partial^2}{\partial\varphi^2}\right) + \frac{\mathrm{i}\hbar eB}{2m_{\mathrm{e}}c}\frac{\partial}{\partial\varphi} + \frac{e^2B^2}{8mc^2}r^2 \ .$$

Offensichtlich gilt $[\boldsymbol{H}, \boldsymbol{L}_z] = \boldsymbol{0}$, so daß es sich anbietet, die Eigenzustände von $\boldsymbol{H}$ in der Weise

$$\Psi(r,\varphi,z) = u(r)v(\varphi)w(z) \ , \ v(\varphi) = \mathrm{e}^{\mathrm{i}m\varphi} \ , \ w(z) = \mathrm{e}^{\mathrm{i}kz}$$

zu schreiben, wobei $v(\varphi)$ Eigenfunktion von $\boldsymbol{L}_z$ mit dem Eigenwert $\hbar m$ ist. Die stationäre Schrödinger-Gleichung geht somit in folgende Differentialgleichung für u über:

$$u''(r) + \frac{u'(r)}{r} + \left(\frac{2m_{\mathrm{e}}E}{\hbar^2} + \frac{meB}{\hbar c} - \frac{e^2B^2}{4\hbar^2c^2}r^2 - k^2 - \frac{m^2}{r^2}\right)u(r) = 0. \quad (3.67)$$

Unter Einführung der neuen Größen

$$x = \sqrt{-\frac{eB}{2\hbar c}}r \ , \ \Lambda = \frac{4m_{\mathrm{e}}c}{\hbar eB}\left(\frac{\hbar^2k^2}{2m_{\mathrm{e}}} - E\right) - 2m$$

folgt weiter

$$u''(x) + \frac{1}{x}u'(x) + \left(\Lambda - x^2 - \frac{m^2}{x^2}\right)u(x) = 0 .$$

Man erkennt hieraus das folgende asymptotische Verhalten von u für große bzw. kleine x:

$$x \to \infty : \quad u''(x) - x^2 u(x) = 0 \Longrightarrow u(x) \sim \mathrm{e}^{-x^2/2}$$
$$x \to 0 : \quad u''(x) + \frac{1}{x}u'(x) - \frac{m^2}{x^2}u(x) = 0 \Longrightarrow u(x) \sim x^{|m|} .$$

Zur Lösung von (3.67) machen wir daher den Ansatz

$$u(x) = G(x)\mathrm{e}^{-x^2/2}x^{|m|} ,$$

woraus sich die Differentialgleichung

$$G''(x) + \left(\frac{2|m|+1}{x} - 2x\right)G'(x) + (\Lambda - 2 - 2|m|)G(x) = 0$$

ergibt. Substituieren wir jetzt $y = x^2$, dann folgt schließlich die zu (3.45) formgleiche Differentialgleichung

$$yG''(y) + (|m| + 1 - y)G'(y) + \frac{\Lambda - 2 - 2|m|}{4}G(y) = 0 ,$$

wenn man in (3.45) die Ersetzungen

$$l \longrightarrow \frac{|m|-1}{2} , \ \lambda \longrightarrow \frac{\Lambda}{4}$$

vornimmt. Ein Vergleich mit (3.46) liefert die Energieeigenwerte unseres Problems:

$$\frac{\Lambda}{4} - \frac{|m|+1}{2} = n' = 0, 1, 2, \ldots$$
$$\Longleftrightarrow \quad E_{n'} = \frac{\hbar^2 k^2}{2m_\mathrm{e}} - \frac{\hbar e B}{2m_\mathrm{e} c}(2n' + |m| + 1 + m) .$$

Die zugehörigen unnormierten Eigenfunktionen erhält man durch Vergleich mit (3.47) zu

$$G(y) = L_{n'}^{|m|}(y) .$$

3.7 Störungsrechnung und reales Wasserstoffatom

Die meisten quantenmechanischen Systeme lassen sich auf analytischem Wege nicht exakt berechnen. Unter gewissen Umständen kann man jedoch Näherungsverfahren heranziehen, die einer exakten Lösung des Problems sehr nahe kommen. In diesem Abschnitt diskutieren wir ein solches Verfahren, nämlich die *zeitunabhängige Störungstheorie*. Sie läßt sich oftmals dann anwenden, wenn man es mit gebundenen Systemen zu tun hat, deren Hamilton-Operator zeitunabhängig ist.

Der Abschnitt beginnt mit einer allgemeinen Diskussion der zeitunabhängigen Störungstheorie für den nichtentarteten und entarteten Fall. Realistische Anwendungsbeispiele dieser Methode sind z.B. der *Stark*- und der *anomale Zeeman-Effekt*, die ebenfalls hier besprochen werden. Desweiteren werden wir sehen, wie das in Unterabschn. 3.5.5 bereits naiv diskutierte Wasserstoffatom mit Hilfe der zeitunabhängigen Störungstheorie in einer realistischeren Weise beschrieben werden kann (*Feinstruktur*- und *Hyperfeinstrukturaufspaltung*).

3.7.1 Zeitunabhängige Störungstheorie

Man betrachte die zeitunabhängige Schrödinger-Gleichung

$$(\boldsymbol{H}^{(0)} + \boldsymbol{H}')\,|n\rangle = E_n\,|n\rangle \ . \tag{3.68}$$

Wir nehmen an, daß zu $\boldsymbol{H}^{(0)}$ ein vollständiger Satz von nichtentarteten, orthonormalen Eigenvektoren $\left|n^{(0)}\right\rangle$ samt zugehöriger Eigenwerte $E_n^{(0)}$ bekannt sei:

$$\boldsymbol{H}^{(0)}\left|n^{(0)}\right\rangle = E_n^{(0)}\left|n^{(0)}\right\rangle \ .$$

Desweiteren soll $\boldsymbol{H}'$ in einem später zu definierenden Sinne „klein" gegenüber $\boldsymbol{H}^{(0)}$ sein. Üblicherweise bezeichnet man $\boldsymbol{H}^{(0)}$ als *ungestörten Hamilton-Operator* und $\boldsymbol{H}'$ als *Störoperator* oder *Störung*. Zur Lösung von (3.68) führen wir einen fiktiven Störparameter λ ein, den wir weiter unten wieder entfernen bzw. Eins setzen und formulieren (3.68) um zu

$$(\boldsymbol{H}^{(0)} + \lambda\boldsymbol{H}')\,|n\rangle = E_n\,|n\rangle \ ,$$

wobei sich die Kleinheit von $\boldsymbol{H}'$ zunächst im Parameter λ widerspiegelt. Nun ist es sinnvoll, anzunehmen, daß sich die Energien E_n und die (unnormierten) Zustände $|n\rangle$ in Potenzreihen von λ ausdrücken lassen,

$$\left.\begin{aligned} E_n &= E_n^{(0)} + \lambda E_n^{(1)} + \lambda^2 E_n^{(2)} + \ldots \\ |n\rangle &= \left|n^{(0)}\right\rangle + \lambda\left|n^{(1)}\right\rangle + \lambda^2\left|n^{(2)}\right\rangle + \ldots \ , \end{aligned}\right. \tag{3.69}$$

wobei die gestörten Größen für $\lambda \to 0$ kontinuierlich in die entsprechenden Größen des ungestörten Problems übergehen:

$$\lambda \to 0 \Longrightarrow |n\rangle \to \left|n^{(0)}\right\rangle \ , \ E_n \to E_n^{(0)} \ .$$

Aufgrund der Vollständigkeit der ungestörten Basiszustände $\left|n^{(0)}\right\rangle$ lassen sich die Kets $\left|n^{(r)}\right\rangle$, $r > 0$, nach diesen entwickeln,

$$\left|n^{(r)}\right\rangle = \sum_m C_m^{(r)} \left|m^{(0)}\right\rangle ,$$

und wir erhalten

$$|n\rangle = \left|n^{(0)}\right\rangle + \lambda \sum_m C_m^{(1)} \left|m^{(0)}\right\rangle + \lambda^2 \sum_m C_m^{(2)} \left|m^{(0)}\right\rangle + \ldots$$

bzw. nach geeigneter Umskalierung der $C_m^{(r)}$

$$|n\rangle = \left|n^{(0)}\right\rangle + \lambda \sum_{m\neq n} C_m^{(1)} \left|m^{(0)}\right\rangle + \lambda^2 \sum_{m\neq n} C_m^{(2)} \left|m^{(0)}\right\rangle + \ldots . \quad (3.70)$$

Setzt man nun die Gleichungen (3.69) und (3.70) in das Ausgangsproblem (3.68) ein und ordnet die Terme nach Potenzen von λ, dann ergeben sich in den niedrigsten Ordnungen die Gleichungen:

0. Ordnung:

$$\boldsymbol{H}^{(0)} \left|n^{(0)}\right\rangle = E_n^{(0)} \left|n^{(0)}\right\rangle$$

1. Ordnung:

$$\begin{aligned} \boldsymbol{H}^{(0)} \sum_{m\neq n} C_m^{(1)} \left|m^{(0)}\right\rangle + \boldsymbol{H}' \left|n^{(0)}\right\rangle = E_n^{(0)} \sum_{m\neq n} C_m^{(1)} \left|m^{(0)}\right\rangle & \\ + E_n^{(1)} \left|n^{(0)}\right\rangle & \quad (3.71) \end{aligned}$$

2. Ordnung:

$$\begin{aligned} \boldsymbol{H}^{(0)} \sum_{m\neq n} C_m^{(2)} \left|m^{(0)}\right\rangle + \boldsymbol{H}' \sum_{m\neq n} C_m^{(1)} \left|m^{(0)}\right\rangle = E_n^{(0)} \sum_{m\neq n} C_m^{(2)} \left|m^{(0)}\right\rangle & \\ + E_n^{(1)} \sum_{m\neq n} C_m^{(1)} \left|m^{(0)}\right\rangle & \\ + E_n^{(2)} \left|n^{(0)}\right\rangle . & \quad (3.72) \end{aligned}$$

Die 0. Ordnung führt offensichtlich wieder auf die Gleichung für das ungestörte Problem. Multipliziert man (3.71) von links mit $\left\langle n^{(0)}\right|$, so folgt

$$E_n^{(1)} = \left\langle n^{(0)}\right| \boldsymbol{H}' \left|n^{(0)}\right\rangle ,$$

d.h. die Korrekturenergie 1. Ordnung zur ungestörten Energie $E_n^{(0)}$ ist gleich dem Erwartungswert der Störung $\boldsymbol{H}'$ im entsprechenden ungestörten Zustand $\left|n^{(0)}\right\rangle$. Die Entwicklungskoeffizienten $C_m^{(1)}$ erhält man durch Linksmultiplikation von (3.71) mit $\left\langle k^{(0)}\right| \neq \left\langle n^{(0)}\right|$:

$$\sum_{m\neq n} C_m^{(1)} E_m^{(0)} \delta_{km} + \left\langle k^{(0)} \middle| \boldsymbol{H}' \middle| n^{(0)} \right\rangle = E_n^{(0)} \sum_{m\neq n} C_m^{(1)} \delta_{km}$$

$$\Longrightarrow C_m^{(1)} = \frac{\left\langle m^{(0)} \right| \boldsymbol{H}' \left| n^{(0)} \right\rangle}{E_n^{(0)} - E_m^{(0)}} .$$

Die unnormierten Zustände des gestörten Problems lauten somit in 1. Ordnung (und mit $\lambda = 1$)

$$|n\rangle = \left| n^{(0)} \right\rangle + \sum_{m\neq n} \frac{\left\langle m^{(0)} \right| \boldsymbol{H}' \left| n^{(0)} \right\rangle}{E_n^{(0)} - E_m^{(0)}} \left| m^{(0)} \right\rangle . \tag{3.73}$$

Zur Bestimmung der entsprechenden Größen in 2. Ordnung verfährt man genauso. Wir begnügen uns hier mit der Angabe der Korrekturenergie 2. Ordnung, die man durch Multiplikation von (3.72) mit $\left\langle n^{(0)} \right|$ erhält:

$$E_n^{(2)} = \sum_{m\neq n} \frac{\left| \left\langle m^{(0)} \right| \boldsymbol{H}' \left| n^{(0)} \right\rangle \right|^2}{E_n^{(0)} - E_m^{(0)}} .$$

Anhand von (3.73) läßt sich nun die „Kleinheit“ von $\boldsymbol{H}'$ und damit die Güte der störungstheoretischen Entwicklung quantifizieren. Eine notwendige Bedingung dafür, daß $\left| n^{(1)} \right\rangle$ klein ist gegenüber $\left| n^{(0)} \right\rangle$, liefert die Ungleichung

$$\left| \frac{\left\langle m^{(0)} \right| \boldsymbol{H}' \left| n^{(0)} \right\rangle}{E_n^{(0)} - E_m^{(0)}} \right| \ll 1 .$$

Sie hängt offenbar von drei Faktoren ab, nämlich

- der absoluten Größe der Störung $\boldsymbol{H}'$,
- den Matrixelementen von $\boldsymbol{H}'$ zwischen ungestörten Zuständen und
- den Energiedifferenzen zwischen diesen Zuständen.

Im Falle einer Entartung, $E_n^{(0)} = E_m^{(0)}$, ist es offensichtlich nicht so ohne weiteres möglich, obige Bedingung für die Anwendbarkeit der Störungstheorie zu erfüllen. Sie wäre nur dann erfüllt, wenn mit den Koeffizientennennern auch gleichzeitig die Zähler also die nichtdiagonalen Matrixelemente von $\boldsymbol{H}'$ verschwinden. Genauer ausgedrückt: Die Eigenvektoren von $\boldsymbol{H}^{(0)}$ zum selben Energieeigenwert müssen gleichzeitig eine Eigenbasis von $\boldsymbol{H}'$ sein. Dies läßt sich aber stets erreichen, da $\boldsymbol{H}^{(0)}$ für diese Vektoren nicht nur diagonal sondern proportional zur Einheitsmatrix ist. Da $\boldsymbol{H}'$ mit der Einheitsmatrix kommutiert, kann man $\boldsymbol{H}'$ in diesem entarteten Unterraum diagonalisieren, ohne dabei die Diagonalität von $\boldsymbol{H}^{(0)}$ zu zerstören. Man beachte also: Auch wenn die Gesamtheit der Eigenvektoren von $\boldsymbol{H}^{(0)}$ einen unendlichdimensionalen Raum aufspannen, so betrifft die gleichzeitige Diagonalisierung von $\boldsymbol{H}^{(0)}$ und $\boldsymbol{H}'$ in der Regel jeweils nur einen kleinen endlichdimensionalen Unterraum, der gerade von den zum selben Eigenwert gehörenden Eigenkets von $\boldsymbol{H}^{(0)}$ aufgespannt wird.

Satz 3.22: Zeitunabhängige Störungstheorie

Gegeben sei die zeitunabhängige Schrödinger-Gleichung

$$\left(\boldsymbol{H}^{(0)} + \boldsymbol{H}'\right)|n\rangle = E_n\,|n\rangle \ ,$$

mit $\boldsymbol{H}'$ als kleinem Störoperator. Für das ungestörte Problem

$$\boldsymbol{H}^{(0)}\left|n^{(0)}\right\rangle = E_n^{(0)}\left|n^{(0)}\right\rangle$$

seien ein vollständiger Satz nichtentarteter orthonormierter Lösungskets mit den zugehörigen Eigenenergien bekannt. Die Korrekturenergien in 1. und 2. Ordnung Störungstheorie sind dann gegeben durch

$$E_n^{(1)} = \left\langle n^{(0)}\right|\boldsymbol{H}'\left|n^{(0)}\right\rangle \ , \ E_n^{(2)} = \sum_{m\neq n}\frac{|\left\langle m^{(0)}\right|\boldsymbol{H}'\left|n^{(0)}\right\rangle|^2}{E_n^{(0)} - E_m^{(0)}} \ . \tag{3.74}$$

Ist ein Energieeigenwert entartet, so hat man in dem damit verbundenen degenerierten Teilraum eine Basis zu wählen, die $\boldsymbol{H}'$ diagonalisiert.

Es sei an dieser Stelle darauf hingewiesen, daß sich störungstheoretische Berechnungen oftmals durch Berücksichtigung von Symmetrien vereinfachen lassen. Hat man beispielsweise

$$[\boldsymbol{\Omega}, \boldsymbol{H}'] = \boldsymbol{0} \ , \ \boldsymbol{\Omega}\,|\alpha,\omega\rangle = \omega\,|\alpha,\omega\rangle \ ,$$

so gilt

$$0 = \langle\alpha_1\omega_1|\,\boldsymbol{\Omega}\boldsymbol{H}' - \boldsymbol{H}'\boldsymbol{\Omega}\,|\alpha_2,\omega_2\rangle = (\omega_1 - \omega_2)\,\langle\alpha_1,\omega_1|\,\boldsymbol{H}'\,|\alpha_2,\omega_2\rangle \ .$$

Hieraus folgt die *Auswahlregel*

$$\omega_1 \neq \omega_2 \Longrightarrow \langle\alpha_1,\omega_1|\,\boldsymbol{H}'\,|\alpha_2,\omega_2\rangle = 0 \ . \tag{3.75}$$

Desweiteren läßt sich die in (3.74) stehende Summe von $E_n^{(2)}$ auf die Berechnung von drei Matrixelementen reduzieren, wenn man einen Operator $\boldsymbol{\Omega}$ finden kann, für den gilt:

$$\boldsymbol{H}'\left|n^{(0)}\right\rangle = [\boldsymbol{\Omega}, \boldsymbol{H}^{(0)}]\left|n^{(0)}\right\rangle \ .$$

Unter Ausnutzung der Vollständigkeit der ungestörten Eigenkets ergibt sich dann nämlich

$$\begin{aligned}
E_n^{(2)} &= \sum_{m\neq n}\frac{\langle n^{(0)}|\,\boldsymbol{H}'\,|m^{(0)}\rangle\langle m^{(0)}|\,\boldsymbol{\Omega}\boldsymbol{H}^{(0)} - \boldsymbol{H}^{(0)}\boldsymbol{\Omega}\,|n^{(0)}\rangle}{E_n^{(0)} - E_m^{(0)}} \\
&= \sum_{m\neq n}\left\langle n^{(0)}\right|\boldsymbol{H}'\left|m^{(0)}\right\rangle\left\langle m^{(0)}\right|\boldsymbol{\Omega}\left|n^{(0)}\right\rangle \\
&= \left\langle n^{(0)}\right|\boldsymbol{H}'\boldsymbol{\Omega}\left|n^{(0)}\right\rangle - \left\langle n^{(0)}\right|\boldsymbol{H}'\left|n^{(0)}\right\rangle\left\langle n^{(0)}\right|\boldsymbol{\Omega}\left|n^{(0)}\right\rangle \ .
\end{aligned} \tag{3.76}$$

3.7.2 Stark-Effekt

Als eine erste Anwendung der zeitunabhängigen Störungstheorie betrachten wir das naive Wasserstoffatom in einem konstanten elektrischen Feld in z-Richtung der Stärke ϵ (*Stark-Effekt*). Der Hamilton-Operator für dieses Problem lautet in der Ortsdarstellung

$$\boldsymbol{H} = \boldsymbol{H}^{(0)} + \boldsymbol{H}' \; , \; \boldsymbol{H}^{(0)} = -\frac{\hbar^2}{2\mu}\boldsymbol{\nabla}^2 - \frac{Ze^2}{r} \; , \; \boldsymbol{H}' = -e\epsilon z \; .$$

Die Eigenfunktionen von $\boldsymbol{H}^{(0)}$ sind

$$\Psi_{n,l,m}(r,\theta,\varphi) = g_{n,l}(r)Y_{l,m}(\theta,\varphi) \; .$$

Die Energieverschiebung des nichtentarteten Grundzustandes ($n = 1$) in 1. Ordnung verschwindet, da $\Psi_{1,0,0}$ eine definierte Parität besitzt und somit $|\Psi_{1,0,0}|^2$ gerade ist, während z ungerade ist:

$$E^{(1)}_{1,0,0} = e\epsilon \left\langle 100\right| z \left|100\right\rangle = e\epsilon \int \mathrm{d}r r^2 \mathrm{d}\Omega |\Psi_{1,0,0}(r)|^2 z = 0 \; .$$

Das Wasserstoffatom besitzt also im Grundzustand kein permanentes Dipolmoment. Für die Energieverschiebung 2. Ordnung des Grundzustandes erwarten wir dagegen einen von Null verschiedenen Beitrag, da das äußere Feld die Elektronhülle deformiert und so ein Dipolmoment induziert, das mit dem elektrischen Feld wechselwirkt:

$$E^{(2)}_{1,0,0} = e^2\epsilon^2 \sum_{n>1,l,m} \frac{|\left\langle nlm\right| z \left|100\right\rangle|^2}{E^{(0)}_1 - E^{(0)}_n} \; .$$

Nun läßt sich zeigen, daß für den Operator

$$\boldsymbol{\Omega} = \frac{\mu r_0 e\epsilon}{Z\hbar^2}\left(\frac{r^2}{2} + \frac{r_0 r}{Z}\right)\cos\theta$$

in der Ortsdarstellung gilt:

$$\boldsymbol{H}' \left|100\right\rangle = [\boldsymbol{\Omega}, \boldsymbol{H}^{(0)}] \left|100\right\rangle \; .$$

Damit folgt unter Anwendung von (3.76)

$$\begin{aligned} E^{(2)}_{1,0,0} &= \left\langle 100\right| \boldsymbol{H}'\boldsymbol{\Omega} \left|100\right\rangle - 0 \\ &= -\frac{\mu r_0 e^2\epsilon^2}{Z\hbar^2}\frac{1}{\pi}\left(\frac{Z}{r_0}\right)^3 \int \mathrm{d}r r^2 \mathrm{d}\Omega \mathrm{e}^{-2Zr/r_0}\left(\frac{r^3}{2} + \frac{r_0 r^2}{Z}\right)\cos^2\theta \\ &= -\frac{9}{4}\frac{\epsilon^2 r_0^3}{Z^4} \; . \end{aligned}$$

Als nächstes betrachten wir den Stark-Effekt für das entartete $n = 2$-Niveau des Wasserstoffatoms, das die folgenden vier Zustände gleicher Energie beinhaltet:

$$\Psi_{2,0,0} = 2\left(\frac{Z}{2r_0}\right)^{3/2}\left(1-\frac{Zr}{2r_0}\right)\mathrm{e}^{-Zr/2r_0}Y_{0,0}$$
$$\Psi_{2,1,0} = \frac{1}{\sqrt{3}}\left(\frac{Z}{2r_0}\right)^{3/2}\frac{Zr}{r_0}\mathrm{e}^{-Zr/2r_0}Y_{1,0}$$
$$\Psi_{2,1,1} = \frac{1}{\sqrt{3}}\left(\frac{Z}{2r_0}\right)^{3/2}\frac{Zr}{r_0}\mathrm{e}^{-Zr/2r_0}Y_{1,1}$$
$$\Psi_{2,1,-1} = \frac{1}{\sqrt{3}}\left(\frac{Z}{2r_0}\right)^{3/2}\frac{Zr}{r_0}\mathrm{e}^{-Zr/2r_0}Y_{1,-1}\,.$$

Zunächst müssen wir aus ihnen Basisvektoren

$$\alpha_1\Psi_{2,0,0}+\alpha_2\Psi_{2,1,0}+\alpha_3\Psi_{2,1,1}+\alpha_4\Psi_{2,1,-1}$$

konstruieren, die $\boldsymbol{H}'$ diagonalisieren. Von den insgesamt 16 Matrixelementen $\langle 2lm|\,\boldsymbol{H}'\,|2l'm'\rangle$ liefern die Diagonaleinträge keinen Beitrag, da alle vier Zustände eine definierte Parität besitzen. Weiterhin kommutiert $\boldsymbol{H}'$ mit $\boldsymbol{L}_z$, so daß wegen (3.75) alle Matrixelemente mit $m \neq m'$ ebenfalls verschwinden. Es verbleibt das zu lösende Eigenwertproblem

$$\begin{pmatrix} 0 & \Delta & 0 & 0\\ \Delta & 0 & 0 & 0\\ 0 & 0 & 0 & 0\\ 0 & 0 & 0 & 0\end{pmatrix}\begin{pmatrix}\alpha_1\\ \alpha_2\\ \alpha_3\\ \alpha_4\end{pmatrix} = E^{(1)}\begin{pmatrix}\alpha_1\\ \alpha_2\\ \alpha_3\\ \alpha_4\end{pmatrix}\,,$$

mit

$$\Delta = -e\epsilon\,\langle 200|\,z\,|210\rangle = \frac{3e\epsilon r_0}{Z}\,.$$

Die zugehörigen Lösungen sind

$$E^{(1)} = \pm\Delta : \boldsymbol{\alpha} = \frac{1}{\sqrt{2}}\begin{pmatrix}1\\ \pm 1\\ 0\\ 0\end{pmatrix}\,,\; E^{(1)} = 0 : \boldsymbol{\alpha} = \begin{pmatrix}0\\ 0\\ 1\\ 0\end{pmatrix},\begin{pmatrix}0\\ 0\\ 0\\ 1\end{pmatrix}\,.$$

Die ungestörten n=2-Zustände, welche stabil unter der Störung $\boldsymbol{H}'$ sind, lauten also zusammen mit ihren Energieverschiebungen 1. Ordnung

$$\frac{1}{\sqrt{2}}\left(\Psi_{2,0,0}+\Psi_{2,1,0}\right)\;,\quad E^{(1)} = \frac{3e\epsilon r_0}{Z}$$
$$\frac{1}{\sqrt{2}}\left(\Psi_{2,0,0}-\Psi_{2,1,0}\right)\;,\quad E^{(1)} = -\frac{3e\epsilon r_0}{Z}$$
$$\Psi_{2,1,1}\;,\quad E^{(1)} = 0$$
$$\Psi_{2,1,-1}\;,\quad E^{(1)} = 0\,.$$

3.7.3 Feinstrukturaufspaltung

Wir wenden uns nun einer realistischeren Beschreibung wasserstoffähnlicher Atome zu. Ausgangspunkt ist wieder der ungestörte Hamilton-Operator

$$\boldsymbol{H}^{(0)} = \frac{\boldsymbol{P}^2}{2\mu} - \frac{Ze^2}{r} ,$$

wobei der Relativimpuls $\boldsymbol{P} = \boldsymbol{P}_{\mathrm{R}}$ im Schwerpunktsystem ($\boldsymbol{P}_{\mathrm{S}} = \boldsymbol{0}$) in folgender Weise mit den Elektron- und Kernimpulsen zusammenhängt:

$$\frac{\boldsymbol{P}^2}{2\mu} = \frac{\boldsymbol{P}_{\mathrm{e}}^2}{2m_{\mathrm{e}}} + \frac{\boldsymbol{P}_{\mathrm{k}}^2}{2m_{\mathrm{k}}} .$$

Als erstes wollen wir relativistisch kinematische Effekte in niedrigster Ordnung berücksichtigen, indem wir $\boldsymbol{P}_{\mathrm{e}}^2/2m_{\mathrm{e}} + \boldsymbol{P}_{\mathrm{k}}^2/2m_{\mathrm{k}}$ durch den Ausdruck

$$\begin{aligned}
\sqrt{\boldsymbol{P}_{\mathrm{e}}^2 c^2 + m_{\mathrm{e}}^2 c^4} + \frac{\boldsymbol{P}_{\mathrm{k}}^2}{2m_{\mathrm{k}}} &\approx m_{\mathrm{e}}c^2 + \frac{\boldsymbol{P}_{\mathrm{e}}^2}{2m_{\mathrm{e}}} + \frac{\boldsymbol{P}_{\mathrm{k}}^2}{2m_{\mathrm{k}}} - \frac{\boldsymbol{P}_{\mathrm{e}}^4}{8m_{\mathrm{e}}^3c^2} \\
&\approx m_{\mathrm{e}}c^2 + \frac{\boldsymbol{P}^2}{2\mu} - \frac{\boldsymbol{P}^4}{8\mu^3c^2}
\end{aligned}$$

ersetzen. Der erste Term auf der rechten Seite ist eine irrelevante Konstante und der zweite der oben stehende nichtrelativistische Ausdruck. Der dritte Term führt zur relativistischen Korrektur

$$\boldsymbol{H}_{\mathrm{T}} = -\frac{\boldsymbol{P}_{\mathrm{e}}^4}{8\mu^3c^2} ,$$

die als kleine Störung zu $\boldsymbol{H}^{(0)}$ hinzukommt. Da der Operator $\boldsymbol{H}_{\mathrm{T}}$ rotationsinvariant ist, hat er diagonale Gestalt in der (nlm)-Basis des ungestörten Problems. Mit anderen Worten: Die (nlm)-Basis ist stabil unter dieser Störung, und wir brauchen die Tatsache nicht weiter zu berücksichtigen, daß die verschiedenen ungestörten Energieniveaus entartet sind. Die Energieverschiebung 1. Ordnung ergibt sich somit einfach aus

$$E_{\mathrm{T}}^{(1)} = -\frac{1}{8\mu^3c^2}\left\langle nlm\right| \boldsymbol{P}^4 \left|nlm\right\rangle .$$

Unter Verwendung von

$$\boldsymbol{P}^4 = 4\mu^2\left(\frac{\boldsymbol{P}^2}{2\mu}\right)^2 = 4\mu^2\left(\boldsymbol{H}^{(0)} + \frac{Ze^2}{r}\right)^2$$

und (3.50) folgt

$$\begin{aligned}
E_{\mathrm{T}}^{(1)} &= -\frac{1}{2\mu c^2}\left(E_n^2 + 2E_nZe^2\left\langle\frac{1}{r}\right\rangle_{nlm} + Z^2e^4\left\langle\frac{1}{r^2}\right\rangle_{nlm}\right) \\
&= \frac{Z^4\alpha_{\mathrm{e}}^4\mu c^2}{2}\left(\frac{3}{4n^4} - \frac{1}{n^3\left(l+\frac{1}{2}\right)}\right) .
\end{aligned}$$

Ein anderer Effekt kommt von der Berücksichtigung des Spins des Elektrons zustande, dessen Ursprung in klassischer Betrachtungsweise wie folgt verstanden werden kann: Bewegt sich das Elektron im Ruhesystem des Kerns mit der (konstanten) Geschwindigkeit $\boldsymbol{v}$, so hat der Kern im Ruhesystem des Elektrons die Geschwindigkeit $-\boldsymbol{v}$ und produziert nach dem Biot-Savartschen Gesetz, Satz 2.16, ein Magnetfeld

$$\boldsymbol{B} = \frac{Ze}{c}\frac{\boldsymbol{v}\times\boldsymbol{x}}{|\boldsymbol{x}|^3} = -\frac{Ze}{m_{\mathrm{e}}c|\boldsymbol{x}|^3}\boldsymbol{x}\times\boldsymbol{p}\ .$$

Dieses Magnetfeld tritt mit dem magnetischen Moment $\boldsymbol{M}^{(\mathrm{e})}$ des Elektrons in Wechselwirkung, und liefert den Energiebeitrag

$$H_{\mathrm{SB}} = -\boldsymbol{M}^{(\mathrm{e})}\boldsymbol{B}\ .$$

Aus quantenmechanischer Sicht folgt hieraus und mit (3.65) der Störoperator für die *Spin-Bahn-Wechselwirkung*:

$$\boldsymbol{H}_{\mathrm{SB}} = -\frac{e}{m_{\mathrm{e}}c}\boldsymbol{S}\boldsymbol{B} = \frac{Ze^2}{m_{\mathrm{e}}^2c^2r^3}\boldsymbol{L}\boldsymbol{S}\ ,\ r = |\boldsymbol{x}|\ .$$

Wie sich zeigt, muß dieser Ausdruck um den Faktor 2 reduziert werden, der sich aus relativistischen Effekten zusammen mit der nicht geradlinigen Bewegung des Elektrons um den Kern (*Thomas-Präzession*) ergibt. Vernachlässigen wir den Unterschied zwischen m_{e} und μ, dann lautet also der korrekte Störoperator

$$\boldsymbol{H}_{\mathrm{SB}} = \frac{Ze^2}{2\mu^2c^2r^3}\boldsymbol{L}\boldsymbol{S}\ .$$

Die Berechnung der entsprechenden Energieverschiebungen erfordert wieder eine Diagonalisierung von $\boldsymbol{H}_{\mathrm{SB}}$ in den zu den ungestörten Energien $E_n^{(0)}$ gehörenden $2(2l+1)$-dimensionalen Unterräumen, wobei der Faktor 2 von den zwei Spineinstellungen des Elektrons kommt. Der damit verbundene Aufwand läßt sich wesentlich reduzieren, wenn man berücksichtigt, daß gilt:

$$\begin{aligned}\boldsymbol{J} = \boldsymbol{L}+\boldsymbol{S} &\Longrightarrow \boldsymbol{J}^2 = \boldsymbol{L}^2+\boldsymbol{S}^2+2\boldsymbol{L}\boldsymbol{S}\\ &\Longrightarrow \boldsymbol{H}_{\mathrm{SB}} = \frac{Ze^2}{4\mu^2c^2r^3}\left[\boldsymbol{J}^2-\boldsymbol{L}^2-\boldsymbol{S}^2\right]\ .\end{aligned}$$

Wir können nämlich nun die in Unterabschn. 3.4.5 erarbeiteten Gesamtdrehimpulseigenzustände $\left|l,\frac{1}{2},J,M\right\rangle$ verwenden, für die $\boldsymbol{H}_{\mathrm{SB}}$ bereits diagonale Gestalt besitzt. Nach (3.34) folgt dann den zwei Gesamtdrehimpulseinstellungen $J = l\pm 1/2$, $l>0$ entsprechend

$$\begin{aligned}E_{\mathrm{SB}}^{(1)} &= \left\langle n,l,\frac{1}{2},l\pm\frac{1}{2},M\right|\boldsymbol{H}_{\mathrm{SB}}\left|n,l,\frac{1}{2},l\pm\frac{1}{2},M\right\rangle\\ &= \left\langle n,l,\frac{1}{2},l\pm\frac{1}{2},M\right|\frac{1}{r^3}\left|n,l,\frac{1}{2},l\pm\frac{1}{2},M\right\rangle\end{aligned}$$

$$\times\frac{Ze^2\hbar^2}{4\mu^2c^2}\left[\left(l\pm\frac{1}{2}\right)\left(l\pm\frac{1}{2}+1\right)-l(l+1)-\frac{3}{4}\right]$$

$$=\left\{\frac{l+\frac{1}{2}\pm M}{2l+1}\left\langle n,l,M-\frac{1}{2};+\left|\frac{1}{r^3}\right|n,l,M-\frac{1}{2};+\right\rangle\right.$$

$$\left.+\frac{l+\frac{1}{2}\mp M}{2l+1}\left\langle n,l,M+\frac{1}{2};-\left|\frac{1}{r^3}\right|n,l,M+\frac{1}{2};-\right\rangle\right\}$$

$$\times\frac{Ze^2\hbar^2}{4\mu^2c^2}\left[\left(l\pm\frac{1}{2}\right)\left(l\pm\frac{1}{2}+1\right)-l(l+1)-\frac{3}{4}\right]$$

$$=\frac{Ze^2\hbar^2}{4\mu^2c^2}\left\langle\frac{1}{r^3}\right\rangle_{nl}\left\{\begin{array}{c}l\\-l-1\end{array}\right\}.$$

Aufgrund der Orthogonalität der Kugelflächenfunktionen und der Elektronspinbasiszustände liefern die Matrixelemente

$$\left\langle n,l,M\pm\frac{1}{2};\mp\left|\frac{1}{r^3}\right|n,l,M\mp\frac{1}{2};\pm\right\rangle$$

keinen Beitrag. Mit (3.50) ergibt sich schließlich

$$E_{\mathrm{SB}}^{(1)}=\frac{Z^4\alpha_{\mathrm{e}}^4\mu c^2}{4}\frac{\left\{\begin{array}{c}l\\-l-1\end{array}\right\}}{n^3l\left(l+\frac{1}{2}\right)(l+1)}. \tag{3.77}$$

Kombiniert man die Energieverschiebungen $E_{\mathrm{T}}^{(1)}$ und $E_{\mathrm{SB}}^{(1)}$, so erhält man als Gesamtverschiebung die *Feinstrukturverschiebung* oder *-aufspaltung*:

$$E_{\mathrm{FS}}^{(1)}=E_{\mathrm{T}}^{(1)}+E_{\mathrm{SB}}^{(1)}=\frac{Z^4\alpha_{\mathrm{e}}^4\mu c^2}{2n^3}\left(\frac{3}{4n}-\frac{1}{J+\frac{1}{2}}\right),\ J=l\pm\frac{1}{2}. \tag{3.78}$$

Man beachte, daß diese Formel für den Fall $l>0$ hergeleitet wurde. Bei $l=0$ divergiert $\left\langle\frac{1}{r^3}\right\rangle_{nl}$ und $\boldsymbol{LS}$ verschwindet. Setzen wir aber in (3.78) $l=0$, dann erhalten wir ein endliches Resultat, und es zeigt sich, daß es im Rahmen der relativistischen Quantenmechanik tatsächlich die korrekte Energieverschiebung für l=0-Zustände liefert.

Die durch $E_{\mathrm{SB}}^{(1)}$ und $E_{\mathrm{FS}}^{(1)}$ hervorgerufenen Aufspaltungen sind in Abb. 3.12 dargestellt. Ein interessantes Ergebnis aus (3.78) ist, daß die Korrekturen so zusammenwirken, daß die Zustände $2s_{1/2}$ und $2p_{1/2}$ genau zusammenfallen. Im Jahre 1947 konnten Lamb und Retherford in einem Hochpräzisionsexperiment jedoch eine kleine Abweichung zwischen den $2s_{1/2}$- und $2p_{1/2}$-Niveaus messen. Dieser, unter dem Namen *Lamb-Shift* bekannte Effekt läßt sich nur im Rahmen der Quantenelektrodynamik erklären, nach der die Differenz als Folge der Wechselwirkung des Elektrons mit seinem eigenen Strahlungsfeld zustande kommt.

3.7.4 Anomaler Zeeman-Effekt

Wir wollen nun untersuchen, wie sich die Spin-Bahn-Wechselwirkung auf wasserstoffähnliche Atome in einem konstanten Magnetfeld $\boldsymbol{B}=B\boldsymbol{e}_z$ in z-Richtung auswirkt. Hierzu betrachten wir

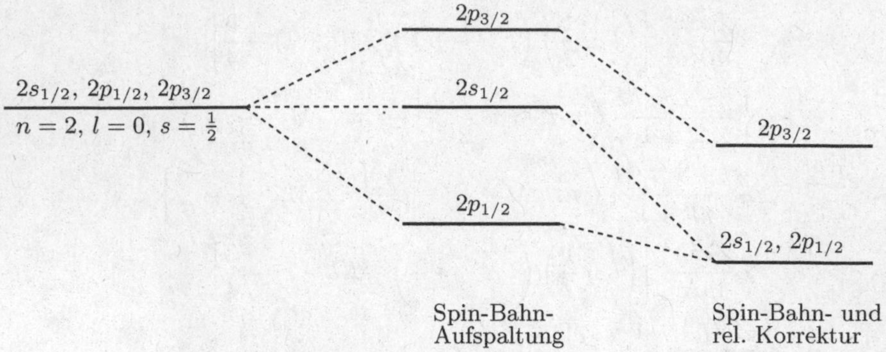

Abb. 3.12. Linienaufspaltungen des n=2,l=0-Wasserstoffniveaus unter Berücksichtigung der Spin-Bahn-Wechselwirkung sowie kinematisch relativistischer Korrekturen

$$\boldsymbol{H}^{(0)} = \frac{\boldsymbol{P}^2}{2\mu} - \frac{Ze^2}{r} + \frac{Ze^2}{2m_{\mathrm{e}}^2c^2r^3}\boldsymbol{LS}$$

als ungestörten Hamilton-Operator und

$$\boldsymbol{H}_{\mathrm{AZ}} = -\frac{e}{2m_{\mathrm{e}}c}(\boldsymbol{L}+2\boldsymbol{S})\boldsymbol{B} = -\frac{eB}{2m_{\mathrm{e}}c}(\boldsymbol{L}_z + 2\boldsymbol{S}_z) = -\frac{eB}{2m_{\mathrm{e}}c}(\boldsymbol{J}_z + \boldsymbol{S}_z)$$

als kleine Störung. Letztere berücksichtigt die Wechselwirkung des äußeren Magnetfeldes sowohl mit dem durch den Bahndrehimpuls des Elektrons hervorgerufenen magnetischen Dipolmoment als auch mit dem magnetischen Dipolmoment des Elektronspins. Die Wahl von $\boldsymbol{H}^{(0)}$ zwingt uns wieder, die Gesamtdrehimpulseigenzustände aus (3.34) zur Berechnung der entsprechenden Energieverschiebungen zu verwenden. Wir erhalten somit

$$\begin{aligned}
E_{\mathrm{AZ}}^{(1)} &= \left\langle n,l,\frac{1}{2},l\pm\frac{1}{2},M\right|\boldsymbol{H}_{\mathrm{AZ}}\left|n,l,\frac{1}{2},l\pm\frac{1}{2},M\right\rangle \\
&= -\frac{eB}{2m_{\mathrm{e}}c}\left\{\hbar M + \left\langle n,l,\frac{1}{2},l\pm\frac{1}{2},M\right|\boldsymbol{S}_z\left|n,l,\frac{1}{2},l\pm\frac{1}{2},M\right\rangle\right\} \\
&= -\frac{eB}{2m_{\mathrm{e}}c}\left\{\hbar M + \frac{l+\frac{1}{2}\pm M}{2l+1}\left\langle n,l,M-\frac{1}{2};+\right|\boldsymbol{S}_z\left|n,l,M-\frac{1}{2};+\right\rangle\right. \\
&\qquad\left. + \frac{l+\frac{1}{2}\mp M}{2l+1}\left\langle n,l,M+\frac{1}{2};-\right|\boldsymbol{S}_z\left|n,l,M+\frac{1}{2};-\right\rangle\right\} \\
\Longrightarrow E_{\mathrm{AZ}}^{(1)} &= -\frac{eB\hbar M}{2m_{\mathrm{e}}c}\left(1\pm\frac{1}{2l+1}\right),\ J = l\pm\frac{1}{2}\,.
\end{aligned}$$

Die Zustände mit festem $J = l \pm 1/2$ werden also in $2j$ äquidistante Linien aufgespalten, die jeweils einen Abstand von $\frac{eB\hbar}{2m_{\mathrm{e}}c}\frac{2l+2}{2l+1}$ bzw. $\frac{eB\hbar}{2m_{\mathrm{e}}c}\frac{2l}{2l+1}$ haben (siehe Abb. 3.13). Da man für diese Aufspaltungen zur Zeit ihrer Entdeckung noch keine Erklärung (durch den Elektronspin) hatte, nannte man sie *anomaler Zeeman-Effekt.*

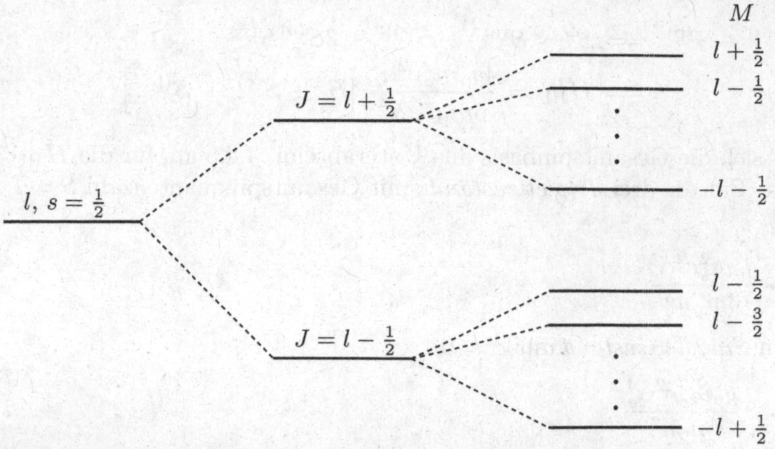

Abb. 3.13. Linienaufspaltungen der zu den Gesamtdrehimpulsquantenzahlen $J = l \pm 1/2$ gehörenden Wasserstoffniveaus in Anwesenheit eines äußeren Magnetfeldes (anomaler Zeeman-Effekt)

3.7.5 Hyperfeinstrukturaufspaltung

Bei Zuständen mit der Bahndrehimpulsquantenzahl $l = 0$ erwartet man nach (3.78) keine Feinstrukturaufspaltung in wasserstoffähnlichen Atomen. Trotzdem zeigen Präzisionsexperimente auch hierbei eine Aufspaltung in zwei Linien. Die Erklärung hierfür liefert das bisher vernachlässigte magnetische Dipolmoment (und der damit verbundene Spin) des Kerns,

$$\boldsymbol{M}^{(\mathrm{k})} = \frac{Zeg_{\mathrm{k}}}{2m_{\mathrm{k}}c}\boldsymbol{I} \ , \ \boldsymbol{I} = \text{Kernspin} \ ,$$

der mit dem magnetischen Dipolmoment

$$\boldsymbol{M}^{(\mathrm{e})} = \frac{e}{m_{\mathrm{e}}c}\boldsymbol{S}^{(\mathrm{e})}$$

des Elektrons in Wechselwirkung tritt. Beschränkt man sich auf l=0-Zustände von Wasserstoffatomen ($Z = 1$, $g_{\mathrm{k}} = g_{\mathrm{p}}$, $\boldsymbol{I} = \boldsymbol{S}^{(\mathrm{p})}$), dann kann man zeigen, daß der durch die magnetischen Momente von Elektron und Proton hervorgerufene Störoperator gegeben ist durch[15]

$$\boldsymbol{H}_{\mathrm{HF}} = \frac{4g_{\mathrm{p}}m_{\mathrm{e}}^2c^2\alpha_{\mathrm{e}}^4}{3m_{\mathrm{p}}n^3\hbar^2}\boldsymbol{S}^{(\mathrm{e})}\boldsymbol{S}^{(\mathrm{p})} \ .$$

Da die Spins von den übrigen Freiheitsgraden völlig entkoppelt sind, benötigen wir zur Bestimmung der entsprechenden Energieverschiebungen lediglich eine Spinbasis, die $\boldsymbol{H}_{\mathrm{HF}}$ diagonalisiert. Hierzu verfahren wir analog zur $\boldsymbol{LS}$-Kopplung und schreiben

[15] Für l>0-Zustände kann die Spin-Spin-Wechselwirkung aufgrund der großen Kernmasse gegenüber der Spin-Bahn-Wechselwirkung vernachlässigt werden.

$$\boldsymbol{S} = \boldsymbol{S}^{(\mathrm{e})} + \boldsymbol{S}^{(\mathrm{p})} \Longrightarrow \boldsymbol{S}^2 = \boldsymbol{S}^{(\mathrm{e})^2} + \boldsymbol{S}^{(\mathrm{p})^2} + 2\boldsymbol{S}^{(\mathrm{e})}\boldsymbol{S}^{(\mathrm{p})}$$

$$\Longrightarrow \boldsymbol{H}_{\mathrm{HF}} = \frac{4g_{\mathrm{p}}m_{\mathrm{e}}^2c^2\alpha_{\mathrm{e}}^4}{6m_{\mathrm{p}}n^3\hbar^2}\left[\boldsymbol{S}^2 - \boldsymbol{S}^{(\mathrm{e})^2} - \boldsymbol{S}^{(\mathrm{p})^2}\right] .$$

Nun bietet sich die Gesamtspinbasis aus Unterabschn. 3.4.5 an, für die $\boldsymbol{H}_{\mathrm{HF}}$ diagonal ist. Für die drei *Triplettzustände* mit Gesamtspinquantenzahl $S = 1$ ergibt sich

$$E_{\mathrm{HF}}^{(1)} = \frac{g_{\mathrm{p}}m_{\mathrm{e}}^2c^2\alpha_{\mathrm{e}}^4}{3m_{\mathrm{p}}n^3}$$

und für den *Singulettzustand* mit $S = 0$

$$E_{\mathrm{HF}}^{(1)} = -\frac{g_{\mathrm{p}}m_{\mathrm{e}}^2c^2\alpha_{\mathrm{e}}^4}{m_{\mathrm{p}}n^3} .$$

Die Energiedifferenz zwischen den Triplett- und Singulettzuständen für $n = 1$, $l = 0$ beträgt

$$\Delta E_{\mathrm{HF}}^{(1)} = \frac{4g_{\mathrm{p}}m_{\mathrm{e}}^2c^2\alpha_{\mathrm{e}}^4}{3m_{\mathrm{p}}} = 5.857 \cdot 10^{-12}\,\mathrm{MeV} .$$

Die mit diesem Übergang verbundene Emissionsfrequenz ist

$$\nu = \frac{\Delta E_{\mathrm{HF}}^{(1)}}{2\pi\hbar} \approx 1420\,\mathrm{MHz}$$

und liegt somit im Mikrowellenbereich ($\lambda \approx 21\,\mathrm{cm}$). Sie spielt eine wichtige Rolle in der Radioastronomie, da man hierüber Aussagen über die Dichteverteilung von atomarem Wasserstoffgas in Galaxien gewinnen kann.

Zusammenfassung

- Viele stationäre Probleme, die analytisch nicht exakt gelöst werden können, lassen sich durch Anwendung der **zeitunabhängigen Störungstheorie** näherungsweise lösen. Die Korrekturen zu den ungestörten Zuständen und Energien ergeben sich im wesentlichen aus Matrixelementen des Störoperators zwischen ungestörten Zuständen. Ist ein ungestörter Energieeigenwert entartet, so hat man den Störoperator in dem durch die Eigenzustände dieses Energiewertes aufgespannten Teilraum zu diagonalisieren.

- Realistische Anwendungsbeispiele der zeitunabhängigen Störungstheorie sind z.B. der **Stark-Effekt**, die **Feinstruktur-** und **Hyperfeinstrukturaufspaltung**.

▷

- Die Feinstrukturaufspaltung wasserstoffähnlicher Atome resultiert aus der Berücksichtigung zweier Effekte: (i) Relativistisch kinematische Korrektur ($\boldsymbol{P}^4$-Term) und (ii) Wechselwirkung zwischen dem durch die Elektronbewegung hervorgerufenem Magnetfeld und dem intrinsischen Dipolmoment des Elektrons. Letztere läßt sich sehr einfach durch Verwendung von Gesamtdrehimpulszuständen beschreiben.
- Die Berücksichtigung der Wechselwirkung zwischen den durch den Kern- und Elektronspins hervorgerufenen magnetischen Momenten führt zur Hyperfeinstrukturaufspaltung. Auch sie läßt sich (für l=0-Wasserstoffatomzustände) durch Gebrauch von Gesamtspinzuständen einfach berechnen.

Anwendungen

48. Naives Heliumatom. Man betrachte ein Heliumatom, bestehend aus zwei Protonen ($Z = 2$) und zwei Hüllenelektronen, wobei in sehr guter Näherung angenommen werden kann, daß der Atomkern unendlich schwer ist. Im Ruhesystem des Kerns haben wir somit ein Zwei-Teilchenproblem vorliegen, dessen Hamilton-Operator unter Vernachlässigung relativistischer und durch Spins hervorgerufener Effekte durch

$$\boldsymbol{H} = \boldsymbol{H}_1 + \boldsymbol{H}_2 + V \;,\; \boldsymbol{H}_i = \frac{\boldsymbol{P}_i^2}{2m_{\mathrm{e}}} - \frac{2e^2}{|\boldsymbol{x}_i|} \;,\; V(\boldsymbol{x}_1, \boldsymbol{x}_2) = \frac{e^2}{|\boldsymbol{x}_1 - \boldsymbol{x}_2|}$$

gegeben ist. Hierbei beschreibt V die abstoßende Wechselwirkung zwischen den beiden Elektronen. Man berechne die Grundzustandsenergie dieses Systems in 1. Ordnung Störungstheorie, wobei V als Störterm zu betrachten ist.

Lösung. Die stationäre Schrödinger-Gleichung für das ungestörte Problem (0. Ordnung) lautet

$$(\boldsymbol{H}_1 + \boldsymbol{H}_2)\Psi(\boldsymbol{x}_1, \boldsymbol{x}_2) = E^{(0)}\Psi(\boldsymbol{x}_1, \boldsymbol{x}_2) \;.$$

Zu ihrer Lösung machen wir den Produktansatz

$$\Psi(\boldsymbol{x}_1, \boldsymbol{x}_2) = \Psi_1(\boldsymbol{x}_1)\Psi_2(\boldsymbol{x}_2) \;.$$

Damit zerfällt die Schrödinger-Gleichung in zwei Gleichungen für wasserstoffähnliche Atome,

$$\boldsymbol{H}_i\Psi_i(\boldsymbol{x}_i) = E_i^{(0)}\Psi_i(\boldsymbol{x}_i) \;,\; E^{(0)} = E_1^{(0)} + E_2^{(0)} \;,$$

deren Lösungen durch

$$\Psi_i(\boldsymbol{x}) = \Psi_{n_i,l_i,m_i}(\boldsymbol{x}) = g_{n_i,l_i}(r)Y_{l_i,m_i}(\theta, \varphi) \;,\; E_i^{(0)} = -\frac{2m_{\mathrm{e}}c^2\alpha_{\mathrm{e}}^2}{n_i^2}$$

gegeben sind. Für die nichtentartete Grundzustandsenergie des Heliumatoms ($n_1 = n_2 = 1$) folgt somit in 0. Ordnung

$$E_{1,1}^{(0)} = -4m_e c^2 \alpha_e^2 = -108.8\,\mathrm{eV}\,.$$

Zum Vergleich: Der experimentelle Wert beträgt: -78.98 eV. Für die Korrektur in 1. Ordnung hat man das Integral

$$\begin{aligned}
E_{1,1}^{(1)} &= \int \mathrm{d}^3x_1 \int \mathrm{d}^3x_2 |\Psi_{1,0,0}(\boldsymbol{x}_1)|^2 |\Psi_{1,0,0}(\boldsymbol{x}_2)|^2 \frac{e^2}{|\boldsymbol{x}_1 - \boldsymbol{x}_2|} \\
&= \frac{e^2}{\pi^2}\left(\frac{2}{r_0}\right)^6 \int \mathrm{d}r_1 r_1^2 \mathrm{e}^{-4r_1/r_0} \int \mathrm{d}r_2 r_2^2 \mathrm{e}^{-4r_2/r_0} \\
&\quad \times \int \mathrm{d}\Omega_1 \int \mathrm{d}\Omega_2 \frac{1}{|\boldsymbol{x}_1 - \boldsymbol{x}_2|}
\end{aligned}$$

zu berechnen. Man sieht leicht, daß der Ausdruck

$$\int \frac{\mathrm{d}\Omega_2}{|\boldsymbol{x}_1 - \boldsymbol{x}_2|}$$

nur von $|\boldsymbol{x}_1|$ abhängt. Wir brauchen ihn deshalb nur für einen Vektor, z.B. $\boldsymbol{x}_1 = r_1 \boldsymbol{e}_z$, zu berechnen. Führen wir für $\boldsymbol{x}_2$ Kugelkoordinaten ein,

$$\boldsymbol{x}_2 = r_2 \begin{pmatrix} \cos\varphi\cos\theta \\ \sin\varphi\cos\theta \\ \sin\theta \end{pmatrix},$$

so folgt

$$\begin{aligned}
\int \frac{\mathrm{d}\Omega_2}{|\boldsymbol{x}_1 - \boldsymbol{x}_2|} &= \int_0^{2\pi} \mathrm{d}\varphi \int_{-1}^{1} \mathrm{d}\cos\theta (r_1^2 + r_2^2 - 2r_1r_2\cos\theta)^{-1/2} \\
&= -\frac{2\pi}{r_1r_2}\left(\sqrt{r_1^2 + r_2^2 - 2r_1r_2} - \sqrt{r_1^2 + r_2^2 + 2r_1r_2}\right) \\
&= \frac{2\pi}{r_1r_2}(r_1 + r_2 - |r_1 - r_2|)
\end{aligned}$$

$$\begin{aligned}
\Longrightarrow E_{1,1}^{(1)} &= 8e^2 \left(\frac{2}{r_0}\right)^6 \int_0^\infty \mathrm{d}r_1 r_1 \mathrm{e}^{-4r/r_0} \\
&\quad \times \left[2\int_0^{r_1} \mathrm{d}r_2 r_2^2 \mathrm{e}^{-4r_2/r_0} + 2r_1 \int_{r_1}^\infty \mathrm{d}r_2 r_2 \mathrm{e}^{-4r_2/r_0}\right] \\
&= \frac{5}{4} m_e c^2 \alpha_e^2 = 34\,\mathrm{eV}\,.
\end{aligned}$$

Insgesamt ergibt sich für die Grundzustandsenergie des Heliumatom bis zur 1. Ordnung

$$E_{1,1} \approx E_{1,1}^{(0)} + E_{1,1}^{(1)} = -74.8\,\mathrm{eV}\,.$$

3.8 Atomare Übergänge

Dieser Abschnitt beschäftigt sich mit Übergängen zwischen atomaren, wasserstoffähnlichen Energieniveaus, die von Strahlungsemission bzw. -absorption begleitet werden. Zu ihrer Beschreibung interessiert vor allem die Wechselwirkung zwischen Atomen und elektromagnetischen Feldern, wobei letztere entweder von außen angelegt werden (*induzierte Übergänge*) oder aber spontan entstehen (*spontane Übergänge*). Während in Abschn. 3.7 atomare Effekte besprochen wurden, die durch konstante elektromagnetische Felder hervorgerufen werden (Stark-Effekt, Zeeman-Effekt), haben wir es hier nun mit schwingenden und somit zeitabhängigen Feldern zu tun, deren Einflüsse durch die *zeitabhängige Störungstheorie* adäquat beschrieben werden können.

Der Abschnitt beginnt mit einer allgemeinen Diskussion zeitabhängiger Störungen. Anschließend leiten wir *Fermis goldene Regel* her, welche die Übergangswahrscheinlichkeit zwischen zwei ungestörten atomaren Niveaus in Anwesenheit einer periodischen Störung beschreibt. Wir erweitern unsere Ergebnisse auf den Fall spontaner Emissionen, deren Ursprung allerdings nur im Rahmen der Quantenelektrodynamik erklärt werden kann und die durch Quantenfluktuationen des elektromagnetischen Feldes um den makroskopischen Mittelwert Null zustande kommen. Wie sich herausstellen wird, verschwinden die Übergangswahrscheinlichkeiten für bestimmte atomare Übergänge in der Dipolnäherung. Dies führt uns zu den *Dipolauswahlregeln*. Als konkrete Beispiele berechnen wir zum Schluß das *Intensitätsverhältnis* zwischen den beiden Übergängen $2p_{3/2} \to 1s_{1/2}$ und $2p_{1/2} \to 1s_{1/2}$ sowie die *Übergangsrate* von $2p_{1/2} \to 1s_{1/2}$.

3.8.1 Zeitabhängige Störungstheorie

Ausgangspunkt unserer Diskussion ist die zeitabhängige Schrödinger-Gleichung

$$\mathrm{i}\hbar\frac{\mathrm{d}}{\mathrm{d}t}|\psi(t)\rangle = \boldsymbol{H}(t)|\psi(t)\rangle \;\;,\;\; \boldsymbol{H}(t) = \boldsymbol{H}^{(0)} + \lambda\boldsymbol{H}'(t) \;.$$

$\boldsymbol{H}^{(0)}$ bezeichnet den zeitunabhängigen, ungestörten Anteil und $\boldsymbol{H}'(t)$ eine zeitabhängige Störung. Wie in Unterabschn. 3.7.1 haben wir auch hier einen fiktiven Störparameter λ eingefügt, der weiter unten wieder entfernt wird. Für das ungestörte Problem sei ein vollständiger Satz von Eigenfunktionen bereits gefunden:

$$\left.\begin{array}{l} \mathrm{i}\hbar\dfrac{\mathrm{d}}{\mathrm{d}t}\left|n^{(0)}(t)\right\rangle = \boldsymbol{H}^{(0)}\left|n^{(0)}(t)\right\rangle \\ \left|n^{(0)}(t)\right\rangle = \mathrm{e}^{-\mathrm{i}\omega_n t}\left|n^{(0)}\right\rangle \;\;,\;\; \omega_n = \dfrac{E_n^{(0)}}{\hbar} \;. \end{array}\right\} \tag{3.79}$$

Die Frage, der wir im folgenden nachgehen wollen, lautet: *Zum Zeitpunkt* $t = 0$ *befinde sich das System im ungestörten Eigenzustand* $\left|i^{(0)}\right\rangle$. *Wie groß ist die Wahrscheinlichkeit, das System zur Zeit t im ungestörten Zustand* $\left|f^{(0)}\right\rangle$ *vorzufinden?* Hierzu entwickeln wir $|\psi(t)\rangle$ nach den ungestörten Zuständen,

$$|\psi(t)\rangle = \sum_n c_{ni}(t)\mathrm{e}^{-\mathrm{i}\omega_n t}\left|n^{(0)}\right\rangle ,$$

wobei die Entwicklungskoeffizienten c_{ni} der Anfangsbedingung

$$c_{ni}(0) = \delta_{ni}$$

unterliegen. Setzt man diese Entwicklung in (3.79) ein, so ergibt sich

$$\mathrm{i}\hbar\sum_n\left[\dot{c}_{ni} - \mathrm{i}\omega_n c_{ni}\right]\mathrm{e}^{-\mathrm{i}\omega_n t}\left|n^{(0)}\right\rangle = \sum_n\left[E_n^{(0)} + \lambda \boldsymbol{H}'(t)\right]c_{ni}\mathrm{e}^{-\mathrm{i}\omega_n t}\left|n^{(0)}\right\rangle$$

$$\Longrightarrow \mathrm{i}\hbar\sum_n \dot{c}_{ni}\mathrm{e}^{-\mathrm{i}\omega_n t}\left|n^{(0)}\right\rangle = \sum_n \lambda\boldsymbol{H}'c_{ni}\mathrm{e}^{-\mathrm{i}\omega_n t}\left|n^{(0)}\right\rangle .$$

Durch Multiplikation der letzten Beziehung mit $\left\langle f^{(0)}\right|\mathrm{e}^{\mathrm{i}\omega_f t}$ folgt schließlich das Differentialgleichungssystem

$$\mathrm{i}\hbar\dot{c}_{fi}(t) = \sum_n\left\langle f^{(0)}\right|\lambda\boldsymbol{H}'(t)\left|n^{(0)}\right\rangle\mathrm{e}^{\mathrm{i}\omega_{fn}t}c_{ni}(t) \; , \; \omega_{fn} = \omega_f - \omega_n \; . \quad (3.80)$$

Dieses System läßt sich nun iterativ in den verschiedenen λ-Ordnungen lösen, indem auf der rechten Seite sukzessive die Lösung der vorangegangenen Ordnung eingesetzt wird. In 0. Ordnung ignorieren wir die rechte Seite von (3.80), da das Matrixelement $\left\langle f^{(0)}\right|\lambda\boldsymbol{H}'\left|n^{(0)}\right\rangle$ selbst von 1. Ordnung ist, und erhalten

$$\dot{c}_{fi}(t) = 0 \Longrightarrow c_{fi}^{(0)}(t) = c_{fi}(0) = \delta_{fi} \; ,$$

was im Einklang mit der Erwartung steht. Liegt nämlich keine äußere Störung vor, so verbleibt das System für alle Zeiten im Zustand $\left|i^{(0)}\right\rangle$. In 1. Ordnung ergibt sich durch Einsetzen von $c_{ni}^{(0)}$ auf der rechten Seite von (3.80) (und mit $\lambda = 1$)

$$\dot{c}_{fi}(t) = -\frac{\mathrm{i}}{\hbar}\left\langle f^{(0)}\right|\boldsymbol{H}'(t)\left|i^{(0)}\right\rangle\mathrm{e}^{\mathrm{i}\omega_{fi}t}$$

$$\Longrightarrow c_{fi}^{(1)}(t) = \delta_{fi} - \frac{\mathrm{i}}{\hbar}\int\limits_0^t \mathrm{d}t'\left\langle f^{(0)}\right|\boldsymbol{H}'(t')\left|i^{(0)}\right\rangle\mathrm{e}^{\mathrm{i}\omega_{fi}t'} .$$

Höhere Ordnungen folgen in entsprechender Weise. Insgesamt ergibt sich

$$
\begin{aligned}
c_{fi}(t) = \delta_{fi} & \\
& -\frac{\mathrm{i}}{\hbar}\int_0^t \mathrm{d}t' \left\langle f^{(0)}\right| \boldsymbol{H}'(t') \left| i^{(0)}\right\rangle \mathrm{e}^{\mathrm{i}\omega_{fi}t'} \\
& +\left(\frac{-\mathrm{i}}{\hbar}\right)^2 \int_0^t \mathrm{d}t' \int_0^{t'} \mathrm{d}t'' \sum_n \left\langle f^{(0)}\right| \boldsymbol{H}'(t') \left| n^{(0)}\right\rangle \\
& \quad \times \left\langle n^{(0)}\right| \boldsymbol{H}'(t'') \left| i^{(0)}\right\rangle \mathrm{e}^{\mathrm{i}\omega_{fn}t'} \mathrm{e}^{\mathrm{i}\omega_{ni}t''} \\
& +\ldots
\end{aligned}
\quad (3.81)
$$

Man beachte, daß diese störungstheoretische Entwicklung nur Sinn macht, falls für $f \neq i$ gilt: $\left|c_{fi}^{(1)}(t)\right| \ll 1$. Andernfalls werden die Rechnungen aufgrund der Zuweisung $c_{fi}^{(0)}(t) = \delta_{fi}$ inkonsistent. Aus den Entwicklungskoeffizienten bzw. *Übergangsamplituden* $c_{fi}(t)$ erhält man nun die Übergangswahrscheinlichkeiten für den Übergang $\left| i^{(0)}\right\rangle \xrightarrow{t} \left| f^{(0)}\right\rangle$ zu

$$
W_{fi}(t) = |c_{fi}(t)|^2 \ .
$$

Interpretation der Entwicklungsterme. Die zu den Übergangsamplituden (3.81) beitragenden Terme erlauben eine einfache Interpretation der Wechselwirkung des betrachteten Systems mit der Störung. Um dies zu sehen, gehen wir vom Schrödinger-Bild zum Wechselwirkungsbild (siehe Unterabschn. 3.2.5) über. Zwischen beiden Bildern gelten die Beziehungen

$$
\begin{aligned}
|\psi_{\mathrm{S}}(t)\rangle &= \boldsymbol{U}\,|\psi_{\mathrm{I,S}}(t_0)\rangle = \boldsymbol{U}^{(0)}\,|\psi_{\mathrm{I}}(t)\rangle \\
|\psi_{\mathrm{I}}(t)\rangle &= \boldsymbol{U}'\,|\psi_{\mathrm{I,S}}(t_0)\rangle \\
\mathrm{i}\hbar\dot{\boldsymbol{U}} &= \left[\boldsymbol{H}_{\mathrm{S}}^{(0)} + \lambda \boldsymbol{H}_{\mathrm{S}}'(t)\right]\boldsymbol{U} \ , \ \boldsymbol{U} = \boldsymbol{U}^{(0)}\boldsymbol{U}' \\
\mathrm{i}\hbar\dot{\boldsymbol{U}}^{(0)} &= \boldsymbol{H}_{\mathrm{S}}^{(0)}\boldsymbol{U}^{(0)} \\
\mathrm{i}\hbar\dot{\boldsymbol{U}}' &= \lambda \boldsymbol{H}_{\mathrm{I}}'(t)\boldsymbol{U}' \ .
\end{aligned}
$$

Das Wechselwirkungsbild bietet den Vorteil, daß die gesamte zeitliche Entwicklung des Systems allein durch den Störterm $\boldsymbol{H}_{\mathrm{I}}'$ determiniert ist. Integration der letzten Beziehung führt zu

$$
\boldsymbol{U}'(t, t_0) = \boldsymbol{I} - \frac{\mathrm{i}}{\hbar}\int_{t_0}^{t} \mathrm{d}t' \lambda \boldsymbol{H}_{\mathrm{I}}'(t')\boldsymbol{U}'(t', t_0) \ ,
$$

wobei $\boldsymbol{I}$ den Einsoperator bezeichnet. Die iterative Lösung dieser Gleichung in den verschiedenen λ-Ordnungen liefert (mit $\lambda = 1$)

$$\begin{aligned}
\boldsymbol{U}'(t,t_0) &= \boldsymbol{I} && \text{(0. Ordnung)}\\
&\quad -\frac{\mathrm{i}}{\hbar}\int\limits_{t_0}^{t}\boldsymbol{H}'_{\mathrm{I}}(t')\mathrm{d}t' && \text{(1. Ordnung)}\\
&\quad +\left(\frac{-\mathrm{i}}{\hbar}\right)^2\int\limits_{t_0}^{t}\mathrm{d}t'\int\limits_{t_0}^{t'}\mathrm{d}t''\boldsymbol{H}'_{\mathrm{I}}(t')\boldsymbol{H}'_{\mathrm{I}}(t'') && \text{(2. Ordnung)}\\
&\quad +\ldots\,.
\end{aligned}$$

Multipliziert man diese Gleichung von links mit $\boldsymbol{U}^{(0)}(t,t_0)$ und drückt $\boldsymbol{H}'_{\mathrm{I}}$ durch $\boldsymbol{H}'_{\mathrm{S}}$ aus, so erhält man die zeitliche Entwicklung des Systems im Schrödinger-Bild:

$$|\psi_{\mathrm{S}}(t)\rangle = \boldsymbol{U}(t,t_0)\,|\psi_{\mathrm{S}}(t_0)\rangle\ ,$$

mit

$$\begin{aligned}
\boldsymbol{U}(t,t_0) &= \boldsymbol{U}^{(0)}(t,t_0)\\
&\quad -\frac{\mathrm{i}}{\hbar}\int\limits_{t_0}^{t}\mathrm{d}t'\boldsymbol{U}^{(0)}(t,t')\boldsymbol{H}'_{\mathrm{S}}(t')\boldsymbol{U}^{(0)}(t',t_0)\\
&\quad +\left(\frac{-\mathrm{i}}{\hbar}\right)^2\int\limits_{t_0}^{t}\mathrm{d}t'\int\limits_{t_0}^{t'}\mathrm{d}t''\boldsymbol{U}^{(0)}(t,t')\boldsymbol{H}'_{\mathrm{S}}(t')\boldsymbol{U}^{(0)}(t',t'')\\
&\qquad\qquad \times\boldsymbol{H}'_{\mathrm{S}}(t'')\boldsymbol{U}^{(0)}(t'',t_0)\\
&\quad +\ldots\,. \qquad (3.82)
\end{aligned}$$

Der erste Term repräsentiert die 0. Ordnung und liefert die störungsfreie Propagation des Systems. Liest man alle nachfolgenden Terme von rechts nach links, so sagt z.B. der Term 1. Ordnung folgendes aus: Das System propagiert ungestört von t_0 nach t'. Dort wechselwirkt es einmal mit der Störung und propagiert daraufhin bis nach t ungestört weiter. Das Integral über t' summiert dabei über alle möglichen intermediären Zeiten, bei denen die einmalige Wechselwirkung mit der Störung stattfinden kann. Dementsprechend beinhaltet der Term p-ter Ordnung p Kontaktwechselwirkungen des Systems mit der Störung zu den Zeiten $t \geq t'' \geq \ldots \geq t^{(p)}$, über die integriert wird. Zwischen diesen Zeitpunkten propagiert das System jeweils störungsfrei. In Abb. 3.14 ist diese Sichtweise graphisch veranschaulicht.

Man beachte: Die Übergangsamplitude $c_{fi}(t)$ gibt gerade die Projektion des Zustandes $\boldsymbol{U}(t,t_0)\left|i_{\mathrm{S}}^{(0)}\right\rangle$ auf den ungestörten Zustand $\mathrm{e}^{-\mathrm{i}\omega_f t}\left|f_{\mathrm{S}}^{(0)}\right\rangle$ zur Zeit t an, also

$$c_{fi}(t) = \left\langle f^{(0)}\middle|\mathrm{e}^{\mathrm{i}\omega_f t}\boldsymbol{U}(t,t_0)\middle|i^{(0)}\right\rangle\ ,$$

und man überzeugt sich leicht davon, daß dieser Ausdruck für $t_0 = 0$ wieder auf (3.81) führt.

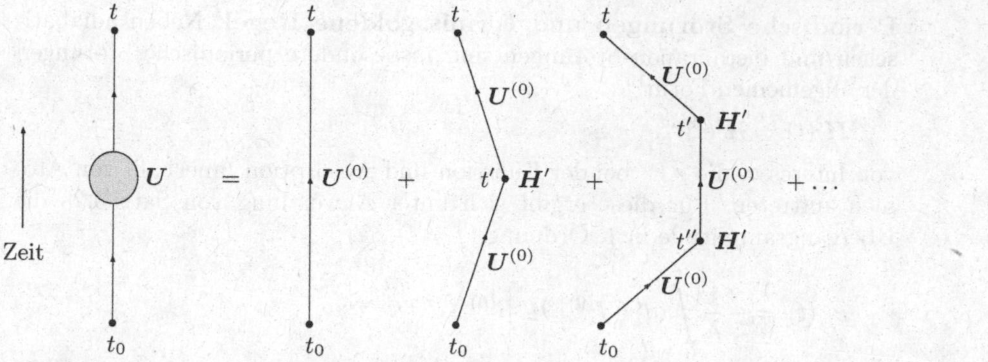

Abb. 3.14. Graphische Darstellung der zur Störungsreihe (3.82) beitragenden Terme

Satz 3.23: Zeitabhängige Störungstheorie

Gegeben sei die zeitabhängige Schrödinger-Gleichung

$$\mathrm{i}\hbar \frac{\mathrm{d}}{\mathrm{d}t} |\psi(t)\rangle = \left[\boldsymbol{H}^{(0)} + \boldsymbol{H}'(t)\right] |\psi(t)\rangle \ ,$$

mit $\boldsymbol{H}'$ als kleiner zeitabhängiger Störung. Für das ungestörte Problem

$$\mathrm{i}\hbar \frac{\mathrm{d}}{\mathrm{d}t} \left| n^{(0)}(t) \right\rangle = \boldsymbol{H}^{(0)} \left| n^{(0)}(t) \right\rangle \ , \ \left| n^{(0)}(t) \right\rangle = \mathrm{e}^{-\mathrm{i}\omega_n t} \left| n^{(0)} \right\rangle, \omega_n = \frac{E_n^{(0)}}{\hbar}$$

sei ein vollständiger Satz von Eigenkets bekannt. Dann ist die Wahrscheinlichkeitsamplitude $c_{fi}(t)$ für den Übergang $\left| i^{(0)} \right\rangle \xrightarrow{t} \left| f^{(0)} \right\rangle$ gegeben durch

$$\begin{aligned} c_{fi}(t) = {} & \delta_{fi} && \text{(0. Ordnung)} \\ & -\frac{\mathrm{i}}{\hbar} \int_0^t \mathrm{d}t' \left\langle f^{(0)} \right| \boldsymbol{H}'(t') \left| i^{(0)} \right\rangle \mathrm{e}^{\mathrm{i}\omega_{fi} t'} && \text{(1. Ordnung)} \\ & + \left(\frac{-\mathrm{i}}{\hbar}\right)^2 \int_0^t \mathrm{d}t' \int_0^{t'} \mathrm{d}t'' \sum_n \left\langle f^{(0)} \right| \boldsymbol{H}'(t') \left| n^{(0)} \right\rangle \\ & \quad \times \left\langle n^{(0)} \right| \boldsymbol{H}'(t'') \left| i^{(0)} \right\rangle \mathrm{e}^{\mathrm{i}\omega_{fn} t'} \mathrm{e}^{\mathrm{i}\omega_{ni} t''} && \text{(2. Ordnung)} \\ & + \ldots \ . \end{aligned}$$

Die Entwicklungsterme p-ter Ordnung lassen sich interpretieren als p-fache Kontaktwechselwirkungen des ungestörten Systems mit der Störung zu den Zeiten $t' \geq t'' \geq \ldots \geq t^{(p)}$, über die integriert wird.

Periodische Störungen und Fermis goldene Regel. Neben adiabatischen und instantanen Störungen sind insbesondere periodische Störungen der allgemeinen Form[16]

$$H'(t) = \mathcal{H}' \mathrm{e}^{\pm \mathrm{i}\omega t}$$

von Interesse, die z.B. bei der Emission und Absorption innerhalb von Atomen auftreten. Für diese ergibt sich unter Anwendung von Satz 3.23 die Übergangsamplitude in 1. Ordnung ($f \neq i$),

$$\begin{aligned} c_{fi}(t) &= -\frac{\mathrm{i}}{\hbar} \int_0^t \mathrm{d}t' \left\langle f^{(0)} \right| \mathcal{H}' \left| i^{(0)} \right\rangle \mathrm{e}^{\mathrm{i}(\omega_{fi} \pm \omega)t} \\ &= -\frac{\mathrm{i}}{\hbar} \left\langle f^{(0)} \right| \mathcal{H}' \left| i^{(0)} \right\rangle \frac{\mathrm{e}^{\mathrm{i}(\omega_{fi} \pm \omega)t} - 1}{\mathrm{i}(\omega_{fi} \pm \omega)} , \end{aligned}$$

bzw. die Übergangswahrscheinlichkeit

$$W_{fi}(t) = \frac{1}{\hbar^2} \left| \left\langle f^{(0)} \right| \mathcal{H}' \left| i^{(0)} \right\rangle \right|^2 \frac{4 \sin^2 \left[(\omega_{fi} \pm \omega) \frac{t}{2} \right]}{(\omega_{fi} \pm \omega)^2} .$$

In Abb. 3.15 ist die Funktion $\sin^2\left(\frac{\Delta t}{2}\right)/\Delta^2$ gegen Δ graphisch dargestellt. Man erkennt ein stark gedämpftes oszillatorisches Verhalten nach beiden Seiten sowie ein ausgeprägtes Maximum bei $\Delta = 0$. Für große t läßt sich das Verhalten dieser Funktion in folgender Weise mit der δ-Funktion verknüpfen:

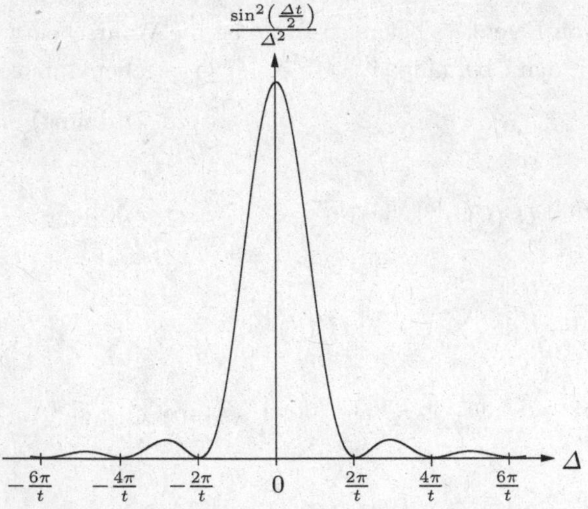

Abb. 3.15. $\sin^2\left(\frac{\Delta t}{2}\right)/\Delta^2$ als Funktion von Δ

[16] Man beachte, daß H' in dieser Form nicht hermitesch ist. Dies ist jedoch für die nachfolgenden Betrachtungen ohne Belang und dient lediglich der bequemeren mathematischen Handhabung.

$$\int_{-\infty}^{\infty} \mathrm{d}\Delta f(\Delta) \frac{4}{\Delta^2} \sin^2\left(\frac{\Delta t}{2}\right) \overset{t\to\infty}{\approx} 2f(0)t \int_{-\infty}^{\infty} \mathrm{d}y \frac{\sin^2 y}{y^2} = 2\pi t f(0)$$

$$\Longrightarrow \lim_{t\to\infty} \frac{4}{\Delta^2} \sin^2\left(\frac{\Delta t}{2}\right) = 2\pi t \delta(\Delta) .$$

Somit folgt für die Übergangsamplitude im Limes großer Zeiten

$$\lim_{t\to\infty} W_{fi}(t) = \frac{2\pi t}{\hbar^2} \left| \left\langle f^{(0)} \right| \mathcal{H}' \left| i^{(0)} \right\rangle \right|^2 \delta(\omega_{fi} \pm \omega) .$$

Satz 3.24: Fermis goldene Regel

Liegt eine periodische Störung der Form

$$\boldsymbol{H}'(t) = \mathcal{H}' \mathrm{e}^{\pm \mathrm{i}\omega t}$$

vor, so ist die *Übergangsrate* P_{fi}, $f \neq i$ (Übergangswahrscheinlichkeit pro Zeit) für große Zeiten in 1. Ordnung gegeben durch

$$\begin{aligned} P_{fi} = \lim_{t\to\infty} \frac{W_{fi}(t)}{t} &= \frac{2\pi}{\hbar^2} \left| \left\langle f^{(0)} \right| \mathcal{H}' \left| i^{(0)} \right\rangle \right|^2 \delta(\omega_{fi} \pm \omega) \\ &= \frac{2\pi}{\hbar} \left| \left\langle f^{(0)} \right| \mathcal{H}' \left| i^{(0)} \right\rangle \right|^2 \delta\left(E_f^{(0)} - E_i^{(0)} \pm \hbar\omega\right) . \end{aligned}$$

Die in diesem Satz stehende δ-Funktion drückt offensichtlich einen Energieerhaltungssatz aus. So ist z.B. induzierte Absorption und Emission innerhalb eines Atoms nur dann möglich, wenn das eingestrahlte Licht genau die Frequenz besitzt, die der Energiedifferenz des End- und Anfangszustandes entspricht. Bei der induzierten Absorption ist diese Differenz positiv ($\Rightarrow$ negatives Vorzeichen), bei der induzierten Emission negativ ($\Rightarrow$ positives Vorzeichen). Zur Beschreibung realistischer experimenteller Situationen hat man (aus mehreren Gründen) über die δ-Funktion zu integrieren, so daß Fermis goldene Regel in jedem Fall zu einem wohldefinierten Ausdruck wird.

3.8.2 Spontane Emission, Phasenraum der Photonen

Die Quantenmechanik ist nicht in der Lage, spontane Emission in Atomen zu erklären, da ein Atom bei Abwesenheit einer Störung für alle Zeiten im stationären Anfangszustand $\left| i^{(0)} \right\rangle$ verbleibt. Eine Erklärung der spontanen Emission liefert die Quantenelektrodynamik. Hierbei wird auch das äußere elektromagnetische Feld quantisiert, so daß elektromagnetische Quantenfluktuationen um den makroskopischen Mittelwert Null möglich sind, die letztlich die spontane Emission verursachen. In der Quantenelektrodynamik sind die Photonen die Feldquanten des elektromagnetischen Feldes und besitzen als solche auch Teilchencharakter. Sie haben die Energie $E = \hbar\omega$, den Impuls

$\boldsymbol{p} = \hbar\boldsymbol{k}$ und wegen der Dispersionsrelation $\omega = c|\boldsymbol{k}|$ eine verschwindende Ruhemasse m_0 im Sinne der speziellen Relativitätstheorie (siehe Satz 1.38). Ferner besitzen Photonen den Spin $s = 1$, der mit der Polarisation $\boldsymbol{\epsilon}(\lambda)$ des Lichts zusammenhängt. Wegen $\boldsymbol{\epsilon k} = 0$ gibt es nur zwei unabhängige Polarisationsvektoren und somit nur zwei (statt drei) Spineinstellungen (Helizität $\lambda = \pm 1$). Liegt kein äußeres Feld vor, so haben wir einen Null-Photonen- oder Vakuumzustand. Spontane Emission bedeutet dann offenbar, daß der Störoperator einen Null-Photonenzustand in einen Ein-Photonenzustand überführt; er muß also einen Erzeugungsoperator für ein Photon enthalten.

Im Experiment werden die von Atomen emittierten Photonen mit einem Detektor mit endlichem Auflösungsvermögen nachgewiesen, d.h. es werden alle Photonen mit Impulsen in einem bestimmten Bereich $[\hbar\boldsymbol{k} : \hbar(\boldsymbol{k} + \Delta\boldsymbol{k})]$ gemessen. Die Übergangsrate ist also über alle Photonenzustände in diesem Impulsintervall zu summieren:

$$R_{fi} = \sum_{\Delta \boldsymbol{k}} P_{fi} \,. \tag{3.83}$$

Zur Bestimmung der Anzahl der Photonenzustände in diesem Intervall stellen wir uns vor, daß alle Photonen in einem Kasten mit dem Volumen $V = L^3$ eingeschlossen sind.[17] Jedem Photon mit der Energie $E = \hbar\omega$, dem Impuls $\boldsymbol{p} = \hbar\boldsymbol{k}$ und der Helizität λ ordnen wir ganz allgemein eine ebene Welle zu,

$$\boldsymbol{A}(\boldsymbol{x}, t) = A_0 \boldsymbol{\epsilon}(\lambda) \left(\mathrm{e}^{-\mathrm{i}(\boldsymbol{kx} - \omega t)} + \mathrm{e}^{\mathrm{i}(\boldsymbol{kx} - \omega t)} \right) ,$$

wobei für Photonemission nur der erste und für Photonabsorption nur der zweite Term eine Rolle spielt. Die Normierungskonstante A_0 läßt sich über die Forderung festlegen, daß die mittlere Energie $\langle E \rangle$ der Welle $\boldsymbol{A}$,

$$\langle E \rangle = \int_V \mathrm{d}^3 x \overline{\epsilon_{\mathrm{em}}} \,,\; \overline{\epsilon_{\mathrm{em}}} = \frac{1}{T} \int_0^T \mathrm{d}t \frac{|\boldsymbol{E}|^2 + |\boldsymbol{B}|^2}{8\pi} \,,\; T = \frac{2\pi}{\omega}$$

(siehe Satz 2.4 und die Definition auf Seite 128), gerade gleich derjenigen eines einzelnen Photons, also $\hbar\omega$ sein soll. Hieraus folgt

$$A_0 = \left(\frac{2\pi c^2 \hbar}{\omega V} \right)^{1/2} .$$

Weiterhin fordern wir periodische Randbedingungen an den Rändern des Kastens, also

$$\boldsymbol{A}(x + L, y, z, t) = \boldsymbol{A}(x, y, z, t) \quad \text{usw.}$$

Dies führt automatisch zur Quantisierung der Wellenzahlen:

[17] Diese Sichtweise umgeht die mit den Wellenfunktionen von freien Teilchen (hier die Photonen) verbundenen Normierungsprobleme. Später betrachten wir natürlich den Limes $V \to \infty$.

$$k_i = \frac{2\pi}{L} n_i \;,\; n_i = 0, \pm 1 \ldots \;,\; \Delta \boldsymbol{k} = \Delta k_x \Delta k_y \Delta k_z = \frac{(2\pi)^3}{V} \Delta n_x \Delta n_y \Delta n_z \;.$$

Es folgt somit für die Summe in (3.83) im Limes $V \to \infty$

$$R_{fi} = \sum_{\Delta \boldsymbol{k}} P_{fi} = \int \mathrm{d}^3 n P_{fi} = \frac{V}{(2\pi)^3} \int \mathrm{d}^3 k P_{fi} \;.$$

Beschränken wir uns in Satz 3.21 auf den in $\boldsymbol{A}$ linearen Term (und vernachlässigen die Wechselwirkung des Photon-$\boldsymbol{B}$-Feldes mit dem intrinsischen Dipolmoment des Hüllenelektrons: $-\boldsymbol{M}^{(\mathrm{e})}\boldsymbol{B} = -\frac{e}{m_\mathrm{e} c}\boldsymbol{S}\boldsymbol{B}$), so lautet der Störoperator für die spontane Emission eines Photons

$$\boldsymbol{H}'(t) = \boldsymbol{\mathcal{H}}' \mathrm{e}^{\mathrm{i}\omega t} \;,\; \boldsymbol{\mathcal{H}}' = -\frac{eA_0}{m_\mathrm{e} c} \mathrm{e}^{-\mathrm{i}\boldsymbol{k}\boldsymbol{x}} \boldsymbol{\epsilon}(\lambda) \boldsymbol{P} \;.$$

Damit ergibt sich unter Berücksichtigung Fermis goldener Regel für die Übergangsrate

$$\begin{aligned} R_{fi} &= \frac{V}{(2\pi\hbar)^2} \int \mathrm{d}|\boldsymbol{k}||\boldsymbol{k}|^2 \int \mathrm{d}\Omega_{\boldsymbol{k}} \left| \left\langle f^{(0)} \right| \boldsymbol{\mathcal{H}}' \left| i^{(0)} \right\rangle \right|^2 \delta(\omega_{fi} + \omega) \\ &= \frac{V}{(2\pi\hbar)^2} \frac{1}{c^3} \int \mathrm{d}\omega \omega^2 \int \mathrm{d}\Omega_{\boldsymbol{k}} \left| \left\langle f^{(0)} \right| \boldsymbol{\mathcal{H}}' \left| i^{(0)} \right\rangle \right|^2 \delta(\omega_{fi} + \omega) \\ &= \frac{V}{(2\pi\hbar)^2} \frac{\omega^2}{c^3} \int \mathrm{d}\Omega_{\boldsymbol{k}} \left| \left\langle f^{(0)} \right| \boldsymbol{\mathcal{H}}' \left| i^{(0)} \right\rangle \right|^2 \Bigg|_{\omega = -\omega_{fi}} \;, \end{aligned}$$

wobei $\mathrm{d}\Omega_{\boldsymbol{k}}$ das Raumwinkelelement im Impulsraum bedeutet. Es folgt der

Satz 3.25: Übergangsrate für spontane Photonenemission

$$R_{fi} = \frac{\alpha_\mathrm{e} \omega}{2\pi m_\mathrm{e}^2 c^2} \int \mathrm{d}\Omega_{\boldsymbol{k}} |M_{fi}|^2 \Bigg|_{\omega = -\omega_{fi}} \;,\; M_{fi} = \left\langle f^{(0)} \right| \mathrm{e}^{-\mathrm{i}\boldsymbol{k}\boldsymbol{x}} \boldsymbol{\epsilon}(\lambda) \boldsymbol{P} \left| i^{(0)} \right\rangle \;.$$

Wenn das Experiment nicht zwischen den Polarisationszuständen des Photons unterscheidet, muß über diese ebenfalls summiert werden.

3.8.3 Auswahlregeln in der Dipolnäherung

Im folgenden beschäftigen wir uns mit Übergängen in wasserstoffähnlichen Atomen. Uns interessiert hier vor allem die Frage, für welche Übergänge das Matrixelement

$$M_{fi} = \left\langle f^{(0)} \right| \mathrm{e}^{-\mathrm{i}\boldsymbol{k}\boldsymbol{x}} \boldsymbol{\epsilon} \boldsymbol{P} \left| i^{(0)} \right\rangle$$

einen nichtverschwindenden Beitrag liefert, d.h. welche Übergänge erlaubt sind. Für den Exponenten der ebenen Photonwelle gilt im gesamten Ausdehnungsbereich der elektronischen Wellenfunktionen größenordnungsmäßig[18]

[18] Im weiteren Verlauf wird zwischen der reduzierten Masse μ und der Elektronmasse m_e nicht weiter unterschieden.

$$|\boldsymbol{k}| = \frac{\omega}{c} = \frac{E}{\hbar c} \approx \frac{m_{\rm e} c Z^2 \alpha_{\rm e}^2}{2\hbar} \quad \text{(siehe (3.48))}$$

$$|\boldsymbol{x}| \lesssim \frac{\hbar}{m_{\rm e} c Z \alpha_{\rm e}} \quad \text{(siehe (3.49))}$$

$$\Longrightarrow \boldsymbol{k}\boldsymbol{x} \le |\boldsymbol{k}||\boldsymbol{x}| \lesssim \frac{\alpha_{\rm e} Z}{2} \, .$$

Somit läßt sich für $\alpha_{\rm e} Z \ll 1$ das Exponential entwickeln:

$$\mathrm{e}^{-\mathrm{i}\boldsymbol{k}\boldsymbol{x}} = 1 - \mathrm{i}\boldsymbol{k}\boldsymbol{x} + \ldots \, .$$

Wir wollen uns im weiteren Verlauf auf die Dipolnäherung beschränken, bei der nur der erste Term dieser Entwicklung mitgenommen wird, d.h.

$$M_{fi} \approx \left\langle f^{(0)} \middle| \boldsymbol{\epsilon} \boldsymbol{P} \middle| i^{(0)} \right\rangle .$$

Als ungestörten Hamilton-Operator wählen wir

$$\boldsymbol{H}^{(0)} = \frac{\boldsymbol{P}^2}{2m_{\rm e}} + a(r)\boldsymbol{L}\boldsymbol{S} + V(r) \, , \; a(r) = \frac{Ze^2}{2m_{\rm e}^2 c^2 r^3} \, , \; V(r) = -\frac{Ze^2}{r} \, .$$

Die ungestörten Eigenzustände sind somit durch die $\left| n, l, \frac{1}{2}, J, M \right\rangle$-Basis gegeben. Zur Berechnung der M_{fi} ist es günstig, folgende Darstellung des Impulses zu benutzen:

$$\boldsymbol{P} = \frac{\mathrm{i}m_{\rm e}}{\hbar} \left[\frac{\boldsymbol{P}^2}{2m_{\rm e}} + V(r), \boldsymbol{x} \right] = \frac{\mathrm{i}m_{\rm e}}{\hbar} \left[\boldsymbol{H}^{(0)} - a(r)\boldsymbol{L}\boldsymbol{S}, \boldsymbol{x} \right] .$$

Damit folgt

$$\begin{aligned}
M_{fi} &= \frac{\mathrm{i}m_{\rm e}}{\hbar} \left\langle n', l', \frac{1}{2}, J', M' \middle| \boldsymbol{\epsilon} \left[\boldsymbol{H}^{(0)} - a(r)\boldsymbol{L}\boldsymbol{S}, \boldsymbol{x} \right] \middle| n, l, \frac{1}{2}, J, M \right\rangle \\
&= \frac{\mathrm{i}m_{\rm e}}{\hbar} \left\{ (E_{n'} - E_n) \left\langle n', l', \frac{1}{2}, J', M' \middle| \boldsymbol{\epsilon}\boldsymbol{x} \middle| n, l, \frac{1}{2}, J, M \right\rangle \right. \\
&\quad - \frac{1}{2} \left[j'(j'+1) - l'(l'+1) - j(j+1) + l(l+1) \right] \\
&\quad \left. \times \left\langle n', l', \frac{1}{2}, J', M' \middle| a(r)\boldsymbol{\epsilon}\boldsymbol{x} \middle| n, l, \frac{1}{2}, J, M \right\rangle \right\} . \qquad (3.84)
\end{aligned}$$

Streng genommen besteht E_n aus der Energie des naiven Wasserstoffatoms (3.48) plus der Korrekturenergie der Spin-Bahn-Kopplung (3.77). Für unsere Zwecke kann letzterer jedoch im folgenden vernachlässigt werden. Der Ausdruck (3.84) läßt sich weiter auswerten, wenn man berücksichtigt, daß gilt:

$$\begin{aligned}
x &= -\sqrt{\frac{8\pi}{3}} \frac{r}{2} \left[Y_{1,1}(\theta,\varphi) - Y_{1,-1}(\theta,\varphi) \right] \\
y &= \sqrt{\frac{8\pi}{3}} \frac{\mathrm{i}r}{2} \left[Y_{1,1}(\theta,\varphi) + Y_{1,-1}(\theta,\varphi) \right] \\
z &= \sqrt{\frac{\pi}{3}} r Y_{1,0}(\theta,\varphi)
\end{aligned}$$

$$\Longrightarrow \boldsymbol{\epsilon x} = r\sqrt{\frac{4\pi}{3}}\left[\underbrace{\frac{-\epsilon_1 + \mathrm{i}\epsilon_2}{\sqrt{2}}}_{e_1} Y_{1,1} + \underbrace{\frac{\epsilon_1 + \mathrm{i}\epsilon_2}{\sqrt{2}}}_{e_{-1}} Y_{1,-1} + \underbrace{\epsilon_3}_{e_0} Y_{1,0}\right] .$$

Somit nimmt das Übergangsmatrixelement folgende Gestalt an:

$$\begin{aligned}
M_{fi} = {} & \sqrt{\frac{4\pi}{3}}\frac{\mathrm{i}m_\mathrm{e}}{\hbar}\sum_{q=-1}^{1}\left\langle l', \frac{1}{2}, J', M'\right| e_q Y_{1,q} \left| l, \frac{1}{2}, J, M\right\rangle \\
& \times\left\{(E_{n'} - E_n)\int_0^\infty \mathrm{d}r r^3 g^*_{n',l'}(r) g_{n,l}(r)\right. \\
& \quad -\frac{1}{2}\left[j'(j'+1) - l'(l'+1) - j(j+1) + l(l+1)\right] \\
& \quad \left.\times\int_0^\infty \mathrm{d}r r^3 a(r) g^*_{n',l'}(r) g_{n,l}(r)\right\} . \qquad (3.85)
\end{aligned}$$

Unter Berücksichtigung von (3.34) ergibt sich für den Winkelanteil von (3.85)

$$\begin{aligned}
& \sum_{q=-1}^{1}\left\langle l', \frac{1}{2}, J', M'\right| \epsilon_q Y_{1,q} \left| l, \frac{1}{2}, J, M\right\rangle \\
& = \sum_{q=-1}^{1}\left\{c_1(l')c_1(l)\left\langle l', M' - \frac{1}{2}; +\right| \epsilon_q Y_{1,q}\left| l, M - \frac{1}{2}; +\right\rangle\right. \\
& \quad \left. + c_2(l')c_2(l)\left\langle l', M' + \frac{1}{2}; -\right| \epsilon_q Y_{1,q}\left| l, M + \frac{1}{2}; -\right\rangle\right\} \\
& = \sum_{q=-1}^{1}\left\{c_1(l')c_1(l)\int \mathrm{d}\Omega Y^*_{l',M'-\frac{1}{2}}\epsilon_q Y_{1,q} Y_{l,M-\frac{1}{2}}\right. \\
& \quad \left. + c_2(l')c_2(l)\int \mathrm{d}\Omega Y^*_{l',M'+\frac{1}{2}}\epsilon_q Y_{1,q} Y_{l,M+\frac{1}{2}}\right\} , \qquad (3.86)
\end{aligned}$$

mit

$$c_1(l) = \pm\sqrt{\frac{l + \frac{1}{2} \pm M}{2l+1}} ,\ c_2(l) = \sqrt{\frac{l + \frac{1}{2} \mp M}{2l+1}} \quad \text{für} \quad J = l \pm \frac{1}{2} . \qquad (3.87)$$

Hieraus lassen sich nun einige wichtige Folgerungen ziehen:

- Da die in (3.86) stehenden Kugelflächenfunktionen eine definierte Parität haben, $Y_{l,m}(-\boldsymbol{e}) = (-1)^l Y_{l,m}(\boldsymbol{e})$, folgt die Bedingung

$$(-1)^{l'}(-1)^1(-1)^l = 1 \Longleftrightarrow l' + l + 1 = \text{gerade} .$$

Das heißt die Parität des Atomzustandes muß beim Übergang wechseln.

- Unter Verwendung des Additionstheorems für Kugelflächenfunktionen,

$$Y_{l_1,m_1}Y_{l_2,m_2} = \sum_{L=|l_1-l_2|}^{l_1+l_2} \langle l_1, m_1; l_2, m_2 | L, m_1+m_2 \rangle Y_{L,m_1+m_2} ,$$

folgt

$$\begin{aligned}
&\int \mathrm{d}\Omega Y^*_{l',M'\pm\frac{1}{2}} Y_{1,q} Y_{l,M\pm\frac{1}{2}} \\
&\quad = \sum_{L=|l-1|}^{l+1} \left\langle 1, q; l, M \pm \frac{1}{2} \right| \left. L, q+M\pm\frac{1}{2} \right\rangle \delta_{l'L}\delta_{M',M+q}
\end{aligned}$$

$$\Longrightarrow l' = |l-1|, l, l+1 \ , \ M' = M+q \ .$$

Aufgrund der 1. Folgerung scheidet jedoch $l' = l$ aus, so daß $\Delta l = \pm 1$ und $\Delta M = 0, \pm 1$ übrig bleibt.

Satz 3.26: Auswahlregeln bei atomaren Übergängen in der Dipolnäherung

Bei atomaren Übergängen wasserstoffähnlicher Atome gelten in der Dipolnäherung die Auswahlregeln

$$\Delta l = \pm 1 \ , \ \Delta M = 0, \pm 1 \ .$$

3.8.4 Intensitätsregeln

Wir wollen nun das Übergangsratenverhältnis (*Intensitätsverhältnis*) zwischen den beiden erlaubten Übergängen $2p_{3/2} \to 1s_{1/2}$ und $2p_{1/2} \to 1s_{1/2}$ in wasserstoffähnlichen Atomen berechnen. Vernachlässigen wir hierzu in (3.85) den zweiten, durch die Spin-Bahn-Kopplung hervorgerufenen Term, dann ergeben die dortigen Integrationen über den radialen Anteil für beide Übergänge dasselbe Resultat und fallen deshalb heraus. Wie wir gleich sehen werden, gilt dasselbe für die Integrationen über den Phasenraum in Satz 3.25, wenn wir davon ausgehen, daß im Experiment nicht zwischen verschiedenen Gesamtdrehimpulseinstellungen im Anfangs- und Endzustand unterschieden wird, bzw. daß alle möglichen Einstellungen gleichermaßen gemessen werden. Unter diesen Voraussetzungen erhält man das Intensitätsverhältnis beider Übergange allein aus dem Verhältnis der zugehörigen Winkelanteile:

$$\frac{R(2p_{3/2} \to 1s_{1/2})}{R(2p_{1/2} \to 1s_{1/2})} = \frac{2 \sum\limits_{\substack{M'=-\frac{3}{2},\ldots,\frac{3}{2} \\ M=-\frac{1}{2},\frac{1}{2} \\ q=-1,0,1}} \left| \left\langle 1, \frac{1}{2}, \frac{3}{2}, M' \right| \epsilon_q Y_{1,q} \left| 0, \frac{1}{2}, \frac{1}{2}, M \right\rangle \right|^2}{2 \sum\limits_{\substack{M'=-\frac{1}{2},\frac{1}{2} \\ M=-\frac{1}{2},\frac{1}{2} \\ q=-1,0,1}} \left| \left\langle 1, \frac{1}{2}, \frac{1}{2}, M' \right| \epsilon_q Y_{1,q} \left| 0, \frac{1}{2}, \frac{1}{2}, M \right\rangle \right|^2} \ .$$

Dabei erstrecken sich die Summen neben q über alle möglichen Gesamtdrehimpulseinstellungen des jeweiligen Anfangs- und Endzustandes. Der Faktor 2 im Zähler und Nenner enthält die beiden möglichen Polarisationsrichtungen des Photons. Unter Berücksichtigung von (3.86) und (3.87) folgt für die Matrixelemente im Zähler

$$\begin{aligned}
&\left\langle 1, \frac{1}{2}, \frac{3}{2}, M' \right| Y_{1,q} \left| 0, \frac{1}{2}, \frac{1}{2}, M \right\rangle \\
&\quad = \frac{1}{\sqrt{4\pi}} \left\{ \sqrt{\frac{\frac{3}{2}+M'}{3}} \sqrt{\frac{1}{2}+M} \delta_{M,\frac{1}{2}} \delta_{M'-\frac{1}{2},q} \right. \\
&\qquad \left. + \sqrt{\frac{\frac{3}{2}-M'}{3}} \sqrt{\frac{1}{2}-M} \delta_{M,-\frac{1}{2}} \delta_{M'+\frac{1}{2},q} \right\} \\
&\quad = \sqrt{\frac{2+q}{12\pi}} \delta_{M,\frac{1}{2}} \delta_{M',q+\frac{1}{2}} + \sqrt{\frac{2-q}{12\pi}} \delta_{M,-\frac{1}{2}} \delta_{M',q-\frac{1}{2}}
\end{aligned}$$

und im Nenner

$$\begin{aligned}
&\left\langle 1, \frac{1}{2}, \frac{1}{2}, M' \right| Y_{1,q} \left| 0, \frac{1}{2}, \frac{1}{2}, M \right\rangle \\
&\quad = \frac{1}{\sqrt{4\pi}} \left\{ -\sqrt{\frac{\frac{3}{2}-M'}{3}} \sqrt{\frac{1}{2}+M} \delta_{M,\frac{1}{2}} \delta_{M'-\frac{1}{2},q} \right. \\
&\qquad \left. + \sqrt{\frac{\frac{3}{2}+M'}{3}} \sqrt{\frac{1}{2}-M} \delta_{M,-\frac{1}{2}} \delta_{M'+\frac{1}{2},q} \right\} \\
&\quad = -\sqrt{\frac{1-q}{12\pi}} \delta_{M,\frac{1}{2}} \delta_{M',q+\frac{1}{2}} + \sqrt{\frac{1+q}{12\pi}} \delta_{M,-\frac{1}{2}} \delta_{M',q-\frac{1}{2}} \ .
\end{aligned}$$

Damit ergibt sich

$$\begin{aligned}
&\frac{R(2p_{3/2} \to 1s_{1/2})}{R(2p_{1/2} \to 1s_{1/2})} \\
&\quad = \frac{2 \sum\limits_{\substack{M'=-\frac{3}{2},\ldots,\frac{3}{2} \\ M=-\frac{1}{2},\frac{1}{2} \\ q=-1,0,1}} |\epsilon_q|^2 \left(\frac{2+q}{12\pi} \delta_{M',q+\frac{1}{2}} \delta_{M,\frac{1}{2}} + \frac{2-q}{12\pi} \delta_{M,-\frac{1}{2}} \delta_{M',q-\frac{1}{2}} \right)}{2 \sum\limits_{\substack{M'=-\frac{1}{2},\ldots,\frac{1}{2} \\ M=-\frac{1}{2},\frac{1}{2} \\ q=-1,0,1}} |\epsilon_q|^2 \left(\frac{1-q}{12\pi} \delta_{M',q+\frac{1}{2}} \delta_{M,\frac{1}{2}} + \frac{1+q}{12\pi} \delta_{M,-\frac{1}{2}} \delta_{M',q-\frac{1}{2}} \right)} \\
&\quad = \frac{2/(3\pi)}{2/(6\pi)} \ , \qquad (3.88)
\end{aligned}$$

wobei $|\epsilon_{-1}|^2 + |\epsilon_0|^2 + |\epsilon_{+1}|^2 = 1$ benutzt wurde. Offenbar fallen aufgrund der Summationen über M und M' die ϵ_q-Abhängigkeiten heraus, so daß die

Phasenraumintegrationen für Zähler und Nenner in der Tat dasselbe Resultat liefern und deshalb von vornherein weggelassen werden durften. Das Endresultat lautet

$$\frac{R(2p_{3/2} \to 1s_{1/2})}{R(2p_{1/2} \to 1s_{1/2})} = 2 \; .$$

Da der $2p_{3/2}$-Zustand mehr Gesamtdrehimpulseinstellungen enthält als der $2p_{1/2}$-Zustand, ist die Intensität des Übergangs $2p_{3/2} \to 1s_{1/2}$ doppelt so groß wie die Intensität des $2p_{1/2} \to 1s_{1/2}$-Übergangs, sofern man die Beiträge der $\boldsymbol{LS}$-Kopplung vernachlässigt.

3.8.5 $2p_{3/2} \to 1s_{1/2}$-Übergang

Berechnen wir zum Schluß die Übergangsrate für den Übergang $2p_{3/2} \to 1s_{1/2}$, wobei die $\boldsymbol{LS}$-Kopplung wieder vernachlässigt werden soll. Der radiale Anteil des Übergangsmatrixelementes (3.85) lautet

$$\left| \int\limits_0^\infty \mathrm{d}r r^3 g_{2,1}^*(r) g_{1,0}(r) \right|^2 = \frac{2^{15}}{3^9} \frac{r_0^2}{Z^2} \; .$$

Der Winkelanteil wurde bereits berechnet und ist gerade der Zähler von (3.88). Dieses Ergebnis ist noch mit dem Faktor 1/3 zu multiplizieren, weil aufgrund von Satz 3.26 zu gegebenem $M = \pm 1$ drei (und nicht vier) M'-Werte möglich sind und statistisch zu jeweils einem Drittel zur Gesamtheit der angeregten $2p_{3/2}$-Atome beitragen:

$$\frac{2}{3} \sum_{\substack{M' = -\frac{3}{2}, \ldots, \frac{3}{2} \\ M = -\frac{1}{2}, \frac{1}{2} \\ q = -1, 0, 1}} \left| \left\langle 1, \frac{1}{2}, \frac{3}{2}, M' \right| \epsilon_q Y_{1,q} \left| 0, \frac{1}{2}, \frac{1}{2}, M \right\rangle \right|^2 = \frac{2}{9\pi} \; .$$

Damit folgt für das Übergangsmatrixelement

$$|M_{fi}|^2 = \frac{2^{18}}{3^{12}} \frac{r_0^2 m_\mathrm{e}^2 \omega_{fi}^2}{Z^2} \; .$$

Setzen wir jetzt diesen Ausdruck in Satz 3.25 ein und berücksichtigen, daß die Übergangsfrequenz gegeben ist durch

$$\omega_{fi} = \frac{E_1 - E_2}{\hbar} = -\frac{m_\mathrm{e} c^2 Z^2 \alpha_\mathrm{e}^2}{2\hbar} \left(1 - \frac{1}{4} \right) = -\frac{3 m_\mathrm{e} c^2 Z^2 \alpha_\mathrm{e}^2}{8\hbar} \; ,$$

dann erhalten wir insgesamt

$$\begin{aligned} R(2p_{3/2} \to 1s_{1/2}) &= -\frac{\alpha_\mathrm{e} \omega_{fi}}{2\pi m_\mathrm{e}^2 c^2} 4\pi \frac{2^{18}}{3^{12}} \frac{r_0^2 m_\mathrm{e}^2 \omega_{fi}^2}{Z^2} \; , \; r_0 = \frac{\hbar}{m_\mathrm{e} c \alpha_\mathrm{e}} \\ &= \frac{2^{10}}{3^9} \frac{\alpha_\mathrm{e}^5 m_\mathrm{e} c^2 Z^4}{\hbar} \approx 0.8 \cdot 10^9 Z^4 \, \mathrm{s}^{-1} \; . \end{aligned}$$

Zusammenfassung

- Mit Hilfe der **zeitabhängigen Störungstheorie** lassen sich quantenmechanische Probleme lösen, die eine kleine zeitabhängige Störung beinhalten. Sie erlaubt insbesondere die Berechnung von **Übergangsraten** zwischen ungestörten atomaren Zuständen in Anwesenheit periodischer Störfelder (**Fermis goldene Regel**).
- Im Gegensatz zu **induzierten Übergängen**, bei denen die Störfelder von außen angelegt werden, kommen **spontane Übergänge** durch Quantenfluktuationen elektromagnetischer Felder zustande – ein Effekt, der nur innerhalb der Quantenelektrodynamik erklärt werden kann. Zur Bestimmung der zugehörigen Übergangsraten hat man jeweils die Einzelraten über den **Phasenraum der Photonen** aufzusummieren.
- Beschränkt man sich auf die **Dipolnäherung**, dann lassen sich die in den Übergangsraten auftretenden Übergangsmatrixelemente relativ leicht berechnen. Man erhält hieraus die **Dipolauswahlregeln**, welche ein notwendiges Kriterium für nichtverschwindende Übergangswahrscheinlichkeiten darstellen.
- Konkrete Beispiele zur Berechnung von Übergangsraten sind das Intensitätsverhältnis der (erlaubten) Übergänge $2p_{3/2} \to 1s_{1/2}$ und $2p_{1/2} \to 1s_{1/2}$ sowie die Übergangsrate von $2p_{3/2} \to 1s_{1/2}$.

Anwendungen

49. Lichtelektrischer Effekt. Man betrachte wasserstoffähnliche Atome, die einer elektromagnetischen Strahlung

$$\boldsymbol{A}(\boldsymbol{x}, t) = A_0 \boldsymbol{\epsilon} \mathrm{e}^{\mathrm{i}(\boldsymbol{k}\boldsymbol{x} - \omega t)}$$

ausgesetzt sind. Ist die Energie $\hbar\omega$ dieser Strahlung größer als die Bindungsenergie des Hüllenelektrons im Atom, so wird das Atom *ionisiert*, und das Elektron bewegt sich frei mit der kinetischen Energie

$$\frac{\boldsymbol{p}_f^2}{2m_\mathrm{e}} = \hbar\omega + E_i^{(0)} = \hbar(\omega + \omega_i) \ .$$

Man berechne die Übergangsrate dafür, daß das abgelöste Elektron im Raumwinkelelement $\mathrm{d}\Omega$ in Richtung $\boldsymbol{p}_f$ zu finden ist, wenn sich das Atom vor der *Ionisation* im Grundzustand befand. Relativistische und durch Spins hervorgerufene Effekte sollen hierbei vernachlässigt werden („naives Wasserstoffatom“).

Lösung. Der Störoperator hat die Gestalt

$$\boldsymbol{H}'(t) = \boldsymbol{\mathcal{H}}'\mathrm{e}^{-\mathrm{i}\omega t}\,,\ \boldsymbol{\mathcal{H}}' = -\frac{eA_0}{m_\mathrm{e}c}\mathrm{e}^{\mathrm{i}\boldsymbol{k}\boldsymbol{x}}\boldsymbol{\epsilon}\boldsymbol{P}\,.$$

Die Elektronwellenfunktionen des Anfangs- und Endzustandes lauten

$$\Psi_i^{(0)}(\boldsymbol{x}) = \Psi_{1,0,0}(\boldsymbol{x}) = \frac{2}{\sqrt{4\pi}}\left(\frac{Z}{r_0}\right)^{3/2}\mathrm{e}^{-Zr/r_0}$$

$$\Psi_f^{(0)}(\boldsymbol{x}) = \frac{1}{\sqrt{V}}\mathrm{e}^{\mathrm{i}\boldsymbol{p}_f\boldsymbol{x}/\hbar}\,,$$

wobei wir $\Psi_f^{(0)}$ innerhalb eines Kastens mit dem Volumen $V = L^3$ auf Eins normiert haben. Damit ergibt sich nach Fermis goldener Regel für die Übergangsrate P_{fi} in der Dipolnäherung

$$P_{fi} = \frac{2\pi}{\hbar}\left(\frac{eA_0}{m_\mathrm{e}c}\right)^2 |M_{fi}|^2\delta\left(\frac{\boldsymbol{p}_f^2}{2m_\mathrm{e}} - \hbar(\omega_i+\omega)\right)\,,$$

mit

$$\begin{aligned}
M_{fi} &= \left\langle \Psi_f^{(0)}\right|\boldsymbol{\epsilon}\boldsymbol{P}\left|\Psi_i^{(0)}\right\rangle = \left\langle \Psi_i^{(0)}\right|\boldsymbol{\epsilon}\boldsymbol{P}\left|\Psi_f^{(0)}\right\rangle^*\\
&= N\boldsymbol{\epsilon}\boldsymbol{p}_f\int \mathrm{d}^3x\mathrm{e}^{-Zr/r_0}\mathrm{e}^{-\mathrm{i}\boldsymbol{p}_f\boldsymbol{x}/\hbar}
\end{aligned}$$

und

$$N = \frac{1}{\sqrt{\pi V}}\left(\frac{Z}{r_0}\right)^{3/2}\,.$$

Wählt man die z-Achse entlang von $\boldsymbol{p}_f$, dann gilt weiter

$$\begin{aligned}
M_{fi} &= N\boldsymbol{\epsilon}\boldsymbol{p}_f\int_0^\infty \mathrm{d}r r^2\int_0^{2\pi}\mathrm{d}\varphi\int_{-1}^{1}\mathrm{d}\cos\theta\mathrm{e}^{-Zr/r_0}\mathrm{e}^{-\mathrm{i}p_f r\cos\theta/\hbar} \qquad (3.89)\\
&= 2\pi\mathrm{i}\hbar N\boldsymbol{\epsilon}\frac{\boldsymbol{p}_f}{p_f}\int_0^\infty \mathrm{d}r r\left[\mathrm{e}^{-r(Z/r_0+\mathrm{i}p_f/\hbar)} - \mathrm{e}^{-r(Z/r_0-\mathrm{i}p_f/\hbar)}\right]\\
&= 2\pi\mathrm{i}\hbar N\boldsymbol{\epsilon}\frac{\boldsymbol{p}_f}{p_f}\left[\frac{1}{\left(\frac{Z}{r_0}+\frac{\mathrm{i}}{\hbar}p_f\right)^2} - \frac{1}{\left(\frac{Z}{r_0}-\frac{\mathrm{i}}{\hbar}p_f\right)^2}\right]\\
&= \frac{8\sqrt{\frac{\pi}{V}}\left(\frac{r_0}{Z}\right)^{3/2}\boldsymbol{\epsilon}\boldsymbol{p}_f}{\left[1+\left(\frac{p_f r_0}{\hbar Z}\right)^2\right]^2}\\
\Longrightarrow P_{fi} &= \frac{128\pi^2 r_0^3 e^2 A_0^2}{\hbar V m_\mathrm{e}^2 c^2 Z^3}\frac{|\boldsymbol{\epsilon}\boldsymbol{p}_f|^2}{\left[1+\left(\frac{p_f r_0}{\hbar Z}\right)^2\right]^4}\delta\left(\frac{\boldsymbol{p}_f^2}{2m_\mathrm{e}} - \hbar(\omega_i+\omega)\right)\,.
\end{aligned}$$

Um eine realistische experimentelle Situation zu beschreiben, in der das Auflösungsvermögen von Detektoren begrenzt ist, hat man über die zum $\boldsymbol{p}_f$-Zustand benachbarten Elektronzustände zu integrieren. Wir verfahren hierzu analog zum Photonenfall in Unterabschn. 3.8.2 und fordern, daß die ebenen Elektronwellen periodische Randbedingungen im Kastenvolumen $V = L^3$ besitzen, was zur Quantisierung der Impulswerte führt:

$$\boldsymbol{p}'_f = \frac{2\pi\hbar}{L}\boldsymbol{n} \;,\; n_x, n_y, n_z = 0, \pm 1, \ldots \;.$$

Die gesuchte Übergangsrate ergibt sich nun durch Summation über alle möglichen Elektronzustände und läßt sich wie beim Photonenfall näherungsweise durch ein Integral darstellen:

$$R_{fi}\mathrm{d}\Omega = \mathrm{d}\Omega \frac{V}{(2\pi\hbar)^3} \int \mathrm{d}p'_f p'^2_f P_{f'i} \;.$$

Unter Berücksichtigung von

$$\delta\left(\frac{\boldsymbol{p}'^2_f}{2m_\mathrm{e}} - \hbar(\omega_i + \omega)\right) = \delta\left(\frac{\boldsymbol{p}'^2_f}{2m_\mathrm{e}} - \frac{\boldsymbol{p}^2_f}{2m_\mathrm{e}}\right) = \frac{m_\mathrm{e}}{p'_f}\delta(p'_f - p_f)$$

folgt

$$R_{fi}\mathrm{d}\Omega = \frac{16 r_0^3 e^2 A_0^2 p_f |\boldsymbol{\epsilon}\boldsymbol{p}_f|^2}{\pi\hbar^4 m_\mathrm{e} c^2 Z^3 \left[1 + \left(\frac{p_f r_0}{\hbar Z}\right)^2\right]^4}\mathrm{d}\Omega \;.$$

Offenbar hängt diese Rate von der Amplitude des eingestrahlten Photonfeldes, vom Winkel zwischen Photonpolarisation $\boldsymbol{\epsilon}$ und Elektronimpuls $\boldsymbol{p}_f$ sowie vom Betrag p_f (bzw. der Photonfrequenz ω) ab. Sie ist dagegen unabhängig von der Richtung des eingestrahlten Lichts, da wir die Dipolnäherung $\mathrm{e}^{\mathrm{i}\boldsymbol{k}\boldsymbol{x}} \approx 1$ verwendet haben. Man beachte jedoch, daß man sich das entsprechende Ergebnis für den ungenäherten Fall leicht verschaffen kann, indem ab (3.89) die Ersetzung

$$\boldsymbol{p}_f \longrightarrow \boldsymbol{p}_f - \hbar\boldsymbol{k}$$

vorgenommen wird. Integriert man R_{fi} über alle Winkel, so ergibt sich die *totale Ionisationsrate.* Zu ihrer Berechnung wählen wir aus Bequemlichkeitsgründen die z-Achse in Richtung von $\boldsymbol{\epsilon}$ und erhalten

$$\begin{aligned} R_{fi}^{\mathrm{tot}} &= \frac{16 r_0^3 e^2 A_0^2 p_f^3}{\pi\hbar^4 m_\mathrm{e} c^2 Z^3 \left[1 + \left(\frac{p_f r_0}{\hbar Z}\right)^2\right]^4} \int\limits_0^{2\pi} \mathrm{d}\varphi \int\limits_{-1}^{1} \mathrm{d}\cos\theta \cos^2\theta \\ &= \frac{64 r_0^3 e^2 A_0^2 p_f^3}{3\hbar^4 m_\mathrm{e} c^2 Z^3 \left[1 + \left(\frac{p_f r_0}{\hbar Z}\right)^2\right]^4} \;. \end{aligned}$$

3.9 N-Teilchensysteme

Bisher haben wir unsere Aufmerksamkeit ein- und dreidimensionalen Systemen mit wenigen Freiheitsgraden gewidmet. In diesem Abschnitt wollen wir einige quantenmechanische Implikationen von Viel-Teilchensystemen studieren. Uns interessieren hierbei vor allem die Unterschiede in der Beschreibung *unterscheidbarer* und *identischer* Teilchensysteme. Wir werden zeigen, daß die quantenmechanische Betrachtung von Systemen identischer Teilchen zu überraschenden Resultaten führt, die kein Analogon in der klassischen Mechanik besitzen. Auf dem Weg dorthin beschäftigen wir uns zuerst mit der Beschreibung eines Systems von unterscheidbaren Teilchen und rekapitulieren einige ihrer Eigenschaften unter dem Gesichtspunkt der Interpretation von Messungen.

3.9.1 Unterscheidbare Teilchen

Gegeben sei ein System von N dreidimensionalen spinlosen Teilchen, die unterscheidbar sind, d.h. die sich in mindestens einer ihrer intrinsischen Eigenschaften wie etwa Masse oder Ladung unterscheiden. In der klassischen Mechanik werden diese Teilchen durch ihre Orts- und Impulsvektoren $(\boldsymbol{x}_1, \boldsymbol{p}_1)$, $\ldots$,$(\boldsymbol{x}_N, \boldsymbol{p}_N)$ beschrieben, und man erhält die zugehörige quantenmechanische Beschreibung durch die Operatorersetzung (Postulat III)

$$\boldsymbol{x}_i \longrightarrow \boldsymbol{X}_i \ , \ \boldsymbol{p}_i \longrightarrow \boldsymbol{P}_i \ ,$$

wobei die Orts- und Impulsoperatoren den kanonischen Vertauschungsrelationen

$$[\boldsymbol{X}_{ik}, \boldsymbol{P}_{jl}] = \mathrm{i}\hbar\delta_{ij}\delta_{kl} \ , \ [\boldsymbol{X}_{ik}, \boldsymbol{X}_{jl}] = [\boldsymbol{P}_{ik}, \boldsymbol{P}_{jl}] = \mathbf{0}$$

genügen. In manchen Fällen, wie z.B. beim harmonischen Oszillator in Unterabschn. 3.3.5, ist es möglich, die gesamte Physik aus den Kommutatorrelationen herzuleiten. Meistens verwendet man jedoch eine bestimmte Basis, die durch die simultanen Eigenkets

$$|\omega_1\rangle \otimes \cdots \otimes |\omega_N\rangle = |\omega_1, \ldots, \omega_N\rangle$$

der kommutierenden Observablen $\boldsymbol{\Omega}_i(\boldsymbol{X}_i, \boldsymbol{P}_i), i = 1, \ldots, N$ (Ω-Basis) gegeben ist und durch die der N-Teilchen-Hilbert-Raum aufgespannt wird:

$$\mathcal{H} = \mathcal{H}_1 \otimes \cdots \otimes \mathcal{H}_N \ .$$

Wird das System durch den Zustandsvektor $|\,\psi\rangle$ beschrieben, dann lautet die Wahrscheinlichkeit, bei einer Messung das erste Teilchen im Zustand ω_1, das zweite im Zustand ω_2 usw. zu finden (diskreter, nichtentarteter Fall)

$$W(\omega_1, \ldots, \omega_N) = |\langle \omega_1, \ldots, \omega_N |\, \psi \rangle|^2 \ ,$$

falls $|\,\psi\rangle$ auf Eins normiert ist:

$$1 = \langle\psi|\,\psi\rangle = \sum_{\omega_1,\ldots,\omega_N} W(\omega_1,\ldots,\omega_N)\,.$$

Dementsprechend ergibt sich z.B. die Wahrscheinlichkeit dafür, das erste Teilchen im Zustand ω_1, das zweite im Zustand ω_2 und die restlichen Teilchen in einem beliebigen Zustand vorzufinden, zu

$$W(\omega_1,\omega_2,\text{Rest beliebig}) = \sum_{\omega_3,\ldots,\omega_N} W(\omega_1,\ldots,\omega_N)\,.$$

Wählt man als Darstellung die kontinuierliche Ortsbasis, dann lauten die zum diskreten Fall korrespondierenden Beziehungen

$$|\boldsymbol{x}_1\rangle \otimes \cdots \otimes |\boldsymbol{x}_N\rangle = |\boldsymbol{x}_1,\ldots,\boldsymbol{x}_N\rangle$$

$$\psi(\boldsymbol{x}_1,\ldots,\boldsymbol{x}_N) = \langle \boldsymbol{x}_1,\ldots,\boldsymbol{x}_N|\,\psi\rangle$$

$$W(\boldsymbol{x}_1,\ldots,\boldsymbol{x}_N) = |\psi(\boldsymbol{x}_1,\ldots,\boldsymbol{x}_N)|^2$$

$$1 = \langle\psi|\,\psi\rangle = \int \mathrm{d}^3x_1\cdots\mathrm{d}^3x_N W(\boldsymbol{x}_1,\ldots,\boldsymbol{x}_N)$$

$$W(\boldsymbol{x}_1,\boldsymbol{x}_2,\text{Rest beliebig}) = \int \mathrm{d}^3x_3\cdots\mathrm{d}^3x_N W(\boldsymbol{x}_1,\ldots,\boldsymbol{x}_N)\,.$$

Hierbei ist $W(\boldsymbol{x}_1,\boldsymbol{x}_2,\text{Rest beliebig})$ als die Wahrscheinlichkeitsdichte aufzufassen, das erste Teilchen im Volumenelement $[\boldsymbol{x}_1 : \boldsymbol{x}_1 + \mathrm{d}^3x]$, das zweite im Volumenelement $[\boldsymbol{x}_2 : \boldsymbol{x}_2 + \mathrm{d}^3x]$ und die restlichen Teilchen irgendwo zu finden. Die zeitliche Entwicklung der Ortswellenfunktion ψ ist durch die Schrödinger-Gleichung

$$\mathrm{i}\hbar\frac{\mathrm{d}}{\mathrm{d}t}\psi(\boldsymbol{x}_1,\ldots,\boldsymbol{x}_N,t) = \boldsymbol{H}\left(\boldsymbol{X}_i \to \boldsymbol{x}_i, \boldsymbol{P}_i \to \frac{\hbar}{\mathrm{i}}\boldsymbol{\nabla}_i\right)\psi(\boldsymbol{x}_1,\ldots,\boldsymbol{x}_N,t)$$

gegeben.

3.9.2 Identische Teilchen, Pauli-Prinzip

In der klassischen Mechanik ist es prinzipiell immer möglich, zwischen Teilchen zu unterscheiden, selbst wenn sie dieselben intrinsischen Eigenschaften besitzen, indem man nämlich ihre nichtidentischen Trajektorien verfolgt, natürlich ohne diese dabei zu stören. Das heißt, daß zwei Konfigurationen, die durch Austausch zweier identischer Teilchen auseinander hervorgehen, im klassischen Sinne physikalisch verschieden sind. In der Quantenmechanik existiert dagegen i.a. keine Möglichkeit, zwischen identischen Teilchen zu unterscheiden, da sie keine definierten Trajektorien besitzen, die man verfolgen könnte, sondern lediglich Aufenthaltswahrscheinlichkeiten.[19] Deshalb

[19] Der einzige Spezialfall, bei dem identische Teilchen quantenmechanisch unterschieden werden können ist der, wo ihre Gebiete nichtverschwindender Aufenthaltswahrscheinlichkeit völlig disjunkt sind. Man denke etwa an zwei Elektronen, die in verschiedenen Kästen eingesperrt sind, oder von denen sich das eine auf der Erde und das andere auf dem Mond befindet.

sind zwei Konfigurationen, die sich durch den Austausch zweier identischer Teilchen ergeben, im quantenmechanischen Sinne als physikalisch äquivalent zu betrachten und müssen durch denselben Zustandsvektor beschreibbar sein.

Betrachten wir zum näheren Verständnis ein System von zwei identischen Teilchen in der Ortsdarstellung. Da zwei Zustände, die sich nur um eine Phase α unterscheiden, physikalisch äquivalent sind, bedeutet obige Forderung unter der Vertauschungsoperation $\boldsymbol{x}_1 \leftrightarrow \boldsymbol{x}_2$

$$\psi(\boldsymbol{x}_1, \boldsymbol{x}_2) \stackrel{\boldsymbol{x}_1 \leftrightarrow \boldsymbol{x}_2}{\longrightarrow} \alpha\psi(\boldsymbol{x}_2, \boldsymbol{x}_1) \stackrel{\boldsymbol{x}_1 \leftrightarrow \boldsymbol{x}_2}{\longrightarrow} \alpha^2\psi(\boldsymbol{x}_1, \boldsymbol{x}_2) .$$

Da die zweimalige Anwendung der Vertauschungsoperation wieder auf die ursprüngliche Wellenfunktion führt, folgt $\alpha = \pm 1$. Die Wellenfunktion kann also nur symmetrisch ($\alpha = +1$) oder antisymmetrisch ($\alpha = -1$) unter der Vertauschung sein. Besitzen die identischen Teilchen zusätzlich einen Spin, dann sind bei der Vertauschungsoperation alle Freiheitsgrade, also Ort $\boldsymbol{x}$ und Spinprojektionsquantenzahl m auszutauschen, und wir haben dann

$$\psi(\boldsymbol{x}_1, m_1, \boldsymbol{x}_2, m_2) = \pm 1\psi(\boldsymbol{x}_2, m_2, \boldsymbol{x}_1, m_1) .$$

Ob nun die symmetrische oder antisymmetrische Variante zu wählen ist, hängt von der Art der identischen Teilchen ab, genauer gesagt: von deren Spin. Man kann im Rahmen von Quantenfeldtheorien zeigen, daß identische Teilchen, deren Spinquantenzahl s ganzzahlig ist (*Bosonen*), durch symmetrische Wellenfunktionen beschrieben werden, während Teilchen, die eine halbzahlige Spinquantenzahl besitzen (*Fermionen*), durch antisymmetrische Wellenfunktionen dargestellt werden.[20] Die Verallgemeinerung auf N Teilchen ist unproblematisch, und wir erhalten den

Satz 3.27: Symmetrisierungsregel

Die Zustände eines Systems von N identischen Teilchen sind gegenüber der Vertauschung zweier Teilchen notwendigerweise entweder alle symmetrisch ($\rightarrow$ Bosonen) oder alle antisymmetrisch ($\rightarrow$ Fermionen).
Anders ausgedrückt: Sei P eine Permutation von $1, \ldots, N$,

$$P = \begin{pmatrix} 1 & \ldots & N \\ P_1 & \ldots & P_N \end{pmatrix} ,$$

dann gilt für Fermionen (Spin halbzahlig)

$$\psi(\boldsymbol{x}_1, m_1, \ldots, \boldsymbol{x}_N, m_N) = \epsilon(P)\psi(\boldsymbol{x}_{P_1}, m_{P_1}, \ldots, \boldsymbol{x}_{P_N}, m_{P_N})$$

und für Bosonen (Spin ganzzahlig)

$$\psi(\boldsymbol{x}_1, m_1, \ldots, \boldsymbol{x}_N, m_N) = \psi(\boldsymbol{x}_{P_1}, m_{P_1}, \ldots, \boldsymbol{x}_{P_N}, m_{P_N}) ,$$

wobei $\epsilon(P) = +1$ für gerade Permutationen und $\epsilon(P) = -1$ für ungerade Permutationen ist.

[20] Man sagt auch: Fermionen folgen der *Fermi-Dirac-Statistik* und Bosonen der *Bose-Einstein-Statistik*.

Aus der Symmetrisierungsregel ergibt sich eine sehr weitreichende Konsequenz: Nehmen wir an, eine Messung der Observablen $\boldsymbol{\Omega}$ an einem fermionischen Zwei-Teilchensystem ergibt die Werte ω_1 und ω_2. Dann ist sein antisymmetrischer Zustandsvektor unmittelbar nach der Messung gegeben durch

$$|\psi\rangle = \frac{1}{\sqrt{2}}\left(|\omega_1,\omega_2\rangle - |\omega_2,\omega_1\rangle\right) .$$

Setzen wir jetzt $\omega_1 = \omega_2$, dann ist $|\psi\rangle = 0$. Hieraus folgt der

Satz 3.28: Paulisches Ausschließungsprinzip

Zwei identische Fermionen können sich nicht im gleichen Quantenzustand befinden.

Dieses Prinzip hat folgenschwere Auswirkungen im Bereich der statistischen Mechanik, im Verständnis des Aufbaus und der chemischen Eigenschaften von Atomen sowie vieler anderer Gebiete.

Bosonische und fermionische Hilbert-Räume. Kehren wir noch einmal zum identischen Zwei-Teilchensystem zurück. Verwenden wir zu seiner Darstellung die Ω-Basis, wobei $\boldsymbol{\Omega}$ ein diskretes, nichtentartetes Spektrum besitzen soll, dann besteht der Zwei-Teilchen-Hilbert-Raum $\mathcal{H}_1 \otimes \mathcal{H}_2$ aus allen Vektoren der Form $|\omega_1,\omega_2\rangle$. Zu jedem Paar von Vektoren $|\omega_1,\omega_2\rangle$ und $|\omega_2,\omega_1\rangle$ existiert genau ein bosonischer Vektor

$$|\omega_1,\omega_2,\mathrm{S}\rangle = \frac{1}{\sqrt{2}}\left(|\omega_1,\omega_2\rangle + |\omega_2,\omega_1\rangle\right)$$

und ein dazu orthogonaler fermionischer Vektor

$$|\omega_1,\omega_2,\mathrm{A}\rangle = \frac{1}{\sqrt{2}}\left(|\omega_1,\omega_2\rangle - |\omega_2,\omega_1\rangle\right)$$

und umgekehrt. Im Falle $\omega_1 = \omega_2$ ist der Vektor $|\omega_1,\omega_1\rangle$ bereits symmetrisch und somit bosonisch; aufgrund des Pauli-Prinzips existiert kein entsprechender fermionischer Vektor. Der Zwei-Teilchen-Hilbert-Raum setzt sich also aus der Summe eines symmetrischen (S) und antisymmetrischen (A) Hilbert-Raumes zusammen,

$$\mathcal{H}_1 \otimes \mathcal{H}_2 = \mathcal{H}^{(\mathrm{S})} \oplus \mathcal{H}^{(\mathrm{A})} ,$$

wobei die Dimension von $\mathcal{H}^{(\mathrm{S})}$ ein wenig größer ist als die Hälfte der Dimension von $\mathcal{H}_1 \otimes \mathcal{H}_2$. Ist nun ein bosonisches (fermionisches) Zwei-Teilchensystem durch den Ket $|\psi_\mathrm{S}\rangle$ ($|\psi_\mathrm{A}\rangle$) gegeben, dann interpretieren wir

$$\begin{aligned} W_\mathrm{S}(\omega_1,\omega_2) &= \left|\langle\omega_1,\omega_2,\mathrm{S}|\,\psi_\mathrm{S}\rangle\right|^2 \\ &= \frac{1}{2}\left|\langle\omega_1,\omega_2|\,\psi_\mathrm{S}\rangle + \langle\omega_2,\omega_1|\,\psi_\mathrm{S}\rangle\right|^2 \\ &= 2\left|\langle\omega_1,\omega_2|\,\psi_\mathrm{S}\rangle\right|^2 \end{aligned}$$

bzw.

$$\begin{aligned} W_{\mathrm{A}}(\omega_1,\omega_2) &= |\langle \omega_1,\omega_2,\mathrm{A}|\,\psi_{\mathrm{A}}\rangle|^2 \\ &= \frac{1}{2}\,|\langle \omega_1,\omega_2|\,\psi_{\mathrm{A}}\rangle - \langle \omega_2,\omega_1|\,\psi_{\mathrm{A}}\rangle|^2 \\ &= 2\,|\langle \omega_1,\omega_2|\,\psi_{\mathrm{A}}\rangle|^2 \end{aligned}$$

als die Wahrscheinlichkeit, eines der beiden Teilchen im Zustand ω_1 und das andere im Zustand ω_2 bei einer Messung vorzufinden.[21] Die zugehörige Normierungsbedingung von $|\,\psi_{\mathrm{S,A}}\rangle$ lautet

$$\begin{aligned} 1 = \langle \psi_{\mathrm{S,A}}|\,\psi_{\mathrm{S,A}}\rangle &= \sum_{\text{versch.}} W_{\mathrm{S,A}}(\omega_1,\omega_2) \\ &= 2\sum_{\text{versch.}} |\langle \omega_1,\omega_2|\,\psi_{\mathrm{S,A}}\rangle|^2 \ , \end{aligned}$$

wobei nur über physikalisch verschiedene Zustände zu summieren ist. Im Falle der kontinuierlichen Ortsbasis gilt entsprechend

$$\begin{aligned} &|\,\boldsymbol{x}_1,\boldsymbol{x}_2,\mathrm{S},\mathrm{A}\rangle = \frac{1}{\sqrt{2}}\,(|\,\boldsymbol{x}_1,\boldsymbol{x}_2\rangle \pm |\,\boldsymbol{x}_2,\boldsymbol{x}_1\rangle) \\ &W_{\mathrm{S,A}}(\boldsymbol{x}_1,\boldsymbol{x}_2) = |\langle \boldsymbol{x}_1,\boldsymbol{x}_2,\mathrm{S},\mathrm{A}|\,\psi_{\mathrm{S,A}}\rangle|^2 = 2\,|\langle \boldsymbol{x}_1,\boldsymbol{x}_2|\,\psi_{\mathrm{S,A}}\rangle|^2 \\ &1 = \frac{1}{2}\int \mathrm{d}^3x_1\mathrm{d}^3x_2 W_{\mathrm{S,A}}(\boldsymbol{x}_1,\boldsymbol{x}_2) = \int \mathrm{d}^3x_1\mathrm{d}^3x_2\,|\langle \boldsymbol{x}_1,\boldsymbol{x}_2|\,\psi_{\mathrm{S,A}}\rangle|^2 \ . \end{aligned}$$

Der Faktor 1/2 berücksichtigt hierbei die doppelte Zählung physikalisch äquivalenter Zustände. (Die Zustände mit $\boldsymbol{x}_1 = \boldsymbol{x}_2$, für die der Faktor 1/2 nicht zutrifft, stellen nur einen infinitesimalen Beitrag zur Integration im $\boldsymbol{x}_1\boldsymbol{x}_2$-Hyperraum dar.)

3.9.3 Druck der Fermionen

Die Bedeutung des Pauli-Prinzips läßt sich am einfachsten an einem System von N freien Elektronen erkennen, die in einem Kasten der Seitenlänge L eingeschlossen sind. Die zugehörige stationäre Schrödinger-Gleichung

$$\sum_{i=1}^{N} \boldsymbol{H}_i\Psi = E\Psi \ , \ \boldsymbol{H}_i = -\frac{\hbar^2}{2m_{\mathrm{e}}}\boldsymbol{\nabla}_i^2$$

wird gelöst mit dem Produktansatz

$$\Psi = \prod_{i=1}^{N} \Psi_{\boldsymbol{k}_i}(\boldsymbol{x}_i, m_i) \ , \ E = \sum_{i=1}^{N} E_i \ ,$$

mit

[21] Man beachte: $\langle a,b|\,\psi_{\mathrm{S}}\rangle = \langle b,a|\,\psi_{\mathrm{S}}\rangle$ und $\langle a,b|\,\psi_{\mathrm{A}}\rangle = -\langle b,a|\,\psi_{\mathrm{A}}\rangle$.

$$\Psi_{\boldsymbol{k}_i}(\boldsymbol{x}, m) = \sin(k_{ix}x)\sin(k_{iy}y)\sin(k_{iz}z)\chi_i(m) \; .$$

$\chi(m)$ bezeichnet den zweikomponentigen Elektronspinor. Da die Teilchen eingeschlossen sind, verschwinden die Wellenfunktionen an den Rändern des Kastens, d.h. die Wellenvektoren sind in der Weise

$$\boldsymbol{k}_i = \frac{\pi}{L}\boldsymbol{n}_i \; , \; \boldsymbol{n}_i = (n_{ix}, n_{iy}, n_{iz}) \; , \; n_{ix}, n_{iy}, n_{iz} = 1, 2, \ldots$$

quantisiert. Da Elektronen Fermionen sind, muß die Gesamtwellenfunktion noch antisymmetrisiert werden. Dies läßt sich wie bei allen faktorisierenden Funktionen durch die *Slater-Determinante* erreichen:[22]

$$\Psi(\boldsymbol{x}_1, m_1, \ldots, \boldsymbol{x}_N, m_N) = \frac{1}{\sqrt{N!}} \begin{vmatrix} \Psi_{\boldsymbol{k}_1}(\boldsymbol{x}_1, m_1) & \ldots & \Psi_{\boldsymbol{k}_1}(\boldsymbol{x}_N, m_N) \\ \Psi_{\boldsymbol{k}_2}(\boldsymbol{x}_1, m_1) & \ldots & \Psi_{\boldsymbol{k}_2}(\boldsymbol{x}_N, m_N) \\ \vdots & \vdots & \vdots \\ \Psi_{\boldsymbol{k}_N}(\boldsymbol{x}_1, m_1) & \ldots & \Psi_{\boldsymbol{k}_N}(\boldsymbol{x}_N, m_N) \end{vmatrix} \; .$$

Offenbar bewirkt der Austausch zweier Teilchen den Austausch zweier Spalten, was bei einer Determinante bekanntlich zu einem Minuszeichen führt. Anhand der Determinantenform erkennt man, daß die antisymmetrische Wellenfunktion verschwindet, wenn zwei Teilchen dieselbe Spineinstellung haben ($m_i = m_j$) und sich nahe kommen ($\boldsymbol{x}_i \approx \boldsymbol{x}_j$). Das heißt die Wahrscheinlichkeitsdichte, beide Teilchen nahe beieinander zu finden, ist klein. Die Symmetrisierungsregel Satz 3.27 wirkt also wie eine abstoßende Wechselwirkung zwischen den Teilchen. Darüber hinaus verschwindet die Wellenfunktion auch dann, wenn sich zwei Teilchen im selben Zustand befinden (Pauli-Prinzip): $(\boldsymbol{k}_i, m_i) = (\boldsymbol{k}_j, m_j)$. Der Zustand niedrigster Energie ist also nicht einfach dadurch gegeben, daß alle N Teilchen den kleinst möglichen Wellenvektor $|\boldsymbol{k}_i| = \pi/L$ haben. Vielmehr kann jeder Wellenvektor $\boldsymbol{k}_i$ nur mit zwei Elektronen „besetzt“ sein; das eine Elektron mit Spin up ($m = 1/2$), das andere mit Spin down ($m = -1/2$). Demnach ergibt sich die Grundzustandsenergie durch Summation der niedrigsten Teilchenenergien zu

$$E = 2\frac{\hbar^2}{2m_{\rm e}}\left(\frac{\pi}{L}\right)^2 \sum_{|\boldsymbol{n}| \leq n_{\rm F}} \boldsymbol{n}^2 \; ,$$

wobei $n_{\rm F}$ einen zunächst unbekannten Maximalwert bezeichnet. Ist N hinreichend groß, dann ist es eine gute Näherung, zu fordern, daß alle Tripel (n_x, n_y, n_z) innerhalb des positiven Oktanden einer Kugel vom Radius $n_{\rm F}$ liegen müssen. Die Anzahl der Tripel ist dann (aufgrund der zweifachen Besetzbarkeit)

$$\frac{N}{2} = \frac{1}{8}\int\limits_{|n| \leq n_{\rm F}} {\rm d}^3 n = \frac{1}{8}\frac{4\pi}{3}n_{\rm F}^3 \Longrightarrow n_{\rm F} = \left(\frac{3N}{\pi}\right)^{1/3} \; .$$

[22] Die Slater-Determinante kann auch benutzt werden, um bosonische Gesamtwellenfunktionen zu symmetrisieren. In diesem Fall sind alle Vorzeichen der Determinantenentwicklung positiv zu nehmen.

Damit folgt für die Grundzustandsenergie des gesamten Systems

$$\begin{aligned}
E &= 2\frac{\hbar^2}{2m_\mathrm{e}}\left(\frac{\pi}{L}\right)^2\frac{1}{8}\int\limits_{|\boldsymbol{n}|\leq n_\mathrm{F}} \mathrm{d}^3n\boldsymbol{n}^2 \\
&= 2\frac{\hbar^2}{2m_\mathrm{e}}\left(\frac{\pi}{L}\right)^2\frac{1}{8}4\pi\int\limits_0^{n_\mathrm{F}} \mathrm{d}nn^4 \\
&= \frac{\pi^3\hbar^2}{10m_\mathrm{e}L^2}\left(\frac{3N}{\pi}\right)^{5/3} .
\end{aligned}$$

Man beachte, daß die Energie mit der Teilchenzahl N stärker als linear anwächst. Die Energie pro Teilchen, E/N, wächst also selbst mit der Teilchenzahl und fällt mit dem Volumen L^3 des Kastens, in dem die Teilchen eingeschlossen sind.

Zusammenfassung

- Im Gegensatz zur klassischen Mechanik, in der sich Teilchen immer durch ihre nichtidentischen Trajektorien unterscheiden lassen, gibt es in der Quantenmechanik Systeme **unterscheidbarer** und **identischer** Teilchen. Letztere sind in allen Hinsichten als physikalisch äquivalent zu betrachten und werden folglich durch denselben Zustandsvektor beschrieben.
- Die **Symmetrisierungsregel** besagt: Handelt es sich bei identischen Teilchen um **Bosonen**/Spin ganzzahlig (**Fermionen**/Spin halbzahlig), dann ist die zugehörige Wellenfunktion symmetrisch (antisymmetrisch) unter dem Austausch zweier Teilchen.
- Aus dieser Regel folgt das **Paulische Ausschließungsprinzip**, nach dem sich zwei identische Fermionen nicht im selben Quantenzustand befinden können.

Anwendungen

50. Zählung unterschiedlicher Konfigurationen. Man stelle sich ein System von drei Teilchen vor, die jeweils die Zustände $|a\rangle$, $|b\rangle$ und $|c\rangle$ annehmen können. Es soll gezeigt werden, daß die Gesamtzahl verschiedener Systemkonfigurationen gegeben ist durch:

a) 27 im Falle unterscheidbarer Teilchen,

b) 10 im Falle identischer Bosonen,

c) 1 im Falle identischer Fermionen.

Lösung.

Zu a) Bei unterscheidbaren Teilchen ist der allgemeinste Zustandsvektor $|\omega_1, \omega_2, \omega_3\rangle$, wobei alle drei Indizes die Werte a, b oder c annehmen können, was jeweils einer anderen physikalischen Situation entspricht. Insgesamt hat man also $3 \cdot 3 \cdot 3 = 27$ verschiedene Konfigurationen.

Zu b) Hier lautet der allgemeinste, unter dem Austausch zweier Teilchen symmetrische Zustandsvektor

$$|\omega_1\omega_2\omega_3\rangle + |\omega_1\omega_3\omega_2\rangle + |\omega_2\omega_1\omega_3\rangle + |\omega_2\omega_3\omega_1\rangle + |\omega_3\omega_1\omega_2\rangle + |\omega_3\omega_2\omega_1\rangle \ ,$$

wobei auch hier alle drei Werte für ω_i erlaubt sind. Sind alle drei Indizes verschieden, dann hat man eine Konfiguration. Läßt man genau zwei gleiche Indizes zu, so kann man damit sechs verschiedene Konfigurationen beschreiben. Bei drei gleichen Indizes ergeben sich drei unterschiedliche Situationen. Wir haben somit $1 + 6 + 3 = 10$ unterscheidbare Konfigurationen.

Zu c) Hier muß der Zustandsvektor antisymmetrisch unter dem Austausch zweier Teilchen sein. Seine allgemeinste Form ist

$$|\omega_1\omega_2\omega_3\rangle - |\omega_1\omega_3\omega_2\rangle - |\omega_2\omega_1\omega_3\rangle + |\omega_2\omega_3\omega_1\rangle + |\omega_3\omega_1\omega_2\rangle - |\omega_3\omega_2\omega_1\rangle \ .$$

Nach dem Pauli-Prinzip müssen alle drei Indizes verschieden sein. Da der Austausch zweier Indizes lediglich ein physikalisch irrelevantes Vorzeichen am Zustandsvektor bewirkt, existiert nur eine einzige Konfiguration.

51. Identisches Zwei-Teilchensystem. Zwei identische eindimensionale Teilchen der Masse m sind im Bereich $0 \leq x \leq L$ in einem Kasten eingeschlossen. Eine Energiemessung des Systems liefert die Werte

$$\text{(a) } E = \frac{\hbar^2\pi^2}{mL^2} \quad , \quad \text{(b) } E = \frac{5\hbar^2\pi^2}{mL^2} \ .$$

Wie lauten die jeweiligen Gesamtwellenfunktionen im Falle identischer Spin-1/2-Fermionen bzw. identischer Spin-0-Bosonen? (Es wird angenommen, daß der Spin die Energiemessung nicht beeinflußt.)

Lösung. Die normierte Lösungsfunktion lautet für Spin-1/2-Fermionen

$$\Psi(x_1, m_1, x_2, m_2) = \Psi_{k_1}(x_1, m_1)\Psi_{k_2}(x_2, m_2) \ ,$$

mit

$$\Psi_{k_i}(x, m) = \sqrt{\frac{2}{L}} \sin(k_i x)\chi_i(m)$$

und für Spin-0-Bosonen

$$\Psi(x_1, x_2) = \Psi_{k_1}(x_1)\Psi_{k_2}(x_2) \ , \ \Psi_{k_i}(x) = \sqrt{\frac{2}{L}} \sin(k_i x) \ ,$$

wobei die Wellenzahlen k_i in der Weise

$$k_i = k_i(n) = \frac{n\pi}{L} \ , \ n = 1, 2, \ldots$$

gequantelt sind. Die Gesamtenergie des Zwei-Teilchensystems beträgt

$$E = \frac{\hbar^2}{2m}\left[k_1(n_1)^2 + k_2(n_2)^2\right] = \frac{\hbar^2\pi^2}{2mL^2}(n_1^2 + n_2^2) \ .$$

Im Fall a) befinden sich beide Teilchen im Grundzustand ($n_1 = n_2 = 1$). Die identischen Fermionen müssen sich deshalb aufgrund des Pauli-Prinzips in ihrem Spinzustand unterscheiden, so daß die antisymmetrische Gesamtwellenfunktion lautet:

$$\begin{aligned}\Psi^{(\mathrm{A})}(x_1,+,x_2,-) &= \frac{1}{\sqrt{2}}\begin{vmatrix}\Psi_{k_1(1)}(x_1,+) & \Psi_{k_1(1)}(x_2,-)\\ \Psi_{k_2(1)}(x_1,+) & \Psi_{k_2(1)}(x_2,-)\end{vmatrix}\\ &= -\frac{1}{\sqrt{2}}\begin{vmatrix}\Psi_{k_1(1)}(x_1,-) & \Psi_{k_1(1)}(x_2,+)\\ \Psi_{k_2(1)}(x_1,-) & \Psi_{k_2(1)}(x_2,+)\end{vmatrix}\\ &= \frac{\sqrt{2}}{L}\sin(\pi x_1/L)\sin(\pi x_2/L)\\ &\quad\times\left[\chi_1(+)\chi_2(-) - \chi_1(-)\chi_2(+)\right] \ .\end{aligned}$$

Die symmetrische Wellenfunktion für identische Bosonen ist

$$\Psi^{(\mathrm{S})}(x_1,x_2) = \Psi_{k_1(1)}(x_1)\Psi_{k_1(1)}(x_2) = \frac{2}{L}\sin(\pi x_1/L)\sin(\pi x_2/L) \ .$$

Im Fall b) ist $n_1 = 1, n_2 = 2$ oder $n_1 = 2, n_2 = 1$. Für identische Fermionen ergeben sich hieraus vier unterschiedliche Konfigurationen und Wellenfunktionen:

(i)+(ii) Beide Spins sind gleichorientiert:

$$\begin{aligned}\Psi^{(\mathrm{A})}(x_1,\pm,x_2,\pm) &= \frac{1}{\sqrt{2}}\begin{vmatrix}\Psi_{k_1(1)}(x_1,\pm) & \Psi_{k_1(1)}(x_2,\pm)\\ \Psi_{k_2(2)}(x_1,\pm) & \Psi_{k_2(2)}(x_2,\pm)\end{vmatrix}\\ &= -\frac{1}{\sqrt{2}}\begin{vmatrix}\Psi_{k_1(2)}(x_1,\pm) & \Psi_{k_1(2)}(x_2,\pm)\\ \Psi_{k_2(1)}(x_1,\pm) & \Psi_{k_2(1)}(x_2,\pm)\end{vmatrix}\\ &= \frac{\sqrt{2}}{L}\left[\sin(2\pi x_1/L)\sin(\pi x_2/L)\right.\\ &\quad\left.-\sin(\pi x_1/L)\sin(2\pi x_2/L)\right]\chi_1(\pm)\chi_2(\pm) \ .\end{aligned}$$

(iii) Das Teilchen mit $n = 1$ hat Spin up, dasjenige mit $n = 2$ Spin down:

$$\begin{aligned}\Psi^{(\mathrm{A})}(x_1,+,x_2,-) &= \frac{1}{\sqrt{2}}\begin{vmatrix}\Psi_{k_1(1)}(x_1,+) & \Psi_{k_1(1)}(x_2,-)\\ \Psi_{k_2(2)}(x_1,+) & \Psi_{k_2(2)}(x_2,-)\end{vmatrix}\\ &= -\frac{1}{\sqrt{2}}\begin{vmatrix}\Psi_{k_1(1)}(x_1,-) & \Psi_{k_1(1)}(x_2,+)\\ \Psi_{k_2(2)}(x_1,-) & \Psi_{k_2(2)}(x_2,+)\end{vmatrix}\\ &= \frac{\sqrt{2}}{L}\left[\sin(\pi x_1/L)\sin(2\pi x_2/L)\chi_1(+)\chi_2(-)\right.\\ &\quad\left.-\sin(2\pi x_1/L)\sin(\pi x_2/L)\chi_1(-)\chi_2(+)\right] \ .\end{aligned}$$

(iv) Das Teilchen mit $n = 1$ hat Spin down, dasjenige mit $n = 2$ Spin up:

$$
\begin{aligned}
\Psi^{(A)}(x_1,+,x_2,-) &= \frac{1}{\sqrt{2}}\left|\begin{array}{cc}\Psi_{k_1(2)}(x_1,+) & \Psi_{k_1(2)}(x_2,-)\\ \Psi_{k_2(1)}(x_1,+) & \Psi_{k_2(1)}(x_2,-)\end{array}\right| \\
&= -\frac{1}{\sqrt{2}}\left|\begin{array}{cc}\Psi_{k_1(2)}(x_1,-) & \Psi_{k_1(2)}(x_2,+)\\ \Psi_{k_2(1)}(x_1,-) & \Psi_{k_2(1)}(x_2,+)\end{array}\right| \\
&= \frac{\sqrt{2}}{L}\left[\sin(2\pi x_1/L)\sin(\pi x_2/L)\chi_1(+)\chi_2(-)\right. \\
&\quad \left. -\sin(\pi x_1/L)\sin(2\pi x_2/L)\chi_1(-)\chi_2(+)\right] .
\end{aligned}
$$

Für identische Bosonen hat man

$$
\Psi^{(S)}(x_1,x_2) = \frac{\sqrt{2}}{L}\left[\sin(\pi x_1/L)\sin(2\pi x_2/L) + \sin(2\pi x_1/L)\sin(\pi x_2/L)\right] .
$$

3.10 Streutheorie

Eine der erfolgreichsten Methoden, die Struktur von Teilchen und die Wechselwirkung zwischen ihnen zu verstehen, ist ihre gegenseitige Streuung. Die quantenmechanische Beschreibung geschieht wie im Falle der klassischen Streuung durch die Angabe von Wirkungsquerschnitten, die im direkten Zusammenhang mit dem asymptotischen Verhalten der stationären Lösungen der Schrödinger-Gleichung stehen.

Wir beginnen die Diskussion der quantenmechanischen Streuung mit der Streuung an ein festes Streuzentrum und führen die Berechnung des differentiellen Wirkungsquerschnittes auf die *Streuamplitude* der gestreuten Teilchen zurück. Im Anschluß besprechen wir die Methode der *Streuphasen*, die sich bei zentralsymmetrischen Wechselwirkungen zwischen Projektilen und Streuzentrum anbietet. Hierbei wird eine *Partialwellenzerlegung* der Streuamplitude vorgenommen, bei der der Streuprozeß in die einzelnen Drehimpulsmoden zerlegt wird. Später übertragen wir unsere Ergebnisse auf den Fall der gegenseitigen Streuung von unterscheidbaren und identischen Teilchen, wobei wir wie im klassischen Fall besonders an der Beschreibung im Schwerpunkt- und Laborsystem interessiert sind.

Im folgenden wird vorausgesetzt, daß sich die Wirkung des Streuers durch ein zeitunabhängiges Potential $V(\boldsymbol{x})$ darstellen läßt, das im Unendlichen stärker als $1/|\boldsymbol{x}|$ abfällt, so daß einfallende und gestreute Teilchen in diesem Limes asymptotisch frei sind.

3.10.1 Streuamplitude und Wirkungsquerschnitt

Die Problemstellung bei der quantenmechanischen Streuung von Teilchen an ein festes Streuzentrum ist dieselbe, wie bei der in den Unterabschnitten 1.5.4 und 1.5.5 besprochenen Streuung von klassischen Teilchen und ist in Abb. 3.16 graphisch veranschaulicht. Ein homoenergetischer Strahl von Teilchen mit dem mittleren Impuls $\langle \boldsymbol{P}\rangle = \hbar k \boldsymbol{e}_z$ fliegt in positiver z-Richtung auf

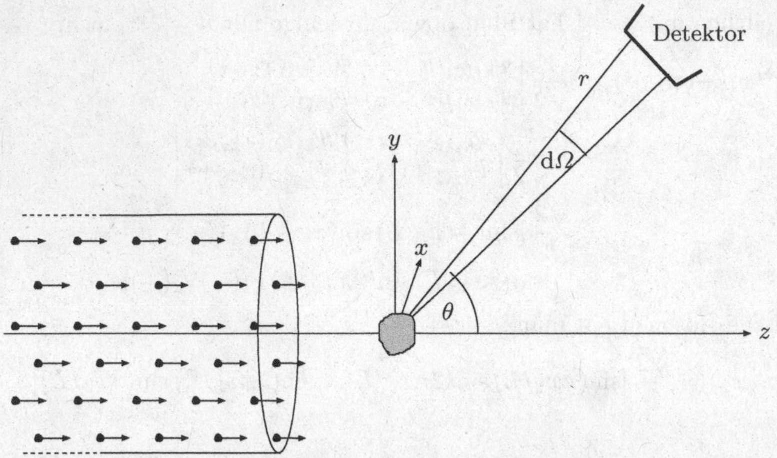

Abb. 3.16. Streuung von Teilchen an ein festes Streuzentrum

ein in $\boldsymbol{x} = \boldsymbol{0}$ fest installiertes, lokal begrenztes Streuzentrum zu und wird von diesem abgelenkt (gestreut). Wie im klassischen Fall ist man auch hier an der Zahl der gestreuten Teilchen interessiert, die in großer Entfernung zum Streuzentrum im Raumwinkelelement $\mathrm{d}\Omega$ von einem Detektor nachgewiesen werden. Die hierfür relevante Größe ist der differentielle Wirkungsquerschnitt $\mathrm{d}\sigma/\mathrm{d}\Omega$, der definiert ist durch

$$\frac{\mathrm{d}\sigma}{\mathrm{d}\Omega}\mathrm{d}\Omega = \frac{(\text{Zahl der nach } \mathrm{d}\Omega \text{ gestreuten Teilchen})/\mathrm{s}}{(\text{Zahl der einfallenden Teilchen})/\mathrm{s}/\mathrm{m}^2} .$$

Zur Berechnung von $\mathrm{d}\sigma/\mathrm{d}\Omega$ müßte man eigentlich jedes Teilchen durch ein Wellenpaket beschreiben und dessen Propagation in der Zeit verfolgen. Man hätte dann in der asymptotischen Region $|\boldsymbol{x}| \to \infty$, $t \to \pm\infty$ jeweils den gestreuten und einfallenden Anteil zu isolieren und hieraus den differentiellen Wirkungsquerschnitt zu bestimmen. Nun hatten wir bei der Diskussion der eindimensionalen Streuung in Unterabschn. 3.3.3 bereits festgestellt, daß es zur Berechnung der charakteristischen Streugrößen ausreicht, sich auf den statischen Fall zu beschränken (Satz 3.15). Dies überträgt sich auch auf den dreidimensionalen Fall. Je mehr wir nämlich die einfallenden Wellenpakete im Impulsraum begrenzen, umso ausgedehnter werden die zugehörigen Wellenpakete im Ortsraum und gehen im Falle verschwindender Impulsunschärfe in die Lösungen der stationären Schrödinger-Gleichung

$$\left(\boldsymbol{\nabla}^2 + k^2\right)\Psi_k(\boldsymbol{x}) = \frac{2m}{\hbar^2}V(\boldsymbol{x})\Psi_k(\boldsymbol{x}) \; , \; \boldsymbol{k} = \begin{pmatrix} 0 \\ 0 \\ k \end{pmatrix} \; , \; k^2 = \frac{2mE}{\hbar^2} \qquad (3.90)$$

über. In diesem Limes beginnen die einlaufenden und gestreuten Wellen zeitlich zu koexistieren, d.h. der eigentliche Streuvorgang ist nicht mehr zeitlich begrenzt sondern erstreckt sich über die gesamte Zeitachse. Wie wir gleich zeigen werden, lassen sich die Eigenfunktionen Ψ_k im Limes $|\boldsymbol{x}| = r \to \infty$ in zwei Anteile aufspalten,

$$\Psi_k \stackrel{r\to\infty}{\longrightarrow} \Psi_{\text{in}} + \Psi_{\text{sc}} \ , \ \Psi_{\text{in}}(\boldsymbol{x}) = \mathrm{e}^{\mathrm{i}kz} \ , \ \Psi_{\text{sc}}(\boldsymbol{x}) = f(\theta,\varphi)\frac{\mathrm{e}^{\mathrm{i}kr}}{r} \ , \tag{3.91}$$

wobei Ψ_{in} die einlaufende (incident) Welle ist, welche Lösung der freien Schrödinger-Gleichung ist, und Ψ_{sc} die vom Streuzentrum weglaufende, gestreute (scattered) Welle bedeutet. f ist die *Streuamplitude*, in der die gesamte Information des Streuprozesses enthalten ist. Bezeichnen jetzt $\boldsymbol{j}_{\text{in}}(k,\boldsymbol{x})$ und $\boldsymbol{j}_{\text{sc}}(k,\boldsymbol{x})$ die zu Ψ_{in} und Ψ_{sc} gehörenden Wahrscheinlichkeitsstromdichten, die sich aus der dreidimensionalen Verallgemeinerung von (3.17) ergeben,

$$\boldsymbol{j} = \frac{\hbar}{2\mathrm{i}m}\left(\Psi^*\boldsymbol{\nabla}\Psi - \Psi\boldsymbol{\nabla}\Psi^*\right) \ ,$$

dann stellt der Ausdruck

$$r^2\mathrm{d}\Omega\boldsymbol{j}_{\text{sc}}(k,\boldsymbol{x})\boldsymbol{n}_{\text{sc}} \ , \ \boldsymbol{n}_{\text{sc}} = \begin{pmatrix}\cos\varphi\sin\theta\\ \sin\varphi\sin\theta\\ \cos\theta\end{pmatrix}$$

die Wahrscheinlichkeit pro Zeiteinheit dar, daß Teilchen vom Detektor im Raumwinkelelement $\mathrm{d}\Omega$ nachgewiesen werden. Entsprechend bedeutet

$$\boldsymbol{j}_{\text{in}}(k,\boldsymbol{x})\boldsymbol{n}_{\text{in}} \ , \ \boldsymbol{n}_{\text{in}} = \begin{pmatrix}0\\0\\1\end{pmatrix} \ ,$$

die in z-Richtung einfallende Teilchenstromdichte. Für den differentiellen Wirkungsquerschnitt ergibt sich somit

$$\frac{\mathrm{d}\sigma}{\mathrm{d}\Omega} = \lim_{|\boldsymbol{x}|\to\infty}\frac{r^2\boldsymbol{j}_{\text{sc}}(k,\boldsymbol{x})\boldsymbol{n}_{\text{sc}}}{\boldsymbol{j}_{\text{in}}(\boldsymbol{k},\boldsymbol{x})\boldsymbol{n}_z} = |f(\theta,\varphi)|^2 \ ,$$

wobei benutzt wurde, daß

$$\begin{aligned}
\boldsymbol{j}_{\text{in}}\boldsymbol{n}_{\text{in}} &= \frac{\hbar}{2m\mathrm{i}}\left(\Psi_{\text{in}}^*\frac{\partial}{\partial z}\Psi_{\text{in}} - \Psi_{\text{in}}\frac{\partial}{\partial z}\Psi_{\text{in}}^*\right) = \frac{\hbar k}{m}\\
\boldsymbol{j}_{\text{sc}}\boldsymbol{n}_{\text{sc}} &= \frac{\hbar}{2m\mathrm{i}}\left(\Psi_{\text{sc}}^*\boldsymbol{n}_{\text{sc}}\boldsymbol{\nabla}\Psi_{\text{sc}} - \Psi_{\text{sc}}\boldsymbol{n}_{\text{sc}}\boldsymbol{\nabla}\Psi_{\text{sc}}^*\right)\\
&= \frac{\hbar}{2m\mathrm{i}}|f(\theta,\varphi)|^2\left(\frac{\mathrm{e}^{-\mathrm{i}kr}}{r}\frac{\partial}{\partial r}\frac{\mathrm{e}^{\mathrm{i}kr}}{r} - \frac{\mathrm{e}^{\mathrm{i}kr}}{r}\frac{\partial}{\partial r}\frac{\mathrm{e}^{-\mathrm{i}kr}}{r}\right)\\
&= \frac{\hbar k}{mr^2}|f(\theta,\varphi)|^2 \ .
\end{aligned}$$

Als nächstes ist die Gültigkeit von (3.91) zu zeigen. Hierzu schreiben wir (3.90) um in eine Integralgleichung:

$$\Psi_k(\boldsymbol{x}) = \Psi_{\text{in}}(\boldsymbol{x}) + \int \mathrm{d}^3x' G(\boldsymbol{x}-\boldsymbol{x}')V(\boldsymbol{x}')\Psi_k(\boldsymbol{x}') \ . \tag{3.92}$$

Dabei bezeichnet $G(\boldsymbol{x}-\boldsymbol{x}')$ die Green-Funktion unseres Problems. Man überzeugt sich leicht davon, daß sie der Differentialgleichung

$$\left(\boldsymbol{\nabla}^2+k^2\right)G(\boldsymbol{x}-\boldsymbol{x}')=\frac{2m}{\hbar^2}\delta(\boldsymbol{x}-\boldsymbol{x}') \tag{3.93}$$

zu genügen hat, deren physikalische Lösung gegeben ist durch

$$G(\boldsymbol{x}-\boldsymbol{x}')=-\frac{2m}{4\pi\hbar^2}\frac{\mathrm{e}^{\mathrm{i}k|\boldsymbol{x}-\boldsymbol{x}'|}}{|\boldsymbol{x}-\boldsymbol{x}'|}\,.$$

Wir erhalten somit

$$\Psi_k(\boldsymbol{x})=\mathrm{e}^{\mathrm{i}kz}-\frac{2m}{4\pi\hbar^2}\int\mathrm{d}^3x'\frac{\mathrm{e}^{\mathrm{i}k|\boldsymbol{x}-\boldsymbol{x}'|}}{|\boldsymbol{x}-\boldsymbol{x}'|}V(\boldsymbol{x}')\Psi_k(\boldsymbol{x}')\,. \tag{3.94}$$

In der Praxis ist die effektive Reichweite des Streupotentials auf einen kleinen Bereich r_0 beschränkt, während die Teilchen in einer großer Entfernung zum Streuzentrum detektiert werden, d.h.

$$|\boldsymbol{x}'|\le r_0\ll|\boldsymbol{x}|\to\infty\,.$$

Wir können deshalb den Ausdruck $\frac{\mathrm{e}^{\mathrm{i}k|\boldsymbol{x}-\boldsymbol{x}'|}}{|\boldsymbol{x}-\boldsymbol{x}'|}$ in gleicher Weise entwickeln, wie in (2.61) und (2.62) in Unterabschn. 2.4.3 vorgeführt wurde:

$$\frac{\mathrm{e}^{\mathrm{i}k|\boldsymbol{x}-\boldsymbol{x}'|}}{|\boldsymbol{x}-\boldsymbol{x}'|}\stackrel{|\boldsymbol{x}|\to\infty}{\longrightarrow}\frac{\mathrm{e}^{\mathrm{i}k|\boldsymbol{x}|}\mathrm{e}^{-\mathrm{i}k\boldsymbol{x}\boldsymbol{x}'/|\boldsymbol{x}|}}{|\boldsymbol{x}|}\left(1+\frac{\boldsymbol{x}\boldsymbol{x}'}{\boldsymbol{x}^2}\right)\approx\frac{\mathrm{e}^{\mathrm{i}kr}}{r}\mathrm{e}^{-\mathrm{i}k\boldsymbol{n}_{\mathrm{sc}}\boldsymbol{x}'}\,. \tag{3.95}$$

Hierbei ist, wie gehabt, $r=|\boldsymbol{x}|$ und $\boldsymbol{n}_{\mathrm{sc}}=\boldsymbol{x}/|\boldsymbol{x}|$ die Einheitsrichtung des detektierten Teilchens. Setzt man (3.95) in (3.94) ein, so erhält man das gewünschte Resultat:

$$\Psi_k(\boldsymbol{x})\stackrel{r\to\infty}{\longrightarrow}\mathrm{e}^{\mathrm{i}kz}+f(\theta,\varphi)\frac{\mathrm{e}^{\mathrm{i}kr}}{r}\,, \tag{3.96}$$

mit[23]

$$f(\theta,\varphi)=-\frac{m}{2\pi\hbar^2}\int\mathrm{d}^3x'\mathrm{e}^{-\mathrm{i}k\boldsymbol{n}_{\mathrm{sc}}\boldsymbol{x}'}V(\boldsymbol{x}')\Psi_k(\boldsymbol{x}')\,.$$

Um die Streuamplitude berechnen zu können, benötigt man einen expliziten Ausdruck für die Wellenfunktion Ψ_k. Dieser ergibt sich durch iteratives Lösen der Integralgleichung (3.92) in den verschiedenen Ordnungen des Potentials V zu

[23] Man beachte: Die zweite Lösung der Differentialgleichung (3.93),

$$G(\boldsymbol{x}-\boldsymbol{x}')=-\frac{2m}{4\pi\hbar^2}\frac{\mathrm{e}^{-\mathrm{i}k|\boldsymbol{x}-\boldsymbol{x}'|}}{|\boldsymbol{x}-\boldsymbol{x}'|}\,,$$

würde in (3.96) offenbar zu der unphysikalischen Situation einer Kugelwelle führen, die von außen auf das Streuzentrum zuläuft; sie scheidet daher aus.

$$\begin{aligned}\Psi_k(\boldsymbol{x}) &= \Psi_{\rm in}(\boldsymbol{x}) && \text{(0. Ordnung)}\\ &+\int \mathrm{d}^3x' G(\boldsymbol{x}-\boldsymbol{x}')V(\boldsymbol{x}')\Psi_{\rm in}(\boldsymbol{x}') && \text{(1. Ordnung)}\\ &+\int \mathrm{d}^3x' \int \mathrm{d}^3x'' \\ &\quad\times G(\boldsymbol{x}-\boldsymbol{x}')V(\boldsymbol{x}')G(\boldsymbol{x}'-\boldsymbol{x}'')V(\boldsymbol{x}'')\Psi_{\rm in}(\boldsymbol{x}'') && \text{(2. Ordnung)}\\ &+\ldots\,.\end{aligned}$$

Diese Entwicklung definiert die *Bornsche Reihe*. Beschränkt man sich auf die 0. Ordnung (*Bornsche Näherung*), dann folgt für die Streuamplitude

$$f(\theta,\varphi) = -\frac{m}{2\pi\hbar^2}\int \mathrm{d}^3x' \mathrm{e}^{\mathrm{i}\boldsymbol{\Delta}\boldsymbol{x}'}V(\boldsymbol{x}')\;,\;\boldsymbol{\Delta}=k(\boldsymbol{n}_{\rm in}-\boldsymbol{n}_{\rm sc})\;.$$

Satz 3.29: Streuamplitude und differentieller Wirkungsquerschnitt

Man betrachte die Streuung von Teilchen, die entlang der z-Achse mit dem mittleren Impuls $\langle \boldsymbol{P}\rangle = \hbar k\boldsymbol{e}_z$ auf ein Streupotential $V(\boldsymbol{x})$ fliegen. Ist die effektive Reichweite r_0 des Streupotentials im Vergleich zur Entfernung r des Detektors zum Streumittelpunkt klein, $r_0 \ll r$, dann läßt sich die asymptotische Lösung der zugehörigen zeitunabhängigen Schrödinger-Gleichung in der Form

$$\Psi_k(\boldsymbol{x}) \stackrel{r\to\infty}{\longrightarrow} \underbrace{\mathrm{e}^{\mathrm{i}kz}}_{\Psi_{\rm in}} + \underbrace{f(\theta,\varphi)\frac{\mathrm{e}^{\mathrm{i}kr}}{r}}_{\Psi_{\rm sc}}$$

schreiben, wobei die Streuamplitude f gegeben ist durch

$$f(\theta,\varphi) = -\frac{m}{2\pi\hbar^2}\int \mathrm{d}^3x' \mathrm{e}^{-\mathrm{i}k\boldsymbol{n}_{\rm sc}\boldsymbol{x}'}V(\boldsymbol{x}')\Psi_k(\boldsymbol{x}')\;. \tag{3.97}$$

Für den differentiellen Wirkungsquerschnitt gilt

$$\frac{\mathrm{d}\sigma}{\mathrm{d}\Omega} = |f(\theta,\varphi)|^2\;.$$

In der Bornschen Näherung reduziert sich (3.97) auf die Gleichung

$$f(\theta,\varphi)=f(\boldsymbol{\Delta}) = -\frac{2m}{4\pi\hbar^2}\int \mathrm{d}^3x' \mathrm{e}^{\mathrm{i}\boldsymbol{\Delta}\boldsymbol{x}'}V(\boldsymbol{x}')\;,\;\boldsymbol{\Delta}=k(\boldsymbol{n}_{\rm in}-\boldsymbol{n}_{\rm sc})\;.$$

Bis auf einen konstanten Faktor entspricht sie der Fourier-Transformierten des Potentials V in Abhängigkeit des Impulsübertrages $\hbar\boldsymbol{\Delta}$. Bei zentralsymmetrischen Potentialen $V(\boldsymbol{x}) = V(|\boldsymbol{x}|)$ fällt die φ-Abhängigkeit weg, so daß $f = f(\theta) = f(|\boldsymbol{\Delta}|)$.

Coulomb-Streuung. Als Beispiel dieses Satzes berechnen wir den differentiellen Wirkungsquerschnitt in der Bornschen Näherung für die Streuung eines Teilchens der Masse m und der Ladung $Z_1 e$ an einem Coulomb-Potential der Ladung $Z_2 e$. Dabei betrachten wir aus Gründen, die gleich deutlich werden, zunächst den allgemeineren Fall eines *Yukawa-Potentials*

$$V(r) = g\frac{\mathrm{e}^{-\beta r}}{r} .$$

Aufgrund der Rotationssymmetrie des Potentials genügt es, $f(|\boldsymbol{\Delta}|)$ für $\boldsymbol{\Delta} = \boldsymbol{e}_z$ zu berechnen. Unter Einführung von Kugelkoordinaten,

$$x' = r\cos\varphi\sin\theta \ , \ y' = r\sin\varphi\sin\theta \ , \ z' = r\cos\theta \ ,$$

ergibt sich

$$\begin{aligned}
f(|\boldsymbol{\Delta}|) &= -\frac{2m}{4\pi\hbar^2}2\pi g\int_0^\infty \mathrm{d}r r^2\frac{\mathrm{e}^{-\beta r}}{r}\int_{-1}^{1}\mathrm{d}\cos\theta \mathrm{e}^{\mathrm{i}\Delta r\cos\theta} \\
&= -\frac{mg}{\hbar^2}\int_0^\infty \mathrm{d}r r\mathrm{e}^{-\beta r}\frac{1}{\mathrm{i}\Delta r}\left(\mathrm{e}^{\mathrm{i}\Delta r} - \mathrm{e}^{-\mathrm{i}\Delta r}\right) \\
&= \frac{\mathrm{i}mg}{\hbar^2\Delta}\left(\frac{1}{\beta - \mathrm{i}\Delta} - \frac{1}{\beta + \mathrm{i}\Delta}\right) \\
&= -\frac{2mg}{\hbar^2}\frac{1}{\beta^2 + \Delta^2} ,
\end{aligned} \tag{3.98}$$

mit

$$\Delta^2 = k^2(\boldsymbol{n}_{\mathrm{in}}^2 + \boldsymbol{n}_{\mathrm{sc}}^2 - 2\boldsymbol{n}_{\mathrm{in}}\boldsymbol{n}_{\mathrm{sc}}) = 2k^2(1-\cos\theta) = 4k^2\sin^2\frac{\theta}{2} .$$

Setzen wir jetzt

$$g = Z_1 Z_2 e^2 \ , \ \beta = 0 \ ,$$

dann folgt für den differentiellen Wirkungsquerschnitt der Coulomb-Streuung die aus der klassischen Mechanik bekannte Rutherfordsche Streuformel (vgl. (1.63))

$$\frac{\mathrm{d}\sigma}{\mathrm{d}\Omega} = \left(\frac{2mZ_1Z_2e^2}{4\hbar^2k^2\sin^2\frac{\theta}{2}}\right)^2 = \left(\frac{Z_1Z_2e^2}{4E\sin^2\frac{\theta}{2}}\right)^2 . \tag{3.99}$$

Jetzt wird klar, warum wir von einem Yukawa-Potential ausgegangen sind: Wir brauchten den *Abschirmfaktor* β, damit die r-Integration in (3.98) konvergiert. Es sei noch vermerkt, daß (3.99) exakt und nicht nur in der hier vorgeführten Bornschen Näherung gilt.

3.10.2 Streuphasenanalyse bei zentralsymmetrischen Potentialen

Hat man es bei der Streuung mit einem zentralsymmetrischen Potential zu tun, dann ist ist der Drehimpuls eine Erhaltungsgröße, und es bietet sich an, die Streuamplitude $f = f(\theta)$ nach den Legendre-Polynomen

$$P_l(\cos\theta) = \sqrt{\frac{4\pi}{2l+1}} Y_{l,0}(\theta) \ , \ Y_{l,0}(\theta) = Y_{l,0}(\theta,\varphi)$$

zu entwickeln, um den Streuprozeß für jeden l-Sektor getrennt studieren zu können. Unter Berücksichtigung von Satz 3.20 erhält man dann für die asymptotische Form der Wellenfunktion Ψ_k

$$\Psi_k(\boldsymbol{x}) \stackrel{r\to\infty}{\longrightarrow} \mathrm{e}^{\mathrm{i}kz} + f(\theta)\frac{\mathrm{e}^{\mathrm{i}kr}}{r} = \sum_{l=0}^{\infty}\left[(2l+1)\mathrm{i}^l j_l(kr) + a_l\frac{\mathrm{e}^{\mathrm{i}kr}}{r}\right] P_l(\cos\theta) \ .$$

Berücksichtigt man ferner das asymptotische Verhalten von j_l,

$$j_l(kr) \stackrel{r\to\infty}{\longrightarrow} \frac{\sin(kr - l\pi/2)}{kr} \ ,$$

dann können wir diese Gleichung so umformulieren, daß die ein- und auslaufenden Wellen getrennt sind:

$$\begin{aligned}\Psi_k(\boldsymbol{x}) &\stackrel{r\to\infty}{\longrightarrow} \frac{\mathrm{e}^{\mathrm{i}kr}}{r}\sum_l\left[\frac{(2l+1)\mathrm{i}^l}{2\mathrm{i}k}\mathrm{e}^{-\mathrm{i}l\pi/2} + a_l\right] P_l(\cos\theta)\\ &\quad -\frac{\mathrm{e}^{-\mathrm{i}kr}}{r}\sum_l \frac{(2l+1)\mathrm{i}^l}{2\mathrm{i}k}\mathrm{e}^{\mathrm{i}l\pi/2} P_l(\cos\theta) \ . \end{aligned} \tag{3.100}$$

Auf der anderen Seite läßt sich Ψ_k ganz allgemein in der Weise

$$\Psi_k(\boldsymbol{x}) = \sum_{l=0}^{\infty} A_l g_l(r) Y_{l,0}(\theta) = \sum_{l=0}^{\infty} A_l\sqrt{\frac{2l+1}{4\pi}} g_l(r) P_l(\cos\theta)$$

entwickeln. Im Unendlichen reduziert sich hierbei der radiale Anteil auf die asymptotische (reguläre) Lösung $j_l(kr)$ für freie Teilchen, bis auf eine Phasenverschiebung δ_l, die sog. *Streuphase*, welche die gesamte Information des Streuprozesses im Drehimpuls-l-Sektor beinhaltet:

$$g_l(r) \stackrel{r\to\infty}{\longrightarrow} \frac{\sin(kr - l\pi/2 + \delta_l)}{kr} \ .$$

Wir haben somit

$$\begin{aligned}\Psi_k(\boldsymbol{x}) &\stackrel{r\to\infty}{\longrightarrow} \frac{\mathrm{e}^{\mathrm{i}kr}}{r}\sum_l A_l\sqrt{\frac{2l+1}{4\pi}}\frac{\mathrm{e}^{\mathrm{i}\delta_l}}{2\mathrm{i}k}\mathrm{e}^{-\mathrm{i}l\pi/2} P_l(\cos\theta)\\ &\quad -\frac{\mathrm{e}^{-\mathrm{i}kr}}{r}\sum_l A_l\sqrt{\frac{2l+1}{4\pi}}\frac{\mathrm{e}^{-\mathrm{i}\delta_l}}{2\mathrm{i}k}\mathrm{e}^{\mathrm{i}l\pi/2} P_l(\cos\theta) \ . \end{aligned} \tag{3.101}$$

Koeffizientenvergleich in den Gleichungen (3.100) und (3.101) liefert

$$A_l = \sqrt{4\pi(2l+1)}\mathrm{i}^l \mathrm{e}^{\mathrm{i}\delta_l} \ , \ a_l = \frac{2l+1}{k}\mathrm{e}^{\mathrm{i}\delta_l}\sin\delta_l \ .$$

Damit ergibt sich schließlich folgende *Partialwellenzerlegung* der Streuamplitude:

$$f(\theta) = \frac{1}{k}\sum_l (2l+1)\mathrm{e}^{\mathrm{i}\delta_l}\sin\delta_l P_l(\cos\theta)\,.$$

Aus dieser Darstellung erhält man einen interessanten Zusammenhang zwischen dem totalen Wirkungsquerschnitt und der Streuamplitude, der unter dem Namen *Optisches Theorem* bekannt ist:

$$\begin{aligned}\sigma &= \int \mathrm{d}\Omega |f(\theta)|^2 = \frac{1}{k^2}\int \mathrm{d}\Omega \left|\sum_l \sqrt{4\pi(2l+1)}\mathrm{e}^{\mathrm{i}\delta_l}\sin\delta_l Y_{l,0}(\theta)\right|^2 \\ &= \frac{1}{k^2}\sum_l 4\pi(2l+1)\sin^2\delta_l = \frac{4\pi}{k}\mathrm{Im}f(\theta=0)\,.\end{aligned}$$

Demnach berechnet sich der totale Wirkungsquerschnitt aus dem Imaginärteil der Streuamplitude in Vorwärtsrichtung.

Um nun die Streuphasen für ein gegebenes Streupotential zu berechnen, betrachten wir die radiale Schrödinger-Gleichung (3.39) mit und ohne Potential,

$$\begin{aligned}u_l''(r) - \frac{l(l+1)}{r^2}u_l(r) + k^2 u_l(r) &= \frac{2m}{\hbar^2}V(r)u_l(r) \\ v_l''(r) - \frac{l(l+1)}{r^2}v_l(r) + k^2 v_l(r) &= 0\,,\end{aligned}$$

wobei wir die Lösungen des freien Falls mit v_l und die des Streufalls mit u_l bezeichnen. Durch Multiplikation der ersten Gleichung mit v_l, der zweiten mit u_l und anschließender Subtraktion beider Gleichungen folgt

$$\frac{\mathrm{d}}{\mathrm{d}r}\left[u_l'(r)v_l(r) - v_l'(r)u_l(r)\right] = \frac{2m}{\hbar^2}V(r)u_l(r)v_l(r)$$

bzw.

$$\left[u_l'(r)v_l(r) - v_l'(r)u_l(r)\right]_0^\infty = \frac{2m}{\hbar^2}\int_0^\infty \mathrm{d}r V(r)u_l(r)v_l(r)\,. \qquad (3.102)$$

Berücksichtigen wir das asymptotische Verhalten von u_l und v_l,[24]

$$\begin{aligned}r\to 0: &\quad u_l(r), v_l(r) \sim r^{l+1} \\ r\to\infty: &\quad \begin{cases} u_l(r) = A_l(\delta_l)\dfrac{\sin(kr - l\pi/2 + \delta_l)}{k} \\ v_l(r) = A_l(\delta_l = 0)\dfrac{\sin(kr - l\pi/2)}{k}\,, \end{cases}\end{aligned}$$

dann folgt aus (3.102)

$$\mathrm{e}^{\mathrm{i}\delta_l}\sin\delta_l = -\frac{1}{4\pi(2l+1)\mathrm{i}^{2l}}\frac{2mk}{\hbar^2}\int_0^\infty \mathrm{d}r V(r)u_l(r)v_l(r)$$

[24] Hierbei wird vorausgesetzt, daß $\lim_{r\to 0} r^2V(r) = 0$ und, wie gehabt, $\lim_{r\to\infty} rV(r) = 0$.

und mit $v_l(r) = A_l(\delta_l = 0) r j_l(kr)$

$$e^{i\delta_l} \sin\delta_l = -\frac{1}{\sqrt{4\pi(2l+1)} i^l} \frac{2mk}{\hbar^2} \int_0^\infty dr V(r) u_l(r) r j_l(kr) . \quad (3.103)$$

Ist $V(r)$ genügend klein, so unterscheidet sich u_l nur sehr wenig von der Lösung v_l der freien radialen Schrödinger-Gleichung, und die Streuphase δ_l liegt in der Nähe von Null. Man kann dann in (3.103) u_l durch v_l ersetzen und erhält somit in der Bornschen Näherung (d.h. in 0. Ordnung)

$$e^{i\delta_l} \sin\delta_l = -\frac{2mk}{\hbar^2} \int_0^\infty dr V(r) r^2 j_l^2(kr) .$$

Satz 3.30: Partialwellenzerlegung der Streuamplitude und optisches Theorem

Gegeben sei das zentralsymmetrische Streupotential $V(r)$, mit $\lim\limits_{r\to 0} r^2 V(r) = 0$ und $\lim\limits_{r\to\infty} rV(r) = 0$. Dann läßt sich die Streuamplitude f in der Weise

$$f(\theta) = \frac{1}{k} \sum_l (2l+1) e^{i\delta_l} \sin\delta_l P_l(\cos\theta)$$

nach den Legendre-Polynomen entwickeln, wobei δ_l die Streuphasen sind, die die gesamte Information des Streuprozesses in den jeweiligen l-Sektoren beinhalten. Für sie gilt

$$e^{i\delta_l} \sin\delta_l = -\frac{1}{\sqrt{4\pi(2l+1)} i^l} \frac{2mk}{\hbar^2} \int_0^\infty dr V(r) u_l(r) r j_l(kr) . \quad (3.104)$$

Hierbei sind die u_l Lösungen der radialen Schrödinger-Gleichung in Anwesenheit von V. In der Bornschen Näherung werden diese Lösungen durch diejenigen für den freien Fall ersetzt, so daß (3.104) übergeht in

$$e^{i\delta_l} \sin\delta_l = -\frac{2mk}{\hbar^2} \int_0^\infty dr V(r) r^2 j_l^2(kr) .$$

Desweiteren gilt für den totalen Wirkungsquerschnitt (optisches Theorem)

$$\sigma = \int d\Omega |f(\theta)|^2 = \frac{1}{k^2} \sum_l 4\pi(2l+1) \sin^2\delta_l = \frac{4\pi}{k} \mathrm{Im} f(\theta = 0) .$$

Nehmen wir an, daß das Streupotential auf eine endliche Reichweite r_0 begrenzt ist, $V(r > r_0) = 0$, dann können wir das unendliche Integral in (3.104) durch ein endliches ersetzen. Berücksichtigen wir ferner das asymptotische Verhalten der sphärischen Bessel-Funktionen $j_l(kr)$ im Limes $k \to 0$,

$$j_l(\rho) \stackrel{\rho\to 0}{\longrightarrow} \frac{\rho^l}{(2l+1)!!} \;,$$

dann geht (3.104) über in

$$\mathrm{e}^{\mathrm{i}\delta_l}\sin\delta_l \stackrel{k\to 0}{\longrightarrow} -\frac{1}{\sqrt{4\pi(2l+1)}\mathrm{i}^l}\frac{2mk^{l+1}}{\hbar^2(2l+1)!!}\int\limits_0^{r_0} \mathrm{d}r V(r)u_l(r)r^{l+1} \;,$$

d.h. bei niedrigen Energien sind die kleinen Partialwellen $l = 0, 1, \ldots$ dominant. Für den differentiellen Wirkungsquerschnitt bedeutet dies

$$\begin{aligned}\frac{\mathrm{d}\sigma}{\mathrm{d}\Omega} \stackrel{k\to 0}{\longrightarrow} \frac{1}{k^2}\big[&\sin^2\delta_0 + 6\sin\delta_0\sin\delta_1\cos(\delta_0-\delta_1)\cos\theta \\ &+ 9\sin^2\delta_1\cos^2\theta + \ldots\big] \;.\end{aligned}$$

Er ist in führender Ordnung isotrop, d.h. vom Streuwinkel θ unabhängig. In der Bornschen Näherung folgt nun für die Streuphasen

$$\sin\delta_l \stackrel{k\to 0}{\approx} \delta_l \sim -k^{2l+1} \;. \tag{3.105}$$

Wie sich zeigt, gilt dieses Schwellenverhalten für eine große Klasse von Potentialen ganz allgemein und nicht nur in der hier betrachteten Bornschen Näherung.

3.10.3 Resonanzstreuung

Im allgemeinen bedeutet *Resonanzstreuung*, daß der differentielle Wirkungsquerschnitt für eine gewisse Energie, die sog. *Resonanzenergie*, von einer bestimmten Partialwelle $l = L$ dominiert wird:

$$\frac{\mathrm{d}\sigma}{\mathrm{d}\Omega} \approx \frac{\mathrm{d}\sigma_L}{\mathrm{d}\Omega} = \frac{2L+1}{k^2}|T_L|^2 P_L^2(\cos\theta) \;,\; T_L = \mathrm{e}^{\mathrm{i}\delta_L}\sin\delta_L = \frac{1}{2\mathrm{i}}\left(\mathrm{e}^{2\mathrm{i}\delta_L}-1\right) \;.$$

Dies hat offensichtlich zur Voraussetzung, daß die zugehörige *Partialwellenamplitude* T_L an der Resonanzstelle groß wird. Tatsächlich spricht man im engeren Sinne nur dann von einer Resonanz, wenn die resonante Streuphase δ_L einen halbzahligen Wert von π durchläuft:

$$\delta_L = \left(n + \frac{1}{2}\right)\pi \;,\; n = 0, 1, \ldots$$

In Abb. 3.17 ist eine typische Resonanzsituation dargestellt. Nimmt die Energie zu, dann steigt die Streuphase δ_L rasch von 0 nach π (allgemeiner: von $n\pi$ nach $(n+1)\pi$) und durchläuft dabei an der Resonanzstelle E_0 den Wert $\pi/2$. An dieser Stelle wird der Wirkungsquerschnitt maximal. Zur genaueren Untersuchung der Energieabhängigkeit des differentiellen Wirkungsquerschnitts in der Nähe einer Resonanzstelle E_0 entwickeln wir δ_L um E_0:

$$\delta_L(E) \approx \delta_L(E_0) + (E - E_0)\delta_L'(E_0) \;.$$

Bei der Entwicklung der zugehörigen Partialwellenamplitude ist darauf zu achten, daß die Beziehungen $\left|\mathrm{e}^{2\mathrm{i}\delta_L(E)}\right| = 1$ und $\mathrm{e}^{2\mathrm{i}\delta_L(E_0)} = -1$ erhalten bleiben. Dies wird durch folgende Entwicklung gewährleistet:

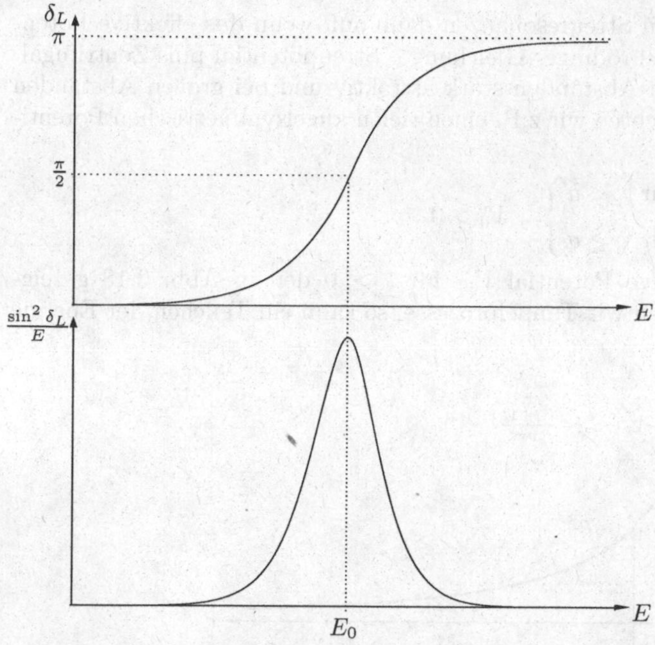

Abb. 3.17. Partialwellenstreuquerschnitt in Zusammenhang mit der zugehörigen Streuphase

$$e^{2i\delta_L(E)} \approx \frac{e^{i\delta_L(E_0)}e^{i(E-E_0)\delta'_L(E_0)}}{e^{-i\delta_L(E_0)}e^{-i(E-E_0)\delta'_L(E_0)}} \approx -\frac{1+i(E-E_0)\delta'_L(E_0)}{1-i(E-E_0)\delta'_L(E_0)} .$$

Es folgt somit

$$T_L(E) \approx -\frac{\frac{\Gamma}{2}}{E-E_0+\frac{i\Gamma}{2}} , \quad \frac{\Gamma}{2} = \frac{1}{\delta'_L(E_0)} ,$$

und wir erhalten den

Satz 3.31: Breit-Wigner-Formel

In der Nähe einer Resonanzstelle E_0 wird der Wirkungsquerschnitt durch den Wirkungsquerschnitt σ_L der resonanten Partialwelle dominiert. Dieser ist gegeben durch

$$\sigma_L(E) = \frac{4\pi(2l+1)}{k^2}\sin^2\delta_l(E) = \frac{4\pi(2l+1)}{k^2}\frac{\left(\frac{\Gamma}{2}\right)^2}{(E-E_0)^2+\left(\frac{\Gamma}{2}\right)^2} ,$$

mit der *Resonanzbreite* Γ:

$$\frac{\Gamma}{2} = \frac{1}{\delta'_L(E_0)} .$$

Im allgemeinen treten Streuresonanzen dann auf, wenn das effektive Potential in der radialen Schrödinger-Gleichung – Streupotential plus Zentrifugalbarriere – bei kleinen Abständen stark attraktiv und bei großen Abständen repulsiv wirkt. Betrachten wir z.B. einen tiefen kugelsymmetrischen Potentialtopf, mit

$$V(r) = \left\{ \begin{array}{cl} -V_0 & \text{für } r < a \\ 0 & \text{für } r \geq a \end{array} \right\} , \; V_0 > 0 \; ,$$

dann hat das effektive Potential V_{eff} für $l > 0$ den in Abb. 3.18 gezeigten Verlauf. Ignorieren wir Tunnelprozesse, so kann ein Teilchen der Energie

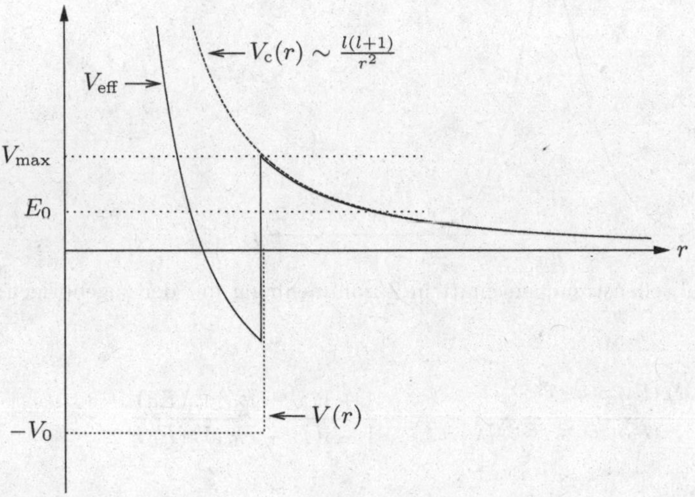

Abb. 3.18. Effektives Potential (*durchgezogene Linie*), das sich aus einem tiefen Potentialtopf (*gepunktete Linie*) und der Zentrifugalbarriere (*gestrichelte Linie*) zusammensetzt

$0 < E_0 < V_{\max}$ einen gebundenen Zustand innerhalb der attraktiven Region bilden. Da aber natürlich Tunnelprozesse stattfinden, wird das Teilchen irgendwann nach $r \to \infty$ entkommen. Dementsprechend kann auf der anderen Seite ein freies Teilchen, das vom Unendlichen kommend auf das Potential geschossen wird, die Zentrifugalbarriere durchtunneln und einen *metastabilen Zustand* innerhalb des attraktiven Bereiches bilden. Bei wachsendem l wird der Zentrifugalterm größer, so daß die Wahrscheinlichkeit des Durchtunnelns und damit die Resonanzbreite kleiner wird. Demzufolge wächst die Lebensdauer T metastabiler Zustände. Ganz allgemein gilt aufgrund der Heisenbergschen Energie-Zeit-Unschärferelation

$$T \sim \frac{\hbar}{\Gamma} \; .$$

Im Fall $l = 0$ ist keine repulsive Barriere vorhanden. Ist dann $V = V_{\text{eff}}$ rein attraktiv, so sind nur echte gebundene Zustände mit negativer Energie und unendlicher Lebensdauer möglich. Einer Streuresonanz am nächsten kommen hierbei Zustände mit Energien nahe der Null (siehe Anwendung 53).

3.10.4 Gegenseitige Streuung von Teilchen

In einem typischen Streuexperiment beschießt man ein Target, das aus Teilchen des Typs 2 besteht, mit einem monoenergetischen Teilchenstrahl vom Typ 1 und zählt die Teilchen eines Typs, z.B. die Teilchen 1, die in eine bestimmte Richtung gestreut werden. Im folgenden wollen wir voraussetzen, daß das Wechselwirkungspotential zwischen den beiden Teilchentypen nur vom Abstand der Teilchen abhängt. Wir haben es dann mit einem Zwei-Teilchenproblem zu tun, dessen Hamilton-Operator gegeben ist durch

$$\boldsymbol{H} = \frac{\boldsymbol{P}_1^2}{2m_1} + \frac{\boldsymbol{P}_2^2}{2m_2} + V(\boldsymbol{x}_1 - \boldsymbol{x}_2) .$$

Da keine äußeren Kräfte einwirken, ist die Schwerpunktsbewegung frei und kann durch Einführen von Schwerpunkts- und Relativkoordinaten separiert werden (siehe Unterabschn. 3.5.1). Die verbleibende Relativbewegung lautet

$$\left(-\frac{\hbar^2}{2\mu}\boldsymbol{\nabla}^2 + V(\boldsymbol{x})\right)\Psi(\boldsymbol{x}) = E\Psi(\boldsymbol{x}) \; , \; \mu = \frac{m_1 m_2}{m_1 + m_2} \; , \; \boldsymbol{x} = \boldsymbol{x}_1 - \boldsymbol{x}_2 \; ,$$

mit der reduzierten Masse μ und dem Abstandsvektor $\boldsymbol{x}$ der beiden Teilchen. Betrachten wir den Streuprozeß vom Schwerpunktsystem aus, in dem der Schwerpunkt ruht, dann erhält man die Streuamplitude aus dem asymptotischen Verhalten der Wellenfunktion der Relativbewegung,

$$\Psi(\boldsymbol{x}) = \mathrm{e}^{ikz} + f(\theta, \varphi)\frac{\mathrm{e}^{ikr}}{r} \; ,$$

wobei θ und φ die Streuwinkel im Schwerpunktsystem bezeichnen. Zur Berechnung der Streuamplitude, des differentiellen Wirkungsquerschnittes und der Partialwellenzerlegung können wir dann die Diskussion in den Unterabschnitten 3.10.1 und 3.10.2 und insbesondere die Sätze 3.29 und 3.30 übernehmen, wenn überall m durch μ und $\mathrm{d}\Omega$ durch das Raumwinkelelement $\mathrm{d}\Omega^*$ des Schwerpunktsystems ersetzt wird. Für die Schwerpunktsimpulse der Teilchen vor $(\boldsymbol{p}_1^{\mathrm{A}*}, \boldsymbol{p}_2^{\mathrm{A}*})$ und nach der Streuung $(\boldsymbol{p}_1^{\mathrm{E}*}, \boldsymbol{p}_2^{\mathrm{E}*})$ ergibt sich das in Abb. 3.19a gezeigte Bild: Die Teilchen 1 und 2 fliegen mit entgegengesetzt gleichen

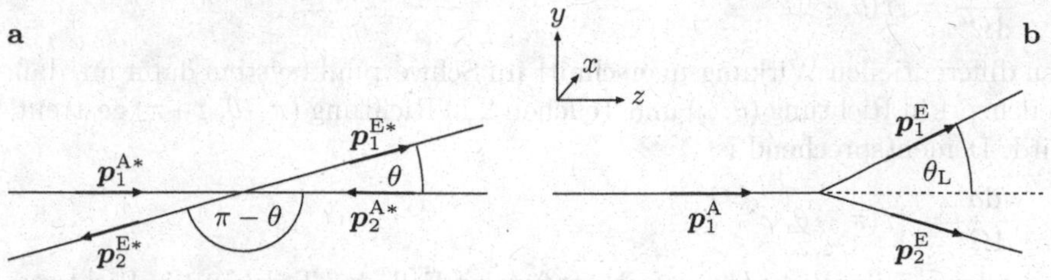

Abb. 3.19. Zwei-Teilchenstreuung im Schwerpunktsystem (**a**) und im Laborsystem (**b**)

Anfangsimpulsen $\boldsymbol{p}_1^{\mathrm{A}*} = -\boldsymbol{p}_2^{\mathrm{A}*}$ aufeinander zu, werden aneinander gestreut und entfernen sich danach voneinander mit den Endimpulsen $\boldsymbol{p}_1^{\mathrm{E}*} = -\boldsymbol{p}_2^{\mathrm{E}*}$.

Um vom Schwerpunktsystem zum Laborsystem (Abb. 3.19b) überzugehen, in dem das Teilchen 2 lange vor der Streuung ruht ($\boldsymbol{p}_2^{\mathrm{A}} = \boldsymbol{0}$), müssen wir uns nach links mit der Geschwindigkeit $\boldsymbol{p}_2^{\mathrm{A}*}/m_2$ bewegen. In diesem System erhält jeder Schwerpunktsimpuls wie im klassischen Fall einen Beitrag in positiver z-Richtung. Die Transformation beider Systeme geschieht in exakt der gleichen Weise, wie es bei der klassischen Zwei-Teilchenstreuung in Unterabschn. 1.5.5 – mit den Ersetzungen $\chi \to \theta$, $\theta_1 \to \theta_{\mathrm{L}}$ – vorgeführt wurde. Unter Verwendung von Satz 1.34 können wir somit festhalten:

Satz 3.32: Zwei-Teilchenstreuung

Für die Zwei-Teilchenstreuung im Schwerpunktsystem gelten die in Satz 3.29 und 3.30 stehenden Zusammenhänge, wenn man überall die Ersetzungen $m \to \mu$ und $\mathrm{d}\Omega \to \mathrm{d}\Omega^*$ vornimmt. Der Zusammenhang zwischen den differentiellen Wirkungsquerschnitten im Schwerpunktsystem, $\mathrm{d}\sigma/\mathrm{d}\Omega^*$, und im Laborsystem, $\mathrm{d}\sigma/\mathrm{d}\Omega_{\mathrm{L}}$, ist gegeben durch

$$\frac{\mathrm{d}\sigma}{\mathrm{d}\Omega_{\mathrm{L}}} = \frac{\mathrm{d}\sigma}{\mathrm{d}\Omega^*} \frac{\left[\left(\frac{m_1}{m_2}\right)^2 + 1 + 2\frac{m_1}{m_2}\cos\theta(\theta_{\mathrm{L}})\right]^{3/2}}{\frac{m_1}{m_2}\cos\theta(\theta_{\mathrm{L}}) + 1} ,$$

mit

$$\cos\theta_{\mathrm{L}} = \frac{\frac{m_1}{m_2} + \cos\theta}{\sqrt{\left(\frac{m_1}{m_2}\right)^2 + 1 + 2\frac{m_1}{m_2}\cos\theta}} , \ \varphi_{\mathrm{L}} = \varphi$$

und

$$\begin{aligned} \mathrm{d}\Omega^* &= \sin\theta\mathrm{d}\theta\mathrm{d}\varphi = \text{Raumwinkelelement im Schwerpunktsystem,} \\ \mathrm{d}\Omega_{\mathrm{L}} &= \sin\theta_{\mathrm{L}}\mathrm{d}\theta_{\mathrm{L}}\mathrm{d}\varphi = \begin{array}{l}\text{Raumwinkelelement im Laborsystem, in das}\\ \text{die Projektilteilchen gestreut werden.}\end{array} \end{aligned}$$

Streuung unterscheidbarer Teilchen. Bei der gegenseitigen Streuung von unterscheidbaren Teilchen gibt

$$\frac{\mathrm{d}\sigma}{\mathrm{d}\Omega^*} = |f(\theta,\varphi)|^2$$

den differentiellen Wirkungsquerschnitt im Schwerpunktsystem dafür an, daß Teilchen 1 in Richtung (θ,φ) und Teilchen 2 in Richtung $(\pi-\theta,\varphi+\pi)$ gestreut wird. Dementsprechend ist

$$\frac{\mathrm{d}\sigma}{\mathrm{d}\Omega^*} = |f(\pi-\theta,\varphi+\pi)|^2$$

der differentielle Wirkungsquerschnitt für den Fall, daß Teilchen 1 in Richtung $(\pi-\theta,\varphi+\pi)$ und Teilchen 2 in Richtung (θ,φ) gestreut wird. Falls der

Detektor alle Teilchen nachweist und keinen Unterschied zwischen Teilchen der Sorte 1 und 2 macht, dann sind beide Wirkungsquerschnitte zu addieren, so daß

$$\frac{\mathrm{d}\sigma}{\mathrm{d}\Omega^*} = |f(\theta,\varphi)|^2 + |f(\pi-\theta,\varphi+\pi)|^2 \tag{3.106}$$

den differentiellen Wirkungsquerschnitt für die Streuung eines der beiden Teilchen in Richtung (θ,φ) angibt.

Streuung identischer Spin-0-Bosonen. Bei der Streuung identischer Teilchen ist noch die Symmetrisierungsregel zu berücksichtigen. Haben wir es mit identischen Spin-0-Bosonen, z.B. π-Mesonen, zu tun, dann muß die Gesamtwellenfunktion und somit auch ihre asymptotische Lösung symmetrisch sein:

$$\Psi(\boldsymbol{x}) \stackrel{r\to\infty}{\longrightarrow} \mathrm{e}^{\mathrm{i}kz} + \mathrm{e}^{-\mathrm{i}kz} + [f(\theta,\varphi) + f(\pi-\theta,\varphi+\pi)]\frac{\mathrm{e}^{\mathrm{i}kr}}{r} .$$

Berechnet man mit dieser symmetrisierten Form die Stromdichten der einfallenden und gestreuten Teilchen, so erhält man für den Wirkungsquerschnitt

$$\frac{\mathrm{d}\sigma}{\mathrm{d}\Omega^*} = |f(\theta,\varphi) + f(\pi-\theta,\varphi+\pi)|^2 . \tag{3.107}$$

Man beachte den Unterschied zwischen den Gleichungen (3.106) und (3.107): In (3.106) sind die einzelnen Wirkungsquerschnitte zu addieren, während man in (3.107) die Streuamplituden zu addieren hat.

Streuung identischer Spin-1/2-Fermionen. Betrachten wir schließlich noch die Streuung von identischen Spin-1/2-Fermionen, z.B. Elektronen. Die Gesamtwellenfunktion muß nun antisymmetrisch sein. Solange keine explizit spinabhängigen Terme im Hamilton-Operator auftreten, läßt sich die Gesamtwellenfunktion aus symmetrisierten und antisymmetrisierten Orts- und Spinwellenfunktionen zusammensetzen:

$$\begin{aligned}\Psi^{(\pm)}(\boldsymbol{x},m_1,m_2) = &\left\{\mathrm{e}^{\mathrm{i}kz} \pm \mathrm{e}^{-\mathrm{i}kz} + [f(\theta,\varphi) \pm f(\pi-\theta,\varphi+\pi)]\frac{\mathrm{e}^{\mathrm{i}kr}}{r}\right\}\\ &\times\chi^{\binom{\mathrm{S}}{\mathrm{A}}}(m_1,m_2) \;,\; m_1,m_2 = \pm\frac{1}{2} .\end{aligned}$$

Dabei sind

$$\begin{aligned}\chi^{(\mathrm{S})}(+,+) &= \chi_1(+)\chi_2(+)\\ \chi^{(\mathrm{S})}(+,-) &= \frac{1}{\sqrt{2}}(\chi_1(+)\chi_2(-) + \chi_1(-)\chi_2(+)) = \chi^{(\mathrm{S})}(-,+)\\ \chi^{(\mathrm{S})}(-,-) &= \chi_1(-)\chi_2(-)\\ \chi^{(\mathrm{A})}(+,-) &= \frac{1}{\sqrt{2}}(\chi_1(+)\chi_2(-) - \chi_1(-)\chi_2(+)) = -\chi^{(\mathrm{A})}(-,+)\end{aligned}$$

die zu den Gesamtspins $S=1$ (Triplett) und $S=0$ (Singulett) gehörenden Spinoren. Hieraus ergibt sich für den differentiellen Wirkungsquerschnitt

$$\frac{\mathrm{d}\sigma}{\mathrm{d}\Omega^*} = \begin{cases} |f(\theta,\varphi) + f(\pi-\theta,\varphi+\pi)|^2 & \text{Triplettzustand} \\ |f(\theta,\varphi) - f(\pi-\theta,\varphi+\pi)|^2 & \text{Singulettzustand} . \end{cases}$$

Sind beide Teilchenstrahlen völlig unpolarisiert, d.h. jede der vier möglichen Spinkonfigurationen hat dasselbe Gewicht, dann ist der Gesamtwirkungsquerschnitt das arithmetische Mittel aus den Wirkungsquerschnitten der drei Triplettzustände und des einen Singulettzustandes:

$$\frac{\mathrm{d}\sigma}{\mathrm{d}\Omega^*} = \frac{3}{4}|f(\theta,\varphi) + f(\pi-\theta,\varphi+\pi)|^2 + \frac{1}{4}|f(\theta,\varphi) - f(\pi-\theta,\varphi+\pi)|^2 .$$

Zusammenfassung

- Zur Beschreibung von quantenmechanischen Streuprozessen reicht es aus, sich auf die statischen Lösungen der zugehörigen Schrödinger-Gleichung zu beschränken. Die asymptotische Wellenfunktion von Teilchen, die an ein festes Streuzentrum gestreut werden, setzt sich zusammen aus einer einlaufenden ebenen Welle und einer vom Streuzentrum weglaufenden Kugelwelle. Letztere enthält die **Streuamplitude**; sie umfaßt die gesamte Information des Streuprozesses.

- Der differentielle Wirkungsquerschnitt berechnet sich aus den Wahrscheinlichkeitsstromdichten (in Flugrichtung) des einlaufenden und gestreuten Anteils und ist gleich dem Betragsquadrat der Streuamplitude.

- Die Berechnung des differentiellen Wirkungsquerschnitts für die Coulomb-Streuung führt in der **Bornscher Näherung** und exakt auf die klassische Rutherfordsche Streuformel.

- Bei zentralsymmetrischen Streupotentialen läßt sich der Streuprozeß für jeden Drehimpuls-l-Sektor getrennt studieren, indem man die Streuamplitude nach den Legendre-Polynomen entwickelt (**Partialwellenzerlegung**). Die hierin auftretenden **Streuphasen** geben die jeweilige Phasenverschiebung der asymptotischen Wellenfunktion gegenüber den Lösungen für freie Teilchen an. Aus der Partialwellenzerlegung folgt das **optische Theorem**, nach dem sich der totale Wirkungsquerschnitt aus dem Imaginärteil der Streuamplitude in Vorwärtsrichtung berechnet.

- **Resonanzstreuung** tritt auf, wenn der differentielle Wirkungsquerschnitt bei einer bestimmten Energie von einer Partialwelle dominiert wird. Die zugehörige **Resonanzbreite** berechnet sich mit Hilfe der **Breit-Wigner-Formel**. Im allgemeinen bedeuten Streuresonanzen metastabile Zustände positiver Energie, die sich in dem von der Zentrifugalbarriere abgeschirmten attraktiven Bereich des effektiven Potentials herausbilden.

▷

- Die gegenseitige Streuung von Teilchen läßt sich wie im klassischen Fall durch Separation der Schwerpunktsbewegung auf eine effektive Ein-Teilchenstreuung zurückführen. Für die Zusammenhänge zwischen den differentiellen Wirkungsquerschnitten im Schwerpunkt- und Laborsystem gelten dieselben Beziehungen wie bei der klassischen Streuung.
- Weist der Detektor bei der Streuung unterscheidbarer Teilchen beide Teilchensorten nach, so sind die differentiellen Wirkungsquerschnitte für die Vorgänge Teilchen 1 $\rightarrow (\theta, \varphi)$, Teilchen 2 $\rightarrow (\pi - \theta, \varphi + \pi)$ und umgekehrt zu addieren. Bei der Streuung identischer Teilchen hingegen hat man die zu obigen Vorgängen gehörenden Streuamplituden zu addieren bzw. zu subtrahieren.

Anwendungen

52. Streuung an einer harten Kugel. Wir betrachten die Streuung an einer harten Kugel, die durch das Potential

$$V(r) = \begin{cases} 0 & \text{für } r \leq a \\ \infty & \text{für } r > a \end{cases}$$

dargestellt wird. Man gebe das Verhalten der verschiedenen Streuphasen für kleine Energien an. Wie lautet der differentielle und totale Wirkungsquerschnitt für den l=0-Sektor?

Lösung. Die physikalische Lösung der radialen Schrödinger-Gleichung (3.38) für den äußeren Bereich lautet

$$g_l(r) = A_l j_l(kr) + B_l n_l(kr) .$$

Auf der Kugeloberfläche muß die Wellenfunktion aus Stetigkeitsgründen verschwinden, d.h.

$$g_l(a) = 0 \Longrightarrow \frac{B_l}{A_l} = -\frac{j_l(ka)}{n_l(ka)} .$$

Die übliche Forderung, daß sich g_l bis auf die Streuphase δ_l auf die reguläre Lösung für freie Teilchen reduziert,

$$g_l(r) \stackrel{r\to\infty}{\longrightarrow} \frac{\sin(kr - l\pi/2 + \delta_l)}{kr} ,$$

liefert den gewünschten Zusammenhang für δ_l:

$$\begin{aligned} A_l \sin(kr - l\pi/2) + B_l \cos(kr - l\pi/2) &= C_l \sin(kr - l\pi/2 + \delta_l) \\ &= C_l [\sin(kr - l\pi/2) \cos\delta_l \\ &\quad + \cos(kr - l\pi/2) \sin\delta_l] \end{aligned}$$

$$\Longrightarrow \tan\delta_l = -\frac{j_l(ka)}{n_l(ka)} .$$

Beschränken wir uns auf kleine Energien, dann gilt

$$j_l(ka) \overset{k\to 0}{\approx} \frac{(ka)^l}{(2l+1)!!} ,\ n_l(ka) \overset{k\to 0}{\approx} \frac{(2l-1)!!}{(ka)^{l+1}} ,$$

und es folgt das bereits in (3.105) erwähnte Schwellenverhalten

$$\delta_l \overset{k\to 0}{\approx} \tan\delta_l \approx -\frac{(2l-1)!!}{(2l+1)!!}(ka)^{2l+1} ,$$

was mit der Erwartung übereinstimmt, daß bei kleinen Energien die Streuung in höheren l-Sektoren vernachlässigt werden kann. Für $l = 0$ folgt unter Verwendung von Satz 3.30

$$\delta_0 = \arctan\left(-\frac{\sin ka}{\cos ka}\right) = -ka \Longrightarrow \begin{cases} f_0(\theta) = -\frac{1}{k}\mathrm{e}^{-\mathrm{i}ka}\sin ka \\ \frac{\mathrm{d}\sigma_0}{\mathrm{d}\Omega} = \frac{\sin^2 ka}{k^2} \\ \sigma_0 = \frac{4\pi}{k^2}\sin^2 ka . \end{cases}$$

53. Streuung am kugelsymmetrischen Potentialtopf. Man betrachte die s-Wellen-Streuung an einem kugelsymmetrischen Potentialtopf der Form

$$V(r) = \begin{Bmatrix} -V_0 & \text{für } r < a \\ 0 & \text{für } r \geq a \end{Bmatrix} ,\ V_0 > 0 .$$

Es ist zu zeigen, daß für kleine Teilchenenergien die Streuphase δ_0 resonant ist, wenn die Wellenzahl für den inneren Bereich die Werte

$$k_1 = \frac{\left(n+\frac{1}{2}\right)\pi}{a} ,\ n = 0, 1, \ldots$$

annimmt. Wie groß sind die zugehörigen Resonanzbreiten?

Lösung. Wie in Unterabschn. 3.5.4 gezeigt wurde, lautet die Lösung der radialen Schrödinger-Gleichung für den kugelsymmetrischen Potentialtopf im ungebundenen Fall ($E > 0$)

$$u_l(r) = \begin{cases} A_l r j_l(k_1 r) ,\ k_1 = \sqrt{\frac{2m(E+V_0)}{\hbar^2}} & \text{für } r < a \\ B_l[r j_l(k_2 r)\cos\delta_l + r n_l(k_2 r)\sin\delta_l] ,\ k_2 = \sqrt{\frac{2mE}{\hbar^2}} & \text{für } r \geq a . \end{cases}$$

Im Unendlichen geht sie über in die gewünschte asymptotische Form

$$\begin{aligned} u_l(r) &\overset{r\to\infty}{\sim} \frac{\sin(k_2 r - l\pi/2)}{k_2}\cos\delta_l + \frac{\cos(k_2 r - l\pi/2)}{k_2}\sin\delta_l \\ &= \frac{\sin(k_2 r + l\pi/2 + \delta_l)}{k_2} , \end{aligned}$$

so daß δ_l in der Tat die Streuphasen bezeichnen. Beschränken wir uns nun auf kleine Teilchenenergien, dann findet die Streuung bevorzugt in s-Zuständen ($l = 0$) statt. Hierfür kennen wir bereits den Zusammenhang zwischen Energie und Streuphase (vgl. (3.43)):

$$\tan(k_2 a + \delta_0) = \frac{k_2}{k_1} \tan k_1 a$$

$$\Longrightarrow \delta_0 = \arctan\left(\frac{k_2}{k_1} \tan k_1 a\right) - k_2 a \stackrel{k_2 \to 0}{\approx} \arctan\left(\frac{k_2}{k_1} \tan k_1 a\right) .$$

Man erkennt hieraus, daß die Resonanzenergien bei

$$k_{1,n} = \frac{\left(n + \frac{1}{2}\right)\pi}{a} \quad \text{bzw.} \quad E_n = \frac{\hbar^2 \left(n + \frac{1}{2}\right)^2 \pi^2}{2ma^2} - V_0$$

liegen. Zur Bestimmung der zugehörigen Resonanzbreiten hat man die Ableitung von δ_0 an der Stelle E_n zu berechnen. Dies führt zu

$$\begin{aligned}
\delta_0'(E_n) &= \left.\frac{\left(\frac{K_2}{K_1}\right)' \tan(k_1 a) + \frac{K_2}{K_1} k_1' a \left(1 - \tan^2 k_1 a\right)}{1 - \left(\frac{K_2}{K_1}\right)^2 \tan^2 k_1 a}\right|_{k_{1,2} = k_{1,2}(E_n)} \\
&= \frac{a k_1'(E_n) k_1(E_n)}{k_2(E_n)} \\
&= \frac{ma}{\hbar^2 k_2(E_n)}
\end{aligned}$$

$$\Longrightarrow \frac{\Gamma_n}{2} = \frac{1}{\delta_0'(E_n)} = \frac{\hbar^2 k_2(E_n)}{ma} .$$

Ist $V_0 = \hbar^2\pi^2/(8ma^2)$, dann entspricht der niedrigste resonante s-Zustand einer Resonanzenergie von $E_0 = 0$. Dieser *Null-Energiezustand* läßt sich als ein *pseudo-metastabiler gebundener Zustand* in einem rein attraktiven Potential interpretieren und kommt einer echten Streuresonanz am nächsten. Wird der Potentialtopf immer weiter abgesenkt, dann entsteht bei $V_0 = 9\hbar^2\pi^2/(8ma^2)$ ein zweiter Null-Energiezustand usw. Die jeweils darauf folgenden Zustände mit größeren Resonanzenergien entsprechen *virtuellen Zuständen*, die mit echten Streuresonanzen wenig zu tun haben.

4. Statistische Physik und Thermodynamik

Das Fundament der theoretischen Beschreibung makroskopischer Systeme (Gase, Flüssigkeiten und Festkörper) in der heute vorliegenden Form wurde im 18. Jahrhundert gelegt. Die damals und in der Folgezeit von Rumford, Davy, Mayer, Joule u.v.a. empirisch gefundenen Gesetze bilden auch heute noch die Grundlage der Thermodynamik, die durch Lord Kelvin 1850 erstmals in konsistenter Darstellung formuliert wurde. Etwa um diese Zeit begann sich die Meinung durchzusetzen, daß Materie Substrukur in Form von Atomen und Molekülen besitzt, und man fing an, makroskopische Systeme mikroskopisch zu untersuchen. Die Entwicklung der Quantenmechanik um 1920 lieferte schließlich den adäquaten Rahmen für eine realistische mikroskopische Beschreibung solcher Systeme.

Obwohl heute die mikroskopischen Wechselwirkungsmechanismen zwischen den einzelnen Teilchen eines Systems in Form von quantenmechanischen bzw. mechanischen Gesetzen prinzipiell verstanden sind, so ist es dennoch aus folgenden Gründen nicht möglich, diese ohne zusätzliche statistische Annahmen konsequent auf ein makroskopisches System anzuwenden:

- Zur Festlegung des Systemzustandes müßte man größenordnungsmäßig etwa 10^{23} Freiheitsgrade bestimmen, was nicht nur praktisch, sondern aufgrund des Heisenbergschen Unschärfeprinzips auch theoretisch unmöglich ist.
- Selbst wenn sie bekannt wären und man die Bewegungsgleichungen für alle Teilchen im System hinschreiben könnte, wäre kein Computer in der Lage, diese in einer akzeptablen Zeit zu lösen.
- Aufgrund der immens großen Teilchenzahlen treten qualitativ neuartige Effekte auf, die im Rahmen einer rein deterministischen Beschreibung ein sehr tiefes, über klassische Mechanik und Quantenmechanik hinausgehendes Verständnis der Wechselwirkung zwischen den einzelnen Teilchen erfordern. Ein Beispiel hierfür ist die abrupte Kondensation eines Gases zum flüssigen Zustand mit qualitativ sehr verschiedenen Eigenschaften.

Nun wissen wir allerdings aus eigener Erfahrung, daß es zur makroskopischen Beschreibung von Systemen oftmals garnicht notwendig ist, den exakten mikroskopischen Zustand des Systems festzulegen und in der Zeit zu verfolgen. Betrachtet man etwa ein Gas in einem Behälter, dann ändert sich ohne äußere Einwirkung seine Temperatur und sein Druck nicht, obwohl sein Mikrozustand laufend wechselt. Diese Tatsache bildet den Ausgangspunkt der statistischen Physik. Dort wird das Bild eines einzigen zeitlich propagierenden Systems durch ein anderes Bild ersetzt, in dem viele fiktive gleichartige makroskopische Systeme in unterschiedlichen mikroskopischen Zuständen und mit unterschiedlichen Antreff- oder Besetzungswahrscheinlichkeiten koexistieren.

In diesem Kapitel wird die statistische Physik und die Thermodynamik behandelt. Wir betonen, daß sich diese Theorien ausschließlich auf *Gleichgewichtssysteme* beziehen, welche sich durch zeitlich konstante makroskopische Eigenschaften auszeichnen. Die zeitliche Entwicklung, die von Ungleichgewichtszuständen zu Gleichgewichtszuständen führt, bleibt hierbei unberücksichtigt und ist Gegenstand der *kinetischen Theorie*. Da in der Regel Systeme mit sehr großer Teilchenzahl ($N \approx 10^{23}$) und sehr großem Volumen ($V \approx 10^{23}$ Molekularvolumina) untersucht werden, betrachten wir oftmals den *thermodynamischen Limes*, der durch folgende Grenzwertbildung definiert ist:

$$N \to \infty \; , \; V \to \infty \; , \; \frac{N}{V} = \text{const} \; .$$

Der erste Abschnitt dieses Kapitels behandelt die grundlegenden Ideen der statistischen Physik. Es wird dort das probabilistische Konzept des statistischen Ensembles vorgestellt und dessen zeitliche Entwicklung im Hinblick auf die Klassifizierung von Gleichgewichtssystemen diskutiert.

Die nächsten beiden Abschnitte 4.2 und 4.3 beschäftigen sich mit drei speziellen Ensemble-Typen, nämlich dem mikrokanonischen, kanonischen und großkanonischen Ensemble. Sie alle beschreiben Gleichgewichtssysteme mit unterschiedlichen, von außen vorgegebenen Randbedingungen. Im Zusammenhang mit dem mikrokanonischen Ensemble wird der Begriff der Entropie eingeführt, der sowohl in der statistischen Physik als auch in der Thermodynamik von fundamentaler Bedeutung ist. Als ein wesentliches Resultat dieser Abschnitte wird sich herausstellen, daß alle drei Ensembles im thermodynamischen Limes äquivalente Beschreibungen liefern.

Neben dem statistischen Zugang zur Entropie gibt es den informationstheoretischen Ansatz, in dem ein System vom Standpunkt des über ihn bekannten Informationsgrades betrachtet wird. Dies ist Gegenstand von Abschn. 4.4. Der hier entwickelte Entropie-Begriff stellt ein Maß für die Unkenntnis über ein System dar, und wir werden sehen, daß er äquivalent zur statistischen Entropie-Definition ist.

Abschnitt 4.5 behandelt die phänomenologische Theorie der Thermodynamik. Ausgehend von den drei thermodynamischen Hauptsätzen werden Gleichgewichts- und Stabilitätsbedingungen offener Systeme unter Einführung geeigneter thermodynamischer Potentiale sowie die Beschreibung von Zustandsänderungen mit Hilfe von thermischen Koeffizienten diskutiert. Desweiteren betrachten wir Wärmekraftmaschinen unter dem Gesichtspunkt ihrer prinzipiellen Realisierbarkeit.

In Abschn. 4.6 beschäftigen wir uns mit der klassischen Maxwell-Boltzmann-Statistik. Hierunter versteht man die statistische Behandlung von Systemen, ausgehend von der klassischen Hamilton-Funktion oder auch vom quantenmechanischen Hamilton-Operator, wobei allerdings die Quantennatur der Teilchen, also ihr bosonischer bzw. fermionischer Charakter unberücksichtigt bleibt. Neben der Diskussion des „echten klassischen“ Grenzfalls sowie der Virial- und Äquipartitionstheoreme für „echte klassische“ Systeme besprechen wir das harmonische Oszillatorsystem sowie das ideale Spinsystem in verschiedenen Ensembles.

Der letzte Abschnitt dieses Kapitels widmet sich der Quantenstatistik, welche die vollständige quantenmechanische Beschreibung statistischer Systeme mit Berücksichtigung des quantenmechanischen Teilchencharakters liefert. Neben einer allgemeinen Gegenüberstellung der Fermi-Dirac-, Bose-Einstein- und Maxwell-Boltzmann-Statistik interessieren wir uns insbesondere für die Zustandsgleichungen des idealen Fermi- und Bose-Gases. Dies führt uns auf interessante Effekte, die in der Maxwell-Boltzmann-Statistik nicht auftreten.

Es sei betont, daß wir in diesem Kapitel ausschließlich Gleichgewichtszustände betrachten. Für die Behandlung von Nicht-Gleichgewichtszuständen (Phasenübergänge, Kinetik etc.) verweisen wir auf die im Anhang angegebene Literaturliste.

Anmerkung. Im gesamten Kapitel 4 werden wir aus Bequemlichkeitsgründen für partielle Ableitungen einer Funktion f oftmals die Klammerschreibweise

$$\left(\frac{\partial f}{\partial E}\right)_{V,N}$$

verwenden. Sie bedeutet, daß f – als Funktion der Variablen E, V und N – bei festgehaltenem V und N nach E abgeleitet wird. Werden in dieser Funktion die Variablen E, V und N in neue Variablen, z.B. T, P und μ, transformiert, dann verwenden wir hierfür ebenfalls die bequeme und unmathematische Schreibweise $f(T,P,\mu)$, obwohl $f(T,P,\mu)$ einen anderen funktionalen Zusammenhang darstellt als $f(E,V,N)$.

4.1 Grundlagen der statistischen Physik

Die statistische Physik beschäftigt sich mit der Beschreibung makroskopischer Systeme, indem sie die mikroskopischen physikalischen Grundgesetze von Teilchenwechselwirkungen mit einem statistischen Prinzip verbindet und so in der Lage ist, Aussagen über das makroskopische Verhalten solcher Systeme zu machen. Insofern kann sie als eine fundamentale Theorie angesehen werden, welche die tieferen physikalischen Begründungen für die rein phänomenologisch gefundenen Grundgesetze der Thermodynamik liefert.

In diesem Abschnitt werden die grundlegenden Ideen der statistischen Physik erläutert. Die entscheidende Überlegung besteht darin, das Bild eines zeitlich propagierenden Mikrozustandes eines Systems durch ein anderes, statistisches Bild zu ersetzen, wo alle möglichen Mikrozustände gleichzeitig existieren und mit ihren relativen Antreffwahrscheinlichkeiten gewichtet werden. Dieses *Ensemble* propagiert dann als ganzes durch den Phasenraum und wird klassisch durch seine Dichte bzw. quantenmechanisch durch seinen *Dichteoperator* charakterisiert. Wir diskutieren ferner die Bedingungen, die solche Dichten im klassischen und quantenmechanischen Fall erfüllen müssen, damit sie Gleichgewichtssysteme beschreiben, welche sich durch zeitunabhängige makroskopische Eigenschaften auszeichnen.

4.1.1 Zustände, Phasenraum, Ensembles und Wahrscheinlichkeiten

Innerhalb der statistischen Physik unterscheidet man zwei Arten von Zuständen zur Beschreibung physikalischer Systeme, nämlich *Mikrozustände* und *Makrozustände*. Der Mikrozustand eines Systems enthält die detaillierte Information über die Bewegungszustände aller Teilchen. Im allgemeinen sind die Zustände der Teilchen und deren gegenseitige Wechselwirkung durch die Gesetze der Quantenmechanik determiniert. Das System kann demnach durch einen quantenmechanischen Zustandsvektor $|\psi(n_1,\ldots,n_f)\rangle$ repräsentiert werden, wobei $n_1,\ldots,n_f$ einen systemspezifischen Satz von f Quantenzahlen bedeuten. Diese Beschreibung ist in dem Sinne vollständig, daß bei gegebenem Zustandsvektor $|\psi\rangle$ zu einer festen Zeit seine zeitliche Propagation durch die quantenmechanischen Bewegungsgleichungen eindeutig determiniert ist. Numeriert man nun alle möglichen Quantenzustände des Systems in geeigneter Weise durch $(r = 1, 2, 3, \ldots)$, dann ist ein spezieller Mikrozustand des Systems durch Angabe des Index r eindeutig festgelegt:

$$\text{Quantenmechanischer Mikrozustand: } r = (n_1,\ldots,n_f)\ . \tag{4.1}$$

Obwohl i.a. die Quantenmechanik den adäquaten Rahmen zur Spezifikation eines Systems liefert, stellt die klassische Beschreibung oftmals eine gute und nützliche Approximation dar. In diesem Fall wird der vollständige Mikrozustand eines N-Teilchensystems durch Vorgabe der $3N$ generalisierten Koordinaten und $3N$ generalisierten Impulse aller Teilchen zu einem festen Zeitpunkt festgelegt. Die zeitliche Entwicklung des Systems ist dann durch die klassischen Bewegungsgleichungen ebenfalls eindeutig bestimmt.

$$\text{Klassischer Mikrozustand: } r = (q_1,\ldots,q_{3N},p_1,\ldots,p_{3N})\ . \tag{4.2}$$

Ein nützliches Konzept zur Beschreibung klassischer Systeme ist der Phasenraum, der durch die $6N$ generalisierten Koordinaten und Impulse aufgespannt wird. Hierbei entspricht die Vorgabe der $6N$ Teilchenwerte der Spezifikation eines Punktes im Phasenraum. Nun stehen im Gegensatz zu (4.1) auf der rechten Seite von (4.2) kontinuierliche Größen. Für eine statistisch-physikalische Behandlung ist es jedoch notwendig, die Zustände r abzählen zu können. Es ist deshalb sinnvoll, den Phasenraum zu diskretisieren, also in Zellen zu unterteilen, die jeweils genau einen Mikrozustand aufnehmen können. Die exakte Zellgröße läßt sich hierbei nur über den Vergleich mit der Quantenmechanik bestimmen. Die Untersuchung einfacher Quantensysteme (z.B. harmonischer Oszillator, Anwendung 54) zeigt, daß ein quantenmechanischer Zustand einem Phasenraumvolumen der Größe $(2\pi\hbar)^{3N} = h^{3N}$ entspricht. Wir können uns deshalb den Phasenraum in Zellen mit der

$$\text{Zellgröße} = h^{3N}$$

zerlegt denken. Numeriert man nun diese Zellen geeignet durch $(r = 1, 2, \ldots)$, dann läßt sich ein klassischer Mikrozustand ebenfalls durch Angabe des diskreten Index r eindeutig festlegen.

Die zweite Art einen Systemzustand zu beschreiben, ist der Makrozustand. Er enthält lediglich die eigentlich interessanten makroskopischen Kenngrößen, wie z.B. Druck oder Temperatur. Im Prinzip sollte sich der Makrozustand eines Systems aus seinem Mikrozustand eindeutig ergeben. Wie jedoch bereits in der Einleitung erwähnt wurde, ist es bei einer Zahl von etwa 10^{23} Teilchen weder möglich noch sinnvoll, den exakten Mikrozustand eines Systems festzulegen und zu verfolgen. Aus den gleichen Gründen ist es uns unmöglich, den Vorgang einer Messung in einer mikroskopischen Rechnung zu verfolgen, denn er bedeutet ja die Mittelung über einen angemessenen Teil der zeitlichen Propagation des Mikrozustandes bzw. der zugehörigen Phasenraumtrajektorie.

In der von Gibbs um 1900 entwickelten *Ensemble-Theorie* wird nun das Bild eines zeitlich propagierenden Mikrozustandes durch ein anderes Bild ersetzt, wo sämtliche Mikrozustände, die ein System im Laufe der Zeit durchläuft, zu einer festen Zeit koexistieren und jeweils die mikroskopische Ausgangssituationen für sehr viele gleichartige makroskopische Systeme darstellen. Diese fiktiven Systeme bilden ein *statistisches Ensemble*, dessen Mitglieder unabhängig voneinander in der Zeit propagieren und nicht miteinander wechselwirken. Aus klassischer Sicht entspricht dies der Koexistenz aller, dem betrachteten System zugänglichen Phasenraumpunkte, die man zu einer Phasenraumtrajektorie zusammenfaßt. Dieses Ensemble-Bild ist die entscheidende Grundlage der statistischen Physik, welche auf folgenden zwei fundamentalen Annahmen beruht:

Die erste Annahme ist die *Äquivalenz von Zeitmittel und Ensemble-Mittel eines makroskopischen Systems im statistischen Gleichgewicht.* Hierbei versteht man unter dem Begriff „statistisches Gleichgewicht" einen Zustand, in dem Messungen makroskopischer Größen, wie etwa Druck oder Temperatur zeitunabhängig sind. Betrachten wir zum genaueren Verständnis ein Gas, das in einem Volumen eingeschlossen ist. Wird dieses System von außen eine Zeit lang erhitzt, dann ist intuitiv klar, daß sich das System unmittelbar nach dem Erhitzen in keinem Gleichgewichtszustand befindet. Erfahrungsgemäß wird sich jedoch nach einer für das System charakteristischen Zeit, der sog. *Relaxationszeit*, erneut ein Gleichgewichtszustand einstellen, in dem das Gas seine ursprüngliche Temperatur wieder erreicht hat. In der Phasenraum-Terminologie impliziert die Gleichsetzung von Zeitmittel und Ensemble-Mittel, daß die Phasenraumtrajektorie des betrachteten Systems alle, mit der systemspezifischen Physik im Einklang stehenden Phasenraumpunkte enthält bzw. daß jeder mögliche Mikrozustand nach unendlich langer Zeit durchlaufen wird (*Ergodenhypothese*).[1] Der Begriff „statistisches Gleichgewicht" bedeutet, daß sich die Phasenraumtrajektorie (bzw. Phasenraumdichte) im Laufe der Zeit nicht ändert (Abb. 4.1).

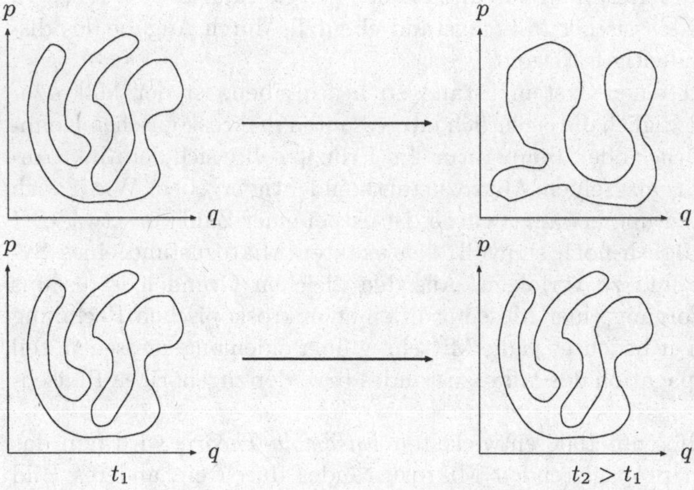

Abb. 4.1. Zeitliche Entwicklung der Phasenraumtrajektorie eines Ungleichgewichtssystems (*oben*) und eines Gleichgewichtssystems (*unten*)

Innerhalb des Ensemble-Bildes erscheint es nun plausibel, anzunehmen, daß *keines der im Ensemble vorkommenden Systeme gegenüber anderen ausgezeichnet ist.* Dies ist die zweite grundlegende Annahme der statistischen Physik.

Satz 4.1: Grundlegende Postulate der statistischen Physik

1. Postulat: In einem abgeschlossenen System im Gleichgewicht sind Zeitmittel und Ensemble-Mittel äquivalent.

2. Postulat: Die Wahrscheinlichkeit, ein zufällig gewähltes Element aus dem Ensemble zu einem bestimmten Mikrozustand zu finden, ist proportio- ▷

[1] Es ist bekannt, daß es auch nichtergodische Systeme gibt. Diese werden im weiteren jedoch nicht betrachtet.

nal zur Anzahl der Elemente des Ensembles in eben diesem Mikrozustand. Anders ausgedrückt: Jeder, im Ensemble vorkommende Mikrozustand ist gleichwahrscheinlich (*Postulat der gleichen a priori Wahrscheinlichkeiten*).

Wir betonen, daß es für diese Postulate keine tiefere Begründung gibt; sie werden a posteriori gerechtfertigt, indem man Übereinstimmung mit den aus ihnen abgeleiteten Resultaten und experimentellen Befunden feststellt. In ihnen drückt sich der probabilistische Charakter der statistischen Physik aus: Es interessiert nicht die detaillierte Struktur eines Mikrozustandes, sondern lediglich die Anzahl der verschiedenen möglichen Mikrozustände innerhalb des statistischen Ensembles.

In der Regel kennt man einige Eigenschaften des zu untersuchenden Systems. Zum Beispiel könnte die Gesamtenergie vorgegeben sein. Das System kann dann nur in einem der Mikrozustände sein, die mit dieser Gesamtenergie verträglich sind (zugängliche Mikrozustände). In diesem Fall bestünde das statistische Ensemble aus einer Vielzahl makroskopischer Systeme, mit eben dieser Gesamtenergie. Der Makrozustand eines Systems ist also durch die Besetzungswahrscheinlichkeiten P_r der zugänglichen Mikrozustände eindeutig festgelegt:

$$\text{Makrozustand: } \{P_r\} = (P_1, P_2, \ldots) \ .$$

Obige zwei Hypothesen lassen sich deshalb wie folgt zusammenfassen: *Makroskopische Größen eines Gleichgewichtssystems sind durch ihre Ensemble-Mittel aller zugänglichen Mikrozustände gegeben, wobei jeder Mikrozustand mit seiner relativen Besetzungswahrscheinlichkeit gewichtet wird.*

Satz 4.2: Ensemble-Mittel

Sei P_r die Wahrscheinlichkeit, ein Gleichgewichtssystem in dem Mikrozustand zu finden, in welchem die makroskopische Größe A den stationären Wert A_r annimmt. Dann ist das Ensemble-Mittel $\overline{A}$ von A

$$\overline{A} = \sum_r P_r A_r \ , \qquad (4.3)$$

wobei für die P_r folgende Normierungsbedingung gilt:

$$\sum_r P_r = 1 \ , \ 0 \le P_r \le 1 \ .$$

Die Summe in (4.3) ist über alle zugänglichen Mikrozustände zu nehmen, wobei je nach Wahl von A zu definieren ist, was „zugänglich" bedeutet. Desweiteren setzt sie eine große Zahl M gleichartiger Systeme voraus, von denen M_r im Mikrozustand r sind:

$$P_r = \lim_{M \text{ hinreichend groß}} \frac{M_r}{M} \ .$$

Aus (4.3) erkennen wir ferner, daß höchstens solche Verteilungen zu zeitunabhängigen Ensemble-Mitteln führen, für die gilt: $\mathrm{d}P_r/\mathrm{d}t = 0$.

4.1.2 Klassische statistische Physik: Wahrscheinlichkeitsdichte

Das Ziel der statistischen Physik ist die Bestimmung der Anzahl von Ensemble-Mitgliedern in verschiedenen Mikrozuständen, also in verschiedenen Regionen des Phasenraums. Setzen wir voraus, daß die Zahl M der Elemente im Ensemble sehr groß ist, dann läßt sich das betrachtete physikalische System durch eine *Wahrscheinlichkeitsdichte* ρ beschreiben, die angibt, wie die M Elemente im Phasenraum verteilt sind. Sei

$$\mathrm{d}\Gamma = \mathrm{d}q_1 \cdots \mathrm{d}q_{3N}\mathrm{d}p_1 \cdots \mathrm{d}p_{3N}$$

ein Volumenelement des Phasenraums, dann enthält dieses Volumen gerade

$$\mathrm{d}M = \frac{1}{h^{3N}}\rho(q,p,t)\mathrm{d}\Gamma$$

Elemente. Entsprechend ist die Wahrscheinlichkeit, daß ein zufällig ausgewählter Phasenraumpunkt aus dem Volumenelement $\mathrm{d}\Gamma$ entstammt, gegeben durch

$$\frac{\mathrm{d}M}{M} = \frac{1}{h^{3N}}\frac{\rho\mathrm{d}\Gamma}{M} .$$

Die Gesamtzahl der Elemente ist natürlich

$$M = \int \mathrm{d}M = \frac{1}{h^{3N}}\int \mathrm{d}\Gamma\rho(q,p,t) .$$

Im weiteren Verlauf wird stets davon ausgegangen, daß die Phasenraumdichte auf die Gesamtzahl M der Elemente normiert ist. Das Ensemble-Mittel einer klassischen Observablen $A(q,p)$ ist dann

$$\overline{A} = \frac{1}{h^{3N}}\int \mathrm{d}\Gamma\rho(q,p,t)A(q,p) . \tag{4.4}$$

Nimmt man desweiteren an, daß A keine explizite Zeitabhängigkeit besitzt, wie es für abgeschlossene Systeme sicherlich der Fall ist, so erkennt man anhand von (4.4) abermals, daß nur solche Verteilungen zu zeitunabhängigen Mittelwerten führen, für die gilt: $\partial\rho/\partial t = 0$.

4.1.3 Quantenstatistische Physik: Dichteoperator

In der Quantenmechanik werden Observable durch hermitesche Operatoren $\boldsymbol{A}$ repräsentiert, und Messungen von $\boldsymbol{A}$ führen auf die Erwartungswerte

$$\langle \boldsymbol{A}\rangle = \langle \psi|\, \boldsymbol{A}\, |\psi\rangle . \tag{4.5}$$

Ein quantenmechanischer Zustand wird durch die Messung eines vollständigen Satzes kommutierender Observablen präpariert. Solche *reinen Zustände* werden durch Hilbert-Vektoren in einem komplexen Hilbert-Raum beschrieben. Im allgemeinen sind reine Zustände jedoch eine Idealisierung. Insbesondere ist es für sehr große Systeme nicht möglich, eine vollständige Präparation durchzuführen. Der allgemeine Fall des *gemischten Zustandes* liegt vor, wenn der Satz von gemessenen Observablen nicht vollständig ist. In diesem Fall ist der Zustand nicht mehr durch einen Hilbert-Vektor beschreibbar. Man betrachtet deshalb ein Ensemble von reinen Zuständen $|\psi_r\rangle$ zusammen mit ihren relativen Besetzungswahrscheinlichkeiten P_r. Nach (4.3) und (4.5) gilt für das quantenmechanische Ensemble-Mittel[2]

$$\overline{\boldsymbol{A}} = \sum_r P_r \langle \psi_r | \boldsymbol{A} | \psi_r \rangle \ ,$$

wobei zu beachten ist, daß die zwei Mittelungsprozeduren in dieser Gleichung fundamental verschieden sind. Die quantenmechanische Mittelung führt zu den bekannten Interferenzeffekten innerhalb der Quantentheorie. Dagegen ist die Mittelung über die Elemente des Ensembles eine Mittelung über inkohärente Zustände $|\psi_r\rangle$, so daß hierbei keine Interferenzeffekte auftreten können (siehe Anwendung 55). Nehmen wir nun an, die Zustände $|\psi_r\rangle$ seien normiert (aber nicht notwendig orthogonal). Dann können wir $\overline{\boldsymbol{A}}$ in folgender Weise nach einer vollständigen Orthonormalbasis $|u_i\rangle$, mit $\sum\limits_i |u_i\rangle\langle u_i| = \boldsymbol{1}$ entwickeln:

$$\begin{aligned}
\overline{\boldsymbol{A}} &= \sum_{r,i,j} \langle \psi_r | u_j \rangle \langle u_j | \boldsymbol{A} | u_i \rangle \langle u_i | \psi_r \rangle P_r \\
&= \sum_{i,j} \left\{ \sum_r P_r \langle u_i | \psi_r \rangle \langle \psi_r | u_j \rangle \right\} \langle u_j | \boldsymbol{A} | u_i \rangle \\
&= \sum_{i,j} \boldsymbol{\rho}_{ij} \boldsymbol{A}_{ji} = \mathrm{tr}(\boldsymbol{\rho}\boldsymbol{A}) \ .
\end{aligned}$$

Hierbei bezeichnen

$$\boldsymbol{\rho} = \sum_r |\psi_r\rangle P_r \langle \psi_r|$$

den *Dichteoperator* und

$$\boldsymbol{A}_{ji} = \langle u_j | \boldsymbol{A} | u_i \rangle \ , \ \boldsymbol{\rho}_{ij} = \sum_r P_r \langle u_i | \psi_r \rangle \langle \psi_r | u_j \rangle = \langle u_i | \boldsymbol{\rho} | u_j \rangle$$

die Matrixelemente von $\boldsymbol{A}$ bzw. $\boldsymbol{\rho}$ in der u-Darstellung. Folgende Eigenschaften lassen sich für $\boldsymbol{\rho}$ feststellen:

- $\boldsymbol{\rho}$ ist hermitesch.

---

[2] Wir bezeichnen im folgenden mit $\overline{\boldsymbol{A}}$ die kombinierte Mittelung aus quantenmechanischem Erwartungswert und Ensemble-Mittel.

- Sind $W(\alpha, \psi_r)$ und $W(\alpha, \boldsymbol{\rho})$ die Wahrscheinlichkeiten dafür, bei einer Messung der Observablen $\boldsymbol{A}$ an einem System im reinen Zustand $|\psi_r\rangle$ bzw. in dem durch $\boldsymbol{\rho}$ charakterisierten gemischten Zustand den Eigenwert α zu messen, dann gilt (vgl. (3.5))

$$W(\alpha, \boldsymbol{\rho}) = \sum_r P_r W(\alpha, \psi_r) = \sum_r P_r \langle \psi_r | \boldsymbol{\mathcal{P}}_\alpha | \psi_r \rangle = \mathrm{tr}(\boldsymbol{\rho} \boldsymbol{\mathcal{P}}_\alpha) ,$$

wobei $\boldsymbol{\mathcal{P}}_\alpha$ der Projektionsoperator auf den Eigenraum von $\boldsymbol{A}$ zum Eigenwert α ist.

- $\boldsymbol{\rho}$ ist normiert:

$$\mathrm{tr}(\boldsymbol{\rho}) = \sum_r P_r = 1 .$$

- $\boldsymbol{\rho}$ ist positiv definit, denn für jedes $|v\rangle$ gilt

$$\langle v | \boldsymbol{\rho} | v \rangle = \sum_r \langle v | \psi_r \rangle P_r \langle \psi_r | v \rangle = \sum_r P_r |\langle v | \psi_r \rangle|^2 \geq 0 .$$

$\boldsymbol{\rho}$ ist also ein positiv definiter hermitescher Operator, dessen vollständig diskretes Eigenwertspektrum zwischen 0 und 1 liegt.

Satz 4.3: Dichteoperator

Ein quantenmechanisches statistisches System wird durch den hermiteschen Dichteoperator

$$\boldsymbol{\rho} = \sum_r |\psi_r\rangle P_r \langle \psi_r| \ , \ \mathrm{tr}(\boldsymbol{\rho}) = 1$$

vollständig beschrieben. Hierbei ist die Summe über alle reinen Zustände $|\psi_r\rangle$ zu nehmen. Die Wahrscheinlichkeit, bei einer Messung der Observablen $\boldsymbol{A}$ den Eigenwert α zu finden, ist

$$W(\alpha, \boldsymbol{\rho}) = \mathrm{tr}(\boldsymbol{\rho} \boldsymbol{\mathcal{P}}_\alpha) .$$

Der Erwartungswert von $\boldsymbol{A}$ ist der Ensemble-Mittelwert

$$\overline{\boldsymbol{A}} = \mathrm{tr}(\boldsymbol{\rho} \boldsymbol{A}) .$$

Der obige Formalismus kann auch auf reine Zustände angewandt werden. Weiß man mit Sicherheit, daß sich das System im reinen Zustand $|\psi\rangle$ befindet, so reduziert sich $\boldsymbol{\rho}$ auf den Projektionsoperator

$$\boldsymbol{\rho} = \boldsymbol{\mathcal{P}}_\psi = |\psi\rangle \langle \psi| ,$$

und man erhält

$$\boldsymbol{\rho}^2 = \boldsymbol{\rho} \Longrightarrow \mathrm{tr}\left(\boldsymbol{\rho}^2\right) = 1 .$$

Ist umgekehrt $\boldsymbol{\rho}^2 = \boldsymbol{\rho}$, dann können wir schreiben:

$$\begin{aligned}\boldsymbol{\rho}^2 &= \sum_{r,m} |\psi_r\rangle P_r \langle\psi_r|\psi_m\rangle P_m \langle\psi_m| = \sum_r P_r^2 |\psi_r\rangle\langle\psi_r| \\ &= \sum_r P_r |\psi_r\rangle\langle\psi_r| = \boldsymbol{\rho}\,.\end{aligned}$$

Da die Wahrscheinlichkeiten P_r normiert sind, kann die Bedingung $P_r^2 = P_r$ für alle r nur dann erfüllt werden, wenn ein P_r den Wert 1 annimmt und alle anderen identisch verschwinden. Die Bedingung $\boldsymbol{\rho}^2 = \boldsymbol{\rho}$ bzw. $\mathrm{tr}\left(\boldsymbol{\rho}^2\right) = 1$ stellt also ein notwendiges und hinreichendes Kriterium dafür dar, daß $\boldsymbol{\rho}$ einen reinen Zustand beschreibt.

Quantenmechanische Messung eines statistischen Systems. In Unterabschn. 3.2.3 sind wir ausführlich auf den Prozeß der Messung an reinen Zuständen eingegangen. Wird an einem, im reinen und normierten Zustand $|\psi\rangle$ befindlichen System eine Messung der Observablen $\boldsymbol{A}$ ausgeführt, dann befindet sich dieses System unmittelbar nach der Messung mit einer Wahrscheinlichkeit von $\langle\psi|\mathcal{P}_\alpha|\psi\rangle$ im normierten Zustand $\frac{\mathcal{P}_\alpha|\psi\rangle}{\sqrt{\langle\psi|\mathcal{P}_\alpha|\psi\rangle}}$. Im gemischten Fall ist daher der Dichteoperator nach der Messung mit einer Wahrscheinlichkeit von P_r gegeben durch

$$\boldsymbol{\rho}_r' = \sum_\alpha \frac{\mathcal{P}_\alpha|\psi\rangle}{\sqrt{\langle\psi|\mathcal{P}_\alpha|\psi\rangle}} \langle\psi|\mathcal{P}_\alpha|\psi\rangle \frac{\langle\psi|\mathcal{P}_\alpha}{\sqrt{\langle\psi|\mathcal{P}_\alpha|\psi\rangle}}\,.$$

Der volle statistische Operator lautet somit

$$\boldsymbol{\rho}' = \sum_r P_r \boldsymbol{\rho}_r' = \sum_\alpha \mathcal{P}_\alpha \boldsymbol{\rho} \mathcal{P}_\alpha\,.$$

Satz 4.4: Quantenmechanische Messung und Dichteoperator

Der Dichteoperator eines gemischten Zustandes sei vor der Messung der Observablen $\boldsymbol{A}$ durch $\boldsymbol{\rho}$ gegeben. Unmittelbar nach der Messung wird das System dann durch den Dichteoperator

$$\boldsymbol{\rho}' = \sum_\alpha \mathcal{P}_\alpha \boldsymbol{\rho} \mathcal{P}_\alpha$$

beschrieben. Die Summe läuft über alle Eigenwerte α von $\boldsymbol{A}$.

4.1.4 Zeitliche Entwicklung eines Ensembles

Es wurde bereits festgestellt, daß die klassische bzw. quantenmechanische Bedingung $\partial\rho/\partial t = 0$ notwendig ist, damit Ensemble-Mittelwerte zeitunabhängig sind, wie wir es für Systeme im Gleichgewicht voraussetzen. In diesem Unterabschnitt beschäftigen wir uns mit der allgemeinen Zeitabhängigkeit der klassischen Wahrscheinlichkeitsdichte und des quantenmechanischen

Dichteoperators für physikalische Systeme. Wir leiten für diese Größen Bewegungsgleichungen ab, die uns helfen werden, obige Stationaritätsbedingung genauer zu spezifizieren.

Klassisches Bild: Liouville-Gleichung. Im Ensemble-Bild wird ein physikalisches System durch ein statistisches Ensemble repräsentiert. Die Ensemble-Mitglieder sind gleichartige imaginäre makroskopische Systeme. Zu ihnen gehören jeweils Phasenraumpunkte, die unabhängig voneinander in der Zeit durch den Phasenraum propagieren. Betrachten wir nun ein fixes Volumenelement $\mathrm{d}\Gamma$ im Phasenraum, dann verändert sich i.a. die Zahl der darin liegenden Punkte mit der Zeit, da die Koordinaten und Impulse der einzelnen Ensemble-Mitglieder in Übereinstimmung mit den Hamiltonschen Gleichungen

$$\frac{\partial H}{\partial p_i} = \dot{q}_i \; , \; \frac{\partial H}{\partial q_i} = -\dot{p}_i \tag{4.6}$$

ebenfalls variieren. Da jedoch keine Phasenraumpunkte erzeugt oder vernichtet werden,[3] können wir eine Kontinuitätsgleichung formulieren, die besagt, daß die Änderungsrate der Dichte im Volumenelement $\mathrm{d}\Gamma$ proportional zum Fluß der Punkte durch die Oberfläche $\mathrm{d}\omega$ dieses Volumenelements ist (siehe Abb. 4.2):

$$\frac{\partial}{\partial t}\int\limits_{\Gamma} \mathrm{d}\Gamma \rho = -\oint\limits_{\omega} \mathrm{d}\omega \rho(\boldsymbol{vn}) \; .$$

Dabei ist $\boldsymbol{v}$ die Geschwindigkeit der Phasenraumpunkte und $\boldsymbol{n}$ der nach außen zeigende Normalenvektor der Oberfläche $\mathrm{d}\omega$. Unter Ausnutzung von (4.6) und des verallgemeinerten Gaußschen Satzes folgt

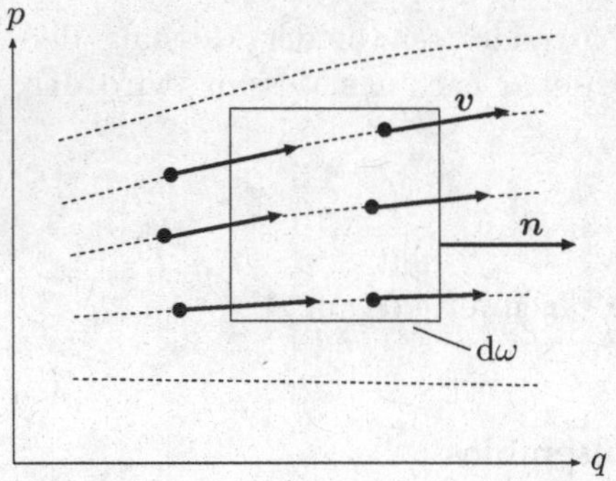

Abb. 4.2. Zeitlicher Fluß von Phasenraumpunkten durch ein Phasenraumvolumenelement

[3] Zwei verschiedene Phasenraumpunkte können sich im Laufe ihrer Bewegung nie überdecken, da die Hamiltonschen Gleichungen eindeutige Lösungen besitzen.

$$\frac{\partial\rho}{\partial t} + \boldsymbol{\nabla}(\rho\boldsymbol{v}) = 0\,, \tag{4.7}$$

mit

$$\begin{aligned}\boldsymbol{\nabla}(\rho\boldsymbol{v}) &= \sum_i \left[\frac{\partial}{\partial q_i}(\rho\dot{q}_i) + \frac{\partial}{\partial p_i}(\rho\dot{p}_i)\right]\\ &= \sum_i \left[\frac{\partial\rho}{\partial q_i}\frac{\partial H}{\partial p_i} - \frac{\partial\rho}{\partial p_i}\frac{\partial H}{\partial q_i} + \rho\left(\frac{\partial^2 H}{\partial q_i\partial p_i} - \frac{\partial^2 H}{\partial p_i\partial q_i}\right)\right]\\ &= \{\rho, H\}\,. \end{aligned}\tag{4.8}$$

Desweiteren gilt für die totale zeitliche Ableitung von ρ:[4]

$$\begin{aligned}\frac{\mathrm{d}\rho}{\mathrm{d}t} &= \frac{\partial\rho}{\partial t} + \sum_i \left[\frac{\partial\rho}{\partial q_i}\frac{\partial H}{\partial p_i} - \frac{\partial\rho}{\partial p_i}\frac{\partial H}{\partial q_i}\right]\\ &= \frac{\partial\rho}{\partial t} + \{\rho, H\}\,. \end{aligned}\tag{4.9}$$

Die Gleichungen (4.7), (4.8) und (4.9) führen schließlich zum

Satz 4.5: Liouville-Gleichung

Die totale Zeitableitung der Wahrscheinlichkeitsdichte im Phasenraum verschwindet:

$$\frac{\mathrm{d}\rho}{\mathrm{d}t} = \frac{\partial\rho}{\partial t} + \{\rho, H\} = 0\,.$$

Dieser Satz bedeutet, daß für einen Beobachter, der sich auf einem Phasenraumpunkt des Ensembles mitbewegt, die Phasenraumdichte zeitunabhängig aussieht. Mit anderen Worten: Das Ensemble bewegt sich durch den Phasenraum wie eine inkompressible Flüssigkeit. Für ein stationäres Ensemble, $\partial\rho/\partial t = 0$, impliziert die Liouville-Gleichung die Bedingung

$$\{\rho, H\} = 0\,. \tag{4.10}$$

Ein stationäres Ensemble ist somit eine Konstante der Bewegung. Die einfachste Art, diese Bedingung zu erfüllen, ist die Wahl einer Wahrscheinlichkeitsdichte, die in einem Teilraum Ω von Γ konstant und sonst überall Null ist. In diesem Ensemble sind alle Mikrozustände gleichförmig über Ω verteilt, so daß für den Ensemble-Mittelwert einer Observablen A gilt:

$$\overline{A} = \frac{1}{\Omega h^{3N}}\int\limits_{\Omega} A(p,q)\mathrm{d}\Gamma\,,\ \Omega = \frac{1}{h^{3N}}\int\limits_{\Omega}\mathrm{d}\Gamma\,.$$

Eine weniger restriktive Möglichkeit, die Bedingung (4.10) zu erfüllen, ist eine Wahrscheinlichkeitsdichte, deren Abhängigkeit von q und p nur durch

[4] Siehe Satz 1.25 und anschließende Betrachtungen.

die explizite Abhängigkeit einer Konstanten der Bewegung $h(q,p)$ gegeben ist:

$$\rho(q,p) = \rho[h(q,p)] \ .$$

In diesem Fall gilt nämlich

$$\frac{\partial\rho}{\partial q_i} = \frac{\partial\rho}{\partial h}\frac{\partial h}{\partial q_i} = 0 \ , \ \frac{\partial\rho}{\partial p_i} = \frac{\partial\rho}{\partial h}\frac{\partial h}{\partial p_i} = 0 \Longrightarrow \{\rho, H\} = 0 \ .$$

Aus der Mechanik ist bekannt, daß es ohne die Schwerpunktsbewegung sieben Konstanten der Bewegung gibt, nämlich Energie, Impuls und Drehimpuls (siehe Satz 1.11). Für sehr große Systeme können wir annehmen, daß es stets möglich ist, den Impuls und Drehimpuls durch eine Koordinatentransformation zu Null zu transformieren. Wir werden uns deshalb im weiteren Verlauf auf stationäre Ensembles beschränken, die nur über die Hamilton-Funktion $H(q,p) = E$ von den generalisierten Koordinaten und Impulsen abhängen.

Quantenmechanisches Bild: Von Neumann-Gleichung. Um das quantenmechanische Analogon der Liouville-Gleichung zu finden, arbeiten wir im Schrödinger-Bild (siehe Unterabschn. 3.2.4) und rechnen unter Verwendung von

$$\boldsymbol{H} \left|\psi\right\rangle = \mathrm{i}\hbar\frac{\mathrm{d}}{\mathrm{d}t}\left|\psi\right\rangle \ , \ \left\langle\psi\right| \boldsymbol{H} = -\mathrm{i}\hbar\frac{\mathrm{d}}{\mathrm{d}t}\left\langle\psi\right|$$

und $\mathrm{d}P_r/\mathrm{d}t = 0$ wie folgt:

$$\begin{aligned}\mathrm{i}\hbar\frac{\mathrm{d}\boldsymbol{\rho}}{\mathrm{d}t} &= \mathrm{i}\hbar\frac{\mathrm{d}}{\mathrm{d}t}\sum_r \left|\psi_r\right\rangle P_r \left\langle\psi_r\right| \\ &= \sum_r (\boldsymbol{H}\left|\psi_r\right\rangle P_r \left\langle\psi_r\right| - \left|\psi_r\right\rangle P_r \left\langle\psi_r\right| \boldsymbol{H}) = [\boldsymbol{H}, \boldsymbol{\rho}] \ .\end{aligned}$$

Satz 4.6: Von Neumann-Gleichung

Die zeitliche Entwicklung des Dichteoperators ist gegeben durch

$$\frac{\mathrm{d}\boldsymbol{\rho}}{\mathrm{d}t} = -\frac{\mathrm{i}}{\hbar}[\boldsymbol{H}, \boldsymbol{\rho}] \ .$$

Die Lösung dieser verallgemeinerten Schrödinger-Gleichung ist

$$\boldsymbol{\rho}(t) = \mathrm{e}^{-\mathrm{i}\boldsymbol{H}t/\hbar}\boldsymbol{\rho}(0)\mathrm{e}^{\mathrm{i}\boldsymbol{H}t/\hbar} \ .$$

In Analogie zum klassischen Fall ist die Dichtematrix stationär, falls

$$\mathrm{i}\hbar\frac{\mathrm{d}\boldsymbol{\rho}}{\mathrm{d}t} = [\boldsymbol{H}, \boldsymbol{\rho}] = \boldsymbol{0} \ . \tag{4.11}$$

Hieraus folgt für die Zeitabhängigkeit von Operatoren

$$\mathrm{i}\hbar\frac{\mathrm{d}}{\mathrm{d}t}\overline{\boldsymbol{A}} = \mathrm{i}\hbar\frac{\mathrm{d}}{\mathrm{d}t}\mathrm{tr}(\boldsymbol{\rho}\boldsymbol{A}) = \mathrm{tr}\left([\boldsymbol{H}, \boldsymbol{\rho}]\boldsymbol{A} + \mathrm{i}\hbar\boldsymbol{\rho}\frac{\partial\boldsymbol{A}}{\partial t}\right) = \mathrm{i}\hbar\overline{\frac{\partial\boldsymbol{A}}{\partial t}} \ .$$

Das heißt die Messung von nicht explizit zeitabhängigen Observablen liefert im stationären Fall, wie gewünscht, zeitunabhängige Ergebnisse. Im weiteren Verlauf werden wir der Stationaritätsbedingung (4.11) durch Dichteoperatoren der Form

$$\boldsymbol{\rho} = \boldsymbol{\rho}(\boldsymbol{H}, \boldsymbol{x}) \tag{4.12}$$

Rechnung tragen, wobei $\boldsymbol{x}$ einen Satz von zeitunabhängigen Observablen (z.B. Teilchenzahloperator $\boldsymbol{N}$) bezeichnet, die mit $\boldsymbol{H}$ vertauschen.

Wir können aus unseren bisherigen Betrachtungen bereits ganz konkrete Aussagen über die Form des Dichteoperators bzw. der klassischen Wahrscheinlichkeitsdichte gewinnen. Betrachten wir hierzu zwei Subsysteme, die durch die statistisch unabhängigen Verteilungen $\boldsymbol{\rho}_1$ und $\boldsymbol{\rho}_2$ beschrieben werden. Für das kombinierte System dieser Ensembles muß gelten:

$$\boldsymbol{\rho}_{12} = \boldsymbol{\rho}_1 \boldsymbol{\rho}_2 \Longrightarrow \ln \boldsymbol{\rho}_{12} = \ln \boldsymbol{\rho}_1 + \ln \boldsymbol{\rho}_2 \ . \tag{4.13}$$

Der Logarithmus des Dichteoperators ist somit eine lineare Funktion der additiven Erhaltungsgrößen. Nehmen wir nun an, daß sowohl die Teilchenzahl N als auch die Energie E beider Systeme vorgegeben sind, dann sind die Dichteoperatoren der Subsysteme konstant und die Mikrozustände in ihnen gleichverteilt (*mikrokanonisches Ensemble*). Können die Subsysteme untereinander Energie austauschen (*kanonisches Ensemble*), dann muß aufgrund von (4.13) gelten:

$$\boldsymbol{\rho}_{1,2} \sim \mathrm{e}^{-\beta_{1,2}\boldsymbol{H}} \ .$$

Können sowohl Energie als auch Teilchenzahl ausgetauscht werden (*großkanonisches Ensemble*), dann folgt wegen (4.13)

$$\boldsymbol{\rho}_{1,2} \sim \mathrm{e}^{-\beta_{1,2}\boldsymbol{H}+\alpha_{1,2}\boldsymbol{N}} \ .$$

Die Vorzeichen von $\alpha_{1,2}$ und $\beta_{1,2}$ sind hierbei willkürlich. Die Form der Dichtematrizen ergibt sich also allein aus der Stationaritätsbedingung (4.12) und der Annahme (4.13). In den nächsten beiden Abschnitten werden wir die drei soeben genannten Ensembles auf anderem Wege herleiten.

Spezielle Rolle der Energie. Es ist offensichtlich besonders einfach, den Dichteoperator in der Energieeigenbasis $\{|\psi_r\rangle\}$ zu berechnen, denn dann ist die Dichtematrix diagonal, falls, wie vorausgesetzt, $\boldsymbol{\rho}$ und $\boldsymbol{H}$ kommutieren:

$$[\boldsymbol{H}, \boldsymbol{\rho}] = \boldsymbol{0} \Longrightarrow \rho_{mn} = \langle \psi_n | \boldsymbol{\rho}(\boldsymbol{H}) | \psi_m \rangle = \rho(E_n)\delta_{nm} \ .$$

Wir werden diese Basis meistens benutzen. Es sollte jedoch klar sein, daß alle Resultate von der Wahl der Basis unabhängig sind.

Zusammenfassung

- Die statistische Physik umgeht die praktisch unmögliche Bestimmung des **Mikrozustandes** eines makroskopischen Systems durch das Konzept des **statistischen Ensembles**, welches aus sehr vielen gleichartigen (fiktiven) makroskopischen Systemen mit jeweils anderen mikroskopischen Ausgangssituationen besteht. Das ursprüngliche Problem wird hiermit auf die Bestimmung der Anzahl möglicher Mikrozustände zu einem bestimmten **Makrozustand** reduziert.

- Der Makrozustand eines Systems wird im **Ensemble-Bild** durch den Satz relativer **Besetzungswahrscheinlichkeiten** der verschiedenen Mikrozustände des Ensembles definiert.

- **Zeitmittel** und **Ensemble-Mittel** eines Systems sind im **statistischen Gleichgewicht** (**stationäres System**) identisch.

- Statistische Ensembles werden durch eine **Dichteverteilung** (klassisch) bzw. durch einen **Dichteoperator** (quantenmechanisch) beschrieben.

- Stationäre Systeme zeichnen sich dadurch aus, daß die Poisson-Klammer von Dichteverteilung und Hamilton-Funktion bzw. der Kommutator von Dichteoperator und Hamilton-Operator verschwindet.

Anwendungen

54. Klassischer Phasenraum des harmonischen Oszillators. Man berechne die Phasenraumtrajektorie des klassischen eindimensionalen harmonischen Oszillators sowie das Phasenraumvolumen, das von $E - \delta E$ und E eingeschlossen wird. Wie groß ist dieses Volumen, wenn δE gerade der Abstand zweier aufeinander folgender Energieeigenwerte des quantenmechanischen Oszillators ist?

Lösung. Die klassische Hamilton-Funktion des Problems lautet

$$H(q,p) = \frac{k}{2}q^2 + \frac{p^2}{2m} .$$

Die Lösung der zugehörigen Hamiltonschen Gleichungen ist

$$q(t) = A\cos(\omega t + \varphi) \ , \ p(t) = -m\omega A \sin(\omega t + \varphi) \ , \ \omega = \sqrt{\frac{k}{m}}$$

und läßt sich unter Verwendung von

$$H(q,p) = E = \frac{m\omega^2 A^2}{2} = \mathrm{const}$$

umschreiben zur Phasenraumtrajektorie

$$(q,p) = \left(\sqrt{\frac{2E}{m\omega^2}}\cos(\omega t + \varphi), -\sqrt{2mE}\sin(\omega t + \varphi)\right)$$

$$\Longrightarrow \frac{q^2}{(2E/m\omega^2)} + \frac{p^2}{2mE} = 1 .$$

Wie man sieht, entspricht dies einer Ellipse mit der Fläche $2\pi E/\omega$. Man beachte, daß nach einer Periode $T = 2\pi/\omega$ jeder Punkt der Ellipse durchlaufen wurde und die Ergodenhypothese somit exakt erfüllt ist. Wir nehmen nun an, die Energie des Oszillators sei unscharf und auf den Bereich $[E - \delta E : E]$ begrenzt. Die Phasenraumtrajektorie ist dann auf das Volumen

$$\int\limits_{E-\delta E \le H \le E} \mathrm{d}q\mathrm{d}p = \int\limits_{E-\delta E \le H \le E} \mathrm{d}\Gamma = \frac{2\pi\delta E}{\omega}$$

begrenzt. Nehmen wir das quantenmechanische Resultat für die Energieeigenwerte,

$$E_n = \hbar\omega\left(n + \frac{1}{2}\right) ,$$

dann ist die Zahl der Eigenzustände innerhalb des erlaubten Energieintervalls für große Energien praktisch gleich $\delta E/\hbar\omega$. In diesem Fall ist das Phasenraumvolumen eines Eigenzustandes

$$\nu = \frac{(2\pi\delta E/\omega)}{(\delta E/\hbar\omega)} = 2\pi\hbar = h .$$

Betrachtet man ein System von N harmonischen Oszillatoren, so ergibt sich entsprechend: $\nu = h^N$. Zur Abzählung von Mikrozuständen innerhalb eines Phasenraumvolumenelementes hat man daher dieses Volumen durch ν zu teilen.

55. Postulat der a priori zufälligen Phasen. Der quantenstatistische Mittelwert einer Observablen $\boldsymbol{A}$ berechnet sich in jeder Basis $\{|\psi_r\rangle\}$ formal über

$$\overline{\boldsymbol{A}} = \sum_r P_r \langle\psi_r| \boldsymbol{A} |\psi_r\rangle , \tag{4.14}$$

wobei P_r die Besetzungswahrscheinlichkeiten der reinen Zustände $|\psi_r\rangle$ sind. Betrachten wir nun ein System mit konstanter, von außen vorgegebener Energie, dann tragen in (4.14) nur solche Zustände bei, die mit eben dieser Energie verträglich sind. Interpretieren wir weiterhin die Kets $|\psi_r\rangle$ als die Energieeigenzustände des Systems, dann sind die Wahrscheinlichkeiten P_r nach dem 2. statistischen Postulat alle gleich: $P_r = P =$ const. Hiervon ausgehend leite man das *Postulat der a priori zufälligen Phasen* ab, indem man von der Energieeigenbasis zu einer anderen Basis (desselben Hilbert-Raumes) übergeht.

Lösung. Zwischen der Energieeigenbasis $\{|\psi_r\rangle\}$ und einer Basis $\{|n\rangle\}$ bestehe der Zusammenhang

$$|\psi_r\rangle = \sum_n |n\rangle a_{nr} \ , \ a_{nr} = \langle n|\psi_r\rangle \ .$$

Damit folgt für den Mittelwert von $\boldsymbol{A}$ im Falle eines gemischten Zustands

$$\begin{aligned}\overline{\boldsymbol{A}} &= \sum_{r,n,m} P\langle\psi_r|n\rangle\langle n|\boldsymbol{A}|m\rangle\langle m|\psi_r\rangle \\ &= \sum_{r,n} Pa_{nr}^* a_{nr}\langle n|\boldsymbol{A}|n\rangle + \sum_{r,n,m} Pa_{nr}^* a_{mr}\langle n|\boldsymbol{A}|m\rangle(1-\delta_{nm}) \ .\end{aligned}$$

Der Vergleich dieser Beziehung mit (4.14) liefert für $n \neq m$ die Bedingung

$$\sum_r a_{nr}^* a_{mr} = 0 \Longleftrightarrow \sum_r |a_{nr}||a_{mr}|\mathrm{e}^{\mathrm{i}(\phi_{mr}-\phi_{nr})} = 0 \ ,$$

die nur dann zu erfüllen ist, wenn man postuliert, daß die Phasen ϕ völlig zufällig über dem betrachteten Ensemble verteilt sind:

$$\overline{a_{nr}^* a_{mr}} = 0 \ , \ n \neq m \ .$$

Dieses Postulat der a priori zufälligen Phasen bedeutet die Forderung, daß alle Zustände $|\psi_r\rangle$ inkohärente Superpositionen sind, so daß Korrelationen zwischen den einzelnen Ensemble-Mitgliedern ausgeschlossen sind. Für gemischte Zustände ist es zusätzlich zum Postulat der a priori gleichen Wahrscheinlichkeiten zu fordern.

4.2 Ensemble-Theorie I: Mikrokanonisches Ensemble und Entropie

Im letzten Abschnitt haben wir gefunden, daß ein statistisches Ensemble im Gleichgewicht durch eine Wahrscheinlichkeitsdichte bzw. einen Dichteoperator beschrieben wird, die nur von Erhaltungsgrößen (z.B. Energie oder Teilchenzahl) abhängen. Drei solcher Ensembles, die in der statistischen Physik am häufigsten angewandt werden, sind:

- *Mikrokanonisches Ensemble:* Es beschreibt ein vollständig isoliertes System im Gleichgewicht bei fester Energie E.
- *Kanonisches Ensemble:* Das System kann mit seiner Umgebung Energie austauschen, wobei seine Temperatur vorgegeben ist.
- *Großkanonisches Ensemble:* Das System kann mit seiner Umgebung Energie und Teilchen bei vorgegebener Temperatur und vorgegebenem *chemischen Potential* austauschen.

In diesem Abschnitt behandeln wir das mikrokanonische Ensemble, während die anderen beiden im nächsten Abschnitt genauer untersucht werden. Desweiteren lernen wir hier den zentralen Begriff der *Entropie* kennen, die sehr eng mit der *mikrokanonischen Zustandssumme* verknüpft ist, und leiten das *Prinzip der maximalen Entropie* für Gleichgewichtszustände her. Dieses Prinzip führt uns schließlich unter Einführung der Begriffe *Temperatur* und *generalisierte Kräfte* zur Formulierung von Gleichgewichtsbedingungen.

4.2.1 Mikrokanonisches Ensemble

Das mikrokanonische Ensemble beschreibt ein abgeschlossenes System bei vorgegebener Energie E. Dementsprechend bestehen die Ensemble-Mitglieder aus Mikrozuständen, die eben diese Energie besitzen und mit etwaigen, von außen vorgegebenen (externen) Parametern, z.B. Volumen V oder Teilchenzahl N, verträglich sind. Wir bezeichnen diese Parameter zusammenfassend mit $x = (V, N, \ldots)$. Da sämtliche Mikrozustände im Ensemble aufgrund des 2. statistischen Postulates gleichwahrscheinlich sind, ist die Wahrscheinlichkeit $P_r(E, x)$, das betrachtete System im Mikrozustand r zu finden, konstant:

$$P_r(E,x) = \begin{cases} \dfrac{1}{\Omega(E,x)} & \text{für alle zugängl. Mikrozustände mit } E_r = E \\ 0 & \text{sonst .} \end{cases}$$

Ω bezeichnet die *mikrokanonische Zustandssumme*. Sie ist gleich der Gesamtzahl der zugänglichen Mikrozustände, d.h.

$$\Omega = \Omega(E,x) = \sum_{r:E_r(x)=E} 1 \,. \tag{4.15}$$

Da die Energie E i.a. nur mit einer begrenzten Genauigkeit δE (aus theoretischen und praktischen Gründen) gemessen werden kann, ist es vernünftig, (4.15) umzuformulieren in

$$\Omega(E,x) = \sum_{r:E-\delta E \le E_r(x) \le E} 1 \,.$$

Damit die statistische Betrachtungsweise sinnvoll ist, muß allerdings noch gezeigt werden, daß die Unschärfe δE im thermodynamischen Limes so gewählt werden kann, daß Ω von dieser Größe unabhängig ist. Zusammenfassend definieren wir:

Definition: Mikrokanonisches Ensemble

Das mikrokanonische Ensemble bestimmt den Gleichgewichtszustand eines abgeschlossenen Systems zu vorgegebener Energie E und etwaigen äußeren Parametern x:

$$P_r(E,x) = \frac{1}{\Omega(E,x)} \,, \quad \sum_r P_r(E,x) = 1$$

▷

$$\Omega(E,x) = \begin{cases} \sum\limits_{r:E-\delta E\le E_r(x)\le E} 1 & \text{(quantenmechanisch)} \\ \frac{1}{h^{3N}N!} \int\limits_{E-\delta E\le H(q,p,x)\le E} \mathrm{d}\Gamma & \text{(klassisch)}\ . \end{cases}$$

Für den Fall, daß es sich um ununterscheidbare Teilchen handelt, haben wir bei der klassischen Zustandssumme zusätzlich den Faktor $1/N!$ angeschrieben. Er ist aus quantenstatistischer Sicht notwendig, da beliebige Permutationen der Teilchen zu keinen neuen Elementen im Ensemble führen.[5]

Im quantenmechanischen Dichteoperator-Formalismus gehören die mikrokanonischen Wahrscheinlichkeiten P_r zu den entarteten Energieeigenzuständen $|\psi_r\rangle$ von $\boldsymbol{H}$ zur festen Energie E. Der mikrokanonische Dichteoperator lautet deshalb nach Satz 4.3

$$\boldsymbol{\rho} = \frac{1}{\Omega}\sum_r |\psi_r\rangle\langle\psi_r| = \begin{cases} \frac{1}{\Omega} & \text{für alle zugängl. Mikrozustände} \\ 0 & \text{sonst} \end{cases}$$

und ist somit in jeder Darstellung diagonal.

Dichteverhalten der mikrokanonischen Zustände. Wir wollen nun eine grobe Abschätzung für die Energieabhängigkeit der mikrokanonischen Zustandssumme vornehmen, wobei wir systemspezifische Details außer Acht lassen. Hierzu ist es zweckmäßig, folgende Größen zu definieren:

Definition: Phasenraumvolumen ω und Phasenraumdichte g

$$\omega(E) = \sum_{r:E_r\le E} 1 \stackrel{\text{klassisch}}{\longrightarrow} \frac{1}{h^{3N}N!}\int\limits_{H(q,p)\le E} \mathrm{d}\Gamma$$

$$g(E) = \frac{\partial\omega(E)}{\partial E} = \lim_{\delta E\to 0}\frac{\Omega(E)}{\delta E}\ . \tag{4.16}$$

Das Phasenraumvolumen gibt also die Zahl der Mikrozustände an, welche eine Energie kleiner oder gleich E besitzen, während die Phasenraumdichte die Zahl der Zustände pro Energieeinheitsintervall beschreibt.

Ist die Energie E des betrachteten Systems nicht zu klein, dann ist es plausibel, anzunehmen, daß sich E gleichmäßig auf die f Freiheitsgrade des Systems verteilt, so daß zu jedem Freiheitsgrad der Energiebetrag $\epsilon = E/f$ gehört. Wir können weiter annehmen, daß das Phasenraumvolumen $\omega_1(\epsilon)$ eines Freiheitsgrades, also die möglichen Werte eines Freiheitsgrades, die zum

[5] Falls mehrere Teilchensorten vorhanden sind, muß der Faktor $1/N!$ durch $1/\left(\prod\limits_i N_i!\right)$ ersetzt werden, mit $\sum\limits_i N_i = N$. In Anwendung 57 zeigen wir, daß die Unterdrückung des Faktors $1/N!$ zu Widersprüchen innerhalb thermodynamischer Relationen führt (Gibbs-Paradoxon).

Gesamtsystem den Energiebetrag ϵ oder weniger beitragen, ungefähr proportional zu ϵ ist:

$$\omega_1(\epsilon) \sim \epsilon^\alpha \ , \ \alpha \approx 1 \ .$$

Für das gesamte Phasenraumvolumen ergibt sich dann

$$\omega(E) \sim [\omega_1(\epsilon)]^f = \epsilon^f \ , \ \epsilon = \frac{E}{f} \ .$$

Hieraus erhält man die Zahl der Zustände im Intervall $[E - \delta E : E]$ zu

$$\Omega(E) = \omega(E) - \omega(E - \delta E) = \frac{\partial \omega}{\partial E}\delta E \sim f\omega_1^{f-1}\frac{\partial \omega_1}{\partial E}\delta E \ . \tag{4.17}$$

Für makroskopische Systeme ist f und somit der Exponent dieser Gleichung von der Größenordnung 10^{23}. Ω wächst deshalb extrem schnell mit der Energie des Systems an. Wir werden im weiteren Verlauf sehen, daß dies ein allgemeines Charakteristikum von Zustandssummen ist. Bilden wir den Logarithmus von (4.17), dann folgt

$$\ln \Omega \approx (f-1)\ln \omega_1 + \ln\left(f\frac{\partial \omega_1}{\partial E}\delta E\right) .$$

Die beiden Terme der rechten Seite haben die Größenordnung f bzw. $\ln f$. Somit ist der zweite Term für große f vernachlässigbar, und wir finden

$$\ln \Omega(E) \approx \ln \omega(E) \approx \ln g(E) \approx f \ln \omega_1(\epsilon) \approx \mathcal{O}(f) \ .$$

Insgesamt folgt

Satz 4.7: Energieabhängigkeit der mikrokanonischen Zustandssumme

Für makroskopische Systeme (Zahl der Freiheitsgrade f sehr groß) sind die Größen

$$\ln \Omega(E) \ , \ \ln \omega(E) \ , \ \ln g(E)$$

äquivalent. Weiterhin gilt in grober Näherung

$$\Omega(E) \sim E^f \ .$$

Mit diesem Satz ist gezeigt, daß die Zustandssumme Ω für makroskopische Systeme praktisch nicht von der Energieunschärfe δE abhängt. Anders ausgedrückt: Zum gegebenen Energieintervall $[E - \delta E : E]$ befinden sich praktisch alle Mikrozustände selbst auf der durch δE gegebenen Skala sehr dicht bei E (siehe Anwendung 56).

4.2.2 Prinzip der maximalen Entropie

Ein zentraler Begriff der statistischen Physik ist die *Entropie*. Sie ist in folgender Weise mit der mikrokanonischen Zustandssumme verknüpft:

Definition: Entropie S

Die statistische Entropie eines Systems im Gleichgewicht ist durch die *Boltzmann-Gleichung*

$$S(E,x) = k \ln \Omega(E,x) \tag{4.18}$$

definiert, wobei der Proportionalitätsfaktor

$$k = 1.38054 \cdot 10^{-23}\,\frac{\mathrm{J}}{\mathrm{K}} \qquad (\mathrm{K} = \mathrm{Kelvin})$$

die *Boltzmann-Konstante* bezeichnet.

Wir zeigen nun, daß die Entropie eines abgeschlossenen Gleichgewichtssystems maximal ist. Sei x eine *extensive*[6] makroskopische Größe, die unabhängig von der Energie E des Systems verschiedene Werte annehmen kann, dann sind nach dem 2. statistischen Postulat alle $\Omega(E,x) = \exp\left[S(E,x)/k\right]$ Mikrozustände gleichwahrscheinlich. Die Wahrscheinlichkeit $W(x)$, das System in einem mit x verträglichen Zustand zu finden, ist daher proportional zur Anzahl $\Omega(E,x)$ der Mikrozustände mit eben diesem Wert:

$$W(x) \sim \exp\left(\frac{S(E,x)}{k}\right) .$$

Wir entwickeln $\ln W(x)$ um eine beliebige Stelle $\tilde{x}$:

$$\ln W(x) = \ln W(\tilde{x}) + \frac{1}{k}\left.\frac{\partial S}{\partial x}\right|_{x=\tilde{x}}(x-\tilde{x}) + \frac{1}{2k}\left.\frac{\partial^2 S}{\partial x^2}\right|_{x=\tilde{x}}(x-\tilde{x})^2 + \ldots \; . \tag{4.19}$$

Sei nun bei $\tilde{x}$ das Maximum von $W(x)$. Dann gilt

$$\left.\frac{\partial S}{\partial x}\right|_{x=\tilde{x}} = 0 ,$$

und wir können $W(x)$ als eine normierte Gauß-Verteilung schreiben:

$$W(x) = \frac{1}{\sqrt{2\pi}\Delta x}\exp\left(-\frac{(x-\tilde{x})^2}{2(\Delta x)^2}\right) , \quad \int\limits_{-\infty}^{\infty} W(x)\mathrm{d}x = 1 ,$$

wobei

$$\Delta x = \sqrt{-\frac{k}{\left.\frac{\partial^2 S}{\partial x^2}\right|_{x=\tilde{x}}}}$$

die Schwankung (1σ-Abweichung) der Verteilung ist. Die relative Kleinheit der Schwankung für große N rechtfertigt die Vernachlässigung höherer Terme in (4.19). Sie bedeutet auch, daß praktisch alle Mikrozustände beim Maximum liegen. Daher gilt für den gesuchten Erwartungswert $\overline{x}$: $\overline{x} = \tilde{x}$.

[6] Man nennt Größen *extensiv*, wenn sie proportional zur Teilchenzahl N sind. Dagegen heißen Größen, die von N unabhängig sind, *intensiv*.

Satz 4.8: Gesetz der maximalen Entropie

Sei x eine extensive makroskopische, von der Energie E unabhängige Größe. Dann bestimmt sich sein Erwartungswert $\overline{x}$ für ein abgeschlossenes Gleichgewichtssystem aus der Maximumsbedingung

$$S(E,x) = \text{maximal} \Longleftrightarrow \left.\frac{\partial S}{\partial x}\right|_{x=\overline{x}} = 0 \;.$$

Die Entropie ist nur in Gleichgewichtszuständen definiert. Es stellt sich daher die Frage, wie S einen Maximalwert erreichen kann, ohne jemals nicht in einem Gleichgewichtszustand zu sein. Das folgende Argument ermöglicht die Definition der Entropie für makroskopische Zustände außerhalb des Gleichgewichts: Man unterteilt das System in Untersysteme, die jeweils im *lokalen Gleichgewicht* sind, wobei deren Relaxationszeiten als klein angenommen werden im Vergleich zur Beobachtungsdauer. Damit ist es möglich, ihre Entropien zu berechnen, und es kann – da die Entropie additiv ist – die Gesamtentropie definiert werden.

4.2.3 Gleichgewichtsbedingungen und generalisierte Kräfte

Mit Satz 4.8 sind wir nun in der Lage, Gleichgewichtsbedingungen zwischen Systemen herzuleiten, die in Kontakt miteinander stehen, also z.B. Energie, Volumen oder Teilchen austauschen können. Wir betrachten hierzu ganz allgemein ein isoliertes System, bestehend aus zwei Teilsystemen 1 und 2, die durch eine Wand voneinander getrennt sind. Aufgrund der Isolierung des Systems ist die Gesamtenergie konstant,

$$E_1 + E_2 = E = \text{const} \;,$$

d.h. wir können im mikrokanonischen Ensemble arbeiten. Desweiteren lassen wir neben Energieaustausch den Austausch eines äußeren extensiven Parameters x zwischen den Systemen 1 und 2 zu, wobei dieser ebenfalls erhalten sein soll:

$$x = x_1 + x_2 = \text{const} \;.$$

In diesem Zusammenhang weisen wir vorausgreifend darauf hin, daß man zwei Arten von Energieänderungen unterscheidet:

- *Wärmeaustausch* oder auch *thermischer Austausch:* Energieaustausch bei konstanten äußeren Parametern.
- *Mechanischer Energieaustausch* bei thermischer Isolierung, d.h. ausschließlich hervorgerufen durch Änderung äußerer Parameter.

Der allgemeinste Energieaustausch ist demnach der kombinierte Austausch von Wärme und mechanischer Energie.

Die Frage, der wir nun nachgehen wollen lautet: *Welchen Wert $\overline{x_1}$ besitzt System 1 im Gleichgewichtszustand?* Nach Satz 4.8 lautet die zugehörige Maximumsbedingung

$$S(x_1) = S_1(E_1, x_1) + S_2(E - E_1, x - x_1)$$

$$\begin{aligned} 0 = \mathrm{d}S &= \frac{\partial S_1}{\partial x_1}\mathrm{d}x_1 + \frac{\partial S_2}{\partial x_2}\mathrm{d}x_2 + \frac{\partial S_1}{\partial E_1}\mathrm{d}E_1 + \frac{\partial S_2}{\partial E_2}\mathrm{d}E_2 \\ &= \frac{\partial S_1}{\partial x_1}\mathrm{d}x_1 - \frac{\partial S_2}{\partial x_2}\mathrm{d}x_1 + \frac{\partial S_1}{\partial E_1}\mathrm{d}E_1 - \frac{\partial S_2}{\partial E_2}\mathrm{d}E_1 , \end{aligned} \tag{4.20}$$

wobei die Ableitungen an den Stellen $\overline{x_1}$ bzw. $\overline{x_2} = x - \overline{x_1}$ zu nehmen sind. Betrachten wir zunächst den Fall, daß die Trennwand lediglich einen thermischen Kontakt erlaubt, also $\mathrm{d}x_1 = 0$, dann reduziert sich (4.20) auf

$$\mathrm{d}S = \left(\frac{\partial S_1}{\partial E_1} - \frac{\partial S_2}{\partial E_2}\right)\mathrm{d}E_1 = 0 .$$

Wir definieren:

Definition: Temperatur T

Die Temperatur T eines Gleichgewichtssystems mit der Energie E ist definiert als[7]

$$\frac{1}{T(E,x)} = \left(\frac{\partial S}{\partial E}\right)_x = \frac{\partial S(E,x)}{\partial E} = k\frac{\partial \ln \Omega(E,x)}{\partial E} . \tag{4.21}$$

Für das betrachtete System im thermischen Gleichgewicht gilt somit

$$T_1 = T_2 . \tag{4.22}$$

Erlauben wir nun auch noch den Austausch des Parameters x (Austausch von Wärme plus mechanischer Energie), dann läßt sich (4.20) mit Hilfe der folgenden Definition vereinfachen:

Definition: Generalisierte Kraft X

Die generalisierte, zum äußeren Parameter x konjugierte Kraft ist definiert als

$$X = T\left(\frac{\partial S}{\partial x}\right)_E = T\frac{\partial S(E,x)}{\partial x} = kT\frac{\partial \ln \Omega(E,x)}{\partial x} . \tag{4.23}$$

[7] Man beachte die Klammerschreibweise, die in der Anmerkung auf Seite 397 erklärt wurde und im weiteren Verlauf noch oft verwendet wird. Ferner ist anzumerken, daß die Größe kT gerade der Energie pro Freiheitsgrad entspricht, denn es gilt unter Berücksichtigung von Satz 4.7

$$\frac{1}{kT} = \frac{\partial \ln \Omega}{\partial E} = f\frac{\partial \ln E}{\partial E} = \frac{f}{E} .$$

Hiermit wird (4.20) zu

$$0 = \mathrm{d}S = \left(\frac{X_1}{T_1} - \frac{X_2}{T_2}\right)\mathrm{d}x_1 + \left(\frac{1}{T_1} - \frac{1}{T_2}\right)\mathrm{d}E_1 \ . \qquad (4.24)$$

Zur korrekten Interpretation dieser Gleichung ist zu beachten, daß aufgrund der o.g. Energieaustauschmöglichkeiten die Variation $\mathrm{d}E_1$ i.a. nicht unabhängig von $\mathrm{d}x_1$ ist. Wie wir später zeigen werden, gilt für *reversible* Austauschprozesse die Beziehung

$$\mathrm{d}E = -X\mathrm{d}x \quad \left(\text{allgemein: } \mathrm{d}E = -\sum_i X_i \mathrm{d}x_i\right) \ .$$

Es folgt somit aus (4.24) der Zusammenhang

$$\left(\frac{X_1}{T_1} - \frac{X_2}{T_2} - \frac{X_1}{T_1} + \frac{X_1}{T_2}\right)\mathrm{d}x_1 = 0 \Longrightarrow X_1 = X_2 \ .$$

Unter Berücksichtigung dieses Punktes und (4.22) erhalten wir das allgemeine Resultat

Satz 4.9: Gleichgewichtsbedingungen eines zweiteiligen abgeschlossenen Systems

Ein, aus zwei Systemen 1 und 2 bestehendes isoliertes System befindet sich bezüglich des Austausches von Energie und eines äußeren extensiven Parameters x im Gleichgewicht, falls für die Temperaturen und generalisierten Kräfte der Subsysteme gilt:

$$T_1 = T_2 \qquad \text{(Gleichgewicht gegenüber thermischen Austausch)}$$

$$X_1 = X_2 \qquad \text{(Gleichgewicht gegenüber } x\text{-Austausch)} \ .$$

In den folgenden Abschnitten werden wir es neben der Temperatur T häufig mit zwei weiteren intensiven Größen zu tun haben, nämlich dem *Druck* P und dem *chemischen Potential* μ:

$$P = T\left(\frac{\partial S}{\partial V}\right)_{E,N} \qquad \text{(Druck)}$$

$$\mu = -T\left(\frac{\partial S}{\partial N}\right)_{E,V} \qquad \text{(chemisches Potential)} \ .$$

Sie sind die zu den extensiven Austauschgrößen Volumen V und Teilchenzahl N konjugierten generalisierten Kräfte.

Betrachten wir zur Illustration von Satz 4.9 ein Gas, das in einem Glaskasten mit einem beweglichen Kolben eingeschlossen ist. Wird dieses Gas nun eine Zeit lang erhitzt und gleichzeitig das Volumen durch Hineindrücken des Kolbens verkleinert, dann wird es, nachdem es sich wieder sich selbst überlassen ist, bestrebt sein, einen Gleichgewichtszustand zu erreichen. Nach Satz

4.9 impliziert dieses Bestreben einen Wärmeaustausch mit der Umgebung über die Glaswand sowie einen Volumenaustausch mit der Umgebung über den Kolben, bis die Temperaturen und Drücke des Gases und der Umgebung übereinstimmen. Wir können somit in der Tat eine Temperaturdifferenz als treibende Kraft für Wärmeaustausch und eine Druckdifferenz als treibende Kraft für Volumenaustausch interpretieren. Dies rechtfertigt die Bezeichnung „generalisierte Kräfte".

Statistische Physik und Thermodynamik. Zum Ende dieses Abschnittes weisen wir noch einmal auf die fundamentale Bedeutung der Entropie-Definition (4.18) hin. Durch sie wird die mikroskopische Betrachtungsweise der statistischen Physik mit der makroskopischen Thermodynamik verknüpft. Ist die mikrokanonische Zustandssumme eines Gleichgewichtssystems bekannt, so folgt hieraus die Entropie als makroskopische Zustandsgröße. Aus letzterer lassen sich dann alle weiteren makroskopischen thermodynamischen Zustandsgrößen wie etwa Temperatur, Druck, chemisches Potential usw. berechnen (siehe Abschn. 4.5). Wir können somit folgendes einfache Schema angeben, um aus einem gegebenen Hamilton-Operator bzw. einer gegebenen Hamilton-Funktion die thermodynamischen Relationen eines Systems abzuleiten:

$$\boldsymbol{H}(x) \longrightarrow E_r(x) \longrightarrow \Omega(E,x) \longrightarrow S(E,x) \longrightarrow \left\{ \begin{array}{c} \text{thermodyn.} \\ \text{Relationen} \end{array} \right\} . \qquad (4.25)$$

Zusammenfassung

- Das **mikrokanonische Ensemble** beschreibt ein Gleichgewichtssystem bei vorgegebener Energie E. Es setzt sich aus vielen gleichartigen Systemen zusammen, die mit dieser Energie und etwaigen anderen äußeren Parametern innerhalb einer Unschärfetoleranz δE verträglich sind. Alle Ensemble-Mitglieder sind hierbei gleich gewichtet.
- Die zugehörige **mikrokanonische Zustandssumme** wächst extrem rasch mit E an, so daß sie faktisch von der Wahl der Unschärfe δE unabhängig ist.
- Der Zusammenhang zwischen statistischer Physik und Thermodynamik ist durch die **Boltzmann-Gleichung** gegeben, welche die mikrokanonische Zustandssumme mit der makroskopischen Größe **Entropie** in Beziehung setzt.
- Die Entropie nimmt bei einem abgeschlossenen System im Gleichgewicht ihren Maximalwert an (**Prinzip der maximalen Entropie**).
- Aus diesem Prinzip folgen **Gleichgewichtsbedingungen** für Systeme, die miteinander wechselwirken (**thermischer** und/oder **mechanischer Austausch**).

Anwendungen

56. Ideales Gas I: Phasenraumvolumen, mikrokanonische Zustandssumme und Zustandsgleichungen. Gegeben sei ein *ideales Gas*, bestehend aus N ununterscheidbaren, nichtwechselwirkenden Teilchen der Masse m, die in einem Volumen $L^3 = V$ eingeschlossen sind.

a) Man zeige durch Vergleich der klassisch und quantenmechanisch berechneten Phasenraumvolumen $\omega(E)$, daß die korrekte klassische Phasenraumzelle die Größe h^{3N} besitzt.

b) Man berechne aus der Phasenraumdichte die mikrokanonische Zustandssumme $\Omega(E)$ und verifiziere, daß sie unabhängig von der gewählten Energieunschärfe δE ist.

c) Man bestimme die *kalorische Zustandsgleichung* $E = E(T, V, N)$ und die *thermische Zustandsgleichung* $P = P(T, V, N)$ des idealen Gases.

Lösung.

Zu a) Die klassische Hamilton-Funktion für unser Problem lautet

$$H(q,p) = \sum_{i=1}^{N} \frac{\boldsymbol{p}_i^2}{2m} = \sum_{i=1}^{3N} \frac{p_i^2}{2m} = E = \text{const} .$$

Hieraus ergibt sich das klassische Phasenraumvolumen zu

$$\omega(E) = \frac{1}{\nu^{3N} N!} \int\limits_{\sum_i p_i^2 \le 2mE} \mathrm{d}\Gamma = \frac{V^N}{\nu^{3N} N!} \int\limits_{\sum_i p_i^2 \le 2mE} \mathrm{d}p , \quad (4.26)$$

wobei ν^{3n} die gesuchte Phasenraumzellengröße bezeichnet. Um sein quantenmechanisches Analogon zu finden, benutzen wir, daß die N Teilchen im Volumen $L^3 = V$ eingeschlossen sind, so daß jeder der $3N$ kartesischen Impulse auf die gequantelten Werte

$$p_i = \frac{\pi\hbar}{L} n_i \ , \ n_i = 0, 1, \ldots$$

beschränkt ist. Die Energieeigenwerte sind deshalb

$$E_n = \sum_{i=1}^{3N} \frac{\pi^2\hbar^2}{2mL^2} n_i^2 \ .$$

Wir nehmen nun an, daß diese Energien so dicht liegen, daß die Summe $\omega(E) = \sum\limits_{n: E_n \le E} 1$ durch ein Integral ersetzt werden kann. Voraussetzung hierfür ist, daß die Teilchenimpulse sehr viel größer sind als das kleinstmögliche Impulsquantum. Für das quantenmechanische Phasenraumvolumen folgt dann

$$\omega(E) = \frac{1}{2^{3N}} \int\limits_{E_n \le E} \mathrm{d}n \ ,$$

wobei durch den Vorfaktor $1/2^{3N}$ auch negative n-Werte zugelassen werden. Ersetzen wir $\mathrm{d}n_i$ durch $\mathrm{d}p_i$, dann ergibt sich schließlich

$$\omega(E) = \frac{V^N}{(2\pi\hbar)^{3N}} \int\limits_{\sum\limits_i p_i^2 \le 2mE} \mathrm{d}p \ . \tag{4.27}$$

Berücksichtigen wir auch hier die Ununterscheidbarkeit der Teilchen durch Einfügen des Faktors $1/N!$ und vergleichen dann diese Beziehung mit dem klassischen Resultat (4.26), so finden wir

$$\nu = h \ .$$

Dasselbe Resultat haben wir bereits für den eindimensionalen harmonischen Oszillator in Anwendung 54 hergeleitet.

Zu b) Für die mikrokanonische Zustandssumme ist das Integral in (4.27) zu berechnen. Es repräsentiert das Volumen K einer $3N$-dimensionalen Kugel mit dem Radius $R = \sqrt{2mE}$ und ist gegeben durch[8]

$$K = \frac{\pi^{3N/2}}{\left(\frac{3N}{2}\right)!} R^{3N} \ .$$

Somit finden wir die Beziehung

$$\omega(E,V,N) = \frac{1}{N!}\left(\frac{V}{h^3}\right)^N K = \frac{1}{N!}\left(\frac{V}{h^3}\right)^N \frac{\pi^{3N/2}}{\left(\frac{3N}{2}\right)!}(2mE)^{3N/2} \ ,$$

worin der Korrekturfaktor $1/N!$ wieder berücksichtigt ist. Unter Benutzung der Stirlingschen Formel

$$\ln N! \overset{N\gg 1}{\approx} N(\ln N - 1) \tag{4.28}$$

folgt weiterhin

$$\ln \omega(E,V,N) = N\left\{\ln\left[\frac{V}{N}\left(\frac{4\pi m}{3h^2}\frac{E}{N}\right)^{3/2}\right] + \frac{5}{2}\right\} \ . \tag{4.29}$$

Von dieser Gleichung ausgehend können wir nun die Unabhängigkeit der mikrokanonischen Zustandssumme Ω von δE verifizieren. Nach (4.16) gilt

$$\Omega(E,V,N) \approx \delta E g(E) = \delta E \frac{\partial \omega(E,V,N)}{\partial E} = \frac{3N}{2}\frac{\delta E}{E}\omega(E,V,N)$$

[8] Streng genommen ist dieses Resultat nur für gerade N korrekt. Ist N ungerade, dann kann man sicher ein Teilchen hinzuaddieren oder subtrahieren. Im Limes großer N kann dies keine Auswirkungen haben.

$$\Longrightarrow \ln \Omega \approx \ln \omega + \ln\left(\frac{3N}{2}\right) + \ln\left(\frac{\delta E}{E}\right) .$$

Nun ist δE sicherlich klein gegenüber der Energie E; typischerweise gilt $\delta E/E = \mathcal{O}(1/\sqrt{N})$. Deshalb können die letzten beiden $\mathcal{O}(\ln N)$-Terme gegenüber $\ln \omega = \mathcal{O}(N)$ vernachlässigt werden. Damit ist gezeigt, daß die Energiebreite δE keine physikalischen Konsequenzen hat. Für sehr große N ist die Zunahme der Gesamtzahl der Mikrozustände mit der Energie so groß, daß der Hauptbeitrag zur Zustandssumme immer von Zuständen herrührt, die in enger Nähe zu der Hyperfläche der Energie E liegen. Wir können deshalb sogar über alle Zustände zwischen 0 und E summieren, ohne daß die zusätzlichen Zustände signifikant beitragen.

Zu c) Die kalorischen und thermischen Zustandsgleichungen berechnen sich aus der mikrokanonischen Zustandssumme zu

$$\frac{1}{T} = \left(\frac{\partial S}{\partial E}\right)_{V,N} = k\left(\frac{\partial \ln \Omega}{\partial E}\right)_{V,N} = \frac{3Nk}{2E} \Longrightarrow E = \frac{3}{2}NkT \qquad (4.30)$$

$$\frac{P}{T} = \left(\frac{\partial S}{\partial V}\right)_{E,N} = k\left(\frac{\partial \ln \Omega}{\partial V}\right)_{E,N} = \frac{Nk}{V} \Longrightarrow P = \frac{NkT}{V} . \qquad (4.31)$$

Setzen wir die erste Gleichung in (4.29) ein, dann erhalten wir für die mikrokanonische Zustandssumme des idealen Gases die *Sackur-Tetrode-Gleichung*

$$\ln \omega(T,V,N) = \ln \Omega(T,V,N) = N\left\{\ln\left[\frac{V}{N}\left(\frac{2\pi mkT}{h^2}\right)^{3/2}\right] + \frac{5}{2}\right\} \qquad (4.32)$$

bzw.

$$\ln \Omega(T,V,N) = N\left(\ln V - \ln N + \frac{3}{2}\ln T + \sigma\right) , \qquad (4.33)$$

mit

$$\sigma = \frac{3}{2}\ln\left(\frac{2\pi mk}{h^2}\right) + \frac{5}{2} .$$

Anhand von (4.33) ist zu erkennen, daß die Entropie für sehr kleine Temperaturen gegen Unendlich divergiert. Dies widerspricht jedoch dem dritten Hauptsatz der Thermodynamik (siehe Unterabschn. 4.5.1). Die Ersetzung der Summe durch ein Integral (zur Berechnung des Phasenraumvolumens) ist offenbar in der Nähe des Temperatur-Nullpunktes nicht zulässig, wo der niedrigste Zustand mit $\boldsymbol{p} = \boldsymbol{0}$ stark durchschlägt. Der formal korrekte Weg über den quantenstatistischen Formalismus (Abschn. 4.7) wird diese Widersprüche ausräumen.

57. Ideales Gas II: Gibbs-Paradoxon. Gegeben sei ein Volumen V, das mit einem idealen Gas, bestehend aus N identischen Atomen, gefüllt ist. Durch Einschieben einer Zwischenwand werde das Volumen in zwei Teilvolumina V_1 und V_2 geteilt. Da dies in reversibler Weise geschehen soll, muß gelten:

$$S = S_1 + S_2 \ , \tag{4.34}$$

wobei S die Entropie des gesamten Volumens vor und S_1, S_2 die Entropien der Teilvolumina nach dem Einschieben der Wand bezeichnen. Man zeige, daß (4.34) nur dann erfüllt ist, wenn der quantenstatistisch begründete Gibbs-Faktor $1/N!$ in der mikrokanonischen Zustandssumme berücksichtigt wird.

Lösung. Zunächst stellen wir fest, daß die Teilchendichte in jedem Volumen konstant ist:

$$\rho = \frac{N}{V} = \frac{N_1}{V_1} = \frac{N_2}{V_2} = \text{const} \ .$$

Unter Verwendung von (4.33), in der $1/N!$ berücksichtigt ist, folgt nun

$$\begin{aligned} S_i &= N_i k \left(\ln V_i - \ln \rho - \ln V_i + \frac{3}{2} \ln T + \sigma \right) \\ &= N_i k \left(-\ln \rho + \frac{3}{2} \ln T + \sigma \right) \\ \Longrightarrow S_1 + S_2 &= Nk \left(-\ln \rho + \frac{3}{2} \ln T + \sigma \right) \\ &= Nk \left(\ln V - \ln N + \frac{3}{2} \ln T + \sigma \right) = S \ . \end{aligned}$$

Zur Durchführung der entsprechenden Rechnung ohne $1/N!$ benötigen wir die zu (4.33) analoge Formel ohne $1/N!$. Sie berechnet sich zu

$$S_i = N_i k \left(\ln V + \frac{3}{2} \ln T + \sigma - 1 \right) \ .$$

Hieraus folgt

$$S_1 + S_2 = Nk \left(\ln V + \frac{3}{2} \ln T + \sigma - 1 \right) \neq S \ .$$

Dieser Widerspruch ist der eigentliche Grund, weshalb Gibbs den Faktor $1/N!$ bereits vor seiner quantenstatistischen Begründung eingeführt hat.

4.3 Ensemble-Theorie II: Kanonisches und großkanonisches Ensemble

Im vorherigen Abschnitt haben wir das Fundament der statistischen Physik etabliert, wo der makroskopische Zustand eines Gleichgewichtssystems mit konstanter Energie auf die Bestimmung des zugehörigen mikrokanonischen Ensembles zurückgeführt wurde. In diesem Abschnitt werden wir das mikrokanonische Ensemble heranziehen, um zwei weitere Ensemble-Typen abzuleiten, nämlich das *kanonische* und das *großkanonische Ensemble*. Dabei wird sich als ein wesentliches Ergebnis herausstellen, daß alle drei Ensembles im thermodynamischen Limes äquivalente Beschreibungen von Gleichgewichtssystemen liefern.

4.3.1 Kanonisches Ensemble

Im allgemeinen ist es praktisch kaum möglich, die Energie eines physikalischen Systems zu kontrollieren, da es sich nie vollständig isolieren läßt. Ein weitaus praktikableres Konzept ist die Vorgabe einer festen Temperatur. Diese Größe läßt sich nicht nur leicht messen (z.B. mit Hilfe eines Thermometers), sondern auch sehr genau kontrollieren, indem man nämlich das System mit einem Wärmebad in thermischen Kontakt bringt, welches die Temperatur regelt.

In der statistischen Physik werden physikalische Systeme mit vorgegebener Temperatur durch das *kanonische Ensemble* beschrieben, dessen Besetzungswahrscheinlichkeiten sich aus folgenden Überlegungen ableiten lassen: Man betrachte ein abgeschlossenes System, bestehend aus zwei Subsystemen 1 und 2, die im thermischen Kontakt miteinander stehen. Das zweite System sei sehr viel größer als das erste, so daß die Temperatur beider Systeme praktisch durch System 2 vorgegeben wird (Abb. 4.3). Notwendige Voraussetzung hierfür ist offensichtlich, daß die Energie E des Gesamtsystems sehr viel größer ist als die möglichen Energiewerte E_r des kleinen Systems 1

$$E_r \ll E \ . \tag{4.35}$$

Das heißt System 2 muß in jedem Fall makroskopisch groß sein, während System 1 dieser Einschränkung nicht unterliegt. Da nach Voraussetzung die Gesamtenergie konstant ist,

$$E_r + E_2 = E \ ,$$

können wir das Gesamtsystem wieder mit Hilfe des mikrokanonischen Ensembles beschreiben. Von den insgesamt $\Omega(E, x)$ Zuständen gibt es offenbar

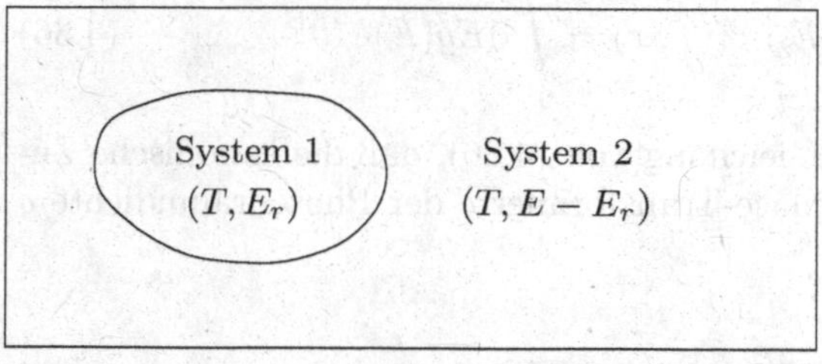

Abb. 4.3. Physikalisches System im Kontakt mit einem sehr viel größeren Wärmebad, welches die Temperatur beider Systeme vorgibt

$\Omega_2(E-E_r,x)$ Zustände, bei denen das System 1 in einem bestimmten Mikrozustand mit der Energie E_r ist. Da alle Mikrozustände nach dem 2. statistischen Postulat gleichwahrscheinlich sind, ist die Wahrscheinlichkeit $P_r(T,x)$, das kleine System 1 bei vorgegebener Temperatur T im Mikrozustand r vorzufinden, proportional zu $\Omega_2(E-E_r,x)$:

$$P_r(T,x) \sim \Omega_2(E-E_r,x) \ .$$

Wir entwickeln nun den Logarithmus von $\Omega_2(E-E_r,x)$ um E, wobei wir wegen (4.35) eine rasche Konvergenz erwarten:

$$\begin{aligned}\ln\Omega_2(E-E_r,x) &= \ln\Omega_2(E,x) + \frac{\partial \ln\Omega_2}{\partial E}(E-E_r) + \ldots \\ &\approx \text{const} - \frac{E_r}{kT} \ .\end{aligned}$$

Hieraus finden wir die (normierte) Wahrscheinlichkeitsverteilung

$$P_r(T,x) = \frac{1}{Z(T,x)}\mathrm{e}^{-\beta E_r(x)} \ , \ \beta = \frac{1}{kT} \ ,$$

mit der *kanonischen Zustandssumme*

$$Z(T,x) = \sum_r \mathrm{e}^{-\beta E_r(x)} \ .$$

Wahrscheinlichkeit der Energie. $P_r(T,x)$ ist die Wahrscheinlichkeit, daß ein System bei gegebener Temperatur T in einem bestimmten Mikrozustand r ist. Um hiervon ausgehend die Wahrscheinlichkeit $W(E_r)$ zu bestimmen, irgend einen Mikrozustand zu einer bestimmten Energie E_r zu finden, müssen wir die Energieentartung des Hamilton-Operators in Betracht ziehen. Da $P_r(T,x)$ bei vorgegebener Temperatur nur von der Energie abhängt, kann $W(E_r)$ mit Hilfe der Phasenraumdichte $g(E_r)$ aus (4.16) geschrieben werden, die ja gerade die Entartung des Energieniveaus E_r angibt:

$$\begin{aligned}W(E_r) &= g(E_r)P_r(T,x) = \frac{g(E_r)}{Z}\mathrm{e}^{-\beta E_r} \\ Z(T,x) &= \sum_r g(E_r)\mathrm{e}^{-\beta E_r} \ .\end{aligned}$$

Im Falle dicht liegender Energieniveaus werden diese Gleichungen zu

$$W(E)\mathrm{d}E = \frac{g(E)}{Z(T,x)}\mathrm{e}^{-\beta E}\mathrm{d}E \ , \ Z(T,x) = \int_0^\infty \mathrm{d}E g(E)\mathrm{e}^{-\beta E} \ . \tag{4.36}$$

Wir erkennen aus der rechten Gleichung von (4.36), daß die kanonische Zustandssumme Z gerade die Laplace-Transformierte der Phasenraumdichte g ist. Daher gilt

$$g(E) = \frac{1}{2\pi\mathrm{i}}\int_{c-\mathrm{i}\infty}^{c+\mathrm{i}\infty} \mathrm{d}\beta Z(\beta,x)\mathrm{e}^{\beta E} \ , \ \mathrm{Re}(\beta) = c > 0 \ .$$

Hierbei ist nun β eine komplexe Variable, und es wird parallel zur imaginären Achse längs von $c > 0$ integriert.

Charakteristische Energie. Die mittlere Energie $\overline{E}$ des kanonischen Ensembles berechnet sich zu

$$\overline{E(T,x)} = -\left(\frac{\partial \ln Z}{\partial \beta}\right)_x .$$

Die zugehörige mittlere Abweichung ist

$$\begin{aligned}(\Delta E)^2 &= \overline{E^2} - \overline{E}^2 = \left(\frac{\partial^2 \ln Z}{\partial \beta^2}\right)_x = -\left(\frac{\partial \overline{E}}{\partial \beta}\right)_x = kT^2\left(\frac{\partial \overline{E}}{\partial T}\right)_x \\ &= kT^2 C_x ,\end{aligned}$$

wobei $C_x = \left(\partial \overline{E}/\partial T\right)_x$ die *spezifische Wärme* bei konstanten äußeren Parametern x bezeichnet.[9] Wir haben somit

$$\frac{\sqrt{(\Delta E)^2}}{\overline{E}} \sim \mathcal{O}\left(\frac{1}{\sqrt{N}}\right) . \tag{4.37}$$

Damit ist gezeigt, daß praktisch alle Systeme im kanonischen Ensemble im Limes $N \to \infty$ in einem Zustand der Energie $\overline{E}$ anzutreffen sind. Wir folgern hieraus, daß die Energieverteilung $W(E)$ ein scharfes Maximum um den Mittelwert $\overline{E}$ besitzt, der sich aus folgender Maximumsbedingung ergibt:

$$\left.\frac{\partial W}{\partial E}\right|_{E=\overline{E}} = 0 \Longrightarrow \left.\frac{\partial}{\partial E}\ln g(E)\right|_{E=\overline{E}} = \beta \Longrightarrow \left.\frac{\partial S}{\partial E}\right|_{E=\overline{E}} = \frac{1}{T} .$$

Hierbei wurde in der letzten Beziehung die Identität $S = k \ln g$ benutzt.[10]

Offensichtlich beschreiben mikrokanonisches und kanonisches Ensemble im thermodynamischen Limes dieselbe physikalische Situation, in der die Energie des betrachteten Systems einen scharfen Wert besitzt, obwohl im kanonischen Ensemble lediglich die Temperatur vorgegeben ist. Für kleine Systeme mit relativ wenigen Freiheitsgraden beschreiben mikrokanonisches und kanonisches Ensemble dagegen höchst unterschiedliche Situationen. In diesem Fall ist nämlich die relative Schwankung (4.37) nicht mehr vernachlässigbar klein, so daß das physikalische System im kanonischen Ensemble bei gegebener Temperatur starken Energiefluktuationen unterliegt.

---

[9] Im kanonischen Ensemble werden üblicherweise die äußeren Parameter $x = (V, N)$ betrachtet. in diesem Fall ist $C_x = C_V$ die spezifische Wärme bei konstantem Volumen und konstanter Teilchenzahl.

[10] Man beachte, daß S die Entropie des kleinen Systems 1 (und nicht etwa die Gesamtentropie des kombinierten Systems 1+2) bedeutet.

Freie Energie. Unter Berücksichtigung von

$$\frac{\partial^2 \ln g(\overline{E})}{\partial \overline{E}^2} = \frac{1}{k}\left(\frac{\partial^2 S}{\partial \overline{E}^2}\right)_x = \left(\frac{\partial}{\partial E}\right)_x \left(\frac{1}{kT}\right) = \left(\frac{\partial E}{\partial T}\right)_x^{-1} \left(\frac{\partial}{\partial T}\right)_x \left(\frac{1}{kT}\right)$$
$$= -\frac{1}{kT^2 C_x}$$

liefert die Entwicklung von $\ln[ZW(E)]$ um den Maximumspunkt $\overline{E}$

$$\ln[ZW(E)] = -\beta E + \ln g(E) = -\beta \overline{E} + \frac{S}{k} - \frac{(E-\overline{E})^2}{2kT^2 C_x} ,$$

so daß

$$W(E) = \frac{1}{Z} \mathrm{e}^{-\beta(\overline{E}-TS)} \exp\left(-\frac{(E-\overline{E})^2}{2kT^2 C_x}\right) .$$

Hieraus folgt aufgrund der Normierungsbedingung $\int \mathrm{d}E W(E) = 1$ für die kanonische Zustandssumme

$$-kT \ln Z(T,x) = (\overline{E} - TS) - \frac{1}{2} kT \ln\left(2\pi k T^2 C_x\right) .$$

Der letzte Term dieser Gleichung ist von der Ordnung $\mathcal{O}(\ln N)$ und deshalb gegenüber den anderen Termen der Ordnung $\mathcal{O}(N)$ im Limes $N \to \infty$ vernachlässigbar, so daß

$$-kT \ln Z(T,x) = (\overline{E} - TS) .$$

Insgesamt können wir festhalten:

Satz 4.10: Kanonisches Ensemble

Das kanonische Ensemble beschreibt den Gleichgewichtszustand eines Systems bei vorgegebener Temperatur T:

$$P_r(T,x) = \frac{1}{Z(T,x)} \mathrm{e}^{-\beta E_r(x)} , \; Z(T,x) = \sum_r \mathrm{e}^{-\beta E_r(x)} , \; \beta = \frac{1}{kT} .$$

Aus ihm können alle Mittelwerte berechnet werden. Insbesondere gilt für die thermodynamische Energie

$$\overline{E(T,x)} = \sum_r P_r(T,x) E_r(x) = -\left(\frac{\partial \ln Z}{\partial \beta}\right)_x .$$

Im thermodynamischen Limes sind die Energiefluktuationen im kanonischen Ensemble verschwindend gering. Die Verbindung zur Thermodynamik ist durch

$$-kT \ln Z(T,x) = F(T,x) = \overline{E} - TS$$

gegeben, wobei F die *freie Energie* bezeichnet. Der Ausdruck $\mathrm{e}^{-\beta E}$ heißt *Boltzmann-Faktor.*

Interpretiert man die in Satz 4.3 stehenden Zustände $|\psi_r\rangle$ wieder als die zu $\boldsymbol{H}$ gehörenden Energieeigenzustände zur Energie E_r, dann lautet der kanonische Dichteoperator

$$\boldsymbol{\rho} = \frac{1}{Z}\sum_r |\psi_r\rangle\, \mathrm{e}^{-\beta E_r}\, \langle\psi_r| = \frac{\mathrm{e}^{-\beta \boldsymbol{H}}}{Z}\sum_r |\psi_r\rangle\,\langle\psi_r| = \frac{\mathrm{e}^{-\beta \boldsymbol{H}}}{\mathrm{tr}\,(\mathrm{e}^{-\beta \boldsymbol{H}})}\;, \quad (4.38)$$

wobei im Nenner die Beziehung

$$Z = \sum_r \mathrm{e}^{-\beta E_r} = \sum_r \langle\, \psi_r |\, \mathrm{e}^{-\beta \boldsymbol{H}}\, |\psi_r\,\rangle = \mathrm{tr}\,(\mathrm{e}^{-\beta \boldsymbol{H}})$$

benutzt wurde. In der Energieeigenbasis ist die zugehörige Dichtematrix diagonal:

$$\boldsymbol{\rho}_{nm} = \langle\, \psi_n |\, \boldsymbol{\rho}\, | \psi_m\,\rangle = \frac{\mathrm{e}^{-\beta E_n}}{\sum\limits_n \mathrm{e}^{-\beta E_n}}\delta_{nm}\;. \quad (4.39)$$

4.3.2 Großkanonisches Ensemble

Das kanonische Ensemble wurde eingeführt, um physikalische Situationen beschreiben zu können, in denen die sehr restriktive Annahme einer konstanten Energie durch die experimentell leichter zu kontrollierende Vorgabe einer konstanten Temperatur ersetzt wird. Wir wollen nun dieses Szenario erweitern, indem wir neben Energieaustausch auch den Austausch von Teilchen zulassen, wobei die zugehörigen intensiven Größen Temperatur und chemisches Potential von außen vorgegeben seien. Dieser Fall tritt insbesondere bei quantenfeldtheoretischen und chemischen Prozessen auf, in denen Teilchen erzeugt und vernichtet werden können. Die zugehörige statistische Beschreibung liefert das *großkanonische Ensemble.* Seine Besetzungswahrscheinlichkeiten lassen sich analog zum kanonischen Ensemble durch das Zusammenbringen des betrachteten Systems mit einem Wärme- und Teilchenreservoir berechnen.

Betrachten wir hierzu wieder ein kleines System 1, das mit einem sehr viel größeren System 2 Energie und Teilchen austauschen kann (Abb. 4.4). Das

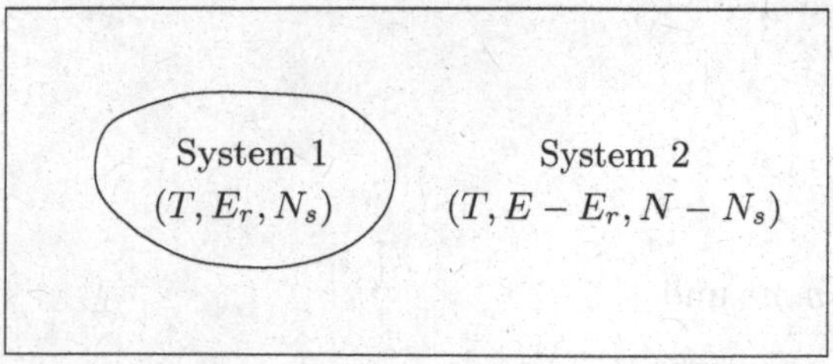

Abb. 4.4. Physikalisches System im Kontakt mit einem sehr viel größeren Wärme- und Teilchenbad, welches die Temperatur und das chemische Potential beider Systeme vorgibt

große System reguliert also die Temperatur T und das chemische Potential μ des kleinen Systems. Trotz erlaubter Energie- und Teilchenschwankungen

$$E_r + E_2 = E = \text{const}\ ,\ N_s + N_2 = N = \text{const}\ ,$$

nehmen wir an, daß immer gilt:

$$E_r \ll E\ ,\ N_s \ll N\ . \tag{4.40}$$

Wir interessieren uns für die Frage: *Wir groß ist die Wahrscheinlichkeit $P_{r,s}(T,\mu,x)$, das kleine System 1 im Gleichgewicht bei vorgegebener Temperatur T und vorgegebenem chemischen Potential μ im Mikrozustand (r,N_s) zu finden?*[11] Zu ihrer Beantwortung gehen wir wieder vom 2. statistischen Postulat aus, nach dem alle Zustände des isolierten Gesamtsystems gleichwahrscheinlich sind. Von diesen $\Omega(E,N)$ Zuständen gibt es $\Omega_2(E-E_r,N-N_s)$ Zustände, für die das System 1 in einem bestimmten Mikrozustand mit (E_r,N_s) ist. Deshalb ist $P_{r,s}(T,\mu,x)$ gegeben durch

$$P_{r,s}(T,\mu,x) \sim \Omega_2(E-E_r,N-N_s)\ .$$

Unter Beachtung von (4.40) liefert die Entwicklung von $\ln P_{r,s}$ um den Punkt (E,N)

$$\begin{aligned}\ln\Omega_2(E-E_r,N-N_s) &= \ln\Omega_2(E,N) + \frac{\partial\ln\Omega_2}{\partial E}(E-E_r)\\ &\quad + \frac{\partial\ln\Omega_2}{\partial N}(N-N_s) + \ldots\\ &\approx \text{const} - \frac{\partial\ln\Omega_2}{\partial E}E_r - \frac{\partial\ln\Omega_2}{\partial N}N_s\ .\end{aligned}$$

Mit

$$\beta = \frac{\partial\Omega_2}{\partial E}\ ,\ -\beta\mu = \frac{\partial\ln\Omega_2}{\partial N}$$

folgt schließlich die (normierte) Wahrscheinlichkeitsverteilung

$$\begin{aligned}P_{r,s}(T,\mu,x) &= \frac{1}{Y(T,\mu,x)}\mathrm{e}^{-\beta(E_r(N_s)-\mu N_s)}\\ &= \frac{1}{Y(T,\mu,x)}z^{N_s}\mathrm{e}^{-\beta E_r(N_s)}\ ,\end{aligned}$$

wobei

$$Y(T,\mu,x) = \sum_{r,s}\mathrm{e}^{-\beta(E_r(N_s)-\mu N_s)}$$

die *großkanonische Zustandssumme* und

$$z = \mathrm{e}^{\beta\mu}$$

die *Fugazität* ist.

---

[11] Man beachte: In r sind alle Quantenzahlen bei festgehaltener Teilchenzahl N_s zusammengefaßt.

Charakteristische Energie und Teilchenzahl. Man erhält die mittlere Energie $\overline{E}$ und die mittlere Teilchenzahl $\overline{N}$ aus

$$\overline{E(T,\mu,x)} = -\left(\frac{\partial \ln Y}{\partial \beta}\right)_{z,x}, \quad \overline{N(T,\mu,x)} = \frac{1}{\beta}\left(\frac{\partial \ln Y}{\partial \mu}\right)_{T,x}.$$

Für die relative Schwankung der Teilchenzahl gilt

$$\frac{(\Delta N)^2}{\overline{N}^2} = \frac{\overline{N^2}-\overline{N}^2}{\overline{N}^2} = \frac{1}{\overline{N}^2\beta^2}\left(\frac{\partial^2 \ln Y}{\partial \mu^2}\right)_{T,x} = \frac{kT}{\overline{N}^2}\left(\frac{\partial \overline{N}}{\partial \mu}\right)_{T,x}. \tag{4.41}$$

Zur weiteren Auswertung dieser Gleichung nehmen wir vereinfachend an, daß x den äußeren Volumenparameter V darstellt (dies ist üblicherweise der Fall) und benutzen vorausgreifend die thermodynamische Relation (siehe Unterabschn. 4.5.2)

$$\mathrm{d}\mu = \frac{V}{\overline{N}}\mathrm{d}P - \frac{S}{\overline{N}}\mathrm{d}T.$$

Hieraus folgt

$$\left(\frac{\partial \mu}{\partial v}\right)_T = v\left(\frac{\partial P}{\partial v}\right)_T, \; v = \frac{V}{\overline{N}} \Longrightarrow -\frac{\overline{N}^2}{V}\left(\frac{\partial \mu}{\partial \overline{N}}\right)_{T,V} = V\left(\frac{\partial P}{\partial V}\right)_{T,\overline{N}}.$$

Somit wird (4.41) zu

$$\frac{(\Delta N)^2}{\overline{N}^2} = -\frac{kT}{V^2}\kappa_T, \; \kappa_T = \left(\frac{\partial V}{\partial P}\right)_{T,\overline{N}},$$

wobei κ_T die *isotherme Kompressibilität* bezeichnet. Hieraus erkennt man, daß die Teilchendichte wie $\mathcal{O}\left(1/\sqrt{N}\right)$ fluktuiert und somit für große Teilchenzahlen vernachlässigbar ist. Eine entsprechende Rechnung für die Energiefluktuationen ergibt ($x = V$)

$$\begin{aligned}(\Delta E)^2 &= -\left(\frac{\partial \overline{E}}{\partial \beta}\right)_{V,\mu} = kT^2\left(\frac{\partial \overline{E}}{\partial T}\right)_{V,\mu} \\ &= kT^2\left[\left(\frac{\partial \overline{E}}{\partial T}\right)_{V,N} + \left(\frac{\partial \overline{E}}{\partial \overline{N}}\right)_{T,V}\left(\frac{\partial \overline{N}}{\partial T}\right)_{V,\mu}\right].\end{aligned} \tag{4.42}$$

Unter Ausnutzung der *Maxwell-Relation* (siehe die letzte Zeile von (4.59) in Unterabschn. 4.5.2)

$$\left(\frac{\partial \overline{N}}{\partial T}\right)_{V,\mu} = -\frac{\partial^2 J}{\partial T \partial \mu} = -\frac{\partial^2 J}{\partial \mu \partial T} = \left(\frac{\partial S}{\partial \mu}\right)_{T,V}$$

können wir (4.42) weiter vereinfachen zu

$$
\begin{aligned}
(\Delta E)^2 &= kT^2 C_V + kT^2 \left(\frac{\partial \overline{E}}{\partial N}\right)_{T,V} \left(\frac{\partial S}{\partial \overline{E}}\right)_{T,V} \left(\frac{\partial \overline{E}}{\partial \mu}\right)_{T,V} \\
&= (\Delta E)^2_{\mathrm{kan}} + kT \left(\frac{\partial \overline{E}}{\partial \overline{N}}\right)^2_{T,V} \left(\frac{\partial \overline{N}}{\partial \mu}\right)_{T,V} \\
&= (\Delta E)^2_{\mathrm{kan}} + \left(\frac{\partial \overline{E}}{\partial \overline{N}}\right)^2_{T,V} (\Delta N)^2 .
\end{aligned}
$$

Die Energiefluktuationen im großkanonischen Ensemble sind offenbar gleich denen im kanonischen Ensemble plus einem Beitrag, der von den Teilchenfluktuationen herrührt. Es sei darauf hingewiesen, daß es für die Energie- und Teilchenfluktuationen durchaus Abweichungen vom normalen $\mathcal{O}\left(1/\sqrt{N}\right)$-Verhalten geben kann. Dies geschieht in der Nähe von Phasenübergängen, wo die Kompressibilität κ_T stark anwachsen kann. κ_T ist dann von der Ordnung $\mathcal{O}(N)$.

Im thermodynamischen Limes besitzen unter normalen Umständen praktisch alle Mitglieder des großkanonischen Ensembles dieselbe Energie $\overline{E} = E$ und Teilchenzahl $\overline{N} = N$. Unter Berücksichtigung der Ergebnisse des letzten Unterabschnitts können wir deshalb festhalten, daß mikrokanonisches, kanonisches und großkanonisches Ensemble äquivalente Beschreibungen makroskopischer Systeme sind.

Großkanonisches Potential. Die großkanonische Zustandssumme läßt sich auch in der Weise

$$
Y(T,z,x) = \sum_{N=1}^{\infty} z^N Z(T,N,x) \tag{4.43}
$$

schreiben, wobei $Z(T,N,x)$ die kanonische Zustandssumme des N-Teilchenzustands ist. Die obere Summationsgrenze wurde hierbei ins Unendliche verschoben, da nur Systeme zur Zustandssumme beitragen, deren Teilchenzahlen N_s signifikant kleiner sind als die Gesamtteilchenzahl von System+Teilchenreservoir. Nun ist aus (4.43) zu erkennen, daß die Wahrscheinlichkeit $W_{\overline{E}}(N)$, das betrachtete System in einem Zustand der Energie $\overline{E}$ und der Teilchenzahl N zu finden, gegeben ist durch

$$
W_{\overline{E}}(N) = \frac{1}{Y} z^N Z(T,N,x) = \frac{1}{Y} \mathrm{e}^{-\beta(\overline{E} - TS - \mu N)} .
$$

Da diese Verteilung im thermodynamischen Limes aufgrund der verschwindenden Fluktuationen ein scharfes Maximum um den Mittelwert $\overline{N}$ besitzt, muß die großkanonische Zustandssumme trivialerweise äquivalent zur kanonischen Gesamtheit mit $\overline{N}$ Teilchen sein. Es folgt also

$$
Y(T,z,x) = z^{\overline{N}} Z(T,\overline{N},x) \Longrightarrow -kT \ln Y = \overline{E} - TS - \mu \overline{N} .
$$

Satz 4.11: Großkanonisches Ensemble

Das großkanonische Ensemble beschreibt den Gleichgewichtszustand eines Systems bei vorgegebener Temperatur T und vorgegebenem chemischen Potential μ:

$$\begin{aligned}
P_{r,s}(T,\mu,x) &= \frac{1}{Y(T,\mu,x)} \mathrm{e}^{-\beta(E_r(N_s)-\mu N_s)} \\
Y(T,\mu,x) &= \sum_{r,s} \mathrm{e}^{-\beta(E_r(N_s)-\mu N_s)} \\
&= \sum_{N=1}^{\infty} z^N Z(T,N,x) \ , \ z = \mathrm{e}^{\beta\mu} \ .
\end{aligned}$$

Aus ihm können alle Mittelwerte berechnet werden. Insbesondere gilt für die thermodynamische Energie und die mittlere Teilchenzahl

$$\begin{aligned}
\overline{E(T,\mu,x)} &= \sum_{r,s} P_{r,s}(T,\mu,x) E_r(N_s,x) = -\left(\frac{\partial \ln Y}{\partial \beta}\right)_{z,x} \\
\overline{N(T,\mu,x)} &= \sum_{r,s} P_{r,s}(T,\mu,x) N_s = \frac{1}{\beta}\left(\frac{\partial \ln Y}{\partial \mu}\right)_{T,x} \ .
\end{aligned}$$

Im thermodynamischen Limes sind die Energie- und Teilchenfluktuationen im großkanonischen Ensemble (außerhalb von Phasenübergängen) verschwindend gering. Die Verbindung zur Thermodynamik ist durch

$$-kT \ln Y(T\mu, x) = J(T,\mu,x) = \overline{E} - TS - \mu\overline{N}$$

gegeben, wobei J das *großkanonische Potential* bezeichnet.

Die zu (4.38) und (4.39) korrespondierenden Beziehungen für den großkanonischen Dichteoperator und die zugehörige Dichtematrix in der Energiebasis lauten

$$\boldsymbol{\rho} = \frac{\mathrm{e}^{-\beta(\boldsymbol{H}-\mu\boldsymbol{N})}}{\mathrm{tr}\left(\mathrm{e}^{-\beta(\boldsymbol{H}-\mu\boldsymbol{N})}\right)} \ , \ \boldsymbol{\rho}_{nm} = \frac{\mathrm{e}^{-\beta(E_n-\mu N)}}{\sum\limits_n \mathrm{e}^{-\beta(E_n-\mu N)}} \delta_{nm} \ .$$

4.3.3 Vergleich der Ensembles

Nach den Erörterungen dieses und des vorangegangenen Abschnittes läßt sich ein einfaches Prinzip erkennen, welches das mikrokanonische, das kanonische und das großkanonische Ensemble in Beziehung setzt. Alle drei Ensembles sind nämlich über Laplace-Transformationen miteinander verbunden: Die kanonische Zustandssumme Z ergibt sich aus der Summe über die „mikrokanonischen Zustandssummen" $g(E)$ (Phasenraumdichte, Entartungsfunktion, siehe (4.16)), die jeweils mit einem Boltzmann-Faktor $\mathrm{e}^{-\beta E}$ gewichtet werden:

$$Z(T,N,x) = \sum_E g(E) e^{-\beta E(N,x)} .$$

Hierbei ist, anders als im mikrokanonischen Ensemble, nicht mehr die Energie E vorgegeben, sondern lediglich die Temperatur T und somit die mittlere Energie $\overline{E}$. Die großkanonische Zustandssumme Y resultiert aus der Summe über alle kanonischen Zustandssummen Z zu den gegebenen Größen Temperatur T, Volumen V und Teilchenzahl N, jeweils gewichtet mit dem Faktor $e^{\beta\mu N}$:

$$Y(T\mu, x) = \sum_N e^{\beta\mu N} Z(T,N,x) . \tag{4.44}$$

Hierbei kann das betrachtete System sowohl Energie als auch Teilchen mit seiner Umgebung austauschen, wobei seine Energie- und Teilchenmittelwerte $\overline{E}$, $\overline{N}$ durch Vorgabe der Temperatur T und des chemischen Potentials μ fixiert sind. Hat man es mit einem System nichtwechselwirkender Teilchen zu tun, dann faktorisiert die kanonische Zustandssumme, so daß im Falle ununterscheidbarer Teilchen gilt:

$$Z(T,N,x) = \frac{1}{N!} Z^N(T,1,x) . \tag{4.45}$$

Setzt man diese Gleichung in (4.44) ein, dann ergibt sich

$$Y(T,\mu,x) = \sum_N \frac{1}{N!} \left[e^{\beta\mu} Z(T,1,x)\right]^N = \exp\left[e^{\beta\mu} Z(T,1,x)\right] .$$

Alle Ensembles sind prinzipiell anwendbar, um die thermodynamischen Eigenschaften eines Systems zu untersuchen. Welches speziell gewählt wird, ist oft nur eine Sache der Anschauung bzw. Bequemlichkeit. Wie wir gesehen haben, sind die Fluktuationen der Energie und Teilchenzahl im Limes $N \to \infty$ vernachlässigbar, so daß die Mittelwerte von Observablen sehr scharf sind und deshalb alle drei Ensembles äquivalente Beschreibungen liefern. Die Äquivalenz der Ensembles gilt natürlich nicht mehr für mikroskopische Systeme mit wenigen Freiheitsgraden. Im kanonischen Ensemble ist z.B. die Wahrscheinlichkeitsverteilung eines einzelnen Teilchens proportional zum Boltzmann-Faktor und somit sehr breit:

$$\frac{\sqrt{\overline{(\Delta E)^2}}}{\overline{E}} = \mathcal{O}(1) .$$

Der kanonischen und großkanonischen Zustandssumme ist jeweils ein thermodynamisches Potential (freie Energie bzw. großkanonisches Potential) zugeordnet, so wie zur mikrokanonischen Zustandssumme die Entropie gehört. In Abschn. 4.5 werden wir zeigen, daß jedes dieser Potentiale die vollständige thermodynamische Information eines Gleichgewichtssystems enthält. Wir können deshalb das am Ende des vorigen Abschnittes angegebene Schema (4.25) zur Bestimmung thermodynamischer Relationen um die entsprechenden Zusammenhänge für das kanonische und großkanonische Ensemble in folgender Weise erweitern:

$$\boldsymbol{H}(N,x) \to E_r(N,x) \to \left\{ \begin{array}{ll} \Omega(E,N,x) & \to S(E,N,x) \\ Z(T,N,x) & \to F(T,N,x) \\ Y(T,\mu,x) & \to J(T,\mu,x) \end{array} \right\} \to \left\{ \begin{array}{c} \text{thermody-} \\ \text{namische} \\ \text{Relationen} \end{array} \right\} .$$

Wie die Berechnung der thermodynamischen Relationen konkret aussieht, werden wir in Abschn. 4.5 detailliert diskutieren.

Zusammenfassung

- Das **kanonische Ensemble** beschreibt ein Gleichgewichtssystem bei vorgegebener Temperatur T. Es setzt sich aus vielen gleichartigen (nicht unbedingt makroskopischen) Systemen mit verschiedenen Energien E_r zusammen, die jeweils mit dem **Boltzmann-Faktor** $\mathrm{e}^{-E_r/kT}$ gewichtet werden.

- Das **großkanonische Ensemble** beschreibt ein Gleichgewichtssystem bei vorgegebener Temperatur T und vorgegebenem **chemischen Potential** μ. Seine Mitglieder bestehen aus vielen gleichartigen (nicht unbedingt makroskopischen) Systemen mit verschiedenen Energien E_r und verschiedenen Teilchenzahlen N_s, die jeweils mit dem Faktor $\mathrm{e}^{-(E_r-\mu N_s)/kT}$ gewichtet werden.

- Im thermodynamischen Limes sind die Energie- und Teilchenfluktuationen im kanonischen bzw. großkanonischen Ensemble verschwindend gering, so daß mikrokanonisches, kanonisches und großkanonisches Ensemble äquivalente Beschreibungen makroskopischer Systeme liefern.

- Die kanonische Zustandssumme ist der **freien Energie** und die großkanonische Zustandssumme dem **großkanonischen Potential** zugeordnet.

- Alle drei Ensembles sind über Laplace-Transformationen miteinander verbunden.

Anwendungen

58. Ideales Gas III: Kanonisches und großkanonisches Ensemble. Anhand des idealen Gases ist zu zeigen, daß im thermodynamischen Limes (wo $\overline{N} = N$ und $\overline{E} = E$) mikrokanonisches, kanonisches und großkanonisches Ensemble äquivalent sind. Hierzu sollte man

- die kanonische und großkanonische Zustandssumme sowie die zugehörigen Potentiale bestimmen,

- unter Verwendung der Gleichungen (siehe (4.59), Unterabschn. 4.5.2)

$$S(T,V,N) = -\left(\frac{\partial F}{\partial T}\right)_{V,N} , \quad S(T,V,\mu) = -\left(\frac{\partial J}{\partial T}\right)_{\mu,V} \tag{4.46}$$

die entsprechenden Entropien berechnen und diese mit der mikrokanonischen Entropie (4.32) vergleichen.

Lösung. Die kanonische Zustandssumme lautet

$$Z(T,V,N) = \sum_r \exp\left(-\sum_{i=1}^{3N} \frac{p_i^2}{2mkT}\right) ,$$

wobei

$$r = (x_1, \ldots, x_{3N}, p_1, \ldots, p_{3N})$$

einen klassischen Mikrozustand des idealen Gases spezifiziert. Wir können die Summe über die Mikrozustände in der Weise

$$\sum_r \longrightarrow \frac{1}{N!h^{3N}} \int \mathrm{d}\Gamma$$

durch ein Integral über den Phasenraum ersetzen, wobei die Ununterscheidbarkeit der Teilchen durch den Gibbs-Faktor $1/N!$ berücksichtigt ist. Somit folgt

$$\begin{aligned} Z(T,V,N) &= \frac{1}{N!h^{3N}} \int \mathrm{d}\Gamma \exp\left(-\sum_{i=1}^{3N} \frac{p_i^2}{2mkT}\right) \\ &= \frac{V^N}{N!h^{3N}} \left[\int_{-\infty}^{\infty} \mathrm{d}p \exp\left(-\frac{p^2}{2mkT}\right)\right]^{3N} \\ &= \frac{V^N}{N!} \left(\frac{2\pi mkT}{h^2}\right)^{3N/2} = \frac{Z_1^N}{N!} , \end{aligned} \quad (4.47)$$

wobei

$$Z_1 = Z(T,V,1) = V\left(\frac{2\pi mkT}{h^2}\right)^{3/2}$$

die Ein-Teilchen-Zustandssumme ist. Hieraus und unter Berücksichtigung der Stirlingschen Formel (4.28) ergibt sich die freie Energie zu

$$F(T,V,N) = -NkT \ln\left[\frac{V}{N}\left(\frac{2\pi mkT}{h^2}\right)^{3/2}\right] - NkT .$$

Benutzen wir nun die erste Gleichung aus (4.46), dann folgt

$$S(T,V,N) = Nk \ln\left[\frac{V}{N}\left(\frac{2\pi mkT}{h^2}\right)^{3/2}\right] + \frac{5}{2}Nk .$$

Diese Gleichung ist identisch mit der aus (4.32) folgenden mikrokanonischen Entropie. Zur Berechnung der großkanonischen Zustandssumme und des großkanonischen Potentials nutzen wir das Resultat (4.47) und schreiben

$$Y(T,V,\mu) = \sum_N e^{\frac{N\mu}{kT}} Z(T,V,N) = \sum_N \frac{1}{N!}\left(Z_1 e^{\mu/kT}\right)^N = \exp\left(Z_1 e^{\mu/kT}\right)$$

$$= \exp\left[V\left(\frac{2\pi mkT}{h^2}\right)^{3/2} e^{\mu/kT}\right] \qquad (4.48)$$

$$\Longrightarrow J(T,V,\mu) = -kTV\left(\frac{2\pi mkT}{h^2}\right)^{3/2} e^{\mu/kT} .$$

Mit Hilfe der zweiten Gleichung aus (4.46) erhalten wir hieraus

$$S(T,V,\mu) = kV\left(\frac{2\pi mkT}{h^2}\right)^{3/2} e^{\mu/kT}\left(\frac{5}{2} - \frac{\mu}{kT}\right) .$$

Um diesen Ausdruck mit (4.32) vergleichen zu können, müssen wir μ eliminieren. Zu diesem Zweck rechnen wir:

$$N = kT\left(\frac{\partial \ln Y}{\partial \mu}\right)_T = V\left(\frac{2\pi mkT}{h^2}\right)^{3/2} e^{\mu/kT}$$

$$\Longrightarrow \frac{\mu}{kT} = \ln\left[\frac{N}{V}\left(\frac{2\pi mkT}{h^2}\right)^{-3/2}\right]$$

$$\Longrightarrow S(T,V,N) = Nk\left\{\ln\left[\frac{V}{N}\left(\frac{2\pi mkT}{h^2}\right)^{3/2}\right] + \frac{5}{2}\right\} .$$

Diese Gleichung stimmt wiederum mit (4.32) überein.

59. Maxwellsche Geschwindigkeitsverteilung. Man berechne die Geschwindigkeitsverteilung für ein Atom eines idealen Gases, das in einem Volumen V eingeschlossen ist.

Lösung. Die anderen Atome im Gas können für das eine betrachtete Atom als Wärmebad angesehen werden, das die Temperatur dieses Atoms konstant hält. Somit ist hier das kanonische Ensemble zu bevorzugen. Nach (4.47) gilt für die Ein-Teilchen-Zustandssumme

$$Z(T,V,1) = Z_1 = \frac{V}{h^3}\int d^3p \exp\left(-\frac{\boldsymbol{p}^2}{2mkT}\right) = V\left(\frac{2\pi mkT}{h^2}\right)^{3/2} .$$

Der mittlere Impuls berechnet sich zu

$$\overline{\boldsymbol{p}} = \frac{V}{h^3 Z_1}\int d^3p\, \boldsymbol{p} \exp\left(-\frac{\boldsymbol{p}^2}{2mkT}\right) .$$

Wir erkennen hieraus, daß

$$W(\boldsymbol{p})d^3p = \frac{V}{h^3 Z_1}\exp\left(-\frac{\boldsymbol{p}^2}{2mkT}\right) d^3p$$

die Wahrscheinlichkeit ist, daß das betrachtete Atom einen Impuls im Intervall $[\boldsymbol{p} : \boldsymbol{p} + d^3p]$ besitzt bzw. daß

$$W(p)\mathrm{d}p = \frac{V}{h^3 Z_1} \exp\left(-\frac{p^2}{2mkT}\right) 4\pi p^2 \mathrm{d}p$$

die Wahrscheinlichkeit ist, daß das betrachtete Atom einen Impulsbetrag im Intervall $[p : p + \mathrm{d}p]$ hat. Setzen wir schließlich $p = mv$, dann folgt die (normierte) Maxwellsche Wahrscheinlichkeitsverteilung für die Atomgeschwindigkeit:

$$W(v) = 4\pi \left(\frac{m}{2\pi kT}\right)^{3/2} v^2 \exp\left(-\frac{mv^2}{2kT}\right) .$$

4.4 Entropie und Informationstheorie

In diesem Abschnitt behandeln wir die Informationstheorie, wie sie von Shannon entwickelt wurde. Das Ziel dieser Theorie sind Vorhersagen, die auf unvollständiger Information basieren. Offensichtlich ist dies sehr ähnlich dem Problem der statistischen Physik, wie sie in den vorherigen Abschnitten entwickelt wurde. Somit ist es nicht überraschend, daß die Methoden der Informationstheorie – richtig interpretiert – in der statistischen Physik angewandt werden können.

Nachdem wir gezeigt haben, daß die Shannonsche Entropie äquivalent zur statistischen Entropie ist, greifen wir noch einmal die drei in den letzten beiden Abschnitten diskutierten Ensembles auf und erläutern, wie sich diese als Lösungen von Variationsproblemen der Shannonschen Entropie ergeben.

4.4.1 Informationstheorie und Shannon-Entropie

Der Makrozustand eines Systems ist definiert über einen Satz von Wahrscheinlichkeiten $\{P_1, P_2, \ldots\} = \{P\}$ von Mikrozuständen. Einem Satz von Ereignissen einen Satz von Wahrscheinlichkeiten zuzuweisen, kann also gewissermaßen als Information aufgefaßt werden.

Herleitung der Shannon-Entropie. Shannon zeigte ganz allgemein, daß sich das Maß für Information bzw. fehlender Information durch eine *Entropiefunktion* $S(\{P\})$ beschreiben läßt, die durch folgende Bedingungen eindeutig festgelegt ist:

- $S(\{P\})$ ist eine kontinuierliche, differenzierbare und eindeutige Funktion der (normierten) Wahrscheinlichkeiten $\{P\}$.
- Im Falle N gleichwahrscheinlicher Ereignisse, $P_i = 1/N$, ist die Entropie eine monoton wachsende Funktion in Abhängigkeit von N. Für diesen Spezialfall führen wir die Schreibweise

  $$I(N) = S\left(\left\{P_i = \frac{1}{N}\right\}\right)$$

  ein.

- Die Unsicherheit in einem Satz von Wahrscheinlichkeiten bleibt unverändert, wenn diese in Gruppen unterteilt werden. Sei etwa eine Unterteilung wie folgt:

$$w_1 = \sum_{i=1}^{n_1} P_i \ , \ w_2 = \sum_{i=n_1+1}^{n_2} P_i \ , \ \ldots \ , \ w_k = \sum_{i=n_{k-1}+1}^{n_k=N} P_i \ ,$$

  dann gilt

$$S(\{P\}) = S(\{w\}) + \sum_{j=1}^{k} w_j S\left(\frac{\{P\}}{w_j}\right) .$$

  Im zweiten Term ist der Faktor w_j notwendig, da dies die Wahrscheinlichkeit angibt, daß ein Ereignis tatsächlich zur Gruppe w_j gehört.

Um die Form von $S(\{P\})$ zu finden, betrachten wir zunächst den Fall gleicher Wahrscheinlichkeiten,

$$P_1 = \frac{1}{nm} \ , \ \ldots \ , \ P_{n \cdot m} = \frac{1}{nm} \ , \ n, m \in \mathbb{N} \ ,$$

die in m gleich große Gruppen unterteilt sind:

$$w_1 = \sum_{i=1}^{n} P_i = \frac{1}{m} \ , \ \ldots \ , \ w_m = \sum_{i=(m-1)n+1}^{nm} P_i = \frac{1}{m} .$$

Die letzte der Shannonschen Bedingungen ergibt dann

$$I(nm) = I(m) + \sum_{j=1}^{m} \frac{1}{m} I(n) = I(m) + I(n) .$$

Da $S(\{P\})$ kontinuierlich ist, können wir nach n ableiten. Mit $p = nm$ gibt dies

$$m \frac{\mathrm{d}}{\mathrm{d}p} I(p) = \frac{\mathrm{d}}{\mathrm{d}n} I(n) .$$

Multiplikation beider Seiten mit n liefert

$$p \frac{\mathrm{d}}{\mathrm{d}p} I(p) = n \frac{\mathrm{d}}{\mathrm{d}n} I(n) = \text{const} .$$

Dieser Ausdruck muß konstant sein, da wir p ändern, können ohne n zu variieren. Hieraus folgt

$$I(n) = k \ln n \ , \ k = \text{const} . \tag{4.49}$$

Nun betrachten wir den allgemeineren Fall gleicher Wahrscheinlichkeiten, die jedoch in unterschiedlich große Gruppen aufgeteilt sind:

$$P_i = \frac{1}{n} \ , \ \omega_j = \frac{\alpha_j}{n} \ , \ \sum_j \alpha_j = n \ , \ n, \alpha_j \in \mathbb{N} .$$

Shannons dritte Bedingung ergibt nun unter Berücksichtigung von (4.49)

$$I(n) = S(\{w\}) + \sum_j \left(\frac{\alpha_j}{n}\right) I(\alpha_j)$$

$$\begin{aligned}\Longrightarrow S(\{w\}) &= \sum_j \left(\frac{\alpha_j}{n}\right) [I(n) - I(\alpha_j)] = -k \sum_j \left(\frac{\alpha_j}{n}\right) [\ln \alpha_j - \ln n] \\ &= -k \sum_j \left(\frac{\alpha_j}{n}\right) \ln \left(\frac{\alpha_j}{n}\right) = -k \sum_j w_j \ln w_j \ .\end{aligned}$$

Mit der Ersetzung $w_i \to P_i$ können wir daher definieren:

Definition: Shannon-Entropie

Die Shannon-Entropie eines Systems mit den relativen Wahrscheinlichkeiten $\{P_1, P_2, \ldots\}$ ist

$$S = -k \sum_i P_i \ln P_i \ , \ k > 0 \ , \ \sum_i P_i = 1 \ .$$

Die Größe $-\ln P_i$ wird *Überraschung* (engl. *surprise*) genannt.

Man beachte, daß für $P_i = 0$ auch $P_i \ln P_i$ identisch Null ist; Ereignisse mit der Wahrscheinlichkeit Null tragen nicht zur Entropie bei. Die Konstante k in obiger Definition wird meist auf den Wert 1 oder $1/\ln 2$ (Informationstheorie) gesetzt. Man erkennt leicht, daß die Shannon-Entropie gleich der statistischen Entropie ist, wenn k die Boltzmann-Konstante ist. Setzen wir nämlich für P_i die konstanten mikrokanonischen Wahrscheinlichkeiten $1/\Omega$ ein, dann folgt

$$S = k \sum_i \frac{1}{\Omega} \ln \Omega = k \ln \Omega \ . \tag{4.50}$$

Eigenschaften der Shannon-Entropie. Die Shannon-Entropie hat die folgenden Eigenschaften:

- Die Entropie ist nicht negativ, weil k eine positive Konstante ist.
- Falls eine der Wahrscheinlichkeiten $P_i = 1$ ist, und damit alle anderen notwendigerweise Null sind, dann ist S identisch Null. Dies entspricht einem Experiment mit eindeutigem Ausgang.
- S ist für einen Satz von gleichen Wahrscheinlichkeiten $P_i = P$ maximal, denn es gilt mit $\sum_i \mathrm{d}P_i = 0$

$$\mathrm{d}S = -k \sum_i (\ln P_i + 1) \mathrm{d}P_i = -k \ln P \sum_i \mathrm{d}P_i - k \sum_i \mathrm{d}P_i = 0 \ .$$

- Für unabhängige Ereignisse ist S eine additive Größe:

$$\begin{aligned} S_{12} &= -k \sum_{i,j} P_i P_j \ln(P_i P_j) \\ &= -k \sum_{i,j} (P_i P_j \ln P_i + P_i P_j \ln P_j) \\ &= S_1 \sum_j P_j + S_2 \sum_i P_i = S_1 + S_2 \ . \end{aligned}$$

- Falls $\{P\}$ einem gemischten Zustand mit der Dichtematrix

$$\rho = \sum_i |i\rangle \ P_i \ \langle i|$$

entspricht, dann ist die Shannon-Entropie

$$S(\rho) = -k \sum_i P_i \ln P_i = -k \mathrm{tr} \left(\rho \ln \rho \right) \ .$$

Wir wollen nun die Aussage beweisen, daß die Shannon-Entropie einer Gleichgewichtsverteilung maximal ist. Hierzu betrachten wir neben dem Dichteoperator einer Gleichgewichtsverteilung $\{P\}$,

$$\rho = \sum_n |n\rangle \ P_n \ \langle n| \ ,$$

eine beliebige andere Verteilung $\{P'\}$ mit dem zugehörigen Dichteoperator

$$\rho' = \sum_{n'} |n'\rangle \ P'_{n'} \ \langle n'| \ ,$$

wobei wir annehmen, daß die Basissysteme $\{|n\rangle\}$ und $\{|n'\rangle\}$ denselben Hilbert-Raum aufspannen. Desweiteren führen wir die Hilfsfunktion (*Boltzmannsche $\mathcal{H}$-Funktion*)

$$\mathcal{H} = \mathrm{tr} \left[\rho' (\ln \rho - \ln \rho') \right]$$

ein und formen diese durch Einfügen der Einsoperatoren $\sum_{n'} |n'\rangle \langle n'|$ und $\sum_n |n\rangle \langle n|$ in folgender Weise um:

$$\begin{aligned} \mathcal{H} &= \sum_{n'} P'_{n'} \left[\langle n'| \ln \rho |n'\rangle - \ln P'_{n'} \langle n'|n'\rangle \right] \\ &= \sum_{n,n'} P'_{n'} \left[\langle n'| \ln \rho |n\rangle \langle n|n'\rangle - \ln P'_{n'} \langle n'|n\rangle \langle n|n'\rangle \right] \\ &= \sum_{n,n'} P'_{n'} |\langle n|n'\rangle|^2 (\ln P_n - \ln P'_{n'}) \\ &= \sum_{n,n'} P'_{n'} |\langle n|n'\rangle|^2 \ln\left(\frac{P_n}{P'_{n'}}\right) \ . \end{aligned} \tag{4.51}$$

Nun gilt $\ln x \leq x - 1$, so daß folgt:

$$\mathcal{H} \leq \sum_{n,n'} |\langle n|n'\rangle|^2 (P_n - P'_{n'}) = \mathrm{tr}(\boldsymbol{\rho} - \boldsymbol{\rho}') = 0 \ . \tag{4.52}$$

Setzen wir jetzt in die Gleichgewichtsverteilung $\boldsymbol{\rho}$ die mikrokanonischen Wahrscheinlichkeiten $P_n = 1/\Omega$ ein, dann ergibt sich unter Berücksichtigung von (4.50)

$$\begin{aligned}\mathcal{H} &= -\ln\Omega \sum_{n'} P'_{n'} \sum_n |\langle n|n'\rangle|^2 - \sum_{n'} P'_{n'} \ln P'_{n'} \sum_n |\langle n|n'\rangle|^2 \\ &= -\frac{S}{k} + \frac{S'}{k} \leq 0 \\ &\Longrightarrow S \geq S' \ .\end{aligned}$$

Insgesamt folgt[12]

Satz 4.12: Shannonscher Entropiesatz

Die Shannon-Entropie eines abgeschlossenen Systems im Gleichgewicht ist maximal:

$$S = \text{maximal} \ .$$

Dieser Satz stellt die Verbindung zwischen der Shannonschen Informationstheorie und der statistischen Physik her. Wie wir im nächsten Unterabschnitt zeigen werden, ergeben sich die in den letzten beiden Abschnitten diskutierten Ensembles auf natürliche Weise durch Maximieren der Shannon-Entropie unter Berücksichtigung adäquater Randbedingungen.

4.4.2 Variation der Entropie

Bevor wir auf die mikrokanonischen, kanonischen und großkanonischen Ensembles zu sprechen kommen, betrachten wir zunächst ganz allgemein ein Gleichgewichtssystem, welches durch folgende Mittelwertbedingungen charakterisiert wird:

$$\sum_i P_i A_i^{(1)} = \overline{A^{(1)}} \ , \ \sum_i P_i A_i^{(2)} = \overline{A^{(2)}} \ , \ \ldots \ .$$

Um den zugehörigen Satz von Wahrscheinlichkeiten $\{P\}$ zu finden, haben wir nach Satz 4.12 die stationären Punkte der Shannon-Entropie unter Berücksichtigung obiger Bedingungen aufzusuchen. Zu diesem Zweck benutzen wir die Methode der Lagrange-Parameter und erhalten somit folgende Variationsbedingung:

[12] In Anwendung 61 werden wir die Extremalitätsbedingung (4.52) für die kanonische und großkanonische Verteilung heranziehen. Dies liefert uns entsprechende Minimumsprinzipien der freien Energie und des großkanonischen Potentials.

$$\delta F(P_1, P_2, \ldots) = 0 \ ,$$

mit

$$F(P_1, P_2, \ldots) = -k \sum_i P_i \ln P_i - \beta_1 \sum_i P_i A_i^{(1)} - \beta_2 \sum_i P_i A_i^{(2)} + \ldots \ .$$

Hieraus folgt

$$-k(\ln P_i + 1) - \beta_1 A_i^{(1)} - \beta_2 A_i^{(2)} - \ldots = 0$$

$$\Longrightarrow P_i = \frac{1}{\Phi} \exp\left(-\sum_j \beta_j A_i^{(j)}\right) \ , \ \Phi = \sum_i \exp\left(-\sum_j \beta_j A_i^{(j)}\right) \ ,$$

wobei im letzten Schritt die β_j reskaliert wurden. Zu beachten ist, daß die gefundenen P_i tatsächlich zu einem Maximum führen, denn es gilt

$$\delta^2 F(P_1, P_2, \ldots) = -k \sum_i \frac{(\delta P_i)^2}{P_i} < 0 \ .$$

Die Lagrange-Parameter β_j sind nun so zu wählen, daß obige Mittelwertbedingungen erfüllt sind. Ableiten der allgemeinen Zustandssumme Φ ergibt

$$\frac{\partial \ln \Phi}{\partial \beta_m} = -\frac{1}{\Phi} \sum_i A_i^{(m)} \exp\left(-\sum_j \beta_j A_i^{(j)}\right) = -\overline{A^{(m)}} \tag{4.53}$$

$$\frac{\partial^2 \ln \Phi}{\partial \beta_m^2} = \overline{A^{(m)2}} - \overline{A^{(m)}}^2 = \left(\Delta A^{(m)}\right)^2 \ .$$

Da die Reihenfolge der Differentiationen keine Rolle spielt, folgt aus (4.53) der Zusammenhang

$$\frac{\partial \overline{A^{(m)}}}{\partial \beta_n} = -\frac{\partial^2 \ln \Phi}{\partial \beta_n \partial \beta_m} = -\frac{\partial^2 \ln \Phi}{\partial \beta_m \partial \beta_n} = \frac{\partial \overline{A^{(n)}}}{\partial \beta_m} \ .$$

Dies sind die *Maxwellschen Integrabilitätsbedingungen*, von denen wir in der Thermodynamik noch oft Gebrauch machen werden. Für die Entropie ergibt sich

$$\begin{aligned} S &= -k \sum_i P_i \ln P_i \\ &= -\frac{k}{\Phi} \sum_i \exp\left(-\sum_j \beta_j A_i^{(j)}\right) \left(-\ln \Phi - \sum_j \beta_j A_i^{(j)}\right) \\ &= k \ln \Phi + k \sum_j \beta_j \overline{A^{(j)}} \ . \end{aligned} \tag{4.54}$$

Unter Verwendung von

$$\begin{aligned}\frac{\partial \ln \Phi}{\partial \overline{A^{(m)}}} &= \frac{1}{\Phi}\sum_i \exp\left(-\sum_j \beta_j A_i^{(j)}\right)\left(-\sum_j A_i^{(j)}\frac{\partial \beta_j}{\partial \overline{A^{(m)}}}\right)\\ &= -\sum_j \overline{A^{(j)}}\frac{\partial \beta_j}{\partial \overline{A^{(m)}}}\end{aligned}$$

folgt aus (4.54) der Zusammenhang

$$\frac{\partial S}{\partial \overline{A^{(m)}}} = k\left(\frac{\partial \ln \Phi}{\partial \overline{A^{(m)}}} + \beta_m + \sum_j \overline{A^{(j)}}\frac{\partial \beta_j}{\partial \overline{A^{(m)}}}\right) = k\beta_m \ .$$

Satz 4.13: Prinzip der maximalen Entropie und Zustandssumme

Aus dem Prinzip der maximalen Entropie folgen bei allgemeinen Nebenbedingungen der Art

$$\sum_i P_i A_i^{(1)} = \overline{A^{(1)}} \ , \ \sum_i P_i A_i^{(2)} = \overline{A^{(2)}} \ , \ \ldots$$

die (normierte) Wahrscheinlichkeitsverteilung

$$P_i = \frac{1}{\Phi}\exp\left(-\sum_j \beta_j A_i^{(j)}\right) \ , \ \sum_i P_i = 1$$

mit der Zustandssumme

$$\Phi = \sum_i \exp\left(-\sum_j \beta_j A_i^{(j)}\right)$$

und die Entropie

$$S = k\ln \Phi + k\sum_j \beta_j \overline{A^{(j)}} \ .$$

Es gelten die Beziehungen

$$\overline{A^{(m)}} = -\frac{\partial \ln \Phi}{\partial \beta_m} \ , \ \left(\Delta A^{(m)}\right)^2 = \frac{\partial^2 \ln \Phi}{\partial \beta_m^2} \ , \ \frac{\partial S}{\partial \overline{A^{(m)}}} = k\beta_m$$

sowie die Maxwellschen Integrabilitätsbedingungen

$$\frac{\partial \overline{A^{(m)}}}{\partial \beta_n} = \frac{\partial \overline{A^{(n)}}}{\partial \beta_m} \ .$$

Mit Hilfe dieses Satzes lassen sich jetzt leicht die Wahrscheinlichkeiten für die verschiedensten Ensembles mit ihren jeweiligen Randbedingungen bestimmen:

Generalisiertes großkanonisches Ensemble. Betrachten wir zunächst das *generalisierte großkanonische Ensemble*, welches folgenden Nebenbedingungen unterliegt:

$$\sum_i P_i E_i = \overline{E}\ ,\ \sum_i P_i N_i = \overline{N}\ ,\ \sum_i P_i A_i^{(j)} = \overline{A^{(j)}}\ ,\ j = 1, 2, \ldots .$$

Die zugehörigen Wahrscheinlichkeiten lauten

$$P_i = \frac{1}{\Phi} \exp\left(-\beta_E E_i - \beta_N N_i - \sum_j \beta_j A_i^{(j)}\right),$$

mit der generalisierten großkanonischen Zustandssumme

$$\Phi = \sum_i \exp\left(-\beta_E E_i - \beta_N N_i - \sum_j \beta_j A_i^{(j)}\right).$$

Die Entropie ist

$$S = k \ln \Phi + k\beta_E \overline{E} + k\beta_N \overline{N} + k \sum_j \beta_j \overline{A^{(j)}} .$$

Ihre Ableitungen nach den vorgegebenen Mittelwerten ergeben

$$\frac{\partial S}{\partial \overline{E}} = k\beta_E\ ,\ \frac{\partial S}{\partial \overline{N}} = k\beta_N\ ,\ \frac{\partial S}{\partial \overline{A^{(j)}}} = k\beta_j .$$

Ersetzen wir die Lagrange-Parameter β_E, β_N und β_j durch die Größen T, μ und β'_j in der Weise

$$\beta_E = \frac{1}{kT}\ ,\ \beta_N = -\frac{\mu}{kT}\ ,\ \beta_j = \frac{\beta'_j}{kT}\ ,$$

dann folgt für das generalisierte großkanonische Potential

$$-kT \ln \Phi = \overline{E} - TS - \mu\overline{N} + \sum_j \beta'_j \overline{A^{(j)}} .$$

Die entsprechenden Zusammenhänge für das großkanonische, kanonische und mikrokanonische Ensemble ergeben sich nun einfach durch sukzessives Eliminieren der überflüssigen Nebenbedingungen aus den Gleichungen des generalisierten großkanonischen Ensembles:

Großkanonisches Ensemble.

Nebenbedingungen: $\sum_i P_i E_i = \overline{E}\ ,\ \sum_i P_i N_i = \overline{N}$

$$\Longrightarrow \begin{cases} P_i = \frac{1}{Y} \mathrm{e}^{-\beta_E E_i - \beta_N N_i}\ ,\ Y = \sum_i \mathrm{e}^{-\beta_E E_i - \beta_N N_i} \\ S = k \ln Y + k\beta_E \overline{E} + k\beta_N \overline{N} \\ -kT \ln Y = \overline{E} - TS - \mu\overline{N} . \end{cases}$$

Kanonisches Ensemble.

Nebenbedingungen: $\sum_i P_i E_i = \overline{E}$

$$\Longrightarrow \begin{cases} P_i = \frac{1}{Z}\mathrm{e}^{-\beta_E E_i} \;,\; Z = \sum_i \mathrm{e}^{-\beta_E E_i} \\ S = k \ln Z + k\beta_E \overline{E} \\ -kT \ln Z = \overline{E} - TS \;. \end{cases}$$

Mikrokanonisches Ensemble.

Keine Nebenbedingungen in Form von Mittelwerten

$$\Longrightarrow \begin{cases} P_i = \frac{1}{\Omega} \;,\; \Omega = \sum_i 1 \\ S = k \ln \Omega \;. \end{cases}$$

Offensichtlich führt der informationstheoretische Ansatz auf dieselben Ensemble-Gleichungen wie der statistische Ansatz (Abschn. 4.2 und 4.3), wodurch die Äquivalenz von Shannonscher und statistischer Entropie gezeigt ist. In manchen Lehrbüchern wird zur Herleitung der verschiedenen Ensembles der Shannonsche Ansatz aufgrund seiner formalen Einfachheit und Transparenz gegenüber dem statistisch-physikalischen Ansatz bevorzugt. Wir haben uns entschieden, beide Zugangsweisen darzustellen, um die innere Verbindung beider Ansätze deutlich sichtbar werden zu lassen.

Gibbssche Fundamentalform. Betrachten wir zum Schluß dieses Abschnittes den Energieaustausch eines Gleichgewichtssystems mit seiner Umgebung im kanonischen Ensemble. Energieaustausch kann offenbar entweder durch einen Wechsel der relativen Wahrscheinlichkeiten P_i erfolgen, oder durch eine Änderung der Energien E_i, welche ihrerseits durch eine (langsame) Veränderung äußerer Parameter x_j herbeigeführt wird. Wegen

$$\overline{E} = \sum_i P_i E_i$$

folgt

$$\begin{aligned} \mathrm{d}\overline{E} &= \sum_i (\mathrm{d}P_i E_i + P_i \mathrm{d}E_i) = \sum_i \mathrm{d}P_i E_i + \sum_i P_i \sum_j \frac{\partial E_i}{\partial x_j}\mathrm{d}x_j \\ &= \sum_i \mathrm{d}P_i E_i - \sum_j X_j \mathrm{d}x_j \;, \end{aligned} \tag{4.55}$$

wobei

$$X_j = -\sum_i P_i \frac{\partial E_i}{\partial x_j} = -\frac{\partial \overline{E}}{\partial x_j} = \left(\frac{\partial S}{\partial \overline{E}}\right)^{-1} \frac{\partial S}{\partial x_j} = T\frac{\partial S}{\partial x_j}$$

die zu x_j konjugierte generalisierte Kraft ist (vgl. (4.21) und (4.23)). Unter Verwendung der kanonischen Wahrscheinlichkeiten $P_i = \mathrm{e}^{-\beta E_i}/Z$ gilt für die Entropieänderung ($\sum\limits_i \mathrm{d}P_i = 0$)

$$\begin{aligned} \mathrm{d}S &= -k\mathrm{d}\left(\sum_i P_i \ln P_i\right) = -k\sum_i \mathrm{d}P_i(\ln P_i + 1) = -k\sum_i \mathrm{d}P_i \ln P_i \\ &= k\beta\sum_i \mathrm{d}P_i E_i \; . \end{aligned}$$

Hiermit geht (4.55) schließlich über in

$$\mathrm{d}\overline{E} = \frac{1}{k\beta}\mathrm{d}S - \sum_j X_j \mathrm{d}x_j = T\mathrm{d}S - \sum_j X_j \mathrm{d}x_j \; . \tag{4.56}$$

Dies ist die *Gibbssche Fundamentalform*, die wir im nächsten Abschnitt noch auf anderem Wege herleiten werden. Sie bildet die fundamentale Grundgleichung der Thermodynamik, aus der sich alle thermodynamischen Beziehungen ergeben.

Zusammenfassung

- Die **Shannonsche Entropie** ist ein **informationstheoretischer** Begriff. Sie stellt ein Maß für die Unvollständigkeit von Information dar, die man über ein physikalisches System besitzt.
- Die Shannonsche Entropie eines Gleichgewichtszustandes ist maximal.
- Aus dem Prinzip der maximalen Entropie läßt sich die statistische Physik als Variationsproblem formulieren.
- Die verschiedenen Definitionen der Entropie (informationstheoretisch, statistisch und thermodynamisch) sind äquivalent.

Anwendungen

60. Master-Gleichung und Boltzmannsches $\mathcal{H}$-Theorem. Man betrachte den Fall zeitabhängiger Wahrscheinlichkeiten und stelle eine Gleichung für ihre zeitliche Entwicklung auf (*Master-Gleichung*). Mit Hilfe dieser Gleichung berechne man die *Boltzmannsche $\mathcal{H}$-Funktion*

$$\mathcal{H} = \sum_r P_r \ln P_r = \overline{\ln P}$$

und untersuche auch ihre Zeitabhängigkeit.

Lösung. Wir erinnern an die Diskussion atomarer Übergänge in Abschn. 3.8 und betrachten eine kleine zeitabhängige Störung $\boldsymbol{H}'$ des Hamilton-Operators $\boldsymbol{H}(t) = \boldsymbol{H}^{(0)} + \boldsymbol{H}'(t)$, mit $\boldsymbol{H}' \ll \boldsymbol{H}^{(0)}$. Durch diesen Störterm gibt es Übergangswahrscheinlichkeiten W_{rs} zwischen den Zuständen r und s gleicher Energie, wobei die Symmetrie $W_{rs} = W_{sr}$ gilt. Somit folgt

$$\frac{\mathrm{d}P_r}{\mathrm{d}t} = \sum_s (P_s W_{sr} - P_r W_{rs}) = \sum_s W_{rs}(P_s - P_r) \; .$$

Dies ist die Master-Gleichung. Man beachte, daß sie nicht invariant unter Zeitspiegelung $t \to -t$ ist und deshalb einen irreversiblen Prozeß beschreibt. Für die Boltzmannsche $\mathcal{H}$-Funktion folgt hieraus

$$\frac{\mathrm{d}\mathcal{H}}{\mathrm{d}t} = \sum_r \left(\frac{\mathrm{d}P_r}{\mathrm{d}t} \ln P_r + \frac{\mathrm{d}P_r}{\mathrm{d}t} \right) = \sum_{r,s} W_{rs}\,(P_s - P_r)\,(\ln P_r + 1) \; .$$

Tauscht man hierin die beiden Summationsindizes gegeneinander aus und addiert dann beide Ausdrücke, so findet man

$$\frac{\mathrm{d}\mathcal{H}}{\mathrm{d}t} = -\frac{1}{2} \sum_{r,s} W_{rs}(P_r - P_s)(\ln P_r - \ln P_s) \; . \tag{4.57}$$

Nun ist $\ln P_r$ eine monoton wachsende Funktion der P_r; falls $P_r > P_s$, dann ist auch $\ln P_r > \ln P_s$ und umgekehrt. Es folgt deshalb

$$(P_r - P_s)(\ln P_r - \ln P_s) \geq 0 \; .$$

Da jedoch W_{rs} immer positiv ist, muß jeder Term in der Summe von (4.57) positiv sein. Insgesamt erhalten wir

$$\frac{\mathrm{d}\mathcal{H}}{\mathrm{d}t} \leq 0 \; .$$

Dies ist das *Boltzmannsche $\mathcal{H}$-Theorem* (vgl. (4.52)). Da die Funktion $\mathcal{H}$ mit der Entropie über $S = -k\mathcal{H}$ verbunden ist, bedeutet dies auch, daß die Entropie immer zunimmt. Das Gleichheitszeichen gilt nur, falls $P_r = P_s$ für alle Zustände, für die Übergänge möglich sind, d.h. falls für alle möglichen Zustände gilt: $P_r = \text{const.}$ Dies ist natürlich im Gleichgewicht der Fall und entspricht gerade dem 2. statistischen Postulat. Somit ist nochmals gezeigt, daß die Entropie im Gleichgewicht maximal ist.

61. Extremalitätsbedingungen im kanonischen und großkanonischen Ensemble. Man zeige mit Hilfe der Boltzmannschen $\mathcal{H}$-Funktion die Extremaleigenschaft der freien Energie $F = \overline{E} - TS$ und des großkanonischen Potentials $J = \overline{E} - TS - \mu\overline{N}$ für ein Gleichgewichtssystem im Austausch mit einem Wärmebad bzw. mit einem Wärme- und Teilchenbad.

Lösung. Setzt man in (4.51) die kanonische Verteilung $P_n = \mathrm{e}^{-\beta E_n}/Z$ ein, dann gilt

$$\begin{aligned} k\mathcal{H} &= -k\sum_{n,n'} P'_{n'}|\langle n|n'\rangle|^2(\ln Z + \beta E_n) + S' \\ &= -k\ln Z - k\beta\mathrm{tr}(\boldsymbol{\rho}'\boldsymbol{H}) + S' = -k\ln Z - k\beta\overline{E'} + S' \leq 0\,. \end{aligned}$$

Hieraus folgt

$$-kT\ln Z = F = \overline{E} - TS \leq \overline{E'} - TS'\,.$$

Die freie Energie ist also bei einem Gleichgewichtssystem mit vorgegebener Temperatur minimal. Setzt man andererseits in (4.51) die großkanonische Verteilung $P_n = \mathrm{e}^{-\beta(E_n-\mu N_n)}/Y$ ein, dann ist

$$\begin{aligned} k\mathcal{H} &= -k\sum_{n,n'} P'_{n'}|\langle n|n'\rangle|^2(\ln Y + \beta E_n - \beta\mu N_n) + S' \\ &= -k\ln Y - k\beta\mathrm{tr}(\boldsymbol{\rho}'\boldsymbol{H}) + k\beta\mu\mathrm{tr}(\boldsymbol{\rho}'\boldsymbol{N}) + S' \\ &= -k\ln Y - k\beta\overline{E'} + \beta\mu\overline{N'} + S' \leq 0\,. \end{aligned}$$

Hieraus folgt

$$-kT\ln Y = J = \overline{E} - TS - \mu\overline{N} \leq \overline{E'} - TS' - \mu\overline{N'}\,.$$

Das heißt das großkanonische Potential ist bei einem Gleichgewichtssystem mit vorgegebener Temperatur und vorgegebenem chemischen Potential minimal. Im Rahmen der Thermodynamik, Abschn. 4.5, werden wir diese Extremalitätsbedingungen auf anderem Wege herleiten und genauer untersuchen.

4.5 Thermodynamik

Die Thermodynamik beschäftigt sich mit der makroskopischen Beschreibung von materiellen Systemen im Gleichgewicht. Sie wurde in der Mitte des 19. Jahrhunderts formuliert, also zu einer Zeit, als die mikroskopische Struktur von Materie noch nicht richtig erkannt wurde bzw. als es noch keinen mikroskopischen Zugang in Form von Ensemble-Theorien gab. Sie stellt somit eine rein phänomenologische Theorie dar, deren Grundgesetze sich allein auf experimentelle Erfahrung gründen und axiomatisch postuliert werden. Insbesondere wird die Existenz einer Entropiefunktion S mit der zugehörigen Extremaleigenschaft vorausgesetzt, wobei sich ihre genaue Form im Rahmen der Thermodynamik nur indirekt durch das Experiment bestimmen läßt. Es wurde bereits desöfteren erwähnt, daß zwischen der statistischen Physik und der Thermodynamik eine innige Verbindung besteht, weil die statistische Physik die mikroskopische Begründung für die in der Thermodynamik rein makroskopisch definierten Begriffe und Gesetze liefert. Diese Verbindung manifestiert sich in der Boltzmann-Gleichung $S = k\ln\Omega$.

Dieser Abschnitt behandelt die Theorie der Thermodynamik. Es werden die *thermodynamischen Hauptsätze* vorgestellt und anschließend besprochen. Desweiteren diskutieren wir die *thermodynamischen Potentiale*, mit deren Hilfe sich Systeme durch die verschiedensten unabhängigen Zustandsvariablen ausdrücken lassen. Es werden *thermische Koeffizienten* zur Beschreibung von Zustandsänderungen eingeführt und Beziehungen zwischen ihnen hergeleitet. Ferner stellen wir mit Hilfe der thermodynamischen Potentiale Gleichgewichtsbedingungen für offene Systeme in Form von einfachen Extremalitätsbedingungen auf und setzen hiermit verbundene Stabilitätskriterien mit den thermischen Koeffizienten in Beziehung. Zum Schluß beschäftigen wir uns mit *Wärmekraftmaschinen* und ziehen insbesondere die ersten beiden Hauptsätze heran, um Kriterien für ihre Realisierbarkeit abzuleiten.

Bevor wir beginnen, geben wir eine kurze Zusammenstellung einiger wichtiger thermodynamischer Begriffe, von denen manche auch schon im Zusammenhang mit der statistischen Physik benutzt wurden:

- Jedes makroskopische System ist ein thermodynamisches System. Sein thermodynamischer Zustand wird durch einen Satz von *thermodynamischen Zustandsgrößen* beschrieben, also durch meßbare makroskopische Größen wie z.B. Temperatur T, Druck P usw., die einen wohldefinierten Wert besitzen.

- Das *thermodynamische Gleichgewicht* eines Systems ist dadurch definiert, daß sein thermodynamischer Zustand zeitunabhängig ist.

- Eine *Zustandsgleichung* ist ein funktionaler Zusammenhang zwischen den Zustandsgrößen des betrachteten Gleichgewichtssystems. Insbesondere nennt man

$$\begin{aligned} P &= P(T,V,N) && \textit{thermische Zustandsgleichung} \\ E &= E(T,V,N) && \textit{kalorische Zustandsgleichung}\ . \end{aligned}$$

- Eine Zustandsänderung eines Systems verläuft *quasistatisch*, wenn sich die äußeren Parameter des Systems so langsam ändern, daß das System eine Folge von Gleichgewichtszuständen durchläuft. Man nennt darüber hinaus eine Zustandsänderung *reversibel*, wenn die zeitliche Umkehr der Änderung der äußeren Parameter eine Umkehr der Folge von durchlaufenen Zuständen bewirkt. Andernfalls heißt die Zustandsänderung *irreversibel*. Jede reversible Zustandsänderung ist demnach auch quasistatisch; die Umkehrung dieser Aussage gilt dagegen i.a. nicht.

- Folgende Arten von Zustandsänderungen sind speziell definiert:

  Adiabatisch: Keine Wärmeänderung: $\Delta Q = 0$

  Isentrop: Keine Entropieänderung: $\Delta S = 0$

Isochor: Kein Volumenänderung: $\Delta V = 0$

Isotherm: Keine Temperaturänderung: $\Delta T = 0$

Isobar: Keine Druckänderung: $\Delta P = 0$.

- Wird ein System durch eine intensive Zustandsgröße beschrieben, dann wissen wir aus der statistischen Physik, daß die zugehörige extensive Größe nur als Mittelwert spezifiziert ist. Dieser Mittelwert ist jedoch im Falle makroskopischer Systeme so scharf, daß er faktisch ebenfalls eine Zustandsgröße des Systems darstellt. Dies werden wir im folgenden konsequent berücksichtigen, indem wir keine Mittelwerte hinschreiben, sondern z.B. für $\overline{E}$ und $\overline{N}$ die Symbole E bzw. N verwenden. In diesem Zusammenhang sei auch darauf hingewiesen, daß in vielen Lehrbüchern der statistische Mittelwert der Energie, $\overline{E}$, im Rahmen der Thermodynamik mit *innerer Energie* U bezeichnet wird.

4.5.1 Hauptsätze der Thermodynamik

Die Thermodynamik basiert auf folgenden empirisch gefundenen Grundgesetzen:

Hauptsätze der Thermodynamik

1. Hauptsatz
Für jedes System ist die Energie E eine extensive Zustandsgröße, welche bei abgeschlossenen Systemen erhalten ist. Tauscht ein System Energie mit seiner Umgebung aus, dann gilt für das totale Differential dE

$$\mathrm{d}E = \hat{\mathrm{d}}Q + \hat{\mathrm{d}}W \ .$$

Hierbei ist $\hat{\mathrm{d}}Q$ die dem System zugeführte Wärmemenge und $\hat{\mathrm{d}}W$ die dem System zugeführte mechanische Arbeit.

2. Hauptsatz
1. Teil: Es gibt eine extensive Zustandsgröße, die Entropie S, und eine intensive Größe, die absolute Temperatur T, mit der folgenden Eigenschaft: Für ein nicht isoliertes System, welches in einem quasistatischen Prozeß die Wärmemenge $\hat{\mathrm{d}}Q$ absorbiert, gilt

$$\mathrm{d}S = \frac{\hat{\mathrm{d}}Q}{T} \quad \text{für reversible Prozesse}$$

$$\mathrm{d}S > \frac{\hat{\mathrm{d}}Q}{T} \quad \text{für irreversible Prozesse .}$$

2. Teil: Die Entropie eines abgeschlossenen Systems kann mit der Zeit nur größer werden und ist im Gleichgewicht maximal: $\Delta S \geq 0$.

▷

3. Hauptsatz (Nernstscher Wärmesatz)
Beim absoluten Temperatur-Nullpunkt $T = 0$ nähert sich die Entropie eines Gleichgewichtssystems dem Entropie-Nullpunkt: $S \stackrel{T\to 0}{\longrightarrow} 0$.

Zum 1. Hauptsatz. Hier werden offenbar zwei Arten der Energiezufuhr unterschieden. Zum einen gibt es die mechanische Arbeit $\hat{\mathrm{d}}W$. Beispiele hierfür sind etwa eine Volumenänderung oder die Änderung der Teilchenzahl. Zum anderen kann dem System auch Energie in Form von Wärme $\hat{\mathrm{d}}Q$ zugeführt werden, und zwar ohne, daß dabei Arbeit verrichtet werden muß.

Für die infinitesimalen Änderungen $\hat{\mathrm{d}}Q$ und $\hat{\mathrm{d}}W$ wurde das Symbol $\hat{\mathrm{d}}$ eingeführt, da Q und W keine Zustandsgrößen sind und somit keine wohldefinierten Werte in Gleichgewichtszuständen besitzen. Betrachten wir hierzu z.B. einen *Kreisprozeß*, bei dem ein System von einem bestimmten Zustand über verschiedene Zwischenzustände in den Ausgangszustand zurückkehrt. Für solche Prozesse muß die Gesamtänderung jeder Zustandsgröße verschwinden. Dies bedeutet für die Energie

$$\oint \mathrm{d}E = 0\ .$$

Für die während des Kreisprozesses zugeführte Wärme und Arbeit gilt dagegen i.a. (siehe Unterabschn. 4.5.5)

$$\oint \hat{\mathrm{d}}Q = -\oint \hat{\mathrm{d}}W \neq 0\ .$$

Das heißt die Änderung der Wärme und der mechanischen Arbeit hängt i.a. vom Austauschprozeß selbst ab und nicht, wie bei der Energie, lediglich vom Anfangs- und Endzustand des Systems. Anders ausgedrückt: Im Gegensatz zu $\mathrm{d}E$ sind $\hat{\mathrm{d}}Q$ und $\hat{\mathrm{d}}W$ keine totalen Differentiale.

Zum 2. Hauptsatz. Bei einer quasistatischen Zustandsänderung werden die äußeren Parameter eines Systems hinreichend langsam verändert, so daß sich das System während des gesamten Prozesses im Gleichgewicht befindet. In diesem Fall können wir für die am System geleistete Arbeit schreiben:

$$\hat{\mathrm{d}}W = -\sum_i X_i \mathrm{d}x_i\ ,\ X_i = \text{generalisierte Kraft}\ .$$

Unter Verwendung des 1. und 2. Hauptsatzes ergibt sich hieraus die Gibbssche Fundamentalform (vgl. (4.56)):

Satz 4.14: Gibbssche Fundamentalform

Bei einer quasistatischen Zustandsänderung ist

$$\mathrm{d}E = \hat{\mathrm{d}}Q + \hat{\mathrm{d}}W \leq T\mathrm{d}S - \sum_i X_i \mathrm{d}x_i\ .$$

Das Gleichheitszeichen gilt für reversible Prozesse.

Lösen wir diese Gleichung für reversible Prozesse nach $\mathrm{d}S$ auf,

$$\mathrm{d}S = \frac{\mathrm{d}E}{T} + \sum_i \frac{X_i}{T}\mathrm{d}x_i \; ,$$

und bilden andererseits das totale Differential der Entropie,

$$\mathrm{d}S = \frac{\partial S(E,x)}{\partial E}\mathrm{d}E + \sum_i \frac{\partial S(E,x)}{\partial x_i}\mathrm{d}x_i \; ,$$

dann folgt durch Vergleich der letzten beiden Gleichungen

$$\frac{1}{T} = \frac{\partial S(E,x)}{\partial E} \; , \; X_i = T\frac{\partial S(E,x)}{\partial x_i} \; .$$

Diese Ausdrücke entsprechen gerade den Definitionen der Temperatur (4.21) und der generalisierten Kräfte (4.23) in der statistischen Physik. Wir sehen hieran explizit die Äquivalenz zwischen den statistischen und thermodynamischen Begriffen „Entropie", „Temperatur" und „generalisierte Kräfte". Insbesondere kann deshalb auch hier der in Unterabschn. 4.2.3 stehende Satz 4.9 bzgl. der Gleichgewichtsbedingungen eines zweiteiligen abgeschlossenen Systems unverändert übernommen werden.

Die Temperaturskala wird in der Thermodynamik durch Festlegung einer bestimmten Temperatur definiert. Hierzu wählt man konventionsgemäß den Tripelpunkt von Wasser, wo alle drei Phasen Wasserdampf, Wasser und Eis im Gleichgewicht sind, und legt diesen auf $T_{\mathrm{t}} = 273.16$ K (Kelvin) fest. 1 K ist demnach der 1/273.16-te Teil der Temperaturspanne zwischen $T = 0$ und $T = T_{\mathrm{t}}$. Aus dieser Festlegung folgt für die Boltzmann-Konstante der Wert $k = 1.38054 \cdot 10^{-23}$ J/K.

Durch den 2. Hauptsatz, 2. Teil wird eine Zeitrichtung vorgegeben, denn $\varDelta S \geq 0$ bedeutet ja $\mathrm{d}S/\mathrm{d}t \geq 0$. Nun wissen wir aber, daß sich die Entropie mikroskopisch, d.h. unter Anwendung der Mechanik bzw. Quantenmechanik begründen läßt, also durch Theorien, die zeitumkehrinvariant sind. Da bis heute nicht endgültig geklärt ist, wie sich die thermodynamische Zeitrichtung quantenmechanisch erklären läßt, müssen wir $\varDelta S \geq 0$ als reine Erfahrungstatsache hinnehmen. Man beachte in diesem Zusammenhang, daß wir auch in der Elektrodynamik und Quantenmechanik eine Festlegung der Zeitrichtung kennengelernt haben, nämlich bei der Bevorzugung retardierter gegenüber avancierter Potentiale (Unterabschn. 2.2.4) und bei der Bevorzugung auslaufender gegenüber einlaufender Kugelwellen (Unterabschn. 3.10.1).

Zum 3. Hauptsatz. Hierdurch sind nicht nur Entropiedifferenzen wie beim 2. Satz, sondern auch die Entropie selbst eindeutig definiert. Experimentelle Unterstützung dieses Satzes kommt aus der Messung von spezifischen Wärmen, die am Nullpunkt ebenfalls verschwinden sollten. Dies ist bisher für alle untersuchten Systeme verifiziert worden.

4.5.2 Thermodynamische Potentiale

Wie einleitend bereits erwähnt wurde, beschreibt eine Zustandsgleichung den funktionalen Zusammenhang zwischen verschiedenen Zustandsgrößen eines thermodynamischen Systems. Oftmals erweist es sich als günstig, bestimmte Größen gegenüber anderen vorzuziehen, da diese dem Experiment leichter zugänglich sind. Im allgemeinen gehört zu jedem Satz extensiver Zustandsgrößen $(S, x_1, x_2, \ldots)$ ein konjugierter Satz von intensiven Größen $(T, X_1, X_2, \ldots)$ so daß man die geeigneten Größen aus beiden Sätzen frei wählen kann, also z.B. $(T, x_1, X_2, x_3, \ldots)$. Wir bestimmen nun die Zustandsgleichungen für die folgenden Sätze von unabhängigen Zustandsgrößen (die Verallgemeinerung auf andere Kombinationen ist unproblematisch):

$$(S, V, N)\ ,\ (T, V, N)\ ,\ (S, P, N)\ ,\ (T, P, N)\ ,\ (T, V, \mu)\ . \tag{4.58}$$

Ausgangspunkt hierfür ist die Gibbssche Fundamentalform (siehe Satz 4.14):

$$\mathrm{d}E = T\mathrm{d}S + \mu\mathrm{d}N - P\mathrm{d}V\ ,$$

mit der Entropie S, dem Volumen V und der Teilchenzahl N als einzige unabhängige Zustandsgrößen. Aus ihr ergeben sich durch Legendre-Transformationen alle weiteren totalen Differentiale mit den entsprechenden, in (4.58) aufgeführten unabhängigen Variablenpaaren:

Definition: Thermodynamische Potentiale

- *Energie* E (unabhängige Zustandsvariablen: S, V, N):

$$\mathrm{d}E = T\mathrm{d}S - P\mathrm{d}V + \mu\mathrm{d}N$$
$$\Longrightarrow E = E(S, V, N)\ .$$

- *Freie Energie* F (unabhängige Zustandsvariablen: T, V, N):

$$\mathrm{d}F = \mathrm{d}(E - TS) = -S\mathrm{d}T - P\mathrm{d}V + \mu\mathrm{d}N$$
$$\Longrightarrow F = F(T, V, N) = E - TS\ .$$

- *Enthalpie* H (unabhängige Zustandsvariablen: S, P, N):

$$\mathrm{d}H = \mathrm{d}(E + PV) = T\mathrm{d}S + V\mathrm{d}P + \mu\mathrm{d}N$$
$$\Longrightarrow H = H(S, P, N) = E + PV\ .$$

- *Freie Enthalpie* G (unabhängige Zustandsvariablen: T, P, N):

$$\mathrm{d}G = \mathrm{d}(H - TS) = -S\mathrm{d}T + V\mathrm{d}P + \mu\mathrm{d}N$$
$$\Longrightarrow G = G(T, P, N) = E - TS + PV\ .$$

▷

- *Großkanonisches Potential J* (unabh. Zustandsvariablen: T, V, μ):

$$\mathrm{d}J = \mathrm{d}(F - \mu N) = -S\mathrm{d}T - P\mathrm{d}V - N\mathrm{d}\mu$$

$$\Longrightarrow J = J(T, V, \mu) = E - TS - \mu N \; .$$

Die Zustandsgrößen E, F, H, G, J heißen *thermodynamische Potentiale,* sofern sie als Funktion der jeweils angegebenen *natürlichen Variablen* auftreten.

Um z.B. die freie Enthalpie zu erhalten, hat man die entsprechenden funktionalen Abhängigkeiten $E(T, P, N)$, $S(T, P, N)$ und $V(T, P, N)$ in die Definitionsgleichung $G = E - TS + PV$ einzusetzen.

Thermodynamische Kräfte. Schreibt man für jedes der angegebenen Potentiale das vollständige Differential an, dann liefert der Vergleich mit den entsprechenden Definitionsgleichungen die zugehörigen thermodynamischen Kräfte. Sie lauten

$$\left.\begin{array}{lll}
\left(\frac{\partial E}{\partial S}\right)_{V,N} = T \;, & \left(\frac{\partial E}{\partial V}\right)_{S,N} = -P \;, & \left(\frac{\partial E}{\partial N}\right)_{S,V} = \mu \\
\left(\frac{\partial F}{\partial T}\right)_{V,N} = -S \;, & \left(\frac{\partial F}{\partial V}\right)_{T,N} = -P \;, & \left(\frac{\partial F}{\partial N}\right)_{T,V} = \mu \\
\left(\frac{\partial H}{\partial S}\right)_{P,N} = T \;, & \left(\frac{\partial H}{\partial P}\right)_{S,N} = V \;, & \left(\frac{\partial H}{\partial N}\right)_{S,P} = \mu \\
\left(\frac{\partial G}{\partial T}\right)_{P,N} = -S \;, & \left(\frac{\partial G}{\partial P}\right)_{T,N} = V \;, & \left(\frac{\partial G}{\partial N}\right)_{T,P} = \mu \\
\left(\frac{\partial J}{\partial T}\right)_{V,\mu} = -S \;, & \left(\frac{\partial J}{\partial V}\right)_{T,\mu} = -P \;, & \left(\frac{\partial J}{\partial \mu}\right)_{T,V} = -N \;.
\end{array}\right\} \quad (4.59)$$

Maxwell-Relationen. Aus der Vertauschbarkeit der partiellen Ableitungen einer Funktion $f(x, y)$, also $\partial^2 f/\partial x \partial y = \partial^2 f/\partial y \partial x$, ergeben sich aus jeder Zeile von (4.59) jeweils 3 *Maxwell-Relationen.* Wir begnügen uns hier mit der Angabe jeweils einer Maxwell-Relation aus den ersten vier Zeilen; sie entsprechen dem Fall konstanter Teilchenzahl N:

$$\left.\begin{array}{rl}
\left(\frac{\partial T}{\partial V}\right)_{S,N} &= -\left(\frac{\partial P}{\partial S}\right)_{V,N} \\
\left(\frac{\partial S}{\partial V}\right)_{T,N} &= \left(\frac{\partial P}{\partial T}\right)_{V,N} \\
\left(\frac{\partial T}{\partial P}\right)_{S,N} &= \left(\frac{\partial V}{\partial S}\right)_{P,N} \\
-\left(\frac{\partial S}{\partial P}\right)_{T,N} &= \left(\frac{\partial V}{\partial T}\right)_{P,N} \;.
\end{array}\right\} \quad (4.60)$$

Gibbs-Duhem-Relationen. Zwischen dem chemischen Potential μ und der freien Enthalpie G besteht ein besonders einfacher Zusammenhang. Da die freie Enthalpie eine extensive Größe ist, gilt

$$G(T,P,N) = Ng(T,P) \ ,$$

wobei g eine intensive Größe darstellt. Unter Verwendung von (4.59) folgt hieraus die *Gibbs-Duhem-Relation*

$$\mu = \left(\frac{\partial G}{\partial N}\right)_{T,P} = g(T,P) = \frac{G}{N} \Longrightarrow G = \mu N \ .$$

Setzen wir dies z.B. in die freie Energie F und in das großkanonische Potential J ein, dann folgen als weitere Gibbs-Duhem-Beziehungen

$$F = \mu N - PV \ , \ J = -PV \ . \qquad (4.61)$$

Vollständige thermodynamische Information. Offensichtlich ergeben sich aus der Kenntnis eines thermodynamischen Potentials als Funktion seiner natürlichen Variablen alle anderen Potentiale (durch Legendre-Transformationen) und somit alle thermodynamischen Zustandsgrößen. Insofern enthält jedes einzelne thermodynamische Potential die vollständige thermodynamische Information des betrachteten Systems. Als Beispiel betrachten wir die freie Enthalpie $H = H(S,P,N)$ und zeigen, wie man hieraus die kalorische Zustandsgleichung $E = E(T,V,N)$ erhält. Grundsätzlich beginnt man mit den partiellen Ableitungen des Potentials:

$$T = \left(\frac{\partial H}{\partial S}\right)_{P,N} = T(S,P,N) \ .$$

Löst man diese Gleichung nach S auf, so ergibt sich $S(T,P,N)$. Weiterhin gilt

$$V = \left(\frac{\partial H}{\partial P}\right)_{S,N} = V(S,P,N) = V[S(T,P,N),P,N] = V(T,P,N) \ .$$

Diese Gleichung, nach P aufgelöst, ergibt $P(T,V,N)$. Setzt man nun $S(T,P,N)$ und $P(T,V,N)$ in $H(S,P,N)$ ein, dann folgt

$$H(S,P,N) = H\{S[T,P(T,V,N),N],P(T,V,N),N\} = H(T,V,N)$$

und somit schließlich

$$E = H(T,V,N) - P(T,V,N)V = E(T,V,N) \ .$$

Man erhält übrigens mit $S(T,P,N)$, $P(T,V,N)$ und $E(T,V,N)$ auch direkt die freie Energie als Funktion ihrer natürlichen Variablen:

$$F = E(T,V,N) - TS[T,P(T,V,N),N] = F(T,V,N) \ .$$

4.5.3 Zustandsänderungen und thermische Koeffizienten

Aus experimenteller Sicht erhält man Aufschluß über die Zusammenhänge zwischen den einzelnen makroskopischen Größen, indem man ihr Verhalten bei Änderung bestimmter Größen studiert. Zu diesem Zweck definiert man die folgenden thermischen Koeffizienten, weil diese dem Experiment in vielen Fällen einfach zugänglich sind:[13]

Ausdehnungskoeffizient: $$\alpha = \frac{1}{V}\left(\frac{\partial V}{\partial T}\right)_P = -\frac{1}{V}\left(\frac{\partial S}{\partial P}\right)_T$$

Druckkoeffizient: $$\beta = \left(\frac{\partial P}{\partial T}\right)_V = \left(\frac{\partial S}{\partial V}\right)_T$$

Isobare Wärmekapazität: $$C_P = T\left(\frac{\partial S}{\partial T}\right)_P = \left(\frac{\partial H}{\partial T}\right)_P$$

Isochore Wärmekapazität: $$C_V = T\left(\frac{\partial S}{\partial T}\right)_V = \left(\frac{\partial E}{\partial T}\right)_V .$$

Die ersten beiden Relationen bestehen aus zweiten Ableitungen der thermodynamischen Potentiale und sind in den Maxwell-Relationen (4.60) enthalten. Die letzten beiden enthalten erste Ableitungen der Potentiale und ergeben sich aus den vollständigen Differentialen von $\mathrm{d}H$ bzw. $\mathrm{d}E$, wie sie in der obigen Definition der thermodynamischen Potentiale angegeben sind. Darüber hinaus führt man noch folgende Kompressibilitäten ein:

Isotherme Kompressibilität: $$\kappa_T = -\frac{1}{V}\left(\frac{\partial V}{\partial P}\right)_T$$

Adiabatische Kompressibilität: $$\kappa_S = -\frac{1}{V}\left(\frac{\partial V}{\partial P}\right)_S .$$

Normalerweise sind nicht alle diese Größen im selben Maße einfach zu messen. Es ist deshalb instruktiv, Beziehungen zwischen ihnen herzuleiten. Tauscht man beim Druckkoeffizient festgehaltene und veränderliche Variable nach der Regel (A.4) aus, dann folgt als erste Relation

$$\beta = \frac{\alpha}{\kappa_T} . \tag{4.62}$$

Eine weitere Gleichung ergibt sich aus $S = S(T,V) = S[T, V(T,P)]$:

$$T\left(\frac{\partial S}{\partial T}\right)_P = T\left(\frac{\partial S}{\partial T}\right)_V + T\left(\frac{\partial S}{\partial V}\right)_T\left(\frac{\partial V}{\partial T}\right)_P$$

$$\Longrightarrow C_P - C_V = T\left(\frac{\partial S}{\partial V}\right)_T\left(\frac{\partial V}{\partial T}\right)_P .$$

Bei Verwendung der Regel (A.4) sowie der zweiten in (4.60) angegebenen Maxwell-Relation können wir dies umschreiben zu

[13] Der überall konstant gehaltene Parameter N wird im folgenden unterdrückt.

$$\left(\frac{\partial S}{\partial V}\right)_T = \left(\frac{\partial P}{\partial T}\right)_V = -\left(\frac{\partial P}{\partial V}\right)_T \left(\frac{\partial V}{\partial T}\right)_P$$

$$\Longrightarrow C_P - C_V = -T\left(\frac{\partial P}{\partial V}\right)_T \left(\frac{\partial V}{\partial T}\right)_P^2 = \frac{\alpha^2 TV}{\kappa_T} . \tag{4.63}$$

Aus $V = V(S,P) = V[T(S,P),P]$ ergibt sich eine dritte Beziehung in analoger Weise:

$$\left(\frac{\partial V}{\partial P}\right)_S = \left(\frac{\partial V}{\partial T}\right)_P \left(\frac{\partial T}{\partial P}\right)_S + \left(\frac{\partial V}{\partial P}\right)_T$$

$$\Longrightarrow \kappa_T - \kappa_S = \frac{1}{V}\left(\frac{\partial V}{\partial T}\right)_P \left(\frac{\partial T}{\partial P}\right)_S .$$

Mit der dritten, in (4.60) angegebenen Maxwell-Relation sowie der Kettenregel (A.6) geht diese Gleichung über in

$$\left(\frac{\partial T}{\partial P}\right)_S = \left(\frac{\partial V}{\partial S}\right)_P = \left(\frac{\partial V}{\partial T}\right)_P \left(\frac{\partial T}{\partial S}\right)_P$$

$$\Longrightarrow \kappa_T - \kappa_S = \frac{1}{V}\left(\frac{\partial V}{\partial T}\right)_P^2 \left(\frac{\partial T}{\partial S}\right)_P = \frac{\alpha^2 TV}{C_P} . \tag{4.64}$$

Die Kombination von (4.63) und (4.64) liefert schließlich die weiteren Beziehungen

$$C_P = \frac{\alpha^2 TV}{\kappa_T - \kappa_S} , \; C_V = \frac{\alpha^2 TV\kappa_S}{(\kappa_T - \kappa_S)\kappa_T} , \; \frac{C_P}{C_V} = \frac{\kappa_T}{\kappa_S} .$$

4.5.4 Gleichgewicht und Stabilität

Wir wollen nun untersuchen, wie sich Gleichgewichtsbedingungen von nicht abgeschlossenen (offenen) Systemen formulieren lassen. Wir nehmen dabei an, daß diese Systeme im allgemeinsten Fall Wärme und mechanische Energie in Form von Volumen V und Teilchen N mit ihrer Umgebung quasistatisch austauschen können. (Die Verallgemeinerung auf andere mechanische Energieformen ist unproblematisch.) Ausgangspunkt ist die aus dem 2. Hauptsatz, 1. Teil folgende Gibbssche Fundamentalform (siehe Satz 4.14)

$$T\mathrm{d}S \geq \mathrm{d}E - \mu\mathrm{d}N + P\mathrm{d}V . \tag{4.65}$$

Betrachten wir zunächst den Fall eines abgeschlossenen Systems, also $\mathrm{d}E = \mathrm{d}V = \mathrm{d}N = 0$, dann folgt hieraus

$$(\mathrm{d}S)_{E,V,N} \geq 0 .$$

Das heißt *die Entropie eines abgeschlossenen Systems mit konstanter Energie, konstanter Teilchenzahl und konstantem Volumen wird niemals kleiner und besitzt im Gleichgewicht ein Maximum.* Dies ist aber gerade der Inhalt des 2.

Hauptsatzes, 2. Teil. Der 2. Teil ergibt sich also als notwendige Folgerung aus dem 1. Teil. Nehmen wir nun an, das System werde von außen auf konstanter Entropie gehalten und sei ansonsten isoliert ($\mathrm{d}S = \mathrm{d}N = \mathrm{d}V = 0$). Dann folgt aus (4.65)

$$(\mathrm{d}E)_{S,V,N} \leq 0 \; .$$

Also: *Die Energie eines Systems, das auf konstanter Entropie gehalten wird und ansonsten isoliert ist, wird niemals größer und besitzt im Gleichgewichtszustand ein Minimum.* Als nächstes betrachten wir den Fall, daß ein System von außen auf konstanter Temperatur gehalten wird und mechanisch isoliert ist ($\mathrm{d}T = \mathrm{d}N = \mathrm{d}V = 0$). Dann können wir, wieder ausgehend von (4.65), schreiben:

$$\begin{aligned} T\mathrm{d}S &\geq \mathrm{d}E - \mu\mathrm{d}N + P\mathrm{d}V \\ &\geq \mathrm{d}(E - TS) + T\mathrm{d}S + S\mathrm{d}T - \mu\mathrm{d}N + P\mathrm{d}V \\ \Longrightarrow 0 &\geq \mathrm{d}F + S\mathrm{d}T - \mu\mathrm{d}N + P\mathrm{d}V \\ \Longrightarrow (\mathrm{d}F)_{T,V,N} &\leq 0 \; . \end{aligned}$$

Die freie Energie eines Systems, das auf konstanter Temperatur gehalten wird und mechanisch isoliert ist, wird niemals größer und besitzt im Gleichgewicht ein Minimum. Auf die hier vorgeführte Weise lassen sich leicht die entsprechenden Bedingungen für offene Systeme mit anderen konstant gehaltenen Parametern herleiten. Für $\mathrm{d}S = \mathrm{d}P = \mathrm{d}N = 0$ hat man

$$\begin{aligned} T\mathrm{d}S &\geq \mathrm{d}E - \mu\mathrm{d}N + P\mathrm{d}V \\ &\geq \mathrm{d}(E + PV) - V\mathrm{d}P - \mu\mathrm{d}N \\ \Longrightarrow 0 &\geq \mathrm{d}H - V\mathrm{d}P - \mu\mathrm{d}N \\ \Longrightarrow (\mathrm{d}H)_{S,P,N} &\leq 0 \; . \end{aligned}$$

Für $\mathrm{d}T = \mathrm{d}P = \mathrm{d}N = 0$ ergibt sich

$$\begin{aligned} T\mathrm{d}S &\geq \mathrm{d}E - \mu\mathrm{d}N + P\mathrm{d}V \\ &\geq \mathrm{d}(E - TS + PV) + T\mathrm{d}S + S\mathrm{d}T - V\mathrm{d}P - \mu\mathrm{d}N \\ \Longrightarrow 0 &\geq \mathrm{d}G + S\mathrm{d}T - V\mathrm{d}P - \mu\mathrm{d}N \\ \Longrightarrow (\mathrm{d}G)_{T,P,N} &\leq 0 \; , \end{aligned}$$

und für $\mathrm{d}T = \mathrm{d}\mu = \mathrm{d}V = 0$ folgt schließlich

$$\begin{aligned} T\mathrm{d}S &\geq \mathrm{d}E - \mu\mathrm{d}N + P\mathrm{d}V \\ &\geq \mathrm{d}(E - TS - \mu N) + S\mathrm{d}T + T\mathrm{d}S + N\mathrm{d}\mu + P\mathrm{d}V \\ \Longrightarrow 0 &\geq \mathrm{d}J + S\mathrm{d}T + N\mathrm{d}\mu + P\mathrm{d}V \\ \Longrightarrow (\mathrm{d}J)_{T,V,\mu} &\leq 0 \; . \end{aligned}$$

Wir erkennen hieraus folgende einfache Gesetzmäßigkeit:

Satz 4.15: Gleichgewichtsbedingungen und thermodynamische Potentiale

Werden bei einem System die natürlichen Variablen eines bestimmten thermodynamischen Potentials konstant gehalten, dann wird dieses Potential niemals größer und besitzt im Gleichgewicht ein Minimum:

$$\begin{aligned} E,V,N \text{ konstant} &\Longrightarrow (\mathrm{d}S)_{E,V,N} \geq 0 \text{ (abgeschl. System: Maximum)} \\ S,V,N \text{ konstant} &\Longrightarrow (\mathrm{d}E)_{S,V,N} \leq 0 \\ T,V,N \text{ konstant} &\Longrightarrow (\mathrm{d}F)_{T,V,N} \leq 0 \\ S,P,N \text{ konstant} &\Longrightarrow (\mathrm{d}H)_{S,P,N} \leq 0 \\ T,P,N \text{ konstant} &\Longrightarrow (\mathrm{d}G)_{T,P,N} \leq 0 \\ T,V,\mu \text{ konstant} &\Longrightarrow (\mathrm{d}J)_{T,V,\mu} \leq 0 \,. \end{aligned}$$

Als Beispiel für das Minimumsprinzip der freien Energie betrachte man ein Gas in einem Zylinder bei konstanter Temperatur, konstanter Teilchenzahl und konstantem Volumen. Im Zylinder sei ein frei beweglicher Kolben, der das Gesamtvolumen V in zwei Teile V_1 und V_2 aufteilt, in denen die Drücke P_1 und P_2 herrschen. Gefragt ist nach der Gleichgewichtslage des Kolbens, wenn man ihn an irgend einer Stelle losläßt. Die zugehörige Gleichgewichtsbedingung lautet ($\mathrm{d}V_2 = -\mathrm{d}V_1$)

$$\begin{aligned} (\mathrm{d}F)_{T,V,N} &= \left(\frac{\partial F}{\partial V_1}\right)_{T,N} \mathrm{d}V_1 + \left(\frac{\partial F}{\partial V_2}\right)_{T,N} \mathrm{d}V_2 \\ &= \left[\left(\frac{\partial F}{\partial V_1}\right)_{T,N} - \left(\frac{\partial F}{\partial V_2}\right)_{T,N}\right] \mathrm{d}V_1 = 0 \,. \end{aligned}$$

Hieraus folgt erwartungsgemäß

$$\left(\frac{\partial F}{\partial V_1}\right)_{T,N} = \left(\frac{\partial F}{\partial V_2}\right)_{T,N} \Longleftrightarrow P_1 = P_2 \,.$$

Stabilität. Die in Satz 4.15 angegebenen Minimumsbedingungen der thermodynamischen Potentiale sind notwendig aber nicht hinreichend, um einen Gleichgewichtszustand zu determinieren. Betrachten wir z.B. die Energie $E(S,V)$, dann bedarf es für stabiles Gleichgewicht bei einer kleinen Variation von S und V neben $\mathrm{d}E = 0$ zusätzlich der Bedingung

$$\mathrm{d}^2E > 0 \,.$$

Führen wir diese Variation aus, dann erhalten wir

$$
\begin{aligned}
E(S+\mathrm{d}S, V+\mathrm{d}V) &= E(S,V) + \left(\frac{\partial E}{\partial S}\right)_V \mathrm{d}S + \left(\frac{\partial E}{\partial V}\right)_S \mathrm{d}V \\
&\quad + \left[\left(\frac{\partial^2 S}{\partial S^2}\right)_V (\mathrm{d}S)^2 + 2\frac{\partial^2 S}{\partial S \partial V}\mathrm{d}S\mathrm{d}V \right. \\
&\quad \left. + \left(\frac{\partial^2 E}{\partial V^2}\right)_S (\mathrm{d}V)^2\right] + \ldots \\
\Longrightarrow \left(\frac{\partial^2 E}{\partial S^2}\right)_V (\mathrm{d}S)^2 &+ 2\frac{\partial^2 E}{\partial S \partial V}\mathrm{d}S\mathrm{d}V + \left(\frac{\partial^2 E}{\partial V^2}\right)_S (\mathrm{d}V)^2 > 0 \ .
\end{aligned}
$$

Damit nun eine beliebige quadratische Form $ax^2 + 2bxy + cy^2$ positiv definit ist, muß gelten: $a > 0$, $c > 0$ und $(ac - b^2) > 0$. Dies bedeutet in unserem Fall

$$
\left(\frac{\partial^2 E}{\partial S^2}\right)_V = \left(\frac{\partial T}{\partial S}\right)_V = \frac{T}{C_V} > 0 \Longrightarrow C_V > 0 \tag{4.66}
$$

$$
\left(\frac{\partial^2 E}{\partial V^2}\right)_S = -\left(\frac{\partial P}{\partial V}\right)_S = \frac{1}{V\kappa_S} > 0 \Longrightarrow \kappa_S > 0 \tag{4.67}
$$

$$
\begin{aligned}
&\left(\frac{\partial^2 E}{\partial S^2}\right)_V \left(\frac{\partial^2 E}{\partial V^2}\right)_S - \left(\frac{\partial^2 E}{\partial S \partial V}\right)^2 = \frac{T}{VC_V\kappa_S} - \left(\frac{\partial T}{\partial V}\right)_S^2 > 0 \\
&\Longrightarrow \frac{T}{VC_V\kappa_S} > \left(\frac{\partial T}{\partial V}\right)_S^2 .
\end{aligned}
$$

In gleicher Weise führt z.B. die Stabilitätsbedingung $\mathrm{d}^2F > 0$ zu der Ungleichung

$$
\left(\frac{\partial^2 F}{\partial V^2}\right)_T = -\left(\frac{\partial P}{\partial V}\right)_T = \frac{1}{V\kappa_T} > 0 \Longrightarrow \kappa_T > 0 \ . \tag{4.68}
$$

Die Bedingungen (4.66), (4.67) und (4.68) besagen, daß ein System nur dann im Gleichgewicht sein kann, wenn

- die Temperatur steigt, falls es bei konstantem Volumen aufgeheizt wird ($C_V > 0$),
- das Volumen kleiner wird, falls es bei konstanter Entropie komprimiert wird ($\kappa_S > 0$),
- das Volumen kleiner wird, falls es bei konstanter Temperatur komprimiert wird ($\kappa_T > 0$).

Dies sind spezielle Beispiele des *Le Chatelier-Prinzips*, nach dem spontane Änderungen eines Gleichgewichtssystems zu Prozessen führen, die bestrebt sind, das System zurück ins Gleichgewicht zu bringen. Aus $C_V, \kappa_T > 0$ folgt wegen (4.63) auch $C_P > 0$. Weiterhin folgt aus $\kappa_T > 0$ und (4.62), daß α und β das gleiche Vorzeichen haben; im Normalfall sind sie positiv. Eine Ausnahme ist z.B. Wasser am Gefrierpunkt.

4.5.5 Wärmekraftmaschinen und Kreisprozesse

Historisch gesehen begann die Entwicklung der Thermodynamik mit dem Studium von Wärmekraftmaschinen. Hierunter versteht man Maschinen, die Wärme in andere Energieformen umwandeln. Aufgrund ihrer immensen technologischen Bedeutung, ganz abgesehen von ihrer historischen Bedeutung im Zusammenhang mit der industriellen Revolution, wollen wir in diesem Unterabschnitt einige Eigenschaften von Wärmekraftmaschinen genauer untersuchen. Wir beschränken uns dabei auf *zyklisch* arbeitende Maschinen, also auf solche, die nach Durchlaufen eines Zyklusses in ihren Ausgangszustand zurückkehren.

Perpetuum mobile 1. und 2. Art. Man betrachte das in Abb. 4.5 skizzierte abgeschlossene System. Es besteht aus einem Wärmereservoir R mit

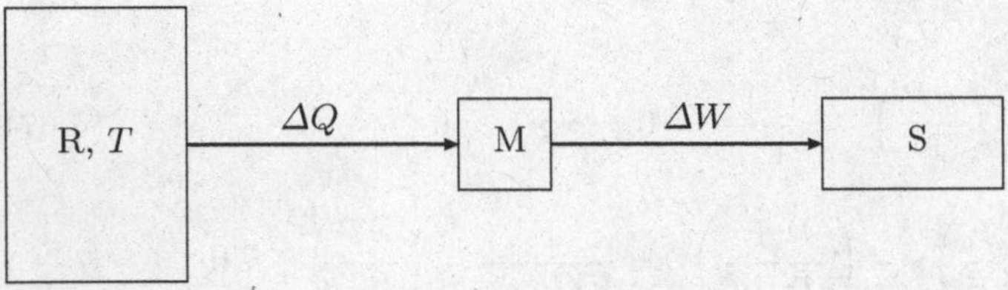

Abb. 4.5. Schematische Darstellung einer Wärmekraftmaschine M, die eine Wärmemenge ΔQ in Arbeit ΔW umwandelt

konstanter Temperatur T, einer Wärmekraftmaschine M und einem Arbeitsspeicher S. Innerhalb eines Zyklusses entnimmt die Maschine dem Reservoir die Wärmemenge ΔQ, wandelt sie in Arbeit ΔW um und führt diese dem Arbeitsspeicher zu. Da die Maschine nach einem Zyklus wieder in ihren Ausgangszustand zurückkehrt, gilt $\Delta E_{\rm M} = 0$. Nach dem 1. Hauptsatz folgt hieraus

$$\Delta E_{\rm M} = \Delta Q - \Delta W = 0 \Longrightarrow \Delta Q = \Delta W .$$

Dies bedeutet, die Maschine ist sicherlich nicht in der Lage, mehr Arbeit abzugeben als sie in Form von Wärme aufgenommen hat. Mit anderen Worten: Der erste Hauptsatz verbietet die Existenz eines *Perpetuum mobiles 1. Art.* Die Maschine ist allerdings auch nicht in der Lage, genau soviel Arbeit abzugeben, wie sie an Wärme aufgenommen hat, weil dies im Widerspruch zum 2. Hauptsatz steht. Um dies zu sehen, benötigen wir die Entropieänderungen von R, M und S nach einem Zyklus. Da dem Reservoir die Wärmemenge ΔQ entzogen wurde, gilt

$$\Delta S_{\rm R} \geq -\frac{\Delta Q}{T} = -\frac{\Delta W}{T} .$$

Für die Maschine ist

$$\Delta S_{\rm M} = 0 ,$$

weil sie nach dem Zyklus wieder in denselben Zustand zurückkehrt. Nehmen wir sinnvoller Weise an, daß der Arbeitsspeicher nur aus sehr wenigen Freiheitsgraden besteht, z.B. aus einer Feder mit nur einem Freiheitsgrad, dann ist seine Entropieänderung gegenüber derjenigen von R sicherlich vernachlässigbar, also

$$\Delta S_{\rm S} \approx 0 \; .$$

Nach dem 2. Hauptsatz muß die Entropieänderung des abgeschlossenen Gesamtsystems größer gleich Null sein, d.h. es muß gelten:

$$\Delta S_{\rm R} + \Delta S_{\rm M} + \Delta S_{\rm S} \geq -\frac{\Delta W}{T} \geq 0 \Longrightarrow \Delta W \leq 0 \; .$$

Wir folgern hieraus: Es gibt keine Maschine, dessen Wirkung einzig und allein darin besteht, eine Wärmemenge ΔQ in die Arbeit $\Delta W = \Delta Q$ umzuwandeln (*Perpetuum mobile 2. Art*). Diese Aussage ist die *Kelvinsche Formulierung des 2. Hauptsatzes.* Hierzu äquivalent ist die *Clausiussche Formulierung des 2. Hauptsatzes:* Es gibt keine Maschine, dessen Wirkung einzig und allein darin besteht, eine Wärmemenge ΔQ einem kälteren Wärmereservoir zu entnehmen und einem wärmeren zuzuführen. Man überzeugt sich leicht von der Richtigkeit dieser Aussage, indem man wieder die Energie- und Entropiebilanz für das System $\rm R_1$+M+$\rm R_2$ anschreibt.

Wärmekraftmaschinen und Wirkungsgrad. Um eine funktionstüchtige, d.h. eine mit dem 1. und 2. Hauptsatz im Einklang stehende Wärmekraftmaschine bauen zu können, muß man dafür sorgen, daß die Gesamtentropie während eines Zyklusses nicht abnimmt. Dies läßt sich erreichen, indem man das oben skizzierte System um ein weiteres Wärmereservoir erweitert, an das die Maschine einen Teil seiner aufgenommenen Wärmemenge abgeben kann, so daß sich die Entropie dieses Reservoirs um den erforderlichen Betrag vergrößert. Ein solches System ist in Abb. 4.6 dargestellt. Aus dem 1. Hauptsatz ergibt sich jetzt

$$\Delta E_{\rm M} = \Delta Q_1 - \Delta Q_2 - \Delta W = 0 \Longrightarrow \Delta Q_2 = \Delta Q_1 - \Delta W \; . \tag{4.69}$$

Die Entropiedifferenzen der einzelnen Systemkomponenten sind

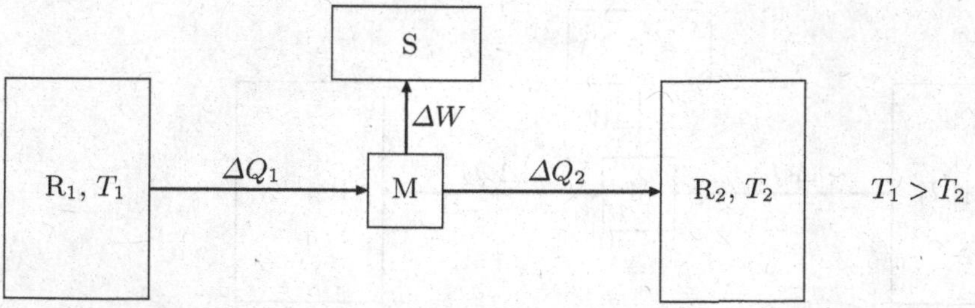

Abb. 4.6. Schematische Darstellung einer realisierbaren Wärmekraftmaschine M, die einen Teil ΔQ_2 der aufgenommen Wärmemenge ΔQ_1 abgibt und den Rest in Arbeit ΔW umwandelt

$$\Delta S_{\mathrm{R}_1} \geq -\frac{\Delta Q_1}{T_1} , \; \Delta S_{\mathrm{R}_2} \geq \frac{\Delta Q_2}{T_2} , \; \Delta S_{\mathrm{M}} = 0 , \; \Delta S_{\mathrm{S}} \approx 0 .$$

Der 2. Hauptsatz liefert die Bedingung

$$\Delta S_{R_1} + \Delta S_{R_2} + \Delta S_{\mathrm{M}} + \Delta S_{\mathrm{S}} \geq \Delta Q_1 \left(\frac{1}{T_2} - \frac{1}{T_1}\right) - \frac{\Delta W}{T_2} \geq 0 .$$

Hieraus folgt, daß die maximale (positive) Arbeit, die M abgeben kann, nach oben beschränkt ist durch

$$\Delta W \leq \Delta Q_1 \left(\frac{T_1 - T_2}{T_1}\right) , \; T_1 > T_2 . \tag{4.70}$$

In der Praxis ist das Wärmereservoir R_1 nicht unendlich groß, so daß die ihm entnommene Wärme ΔQ_1 dauernd ersetzt werden muß, z.B. durch Verbrennung von Kohle oder Öl. Man definiert daher den *Wirkungsgrad* η einer Wärmekraftmaschine durch

$$\eta = \frac{\text{erzeugte Arbeit}}{\text{aufgebrachte Wärme}} = \frac{\Delta W}{\Delta Q_1} = \frac{\Delta Q_1 - \Delta Q_2}{\Delta Q_1} .$$

Für realisierbare Wärmekraftmaschinen gilt somit

$$\eta \leq \eta_{\mathrm{ideal}} = \frac{T_1 - T_2}{T_1} ,$$

wobei der ideale Wirkungsgrad η_{ideal} reversible Prozesse voraussetzt. In der Praxis erreichte Wirkungsgrade liegen etwa bei $\eta = 30\%$.

Man kann natürlich auch den Prozeß in Abb. 4.6 umdrehen, so daß die Maschine M unter Arbeitsaufwand ΔW die Wärmemenge ΔQ_2 dem Reservoir R_2 entnimmt und die Wärmemenge ΔQ_1 dem Reservoir R_1 zuführt (siehe Abb. 4.7). In diesem Fall drehen sich die Vorzeichen von ΔQ_1, ΔQ_2 und ΔW um, so daß (4.70) betragsmäßig übergeht in

$$\Delta W \geq \Delta Q_1 \left(\frac{T_1 - T_2}{T_1}\right) , \; T_1 > T_2$$

oder mit (4.69)

$$\Delta W \geq \Delta Q_2 \left(\frac{T_1 - T_2}{T_2}\right) , \; T_1 > T_2 .$$

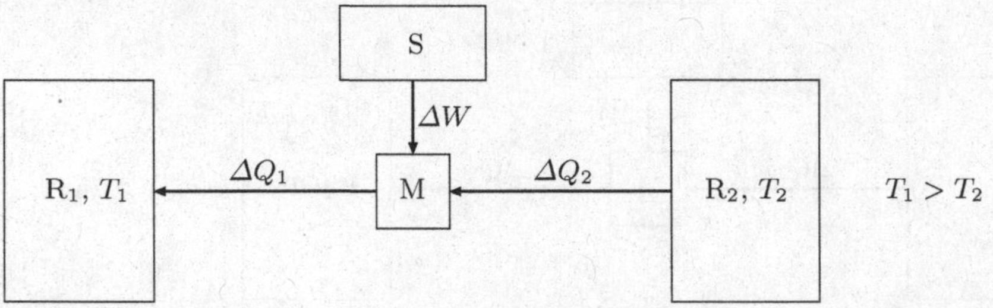

Abb. 4.7. Schematische Darstellung einer realisierbaren Wärmekraftmaschine M, die unter Arbeitsaufwand ΔW eine Wärmemenge ΔQ_2 aufnimmt und in eine Wärmemenge $\Delta Q_1 > \Delta Q_2$ umwandelt (Wärmepumpe, Kühlschrank)

Im Falle eines Kühlschrankes ist der Nutzen die von R_2 abgezogene Wärme ΔQ_2, und im Falle einer Wärmepumpe ist es die nach R_1 transportierte Wärme ΔQ_1. Man definiert daher für den Kühlschrank

$$\eta = \frac{\Delta Q_2}{\Delta W} \leq \eta_{\text{ideal}} = \frac{T_2}{T_1 - T_2}$$

und für die Wärmepumpe

$$\eta = \frac{\Delta Q_1}{\Delta W} \leq \eta_{\text{ideal}} = \frac{T_1}{T_1 - T_2} .$$

Carnotscher Kreisprozeß. Carnot-Maschinen sind *ideale Wärmekraftmaschinen*, die während eines Zyklusses nur reversible Prozesse durchlaufen, so daß ihr Wirkungsgrad gleich ihrem idealen Wirkungsgrad ist. Eine solche Maschine läßt sich (zumindest theoretisch) in folgender Weise konstruieren: Sei x ein äußerer Parameter der Maschine M, dann führt eine Änderung von x zu einer Arbeitsleistung von M. Die Ausgangsposition von M sei charakterisiert durch $x = x_a$ und $T = T_2$, wobei T_2 die Temperatur des kälteren Wärmereservoirs R_2 bezeichne. Die Maschine durchlaufe nun folgende Schritte in reversibler Weise:

1. *Adiabatischer Schritt:* x wird bei thermischer Isolierung von M langsam verändert, bis M die Temperatur $T_1 > T_2$ erreicht hat ($x_a \to x_b$, $T_2 \to T_1$).

2. *Isothermischer Schritt:* M wird mit dem wärmeren Reservoir R_1 der Temperatur T_1 in thermischen Kontakt gebracht. x wird weiter geändert, so daß M bei gleichbleibender Temperatur T_1 die Wärmemenge ΔQ_1 von R_1 absorbiert ($x_b \to x_c$).

3. *Adiabatischer Schritt:* M wird wieder thermisch isoliert. x wird so geändert, daß die Temperatur von M von T_1 nach T_2 zurückkehrt ($x_c \to x_d$, $T_1 \to T_2$).

4. *Isothermischer Schritt:* M wird nun mit dem kälteren Reservoir R_2 der Temperatur T_2 in thermischen Kontakt gebracht. Der Parameter x wird geändert, bis er seinen Ausgangswert x_a erreicht hat, wobei M bei gleichbleibender Temperatur T_2 die Wärmemenge ΔQ_2 an R_2 abgibt ($x_d \to x_a$).

Der Zyklus ist nun beendet, und die Maschine ist wieder in ihrem Ausgangszustand. Für die Entropie- und Energieänderung der Maschine gilt

$$\begin{aligned}
\Delta S_{\text{M}} &= 0 + \frac{\Delta Q_1}{T_1} + 0 - \frac{\Delta Q_2}{T_2} = 0 \Longrightarrow \frac{\Delta Q_1}{T_1} = \frac{\Delta Q_2}{T_2} \\
\Delta E_{\text{M}} &= \Delta Q_1 - \Delta Q_2 - \Delta W = 0 \quad \Longrightarrow \Delta W = \Delta Q_1 - \Delta Q_2 \ ,
\end{aligned}$$

wobei

$$\Delta W = \int\limits_{x_a}^{x_b} \mathrm{d}xX + \int\limits_{x_b}^{x_c} \mathrm{d}xX + \int\limits_{x_c}^{x_d} \mathrm{d}xX + \int\limits_{x_d}^{x_a} \mathrm{d}xX = \oint \mathrm{d}xX$$

die vom System geleistete Arbeit ist. Die Entropieänderung des Gesamtsystems, bestehend aus den Reservoirs R_1 und R_2, der Maschine M und dem Arbeitsspeicher S, ist ($\Delta S_S \approx 0$)

$$\Delta S = -\frac{\Delta Q_1}{T_1} + \frac{\Delta Q_2}{T_2} = 0 \; .$$

Das heißt es handelt sich beim *Carnotschen Kreisprozeß* in der Tat um einen reversiblen Prozeß. Er kann deshalb auch in umgekehrter Richtung ablaufen und so für einen Kühlschrank oder eine Wärmepumpe verwendet werden.

Betrachten wir als Beispiel eines Carnotschen Prozesses ein (nicht unbedingt ideales) Gas, das in einem Zylinder mit einem beweglichen Kolben eingeschlossen ist (Abb. 4.8). Hierbei ist das Volumen V der veränderliche äußere Parameter. Die vier Carnot-Schritte lassen sich in einem PV-Diagramm in der in Abb. 4.9 gezeigten Weise darstellen. Die vom Gas während eines Zyklusses geleistete Arbeit ist dabei gerade die von den beiden Isothermen und Adiabaten eingeschlossene Fläche.

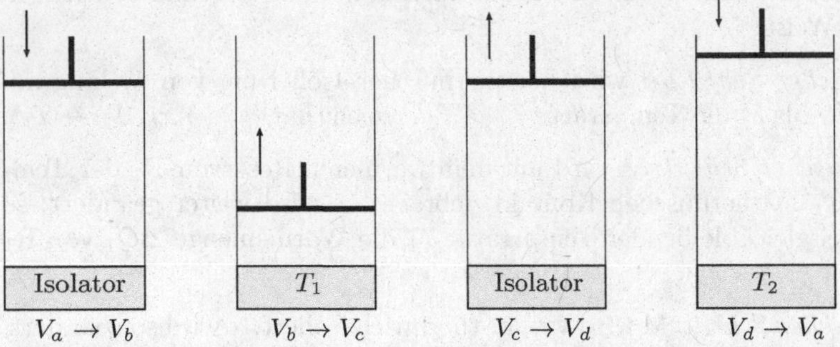

Abb. 4.8. Carnotscher Kreisprozeß eines mit Gas gefüllten Zylinders mit beweglichem Kolben

Zusammenfassung

- Die **Thermodynamik** beschreibt das Verhalten makroskopischer Gleichgewichtssysteme von einem rein makroskopischen Standpunkt aus. Sie basiert auf den drei empirisch gefundenen **Hauptsätzen der Thermodynamik**.

- Die **thermodynamischen Potentiale** sind als Funktion ihrer natürlichen Variablen Zustandsgleichungen, mit denen sich Gleichgewichtszustände offener Systeme durch einfache Minimumsprinzipien ausdrücken lassen. Ihre partiellen Ableitungen führen zu den **thermodynamischen Kräften** und den **Maxwell-Relationen**.

▷

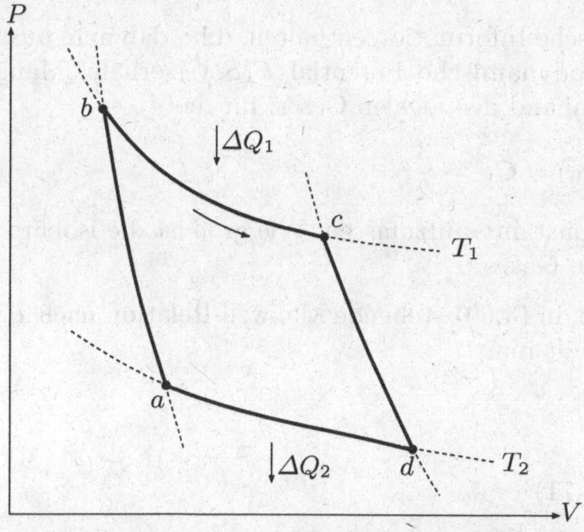

Abb. 4.9. Schematische Darstellung des Carnotschen Kreisprozesses für ein Gas im PV-Diagramm. Die Raute wird durch zwei Isothermen ($\Delta T = 0$) und zwei Adiabaten $\Delta S = 0$) begrenzt. Ihre Fläche ist gleich der vom Gas geleisteten Arbeit

- Jedes dieser Potentiale enthält die vollständige thermodynamische Information eines Systems.
- Zustandsänderungen werden durch **thermische Koeffizienten** charakterisiert. Die mit den Minimumsbedingungen der thermodynamischen Potentiale verbundenen Stabilitätskriterien schränken das Verhalten dieser Koeffizienten ein.
- Die ersten beiden Hauptsätze der Thermodynamik verbieten die Existenz eines **Perpetuum mobiles 1. und 2. Art**. Realisierbare Wärmekraftmaschinen sind nur in der Lage, einen Teil der ihnen zugeführten Wärmemenge in Arbeit umzuwandeln. Die Restwärme muß notwendigerweise abgeführt werden, damit die Gesamtentropie nicht abnimmt.
- Der **Carnotsche Kreisprozeß** beschreibt die Arbeitsweise von Wärmekraftmaschinen, die alle Schritte eines Zyklusses in reversibler Weise ausführen und deshalb ihren idealen **Wirkungsgrad** erreichen.

Anwendungen

62. Vollständige thermodynamische Information. Zu zeigen ist, daß die Zustandsgleichungen

$$P = P(T, V) \ , \ C_V(T, V_0) \tag{4.71}$$

die vollständige thermodynamische Information enthalten, d.h., daß man aus diesen Gleichungen das thermodynamische Potential $E(S,V)$ erhält. Man verifiziere diesen Sachverhalt anhand des idealen Gases, für das

$$P(T,V) = \frac{TNk}{V} \; , \; C_V(T,V_0) = C_V = \frac{3}{2}Nk$$

bekannt seien. N ist hier als Konstante aufzufassen. Wie groß ist die isobare Wärmekapazität C_P des idealen Gases?

Lösung. Leitet man die zweite, in (4.60) stehende Maxwell-Relation nach T bei konstantem V ab, dann erhält man

$$\left(\frac{\partial C_V}{\partial V}\right)_T = T\left(\frac{\partial^2 P}{\partial T^2}\right)_V .$$

Hieraus folgt zusammen mit (4.71)

$$C_V(T,V) = C_V(T,V_0) + T\int\limits_{V_0}^{V} \mathrm{d}V' \frac{\partial^2 P(T,V')}{\partial T^2} . \quad (4.72)$$

Mit Hilfe derselben Maxwell-Relation erhält man auch

$$\mathrm{d}S = \left(\frac{\partial S}{\partial T}\right)_V \mathrm{d}T + \left(\frac{\partial S}{\partial V}\right)_T \mathrm{d}V = \frac{C_V}{T}\mathrm{d}T + \left(\frac{\partial P}{\partial T}\right)_V \mathrm{d}V$$

$$\Longrightarrow \mathrm{d}E = T\mathrm{d}S - P\mathrm{d}V = C_V\mathrm{d}T + \left[T\left(\frac{\partial P}{\partial T}\right)_V - P\right]\mathrm{d}V .$$

Da die rechte Seite dieser Gleichung wegen (4.71) und (4.72) bekannt ist, erhalten wir hieraus die Funktionen $S(T,V)$ und $E(T,V)$ bis auf eine Konstante zu

$$E(T,V) = \int \mathrm{d}T C_V + \int \mathrm{d}V \left[T\left(\frac{\partial P}{\partial T}\right)_V - P\right] + \text{const}$$

$$S(T,V) = \int \mathrm{d}T \frac{C_V}{T} + \int \mathrm{d}V \left(\frac{\partial P}{\partial T}\right)_V + \text{const} .$$

Eliminiert man aus diesen Gleichungen T, so ergibt sich $E(S,V)$ bzw. $S(E,V)$. Für das ideale Gas ergeben die letzten beiden Gleichungen die Relationen

$$E(T,V) = E(T) = \frac{3}{2}NkT$$

$$S(T,V) = \frac{3}{2}Nk\ln T + Nk\ln V + \text{const} . \quad (4.73)$$

Man erhält hieraus (vgl. (4.29))

$$S(E,V) = Nk\left\{\ln\left[V\left(\frac{2c_1E}{3Nk}\right)^{3/2}\right] + c_2\right\} \; , \; c_1, c_2 = \text{const} .$$

Die Wärmekapazität C_P ergibt sich nun einfach aus

$$\begin{aligned} S(T,P) &= S[T,V(T,P)] \\ &= Nk\left(\frac{3}{2}\ln T + \ln(TkN) - \ln P + \mathrm{const}\right) \end{aligned} \tag{4.74}$$

$$\Longrightarrow C_P = T\left(\frac{\partial S}{\partial T}\right)_P = \frac{5}{2}Nk\,.$$

63. Adiabatische Expansion des idealen Gases.

a) Man zeige, daß bei der adiabatischen Expansion eines idealen Gases gilt:

$$PV^\gamma = \mathrm{const}\,,\ \gamma = \frac{C_P}{C_V}\,.$$

b) Ein ideales Gas mit dem Volumen V_1 und der Temperatur T_1 werde adiabatisch auf das Volumen V_2 expandiert. Wie groß ist die zugehörige Temperatur T_2?

Lösung.

Zu a) Es gilt

$$\left(\frac{\partial V}{\partial P}\right)_S = \left(\frac{\partial V}{\partial T}\right)_S \left(\frac{\partial T}{\partial P}\right)_S\,. \tag{4.75}$$

Aus (4.73) folgt das vollständige Differential

$$\mathrm{d}S = \left(\frac{\partial S}{\partial T}\right)_V \mathrm{d}T + \left(\frac{\partial S}{\partial V}\right)_T \mathrm{d}V = \frac{C_V}{T}\mathrm{d}T + \frac{Nk}{V}\mathrm{d}V$$

und somit

$$\left(\frac{\partial V}{\partial T}\right)_S = -\frac{VC_V}{NkT}\,. \tag{4.76}$$

Andererseits ergibt sich aus (4.74) das vollständige Differential

$$\mathrm{d}S = \left(\frac{\partial S}{\partial T}\right)_P \mathrm{d}T + \left(\frac{\partial S}{\partial P}\right)_T \mathrm{d}P = \frac{C_P}{T}\mathrm{d}T - \frac{Nk}{P}\mathrm{d}P\,,$$

so daß

$$\left(\frac{\partial T}{\partial P}\right)_S = \frac{NkT}{PC_P}\,.$$

Aus (4.75) folgt nun

$$\left(\frac{\partial V}{\partial P}\right)_S = -\frac{1}{\gamma}\frac{V}{P} \Longrightarrow \gamma\int\frac{\mathrm{d}V}{V} = -\int\frac{\mathrm{d}P}{P} \Longrightarrow PV^\gamma = \mathrm{const}\,.$$

Zu b) Aus (4.76) folgt

$$\int_{V_1}^{V_2} \frac{\mathrm{d}V}{V} = -\frac{3}{2}\int_{T_1}^{T_2} \frac{\mathrm{d}T}{T} \Longrightarrow \ln\left(\frac{V_2}{V_1}\right) = -\frac{3}{2}\ln\left(\frac{T_2}{T_1}\right) \Longrightarrow T_2 = T_1\left(\frac{V_2}{V_1}\right)^{-2/3} .$$

4.6 Klassische Maxwell-Boltzmann-Statistik

Die statistische Physik umfaßt zwei verschiedene Beschreibungsarten von Viel-Teilchensystemen, nämlich den *klassisch-statistischen* und den *quantenstatistischen* Ansatz. Der klassisch-statische Zugang wird durch die *klassische Maxwell-Boltzmann-Statistik* vertreten, der quantenstatistische durch die *Fermi-Dirac-* und die *Bose-Einstein-Statistik.* Alle drei Statistiken unterscheiden sich im wesentlichen nur durch die Art und Weise, wie die Mikrozustände eines Systems abgezählt werden.

Die klassische Maxwell-Boltzmann-Statistik setzt ihrem Namen entsprechend klassische Systeme voraus, bei denen sich die Teilchen auf wohldefinierten Bahnen im Phasenraum bewegen. Aus quantenmechanischer Sicht ist diese Annahme gleichbedeutend mit der unabhängigen Bewegung von Wellenpaketen (unterscheidbare Teilchen), so daß die N-Teilchen-Wellenfunktion einfach das tensorielle Produkt aus N Ein-Teilchen-Wellenfunktionen ist. Bei der Berechnung der entsprechenden Zustandssummen können dabei sowohl die rein klassischen Energien der Hamilton-Funktion als auch die Energieeigenwerte des quantenmechanischen Hamilton-Operators verwendet werden; einige Beispiele wurden bereits in diversen Anwendungen diskutiert.

Die Fermi-Dirac- und Bose-Einstein-Statistik tragen dagegen Quanteneffekten in adäquater Weise Rechnung. Insbesondere wird bei ihnen der fermionische bzw. bosonische Charakter identischer Teilchen mit den zugehörigen antisymmetrisierten bzw. symmetrisierten Wellenfunktionen berücksichtigt, was sich natürlich auch auf die Abzählung von Mikrozuständen auswirkt. Mit diesen beiden Statistiken werden wir uns im nächsten Abschnitt beschäftigen.

In diesem Abschnitt diskutieren wir zwei Systeme in der klassischen Boltzmann-Statistik etwas genauer, nämlich das N-Teilchen-Oszillatorsystem und das N-Teilchen-Dipolsystem, wobei wir jeweils sowohl von der zugehörigen Hamilton-Funktion H („echtes klassisches System") als auch vom Hamilton-Operator $\boldsymbol{H}$ ausgehen. Zuvor wollen wir jedoch untersuchen, unter welchen Voraussetzungen die klassische Maxwell-Boltzmann-Statistik gültig ist, und das *Äquipartitionstheorem* für „echte klassische Systeme" herleiten.

4.6.1 Klassischer Grenzfall

In der klassischen Mechanik sind die Impulse und Koordinaten eines N-Teilchensystems alle gleichzeitig spezifizierbar. Quantenmechanisch ist dies aufgrund des Heisenbergschen Unbestimmtheitsprinzips nicht länger möglich. Somit ist die klassische Näherung gut, falls gilt:

$$\Delta q \Delta p \gg h \; . \tag{4.77}$$

Betrachten wir hierzu ein aus N identischen Teilchen bestehendes ideales Gas in einem Kasten. Für ein einzelnes Teilchen mit mittlerem Impulsbetrag $\overline{p}$ und mittlerem Abstand $\overline{r}$ zu den anderen Teilchen folgt aus (4.77) die Bedingung

$$\overline{p}\,\overline{r} \gg h$$

bzw. unter Verwendung der mittleren De-Broglie-Wellenlänge $\overline{\lambda} = h/\overline{p}$

$$\overline{r} \gg \overline{\lambda} \; .$$

Weil $\overline{\lambda}$ als ein Maß für die quantenmechanische Ausdehnung der Teilchen im Raum interpretiert werden kann, ist die klassische Beschreibung möglich, falls die Wellenfunktionen der einzelnen Teilchen sich nicht überlappen; sie sind dann durch ihre Positionen unterscheidbar. Nehmen wir weiter an, daß jedes Teilchen im Mittel das Volumen $\overline{r}^3$ einnimmt. Für das ideale Gas gilt dann nach (4.30)

$$\frac{\bar{p}^2}{2m} \approx \bar{E} = \frac{3}{2}kT \; , \; \bar{p} \approx (3mkT)^{1/2} \; ,$$

und die mittlere Wellenlänge wird zu

$$\overline{\lambda} \approx \frac{h}{(3mkT)^{1/2}} \; .$$

Demnach gilt die klassische Maxwell-Boltzmann-Statistik, falls

$$\overline{r} \approx \left(\frac{V}{N}\right)^{1/3} \gg \frac{h}{(3mkT)^{1/2}} \; .$$

Dies entspricht den folgenden Fällen:

- N ist klein.
- T is groß.
- m ist nicht sehr klein.

Auf der anderen Seite bedeutet

$$\overline{r} \lesssim \overline{\lambda} \; ,$$

daß der Zustand des Gases im Kasten durch eine N-Teilchen-Wellenfunktion beschrieben wird, die sich nicht in einfachster Weise in Ein-Teilchen-Wellenfunktionen faktorisiert läßt. Wir werden diesen Fall der *Quantenstatistik* im nächsten Abschnitt diskutieren.

4.6.2 Virial- und Äquipartitionstheorem

In diesem Unterabschnitt wollen wir zunächst einige allgemeine Aussagen über Mittelwerte von klassischen Systemen machen. Hierzu betrachten wir ein dreidimensionales N-Teilchensystem mit konstanter Energie E, das durch die Hamilton-Funktion $H(q,p)$ beschrieben wird. Sei x_i irgend eine Komponente aus $\{q_1,\ldots,q_{3N},p_1,\ldots,p_{3N}\}$, dann können wir im mikrokanonischen Ensemble wie folgt rechnen:

$$\overline{x_i\frac{\partial H}{\partial x_j}}=\frac{1}{\Omega(E)}\int\limits_{E-\delta E\le H(q,p)\le E}\mathrm{d}\Gamma x_i\frac{\partial H}{\partial x_j}=\frac{\delta E}{\Omega(E)}\frac{\partial}{\partial E}\int\limits_{H(q,p)\le E}\mathrm{d}\Gamma x_i\frac{\partial H}{\partial x_j}\;.$$

Wegen $\partial E/\partial x_j=0$ läßt sich das Integral umformen zu

$$\begin{aligned}\int\limits_{H(q,p)\le E}\mathrm{d}\Gamma x_i\frac{\partial H}{\partial x_j}&=\int\limits_{H(q,p)\le E}\mathrm{d}\Gamma x_i\frac{\partial}{\partial x_j}[H(q,p)-E]\\&=\int\limits_{H(q,p)\le E}\mathrm{d}\Gamma\frac{\partial}{\partial x_j}\{x_i[H(q,p)-E]\}\\&\quad-\delta_{ij}\int\limits_{H(q,p)\le E}\mathrm{d}\Gamma[H(q,p)-E]\;.\end{aligned}\tag{4.78}$$

Der vorletzte Term dieser Gleichung enthält den Beitrag

$$x_i[H(q,p)-E]\Big|_{(x_j)_1}^{(x_j)_2}\;,$$

wobei $(x_j)_1$ und $(x_j)_2$ die „Extremwerte" der Koordinate x_j bezeichnen. Da ein Phasenraumpunkt $(q_1,\ldots,q_{3N},p_1,\ldots,p_{3N})$, der irgend eine extremale Koordinate besitzt, notwendigerweise auf der Energie-Hyperfläche $H(q,p)=E$ liegen muß, liefert der vorletzte Term von (4.78) keinen Beitrag. Es folgt somit insgesamt

$$\begin{aligned}\overline{x_i\frac{\partial H}{\partial x_j}}&=\frac{\delta_{ij}}{g(E)}\frac{\partial}{\partial E}\int\limits_{H(q,p)\le E}\mathrm{d}\Gamma[E-H(q,p)]=\frac{\delta_{ij}}{g(E)}\int\limits_{H(q,p)\le E}\mathrm{d}\Gamma\\&=\frac{\delta_{ij}}{g(E)}\omega(E)=\delta_{ij}\frac{\omega(E)}{\frac{\partial\omega(E)}{\partial E}}=\delta_{ij}\left(\frac{\partial}{\partial E}\ln\omega(E)\right)^{-1}\\&=k\delta_{ij}\left(\frac{\partial S}{\partial E}\right)^{-1}=\delta_{ij}kT\;.\end{aligned}$$

Satz 4.16: Virial- und Äquipartitionstheorem

Für ein echtes klassisches dreidimensionales N-Teilchensystem mit der Hamilton-Funktion $H(q,p)$ gelten folgende Ensemble-Mittelwerte: ▷

$$\overline{x_i \frac{\partial H}{\partial x_j}} = \delta_{ij} kT \; , \; x_i \in \{q_1, \ldots, q_{3N}, p_1, \ldots, p_{3N}\} \; .$$

Insbesondere gilt

$$\overline{p_i \frac{\partial H}{\partial p_i}} = \overline{p_i \dot{q}_i} = kT \; , \; \overline{q_i \frac{\partial H}{\partial q_i}} = -\overline{q_i \dot{p}_i} = \overline{q_i F_i} = kT \; .$$

Hieraus folgt für den Mittelwert der kinetischen Energie

$$\overline{T} = \frac{1}{2} \overline{\sum_{i=1}^{3N} p_i \dot{q}_i} = \frac{1}{2} \overline{\boldsymbol{p} \dot{\boldsymbol{q}}} = \frac{3}{2} NkT$$

und für das *Virial* der Kräfte

$$\overline{\sum_{i=1}^{3N} q_i F_i} = \overline{\boldsymbol{q} \boldsymbol{F}} = -3NkT \; .$$

Die letzten beiden Beziehungen ergeben

$$\overline{T} = -\frac{1}{2} \overline{\boldsymbol{q} \boldsymbol{F}} = \frac{3}{2} NkT \qquad (\textit{Virialtheorem}) \; .$$

Für homogene Potentiale $V(q) = \alpha |\boldsymbol{q}|^d$, $\boldsymbol{F} = -\boldsymbol{\nabla}_{\boldsymbol{q}} V(q)$ gilt insbesondere

$$\overline{T} = \frac{d}{2} \overline{V} = \frac{3}{2} NkT \Longrightarrow \overline{E} = \frac{3d+6}{2d} NkT \qquad (\textit{Äquipartitionstheorem}) \; .$$

Die letzte Gleichung heißt „Äquipartitionstheorem“, weil aus ihr zu erkennen ist, daß die Energie E im Mittel gleichmäßig auf die Freiheitsgrade des Systems verteilt ist. Man beachte, daß das Virialtheorem – hier für Ensemble-Mittelwerte gezeigt – in der Mechanik für Zeitmittelwerte hergeleitet wurde (Unterabschn. 1.1.1, Satz 1.6).

4.6.3 Harmonischer Oszillator

Wir betrachten nun ein Oszillatorsystem, das aus N eindimensionalen unterscheidbaren harmonischen Oszillatoren besteht, und berechnen die zugehörigen thermodynamischen Relationen.

I: Harmonischer Oszillator im mikrokanonischen Ensemble. Als Ausgangspunkt für die Beschreibung im mikrokanonischen Ensemble wählen wir ein Quantenoszillatorsystem mit der konstanten Teilchenzahl N und der konstanten Energie

$$E = \hbar\omega \left(M + \frac{N}{2} \right) \; .$$

Um die zugehörige mikrokanonische Zustandssumme $\Omega(E,N)$ zu berechnen, benötigen wir die Zahl von Möglichkeiten, M Quanten auf N Oszillatoren zu verteilen. Das kombinatorische Resultat ist

$$\Omega(E,N) = \frac{N(N+M-1)!}{M!N!} = \frac{(N+M-1)!}{M!(N-1)!} .$$

Hieraus ergibt sich unter Berücksichtigung von $M = E/(\hbar\omega) - N/2$ und der Stirlingschen Formel (4.28) die Entropie des Systems zu

$$\begin{aligned} S(E,N) = &\, k\left(\frac{E}{\hbar\omega} + \frac{N}{2}\right) \ln\left(\frac{E}{\hbar\omega} + \frac{N}{2}\right) \\ &-k\left(\frac{E}{\hbar\omega} - \frac{N}{2}\right) \ln\left(\frac{E}{\hbar\omega} - \frac{N}{2}\right) - Nk\ln N , \end{aligned}$$

und es folgen die Relationen

$$\frac{1}{T} = \left(\frac{\partial S}{\partial E}\right)_N = \frac{k}{\hbar\omega}\left[\ln(M+N) - \ln M\right]$$

$$\Longrightarrow M = \frac{N}{\mathrm{e}^{\beta\hbar\omega} - 1}$$

$$\Longrightarrow E(T,N) = \hbar\omega\left(\frac{N}{\mathrm{e}^{\beta\hbar\omega} - 1} + \frac{N}{2}\right) = \frac{N\hbar\omega}{2}\coth\left(\frac{\beta\hbar\omega}{2}\right) \quad (4.79)$$

$$\begin{aligned} \Longrightarrow S(T,N) &= -Nk\ln\left(\mathrm{e}^{\beta\hbar\omega} - 1\right) + \frac{Nk\beta\hbar\omega}{1 - \mathrm{e}^{-\beta\hbar\omega}} \\ &= -Nk\ln\left[2\sinh\left(\frac{\beta\hbar\omega}{2}\right)\right] + \frac{Nk\beta\hbar\omega}{2\tanh\left(\frac{\beta\hbar\omega}{2}\right)} . \end{aligned} \quad (4.80)$$

Betrachten wir den klassischen Grenzfall $\beta\hbar\omega \to 0 \Longleftrightarrow T \to \infty$, dann ergibt sich hieraus

$$S(T,N) = Nk\left[1 - \ln(\beta\hbar\omega)\right] , \; E(T,N) = NkT , \quad (4.81)$$

was im Einklang mit dem Äquipartitionstheorem mit $d = 2$ und $N \to N/3$ steht. Bei niedrigen Temperaturen ($T \to 0$) hat man dagegen

$$E = \frac{N\hbar\omega}{2} .$$

II: Harmonischer Oszillator im kanonischen Ensemble. Als nächstes betrachten wir dasselbe Quantenoszillatorsystem im kanonischen Ensemble. Die kanonische Ein-Teilchen-Zustandssumme eines Oszillators mit der Energie

$$E_n = \hbar\omega\left(n + \frac{1}{2}\right)$$

lautet

$$Z(T,1) = Z_1(T) = \sum_{n=0}^{\infty} \mathrm{e}^{-\beta E_n} = \mathrm{e}^{-\beta\hbar\omega/2} \sum_{n=0}^{\infty} \left(\mathrm{e}^{-\beta\hbar\omega}\right)^n = \frac{\mathrm{e}^{-\beta\hbar\omega/2}}{1-\mathrm{e}^{-\beta\hbar\omega}}$$
$$= \frac{1}{2\sinh\left(\frac{\beta\hbar\omega}{2}\right)} . \tag{4.82}$$

Für die N-Teilchen-Zustandssumme und die freie Energie folgt hieraus (unterscheidbare Teilchen!)

$$Z(T,N) = Z_1(T)^N \Longrightarrow F(T,N) = NkT \ln\left[2\sinh\left(\frac{\beta\hbar\omega}{2}\right)\right] .$$

Hiermit finden wir für die Entropie und Energie die Gleichungen

$$S(T,N) = -\left(\frac{\partial F}{\partial T}\right)_N = k\ln Z - k\beta\frac{\partial \ln Z}{\partial\beta}$$
$$= -Nk\ln\left[2\sinh\left(\frac{\beta\hbar\omega}{2}\right)\right] + \frac{Nk\beta\hbar\omega}{2\tanh\left(\frac{\beta\hbar\omega}{2}\right)}$$

$$E(T,N) = F(T,N) + TS(T,N) = \frac{N\hbar\omega}{2\tanh\left(\frac{\beta\hbar\omega}{2}\right)} ,$$

die beide mit den mikrokanonischen Ergebnissen (4.79) und (4.80) übereinstimmen. Zum Vergleich berechnen wir noch die entsprechenden Relationen für ein klassisches Oszillatorsystem mit der Energie

$$E = H(q,p) = \sum_{i=1}^{N}\left(\frac{p_i^2}{2m} + \frac{m\omega^2}{2}q_i^2\right) .$$

Hieraus ergibt sich für die kanonische Zustandssumme

$$Z(T,N) = \frac{1}{h^N}\int \mathrm{d}\Gamma \mathrm{e}^{-\beta H}$$
$$= \frac{1}{h^N}\prod_{i=1}^{N}\left[\int \mathrm{d}q_i \exp\left(-\frac{\beta m\omega^2 q_i^2}{2}\right)\int \mathrm{d}p_i \exp\left(-\frac{\beta p_i^2}{2m}\right)\right]$$
$$= Z(T,1)^N ,$$

mit

$$Z(T,1) = Z_1(T) = \frac{1}{h}\int \mathrm{d}q \exp\left(-\frac{\beta m\omega^2 q^2}{2}\right)\int \mathrm{d}p \exp\left(-\frac{\beta p^2}{2m}\right) = \frac{kT}{\hbar\omega} .$$

Für die freie Energie folgt

$$F(T,N) = -NkT\ln\left(\frac{kT}{\hbar\omega}\right) .$$

Entropie und Energie bestimmen sich zu (vgl. (4.81))

$$S(T,N) = Nk\left[\ln\left(\frac{kT}{\hbar\omega}\right) + 1\right] , \ E(T,N) = NkT .$$

III: Harmonischer Oszillator im großkanonischen Ensemble. Wie wir gesehen gaben, faktorisiert die kanonische Zustandssumme für ein Oszillatorsystem aus N unterscheidbaren Teilchen in der Weise

$$Z(T,N)=\phi(T)^N\ ,\ \phi(T)=\left\{\begin{array}{ll}\dfrac{kT}{\hbar\omega} & \text{klassisch}\\[2ex] \dfrac{1}{2\sinh\left(\frac{\hbar\omega}{2kT}\right)} & \text{quantenmech.}\end{array}\right\} \tag{4.83}$$

Die großkanonische Zustandssumme lautet deshalb

$$Y(T,\mu)=\sum_{N=0}^{\infty}[z\phi(T)]^N=\frac{1}{1-z\phi(T)}\ ,\ z=\mathrm{e}^{\beta\mu}\ ,$$

wobei für die Konvergenz dieser Reihe gelten muß: $z\phi(T)<1$. Die Bestimmung der thermodynamischen Relationen erfolgt über das großkanonische Potential:

$$J(T,\mu)=kT\ln\left[1-z\phi(T)\right]\ .$$

Hieraus findet man

$$\begin{aligned}
N(T,\mu)&=-\left(\frac{\partial J}{\partial\mu}\right)_T=\frac{z\phi(T)}{1-z\phi(T)}\Longrightarrow z=\frac{N}{\phi(T)(N+1)}\\
S(T,\mu)&=-\left(\frac{\partial J}{\partial T}\right)_\mu=-k\ln[1-z\phi(T)]+\frac{zkT\phi'(T)}{1-z\phi(T)}-Nk\ln z\\
E(T,\mu)&=J(T,\mu)+TS(T,\mu)+NkT\ln z=\frac{zkT^2\phi'(T)}{1-z\phi(T)}\ .
\end{aligned}$$

Für große N gilt

$$z\phi(T)\approx 1-\frac{1}{N}\ ,\ 1-z\phi(T)\approx\frac{1}{N}\ ,\ \ln z=-\ln\phi(T)\ ,$$

so daß wir in diesem Fall schreiben können:

$$S(T,N)=Nk\left(\frac{T\phi'(T)}{\phi(T)}+\ln\phi(T)\right)\ ,\ E(T,N)=NkT^2\frac{\phi'(T)}{\phi(T)}\ .$$

Substituieren wir nun $\phi(T)$ durch (4.83), so ergeben sich die bekannten Resultate für den klassischen, (4.81), bzw. quantenmechanischen Fall, (4.79) und (4.80).

IV: Harmonischer Oszillator im kanonischen Dichteoperator-Formalismus. In der Energiebasis $\{|n\rangle\}$, mit

$$\boldsymbol{H}\,|n\rangle=E_n\,|n\rangle\ ,\ E_n=\hbar\omega\left(n+\frac{1}{2}\right)\ ,$$

ist die kanonische Dichtematrix des Ein-Teilchenoszillators trivial:

$$\langle n|\,\boldsymbol{\rho}\,|m\rangle=\frac{\langle n|\,\mathrm{e}^{-\beta\boldsymbol{H}}\,|m\rangle}{Z_1}=\frac{\mathrm{e}^{-\beta E_m}\,\langle n|\,m\rangle}{Z_1}=\frac{\mathrm{e}^{-\beta E_n}}{Z_1}\delta_{nm}\ .$$

Die zugehörige kanonische Ein-Teilchen-Zustandssumme berechnet sich zu

$$Z_1 = \mathrm{tr}\left(\mathrm{e}^{-\beta \boldsymbol{H}}\right) = \sum_{n=0}^{\infty} \langle n | \mathrm{e}^{-\beta E_n} | n \rangle = \sum_{n=0}^{\infty} \mathrm{e}^{-\beta E_n} = \frac{1}{2\sinh\left(\frac{\beta\hbar\omega}{2}\right)}$$

und steht erwartungsgemäß im Einklang mit (4.82). Um die Stärke des quantenmechanischen Dichteoperator-Formalismus zu demonstrieren, berechnen wir nun noch die Matrixelemente von $\boldsymbol{\rho}$ in der Ortsdarstellung. Hierzu benötigen wir die Energieeigenfunktionen des quantenmechanischen Oszillators in der Ortsdarstellung. Sie lauten (siehe Unterabschn. 3.3.5)

$$\Psi_n(q) = \left(\frac{m\omega}{\pi\hbar}\right)^{1/4} \frac{H_n(x)}{\sqrt{2^n n!}} \mathrm{e}^{-x^2/2} \;,\; x = q\sqrt{\frac{m\omega}{\hbar}} \;.$$

Zur Berechnung von $\langle q' | \boldsymbol{\rho} | q \rangle$ verwenden wir die Integraldarstellung der Hermite-Polynome,

$$H_n(x) = (-1)^n \mathrm{e}^{x^2} \left(\frac{\mathrm{d}}{\mathrm{d}x}\right)^n \mathrm{e}^{-x^2} = \frac{\mathrm{e}^{x^2}}{\sqrt{\pi}} \int_{-\infty}^{\infty} \mathrm{d}u (-2\mathrm{i}u)^n \mathrm{e}^{-u^2+2\mathrm{i}xu} \;,$$

und schreiben

$$\begin{aligned}
\langle q' | \boldsymbol{\rho} | q \rangle &= \sum_n \langle q' | n \rangle P_n \langle n | q \rangle \\
&= \frac{1}{Z_1} \sum_n \psi_n(q') \psi_n^*(q) \mathrm{e}^{-\beta\hbar\omega\left(n+\frac{1}{2}\right)} \\
&= \frac{1}{Z_1} \left(\frac{m\omega}{\pi\hbar}\right)^{1/2} \mathrm{e}^{-\frac{x^2+x'^2}{2}} \sum_n \frac{1}{2^n n!} H_n(x) H_n(x') \mathrm{e}^{-\beta\hbar\omega\left(n+\frac{1}{2}\right)} \\
&= \frac{1}{Z_1 \pi} \left(\frac{m\omega}{\pi\hbar}\right)^{1/2} \mathrm{e}^{\frac{x^2+x'^2}{2}} \int_{-\infty}^{\infty} \mathrm{d}u \int_{-\infty}^{\infty} \mathrm{d}v \mathrm{e}^{-u^2+2\mathrm{i}xu} \mathrm{e}^{-v^2+2\mathrm{i}x'v} \\
&\quad \times \sum_{n=0}^{\infty} \frac{(-2uv)^n}{n!} \mathrm{e}^{-\beta\hbar\omega\left(n+\frac{1}{2}\right)} \;.
\end{aligned}$$

Die Summe über n kann direkt ausgeführt werden und ergibt

$$\sum_{n=0}^{\infty} \frac{(-2uv)^n}{n!} \mathrm{e}^{-\beta\hbar\omega\left(n+\frac{1}{2}\right)} = \mathrm{e}^{-\beta\hbar\omega/2} \mathrm{e}^{-2uv\exp(-\beta\hbar\omega)} \;.$$

Für das gesamte Matrixelement folgt somit

$$\begin{aligned}
\langle q' | \boldsymbol{\rho} | q \rangle = &\frac{1}{Z_1 \pi} \left(\frac{m\omega}{\pi\hbar}\right)^{1/2} \mathrm{e}^{\frac{x^2+x'^2}{2}} \mathrm{e}^{-\beta\hbar\omega/2} \int_{-\infty}^{\infty} \mathrm{d}u \int_{-\infty}^{\infty} \mathrm{d}v \\
&\times \exp\left[-u^2 + 2\mathrm{i}xu - v^2 + 2\mathrm{i}x'v - 2uv\exp(-\beta\hbar\omega)\right] \;. \quad (4.84)
\end{aligned}$$

Zur weiteren Auswertung dieser Gleichung machen wir von der Beziehung

$$\int_{-\infty}^{\infty} \mathrm{d}x_1 \cdots \int_{-\infty}^{\infty} \mathrm{d}x_n \exp\left(-\frac{1}{2}\sum_{j,k=1}^{n} a_{jk}x_jx_k + \mathrm{i}\sum_{k=1}^{n} b_kx_k\right)$$
$$= \frac{(2\pi)^{n/2}}{\sqrt{\det A}} \exp\left(-\frac{1}{2}A^{-1}_{jk}b_jb_k\right)$$

Gebrauch, welche für invertierbare symmetrische Matrizen A gilt. In unserem Fall ist

$$A = 2\begin{pmatrix} 1 & \mathrm{e}^{-\beta\hbar\omega} \\ \mathrm{e}^{-\beta\hbar\omega} & 1 \end{pmatrix}, \ \det A = 4\left(1 - \mathrm{e}^{-2\beta\hbar\omega}\right) ,$$

so daß (4.84) übergeht in

$$\begin{aligned}
\langle q'|\,\boldsymbol{\rho}\,|q\rangle &= \frac{1}{Z_1}\left(\frac{m\omega}{\pi\hbar}\right)^{1/2} \frac{\mathrm{e}^{-\beta\hbar\omega/2}}{(1-\mathrm{e}^{-2\beta\hbar\omega})^{1/2}} \\
&\quad \times \exp\left(\frac{x^2+x'^2}{2} - \frac{x^2+x'^2-2xx'\mathrm{e}^{-\beta\hbar\omega}}{1-\mathrm{e}^{-2\beta\hbar\omega}}\right) \\
&= \frac{1}{Z_1}\left(\frac{m\omega}{2\pi\hbar\sinh(\beta\hbar\omega)}\right)^{1/2} \\
&\quad \times \exp\left(-\frac{x^2+x'^2}{2}\coth(\beta\hbar\omega) + \frac{xx'}{\sinh(\beta\hbar\omega)}\right) \\
&= \frac{1}{Z_1}\left(\frac{m\omega}{2\pi\hbar\sinh(\beta\hbar\omega)}\right)^{1/2} \\
&\quad \times \exp\left\{-\frac{m\omega}{4\hbar}\left[(q+q')^2\tanh\left(\frac{\beta\hbar\omega}{2}\right)\right.\right. \\
&\qquad\qquad \left.\left. +(q-q')^2\coth\left(\frac{\beta\hbar\omega}{2}\right)\right]\right\} .
\end{aligned}$$

Die Diagonalelemente dieser Dichtematrix liefern die mittlere Dichteverteilung eines quantenmechanischen Oszillators mit der Temperatur T:

$$\langle q|\,\boldsymbol{\rho}\,|q\rangle = \left[\frac{m\omega}{\pi\hbar}\tanh\left(\frac{\beta\hbar\omega}{2}\right)\right]^{1/2} \exp\left[-\frac{m\omega}{\hbar}\tanh\left(\frac{\beta\hbar\omega}{2}\right)q^2\right] .$$

Dies ist eine Gauß-Verteilung. Im klassischen Grenzfall $\beta\hbar\omega \ll 1$ geht sie über in die Verteilung

$$\langle q|\,\boldsymbol{\rho}\,|q\rangle \approx \left(\frac{m\omega^2}{2\pi kT}\right)^{1/2} \exp\left(-\frac{m\omega^2q^2}{2kT}\right) ,$$

wie man sie auch mit Hilfe der klassischen Phasenraumdichte erhält. Andererseits gilt im rein quantenmechanischen Grenzfall, also für $\beta\hbar\omega \gg 1$

$$\langle q|\,\boldsymbol{\rho}\,|q\rangle \approx \left(\frac{m\omega}{\pi\hbar}\right)^{1/2} \exp\left(-\frac{m\omega q^2}{\hbar}\right) .$$

Man beachte, daß dieser Ausdruck gerade der Wahrscheinlichkeitsdichte $|\Psi_0(q)|^2$ eines Oszillators im Grundzustand entspricht.

4.6.4 Ideale Spinsysteme, Paramagnetismus

In diesem Unterabschnitt beschäftigen wir uns mit Systemen, die aus N lokalisierten magnetischen Dipolen der Ladung e und der Masse m bestehen (Festkörperkristall) und einem äußeren Magnetfeld ausgesetzt sind. Wie wir aus Unterabschn. 2.5.2 wissen, wirkt auf die Dipole ein Drehmoment, welches bestrebt ist, diese in Richtung des Feldes auszurichten. Für Temperaturen $T > 0$ kommt es jedoch nicht zu einer totalen Magnetisierung (minimale Energie, alle Dipole ausgerichtet), da die Dipole aufgrund der thermischen Bewegung versuchen, in einen Zustand maximaler Entropie zu gelangen. Offenbar sind die Grenzfälle durch $T \to 0$ mit verschwindender thermischer Bewegung und maximaler Magnetisierung und durch $T \to \infty$ mit verschwindender Magnetisierung gegeben. Quantenmechanisch ist das magnetische Moment $\boldsymbol{M}$ ganz allgemein mit dem Drehimpuls $\boldsymbol{J}$ über

$$\boldsymbol{M} = \frac{ge}{2mc}\boldsymbol{J} \qquad (g = \text{gyromagnetisches Verhältnis})$$

gekoppelt (vgl. Abschn. 3.6), wobei die möglichen Eigenwerte j, m von $\boldsymbol{J}$ bzw. $\boldsymbol{J}_z$ gegeben sind durch[14]

$$\begin{aligned}
\boldsymbol{J}\,|j,m\rangle &= \hbar^2 j(j+1)\,|j,m\rangle \quad , \; j = 0, \frac{1}{2}, 1, \frac{3}{2}, \ldots \\
\boldsymbol{J}_z\,|j,m\rangle &= \hbar m\,|j,m\rangle \qquad\qquad , \; m = -j, -j+1, \ldots, j-1, j \, .
\end{aligned}$$

Legen wir nun ein Magnetfeld $\boldsymbol{B} = B\boldsymbol{e}_z$ in z-Richtung an, dann ist die Energie ϵ eines magnetischen Dipols

$$\epsilon = -\boldsymbol{M}\boldsymbol{B} = -g\mu_{\mathrm{B}} m B \; , \; \mu_{\mathrm{B}} = \frac{e\hbar}{2mc} \, ,$$

wobei μ_{B} das *Bohrsche Magneton* bezeichnet.

Im folgenden beschränken wir uns zunächst auf den einfachen Fall eines Spin-1/2-Systems mit $g = 2$ und $j = 1/2$, das wir mikrokanonisch behandeln. Dieses System zeigt das interessante Phänomen der negativen Temperatur. Im Anschluß gehen wir zu Systemen mit beliebigem j im kanonischen Ensemble über und leiten das *Curie-Gesetz* her.

I: Paramagnetismus ($j = 1/2$) im mikrokanonischen Ensemble. Gegeben sei ein System, bestehend aus N Spin-1/2-Dipolen, deren magnetische Momente entweder parallel oder antiparallel zum äußeren, in z-Richtung verlaufenden Magnetfeld der Stärke B ausgerichtet sind ($m = \pm 1/2$). Bezeichnet N_+ (N_-) die Zahl der Dipole mit der Energie $+\mu_{\mathrm{B}}B$ ($-\mu_{\mathrm{B}}B$), dann gilt

$$N = N_+ + N_- \; , \; n = N_+ - N_- \Longrightarrow \begin{cases} N_+ = \dfrac{N+n}{2} \\ N_- = \dfrac{N-n}{2} \, . \end{cases}$$

[14] Die Unterscheidung zwischen der Masse m und der magnetischen Quantenzahl m bleibt dem Leser überlassen.

Die konstante Gesamtenergie des isolierten Systems läßt sich somit schreiben als

$$E = n\mu_{\mathrm{B}}B \ .$$

Die Bestimmung der Zahl möglicher Mikrozustände zu dieser Energie ist ein einfaches kombinatorisches Problem: N Teilchen können auf $N!$ verschiedene Arten arrangiert werden. Jedoch ergeben die $N_+!$ ($N_-!$) Vertauschungen der N_+ (N_-) Teilchen untereinander keine neuen Mikrozustände. Die Gesamtzahl der möglichen Zustände ist deshalb

$$\begin{aligned}
\ln \Omega(E,N) &= \frac{S(E,N)}{k} = \frac{N!}{N_+!N_-!} \\
&= N\ln N - N_+\ln N_+ - N_-\ln N_- \\
&= -\left[N_+\ln\left(\frac{N_+}{N}\right) + N_-\ln\left(\frac{N_-}{N}\right)\right] \\
&= -\left[\frac{N+n}{2}\ln\left(\frac{N+n}{2N}\right) + \frac{N-n}{2}\ln\left(\frac{N-n}{2N}\right)\right] \\
&= N\ln 2 - \frac{N+n}{2}\ln\left(1+\frac{n}{N}\right) - \frac{N-n}{2}\ln\left(1-\frac{n}{N}\right) ,
\end{aligned}$$

wobei die Stirling-Formel (4.28) benutzt wurde. Da die Teilchen lokalisiert und somit unterscheidbar sind, ist es nicht notwendig, den Gibbs-Faktor $1/N!$ einzubeziehen. Offenbar ergibt sich das Maximum der Entropie bei einem gleichverteilten System mit $n = 0$, was der Anzahl möglicher Besetzungszustände eines Systems aus N nichtwechselwirkenden Teilchen mit je zwei möglichen Zuständen, also insgesamt 2^N Zuständen, entspricht.

Bezeichnet $\Delta E = 2\mu_{\mathrm{B}}B$ die Energielücke des Systems, dann ergeben sich die Temperatur, die Energie und die spezifische Wärme des Systems zu

$$\frac{1}{T} = \left(\frac{\partial S}{\partial E}\right)_{N,B} = \frac{1}{\mu_{\mathrm{B}}B}\left(\frac{\partial S}{\partial n}\right)_{N,B} = \frac{k}{\Delta E}\ln\left(\frac{N_-}{N_+}\right)$$

$$\Longrightarrow \frac{N_-}{N_+} = \exp\left(\frac{\Delta E}{kT}\right) , \ \frac{N_-}{N} = \frac{1}{1+\exp\left(-\frac{\Delta E}{kT}\right)} , \ \frac{N_+}{N} = \frac{1}{1+\exp\left(\frac{\Delta E}{kT}\right)}$$

$$\left.\begin{aligned}
&\Longrightarrow E(T,N,B) = -N\mu_{\mathrm{B}}B\tanh\left(\frac{\Delta E}{2kT}\right) \\
&\Longrightarrow C(T,N,B) = \left(\frac{\partial E}{\partial T}\right)_{N,B} = Nk\left(\frac{\Delta E}{2kT}\right)^2\cosh^{-2}\left(\frac{\Delta E}{2kT}\right) .
\end{aligned}\right\} \quad (4.85)$$

Dabei sind N_+/N und N_-/N die relativen Wahrscheinlichkeiten, einen zufällig ausgewählten Dipol mit der Energie $+\mu_{\mathrm{B}}B$ bzw. $-\mu_{\mathrm{B}}B$ zu finden.

Betrachten wir nun die Temperatur etwas näher. Am Temperatur-Nullpunkt $T = 0$ sind alle Dipole im Zustand minimaler Energie $-\mu_{\mathrm{B}}B$, und wir finden $S = 0$, wie es für ein total geordnetes System erwartet wird. Führt man dem System Energie zu, so steigt die Entropie und nähert sich ihrem

Maximum mit $n = 0$ und $T = \infty$, wie wir es für maximale Unordnung erwarten. Nun ist es aber durchaus möglich, dem System noch mehr Energie zuzuführen. Das obere Niveau wird dann stärker besetzt sein als das untere, die Entropie fällt, da wieder mehr Ordnung ins System kommt, und die Temperatur wird negativ. Bislang haben wir tatsächlich nur positive Temperaturen zugelassen; solche Systeme werden auch als *normal* bezeichnet. Dies ist notwendig, weil sonst die Zustandssummen nicht wohldefiniert sind, falls die Energie des Systems beliebig groß gewählt werden kann (besonders evident im kanonischen Ensemble!). Diese Bedingung ist jedoch nicht mehr nötig, wenn die Energie des Systems nach oben begrenzt ist. Mit solch einem Fall haben wir es hier zu tun. In der Region $E > 0$ und $T < 0$ ist das System *anomal*, da hier die Magnetisierung dem äußeren Feld entgegengesetzt ist. Ein solcher Zustand, in dem mehr Teilchen im oberen System vorhanden sind, heißt *Inversion*. Bei Lasern erreicht man ihn durch sog. *Pumpen*. Purcell und Pound erreichten erstmals einen Zustand der Inversion der nuklearen Spins im Kristall LiF, indem sie nach Anlegen eines starken Magnetfeldes und genügender Relaxationszeit das Feld schnell umschalteten. Die Spins sind dann nicht in der Lage, dem Feld sofort zu folgen, so daß ein Nicht-Gleichgewichtszustand entsteht, in dem die Energie höher ist als die sich schließlich einstellende Gleichgewichtsenergie. Nach ca. 10^{-5} Sekunden ist das System der nuklearen Spins im internen Gleichgewicht mit negativer Magnetisierung und negativer Temperatur, und erst nach ca. 5 Minuten stellt sich das Gleichgewicht zwischen den Spins und dem Gitter wieder bei positiver Energie ein. Es ist zu beachten, daß das Kristallgitter während der gesamten Zeit bei positiver Temperatur verweilt; nur die Spins befinden sich im Zustand der Inversion.

In Abb. 4.10 ist die Energie und die spezifische Wärme (4.85) unseres Dipolsystems dargestellt. Eine spezifische Wärme, die einen solch charakteristischen Peak zeigt, heißt *Schottky-Effekt*; er ist typisch für Systeme mit einer Energielücke.

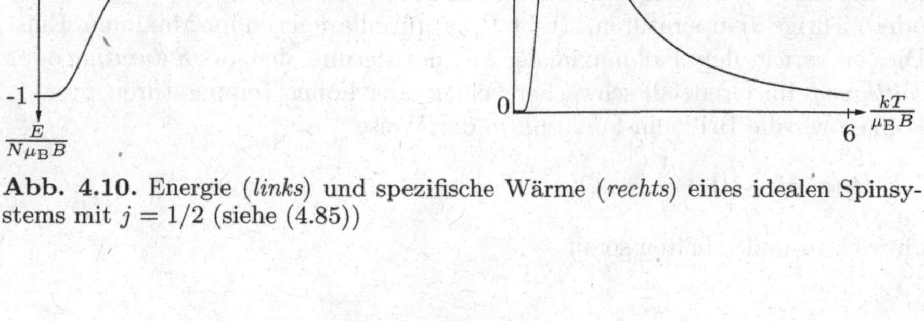

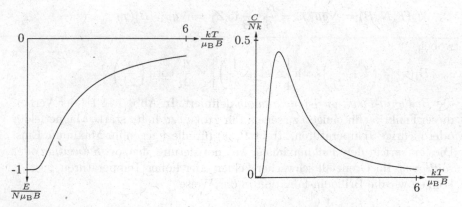

Abb. 4.10. Energie (*links*) und spezifische Wärme (*rechts*) eines idealen Spinsystems mit $j = 1/2$ (siehe (4.85))

II: Paramagnetismus (j beliebig) im kanonischen Ensemble. Für den Spezialfall $j = 1/2$ berechnet sich die kanonische Zustandssumme des N-Dipolsystems wie folgt:

$$Z(T,N,B) = \sum_n \mathrm{e}^{-\beta E_n} = \left(\sum_{m=\pm\frac{1}{2}} \exp(2\beta\mu_{\mathrm{B}}Bm)\right)^N = Z_1(T,B)^N ,$$

mit

$$Z_1(T,B) = \sum_{m=\pm\frac{1}{2}} \exp(2\beta\mu_{\mathrm{B}}Bm) = 2\cosh(\beta\mu_{\mathrm{B}}B) .$$

Hieraus lassen sich leicht die Ergebnisse aus dem mikrokanonischen Ensemble verifizieren. Wir betrachten nun stattdessen den allgemeinen Fall beliebiger j. Die Ein-Teilchen-Zustandssumme ist dann

$$\begin{aligned}
Z_1(T,B) &= \sum_{m=-j}^{j} \exp(\beta g\mu_{\mathrm{B}}mB) = \sum_{m=-j}^{j} \exp\left(\frac{mx}{j}\right) , \; x = \beta g\mu_{\mathrm{B}}Bj \\
&= \frac{\exp\left(\frac{(j+1)x}{j}\right) - \exp(-x)}{\exp\left(\frac{x}{j}\right) - 1} \\
&= \frac{\exp\left(\frac{x}{2j}\right)\left[\exp\left(\frac{(2j+1)x}{2j}\right) - \exp\left(-\frac{(2j+1)x}{2j}\right)\right]}{\exp\left(\frac{x}{2j}\right)\left[\exp\left(\frac{x}{2j}\right) - \exp\left(-\frac{x}{2j}\right)\right]} \\
&= \frac{\sinh\left[x\left(1+\frac{1}{2j}\right)\right]}{\sinh\left(\frac{x}{2j}\right)} .
\end{aligned}$$

Hieraus ergibt sich die mittlere Magnetisierung des Systems zu

$$M_z(T,N,B) = N\overline{g\mu_{\mathrm{B}}m} = \frac{N}{\beta}\frac{\partial}{\partial B}\ln Z_1 = Ng\mu_{\mathrm{B}}jB_j(x) ,$$

wobei

$$B_j(x) = \left(1+\frac{1}{2j}\right)\coth\left[x\left(1+\frac{1}{2j}\right)\right] - \frac{1}{2j}\coth\left(\frac{x}{2j}\right)$$

die *Brillouin-Funktion j-ter Ordnung* definiert. In Abb. 4.11 ist der Verlauf dieser Funktion für einige j zu sehen. Für große x, d.h. für starke Magnetfelder oder niedrige Temperaturen, strebt $B_j(x)$ für alle j gegen ihr Maximum Eins. Dies entspricht dem Fall maximaler Magnetisierung, der sog. *Saturation* oder *Sättigung*. Im Grenzfall schwacher Felder oder hoher Temperaturen, $x \ll 1$, können wir die Brillouin-Funktion in der Weise

$$B_j(x) = \frac{x}{3}\left(1+\frac{1}{j}\right) + \mathcal{O}(x^3)$$

entwickeln und erhalten somit

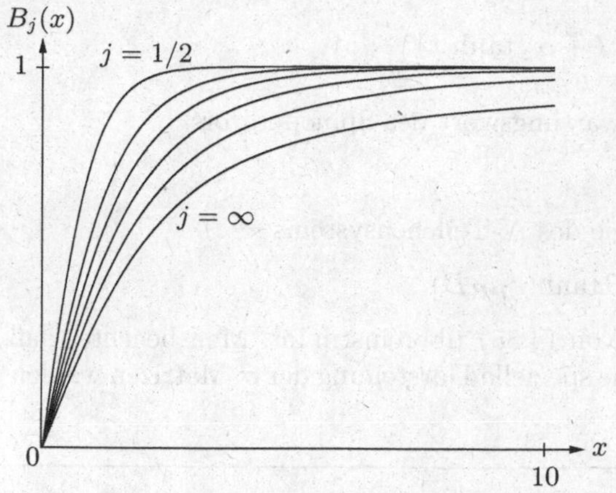

Abb. 4.11. Brillouin-Funktionen für $j = 1/2,\ 1,\ 3/2,\ 5/2,\ 5,\ \infty$

$$M_z \approx \frac{Ng^2\mu_{\rm B}^2 Bj(j+1)}{3kT} \ .$$

Hieraus folgt für die magnetische Suszeptibilität das *Curie-Gesetz*

$$\chi_{\rm m} = \frac{M_z}{B} = \frac{C_j}{T} \ , \ C_j = \frac{Ng^2\mu_{\rm B}^2 j(j+1)}{3k} \ ,$$

nach welchem die magnetische Suszeptibilität proportional zu $1/T$ ist. Dieses einfache Modell eines magnetisierbaren Festkörperkristalls liegt in extrem guter Übereinstimmung mit experimentellen Resultaten. Für den Fall nur zweier möglicher Einstellungen, $j = 1/2$, $g = 2$, gilt

$$M_z = N\mu_{\rm B} B_{1/2}(x) = N\mu_{\rm B} \tanh x \ .$$

Somit ist für $x \gg 1$: $M_z \approx N\mu_{\rm B}$ und für $x \ll 1$: $M_z \approx N\mu_{\rm B} x$.

III: Paramagnetismus ($j = 1/2$) im kanonischen Dichteoperator-Formalismus. Wir betrachten zunächst wieder ein einzelnes Teilchen mit $g = 2$ und $\boldsymbol{J} = \hbar/2 \cdot \boldsymbol{\sigma}$ in einem äußeren Magnetfeld $\boldsymbol{B} = B\boldsymbol{e}_z$. Der zugehörige Hamilton-Operator lautet

$$\boldsymbol{H} = -\mu_{\rm B} B \boldsymbol{\sigma}_z \ .$$

Der darstellungsfreie kanonische Dichteoperator berechnet sich unter Berücksichtigung von $\boldsymbol{\sigma}_z^2 = \boldsymbol{I}$ und $\mathrm{tr}(\boldsymbol{\sigma}_z) = 0$ zu

$$\begin{aligned}
\mathrm{e}^{\beta\mu_{\rm B} B\boldsymbol{\sigma}_z} &= \mathrm{e}^{x\boldsymbol{\sigma}_z} \ , \ x = \beta\mu_{\rm B} B \\
&= \sum_{i=0}^{\infty} \frac{x^i \boldsymbol{\sigma}_z^i}{i!} = \boldsymbol{I} \sum_{i=0}^{\infty} \frac{x^{2i}}{(2i)!} + \boldsymbol{\sigma}_z \sum_{i=1}^{\infty} \frac{x^{2i-1}}{(2i-1)!} \\
&= \boldsymbol{I} \cosh x + \boldsymbol{\sigma}_z \sinh x \\
\Longrightarrow \mathrm{tr}\left(\mathrm{e}^{\beta\mu_{\rm B} B\boldsymbol{\sigma}_z}\right) &= 2\cosh x
\end{aligned}$$

$$\Longrightarrow \boldsymbol{\rho} = \frac{e^{\beta\mu_B B\boldsymbol{\sigma}_z}}{\mathrm{tr}\,(e^{\beta\mu_B B\boldsymbol{\sigma}_z})} = \frac{1}{2}(\boldsymbol{I} + \boldsymbol{\sigma}_z \tanh x) \ .$$

Hieraus erhält man für den Erwartungswert des Spinoperators

$$\overline{\boldsymbol{\sigma}_z} = \mathrm{tr}(\boldsymbol{\rho}\boldsymbol{\sigma}_z) = \tanh x$$

und somit für die Gesamtenergie des N-Teilchensystems

$$E = -N\mu_B B\overline{\boldsymbol{\sigma}_z} = -N\mu_B B \tanh(\beta\mu_B B) \ ,$$

was mit der ersten Gleichung von (4.85) übereinstimmt. Man beachte, daß wir zur Berechnung von $\overline{\boldsymbol{\sigma}_z}$ keine spezielle Darstellung der $\boldsymbol{\sigma}$-Matrizen wählen mußten (siehe Anwendung 64).

Zusammenfassung

- In der **klassischen Maxwell-Boltzmann-Statistik** wird die Quantennatur der Teilchen nicht berücksichtigt. Diese Näherung ist gut, falls die Temperatur groß, die Zahl der Teilchen groß und die Masse der Teilchen im System nicht sehr klein ist.
- Für „echte klassische Systeme“, die durch klassische Hamilton-Funktionen beschrieben werden, gilt das **Virial-** und das **Äquipartitionstheorem**.
- Anhand des eindimensionalen N-Teilchen-Oszillatorsystems lassen sich die verschiedenen Aspekte der klassischen Boltzmann-Statistik gut studieren. Insbesondere zeigt sich hierbei, daß das Äquipartitionstheorem nicht gilt, wenn man den quantenmechanischen Hamilton-Operator verwendet.
- Das ideale Spinsystem aus N nichtwechselwirkenden Dipolen ist ein Modell für paramagnetische Systeme. Es zeigt das Phänomen der **negativen Temperatur**, das z.B. in Lasern zur Anwendung kommt, und erklärt das **Curie-Gesetz** für die Suszeptibilität von Paramagneten.

Anwendungen

64. Kanonische Dichtematrix des Elektrons im magnetischen Feld in speziellen Darstellungen. Man berechne die kanonische Dichtematrix eines Elektrons ($g = 2$, $j = 1/2$) in einem magnetischen Feld $\boldsymbol{B} = B\boldsymbol{e}_z$ in zwei verschiedenen Darstellungen, in denen a) $\boldsymbol{\sigma}_z$ und b) $\boldsymbol{\sigma}_x$ diagonal ist.

Lösung.

Zu a) Die $\boldsymbol{\sigma}$-Matrizen lauten in der Darstellung, wo $\boldsymbol{\sigma}_z$ diagonal ist,

$$\boldsymbol{\sigma}_x = \begin{pmatrix} 0 & 1 \\ 1 & 0 \end{pmatrix}, \ \boldsymbol{\sigma}_y = \begin{pmatrix} 0 & -\mathrm{i} \\ \mathrm{i} & 0 \end{pmatrix}, \ \boldsymbol{\sigma}_z = \begin{pmatrix} 1 & 0 \\ 0 & -1 \end{pmatrix}.$$

Damit wird die kanonische Dichtematrix zu

$$\boldsymbol{\rho} = \frac{1}{\mathrm{e}^x + \mathrm{e}^{-x}} \begin{pmatrix} \mathrm{e}^x & 0 \\ 0 & \mathrm{e}^{-x} \end{pmatrix}, \ x = \beta\mu_{\mathrm{B}}B,$$

und es folgt

$$\overline{\boldsymbol{\sigma}_z} = \mathrm{tr}(\boldsymbol{\rho}\boldsymbol{\sigma}_z) = \frac{\mathrm{e}^x - \mathrm{e}^{-x}}{\mathrm{e}^x + \mathrm{e}^{-x}} = \tanh(\beta\mu_{\mathrm{B}}B).$$

Zu b) Um $\boldsymbol{\sigma}_x$ auf Diagonalform zu bringen, bedarf es der Ähnlichkeitstransformation $\boldsymbol{\sigma}'_x = U\boldsymbol{\sigma}_x U^{-1}$, mit

$$U = \frac{1}{\sqrt{2}} \begin{pmatrix} 1 & 1 \\ -1 & 1 \end{pmatrix}, \ U^{-1} = \frac{1}{\sqrt{2}} \begin{pmatrix} 1 & -1 \\ 1 & 1 \end{pmatrix}.$$

Damit ergibt sich für $\boldsymbol{\sigma}'_x$, $\boldsymbol{\sigma}'_z$ und $\boldsymbol{\rho}'$

$$\boldsymbol{\sigma}'_x = U \begin{pmatrix} 0 & 1 \\ 1 & 0 \end{pmatrix} U^{-1} = \begin{pmatrix} 1 & 0 \\ 0 & -1 \end{pmatrix}$$

$$\boldsymbol{\sigma}'_z = U \begin{pmatrix} 1 & 0 \\ 0 & -1 \end{pmatrix} U^{-1} = \begin{pmatrix} 0 & -1 \\ -1 & 0 \end{pmatrix}$$

$$\boldsymbol{\rho}' = U \begin{pmatrix} \mathrm{e}^x & 0 \\ 0 & \mathrm{e}^{-x} \end{pmatrix} U^{-1} = \frac{1}{2} \begin{pmatrix} 1 & -\tanh x \\ -\tanh x & 1 \end{pmatrix}.$$

Mit diesen transformierten Matrizen berechnet sich der Erwartungswert von $\boldsymbol{\sigma}'_z$ zu

$$\overline{\boldsymbol{\sigma}'_z} = \mathrm{tr}(\boldsymbol{\rho}'\boldsymbol{\sigma}'_z) = \tanh(\beta\mu_{\mathrm{B}}B).$$

Anhand dieses Beispiels zeigt sich noch einmal explizit, daß Erwartungswerte darstellungsunabhängig sind.

65. Kanonische Dichtematrix des freien Teilchens in der Ortsdarstellung. Man berechne die kanonische Dichtematrix eines freien Teilchens in der Ortsdarstellung.

Lösung. Der Hamilton-Operator eines freien Teilchens der Masse m lautet in der Ortsdarstellung

$$\boldsymbol{H} = -\frac{\hbar^2}{2m}\boldsymbol{\nabla}^2.$$

Seine auf das Volumen $V = L^3$ normierten Eigenfunktionen sind

$$\Psi_{\boldsymbol{n}}(\boldsymbol{x}) = \frac{1}{L^{3/2}}\mathrm{e}^{\mathrm{i}\boldsymbol{k}\cdot\boldsymbol{x}}, \ E_{\boldsymbol{n}} = \frac{\hbar^2 k^2}{2m}, \ \boldsymbol{k} = \frac{2\pi}{n}\boldsymbol{n}, \ n_i = 0, \pm 1, \pm 2, \ldots.$$

Somit gilt

$$\begin{aligned}
\langle \boldsymbol{x}|\, \mathrm{e}^{-\beta \boldsymbol{H}}\, |\boldsymbol{x}'\rangle &= \sum_{\boldsymbol{n}} \langle \boldsymbol{x}|\, \Psi_{\boldsymbol{n}}\rangle\, \mathrm{e}^{-\beta E_{\boldsymbol{n}}}\, \langle \Psi_{\boldsymbol{n}}|\, \boldsymbol{x}'\rangle \\
&= \sum_{\boldsymbol{n}} \mathrm{e}^{-\beta E_{\boldsymbol{n}}} \Psi_{\boldsymbol{n}}(\boldsymbol{x}) \Psi^*_{\boldsymbol{n}}(\boldsymbol{x}') \\
&= \frac{1}{L^3} \sum_{\boldsymbol{k}} \exp\left(-\frac{\beta\hbar^2}{2m} k^2 + \mathrm{i}\boldsymbol{k}(\boldsymbol{x} - \boldsymbol{x}') \right) \\
&\approx \frac{1}{(2\pi)^3} \int \exp\left(-\frac{\beta\hbar^2}{2m} k^2 + \mathrm{i}\boldsymbol{k}(\boldsymbol{x} - \boldsymbol{x}') \right) \mathrm{d}^3 k \\
&= \left(\frac{m}{2\pi\beta\hbar^2} \right)^{3/2} \exp\left(-\frac{m}{2\beta\hbar^2} (\boldsymbol{x} - \boldsymbol{x}')^2 \right) .
\end{aligned}$$

Dabei haben wir die Summe durch ein Integral ersetzt und durch quadratische Ergänzung gelöst. Mit

$$\mathrm{tr}\left(\mathrm{e}^{-\beta \boldsymbol{H}}\right) = \int \mathrm{d}^3 x \, \langle \boldsymbol{x}|\, \mathrm{e}^{-\beta \boldsymbol{H}}\, |\boldsymbol{x}\rangle = V \left(\frac{m}{2\pi\beta\hbar^2} \right)^{3/2}$$

ergibt sich

$$\langle \boldsymbol{x}|\, \boldsymbol{\rho}\, |\boldsymbol{x}'\rangle = \frac{\langle \boldsymbol{x}|\, \mathrm{e}^{-\beta \boldsymbol{H}}\, |\boldsymbol{x}'\rangle}{\mathrm{tr}\left(\mathrm{e}^{-\beta \boldsymbol{H}}\right)} = \frac{1}{V} \exp\left(-\frac{m}{2\beta\hbar^2} (\boldsymbol{x} - \boldsymbol{x}')^2 \right) .$$

Wie zu erwarten, sind die Matrixelemente symmetrisch unter Vertauschung von $\boldsymbol{x}$ und $\boldsymbol{x}'$. Ebenso ist anschaulich zu verstehen, daß die Diagonalelemente $\langle \boldsymbol{x}|\, \boldsymbol{\rho}\, |\boldsymbol{x}\rangle$ unabhängig von $\boldsymbol{x}$ sind, denn sie geben die Wahrscheinlichkeit an, das Teilchen in der Nähe von $\boldsymbol{x}$ zu finden. Desweiteren ist anzumerken, daß die Ausdehnung des Wellenpaketes eines Teilchens ein rein quantenmechanischer Effekt ist; im Grenzfall hoher Temperaturen wird diese Ausdehnung immer kleiner und geht schließlich gegen die δ-Funktion, also gegen die rein klassische Lösung. Zum Schluß berechnen wir noch aus der Dichtematrix $\boldsymbol{\rho}$ die Energie:

$$\overline{\boldsymbol{H}} = -\frac{\partial}{\partial \beta} \ln \mathrm{tr}\left(\mathrm{e}^{-\beta \boldsymbol{H}}\right) = -\frac{\partial}{\partial \beta} \left[\ln V + \frac{3}{2} \ln \left(\frac{m}{2\pi\beta\hbar^2} \right) \right] = \frac{3}{2} kT .$$

4.7 Quantenstatistik

Nachdem wir im letzten Abschnitt die klassische Maxwell-Boltzmann-Statistik diskutiert haben, wenden wir uns in diesem Abschnitt der Quantenstatistik zu, in der die Quantennatur von Teilchen (Bose- bzw. Fermi-Charakter) adäquat berücksichtigt wird. Wie in den vorangegangenen Abschnitten beschränken wir uns auch hier auf Systeme nichtwechselwirkender Teilchen, also auf ideale Systeme.

Unter Bezugnahme auf Abschn. 3.9 beginnen wir unsere Diskussion mit der Rekapitulation einiger Eigenschaften von fermionischen und bosonischen Teilchensystemen und führen den *Besetzungszahlenformalismus* ein. Mit seiner Hilfe lassen sich viele Zusammenhänge innerhalb der Fermi-Dirac-, Bose-Einstein- und auch Maxwell-Boltzmann-Statistik bequem darstellen. Im Anschluß betrachten wir das ideale Fermi-Gas und berechnen die zugehörigen Zustandsgleichungen sowohl für den klassischen Grenzfall hoher Temperaturen als auch für den rein quantenmechanischen Fall sehr kleiner Temperaturen. Ein wichtiges Resultat wird sein, daß aufgrund des Pauli-Verbotes selbst bei $T = 0$ die Fermi-Teilchen angeregte Zustände besetzen, deren Energien unterhalb der *Fermi-Energie* liegen. Danach wenden wir uns dem idealen Bose-Gas zu und leiten die zum fermionischen Fall korrespondierenden Relationen ab. Für kleine Temperaturen, die unterhalb einer kritischen Temperatur liegen, begegnen wir hierbei dem Phänomen der *Bose-Einstein-Kondensation.*

4.7.1 Allgemeiner Formalismus

Betrachtet man ein aus N nichtwechselwirkenden Teilchen bestehendes Quantensystem, so zerfällt der zugehörige Hamilton-Operator $\boldsymbol{H}$ in eine Summe über die N Ein-Teilchenoperatoren $\boldsymbol{H}_i$:

$$\boldsymbol{H} = \sum_{i=1}^{N} \boldsymbol{H}_i \ .$$

Sind die Eigenwertprobleme der Ein-Teilchenoperatoren gelöst,

$$\boldsymbol{H}_i \,|\, k_i\rangle = E_i \,|\, k_i\rangle \ ,$$

dann ergibt sich die Gesamtenergie des Systems zu

$$E = \sum_i E_i \ .$$

Der Gesamtzustand des Systems läßt sich über das tensorielle Produkt der normierten Ein-Teilchenzustände $|\, k_i\rangle$ konstruieren. Wie diese Konstruktion konkret aussieht, hängt entscheidend vom Teilchencharakter ab.

Fermi-Dirac-Statistik. Hat man es mit identischen Teilchen mit halbzahligen Spin (Fermionen) zu tun, dann wissen wir aus der quantenmechanischen Diskussion von N-Teilchensystemen, Abschn. 3.9, daß der Gesamtzustand $|\, k_1, k_2, \ldots, k_n, \mathrm{A}\rangle$ antisymmetrisch unter Vertauschung der Freiheitsgrade zweier Teilchen ist. Diese Antisymmetrie läßt sich durch folgende Konstruktion erreichen:

$$\begin{aligned} |\, k_1, k_2, \ldots, k_N, \mathrm{A}\rangle &= \frac{1}{\sqrt{N!}} \sum_P \epsilon(P) \,|\, k_{P_1}\rangle \,|\, k_{P_2}\rangle \cdots |\, k_{P_N}\rangle \\ &= \frac{1}{\sqrt{N!}} \sum_P \epsilon(P) \,|\, k_{P_1}, k_{P_2}, \ldots, k_{P_N}\rangle \ , \end{aligned} \tag{4.86}$$

wobei

$$P = \begin{pmatrix} 1 & \ldots & N \\ P_1 & \ldots & P_N \end{pmatrix} \;,\; \epsilon(P) = \begin{cases} +1 \text{ für } P \text{ gerade} \\ -1 \text{ für } P \text{ ungerade} \end{cases}$$

eine Permutation von $1,\ldots,N$ bezeichnet. Der Faktor $1/\sqrt{N!}$ in (4.86) ist notwendig, da es $N!$ solcher Permutationen gibt. Man beachte, daß aufgrund des Pauli-Prinzips alle Quantenzahlen k_i verschieden sind. Für Fermionzustände hat man somit die Normierungsrelation[15]

$$\begin{aligned}
&\langle k_1',\ldots,k_N',\mathrm{A}|\, k_1,\ldots,k_N,\mathrm{A}\rangle \\
&\qquad = \frac{1}{N!}\sum_P \epsilon(P)\sum_{P'}\epsilon(P')\left\langle k'_{P_1'},\ldots,k'_{P_N'}\right| \left. k_{P_1},\ldots,k_{P_N}\right\rangle \\
&\qquad = \sum_P \epsilon(P)\,\langle k_1',\ldots,k_N'|\, k_{P_1},\ldots,k_{P_N}\rangle \\
&\qquad = \sum_P \epsilon(P)\delta_{k_1' k_{P_1}}\cdots\delta_{k_N' k_{P_N}} \;. \qquad (4.87)
\end{aligned}$$

Hierbei wurde ausgenutzt, daß die zweifache Summe über alle Permutationen gleich $N!$ mal der einfachen Summe über alle Permutationen ist.

Bose-Einstein-Statistik. Im Falle identischer Teilchen mit ganzzahligem Spin (Bosonen) ist der Gesamtzustand symmetrisch unter Vertauschung der Freiheitsgrade zweier Teilchen und lautet

$$|\, k_1,\ldots,k_N,\mathrm{S}\rangle = \frac{1}{\sqrt{N!n_1!\cdots n_N!}}\sum_P |\, k_{P_1},\ldots,k_{P_N}\rangle \;.$$

Im Gegensatz zum fermionischen Fall gibt es hier keine Besetzungsbeschränkungen der Quantenzahlen. Besitzen n_i Teilchen die gleiche Quantenzahl, dann führen die $n_i!$ Permutationen der Quantenzahlen dieser Teilchen zu keinen neuen physikalischen Zuständen; dies wird durch den Normierungsfaktor berücksichtigt. Die zu (4.87) korrespondierende Normierungsrelation lautet

$$\begin{aligned}
&\langle k_1',\ldots,k_N',\mathrm{S}|\, k_1,\ldots,k_N,\mathrm{S}\rangle \\
&\qquad = \frac{1}{\sqrt{n_1'!\cdots n_N'!n_1!\cdots n_N!}}\sum_P \delta_{k_1' k_{P_1}}\cdots\delta_{k_N' k_{P_N}} \;.
\end{aligned}$$

Maxwell-Boltzmann-Statistik. Gelten die N Teilchen als unterscheidbar, dann ist der Gesamtzustand gegeben durch

$$|\, k_1,k_2,\ldots,k_N\rangle = |\, k_1\rangle\,|\, k_2\rangle\cdots|\, k_N\rangle \;,$$

mit der Normierung

$$\langle k_1',\ldots,k_N'|\, k_1,\ldots,k_N\rangle = \delta_{k_1' k_1}\cdots\delta_{k_N' k_N} \;,$$

[15] Wir nehmen an, daß es sich bei den k_i um diskrete Quantenzahlen handelt (gebundene Zustände).

wobei der Austausch zweier verschiedener Quantenzahlen einen neuen physikalischen Zustand bewirkt. Wie wir im folgenden genauer sehen werden, kann die Maxwell-Boltzmann-Statistik in vielen Fällen auch zur approximativen Beschreibung identischer Teilchen herangezogen werden, wie wir es in den vorangegangenen Abschnitten desöfteren getan haben. In diesem Fall hat man die Ununterscheidbarkeit durch das ad hoc Hinzufügen des Gibbsschen Korrekturfaktors $1/N!$ zu berücksichtigen, wogegen sich dieser Faktor in den Fermi-Dirac- und Bose-Einstein-Statistik auf natürliche Weise durch Normierung der Zustandsvektoren ergibt.

Besetzungszahlenformalismus. Zur Vereinfachung der nachfolgenden Diskussion bietet es sich an, die fermionischen und bosonischen Systemzustandskets durch die Besetzungszahlen der Ein-Teilchenzustände auszudrücken. Ordnet man die möglichen Quantenzahlen k_i der Ein-Teilchenzustände in aufsteigender Reihenfolge an, dann legt der Satz von Besetzungszahlen $\{n_0, n_1, \ldots\}$, mit $\sum\limits_{k=0}^{\infty} n_k = N$, zusammen mit der Angabe des Teilchencharakters den N-Teilchenzustand eindeutig fest, und wir können schreiben:

$$|n_0, n_1, \ldots, \mathrm{S}, \mathrm{A}\rangle = |k_1, k_2, \ldots, k_N, \mathrm{S}, \mathrm{A}\rangle \ .$$

Der linke Ausdruck bedeutet: n_0 Teilchen befinden sich im niedrigsten Ein-Teilchenzustand $|0\rangle$, n_1 Teilchen im nächsthöheren Ein-Teilchenzustand $|1\rangle$ usw. Aufgrund dieser Identität gilt weiterhin

$$\left.\begin{array}{l} \boldsymbol{H}\,|n_0, n_1, \ldots, \mathrm{S}, \mathrm{A}\rangle = E\,|n_0, n_1, \ldots, \mathrm{S}, \mathrm{A}\rangle \ , \ E = \sum\limits_{k=0}^{\infty} n_k E_k \\ \boldsymbol{N}\,|n_0, n_1, \ldots, \mathrm{S}, \mathrm{A}\rangle = N\,|n_0, n_1, \ldots, \mathrm{S}, \mathrm{A}\rangle \ , \ N = \sum\limits_{k=0}^{\infty} n_k \ . \end{array}\right\} \qquad (4.88)$$

Die letzte Beziehung kann als Definitionsgleichung für den *Teilchenoperator* $\boldsymbol{N}$ angesehen werden, weil durch sie alle Matrixelemente von $\boldsymbol{N}$ in der $|n_0, n_1, \ldots, \mathrm{S}, \mathrm{A}\rangle$-Basis bestimmt sind. In gleicher Weise können wir den *Besetzungszahloperator* $\boldsymbol{n}_k$ definieren durch

$$\boldsymbol{n}_k\,|n_0, n_1, \ldots, \mathrm{S}, \mathrm{A}\rangle = n_k\,|n_0, n_1, \ldots, \mathrm{S}, \mathrm{A}\rangle \ ,$$

mit

$$n_k = \begin{cases} 0, 1 & \text{für Fermionen} \\ 0, 1, 2, \ldots & \text{für Bosonen} \ . \end{cases}$$

Die Normierungsrelation für die Besetzungszahlenkets lautet

$$\langle n_0', n_1', \ldots, \mathrm{S}, \mathrm{A}|\, n_0, n_1, \ldots, \mathrm{S}, \mathrm{A}\rangle = \delta_{n_0' n_0} \delta_{n_1' n_1} \cdots \ .$$

Demnach sind zwei Zustände genau dann gleich, wenn alle ihre Besetzungszahlen übereinstimmen. Aufgrund von (4.88) folgt für die Matrixelemente des kanonischen Dichteoperators in der $|n_0, n_1, \ldots, \mathrm{S}, \mathrm{A}\rangle$-Basis

$$\begin{aligned}
&\langle n_0', n_1', \ldots, \mathrm{S}, \mathrm{A} | \boldsymbol{\rho} | n_0, n_1, \ldots, \mathrm{S}, \mathrm{A} \rangle \\
&\qquad = \frac{1}{Z} \left\langle n_0', n_1', \ldots, \mathrm{S}, \mathrm{A} \right| \mathrm{e}^{-\beta \boldsymbol{H}} \left| n_0, n_1, \ldots, \mathrm{S}, \mathrm{A} \right\rangle \\
&\qquad = \frac{1}{Z} \exp\left(-\beta \sum_k n_k E_k\right) \delta_{n_0' n_0} \delta_{n_1' n_1} \cdots ,
\end{aligned}$$

mit

$$Z = \sum_{n_0, n_1, \ldots}{}' \exp\left(-\beta \sum_k n_k E_k\right) .$$

Die entsprechenden Relationen für die großkanonische Dichtematrix lauten

$$\begin{aligned}
&\langle n_0', n_1', \ldots, \mathrm{S}, \mathrm{A} | \boldsymbol{\rho} | n_0, n_1, \ldots, \mathrm{S}, \mathrm{A} \rangle \\
&\qquad = \frac{1}{Y} \left\langle n_0', n_1', \ldots, \mathrm{S}, \mathrm{A} \right| \mathrm{e}^{-\beta(\boldsymbol{H} - \mu \boldsymbol{N})} \left| n_0, n_1, \ldots, \mathrm{S}, \mathrm{A} \right\rangle \\
&\qquad = \frac{1}{Y} \exp\left(-\beta \sum_k n_k (E_k - \mu)\right) \delta_{n_0' n_0} \delta_{n_1' n_1} \cdots ,
\end{aligned}$$

mit

$$Y = \sum_{n_0, n_1, \ldots} \exp\left(-\beta \sum_k n_k (E_k - \mu)\right) .$$

Das Symbol $'$ in der kanonischen Zustandssumme deutet an, daß in die Summe nur Besetzungszahlen eingehen, für die gilt: $\sum\limits_k n_k = N$. In der großkanonischen Zustandssumme gibt es dagegen keine solche Einschränkung. Die Diagonalelemente der Dichtematrizen lassen sich offenbar interpretieren als die Wahrscheinlichkeit W, den Satz von Besetzungszahlen, $\{n_0, n_1, \ldots\}$, im betrachteten N-Teilchensystem vorzufinden:

$$W(n_0, n_1, \ldots) = \langle n_0, n_1, \ldots, \mathrm{S}, \mathrm{A} | \boldsymbol{\rho} | n_0, n_1, \ldots, \mathrm{S}, \mathrm{A} \rangle .$$

Da es in der großkanonischen Zustandssumme im Gegensatz zur kanonischen Zustandssumme keine Einschränkung bzgl. der Summation gibt, läßt sich die großkanonische Zustandssumme in folgender Weise weiter vereinfachen: Im bosonischen Fall hat man

$$\begin{aligned}
Y &= \sum_{n_0, n_1, \ldots = 0}^{\infty} \left[\mathrm{e}^{-\beta(E_0 - \mu)}\right]^{n_0} \left[\mathrm{e}^{-\beta(E_1 - \mu)}\right]^{n_1} \cdots \\
&= \prod_k \sum_{n_k = 0}^{\infty} \left[\mathrm{e}^{-\beta(E_k - \mu)}\right]^{n_k} = \prod_k \frac{1}{1 - z\mathrm{e}^{-\beta E_k}} , \quad z = \mathrm{e}^{\beta \mu} .
\end{aligned}$$

Für den fermionischen Fall ergibt sich

$$
\begin{aligned}
Y &= \sum_{n_0,n_1,\ldots=0}^{1} \left[\mathrm{e}^{-\beta(E_0-\mu)}\right]^{n_0} \left[\mathrm{e}^{-\beta(E_1-\mu)}\right]^{n_1} \cdots \\
&= \prod_k \sum_{n_k=0}^{1} \left[\mathrm{e}^{-\beta(E_k-\mu)}\right]^{n_k} = \prod_k \left(1 + z\mathrm{e}^{-\beta E_k}\right) .
\end{aligned}
$$

Der Vollständigkeit halber liefern wir noch die entsprechenden Ausdrücke für die Maxwell-Boltzmann-Statistik im Besetzungszahlenformalismus. Offensichtlich bestimmen in diesem Fall die Besetzungszahlen $\{n_0, n_1, \ldots\}$ den Gesamtzustand $|\, k_1, k_2, \ldots, k_N\rangle$ nicht eindeutig, da aus ihnen nicht hervorgeht, welches Teilchen sich in welchem Ein-Teilchenzustand befindet. Da jedoch alle, mit dem Satz $\{n_0, n_1, \ldots\}$ verträglichen Zustände die gleiche Energie und somit die gleiche Wahrscheinlichkeit besitzen, müssen wir lediglich die Anzahl dieser Zustände bestimmen. Nun gibt es $N!$ verschiedene Möglichkeiten, die N Teilchen durchzunumerieren. Befinden sich aber n_k Teilchen im Zustand $|\, k\rangle$, dann führen Permutationen dieser Teilchen selbst auf klassischem Niveau zu keinen neuen physikalischen Zuständen. Jeder Satz $\{n_0, n_1, \ldots\}$ erhält also das Gewicht $N!/(n_0!n_1! \cdots)$, und wir können für die kanonische Zustandssumme schreiben:

$$
Z = \frac{1}{N!} \sum_{n_0,n_1,\ldots}' \frac{N!}{n_0!n_1!\cdots} \exp\left(-\beta \sum_k n_k E_k\right) ,
$$

wobei der Gibbs-Faktor $1/N!$ im Falle identischer Teilchen von Hand eingefügt wurde.[16] Für die großkanonische Zustandssumme (wiederum identische Teilchen) finden wir

$$
\begin{aligned}
Y &= \sum_{n_0,n_1,\ldots=0}^{\infty} \frac{1}{n_0!n_1!\ldots} \left[\mathrm{e}^{-\beta(E_0-\mu)}\right]^{n_0} \left[\mathrm{e}^{-\beta(E_1-\mu)}\right]^{n_1} \cdots \\
&= \prod_k \sum_{n_k=0}^{\infty} \frac{1}{n_k!} \left[\mathrm{e}^{-\beta(E_k-\mu)}\right]^{n_k} \\
&= \prod_k \exp\left[z\mathrm{e}^{-\beta E_k}\right] .
\end{aligned}
$$

[16] Man beachte, daß diese Gleichung natürlich wieder auf (4.45) führt:

$$
\begin{aligned}
Z &= \frac{1}{N!} \sum_{n_0,n_1,\ldots}' \frac{N!}{n_0!n_1!\cdots} \left[\mathrm{e}^{-\beta E_0}\right]^{n_0} \left[\mathrm{e}^{-\beta E_1}\right]^{n_1} \cdots \\
&= \frac{1}{N!} \left[\sum_k \mathrm{e}^{-\beta E_k}\right]^N = \frac{1}{N!} Z_1^N .
\end{aligned}
$$

Satz 4.17: Großkanonische Zustandssumme der Bose-Einstein-, Fermi-Dirac- und Maxwell-Boltzmann-Statistik

Gegeben sei ein System aus N nichtwechselwirkenden identischen Teilchen. Bezeichnen E_k die möglichen Energien der Ein-Teilchenzustände, dann ist die großkanonische Zustandssumme je nach betrachteter Statistik gegeben durch (siehe (4.61))

$$\ln Y(T,V,\mu) = \frac{PV}{kT} = \frac{1}{\sigma}\sum_k \ln\left[1 + \sigma z \mathrm{e}^{-\beta E_k}\right] ,$$

mit

$$\sigma = \begin{cases} -1 & \text{Bose-Einstein-Statistik} \\ +1 & \text{Fermi-Dirac-Statistik} \\ 0 & \text{Maxwell-Boltzmann-Statistik} . \end{cases}$$

Der Fall $\sigma = 0$ ist hierbei als Grenzfall $\sigma \to 0$ aufzufassen. Für die mittlere Energie und Teilchenzahl erhält man hieraus

$$E(T,V,\mu) = -\left(\frac{\partial \ln Y}{\partial \beta}\right)_{z,V} = \sum_k \frac{E_k}{\frac{1}{z}\mathrm{e}^{\beta E_k} + \sigma} = \sum_k \overline{n_k} E_k$$

$$N(T,V,\mu) = \frac{1}{\beta}\left(\frac{\partial \ln Y}{\partial \mu}\right)_{T,V} = z\left(\frac{\partial \ln Y}{\partial z}\right)_{T,V} = \sum_k \overline{n_k} ,$$

wobei die mittleren Besetzungszahlen gegeben sind durch

$$\overline{n_k} = \frac{z\mathrm{e}^{-\beta E_k}}{1 + \sigma z \mathrm{e}^{-\beta E_k}} = \frac{1}{\frac{1}{z}\mathrm{e}^{\beta E_k} + \sigma} .$$

Für Fermionen gilt $0 \le \overline{n_k} \le 1$, während die Besetzungszahlen der Bosonen keine obere Grenze haben. Bei Bosonen ist das chemische Potential wegen $\overline{n_k} \ge 0$ stets kleiner als die kleinste Ein-Teilchenenergie E_0. Der Fall $T \to 0$ muß für Bosonen gesondert behandelt werden und führt auf die *Bose-Einstein-Kondensation.*

Die großkanonische Zustandssumme lautet, ausgedrückt durch die Besetzungszahlen,

$$\ln Y = -\frac{1}{\sigma}\sum_k \ln(1 - \sigma\overline{n_k}) .$$

Unter Beachtung von

$$E - \mu N = \sum_k \overline{n_k}(E_k - \mu) = kT\sum_k \overline{n_k}\ln\left(\frac{1 - \sigma\overline{n_k}}{\overline{n_k}}\right)$$

erhält man daraus für die Entropie den Ausdruck

$$S = k\ln Y + \frac{1}{T}(E - \mu N)$$

$$= -\frac{k}{\sigma}\sum_k \left[\ln(1-\sigma\overline{n_k}) - \sigma\overline{n_k}\ln\left(\frac{1-\sigma\overline{n_k}}{\overline{n_k}}\right)\right]$$

$$= -k\sum_k \left[\overline{n_k}\ln\overline{n_k} + \frac{1}{\sigma}(1-\sigma\overline{n_k})\ln(1-\sigma\overline{n_k})\right] .$$

Demnach tragen unbesetzte Zustände nicht zur Entropie bei. Dies gilt auch für Fermionzustände mit $\overline{n_k} = 1$. Dieses Verhalten spiegelt sich auch in der Unschärfe der Besetzungszahlen,

$$(\Delta n_k)^2 = kT\frac{\partial\overline{n_k}}{\partial\mu} = \overline{n_k}(1-\sigma\overline{n_k}) ,$$

wider, welche für $\overline{n_k} = 0$ und bei Fermionen auch für $\overline{n_k} = 1$ verschwindet. Man beachte, daß die Fehlerbreiten für $\overline{n_k} \gg 1$ (Bosonen) proportional zu $\overline{n_k}$ sind, im Gegensatz zum klassischen $\sqrt{\overline{n_k}}$-Verhalten.

Zustandsgleichungen des idealen Quantengases. Wir können die in Satz 4.17 stehende Zustandssumme vereinfachen, indem wir die Summe über die Ein-Teilchenzustände durch ein Integral ersetzen. Hierzu verfahren wir analog zur Diskussion des klassischen idealen Gases im mikrokanonischen Ensemble (Anwendung 56) und schreiben

$$\sum_k \longrightarrow \frac{V}{h^3}\sum_{m=-s}^{s}\int \mathrm{d}^3p = \frac{4\pi g_s V}{h^3}\int p^2\mathrm{d}p = \int g(\epsilon)\mathrm{d}\epsilon ,$$

mit der Energiedichte

$$g(\epsilon) = \frac{4\pi g_s V}{h^3}p^2(\epsilon)\left(\frac{\partial\epsilon}{\partial p}\right)^{-1} ,$$

wobei die Summe über etwaige Spinfreiheitsgrade durch den Entartungsfaktor $g_s = (2s+1)$ berücksichtigt ist. Beschränken wir uns auf die Spezialfälle nichtrelativistischer (NR) und ultrarelativistischer (UR) Teilchen, mit

$$\epsilon_{\mathrm{NR}} = \frac{p^2}{2m} , \ \epsilon_{\mathrm{UR}} = cp ,$$

dann lauten die zugehörigen Energiedichten

$$g(\epsilon) = \begin{cases} C_{\mathrm{NR}}\sqrt{\epsilon} \ , \ C_{\mathrm{NR}} = \dfrac{2\pi g_s V(2m)^{3/2}}{h^3} \\ C_{\mathrm{UR}}\epsilon^2 \ , \ C_{\mathrm{UR}} = \dfrac{4\pi g_s V}{c^3h^3} . \end{cases}$$

Führen wir nun die *Distributionsfunktion*

$$f(\epsilon, T, \mu) = \frac{1}{\frac{1}{z}\mathrm{e}^{\beta\epsilon} + \sigma}$$

ein, dann ergeben sich die großkanonische Zustandssumme sowie die Mittelwerte für N und E aus folgenden Integralen:

$$\left.\begin{aligned}\ln Y(T,V,\mu) &= \frac{1}{\sigma}\int \mathrm{d}\epsilon g(\epsilon)\ln\left(1+\sigma z\mathrm{e}^{-\beta\epsilon}\right)\\ N(T,V,\mu) &= \int \mathrm{d}N = \int \mathrm{d}\epsilon f(\epsilon,T,\mu)g(\epsilon)\\ E(T,V,\mu) &= \int \epsilon\mathrm{d}N = \int \mathrm{d}\epsilon\epsilon f(\epsilon,T,\mu)g(\epsilon)\ .\end{aligned}\right\} \quad (4.89)$$

Wir werden diese gesondert in den Unterabschnitten 4.7.2 und 4.7.3 berechnen. Man kann jedoch auch ohne ihre explizite Auswertung einige nützliche Relationen herleiten. Dies wollen wir nun für die o.g. energetischen Grenzfälle tun: Im nichtrelativistischen Grenzfall lautet die großkanonische Zustandssumme

$$\ln Y = \frac{C_{\mathrm{NR}}}{\sigma}\int\limits_0^\infty \mathrm{d}\epsilon\epsilon^{1/2}\ln\left(1+\sigma z\mathrm{e}^{-\beta\epsilon}\right)\ . \quad (4.90)$$

Hieraus folgen die Erwartungswerte

$$N = C_{\mathrm{NR}}\int\limits_0^\infty \frac{\epsilon^{1/2}\mathrm{d}\epsilon}{\frac{1}{z}\mathrm{e}^{\beta\epsilon}+\sigma}\ ,\ E = C_{\mathrm{NR}}\int\limits_0^\infty \frac{\epsilon^{3/2}\mathrm{d}\epsilon}{\frac{1}{z}\mathrm{e}^{\beta\epsilon}+\sigma}\ .$$

Wegen $PV = kT\ln Y$ ergibt sich

$$\begin{aligned}PV &= \frac{2}{3}\frac{C_{\mathrm{NR}}}{\sigma}kT\left(\left[\epsilon^{3/2}\ln\left(1+\sigma z\mathrm{e}^{-\beta\epsilon}\right)\right]_0^\infty + \sigma\beta\int\limits_0^\infty \frac{\epsilon^{3/2}\mathrm{d}\epsilon}{\frac{1}{z}\mathrm{e}^{\beta\epsilon}+\sigma}\right)\\ &= \frac{2}{3}E\ ,\end{aligned}$$

wobei partielle Integration benutzt wurde. Dies ist die gleiche Relation, wie wir sie bereits für das ideale Boltzmann-Gas gefunden haben (siehe (4.30) und (4.31)). Die korrespondierenden Beziehungen für den ultrarelativistischen Fall lauten

$$\ln Y = \frac{C_{\mathrm{UR}}}{\sigma}\int\limits_0^\infty \mathrm{d}\epsilon\epsilon^2\ln\left(1+\sigma z\mathrm{e}^{-\beta\epsilon}\right)$$

$$N = C_{\mathrm{UR}}\int\limits_0^\infty \frac{\epsilon^2\mathrm{d}\epsilon}{\frac{1}{z}\mathrm{e}^{\beta\epsilon}+\sigma}\ ,\ E = C_{\mathrm{UR}}\int\limits_0^\infty \frac{\epsilon^3\mathrm{d}\epsilon}{\frac{1}{z}\mathrm{e}^{\beta\epsilon}+\sigma}\ ,$$

woraus in gleicher Weise wie im vorigen Fall folgt:

$$PV = \frac{1}{3}E\ .$$

Satz 4.18: Energie-Impuls-Relationen des idealen Quantengases

Unabhängig von der betrachteten Statistik (Fermi-Dirac, Bose-Einstein, Maxwell-Boltzmann) gilt für ein ideales Quantengas

$$PV = \begin{cases} \frac{2}{3}E & \text{nichtrelativistisch} \\ \frac{1}{3}E & \text{ultrarelativistisch} . \end{cases}$$

Zustandsgleichungen im klassischen Grenzfall. Für den Fall, daß gilt

$$z = \mathrm{e}^{\beta\mu} \ll 1 ,$$

können wir weitere Relationen herleiten. Hierzu setzen wir $x = \beta\epsilon$ und entwickeln den in (4.90) stehenden Logarithmus bis zur 2. Ordnung um $z = 0$. Dies ergibt

$$\begin{aligned}
\ln Y &= \frac{C_{\mathrm{NR}}}{\sigma\beta^{3/2}} \int\limits_0^\infty \mathrm{d}x x^{1/2} \left(\sigma z \mathrm{e}^{-x} - \frac{\sigma^2 z^2}{2}\mathrm{e}^{-2x}\right) \\
&= \frac{C_{\mathrm{NR}}}{\sigma\beta^{3/2}} \left(\sigma z - \frac{\sigma^2 z^2}{2^{5/2}}\right) \int\limits_0^\infty \mathrm{d}x x^{1/2}\mathrm{e}^{-x} \\
&= \frac{\sqrt{\pi}}{2}\frac{C_{\mathrm{NR}}}{\beta^{3/2}} z \left(1 - \frac{\sigma z}{2^{5/2}}\right) \\
&= g_s V \left(\frac{2\pi mkT}{h^2}\right)^{3/2} z \left(1 - \frac{\sigma z}{2^{5/2}}\right) . \qquad (4.91)
\end{aligned}$$

Der erste Term dieser Gleichung ist gerade die großkanonische Zustandssumme des idealen klassischen Gases und stimmt mit (4.48) aus Anwendung 58 überein, sofern dort der Entartungsfaktor g_s berücksichtigt wird. Die mittlere Teilchenzahl ergibt sich aus (4.91) zu

$$N = z\left(\frac{\partial \ln Y}{\partial z}\right)_{T,V} = g_s V \left(\frac{2\pi mkT}{h^2}\right)^{3/2} z \left[\left(1 - \frac{\sigma z}{2^{5/2}}\right) - \frac{\sigma z}{2^{5/2}}\right] , \quad (4.92)$$

so daß folgt:

$$\ln Y = N + g_s V \left(\frac{2\pi mkT}{h^2}\right)^{3/2} \frac{\sigma z^2}{2^{5/2}} .$$

Da (4.91) ein Ausdruck 2. Ordnung ist, können wir in diese Gleichung den aus (4.92) in 1. Ordnung folgenden Ausdruck

$$z^2 = \frac{N^2}{g_s^2 V^2} \left(\frac{2\pi mkT}{h^2}\right)^{-3}$$

einsetzen. Damit erhalten wir schließlich den

Satz 4.19: Zustandsgleichung des idealen Quantengases im klassischen Grenzfall

Im klassischen Grenzfall $z \ll 1$ hat man in erster Näherung folgende Korrektur zur Zustandsgleichung des klassischen Gases:

$$E = \frac{3}{2}PV = \frac{3}{2}kT\ln Y = \frac{3}{2}NkT\left[1 + \frac{\sigma N}{g_s V 2^{5/2}}\left(\frac{h^2}{2\pi mkT}\right)^{3/2} + \ldots\right] .$$

Der Korrekturterm ist groß für niedrige Temperaturen. Er impliziert im fermionischen Fall einen erhöhten Druck (bei konstanter Dichte) und somit eine effektive gegenseitige Abstoßung der Fermionen. Dagegen ist der Druck im bosonischen Fall reduziert, so daß sich die Bosonen gegenseitig effektiv anziehen.

Um weitere Ergebnisse abzuleiten, ist es notwendig, die Integrale (4.89) explizit zu berechnen. Dies werden wir in den folgenden beiden Unterabschnitten für das ideale Fermi- und Bose-Gas getrennt tun.

4.7.2 Ideales Fermi-Gas

Ausgangspunkt unserer Diskussion ist die Fermi-Diracsche (FD-)Distributionsfunktion

$$f_{\mathrm{FD}}(\epsilon, T, \mu) = \frac{1}{\frac{1}{z}\mathrm{e}^{\beta\epsilon} + 1}$$

sowie die nichtrelativistische Energiedichte

$$g(\epsilon) = C_{\mathrm{NR}}\sqrt{\epsilon}\ ,\ C_{\mathrm{NR}} = \frac{2\pi g_s V(2m)^{3/2}}{h^3}\ ,$$

die wir zur Berechnung der Integrale (4.89) heranziehen. In Abb. 4.12 ist der qualitative Verlauf der Verteilungsfunktion f_{FD} für verschiedene Temperaturen dargestellt. Am absoluten Temperatur-Nullpunkt ist f_{FD} eine Stufenfunktion. Dort sind alle Ein-Teilchenzustände unterhalb der *Fermi-Energie*

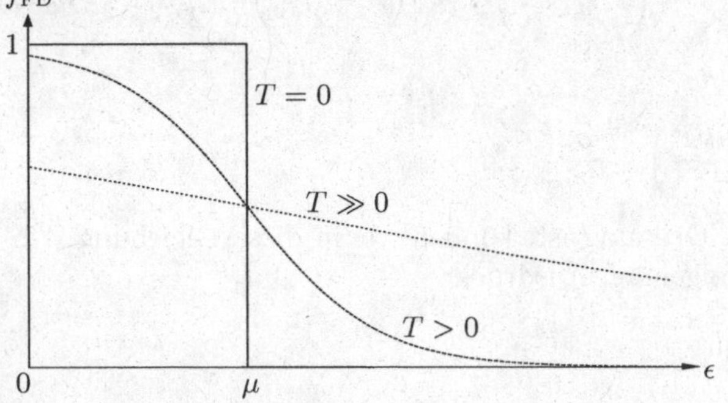

Abb. 4.12. Fermi-Diracsche Distributionsfunktion für verschiedene Temperaturen

$E_\mathrm{F} = \mu$ besetzt, während alle anderen Zustände mit $\epsilon > E_\mathrm{F}$ unbesetzt bleiben. Bei steigender Temperatur kommen immer mehr Fermionen in höhere angeregte Zustände, und die Kantenstruktur der Verteilung weicht zunehmend auf. Mit Hilfe der partiellen Integration und der Substitution $x = \beta\epsilon$ lassen sich die Integrale in (4.89) in folgende Ausdrücke überführen:

$$\left.\begin{aligned}
\ln Y(T,V,\mu) &= \frac{C_\mathrm{NR}}{\beta^{3/2}}\frac{2}{3}\int\limits_0^\infty \frac{x^{3/2}\mathrm{d}x}{\frac{1}{z}\mathrm{e}^x+1} = \frac{g_sV}{\lambda^3}f_{5/2}(z)\\
N(T,V,\mu) &= \frac{C_\mathrm{NR}}{\beta^{3/2}}\int\limits_0^\infty \frac{x^{1/2}\mathrm{d}x}{\frac{1}{z}\mathrm{e}^x+1} = \frac{g_sV}{\lambda^3}f_{3/2}(z)\\
E(T,V,\mu) &= \frac{C_\mathrm{NR}}{\beta^{5/2}}\int\limits_0^\infty \frac{x^{3/2}\mathrm{d}x}{\frac{1}{z}\mathrm{e}^x+1} = \frac{3}{2}\frac{g_sV}{\lambda^3\beta}f_{5/2}(z)\\
&= \frac{3}{2}NkT\frac{f_{5/2}(z)}{f_{3/2}(z)}\,,
\end{aligned}\right\}\qquad (4.93)$$

mit

$$\lambda = \left(\frac{h^2}{2\pi mkT}\right)^{1/2}$$

und den *Fermi-Dirac-Funktionen*

$$f_\nu(z) = \frac{1}{\Gamma(\nu)}\int\limits_0^\infty \frac{x^{\nu-1}\mathrm{d}x}{\frac{1}{z}\mathrm{e}^x+1}\,,\ zf'_\nu(z) = f_{\nu-1}(z)\,.$$

Im allgemeinen ist man daran interessiert, die in (4.93) stehende Fugazität z mit Hilfe der Beziehung für N zu eliminieren. Dies ist jedoch aufgrund der integralen Darstellung der Funktionen $f_\nu(z)$ nicht so ohne weiteres möglich. Man betrachtet daher gewisse Spezialfälle, für die eine Elimination von z durchführbar ist.

Klassischer Grenzfall: $T \gg 0 \Longleftrightarrow z \ll 1$. Im Falle kleiner z lassen sich die Funktionen f_ν durch folgende Taylor-Reihe darstellen:

$$f_\nu(z) = \sum_{n=1}^\infty (-1)^{n+1}\frac{z^n}{n^\nu}\,. \qquad (4.94)$$

Setzt man diese Reihe in die mittlere Gleichung von (4.93) ein und setzt

$$z = \sum_{l=1}^\infty a_l y^l\,,\ y = \frac{N\lambda^3}{g_sV}\,,$$

dann folgt

$$\begin{aligned} y &= \sum_l a_l y^l - \frac{1}{2^{3/2}} \sum_{l,l'} a_l a_{l'} y^{l+l'} + \frac{1}{3^{3/2}} \sum_{l,l',l''} a_l a_{l'} a_{l''} y^{l+l'+l''} + \ldots \\ &= a_1 y + \left(a_2 - \frac{a_1^2}{2^{3/2}}\right) y^2 + \left(a_3 - \frac{2a_1 a_2}{2^{3/2}} + \frac{a_1^3}{3^{3/2}}\right) y^3 + \ldots . \end{aligned}$$

Hieraus ergeben sich die ersten Entwicklungskoeffizienten von z zu

$$a_1 = 1 \; , \; a_2 = \frac{1}{2^{3/2}} \; , \; a_3 = \frac{1}{4} - \frac{1}{3^{3/2}} \; .$$

Geht man nun mit dieser z-Reihe z.B. in die letzte Gleichung von (4.93), dann erhält man eine Virialentwicklung der Form

$$E(T, V, N) = \frac{3}{2} NkT \sum_{l=1}^{\infty} b_l \left(\frac{N\lambda^3}{g_s V}\right)^{l-1} \; ,$$

mit den ersten Koeffizienten

$$b_1 = 1 \; , \; b_2 = \frac{1}{2^{5/2}} \; , \; b_3 = \frac{1}{8} - \frac{2}{3^{5/2}} \; .$$

Berücksichtigt man hierbei nur den ersten Term, so ergibt sich wieder die kalorische Zustandsgleichung (4.30) des idealen klassischen Gases, während die Berücksichtigung der ersten beiden Terme wieder auf Satz 4.19 führt.

Total entartetes Fermi-Gas: $T = 0 \Longleftrightarrow z \to \infty$. Im Falle des *total entarteten Fermi-Gases* konvergiert die Reihenentwicklung (4.94) nicht. Wir können jedoch in diesem Fall ausnutzen, daß die Verteilungsfunktion stufenförmig ist:

$$f_{\mathrm{FD}}(\epsilon, 0, \mu) = \frac{1}{\frac{1}{z} \mathrm{e}^{\epsilon/kT} + 1} = \left\{ \begin{array}{l} 1 \text{ für } \epsilon \le \mu_0 \\ \\ 0 \text{ für } \epsilon > \mu_0 \end{array} \right\} , \; \mu_0 = \mu(T = 0) = E_{\mathrm{F}} \; .$$

Damit berechnen wir:

$$N = C_{\mathrm{NR}} \int_0^{E_{\mathrm{F}}} \mathrm{d}\epsilon \sqrt{\epsilon} = \frac{2}{3} C_{\mathrm{NR}} E_{\mathrm{F}}^{3/2} = \frac{4\pi g_s V (2m)^{3/2}}{3h^3} E_{\mathrm{F}}^{3/2} \; .$$

Für die Fermi-Energie bzw. für das chemische Potential folgt hieraus

$$E_{\mathrm{F}} = \mu_0 = \frac{h^2}{2m} \left(\frac{3N}{4\pi g_s V}\right)^{2/3} \; .$$

Die Grundzustandsenergie ergibt sich zu

$$E = C_{\mathrm{NR}} \int_0^{E_{\mathrm{F}}} \mathrm{d}\epsilon \epsilon^{3/2} = \frac{2}{5} C_{\mathrm{NR}} E_{\mathrm{F}}^{5/2} = \frac{4\pi g_s V (2m)^{3/2}}{5h^3} E_{\mathrm{F}}^{5/2} \; .$$

Satz 4.20: Total entartetes Fermi-Gas

Beim total entarteten Fermi-Gas gilt für die mittlere Energie (*Nullpunktsenergie*)

$$E(T=0,V,N) = \frac{3}{5}NE_{\mathrm{F}} \ .$$

Aufgrund des Paulischen Ausschließungsprinzips befinden sich nicht alle Teilchen im Grundzustand. Vielmehr sind alle Zustände bis zur Fermi-Energie

$$E_{\mathrm{F}} = \frac{h^2}{2m}\left(\frac{3N}{4\pi g_s V}\right)^{2/3}$$

besetzt.

Der Fall $T = 0$ ist insofern von praktischem Interesse, als daß für viele quantenstatistische Systeme typische Anregungstemperaturen weit oberhalb der jeweiligen Systemtemperatur liegen, so daß solche Systeme gut durch ihre Eigenschaften am Temperatur-Nullpunkt beschrieben werden. Typische Werte für *Fermi-Temperaturen* $T_{\mathrm{F}} = E_{\mathrm{F}}/k$ sind: 0.3 K in flüssigem ^{3}He, $5 \cdot 10^4$ K für Leitungselektronen einfacher Metalle, $3 \cdot 10^9$ K in weißen Zwergen und $3 \cdot 10^{12}$ K in Neutronensternen.

Entartetes Fermi-Gas: $0 < T \ll T_{\mathrm{F}} \Longleftrightarrow z \gg 1$. Auch im Falle des *entarteten Fermi-Gases* konvergiert die Reihenentwicklung (4.94) nicht. Wir wissen nun aber, daß die Verteilungsfunktion f_{FD} nur schwach mit der Energie variiert, mit Ausnahme des engen Bereiches um $\epsilon \approx \mu$. Mit anderen Worten: $\partial f_{\mathrm{FD}}/\partial\epsilon$ hat ein extrem scharfes Maximum um den Wert $\epsilon = \mu$,

$$\left.\frac{\partial f_{\mathrm{FD}}}{\partial \epsilon}\right|_{\epsilon=\mu} = -\frac{1}{4kT} \ ,$$

und kommt einer δ-Funktion sehr nahe. Betrachten wir nun die Funktion

$$F(\epsilon) = \int\limits_0^{\epsilon} \mathrm{d}\epsilon' g(\epsilon') \ ,$$

dann folgt unter Verwendung der partiellen Integration für die mittlere Teilchenzahl

$$N = \int\limits_0^{\infty} \mathrm{d}\epsilon f_{\mathrm{FD}}(\epsilon)F'(\epsilon) = -\int\limits_0^{\infty} \mathrm{d}\epsilon f'_{\mathrm{FD}}(\epsilon)F(\epsilon) \ .$$

Die Entwicklung von $F(\epsilon)$ um μ,

$$F(\epsilon) = F(\mu) + F'(\mu)(\epsilon-\mu) + \frac{1}{2}F''(\mu)(\epsilon-\mu)^2 + \ldots \ ,$$

liefert weiterhin

$$N = I_0 F(\mu) + I_1 F'(\mu) + I_2 F''(\mu) + \ldots ,$$

mit

$$I_0 = -\int\limits_0^\infty \mathrm{d}\epsilon f'_{\mathrm{FD}}(\epsilon) \ , \ I_1 = -\int\limits_0^\infty \mathrm{d}\epsilon(\epsilon-\mu) f'_{\mathrm{FD}}(\epsilon)$$

$$I_2 = -\frac{1}{2}\int\limits_0^\infty \mathrm{d}\epsilon(\epsilon-\mu)^2 f'_{\mathrm{FD}}(\epsilon) .$$

Da nur niedrige Temperaturen betrachtet werden, können die unteren Integrationsgrenzen von I_0, I_1 und I_2 nach $-\infty$ verschoben werden. I_0 ist dann Eins, und I_1 verschwindet, da $(\epsilon-\mu)f'_{\mathrm{FD}}(\epsilon)$ eine ungerade Funktion in $x = \beta(\epsilon - \mu)$ ist. Somit verbleibt

$$I_2 = \frac{1}{2\beta^2}\int\limits_{-\infty}^{\infty} \mathrm{d}x \frac{x^2 \mathrm{e}^x}{(\mathrm{e}^x+1)^2} = \frac{\pi^2}{6\beta^2} .$$

Wir haben dann

$$N = F(\mu) + \frac{\pi^2}{6\beta^2}F''(\mu) + \ldots = \int\limits_0^\mu \mathrm{d}\epsilon g(\epsilon) + \frac{\pi^2}{6\beta^2}g'(\mu) + \ldots \approx \int\limits_0^{E_{\mathrm{F}}} \mathrm{d}\epsilon g(\epsilon)$$

$$\Longrightarrow g(\mu)(E_{\mathrm{F}} - \mu) \approx \frac{\pi^2}{6\beta^2} g'(\mu) .$$

Mit $g(\epsilon) = C_{\mathrm{NR}}\sqrt{\epsilon}$ finden wir schließlich

$$\mu(T) \approx \frac{E_{\mathrm{F}}}{2} + \sqrt{\frac{E_{\mathrm{F}}^2}{4} - \frac{\pi^2}{12\beta^2}} \approx E_{\mathrm{F}}\left(1 - \frac{\pi^2}{12\beta^2 E_{\mathrm{F}}^2}\right) .$$

Hieraus ergibt sich für die mittlere Energie

$$\begin{aligned}
E &= \int\limits_0^\infty \mathrm{d}\epsilon\epsilon f_{\mathrm{FD}}(\epsilon) g(\epsilon) \approx \int\limits_0^\mu \mathrm{d}\epsilon\epsilon g(\epsilon) + \frac{\pi^2}{6\beta^2}\left[\frac{\mathrm{d}}{\mathrm{d}\epsilon}\epsilon g(\epsilon)\right]_{\epsilon=\mu} \\
&\approx \int\limits_0^{E_{\mathrm{F}}} \mathrm{d}\epsilon\epsilon g(\epsilon) + \int\limits_{E_{\mathrm{F}}}^{\mu} \mathrm{d}\epsilon\epsilon g(\epsilon) + \frac{\pi^2}{4\beta^2} g(E_{\mathrm{F}}) \\
&\approx \frac{3}{5} N E_{\mathrm{F}} + (\mu - E_{\mathrm{F}}) E_{\mathrm{F}} g(E_{\mathrm{F}}) + \frac{\pi^2}{4\beta^2} g(E_{\mathrm{F}}) \\
&\approx \frac{3}{5} N E_{\mathrm{F}} + \frac{\pi^2}{6\beta^2} g(E_{\mathrm{F}}) = \frac{3}{5} N E_{\mathrm{F}}\left[1 + \frac{5\pi^2}{12}\left(\frac{kT}{E_{\mathrm{F}}}\right)^2\right] .
\end{aligned}$$

Satz 4.21: Entartetes Fermi-Gas

Für $T \ll T_{\rm F} = E_{\rm F}/k$ hat man folgende Korrekturen zur Nullpunktsenergie:

$$E(T,V,N) = \frac{3}{5}NE_{\rm F}\left[1 + \frac{5\pi^2}{12}\left(\frac{kT}{E_{\rm F}}\right)^2 + \ldots\right] .$$

Die Wärmekapazität ergibt sich hieraus zu

$$C_V(T,V,N) = \left(\frac{\partial E}{\partial T}\right)_V = \frac{Nk\pi^2}{2}\frac{T}{T_{\rm F}}$$

und ist somit sehr viel kleiner als die klassische Wärmekapazität $C_V = 3Nk/2$.

Für die Entropie des entarteten Gases erhält man mit (4.61) und Satz 4.18

$$S = \frac{1}{T}(E - F) = \frac{1}{T}\left(\frac{5}{3}E - \mu N\right) = \frac{Nk\pi^2}{2}\frac{T}{T_{\rm F}} .$$

Im Gegensatz zur Entropie des klassischen Gases (siehe (4.32) in Anwendung 56) gilt hier in Übereinstimmung mit dem 3. Hauptsatz: $T \to 0 \Longrightarrow S \to 0$.

Zum Schluß dieses Unterabschnittes merken wir noch an, daß sich die hier vorgeführte Entwicklung von

$$\int\limits_0^\infty \mathrm{d}\epsilon f_{\rm FD}(\epsilon)g(\epsilon)$$

für $z \gg 1$ nach Sommerfeld verallgemeinern läßt und auf folgende Entwicklungen der Funktionen $f_\nu(z)$ in $\ln z$ hinausläuft:

$$\begin{aligned}
f_{5/2}(z) &= \frac{8}{15\sqrt{\pi}}(\ln z)^{5/2}\left[1 + \frac{5\pi^2}{8}(\ln z)^{-2} + \ldots\right] \\
f_{3/2}(z) &= \frac{4}{3\sqrt{\pi}}(\ln z)^{3/2}\left[1 + \frac{\pi^2}{8}(\ln z)^{-2} + \ldots\right] \\
f_{1/2}(z) &= \frac{2}{\sqrt{\pi}}(\ln z)^{1/2}\left[1 - \frac{\pi^2}{24}(\ln z)^{-2} + \ldots\right] .
\end{aligned}$$

In den meisten Fällen ist es hierbei nicht nötig, mehr als die ersten Terme zu betrachten, da das Verhältnis zweier aufeinander folgender Terme von der Größenordnung $(kT/\mu)^2$ ist.

4.7.3 Ideales Bose-Gas

Wir betrachten nun das ideale Bose-Gas und verfahren dabei analog zum vorherigen Unterabschnitt. Ausgangspunkt sind die in Satz 4.17 stehenden Summen für $\ln Y$, E und N bzw. die Integrale (4.89), mit der Bose-Einsteinschen (BE-)Distributionsfunktion

$$f_{\mathrm{BE}}(\epsilon, T, \mu) = \frac{1}{\frac{1}{z}\mathrm{e}^{\beta\epsilon} - 1}$$

und der nichtrelativistischen Energiedichte

$$g(\epsilon) = C_{\mathrm{NR}}\sqrt{\epsilon}\ ,\ C_{\mathrm{NR}} = \frac{2\pi g_s V (2m)^{3/2}}{h^3}\ .$$

Wegen $\overline{n_k} = \left(\mathrm{e}^{\beta(E_k-\mu)} - 1\right)^{-1} \geq 0$ gilt für das Bose-Gas bei allen Temperaturen

$$\mu \leq E_k \stackrel{E_0=0}{\Longrightarrow} \mu \leq 0\ ,\ 0 < z \leq 1\ .$$

Die Besetzungszahl des Grundzustandes ist

$$\overline{n_0} = \frac{z}{1-z}$$

und kann im Gegensatz zum Fermi-Gas beliebig groß werden. Offensichtlich wird diese Tatsache durch die naive Ersetzung der Summen in Satz 4.17 durch die Integrale in (4.89) nicht berücksichtigt, da die Energiedichte $g(\epsilon)$ für $\epsilon = 0$ verschwindet und der Grundzustand somit das Gewicht Null bekommt. Wir spalten deshalb den Grundzustand aus den Summen ab und approximieren die verbleibenden Ausdrücke durch Integrale:

$$\begin{aligned}
\ln Y &= -\int \mathrm{d}\epsilon g(\epsilon) \ln\left(1 - z\mathrm{e}^{-\beta\epsilon}\right) - \ln(1-z) \\
N &= \int \mathrm{d}\epsilon f(\epsilon, T, \mu) g(\epsilon) + N_0\ ,\ N_0 = \overline{n_0} = \frac{z}{1-z} \\
E &= \int \mathrm{d}\epsilon \epsilon f(\epsilon, T, \mu) g(\epsilon)\ .
\end{aligned}$$

Hierbei ist folgendes zu beachten: Im klassischen Limes $z \ll 1$ kann N_0 vernachlässigt werden, während N_0 für $z \approx 1$ signifikant beiträgt. Der Term $-\ln(1-z) = \ln(1+N_0)$ ist jedoch im gesamten Bereich $0 < z \leq 1$ höchstens von der Größenordnung $\mathcal{O}(\ln N)$ und somit für alle z vernachlässigbar. Substituieren wir nun in diesen Integralen wieder $x = \beta E$ und wenden die partielle Integration an, dann erhalten wir die zu (4.93) korrespondierenden bosonischen Ausdrücke

$$\left.\begin{aligned}
\ln Y(T, V, \mu) &= \frac{g_s V}{\lambda^3} g_{5/2}(z) \\
N(T, V, \mu) &= \frac{g_s V}{\lambda^3} g_{3/2}(z) + N_0 \\
E(T, V, \mu) &= \frac{3}{2}\frac{g_s V}{\lambda^3 \beta} g_{5/2}(z)\ ,
\end{aligned}\right\}\ ,\ \lambda = \left(\frac{h^2}{2\pi m k T}\right)^{1/2}\ , \qquad (4.95)$$

mit den *Bose-Einstein-Funktionen*

$$g_\nu(z) = \frac{1}{\Gamma(\nu)} \int\limits_0^\infty \frac{x^{\nu-1}\mathrm{d}x}{\frac{1}{z}\mathrm{e}^x - 1}\ ,\ z g'_\nu(z) = g_{\nu-1}(z)\ . \qquad (4.96)$$

Klassischer Grenzfall: $T \gg 0 \Longleftrightarrow z \ll 1$. Für kleine z können wir von der Entwicklung

$$g_\nu(z) = \sum_{n=1}^{\infty} \frac{z^n}{n^\nu}$$

Gebrauch machen. Mit ihrer Hilfe läßt sich aus der mittleren Gleichung von (4.95) wie im fermionischen Fall eine Entwicklung für z gewinnen, die, in die letzte Gleichung von (4.95) eingesetzt, zu der Virialentwicklung

$$E(T, V, N) = \frac{3}{2} NkT \sum_{l=1}^{\infty} b_l \left(\frac{N\lambda^3}{g_s V}\right)^{l-1} , \tag{4.97}$$

mit den Koeffizienten

$$b_1 = 1 \ , \ b_2 = -\frac{1}{2^{5/2}} \ , \ b_3 = \frac{1}{8} - \frac{2}{3^{5/2}}$$

führt. Für die spezifische Wärme erhalten wir hieraus

$$C_V(T, V, N) = \left(\frac{\partial E}{\partial T}\right)_{N,V} = \frac{3}{2} Nk \sum_{l=1}^{\infty} \frac{5 - 3l}{2} b_l \left(\frac{N\lambda^3}{g_s V}\right)^{l-1} ,$$

welche für $T \to \infty$ erwartungsgemäß gegen den klassischen Wert $C_V = 3Nk/2$ strebt. Man beachte, daß der zweite Term dieser Entwicklung positiv ist, so daß bei großen aber endlichen Temperaturen die spezifische Wärme größer als ihr klassischer Wert ist. Auf der anderen Seite wissen wir, daß C_V für $T \to 0$ gegen Null streben muß. Daraus ist zu erkennen, daß es bei einer kritischen Temperatur T_c ein Maximum von C_V geben muß. Es stellt sich heraus, daß an dieser Stelle die Ableitung der spezifischen Wärme nach der Temperatur unstetig ist, was auf einen *Phasenübergang 2. Ordnung* hindeutet.

Bose-Einstein-Kondensation: T klein $\Longleftrightarrow z \approx 1$. Für kleine Temperaturen verliert die Entwicklung (4.97) ihre Gültigkeit. Schreiben wir in diesem Fall die mittlere Gleichung in (4.95) um zu

$$N = N_\epsilon + N_0 \ , \ N_\epsilon = \frac{g_s V}{\lambda^3} g_{3/2}(z) \ ,$$

wobei N_0 und N_ϵ die Zahl der Teilchen im Grundzustand $E_0 = 0$ bzw. in angeregten Zuständen bezeichnen, dann läßt sich folgendes feststellen: Da die Funktion $g_{3/2}(z)$ im Bereich $0 < z \leq 1$ monoton wächst, ist die Zahl der angeregten Zustände auf den Bereich

$$0 \leq N_\epsilon \leq N_\epsilon^{\max} = \frac{g_s V}{\lambda^3} g_{3/2}(1) \ , \ g_{3/2}(1) = 2.612$$

beschränkt. Hieraus können wir für die Fälle $z < 1$ und $z = 1$ folgern:

Satz 4.22: Bose-Einstein-Kondensation

Das ideale Bose-Gas zeigt in Abhängigkeit der Fugazität z folgendes Verhalten:

- Im Falle $z < 1$ kann der Term $N_0 = z/(1-z)$ im thermodynamischen Limes vernachlässigt werden, und man erhält die Fugazität aus

$$N \approx N_\epsilon = \frac{g_s V}{\lambda^3} g_{3/2}(z) \ .$$

Das heißt faktisch alle Teilchen befinden sich in angeregten Zuständen.

- Gilt auf der anderen Seite $z = 1$, dann wird N_0 im Prinzip beliebig groß und trägt signifikant zur Gesamtteilchenzahl bei. Man hat dann

$$N > N_\epsilon^{\max} = \frac{g_s V}{\lambda^3} g_{3/2}(1) \ . \tag{4.98}$$

In diesem Fall können nicht alle Teilchen in angeregten Zuständen untergebracht werden. Vielmehr *kondensieren* $N_0 = N - N_\epsilon^{\max}$ Teilchen in den Grundzustand.

Wir wollen dieses Phänomen der Bose-Einstein-Kondensation nun etwas genauer untersuchen. Nach (4.98) lautet die Bedingung für das Einsetzen der Bose-Einstein-Kondensation bei konstanter Teilchenzahl und konstantem Volumen

$$T < T_\mathrm{c} = \frac{h^2}{2\pi mk}\left(\frac{N}{g_s V g_{3/2}(1)}\right)^{2/3} \ .$$

Im allgemeinen besteht das System für $T < T_\mathrm{c}$ aus einem Gemisch beider Phasen, denn es gilt

$$\frac{N_\epsilon}{N} = \begin{cases} 1 & \text{für } T > T_\mathrm{c} \\ \left(\frac{T}{T_\mathrm{c}}\right)^{3/2} & \text{für } T < T_\mathrm{c} \end{cases}$$

$$\frac{N_0}{N} = \begin{cases} 0 & \text{für } T \geq T_\mathrm{c} \\ 1 - \left(\frac{T}{T_\mathrm{c}}\right)^{3/2} & \text{für } T < T_\mathrm{c} \ . \end{cases}$$

Diese Verhältnisse sind in Abb. 4.13 graphisch veranschaulicht. Für den Druck erhalten wir aus der ersten Gleichung in (4.95)

$$P(T,V,N) = \frac{kT}{V}\ln Y = \begin{cases} \frac{NkT}{V}\frac{g_{5/2}(z)}{g_{3/2}(z)} & \text{für } T > T_\mathrm{c} \\ \frac{NkT_\mathrm{c}}{V}\frac{g_{5/2}(1)}{g_{3/2}(1)} \approx 0.5134\frac{NkT_\mathrm{c}}{V} & \text{für } T = T_\mathrm{c} \\ \frac{g_s kT}{\lambda^3} g_{5/2}(1) & \text{für } T < T_\mathrm{c} \ , \end{cases}$$

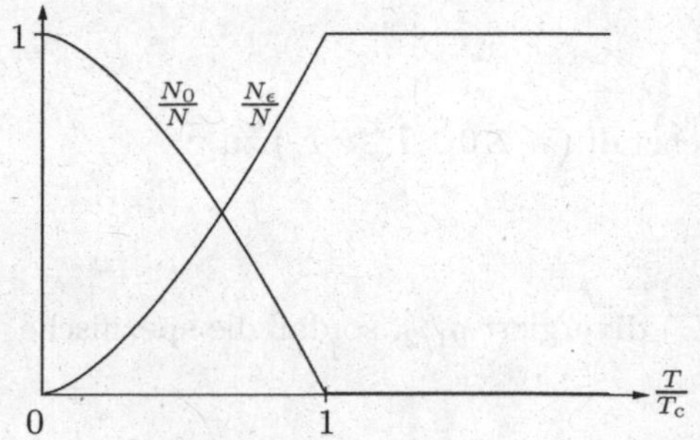

Abb. 4.13. Zahlenvergleich zwischen bosonischen Grundzuständen und angeregten Zuständen in Abhängigkeit von der Temperatur

wobei für $T \geq T_c$ ausgenutzt wurde, daß gilt:

$$N_0 \approx 0 \Longrightarrow \frac{N\lambda^3}{g_s V} = g_{3/2}(z) \ . \tag{4.99}$$

Man erkennt, daß der Druck am kritischen Punkt nur etwa halb so groß ist wie der des klassischen Gases. Desweiteren ist der Druck unterhalb von T_c unabhängig von N und V. Dies resultiert aus der Tatsache, daß Teilchen im Grundzustand nicht zum Druck beitragen. Als nächstes berechnen wir unter Berücksichtigung von

$$E = kT^2 \left(\frac{\partial \ln Y}{\partial T}\right)_{z,V} = \frac{3}{2} kT \frac{g_s V}{\lambda^3} g_{5/2}(z)$$

die spezifische Wärme

$$\frac{C_V}{Nk} = \frac{1}{Nk}\left(\frac{\partial E}{\partial T}\right)_{N,V} .$$

Für $T < T_c$ ist $z = 1$ und unabhängig von T, und wir erhalten

$$\frac{C_V}{Nk} = \frac{3}{2}\frac{g_s V}{N} g_{5/2}(1) \frac{\mathrm{d}}{\mathrm{d}T}\left(\frac{T}{\lambda^3}\right) = \frac{15}{4}\frac{g_s V}{N\lambda^3} g_{5/2}(1) \sim T^{3/2} .$$

Dagegen ist z für $T \geq T_c$ temperaturabhängig. In diesem Fall ergibt sich unter Ausnutzung von (4.96) und (4.99)

$$\begin{aligned}\frac{C_V}{Nk} = \frac{3}{2}\frac{g_s V}{N}\frac{\mathrm{d}}{\mathrm{d}T}\left(\frac{T}{\lambda^3} g_{5/2}(z)\right) &= \frac{15}{4}\frac{g_s V}{N\lambda^3} g_{5/2}(z) + \frac{3}{2}\frac{g_s V}{N}\frac{T}{\lambda^3} g'_{5/2}(z)\frac{\mathrm{d}z}{\mathrm{d}T} \\ &= \frac{15}{4}\frac{g_{5/2}(z)}{g_{3/2}(z)} + \frac{3}{2}\frac{T}{z}\frac{\mathrm{d}z}{\mathrm{d}T} .\end{aligned}$$

Die Ableitung $\mathrm{d}z/\mathrm{d}T$ können wir in der Weise

$$\frac{\mathrm{d}z}{\mathrm{d}T}\frac{1}{z} g_{1/2}(z) = \frac{\mathrm{d}z}{\mathrm{d}T} g'_{3/2}(z) = \frac{\mathrm{d}z}{\mathrm{d}T}\frac{\mathrm{d}g_{3/2}}{\mathrm{d}T}\frac{\mathrm{d}T}{\mathrm{d}z} = \frac{\mathrm{d}}{\mathrm{d}T}\left(\frac{N\lambda^3}{g_s V}\right) = -\frac{3}{2T} g_{3/2}(z)$$

umformen, so daß insgesamt folgt:

$$\frac{C_V}{Nk} = \frac{15}{4}\frac{g_{5/2}(z)}{g_{3/2}(z)} - \frac{9}{4}\frac{g_{3/2}(z)}{g_{1/2}(z)} .$$

Hieraus ergibt sich der klassische Grenzfall ($z \to 0$, $T \gg T_{\rm c}$) zu

$$C_V = Nk\left(\frac{15}{4} - \frac{9}{4}\right) = \frac{3}{2}Nk .$$

Am kritischen Punkt ($z \to 1$, $T = T_{\rm c}$) divergiert $g_{1/2}$, so daß die spezifische Wärme dort durch

$$C_V = \frac{15}{4}\frac{g_{5/2}(1)}{g_{3/2}(1)}Nk = 1.925Nk$$

gegeben und somit deutlich größer ist als die des klassischen idealen Boltzmann-Gases ($C_V = 3Nk/2$). Man beachte, daß C_V im Gegensatz zu $\mathrm{d}C_V/\mathrm{d}T$ am kritischen Punkt stetig ist.

Zusammenfassung

- Im Gegensatz zur klassischen Maxwell-Boltzmann-Statistik wird in der **Quantenstatistik** der fermionische bzw. bosonische Charakter von Teilchen berücksichtigt.
- Innerhalb der Quantenstatistik erweist sich der **Besetzungszahlenformalismus** für Systeme nichtwechselwirkender Teilchen als sehr nützlich, in welchem der N-Teilchen-Quantenzustand durch die Besetzungszahlen aller möglichen Ein-Teilchenzustände spezifiziert wird. Mit diesem Formalismus gewinnt man relativ einfache Formeln für die großkanonische Zustandssumme, die mittlere Energie und die mittlere Teilchenzahl. Aus ihnen läßt sich für gewisse Spezialfälle (T groß: klassischer Grenzfall und T klein: rein quantenmechanischer Grenzfall) die Fugazität eliminieren.
- Aufgrund des Paulischen Ausschließungsprinzips befinden sich selbst am absoluten Temperatur-Nullpunkt nicht alle Teilchen eines **idealen Fermi-Gases** im Grundzustand. Vielmehr sind alle Ein-Teilchenzustände mit Energien kleiner gleich der **Fermi-Energie** besetzt.
- Beim **idealen Bose-Gas** tritt für kleine Temperaturen die **Bose-Einstein-Kondensation** auf. Dieses Phänomen resultiert aus der Tatsache, daß angeregte Zustände nur durch eine begrenzte Zahl von Teilchen besetzt werden können, so daß alle weiteren Teilchen im thermodynamischen Limes notwendigerweise in den Grundzustand kondensieren.

Anwendungen

66. Ideales Photonengas. Man berechne die freie Energie, Entropie und Energie sowie den Druck eines idealen Photonengases.

Lösung. Photonen sind masselose Spin-1-Teilchen und werden deshalb durch die Bose-Einstein-Statistik beschrieben. Für sie gilt die ultrarelativistische Energie-Impuls-Relation

$$\epsilon = c|\boldsymbol{p}| = \hbar\omega \ , \ \boldsymbol{p} = \hbar\boldsymbol{k} \ , \ \omega = c|\boldsymbol{k}| \ ,$$

wobei ω die Frequenz und $\boldsymbol{k}$ den Wellenvektor der Lichtteilchen bezeichnen. Aufgrund der Tatsache, daß Photonen durch Atome absorbiert und emittiert werden können, ist die Gesamtzahl der Photonen nicht erhalten, so daß gilt: $\mu = 0$. Hieraus folgt sofort für die freie Energie

$$F = \mu N - PV = -PV \ .$$

Andererseits gilt nach Satz 4.17

$$PV = kT \ln Y = -kT \sum_{\boldsymbol{k}} \ln\left(1 - \mathrm{e}^{\beta E_{\boldsymbol{k}}}\right) \ ,$$

wobei über alle möglichen Wellenvektoren $\boldsymbol{k}$ summiert wird. Diese Summe können wir wieder mit Hilfe der ultrarelativistischen Energiedichte

$$g_{\mathrm{UR}}(\epsilon) = C_{\mathrm{UR}}\epsilon^2 \ , \ C_{\mathrm{UR}} = \frac{4\pi g_s V}{c^3 h^3}$$

in das Integral

$$F = kT \int_0^\infty \mathrm{d}\epsilon g(\epsilon) \ln\left(1 - \mathrm{e}^{-\beta\epsilon}\right) = kT \frac{8\pi V}{c^3 h^3} \int_0^\infty \mathrm{d}\epsilon\epsilon^2 \ln\left(1 - \mathrm{e}^{-\beta\epsilon}\right)$$

umschreiben. Hierbei ist zu beachten, daß der Entartungsfaktor g_s aufgrund der Transversalität des elektromagnetischen Feldes gleich Zwei (und nicht Drei wie bei anderen Spin-1-Teilchen) ist. Es folgt mit partieller Integration und der Substitution $x = \beta\epsilon$

$$F(T, V) = -\frac{(kT)^4 V}{3\pi^2 \hbar^3 c^3} \underbrace{\int_0^\infty \frac{\mathrm{d}x x^3}{\mathrm{e}^x - 1}}_{\pi^4/15} = -\frac{4\sigma}{3c} V T^4 \ , \ \sigma = \frac{\pi^2 k^4}{60\hbar^3 c^2} \ ,$$

wobei σ ebenfalls *Boltzmann-Konstante* genannt wird. Aus der freien Energie erhält man die übrigen gesuchten Größen zu

$$P(T, V) = -\left(\frac{\partial F}{\partial V}\right)_T = P(T) = \frac{4\sigma}{3c} T^4 \qquad \textit{(Boltzmann-Gesetz)}$$

$$S(T, V) = -\left(\frac{\partial F}{\partial T}\right)_V = \frac{16\sigma}{3c} V T^3$$

$$E(T, V) = F + TS = \frac{4\sigma}{c} V T^4 = 3PV \ .$$

67. Ideales Phononengas. Man berechne die spezifische Wärme eines Festkörpers in einem Modell, wo die Auslenkungen der Atome um ihre Gleichgewichtspositionen durch quantisierte harmonische Schwingungen genähert werden.

Lösung. Das physikalische Ausgangsproblem besteht in der Beschreibung von N Atomen eines kristallinen Festkörpers. In der *harmonischen Näherung* werden die Auslenkungen der Atome um ihre Gleichgewichtslagen durch eine Taylor-Reihenentwicklung der potentiellen Energie beschrieben, die nur bis zum quadratischen Term geht. Da der lineare Term in der Gleichgewichtslage verschwindet, besteht die klassische Hamilton-Funktion des Systems in dieser Genauigkeit nur aus einer konstanten Nullpunktsenergie, der kinetischen Energie $T = \frac{m}{2}\sum\limits_{i=1}^{3N} \dot{x}_i^2$ und der potentiellen Energie $V = \sum\limits_{i,j=1}^{3N} A_{ij}x_i x_j$. Solch eine Hamilton-Funktion kann nun aber immer auf Normalform gebracht werden (siehe Anwendung 7 in Abschn. 1.2), wobei die Normalkoordinaten den Normalschwingungen des Gitters entsprechen. Diese Normalkoordinaten der $3N$ ungekoppelten linearen harmonischen Oszillatoren lassen sich formal quantisieren. Die quantisierten Gitterschwingungen, sog. *Phononen*, können somit als ein ideales ultrarelativistisches Bose-Gas mit der Energiedichte

$$g_{\mathrm{UR}}(\epsilon) = C_{\mathrm{UR}}\epsilon^2 \;,\; C_{\mathrm{UR}} = \frac{12\pi V}{c^3 h^3} \;,\; \epsilon = \hbar\omega \qquad (g_s = 3)$$

betrachtet werden. Da Phononen in beliebiger Zahl erzeugt werden können, ist ihr chemisches Potential Null, also $z = 1$.

Einstein-Modell. Wir berechnen die spezifische Wärme zunächst in der Einstein-Näherung. Dort werden alle $3N$ Oszillatoren als unabhängig voneinander und mit der gleichen Frequenz ω_{E} schwingend betrachtet. Diese Problemstellung haben wir bereits in Unterabschn. 4.6.3 diskutiert. Nach (4.79) ergibt sich deshalb die Energie des Systems zu

$$E = \frac{3N\hbar\omega_{\mathrm{E}}}{2\tanh\left(\frac{\beta\hbar\omega_{\mathrm{E}}}{2}\right)} \,.$$

Hieraus folgt für die spezifische Wärme

$$C_V = \left(\frac{\partial E}{\partial T}\right)_V = \frac{3N\hbar^2\omega_{\mathrm{E}}^2}{kT^2}\frac{\mathrm{e}^{\beta\hbar\omega_{\mathrm{E}}}}{\left(\mathrm{e}^{\beta\hbar\omega_{\mathrm{E}}}-1\right)^2} = 3Nk\frac{x^2\mathrm{e}^x}{(\mathrm{e}^x-1)^2} \,,$$

mit

$$x = \frac{\hbar\omega_{\mathrm{E}}}{kT} \,.$$

Für hohe Temperaturen, $x \ll 1$, erhalten wir sofort

$$C_V = 3Nk \qquad (\textit{Gesetz von Dulong und Petit}).$$

Für kleine Temperaturen, $x \gg 1$, ergibt sich

$$C_V = 3Nkx^2\mathrm{e}^{-x} \ .$$

Während das Hochtemperaturverhalten experimentell gut bestätigt ist, findet man im Experiment für kleine Temperaturen ein T^3-Verhalten, welches das simple Einstein-Modell offenbar nicht erklären kann.

Debye-Modell. Das Debye-Modell ersetzt die Einstein-Frequenz ω_E durch ein kontinuierliches Spektrum an Schwingungsmoden, die wir analog zum Photonenspektrum berechnen können. Die Anzahl der Moden im Frequenzintervall $[\omega : \omega + \mathrm{d}\omega]$ ist

$$g_\mathrm{UR}(\omega)\mathrm{d}\omega = \frac{12\pi V}{c^3}\omega^2\mathrm{d}\omega \ .$$

Die maximale Frequenz (*Debye-Frequenz*) ω_D bestimmt sich aus

$$\int\limits_0^{\omega_\mathrm{D}} g(\omega)\mathrm{d}\omega = 3N$$

zu

$$\omega_\mathrm{D}^3 = \frac{3Nc^3}{4\pi V} \ .$$

Sie trägt der Tatsache Rechnung, daß sich im Gitter keine Schwingungen ausbreiten können, deren Wellenlänge kleiner ist als die Gitterkonstante des Kristalls. Solch eine Einschränkung gab es beim Photonengas nicht. Nach Satz 4.17 lautet die mittlere Energie

$$E(T,V) = \sum_k \frac{\hbar\omega_k}{\mathrm{e}^{\beta\hbar\omega_k} - 1} \ ,$$

die sich im Limes $V \to \infty$ in folgendes Integral umschreiben läßt:

$$E(T,V) = \int\limits_0^{\omega_\mathrm{D}} \mathrm{d}\omega g_\mathrm{UR}(\omega)\frac{\hbar\omega}{\mathrm{e}^{\beta\hbar\omega} - 1} = 3NkTD(x_\mathrm{D}) \ , \ x_\mathrm{D} = \beta\hbar\omega_\mathrm{D} \ .$$

Hierbei bezeichnet

$$D(x_\mathrm{D}) = \frac{3}{x_\mathrm{D}^3}\int\limits_0^{x_\mathrm{D}} \mathrm{d}x\frac{x^3}{\mathrm{e}^x - 1} = \begin{cases} 1 - \dfrac{3x_\mathrm{D}}{8} + \dfrac{x_\mathrm{D}^2}{20} + \ldots & \text{für } x_\mathrm{D} \ll 1 \\[2ex] \dfrac{\pi^4}{5x_\mathrm{D}^3} + \mathcal{O}\left(\mathrm{e}^{-x_\mathrm{D}}\right) & \text{für } x_\mathrm{D} \gg 1 \end{cases}$$

die *Debye-Funktion*. Unter Berücksichtigung von

$$x_\mathrm{D} = \frac{\hbar\omega_\mathrm{D}}{kT} = \frac{T_\mathrm{D}}{T} \ , \ T_\mathrm{D} = \frac{\hbar\omega_\mathrm{D}}{k}$$

erhalten wir für die Energie

$$E = 3NkTD(x_\mathrm{D}) = 3NkT \begin{cases} 1 - \frac{3}{8}\frac{T_\mathrm{D}}{T} + \frac{1}{20}\left(\frac{T_\mathrm{D}}{T}\right)^2 + \cdots & \text{für } T \gg T_\mathrm{D} \\ \frac{\pi^4}{5}\left(\frac{T}{T_\mathrm{D}}\right)^3 + \mathcal{O}\left(\mathrm{e}^{-T_\mathrm{D}/T}\right) & \text{für } T \ll T_\mathrm{D} \end{cases}$$

und für die spezifische Wärme

$$\frac{C_V}{Nk} = \begin{cases} 3 - \frac{3}{20}\left(\frac{T_\mathrm{D}}{T}\right)^2 + \cdots & \text{für } T \gg T_\mathrm{D} \\ \frac{12\pi^4}{5}\left(\frac{T}{T_\mathrm{D}}\right)^3 + \mathcal{O}(\mathrm{e}^{-T_\mathrm{D}/T}) & \text{für } T \ll T_\mathrm{D} \,. \end{cases}$$

Das Debye-Modell ist also in der Lage, das T^3-Tieftemperaturverhalten der spezifischen Wärme zu erklären.

A. Mathematischer Anhang

Dieses Kapitel rekapituliert einige grundlegende, in diesem Buch häufig benutzte mathematische Relationen aus den Bereichen der Analysis und der Vektoranalysis. Es wird hierbei auf mathematische Strenge verzichtet, um dem Leser das schnelle Nachschlagen zu erleichtern.

A.1 Vektoroperationen

Vektoroperatoren. Die dreidimensionalen Vektoroperationen Gradient, Divergenz und Rotation sind in kartesischer Darstellung mit kanonischer, orthonormierter Basis $\{\boldsymbol{e}_x, \boldsymbol{e}_y, \boldsymbol{e}_z\}$ definiert durch

$$\text{Gradient:} \quad \boldsymbol{\nabla}\psi = \boldsymbol{e}_x \frac{\partial \psi}{\partial x} + \boldsymbol{e}_y \frac{\partial \psi}{\partial y} + \boldsymbol{e}_z \frac{\partial \psi}{\partial z}$$

$$\text{Divergenz:} \quad \boldsymbol{\nabla}\boldsymbol{A} = \frac{\partial A_x}{\partial x} + \frac{\partial A_y}{\partial y} + \frac{\partial A_z}{\partial z}$$

$$\text{Rotation:} \quad \boldsymbol{\nabla} \times \boldsymbol{A} = \boldsymbol{e}_x \left(\frac{\partial A_z}{\partial y} - \frac{\partial A_y}{\partial z}\right) + \boldsymbol{e}_y \left(\frac{\partial A_x}{\partial z} - \frac{\partial A_z}{\partial x}\right) + \boldsymbol{e}_z \left(\frac{\partial A_y}{\partial x} - \frac{\partial A_x}{\partial y}\right) ,$$

wobei $\boldsymbol{A} = A_x(x,y,z)\boldsymbol{e}_x + A_y(x,y,z)\boldsymbol{e}_y + A_z(x,y,z)\boldsymbol{e}_z$ ein Vektorfeld und $\psi = \psi(x,y,z)$ ein Skalarfeld bezeichnen. Hängen die kartesischen Koordinaten x, y, z von Zylinderkoordinaten in der Weise

$$x = r\cos\varphi \ , \ y = r\sin\varphi \ , \ z = z$$

ab (Abb. A.1 links), dann gilt

$$\frac{\partial}{\partial x} = \cos\varphi \frac{\partial}{\partial r} - \frac{\sin\varphi}{r}\frac{\partial}{\partial \varphi}$$

$$\frac{\partial}{\partial y} = \sin\varphi \frac{\partial}{\partial r} + \frac{\cos\varphi}{r}\frac{\partial}{\partial \varphi}$$

$$\frac{\partial}{\partial z} = \frac{\partial}{\partial z} .$$

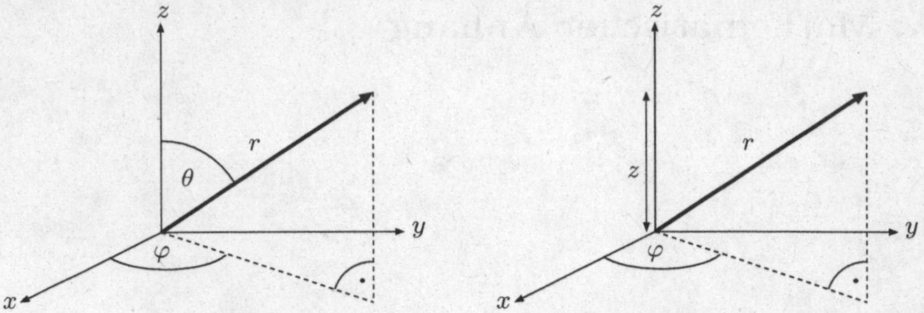

Abb. A.1. Zusammenhang zwischen kartesischen und sphärischen Koordinaten (*links*) bzw. zylindrischen Koordinaten (*rechts*)

Im Falle einer Abhängigkeit von sphärischen Koordinaten (Kugelkoordinaten),

$$x = r\cos\varphi\sin\theta\ ,\ y = r\sin\varphi\sin\theta\ ,\ z = r\cos\theta\ ,$$

gilt (Abb. A.1 rechts)

$$\begin{aligned}
\frac{\partial}{\partial x} &= \cos\varphi\sin\theta\frac{\partial}{\partial r} - \frac{\sin\varphi}{r\sin\theta}\frac{\partial}{\partial\varphi} + \frac{\cos\varphi\cos\theta}{r}\frac{\partial}{\partial\theta} \\
\frac{\partial}{\partial y} &= \sin\varphi\sin\theta\frac{\partial}{\partial r} + \frac{\cos\varphi}{r\sin\theta}\frac{\partial}{\partial\varphi} + \frac{\sin\varphi\cos\theta}{r}\frac{\partial}{\partial\theta} \\
\frac{\partial}{\partial z} &= \cos\theta\frac{\partial}{\partial r} - \frac{\sin\theta}{r}\frac{\partial}{\partial\theta}\ .
\end{aligned}$$

Die entsprechenden Gleichungen für Gradient, Divergenz und Rotation in anderen Basissystemen, wie z.B. der sphärischen Basis $\{\boldsymbol{e}_r, \boldsymbol{e}_\theta, \boldsymbol{e}_\varphi\}$ oder der Zylinderbasis $\{\boldsymbol{e}_r, \boldsymbol{e}_\varphi, \boldsymbol{e}_z\}$, werden in diesem Buch nicht verwendet und deshalb nicht diskutiert.

Häufig benutzte Formeln der Vektorrechnung und -analysis sind:

$$\begin{aligned}
\boldsymbol{A}(\boldsymbol{B}\times\boldsymbol{C}) &= \boldsymbol{B}(\boldsymbol{C}\times\boldsymbol{A}) = \boldsymbol{C}(\boldsymbol{A}\times\boldsymbol{B}) \\
\boldsymbol{A}\times(\boldsymbol{B}\times\boldsymbol{C}) &= \boldsymbol{B}(\boldsymbol{AC}) - \boldsymbol{C}(\boldsymbol{AB}) \\
(\boldsymbol{A}\times\boldsymbol{B})(\boldsymbol{C}\times\boldsymbol{D}) &= (\boldsymbol{AC})(\boldsymbol{BD}) - (\boldsymbol{AD})(\boldsymbol{BC}) \\
\boldsymbol{\nabla}\times\boldsymbol{\nabla}\psi &= \boldsymbol{0} \\
\boldsymbol{\nabla}(\boldsymbol{\nabla}\times\boldsymbol{A}) &= 0 \\
\boldsymbol{\nabla}\times(\boldsymbol{\nabla}\times\boldsymbol{A}) &= \boldsymbol{\nabla}(\boldsymbol{\nabla A}) - \boldsymbol{\nabla}^2\boldsymbol{A} \\
\boldsymbol{\nabla}(\psi\phi) &= \psi\boldsymbol{\nabla}\phi + \phi\boldsymbol{\nabla}\psi \\
\boldsymbol{\nabla}(\psi\boldsymbol{A}) &= \psi\boldsymbol{\nabla A} + \boldsymbol{A}\boldsymbol{\nabla}\psi \\
\boldsymbol{\nabla}\times(\psi\boldsymbol{A}) &= \psi\boldsymbol{\nabla}\times\boldsymbol{A} - \boldsymbol{A}\times\boldsymbol{\nabla}\psi \\
\boldsymbol{\nabla}(\boldsymbol{A}\times\boldsymbol{B}) &= \boldsymbol{B}(\boldsymbol{\nabla}\times\boldsymbol{A}) - \boldsymbol{A}(\boldsymbol{\nabla}\times\boldsymbol{B}) \\
\boldsymbol{\nabla}\times(\boldsymbol{A}\times\boldsymbol{B}) &= (\boldsymbol{B\nabla})\boldsymbol{A} - \boldsymbol{B}(\boldsymbol{\nabla A}) - (\boldsymbol{A\nabla})\boldsymbol{B} + \boldsymbol{A}(\boldsymbol{\nabla B}) \\
\boldsymbol{\nabla}(\boldsymbol{AB}) &= (\boldsymbol{B\nabla})\boldsymbol{A} + \boldsymbol{B}\times(\boldsymbol{\nabla}\times\boldsymbol{A}) + (\boldsymbol{A\nabla})\boldsymbol{B} + \boldsymbol{A}\times(\boldsymbol{\nabla}\times\boldsymbol{B}).
\end{aligned}$$

A.2 Integralsätze

Gaußscher Satz. Gegeben sei ein Vektorfeld $\boldsymbol{A}(\boldsymbol{x})$ und ein Volumen V mit einer geschlossenen Oberfläche F, deren Normale $\mathrm{d}\boldsymbol{F} = \mathrm{d}F\boldsymbol{n}$ in jedem Oberflächenpunkt senkrecht nach außen gerichtet ist. Dann gilt

$$\int_V \mathrm{d}V \boldsymbol{\nabla}\boldsymbol{A} = \oint_F \mathrm{d}\boldsymbol{F}\boldsymbol{A} .$$

Hieraus folgt insbesondere für $\boldsymbol{A} = \boldsymbol{c}\psi$ bzw. $\boldsymbol{A} = \boldsymbol{c} \times \boldsymbol{B}$, $\boldsymbol{c} = \mathrm{const}$

$$\int_V \mathrm{d}V \boldsymbol{\nabla}\psi = \oint_F \mathrm{d}\boldsymbol{F}\psi , \quad \int_V \mathrm{d}V \boldsymbol{\nabla} \times \boldsymbol{B} = \oint_F \mathrm{d}\boldsymbol{F} \times \boldsymbol{B} .$$

Stokesscher Satz. Gegeben sei ein Vektorfeld $\boldsymbol{A}(\boldsymbol{x})$ und eine geschlossene Kurve C mit Umlaufsinn (Wegelement: $\mathrm{d}\boldsymbol{l}$), über die eine reguläre Fläche F mit orientierter Flächennormalen $\mathrm{d}\boldsymbol{F} = \mathrm{d}F\boldsymbol{n}$ gespannt ist. Dann gilt

$$\int_F \mathrm{d}\boldsymbol{F}\boldsymbol{\nabla} \times \boldsymbol{A} = \oint_C \mathrm{d}\boldsymbol{l}\boldsymbol{A} .$$

Die Ersetzung von $\boldsymbol{A}$ durch $\boldsymbol{c}\psi$ bzw. $\boldsymbol{c} \times \boldsymbol{B}$ führt zu

$$\int_F \mathrm{d}\boldsymbol{F} \times \boldsymbol{\nabla}\psi = \oint_C \mathrm{d}\boldsymbol{l}\psi , \quad \int_F (\mathrm{d}\boldsymbol{F} \times \boldsymbol{\nabla}) \times \boldsymbol{B} = \oint_C \mathrm{d}\boldsymbol{l} \times \boldsymbol{B} .$$

Die Orientierung der Fläche F ist hierbei so zu wählen, daß der Umlaufsinn von C mit der Normalen $\boldsymbol{n}$ der im Oberflächenintegral gewählten Seite von F eine Rechtsschraube bildet (Abb. A.2).

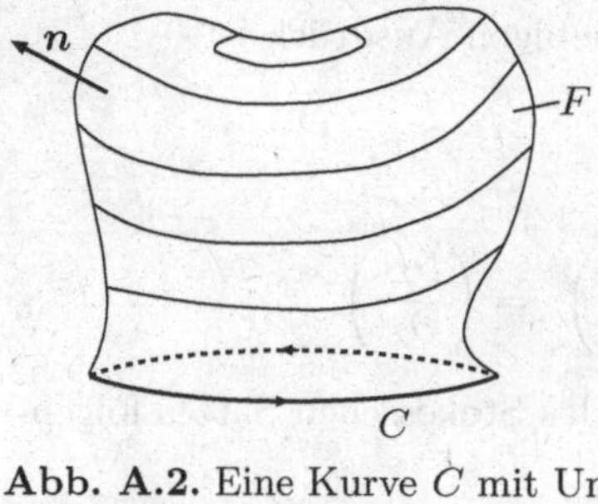

Abb. A.2. Eine Kurve C mit Umlaufsinn und eine von C eingespannte bzw. über C gestülpte Fläche F

1. Greensche Identität. Setzt man $\boldsymbol{A} = \phi\boldsymbol{\nabla}\psi$, dann folgt aufgrund von $\boldsymbol{\nabla}(\phi\boldsymbol{\nabla}\psi) = \phi\boldsymbol{\nabla}^2\psi + \boldsymbol{\nabla}\phi\boldsymbol{\nabla}\psi$ und des Gaußschen Satzes

$$\int_V \mathrm{d}V(\phi\boldsymbol{\nabla}^2\psi + \boldsymbol{\nabla}\phi\boldsymbol{\nabla}\psi) = \oint_F \mathrm{d}\boldsymbol{F}\phi\boldsymbol{\nabla}\psi . \tag{A.1}$$

2. Greensche Identität. Schreibt man (A.1) unter Vertauschung von ϕ und ψ noch einmal an und subtrahiert diese Gleichung von (A.1), dann folgt

$$\int_V \mathrm{d}V(\phi\boldsymbol{\nabla}^2\psi - \psi\boldsymbol{\nabla}^2\phi) = \oint_F \mathrm{d}\boldsymbol{F}(\phi\boldsymbol{\nabla}\psi - \psi\boldsymbol{\nabla}\phi) . \quad \text{(A.2)}$$

A.3 Partielle Differentialquotienten

Totale Differentiale. Im folgenden betrachten wir eine Funktion $f(x, y)$ in den Variablen x und y, die mindestens zweimal differenzierbar ist, so daß gilt:

$$\frac{\partial^2 f}{\partial x \partial y} = \frac{\partial^2 f}{\partial y \partial x} \quad \text{(A.3)}$$

(die Erweiterung auf mehr Variable ist unproblematisch). Das Differential $\mathrm{d}f$ heißt totales Differential von f, falls gilt:

$$\mathrm{d}f = f(x + \mathrm{d}x, y + \mathrm{d}y) - f(x, y) = \left(\frac{\partial f}{\partial x}\right)_y \mathrm{d}x + \left(\frac{\partial f}{\partial y}\right)_x \mathrm{d}y .$$

Offensichtlich ist dieser Ausdruck äquivalent zu der Wegunabhängigkeit von Linienintegralen über $\mathrm{d}f$,

$$\underset{C_1}{\int_{(x_1,y_1)}^{(x_2,y_2)}} \mathrm{d}f = \underset{C_2}{\int_{(x_1,y_1)}^{(x_2,y_2)}} \mathrm{d}f \iff \oint \mathrm{d}f = 0 ,$$

da bei der Summation der Differenzen $\mathrm{d}f$ nur die Werte an den Endpunkten übrig bleiben. Wegen (A.3) folgt für einen beliebigen Ausdruck

$$\mathrm{d}f = A(x, y)\mathrm{d}x + B(x, y)\mathrm{d}y$$

die Vorwärtsrichtung der Aussage:

$$\mathrm{d}f \text{ ist vollständiges Differential} \iff \left(\frac{\partial A}{\partial y}\right)_x = \left(\frac{\partial B}{\partial x}\right)_y .$$

Die rückwärtige Richtung läßt sich mit Hilfe des Stokesschen Satzes folgendermaßen zeigen:

$$\oint_C \mathrm{d}f = \oint_C \mathrm{d}\boldsymbol{l}\boldsymbol{V} = \int_F \mathrm{d}\boldsymbol{F}\boldsymbol{\nabla} \times \boldsymbol{V} = \int_F \mathrm{d}\boldsymbol{F} \begin{pmatrix} 0 \\ 0 \\ \frac{\partial B}{\partial x} - \frac{\partial A}{\partial y} \end{pmatrix} ,$$

mit

$$\mathrm{d}\boldsymbol{l} = \mathrm{d}x\boldsymbol{e}_x + \mathrm{d}y\boldsymbol{e}_y , \ \boldsymbol{V} = A\boldsymbol{e}_x + B\boldsymbol{e}_y .$$

Umformung partieller Differentialquotienten. Aus der Gleichung

$$\mathrm{d}f = \left(\frac{\partial f}{\partial x}\right)_y \mathrm{d}x + \left(\frac{\partial f}{\partial y}\right)_x \mathrm{d}y$$

lassen sich eine Reihe von Beziehungen zwischen Differentialquotienten ableiten. Hält man z.B. die Variable y fest ($\mathrm{d}y = 0$), dann folgt

$$\left(\frac{\partial f}{\partial x}\right)_y = \left(\frac{\partial x}{\partial f}\right)_y^{-1} .$$

Bei festgehaltenem f ($\mathrm{d}f = 0$) ergibt sich

$$\left(\frac{\partial f}{\partial y}\right)_x = -\left(\frac{\partial f}{\partial x}\right)_y \left(\frac{\partial x}{\partial y}\right)_f . \tag{A.4}$$

Mit dieser Beziehung lassen sich festgehaltene und veränderte Variable gegeneinander austauschen. Geht man zu einer anderen Variablen über, z.B. $y \to g(x, y)$, dann gilt wegen

$$\mathrm{d}f = \left(\frac{\partial f}{\partial x}\right)_g \mathrm{d}x + \left(\frac{\partial f}{\partial g}\right)_x \left[\left(\frac{\partial g}{\partial x}\right)_y \mathrm{d}x + \left(\frac{\partial g}{\partial y}\right)_x \mathrm{d}y\right] \tag{A.5}$$

für $\mathrm{d}y = 0$

$$\left(\frac{\partial f}{\partial x}\right)_y = \left(\frac{\partial f}{\partial x}\right)_g + \left(\frac{\partial f}{\partial g}\right)_x \left(\frac{\partial g}{\partial x}\right)_y .$$

Diese Gleichung wird dazu benutzt, um die festgehaltene Variable neu zu wählen. Für $\mathrm{d}x = 0$ ergibt sich aus (A.5) die partielle Form der Kettenregel:

$$\left(\frac{\partial f}{\partial y}\right)_x = \left(\frac{\partial f}{\partial g}\right)_x \left(\frac{\partial g}{\partial y}\right)_x . \tag{A.6}$$

Wegen (A.4) und (A.6) folgt weiterhin

$$\begin{aligned}\left(\frac{\partial f}{\partial g}\right)_x \left(\frac{\partial g}{\partial f}\right)_y &= \left(\frac{\partial f}{\partial x}\right)_g \left(\frac{\partial x}{\partial g}\right)_f \left(\frac{\partial g}{\partial y}\right)_f \left(\frac{\partial y}{\partial f}\right)_g \\ &= \left(\frac{\partial x}{\partial y}\right)_f \left(\frac{\partial y}{\partial x}\right)_g .\end{aligned}$$

Hiermit läßt sich das Paar (f, g) gegen (x, y) austauschen.

A.4 Vollständige Funktionensysteme, Fourier-Analyse

Gegeben sei ein vollständiges, reelles oder komplexes diskretes Funktionensystem $\{g_n(x), n = 0, 1, 2, \ldots\}$, das im Sinne des Skalarproduktes

$$\langle g_i, g_j \rangle = \int\limits_a^{a+2L} \mathrm{d}x g_i(x) g_j^*(x)$$

im Intervall $[a : a + 2L]$ orthonormiert ist, also $\langle g_i, g_j \rangle = \delta_{ij}$. Desweiteren besitze eine Funktion f folgende Eigenschaften:

- f und f' sind in $[a : a + 2L]$ stückweise stetig.
- f besitzt eine endliche Zahl von endlichen Sprungstellen.
- f ist periodisch: $f(x) = f(x + 2L)$.

Dann läßt sich f in der Weise

$$f(x) = \sum_n a_n g_n(x) \ , \ a_n = \langle f, g_n \rangle = \int\limits_a^{a+2L} \mathrm{d}x f(x) g_n^*(x)$$

entwickeln.

Fourier-Reihen. Die komplexen Funktionen

$$g_n(x) = \frac{1}{\sqrt{2L}} \exp\left(\frac{\mathrm{i}n\pi}{L} x\right), \ n = 0, \pm 1, \pm 2 \ldots$$

bilden ein vollständiges Orthonormalsystem im obigen Sinne. Hierfür lautet die Reihenentwicklung (Fourier-Reihe) einer Funktion f

$$f(x) = \frac{1}{\sqrt{2L}} \sum_{n=-\infty}^{\infty} a_n \exp\left(\frac{\mathrm{i}n\pi}{L} x\right) ,$$

mit

$$a_n = \frac{1}{\sqrt{2L}} \int\limits_a^{a+2L} \mathrm{d}x f(x) \exp\left(-\frac{\mathrm{i}n\pi}{L} x\right) .$$

Insbesondere gilt für die δ-Funktion

$$\delta(x - x') = \sum_{n=-\infty}^{\infty} \frac{\exp(\mathrm{i}k_n(x - x'))}{2L} \ , \ k_n = \frac{n\pi}{L} . \tag{A.7}$$

Fourier-Integrale. Weiten wir nun das Periodizitätsintervall auf Unendlich aus, $L \to \infty$, dann geht (A.7) über in

$$\delta(x - x') = \int\limits_{-\infty}^{\infty} \mathrm{d}k \frac{\exp(\mathrm{i}k(x - x'))}{2\pi} = \int\limits_{-\infty}^{\infty} \mathrm{d}k \frac{\exp(\mathrm{i}kx)}{\sqrt{2\pi}} \left(\frac{\exp(\mathrm{i}kx')}{\sqrt{2\pi}}\right)^* ,$$

bzw. wegen der Symmetrie in k und x

$$\delta(k - k') = \int\limits_{-\infty}^{\infty} \mathrm{d}x \frac{\exp(\mathrm{i}kx)}{\sqrt{2\pi}} \left(\frac{\exp(\mathrm{i}k'x)}{\sqrt{2\pi}}\right)^* .$$

Offensichtlich bilden die Funktionen

$$g(k,x) = \frac{\exp(\mathrm{i}kx)}{\sqrt{2\pi}}$$

ein vollständiges kontinuierliches Funktionensystem mit Normierung auf die δ-Funktion. Für eine beliebige Funktion f gilt daher die Fourier-Integralentwicklung

$$f(x) = \int\limits_{-\infty}^{\infty} \mathrm{d}x'\delta(x-x')f(x') = \int\limits_{-\infty}^{\infty} \mathrm{d}k g(k,x) \int\limits_{-\infty}^{\infty} \mathrm{d}x' f(x') g(k,x')^*$$

$$= \frac{1}{\sqrt{2\pi}} \int\limits_{-\infty}^{\infty} \mathrm{d}k a(k) \exp(\mathrm{i}kx) ,$$

mit

$$a(k) = \frac{1}{\sqrt{2\pi}} \int\limits_{-\infty}^{\infty} \mathrm{d}x f(x) \exp(-\mathrm{i}kx) .$$

Die Verallgemeinerung auf n Dimensionen lautet

$$f(\boldsymbol{x}) = \frac{1}{(2\pi)^{n/2}} \int \mathrm{d}^n k a(\boldsymbol{k}) \exp(\mathrm{i}\boldsymbol{k}\boldsymbol{x}) , \ \boldsymbol{x} = \begin{pmatrix} x_1 \\ \vdots \\ x_n \end{pmatrix} , \ \boldsymbol{k} = \begin{pmatrix} k_1 \\ \vdots \\ k_n \end{pmatrix}$$

$$a(\boldsymbol{k}) = \frac{1}{(2\pi)^{n/2}} \int \mathrm{d}^n x f(\boldsymbol{x}) \exp(-\mathrm{i}\boldsymbol{k}\boldsymbol{x}) .$$

A.5 Bessel-Funktionen, sphärische Bessel-Funktionen

Bessel-Funktionen. Die Besselsche Differentialgleichung lautet

$$\left[\frac{\mathrm{d}^2}{\mathrm{d}x^2} + \frac{1}{x}\frac{\mathrm{d}}{\mathrm{d}x} + \left(1 - \frac{m^2}{x^2}\right)\right] f(x) = 0 , \ m \in \mathbb{R} .$$

Ihre Lösungen sind die Bessel-Funktionen J_m und J_{-m}, mit

$$J_m(x) = \left(\frac{x}{2}\right)^m \sum_{i=0}^{\infty} \frac{(-1)^i}{i!\Gamma(m+i+1)} \left(\frac{x}{2}\right)^{2i} .$$

Ist m ganzzahlig, dann gilt

$$J_m(x) = \left(\frac{x}{2}\right)^m \sum_{i=0}^{\infty} \frac{(-1)^i}{i!(m+i)!} \left(\frac{x}{2}\right)^{2i} , \ J_{-m}(x) = (-1)^m J_m(x) .$$

Sphärische Bessel-Funktionen. Die sphärische Besselsche Differentialgleichung lautet

$$\left[\frac{\mathrm{d}^2}{\mathrm{d}x^2}+\frac{2}{x}\frac{\mathrm{d}}{\mathrm{d}x}+1-\frac{l(l+1)}{x^2}\right]f(x)=0\ ,\ l=0,1,2,\ldots\ .$$

Ihre Lösungen sind die sphärischen Bessel-Funktionen j_l, n_l (letztere heißen auch Neumann-Funktionen) und somit auch die Hankel-Funktionen $h_l^{(\pm)}$:

$$\begin{aligned} j_l(x) &= \left(\frac{\pi}{2x}\right)^{1/2} J_{l+1/2}(x) \\ n_l(x) &= (-1)^l \left(\frac{\pi}{2x}\right)^{1/2} J_{-l-1/2}(x) \\ h_l^{(\pm)}(x) &= n_l(x) \pm \mathrm{i} j_l(x)\ . \end{aligned}$$

Ihre explizite Form lautet

$$\left.\begin{aligned} j_l(x) &= R_l(x)\frac{\sin x}{x}+S_l(x)\frac{\cos x}{x} \\ n_l(x) &= R_l(x)\frac{\cos x}{x}-S_l(x)\frac{\sin x}{x} \\ h_l^{(\pm)}(x) &= [R_l(x)\pm \mathrm{i}S_l(x)]\frac{\mathrm{e}^{\pm \mathrm{i}x}}{x}\ , \end{aligned}\right\} \tag{A.8}$$

mit

$$R_l(x)+\mathrm{i}S_l(x)=\sum_{s=0}^{l}\frac{\mathrm{i}^{s-l}}{2^s s!}\frac{(l+s)!}{(l-s)!}x^{-s}\ ,\ R_l,S_l\in\mathbb{R}\,.$$

R_l und S_l sind Polynome in $1/x$ vom Grade l mit reellen Koeffizienten und der Parität $(-1)^l$ bzw. $-(-1)^l$. Für eine beliebige Linearkombination $f_l=aj_l+bn_l$, a,b fest, gelten die Rekursionsformeln

$$(2l+1)f_l(x) = x\,[f_{l+1}(x)+f_{l-1}(x)] \tag{A.9}$$

$$\begin{aligned} f_{l-1} &= \left[\frac{\mathrm{d}}{\mathrm{d}x}+\frac{l+1}{x}\right]f_l=\frac{1}{x^{l+1}}\frac{\mathrm{d}}{\mathrm{d}x}\left(x^{l+1}f_l\right) \\ f_l &= \left[-\frac{\mathrm{d}}{\mathrm{d}x}+\frac{l-1}{x}\right]f_{l-1}=-x^{l-1}\frac{\mathrm{d}}{\mathrm{d}x}\left(\frac{f_{l-1}}{x^{l-1}}\right)\ , \end{aligned}$$

woraus folgt:

$$f_l=\left[x^l\left(-\frac{1}{x}\frac{\mathrm{d}}{\mathrm{d}x}\right)^l\right]f_0\ .$$

Aus (A.8) ergeben sich die ersten sphärischen Funktionen zu

$$\begin{aligned} j_0(x) &= \frac{\sin x}{x}\ ,\ j_1(x)=\frac{\sin x}{x^2}-\frac{\cos x}{x} \\ n_0(x) &= \frac{\cos x}{x}\ ,\ n_1(x)=\frac{\cos x}{x^2}+\frac{\sin x}{x} \end{aligned}$$

$$h_0^{(\pm)}(x) = \frac{\mathrm{e}^{\pm \mathrm{i}x}}{x} \; , \; h_1^{(\pm)}(x) = \left(\frac{1}{x^2} \mp \frac{\mathrm{i}}{x}\right) \frac{\mathrm{e}^{\pm \mathrm{i}x}}{x} \; .$$

A.6 Legendre-Funktionen, Legendre-Polynome, Kugelflächenfunktionen

Legendre-Funktionen. Die Legendresche Differentialgleichung lautet

$$\left[(1-x^2)\frac{\mathrm{d}^2}{\mathrm{d}x^2} - 2x\frac{\mathrm{d}}{\mathrm{d}x} + l(l+1) - \frac{m^2}{1-x^2}\right] f(x) = 0 \; ,$$

mit $l = 0, 1, 2, \ldots$, $m = 0, \ldots, \pm l$. Ihre im Intervall $[-1:1]$ beschränkten Lösungen sind die Legendre-Funktionen

$$P_{l,m}(x) = \frac{(1-x^2)^{m/2}}{2^l l!} \frac{\mathrm{d}^{l+m}}{\mathrm{d}x^{l+m}} (x^2-1)^l \; . \tag{A.10}$$

$P_{l,m}$ ist das Produkt von $(1-x)^{m/2}$ mit einem Polynom vom Grade $l-m$ und der Parität $(-1)^{l-m}$, das im Intervall $[-1:1]$ $l-m$ Nullstellen aufweist. Es gelten die Rekursionsformeln ($P_{-1,\ldots} = 0$)

$$(2l+1)xP_{l,m} = (l+1-m)P_{l+1,m} + (l+m)P_{l-1,m} \tag{A.11}$$

$$\begin{aligned}(1-x^2)\frac{\mathrm{d}}{\mathrm{d}x}P_{l,m} &= -lxP_{l,m} + (l+m)P_{l-1,m} \\ &= (l+1)xP_{l,m} - (l+1-m)P_{l+1,m}\end{aligned}$$

und die Orthogonalitätsrelationen

$$\int_{-1}^{1} \mathrm{d}x P_{l,m}(x) P_{l',m}(x) = \frac{2}{2l+1} \frac{(l+m)!}{(l-m)!} \delta_{ll'} \; .$$

Legendre-Polynome. Im Falle $m = 0$ erhält man aus (A.10) die Legendre-Polynome

$$P_l(x) = P_{l,0}(x) = \frac{1}{2^l l!} \frac{\mathrm{d}^l}{\mathrm{d}x^l} (x^2-1)^l \; .$$

P_l ist ein Polynom vom Grade l, der Parität $(-1)^l$ und besitzt im Intervall $[-1:1]$ l Nullstellen. Die Legendre-Polynome lassen sich gewinnen, indem man die Funktion $(1-2xy+y^2)^{-1/2}$ nach Potenzen von y entwickelt:

$$\frac{1}{\sqrt{1-2xy+y^2}} = \sum_{l=0}^{\infty} y^l P_l(x) \; , \; |y| < 1 \; . \tag{A.12}$$

Die ersten 5 Legendre-Polynome lauten

$$P_0(x) = 1 \; , \; P_1(x) = x \; , \; P_2(x) = \frac{1}{2}(3x^2-1)$$

$$P_3(x) = \frac{1}{2}(5x^3-3x) \; , \; P_4(x) = \frac{1}{8}(35x^4-30x^2+3) \; .$$

Kugelflächenfunktionen. Die Kugelflächenfunktionen $Y_{l,m}$ sind als die Eigenfunktionen der quantenmechanischen Drehimpulsoperatoren $\boldsymbol{L}^2$ und $\boldsymbol{L}_z$ definiert:

$$\begin{aligned}\boldsymbol{L}^2 Y_{l,m} &= \hbar^2 l(l+1) Y_{l,m} \ , \ l = 0,1,2,\ldots \\ \boldsymbol{L}_z Y_{l,m} &= \hbar m Y_{l,m} \ , \ m = 0,\ldots,\pm l \ .\end{aligned}$$

Ihre explizite Form lautet

$$\begin{aligned}Y_{l,m}(\theta,\varphi) &= \frac{(-1)^l}{2^l l!}\sqrt{\frac{(2l+1)!}{4\pi}}\sqrt{\frac{(l+m)!}{(2l)!(l-m)!}} \\ &\quad \times \mathrm{e}^{\mathrm{i}m\varphi}\sin^{-m}\theta \frac{\mathrm{d}^{l-m}}{\mathrm{d}(\cos\theta)^{l-m}}\sin^{2l}\theta \ .\end{aligned}$$

Sie bilden ein vollständiges orthonormales Funktionensystem auf dem Einheitskreis. Das heißt es gelten folgende Orthonormalitäts- und Vollständigkeitsrelationen:

$$\int Y_{l,m}^* Y_{l',m'} \mathrm{d}\Omega = \int\limits_0^{2\pi} \mathrm{d}\varphi \int\limits_0^{\pi} \mathrm{d}\theta \sin\theta Y_{l,m}^*(\theta,\varphi) Y_{l',m'}(\theta,\varphi) = \delta_{ll'}\delta_{mm'}$$

$$\sum_{l=0}^{\infty}\sum_{m=-l}^{l} Y_{l,m}^*(\theta,\varphi) Y_{l,m}(\theta',\varphi') = \frac{\delta(\varphi-\varphi')\delta(\cos\theta-\cos\theta')}{\sin\theta} = \delta(\Omega-\Omega').$$

Weitere Eigenschaften sind:

- Parität:

$$Y_{l,m}(\pi-\theta,\varphi+\pi) = (-1)^l Y_{l,m}(\theta,\varphi) \ .$$

- Komplexe Konjugation:

$$Y_{l,m}^*(\theta,\varphi) = (-1)^m Y_{l,-m}(\theta,\varphi) \ . \tag{A.13}$$

- Zusammenhang mit den Legendre-Funktionen:

$$Y_{l,m}(\theta,\varphi) = \sqrt{\frac{2l+1}{4\pi}\frac{(l-m)!}{(l+m)!}} P_{l,m}(\cos\theta)\mathrm{e}^{\mathrm{i}m\varphi} \ , \ m \ge 0 \ . \tag{A.14}$$

- Additionstheorem: Mit

$$\boldsymbol{x} = r\begin{pmatrix}\cos\varphi\sin\theta \\ \sin\varphi\sin\theta \\ \cos\theta\end{pmatrix} \ , \ \boldsymbol{x}' = r'\begin{pmatrix}\cos\varphi'\sin\theta' \\ \sin\varphi'\sin\theta' \\ \cos\theta'\end{pmatrix}$$

  und

$$\boldsymbol{x}\boldsymbol{x}' = rr'\cos\alpha \ , \ \cos\alpha = \sin\theta\sin\theta'\cos(\varphi-\varphi') + \cos\theta\cos\theta'$$

  gilt

$$P_l(\cos\alpha) = \frac{4\pi}{2l+1}\sum_{m=-l}^{l} Y_{l,m}^*(\theta',\varphi')Y_{l,m}(\theta,\varphi)\ .$$

Hieraus folgt unter Berücksichtigung von (A.12)

$$\begin{aligned}\frac{1}{|\boldsymbol{x}-\boldsymbol{x}'|} &= \frac{1}{r\sqrt{1-2\frac{r'}{r}\cos\alpha+\left(\frac{r'}{r}\right)^2}} = \frac{1}{r}\sum_{l=0}^{\infty}\left(\frac{r'}{r}\right)^l P_l(\cos\alpha)\\ &= \sum_{l=0}^{\infty}\sum_{m=-l}^{l}\frac{4\pi}{2l+1}\frac{r'^l}{r^{l+1}}Y_{l,m}^*(\theta',\varphi')Y_{l,m}(\theta,\varphi)\ . \qquad \text{(A.15)}\end{aligned}$$

Die ersten Kugelflächenfunktionen lauten

$$Y_{0,0}(\theta,\varphi) = \frac{1}{\sqrt{4\pi}}\ ,\ Y_{1,1}(\theta,\varphi) = -\sqrt{\frac{3}{8\pi}}\mathrm{e}^{\mathrm{i}\varphi}\sin\theta$$

$$Y_{1,0}(\theta,\varphi) = \sqrt{\frac{3}{4\pi}}\cos\theta\ ,\ Y_{2,2}(\theta,\varphi) = \sqrt{\frac{15}{32\pi}}\mathrm{e}^{2\mathrm{i}\varphi}\sin^2\theta\sin\theta\cos\theta$$

$$Y_{2,1}(\theta,\varphi) = -\sqrt{\frac{15}{8\pi}}\mathrm{e}^{\mathrm{i}\varphi}\ ,\ Y_{2,0}(\theta,\varphi) = \sqrt{\frac{5}{16\pi}}\left(3\cos^2\theta-1\right)\ .$$

B. Literaturverzeichnis

B.1 Allgemeine Lehrbücher

Zum Einstieg in die theoretische Physik empfehlen wir folgende Bücher. Sie zeichnen sich durchweg durch klare und didaktisch hervorragende Darstellungen der behandelten Themen aus:

[1] T. Fließbach: *Lehrbuch zur Theoretischen Physik*, Band 1–4, Spektrum Akademischer Verlag, 1999–2003.

[2] R.J. Jelitto: *Theoretische Physik*, Band 1–6, Aula Verlag Wiesbaden, 1988–1995.

[3] W. Nolting: *Grundkurs Theoretische Physik*, Band 1–6, Springer Verlag, 2001–2004.

Desweiteren werden die folgenden Lehrbücher als komplementäre und weiterführende Lektüre empfohlen:

[4] R.P. Feynman, R.B. Leighton, M. Sands: *The Feynman Lectures on Physics*, Band 1–3, Addison Wesley, 1971.

[5] L.D. Landau, E.M. Lifschitz: *Lehrbuch der Theoretischen Physik*, Band 1–10, Verlag Harri Deutsch, 1986–1997.

[6] A. Sommerfeld: *Vorlesungen über Theoretische Physik*, Band 1–6, Verlag Harri Deutsch, 1988–2001.

Ein schönes Buch ist auch

[7] M.S. Longair: *Theoretical Concepts in Physics*, Cambridge University Press, 2004.

Dieses Buch resultiert aus einer Vorlesung, die Longair in Cambridge für Studenten kurz vor dem Abschluß ihres Studiums hielt. Longairs Ziel war es, das in den Spezialvorlesungen erlernte Wissen in einen breiteren Rahmen zu stellen und die zugrundeliegenden Prinzipien zu rekapitulieren. Der Autor versucht dies anhand von case studies, in denen jeweils bekannte Resultate in einem neuen Licht betrachtet werden.

B.2 Mechanik

Von den o.g. allgemeinen Lehrbüchern haben uns auf dem Gebiet der Mechanik die jeweiligen Bände 2 der Nolting- und Jelitto-Reihe sowie das Werk von Landau und Lifschitz besonders gefallen.

[8] H. Goldstein: *Klassische Mechanik*, Aula Verlag Wiesbaden, 1991.

Eines der Standardwerke auf diesem Gebiet.

[9] D. ter Haar: *Elements of Hamiltonian Mechanics*, Pergamon Press, 1971.

Ein relativ kurzes aber dafür präzises Buch, das sich vom Inhalt in etwa mit dem unseres 1. Kapitels deckt (keine Relativitätstheorie).

[10] F. Scheck: *Mechanik*, Springer Verlag, 2002.

Ein sehr schönes und umfangreiches Buch, das neben dem hier abgedeckten Stoff eine sehr lesbare Einführung in die geometrischen Aspekte der Mechanik und in Stabilität und Chaos gibt. Wie Scheck es sagt: „Die Mechanik ist keinesfalls ein abgeschlossenes und archiviertes Gebiet."

B.3 Elektrodynamik

Von den o.g. allgemeinen Lehrbüchern hat uns auf dem Gebiet der Elektrodynamik das Buch von Fließbach besonders gefallen.

[11] R. Becker, F. Sauter: *Theorie der Elektrizität*, Band 1, Teubner Verlag, 1997.

Dieses Werk ist sicher einzigartig, denn es geht auf ein Buch von A. Föpping aus dem Jahre 1894 zurück. Das Material deckt sich in etwa mit dem unseres 2. Kapitels; auch die Relativitätstheorie wird in diesem Band behandelt. Becker arbeitet konsequent im SI-System und stellt am Ende jedes Kapitels die entsprechenden Relationen im Gauß-System vor.

[12] J.D. Jackson: *Klassische Elektrodynamik*, W. de Gruyter, 2002.

Dies ist wohl immer noch das Standardwerk auf diesem Gebiet und sollte in keinem Physik-Bücherschrank fehlen.

[13] G. Lehner: *Elektromagnetische Feldtheorie*, Springer Verlag, 2003.

Dieses Buch hat den Untertitel *Für Ingenieure und Physiker* und deckt nicht ganz den normalen Umfang der üblichen Elektrodynamik-Vorlesung ab (kein relativistischer Formalismus). Die behandelten Gebiete (Maxwell-Gleichungen, insbesondere der statische und quasistationäre Fall, elektromagnetische Wellen, sowie ein Kapitel zu numerischen Methoden) zeichnen sich allerdings durch hohe Lesbarkeit aus. Auch viele längere Beispielrechnungen sind hier zu finden, deren Komplexität – das Buch bringt es auf über 600 Seiten – durch zahlreiche Abbildungen reduziert wird.

[14] H. Mitter: *Elektrodynamik*, Spektrum Akademischer Verlag, 1990.

Dieses relativ dünne Buch deckt sich in etwa mit dem hier behandelten Stoff. Mitter gelingt es, die Elektrodynamik in extrem lesbarer Form zu präsentieren, so daß der Aufbau der Theorie sehr klar wird.

[15] J.R. Oppenheimer: *Lectures on Electrodynamics*, Gordon and Breach Science Publishers, 1970.

Dies sind die Aufzeichnungen der von Oppenheimer zwischen 1939 und 1947 in den USA gehaltenen Vorlesungen. Vom Aufbau ist es unserem Kapitel 2 sehr ähnlich, da die Maxwell-Gleichungen „ohne langes Fackeln" an den Anfang des Buches gestellt werden. Dies erlaubt es Oppenheimer, sehr schnell auf tiefere Probleme der Elektrodynamik einzugehen (etwa die Selbstenergie des Elektrons). Im 2. Teil des Buches wird die Relativitätstheorie eingeführt und die Elektrodynamik in ihrem Rahmen erläutert.

[16] L.H. Ryder: *Quantum Field Theory*, Cambridge University Press, 1996.

Für den Leser, der den Übergang von den klassischen Theorien zu modernen Quantenfeldtheorien vollziehen möchte, empfehlen wir dieses Buch. Unsere Darstellung des Noether-Theorems folgt Ryder.

B.4 Quantenmechanik

Von den o.g. allgemeinen Lehrbüchern hat uns auf dem Gebiet der Quantenmechanik Band 5 der Nolting-Reihe besonders gefallen.

[17] S. Gasiorowicz: *Quantenphysik*, Oldenbourg Verlag, 2001.

Eine sehr schöne Einführung in die Quantenmechanik. Der mathematische Apparat wird bewußt so einfach wie möglich gehalten, um dem Neuling den Einstieg zu erleichtern. Die quantenphysikalischen Prinzipien werden überwiegend im Rahmen der Wellenmechanik diskutiert, wobei an geeigneten Stellen auch auf die algebraische Struktur der Quantenmechanik eingegangen wird.

[18] A. Messiah: *Quantenmechanik*, Band 1–2, W. de Gruyter, 1990–1991.

Ein sowohl inhaltlich als auch quantitativ sehr umfangreiches Standardwerk. Der erste Band beginnt im ersten Teil nach einer ausführlichen phänomenologischen Motivation mit der Wellenmechanik. Im weiteren Verlauf wird dieser Teil zunehmend abstrakt, wobei der Leser in didaktisch geschickter Weise immer mehr zu den darstellungsfreien algebraischen Strukturen der Quantenphysik geführt wird. Im zweiten Teil werden viele konkrete Quantensysteme behandelt und ausführlich diskutiert. Die ersten beiden Teile des zweiten Bandes ergänzen den ersten Band durch umfangreiche Diskussionen von Symmetrieprinzipien und Näherungsverfahren. Der letzte Teil gibt eine

Einführung in die relativistische Quantenmechanik. Insgesamt liefern die beiden Bände (ca. 1000 Seiten) eine lückenlose Darstellung der Quantentheorie, deren mathematische Rahmen sich auf relativ hohem Niveau bewegt.

[19] H. Rollnik: *Quantentheorie*, Band 1, Springer Verlag, 1995.

Nach einer Motivation der Quantenmechanik ist der erste Teil dieses Buches der Wellenmechanik gewidmet, wobei Rollnik klar die allgemeinen Prinzipien herausarbeitet und in diesem Teil des Buches bereits Themen wie die Bornsche Näherung und Eichtheorien abhandelt. Teil 2 beschreibt den axiomatischen Aufbau der Quantenmechanik, wobei Symmetrieprinzipien einen breiten Raum finden. Man findet hier auch einen Abschnitt zur Grundlagendiskussion der Quantenmechanik mit einer kleinen Literaturliste.

[20] J.J. Sakurai: *Modern Quantum Mechanics*, Addison Wesley, 1993.

Dieses Buch bietet in der Tat eine moderne Darstellung der Quantenmechanik. Sakurai erläutert sehr klar die Symmetrieprinzipien, die das Fundament moderner Quantenfeldtheorien bilden. Sicherlich ein Buch für den fortgeschrittenen Leser.

[21] R. Shankar: *Principles of Quantum Mechanics*, Plenum Press, 1994.

Didaktisch sehr ansprechendes Lehrbuch, von dem wir die Idee, ein einführendes Kapitel in die mathematischen Aspekte der Quantenmechanik in der Dirac-Schreibweise vorne anzustellen, geborgt haben. Man findet hier eine schöne Einführung in die Pfadintegralmethode.

[22] A. Sudbery: *Quantum Mechanics and the Particles of Nature*, Cambridge University Press, 1989.

Dieses Buch hat den Untertitel *An outline for mathematicians*. Doch keine Angst, Sudberys Buch ist auch oder gerade für Physiker sehr empfehlenswert. Die Prinzipien der Quantenmechanik werden didaktisch äußerst klar aus einem axiomatischen Aufbau heraus erläutert. Wo immer es geht verwendet Sudbery Symmetrien. So wird etwa zur Berechnung des Wasserstoffspektrums der Runge-Lenz-Vektor verwendet. Schließlich diskutiert Sudbery im Gegensatz zu fast allen anderen hier genannten Büchern ausführlich die Quantenmetaphysik.

B.5 Statistische Physik und Thermodynamik

Von den o.g. allgemeinen Lehrbüchern haben uns auf dem Gebiet der statistischen Physik insbesondere die Bücher von Fließbach und Nolting gefallen. Desweiteren profitierten wir von:

[23] B.K. Agarwal, M. Eisner: *Statistical Mechanics*, John Wiley and Sons, 1988.

Auf nur 260 Seiten gelingt es den Autoren, die Konzepte der Gibbsschen statistischen Mechanik klar darzustellen. Die Thermodynamik erhält kein eigenes Kapitel sondern ist in den Text eingebettet. Gut hat uns die frühe Einführung der Quantenstatistik gefallen.

[24] D. ter Haar: *Elements of Statistical Mechanics*, Butterworth and Heineman, 1995.

Äußerst fundierte Einführung in die statistische Physik über den Gibbsschen Ansatz mit einer ausführlichen Diskussion des Boltzmannschen $\mathcal{H}$-Theorems.

[25] D. ter Haar, H. Wergeland: *Elements of Thermodynamics*, Addison-Wesley, 1966.

Ein Text, der die Prinzipien der Thermodynamik sehr lesbar darstellt.

[26] K. Huang: *Statistical Mechanics*, John Wiley and Sons, 1987.

Besteht aus 3 Teilen (Thermodynamik, statistische Physik, Spezielle Themen), wobei der letzte Teil über unsere Themenauswahl hinausgeht. Ein Standardwerk, dessen Darstellung uns sehr geholfen hat.

[27] J. Kestin, J.R. Dorfman: *A Course in Statistical and Thermodynamics*, Academic Press, 1971.

Ein zum Einstieg in das Gebiet hervorragend geeignetes Lehrbuch. Enthält Thermodynamik und statistische Physik für nichtwechselwirkende Systeme. Auch die notwendigen quantenmechanischen Herleitungen werden eingeführt.

[28] R. Kubo et al.: *Statistical Mechanics, an Advanced Course with Problems and Solutions*, North Holland Publishing Company, 1988.

Jedes Kapitel besteht aus einer knapp gehaltenen Präsentation der wichtigsten Ergebnisse, gefolgt von einer riesigen Sammlung von Beispielen und gelösten Aufgaben. Kaum ein Problem, daß hier nicht gerechnet wird. Offensichtlich für Studenten gut zu gebrauchen!

[29] R.K. Pathria: *Statistical Mechanics*, Butterworth and Heineman, 1996.

Vom Umfang und Inhalt etwa dem Werk von Huang vergleichbar und ebenso gut lesbar. Sicherlich eines der Bücher, das uns vom Aufbau und der Art der Darstellung am meisten gefällt.

[30] F. Reif: *Statistische Physik und Theorie der Wärme*, W. de Gruyter, 1987.

Sehr ausführliche und didaktische Diskussion der Themen, die wir behandeln. Zum Einstieg in das Gebiet sehr geeignet.

[31] H. Römer, Th. Filk: *Statistische Mechanik*, VCH Verlagsgesellschaft Weinheim, 1994.

Klar und gut lesbare Darstellung, welche die Konzepte der statistischen Physik deutlich herausstellt; enthält auch die Thermodynamik. Sehr klar wird hier die Boltzmann-Statistik als klassischer Grenzfall ($\hbar \to 0$) der Quantenstatistik herausgearbeitet.

[32] H.S. Robertson: *Statistical Thermophysics*, Prentice Hall, 1993.

In diesem Buch wird die Shannonsche Informationsentropie als Ausgangspunkt der Gibbsschen Ensemble-Theorie gewählt. Der Autor geht dezidiert auf vorhandene Kritik zu diesem Ansatz ein. Das Buch enthält in klarer Schrift auch viele Beispiele, die nicht unbedingt zum Standard-Repertoire gehören.

Sachverzeichnis